JN426591

Hydraulics

수리학

이재수 저

도서출판
구미서관

PREFACE

물은 인간이 생명을 유지하는데 없어서는 안 될 귀중한 물질인 한편 물로 인해 해를 입기도 한다. 이러한 물을 인간에게 유용하게 활용할 수 있도록 하며, 피해로부터 안전하게 지켜줄 수 있도록 연구하는 학문이 수리학이라 할 수 있다. 따라서 수리학의 역사는 고대 문명국가의 출현과 함께 시작한 가장 오래된 학문이라고 할 수 있다. 경제발전 및 인구증가와 함께 물에 대한 관심도 증가하고 있으며, 또한 물의 공급과 치수에 대한 비중이 날로 높아가고 있는 실정이다. 최근 들어 자연환경보호, 식수의 안전한 공급, 여가 및 위락활동으로서의 하천으로 확장하여 물에 대해 많은 관심을 두고 있으며, 대규모화하는 자연재해의 피해도 물과 관련하여 발생하는 경우가 증가하고 있어 재해 예방으로서의 수리학의 비중도 더욱 증가하고 있다. 이러한 관점에서 물을 다루는 과학자 및 기술자들은 물의 성질, 정수역학, 동수역학, 관수로 및 개수로 흐름의 원리의 이해와 함께 이를 실생활에서 적용하여 물을 다양한 용도로 안전하게 이용하고, 피해를 방지할 수 있는 지식이 더욱 필요하게 되었다.

따라서 본서는 수리 및 수자원공학 분야를 처음 접하는 학생들이 수리학의 개념을 이해하고 이를 응용할 수 있도록 도움을 줄 뿐만 아니라 현재 실무에서 근무하고 있는 수공관련 기술자들에게도 수리학을 이해하고 실무적용에 도움이 되도록 준비하였다. 본서는 크게 기초편에 해당하는 1장~10장과 응용편에 해당하는 11장~15장으로 구성되어 있으며, 기초편에서는 수리학 전반에 걸친 다양한 분야에 대한 기초개념 및 이론을 소개하였고, 응용편에서는 기초편에서 소개한 개념과 이론을 바탕으로 실무설계에서 활용할 수 있는 내용들에 대해 설명을 하였다.

본서의 각 장별 내용을 개략적으로 소개하면 1장 물의 성질에서는 수리학의 소개 및 유체의 정의, 그리고 수리학에서 주로 다루는 물의 다양한 성질 중 점성, 밀도, 표면장력 및 모세관현상의 소개와 함께 수리학에서 취급하는 단위와 차원에 대해 설명을 하였다. 2장 정수역학에서는 정지하고 있는 물에 작용하는 다양한 수리학적 물리 현상인 정수압의 정의, 압력을 측정하기 위한 방법들, 깊이에 따른 압력의 변화, 수중의 물체에 작용하는 힘, 부력 및 부체의 안정, 그리고 상대적인 평형관계에 대해 소개하였다. 3장 동수역학에서는 움직이고 있는 물의 운동학 및 동수역학의 개념에 대해 소개하고, 운동학의 기본이 되는 흐름의 속도 및 가속도와 함께 검사체적에 대한 설명을 하고, 연속방정식, Bernoulli방정식 및 역적운동량방정식의 유도 및 응용문제 등에 대해 다루었다.

4장 관수로 흐름에서는 관수로 내 흐름의 층류와 난류의 특성인 마찰응력 및 유속분포와 함께 단일 관에서의 점성유체의 흐름 원리 및 이를 이용한 마찰로 인한 에너지 손실 및 관의 변화로 인한 미소손실 등에 대해 설명하였다. 5장 관수로 흐름해석에서는 4장에서 소개한 관수로 흐름의 기본 이론을 바탕으로 관수로 흐름해석 분류와 함께 실무에서 자주 접하는 단일관로 및 복합관로를 포함하는 관로시스템과 관망에서의 정상류 해석방법에 대해 소개하였다.

6장 개수로내 정상등류에서는 개수로 흐름의 기본 개념 및 흐름 상태의 분류와 함께 시간과 공간적으로 흐름의 특성이 변하지 않는 정상등류에 대한 소개를 하고, 정상등류의 경험공식 및 계산절차, 그리고 최적수리단면의 결정에 대해 설명하였다. 7장 개수로내 정상부등류에서는 시간적으로 변하지 않지만 공간적으로 변하는 정상부등류의 설명과 함께 정상부등류 해석에서 필요한 비에너지 및 비력에 대한 개념을 소개하고, 급변류 및 점변류에 대해 설명한 후, 점변류의 기본방정식 유도 및 수면곡선의 분류, 그리고 점변류의 계산절차에 대해 소개하였다.

8장 흐름 측정 및 분석에서는 실험실이나 현장에서 흐름 변수들을 측정하기 위한 기본 개념 및 기술과 함께 관수로에서의 압력, 유속 및 유량을 측정하기 위한 압력계, 피토관, 오리피스, 노즐, 벤츄리메터, 그리고 엘보우메터 등과 같은 장비에 대해 원리 및 적용방법을 소개하고, 위어, 수로 및 수문과 같은 개수로 흐름 측정과 관련된 구조물의 원리 및 측정방법을 소개한 후, 측정자료의 분석방법에 대해 설명하였다. 9장 지하수 흐름에서는 지하수의 생성과 성질, 피압대수층 및 비피압대수층에서의 지하수의 흐름 그리고 관정을 통한 지하수의 양수에 대해 설명하고, 지하수 함양 방법 및 해수의 침입 등에 대해 소개를 하였다. 10장 하천유사 및 안정설계에서는 하천에서의 유사의 거동에 대한 기본 개념 및 역학적인 관계, 그리고 발생 가능한 상황에 대한 예측 및 이에 대한 적절한 대책 등을 위한 하천형태, 유사의 기본 특성, 유사의 이동조건 및 하상의 안정설계 등에 대해 설명하였다.

11장 차원해석 및 상사이론에서는 수리학적 변수들의 관계를 맺어주기 위한 차원해석을 소개하고, 수공구조물의 이론적인 설계를 뒷받침하기 위한 수리모형실험의 기본이 되는 상사이론과 모형법칙의 개념을 설명하는 한편, 관수로 및 개수로의 수리실험 예를 소개하였다. 12장 수리구조물설계에서는 수리구조물의 분류와 함께 위어, 암거, 낙차공, 대공 및 보 등과 같은 주요 수리구조물에 대한 수리학적 설계방법을 설명하였다. 13장 댐 구조물 설계에서는 댐의 분류와 함께 댐의 안정해석, 여수로 및 수문에 대한 설계방법을 소개하고, 흐름에너지를 감소시키기 위한 감세수로의 부속구조물 및 도수에 대한 설명, 그리고 방류구조물에 대해 다루었다.

14장 하천 유사량 산정 및 분석에서는 하천을 통해 이동하는 소류사와 부유유사 및 총유사의 이론적인 산정방법과 함께 이들 유사량의 측정원리, 방법 및 측정도구에 대해서 소개를 하였으며, 측정된 유사의 분석방법에 대해 설명하였다. 15장 하천교량 세굴 분석에서는 하천을 통과하는 교량의 교대 및 교각에서의 홍수로 인한 세굴깊이를 산정하는 방법과 이에 대한 보강대책 등을 미국 연방고속도로국에서 제시하고 있는 방법을 기초로 소개하였다.

본서는 토목분야의 학부수준에서 물과 관련된 과목인 유체역학, 수리학, 하천공학, 수자원공학, 수공설계 등의 강의교재로 전부 또는 부분적으로 사용할 수가 있다. 유체역학인 경우 1장~8장에서 필요부분만 선택하여 강의할 수 있고, 수리학인 경우 보통 두 학기에 걸쳐 강의가 이루어지며 첫 번째 학기에서는 1장~5장, 두 번째 학기에서는 6장~10장에서 필요부분을 선택하여 강의할 수가 있다. 하천공학에서는 1장~3장, 6장, 7장, 10장에서 선택하여 강의할 수가 있으며, 수자원공학에서는 기초편(1장~10장) 및 응용편(11장~15장)에서 부분적으로 필요부분을 선택하여 강의할 수가 있다. 또한 대학원 과정의 설계관련 과목에서는 응용편의 내용들을 부분적으로 포함시켜 강의할 수가 있다.

본서의 이해를 돕기 위해 210여개의 예제를 새로 준비하였으며 복습을 위해 연습문제에도 예제와 같은 유형의 문제를 포함하여 420여개의 문제를 준비하여 연습문제 풀이집을 함께 출간하여 도움이 되도록 하였다.

저자의 짧은 지식과 경험으로 본서를 출간하여 매우 염려스러우며, 수리학 및 수자원공학 분야를 공부하는 후학 및 실무자들에게 조금이나마 도움이 된다면 무한한 영광이며 앞으로도 지속적으로 수정·보완할 계획이다.

본서가 출판되기까지 많은 협조와 배려를 해주신 구미서관의 임해진 사장님과 기인수 상무님, 그리고 편집 및 그림 작성에 수고를 많이 한 직원들의 노고에 감사를 드린다. 또한 자료정리에 수고를 많이 한 전주대학교 토목환경공학과 수자원연구실 학생들에게도 감사의 뜻을 전한다.

2007년 3월

이 재 수

CONTENTS

Chapter 1 물의 성질

Chapter 2 정수역학

Hydraulics

Chapter 3 동수역학

Chapter 4 관수로 흐름

Hydraulics

Chapter 5 관수로 흐름해석

Chapter 6 개수로내 정상등류

Chapter 7 개수로내 정상부등류

Chapter 8 흐름의 측정 및 분석

Chapter 9 지하수 흐름

Hydraulics

Chapter 10 하천유사 및 안정설계

Chapter 11 차원해석 및 상사이론

Chapter 12 수리구조물 설계

Hydraulics

Chapter 13 댐 및 부속구조물 설계

Chapter 14 하천유사량 산정 및 분석

Chapter 15 하천교량 세굴분석

참고문헌

부록

연습문제 정답

찾아보기

Hydraulics

Chapter 1 물의 성질

1.1 서론

수리학(hydraulics) 또는 수리공학(hydraulic engineering)은 유체(liquid) 특히 물의 역학을 다루는 분야로 물의 기본성질 및 물과 물체 간에 작용하는 힘뿐만 아니라 물과 관련된 구조물이나 시스템의 계획 및 설계를 연구하는 응용과학의 한 분야이다. 토목공학을 기초로 한 수리 및 수문(hydrology) 분야에서 치수 및 이수목적의 다양한 수리시스템의 계획 및 설계를 위해 수리학은 중요한 역할을 하고 있다.

수문분야에서는 과거의 홍수 및 강우자료 분석을 통해 설계 홍수량을 산정하여 치수구조물의 크기를 결정하거나, 유출량 분석을 통해 이수목적의 수자원량을 산정하게 된다. 수리분야에서는 이와 같은 설계 홍수량이나 수자원량에 대해 물과 접촉하는 댐의 여수로나 방류수로, 고속도로의 암거, 관개를 위한 인공수로, 취수를 위한 보, 안정하도유지시설, 침수방지를 위한 각종 배수시설, 화력발전소의 냉각수 시설 등 다양한 수리 구조물 및 시스템의 설계를 하게 된다.

본서에서는 이러한 수리시스템의 설계에 필요한 기본적인 수리역학, 관수로 및 개수로에서의 흐름 등에 대해 소개하고, 이를 바탕으로 다양한 수리시스템에 응용할 수 있는 방법을 소개하기로 하며, 먼저 본 장에서는 물의 기본적인 물리적 성질 및 단위에 대해 알아보기로 한다.

1.2 유체의 정의

유체역학(fluid mechanics)은 정지하고 있거나 움직이는 유체에 작용하는 힘을 다루는 학문이라 할 수 있다. 고체(solid)와는 달리 유체는 입자가 쉽게 움직이거나 상대적인 위치를 변화시킬 수 있는 물질이다. 다시 말하면 유체란 그림 1.2.1(a)와 같이 전단력(shear stress) F가 작용할 때 지속적으로 형태가 변하는 물질로 액체(liquid)와 기체(gas)가 유체에 속한다. 반면에 고체는 그림 1.2.1(b)와 같이 전단력이 작용하면 탄성한계(elastic limit)내에서 변형이 되지만 시간이 지나도 더 이상 변형되지는 않는다. 이와 같이 전단력이 작용할 때 유체의 운동이 지속되므로 유체를 전단력에 저항하지 못하는 물질로 정의하기도 한다.

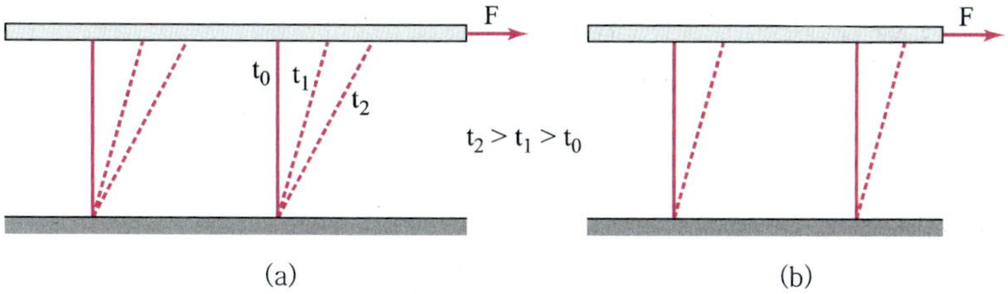

그림 1.2.1 유체(a) 및 고체(b)의 거동

유체의 변형율은 유체의 특성인 점성(viscosity)에 의해 가해진 전단력에 따라 변하게 된다. 따라서 꿀이나 차가운 기름 등과 같이 점성이 큰 액체는 전단력이 가해질 때 점성이 작은 물에 비해 천천히 움직이게 된다.

유체는 액체 및 기체로 구분한다. 액체는 분자간의 간격이 일정하므로 일정한 질량의 액체는 일정한 부피를 차지하게 된다. 따라서 액체를 용기에 부으면 그 부피에 상응하는 용기의 모양으로 변하게 된다. 고체의 분자도 일정한 간격을 가지고 있지만 특별한 격자형태로 배열되어 있어 움직임이 제한된다. 반면에 액체는 전단력이 가해지면 분자의 상대적인 위치가 쉽게 변하게 된다. 기체의 분자간격은 액체나 고체보다는 훨씬 넓으며 움직임이 활발하다. 따라서 기체를 용기에 채우면 용기 내에 가득 차게 된다. 기체 분자는 공간상에서 직선으로 움직이며 용기의 벽에 부딪치면 튀게 되고 분자끼리 만나면 굴절된다.

1.3 물의 상태변화

수리학에서는 액체 중 특히 물에 대해 다루고 있으므로 물의 상태변화에 대해 자세히 알아보기로 하자. 물은 조건에 따라 기체인 수증기, 액체인 물, 그리고 고체인 얼음으로 상태가 변하게 된다.

수증기는 대기에 다른 기체들과 함께 자유롭게 혼합되어 있는 무색, 무취의 가스이다. 대기의 99%를 구성하고 있는 산소 및 질소는 고체에서 액체 및 기체로의 상태변화가 −200℃ 정도의 극저온에서 이루어지게 된다. 하지만 수증기는 일상적으로 경험할 수 있는 온도 및 압력에서 상태의 변화가 이루어지게 된다.

물이 수증기로 변해 바다를 떠나 액체로 다시 돌아오는 것은 이러한 일상적인 온도에서 상태변화가 발생하기 때문이다. 물의 상태변화 과정에는 그림 1.3.1과 같이 열의 흡수 및 방출이 필요하다. 이러한 열에너지는 칼로리(cal)로 나타내며 1cal는 1g의 물을 1℃ 높이는데 필요한 열이다. 따라서 1g의 물에 10cal의 열을 가하게 되면 온도가 10℃ 올라간다.

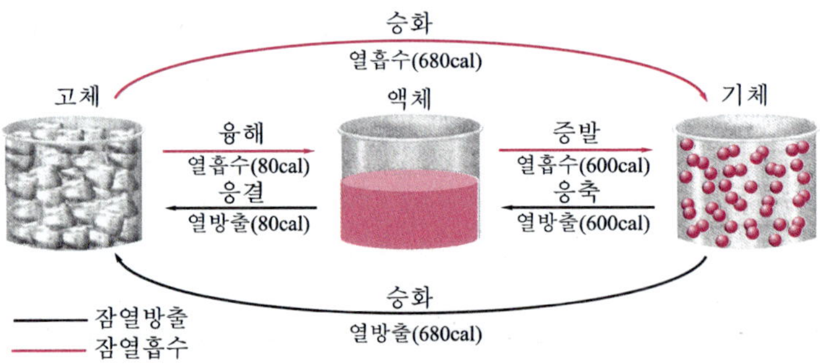

그림 1.3.1 물의 상태변화

어떤 조건하에서는 물질에 온도의 변화 없이 열을 가할 수가 있다. 불가능하게 생각될지 모르겠지만 상태의 변화시 어떠한 일이 발생하는지 생각해 보자. 예를 들어 온도가 0℃ 인 얼음물이 담겨있는 통에 열을 가해보자. 열을 계속 가하더라도 모든 얼음이 녹을 때 까지는 온도는 일정하게 유지되고 그 후 온도가 올라가게 된다.

얼음이 녹을 동안 가해진 열은 어디로 간 것인가? 이 경우 에너지는 얼음 결정의 내부구조를 교란시켜 물 분자가 주위로 자유롭게 움직이게 하는, 즉 얼음을 녹이는데 사용된 것이다. 이 열에너지는 온도의 변화와 관련이 없기 때문에 잠재열(latent heat)이라 부르며, 액체가 고체로 변하여 열을 방출하기 전까지는 쓸 수가 없는 열이다.

액체가 기체로 변하는 과정을 증발(evaporation)이라 하며 1g의 물을 수증기로 변화시키는데 약 600cal의 에너지가 필요하다. 증발하는 동안에 물 분자에 의해 흡수된 에너지는 물 분자가 액체표면을 이탈하여 수증기로 변하는데 사용된다. 이러한 에너지를 잠재기화열(latent heat of vaporization)이라 한다. 잠재기화열은 40℃ 까지는 다음 식으로부터 산정할 수 있다.

$$H_v = 597.3 - 0.564T \tag{1.3.1}$$

여기서 H_v는 잠재기화열(cal/g), T는 온도(℃)이다.

증발과정 동안에 표면을 이탈하는 것은 가장 높은 온도(가장 빨리 움직이는)의 물 분자이다. 그 결과 남아 있는 물의 평균 분자운동(온도)은 감소하고 냉각효과를 나타내게 된다. 이러한 이유로 증발을 냉각과정이라 표현하기도 하며, 이러한 냉각 효과를 수영장이나 목욕탕에서 젖은 채 나올 경우 경험할 수 있다.

응축(condensation)은 수증기가 액체상태로 변하는 과정이다. 응축이 일어나기 위해서 물 분자는 증발할 때 흡수한 것과 같은 크기의 저장된 에너지를 방출해야 한다. 이와 같이 응축이 일어날 때 방출하는 에너지를 잠재응축열(latent heat of condensation)이라 한다. 방출된 에너지는 격렬한 기상을 초래하고 적도해양에서 극지방으로 거대한 양의 열을 이동시키는데 중요한 역할을 한다. 대기에서 응축이 발생할 때 안개와 구름이 형성된다. 융해(melting)는 고체가 액체로 변하는 과정으로 1g의 얼음을 물로 변화시키는데 약 80cal의 에너지를 흡수하는데 이를 잠재융해열(latent heat of melting)이라 한다. 이와 반대의 과정을 응결(freezing)이라 하고 1g의 물이 얼음으로 변하는데 80cal의 에너지를 방출한다.

그림 1.3.1에 나타낸 마지막 과정은 승화(sublimation과 deposition)로 승화(sublimation)는 고체로부터 액체상태를 거치지 않고 직접 기체상태로 변하는 것이다. 이러한 현상은 무대에서 안개나 연기를 만들기 위해 드라이아이스를 이용하는 경우 볼 수 있다. 이와 반대로 기체에서 직접 고체로 변하는 과정도 승화(deposition)라 한다. 이러한 경우는 겨울철에 잔디나 창문과 같이 차가운 곳에 수증기가 달라붙어 서리가 되는 경우라 할 수 있다.

그림 1.3.2(a)처럼 밀폐된 용기에 절반은 물로, 그리고 나머지 절반은 건조한 공기를 채워 놓자. 처음에는 물 표면으로부터 증발이 일어나 물 분자가 수증기로 변하여 공기 중에 존재하게 된다. 증발 초기 단계에서는 수증기량이 작기 때문에 응축이 별로 발생하지 않아 증발율이 응축율보다는 크다(그림 1.3.2(b)). 따라서 수증기의 양이 점차 증가하게 된다. 하지만 수증기의 양이 증가함에 따라 응축율도 증가하게 되고 결국 물 표면에는 응축율과 증발율이 같을 정도로 수증기의 양이 충분해지게 된다. 이때 증발과 응축이 서로 상쇄되어 물표면 위의 수증기의 양은 일정하게 되며 이러한 평형상태를 포화(saturation)라 한다.

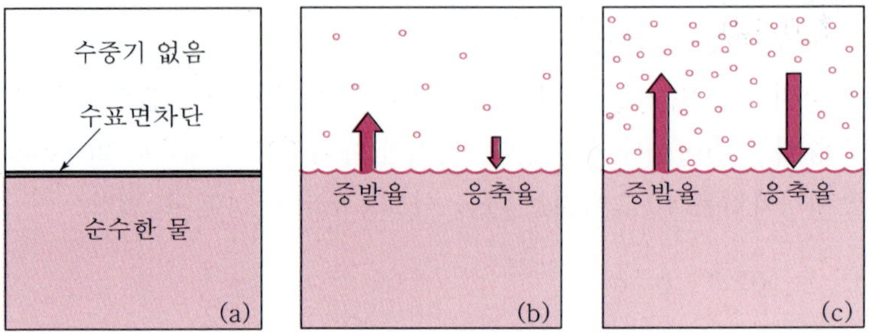

그림 1.3.2 증발, 응축 및 포화관계

예제 1.1

온도 32℃에서 물 50L가 증발하는데 필요한 열량을 계산하라.

풀이

32℃에서의 물 1g을 증발시키는데 필요한 열인 잠재기화열은

$$H_v = 597.3 - 0.564T = 597.3 - 0.564 \times 32 = 579.25\text{cal/g}$$

물 1L는 1,000g이므로 50L는 50,000g이다. 따라서, $579.25 \times 50{,}000 = 2.896 \times 10^7\text{cal}$

1.4 차원 및 단위

1.4.1 차원

유체역학 및 수리학에서는 유체의 다양한 특성에 대해 다루기 때문에 정성적(qualitative) 및 정량적(quantitative)으로 이들 특성을 나타내기 위한 체계가 필요하다. 정성적인 면에서는 길이, 시간, 속도와 같은 특성의 본질 및 형태를 정의하고, 정량적인 면에서는 이러한 특성들의 수치적인 크기를 제공한다.

정량적인 표현은 다양한 물리량을 비교할 수 있는 숫자(number)와 기준(standard)을 필요로 한다. 길이에 대한 기준은 m 또는 ft, 시간은 hr 또는 sec, 그리고 질량은 kg_o 또는 slug를 사용할 수가 있다.

이러한 기준을 단위(unit)라 부르며 후술할 몇 가지의 단위체계가 사용되고 있다. 정성적인 표현은 일반적으로 길이 L, 시간 T, 질량 M, 그리고 온도 θ와 같은 기본량(primary quantity)으로 나타내게 된다. 이러한 기본량들은 다른 물리량(secondary quantity)을 표현하는데 사용된다. 예를 들어 면적은 $[L^2]$, 속도는 $[LT^{-1}]$, 밀도는 $[ML^{-3}]$ 등으로 나타낼 수가 있으며 여기서 $[\cdot]$는 기본량으로 나타낸 물리량의 차원(dimension)을 의미한다. 따라서 기본량은 기본차원(basic dimension)으로 나타내고 이를 1차량이라 하며, 이를 이용하여 나타낸 물리량을 2차량이라 한다.

유체역학 또는 수리학에서 다루고 있는 다양한 문제에서 오직 세 가지의 기본차원, 즉 길이 [L], 시간 [T], 그리고 질량 [M]만이 필요하다. 이와 같은 차원으로 나타낸 차원을 [MLT]계 차원이라 한다. 또한 질량 [M] 대신 힘 [F]를 사용하여 나타낸 차원을 [FLT]계 차원이라 하며 힘은 질량에 가속도를 곱한 것과 같다는 뉴턴의 운동법칙 $F = m\alpha$를 이용하여 [MLT]계와 [FLT]계 사이의 변환을 할 수가 있다.

$$[F] = [M][LT^{-2}] = [MLT^{-2}] \tag{1.4.1}$$

따라서

$$[M] = [FL^{-1}T^2] \tag{1.4.2}$$

예를 들어, 응력 σ는 단위면적당 작용하는 힘이므로 $[\sigma] = [FL^{-2}]$로 나타낼 수가 있으며 이는 힘이 사용되고 있으므로 [FLT]계 차원이다. 이를 질량이 포함된 [MLT]계 차원으로 변환하면 [F] 대신에 $[MLT^{-2}]$를 사용하여 $[\sigma] = [ML^{-1}T^{-2}]$로 표현되게 된다. 표 1.4.1은 다양한 물리량을 [MLT]계 및 [FLT]계 차원으로 나타내고 있다.

표 1.4.1 각 물리량에 대한 차원

물리량	FLT계	MLT계	물리량	FLT계	MLT계
가속도	LT^{-2}	LT^{-2}	운동량	FT	MLT^{-1}
각도	$F^0L^0T^0$	$M^0L^0T^0$	동력	FLT^{-1}	ML^2T^{-3}
각가속도	T^{-2}	T^{-2}	압력	FL^{-2}	$ML^{-1}T^{-2}$
각속도	T^{-1}	T^{-1}	비열	$L^2T^{-2}\theta^{-1}$	$L^2T^{-2}\theta^{-1}$
면적	L^2	L^2	단위중량	FL^{-3}	$ML^{-2}T^{-2}$
밀도	$FL^{-4}T^2$	ML^{-3}	변형(Strain)	$F^0L^0T^0$	$M^0L^0T^0$
에너지	FL	ML^2T^{-2}	응력	FL^{-2}	$ML^{-1}T^{-2}$
힘	F	MLT^{-2}	표면장력	FL^{-1}	MT^{-2}
빈도	T^{-1}	T^{-1}	온도	θ	θ
열	FL	ML^2T^{-2}	시간	T	T
길이	L	L	토크(Torque)	FL	ML^2T^{-2}
질량	$FL^{-1}T^2$	M	속도	LT^{-1}	LT^{-1}
탄성계수	FL^{-2}	$ML^{-1}T^{-2}$	점성계수	$FL^{-2}T$	$ML^{-1}T^{-1}$
모멘트	FL	ML^2T^{-2}	동점성계수	L^2T^{-1}	L^2T^{-1}
관성모멘트(면적)	L^4	L^4	부피	L^3	L^3
관성모멘트(질량)	FLT^2	ML^2	일 또는 에너지	FL	ML^2T^{-2}

예제 1.2

단위중량의 차원을 [MLT]계 및 [FLT]계로 나타내시오.

풀이

단위중량 γ는 무게/체적이므로

[FLT]계에서는

$$[\gamma]=[F]/[L^3]=[FL^{-3}]$$

[MLT]계에서는 Newton의 운동법칙에 의해 $[F]=[MLT^{-2}]$이므로

$$[\gamma]=[MLT^{-2}][L^{-3}]=[ML^{-2}T^{-2}]$$

1.4.2 차원의 동차성

이론적으로 유도된 모든 식들은 차원적으로 동차성(homogeneity)을 가지고 있다. 즉, 식의 왼쪽항의 차원과 오른쪽 항의 차원이 반드시 같아야 하며 모든 덧셈으로 표현된 각 항은 같은 차원을 나타내야 한다. 일반적으로 물리현상을 나타내는 모든 식들에서의 차원이 동차성을 가지고 있다고 기본적으로 가정하게 된다. 만일 그렇지 않다면 서로 다른 물리량을 비교하거나 더할 수도 있게 되며 이는 오류를 초래하게 된다. 예를 들어 균일한 가속도를 받고 있는 물체의 속도 V는 다음과 같다.

$$V = V_0 + \alpha t \tag{1.4.3}$$

여기서 V_0는 초기속도, α는 가속도, 그리고 t는 시간 간격을 나타낸다. 윗 식을 차원으로 나타내면 다음과 같고 차원의 동차성을 보여주고 있다.

$$[LT^{-1}]=[LT^{-1}]+[LT^{-1}]$$

일부 식들은 계수에 차원이 포함된 상태로 표현할 수 있다. 예를 들어 자유낙하 하는 물체의 낙하거리 d는 다음과 같이 나타낸다.

$$d=\frac{gt^2}{2}=4.9t^2 \tag{1.4.4}$$

식 (1.4.4)가 동차성을 만족한다면 계수 4.9에는 $[LT^{-2}]$라는 차원이 포함되어야 함을 알 수가 있다. 사실 식 (1.4.4)는 자유물체의 낙하거리를 나타내는 식의 특별한 표현으로 중력가속도 $g=9.8\text{m/sec}^2$을 고려할 때 m와 sec 단위를 사용할 경우 적용할 수가 있다. 이와 같이 특정한 단위계에만 적용할 수 있는 식을 제한동차식(restricted homogeneous equation)이라 하고, 모든 단위계에서 적용할 수 있는 식을 일반동차식(general homogeneous equation)이라 한다.

예제 1.3

관수로 또는 개수로를 통해 흐르는 유량이 다음과 같이 표현될 때 차원의 동차성을 보여라.

$$Q = AV$$

여기서 A는 통수 단면적, V는 유속이다.

풀이

유량 Q는 체적/시간이므로 $[Q] = [L^3T^{-1}]$이고, 면적 $[A] = [L^2]$, 유속 $[V] = [LT^{-1}]$이므로

$$[L^3T^{-1}] = [L^2][LT^{-1}] = [L^3T^{-1}]$$

따라서 차원의 동차성이 성립함을 알 수 있다.

1.4.3 단위계

다양한 물리량들의 정성적인 표현 이외에 특정 물리량의 정량적인 크기를 나타낼 필요가 있다. 예를 들어, 연필의 길이를 측정하고 이를 나타낼 때 10단위 길이라고 표현하면 이 단위의 크기가 어느 정도인지 정의를 하기 전에는 연필의 크기를 구체적으로 알 수가 없다. 만일 길이의 단위를 cm로 나타내고 표준길이로 cm를 정의하면 길이에 대한 단위계가 수립되게 된다. 길이 외에 다른 기본물리량, 즉 힘, 질량, 시간 및 온도 등의 단위계들도 설정되어야 한다. 이러한 단위계에는 영국단위제(British unit system), 미터단위제(Metric unit system), 그리고 국제단위제(International unit system)로 구분할 수 있다.

1) 영국단위제

영국단위제에서는 절대단위계 [MLT]인 경우 기본 단위로 질량 lb_o(pound mass), 길이 ft(foot), 그리고 시간 sec(second)를 사용하고 있다. 이 단위계에서는 힘의 기본단위로 poundal을 사용하며 뉴턴의 제2법칙에 의해 1poundal의 힘의 크기는 $1lb_o$의 질량에 $1ft/sec^2$의 가속도가 생기게 하는 힘을 의미한다. 즉,

$$1\text{poundal} = 1lb_o \times 1ft/sec^2 = 1lb_o \cdot ft/sec^2$$

공학단위계 [FLT]인 경우 기본단위로 질량 lb_o 대신 힘 lb(pound force)를 사용하고 길이 ft와 시간 sec는 동일하다. 이 단위계에서는 힘 1lb는 $1lb_o$의 질량에 $32.2ft/sec^2$의 가속도가 생기게 하는 힘을 의미한다. 즉,

$$1lb = 1lb_o \times 32.2ft/sec^2 = 32.2lb_o \cdot ft/sec^2 = 1slug \cdot ft/sec^2$$

2) 미터단위제

미터단위제에서는 절대단위계 [MLT]인 경우 기본 단위로 질량 g_o, 길이 cm, 그리고 시간 sec를 사용하고 있으며 CGS단위계로도 불린다. 이 단위계에서는 힘의 기본단위로 dyne을 사용하며 이때 1dyne의 힘의 크기는 $1g_o$의 질량에 $1cm/sec^2$의 가속도가 생기게 하는 힘을 의미한다. 즉,

$$1dyne = 1g_o \times 1cm/sec^2 = 1g_o \cdot cm/sec^2$$

공학단위계 [FLT]인 경우 기본단위로 질량 g_o 대신 힘 kg을 사용하고 길이 m, 시간 sec를 사용하고 있으며 MKS단위계로도 불린다. 우리나라의 대부분의 공학에서 이 단위계를 사용하고 있으며 본서에서도 이 단위계를 기준으로 사용하기로 한다. 이 단위계에서는 힘 1kg은 $1kg_o$의 질량에 $9.8m/sec^2$의 가속도가 생기게 하는 힘을 의미한다. 즉,

$$1kg = 1kg_o \times 9.8m/sec^2 = 9.8\,kg_o \cdot m/sec^2$$
$$= 0.98 \times 10^6 g_o \cdot cm/sec^2 = 0.98 \times 10^6 dyne$$

3) 국제단위제

국제단위제(SI)는 1960년 제11차 국제도량형총회에서 다양한 단위제를 통일시키기 위해 채택된 단위제로 세계 많은 나라에서 사용하고 있다. 이 단위제에서는 미터제에 기본을 두고 있지만, 힘 대신 질량을 사용하는 [MLT]계 단위를 사용하고 있다. SI제에서 기본 단위로 질량 kg_o, 길이 m, 그리고 시간 sec를 사용하고 있다. 이 단위계에서는 힘의 기본단위로 N(Newton)을 사용하며, 이때 1N의 힘의 크기는 $1kg_o$의 질량에 $1m/sec^2$의 가속도가 생기게 하는 힘을 의미한다. 즉,

$$1N = 1kg_o \times 1m/sec^2 = 1kg_o \cdot m/sec^2 = 10^5 g_o \cdot cm/sec^2 = 10^5 dyne$$

$$1kg = 9.8kg_o \cdot m/sec^2 = 9.8\,N$$

이와 같은 단위제를 정리하면 표 1.4.2와 같다.

표 1.4.2 단위제

단위제(Unit System)		질량(M)	길이(L)	시간(T)	힘(F)	단위
영국단위제	절대단위계	lb_o	ft	sec	poundal	$1poundal = 1lb_o \cdot ft/sec^2$
	공학단위계	lb_o	ft	sec	lb	$1lb = 32.2lb_o \cdot ft/sec^2$
미터단위제	절대단위계	g_o	cm	sec	dyne	$1dyne = 1g_o \cdot cm/sec^2$
	공학단위계	kg_o	m	sec	kg	$1kg = 9.8kg_o \cdot m/sec^2$
국제단위제	절대단위계	kg_o	m	sec	Newton	$1N = 1kg_o \cdot m/sec^2$

예제 1.4

중력가속도를 미터제로 나타내면 9.8m/sec^2이다. 이를 영국단위제로 나타내라.

풀이

1m는 3.2808ft이므로

$$g = 9.8\text{m/sec}^2 = \frac{9.8\text{m} \times 3.2808\text{ft}}{1\text{m} \times \text{sec}^2} = 32.1518\text{ft/sec}^2$$

1.5 점성

점성(viscosity)은 유체에 전단응력(shear stress)이 작용할 때 변형에 저항하는 정도를 나타내는 물의 성질을 말한다. 점성은 보통 농도(thickness) 또는 흐름의 저항으로 인식할 수 있다. 점성은 유체의 흐름에 대한 내부 저항을 나타내며 유체의 마찰을 나타내는 척도로 생각할 수 있다. 따라서, 물은 낮은 점성을 가진 반면 기름은 높은 점성을 가지고 있으며, 유리는 과냉각(super-cooled)된 액체로서 매우 높은 점성을 가진 유체로 간주할 수가 있다.

1.5.1 Newton의 이론

고체에 전단응력이 작용할 때 고체는 작용된 전단력과 변형으로 인해 발생한 반대방향의 힘이 균형을 이룰 때, 즉 평형(equilibrium)상태가 될 때까지 변형되게 된다. 하지만 물과 같은 유체에 전단응력이 작용하게 되면 유체는 흐르며, 응력이 작용하는 한 지속적으로 흐르게 된다. 응력이 제거되면 일반적으로 에너지의 내부소실로 인해 흐름은 감소하게 된다. 유체의 농도가 진할수록, 즉 점성이 클수록 전단응력에 대한 저항은 증가하며 흐름은 더욱 급속히 감소하게 된다.

일반적인 흐름에서 유체의 각 층마다 서로 다른 속도로 움직이며 이러한 층 사이의 작용된 힘에 반대방향으로 작용하는 전단응력으로부터 유체의 점성 정도가 나타나게 된다. 그림 1.5.1은 두 평판사이의 유체의 전단응력을 보여주고 있으며, 유체와 움직이는 경계 사이의 마찰이 유체의 전단응력을 발생시키고 있다. 이러한 움직임에 필요한 힘이 유체의 점성을 나타내는 척도가 된다.

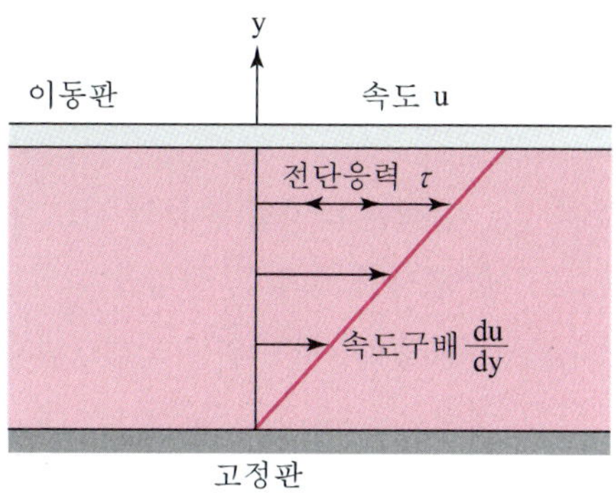

그림 1.5.1 두 평판 사이의 흐름

Newton은 직선적이고 평행한 등류의 흐름에 대해 층간의 전단응력 τ가 층과 수직인 방향의 속도구배 또는 각변형율(velocity gradient) du/dy와 비례한다고 가정하였다. 즉, 층간의 상대적인 움직임을 다음과 같이 나타내었다.

$$\tau = \mu \frac{du}{dy} \tag{1.5.1}$$

여기서 비례상수 μ를 점성(viscosity)계수라 한다. 물 및 대부분의 기체와 같은 유체들이 뉴턴의 위와 같은 기준을 만족하며, 이러한 유체를 뉴턴유체(Newtonian fluids)라 한다. 그렇지 않은 유체를 비뉴턴유체(Non-Newtonian fluids)라 하며 전단응력과 각변형율간에 단순 선형 이상의 복잡한 관계를 보여준다. 대부분의 경우 점성 μ와 흐름의 밀도 ρ로 나타내는 관성력과의 비로 나타내기도 하는데 이러한 비를 동점성계수(kinematic viscosity) ν라 한다.

$$\nu = \frac{\mu}{\rho} \tag{1.5.2}$$

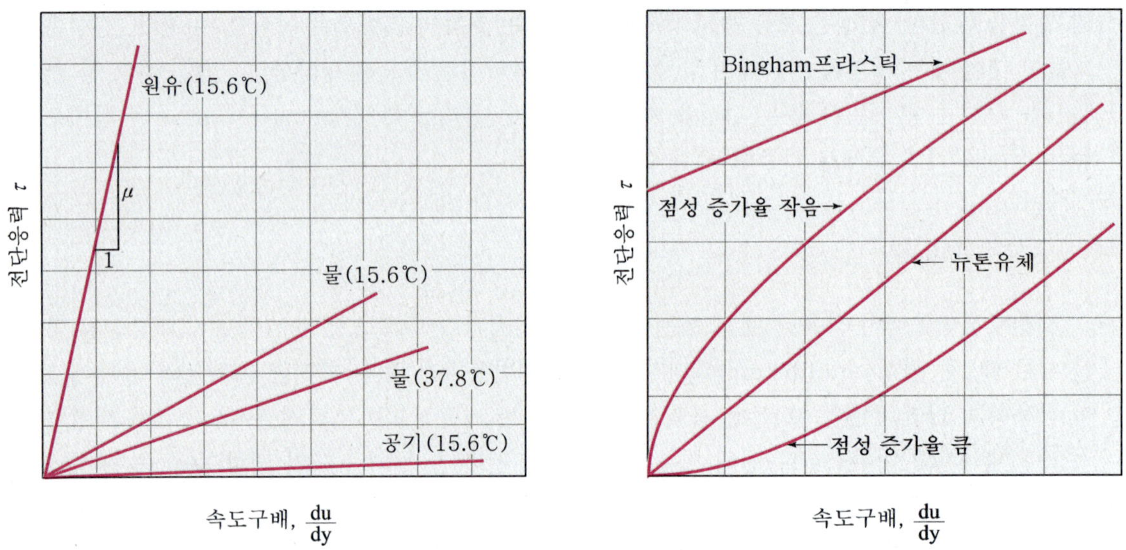

그림 1.5.2 뉴턴유체 및 비뉴턴유체

1.5.2 점성의 단위

점성은 다양한 종류의 점도계(viscometer)를 이용하여 측정할 수가 있다. 뉴턴유체는 다양한 각변형율에 대해 일정한 점성을 나타내는 반면 비뉴턴유체는 일정한 점성을 보이지 않게 된다.

점성계수의 단위는 국제단위제(SI)에서는 $P_a \cdot sec$, $N \cdot sec/m^2$ 또는 $kg_o/m \cdot sec$로 나타내고 공학단위계에서는 $kg \cdot sec/m^2$으로, 영국단위제에서는 $lb \cdot sec/ft^2$으로 나타낸다. CGS 물리단위계에서는 점성계수를 Jean Louis Marie Poiseuille의 이름을 따 poise(P)로 나타낸다. IP는 전단응력이 $\tau = 1dyne/cm^2$,

각변형율이 $du/dy = 1/\mathrm{sec}$일 때의 점성계수를 의미하며 IP는 100centipoise(cP)로 다음과 같다.

$$
\begin{aligned}
1\mathrm{P} &= 1\mathrm{dyne}\cdot\mathrm{sec/cm^2} = 0.00102\mathrm{g}\cdot\mathrm{sec/cm^2} = 0.0102\mathrm{kg}\cdot\mathrm{sec/m^2} \\
&= 1\mathrm{g_o/sec{\cdot}cm} = 0.1\mathrm{P_a{\cdot}sec} = 100\mathrm{cP}
\end{aligned}
$$

동점성계수 ν는 $\mathrm{m^2/sec}$, $\mathrm{cm^2/sec}$ 또는 $\mathrm{ft^2/sec}$로 표시하는데 George Gabriel Stokes의 이름을 따 stokes(S) 또는 centistokes(cS) 단위를 사용하기도 한다.

$$
1\mathrm{S} = 1\mathrm{cm^2/sec} = 0.0001\mathrm{m^2/sec} = 100\mathrm{cS}
$$

기체의 점성은 흐름의 층 사이에 운동량을 전달하는 분자확산(molecular diffusion)에 의해 발생하게 된다. 즉, 분자간의 충돌로 인해 점성이 생기고 따라서 온도가 상승하면 분자간의 운동이 더욱 활발하고 충돌도 왕성해지므로 점성이 증가하게 된다. 그러므로 기체인 경우 온도가 상승하면 점성계수도 증가한다. 액체인 경우는 액체분자간의 응집력에 의해 점성이 발생하게 된다. 따라서 액체인 경우 온도가 증가하면 분자간의 응집력은 감소하게 되고 따라서 점성계수도 작아지게 된다.

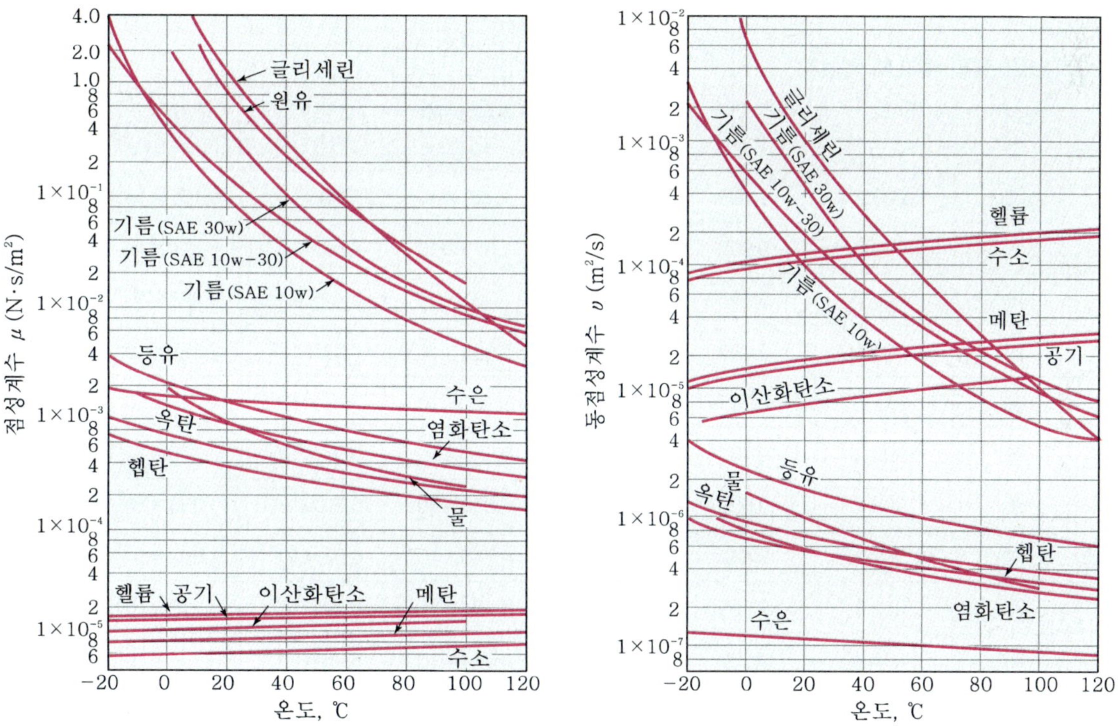

그림 1.5.3 물 및 다른 유체의 점성계수 및 동점성계수

물의 점성계수 μ를 구하는 Poiseuille의 실험식은 다음과 같다.

$$\mu = \frac{0.01779}{1+0.03368t+0.00022099t^2}(g_0/cm \cdot sec) \tag{1.5.3}$$

여기서 t는 물의 온도(0℃ < t < 50℃)이다.

예제 1.5

어떤 액체의 점성계수가 $0.65 \times 10^{-3} kg_o/m \cdot sec$이고, 비중이 0.88일 때 액체의 동점성계수를 구하고 centistokes 단위로 나타내라.

풀이

동점성계수는 정의에 의하면 $\nu = \mu/\rho$이므로

$$\nu = \frac{\mu}{\rho} = \frac{0.65 \times 10^{-3} kg_o}{m \times sec} \times \frac{m^3}{0.88 \times 1{,}000 kg_o} = 7.39 \times 10^{-7} m^2/sec = 0.739\, centistokes$$

표 1.5.1 물의 물리적 특성치

온도 (℃)	밀도 ρ (kg_o/m^3)	단위중량 γ (kN/m^3)	점성계수 μ $(N \cdot s/m^2)$	동점성계수 ν (m^2/s)	표면장력 σ (N/m)	증기압 p_v $[N/m^2(abs)]$	음속 c (m/s)
0	999.9	9.806	1.787×10^{-3}	1.787×10^{-6}	7.56×10^{-2}	6.105×10^{2}	1403
5	1000.0	9.807	1.519×10^{-3}	1.519×10^{-6}	7.49×10^{-2}	8.722×10^{2}	1427
10	999.7	9.804	1.307×10^{-3}	1.307×10^{-6}	7.42×10^{-2}	1.228×10^{3}	1447
20	998.2	9.789	1.002×10^{-3}	1.004×10^{-6}	7.28×10^{-2}	2.338×10^{3}	1481
30	995.7	9.765	7.975×10^{-4}	8.009×10^{-7}	7.12×10^{-2}	4.243×10^{3}	1507
40	992.2	9.731	6.529×10^{-4}	6.580×10^{-7}	6.96×10^{-2}	7.376×10^{3}	1526
50	988.1	9.690	5.468×10^{-4}	5.534×10^{-7}	6.79×10^{-2}	1.233×10^{4}	1541
60	983.2	9.642	4.665×10^{-4}	4.745×10^{-7}	6.62×10^{-2}	1.992×10^{4}	1552
70	977.8	9.589	4.042×10^{-4}	4.134×10^{-7}	6.44×10^{-2}	3.116×10^{4}	1555
80	971.8	9.530	3.547×10^{-4}	3.650×10^{-7}	6.26×10^{-2}	4.734×10^{4}	1555
90	965.3	9.467	3.147×10^{-4}	3.260×10^{-7}	6.08×10^{-2}	7.010×10^{4}	1550
100	958.4	9.399	2.818×10^{-4}	2.940×10^{-7}	5.89×10^{-2}	1.103×10^{5}	1543

표 1.5.2 공기의 물리적 특성치

온도 (℃)	밀도 ρ (kg_o/m^3)	단위중량 γ (kN/m^3)	점성계수 μ ($N \cdot s/m^2$)	동점성계수 ν (m^2/s)	표면장력 σ (N/m)	증기압 p_v [N/m^2(abs)]
-40	1.514	14.85	1.57×10^{-5}	1.04×10^{-5}	1.401	306.2
-20	1.395	13.68	1.63×10^{-5}	1.17×10^{-5}	1.401	319.1
0	1.292	12.67	1.71×10^{-5}	1.32×10^{-5}	1.401	331.4
5	1.269	12.45	1.73×10^{-5}	1.36×10^{-5}	1.401	334.4
10	1.247	12.23	1.76×10^{-5}	1.41×10^{-5}	1.401	337.4
15	1.225	12.01	1.80×10^{-5}	1.47×10^{-5}	1.401	340.4
20	1.204	11.81	1.82×10^{-5}	1.51×10^{-5}	1.401	343.3
25	1.184	11.61	1.85×10^{-5}	1.56×10^{-5}	1.401	346.3
30	1.165	11.43	1.86×10^{-5}	1.60×10^{-5}	1.400	349.1
40	1.127	11.05	1.87×10^{-5}	1.66×10^{-5}	1.400	354.7
50	1.109	10.88	1.95×10^{-5}	1.76×10^{-5}	1.400	360.3
60	1.060	10.40	1.97×10^{-5}	1.86×10^{-5}	1.399	365.7
70	1.029	10.09	2.03×10^{-5}	1.97×10^{-5}	1.399	371.2
80	0.9996	9.803	2.07×10^{-5}	2.07×10^{-5}	1.399	376.6
90	0.9721	9.533	2.14×10^{-5}	2.20×10^{-5}	1.398	381.7
100	0.9461	9.278	2.17×10^{-5}	2.29×10^{-5}	1.397	386.9
200	0.7461	7.317	2.53×10^{-5}	3.39×10^{-5}	1.390	434.5
300	0.6159	6.040	2.98×10^{-5}	4.84×10^{-5}	1.379	476.3
400	0.5243	5.142	3.32×10^{-5}	6.34×10^{-5}	1.368	514.1
500	0.4565	4.477	3.64×10^{-5}	7.97×10^{-5}	1.357	548.8
1000	0.2772	2.719	5.04×10^{-5}	1.82×10^{-4}	1.321	694.8

1.6 물의 밀도, 단위중량 및 비중

1.6.1 물의 밀도

밀도(density)란 단위체적 안에 포함된 물의 질량을 말하며 비질량(specific mass)이라고도 한다. 밀도의 크기는 단위 체적공간 내에 포함된 물 분자의 수에 의해 결정되게 된다. 밀도는 물론 분자의 규모와 수소결합정도에 의해 결정되는데, 수소결합은 온도와 압력에 따라 변하게 된다. 물은 특이한 분자구조와 물이 고체 상태로 있을 때의 분자구조의 변화로 인해 얼게 되면 팽창하는 얼마 되지 않는 물질 중의 하나이다. 견고한 용기 안에서 물이 얼 때 팽창함으로서 용기 내에 응력이 작용하게 된다. 이러한 응력으로 인해 암석이 침식되고 관거나 구조물들이 피해를 입게 된다.

어떤 물체의 질량을 m, 부피를 V라 하면 밀도 ρ는 다음과 같다.

$$\rho = \frac{m}{V} \tag{1.6.1}$$

밀도의 단위는 g_o/cm^3, kg_o/m^3, lb_o/ft^3, 그리고 $slugs/ft^3$으로 나타내는데 slugs는 1lb의 힘으로

표 1.6.1 온도별 물의 밀도변화

온도(℃)	밀도(g_o/cm^3)	온도(℃)	밀도(g_o/cm^3)	온도(℃)	밀도(g_o/cm^3)
−13	0.99693	6	0.99997	60	0.98324
−10	0.99794	8	0.99988	70	0.97781
−5	0.99918	10	0.99973	80	0.97183
0_{ice}	0.91700	20	0.99823	90	0.96534
0_{water}	0.99987	30	0.99568	100	0.95858
2	0.99993	40	0.99225		
4	1.00000	50	0.98807		

$1\,ft/sec^2$의 가속도가 생기도록 하는 물체의 질량으로 $1slug = 1lb \cdot sec^2/ft$이다. 물은 약 3.98℃에서 밀도가 최대가 된다. 표 1.6.1은 온도변화에 따른 물의 밀도를 나타내고 있다.

표 1.6.1에서 보는 바와 같이 0℃에서의 물과 얼음의 밀도가 같지 않다. 이러한 이유로 얼음이 물위에 떠 있게 된다. 일반적으로 모든 물질은 온도가 떨어지면 부피가 줄어들고 밀도가 커지는 성질이 있다. 그러나 물은 이 성질을 따르지 않고 특이하게 행동한다. 보통 기압 아래에서 물의 밀도는 100℃에서 $1cm^3$당 $0.958g_o$이며, 온도가 내려가면 밀도는 커져서 온도가 4℃가 될 때 밀도는 $1cm^3$당 $1g_o$으로 커진다. 즉, 높은 온도에서 4℃까지는 물도 일반 물질과 같이 온도가 떨어지면 부피가 줄어들고 밀도가 커진다는 성질을 보여주고 있다. 그러나 4℃ 이하에서는 그렇지 않다. 온도가 4℃보다 낮아지면 물의 밀도는 커지기는 커녕 오히려 작아지고, 부피는 줄지 않고 증가한다. 그리고 물이 액체에서 고체 (얼음)로 바뀌는 0℃에서는 밀도가 약 8%정도 급격히 줄어드는 변화가 일어난다. 따라서 얼음은 물보다 그만큼 가벼워져서 물위에 뜨게 되는 것이다. 표 1.6.2는 주요 물질들에 대한 밀도를 나타내고 있다.

물의 밀도는 압력에 따라 변하지만 모든 수리학적인 관점에서는 무시한다. 즉, 물은 강철에 비해 약 100배 이상 압축성을 가지고 있지만 일반적으로 비압축성으로 간주한다. 하지만 물속에서의 급격한 파동, 즉 수격작용(water hammer)이나 깊은 피압대수층(confined aquifer)으로부터의 지하수의 양수(pumping)와 같은 상황에서는 물의 압축성을 고려할 필요가 있다.

표 1.6.2 주요 물질의 밀도

액체		고체		기체	
종류	밀도(g_o/cm^3)	종류	밀도(g_o/cm^3)	종류	밀도(g_o/cm^3)
물(4℃)	1.000	얼음(0℃)	0.92	공기	0.001293
물(20℃)	0.998	마그네슘	1.7	이산화탄소	0.001977
가솔린	0.70	알루미늄	2.7	일산화탄소	0.00125
수은	13.6	구리	8.3~9.0	수소	0.00009
우유	1.03	금	19.3	헬륨	0.000178
		철	7.3	질소	0.001251
		납	11.3		

1.6.2 물의 단위중량

물의 단위중량(specific weight)은 물의 단위부피당 무게로 다음과 같이 나타낸다.

$$\gamma = \frac{W}{V} = \frac{mg}{V} = \rho g \tag{1.6.2}$$

단위중량의 단위는 g/cm^3, kg/m^3 또는 lb/ft^3을 사용한다. 중력가속도가 일정하므로 단위중량은 밀도와 마찬가지로 약 4℃ 일 때 가장 크며 $1g/cm^3$ ($1{,}000kg/m^3$, $62.4lb/ft^3$)을 나타낸다. 해수인 경우 염분을 포함하고 있기 때문에 깨끗한 물인 경우에 비해 밀도가 약 3%가 크다. 따라서 해수의 단위중량도 깨끗한 물보다는 다소 커 $1.025g/cm^3$ ($1{,}025kg/m^3$, $64.0lb/ft^3$)를 나타낸다.

1.6.3 비중

물체의 비중(specific gravity)은 어떤 물체의 단위중량과 순수한 물 4℃ 일 때 단위중량의 비, 즉 물을 기준으로 하여 다른 물체와 비교한 것으로 순수한 물 4℃ 일 때 물의 비중은 1.0이다.

$$S = \frac{W}{W_w} = \frac{\gamma}{\gamma_w} = \frac{\rho}{\rho_w} \tag{1.6.3}$$

비중을 측정하려면 부피가 정확히 알려진 눈금의 용기를 선택하여 빈 용기 자체의 무게를 측정한 후 기록하고 다음에 비중을 조사할 액체를 채운 후 무게를 측정 기록하며, 최종적으로 그 용기를 깨끗이 닦아 말린 다음에 증류수를 채워서 무게를 측정하면 두 가지 액체의 순수한 무게를 얻을 수 있다. 이렇게 얻은 액체의 무게를 증류수의 무게로 나누면 비중을 얻을 수 있다.

예제 1.6

온도 4℃, 1기압하에서 물의 밀도가 $1g_o/cm^3$이다. 같은 조건에서의 물의 밀도를 공학단위계로 나타내라.

풀이

온도 4℃, 1기압하에서 물의 단위중량이 $1g/cm^3 = 1{,}000kg/m^3$이므로

$$\rho = \frac{\gamma}{g} = \frac{1{,}000kg/m^3}{9.81m/sec^2} = 101.94kg \cdot sec^2/m^4$$

예제 1.7

어떤 액체의 부피가 $0.917m^3$이고 질량이 $825kg_o$일 때 이 액체의 무게, 밀도, 단위중량, 그리고 비중을 구하라.

풀이

무게 W=mg이므로

$$W = 825kg_o \times 9.81m/s^2 = 8{,}093kg_o \cdot m/s^2 = 8{,}093N = 825kg$$

단위중량 $\gamma = W/V$이므로

$$\gamma = 825kg \div 0.917m^3 = 900kg/m^3$$

밀도 $\rho = \gamma/g$이므로

$$\rho = 900kg/m^3 \div 9.81m/s^2 = 91.7kg \cdot s^2/m^4$$

비중 $S = \gamma/\gamma_w$이므로

$$S = 900kg/m^3 \div 1{,}000kg/m^3 = 0.9$$

1.7 표면장력 및 모세관현상

1.7.1 표면장력

표면장력(surface tension)은 우리 일상생활에서 잘 인식하지는 못하지만 자주 접하는 현상이다. 소금쟁이가 물에 뜨는 것은 표면장력에 의해 그 무게를 지탱할 수 있기 때문이다. 표면장력은 액체상태의 분자들이 서로 끌어당기기(cohesion force) 때문에 발생한다. 액체 중의 한 분자입장으로 보면 이웃한 모든 분자들에 의해 균등하게 끌어 당겨지고 있다. 따라서 모든 방향으로 같은 크기의 힘이 작용하고 있으므로 합력은 0이 된다. 한편, 분자가 액체의 표면에 위치하게 되면 액체 내부의 인력은 한쪽으로 더 크게 작용하고 있는 반면, 다른 한쪽, 즉 공기쪽에는 분자가 존재하지 않게 된다. 따라서 분자간의 합력은 액체의 내부 쪽으로 향하게 액체의 표면 막(film)을 형성하게 된다.

표면장력은 이와 같은 액체의 표면 막의 강도를 나타내는 척도이다. 이러한 표면장력에 의해 물은 그보다 더 무겁고 밀도가 큰 물질을 뜨게 만들 수 있는 것이다. 예를 들어 고요한 유리잔의 물 표면에 바늘을 뜨게 할 수가 있으며, 소금쟁이와 같은 수중생물들이 물 표면을 걸어 다닐 수가 있는 것이다.

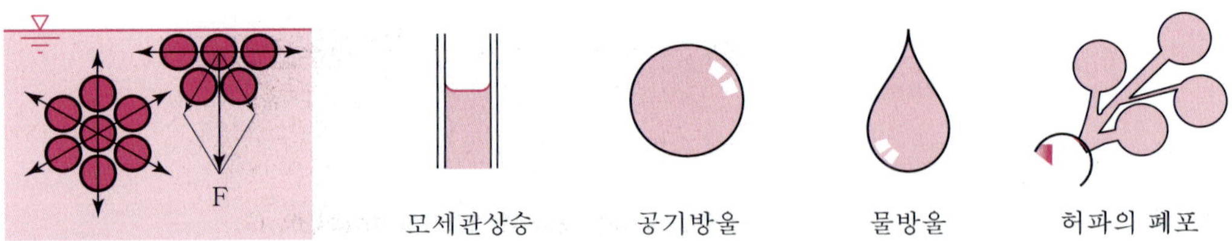

그림 1.7.1 표면장력의 형성 현상

표면장력은 보통 dyne/cm 단위로 나타내는데 이는 1cm길이의 표면 막을 파괴하는데 필요한 힘(dyne)을 의미한다. 결국, 단위 cm^2당 표면에너지(ergs)를 의미한다. 물 20℃ 의 표면장력은 72.7dyne/cm 이고 에틸알콜은 22.4dyne/cm, 그리고 수은은 465dyne/cm 이다. 물의 표면장력은 온도가 증가함에 따라 감소한다. 따라서 뜨거운 물은 낮은 표면장력을 가지고 있어 섬유조직 및 간극으로 잘 스며들어 좋은 세척효과를 보이며, 비누와 세제도 낮은 표면장력을 가지고 있다.

표면장력과 온도 t(℃)와의 관계는 다음과 같다.

$$\sigma = 75.69 - 0.1413t - 0.0002985t^2 \tag{1.7.1}$$

액체상태의 분자들은 분자간의 강한 인력(attractive force)이 작용한다. 이러한 인력이 분자 간에 작용하면 이를 응집력(cohesive force)이라 한다. 한편 인력이 분자 간에 작용하지 않고 다른 물체와 작용하면 이를 부착력(adhesive force)이라 한다. 물 분자와 유리관 벽과의 부착력은 응집력보다 커 표면이 오목하게 벽 쪽이 올라가고 모세관 상승현상이 나타나게 된다.

표 1.7.1 물의 온도에 따른 표면장력

℃	σ(dyne/cm)	℃	σ(dyne/cm)	℃	σ(dyne/cm)	℃	σ(dyne/cm)
0	75.7	25	72.0	50	67.9	75	63.4
5	75.0	30	71.2	55	67.0	80	62.5
10	74.3	35	70.4	60	66.1	85	61.5
15	73.5	40	69.6	65	65.2	90	60.6
20	72.7	45	68.7	70	64.3	95	59.6

예제 1.8

비눗방울의 지름이 5cm일 때 비눗방울 내부와 외부의 압력차를 구하라. 표면장력은 80dyne/cm를 적용하라.

풀이

비눗방울이 지름 5cm로 평형을 이룰 때 방울 내부와 외부간의 압력차가 표면장력과 평형을 이루게 되므로 비눗방울의 직경을 d, 표면장력을 σ, 압력차를 Δp라 하면

$$\sigma \pi d = \Delta p \frac{\pi d^2}{4} \qquad \therefore \Delta p = \frac{4\sigma}{d}$$

따라서

$$\Delta p = \frac{4 \times 80 \text{dyne/cm}}{5 \text{cm}} = 64 \text{dyne/cm}^2$$

1g = 980dyne 이므로 $\Delta p = 0.065 \text{g/cm}^2$가 된다.

1.7.2 모세관현상

모세관현상(capillary action)도 우리가 생활하면서 실제로 잘 느끼지 못하지만 매우 중요한 역할을 하고 있다. 모세관현상은 움직이고 있는 물 주위 및 물속에 용해되어 있는 물질에 매우 중요하며 부착력(adhesion), 응집력(cohesion), 그리고 표면장력(surface tension)에 의한 다공성 물질 공간 내에서의 물의 이동으로 정의할 수가 있다.

모세관현상은 물이 점착성, 즉 물 분자끼리 또는 물 분자와 유리잔, 옷, 유기물 조직, 그리고 토양과 같은 물질에 달라붙는 성질 때문에 발생하게 된다. 물 잔에 종이를 담그면 종이를 타고 물이 올라가게 되며 중력에 의해 아래로 끌어당기는 힘이 커질 때까지 위로 상승하게 된다. 나무 및 식물도 모세관현상이 없으면 생존할 수가 없다. 식물은 뿌리를 토양 속에 내려 토양속의 물을 모세관현상에 의해 끌어올려 물속에 용해되어 있는 영양물질들을 흡수하여 성장하게 된다.

모세관현상은 부착력과 표면장력의 결과로 나타나는데 물과 물체의 벽사이의 부착력에 의해 물체의 벽에서 상향력이 작용하여 윗 방향으로 오목한 형태를 띠게 된다. 표면 장력에 의해 수표면이 그대로 유지되게 작용하므로 물체의 벽에서만 위로 상승하려는 것 대신에 물표면 전체가 윗 방향으로 끌어올려지는 힘이 작용한다.

물과 고체간의 부착력은 접촉표면 끝단에서의 접촉각(contact angle)에 의해 표현될 수가 있다. 소수성(hydrophobic) 물체는 물과의 접촉각이 90°보다 크게 나타난다. 예를 들어 물과 파라핀간의 접촉각은 107°이고, 따라서 파라핀은 좋은 방수체이다. 한편 은(silver)은 순수한 물에 대해 중성이며 접촉각이 거의 90°에 가깝다. 다공성 토양 내에 있는 석영(quartz) 및 다른 물질들은 접촉각이 90°보다 작으며 따라서 물에 잘 젖게 된다. 불순물을 포함하고 있는 물과 일반적인 유리인 경우 접촉각은 약 25°정도가 되며 깨끗한 물과 유리인 경우 접촉각은 0°가 된다. 또한 수은과 유리간의 접촉각은 약 140°가 된다. 물과 토양입자간의 부착력은 상당히 커서 토양에 부착되어 있는 물은 오직 증발을 통해서만 제거가 될 수 있다.

토양의 작은 공극 및 가는 유리관 내에서의 모세관 상승은 표면장력과 부착력간의 상호작용에 의해 초래된다. 그림 1.7.3은 물의 모세관 상승을 나타내는 작은 직경의 유리관을 보여주고 있다.

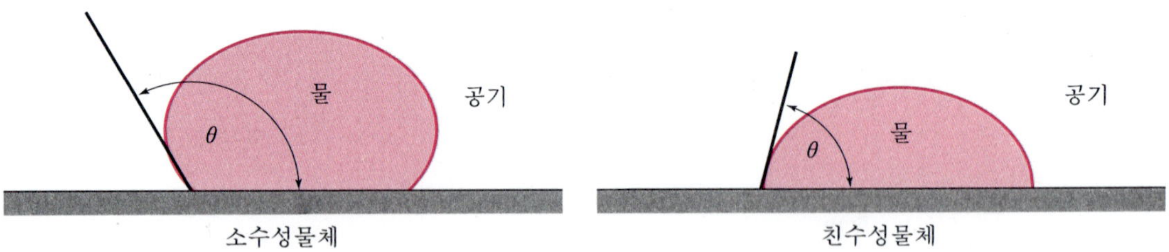

그림 1.7.2 물과 고체간의 부착력

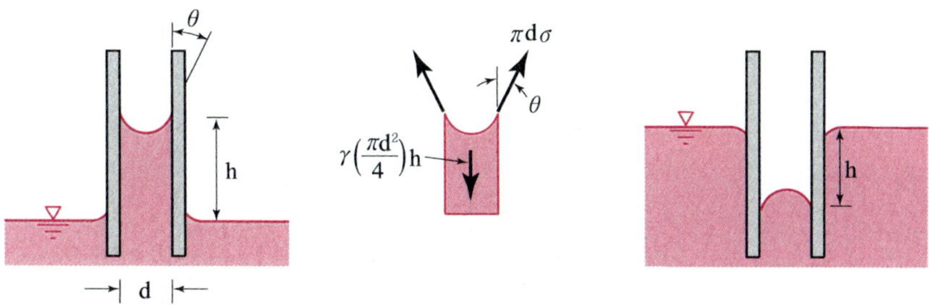

그림 1.7.3 모세관상승 및 하강

고체 벽과의 부착력에 의해 물은 가능한 최대로 고체 표면을 덮으려고 한다. 하지만 표면장력에 의해 고체표면과 부착되어 있는 물 분자는 응력이 발생 가능한 최대 표면장력을 초과하지 않고 있는 수표면 막과 연결되어 있다. 이러한 수표면 막에 있는 물 분자는 그 아래에 있는 물 분자와 응집력에 의해 연결되어 있다. 부착력이 수표면 막을 위로 끌어당김에 따라 수표면 막은 중력에 저항하며 유리관내의 물을 끌어올리게 된다. 이러한 현상으로 인해 작은 모세관이나 토양속의 공극에 있는 물은 수표면 막의 지지력에 도달하는 높이까지 중력에 대항하며 상승하게 된다. 물론 수표면 막 아래에 있는 물기둥은 장력을 받게 된다. 즉, 모세관 내의 물의 압력은 대기압보다 낮아지게 된다. 수표면 막 아래에 있는 물 분자들은 응집력에 의해 수표면에 매달려 있게 된다. 모세관 상승은 관의 직경 또는 토양의 공극크기에 반비례하며, 따라서 작은 입자를 가진 토양은 높은 모세관 층을 형성하게 된다.

모세관현상에 의해 물이 올라가는 높이 h는 모세관현상에 의해 상승된 물의 무게에 의해 결정되게 된다. 즉, 위 방향으로 작용하는 힘과 상승한 물이 중력에 의해 아래로 내려가려는 힘이 서로 같게 될 때까지 물이 상승하게 된다. 접촉각이 θ, 직경이 d인 모세관에서의 상승고 h는 표면장력에 의한 상향력과 중력에 의한 하향력을 같게 놓아 유도할 수가 있다.

$$(\sigma\pi d)\cos\theta = \gamma\left(\frac{\pi d^2}{4}h\right) \tag{1.7.2}$$

따라서

$$h = \frac{4\sigma\cos\theta}{\gamma d} \tag{1.7.3}$$

여기서 γ는 물의 단위중량, σ는 표면장력이다.

예제 1.9

20℃의 물에 직경 2mm의 깨끗한 유리관을 세웠을 때 모세관내 상승고를 계산하라.

풀이

표 1.5.1로부터 20℃ 물의 단위중량은 0.998g/cm^3이고, 표 1.7.1로부터 표면장력은 72.7dyne/cm이고 1g=980dyne이므로 표면장력 $\sigma = 0.0742\text{g/cm}$ 이다. 또한 깨끗한 유리관인 경우 접촉각 $\theta = 0°$, 즉 $\cos 0° = 1$을 적용하면

$$h = \frac{4\sigma\cos\theta}{\gamma d} = \frac{4 \times 0.0742\text{g/cm} \times 1}{0.998 \times 0.2\text{cm}} = 1.487\text{cm}$$

1.8 물의 압축성 및 탄성

이상유체가 아닌 실제유체는 외부에서 압력을 가하면 압축되어 부피가 줄어들고 압력을 제거하면 원상태로 팽창된다. 이러한 유체의 성질을 압축성(compressibility) 및 탄성(elastisity)이라 한다.

압력변화에 따른 체적의 변화를 체적탄성계수(bulk modulus of elastisity) E라 한다. 고체역학에서 탄성계수(modulus of elastisity)는 인장실험을 통해 결정한 응력과 변형율과의 비로 정의된다. 유체에서는 체적의 압축실험을 통해 결정하게 되므로 체적탄성계수라 한다. 초기의 체적 V_o가 압력변화 Δp에 의해 ΔV만큼 변한다고 하자. 이들 간의 관계는 다음과 같이 나타낼 수가 있다.

$$\Delta p = -E\frac{\Delta V}{V_o} \tag{1.8.1}$$

압력이 증가함에 따라 체적이 감소하게 되고 따라서 체적탄성계수 앞에 −부호가 사용된다. 유체역학에서 체적탄성계수의 역수인 압축계수(modulus of compressibility) K가 종종 사용되기도 한다.

$$K = \frac{1}{E} \tag{1.8.2}$$

물의 압축성은 주위의 압력뿐만 아니라 온도에 따라서 변하게 된다. 표 1.8.1은 1기압하에서 물의 체적탄성계수와 압축계수를 보여주고 있다. 표에서 주목할 것은 약 50℃ 정도에서 체적탄성계수가 최대가 되고 이보다 온도가 증가하거나 감소하면 체적탄성계수가 감소한다는 것이다. 또한 0℃ 인 경우 압축계수는 약 $0.495 \times 10^{-4}\text{m}^2/\text{kg}$으로 나타나고 있는데, 이는 1kg/m^2의 압력이 작용할 때 체적이 약 0.0005%정도만 감소하는 것으로 아주 작은 변화를 보이고 있다. 따라서 일반적인 수리학해석에서는 물은 체적의 변화가 없는 비압축성유체로 간주하여 해석을 한다. 하지만 관로 내에서의 수격작용이나 수력발전소의 수압관(penstock) 등의 해석을 할 경우에는 물의 압축성을 고려하여 해석하게 된다.

표 1.8.1 1기압하의 물의 체적탄성계수 및 압축계수

수온 (℃)	체적탄성계수 (E)		압축계수 (K)	
	SI단위 (kPa)	공학단위 (kg/m²)	SI단위 (m²/kN)	공학단위 (m²/kg)
0	1.98×10^5	2.02×10^4	0.505×10^{-5}	0.495×10^{-4}
5	2.05×10^5	2.09×10^4	0.487×10^{-5}	0.478×10^{-4}
10	2.10×10^5	2.14×10^4	0.476×10^{-5}	0.467×10^{-4}
15	2.15×10^5	2.19×10^4	0.465×10^{-5}	0.456×10^{-4}
20	2.17×10^5	2.21×10^4	0.461×10^{-5}	0.452×10^{-4}
25	2.22×10^5	2.26×10^4	0.450×10^{-5}	0.442×10^{-4}
30	2.25×10^5	2.29×10^4	0.444×10^{-5}	0.436×10^{-4}
40	2.28×10^5	2.32×10^4	0.439×10^{-5}	0.430×10^{-4}
50	2.29×10^5	2.34×10^4	0.437×10^{-5}	0.428×10^{-4}
60	2.28×10^5	2.22×10^4	0.439×10^{-5}	0.430×10^{-4}
70	2.25×10^5	2.29×10^4	0.444×10^{-5}	0.436×10^{-4}
80	2.20×10^5	2.24×10^4	0.455×10^{-5}	0.445×10^{-4}
90	2.14×10^5	2.18×10^4	0.467×10^{-5}	0.458×10^{-4}
100	2.07×10^5	2.11×10^4	0.483×10^{-5}	0.473×10^{-4}

※ 참고 $1P_a = 1N/m^2$

예제 1.10

실린더 속에서 $50kg/cm^2$의 압력을 받고 있는 어떤 액체의 부피가 $3cm^3$이다. 실린더의 압력을 $250kg/cm^2$으로 증가시켰더니 액체의 부피가 $2.8cm^3$로 줄어들 때 이 액체의 압축률과 체적탄성계수를 구하라.

풀이

식 (1.8.1)로부터 체적탄성계수는

$$E = \frac{\Delta p}{\frac{\Delta V}{V_0}} = \frac{200kg/cm^2}{\frac{0.2cm^3}{3cm^3}} = 3{,}000kg/cm^2$$

따라서 압축률 $K = 1/E = 1/3{,}000kg/cm^2 = 3.33\times10^{-4}cm^2/kg$

1.9 수리학의 역사

수리학의 역사는 고대 이집트, 메소포타미아 및 인도에서 관개를 위한 물의 통제에 대한 필요성과 함께 시작했다고 볼 수 있다. 비록 이들 고대 문명국가에서는 하천에서의 물의 흐름에 대한 이해를 하고 있었지만, 관개에 이용하기 위한 물의 정량적인 관련성을 정립하지는 못하였다. 기원전 250년에 이르러서야 그리스의 수학자이자 발명가인 Archimedes(287~212 BC)에 의해 정수역학(hydrostatics) 및

부력(flotation)의 원리가 발견되고 기록되었다. 기원전 4세기부터 기원후 초기에 걸쳐 고대 로마인들에 의해 정교한 물 공급시스템이 건설되었고, 로마의 기술자인 Sextus Julius Frontinus(AD 40~103)에 의해 이러한 시스템이 자세히 기록되었다. 하지만 그 후 1,000년간 암흑의 시대라 일컬어지는 중세기 동안에는 유체의 거동에 대한 발전이 이루어지지 못하였다.

약 15세기경 르네상스시대의 시작과 함께 학문으로서의 유체역학의 기본적인 형태가 형성되기 시작하였다. Leonardo da Vinci(1452~1519)는 많은 다양한 흐름 현상에 대해 스케치 및 글로 나타내었다. Galileo Galilei(1564~1642)의 연구는 실험역학의 시초가 되었다.

르네상스시대 초기에 이어 17 및 18세기 동안 유체역학에 대한 다양하고 중요한 발전들이 이루어졌다. Newton, Bernoulli, Euler, 그리고 d'Alembert 등과 같이 잘 알려진 과학자들에 의해 이론적 및 수학적인 발전이 이루어졌다. 또한 이 기간 동안 유체역학의 실험적인 면에 있어서도 발전이 있었지만 불행하게도 이론과 실험의 발달이 서로 다른 경로로 분리되어 있었다. 고전유체역학(classical hydrodynamics)은 점성으로 인한 마찰이 없는 이상적인 유체의 이론 및 수학적인 해석에 치중을 하였고, 수리학은 실제유체 특히 물의 거동에 대한 응용 및 실험적인 면에 치중을 하였다. 19세기 동안 이론적인 유체역학과 실험적인 수리학이 현대 유체역학에서 사용되는 유체의 운동을 해석하는 미분방정식의 개발과 함께 더욱 발전하였다. 실험적인 수리학이 더욱 과학적으로 발전하였고 19세기 동안 수행된 실험 결과가 오늘날에도 사용되고 있다.

20세기 초에 이르러 이론적인 유체역학과 실험적인 수리학이 더욱 발전하였으며 이들을 통합하려는 시도가 이루어졌다. 유체경계층의 개념을 소개한 Ludwig Prandtl(1857~1953)이 1904년에 유체역학의 이론적 및 실험적인 면의 통일에 대한 논문을 발표하였다. Prandtl의 개념은 고체경계면에 인접해서 흐르는 흐름은 마찰이 매우 중요한 얇은 유체층(경계층)을 형성하지만, 이층 바깥에서의 흐름은 마찰이 없는 것 같은 거동을 보이고 있다는 것이다. 이러한 비교적 간단한 개념은 유체역학과 수리학간의 대립을 해소하기 위한 원동력이 되었다. 따라서 Prandtl이 현대유체역학의 창시자로 인정되고 있다.

현대유체역학에서는 이론과 실험이 연계되어 꾸준히 발전되어 왔으며, 수리학은 유체역학 중에서 주로 물만을 다루는 분야로 학문체계를 정립하여 왔다. 표 1.9.1은 유체역학 및 수리학의 발전에 중요한 기여를 한 과학자 및 기술자들과 그들의 기여에 대한 내용을 보여주고 있다.

그림 1.9.1 Leonardo da Vinci의 물 흐름에 대한 묘사

표 1.9.1 유체역학 및 수리학 발전에 기여한 과학자들

Archimedes (287~212 BC) 부력에 대한 기본 원리를 정립	Sextus Julius Frontinus (AD 40~103) 물 배분의 로마 방법에 대한 논문
Leonardo da Vinci (1452~1519) 연속방정식의 기초개념, 다양한 물의 흐름에 대한 묘사 및 기록, 수력기계의 설계	Galileo Galilei (1564~1642) 실험적 수리학에 대한 간접적 자극, 진공에 대한 Aristoteles의 개념 수정
Evangelista Torricelli (1608~1647) 대기의 무게와 압력계 높이의 관계수립, 자유 분출되는 물의 궤적 및 유속관계수립	Blaise Pascal (1623~1662) 기압계, 수압기계 및 압력의 전달 원리를 최종적으로 수립
Isaac Newton (1642~1727) 저항, 관성, 점성 및 파에 대한 유체의 다양한 특성에 대한 연구, 분출의 단면축소발견	Henri de Pitot (1695~1771) 관내의 유속 및 유량을 측정하기 위한 Pitot관의 개발
Daniel Bernoulli (1700~1782) 유체 이동의 다양한 면에 대한 실험, 액주계 기술의 개발, 에너지 방정식의 정립, 분사추진력의 제안	Leonhard Euler (1707~1783) 유체 흐름에서의 압력의 역할에 대해 처음으로 설명, 기본 운동방정식의 정립, 공동현상개념 및 원심력기계의 원리 소개
Jean le Rond d'Alembert (1717~1783) 유속 및 가속도 성분, 연속방정식의 미분 표현, 정상 부등류 운동에서 저항 0의 역설 등의 개념의 시초	Antoine Chezy (1718~1798) 하도의 흐름 특성을 예측하기 위한 상사성 변수의 공식화, 관내의 평균유속공식
Giovanni Battista Venturi (1746~1822) 다양한 관로형태 특히 원추형 단면 축소 및 확대에 대한 실험, 벤츄리메터 원리	Louis Marie Henri Navier (1785~1836) 분자력을 포함한 운동 방정식의 확장
Augustin Louis de Cauchy (1789~1857) 이론적인 유체역학 분야의 기여 및 파의 운동에 대한 연구	Gotthilf Heinrich Ludwig Hagen (1797~1884) 층류 및 난류에서의 저항 및 변환에 대한 연구
Jean Louis Poiseuille (1799~1869) 모세관 흐름의 저항에 대한 자세한 실험	Henry Philibert aspard Darcy (1803~1858) 침투 및 관의 저항에 대한 광범위한 실험, Bazin에 의해 수행된 개수로 연구의 시초
Julius Weisbach (1806~1871) 공학역학 논문에 실험에 기초한 수리학을 접목, 흐름형태, 무차원변수, 위어 및 저항방정식에 현저한 기여	William Froude (1810~1879) 다양한 견인수조 기술의 개발, 특히 모형실험으로부터의 파 및 경계층 저항의 원형으로의 변환
Robert Manning (1816~1897) 개수로 저항에 대한 다양한 공식 제시	George Gabriel Stokes (1819~1903) 파의 역학 및 점성저항에 이르기까지 다양한 흐름관계를 정립, 특히 입자의 침강속도
Osborne Reynolds (1842~1912) 공동현상, 하천모형 상사이론, 관의 저항에 대한 다양한 분야의 실험, 점성흐름에 대한 두 변수의 제시, 점성유체의 운동방정식에 난류의 평균조건 접목	Edgar Buckingham (1867~1940) 미국에 차원해석의 사용에 대한 관심에 자극을 줌
Moritz Weber (1871~1951) 유체흐름 연구에 상사이론의 사용 강조, 모세관현상 상사변수의 공식화	Ludwig Prandtl (1875~1953) 경계층 개념의 도입, 현대 유체역학의 창시자
Lewis Ferry Moody (1880~1953) 수리 기계분야에 많은 혁신을 제공, 관의 저항을 나타내기 위한 Moody도표	Theodor Von Karman (1881~1963) 20세기 유체역학의 선도자, 표면저항, 난류, 항적현상 등의 이해에 기여
Paul, Richard Heinrich Blasius (1883~1970) 경계층 방정식의 해석적 해결을 제시, 관의 저항이 Reynolds 수와 관계있음을 보임	Shield (1908~1974) 유사입자의 거동에 대한 실험, Shield 곡선

연습문제

1.1 온도 32℃ 에서 물 50L가 증발하는데 필요한 열량을 계산하라.

1.2 밀도의 차원을 [MLT]계 및 [FLT]계로 나타내시오.

1.3 압력강도의 차원을 [MLT]계 및 [FLT]계로 나타내라.

1.4 다음과 같은 물리량들을 [MLT]계 및 [FLT]계 차원으로 나타내라.

1) 체적　　2) 체적유량　　3) 질량유량　　4) 동점성계수

5) 표면장력　　6) 전단응력　　7) 체적탄성계수　　8) 모멘트

1.5 수조 측벽의 오리피스를 통해 흐르는 유량이 다음과 같이 표현될 때 차원의 동차성을 보여라.

$$Q = 0.61A\sqrt{2gh}$$

여기서 A는 오리피스의 단면적, g는 중력가속도, 그리고 h는 오리피스 중심부터 수면까지의 높이이다.

1.6 4℃ 에서 물의 단위중량은 1,000kg/m^{3}이다. 이를 영국단위제로 나타내라.

1.7 4℃ 에서 물의 단위중량은 62 lb/ft^{3}이다. 이를 공학단위제로 나타내라.

1.8 20℃ 에서 물의 점성계수가 1.021×10^{-4}kg·sec/m^{2}이다. 이를 영국단위제로 나타내라.

1.9 질량 10kg$_o$을 갖는 물체의 무게를 국제단위제와 미터제의 공학단위계로 나타내라.

1.10 어떤 액체의 점성계수가 0.83×10^{-3}kg$_o$/m·s 이고, 비중이 0.95일 때 액체의 동점성계수를 구하고 centistokes 단위로 나타내라.

1.11 어떤 액체의 동점성계수가 0.002m^2/s이고, 비중이 1.1일 때 액체의 점성계수를 구하고 poise 단위로 나타내라.

1.12 온도 4℃, 1기압하에서 물의 밀도가 1g$_o$/cm^{3}이다. 같은 조건에서의 물의 단위중량을 미터단위제의 절대단위계로 나타내라.

1.13 어떤 액체의 밀도가 $1.02 \times 10^{-3} g \cdot sec^2/cm^4$일 때 이 액체의 단위중량을 구하라.

1.14 체적이 $2m^3$인 용기의 무게가 100kg이다. 이 용기에 어떤 액체를 채웠더니 무게가 3,500kg이 되었다면 이 액체의 밀도는 얼마인가?

1.15 어떤 액체의 부피가 $0.5m^3$이고 질량이 $1,200kg_o$일 때 이 액체의 무게, 밀도, 단위중량, 그리고 비중을 구하라.

1.16 어떤 액체의 단위중량이 $1.025t/m^3$이고 부피가 $6m^3$일 때 이 액체의 비중과 밀도 및 무게를 구하라.

1.17 어떤 액체의 부피가 $6m^3$이고 무게가 5.5ton일 때 이 액체의 단위중량, 밀도, 그리고 비중을 구하라.

1.18 비눗방울의 지름이 3cm일 때 비눗방울 내부와 외부의 압력차를 구하라. 표면장력은 75dyne/cm를 적용하라.

1.19 직경 5cm인 비눗방울의 내부압력이 대기압보다 $3kg/m^2$만큼 클 때 이 비눗방울막의 표면장력을 구하라.

1.20 20℃ 의 물에 직경 3mm의 유리관을 세웠을 때 모세관내 상승고를 계산하라. 단, 접촉각은 15°로 가정하라.

1.21 정수중의 물에 직경 2mm의 유리관을 연직으로 세웠을 때 모세관 현상에 의해 관내로 물이 15mm 상승했을 때 표면장력을 구하라. 단 접촉각은 0°로 가정하라.

1.22 정수중의 물에 평행한 유리판을 5mm간격으로 연직으로 세웠을 때 유리판 내의 물의 상승고를 구하라. 이때 표면장력은 72.7dyne/cm이고, 물의 단위중량은 $1g/cm^3$, 접촉각은 0°로 가정하라.

1.23 실린더 속에서 $100kg/cm^2$의 압력을 받고 있는 어떤 액체의 부피가 $2.5cm^3$이다. 실린더의 압력을 $200kg/cm^2$으로 증가시켰더니 액체의 부피가 $2.4cm^3$으로 줄어들었다면 이 액체의 압축률과 체적탄성계수를 구하라.

1.24 물의 압축율이 $K = 2 \times 10^{-5} cm^2/kg$일 때 물의 부피를 4% 압축시키기 위해서는 압력을 얼마나 증가시켜야 하는가?

Hydraulics

Chapter 2
정수역학

2.1 서론

정수역학(hydrostatic)에서는 물 입자간에 상대적인 운동이 없는, 즉 흐르지 않고 정지하고 있는 물의 역학에 대해 다룬다. 물 입자간에 상대적인 운동이 없으면 전단응력(shearing stress)이 존재하지 않게 되고, 오직 직각방향의 응력인 압력(pressure)만 존재하게 된다. 따라서 정수역학에서는 점성은 아무런 역할을 하지 못하고 압력만이 주된 관심사가 된다.

저수지상의 물, 등가속도 운동을 하는 용기에 담긴 물, 그리고 회전하는 원통형 용기에 담긴 물은 주위의 경계를 이루는 면과 서로 상대적인 정수역학적 평형관계를 이루고 있으며, 이러한 다양한 정수상태의 설계를 하기 위해서는 정수역학에 대한 이해가 필요하다. 즉, 치수 및 이수를 위한 댐 및 수문에 작용하는 힘, 수조의 적정설계, 수중구조물에 작용하는 힘, 수압 및 유압을 이용한 기중기의 설계 등에서 정수역학의 원리가 적용된다. 따라서 본 장에서는 정수압의 정의, 압력을 측정하기 위한 방법들, 깊이에 따른 압력의 변화, 수중의 물체에 작용하는 힘, 부력 및 부체의 안정, 그리고 상대적인 평형관계에 대해 소개하기로 한다.

2.2 정수압의 정의

정지하고 있는 유체의 모든 지점에서는 특정한 크기의 압력(pressure)이 작용하며, 이 유체가 물인 경우 작용하는 압력을 정수압(hydrostatic pressure)이라 한다. 정수압은 접촉하고 있는 물체에 항상 직각방향으로 작용하며, 이때 단위면적당 작용하는 압력을 압력강도(pressure intensity)라 한다. 즉, 정수압강도는 정지하고 있는 물에 의해 단위면적당 작용하는 힘으로 kg/cm^2, ton/m^2 또는 lb/ft^2 등과 같은 단위를 가진다. 예를 들어, 수중에 놓여 있는 물체의 평면 A에 물에 의해 균일한 힘 F가 작용한다면 정수압강도 p는 다음과 같이 나타낼 수가 있다.

$$p = \frac{F}{A} \tag{2.2.1}$$

만일 물체의 평면 A에 균일하게 힘이 작용하지 않을 경우에는 미소면적 ΔA에 작용하는 힘 ΔF를 사용하여 정수압강도를 다음과 같이 정의할 수가 있다.

$$p = \lim_{\Delta A \to 0} \frac{\Delta F}{\Delta A} = \frac{dF}{dA} \tag{2.2.2}$$

2.3 한 점에 작용하는 정수압

앞에서 정수압강도 또는 정수압을 수중의 단위면적당 작용하는 물의 힘이라고 정의하였다. 그렇다면 수중의 한 점에 작용하는 정수압은 작용 방향에 따라 어떻게 변하는지에 대한 의문을 가지게 된다. 이러한 의문에 대한 답을 얻기 위해 그림 2.3.1과 같은 자유물체도(free body diagram), 즉 수중의 작은 삼각형 쐐기 모양을 한 가상적인 수체(water body)를 생각해 보자. 정수 중에는 물분자간의 상대적인 움직임이 없으므로 전단응력이 발생하지 않고, 쐐기 모양의 수체에 작용하는 힘은 오직 물에 의한 압력 및 중력에 의한 무게만 작용하게 된다. 편의상 쐐기의 수체가 x방향으로 단위 두께를 가지고 무게는 -z 방향으로 작용한다고 하면, 정수 중 쐐기 수체는 어느 한 쪽으로도 움직이지 않고 평형상태에 있으므로 y방향 및 z방향의 평형방정식은 다음과 같이 나타낼 수가 있다.

$$\sum F_y = p_y dx dz - p_s dx ds \sin\theta = 0 \tag{2.3.1}$$

$$\sum F_z = p_z dx dy - p_s dx ds \cos\theta - \gamma \frac{dx dy dz}{2} = 0 \tag{2.3.2}$$

여기서 p_s, p_y 및 p_z는 각 면에 작용하는 평균압력이고, γ는 물의 단위중량이다. 쐐기 수체의 기하학적인 형태로부터

$$dy = ds \cos\theta, \qquad dz = ds \sin\theta \tag{2.3.3}$$

이므로 식 (2.3.1)로부터 다음과 같게 된다.

$$p_y = p_s \tag{2.3.4}$$

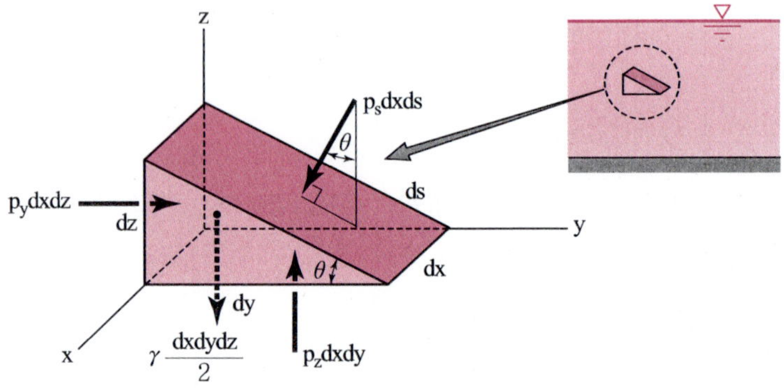

그림 2.3.1 유체의 임의의 쐐기모양의 수체에 작용하는 힘

또한, 수중의 한 점에 대해 고려하고 있으므로 쐐기의 각 변의 길이 dz, dy 및 ds가 각도 θ를 그대로 유지한 채 0으로 되면

$$p_z = p_s \tag{2.3.5}$$

가 되어 결국 다음과 같은 결과를 얻게 된다.

$$p_y = p_z = p_s \tag{2.3.6}$$

따라서 쐐기 수체의 각도 θ가 임의로 설정한 값이므로 정수 중에 있는 한 점에 작용하는 수압은 모든 방향에서 동일함을 알 수가 있다. 이러한 중요한 결과는 정수분야에 많은 기여를 한 프랑스의 수학자 Blaise Pascal의 이름을 사용한 Pascal의 원리(Pascal's law)로 알려져 있다.

2.4 연직방향의 정수압 변화

수중의 한 점에 작용하는 정수압은 모든 방향에서 동일함을 알아보았다. 그렇다면 수중의 같은 깊이에 있는 서로 다른 두 점 또는 다른 깊이에 있는 서로 다른 두 점에 작용하는 압력은 어떻게 변할 것인가? 이와 같이 서로 다른 지점에서의 압력변화를 알아보기 위해 그림 2.4.1과 같은 정수중의 길이 dx, dy 및 dz의 길이를 갖는 미소육면체의 수체를 생각해 보자.

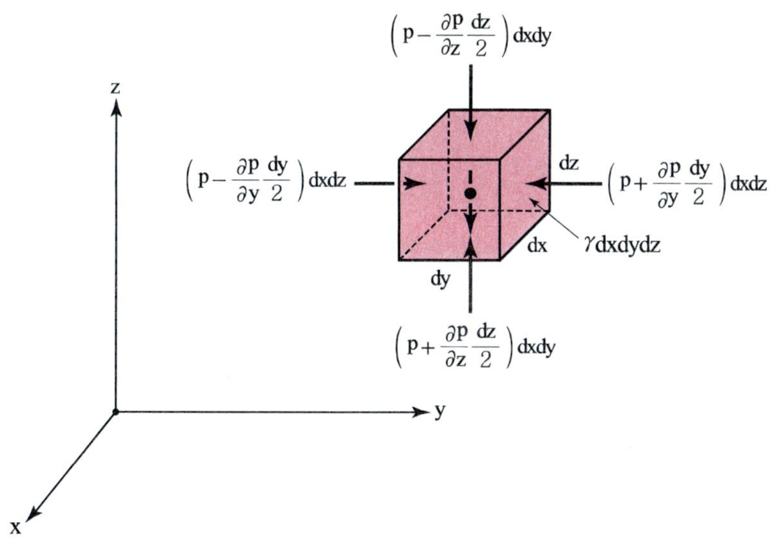

그림 2.4.1 수중의 수체에 작용하는 힘

이 수체에 작용하는 힘은 압력에 의해 수체의 표면에 작용하는 힘과 중력에 의한 수체의 무게가 있다. 수체의 중심부에서의 압력을 p라 하면 수체의 각 표면에서의 압력은 그림 2.4.1에서와 같이 중심부의 압력 p와 압력변화율로 나타낼 수가 있다. 이 수체가 정수 중에 있으므로 어느 쪽으로도 움직이지 않고 정지하고 있다. 따라서 모든 방향으로의 힘이 평형을 유지하고 있다고 가정하고 x축 및 y축 방향의 평형방정식을 세우면 다음과 같다.

$$\Sigma F_x = \left(p - \frac{\partial p}{\partial x}\frac{dx}{2}\right)dydz - \left(p + \frac{\partial p}{\partial x}\frac{dx}{2}\right)dydz = 0 \tag{2.4.1}$$

$$\Sigma F_y = \left(p - \frac{\partial p}{\partial y}\frac{dy}{2}\right)dxdz - \left(p + \frac{\partial p}{\partial y}\frac{dy}{2}\right)dxdz = 0 \tag{2.4.2}$$

식 (2.4.1) 및 (2.4.2)로부터

$$\frac{\partial p}{\partial x}dxdydz = 0 \quad \rightarrow \quad \frac{\partial p}{\partial x} = 0 \quad \therefore p_x \text{ 일정} \tag{2.4.3}$$

$$\frac{\partial p}{\partial y}dxdydz = 0 \quad \rightarrow \quad \frac{\partial p}{\partial y} = 0 \quad \therefore p_y \text{ 일정} \tag{2.4.4}$$

따라서 정수 중에서 수평방향으로는 압력의 변화가 없이 항상 일정함을 알 수가 있다. 연직방향의 평형관계를 적용할 때는 수체의 무게를 고려하여 다음과 같이 나타낼 수가 있다. 아래 방향을 +방향으로 하면

$$\Sigma F_z = \left(p - \frac{\partial p}{\partial z}\frac{dz}{2}\right)dxdy - \left(p + \frac{\partial p}{\partial z}\frac{dz}{2}\right)dxdy + \gamma dxdydz = 0 \tag{2.4.5}$$

$$\frac{\partial p}{\partial z}dxdydz = \gamma dxdydz \quad \rightarrow \quad \frac{\partial p}{\partial z} = \gamma \tag{2.4.6}$$

따라서 연직방향으로의 압력의 변화는 물의 단위중량과 같다. 수평방향으로는 압력의 변화가 없으므로 결국 압력 p는 연직방향 z에 따라서만 변하므로 식 (2.4.6)은 다음과 같이 표현할 수 있다.

$$\frac{dp}{dz} = \gamma \tag{2.4.7}$$

단위중량 γ는 밀도 ρ에 중력가속도 g를 곱한 것과 같다. 일반적으로 g는 일정하다고 간주하면 단위중량은 밀도에 따라 변하게 된다. 하지만 수리학에서는 보통 물의 압축성을 무시하므로 결국 물의 단위중량은 깊이에 따라 변하지 않고 일정하다고 볼 수 있다. 따라서 미분방정식 (2.4.7)을 그림 2.4.2와 같이 깊이 z_1부터 z_2까지 적분하면 다음과 같다.

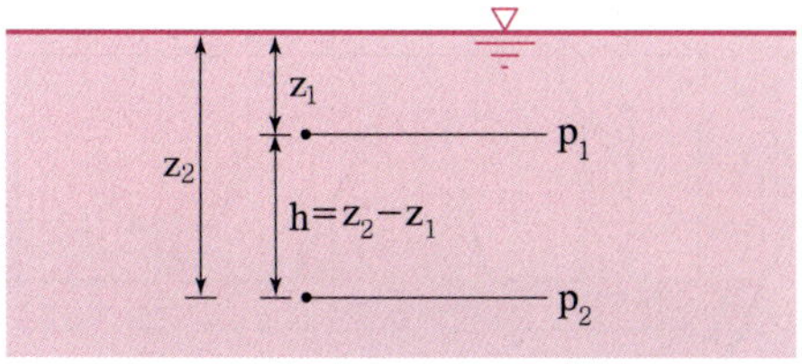

그림 2.4.2 깊이에 따른 압력변화

$$\int_{p_2}^{p_1} dp = \gamma \int_{z_2}^{z_1} dz \tag{2.4.8}$$

여기서 p_1과 p_2는 연직 깊이 z_1과 z_2에서의 압력이다. 식 (2.4.8)을 풀면

$$p_1 - p_2 = \gamma(z_1 - z_2) = -\gamma h \tag{2.4.9}$$

또는

$$p_2 = \gamma h + p_1 \tag{2.4.10}$$

여기서 h는 연직 두 지점에서의 깊이 차 $z_2 - z_1$이다. 이와 같은 깊이에 따른 압력분포를 정수압분포(hydrostatic distribution)라 하며 비압축성인 정수 중에서 깊이에 따라 압력이 직선적으로 변화함을 알 수 있다.

식 (2.4.9)로부터 두 지점간의 압력변화를 거리 h로 나타낼 수가 있다.

$$h = \frac{p_2 - p_1}{\gamma} \tag{2.4.11}$$

여기서 h를 압력수두(pressure head)라 하며 압력차 $p_2 - p_1$을 보이는데 필요한 단위중량 γ인 물기둥의 높이라 할 수 있다.

일반적으로 유체, 즉 물에 대해 다룰 경우 자유 수표면을 가지게 되며 이 표면을 기준면으로 사용하면 편리하다. 기준면에서의 기준 압력을 p_o라 하면 이는 대기압과 같다. 따라서 식 (2.4.10)에서 p_1을 p_o라 하면 수표면으로부터 임의의 깊이 h에서의 압력 p는 다음과 같이 나타낼 수 있다.

$$p = \gamma h + p_o \tag{2.4.12}$$

식 (2.4.12)로부터 정수 중에서의 압력은 기준면으로부터의 상대적인 깊이에 따라 변하게 되며, 물이 담겨져 있는 용기의 크기나 모양에 대해서는 영향을 받지 않는다. 따라서 그림 2.4.3에서 AB선상에 있는 모든 지점에서의 압력은 비록 그 위의 용기 모습이 모두 달라도 일정하며 $p_{AB} = \gamma h + p_o$가 된다.

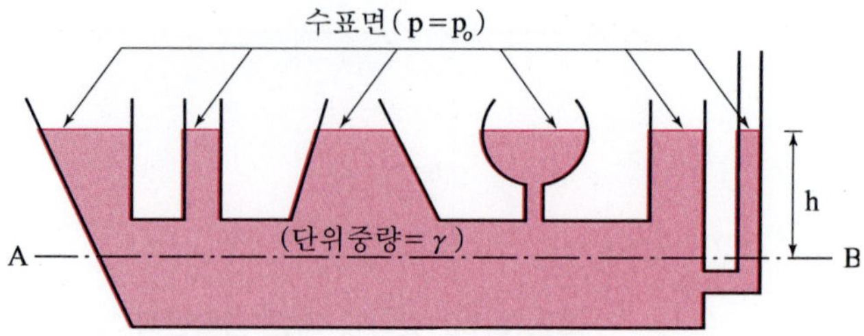

그림 2.4.3 다양한 용기형태에서의 정수압

예제 2.1

지하의 기름저장 탱크에 누수가 발생하여 1m 깊이의 물이 스며들었다. 물 위로 기름이 5m 깊이로 떠있을 때 물과 기름의 접촉면 및 탱크 바닥에서의 압력을 계산하라. 단, 기름의 비중은 0.7이다.

풀이

물과 기름의 접촉면에서는 기름에 의한 압력만 작용하므로

$$p = \gamma z = S\gamma_w z = 0.7 \times 1{,}000\text{kg/m}^3 \times 5\text{m} = 3{,}500\text{kg/m}^2$$

탱크 바닥에서는 기름에 의한 압력과 물에 의한 압력이 함께 작용하므로

$$p = 3{,}500\text{kg/m}^2 + 1{,}000\text{kg/m}^3 \times 1\text{m} = 4{,}500\text{kg/m}^2$$

예제 2.2

수중의 두 지점에서 압력을 측정하였더니 $p_1 = 1{,}500\text{kg/m}^2$, $p_2 = 2{,}800\text{kg/m}^2$이었다. 두 지점간의 거리차를 구하라.

풀이

식 (2.4.11)을 적용하면

$$h = \frac{p_2 - p_1}{\gamma} = \frac{2{,}800\text{kg/m}^2 - 1{,}500\text{kg/m}^2}{1{,}000\text{kg/m}^3} = 1.3\text{m}$$

2.5 압력의 전달

밀폐된 시스템에서 한 지점에서의 압력의 변화는 시스템 전체로 전달되게 되는데, 이러한 원리를 파스칼(Pascal)의 원리라 한다. 물이 이동하는 것과 같은 이러한 압력의 전달현상은 항공기나 다른 중기계의 수압조절뿐만 아니라 수압기계(hydraulic jacks), 기중기(lifts), 수압기(presses) 등의 운전에

매우 중요한 역할을 하고 있다. 이러한 장비들의 배경에 깔려있는 기본적인 개념은 그림 2.5.1에서 확인할 수 있다.

기름과 같은 액체로 채워져 있는 밀폐된 시스템의 한 쪽 끝단의 피스톤은 시스템 전체의 압력을 변화시키는데 사용할 수 있으며, 따라서 적용된 힘 F_1이 다른 피스톤으로 전달되어 F_2란 힘을 발생시키게 된다. 두 피스톤이 기름과 접촉하고 있는 면의 높이가 같다면 두 지점에서의 압력 p는 같게 된다. 따라서

$$\frac{F_1}{A_1} = \frac{F_2}{A_2} \tag{2.5.1}$$

피스톤의 단면적 A_2는 A_1보다 훨씬 크게 만들 수가 있고, 따라서 큰 기계적인 힘을 얻을 수가 있다. 즉, 작은 피스톤에 작은 힘을 가하여 큰 피스톤에서는 큰 힘을 발생시킬 수가 있다.

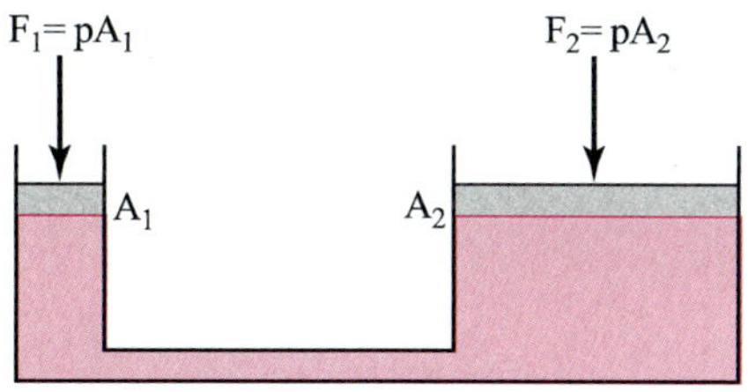

그림 2.5.1 압력의 전달

예를 들어 그림 2.5.2(a)와 같은 자동차 정비소에서 사용하고 있는 유압기중기를 생각해 보자. 압축기(compressor)로부터의 공기 압력은 기름에 압력을 발생시켜 유압시스템에서 피스톤의 작용을 한다. 만일 공기의 압력이 2,000kg/m^{2}이면 직경 25cm의 피스톤에도 2,000kg/m^{2}의 압력이 작용되므로, 피스톤에 가해지는 힘은 압력 p에 단면적 A를 곱한 98kg이 된다. 더 무겁거나 가벼운 물건을 들어올리기 위해서는 단지 압력을 증가시키거나 감소시키면 된다.

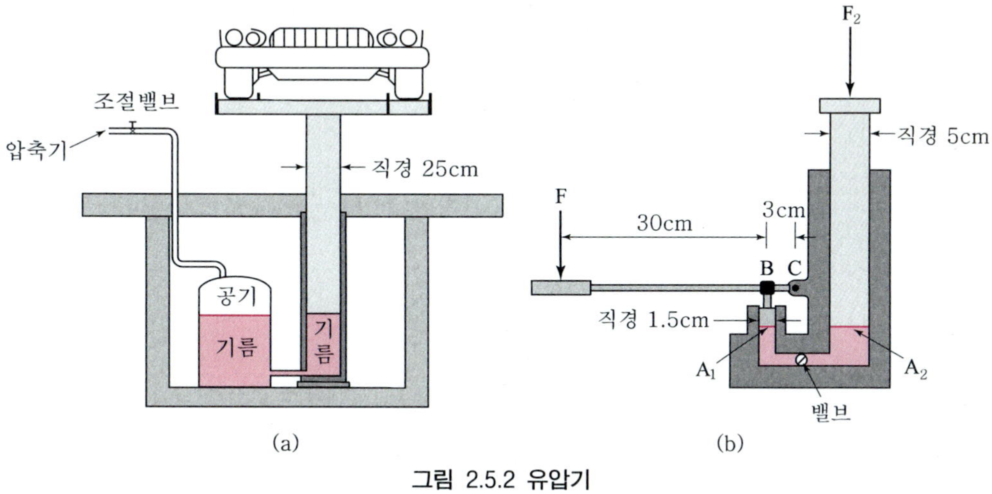

그림 2.5.2 유압기

예제 2.3

그림 2.5.2(b)와 같은 유압기를 이용하여 손잡이에 F = 20kg의 힘을 가할 때 들어 올릴 수 있는 힘 F_2는 얼마인가?

풀이

단면적 A_1인 작은 피스톤에 작용하는 힘을 F_1이라 하면 F_1은 C를 중심으로 모멘트를 적용해 구할 수 있다. 즉,

$$0.33\text{m} \times 20\text{kg} - 0.03\text{m} \times F_1 = 0 \qquad \therefore F_1 = 220\text{kg}$$

따라서 작은 피스톤에 작용하는 압력 p_1은

$$p_1 = \frac{F_1}{A_1} = \frac{220\text{kg}}{\pi d^2/4} = \frac{220\text{kg}}{3.14 \times 0.015^2\text{m}^2/4} = 1{,}245{,}577\text{kg/m}^2$$

큰 피스톤에 작용하는 압력 p_2와 p_1이 평형을 이루고 있으므로

$$F_2 = p_2 A_2 = p_1 A_2 = 1{,}245{,}577\frac{\text{kg}}{\text{m}^2} \times \frac{3.14}{4} \times (0.05\text{m})^2 = 2{,}445\text{kg}$$

2.6 압력의 측정 단위

압력은 유체에서 매우 중요한 특성이므로 압력을 측정하는 기구나 기법이 다양하게 존재한다. 유체 내의 한 점에서의 압력은 절대압력(absolute pressure) 또는 계기압력(gage pressure)으로 나타낼 수가 있다. 절대압력은 완전진공, 즉 절대영압(absolute zero pressure)을 기준으로 나타내는 반면, 계기압력은 국지대기압(local atmospheric pressure)을 기준으로 나타내게 된다. 따라서 절대압력은 항상 양의 값으로 나타나지만, 계기압력은 압력이 대기압보다 높고 낮음에 따라 양의 값 또는 음의 값으로 나타난다. 절대압력 및 계기압력에 대한 개념이 그림 2.6.1에 나타나 있다.

압력을 측정하는데 사용하는 기준 외에 그 값을 나타내는 단위 또한 중요하다. 압력은 단위면적에 작용하는 힘이므로 영국단위제에서는 lb/ft^2 또는 lb/in^2, 미터제에서는 ton/m^2 또는 kg/cm^2, 국제단위

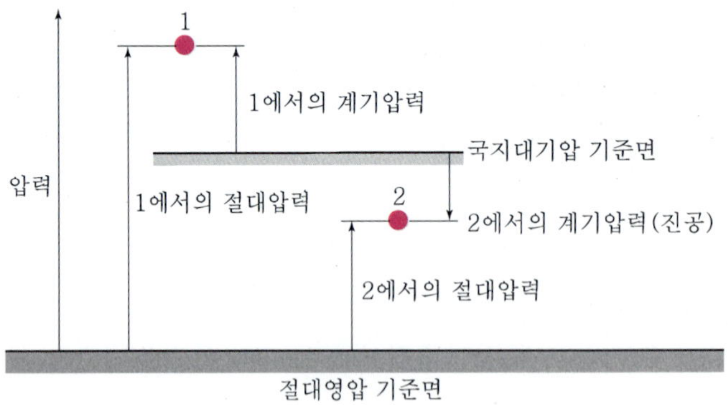

그림 2.6.1 절대압력 및 계기압력

제에서는 N/m^2 등이 사용된다. 압력은 액체의 기둥 높이로 표현할 수도 있으며, 이 경우 단위는 기둥의 높이인 mm, m, ft, in 등으로 표시하며 또한 액체의 종류(H_2O, Hg 등)도 나타내어야 한다. 예를 들어 표준대기압(standard atmospheric pressure)은 760mmHg로 다음과 같이 나타낼 수 있다.

$$1\text{기압} = 760\text{mmHg} = 10.33\text{mH}_2\text{O} = 1.033\text{kg/cm}^2 = 1.013\times10^5\text{N/m}^2$$
$$= 1.013\text{bar} = 1{,}013\text{mb} = 1{,}013\text{hPa} = 101.3\text{kPa} \quad (2.6.1)$$

대기압의 측정은 보통 그림 2.6.2와 같은 수은압력계(mercury barometer)를 이용하여 측정하는데, 수은압력계는 유리관 내에 수은을 가득 채워 수은이 가득 담긴 용기에 거꾸로 세운 형태로 이루어져 있다. 수은 기둥은 유리관 내 수은 위의 증기압(p_{vapor})에 의한 힘 및 수은의 무게($\gamma_m h$)가 용기의 수은표면에 작용하는 대기압(p_{atm})과 평형상태에 도달할 때까지 내려오다 멈추게 된다. 따라서

$$p_{atm} = \gamma_m h + p_{vapor} \quad (2.6.2)$$

여기서 γ_m은 수은의 단위중량이다. 실제로 적용할 경우에는 증기압 p_{vapor}가 매우 작기 때문에 생략하여 다음과 같이 사용하게 된다.

$$p_{atm} = \gamma_m h \quad (2.6.3)$$

이와 같은 수은압력계는 1644년경 Evangelista Torricelli에 의해 고안되었다.

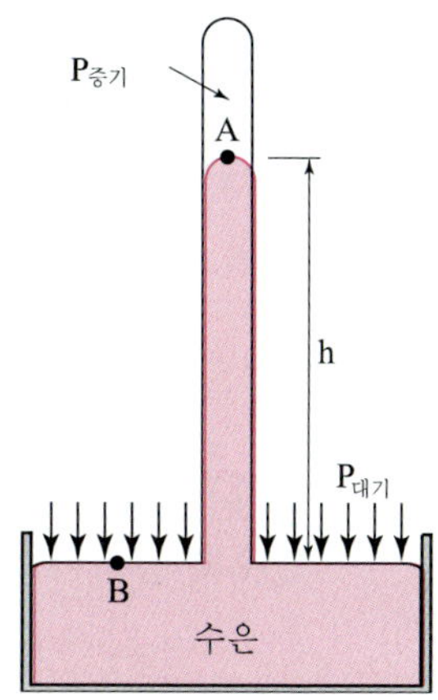

그림 2.6.2 수은압력계

예제 2.4

국지대기압이 760mmHg이고 계기압력이 3kg/cm^2일 때 이를 절대압력으로 나타내고 bar, mb, hPa, kPa 단위로 표시하라. 단 수은의 비중은 13.6이다.

풀이

국지대기압 $p_a = 0.76 \times 1{,}000 \times 13.6 = 10{,}336\text{kg/m}^2 = 1.034\text{kg/cm}^2$

따라서 절대압력은 $p_{abs} = p_a + p_g = 1.034\text{kg/cm}^2 + 3\text{kg/cm}^2 = 4.034\text{kg/cm}^2$

$1\text{bar} = 10^5\text{N/m}^2$이고, $1\text{kg} = 9.8\text{N}$이므로

$$p_{abs} = 4.034\text{kg/cm}^2 = \frac{4.034\text{kg}}{\text{cm}^2}\times\frac{10^4\text{cm}^2}{1\text{m}^2}\times\frac{9.8\text{N}}{1\text{kg}} = 3.953\times10^5\text{N/m}^2 = 3.953\text{bar}$$

그러므로 $p_{abs} = 3{,}953\text{mb} = 3{,}953\text{hPa} = 395.3\text{kPa}$

2.7 압력측정 장치 및 측정방법

압력을 측정하는 표준 방법들에는 연직 또는 경사로 세운 관내의 액체 기둥을 이용하는 방법이 있다. 이러한 방법에 기본을 둔 압력측정 장치를 액주계(manometer)라 한다. 앞에서 설명한 수은압력계도 액주계의 한 예이며, 특정 적용 상황에 따라 다양한 형태를 띠게 된다. 일반적인 액주계의 형태로는 수압관(piezometer tube), U자형 액주계(U-tube manometer), 경사식 액주계(inclined-tube manometer) 등이 있으며 기계적인 압력계로 버어돈 압력계(Bourdon pressure gage)와 압력변환기(pressure transducer)가 있다.

2.7.1 수압관

수압관은 액주계의 가장 간단한 형태로 그림 2.7.1과 같이 압력을 측정하려는 관에 연결된 끝단이 열려 대기와 노출된 연직관으로 구성되어 있다. 수압관은 정지하고 있는 물의 기둥으로 압력을 측정하기 때문에 식 (2.4.12)를 이용하게 된다.

$$p = \gamma h + p_o \tag{2.4.12}$$

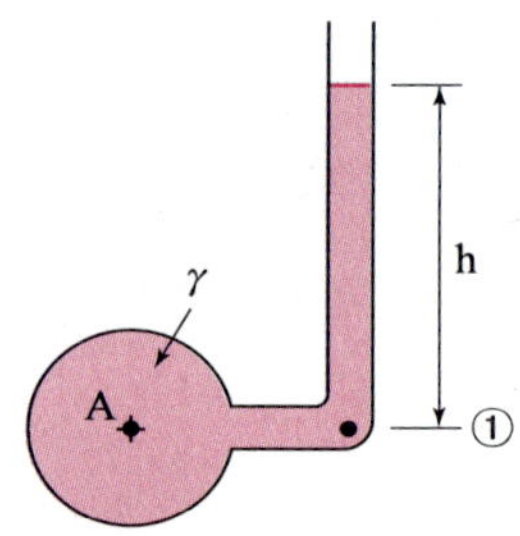

그림 2.7.1 수압관

정지하고 있는 물에서는 아래로 내려갈수록 압력이 증가하고 위로 올라갈수록 압력이 감소하게 된다. 따라서 식 (2.4.12)를 이용하면 관 중심부 A에서의 압력 p_A 는 물의 높이 h를 측정함으로서 다음과 같이 결정하게 된다.

$$p_A = \gamma h \tag{2.7.1}$$

여기서 γ는 관내 액체의 단위중량이다. 수압관 끝단이 대기와 노출되어 있기 때문에 압력 p_o를 0으로 적용하고, 수면으로부터 ①지점까지의 높이 h를 측정하면 ①지점과 관 중심 A와 높이가 같으므로 압력도 같게 된다.

비록 수압관이 간단하면서 정확한 압력을 측정할 수 있는 장치이지만 몇 가지 단점이 있다. 수압관은 관내의 압력이 대기압보다 높은 경우에 적용해야 하며 그렇지 않으면 공기가 수압관으로 들어갈 수가 있다. 또한 관측하기 용이한 적정한 높이로 물기둥이 올라갈 정도의 비교적 작은 압력을 측정할 때 사용하여야 한다.

예제 2.5

그림 2.7.1에서 h=50cm일 때 A점에서의 압력 p_A를 계산하라. 단, 물의 단위중량은 $1 g/cm^3$이다.

풀이

식 (2.7.1)로부터 $p_A = \gamma h = 1\text{g/cm}^3 \times 50\text{cm} = 50\text{g/cm}^2$

2.7.2 U자형 액주계

수압관의 단점을 극복하기 위해 다른 형태의 다양한 액주계가 사용되고 있는데, 그림 2.7.2와 같이 U자의 형태를 한 관이 압력을 측정하려고 하는 관에 연결된 형태로 되어 있는 액주계를 U자형 액주계라 한다. 액주계 내에 있는 유체를 계기유체(gage fluid)라 하며 보통 측정하려고 하는 액체보다 무거우며 서로 섞이지 않는 액체를 사용하게 된다.

액주계의 다양한 높이에 대해 관내의 압력 p_A를 측정하기 위해 식 (2.4.12)를 이용하여 액주계의 한쪽 끝단에서부터 시작하여 다른 쪽 끝단까지 이동해가며 계산을 하게 된다. 따라서 그림 2.7.2의 관 중심부 A에서 시작하여 액주계의 개구부로 계산해 나간다. A점과 ①지점의 위치가 같으므로 압력 또한 p_A로 같다. ①지점에서 ②지점으로 내려감에 따라 압력은 $\gamma_1 h_1$만큼 증가하게 된다. ②지점과 ③지점은 같은 액체가 서로 통하면서 같은 높이에 있으므로 압력이 같게 된다. ③지점에서 압력이 0인 개구부 끝단까지 위로 이동하면 압력이 $\gamma_2 h_2$만큼 감소하여 0이 된다. 이상과 같은 과정을 거치는 동안 압력의 변화를 나타내면 다음과 같다.

$$p_A + \gamma_1 h_1 - \gamma_2 h_2 = 0 \qquad (2.7.2)$$

따라서 측정하고자 하는 관내 A점에서의 압력 p_A는 기둥의 높이로 다음과 같이 나타낼 수가 있다.

$$p_A = \gamma_2 h_2 - \gamma_1 h_1 \qquad (2.7.3)$$

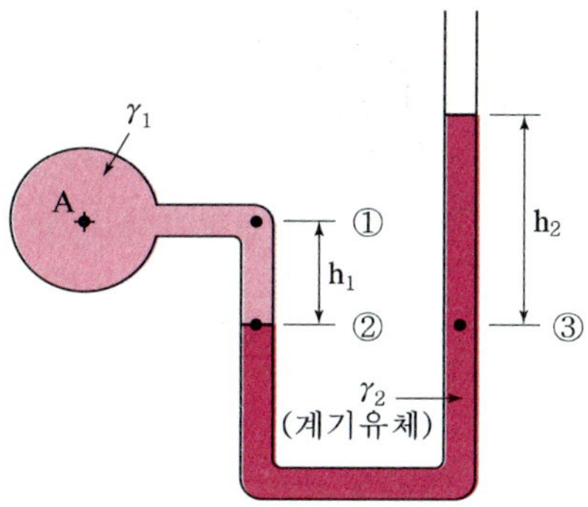

그림 2.7.2 U자형 액주계

U자형 액주계의 장점은 계기유체가 압력을 측정하려고 하는 관내의 액체와 다르다는 것이다. 만일 p_A가 크다면 수은과 같은 무거운 계기유체를 사용하여 너무 높지 않고 이상적인 관측높이가 되도록 할 수가 있으며, 만일 p_A가 작다면 물과 같은 가벼운 계기유체를 사용하여 충분히 관측할 수 있는 액주계의 높이를 얻을 수가 있다.

U자형 액주계는 또한 두 관사이의 압력을 측정하는 경우에도 광범위하게 사용되고 있다. 그림 2.7.3과 같은 두 관 A, B사이를 연결한 액주계를 시차액주계(differential manometer)라 한다. 두 관 A, B사이의 압력차는 앞에서와 같이 한 지점에서 다른 지점으로 이동해 가면 구할 수가 있다. 예를 들어

관 A에서의 압력 p_A 는 같은 높이인 ①지점에서의 압력과 같고 ②지점으로 내려옴에 따라 압력이 $\gamma_1 h_1$ 만큼 증가한다. ②지점과 ③지점은 같은 액체로 통해 있으며 높이가 같으므로 압력도 같다. ③지점에서 ④지점으로 위로 올라가면 압력이 $\gamma_2 h_2$ 만큼 감소한다. ④지점에서 ⑤지점으로 올라가면 또 다시 $\gamma_3 h_3$ 만큼 압력이 줄어들고 마지막으로 ⑤지점과 관 B에서의 압력은 높이가 같으므로 $p_5 = p_B$ 가 된다. 이러한 과정을 연결하여 작성하면 다음과 같다.

$$p_A + \gamma_1 h_1 - \gamma_2 h_2 - \gamma_3 h_3 = p_B \qquad (2.7.4)$$

두 관 A 및 B사이의 압력을 측정하려고 하므로 식 (2.7.4)를 정리하면

$$p_A - p_B = \gamma_2 h_2 + \gamma_3 h_3 - \gamma_1 h_1 \qquad (2.7.5)$$

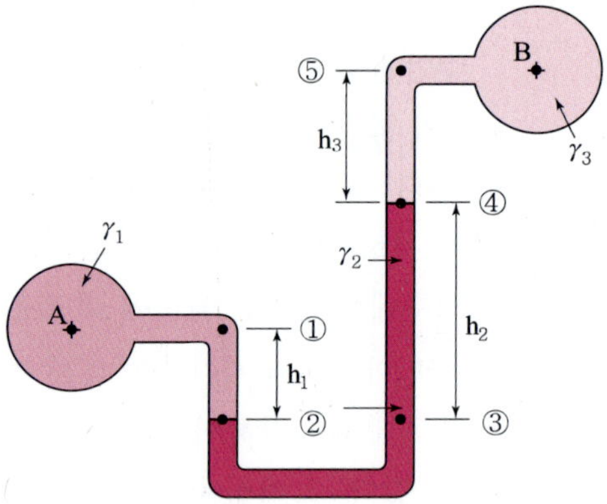

그림 2.7.3 시차액주계

만일 두 관 m, n사이의 압력이 너무 작아서 시차액주계를 사용하기 곤란하거나 보다 높은 정밀도의 압력차이를 측정하길 원한다면 그림 2.7.4와 같은 미차액주계(micro manometer)를 사용할 수 있다. 미차액주계는 그림에서 보는 바와 같이 U자관의 중간부분에 U자관의 단면적에 비해 상대적으로 큰 면적을 가진 수조가 설치되어 있다. 또한 수조와 U자관에는 서로 다른 두 가지의 계기유체를 사용하게 된다. 압력이 작용되기 전에 양쪽 수조와 U자관에서의 액체 A와 액체 B는 서로 같은 높이로 평형을 이루고 있다.

수조의 단면적을 A_T, U 자관의 단면적을 A_U 라 하면, 평형상태와 비교할 때 계기유체가 수조에서는 Δy 만큼, U자관에서는 h/2만큼의 위치변화가 있게 된다. 따라서

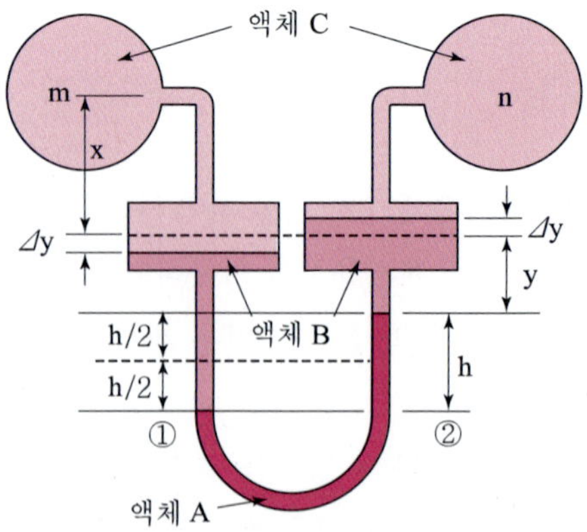

그림 2.7.4 미차액주계

$$A_T \Delta y = A_U \left(\frac{h}{2} \right) \qquad \therefore \; h = \frac{2A_T}{A_U} \Delta y \tag{2.7.6}$$

즉, U자관의 단면적에 비해 수조의 단면적을 크게 하면 수조가 없을 경우에 해당하는 변화 Δy를 h만큼 확대하여 측정할 수가 있다. ①지점과 ②지점이 같은 계기유체로 통해 있으며 높이가 같으므로 압력도 같다. 따라서 ①지점의 압력과 ②지점의 압력을 관 m 및 관 n으로부터 시작하여 구하면 다음과 같다.

$$p_1 = p_m + \gamma_C (x + \Delta y) + \gamma_B (y + h - \Delta y) \tag{2.7.7}$$

$$p_2 = p_n + \gamma_C (x - \Delta y) + \gamma_B (y + \Delta y) + \gamma_A h \tag{2.7.8}$$

①, ②지점의 압력이 같으므로 $p_1 = p_2$ 및 식 (2.7.6)으로부터

$$\begin{aligned} p_m - p_n &= (\gamma_A - \gamma_B) h + 2(\gamma_B - \gamma_C) \Delta y \\ &= (\gamma_A - \gamma_B) h + \frac{A_U}{A_T} (\gamma_B - \gamma_C) h \end{aligned} \tag{2.7.9}$$

식 (2.7.9)에서 계기유체의 단위중량 γ_A 및 γ_B, 그리고 측정유체의 단위중량 γ_C를 알고 있고, U자관의 단면적 A_U와 수조의 단면적 A_T를 알고 있으므로 U자관에서의 높이 h만 측정하면 두 관 m, n사이의 압력차를 계산할 수가 있다.

예제 2.6

그림 2.7.5와 같이 밀폐된 탱크 안에 공기와 기름(S = 0.9)이 압축되어 있다. 수은(S = 13.6)을 사용한 U자관이 그림과 같이 연결되어 있고, $h_1 = 5\text{cm}$, $h_2 = 10\text{cm}$, 그리고 $h_3 = 20\text{cm}$일 때 계기에서 나타나는 압력을 계산하라.

풀이

①지점에서의 압력은 $p_1 = p_{air} + \gamma_o (h_1 + h_2)$

②지점에서의 압력은 $p_2 = \gamma_{Hg} h_3$

①지점과 ②지점에서의 압력이 같으므로

$$p_{air} + \gamma_o (h_1 + h_2) = \gamma_{Hg} h_3$$

따라서

$$\begin{aligned} p_{air} &= 13.6 \times 1{,}000 \times 0.2 - 0.9 \times 1{,}000 \times (0.05 + 0.1) \\ &= 2{,}580 \text{kg/m}^2 \end{aligned}$$

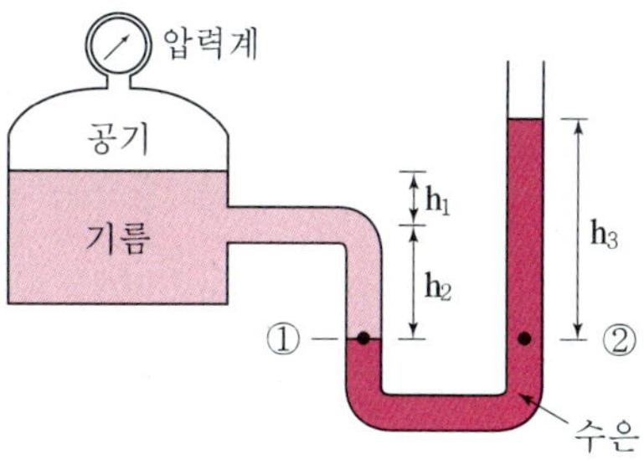

그림 2.7.5

예제 2.7

그림 2.7.3과 같은 시차액주계에서 액체 1의 비중은 1, 액체 2의 비중은 13.6, 그리고 액체 3의 비중은 0.8이다. $h_1 = 20cm$, $h_2 = 40cm$, 그리고 $h_3 = 25cm$ 일 때 A관과 B관 사이의 압력차를 구하라.

풀이

시차액주계에서 두 관사이의 압력차는 식 (2.7.5)를 이용하여 구할 수 있다.

$$p_A - p_B = \gamma_2 h_2 + \gamma_3 h_3 - \gamma_1 h_1$$
$$= 13{,}600 \times 0.4 + 800 \times 0.25 - 1{,}000 \times 0.2 = 5{,}440 kg/m^2$$

예제 2.8

그림 2.7.4와 같은 미차액주계에서 액체 A는 수은(S = 13.6), 액체 B는 물(S = 1), 그리고 액체 C는 기름(S = 0.8)이다. 액체 A의 높이차가 h = 50cm, U자관과 탱크의 단면적 비가 1/100일 때 두 관 사이의 압력차를 구하라.

풀이

수은의 단위중량 $\gamma_A = 13{,}600 kg/m^3$, 물의 단위중량 $\gamma_B = 1{,}000 kg/m^3$, 기름의 단위중량 $\gamma_C = 800 kg/m^3$, 따라서 식 (2.7.9)를 적용하면

$$p_m - p_n = (13{,}600 - 1{,}000) \times 0.5 + \frac{1}{100}(1{,}000 - 800) \times 0.5 = 6{,}301 kg/m^2$$

2.7.3 경사액주계

작은 압력변화를 측정하기 위해 그림 2.7.6과 같은 경사액주계가 자주 사용된다. 액주계의 한쪽이 θ 각도로 기울어져 있으며 경사길이 l_2를 측정하여 두 관 A, B사이의 압력차를 구하게 된다. 앞에서와 같은 방법으로 관 A에서부터 시작하여 관 B까지 압력의 변화를 나타내면 다음과 같다.

$$p_A + \gamma_1 h_1 - \gamma_2 l_2 \sin\theta - \gamma_3 h_3 = p_B \tag{2.7.10}$$

또는

$$p_A - p_B = \gamma_2 l_2 \sin\theta + \gamma_3 h_3 - \gamma_1 h_1 \tag{2.7.11}$$

여기서 주의할 것은 ①지점과 ②지점 사이의 압력 차이는 연직 깊이 차이로 인해 발생하므로 두 지점간의 거리는 $l_2 \cdot \sin\theta$가 된다. 따라서 경사를 조금만 변화시켜도 작은 압력 차이를 크게 확대해서 관측할 수가 있다.

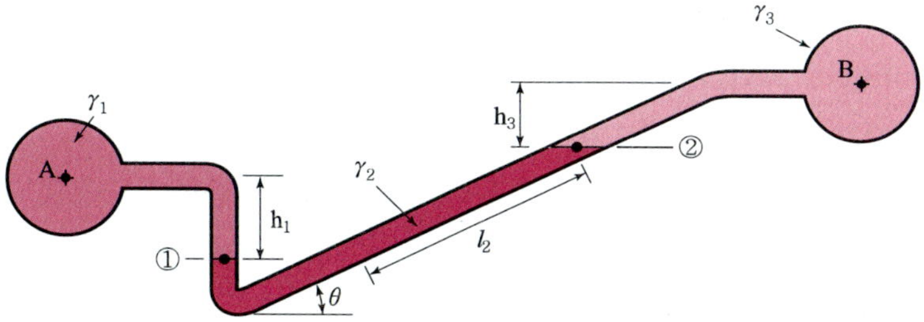

그림 2.7.6 경사액주계

예제 2.9

그림 2.7.6과 같은 경사액주계에서 액체 1의 비중은 1, 액체 2의 비중은 13.6, 그리고 액체 3의 비중은 0.8이다. $h_1 = 30\text{cm}$, $l_2 = 40\text{cm}$, 그리고 $h_3 = 25\text{cm}$ 일 때 A관과 B관 사이의 압력차를 구하라. 액주계의 경사각은 30°이다.

풀이

경사액주계에서 두 관사이의 압력차는 식 (2.7.11)을 이용하여 구할 수 있다.

$$\begin{aligned} p_A - p_B &= \gamma_2 l_2 \sin\theta + \gamma_3 h_3 - \gamma_1 h_1 \\ &= 13{,}600 \times 0.4\sin 30° + 800 \times 0.25 - 1{,}000 \times 0.3 = 2{,}620\text{kg/m}^2 \end{aligned}$$

2.7.4 Bourdon 압력계 및 압력변환기

버어돈 압력계는 그림 2.7.7과 같이 원호 형태로 휘어진 타원형태의 단면을 가진 관으로 구성되어 있다. 대기압이 작용할 경우(계기압력 0) 관은 변형이 있어나지 않으며 이때 계기바늘은 0압력을 가리키게 된다. 만일 압력이 작용하게 되면 휘어진 관은 펼쳐지는 경향이 있고, 따라서 계기바늘이 이에 해당하는 압력을 가리키게 된다.

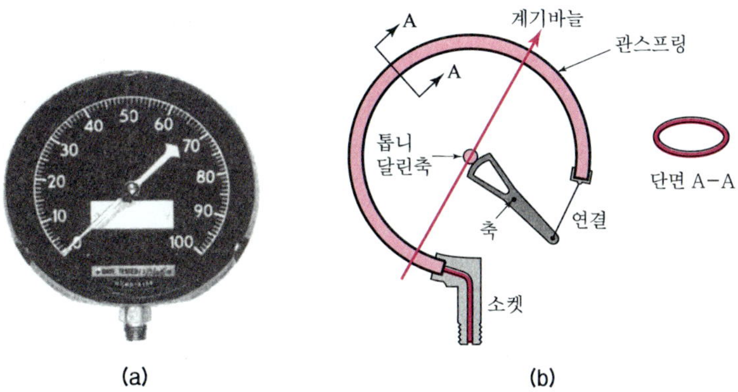

그림 2.7.7 Bourdon 압력계

버어돈 압력계는 과도한 압력 진동이 없거나 외부의 충격이 없을 경우 가장 일상적으로 사용되는 압력계이다. 하지만 이 두 가지의 경우가 공학적인 적용에 있어 자주 발생하기 때문에 진동감쇄장치를 설치하거나 주기적으로 검정을 할 필요가 있다.

유체의 흐름이 포함되어 있는 현대의 공장이나 시스템들은 자동화되어 통제되고 있으며, 이들의 작동 및 조작에는 시스템의 한계점에서의 압력을 감지하는 것이 포함되어 있다. 따라서 자료를 저장하거나 시스템 조작을 통제하기 위한 오실로스코프나 디지털장치에 전송할 수 있는 전자신호를 발생시키기 위한 압력변환기(pressure transducer)와 같은 압력감지 장비가 개발되어 사용되고 있다. 대부분의 변환기는 한쪽 면이 시스템의 실제 압력에 노출되어 있는 격판(diaphragm)으로 되어 있어 시스템에 부착되어 있다. 압력이 변하게 되면 격판이 휘어지고 격판의 반대쪽에 연결되어 있는 감지부에서 신호를 발생시킨다. 여러 종류의 감지장치가 있지만 가장 보편적으로 사용되는 것은 유연성 있는 격판에 부착된 저항선 응력계기(resistance-wire strain gage)이다. 그림 2.7.8은 압력을 기록하기 위한 압력변환기 및 이와 관련된 전자장치의 모식도를 보여주고 있다.

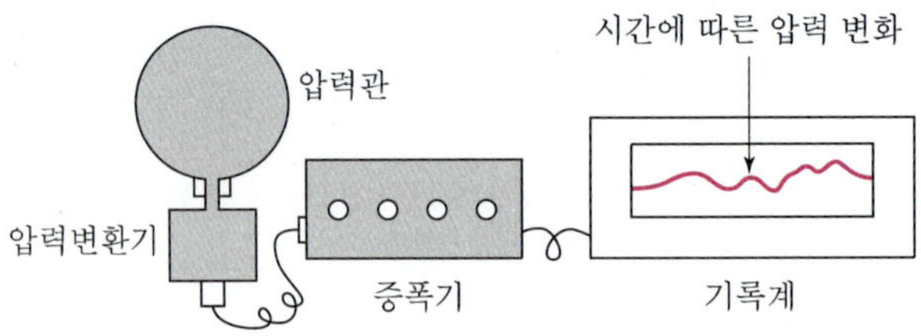

그림 2.7.8 압력변환기

2.8 수중의 평면에 작용하는 힘

수중에 물체가 놓여있을 때 물에 의하여 물체의 표면에 압력이 작용하게 되고 따라서 수압에 의한 힘을 받게 된다. 이러한 힘들의 적절한 결정은 수조, 선박, 댐 및 다양한 수리 구조물의 설계에 있어 대단히 중요하다. 앞에서 언급한 바와 같이 정수중의 물에는 전단응력이 존재하지 않기 때문에 물에 의한 힘은 수중 물체의 표면에 항상 직각으로 작용한다. 또한 깊이에 따라서 압력이 직선적으로 증가하며, 따라서 물체가 받는 힘도 증가하게 된다. 본 절에서는 수중에 평면이 놓여 있을 때 물에 의한 힘과 이 힘이 작용하는 작용점을 결정하는 방법에 대해 알아보기로 한다.

2.8.1 수면과 평행한 경우

수조의 바닥과 같이 수면과 평행하게 수평으로 되어 있는 경우 작용하는 물에 의한 힘의 크기는 단위면적당 작용하는 압력 p에 압력이 작용하는 총 면적 A를 곱함으로서 얻을 수가 있다.

$$F = pA = \gamma hA \quad (2.8.1)$$

그림 2.8.1에서와 같이 대기압이 수면과 수조의 아래면에 작용하게 되면 서로 상쇄되어 수조의 바닥이 받는 힘은 순수하게 물에 의한 힘만 받게 된다. 앞으로 정수압은 순수한 물에 의한 힘만 고려하고 대기압은 고려하지 않기로 하며, 만일 고려할 필요가 있는 경우에는 물에 의한 힘에 대기압에 의한 힘을 합하면 된다. 압력이 수조의 바닥면에 균일하게 작용하고 있기 때문에 힘의 작용점은 수조 바닥의 중심, 즉 도심(centroid)을 통과하게 된다.

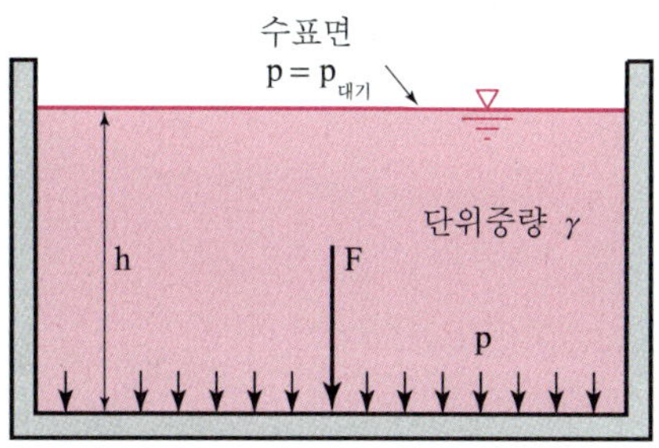

그림 2.8.1 수면과 평행한 평면에 작용하는 힘과 작용점

예제 2.10

그림 2.8.1과 같은 수조에 물이 1.5m 깊이로 차 있을 때 바닥면에 작용하는 힘의 크기를 구하라. 수조바닥의 크기는 3m × 4m 이다.

풀이

수면과 평행한 수조의 바닥에 작용하는 힘은 식 (2.8.1)을 이용하여 산정할 수 있다.

$$F = pA = \gamma hA = 1{,}000\text{kg/m}^3 \times 1.5\text{m} \times 3\text{m} \times 4\text{m} = 18{,}000\text{kg}$$

2.8.2 수면과 경사진 경우

수중에 놓여 있는 평면의 일반적인 경우로 그림 2.8.2와 같이 특정 각도로 기울어져 있는 경우를 예로 들 수 있다. 이러한 경우 평면에 작용하는 합력의 결정은 수평으로 놓여있는 평면의 경우보다 좀 더 복잡하다. 수표면이 대기에 노출되어 있고 원점 O에서 평면이 기울어진 각도가 θ라 하고, 원점 O에서 평면 방향을 y축, 이에 직각인 방향을 x축으로 설정하여 x-y좌표를 정하고 평면은 임의의 모양을 한 면적 A로 이루어져 있다고 하자. 이러한 경우에 물과 접촉하고 있는 평면에 작용하는 힘의 크기, 방향 및 위치를 결정해 보기로 한다.

임의의 깊이 h에서의 미소면적 dA에 작용하는 힘 dF는 다음과 같고 평면에 직각으로 작용하게 된다.

$$dF = \gamma h dA = \gamma y \sin\theta \, dA \quad (2.8.2)$$

따라서 평면 전체에 작용하는 힘은 이러한 미소면적에 작용하는 모든 힘을 합한 것과 같고 다음과 같이 적분형태로 나타낼 수가 있다.

$$F = \int_A \gamma h dA = \int_A \gamma y \sin\theta dA \quad (2.8.3)$$

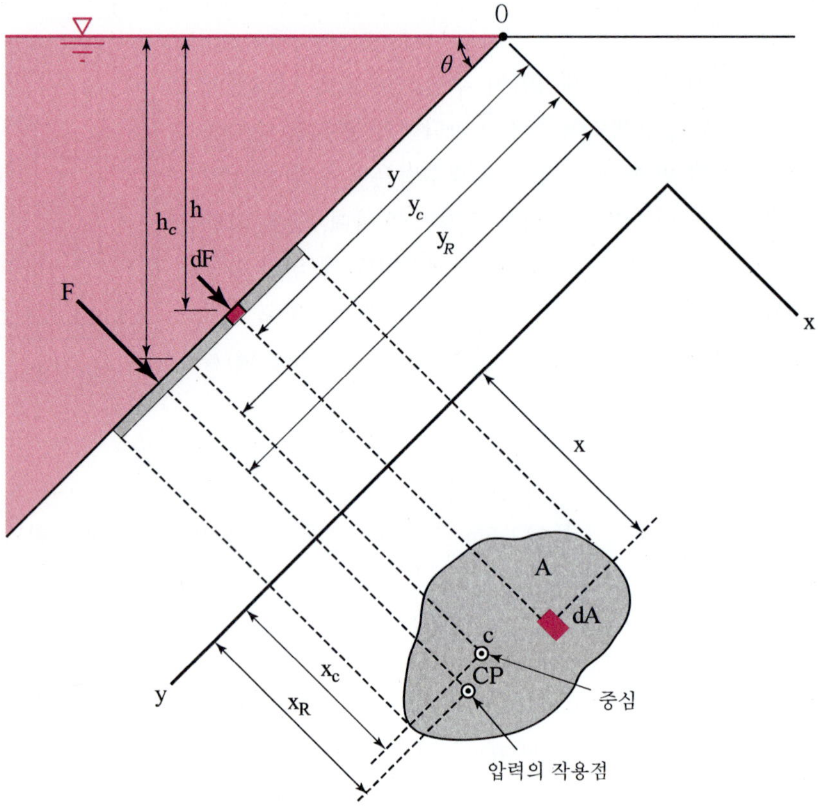

그림 2.8.2 경사진 경우에 작용하는 힘과 작용점

물의 단위중량 γ와 평면의 경사각 θ는 일정하므로

$$F = \gamma \sin\theta \int_A y dA \tag{2.8.4}$$

식 (2.8.4)에서 적분 안의 표현은 x축에 대한 단면 1차 모멘트를 의미하며 이는 전체 면적 A에 x축으로부터 평면의 도심까지의 거리 y_c를 곱한 것과 같다.

$$\int_A y dA = y_c A \tag{2.8.5}$$

따라서 식 (2.8.4)는 다음과 같이 표현할 수가 있다.

$$F = \gamma A y_c \sin\theta \tag{2.8.6}$$

거리 y_c를 수표면으로부터 도심까지의 연직거리 h_c로 나타내면

$$F = \gamma h_c A \tag{2.8.7}$$

식 (2.8.7)로부터 수중의 평면에 작용하고 있는 힘은 평면의 경사각 θ와 상관없이 물의 단위중량, 평면의 면적, 그리고 수표면으로부터 평면의 도심까지의 연직거리에 의해 결정됨을 알 수 있다. 즉, 수중의 경사진 평면에 작용하는 힘은 평면의 도심에 작용하는 압력에 평면의 면적을 곱하여 구하게 된다. 총 작용하는 힘을 구하기 위한 미소면적에 작용하는 힘들이 면에 직각으로 작용하므로 총 힘도 평면에 직각으로 작용하게 된다.

위에서 구한 총 힘 F가 평면의 도심에 작용할 것 같지만 사실 그렇지가 않다. 따라서 힘 F가 작용하는 작용점을 구해 보기로 한다. 힘 F가 작용하는 y축 상의 거리 y_R은 x축에 대한 모멘트들을 합하여 결정할 수가 있다. 즉, 합력 F의 모멘트는 미소면적에 작용하는 힘에 대한 모멘트들의 합과 같다.

$$Fy_R = \int_A y dF = \int_A \gamma \sin\theta y^2 dA \tag{2.8.8}$$

식 (2.8.6)에서 $F = \gamma A y_c \sin\theta$ 이므로 식 (2.8.8)에 대입하고 y_R에 관해 정리하면

$$y_R = \frac{\int_A y^2 dA}{y_c A} \tag{2.8.9}$$

식 (2.8.9)의 분자에 있는 적분은 x축에 대한 단면 2차 모멘트(관성모멘트) I_x와 같다. x축에 대한 단면 2차 모멘트는 x축과 평행하며 평면의 도심을 지나는 축에 대한 단면 2차 모멘트로 나타낼 수가 있으며, x축에 대한 단면 2차 모멘트 I_x와 도심에 대한 단면 2차 모멘트 I_{xc}와의 관계는 다음과 같다.

$$I_x = I_{xc} + y_c^2 A \tag{2.8.10}$$

따라서 식 (2.8.9)는 다음과 같이 나타낼 수가 있다.

$$y_R = y_c + \frac{I_{xc}}{y_c A} \tag{2.8.11}$$

식 (2.8.11)로부터 우변의 두 번째 항은 항상 양의 값을 가지므로 평면에 작용하는 힘의 작용점은 도심 y_c보다 항상 아래쪽에 작용함을 알 수 있다.

y축으로부터 x축 방향으로 떨어져 있는 합력 F가 작용하는 거리 x_R도 같은 방법으로 y축에 대한 모멘트를 고려함으로서 구할 수가 있다. 즉,

$$Fx_R = \int_A \gamma \sin\theta xydA \tag{2.8.12}$$

따라서

$$x_R = \frac{\int_A xydA}{y_c A} = \frac{I_{xy}}{y_c A} \tag{2.8.13}$$

여기서 I_{xy}는 x축 및 y축에 대한 단면 2차모멘트의 곱으로 다음과 같이 나타낼 수가 있다.

$$I_{xy} = I_{xyc} + Ax_c y_c \tag{2.8.14}$$

여기서 I_{xyc}는 평면의 도심에 대한 x축 및 y축에 방향의 단면 2차모멘트의 곱이다. 따라서 식 (2.8.13)은 다음과 같이 표현할 수가 있다.

$$x_R = x_c + \frac{I_{xyc}}{y_c A} \tag{2.8.15}$$

만일 수중에 놓인 평면이 도심을 통과하는 축에 대해 좌우 대칭이고, x축 또는 y축에 대해 평행하면 $I_{xyc} = 0$이 되므로 합력은 $x = x_c$ 선상에 놓이게 된다. 일반적으로 사용되는 단면에 대한 도심의 위치 및 단면적 A, 단면 2차모멘트 I_{xc}, I_{yc}, 그리고 I_{xyc}가 표 2.8.1에 나타나 있다.

예제 2.11

그림 2.8.3과 같은 저수지의 경사면에 직경 4m의 수문이 설치되어 있다. 원형 수문의 중심에 축이 설치되어져 있으며 중심으로부터 수면까지의 깊이가 10m이다. 물에 의해 수문에 미치는 힘의 크기와 작용점을 구하라.

풀이

물에 의해 작용하는 힘의 크기는

$$F = \gamma h_c A$$

$$= 1{,}000\text{kg/m}^3 \times 10\text{m} \times 4\pi\text{m}^2 = 125{,}600\text{kg}$$

힘이 작용하는 지점 y_R은 식 (2.8.11)로부터

$$y_R = y_c + \frac{I_{xc}}{y_c A}$$

$$= \frac{10\text{m}}{\sin 60^\circ} + \frac{(\pi/4) \times (2\text{m})^4}{(10\text{m}/\sin 60^\circ) \times (4\pi\text{m}^2)} = 11.6\text{m}$$

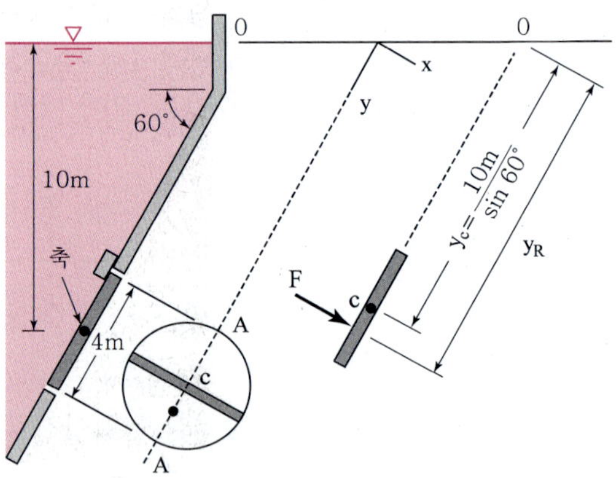

그림 2.8.3

표 2.8.1 각종 형태의 도심, 단면적 및 단면 2차모멘트

단면 형태	A	I_{xc}	I_{yc}	I_{xyc}
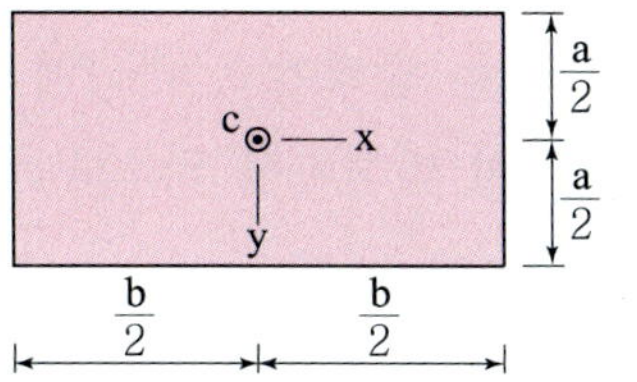	ba	$\frac{1}{12}ba^3$	$\frac{1}{12}ab^3$	0
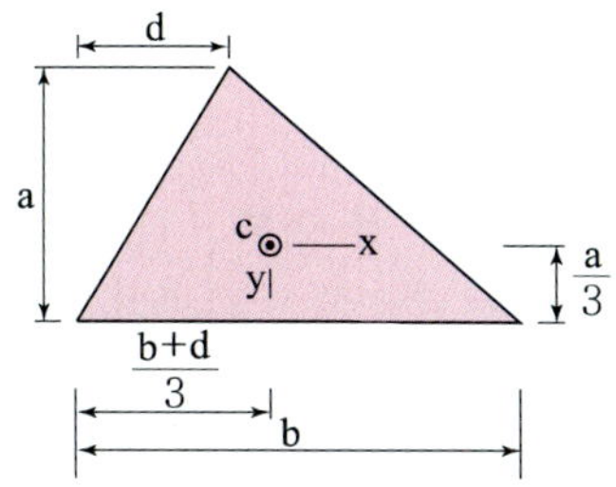	$\frac{ab}{2}$	$\frac{ba^3}{36}$	–	$\frac{ba^2}{72}(b-2d)$
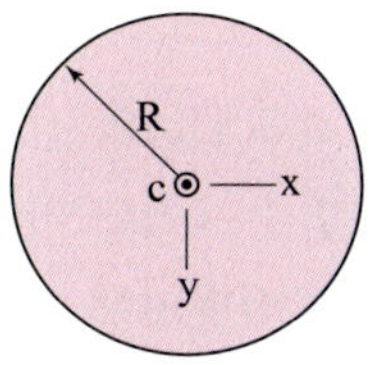	πR^2	$\frac{\pi R^4}{4}$	$\frac{\pi R^4}{4}$	0
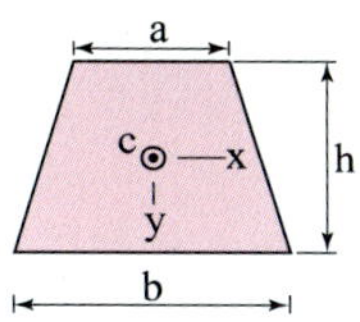	$\frac{h}{2}(a+b)$	$\frac{h^3(a^2+4ab+b^2)}{36(a+b)}$	–	–
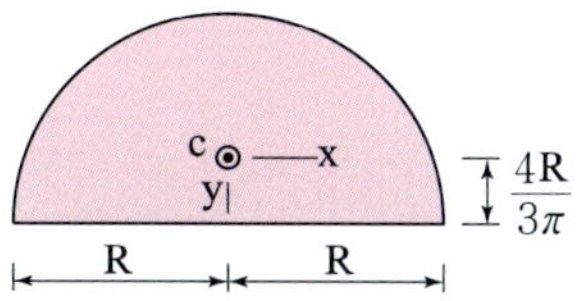	$\frac{\pi R^2}{2}$	$0.1098R^4$	$0.3927R^4$	0
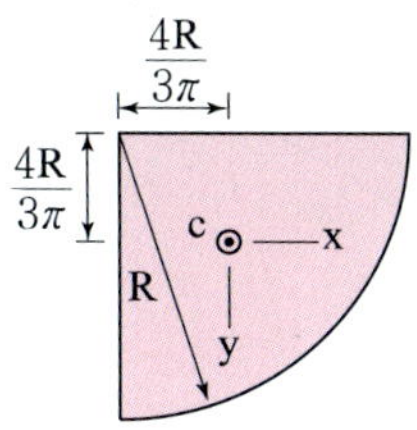	$\frac{\pi R^2}{4}$	$0.05488R^4$	$0.05488R^4$	$-0.01647R^4$

2.8.3 수면과 연직인 경우

폭 b인 수조에 깊이 h로 물이 담겨져 있을 경우 벽에서의 연직방향 압력 분포를 생각해 보자. 압력은 깊이에 따라 직선적으로 변하므로 그림 2.8.4(a)와 같이 수표면에서는 압력이 0, 바닥에서는 압력이 γh인 직선의 압력분포를 얻게 된다. 평균압력이 깊이 h/2지점에서 발생하게 되므로 사각형 평면 $A = bh$에 작용하는 힘은 다음과 같이 나타낼 수가 있다.

$$F = p_{ave}A = \gamma\left(\frac{h}{2}\right)A = \gamma h_c A \tag{2.8.16}$$

여기서 h/2는 사각형 평면의 수면으로부터의 도심까지의 거리 h_c와 같다.

이 경우를 경사진 평면의 경우와 비교해보면 수조의 벽면이 수면과 90°를 이루고 있어 식 (2.8.6)에서 $\theta = 90°$인 경우와 같고 따라서 도심까지의 경사길이 y_c와 수면으로부터의 도심까지의 연직거리 h_c가 같게 되므로 결국 같은 결과를 얻게 된다.

$$F = \gamma A y_c \sin\theta = \gamma h_c A \tag{2.8.17}$$

그림 2.8.4(a)에 나타난 압력분포를 연직평면 전체에 나타내면 그림 2.8.4(b)와 같은 입체적인 압력분포를 보이게 된다. 이는 연직평면을 밑면으로 하는 압력프리즘으로 볼 수가 있으며 연직평면에 작용하는 힘은 압력프리즘의 부피와 같다. 따라서 압력프리즘으로 본 연직평면에 작용하는 힘은 식 (2.8.16)과 같은 결과를 준다.

$$F = \frac{1}{2}(\gamma h)(bh) = \gamma\left(\frac{h}{2}\right)A = \gamma h_c A \tag{2.8.18}$$

이 힘의 작용점의 위치 h_R은 압력프리즘의 도심을 지나게 된다. 즉, 연직평면이 좌우대칭을 보이는

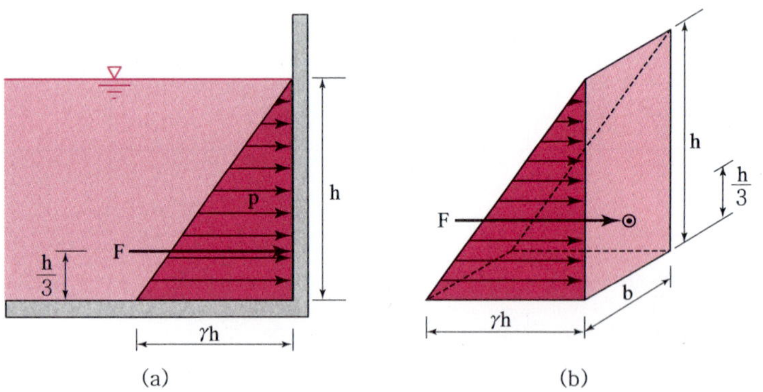

그림 2.8.4 연직 평면에 작용하는 힘

중심축을 따라 밑면으로부터 h/3되는 지점에 힘이 작용하게 된다. 이와 같은 힘의 작용점은 앞에서 알아본 경사진 평면에서의 힘의 작용점을 구하는 식 (2.8.11)에 $\theta = 90°$에 해당하는 y_c, y_R 대신에 h_c, h_R을 적용함으로서 구할 수도 있다. 즉,

$$h_R = h_c + \frac{I_{xc}}{h_c A} \tag{2.8.19}$$

여기서 I_{xc}는 폭 b, 높이 h인 사각형의 중심에서의 x축에 대한 단면 2차모멘트이므로 표 2.8.1로부터 $I_{xc} = bh^3/12$가 되고, $h_c = h/2$, $A = bh$이므로 이들을 식 (2.8.19)에 대입하면 $h_R = 2h/3$를 얻게 된다.

압력프리즘의 개념을 이용하면 그림 2.8.5(a)와 같이 수면까지 확장되지 않는 수중의 연직 수문의 사다리꼴 형태의 압력분포에 대한 힘의 크기를 쉽게 구할 수 있다. 즉, 연직 수문을 밑면으로 하는 압력프리즘의 부피가 바로 수문에 작용하는 힘이 되며, 이 힘의 작용점은 압력프리즘의 도심을 통과하게 된다. 그림 2.8.5(b)와 같이 압력프리즘을 ABDE 및 BCD 두 부분으로 분리하면

$$F = F_1 + F_2 \tag{2.8.20}$$

가 되며 F_1 및 F_2는 쉽게 구할 수가 있다. 힘 F의 작용점 y_A는 A점을 기준으로 하여 각 힘의 모멘트로부터 다음과 같이 산정할 수 있다.

$$Fy_A = F_1 y_1 + F_2 y_2 \tag{2.8.21}$$

여기서 y_1 및 y_2는 A로부터 각 힘이 작용하는 지점까지의 거리를 의미한다.

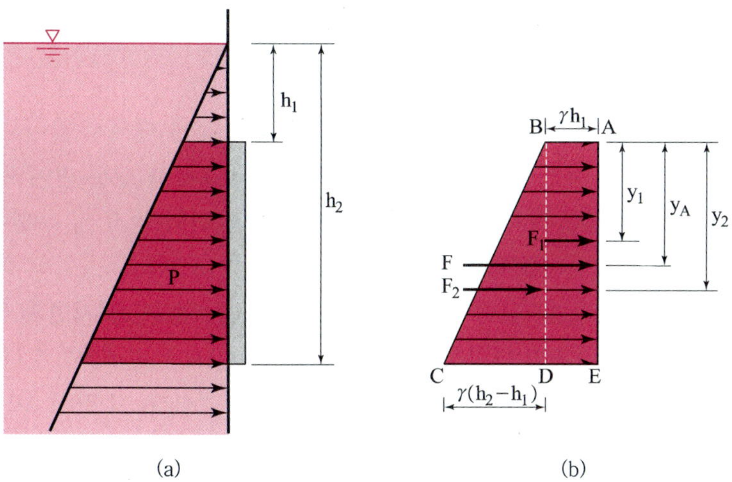

그림 2.8.5 수중의 수문에 작용하는 힘

예제 2.12

그림 2.8.6과 같이 폭 2m의 직사각형 수로에 설치된 수문에 작용하는 힘과 작용점을 구하라.

풀이

수문의 왼쪽에서 작용하는 힘은

$$F_1 = \gamma h_{C1} A_1 = 1 \times 3 \times 6 \times 2 = 36t$$

작용점은 $h_{R1} = 3 + \dfrac{2 \times 6^3/12}{3 \times 6 \times 2} = 4m$

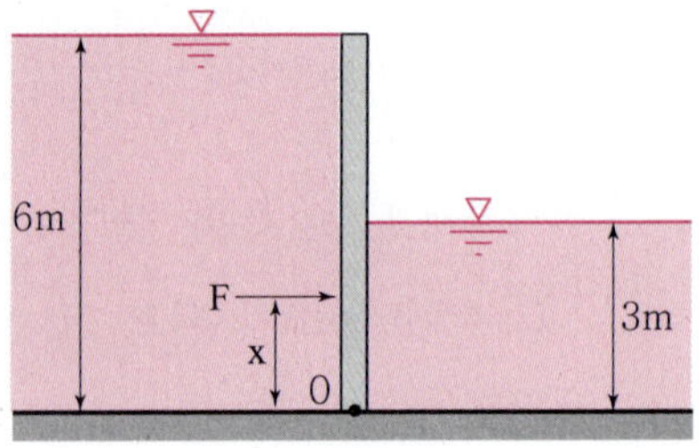

그림 2.8.6

수문의 오른쪽에서 작용하는 힘은

$$F_2 = \gamma h_{C2} A_2 = 1 \times 1.5 \times 3 \times 2 = 9t$$

작용점은 $h_{R2} = 1.5 + \dfrac{2 \times 3^3/12}{1.5 \times 3 \times 2} = 2m$

따라서 수문에 작용하는 총 힘은 $F = F_1 - F_2 = 27t$으로 왼쪽에서 오른쪽으로 작용한다.

총 힘 F의 작용점을 구하기 위해 O점에 대해 작용하는 힘들의 모멘트를 취하면

$$F \times x = F_1 \times 2 - F_2 \times 1$$

$$27 \times x = 36 \times 2 - 9 \quad \rightarrow \quad x = 2.33m$$

그러므로 총 힘은 수로 바닥으로부터 2.33m 위에 작용한다.

2.9 수중의 곡면에 작용하는 힘

지금까지 수중에 놓여있는 평면에 작용하는 힘과 작용점에 대해서 알아보았지만 우리가 관심 있는 구조물들, 즉 댐, 관로, 수조 등과 같은 구조물의 물과 접촉하고 있는 면이 곡면으로 이루어진 것이 많다. 이와 같이 수중의 곡면에 작용하는 힘은 곡면과 이 곡면의 연직 및 수평방향의 투영면으로 둘러싸인 수체에 작용하는 힘의 평형관계를 이용하여 구할 수가 있다.

예를 들어 그림 2.9.1(a)와 같은 수조의 곡면 BC를 생각해 보자. 지면과 직각방향으로 단위 길이를 가진 이 곡면에 작용하는 힘의 합력을 구해보기로 한다. 먼저 곡면 BC와 수평면 AB, 그리고 연직면 AC로 경계 지어지는 그림 2.9.1(b)와 같은 자유물체도로 분리한다. 수평면 AB와 연직면 AC에 작용하는 힘 F_1과 F_2는 앞 절에서 알아본 수중의 평면에 작용하는 힘을 구하는 방법으로 결정할 수 있다. 자유물체도의 무게 W는 자유물체도의 부피에 물의 단위중량을 곱해 구할 수 있고, 작용점은 자유물체도의

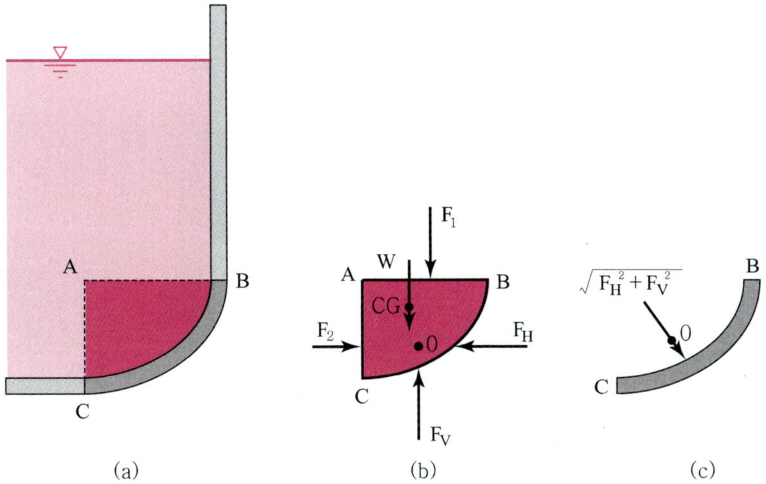

그림 2.9.1 수중의 곡면에 작용하는 힘

무게중심을 통과한다. 수평반력 F_H와 연직반력 F_V는 수조가 물에 가하는 힘으로 나타낼 수 있다.

이러한 자유물체도가 평형을 유지하려면 수평반력 F_H는 연직평면 AC에 작용하는 힘 F_2와 같아야 하고, 연직반력 F_V는 수평면 AB에 작용하는 힘 F_1과 자유물체도의 무게 W의 합력과 같아야 한다. 따라서

$$F_H = F_2 \tag{2.9.1}$$

$$F_V = F_1 + W \tag{2.9.2}$$

곡면 BC에 작용하는 반력은 수평반력 F_H와 연직반력 F_V의 합력이 된다.

$$F = \sqrt{F_H^2 + F_V^2} \tag{2.9.3}$$

힘 F는 점 O를 통과하고 그 위치는 각 힘들의 모멘트로부터 구할 수 있다. 수중의 곡면 BC에 작용하는 힘은 자유물체도에서의 반력 F와 같고 방향은 반대방향인 그림 2.9.1(c)와 같다. 따라서 식 (2.9.1)과 (2.9.2)로부터 수중의 곡면에 작용하는 수평방향의 힘은 곡면을 수평방향으로 투영한 평면에 작용하는 힘과 같고, 작용점은 수중의 연직면에 작용하는 힘의 작용점과 같다. 또한 곡면에 연직방향으로 작용하는 힘은 그 곡면을 밑면으로 하는 물기둥의 무게와 같고, 그 작용점은 물기둥의 무게 중심을 통과하게 된다.

예제 2.13

그림 2.9.2와 같이 반경이 1m인 원관에 물이 반쯤 차서 흐르고 있다. 단위 길이당 BC곡면에 작용하는 힘과 작용점을 구하라.

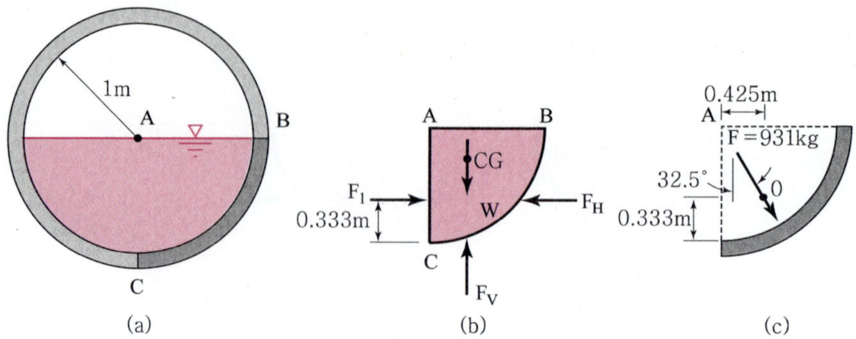

그림 2.9.2

풀이

그림 2.9.2(b)와 같이 수평으로 AB단면, 연직으로 AC단면에 의해 분리한 자유물체도를 작성한다. AC단면에 직각으로 작용하는 수평력 F_1, 수체의 무게 W, 그리고 반력성분 F_H, F_V가 작용하고 있다.

$$F_1 = \gamma h_c A = 1{,}000\text{kg/m}^3 \times 0.5\text{m} \times 1\text{m}^2 = 500\text{kg} = F_H$$

$$W = \gamma V = 1{,}000\text{kg/m}^3 \times \pi \times 1^2\text{m}^2/4 \times 1\text{m} = 785\text{kg} = F_V$$

따라서 $F = \sqrt{F_H^2 + F_V^2} = \sqrt{500^2 + 785^2} = 931\text{kg}$

표 2.8.1의 값을 이용하면 A점으로부터 단면의 중심 O까지의 수평거리는 $4R/3\pi = 0.425\text{m}$, 수직거리는 $2/3 = 0.667\text{m}$ 이다. 그러므로 $\tan\theta = 0.425/0.667$ $\therefore \theta = 32.5°$

2.10 부력 및 부체의 안정

부력(buoyancy)은 수중에 잠겨있는 물체를 떠받치는 힘으로 물의 특성이라고 할 수 있으며, 안정(stability)은 물체가 수평으로 기울어진 후 원래의 상태로 되돌아가려고 하는 물체의 능력이라 할 수 있다. 그림 2.10.1은 부력과 안정성의 분석을 요구하는 몇 가지 예를 보여주고 있다. 부표 및 선박은 안정하게 떠 있도록 설계를 하여야 하고, 관측장비(instrument package)는 정박 케이블에 의해 지지되지 않으면 뜨게 된다. 잠수기(diving bell)는 선박의 크레인에 의해 지지되어야 한다. 하지만 잠수함은 임의의 깊이에서 움직이다 더 깊은 곳으로 잠수하거나 수표면으로 떠오르게 된다. 이러한 모든 경우에 부력 및 부체의 안정에 대한 해석이 필요하다.

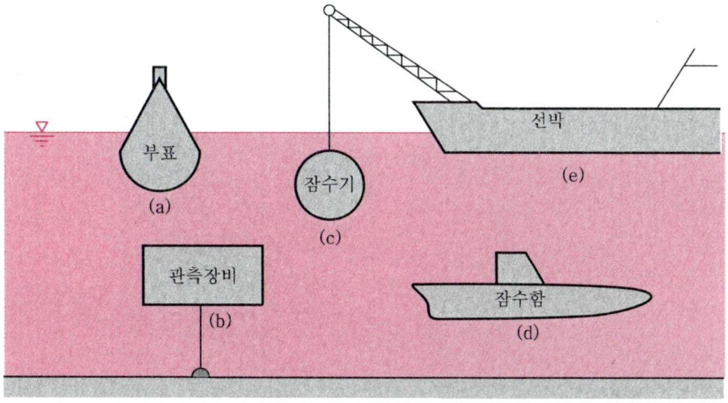

그림 2.10.1 부력 및 부체의 안정

2.10.1 아르키메데스의 원리

물체가 수중에 완전히 잠겨있거나 혹은 일부만 잠겨 떠 있을 때 물체는 부력(buoyant force)을 받게 된다. 압력은 깊이에 따라 증가하기 때문에 물체의 윗면에서 작용하는 압력보다 밑면에서 작용하는 압력이 커 위 방향으로 힘이 작용한다. 그림 2.10.2(a)와 같이 수중에 잠겨있는 체적 V인 물체를 생각해 보자. 이 물체를 포함하는 육면체의 자유물체도는 그림 2.10.2(b)와 같다. 편의상 지면 방향을 생략하고 이 자유물체도에 작용하고 있는 힘들을 나열해 보면 각 면에 작용하는 힘 F_1, F_2, F_3 및 F_4가 있고, 자유물체도에서 물체의 무게를 뺀 순수한 물의 무게 W가 작용하고 있으며, 또한 물체의 무게 F_B가 작용하고 있다.

수평으로 작용하는 힘 F_3와 F_4는 서로 크기가 같고 반대방향으로 작용하고 있으므로 상쇄되어 무시할 수 있다. 따라서 자유물체도에 작용하는 힘은 다음과 같이 연직방향으로의 평형관계만 고려하면 된다.

$$F_B = F_2 - F_1 - W \tag{2.10.1}$$

또한 단면적 A를 가진 자유물체도의 윗면과 밑면에 작용하는 힘 F_1 및 F_2의 차이는 다음과 같다.

$$F_2 - F_1 = \gamma(h_2 - h_1)A \tag{2.10.2}$$

식 (2.10.2)를 식 (2.10.1)에 대입하고 자유물체도내의 순수한 물의 무게 W를 고려하면

$$F_B = \gamma(h_2 - h_1)A - \gamma[(h_2 - h_1)A - V] \tag{2.10.3}$$

이 식을 정리하면 부력 F_B를 얻게 된다.

$$F_B = \gamma V \tag{2.10.4}$$

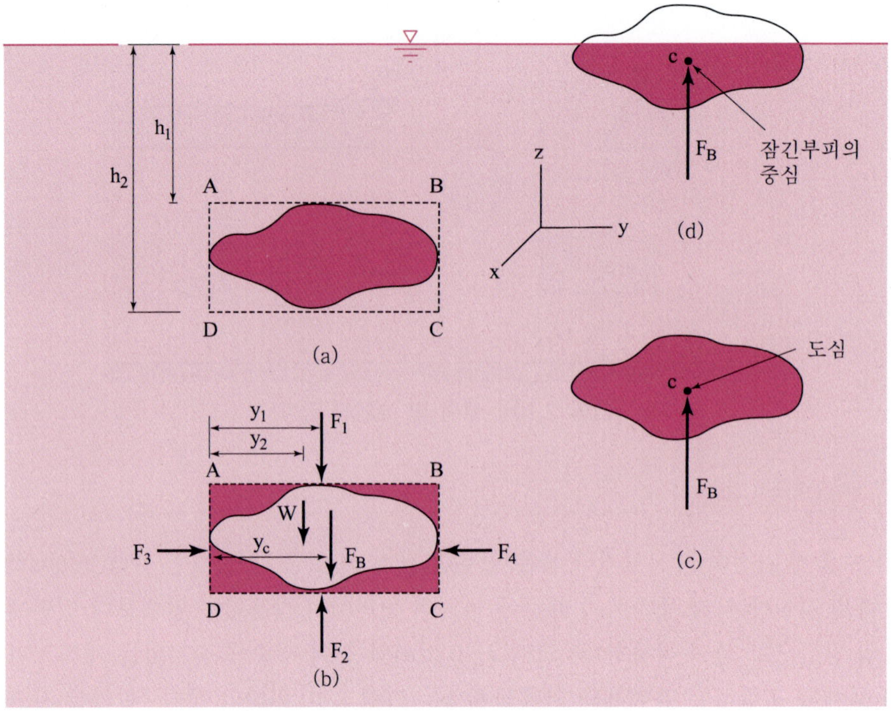

그림 2.10.2 수중의 물체에 작용하는 부력

여기서 γ는 물의 단위중량이고 V는 수중 물체의 체적이다. 수중의 부력은 물이 물체에 작용하는 힘이므로 자유물체도에서 나타낸 방향과는 반대방향이 된다. 따라서 부력의 크기는 물체의 체적과 동일한 물의 무게와 같고 방향은 연직 윗방향이 된다. 이러한 사실을 처음 발견한 그리스의 수학자이자 기술자인 Archimedes의 이름을 사용하여 아르키메데스의 원리(Archimedes' principle)라 한다.

부력이 작용하는 위치는 D점을 기준으로 한 자유물체도에 작용하는 힘들의 모멘트의 합으로부터 구할 수가 있다.

$$F_B y_c = F_2 y_1 - F_1 y_1 - W y_2 \tag{2.10.5}$$

물의 단위중량 γ는 일정하므로 $F = \gamma V$ 로부터 힘을 체적으로 나타내면

$$V y_c = V_T y_1 - (V_T - V) y_2 \tag{2.10.6}$$

여기서 V_T는 자유물체도 전체의 체적이다. 식 (2.10.6)의 오른쪽 항은 자유물체도 전체 체적에 대한 모멘트로부터 순수한 물의 체적에 대한 모멘트를 뺀 것으로 결국 물체의 체적에 대한 모멘트를 의미하게 되어 y_c는 y축 상의 물체의 무게중심이 된다. x축 상의 힘의 작용점도 같은 방법으로 구하면 x축 상의 물체의 무게중심과 일치한다. 따라서 부력의 작용점은 수중 물체의 무게중심과 같고 이 점을 부심

(center of buoyancy)이라 한다.

이상과 같은 원리를 그림 2.10.2(d)와 같이 부분적으로 잠겨져 있는 물체에도 적용할 수가 있다. 그림 2.10.2(d)에서 물체가 받는 부력의 크기는 잠겨진 물체의 체적에 해당하는 물의 무게, 즉 물체에 의해 배제된 물의 무게와 같다.

$$F_B = \gamma(\text{수중에 잠긴 체적}) \tag{2.10.7}$$

물체가 떠 있으므로 힘의 평형관계를 고려하면 물체의 공기 중 무게 F와 부력 F_B가 같다.

$$F_B = F = \gamma(\text{수중에 잠긴 체적}) \tag{2.10.8}$$

따라서 물에 떠 있는 물체는 공기 중의 무게와 동일한 부력을 받고 이는 물속에 잠긴 부분에 해당되는 물의 무게와 동일하다.

예제 2.14

그림 2.10.3과 같이 직경 1m, 무게 500kg인 부표를 케이블로 고정시켜 수표면에 떠 있도록 설치하였다. 만일 수심이 증가하여 부표가 물에 완전히 잠기게 되면 케이블에 걸리는 장력은 얼마인가.

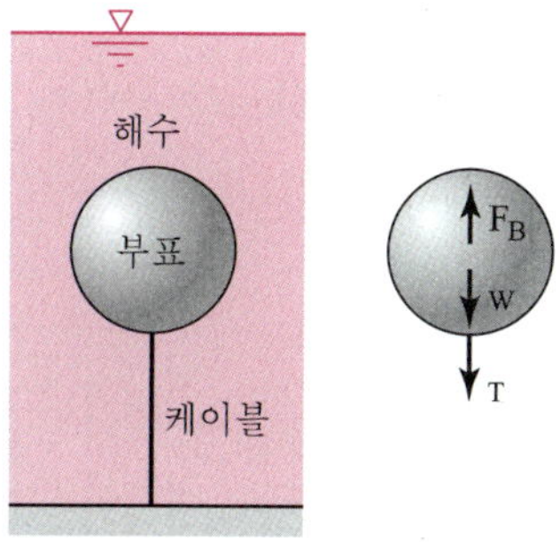

그림 2.10.3 부표

풀이

부표의 공기 중 무게 W = 500kg,

부력 $F_B = \gamma V = \gamma(\pi d^3/6) = 1{,}000 \times (\pi \times 1^3/6) = 523.3\text{kg}$

따라서 장력 T는 $T = F_B - W = 523.3\text{kg} - 500 = 23.3\text{kg}$

예제 2.15

어떤 물체의 공기 중에서의 무게가 2kg이고, 수중에서의 무게가 0.5kg일 때 이 물체의 부피와 비중을 구하라.

풀이

부력 F_B=공기 중 무게−수중무게 $= 2\text{kg} - 0.5\text{kg} = 1.5\text{kg}$

또한 식 (2.10.4)로부터

$$V = F_B/\gamma = 1.5\text{kg}/(1{,}000\text{kg/m}^3) = 0.0015\text{m}^3$$

따라서 비중은 $S = \dfrac{W}{W_W} = \dfrac{2\text{kg}}{1.5\text{kg}} = 1.333$

2.10.2 부체의 안정

지금까지 수중의 물체 또는 부분적으로 잠긴 물체에 작용하는 부력을 알아보았다. 부력과 관련하여 또 다른 중요한 문제는 부체의 안정성(stability)이다. 부체의 위치를 변화시킬 때 원래의 평형상태로 되돌아오면, 이 부체는 안정평형(stable equilibrium)상태에 있다고 하고, 반면에 부체의 위치를 변화시킬 때 원래의 평형상태로 되돌아오지 않고 새로운 평형상태로 움직이게 되면, 이 부체는 불안정평형(unstable equilibrium)상태에 있게 된다.

안정성은 수중 또는 부분적으로 잠긴 부체의 무게중심과 부심이 반드시 일치하는 것은 아니기 때문에 중요한 문제가 된다. 부체는 약간의 회전에 의해서 복원(restoring) 또는 전도(overturning) 우력(couple)이 발생하게 된다. 예를 들어 그림 2.10.4(a)와 같이 완전히 잠긴 물체에서 무게중심이 부심보다 아래에 있는 경우 평형상태에서의 회전은 물체의 무게 W와 부력 F_B간에 우력이 발생하여 원상태로 되돌아가려는 복원모멘트가 발생하게 된다. 따라서 이 물체는 안정하다고 할 수 있다. 무게중심이 부심보다 아래에 있을 경우에는 항상 이러한 복원모멘트가 발생하여 안정하게 된다.

하지만 그림 2.10.4(b)와 같이 무게중심이 부심보다 위에 있는 경우 전도모멘트가 발생하여 새로운 평형상태로 움직여 불안정하게 된다. 이와 같이 수중의 부체의 무게중심이 부심보다 위에 있는 경우 항상 불안정한 상태가 된다.

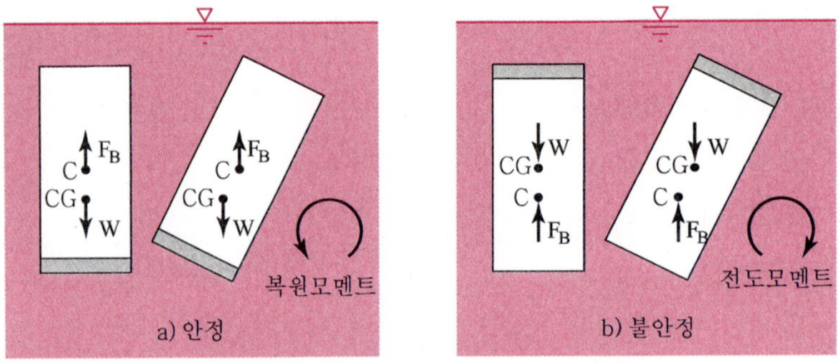

그림 2.10.4 수중 부체의 안정 및 불안정

물에 떠 있는 물체는 회전시 수중에 잠긴 물체의 형태가 변하여 부심의 위치가 변하기 때문에 안정성의 판단은 좀 더 복잡하다. 그림 2.10.5(a)와 같이 비교적 폭이 넓고 높이가 낮은 물체인 경우 무게중심이 부심보다는 위에 있지만, 부체의 회전시 부심은 새로 잠긴 체적의 무게중심으로 이동하게 되어 부체의 무게 W와 함께 복원모멘트를 발생시켜 부체는 안정하게 된다. 하지만 그림 2.10.5(b)와 같이 폭이 좁고 높은 물체인 경우 약간의 회전에 의해서도 무게중심과 부력에 의해 전도모멘트가 발생하여 불안정하게 된다.

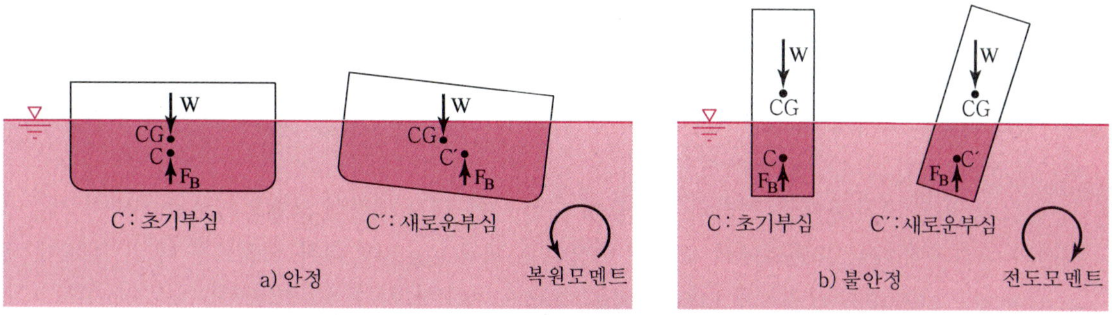

그림 2.10.5 부체의 안정 및 불안정

부체의 안정성에 대해 구체적으로 알아보기 위해 그림 2.10.6과 같은 선박의 단면을 생각해 보자. 이 경우 선박의 무게중심 G는 부심 C보다 위에 있다. α의 각도로 선박이 기울어지게 되면 원래 물에 잠겨있던 AOB에 해당하는 부피가 줄어들고 대신 DOE에 해당하는 새로운 부피가 잠기게 된다. 부심은 물에 잠긴 부피의 중심이므로 결국 부심이 오른쪽으로 이동하여 C′의 위치에 오게 된다. 원래의 무게중심 G와 부심 C를 연결한 선과 새로운 부심 C′의 수직선과 만나는 점을 경심 M(metacenter)이라 하고, 무게중심 G와 경심 M사이의 거리를 경심고 GM(metacentric height)이라 한다. 만일 경심고 GM이 양의 값이면, 즉 경심이 무게중심보다 위에 있으면 선박은 안정하게 된다. 그러나 경심고 GM이 음의 값을 갖게 되면 선박은 불안정하게 된다.

선박의 기울어진 각도가 α인 경우를 확대한 그림 2.10.6(c)를 보자. 먼저 부심의 횡방향 이동 거리 CC′를 결정하고 기하학적인 모양으로부터 경심고 GM을 계산하게 된다. 부심은 물에 의해 배제된 부피의 중심에 해당하므로 체적의 중심에 대한 기본 정의에 따라 다음과 같이 나타낼 수 있다.

$$\bar{x}V = \sum x_i \, \Delta V_i \tag{2.10.9}$$

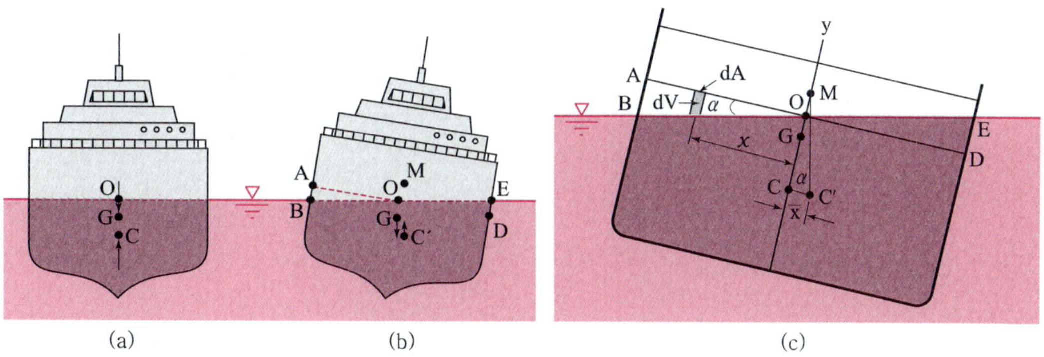

그림 2.10.6 부체의 안정조건 유도

여기서 $\bar{x}$=CC'는 선박의 대칭축(y축)으로부터 물에 잠긴 체적의 중심까지의 거리, V는 선박에 의해 배제된 물의 체적, ΔV_i는 증가된 체적, 그리고 x_i는 증가된 체적의 모멘트 길이이다. 식 (2.10.9)를 적용할 때 왼쪽 부분에 해당하는 체적의 모멘트는 음의 값, 오른쪽 부분에 해당하는 체적의 모멘트는 양의 값으로 한다.

식 (2.10.9)의 오른쪽 항은 선박의 대칭축에 대한 물에 잠긴 체적의 모멘트이므로 선박이 기울어지기 이전의 체적 V에 대한 모멘트에서 AOB에 해당하는 체적 V_{AOB}에 대한 모멘트를 빼고, DOE에 해당하는 체적 V_{DOE}에 대한 모멘트를 더하면 된다. 즉,

$$\bar{x}V = V\text{모멘트} - V_{AOB}\text{모멘트} + V_{DOE}\text{모멘트} \tag{2.10.10}$$

식 (2.10.10)의 오른쪽 첫 번째 항인 원래의 잠긴 체적의 대칭축에 대한 모멘트는 0이다. 또한 V_{AOB}에 대한 모멘트의 부호는 −이므로 오른쪽 두 번째 항은 +가 되어 다음과 같이 나타낼 수가 있다.

$$\bar{x}V = \Sigma\, x_i\, \Delta V_{iAOB} + \Sigma\, x_i\, \Delta V_{iDOE} \tag{2.10.11}$$

식 (2.10.11)을 적분형태로 표현하면

$$\bar{x}V = \int_{AOB} x dV + \int_{DOE} x dV \tag{2.10.12}$$

하지만 그림 2.10.6(c)에서 보는 바와 같이 미소체적 dV는 미소길이 $x\tan\alpha$와 미소면적 dA를 곱한 것과 같다. 따라서 식 (2.10.12)는 다음과 같이 나타낼 수 있다.

$$\bar{x}V = \int_{AOB} x^2 \tan\alpha dA + \int_{DOE} x^2 \tan\alpha dA \tag{2.10.13}$$

여기서 $\tan\alpha$는 일정하고 오른쪽의 두 항은 적분이 이루어지는 면적을 제외하면 동일한 형태이므로 다음과 같이 간략하게 표현할 수가 있다.

$$\bar{x}V = \tan\alpha \int_{A_{waterline}} x^2 dA \tag{2.10.14}$$

수표면에 대한 단면 2차모멘트를 I_{oo}라 하면 식 (2.10.14)는 다음과 같이 나타낼 수 있다.

$$\bar{x}V = I_{oo}\tan\alpha \tag{2.10.15}$$

부심의 이동거리 $\bar{x}$를 CC′로 대체하면

$$CC' = \frac{I_{oo}\tan\alpha}{V} \tag{2.10.16}$$

그림 2.10.6(c)로부터

$$CC' = CM\tan\alpha \tag{2.10.17}$$

식 (2.10.16)과 (2.10.17)로부터 CC′를 소거하면

$$CM = \frac{I_{oo}}{V} \tag{2.10.18}$$

경심고 GM은 CM − CG이므로

$$GM = \frac{I_{oo}}{V} - CG \tag{2.10.19}$$

따라서 식 (2.10.19)는 부체의 안정성을 판단하는데 사용할 수가 있으며 앞에서도 설명한 바와 같이 만일 경심고 GM이 양의 값이면 부체는 안정하고, 음의 값이면 부체는 불안정하다. 경심고 GM이 양일 때 원 상태로 되돌아가려는 복원모멘트는 다음과 같다.

$$M_R = W \times GM \times \sin\alpha \tag{2.10.20}$$

여기서 W는 부체에 의해 배제된 물의 무게, α는 부체의 기울어진 각도이다.

예제 2.16

그림 2.10.7과 같은 가로 6m, 세로 3m, 높이 3m의 Box 케이슨의 무게가 25ton이다. 케이슨의 흘수를 구하고, 가로 및 세로 방향의 안정성을 판단하라.

풀이

흘수 d를 구하기 위해 케이슨의 공기 중 무게와 부력이 같다는 조건을 이용하면

$$25{,}000\text{kg} = 1{,}000\text{kg/m}^3 \times 3\text{m} \times 6\text{m} \times d\text{m}$$

따라서 흘수 d = 1.39m이다.

케이슨의 도심은 3/2 = 1.5m이고,

부심은 1.39/2 = 0.695m이므로 도심과 부심간의 거리 CG = 0.805m가 된다. 따라서 식 (2.10.19)로부터 경심고를 구하면

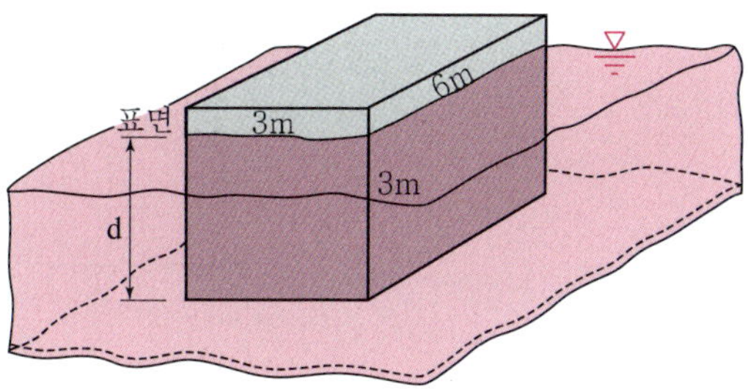

그림 2.10.7

$$GM = \frac{I_{oo}}{V} - CG = \frac{(1/12) \times 6 \times 3^3}{6 \times 3 \times 1.39} - 0.805 = -0.26543\text{m}$$

따라서 가로축 방향으로 케이슨은 불안정하다. 세로축에 대해 안정성을 검토하면

$$GM = \frac{I_{oo}}{V} - CG = \frac{(1/12) \times 3 \times 6^3}{6 \times 3 \times 1.39} - 0.805 = 1.3533\text{m}$$

따라서 세로축 방향으로는 안정하다.

2.11 상대적 정지평형

지금까지는 수조 등 움직이지 않는 용기에 담겨 있는 물이 작용하는 압력과 힘에 대해서 알아보았다. 만일 물이 담긴 용기가 일정한 등가속도를 받게 되면 물은 용기와 함께 등가속도 운동을 하게 되며, 상대적인 정지평형(relative equilibrium) 상태를 이루게 된다. 이러한 경우 물은 용기에 대하여 상대적으로 정지 상태에 있으므로 앞에서 설명한 정수역학의 원리를 그대로 적용할 수 있다.

등가속도 운동을 하고 있는 용기내의 물의 상대적 평형관계를 알아보기 위해 2.4절에서 설명한 그림 2.4.1과 같은 정수중의 dx, dy, dz 의 길이를 갖는 미소육면체의 수체를 생각해 보자. 이 수체에 작용하는 힘은 압력에 의해 수체의 표면에 작용하는 힘과 중력에 의한 수체의 무게와 함께 수체가 등가속도 운동을 하고 있으므로 단위질량당 x, y, z 방향으로 X, Y, Z 라는 외력이 작용하게 된다. 수체의 중심부에서의 압력을 p라 하면 수체의 각 표면에서의 압력은 그림 2.4.1에서와 같이 중심부의 압력 p와 압력변화율로 나타낼 수가 있다. 이 수체가 용기에 대해 상대적으로

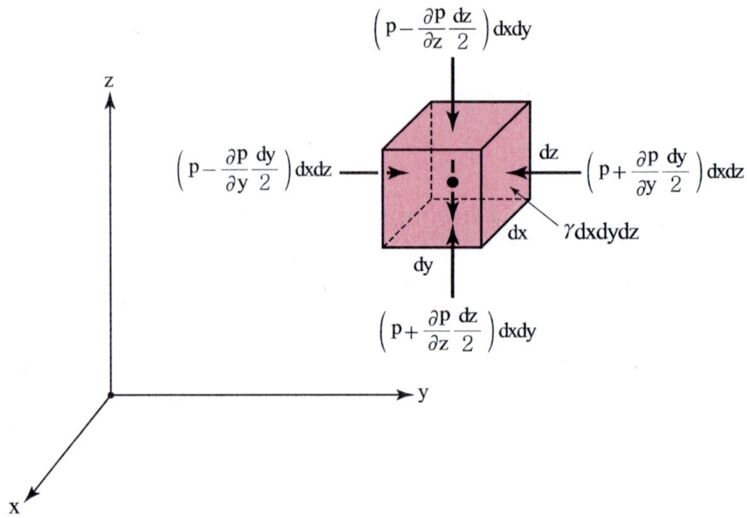

그림 2.4.1 수중의 수체에 작용하는 힘

정수 중에 있으므로 어느 쪽으로도 움직이지 않고 정지하고 있다. 따라서 모든 방향으로의 힘이 평형을 유지하고 있다고 가정하고 x축 방향의 평형방정식을 세우면 다음과 같다.

$$\Sigma F_x = \left(p - \frac{\partial p}{\partial x}\frac{dx}{2}\right)dydz - \left(p + \frac{\partial p}{\partial x}\frac{dx}{2}\right)dydz + \rho dxdydzX = 0 \tag{2.11.1}$$

여기서 가운데의 세 번째 항은 등가속도에 의한 외력을 고려한 것으로 단위질량당 작용하는 외력 X에 수체의 질량 $\rho dxdydz$를 곱한 것이다. 식 (2.11.1)로부터

$$\frac{\partial p}{\partial x}dxdydz = \rho dxdydzX \quad \rightarrow \quad \frac{\partial p}{\partial x} = \rho X \tag{2.11.2}$$

동일한 방법으로 y 및 z방향에 대해 평형방정식을 세워 정리하면

$$\frac{\partial p}{\partial y} = \rho Y \tag{2.11.3}$$

$$\frac{\partial p}{\partial z} = \rho Z \tag{2.11.4}$$

식 (2.11.2), (2.11.3), (2.11.4)의 양변에 각각 dx, dy, dz를 곱하여 더하면

$$\frac{\partial p}{\partial x}dx + \frac{\partial p}{\partial y}dy + \frac{\partial p}{\partial z}dz = \rho(Xdx + Ydy + Zdz) \tag{2.11.5}$$

식 (2.11.5)의 왼쪽은 정수압 p의 x, y, z방향의 전 변화량, 즉 전미분이 되므로 dp로 표시할 수가 있다. 따라서

$$dp = \rho(Xdx + Ydy + Zdz) \tag{2.11.6}$$

수표면이나 수심이 일정한 곳에서는 압력 p가 일정하므로 $dp = 0$이 되고, 따라서 압력이 일정한 등압면 또는 수면의 방정식은 다음과 같다.

$$Xdx + Ydy + Zdz = 0 \tag{2.11.7}$$

2.11.1 수평 등가속도 운동

물이 담긴 용기에 x방향으로 일정한 가속도 α를 작용하여 등가속도 운동을 시켜보자. 그림 2.11.1과 같이 용기속의 물은 수평으로 α와 같고 방향이 반대인 가속도를 받게 되며, 또한 연직방향으로 중력가속도 g를 받게 되어 θ각을 이루며 기울어져 평형상태가 된다. 따라서 뉴턴의 제2법칙 $F = m\alpha$를

이용하면 O 점에서의 단위질량의 물이 받는 외력은 x방향으로 $X = -\alpha$, z방향으로 $Z = -g$, 그리고 y방향으로는 $Y = 0$이 된다. 따라서 수면의 방정식 (2.11.7)은 다음과 같이 나타난다.

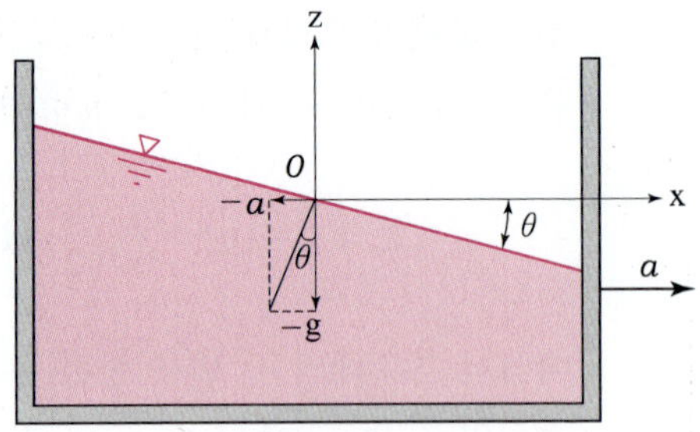

그림 2.11.1 수평 등가속도 운동을 하는 수체

$$-\alpha dx - g dz = 0 \qquad (2.11.8)$$

이 식을 적분하면

$$-\alpha x - gz + C = 0 \qquad (2.11.9)$$

여기서 C는 적분상수로 경계조건 $x = 0$일 때 $z = 0$을 적용하면 $C = 0$이 됨을 알 수 있다. 그러므로 수평 등가속도 운동을 하는 수체의 수면의 방정식은 다음과 같다.

$$z = -\frac{\alpha}{g}x \qquad (2.11.10)$$

이때 수면이 수평과 이루는 각 θ는 다음과 같이 구할 수가 있다.

$$\tan\theta = \frac{dz}{dx} = \frac{\alpha}{g} \qquad (2.11.11)$$

이와 같이 수평 등가속도 운동을 하는 수체는 용기에 대해 상대적으로 정지하고 있으므로 연직방향의 압력의 변화는 정수압분포가 적용되며 이를 식 (2.11.4)로부터 구해보면

$$\frac{dp}{dz} = \rho Z = -\rho g = -\gamma \qquad (2.11.12)$$

$$\therefore \; p = -\gamma z \qquad (2.11.13)$$

z방향은 위 방향을 +로 하였으므로 $-z$는 수면으로부터의 아랫방향으로 z깊이와 같아 결국 수심으로부터의 깊이를 h로 표현하면 $p = \gamma h$가 되어 정수압분포를 보이게 된다.

예제 2.17

그림 2.11.2와 같이 수조가 $\alpha = 5\text{m/sec}^2$의 수평 등가속도 운동을 하고 있다. 수조 뒷면에서의 상승고 z와 수면의 경사 θ를 결정하고, 수조의 AB면과 CD면에 작용하는 단위폭당 힘을 구하라.

풀이

수면의 중심에서 수조 뒷면 AB면까지의 거리는 $x = 2.5\text{m}$이므로 AB면에서 수면의 상승고 z는

$$z = -\frac{\alpha}{g}x = -\frac{5}{9.81} \times (-2.5) = 1.274\text{m}$$

수면의 기울기 $\theta=\tan^{-1}\left(\frac{\alpha}{g}\right) \rightarrow \tan^{-1}\left(\frac{5}{9.81}\right)=27.01°$

AB면에서의 수심은 $3+1.274=4.274\text{m}$ 이므로 단위폭당 AB면에 작용하는 힘은

$$F_1=\gamma h_{C1}A_1=1\times\frac{4.274}{2}\times(4.274\times1)=9.134\text{t}$$

CD면에서의 수심은 $3-1.274=1.726\text{m}$ 이므로 단위폭당 CD면에 작용하는 힘은

$$F_2=\gamma h_{C2}A_2=1\times\frac{1.726}{2}\times(1.726\times1)=1.490\text{t}$$

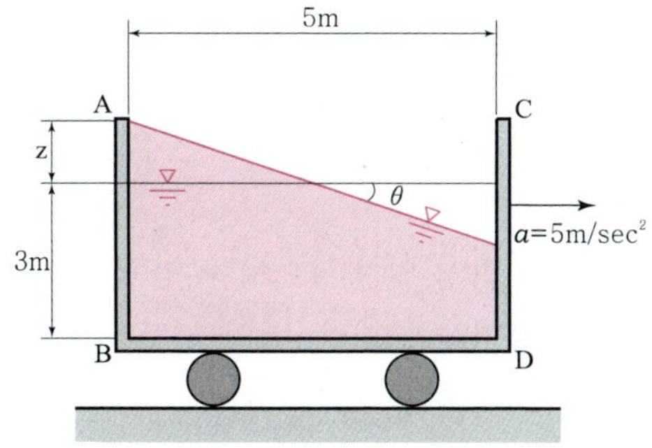

그림 2.11.2

2.11.2 연직 등가속도 운동

물이 담긴 용기가 연직방향으로 등가속도 운동을 할 때의 경우를 생각해 보자. 그림 2.11.3과 같이 연직상향, 즉 z방향으로 α의 등가속도가 작용하면 용기 내 물은 반대방향으로 α의 등가속도를 받게 된다. 또한 중력에 의해 중력가속도 g가 작용하게 된다. 이때 용기 내 단위질량의 물이 받는 외력은 x방향으로 $X=0$, z방향으로 $Z=-\alpha-g$, 그리고 y방향으로는 $Y=0$이 된다. 따라서 수면의 방정식 (2.11.7)은 다음과 같이 나타난다.

$$-(\alpha+g)dz=0 \quad (2.11.14)$$

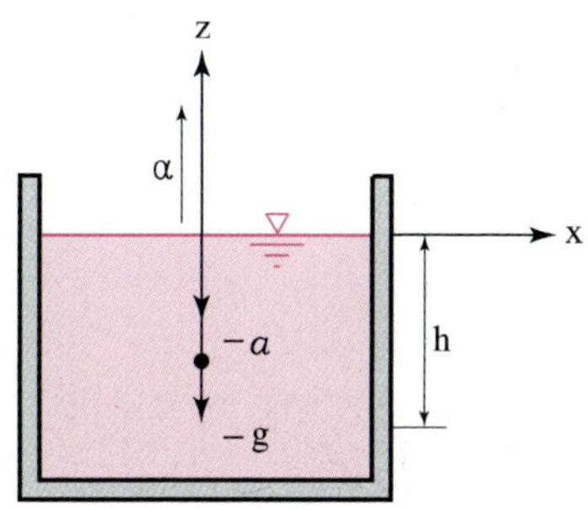

그림 2.11.3 연직 등가속도 운동을 하는 수체

따라서 z가 일정하게 되므로 결국 수면이 수평하게 그대로 유지된다. 연직방향의 압력의 변화는 식 (2.11.4)로부터

$$\frac{dp}{dz}=\rho Z=-\rho(\alpha+g) \quad (2.11.15)$$

이 식을 적분하면

$$p=-\rho(\alpha+g)z+C \quad (2.11.16)$$

적분상수 C를 구하기 위해 경계조건 $z=0$일 때 $p=0$을 적용하면 $C=0$이 된다. 따라서 $\rho=\gamma/g$를 적용하면

$$p = -\gamma z\left(1 + \frac{\alpha}{g}\right) \tag{2.11.17}$$

수심을 h라 하면 $z = -h$ 이므로

$$p = \gamma h\left(1 + \frac{\alpha}{g}\right) \tag{2.11.18}$$

따라서 위 방향으로 α의 등가속도 운동을 하는 수체는 운동을 하기 전보다 정수압이 (α/g)배 만큼 더 증가하게 된다. 만약 연직 하향으로 등가속도 α를 받게 되면 다음과 같이 (α/g)배 만큼 정수압이 감소하게 된다.

$$p = \gamma h\left(1 - \frac{\alpha}{g}\right) \tag{2.11.19}$$

만일 연직 하향 등가속도 α가 중력가속도 g와 같아지면, 즉 자유낙하하게 되면 압력이 0이 된다.

예제 2.18

그림 2.11.3과 같은 수조에 물을 1m 깊이로 채우고 위 방향으로 5m/sec^{2}의 가속도로 이동시킬 때 수조의 바닥에 작용하는 압력과 힘을 계산하라. 수조는 가로 3m, 세로 3m의 면적으로 되어 있다.

풀이

식 (2.11.18)로부터

$$p = \gamma h\left(1 + \frac{\alpha}{g}\right) = 1{,}000 \times 1 \times \left(1 + \frac{5}{9.81}\right) = 1{,}509.68\text{kg/m}^2$$

따라서 수조의 바닥에 작용하는 힘은

$$F = p \times A = 1{,}509.68\text{kg/m}^2 \times 9\text{m}^2 = 13{,}587\text{kg}$$

2.11.3 회전 등가속도 운동

물이 담긴 용기가 중심축에 대해 일정한 각속도 ω로 회전하게 되면 용기 내의 물은 초기의 변위 후에 그림 2.11.4와 같이 수면이 곡선을 이루며 평형상태가 되어 용기에 대해 정지 상태에 있게 된다. 이 경우 회전축으로부터 x만큼 떨어져 있는 단위질량의 물 입자에는 각속도 ω에 의한 구심가속도 $x\omega^2$과 중력가속도 g가 작용하게 된다. 따라서 이 단위질량의 물 입자에 작용하는 x방향의 힘은 $X = x\omega^2$, y방향의 힘은 $Y = 0$, 그리고 z방향의 힘은 $Z = -g$가 된다. 따라서 수면의 방정식 (2.11.7)은 다음과 같이 나타난다.

$$x\omega^2 dx - g dz = 0 \tag{2.11.20}$$

이 식을 적분하면

$$\frac{\omega^2}{2}x^2 - gz + C = 0 \tag{2.11.21}$$

적분상수 C를 구하기 위해 원점에서의 경계조건 $x = 0$일 때 $z = h_o$를 적용하면 $C = gh_o$가 된다. 따라서 회전 등가속도 운동을 하고 있는 수체의 수면 방정식은 다음과 같다.

$$z = \frac{\omega^2}{2g}x^2 + h_o \tag{2.11.22}$$

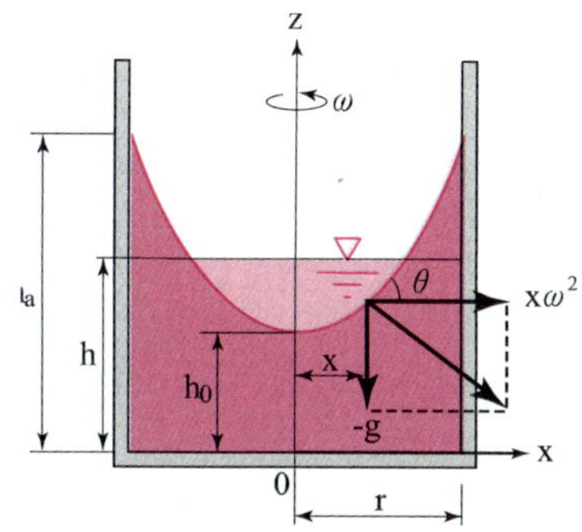

그림 2.11.4 회전 등가속도 운동을 하는 수체

즉, 회전축을 중심으로 좌우대칭인 포물선 형태를 이루게 된다. 수면곡선상의 임의 점에서의 수면경사, 즉 수평과 곡면이 이루는 경사각 θ는 다음과 같다.

$$\tan\theta = \frac{dz}{dx} = \frac{\omega^2}{g}x \tag{2.11.23}$$

식 (2.11.22)를 사용하여 수면의 곡선을 정의하기 위해서는 중심축에서의 최저 높이 h_o를 결정하여야 한다. 그림 2.11.4에서 중심으로부터 x만큼 떨어진 지점의 dx 길이, 높이 z에 대한 물의 우물통의 체적을 생각해 보자. 이 우물통의 체적을 중심 0으로부터 용기의 벽 r까지 적분하면 용기 내 물의 체적을 구할 수 있다.

$$V = \int_0^r 2\pi xz\,dx = \int_0^r 2\pi x\left(h_0 + \frac{\omega^2}{2g}x^2\right)dx = \pi r^2\left(h_0 + \frac{\omega^2}{4g}r^2\right) \tag{2.11.24}$$

이와 같이 구한 용기 내 물의 체적은 회전하기 이전의 높이 h의 수평수면을 갖는 물의 체적 $V = \pi r^2 h$와 같아야 하므로

$$\pi r^2 h = \pi r^2\left(h_0 + \frac{\omega^2}{4g}r^2\right) \qquad \therefore h_o = h - \frac{\omega^2}{4g}r^2 \tag{2.11.25}$$

용기 벽에서의 최대 높이 h_a를 구하기 위해 식 (2.11.22)에 경계조건인 $x = r$일 때의 $z = h_a$를 적용하면

$$h_a = \frac{\omega^2}{2g}r^2 + h_o = \frac{\omega^2}{2g}r^2 + \left(h - \frac{\omega^2}{4g}r^2\right) = h + \frac{\omega^2}{4g}r^2 \tag{2.11.26}$$

이상과 같이 용기의 회전 각속도 ω, 용기의 반경 r, 그리고 회전운동 이전의 수심 h를 알면 식 (2.11.25)와

(2.11.26)을 사용하여 중심축에서의 최저수심 h_o, 용기 벽에서의 최대 수심 h_a를 산정할 수 있고, 식 (2.11.22)를 사용하여 회전 등가속도 운동을 하는 수체의 수면곡선을 구할 수가 있다.

이와 같이 회전 등가속도 운동을 하는 수체는 용기에 대해 상대적으로 정지하고 있으므로 연직방향의 압력의 변화는 식 (2.11.4)로부터 구해보면

$$\frac{dp}{dz} = \rho Z = -\rho g = -\gamma \tag{2.11.27}$$

$$\therefore \ p = -\gamma z \tag{2.11.28}$$

수표면 아래의 깊이 $z = -h$에서의 정수압은 $p = \gamma h$가 되어 정수압분포를 보이게 된다.

예제 2.19

그림 2.11.5와 같은 높이 2m, 직경 1m인 수조에 물이 1.4m 깊이로 채워져 있다. 수조를 회전시킬 때 물이 수조벽의 상단면에 도달할 때의 회전각속도를 구하라. 또한 이때의 수면방정식 및 C지점과 D지점에서의 압력을 계산하라.

풀이

물이 수조벽 최대 높이로 올라갈 때의 회전각속도는 식 (2.11.26)으로부터

$$\omega^2 = \frac{4g(h_a - h)}{r^2}$$

따라서

$$\omega = \sqrt{\frac{4g(h_a - h)}{r^2}} = \sqrt{\frac{4\times 9.81(2-1.4)}{0.5^2}} = 9.70\,\text{rad/sec}$$

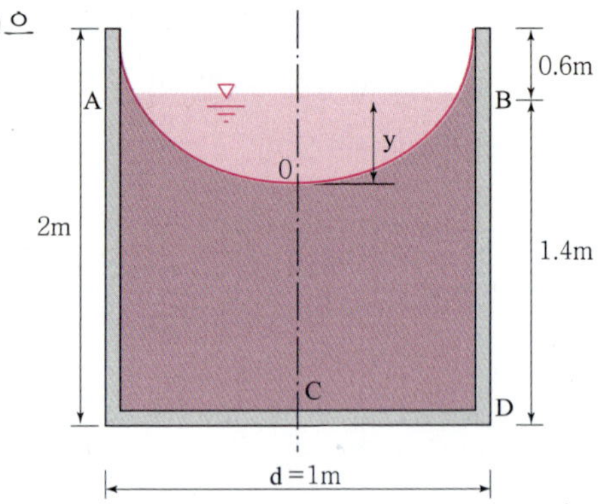

그림 2.11.5

수조 중심축에서의 수위는

$$h_o = h - \frac{\omega^2}{4g}r^2 = 1.4 - \frac{9.7^2}{4\times 9.81}\times 0.5^2 = 0.8\text{m}$$

$$h_a = h + \frac{\omega^2}{4g}r^2 = 1.4 + \frac{9.7^2}{4\times 9.81}\times 0.5^2 = 2.0\text{m}$$

수면의 방정식

$$z = \frac{\omega^2}{2g}x^2 + h_o = \frac{9.7^2}{2\times 9.81}x^2 + 0.8 = 4.7956x^2 + 0.8$$

그리고 C 및 D지점에서의 압력은

$$p_C = \gamma h_o = 1{,}000\text{kg/m}^3 \times 0.8\text{m} = 800\text{kg/m}^2$$

$$p_D = \gamma h_a = 1{,}000\text{kg/m}^3 \times 2\text{m} = 2{,}000\text{kg/m}^2$$

연습문제

2.1 지하의 기름저장 탱크에 누수가 발생하여 0.5m 깊이의 물이 스며들었다. 물 위로 기름이 3m 깊이로 떠 있을 때 물과 기름의 접촉면 및 탱크 바닥에서의 압력을 계산하라. 단, 기름의 비중은 0.75이다.

2.2 밀폐된 용기 안에 수은이 1m 깊이로 채워져 있으며 수은표면에서 500kg/m^2의 압력이 작용할 때 용기 바닥에서의 압력을 계산하라. 단, 수은의 비중은 13.6이다.

2.3 해저 깊이 2,000m에서의 정수압을 구하라. 단, 해수의 비중은 1.025이다.

2.4 수중의 두 지점에서 압력을 측정하였더니 $p_1 = 500\text{kg/m}^2$, $p_2 = 5{,}400\text{kg/m}^2$이었다. 두 지점간의 거리차를 구하라.

2.5 바다에서 임의깊이 두 지점에서 압력을 측정하였더니 $p_1 = 300\text{kg/m}^2$, $p_2 = 2{,}200\text{kg/m}^2$이었다. 두 지점간의 거리차를 구하라. 단 해수의 비중은 1.025이다.

2.6 그림 2.6과 같은 한쪽은 대기에 접해있고 한쪽은 밀폐되어 그 위에 공기가 있는 기름 탱크가 있다. 기름의 비중이 0.9일 때 A, B, C, D, E 및 F, 그리고 오른쪽 밀폐된 곳의 공기의 압력을 계기압력으로 계산하라.

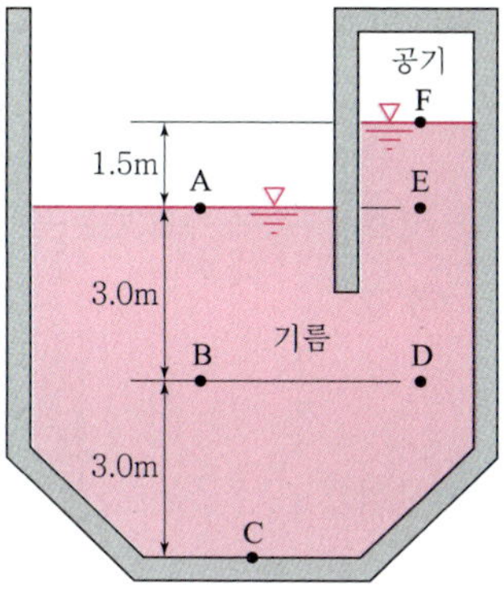

그림 2.6

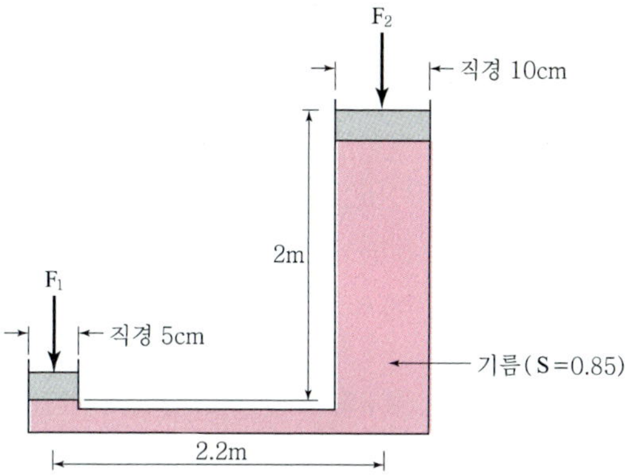

그림 2.9

2.7 그림 2.5.2(b)와 같은 유압기를 이용하여 F = 10kg의 힘을 가할 때 들어 올릴 수 있는 힘 F_2는 얼마인가?

2.8 그림 2.5.1과 같은 유압기를 이용하여 $F_2 = 2{,}000$kg의 물체를 들어 올리려면 F_1에는 얼마의 힘을 가해야 하는가? 작은 피스톤의 직경은 3cm, 큰 피스톤은 10cm이다.

2.9 그림 2.9와 같은 유압기에서 직경 5cm의 피스톤에 $F_1 = 200$kg이 작용할 때 직경 10cm의 피스톤이 들어 올릴 수 있는 힘 F_2를 계산하라.

2.10 그림 2.10과 같이 피스톤 A의 직경은 2cm, 피스톤 B의 직경은 50cm이다. 피스톤 B에 300kg의 하중을 가할 때 피스톤 A에서 받는 하중을 계산하라. 단, 피스톤 B의 무게는 45kg이고, 피스톤 A의 자중은 무시하라.

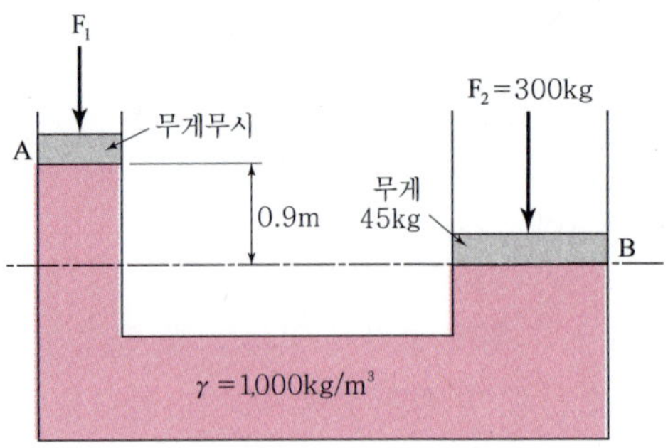

그림 2.10

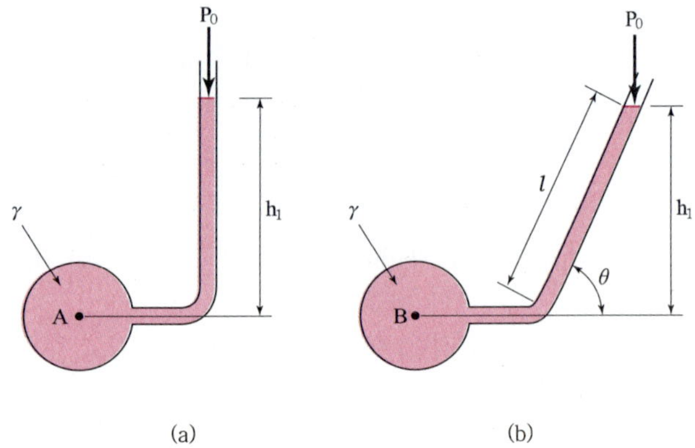

그림 2.13

2.11 국지대기압이 768mmHg이고 계기압력이 5kg/cm^2일 때 이를 절대압력으로 나타내고 bar, mb, hPa, kPa 단위로 표시하라. 단 수은의 비중은 13.6이다.

2.12 산악지역에 위치하고 있는 호수의 최대 깊이가 40m이고 물의 온도는 4℃ 이다. 수표면에서의 계기 압력이 598mmHg일 때 호수에서 가장 깊은 곳에서의 절대압력을 계산하라.

2.13 그림 2.13(a)에서 $h_1 = 35$cm 일 때 A점에서의 압력 p_A 를 계산하라. 단, 물의 단위중량은 $1{,}000\text{kg/m}^3$이다.

2.14 그림 2.13(b)에서 $l = 35$cm 이고 $\theta = 30°$일 때 B점에서의 압력 p_B를 계산하라. 단, 물의 단위중량은 $1{,}000\text{kg/m}^3$이다.

2.15 그림 2.15와 같은 액주계에서 관 A의 압력을 구하라.

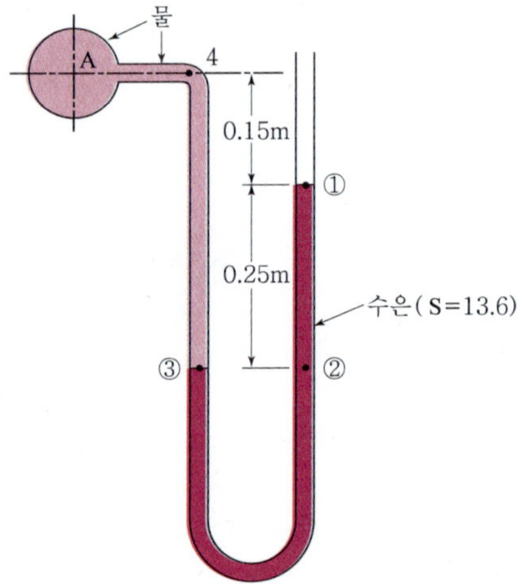

그림 2.15

2.16 표준대기압은 101.3kPa이다. 이에 상응하는 수은 기둥의 높이를 계산하라.

2.17 예제 2.6의 그림과 같이 밀폐된 탱크 안에 공기와 기름($S = 0.85$)이 압축되어 있다. 수은($S = 13.6$)을 사용한 U자관이 그림과 같이 연결되어 있고, $h_1 = 40\text{cm}$, $h_2 = 15\text{cm}$, 그리고 $h_3 = 25\text{cm}$일 때 계기에서 나타나는 압력을 계산하라.

2.18 그림 2.7.3과 같은 시차액주계에서 액체 1의 비중은 1, 액체 2의 비중은 13.6, 그리고 액체 3의 비중은 0.8이다. $h_1 = 25\text{cm}$, $h_2 = 50\text{cm}$, 그리고 $h_3 = 30\text{cm}$일 때 A관과 B관 사이의 압력차를 구하라.

2.19 그림 2.7.4와 같은 미차액주계에서 액체 A는 수은($S = 13.6$), 액체 B는 물($S = 1$), 그리고 액체 C는 기름($S = 0.85$)이다. 액체 A의 높이차가 $h = 35\text{cm}$, U자관과 탱크의 단면적 비가 1/50일 때 두 관 사이의 압력차를 구하라.

2.20 그림 2.7.6과 같은 경사액주계에서 액체 1의 비중은 1, 액체 2의 비중은 13.6, 그리고 액체 3의 비중은 0.85이다. $h_1 = 20\text{cm}$, $l_2 = 50\text{cm}$, 그리고 $h_3 = 15\text{cm}$일 때 A관과 B관 사이의 압력차를 구하라. 액주계의 경사각은 20°이다.

2.21 그림 2.8.1과 같은 수조에 물이 0.5m 깊이로 차 있을 때 바닥면에 작용하는 힘의 크기를 구하라. 수조 바닥의 크기는 2.0m×3.5m이다.

2.22 그림 2.8.3과 같은 저수지의 경사면에 직경 2.5m의 수문이 설치되어 있다. 원형 수문의 중심에 축이 설치되어져 있으며 중심으로부터 수면까지의 깊이가 5m이다. 물에 의해 수문에 미치는 힘의 크기와 작용점을 구하라.

2.23 그림 2.23과 같은 댐의 길이가 30.5m이고 수심이 8m이다. 댐의 사면이 $\theta = 60°$일 때 물에 의해 댐에 가해지는 힘과 작용점을 구하라.

2.24 예제 2.12에서 폭 3m의 직사각형 수로에 설치된 수문에 작용하는 힘과 작용점을 구하라.

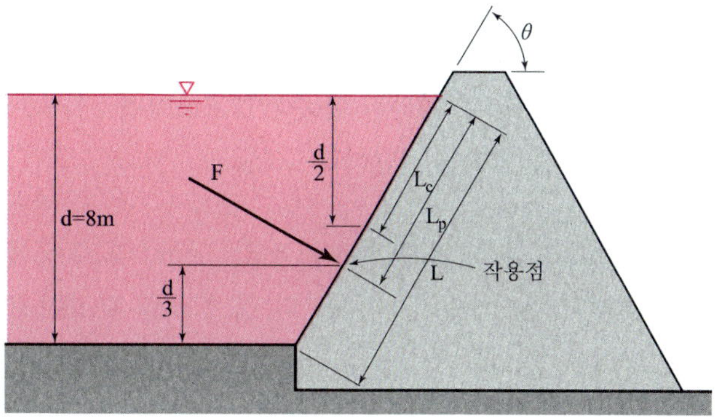

그림 2.23

2.25 예제 2.13에서 반경이 1.2m인 원관에 물이 반쯤 차서 흐르고 있다. 단위 길이당 BC곡면에 작용하는 힘과 작용점을 구하라.

2.26 그림 2.26과 같은 폭이 2m인 테인터 수문에 작용하는 총 힘과 작용점을 구하라.

2.27 원형단면 강철관의 지름이 2m이고, 관내의 수압이 10kg/cm^2일 때 관의 압력에 견디기 위한 관의 두께는 얼마인가? 단, 강관의 허용인장응력은 $\sigma_{ta} = 1{,}000\text{kg/cm}^2$이다.

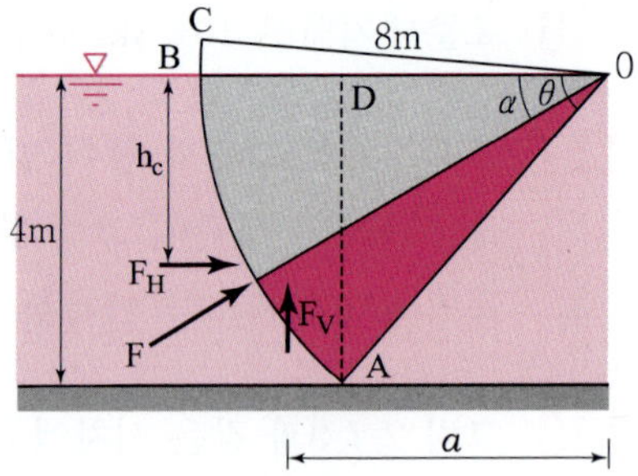

그림 2.26

2.28 예제 2.14에서 직경 1.5m, 무게 1ton인 부표를 케이블로 고정시켜 평상시에 수표면에 떠 있도록 설치하였다. 만일 수심이 증가하여 부표가 물에 완전히 잠기게 되면 케이블에 걸리는 장력은 얼마인가?

2.29 어떤 물체의 공기 중에서의 무게가 5kg이고, 수중에서의 무게가 2kg일 때 이 물체의 부피와 비중을 구하라.

2.30 철근콘크리트 Box 구조물의 공기 중 무게가 30ton일 때 수중에서의 무게를 구하라. 단, 철근콘크리트 구조물의 비중은 2.5이다.

2.31 비중이 0.9인 빙산이 바닷물 위에 떠 있을 경우 해수면 위로 나온 빙산의 체적이 100m^3이라면 빙산의 총 부피는 얼마인가? 단, 해수의 비중은 1.025이다.

2.32 그림 2.10.7과 같이 가로 4m, 세로 3m, 높이 2m의 Box 케이슨의 무게가 14.4ton이다. 케이슨의 흘수를 구하고, 가로 및 세로 방향의 안정성을 판단하라.

2.33 한 변의 길이가 4m인 정사각형 단면을 가진 길이가 6m인 블록이 물위에 떠 있다. 만일 블록의 비중이 0.9이고, 계산된 흘수가 2.6m이며, 물속에 잠긴 부분의 체적이 90m^3일 때 이 블록이 안정한지 불안정한지를 판단하라.

2.34 예제 2.17에서 수조가 $\alpha = 3\text{m/sec}^2$의 수평 등가속도 운동을 하고 있고 길이가 6m일 때 수조 뒷면에서의 상승고 z와 수면의 경사 θ를 결정하고, 수조의 AB면과 CD면에 작용하는 단위폭 당 힘을 구하라.

2.35 그림 2.35와 같은 콘크리트 케이슨 구조물이 바닷물에 떠 있을 때 구조물의 안정여부를 판단하라. 단, 콘크리트의 비중은 2.5이고 해수의 비중은 1.025이다.

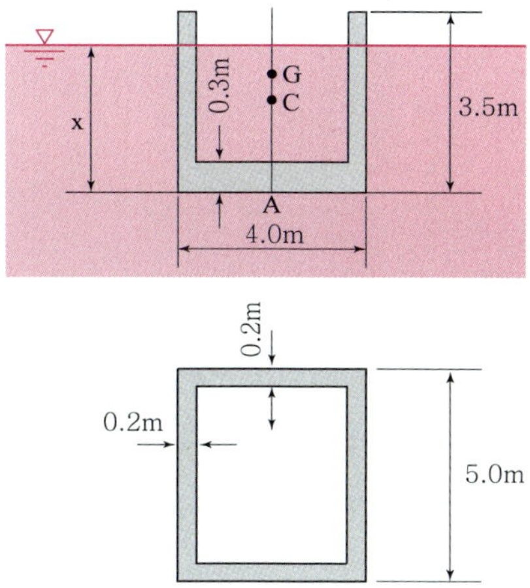

그림 2.35

2.36 5.65m/s^{2}의 일정한 가속도로 기차가 달리고 있을 때 기차 속에 물그릇을 놓으면 수면의 경사각은 얼마나 되겠는가?

2.37 그림 2.11.3과 같은 수조에 물을 1m 깊이로 채우고 위 방향으로 3m/sec^{2}의 가속도로 이동시킬 때 수조의 바닥에 작용하는 압력과 힘을 계산하라. 수조는 가로 5m, 세로 3m의 면적으로 가지고 있다.

2.38 그림 2.11.3과 같은 수조에 물을 1m 깊이로 채우고 아래 방향으로 3m/sec^{2}의 가속도로 이동시킬 때 수조의 바닥에 작용하는 압력과 힘을 계산하라. 수조는 가로 5m, 세로 3m의 면적으로 가지고 있다.

2.39 그림 2.11.5와 같은 높이 3m, 직경 2m인 수조에 물이 2m 깊이로 채워져 있다. 수조를 회전시킬 때 물이 수조벽의 상단면에 도달할 때의 회전각속도를 구하라. 또한 이때의 수면방정식 및 C지점과 D지점에서의 압력을 계산하라.

Hydraulics

Chapter 3
동수역학

3.1 서론

1장 및 2장에서 물의 기본성질, 정지하고 있는 물에서의 정수압 및 역학적인 문제에 대해서 알아보았다. 본 장에서는 움직이고 있는 물의 운동학(kinematics) 및 동수역학(hydrodynamics)에 대해 설명하기로 한다. 운동학의 기본이 되는 흐름의 속도 및 가속도에 대한 이해는 흐름의 압력변화 특성을 이해하는데 도움이 되며, 검사체적(control volume)에 대한 이해는 연속방정식(continuity equation)과 에너지방정식인 Bernoulli방정식 및 역적운동량방정식을 이해하는데 도움이 된다. 따라서 본 장에서는 움직이고 있는 물에 대한 운동학 및 동수역학의 기본 개념을 설명하고 이와 관련된 공식들의 유도 및 응용문제 등에 대해 알아보기로 한다.

3.2 흐름의 정의와 분류

본 절에서는 흐름의 규모를 나타내는 유속과 유량, 그리고 물 입자의 움직임을 나타내는 유선에 대한 정의를 내리고, 흐름 특성이 시간 및 공간에 따라 변하는 흐름의 여러 가지 분류방법과 함께 흐름의 상태에 따른 분류방법 등에 대해 알아보기로 한다.

3.2.1 흐름의 정의

물이 관로나 하천을 통해 이동할 때 시간 및 공간에 따라 지속적으로 변하며 운동하는 물의 상태를 흐름(flow)이라 한다. 이때 물이 이동하는 속도를 흐름의 유속(velocity), 그리고 관로나 하천 단면을 통해 단위시간당 물이 이동하는 양을 유량(discharge)이라 한다. 유속 및 유량에 대해서는 3.3절과 3.5절에서 자세히 설명하기로 한다.

흐름의 속도와 방향을 나타내기 위해 흐름공간(flow field)에서 물 입자의 흐름 경로를 선으로 나타낼 필요가 있다. 이러한 흐름을 나타내는 선에는 유적선(pathline), 유립선(streakline), 그리고 유선(streamline)이 있다. 유적선은 특정 입자가 이동해 간 경로를 추적하여 연결한 선, 즉 입자의 움직인 경로를 나타낸다. 유적선은 발광 입자의 움직임을 일정한 시간 간격을 두고 연속적으로 촬영하여 얻을 수가 있으며, 그림 3.2.1(a)는 수조 내 수면아래에 위치한 입자의 운동 경로인 유적선을 보여주고 있다.

유립선은 선의 모든 지점이 특정지점으로부터 유래된 모든 입자들에 의해 채워진 순간적인 선으로 현재 입자들이 어디에 위치하고 있는가를 알려준다. 유립선은 특정 지점을 통과하는 일련의 발광 입자들에 대해 스냅사진을 찍으면 얻을 수 있으며, 그림 3.2.1(b)는 실린더 주위로 지속적으로 연기를 방출한 후

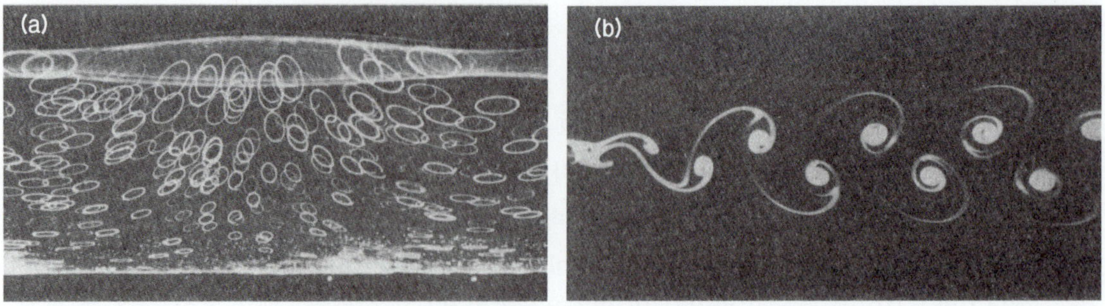

그림 3.2.1 유적선(a)과 유립선(b)의 모양

스냅사진을 찍어 얻은 유립선을 보여주고 있다.

유선은 유립선에 포함되어 있는 각 지점에서의 속도벡터의 접선을 연결한 선을 말한다. 즉, 유선을 따르는 임의 점에서의 곡선에 대한 접선은 그 점에서의 속도벡터의 방향을 나타내게 된다. 유선은 그 의미상 사진을 통해 직접 묘사하기는 곤란하다. 예를 들어 그림 3.2.2(a)와 같이 수조 측면의 구멍을 통해 물이 빠져 나가는 경우를 생각해 보자. a, b 및 c는 각 유선의 임의의 점에서의 속도벡터를 보여주고 있다. 자유 분출되는 수맥의 양쪽 끝단의 유선은 수조의 벽을 따라 형성되어 있고, 고정된 수조의 벽을 따르는 유선에서의 접선은 벽이 불투수경계로 이루어져 있으므로 유선과 동일하며, 수조벽과 인접한 흐름의 속도벡터는 벽과 평행하게 된다. 따라서 수조벽과 인접한 모든 유선은 벽과 평행하며 실제로 수조벽의 형상을 따라 형성된다.

나중에 설명할 정상류 흐름에서는 유적선, 유립선 및 유선이 모두 동일하다. 주어진 지점을 통과하는 모든 물 입자는 시간에 따라 흐름 특성이 변하지 않기 때문에 같은 경로를 따라 움직이게 된다. 따라서 유적선과 유립선이 같게 된다. 또한 임의 점에서의 속도벡터가 입자가 움직이고 있는 선의 접선과 같으므로 결국 이선은 유선이 된다. 정상류인 경우 이러한 유선들로 둘러싸인 하나의 가상적인 관을 생각할 수 있는데, 이를 유관(stream tube)이라 하며 입자들은 이 유관의 벽을 통과하여 밖으로 나가거나 들어오지 못하게 된다.

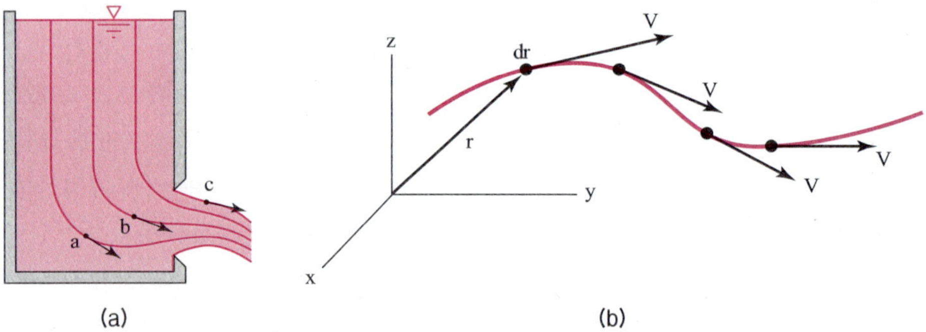

그림 3.2.2 유선의 예

그림 3.2.2(b)와 같은 공간좌표상에서 유선상의 한 점(x, y, z)에서 속도벡터 $\overline{V}$의 세 직각방향 성분을 u, v, w라 하고, 방향여현(directional cosine)을 l, m, n이라 하면 $l=\cos\alpha$, $m=\cos\beta$, 그리고 $n=\cos\gamma$이므로

$$u=\overline{V}l, \quad v=\overline{V}m, \quad w=\overline{V}n \tag{3.2.1}$$

유선상의 미소 움직인 거리 ds의 세 직각방향 성분을 dx, dy, dz라 하면

$$dx=l\,ds, \quad dy=m\,ds, \quad dz=n\,ds \tag{3.2.2}$$

식 (3.2.1)과 식 (3.2.2)로부터 유선을 따라 움직이는 유체입자의 속도성분과 변위 간에는 다음과 같은 관계가 있음을 알 수 있다.

$$ds=\frac{dx}{u}\overline{V}=\frac{dy}{v}\overline{V}=\frac{dz}{w}\overline{V} \tag{3.2.3}$$

$$\therefore \frac{dx}{u}=\frac{dy}{v}=\frac{dz}{w} \tag{3.2.4}$$

식 (3.2.4)를 유선의 방정식이라 하며, 이 조건을 만족하는 공간좌표상의 움직임이 유선이 된다.

예제 3.1

x, y, z방향의 속도성분이 다음과 같다. K가 상수일 때 흐름의 유선 및 방향을 나타내라.

$$u=Kx \qquad v=-Ky \qquad w=0$$

풀이

z방향의 속도성분이 0이므로 흐름은 xy평면상에서 흐르는 2차원 흐름이 된다. 유선의 방정식 (3.2.4)로부터

$$\frac{dx}{Kx}=-\frac{dy}{Ky}$$

이 식을 적분하면 $\ln x=-\ln y+\ln C$, 즉 $xy=C$가 되어 쌍곡선 형태의 흐름이 된다.

1/4분면인 경우 $x>0$, $y>0$이므로 x, y가 증가함에 따라 u는 증가하고 v는 감소하는 방향으로 흐름이 나타나며 그림 3.2.3과 같다.

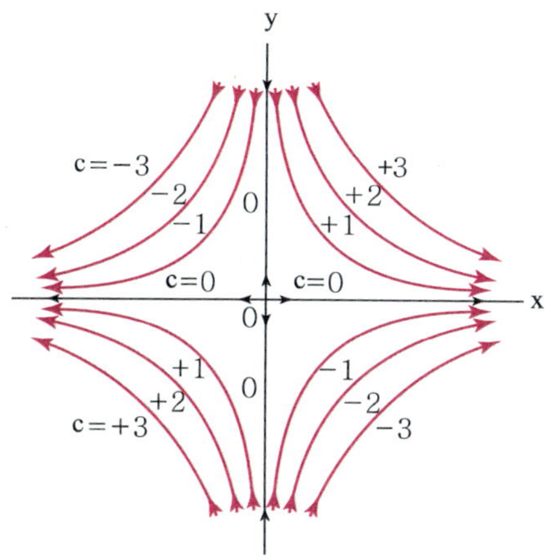

그림 3.2.3

3.2.2 1차원, 2차원 및 3차원 흐름

일반적으로 유체의 흐름은 공간좌표상에서 x, y, z의 3방향으로 이루어지고, 또한 시간에 따라 변하게 된다. 하지만 대부분의 경우 문제를 쉽게 이해하고 해석하기 위해 단순화하게 된다. 이와 같은 단순화에는 실제흐름을 1차원 또는 2차원흐름으로 간략화하는 것이 포함된다. 1차원 흐름은 속도 성분이 오직 하나의 공간 성분으로 나타나는 경우이다. 비록 실제 1차원 흐름은 드물지만 합리적으로 간략화하기 위해 1차원 흐름으로 간주하는 경우가 많이 있다.

대부분의 흐름 조건에서 속도공간(velocity field)은 실제로 세 가지의 속도성분, 즉 u, v, w를 포함한 3차원 흐름이 된다. 대부분의 경우 3차원 흐름 특성은 이들이 초래하는 물리적인 면에서 매우 중요하다. 이러한 경우 흐름을 완전한 3차원 흐름 특성에서 해석해야 한다. 만일 속도성분의 하나 또는 두 개를 무시한다면 실제 흐름의 영향을 상당히 잘못 해석할 수 있다. 비행기의 날개 주위를 지나가는 공기의 흐름이 대표적인 3차원 흐름이라 할 수 있다.

속도성분 중 하나가 다른 두 개의 성분에 비해 작은 경우 작은 속도성분을 무시할 수가 있다. 이러한 경우의 흐름이 2차원 흐름이 된다. 즉, 속도 u, v가 오직 x 및 y의 함수가 된다. 예를 들어 광폭의 댐 위로 흐르는 물은 양 끝단의 영향으로 3차원 흐름이라 할 수 있다. 하지만 양 끝단으로부터 멀리 떨어진 댐 중심부에서는 2차원 흐름으로 간주할 수가 있다.

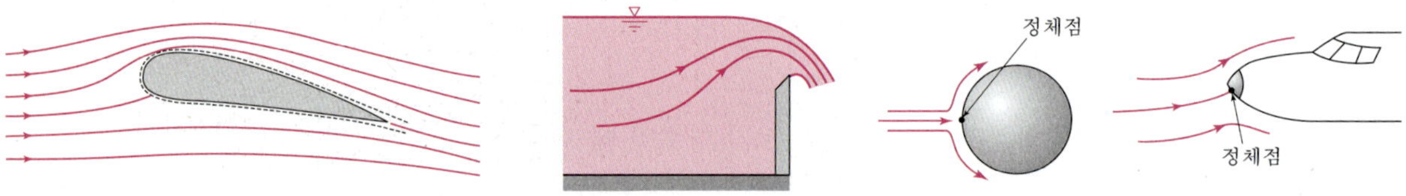

그림 3.2.4 2차원 및 3차원 흐름

3.2.3 등류와 부등류

관수로 내 또는 하천상의 흐름에서 흐름특성(속도, 밀도, 압력 등)이 공간적으로 변하는지 여부에 따라 등류(uniform flow)와 부등류(nonuniform flow)로 구분할 수가 있다. 등류인 경우 흐름공간에서 유선을 따르는 임의의 지점들에서 속도가 변하지 않는다. 따라서 유선이 일직선이며 서로 평행하게 된다. 만일 유선이 일직선이 아니면 속도의 방향 변화가 있게 되고, 만일 유선이 평행하지 않으면 유선을 따라 속도의 변화가 있게 된다. 이와 같은 등류 및 부등류 조건에 대한 수학적인 표현은 다음과 같다.

$$\text{등류} : \frac{\partial \overline{V}}{\partial s} = 0, \qquad \text{부등류} : \frac{\partial \overline{V}}{\partial s} \neq 0 \tag{3.2.5}$$

여기서 $\overline{V}$ 는 유선상의 임의의 점에 있어서의 속도 벡터이고, s 는 유선상의 임의의 미소변위이다. 개수로 및 평행한 두 판 사이에서의 등류 흐름은 그림 3.2.5(a, b)와 같다. 부등류에서는 유선상의 임의의 두 점에서의 유속이 다르게 된다. 따라서 그림 3.2.5(c, d)와 같이 유선이 공간상에서 곡선을 이루거나 수렴 또는 발산한다.

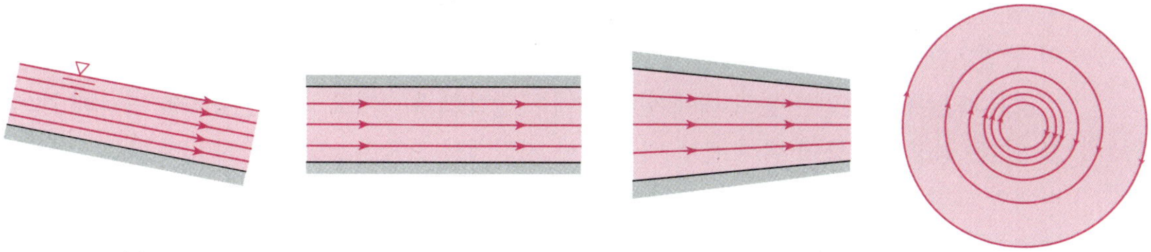

(a) (b) (c) (d)

그림 3.2.5 등류와 부등류에서의 유선

3.2.4 정상류와 부정류

관수로 내 또는 하천상의 임의의 지점에 있어서의 흐름 특성(속도, 압력, 밀도 등)이 시간에 따라 변하는지 여부에 따라 정상류(steady flow)와 부정류(unsteady flow)로 구분할 수가 있다. 임의의 지점에서 시간에 따라 유속의 방향이나 크기가 변하지 않으면 정상류라 하고, 변하게 되면 부정류라 한다. 따라서 수학적인 표현으로 정상류와 부정류를 나타내면 다음과 같다.

$$\text{정상류} : \frac{\partial \overline{V}}{\partial t} = 0, \qquad \text{부정류} : \frac{\partial \overline{V}}{\partial t} \neq 0 \tag{3.2.5}$$

정상류의 예로 일정한 유량이 흐르는 관내의 흐름을 들 수가 있다. 이러한 경우 관로가 일직선으로 되어 있으면 정상등류(steady-uniform flow)가 된다. 하지만 만일 밸브 등의 조작으로 인해 관내의 유량이 증가하면 흐름은 부정류가 되고, 관로가 일직선으로 되어 있으면 부정등류(unsteady-uniform flow)가 된다. 노즐을 통해 유량을 조절하는 경우에는 노즐을 통과할 때 흐름이 수렴되어 유선이 수렴되므로 부등류가 되고, 또한 유량의 변화로 인한 유속의 변화가 발생하므로 부정류가 되어 부정부등류(unsteady-nonuniform flow)가 된다. 하천에서도 홍수류가 통과할 경우 부정부등류가 형성된다.

3.2.5 층류와 난류

점성유체의 흐름은 형태에 따라 층류(laminar flow)와 난류(turbulent flow)로 구분할 수가 있다.

층류인 경우 흐름 형태가 판 또는 층 형태의 매끈한 운동으로 나타난다. 반면 난류인 경우의 흐름 형태는 평균적인 운동 주위로 3차원의 불규칙한 운동이 발생하게 된다. 층류에서는 인접한 유체층간에 광범위한 혼합이 발생하지 않는다. 층류에 잉크를 가느다랗게 주입하면 하나의 선이 형성되며 분자운동에 의해 천천히 발생하는 확산(diffusion)을 제외하면 흐름을 통한 잉크의 분산(dispersion)은 일어나지 않는다. 한편 난류에 잉크를 주입하면 흐름공간 전체로 빠르게 분산이 일어나며 잉크가 여러 갈래로 꼰 실처럼 분리된다. 이러한 난류의 거동은 속도의 변화 때문에 발생한다. 유체의 인접 층간의 입자들의 광범위한 혼합 때문에 급속한 잉크의 분산이 일어난다.

층류와 난류의 차이는 관로 내에 설치한 매우 민감한 유속계로 측정한 유속을 비교해 봄으로서 알 수가 있다. 정상류 흐름에 대해 관로 내 일정한 지점에서 관측한 x 방향의 시간에 따른 유속의 변화를 나타내면 그림 3.2.6과 같다. 정상 층류인 경우 관측 지점에서의 유속은 시간이 지나도 항상 일정하다. 반면에 난류인 경우 평균속도 $\overline{u}$에 비해 순간속도 u가 무작위하게 변동하는 것을 알 수 있다. 속도의 변동부분을 u'라 하면

$$u = \overline{u} + u' \tag{3.2.6}$$

로 나타낼 수가 있으며 여기서 평균속도 $\overline{u}$는 흐름이 정상류이므로 시간에 따라 변하지 않는다.

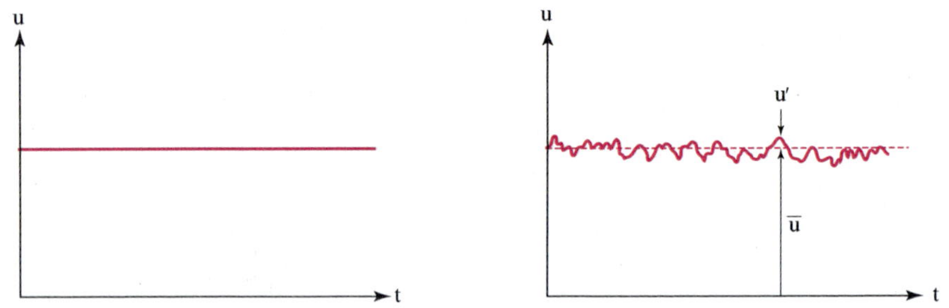

(a) 층류 (b) 난류

그림 3.2.6 층류와 난류에서의 속도 변화

3.2.6 관수로와 개수로

물은 자연 또는 인공적인 구조물을 통해 한 지점에서 다른 지점으로 이동된다. 이러한 흐름 통로는 상단부가 열려있거나 닫혀 있게 된다. 상단부가 닫혀 있는 수로를 폐합 관거(closed conduit)라 하고 상단부가 열려 있는 수로를 개수로(open channel)라 한다. 예를 들어 터널, 관로, 도수관 등은 폐합 관거이고, 강, 하천, 하구 등은 개수로라 할 수 있다. 개수로 또는 폐합 관거에서의 흐름이 자유 수면을 가지고 있으면 자유수면 흐름 또는 개수로 흐름이라 한다. 자유 수면은 일반적으로 대기와 접하고 있다. 만일 폐합 관거 내에 자유 수면이 없이 물이 가득 차서 흐르게 되면 관수로흐름(pipe flow) 또는 압력

흐름(pressurized flow)이라 한다.

폐합 관거에서 시간이 지남에 따라 개수로 흐름 또는 관수로 흐름이 형성될 수가 있다. 또한 두 가지의 흐름이 동시에 서로 다른 지점에서 발생할 수도 있다. 예를 들어 우수 관거인 경우 일반적으로 개수로 흐름이 형성된다. 하지만 갑작스런 강우로 인한 많은 양의 유입유량으로 인해 우수 관거가 꽉 차서 흐를 수가 있으며, 이때 관수로 흐름이 된다. 이와 유사하게 폐합 관거의 한 부분에서는 개수로 흐름이 형성되며 다른 부분에서는 관수로 흐름이 형성될 수가 있다. 이러한 경우는 폐합 관거의 하류부가 잠겨 있을 경우에 발생할 수 있다. 개수로 및 관수로에 대한 구체적인 해석방법에 대해서는 4장~7장에서 알아보기로 한다.

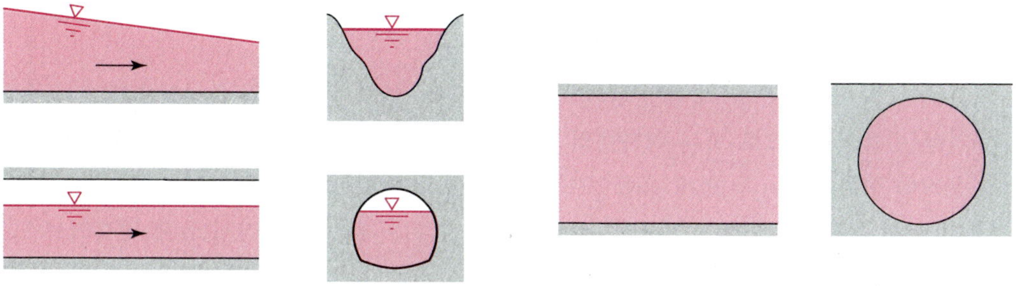

(a) 개수로 흐름 (b) 관수로 흐름

그림 3.2.7 개수로 흐름 및 관수로 흐름

3.3 속도와 가속도

유체역학 및 수리학적 문제를 다룰 때 흐름의 유속은 매우 중요한 의미를 가지고 있다. 수리구조물이나 물과 관련된 기계를 설계할 때 유속에 대한 지식은 구조물에 미치는 압력과 힘을 계산하는데 반드시 필요하다. 또한 하천설계나 교량설계 시 하상에서의 물에 의한 세굴을 분석할 때도 반드시 유속에 대한 분석이 이루어져야 한다. 따라서 본 절에서는 속도와 가속도의 정의 및 이를 나타내는 방법에 대해 설명하기로 한다.

3.3.1 속도

유체의 움직임에 대한 식들을 표현하는 방법에는 두 가지가 있다. 첫 번째로 Lagrange 방법이 있는데 이 방법은 동력학에서 주로 사용되는 방법으로 어떤 시간동안 하나의 입자의 움직임에 대해 고려하는 것이다. 이 경우 속도는 입자의 위치 벡터를 시간에 대해 미분하여 얻게 되며, Cartesian 좌표계를 사용하면 위치벡터는 다음과 같이 나타낼 수 있다.

$$\vec{r}(t) = x\vec{i} + y\vec{j} + z\vec{k} \tag{3.3.1}$$

여기서 $\vec{i}$, $\vec{j}$, 그리고 $\vec{k}$는 x, y 및 z 방향의 단위벡터이다. 식 (3.3.1)을 시간에 대해 미분하면 유체 입자의 속도를 얻게 된다.

$$\vec{V}(t) = \frac{dx}{dt}\vec{i} + \frac{dy}{dt}\vec{j} + \frac{dz}{dt}\vec{k} \tag{3.3.2}$$

또는

$$\vec{V}(t) = u\vec{i} + v\vec{j} + w\vec{k} \tag{3.3.3}$$

여기서 u, v, w는 x, y, z축 방향의 속도성분이다. 물론 한 입자의 움직임으로 흐름공간 전체를 표현하기에는 불충분하므로 모든 입자들의 움직임을 동시에 고려하여야 한다.

움직임을 표현하는 두 번째 방법으로 Euler 방법이 있다. 이 방법은 공간상의 한 점에서 시간이 지남에 따라 이 지점을 지나는 입자들의 움직임을 고려하는 것이다. 따라서 유체 입자의 속도는 공간 및 시간에 따라 변하게 된다.

$$u = f_1(x,y,z,t), \qquad v = f_2(x,y,z,t), \qquad w = f_3(x,y,z,t) \tag{3.3.4}$$

Lagrange 방법에서는 시간이 경과함에 따라 한 입자의 위치를 추적해 가지만, Euler 방법에서는 공간상의 특정 지점을 통과하는 입자들의 움직임을 관찰하게 된다. 예를 들어 교통흐름을 개선하기 위한 조사를 하는 경우 차를 타고 움직이며 교통 상태를 조사하게 되면 Lagrange 접근방법이라 할 수 있고, 교차로에 서서 교통 상태를 조사하면 Euler 접근방법이라 할 수가 있다. 하지만 두 방법 모두 거의 같은 결과를 주게 된다. 따라서 동수역학을 다룰 때 두 가지 방법 모두 타당하지만, Euler 방법을 사용한 물리법칙이 실제 상황에 적용하기가 쉽기 때문에 주로 Euler 방법을 사용한다.

동수역학에서 물 입자의 움직임은 각 입자의 위치 변화율인 속도벡터 $\vec{V}$로 나타내며 크기와 방향을 가지게 된다. 입자의 움직임이 특정 궤도를 따를 때 이 궤도의 모양은 입자의 속도에 의해 결정되게 된다. 궤적을 따르는 입자의 위치는 초기위치 및 속도의 함수가 된다. 만일 정상류, 즉 특정위치(그림 3.3.1(a)의 ①지점)에서 시간에 따른 변화가 없는 흐름이라면 그 위치를 지나는 연속된 입자들의 궤적은 동일하게 된다. 이러한 경우 궤적은 $x-y$평면에서 고정된 궤적이 된다. ①지점에 인접한 지점을 통과하는 입자들은 그들 자신의 궤적을 따라 움직이게 되며 ①지점을 통과하는 궤적과는 다른 모양이 될 수 있다. 따라서 $x-y$평면이 이러한 궤적들로 차게 된다.

그림 3.3.1(b)와 같이 유선을 기준으로 한 좌표를 보자. 입자의 움직임은 임의의 원점으로부터 유선을

따른 입자의 변위 s와 유선의 곡률반경 R로 나타낼 수가 있다. 유선을 따르는 변위는 입자의 속도 $V = ds/dt$와 관련이 있고, 곡률반경은 유선의 모양과 관련이 있다.

특정 지점을 통과하는 입자들의 속도 변화율은 $\partial\vec{V}/\partial x$, $\partial\vec{V}/\partial y$, 그리고 $\partial\vec{V}/\partial z$으로 나타낼 수 있으며, 만일 시간에 따라서도 변하면 $\partial\vec{V}/\partial t$가 포함된다. 직각 Cartesian 좌표계에서는 속도를 $\vec{V} = \vec{V}(x,y,z,t)$로 나타내게 되며, 만일 정상류상태라면 흐름 상태가 시간에 따라 변하지 않으므로 $\vec{V} = \vec{V}(x,y,z)$로 표현한다.

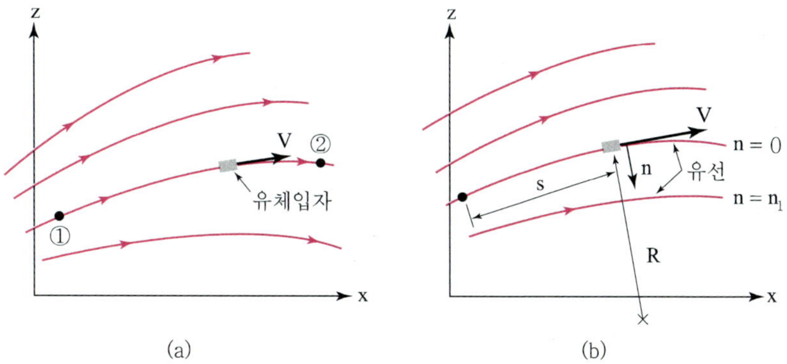

그림 3.3.1 x, z평면에서의 흐름 및 유선에 대한 흐름

3.3.2 가속도

유체입자의 가속도는 시간에 따른 속도의 변화율을 의미한다. 앞의 그림 3.3.1(b)와 같이 유선상을 따라 흐르는 1차원 흐름의 가속도에 대해 알아보자. 유선상의 입자의 속도는 $V = ds/dt$이므로 가속도는 다음과 같이 나타낼 수 있다.

$$a_s = \frac{dV}{dt} = \frac{dV}{ds}\frac{ds}{dt} = V\frac{dV}{ds} \tag{3.3.5}$$

유선에 직각방향의 원심가속도 성분은 입자의 속도 V 및 궤적의 곡률반경 R로부터 다음과 같이 주어진다.

$$a_n = \frac{V^2}{R} \tag{3.3.6}$$

유체 입자의 가속도는 그림 3.3.2와 같이 특정 입자를 고려하여 나타낼 수가 있다. 속도가 시간 t에서의 $\vec{V}(t)$로부터 시간 $t+dt$에서의 $\vec{V}(t+dt)$로 변하고 있다. 따라서 가속도는

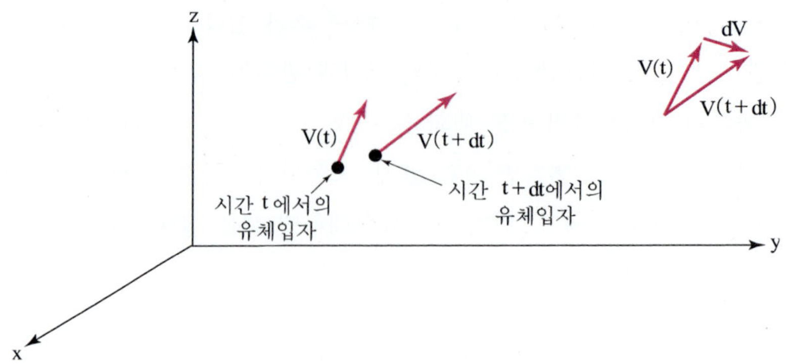

그림 3.3.2 유체 입자의 속도

$$\vec{a} = \frac{d\vec{V}}{dt} \tag{3.3.7}$$

공간 및 시간에서의 속도 요소는 다음과 같으므로

$$\vec{V}(t) = u\vec{i} + v\vec{j} + w\vec{k} \tag{3.3.8}$$

여기서

$$u = f_1(x,y,z,t), \quad v = f_2(x,y,z,t), \quad w = f_3(x,y,z,t) \tag{3.3.9}$$

x 방향에서의 유체입자의 가속도는

$$a_x = \frac{du}{dt} \tag{3.3.10}$$

여기서 u는 입자의 x 방향의 속도성분이다. 전미분 du를 편미분으로 나타내면

$$du = \frac{\partial u}{\partial x}dx + \frac{\partial u}{\partial y}dy + \frac{\partial u}{\partial z}dz + \frac{\partial u}{\partial t}dt \tag{3.3.11}$$

따라서 x 방향의 가속도는

$$a_x = \frac{\partial u}{\partial x}\frac{dx}{dt} + \frac{\partial u}{\partial y}\frac{dy}{dt} + \frac{\partial u}{\partial z}\frac{dz}{dt} + \frac{\partial u}{\partial t} \tag{3.3.12}$$

x, y, z 방향의 속도성분은 다음과 같으므로

$$u = \frac{dx}{dt}, \quad v = \frac{dy}{dt}, \quad w = \frac{dz}{dt} \tag{3.3.13}$$

결국 x 방향의 가속도는 다음과 같이 표현된다.

$$a_x = u\frac{\partial u}{\partial x} + v\frac{\partial u}{\partial y} + w\frac{\partial u}{\partial z} + \frac{\partial u}{\partial t} \qquad (3.3.14)$$

같은 방법으로 y방향 및 z방향의 가속도를 구하면 다음과 같다.

$$a_y = u\frac{\partial v}{\partial x} + v\frac{\partial v}{\partial y} + w\frac{\partial v}{\partial z} + \frac{\partial v}{\partial t} \qquad (3.3.15)$$

$$a_z = u\frac{\partial w}{\partial x} + v\frac{\partial w}{\partial y} + w\frac{\partial w}{\partial z} + \frac{\partial w}{\partial t} \qquad (3.3.16)$$

정상류인 경우 시간에 따른 흐름의 변화가 없으므로 식 (3.3.14)~식 (3.3.16)에서 우변의 시간이 포함된 마지막 항이 생략된다.

예제 3.2

x, y, z방향의 속도성분이 다음과 같을 때 (1, −1, 2)지점에서의 각 방향의 가속도를 구하라.

$$u = 20y^2 m/s, \qquad v = -20xy m/s, \qquad w = 0 m/s$$

풀이

x 및 y방향의 가속도는 식 (3.3.14)과 (3.3.15)에 의해

$$a_x = u\frac{\partial u}{\partial x} + v\frac{\partial u}{\partial y} + w\frac{\partial u}{\partial z} + \frac{\partial u}{\partial t} = 20y^2 \times 0 + (-20xy) \times 40y = -800xy^2$$

$$a_y = u\frac{\partial v}{\partial x} + v\frac{\partial v}{\partial y} + w\frac{\partial v}{\partial z} + \frac{\partial v}{\partial t} = 20y^2 \times (-20y) + (-20xy) \times (-20x) = -400y^3 + 400x^2y$$

따라서 점 (1, −1, 2)에서의 가속도는

$$a_x = -800xy^2 = -800 \times 1 \times (-1)^2 = -800 m/s^2$$

$$a_y = -400y^3 + 400x^2y = -400 \times (-1)^3 + 400 \times 1^2 \times (-1) = 0 m/s^2$$

3.4 검사체적

유체의 흐름에서 개개의 입자들을 서로 구분하기가 쉽지가 않다. 따라서 단지 주어진 유체의 질량에만 직접적으로 관심을 가지기보다는 유체가 흐르는 공간에 초점을 맞추어 문제를 해결하기 위한 방법이 필요하다. 이러한 방법에 Reynolds 이송이론(transport theorem) 또는 검사체적(control volume) 방법이 있으며, 유체역학 및 수리학에서 다양하고 광범위하게 적용되고 있다. 본 절에서는 검사체적공식의 유도 및 그 의미와 적용에 대해 소개하기로 한다.

3.4.1 외적 및 내적 특성

검사체적공식을 유도하기에 앞서 외적 특성(extensive properties)과 내적 특성(intensive properties)에 대해 알아보자. 외적 특성들에는 질량 M, 운동량 MV, 그리고 에너지 E가 있다. 이에 상응하는 내적 특성들에는 단위질량당 질량 $m=1$, 단위질량당 운동량 v, 그리고 단위질량당 에너지 e가 있다. 즉, 외적 특성은 전체질량을 대변하는 특성이고 내적 특성은 단위질량당의 특성이다.

실제로 검사체적 방법을 적용할 때 서로 다른 시간에서 서로 다른 외적 및 내적 특성들을 고려하므로, 일반적인 외적 특성을 나타내는 기호를 B로 나타내기로 하고, 이에 상응하는 내적 특성을 기호 β로 나타내기로 한다. 내적 특성은 단위질량당 외적 특성을 의미하므로 주어진 시스템에서 내적 특성과 외적 특성간의 관계는 다음과 같이 나타낼 수가 있다.

$$B = \int \beta \, dm = \int \beta \rho \, dV \tag{3.4.1}$$

여기서 dm 및 dV는 미소 질량 및 체적을 나타내며 적분은 주어진 순간에 시스템을 채우는 전체특성을 의미한다.

검사체적은 흐름 문제를 해석하기 위해 설정한 공간상의 일정한 지역이라 할 수 있으며, 검사표면(control surface)은 검사체적을 둘러싸고 있는 표면이라 할 수 있다. 대부분의 문제에서 검사표면의 일부는 그림 3.4.1에 보인 1차원 흐름의 관로의 벽과 같이 물리적인 경계와 일치하게 된다. 이 경우 검사표면의 나머지 부분은 유체가 흐를 수 있는 가상적인 단면이 된다.

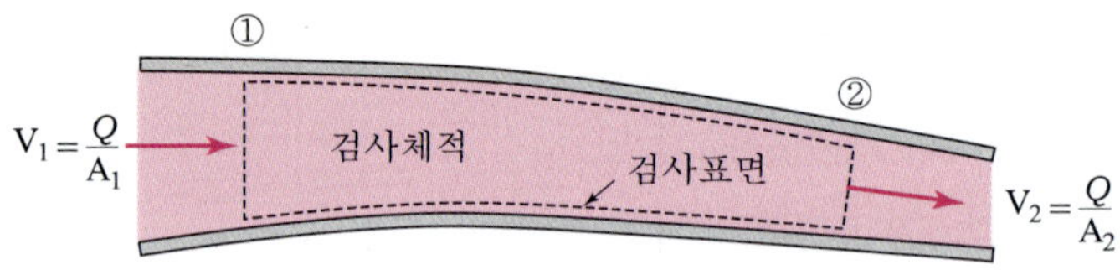

그림 3.4.1 검사체적 및 검사표면

3.4.2 검사체적으로의 유입 및 유출

주어진 단면적 A를 통한 흐름의 체적은 다음과 같이 나타낼 수 있다.

$$Q = \vec{V} \cdot \vec{A} \tag{3.4.2}$$

여기서 $\vec{V}$는 흐름의 속도벡터이고, $\vec{A}$는 면적벡터로 면적의 크기를 가지고 방향은 관련 단면적과 직각 방향을 나타낸다. 검사체적방법에서 면적벡터는 항상 검사체적 바깥쪽을 향한다고 간주한다.

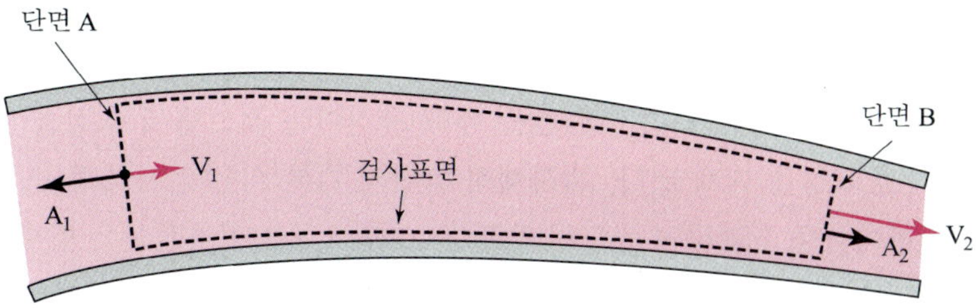

그림 3.4.2 검사체적에서의 속도 및 면적벡터

따라서 그림 3.4.2와 같이 1차원 흐름에 대한 면적벡터의 방향을 나타낼 수가 있다. $\vec{V}_1$과 $\vec{A}_1$간의 각에 대한 cosine은 −1이고 $\vec{V}_2$와 $\vec{A}_2$간의 cosine은 1이므로 검사체적으로부터의 유출율에서 검사체적으로의 유입율을 빼면

$$\begin{aligned} Q_{out} - Q_{in} &= V_2A_2 - V_1A_1 \\ &= \vec{V}_2 \cdot \vec{A}_2 + \vec{V}_1 \cdot \vec{A}_1 = \sum_{cs} \vec{V} \cdot \vec{A} \end{aligned} \tag{3.4.3}$$

식 (3.4.3)은 검사체적으로의 모든 유입 및 유출에 대한 내적(dot product) $\vec{V} \cdot \vec{A}$를 합하면 순 유출율을 얻을 수 있음을 의미한다. 만일 내적의 합이 양의 값이면 검사체적으로부터의 순 유출을 나타내고, 음의 값이면 검사체적으로의 순 유입을 나타낸다. 물론 유입 및 유출이 같으면 식 (3.4.3)은 0이 된다.

검사체적으로부터의 순 질량흐름을 나타내고 싶으면 체적흐름에 밀도 ρ를 곱하면 된다.

$$\dot{m} = \sum_{cs} \rho \vec{V} \cdot \vec{A} \tag{3.4.4}$$

같은 방법으로 검사체적으로부터의 외적 특성 B의 순 흐름을 나타내고 싶으면 내적 특성 β에 질량흐름을 곱하면 된다.

$$\dot{B} = \sum_{cs} \beta \rho \vec{V} \cdot \vec{A} \tag{3.4.5}$$

식 (3.4.3)~식 (3.4.5)는 모든 1차원 흐름에 적용할 수가 있다. 만일 속도가 흐름 단면을 통해 변하면 흐름율을 구하기 위해 전체단면에 대해 속도를 적분할 필요가 있다. 따라서 검사체적으로부터 외적 특성의 순 흐름의 일반적인 표현은 다음과 같다.

$$\dot{B} = \int_{cs} \beta \rho \vec{V} \cdot d\vec{A} \tag{3.4.6}$$

3.4.3 검사체적 공식의 유도

검사체적 공식을 유도하기 위해 먼저 공간을 통해 움직이는 시스템에 초점을 맞추지만 유도하는 과정에서 검사체적이 중요성을 띠게 된다. 검사체적 방법의 기본 식은 검사체적을 통해 흐르는 유체 시스템의 외적 특성의 변화율을 고려하여 유도하게 된다. 그림 3.4.3에서 실선은 검사체적을 둘러싸고 있는 검사표면과 같으며, 시간 t에서의 주어진 유체질량을 가진 시스템을 정의한다. 시간 $t+\Delta t$에서 이 시스템, 즉 유체의 질량은 그림 3.4.3에서 점선으로 나타낼 수가 있으며 하류로 이동하였다. 시스템의 외적 특성 B의 변화율 dB_{sys}/dt는 미분의 기본 정의에 따라 다음과 같이 나타낼 수 있다.

$$\frac{dB_{sys}}{dt}=\lim_{\Delta t\to 0}\left(\frac{B_{t+\Delta t}-B_t}{\Delta t}\right) \tag{3.4.7}$$

시간 $t+\Delta t$에서의 시스템의 질량은 시간 $t+\Delta t$에서의 검사체적 내 유체의 질량에 시간 Δt동안 검사체적 밖으로 이동한 질량 ΔM_{out}을 더하고, 검사체적 안으로 이동한 질량 ΔM_{in}을 뺀 것과 같다. 같은 개념으로 시간 Δt동안 검사체적 밖으로 이동한 시스템의 외적 특성을 ΔB_{out}, 검사체적 안으로 이동한 시스템의 내적 특성을 ΔB_{in}이라 하자. 따라서 시간 $t+\Delta t$에서의 시스템의 외적 특성 B는 $B_{cv,t+\Delta t}+\Delta B_{out}-\Delta B_{in}$이 되고, 시스템의 외적 특성의 시간에 따른 변화율은 다음과 같이 나타낼 수가 있다.

$$\frac{dB_{sys}}{dt}=\lim_{\Delta t\to 0}\left(\frac{(B_{cv,t+\Delta t}+\Delta B_{out}-\Delta B_{in})-(B_{cv,t})}{\Delta t}\right) \tag{3.4.8}$$

우변 항을 다시 정리하면

$$\frac{dB_{sys}}{dt}=\lim_{\Delta t\to 0}\left(\frac{B_{cv,t+\Delta t}-B_{cv,t}}{\Delta t}\right)+\lim_{\Delta t\to 0}\left(\frac{\Delta B_{out}-\Delta B_{in}}{\Delta t}\right) \tag{3.4.9}$$

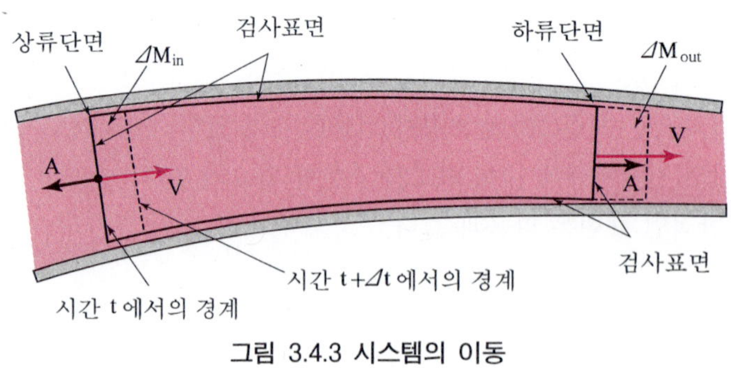

그림 3.4.3 시스템의 이동

식 (3.4.9) 우변의 첫 번째 항은 시간 t에서의 검사체적 내 유체의 외적 특성 B의 시간에 따른 변화율을 의미한다. 따라서

$$\lim_{\Delta t \to 0}\left(\frac{B_{cv,t+\Delta t} - B_{cv,t}}{\Delta t}\right) = \frac{dB_{cv}}{dt} \tag{3.4.10}$$

식 (3.4.10)을 식 (3.4.1)에 적용하면

$$\lim_{\Delta t \to 0}\left(\frac{B_{cv,t+\Delta t} - B_{cv,t}}{\Delta t}\right) = \frac{dB_{cv}}{dt} = \frac{d}{dt}\int_{cv}\beta\rho dV \tag{3.4.11}$$

식 (3.4.9) 우변의 두 번째 항은 다음과 같이 분석할 수 있다. $\Delta B_{out} - \Delta B_{in}$의 크기는 시간 Δt동안 검사체적을 통과해 나간 외적 특성 B의 양에서 검사체적을 통해 들어온 외적 특성 B를 뺀 값이다. 따라서 이 값을 Δt로 나누고 $\Delta t \to 0$으로 하면 검사체적으로부터 B의 유출율에서 검사체적으로의 B의 유입율을 뺀 것, 즉 검사체적으로부터 B의 순 유출율이 된다. 이 값은 식 (3.4.5)와 같은 의미이므로 결국 식 (3.4.9)의 우변 두 번째 항에 식 (3.4.5)를 적용하면

$$\frac{dB_{sys}}{dt} = \frac{d}{dt}\int_{cv}\beta\rho dV + \sum_{cs}\beta\rho\vec{V}\cdot\vec{A} \tag{3.4.12}$$

식 (3.4.12)에서 우변 두 번째 항의 Σ의 의미는 전체 검사표면을 통해 흐르는 특성의 합을 의미한다. 식 (3.4.12)의 유도에서 먼저 시스템의 외적 특성 B의 변화율 dB_{sys}/dt를 고려하였고, 이는 검사체적 내 B의 변화율에 검사체적으로부터 B의 순 유출율을 더해준 것으로 표현하였다. 따라서 식 (3.4.12)의 좌변은 아직 시스템의 외적 특성의 변화율이지만 우변은 검사체적 내의 상태와 검사표면을 통한 흐름을 나타낸다. 또한 식 (3.4.12)의 유도에서 1차원 흐름으로 가정하였지만 흐름 단면을 통해 속도가 변한다면 다음과 같이 표현한다.

$$\frac{dB_{sys}}{dt} = \frac{d}{dt}\int_{cv}\beta\rho dV + \int_{cs}\beta\rho\vec{V}\cdot d\vec{A} \tag{3.4.13}$$

만일 검사체적의 유입 및 유출단면을 통해 특성치들(밀도, 속도, 그리고 내적 특성 β)이 균일한 고정된 검사체적이라면 1차원 흐름에 대해 식 (3.4.12)는 다음과 같이 나타낼 수 있다.

$$\frac{dB_{sys}}{dt} = \frac{d}{dt}\int_{cv}\beta\rho dV + \rho_2 A_2 V_2 \beta_2 - \rho_1 A_1 V_1 \beta_1 \tag{3.4.14}$$

대부분의 경우 정상류 흐름에 대해 다루므로 이 경우 식 (3.4.12) 우변의 첫 번째 항은 생략할 수가 있다. 따라서

$$\frac{dB_{sys}}{dt} = \sum_{cs} \beta \rho \vec{V} \cdot \vec{A} \tag{3.4.15}$$

또는

$$\frac{dB_{sys}}{dt} = \rho_2 A_2 V_2 \beta_2 - \rho_1 A_1 V_1 \beta_1 \tag{3.4.16}$$

예제 3.3

그림 3.4.4와 같은 검사체적에서 흐름이 정상류일 때 검사체적 내 시스템에서의 에너지 변화율을 구하라. 각 단면에서의 흐름 특성치들은 표 3.4.1과 같다.

표 3.4.1 흐름 특성치

단면	종류	밀도 $\rho(kg_o/m^3)$	유속 V(m/s)	단면적 $A(m^2)$	에너지 e(J/kg)
1	유입	800	5.0	2.0	300
2	유입	800	8.0	3.0	100
3	유출	800	17.0	2.0	150

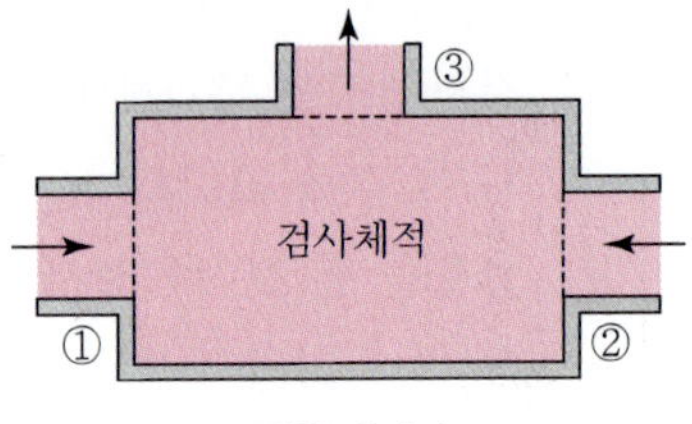

그림 3.4.4

풀이

적용하려는 흐름 특성이 에너지이므로 B = E가 되고 따라서 $\beta = dE/dm = e$, 즉 단위질량당 에너지이다. 이를 식 (3.4.16)에 적용하면

$$\frac{dE_{sys}}{dt} = -e_1 \rho_1 A_1 V_1 - e_2 \rho_2 A_2 V_2 + e_3 \rho_3 A_3 V_3$$

윗 식에 표 3.4.1의 흐름 특성치들을 적용하면

$$\frac{dE_{sys}}{dt} = -300J/kg \times 800kg/m^3 \times 2m^2 \times 5m/s - 100 \times 800 \times 3 \times 8 + 150 \times 800 \times 2 \times 17$$

$$= -2{,}400{,}000 - 1{,}920{,}000 + 4{,}080{,}000 = -240{,}000J/s$$

따라서 이 시스템은 240,000J/s 의 율로 에너지를 손실하고 있음을 알 수 있다.

3.5 연속방정식

연속방정식(continuity equation)은 질량보존(conservation of mass)의 법칙에 바탕을 둔 식으로 검사체적과 같은 공간으로부터 유출되는 질량유량(mass rate of flow)에서 공간으로 유입되는 질량유량을 뺀 것은 공간으로부터 방출된 질량유량과 같다는 것을 의미한다. 기본 검사체적공식에서 내적 특성

β를 1로 두면 일반적인 연속방정식을 얻을 수가 있다. 이러한 일반적인 연속방정식은 특별한 형태의 연속방정식을 얻기 위해 서로 다른 형태의 검사체적 및 좌표시스템에 적용할 수가 있다. 본 절에서는 일반적인 경우의 연속방정식과 특별한 형태의 연속방정식에 대해 알아보기로 한다.

3.5.1 일반 연속방정식

먼저 시스템의 외적 특성 B가 질량인 일반 연속방정식에 대해 알아보자. 이러한 경우 내적 특성 β는 1이 된다. 따라서 식 (3.4.13)은

$$\frac{d(mass)}{dt} = \frac{d}{dt}\int_{cv} \rho dV + \int_{cs} \rho \vec{V} \cdot d\vec{A} \tag{3.5.1}$$

이 식의 좌변은 시스템에서의 질량의 변화율을 의미한다. 하지만 질량보존의 법칙에 의해 시스템 내의 질량은 일정하므로 식의 좌변은 0이 되어 다음과 같이 표현할 수 있다.

$$\int_{cs} \rho \vec{V} \cdot d\vec{A} = -\frac{d}{dt}\int_{cv} \rho dV \tag{3.5.2}$$

식 (3.5.2)를 일반 연속방정식이라 하며 이는 검사체적으로부터의 질량유량의 순 유출율은 검사체적 내에서의 질량의 감소율과 같다는 의미를 나타낸다. 흐름 단면을 통해 속도가 변하지 않고 일정하다면 연속방정식은 다음과 같다.

$$\sum_{cs} \rho \vec{V} \cdot \vec{A} = -\frac{d}{dt}\int_{cv} \rho dV \tag{3.5.3}$$

만일 흐름이 정상류이면 식 (3.5.2)는 다음과 같다.

$$\int_{cs} \rho \vec{V} \cdot d\vec{A} = 0 \quad \text{또는} \quad \sum_{cs} \rho \vec{V} \cdot \vec{A} = 0 \tag{3.5.4}$$

예제 3.4

그림 3.5.1과 같이 개방된 수조에 유속 7m/s, 단면적 0.0025m^2의 jet류에 의해 물이 유입되고 수조 하단부의 오리피스를 통해 0.003m^3/s로 물이 방출되고 있다. 수조에 물이 채워지는 율을 구하라.

풀이

그림 3.5.1의 점선과 같이 검사체적을 설정하면 수조 내에 물이 비워지는 율은 식 (3.5.3)과 같게 된다. 그러므로

$$\sum_{cs} \rho \vec{V} \cdot \vec{A} = \rho Q_{out} - \rho A_1 V_1$$
$$= 1{,}000 \times 0.003 - 1{,}000 \times 7 \times 0.0025$$
$$= -14.5\text{kg/s}$$

따라서 수조는 $-14.5\text{kg/s} = -0.0145\text{m}^3/\text{s}$ 의 율로 비워지게 된다. 즉, $Q = 0.0145\text{m}^3/\text{s}$ 의 율로 채워지게 된다.

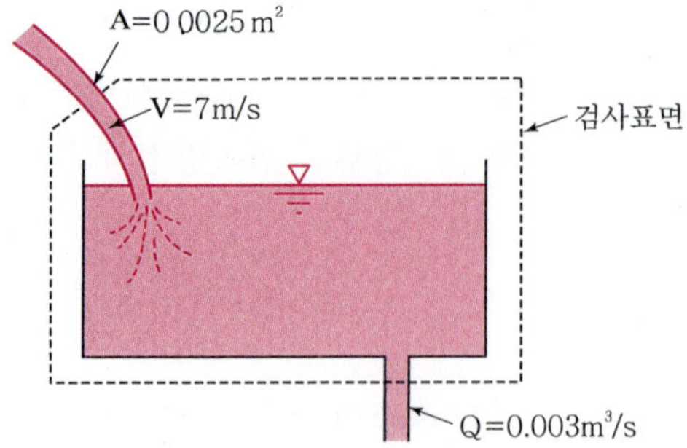

그림 3.5.1

3.5.2 1차원 정상류 연속방정식

그림 3.5.2와 같은 관로 내 정상류에 대해 관로의 두 단면에서의 평균 유속간의 관계를 알아보기로 한다. 그림에서 단면 ①과 단면 ②를 끝단으로 하는 검사체적을 설정하고 이 검사체적을 통해 흐르는 유량에 대해 연속방정식을 적용하면

$$\sum \rho \vec{V} \cdot \vec{A} = 0 \tag{3.5.5}$$

주어진 상황에 맞도록 식 (3.5.5)를 전개하면

$$-\rho_1 V_1 A_1 + \rho_2 V_2 A_2 = 0$$

$$\therefore \quad \rho_1 V_1 A_1 = \rho_2 V_2 A_2 \tag{3.5.6}$$

식 (3.5.6)은 검사체적의 두 단면 ①과 ②를 임의로 설정하였으므로 결국 모든 단면을 통과하는 질량유량(ρVA)은 항상 일정하다는 것을 의미한다. 식 (3.5.6)의 양변에 중력가속도 g를 곱하면 물의 단위중량 $\gamma = \rho g$ 이므로 결국 중량유량(γVA)도 모든 단면에서 일정하게 된다.

$$\gamma V_1 A_1 = \gamma V_2 A_2 \tag{3.5.7}$$

만일 비압축성 유체로 간주하여 밀도가 일정하다고 가정하면 식 (3.5.6)에서 밀도 ρ를 무시하게 되어 다음과 같이 표현된다.

그림 3.5.2 1차원 흐름의 검사체적

$$V_1A_1 = V_2A_2 \tag{3.5.8}$$

식 (3.5.8)은 단면 ①에서의 체적유량(volume rate of flow)은 단면 ②에서의 체적유량과 동일하며 결국 모든 단면에서의 유량이 일정하게 된다.

$$Q_1 = Q_2 \tag{3.5.9}$$

이 식은 가장 일반적인 연속방정식의 형태로 1차원 비압축성유체를 다룰 경우 가장 광범위하게 적용되며, 수리학에서도 기본적으로 물의 압축성을 무시하므로 이와 같은 체적유량을 주로 사용한다. 이 체적유량을 일반적으로 유량(discharge)으로 표현하며 m^3/sec의 단위로 나타낸다.

관로 내 1차원 흐름에서 유량이 주어질 때 관로 내 단면을 통한 실제적인 유속분포에 대한 정보 없이 평균유속을 구할 필요가 있다. 이 경우 평균유속은 다음과 같이 구할 수 있다.

$$\overline{V} = \frac{Q}{A} = \frac{1}{A}\int_A V dA \tag{3.5.10}$$

관로 내 난류흐름에 대해서는 평균유속이 그림 3.5.3과 같이 전체 단면에서의 실제 유속과 상당히 비슷하게 나타난다. 하지만 층류흐름에서는 평균유속이 단면을 통한 실제 유속과 상당히 차이가 난다.

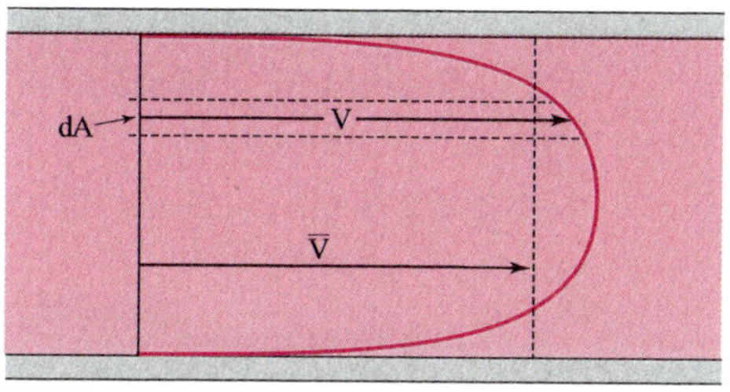

그림 3.5.3 관로 내 난류의 유속분포 및 평균유속

예제 3.5

직경 1.2m 및 0.6m의 관로가 직렬로 연결되어 있다. 관로를 통해 흐르는 유량이 $2m^3/s$일 때 각 관로에서의 유속을 구하라.

풀이

연속방정식에 의하면 $Q = A_{1.2}V_{1.2} = A_{0.6}V_{0.6} = 2m^3/s$

직경 1.2m 관로에서의 단면적은 $A_{1.2} = \frac{\pi}{4} \times 1.2^2 = 1.13m^2$

따라서 $V_{1.2} = \frac{Q}{A_{1.2}} = \frac{2m^3/s}{1.13m^2} = 1.77m/s$

$$V_{0.6} = V_{1.2}\left(\frac{A_{1.2}}{A_{0.6}}\right) = V_{1.2}\left(\frac{1.2}{0.6}\right)^2 = 7.08m/s$$

예제 3.6

그림 3.5.4와 같은 관로에서 단면 ① 및 ②에서의 직경이 5cm 및 10cm이다. 단면 ①에서의 유속이 8m/s일 때 다음을 계산하라.

1) 단면 ②에서의 유속　　　2) 유량
3) 중량유량　　　　　　　4) 질량유량

풀이

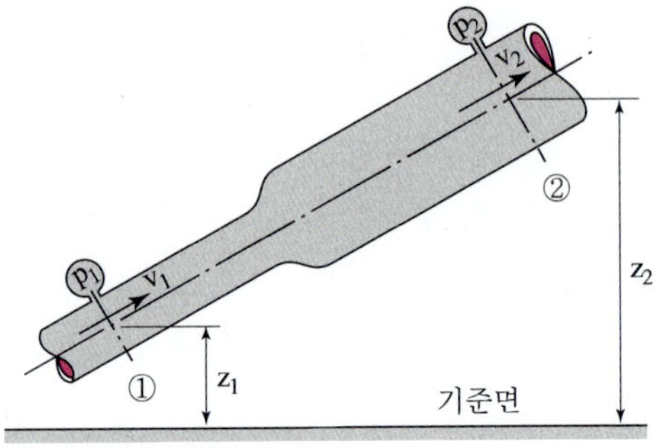

그림 3.5.4

1) 연속방정식에 의하면 $Q = A_1V_1 = A_2V_2$

각 단면에서의 면적은

$$A_1 = \frac{\pi(5\text{cm})^2}{4} = 19.625\text{cm}^2$$

$$A_2 = \frac{\pi(10\text{cm})^2}{4} = 78.5\text{cm}^2$$

따라서 $V_2 = V_1\left(\frac{A_1}{A_2}\right) = \frac{8\text{m}}{\text{s}} \times \frac{19.625\text{cm}^2}{78.5\text{cm}^2} = 2\text{m/s}$

2) 유량 $Q = A_1V_1 = 19.625\text{cm}^2 \times \frac{800\text{cm}}{\text{s}} = 15{,}700\text{cm}^3/\text{s} = 0.0157\text{m}^3/\text{s}$

3) 중량유량 $W = \gamma Q = \frac{1{,}000\text{kg}}{\text{m}^3} \times \frac{0.0157\text{m}^3}{\text{s}} = 15.7\text{kg/s}$

4) 질량유량 $M = \rho Q = \frac{1{,}000\text{kg}_o}{\text{m}^3} \times \frac{0.0157\text{m}^3}{\text{s}} = 15.7\text{kg}_o/\text{s}$

예제 3.7

그림 3.5.5와 같은 저수지에서 상류로부터 $500\text{m}^3/\text{s}$의 물이 유입되고 $350\text{m}^3/\text{s}$의 물이 방수로를 통해 유출되고 있다. 저수지 수표면적이 5km^2라면 저수지 수면의 상승률은 얼마인가?

풀이

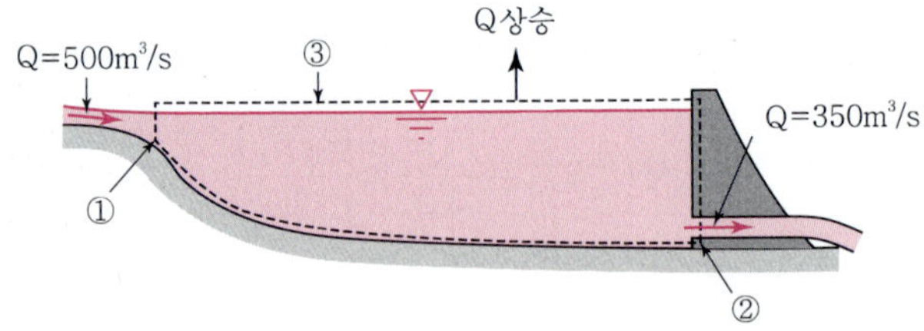

그림 3.5.5

저수지내의 유량의 증가율은

$$Q_{rise} = A_1V_1 - A_2V_2 = 500\text{m}^3/\text{s} - 350\text{m}^3/\text{s} = 150\text{m}^3/\text{s}$$

따라서 저수지 수면의 상승률은

$$V_{rise} = \frac{Q_{rise}}{A} = \frac{150\text{m}^3/\text{s}}{5\text{km}^2} \times \frac{1\text{km}^2}{1{,}000{,}000\text{m}^2} = 0.00003\text{m/s}$$

그러므로 $V_{rise} = 0.108\text{m/hr}$가 된다.

3.6 Bernoulli 방정식

1장에서 설명한 바와 같이 모든 실제 유체들은 점성을 가지고 있다. 하지만 대부분의 유체, 특히 수리학에서 다루는 물에 있어서는 점성의 효과를 무시하는 것이 문제를 쉽게 해석하는데 도움이 된다. 따라서 물의 흐름에 대해 비압축성과 비점성, 즉 이상유체(ideal fluid)로 가정하여 동수역학을 해석하는 것이 편리하다. 이상유체 운동의 해석은 점성에 의한 전단응력이 존재하지 않으므로 점성유체의 흐름 해석에 비해 간단하다.

본 절에서는 동수역학에서 광범위하게 적용되고 있는 에너지 방정식인 Bernoulli 방정식의 모체가 되는 Euler 방정식과 Bernoulli 방정식의 유도 및 이의 적용에 대해 소개하기로 한다.

3.6.1 Euler 방정식

3.2절에서 설명한 바와 같이 정상류에서는 유적선과 유선이 일치하기 때문에 물 입자가 유선을 따라 움직이게 된다. 따라서 정상류에서의 물 입자의 움직임을 나타낼 때 유선을 따르는 변위가 운동방정식을 표현하는데 적절한 좌표가 될 수 있다.

그림 3.6.1과 같은 yz평면에 대해 생각해 보자. 운동방정식은 유선을 따르는 변위 s를 기준 축으로 하여 나타낼 수가 있다. 미소 육면체에 해당하는 유체의 부피는 dsdndx이며 중심에서의 압력을 p라 하자. 이 미소 육면체의 운동은 Newton의 제2법칙인 $F = m\alpha$를 적용하여 나타낼 수가 있다. 우선 미소 육면체에 작용하는 힘들을 구해보기로 한다. 이 미소 육면체의 유선방향에 작용하는 힘은 양쪽면의 압력차와 육면체의 체적에 해당하는 중력의 운동방향 성분이 작용한다. 먼저 미소육면체의 양쪽면에 작용하는 압력차는 다음과 같다.

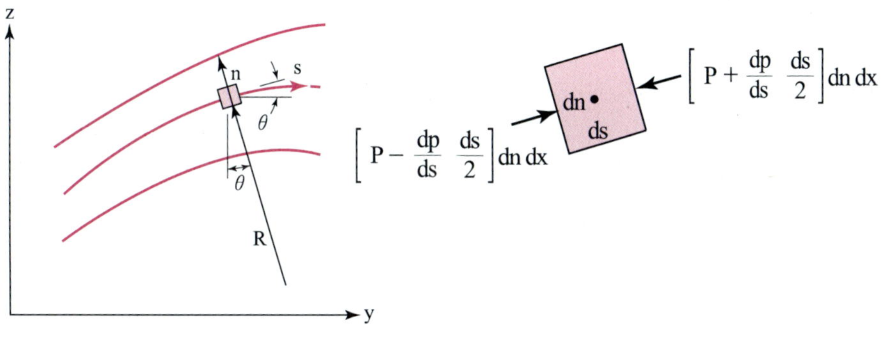

그림 3.6.1 유선을 따라 운동하는 유체입자

$$\left(p-\frac{dp}{ds}\frac{ds}{2}\right)dndx-\left(p+\frac{dp}{ds}\frac{ds}{2}\right)dndx=-\frac{dp}{ds}ds\,dndx \tag{3.6.1}$$

미소 육면체 중량의 운동방향 성분은

$$-\rho g ds\,dndx\sin\theta=-\rho g ds\,dndx\left(\frac{dz}{ds}\right)=-\rho g dz\,dndx \tag{3.6.2}$$

미소 육면체의 질량은

$$dm=\rho ds\,dndx \tag{3.6.3}$$

한편 유선방향의 가속도는

$$\alpha=\frac{dV}{dt}=\frac{dV}{ds}\frac{ds}{dt}=V\frac{dV}{ds} \tag{3.6.4}$$

따라서 미소 육면체에 Newton의 제2법칙 $dF=dm\cdot\alpha$를 적용하면

$$-\frac{dp}{ds}ds\,dndx-\rho g dz\,dndx=\rho ds\,dndx\,V\frac{dV}{ds} \tag{3.6.5}$$

양변을 $\rho ds\,dndx$로 나누면

$$-\frac{1}{\rho}\frac{dp}{ds}-g\frac{dz}{ds}=V\frac{dV}{ds} \tag{3.6.6}$$

$$\therefore\quad \frac{1}{\rho}\frac{dp}{ds}+V\frac{dV}{ds}+g\frac{dz}{ds}=0 \tag{3.6.7}$$

식 (3.6.7)이 1차원 정상류 흐름에 대한 Euler 방정식이다.

3.6.2 Bernoulli 방정식

지금까지 비압축성 및 비점성인 이상유체의 1차원 정상류 흐름에 대한 Euler 방정식 (3.6.7)을 유도하였다. 이상유체에 대한 Euler 방정식은 흐름공간에서 유속 및 압력이 주어진다면 적용할 수가 있다. Euler 방정식 (3.6.7)에 ds를 곱하고 정리하면

$$\frac{dp}{\rho}+\frac{1}{2}d(V^2)+gdz=0 \tag{3.6.8}$$

여기서 각 항은 유선을 따른 압력 p, 유속 V, 그리고 높이 z의 변화를 의미한다. 식 (3.6.8)을 적분하면

$$\int \frac{dp}{\rho} + \frac{V^2}{2} + gz = \text{일정} \tag{3.6.9}$$

이 식은 좌변의 세항을 합한 값이 유선을 따라 항상 일정함을 의미하며 이상유체에 대해 적용할 수가 있다. 만일 유체가 압축성이면 압력의 변화에 따른 밀도 ρ의 변화를 고려하여야 한다. 이상유체에 대해 식 (3.6.9)는

$$\frac{p}{\rho} + \frac{V^2}{2} + gz = \text{일정} \tag{3.6.10}$$

수두(head)의 형태로 표현하기 위해 양변을 중력가속도 g로 나누면

$$\frac{p}{\gamma} + \frac{V^2}{2g} + z = \text{일정} = H \tag{3.6.11}$$

이 식이 Bernoulli의 에너지 방정식으로 좌변의 첫째 항은 압력수두(pressure head), 두 번째 항은 속도수두(velocity head), 그리고 마지막 항은 위치수두(potential head)라 하며, 이 세 가지의 수두를 합한 총 수두(total head)는 항상 일정함을 나타낸다. 각 항들은 단위중량당 압력, 속도, 그리고 위치에너지(kg·m/kg)이지만 실제 단위는 길이(m)로 나타나므로 수두란 말을 사용한다.

그림 3.6.2에서 두 단면 ①과 ②에 Bernoulli 방정식을 적용하면

$$\frac{p_1}{\gamma} + \frac{V_1^2}{2g} + z_1 = \frac{p_2}{\gamma} + \frac{V_2^2}{2g} + z_2 \tag{3.6.12}$$

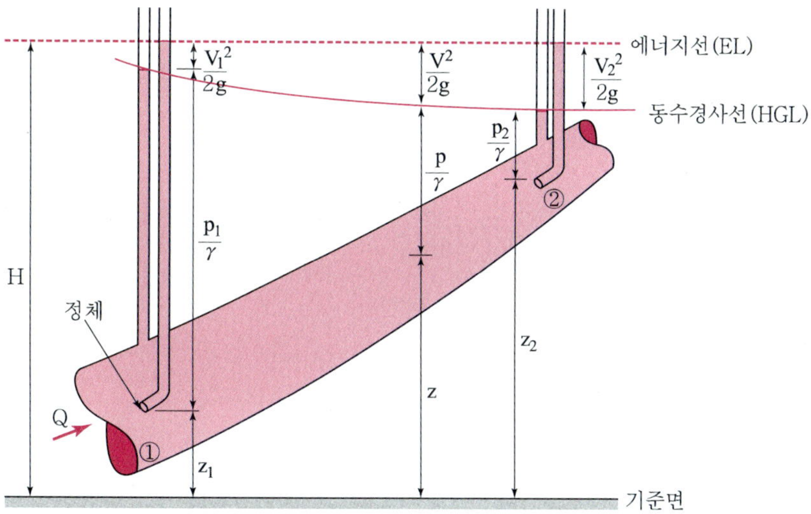

그림 3.6.2 에너지선 및 동수경사선

유선을 따라 흐름이 가지고 있는 총 수두, 즉 총 에너지를 연결한 선을 에너지선(energy line, EL)이라 하며 에너지선의 위치는 그림 3.6.2와 같이 Pitot관을 이용한 정체압력(stagnation pressure)으로부터 구할 수가 있으며, Pitot관에 물이 올라간 높이가 바로 총 수두가 된다. 한편 수압관(piezometer)으로 측정한 높이는 압력수두와 위치수두를 합한 높이가 되고, 이 높이를 수압관 수두라 하며, 유선을 따라 수압관 수두를 연결한 선을 동수경사선(hydraulic grade line, HGL)이라 한다.

식 (3.6.12)를 압력 항으로 나타내기 위해 양변에 단위중량 γ를 곱하면

$$p_1 + \frac{\rho V_1^2}{2} + \gamma z_1 = p_2 + \frac{\rho V_2^2}{2} + \gamma z_2 \tag{3.6.13}$$

이 식 좌변 또는 우변의 첫 번째 항은 정압력, 두 번째 항은 동압력, 그리고 세 번째 항은 위치압력이 된다.

Bernoulli 방정식은 유선을 따라 압력변화에 대한 유속 및 위치의 변화를 나타내기 때문에 유체역학 또는 수리학적 문제 해결에 아주 유용한 식으로 이 식을 유도할 때 가정한 조건에 합당한 흐름에서만 적용이 가능하다. 즉, 이 식은 1) 정상류 흐름, 2) 비압축성 유체, 3) 비점성 유체, 그리고 4) 유선을 따르는 흐름 조건에 적용하여야 한다.

예제 3.8

그림 3.6.3과 같이 관로를 통해 물이 단면 ①로부터 단면 ②로 흐르고 있다. 단면 ①에서 직경이 25mm, 유속이 3m/s, 압력이 4kg/cm^{2}이고, 단면 ②에서의 직경은 50mm이며, 단면 ①보다 2m 높이에 있다. 에너지 손실을 무시한다고 가정하고 단면 ②에서의 압력을 구하라.

풀이

에너지 방정식 (3.6.12)로부터

$$p_2 = p_1 + \gamma\left(z_1 - z_2 + \frac{V_1^2 - V_2^2}{2g}\right)$$

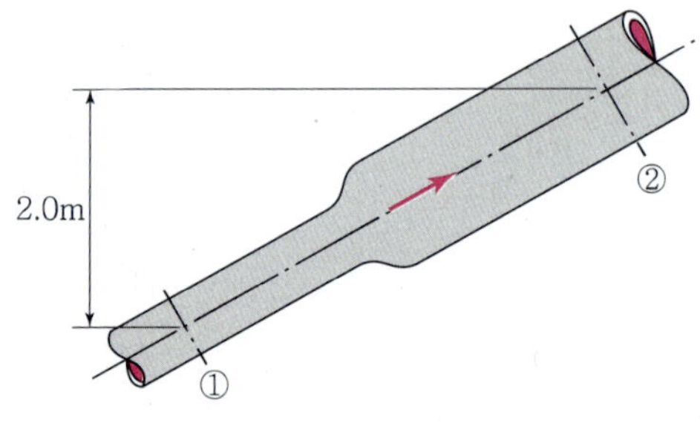

그림 3.6.3

단면적은

$$A_1 = \pi D_1^2/4 = \pi(25\text{mm})^2/4 = 491\text{mm}^2$$

$$A_2 = \pi D_2^2/4 = \pi(50\text{mm})^2/4 = 1{,}963\text{mm}^2$$

단면 ②에서의 유속은

$$V_2 = V_1(A_1/A_2) = 3.0\text{m/s} \times (491\text{mm}^2/1{,}963\text{mm}^2) = 0.75\text{m/s}$$

따라서

$$p_2 = \frac{40{,}000\text{kg}}{\text{m}^2} + \frac{1{,}000\text{kg}}{\text{m}^3}\left[-2\text{m} + \frac{(3\text{m/s})^2 - (0.75\text{m/s})^2}{2\times 9.81\text{m/s}^2}\right] = 38{,}430\text{kg/m}^2 = 3.843\text{kg/cm}^2$$

예제 3.9

그림 3.6.4와 같이 사이폰을 통해 수영장의 물을 배수시키고 있다. 사이폰의 직경은 40mm이고, 끝단은 직경 25mm의 노즐이 연결되어 있다. 에너지 손실을 무시하고 노즐을 통해 배수하는 유량과 B, C, D, 그리고 E지점에서의 압력을 구하라.

풀이

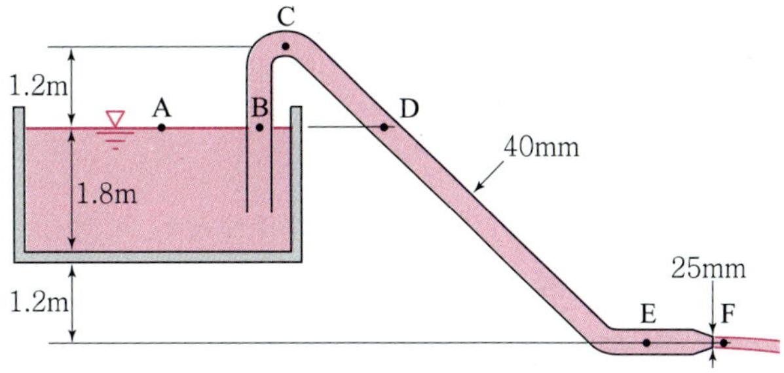

그림 3.6.4

A와 F지점에 에너지 방정식을 적용하면

$$\frac{p_A}{\gamma}+\frac{V_A^2}{2g}+z_A=\frac{p_F}{\gamma}+\frac{V_F^2}{2g}+z_F$$

A지점은 수표면이고 F지점은 자유분출수이므로 압력은 0이 된다. 또한 A지점에서의 유속을 0으로 가정하면

$$z_A=\frac{V_F^2}{2g}+z_F$$

따라서

$$V_F=\sqrt{(z_A-z_F)2g}=\sqrt{3\text{m}\times 2\times 9.81}=7.67\text{m/s}$$

$$Q=A_F V_F=\frac{\pi\times(0.025\text{m})^2}{4}\times 7.67\text{m/s}=3.77\times 10^{-3}\text{m}^3/\text{s}$$

B지점에서의 압력은 A와 B지점간에 에너지 방정식을 세우면

$$\frac{p_A}{\gamma}+\frac{V_A^2}{2g}+z_A=\frac{p_B}{\gamma}+\frac{V_B^2}{2g}+z_B$$

$$\therefore p_B=\gamma\left(z_A-z_B-\frac{V_B^2}{2g}\right)$$

B, C, D지점에서의 유속은 단면적이 일정하므로 동일하다.

$$V_B=V_C=V_D=\frac{Q}{A_B}=\frac{3.77\times 10^{-3}\text{m/s}}{1{,}257\text{mm}^2}=3\text{m/s}$$

따라서

$$p_B=\frac{1{,}000\text{kg}}{\text{m}^3}\left(0-\frac{3^2}{2\times 9.81}\right)=-458.72\text{kg/m}^2$$

C지점 및 E지점에서의 압력도 같은 방법으로 적용하면

$$p_C=\gamma\left(z_A-z_C-\frac{V_C^2}{2g}\right)=\frac{1{,}000\text{kg}}{\text{m}^3}\left(-1.2-\frac{3^2}{2\times 9.81}\right)=-1{,}658.72\text{kg/m}^2$$

$$p_E=\gamma\left(z_A-z_E-\frac{V_E^2}{2g}\right)=\frac{1{,}000\text{kg}}{\text{m}^3}\left(3-\frac{3^2}{2\times 9.81}\right)=2{,}541.28\text{kg/m}^2$$

D지점은 B지점과 연결되어 있고 높이가 같으므로 압력도 같은 $p_D=-458.72\text{kg/m}^2$가 된다.

3.6.3 Bernoulli 방정식의 응용

지금까지 Bernoulli 방정식의 유도 및 그 의미에 대해 알아보았다. Bernoulli 방정식은 수리학에서 관수로 및 개수로 흐름을 해석하는데 유용하게 사용되고 있다. 흐름의 두 지점에 Bernoulli 방정식을 적용할 때 6개의 관련 변수 중 기지의 5개 변수를 이용하여 나머지 변수를 결정하게 된다. 이때 필요한 경우 다른 관련 공식을 사용하게 되는데 주로 연속방정식을 사용한다. 본 절에서는 여러 흐름 상황에 대한 Bernoulli 방정식을 응용하는 방법에 대해 소개하기로 한다.

가) 자유수맥

그림 3.6.5(a)와 같은 수조로부터 직경 d인 노즐(nozzle)을 통해 물이 유속 V로 자유 분출되는 경우를 생각해 보자. 이 경우 유선을 따라 수면의 ①지점과 노즐의 ②지점 간에 Bernoulli 방정식을 적용하면 수면에서의 압력 p_1은 0이고, 노즐의 자유 수맥에서의 압력 p_2도 0이 된다. 수조의 단면적이 노즐의 단면적에 비해 상당히 크다면 수면에서의 유속 V_1을 0으로 가정할 수 있다. 수면과 노즐간의 높이가 h이므로 $z_1 = h$가 된다. 따라서

$$\gamma h = \frac{1}{2}\rho V_2^2 \tag{3.6.14}$$

그러므로 자유 수맥에서의 유속 $V_2 = V$는 다음과 같다.

$$V = \sqrt{2gh} \tag{3.6.15}$$

식 (3.6.15)는 Torricelli의 정리로 알려져 있으며 그림 3.6.5(b)와 같이 수조의 측벽에 노즐이 있어 노즐을 통해 자유 분출되는 수맥의 유속을 구할 경우에도 동일하다.

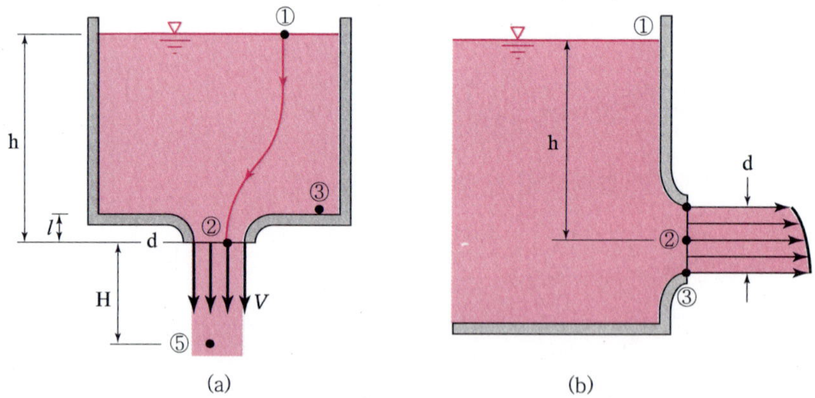

그림 3.6.5 자유 수맥

만일 노즐을 통해 분출된 자유 수맥이 ⑤지점에 이르게 되면 중력에 의해 유속이 증가하며, 이 경우에도 ①지점과 ⑤지점 간에 Bernoulli 방정식을 적용하면 다음과 같은 유속을 얻을 수 있다.

$$V = \sqrt{2g(h+H)} \tag{3.6.16}$$

예제 3.10

그림 3.6.5(b)와 같이 수조 측벽의 노즐을 통해 물이 자유 분출될 때 분출수의 유속 및 유량을 구하라. 노즐의 직경은 5cm이고, 노즐의 중심부로부터 수면까지의 높이는 3m이며, 수면의 높이는 일정하게 유지되고 있다.

풀이

식 (3.6.15)로부터 $V = \sqrt{2gh} = \sqrt{2\times 9.81\times 3} = 7.67\text{m/s}$

노즐의 단면적은 $A = \dfrac{\pi D^2}{4} = \dfrac{3.14\times 0.05^2}{4} = 0.00196\text{m}^2$

따라서 유량은 $Q = AV = 0.00196\times 7.67 = 0.015\text{m}^3/\text{s}$

예제 3.11

그림 3.6.6과 같이 10m 높이로 분수를 발생시키려면 수조안의 공기압력을 얼마로 하여야 하는가? 분수의 분출구멍으로부터 수조내 수표면의 높이 h=2m이다. 단, 에너지 손실은 무시하라.

풀이

①지점과 ②지점간에 에너지 방정식을 적용하면

$$\frac{p_1}{\gamma} + \frac{V_1^2}{2g} + z_1 = \frac{p_2}{\gamma} + \frac{V_2^2}{2g} + z_2$$

수조내의 수위를 일정하게 유지하면 $V_1 = 0$이고, p_2는 자유분출되므로 0이 된다. 따라서

$$V_2 = \sqrt{2g[(p_1/\gamma) + (z_1 - z_2)]} = \sqrt{2g[(p_1/\gamma) + h]}$$

그러므로 분수가 10m 높이까지 올라가기 위해서는 Torricelli의 정리에 의해 $(p_1/\gamma) + h = 10\text{m}$가 되어야 하고 $p_1/\gamma = 8\text{m}$가 된다.

따라서

$$p_1 = \gamma\times 8\text{m} = 1{,}000\text{kg/m}^3\times 8\text{m} = 8{,}000\text{kg/m}^2$$

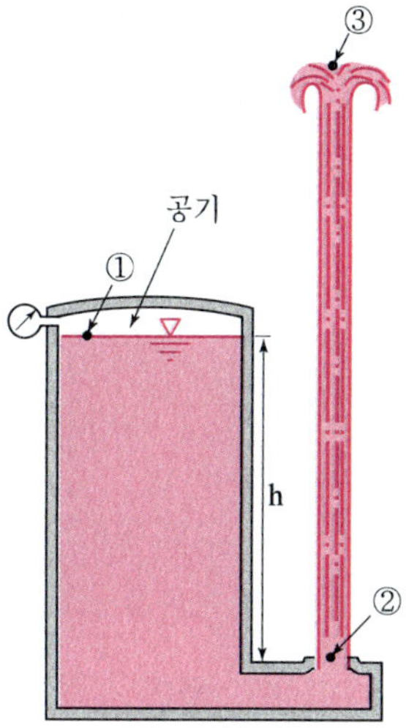

그림 3.6.6

나) 정체관

그림 3.6.7과 같은 구부러진 정체관(stagnation tube)을 이용하여 유속을 구해 보자. 그림에서 ①지점과 ②지점 간에 Bernoulli 방정식을 적용하면 두 지점의 높이가 같으므로 $z_1 = z_2$가 되어 서로 상쇄되고, ②지점에서는 물이 정체되어 유속 V_2가 0이 되므로

$$p_1 + \frac{\rho V_1^2}{2} = p_2 \tag{3.6.17}$$

따라서

$$V_1^2 = \frac{2}{\rho}(p_2 - p_1) \tag{3.6.18}$$

정수압 식에 의해 $p_1 = \gamma d$, $p_2 = \gamma(l + d)$이므로 식 (3.6.18)은

$$V_1^2 = \frac{2}{\rho}[\gamma(l + d) - \gamma d] \tag{3.6.19}$$

따라서

$$V_1 = \sqrt{2gl} \tag{3.6.20}$$

이와 같은 정체관을 이용하여 개수로에서의 유속 및 유량을 측정할 수가 있다.

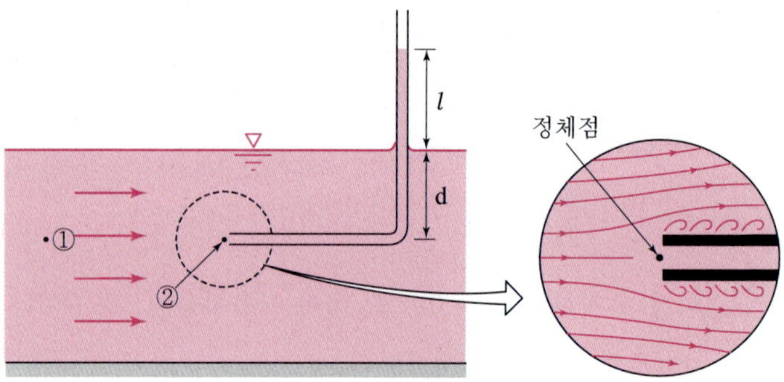

그림 3.6.7 정체관

예제 3.12

그림 3.6.7과 같은 개수로 상의 정체관에서 정체관 내의 물이 수면으로부터 10cm 올라갈 때 개수로의 유속을 구하라.

풀이

식 (3.6.20)으로부터 $V = \sqrt{2gl} = \sqrt{2 \times 9.81 \times 0.1} = 1.4\text{m/s}$

다) Pitot관

Pitot관은 프랑스 수리기술자인 Pitot에 의해 개발된 장치로 정체관과 같은 원리이지만 좀 더 용도가 넓다. Pitot관은 그림 3.6.8과 같이 상류부 끝단에서의 정체압력을 알 수 있도록 압력꼭지(pressure tap)를 가지고 있으며, 관 주위로 정수압을 나타낼 수 있도록 구멍이 뚫려 있고, 구멍 주위의 유속은 접근 유속과 같다. ①지점과 ②지점 간에 Bernoulli 방정식을 적용하면

$$\frac{p_1}{\gamma}+\frac{V_1^2}{2g}+z_1=\frac{p_2}{\gamma}+\frac{V_2^2}{2g}+z_2 \tag{3.6.12}$$

①지점에서 흐름은 정체되어 있으므로 유속 V_1은 0이다. 이를 적용하고 식 (3.6.12)를 V_2에 대해 정리하면

$$V_2=\left\{2g\left[\left(\frac{p_1}{\gamma}+z_1\right)-\left(\frac{p_2}{\gamma}+z_2\right)\right]\right\}^{1/2} \tag{3.6.21}$$

여기서 V_2는 구하고자 하는 접근유속 V와 같고 $p/\gamma+z=h$이므로

$$V=\sqrt{2g(h_1-h_2)} \tag{3.6.22}$$

여기서 h_1 및 h_2는 ①지점 및 ②지점에서의 수압관 수두이다.

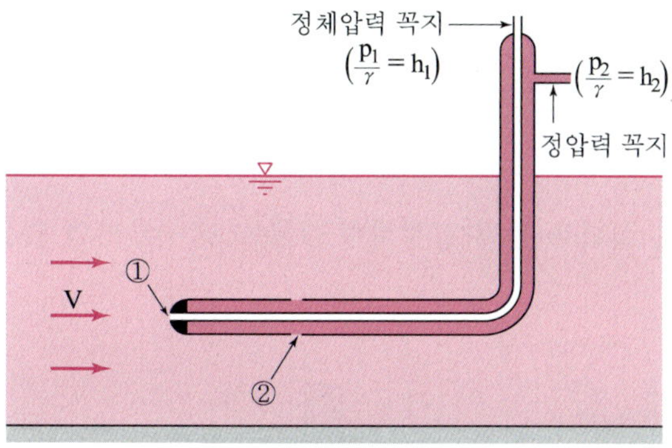

그림 3.6.8 Pitot관

예제 3.13

그림 3.6.8과 같은 Pitot관에서 정압관과 Pitot관내의 수면차가 10cm로 측정될 때 관에서의 유속과 유량을 구하라. 단, 관내의 유속분포는 일정하고, 관의 직경은 20cm이다.

풀이

식 (3.6.22)로부터

$$V = \sqrt{2g(h_1 - h_2)} = \sqrt{2 \times 9.81 \times 0.1} = 1.4\text{m/s}$$

$$Q = AV = \frac{\pi D^2}{4} V = \frac{3.14 \times 0.2^2}{4} \times 1.4 = 0.044\text{m}^3/\text{s}$$

라) 벤츄리메터

Bernoulli 방정식을 이용하여 유속 및 유량을 측정할 수 있는 장치로 벤츄리메터(venturi meter)가 있다. 벤츄리메터는 그림 3.6.9와 같이 입구부와 목 부분의 단면적 차이로 인해 압력차가 발생하는 것을 입구부와 목 부분을 연결하는 시차액주계를 이용하여 측정하게 되어 있다.

벤츄리메터의 중립축을 기준으로 단면 ①과 단면 ② 사이에 Bernoulli 방정식을 적용하면

$$\frac{p_1}{\gamma} + \frac{V_1^2}{2g} = \frac{p_2}{\gamma} + \frac{V_2^2}{2g} \tag{3.6.23}$$

연속방정식으로부터 $V_1 = A_2 V_2 / A_1$이므로 식 (3.6.23)에서 V_1을 소거하고 V_2에 대해 정리하면

$$V_2 = \frac{1}{\sqrt{1 - (A_2/A_1)^2}} \sqrt{2g\left(\frac{p_1 - p_2}{\gamma}\right)} \tag{3.6.23}$$

여기서 $(p_1 - p_2)/\gamma$는 단면 ①과 단면 ② 사이의 압력수두 차 Δh이므로 시차액주계로부터 읽을 수가 있다. 따라서 연속방정식에 의해 유량은 다음과 같이 구할 수 있다.

$$Q = \frac{A_2 C_d}{\sqrt{1 - (A_2/A_1)^2}} \sqrt{2g\Delta h} \tag{3.6.24}$$

여기서 C_d는 유량계수로 실험을 통해 결정하며 보통 0.97~0.99의 값을 사용한다.

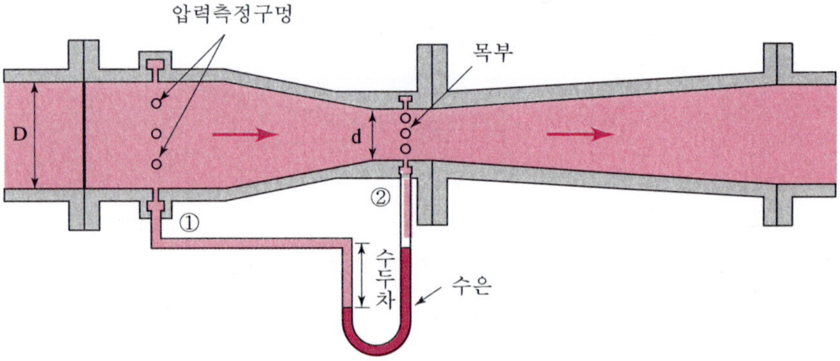

그림 3.6.9 벤츄리메터

예제 3.14

그림 3.6.9와 같은 벤츄리메터에서 목 부분의 직경이 20cm, 입구부의 직경이 40cm이고, 비중이 13.6인 수은이 들어 있는 액주계의 높이차가 10cm일 때 목 부분에서의 유속 및 유량을 구하라. 단, 유량계수는 0.98이다.

풀이

물로 환산한 액주계의 높이차

$$\Delta h = \left(\frac{p_1 - p_2}{\gamma}\right) = \left(\frac{\gamma_m - \gamma}{\gamma}\right)h = (S_m - 1)h = 12.6 \times 0.1m = 1.26m$$

입구부와 목 부분에서의 단면적은

$$A_{0.4} = \frac{\pi D^2}{4} = \frac{3.14 \times 0.4^2}{4} = 0.1256m^2 \qquad A_{0.2} = \frac{3.14 \times 0.2^2}{4} = 0.0314m^2$$

목 부분에서의 유속은 식 (3.6.23)으로부터

$$V_{0.2} = \frac{1}{\sqrt{1-(0.0314/0.1256)^2}}\sqrt{2 \times 9.81 \times 1.26} = 5.14m/s$$

따라서 유량은

$$Q = C_d A_{0.2} V_{0.2} = 0.98 \times 0.0314 \times 5.14 = 0.158m^3/s$$

마) 수문

개수로에서도 수문(sluice gate) 아래의 유속을 Bernoulli 방정식을 이용하여 구할 수 있다. 그림 3.6.10과 같이 수문 상, 하류의 흐름이 주어질 때 유량 Q는 상류의 수심 z_1, 수문의 폭 b, 수문의 개방 높이 a의 함수가 된다. 수면 ①지점과 ②지점사이에 Bernoulli 방정식을 적용하면 $p_1 = p_2 = 0$이므로

$$\frac{V_1^2}{2g} + z_1 = \frac{V_2^2}{2g} + z_2 \tag{3.6.25}$$

연속방정식에 의해

$$Q = A_1 V_1 = bV_1 z_1 = A_2 V_2 = bV_2 z_2 \tag{3.6.26}$$

식 (3.6.26)을 이용하여 식 (3.6.25)에서 V_1을 소거하고 V_2에 대해 정리하면

$$V_2 = \sqrt{\frac{2g(z_1 - z_2)}{1-(z_2/z_1)^2}} \tag{3.6.27}$$

따라서 수문 아래의 유량은

$$Q = A_2V_2 = z_2bV_2 = C_c ab\sqrt{\frac{2g(z_1 - z_2)}{1-(z_2/z_1)^2}} \tag{3.6.28}$$

여기서 C_c는 단면수축계수이다.

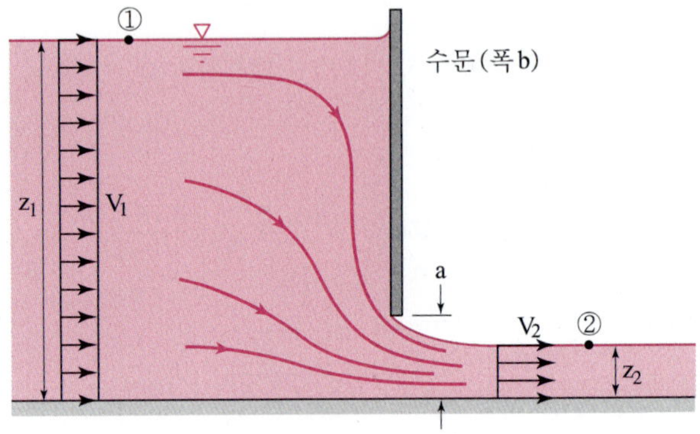

그림 3.6.10 수문

예제 3.15

그림 3.6.10과 같은 수문 아래로 물이 방류되고 있다. 수로의 폭이 6m, 상류수심이 5m, 수문의 개방높이가 0.8m일 때 수문을 통해 방류되는 유량을 계산하라. 단면수축계수는 0.61로 가정하라.

풀이

단면수축계수가 0.61이므로 수문하류부의 수심은 $z_2 = 0.61 \times 0.8 = 0.488\text{m}$ 이다.

식 (3.6.28)로부터

$$Q = 0.61 \times 0.8 \times 6 \times \sqrt{\frac{2 \times 9.81 \times (5-0.488)}{1-(0.488/5)^2}} = 27.68\,\text{m}^3/\text{s}$$

바) 에너지 출입에 따른 Bernoulli 방정식

지금까지는 에너지의 출입이 없는 시스템에 대해 Bernoulli 방정식을 적용하였다. 하지만 에너지 방정식을 적용하는 두 단면 사이에 펌프나 터빈이 설치되어 있는 경우 시스템과 외부로부터 에너지의 출입이 발생하게 된다. 펌프가 설치되어 있는 경우에는 전기에너지가 펌프를 통해 물로 유입되어 에너지가 증가하게 되고, 터빈이 설치된 경우는 물이 가지고 있던 에너지가 터빈을 통해 유출되어 에너지가 감소하게 된다. 그림 3.6.11과 같은 경우 Bernoulli 방정식은 다음과 같이 표현할 수 있다.

$$\frac{p_1}{\gamma}+\frac{V_1^2}{2g}+z_1+E_P=\frac{p_2}{\gamma}+\frac{V_2^2}{2g}+z_2 \tag{3.6.29a}$$

$$\frac{p_1}{\gamma}+\frac{V_1^2}{2g}+z_1=\frac{p_2}{\gamma}+\frac{V_2^2}{2g}+z_2+E_T \tag{3.6.29b}$$

여기서 E_P는 그림 3.6.11(a)의 단면 ①과 ②사이에서 펌프에 의해 물에 유입된 에너지수두, 즉 단위무게당 에너지이고, E_T는 그림 3.6.11(b)의 단면 ①과 ②사이에서 터빈에 의해 유출된 단위무게당 에너지이다. 이와 같이 계산된 에너지는 펌프나 터빈에서 기계적인 에너지 손실이 없을 경우에 해당하는 값이며, 만일 기계적인 에너지 손실이 발생할 경우 1보다 작은 값인 효율 η를 곱하게 된다.

펌프나 터빈에 의한 에너지는 보통 동력(power)으로 표시되는데, 동력(kg·m/sec)은 단위중량당 에너지(kg·m/kg)에 중량유량(kg/sec)을 곱해 구하게 된다. 동력은 또한 KW와 마력(HP)의 단위로 나타내기도 하며, 이 경우 단위변환은 다음과 같다.

$$P=\gamma QE(\text{kg·m/sec})=\frac{\gamma QE}{102.04}(\text{KW})=\frac{\gamma QE}{75}(\text{HP}) \tag{3.6.30}$$

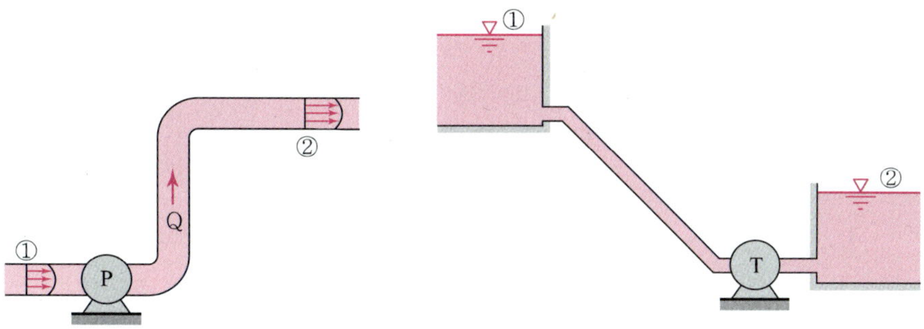

(a) 펌프 (b) 터빈

그림 3.6.11 펌프와 터빈이 있는 경우

예제 3.16

그림 3.6.11(a)와 같은 관로에서 ①지점으로부터 ②지점으로 $0.5\text{m}^3/\text{s}$의 율로 물을 보내려고 한다. $z_1=30\text{m}$, $p_1=0.7\text{kg/cm}^2$이고, $z_2=40\text{m}$, $p_2=3.5\text{kg/cm}^2$이다. 관의 직경은 50cm일 때 이러한 조건을 유지시키기 위한 펌프의 소요동력을 마력으로 계산하라. 단, 손실수두는 무시하라.

풀이

연속방정식에 의해

$$V_1=V_2=\frac{Q}{A}=\frac{0.5}{3.14\times0.5^2/4}=2.55\text{m/s}$$

펌프로 인한 단위중량당 에너지 수두는 식 (3.6.29a)로부터

$$E_P = \frac{p_2 - p_1}{\gamma} + z_2 - z_1 = \frac{35,000 - 7,000}{1,000} + 40 - 30 = 38\text{m}$$

따라서 펌프의 동력은

$$P = \gamma QE_P = \frac{1,000\text{kg}}{\text{m}^3} \times \frac{0.5\text{m}^3}{\text{s}} \times 38\text{m} = 19,000\frac{\text{kg}\cdot\text{m}}{\text{s}} \times \frac{1}{75} = 253\text{HP}$$

예제 3.17

그림 3.6.12와 같은 수력발전소에서 발전을 위해 $141\text{m}^3/\text{s}$의 물을 방류하고 있다. 유입부, 관로 및 유출부에서의 손실수두가 1.52m일 때 발전량을 KW로 나타내라. 단, 터빈의 효율은 90%이다.

풀이

상부저수지와 하부저수지 수면사이에 에너지 방정식을 적용하면

$$\frac{p_1}{\gamma} + \frac{V_1^2}{2g} + z_1 = \frac{p_2}{\gamma} + \frac{V_2^2}{2g} + z_2 + E_T + h_L$$

저수지 수표면에서의 압력은 0이므로 $p_1 = p_2 = 0$이다. 또한 저수지 수위의 변화가 거의 없다면 $V_1 = V_2 = 0$이다. 따라서 에너지 방정식은

$$E_T = z_1 - z_2 - h_L = 610\text{m} - 1.52\text{m} = 608.5\text{m}$$

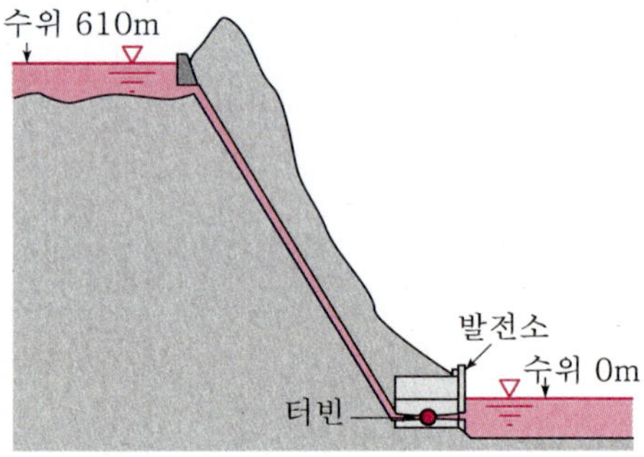

그림 3.6.12

발전량은

$$P = \gamma QE_T = \frac{1,000\text{kg}}{\text{m}^3} \times \frac{141\text{m}^3}{\text{s}} \times 608.5\text{m} = 85,798,500\frac{\text{kg}\cdot\text{m}}{\text{s}} \times \frac{1}{102.04} = 840,832\text{KW}$$

따라서 효율을 고려한 발전량은 $840,832 \times 0.9 = 756,749\text{KW}$이다.

3.7 운동량 방정식

지금까지 관수로나 개수로에서의 흐름을 해석하기 위한 기본 방정식으로 연속방정식(continuity equation)과 에너지 방정식(Bernoulli equation)에 대해 알아보았다. 하지만 운동하고 있는 물의 흐름을 해석하기 위해서는 수체에 작용하는 힘과 이로 인한 운동량의 관계를 나타내는 운동량 방정식(momentum equation)에 대한 이해가 필요하다. 따라서 본 절에서는 운동량 방정식의 유도와 이의 응용에 대해 소개하기로 한다.

3.7.1 운동량 방정식의 유도

운동량 방정식을 유도하기 위해 먼저 3.4절에서 소개한 검사체적 방정식 (3.4.13)을 고려해보자.

$$\frac{dB_{sys}}{dt} = \frac{d}{dt}\int_{cv} \beta\rho dV + \int_{cs} \beta\rho\vec{V} \cdot d\vec{A} \tag{3.4.13}$$

이 식에서 B는 외적 특성, β는 단위질량당 내적 특성을 의미하며, 시스템(흐름)의 변화율은 검사체적의 변화율에 검사표면을 통한 변화량을 합한 것과 같다는 것이다. 식 (3.4.13)에서 외적특성 B를 운동량(momentum)이라 하면 식의 좌변 dB/dt는 유체가 가지는 운동량의 시간에 따른 변화율을 의미하게 된다.

운동량은 정의에 의하면 질량에 유속을 곱한 mV가 되고, 내적 특성 β는 단위질량당 운동량이므로 결국 유속이 된다. 따라서 식 (3.4.13)을 운동량의 변화율로 나타내면

$$\frac{d(\text{운동량})}{dt} = \int_{cs} \vec{V}\rho\vec{V} \cdot d\vec{A} + \frac{d}{dt}\int_{cv} \vec{V}\rho dV \tag{3.7.1}$$

Newton의 제2법칙에 의하면 유체에 작용하는 모든 외적인 힘들의 합은 유체가 가지는 운동량의 변화율과 같으므로 $\Sigma\vec{F} = d(\text{운동량})/dt$가 된다. 따라서 식 (3.7.1)은

$$\Sigma\vec{F} = \int_{cs} \vec{V}\rho\vec{V} \cdot \vec{A} + \frac{d}{dt}\int_{cv} \vec{V}\rho dV \tag{3.7.2}$$

위 식의 좌변 힘의 항에는 검사체적의 유체에 작용하는 표면력(surface force)과 물체력(body force)이 포함되므로 식 (3.7.2)는 다음과 같이 표현할 수 있다.

$$\Sigma\vec{F}_S + \Sigma\vec{F}_B = \int_{cs} \vec{V}\rho\vec{V} \cdot d\vec{A} + \frac{d}{dt}\int_{cv} \vec{V}\rho dV \tag{3.7.3}$$

이 식이 운동량 방정식의 기본식이다. 만일 흐름상태가 정상류이고 검사표면을 통과하는 흐름의 유속이 균일하다면 식 (3.7.3)은 다음과 같이 나타낼 수 있다.

$$\sum\vec{F} = \sum_{cs}\vec{V}\rho\vec{V} \cdot \vec{A} \tag{3.7.4}$$

또는

$$\Sigma\vec{F} = \vec{V}_1(-\rho\vec{V}_1\vec{A}_1) + \vec{V}_2(+\rho\vec{V}_2\vec{A}_2) = \rho Q(\vec{V}_2 - \vec{V}_1) \tag{3.7.5}$$

식 (3.7.5)는 벡터 방정식으로 이를 x, y 및 z축 방향으로 분리하여 적용하는 것이 편리하다. 따라서 그림 3.7.1과 같이 힘 및 유속을 x축, y축 및 z축 방향(지면방향)으로 분리하여 운동량 방정식을

나타내면 다음과 같다.

$$x\text{방향} : \sum F_x = \rho Q(V_{2x} - V_{1x}) \tag{3.7.6}$$

$$y\text{방향} : \sum F_y = \rho Q(V_{2y} - V_{1y}) \tag{3.7.7}$$

$$z\text{방향} : \sum F_z = \rho Q(V_{2z} - V_{1z}) \tag{3.7.8}$$

여기서 ΣF_x, ΣF_y 및 ΣF_z는 x, y, z축 방향으로 작용하는 힘들의 합이며, V_x, V_y, V_z는 x, y, z축 방향의 속도성분, 그리고 첨자 1과 2는 단면의 위치를 의미한다.

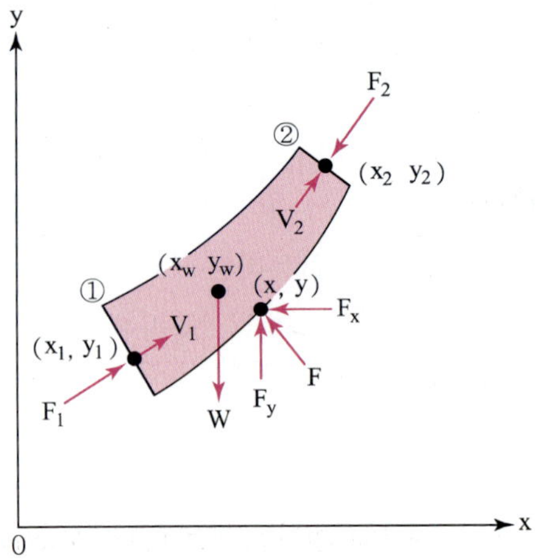

그림 3.7.1 평면으로 나타낸 운동량방정식의 성분들

3.7.2 운동량 방정식의 응용

운동량 방정식은 관수로 및 개수로 흐름의 다양한 경우에 적용할 수가 있으며, 일반적인 경우가 유량과 압력이 주어진 상태에서 관의 만곡부, 터빈 및 수리구조물에 작용하는 힘을 구하는 것이다. 만일 흐름이 정상류 상태인 경우 운동량 방정식을 적용하기 위해 검사표면을 통과하는 흐름의 압력 및 유속만 알면 된다. 연속방정식과 에너지 방정식만으로 해결이 안 되는 문제인 경우 운동량 방정식을 적용하면 대부분의 수리학적인 문제들을 해결할 수가 있다.

가) 만곡관의 벽에 작용하는 힘

관이 일정한 각도로 휘어진 경우 물이 관속에서 방향을 바꾸며 관에 힘을 가하게 된다. 예를 들어 그림 3.7.2와 같이 단면이 축소되며 휘어진 경우를 생각해 보자. 관의 변화가 있는 부분에 검사체적을 설정하여 운동량 방정식을 적용하면 만곡관의 벽에 작용하는 힘을 구할 수 있다.

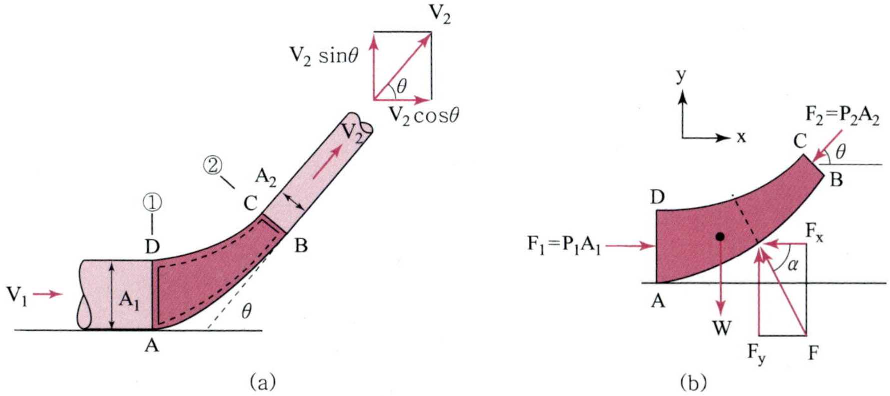

그림 3.7.2 만곡관의 벽에 작용하는 힘

그림 3.7.2(b)와 같은 검사체적에 작용하고 있는 유속과 압력의 x방향 및 y방향 성분에 대해 운동량 방정식 (3.7.6)과 (3.7.7)을 적용하면

$$\sum F_x = F_{1x} - F_{2x} - F_x = \rho Q(V_{2x} - V_{1x}) \tag{3.7.9}$$

따라서

$$\begin{aligned} F_x &= F_{1x} - F_{2x} - \rho Q(V_{2x} - V_{1x}) \\ &= p_1A_1 - p_2A_2\cos\theta - \rho Q(V_2\cos\theta - V_1) \end{aligned} \tag{3.7.10}$$

$$\sum F_y = F_{1y} - F_{2y} - W + F_y = \rho Q(V_{2y} - V_{1y}) \tag{3.7.11}$$

따라서

$$\begin{aligned} F_y &= -F_{1y} + F_{2y} + W + \rho Q(V_{2y} - V_{1y}) \\ &= 0 + p_2A_2\sin\theta + W + \rho Q(V_2\sin\theta - 0) \end{aligned} \tag{3.7.12}$$

여기서 유량 $Q = A_1V_1 = A_2V_2$이고, 검사체적에 해당하는 물의 무게 $W = \gamma V$가 된다. 이와 같이 x방향 및 y방향에 대한 힘 F_x와 F_y를 구하면 합력 F를 구할 수 있고, 따라서 만곡관의 벽에 작용하는 힘은 크기는 F이고 방향은 F와 반대방향이 된다.

$$F = \sqrt{F_x^2 + F_y^2} \tag{3.7.13}$$

$$\alpha = \tan^{-1}\left(\frac{F_y}{F_x}\right) \tag{3.7.14}$$

예제 3.18

그림 3.7.2와 같이 60°로 휘어진 만곡관내에 물이 흐를 때 만곡관의 벽에 작용하는 힘을 구하라. 단면 ①의 직경은 30cm, 압력은 5ton/m^{2}이고, 단면 ②의 직경은 20cm, 유량은 0.2m^3/s이다. 단면 ①, ② 사이의 부피는 0.1m^{3}이며, 두 단면의 중립축 표고차는 1m이다.

풀이

단면 ①과 ②에서의 단면적 및 유속은 다음과 같다.

$$A_1 = \frac{\pi}{4}\times 0.3^2 = 0.0707\text{m}^2 \qquad V_1 = \frac{Q}{A_1} = \frac{0.2}{0.0707} = 2.829\text{m/s}$$

$$A_2 = \frac{\pi}{4}\times 0.2^2 = 0.0314\text{m}^2 \qquad V_2 = \frac{Q}{A_2} = \frac{0.2}{0.0314} = 6.369\text{m/s}$$

두 단면의 중립축 사이에 에너지 방정식을 적용하면

$$\frac{p_1}{\gamma} + \frac{V_1^2}{2g} + z_1 = \frac{p_2}{\gamma} + \frac{V_2^2}{2g} + z_2$$

따라서

$$\frac{p_2}{\gamma} = \frac{5}{1} + \frac{2.829^2 - 6.369^2}{2\times 9.81} - 1 = 2.34\text{m} \qquad \therefore p_2 = 2.34\ \text{t/m}^2$$

단면 ①과 ② 사이의 물의 무게는

$$W = 0.1\text{m}^3 \times 1\text{t/m}^3 = 0.1\text{t}$$

식 (3.7.10)과 (3.7.12)로부터

$$F_x = 5\times 0.0707 - 2.34\times 0.0314\cos 60^\circ - \frac{1}{9.81}\times 0.2\times (6.369\cos 60^\circ - 2.829) = 0.3095\text{t}$$

$$F_y = 2.34\times 0.0314\sin 60^\circ + 0.1 + \frac{1}{9.81}\times 0.2\times (6.369\sin 60^\circ - 0) = 0.2671t$$

따라서 합력은

$$F = \sqrt{F_x^2 + F_y^2} = \sqrt{0.3095^2 + 0.2671^2} = 0.4088\text{t}$$

작용방향은

$$\alpha = \tan^{-1}\left(\frac{F_y}{F_x}\right) = \tan^{-1}\left(\frac{0.2671}{0.3095}\right) = \tan^{-1}(0.863) = 40.79^\circ$$

나) 고정 날개에 작용하는 힘

노즐을 통해 분출된 물이 휘어진 날개(vane)에 부딪히게 되면 날개의 모양에 따라 방향이 변하며 흐르게 되고, 이때 날개에 힘을 가하게 된다. 그림 3.7.3과 같이 노즐을 통해 수평으로 분출된 물이 일정한 속도 V_1으로 고정날개로 흘러들어와 θ각도로 휘어져 나갈 때 날개를 지지하기 위한 지지력을 구하는 경우를 생각해 보자. 이때 날개위로 지나가는 자유 분출수는 대기와 접하고 있으므로 압력은 0이 되고, 압력에 의한 힘도 0이 된다. 따라서 날개에 작용하는 힘은 지지력 F와 분출수의 무게 W만 작용한다. 이 경우 검사체적에 x 및 y방향의 운동량 방정식을 적용하면

$$\Sigma F_x = -F_x = \rho Q(V_{2x} - V_{1x}) \tag{3.7.15}$$

따라서

$$F_x = -\rho Q(V_2\cos\theta - V_1) \tag{3.7.16}$$

$$\Sigma F_y = -W + F_y = \rho Q(V_{2y} - V_{1y}) \tag{3.7.17}$$

따라서

$$F_y = W + \rho Q(V_2\sin\theta - 0) \tag{3.7.18}$$

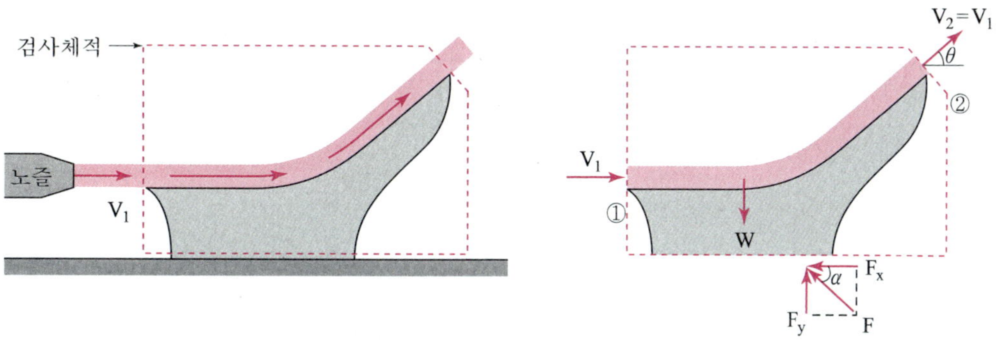

그림 3.7.3 고정 날개에 작용하는 힘

예제 3.19

그림 3.7.3과 같이 60°로 휘어진 고정날개로 분출되는 물에 의해 가해지는 힘을 구하라. 직경 10cm의 노즐을 통해 분출되는 물의 유속은 20m/s이다. 분류의 무게는 무시하라.

풀이

노즐을 통해 분출되는 유량은

$$Q = \frac{\pi}{4} \times 0.1^2 \times 20 = 0.157 m^3/s$$

식 (3.7.16)과 식 (3.7.18)로부터

$$F_x = -\rho Q(V_2\cos\theta - V_1) = -\frac{1}{9.81}\times 0.157\times(20\cos 60^\circ - 20) = 0.16t$$

$$F_y = W + \rho Q(V_2\sin\theta - 0) = \frac{1}{9.81}\times 0.157\times(20\sin 60^\circ) = 0.277t$$

따라서 합력은

$$F = \sqrt{F_x^2 + F_y^2} = \sqrt{0.16^2 + 0.277^2} = 0.32t$$

합력의 작용방향은

$$\alpha = \tan^{-1}\left(\frac{0.277}{0.16}\right) = 60^\circ$$

예제 3.20

그림 3.7.4와 같이 수평으로부터 아랫방향으로 30°로 분출된 수맥이 윗 방향으로 60°로 휘어져 흐를 때 만곡벽에 작용하는 힘을 구하라. 직경 10cm의 노즐을 통해 분출되는 물의 유속은 20m/s이다. 분류의 무게는 무시하라.

풀이

예제 3.19로부터 노즐에서 분출되는 유량은 $0.157m^3/s$이다.

식 (3.7.15)와 식 (3.7.17)로부터

$$F_x = -\rho Q(V_{2x} - V_{1x})$$

$$= -\frac{1}{9.81}\times 0.157\times(20\cos 60^\circ - 20\cos 30^\circ) = 0.117t$$

$$F_y = \rho Q(V_{2y} - V_{1y})$$

$$= \frac{1}{9.81}\times 0.157\times(20\sin 60^\circ + 20\sin 30^\circ) = 0.437t$$

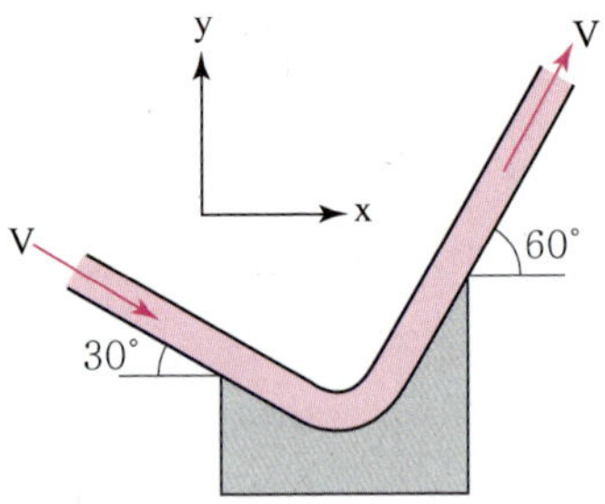

그림 3.7.4

따라서 합력은

$$F = \sqrt{F_x^2 + F_y^2} = \sqrt{0.117^2 + 0.437^2} = 0.452t$$

예제 3.21

그림 3.7.5와 같이 수평으로부터 직경 5cm의 노즐을 통해 20m/s의 속도로 분출되는 분류가 연직판에 90°로 충돌하여 방향이 변할 때 연직판에 작용하는 힘을 구하라.

풀이

노즐을 통해 분출되는 유량은

$$Q = \frac{\pi \times 0.05^2}{4} \times 20 = 0.03925 m^3/sec$$

수평으로 유입되기 때문에 판에 y방향으로 작용하는 힘은 0이다.
따라서 x방향으로 작용하는 힘은

$$F_x = -\rho Q(V_{2x} - V_{1x})$$

$$= -\frac{1}{9.81} \times 0.03925 \times (0 - 20) = 0.08t$$

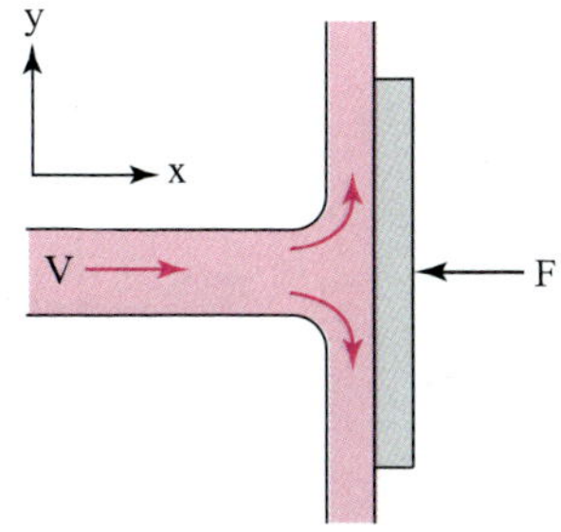

그림 3.7.5

예제 3.22

그림 3.7.6과 같이 직경 10cm의 노즐로부터 20m/s의 속도로 물이 분출되어 60°로 경사진 고정벽에 충돌하여 2개의 수맥으로 분류되고 있다. 이때 벽에 가해지는 힘과 분류유량을 구하라. 충돌로 인한 손실수두는 무시하라.

풀이

그림 3.7.6과 같이 고정벽에 수직한 방향을 x방향, 벽의 방향을 y방향이라 하자. 노즐로부터 분출되는 유량은

$$Q = \frac{\pi \times 0.1^2}{4} \times 20 = 0.157 m^3/sec$$

y방향으로 작용하는 힘은 없으므로

$$\Sigma F_y = 0 = (\rho Q_1 V_1 - \rho Q_2 V_2) - \rho Q V \cos\theta$$

충돌 전의 유속 V와 충돌 후의 유속 V_1 및 V_2는 동일하므로

$$Q_1 - Q_2 = Q\cos\theta$$

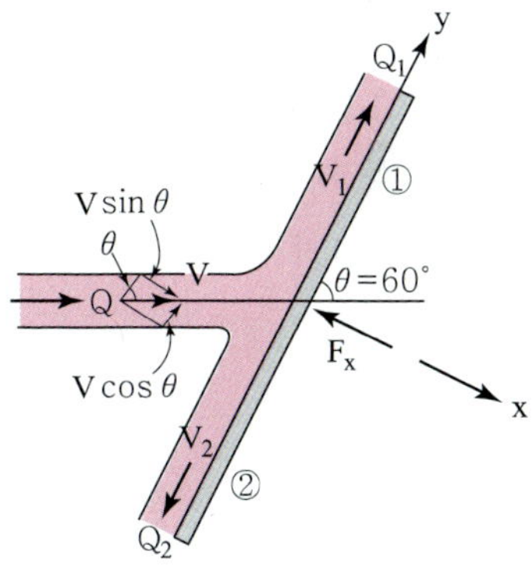

그림 3.7.6

연속방정식에 의해 $Q = Q_1 + Q_2$이므로

$$Q_1 = \frac{Q}{2}(1 + \cos\theta) = \frac{0.157}{2}(1 + \cos 60^\circ) = 0.1178 m^3/s$$

$$Q_2 = \frac{Q}{2}(1 - \cos\theta) = \frac{0.157}{2}(1 - \cos 60^\circ) = 0.0392 m^3/s$$

벽면에 직각인 x방향으로 작용하는 힘은

$$F_x = -\rho Q(V_{2x} - V_{1x}) = -\rho Q(0 - V\sin\theta) = -\frac{1}{9.81} \times 0.157 \times (0 - 20\sin 60^\circ) = 0.277t$$

다) 이동 날개에 작용하는 힘

이 경우는 앞의 고정날개에 작용하는 힘의 상황과 같으나 다른 점은 날개가 움직이고 있다는 것이다.

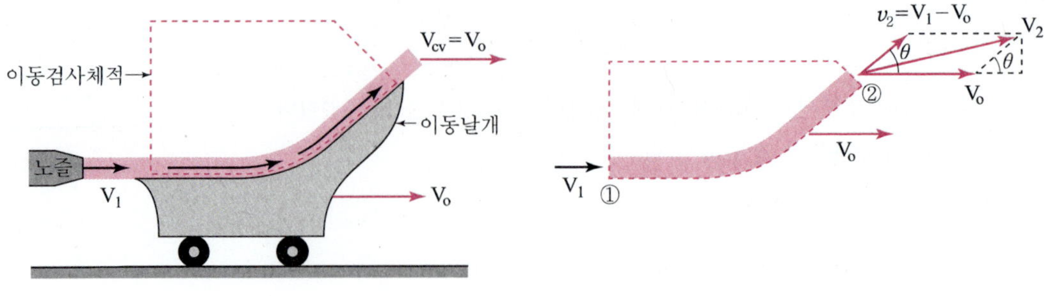

그림 3.7.7 이동 날개에 작용하는 힘

고정날개인 경우 분출수로부터 받은 힘으로 일을 할 수가 없지만, 이동하는 날개인 경우 분출수로부터 받은 힘으로 일을 할 수가 있으며, 이러한 원리를 이용한 것으로 터빈이나 펌프와 같은 유체기계가 있다.

그림 3.7.7과 같이 날개가 수평으로 V_0의 속도로 움직이고 있을 때 노즐을 통해 V_1의 속도로 분출된 물이 날개에 의해 각도 θ로 휘어지며 흐를 경우를 생각해 보자. 이 경우 날개를 빠져 나오는 분출수는 날개의 각도 θ와 다른 각도로 분출하게 된다. 또한 날개로 들어오는 분출수와 빠져 나가는 분출수의 상대속도는 모두 $v_1 = v_2 = (V_1 - V_0)$가 된다. 결국 이동 날개를 빠져 나가는 분출수의 절대 속도는 날개의 이동속도 V_0와 분출수의 상대속도 $(V_1 - V_0)$의 벡터합이 된다. 따라서 그림 3.7.7의 경우에 x방향 및 y방향의 운동량 방정식을 적용하면

$$\Sigma F_x = -F_x = \rho Q(V_{2x} - V_{1x}) \tag{3.7.19}$$

$$F_x = -\rho Q(V_{2x} - V_{1x})$$

$$= -\rho Q[\{V_0 + (V_1 - V_0)\cos\theta\} - V_1)]$$

$$\therefore F_x = \rho Q(V_1 - V_0)(1 - \cos\theta) \tag{3.7.20}$$

$$\Sigma F_y = F_y = \rho Q(V_{2y} - V_{1y})$$

$$= \rho Q[(V_1 - V_0)\sin\theta - 0]$$

$$\therefore F_y = \rho Q(V_1 - V_0)\sin\theta \tag{3.7.21}$$

식 (3.7.20)과 (3.7.21)에서 유량 Q는 날개가 연속되어 있어 분출수를 연속적으로 받을 수 있는 경우에는 $Q = A_1 V_1$으로 적용하지만, 날개가 단일 날개인 경우에는 분출수의 속도를 상대속도 $(V_1 - V_0)$

로 적용하여 $Q=(V_1-V_0)A_1$으로 적용하여야 한다.

이상과 같이 노즐로부터 자유 분출되는 분출수에 의해 이동하는 날개에 작용하는 힘을 구하는 방법을 알아보았다. 이제 터빈의 축에 연결된 이동 날개에 이와 같은 힘이 작용하여 생성되는 동력을 구해보기로 한다. 이동 날개에 작용하는 연직방향의 힘 F_y는 거의 축 방향과 일치하게 작용하므로 터빈 축에 대한 모멘트는 F_x에 비해 무시하여도 된다. 따라서 분출수로부터 터빈에 전달되는 동력은

$$P=F_xV_0=\rho Q(V_1-V_0)(1-\cos\theta)V_0 \tag{3.7.22}$$

만일 날개의 이동속도 $V_0=0$이면 고정날개에 해당되고, $V_0=V_1$이면 분출수가 날개에 힘을 미치지 못하므로 이런 경우에는 동력 $P=0$이 된다. 최대의 동력을 얻기 위한 조건을 구하기 위해 식 (3.7.22)의 P를 V_0에 대해 미분하여 0으로 놓으면

$$\frac{dP}{dV_0}=\rho Q(1-\cos\theta)(V_1-2V_0)=0$$

$$\therefore V_0=\frac{1}{2}V_1 \tag{3.7.23}$$

식 (3.7.23)으로부터 날개의 이동속도가 분출수 속도의 절반이 될 때 최대 동력을 얻게 됨을 알 수 있다. 이때 최대 동력은 다음과 같이 나타난다.

$$P_m=\rho Q\left(V_1-\frac{V_1}{2}\right)(1-\cos\theta)\frac{V_1}{2}$$

$$=\frac{1}{4}\rho QV_1^2(1-\cos\theta) \tag{3.7.24}$$

만일 날개의 각도 θ를 180°로 할 경우 식 (3.7.24)로부터 얻을 수 있는 최대 동력은

$$P_m=\frac{1}{2}\rho QV_1^2=\gamma Q\frac{V_1^2}{2g} \tag{3.7.25}$$

이는 노즐을 통해 분출되는 분출수가 가지고 있는 속도에너지가 모두 동력으로 변환될 경우에 해당된다. 하지만 날개의 각도를 180°로 하는 경우 작동에 문제가 발생하므로 약 165°정도로 제작하여 사용하고 있다. 이 경우의 최대 동력은 $V_o=0.48V_1$으로 할 때 첨두효율 90%까지 얻을 수가 있게 된다.

예제 3.23

직경 10cm인 노즐을 통해 분출되는 유속 30m/s의 물에 의해 직경 1m인 충격식 터빈이 200rpm으로 회전하고 있을 때 165°의 각도를 가진 날개에 작용하는 수평력과 이로 인해 발생하는 동력을 계산하라.

풀이

노즐로부터 분출되는 유량은

$$Q = \frac{\pi \times 0.1^2}{4} \times 30 = 0.2355 \mathrm{m^3/sec}$$

터빈이 분당 200회전하고 있으므로 이를 각속도 ω로 변환하면

$$\omega = 2\pi\left(\frac{200}{60}\right) = 20.93 \mathrm{rad/sec}$$

따라서 날개의 이동속도는

$$V_0 = r\omega = 0.5 \times 20.93 = 10.47 \mathrm{m/s}$$

상대속도는

$$v_1 = v_2 = V_1 - V_o = 30 - 10.47 = 19.53 \mathrm{m/s}$$

날개에 수평방향으로 작용하는 힘은 식 (3.7.20)에 의해

$$F_x = \rho Q(V_1 - V_o)(1 - \cos\theta) = \frac{1{,}000}{9.81} \times 0.2355 \times 19.53 \times (1 - \cos 165^\circ) = 921.7 \mathrm{kg}$$

따라서 발생동력은

$$P = F_x V_0 = 921.7 \times 10.47 = 9{,}650 \mathrm{kg \cdot m/s} \div 75 = 128.7 \mathrm{HP}$$

예제 3.24

그림 3.7.8과 같이 직경 10cm인 노즐을 통해 분출되는 유속 30m/s의 물이 10m/s의 속도로 이동하는 날개에 부딪혀 135°로 방향이 바뀔 때 날개에 작용하는 힘을 구하라.

풀이

단일 날개에 해당하므로 유량은 다음과 같다.

$$Q = (V_1 - V_0)A_1$$
$$= (30 - 10) \times \frac{\pi}{4} \times 0.1^2 = 0.157 \mathrm{m^3/s}$$

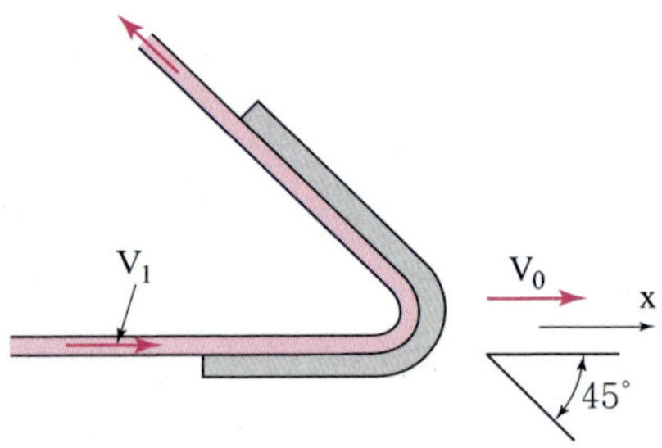

그림 3.7.8

날개에 작용하는 수평력과 연직력은 식 (3.7.20)과 식 (3.7.21)에 의해

$$F_x = \rho Q(V_1 - V_o)(1 - \cos\theta) = \frac{1}{9.81} \times 0.157 \times 20 \times (1 - \cos 135^\circ) = 0.546 \mathrm{t}$$

$$F_y = \rho Q(V_1 - V_0)\sin\theta = \frac{1}{9.81} \times 0.157 \times 20 \times \sin 135^\circ = 0.226t$$

따라서 작용하는 총 힘과 방향은

$$F = \sqrt{F_x^2 + F_y^2} = \sqrt{0.546^2 + 0.226^2} = 0.591t$$

$$\alpha = \tan^{-1}\left(\frac{0.226}{0.546}\right) = \tan^{-1}(0.4139) = 22.48^\circ$$

라) 수문에 작용하는 힘

하도 상에 그림 3.7.9와 같은 수문(sluice gate)이 설치되어 있는 경우에 수문에 작용하는 힘을 운동방정식을 적용하여 구해 보기로 하자. 수문과 접하고 있는 부분의 상단부는 이 지점에서 유속이 비교적 작기 때문에 정수압 분포를 나타낸다고 할 수 있다. 하지만 수문 하단부 근처에서는 유속이 비교적 크다. 따라서 정수압 분포와는 차이를 보이게 된다. 이와 같이 수문 하단부에서의 압력 변화 때문에 수문에 작용하는 힘을 구하기가 쉽지가 않다.

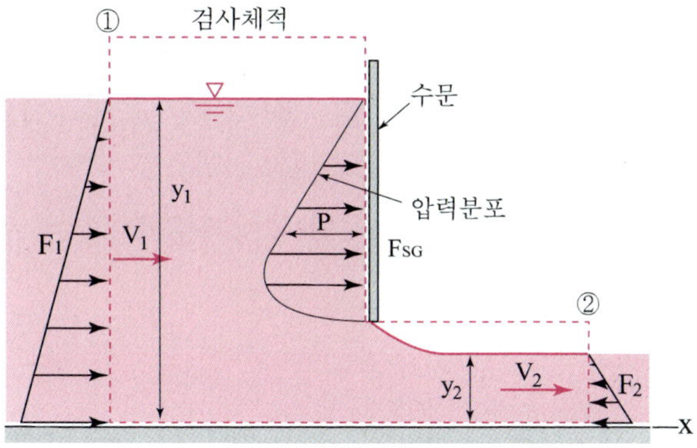

그림 3.7.9 수문에 작용하는 힘

간접적이지만 수문에 작용하는 힘을 산정하기 위한 간단한 방법이 그림 3.7.9의 검사체적에 포함되어 있는 물에 운동량 방정식을 적용하는 것이다. 수문 상류와 하류의 검사표면을 통과하는 물이 정상등류이고 비점성이라 가정하면, 단면 ①과 단면 ②에서의 압력분포는 정수압 분포를 나타내게 된다. 상류측 단면 ①에 작용하는 정수압은 왼쪽에서 오른쪽으로(x축 양의 방향) 검사체적내의 물에 작용하게 되며, 하류측 단면 ②에 작용하는 정수압은 오른쪽에서 왼쪽으로(x축 음의 방향) 검사체적내의 물에 작용하게 된다. 따라서 수평하도의 수문에 대해 x방향의 운동량 방정식을 적용하면

$$\Sigma F_x = F_1 - F_2 - F_{SG} = \rho Q(V_2 - V_1) \tag{3.7.26}$$

$$\therefore F_{SG} = F_1 - F_2 - \rho Q(V_2 - V_1)$$

$$= \frac{\gamma y_1^2 b}{2} - \frac{\gamma y_2^2 b}{2} - \rho Q(V_2 - V_1) \tag{3.7.27}$$

여기서 b는 하도의 폭이다. F_{SG}는 수문이 검사체적 내의 물에 가하는 힘이므로 결국 물이 수문에 가하는 힘은 F_{SG}와 크기가 같고 방향이 반대가 된다. 만일 점성유체라면 점성에 의한 마찰효과 때문에 하상에서의 마찰력을 고려해 주어야 한다. 식 (3.7.27)로부터 유량 또는 수문 상류 및 하류에서의 수심이 주어진다면 수문에 작용하는 힘을 구할 수 있다. 만일 유량과 유속이 모두 주어지지 않는다면 단면 ①과 ②의 수면간에 Bernoulli 방정식을 세우고 연속방정식을 이용하여 유속과 유량을 구할 수가 있다.

$$\frac{V_1^2}{2g} + y_1 = \frac{V_2^2}{2g} + y_2 \tag{3.7.28}$$

$$by_1V_1 = by_2V_2 \tag{3.7.29}$$

위 두식을 연립하면 V_1과 V_2를 구할 수 있다.

예제 3.25

그림 3.7.9와 같은 수문에서 상류의 수심이 5m, 하류의 수심이 1m일 때 수문에 작용하는 힘을 구하라.

풀이

단면 ①과 ②의 수면에 에너지 방정식을 적용하면

$$\frac{V_1^2}{2g} + 5 = \frac{V_2^2}{2g} + 1$$

연속방정식은 $q = 5V_1 = 1V_2$

에너지 방정식과 연속방정식을 연립하여 풀면

$$V_1 = 1.81\text{m/s} \qquad V_2 = 9.05\text{m/s} \qquad \therefore q = 9.05\text{m}^3/\text{s/m}$$

수로의 단위폭당 작용하는 힘은

$$F_1 = 1{,}000 \times \frac{5^2}{2} = 12{,}500\text{kg/m}$$

$$F_2 = 1{,}000 \times \frac{1^2}{2} = 500\text{kg/m}$$

따라서 식 (3.7.27)에 의해 수문에 작용하는 힘은

$$F_{SG} = F_1 - F_2 - \rho q(V_2 - V_1) = 12{,}500 - 500 - \frac{1{,}000}{9.81} \times 9.05 \times (9.05 - 1.81) = 5{,}321\text{kg/m}$$

3.8 점성유체의 흐름

유체의 분류시 점성의 유무에 따라 점성유체(viscous fluid)와 비점성유체(invicid fluid)로 구분하였고, 압축성에 따라서도 압축성(compressible) 유체와 비압축성(incompressible) 유체로 분류하였다. 수리학에서는 일반적으로 물의 압축성을 무시하고 흐름을 해석한다. 따라서 물은 점성의 유무에 따라 비압축성 비점성유체(이상유체)와 비압축성 점성유체(실제유체)로 구분할 수가 있다.

비점성 흐름은 점성효과가 흐름에 큰 영향을 미치지 않기 때문에 점성을 무시한다. 반면에 점성 흐름에서는 점성효과가 아주 중요한 영향을 미치기 때문에 점성을 고려하여 해석하게 된다. 점성유체는 점성으로 인해 유체층간 또는 유체입자와 경계면 사이에 마찰이 발생하여 흐름의 저항을 초래하고, 따라서 유체는 이 저항을 이기고 흐르기 위해 일을 하며 이때 유체가 가지고 있는 에너지가 열에너지로 변환되어 에너지 손실이 발생하게 된다. 또한 마찰로 인해 관내의 유속분포가 균일하지 않고 유속이 관 벽에서 0으로부터 관 중심으로 갈수록 증가하는 포물선형 분포를 보이게 된다.

점성흐름은 다시 층류(laminar)흐름과 난류(turbulent)흐름으로 분류하게 된다. 층류흐름은 인접한 입자들끼리 잘 혼합되지 않고 층을 이루며 흐르는 흐름이다. 난류는 유체 입자들이 서로 무작위로 혼합되어 흐르는 흐름으로 유속이 작은 경우 층류로 흐르다가 유속이 증가하면 점차 난류 흐름으로 변하게 된다. 이와 같은 층류 및 난류를 구분하는 기준은 Reynolds의 실험을 바탕으로 구한 Reynolds 수를 기준으로 한다. 본 절에서는 Reynolds 실험과 관내의 비균등 유속분포를 보정하기 위한 에너지 및 운동량 보정계수, 그리고 점성으로 인한 에너지 손실을 산정하는 방법에 대해 소개하기로 한다.

3.8.1 Reynolds 실험

흐름이 층류인지 난류인지를 구분하기 위해서는 층류 및 난류상태에서의 흐름 특성을 알아볼 필요가 있으며, 영국의 과학자이자 수학자인 Osborne Reynolds가 실험을 통해 이러한 특성을 보여주었다. 물론 Reynolds 이전에도 많은 과학자들이 층류와 난류간의 물리적 차이를 규명하였지만 Reynolds가 처음으로 난류흐름의 기본법칙을 제시하였다.

Reynolds는 해석적 및 실험적 연구를 통해 난류뿐만 아니라 층류와도 관계있는 기본 변수인 Reynold 수(number)를 제시하였다. 그림 3.8.1은 층류와 난류를 구분하기 위한 실험 장치를 보여주고 있다. 먼저 물 공급관으로부터 물을 수조내로 공급하여 배출관의 높이만큼 일정한 수위를 유지시키고 수조 내에 나팔형 입구를 가진 매끈한 유리관의 밸브를 조절하여 유리관 내의 유량을 조절한다. 이때 색소를 유리관 입구로 주입하여 유리관내의 유량에 따른 색소의 이동 상태를 관찰한다.

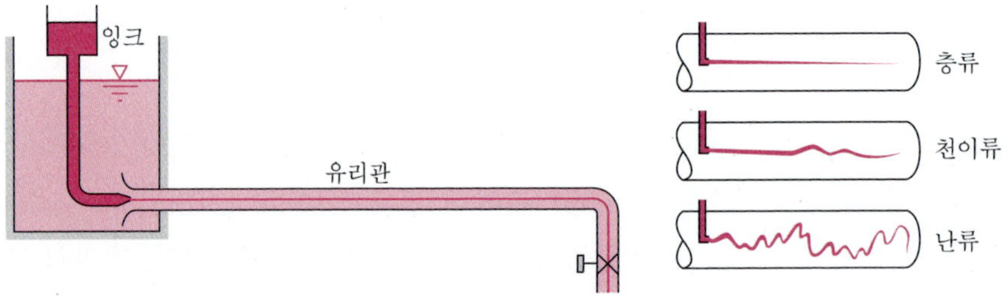

그림 3.8.1 Reynolds 실험장치

유리관 내의 유량이 작아 유속이 작은 경우 색소가 흐트러지지 않고 실과 같이 흐르는데 이때를 층류라 하고, 유량이 증가하여 유속이 커지게 되면 색소가 흐트러져 혼탁해지는데 이때를 난류라 한다.

이러한 실험을 종합하여 Reynolds 수(R_e)라는 무차원변량을 다음과 같이 정의하였다.

$$R_e = \frac{\rho V d}{\mu} \text{ 또는 } \frac{Vd}{\nu} \tag{3.8.1}$$

여기서 ρ는 유체의 밀도, V는 유리관 내의 평균유속, d는 유리관의 직경, μ 및 ν는 유체의 점성계수 및 동점성계수이다.

이러한 실험을 통해 Reynolds는 유리관 내에서 난류가 발생하기 시작할 때 R_e와 흥미롭게 관계하고 있음을 알아차렸다. 유량이 작은 상태에서 큰 상태로 증가시키면 층류에서 난류로 바뀌게 되는데 이때의 R_e가 약 2,100정도가 되며, 유량이 큰 상태에서 유량을 감소시키면 R_e가 약 2,000정도에서 난류가 층류로 변하게 됨을 관찰하였다.

실험을 통해 얻은 층류, 난류 및 천이흐름(transitional flow)간의 R_e의 범위는 명확하지가 않다. 층류로부터 난류로의 실제적인 전환은 유리관의 진동, 입구부의 조도 및 모양 등에 따라 교란되어 다양한 R_e에서 일어나게 된다. 따라서 일반적으로 인정하는 R_e의 범위는 다음과 같다. 즉, 원형관에서 R_e가 2,100보다 작으면 흐름은 층류이고, R_e가 4,000보다 크면 흐름은 난류가 된다. R_e가 2,100~4,000 범위이면 층류와 난류가 공존하여 발생하는데 이러한 흐름을 천이흐름이라 한다.

예제 3.26

직경 150mm인 원관에 0℃의 물이 3.6m/s로 흐르고 있을 때 Reynolds 수와 흐름 상태를 판단하라. 단, 0℃에서의 물의 동점성계수는 $1.787 \times 10^{-6} m^2/s$이다.

풀이

식 (3.8.1)로부터 Reynolds 수는

$$R_e = \frac{Vd}{\nu} = \frac{3.6 \times 0.15}{1.787 \times 10^{-6}} = 302{,}182 > 4{,}000$$

따라서 흐름은 난류흐름이다.

예제 3.27

비중이 0.85인 기름이 직경 15cm의 관내에 흐르고 있을 때 층류로 흐를 수 있는 최대 평균유속과 이때의 유량을 구하라. 단, 기름의 동점성계수는 $6\times10^{-4}\text{m}^2/\text{s}$이다.

풀이

층류의 상한계가 $R_e = 2{,}100$이므로

$$R_e = \frac{V\times 0.15}{6\times 10^{-4}} = 2{,}100 \qquad \therefore\ V = 8.4\text{m/s}$$

따라서 유량은

$$Q = AV = \frac{\pi}{4}\times 0.15^2 \times 8.4 = 0.148\text{m}^3/\text{s}$$

3.8.2 실제유체 흐름의 유속분포

비점성인 이상유체인 경우 점성으로 인한 마찰효과가 없기 때문에 단면 전체를 통해 유속분포가 균일하다. 하지만 점성유체인 실제유체의 경우 점성으로 인해 유체입자나 유체와 경계면 사이에 마찰력이 발생하여 단면을 통한 유속분포가 균일하지 않다. 일반적으로 그림 3.8.2와 같이 경계면에서는 유속이 0이고 관 중심에서 최대가 되는 포물선 모양의 분포를 보인다. 점성유체도 층류 또는 난류에 따라서 분포 양상이 변하게 된다.

앞에서 에너지식인 Bernoulli 방정식과 운동량 방정식의 유도에서 단면에서의 균일 유속분포를 가정하였으므로 점성유체에 Bernoulli 방정식과 운동량 방정식을 적용하기 위해서는 점성에 의한 유속분포를 고려하여 속도 항을 보정해 주어야 한다. 그림 3.8.2와 같이 점성유체와 비점성 유체의 유속분포를 비교해 보자. 단면 A를 통해 흐르는 유량을 Q라 하고 미소유관 dA를 통해 흐르는 미소유량을 dQ라 하자.

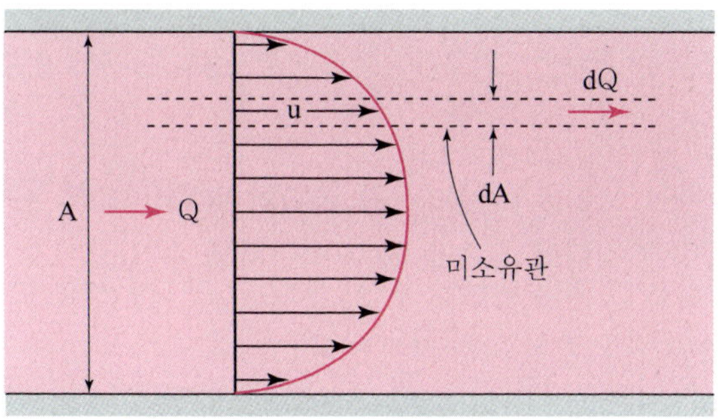

그림 3.8.2 속도분포 변화

단면을 통해 흐르는 유체가 가지는 운동에너지는 단위중량당 운동에너지인 속도수두에 총 중량을 곱하여 나타낼 수 있으므로 이상유체인 경우의 총 운동에너지는

$$\gamma Q\frac{V^2}{2g}=\frac{\rho}{2}AV^3 \tag{3.8.2}$$

점성유체인 경우 속도분포가 다르므로 미소유관에 대한 운동에너지를 구해 전 단면에 대해 적분하면 된다. 즉, 미소유관에 대한 운동에너지는

$$\gamma dQ\frac{u^2}{2g}=\frac{\rho u^3 dA}{2} \tag{3.8.3}$$

따라서 점성유체인 경우의 단면을 통한 총 운동에너지는

$$\frac{\rho}{2}\int_A u^3 dA \tag{3.8.4}$$

점성유체인 경우 정확한 운동에너지는 식 (3.8.4)로 나타나지만 Bernoulli 방정식에서는 유속을 평균유속으로 사용하기 때문에 이로 인한 오차를 보정해 주기 위해 보정계수 α를 사용하여 식 (3.8.2)와 식 (3.8.4)가 같도록 해주어야 한다.

$$\alpha\frac{\rho}{2}AV^3=\frac{\rho}{2}\int_A u^3 dA \tag{3.8.5}$$

$$\therefore\quad \alpha=\frac{1}{A}\int_A\left(\frac{u}{V}\right)^3 dA \tag{3.8.6}$$

여기서 α를 에너지 보정계수라 하며 원형관 내에서 층류일 경우 $\alpha=2$, 난류일 경우 $\alpha=1.01\sim1.1$, 광폭사각형 수로인 경우 $\alpha=1.058$로 보통 $\alpha=1.1$ 정도를 Bernoulli 방정식의 속도 수두항에 적용하여 이상유체에 대한 식을 점성유체에 적용할 수 있도록 한다. 즉,

$$\frac{p_1}{\gamma}+\alpha_1\frac{V_1^2}{2g}+z_1=\frac{p_2}{\gamma}+\alpha_2\frac{V_2^2}{2g}+z_2 \tag{3.8.7}$$

운동량 방정식에 사용하는 운동량도 에너지와 동일한 방법으로 보정계수를 구해 운동량 방정식을 보정해 주게 된다. 즉, 운동량은 질량에 유속을 곱하여 나타낼 수 있으므로 이상유체인 경우의 총 운동량은

$$\rho QV=\rho AV^2 \tag{3.8.8}$$

미소유관에 대한 운동량은

$$\rho dQu = \rho u^2 dA \tag{3.8.9}$$

따라서 점성유체인 경우의 단면을 통한 총 운동량은

$$\rho \int_A u^2 dA \tag{3.8.10}$$

보정계수 β를 사용하여 식 (3.8.8)과 식 (3.8.10)이 같도록 하면

$$\beta \rho A V^2 = \rho \int_A u^2 dA \tag{3.8.11}$$

$$\therefore \quad \beta = \frac{1}{A} \int_A \left(\frac{u}{V} \right)^2 dA \tag{3.8.12}$$

여기서 β를 운동량 보정계수라 하며 원형관 내에서 층류일 경우 $\beta = 4/3$, 난류일 경우 $\beta = 1.0 \sim 1.05$, 광폭사각형 수로인 경우 $\beta = 1.02$로 보통 $\beta = 1.0$ 정도를 운동량 방정식의 속도 항에 적용하여 이상유체에 대한 식을 점성유체에 적용할 수 있도록 한다. 즉,

$$\Sigma F = \rho Q (\beta_2 V_2 - \beta_1 V_1) \tag{3.8.13}$$

사실 식 (3.8.7)과 같이 에너지 방정식에서 속도수두 항만 보정하기보다는 두 단면을 통해 물이 흐르는 동안 점성으로 인한 마찰력 때문에 발생하는 에너지 손실도 고려하여야 한다. 이와 같은 마찰로 인한 에너지 손실을 손실수두(head loss)라 하며 에너지선을 표시하면 그림 3.8.3과 같이 경사지며 줄어들게 된다. 따라서 손실수두를 고려한 Bernoulli 방정식은 다음과 같다.

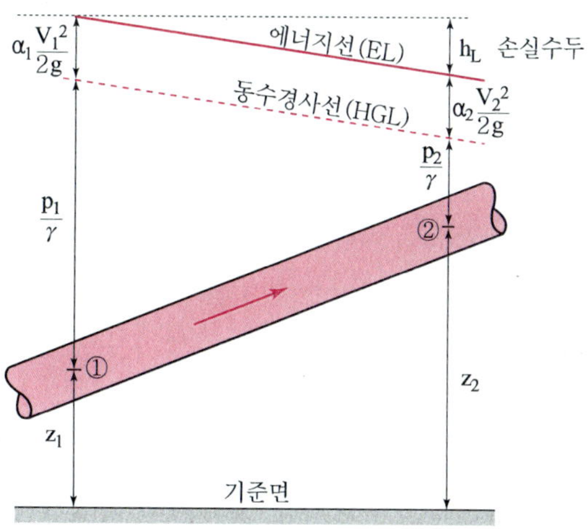

그림 3.8.3 실제유체의 에너지선의 경사

$$\frac{p_1}{\gamma} + \alpha_1 \frac{V_1^2}{2g} + z_1 = \frac{p_2}{\gamma} + \alpha_2 \frac{V_2^2}{2g} + z_2 + h_L \tag{3.8.14}$$

만일 점성유체의 두 흐름 단면 사이에 펌프와 터빈이 위치하고 있을 경우 Bernoulli 방정식은 다음과 같이 나타낼 수가 있다.

$$\frac{p_1}{\gamma} + \alpha_1 \frac{V_1^2}{2g} + z_1 + E_P = \frac{p_2}{\gamma} + \alpha_2 \frac{V_2^2}{2g} + z_2 + E_T + h_L \tag{3.8.15}$$

일반적으로 α와 β는 1에 가까우므로 보통 1로 보아 생략하게 되며, 앞으로 특별한 경우를 제외하고는 에너지 및 운동량방정식에서 α와 β를 생략하고 적용하기로 한다.

예제 3.28

그림 3.8.4와 같이 하부 저수지로부터 20m 높이의 상부저수지로 $2m^3/s$의 물을 양수하는데 필요한 펌프의 동력을 KW 및 마력으로 계산하라. 관로에서의 점성으로 인한 마찰손실수두는 5m이다. α 및 β는 1로 가정하라.

풀이

하부 및 상부 저수지 수표면에 대해 에너지 방정식을 적용하면

$$0+0+0+E_p = 0+0+20+5$$

$$\therefore E_P = 25m$$

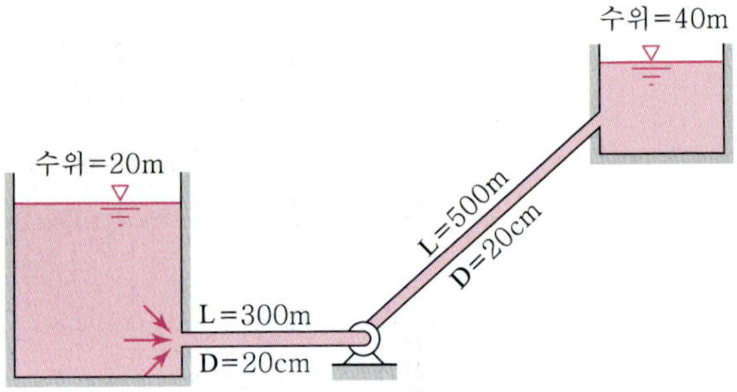

그림 3.8.4

동력으로 나타내면

$$P = \gamma Q E_P = \frac{1{,}000kg}{m^3} \times \frac{2m^3}{s} \times 25m$$

$$= 50{,}000 \frac{kg \cdot m}{s}$$

이를 KW로 환산하면 50,000/102.04 = 490KW

마력으로 환산하면 50,000/75 = 667HP

연습문제

3.1 평면상의 흐름에서 x, y방향의 속도성분이 다음과 같을 때 어떠한 흐름 운동을 하는지 설명하라. 여기서 ω는 각속도이고, $\tan\theta = y/x$, $x^2 + y^2 = r^2$이다.

$$u = -r\omega\sin\theta \qquad v = r\omega\cos\theta$$

3.2 x, y방향의 속도성분이 다음과 같을 때 (1, 1)지점에서의 각 방향의 가속도를 구하라.

$$u = 10y^2 m/s \qquad v = -15xy m/s$$

3.3 그림 3.3과 같이 유선이 직선이며 x축 방향과 45°로 기울어져 있을 때 점 (2, 2)에서의 속도와 가속도를 구하라. 유속의 크기는 $v = \sqrt{x^2 + y^2}$ 으로 나타낸다.

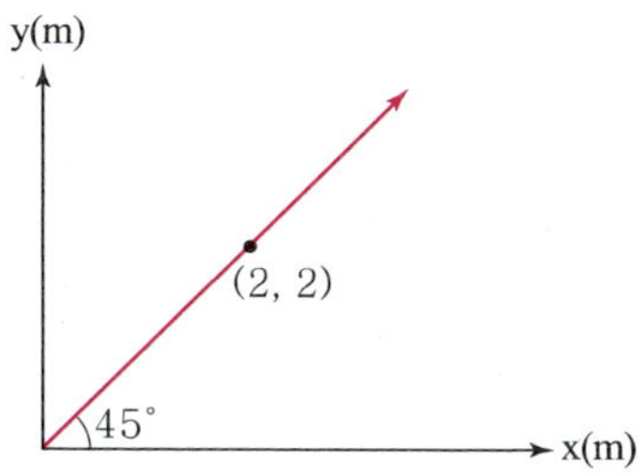

그림 3.3

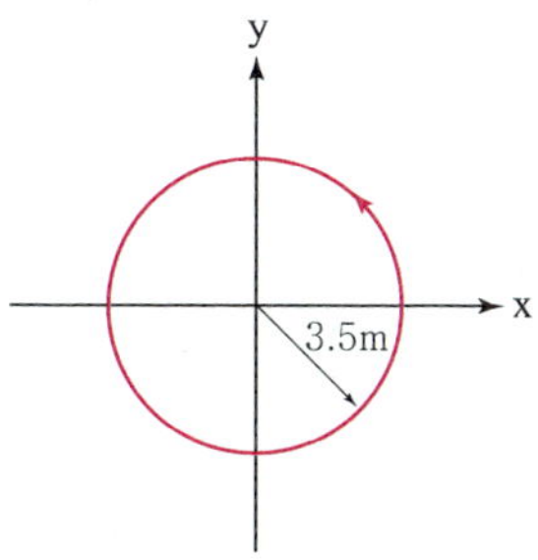

그림 3.4

3.4 그림 3.4와 같이 반경 3m의 원형 유선을 따르는 흐름의 유속이 3.5m/s로 일정할 때 유선상의 임의의 점에서의 접선 및 법선 방향의 가속도를 구하라.

3.5 예제 3.3의 그림과 같은 검사체적에서 흐름이 정상류일 때 검사체적 내 시스템에서의 에너지 변화율을 구하라. 각 단면에서의 흐름 특성치들은 표 3.5와 같다.

표 3.5 흐름특성치

단면	종류	밀도 $\rho(kg_o/m^3)$	유속 V(m/s)	단면적 $A(m^2)$	에너지 e(J/kg)
1	유입	900	7.0	3.0	200
2	유입	900	10.0	2.0	150
3	유출	900	15.0	3.0	150

3.6 예제 3.4의 그림과 같이 개방된 수조에 유속 5m/s, 단면적 $0.004m^2$의 jet류에 의해 물이 유입되고 수조 하단부의 오리피스를 통해 $0.005m^3/s$로 물이 방출되고 있다. 수조에 물이 채워지는 율을 구하라.

3.7 폭 3m의 사각형 단면 수로에서 $5m^3/s$의 유량이 1.5m/s의 유속으로 흐를 때 수심은 얼마인가?

3.8 직경이 d_1에서 d_2로 변하고, 유속이 V_1에서 V_2로 변할 때 유속비 V_1/V_2에 해당하는 관 지름의 비는 얼마인가?

3.9 직경 100cm 및 80cm의 관로가 직렬로 연결되어 있다. 관로를 통한 유량이 $1.5m^3/s$일 때 각 관로에서의 유속을 구하라.

3.10 예제 3.6의 그림과 같은 관로에서 ① 및 ② 단면에서의 직경이 15cm 및 20cm이다. ① 단면에서의 유속이 5m/s일 때 다음을 계산하라.

1) ② 단면에서의 유속 2) 유량

3) 중량유량 4) 질량유량

3.11 $500l/s$의 율로 물을 보내려고 한다. 유속을 2m/s로 유지하려면 원관의 크기는 얼마로 해야 하는가?

3.12 예제 3.7의 그림과 같은 저수지에서 상류로부터 $250m^3/s$의 물이 유입되고 $100m^3/s$의 물이 방수로를 통해 유출되고 있다. 저수지 수표면적이 $10km^2$라면 수면의 상승률은 얼마인가?

3.13 그림 3.13과 같은 직경 0.5m의 수조로 물이 유입되어 $0.2m^3/s$로 유출이 이루어지고 있다. 유입관의 단면적이 $0.1m^2$이고 유속이 0.5m/s일 때 수조 수면의 상승률은 얼마인가?

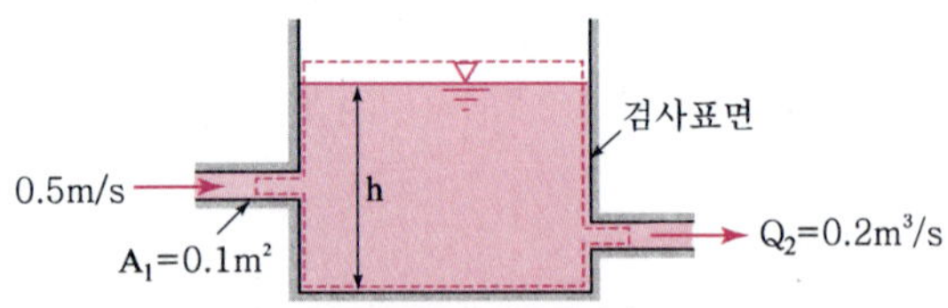

그림 3.13

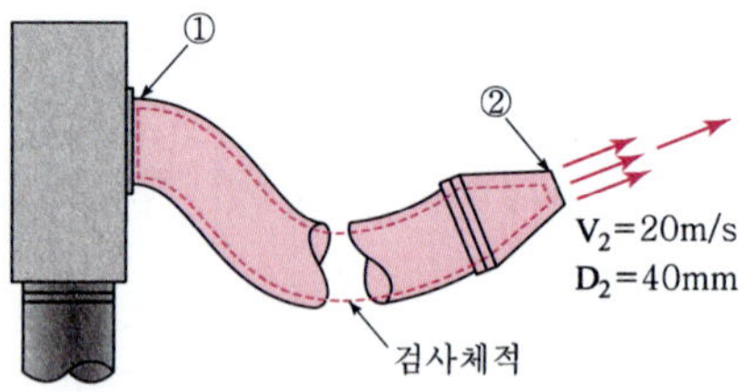

그림 3.15

3.14 직경 0.2m인 관이 직경 0.1m로 줄었다가 다시 직경 0.15m의 직경으로 확대되었다. 0.1m관에서의 유속이 3m/s이면 유량은 얼마인가? 또한, 직경 0.2m 및 0.15m에서의 유속은 얼마인가?

3.15 그림 3.15와 같이 펌프로부터 소방호스 노즐을 통해 해수를 공급하고 있다. 노즐에서의 분출 유속을 최소 20m/s로 유지하기 위해서는 펌프의 최소용량(m^3/s)을 얼마로 해야 하는가?

3.16 그림 3.16과 같이 직경 1m인 수조의 측벽에 직경 10cm의 오리피스 구멍이 뚫려있다. 오리피스를 통해 분출되는 물의 유속이 2m/s일 때 유량은 얼마인가? 또한 수조의 표면의 낙하속도는 얼마인가?

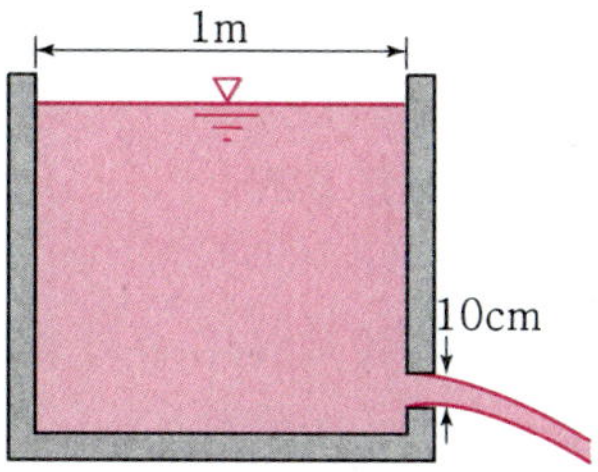

그림 3.16

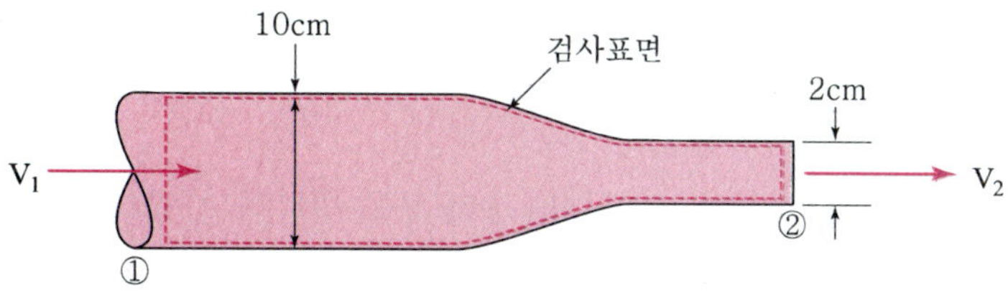

그림 3.17

3.17 그림 3.17과 같이 직경 10cm 단면에서 유속이 3m/s로 흐르는 흐름이 직경 2cm의 노즐을 통해 분출될 때 분출되는 유속은 얼마인가? 또한 이때의 유속은 얼마인가?

3.18 원관 내의 유속분포가 그림 3.18과 같이 포물선형일 때 단면의 평균유속을 관의 중립축 유속 V_{max}로 나타내라. 여기서 r_o는 관의 반경이다.

$$V = V_{max}\left(1 - \frac{r^2}{r_o^2}\right)$$

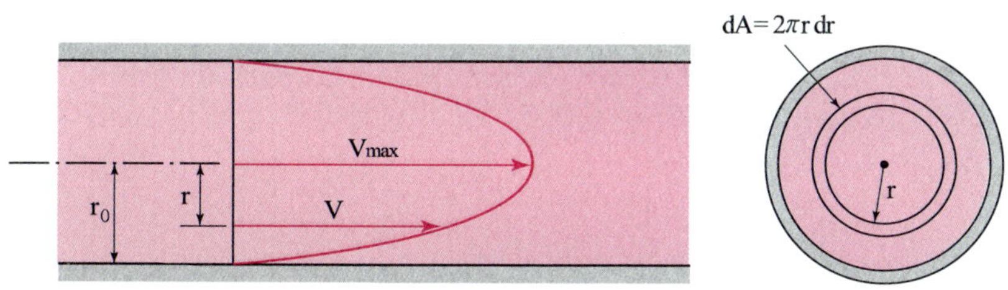

그림 3.18

3.19 예제 3.8과 같은 관로를 통해 물이 단면 ①로부터 단면 ②로 흐르고 있다. 단면 ①에서 직경이 50mm, 유속이 2m/s, 압력이 $5kg/cm^2$이고, 단면 ②에서의 직경은 100mm이고 단면 ①보다 3m 높이에 있다. 에너지 손실을 무시한다고 가정하고 단면 ②에서의 압력을 구하라.

3.20 그림 3.20과 같이 사이폰을 통해 수영장의 물을 배수시키고 있다. 사이폰의 직경은 50mm이고 끝단은 직경 20mm의 노즐이 연결되어 있다. 에너지 손실을 무시하고 노즐을 통해 배수하는 유량과 B, C, D, 그리고 E 지점에서의 압력을 구하라.

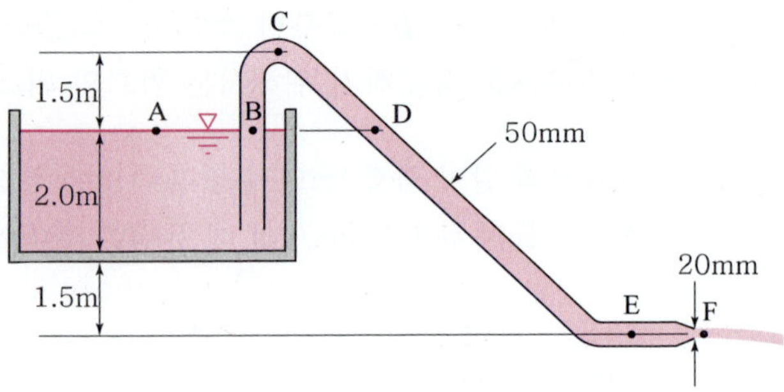

그림 3.20

3.21 그림 3.21과 같이 사이폰을 통해 물을 방류하고 있다. 사이폰 출구지점에서의 유속과 이때의 유량을 계산하라. 또한 사이폰의 정점부인 A지점에서의 압력을 구하라. 사이폰의 직경은 10cm이다.

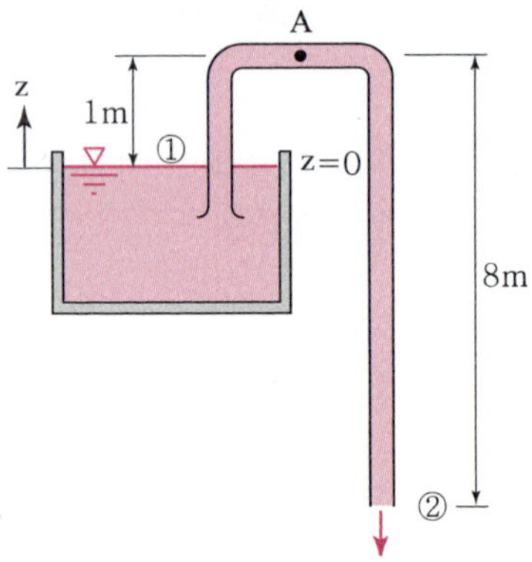

그림 3.21

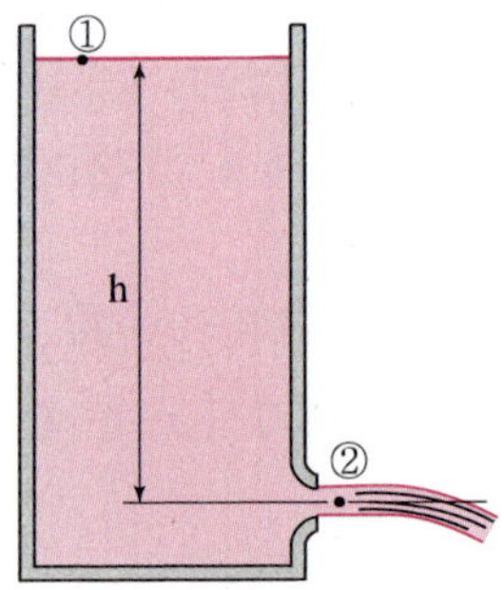

그림 3.22

3.22 그림 3.22와 같은 수조 측벽의 노즐을 통해 물이 자유 분출될 때 분출수의 유속 및 유량을 구하라. 노즐의 직경은 10cm이고 노즐의 중심부로부터 수면까지의 높이는 5m이며 수면의 높이는 일정하게 유지되고 있다.

3.23 그림 3.22와 같은 수조 측벽의 노즐을 통해 물이 자유 분출될 때 분출수의 유속 및 유량을 h=3m부터 0.5m까지 0.5m씩 감소시키며 구하라. 노즐의 직경은 50mm이다.

3.24 예제 3.11과 같은 분수에서 6m 높이로 분수를 발생시키려면 수조안의 공기압력을 얼마로 하여야 하는가. 분수의 분출구멍으로부터 수조내 수표면의 높이 h=1m이다. 단, 에너지 손실은 무시하라.

3.25 예제 3.12와 같은 개수로 상의 정체관에서 정체관 내의 물이 수면으로부터 5cm 올라갈 때 개수로의 유속을 구하라.

3.26 예제 3.13과 같은 Pitot관에서 정압관과 Pitot관내의 수면차가 15cm로 측정될 때 관에서의 유속과 유량을 구하라. 단, 관내의 유속분포는 일정하고, 관의 직경은 10cm이다.

3.27 그림 3.27과 같은 Pitot관에서 정압관과 Pitot관이 액주계로 연결되어 있으며 액주계에는 비중이 13.6인 수은이 들어 있다. 액주계의 높이차가 264mm일 때 관로내의 유속을 구하라. 관의 직경이 100mm이면 유량은 얼마인가? 단, 관내의 유속분포는 일정하다.

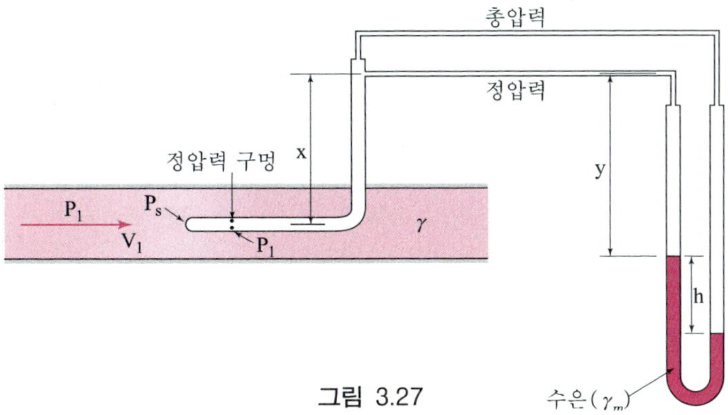

그림 3.27

3.28 유량을 측정하기 위해 벤츄리메터를 설치하였다. 입구부의 직경이 20cm, 목 부분의 직경이 10cm, 시차액주계의 차가 15cm일 때 관 내의 유량을 구하라.

3.29 예제 3.14와 같은 벤츄리메터에서 목 부분의 직경이 10cm, 입구부의 직경이 30cm이고, 비중이 13.6인 수은이 들어 있는 액주계의 높이차가 5cm일 때 목 부분에서의 유속 및 유량을 구하라. 단, 유량계수는 0.98이다.

3.30 그림 3.30과 같이 연직관로 내에 흐르는 유량을 측정하기 위해 벤츄리메터를 설치하였다. 시차액주계 수은주의 차가 30cm일 때 관로내의 유량을 계산하라.

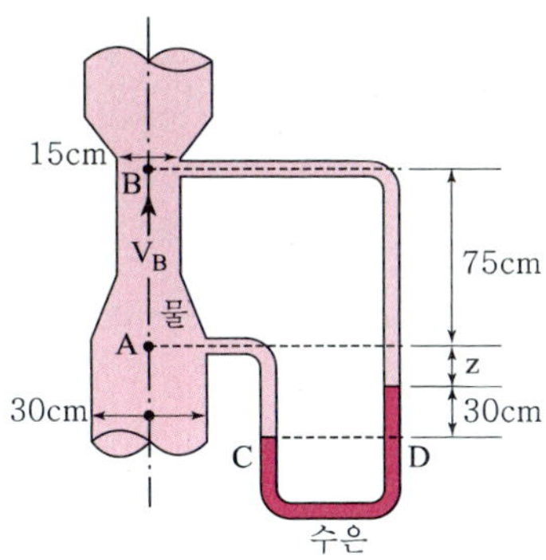

그림 3.30

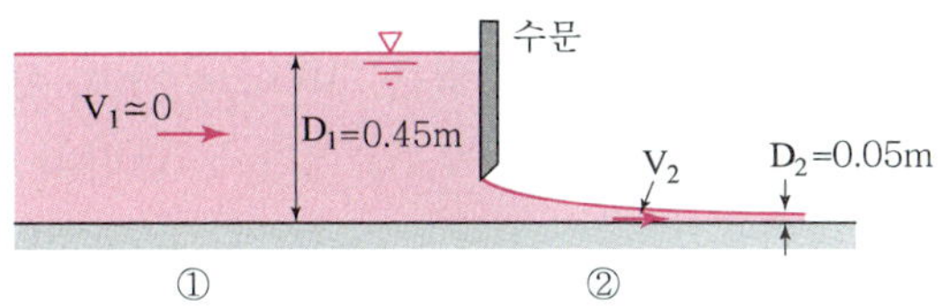

그림 3.32

3.31 예제 3.15와 같은 수문 아래로 물이 방류되고 있다. 수로의 폭이 10m, 상류수심이 4m, 수문의 개방 높이가 0.5m일 때 수문을 통해 방류되는 유량을 계산하라. 단면수축계수는 0.61로 가정하라.

3.32 그림 3.32와 같은 수문 아래로 물이 방류되고 있다. 상류수심이 45cm, 하류수심이 5cm일 때 수문 하류에서의 유속과 단위폭당 유량을 구하라.

3.33 예제 3.16과 같은 관로에서 ①지점으로부터 ②지점으로 $1.0m^3/s$의 율로 물을 보내려고 한다. $z_1 = 15m$, $p_1 = 1.2kg/cm^2$이고, $z_2 = 30m$, $p_2 = 2.7kg/cm^2$이다. 관의 직경은 30cm일 때 이러한 조건을 유지시키기 위한 펌프의 소요동력을 마력으로 계산하라. 단, 손실수두는 무시하라.

3.34 예제 3.17과 같은 수력발전소에서 발전을 위해 $50m^3/s$의 물을 방류하고 있다. 유입부, 관로 및 유출부에서의 손실수두가 2m일 때 발전량을 KW로 나타내라. 단, 두 저수지 수면의 높이차는 200m이고, 터빈의 효율은 95%이다.

3.35 그림 3.35와 같이 하부 저수지로부터 20m 높이의 상부저수지로 $2m^3/s$의 물을 양수하는데 필요한 펌프의 동력을 KW 및 마력으로 계산하라. 모든 손실은 무시하고 펌프의 효율은 80%로 가정하라.

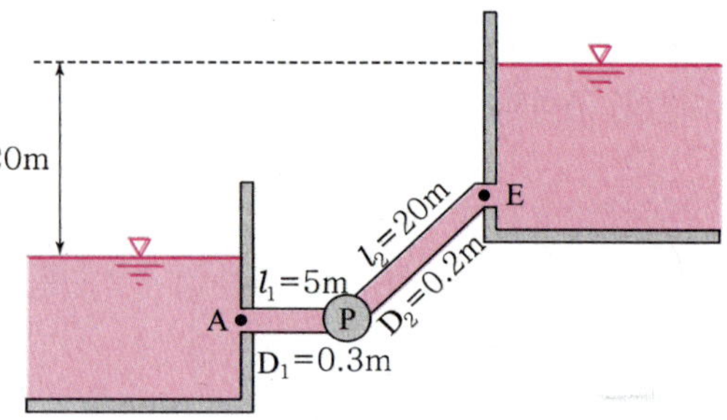

그림 3.35

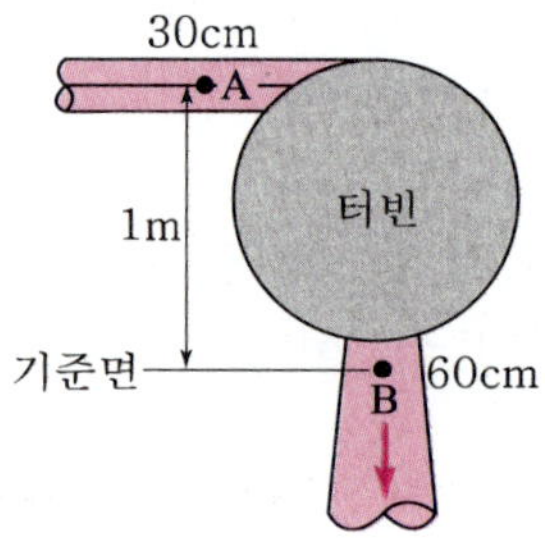

그림 3.36

3.36 그림 3.36과 같은 터빈을 통해 물이 $0.25m^3/s$로 흐르고 있다. A와 B지점에서의 압력이 각각 $2kg/cm^2$ 및 $0.5kg/cm^2$일 때 물에 의해 터빈에 전달되는 동력을 KW로 계산하라.

3.37 예제 3.18과 같이 60°로 휘어진 만곡관내에 물이 흐를 때 만곡관의 벽에 작용하는 힘을 구하라. 단면 ①의 직경은 40cm, 압력은 $15ton/m^2$이고, 단면 ②의 직경은 30cm이고 유량은 $0.35m^3/s$이다. 단면 ①과 ②사이의 부피는 $0.1m^3$이며 두 단면의 중립축 표고차는 1m이다.

3.38 예제 3.19와 같이 60°로 휘어진 고정날개로 분출되는 물에 의해 가해지는 힘을 구하라. 직경 5cm의 노즐을 통해 분출되는 물의 유속은 30m/s이다. 분류의 무게는 무시하라.

3.39 예제 3.20과 같이 수평으로부터 30°의 각으로 분출된 수맥이 60°로 휘어져 흐를 때 만곡벽에 작용하는 힘을 구하라. 직경 5cm의 노즐을 통해 분출되는 물의 유속은 30m/s이다. 분류의 무게는 무시하라.

3.40 예제 3.21과 같이 수평으로부터 직경 10cm의 노즐을 통해 50m/s의 속도로 분출되는 분류가 연직판에 90°로 충돌하여 방향이 변할 때 연직판에 작용하는 힘을 구하라.

3.41 예제 3.22와 같이 직경 5cm의 노즐로부터 10m/s의 속도로 물이 분출되어 60°로 경사진 고정벽에 충돌하여 2개의 수맥으로 분류되고 있다. 이때 벽에 가해지는 힘과 분류유량을 구하라. 충돌로 인한 손실수두는 무시하라.

3.42 직경 5cm인 노즐을 통해 분출되는 유속 40m/s의 물에 의해 직경 2m인 충격식 터빈이 150rpm으로 회전하고 있을 때 150°의 각도를 가진 날개에 작용하는 수평력과 이로 인해 발생하는 동력을 계산하라.

3.43 예제 3.24와 같이 직경 5cm인 노즐을 통해 분출되는 유속 40m/s의 물이 10m/s의 속도로 이동하는 날개에 부딪혀 150°방향이 바뀔 때 날개에 작용하는 힘을 구하라.

3.44 예제 3.25와 같은 수문에서 상류의 수심이 3m, 하류의 수심이 0.5m일 때 수문에 작용하는 힘을 구하라.

3.45 그림 3.45와 같은 댐에서 상류의 수심이 1.6m, 하류의 수심이 0.7m일 때 댐에 작용하는 힘의 수평성분을 구하라.

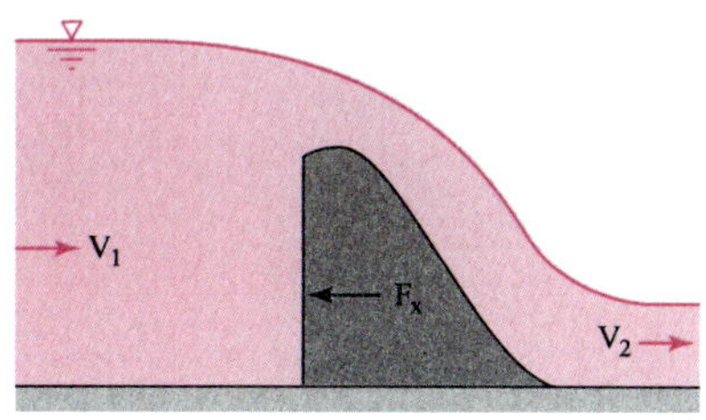

그림 3.45

3.46 직경 100mm인 원관에 0℃ 의 물이 2.5m/s로 흐르고 있을 때 Reynolds 수와 흐름 상태를 판단하라. 단, 0℃ 에서의 물의 동점성계수는 $1.787 \times 10^{-6} m^2/s$ 이다.

3.47 직경 10mm인 원관에 0℃ 의 물이 0.5cm/s로 흐르고 있을 때 Reynolds 수와 흐름 상태를 판단하라. 단, 0℃ 에서의 물의 동점성계수는 $1.787 \times 10^{-6} m^2/s$ 이다.

3.48 비중이 0.85인 기름이 직경 10cm의 관내에 흐르고 있을 때 층류로 흐를 수 있는 최대 평균유속과 이때의 유량을 구하라. 단, 기름의 동점성계수는 $6 \times 10^{-4} m^2/s$ 이다.

3.49 직경 10cm의 원관에 20℃ 의 물이 $1,000 cm^3/s$의 율로 흐르고 있다. 이때의 Reynolds 수와 흐름 상태를 판단하라. 단, 20℃ 에서의 물의 동점성계수는 $0.01 cm^2/s$이다.

3.50 직경 10cm의 관내에 20℃ 의 물이 흐르고 있을 때 난류로 흐를 수 있는 최소 평균유속과 이때의 유량을 구하라. 단, 20℃ 에서의 물의 동점성계수는 $0.01cm^2/s$이다.

3.51 원관 내에서 $0.002m^3/s$의 물이 흐를 때 층류상태로 흐를 수 있는 관의 최소 직경을 구하라. 단, 물의 동점성계수는 $0.01cm^2/s$이다.

3.52 예제 3.28과 같이 하부 저수지로부터 10m 높이의 상부저수지로 $3m^3/s$의 물을 양수하는데 필요한 펌프의 동력을 KW 및 마력으로 계산하라. 관로에서의 점성으로 인한 마찰손실수두는 2m이다. 또한 $\alpha = \beta = 1$로 가정하라.

3.53 그림 3.53과 같이 단면 ①과 ②사이에 $1.6m^3/s$의 물이 흐르며 400마력의 동력을 공급하는 펌프가 존재할 때 단면 ①과 ②사이의 손실수두를 구하라. 단면 ①에서의 단면적 $A_1 = 0.4m^2$, 압력 $p_1 = 1.5kg/cm^2$이고 단면 ②에서는 $A_2 = 0.2m^2$, $p_2 = 0.8kg/cm^2$이다. 두 단면 중심축 간의 높이차는 15m이다. α와 β는 1로 가정하라.

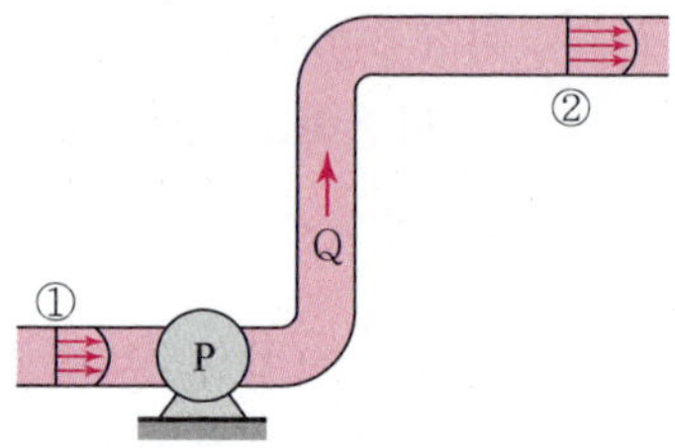

그림 3.53

Hydraulics

Chapter 4

관수로 흐름

4.1 서론

3장에서 물의 운동과 관련 있는 동수역학에 대해 알아보았다. 동수역학에서는 에너지 및 운동량과 관련된 기본원리에 대해 소개하고, 다양한 흐름 상황에 대해 이를 적용하는 방법에 대해 알아보았다. 본 장에서는 이와 같은 기본 원리를 관수로내의 점성(viscous)유체의 흐름에 대해 적용하여 보기로 한다. 본서에서는 관수로 흐름에서 물은 특별한 경우를 제외하고는 비압축성(incompressible) 유체로 간주하기로 한다.

관수로 내에서의 유체 특히 물의 이동은 우리의 일상생활과 아주 밀접하게 연관되어 있으며 매우 중요하다. 예를 들어, 각 가정으로 물을 공급하기 위해 급수지로부터 수많은 관수로가 가정으로 연결되어 있다. 또한 자동차나 기계의 많은 부분이 물 또는 기타 유체를 이동시키기 위해 수많은 호스와 관거로 연결되어 있다. 비록 이러한 모든 유체의 이동시스템은 서로 다르지만 유체를 이동시키기 위한 유체역학 원리는 동일하다.

관수로 시스템을 구성하는 전형적인 요소들은 그림 4.1.1과 같다. 다양한 직경의 관과 개개의 관을 연결하는 접합부, 유량조절장치인 밸브, 관수로 내의 물에 에너지를 추가하거나 물로부터 에너지를 획득하기 위한 펌프 및 터빈 등과 같은 요소로 이루어져 있다. 본 장에서는 단일 관에서의 점성유체의 흐름 원리 및 이를 이용한 마찰로 인한 에너지 손실 및 관의 변화로 인한 미소손실 등에 대해 알아보기로 하고, 5장에서는 이를 바탕으로 한 다양한 관수로 흐름의 해석에 대해 소개하기로 한다.

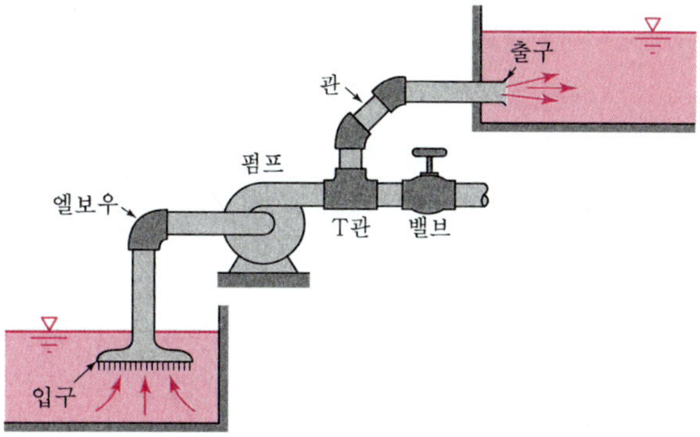

그림 4.1.1 일반적인 관수로 시스템

4.2 관수로 흐름의 일반 특성

관수로 흐름에 대한 다양한 공식들에 대해 알아보기 전에 먼저 관수로 흐름의 기본 개념에 대해 알아보고, 여러 중요한 흐름 문제에 대한 공식의 전개와 해를 구하는 방법을 알아보기로 한다. 4장 및 5장에서 다루는 흐름은 그림 4.2.1(a)와 같이 물이 관로를 완전히 차서 흐르는 관수로 흐름이라 가정한다. 그림 4.2.1(b)와 같이 폐합관로라 하더라도 물이 부분적으로 차서 흐르는 경우는 관수로 흐름이 아닌 개

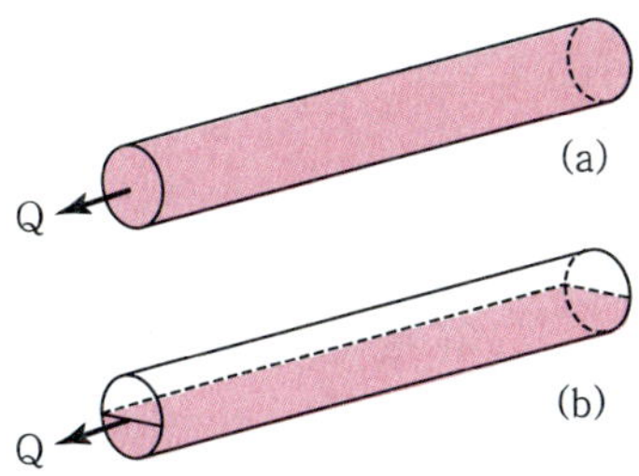

그림 4.2.1 관수로 및 개수로 흐름

수로 흐름으로 분류하여 6장 및 7장에서 다루기로 한다. 관수로 흐름과 개수로 흐름의 기본적인 차이는 물을 움직이는 원동력의 차이로, 관수로 흐름인 경우 중력보다는 압력차에 의해 물이 이동되며, 개수로 흐름인 경우 중력에 의해서만 물이 이동된다.

4.2.1 층류와 난류

관수로 내의 흐름은 층류(laminar flow)와 난류(turbulent flow)로 분류할 수가 있다. 영국의 과학자이자 수학자인 Osborne Reynolds가 3.8.1절에서 설명한 바와 같은 실험 장치를 통해 층류와 난류를 처음으로 구별하였다. 만일 물이 직경 D인 관로를 통해 유속 V로 흐를 때 관로의 입구부에서 색소를 주입하면 색소의 이동양상에 따라 흐름을 구분할 수가 있다. 유속(유량)이 작을 경우 색소의 줄이 흐름을 따라 하나의 매끈한 선을 유지하게 되며 이때의 흐름을 층류라 한다. 유속을 약간 증가시키면 부분적으로 매끈한 색소의 줄이 흐트러진 것을 볼 수가 있는데, 이러한 흐름을 천이류(transition flow)라 한다. 만일 유속을 더욱 증가시키면 색소 줄은 관로 전체로 즉시 무작위하게 흐트러지게 되며 이때의 흐름을 난류라 한다.

그림 4.2.2는 관수로 내 A지점에서의 시간에 따른 x방향의 속도성분을 보여주고 있다. 층류인 경우에는 오직 x방향의 속도성분만 존재하는데 반해 난류인 경우 주 속도성분은 x방향이지만 이 방향과 직각인 y 및 z방향의 성분도 무작위하게 발생하게 된다. 일반적인 흐름에서의 이러한 운동은 너무 빨라 관찰하기가 어렵지만 난류 흐름을 촬영하여 느리게 재생하여 보면 무작위하고 불규칙한 특성을 관찰할 수가 있다.

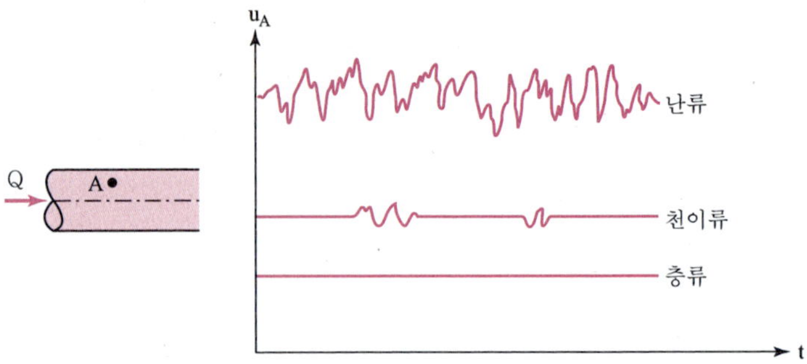

그림 4.2.2 유속의 시간에 따른 변화

관수로 흐름에서 가장 중요한 무차원 변수로 층류와 난류를 구분하는 Reynolds 수, 즉 관성 대 점성의 비인 $R_e = \rho VD/\mu$가 있다. 흐름을 구분하는 것은 유속에 의해서만 결정되는 것이 아니라 밀도 및 점성, 그리고 관로의 크기도 중요한 영향을 미친다. 층류, 천이류, 그리고 난류에 대한 Reynolds 수의 범위는 명확하게 주어지지 않는다. 층류로부터 난류로의 변환은 흐름이 관로의 진동, 유입부의 조도 및 형상에 의해 얼마나 교란되는가에 따라 다양한 Reynolds 수에서 나타날 수가 있다. 공학적인 목적으로 원형관로에 적용할 경우 R_e의 범위는 층류는 $R_e < 2,100$, 난류는 $R_e > 4,000$이 제시되고 있다. $2,100 < R_e < 4,000$ 범위에서는 천이류로 층류 및 난류가 무작위하게 번갈아가며 발생하게 된다.

4.2.2 유입부 흐름과 발달된 흐름

관수로 흐름을 분석할 때 유입부보다는 주로 발달된 흐름에 대해 고려하게 된다. 여기서 발달된 흐름(developed flow)은 그림 4.2.3과 같이 유속분포가 흐름 방향에 대해 더 이상 변하지 않는 흐름을 말하고, 유입부 흐름(entrance flow)은 흐름 방향으로 유속분포가 계속 변하는 흐름이다. 그림 4.2.3에서 저수지로부터 관로로 유입되는 부분은 벽면에서 얇은 경계층(boundary layer)이 발생하며 등류가 형성된다. 벽면의 점성층(viscous layer)은 점성응력이 횡단면 전체를 지배하는 비점성 중심길이(invicid core length) L_i까지 점차 확대된다. 유속분포는 점성에 의해 유속분포발달지역(profile development region)에서 발달된 흐름이 형성될 때까지 계속 변화한다. 입구부에서 발달된 흐름이 형성되는 지점까지를 유입길이(entrance length) L_E라 하고, 비점성 중심길이는 유입길이의 약 1/4정도가 된다. 직경 D인 원형관의 유입부가 등류인 층류흐름에서 유입길이는 다음과 같다.

$$\frac{L_E}{D} = 0.065R_e \tag{4.2.1}$$

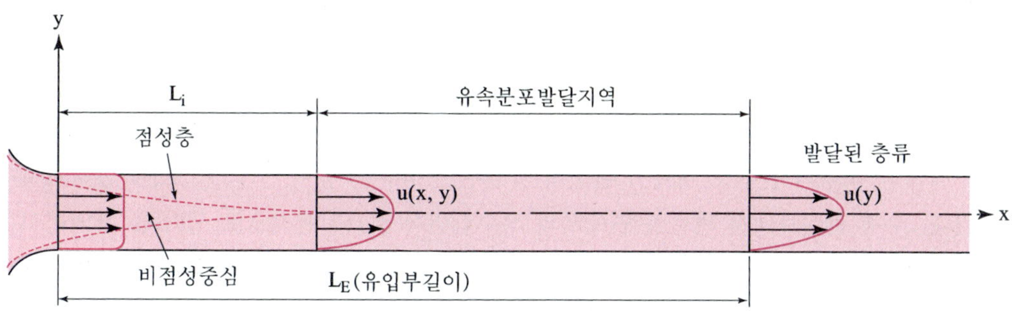

그림 4.2.3 관수로 내 층류흐름 형성

난류인 경우의 흐름 상황은 층류에 비해 약간 다르게 나타난다. 비점성 중심 길이 L_i에 이어 유속분포 발달지역이 L_d까지 나타나고, 난류의 유속구조가 형성되기 위해 추가적인 길이가 필요하다. Reynolds 수가 큰($R_e > 10^5$) 흐름에서의 실험에 의해 얻은 각 구간의 길이는 다음과 같다.

$$\frac{L_i}{D} \simeq 10, \qquad \frac{L_d}{D} \simeq 40, \qquad \frac{L_E}{D} \simeq 120 \tag{4.2.2}$$

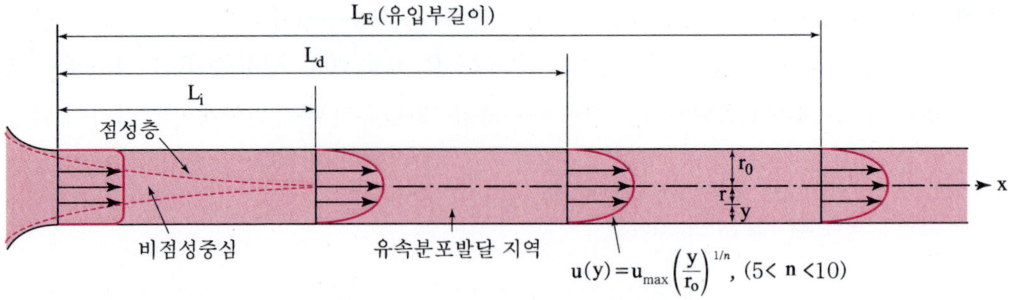

그림 4.2.4 관수로 내 난류흐름 형성

예제 4.1

저수지로부터 직경 5cm인 원형관에 물이 유입될 때 Reynolds 수가 1,000으로 흐른다면 층류의 유입길이는 얼마인가? 만일 난류가 형성되어 흐른다면 유입길이는 얼마인가?

풀이

층류로 흐를 경우 유입길이는 식 (4.2.1)로부터

$$L_E = 0.065DR_e = 0.065 \times 5 \times 1{,}000 = 325\text{cm}$$

난류로 흐를 경우 유입길이는 식 (4.2.2)로부터

$$L_E \simeq 120D = 120 \times 5 = 600\text{cm}$$

4.2.3 압력분포

일정한 직경의 관수로 내에서 완전히 발달된 정상류는 중력, 그리고(또는) 압력이 운동의 원동력이 된다. 수평 관수로에서 관로 단면에서의 정수압변화 γD(일반적으로 생략)를 제외하고는 중력에 의한 영향은 없으며, 따라서 수평관로 내 물을 움직이는 원동력은 두 단면간의 압력차 $\Delta p = p_1 - p_2$가 된다. 점성은 압력과 정확히 균형을 이루는 억제력(restraining force)을 제공하고 따라서 관수로 내의 흐름이 가속되지 않고 흐르게 된다.

관수로의 유입지역처럼 흐름이 충분히 발달되지 않은 지역에서는 흐름이 가속 또는 감속되며, 유입부에서의 등류 유속분포가 유입지역의 끝단에서 완전히 발달된 유속분포를 보이게 된다. 따라서 유입지역에서는 압력, 점성력, 그리고 관성력이 균형을 유지하려고 하며, 그 결과 그림 4.2.5와 같이 수평관로를 따라 압력분포가 형성된다. 압력경사 dp/dx의 크기는 유입지역에서 크지만 완전히 발달된 지역에서는 일정하게 된다.

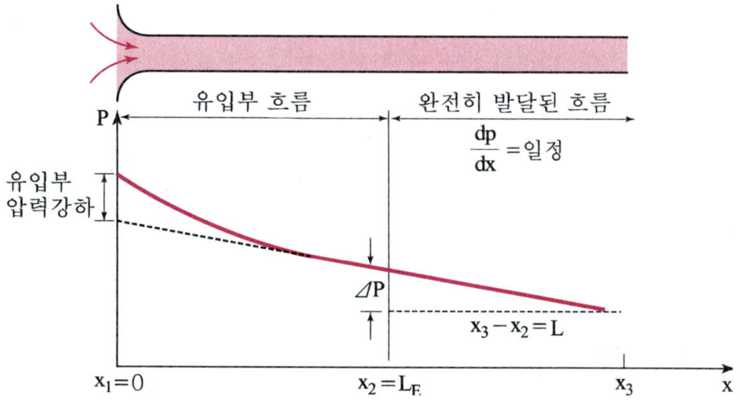

그림 4.2.5 수평 관로를 따른 압력분포

4.3 관수로 내 층류의 마찰응력 및 유속분포

앞에서 설명한 바와 같이 균일한 직경의 길이가 충분히 긴 직선의 관수로에서의 흐름은 완전히 발달된 흐름(fully developed flow)을 형성하게 된다. 즉, 유속분포가 모든 단면에서 동일하게 유지된다. 비록 층류 및 난류에 대해 모두 같은 상황이 발생하지만 유속분포를 자세히 분석해 보면 두 흐름에서 서로 다른 양상을 보여준다. 유속분포를 알게 되면 압력강하, 유량, 수두손실 등과 같은 수리 특성값을 결정할 수가 있다.

4.3.1 층류의 마찰응력

그림 4.3.1과 같이 직경 D인 수평관로의 시간 t에서 반경 r, 길이 l인 원통형 물 요소를 생각해 보자. 관로 단면을 통해 유속분포가 균일하지 않기 때문에 초기시간 t에서의 원통형 물 요소 끝단의 편평한 단면이 시간 t+dt에서는 왜곡된 형태(점선)로 이동하게 된다. 만일 흐름이 완전히 발달되었고 정상류라면 양 끝단의 왜곡된 모양이 동일하게 되지만 가속되지는 않는다. 따라서 모든 지점의 물 입자들이

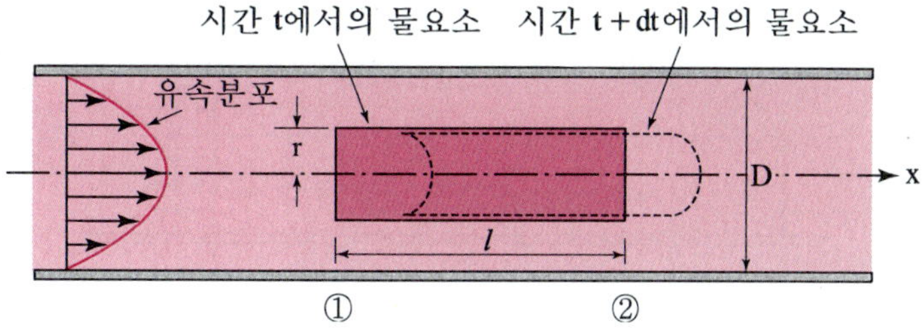

그림 4.3.1 관수로 내의 원통형 물 요소의 운동

비록 이웃한 입자들끼리는 약간 다른 유속을 가지지만, 관 벽과 평행한 유적선(pathline)을 따라 일정한 유속으로 흐르게 된다. 즉, 인접한 유적선간의 유속은 다르게 된다. 점성과 관련된 이러한 유속의 변화가 결국 마찰응력(shear stress)을 초래하게 된다.

만일 중력의 영향을 무시한다면 관로의 서로 다른 지점의 단면에서는 압력이 변하지만 임의 단면에서의 연직방향의 압력은 동일하다. 따라서 단면 ①에서의 압력이 p_1이라면 흐름 방향으로 압력이 감소하므로 단면 ②에서는 $p_2 = p_1 - \Delta p$로 나타낼 수가 있다. 또한 원통형 물 요소 표면에 마찰(점성)응력 τ가 작용한다. 이 마찰응력은 원통형 물 요소 반경 r의 함수가 된다.

이 원통형의 물 요소를 분리하여, 즉 검사체적(control volume)으로 하여 그림 4.3.2와 같이 Newton의 제2법칙 $F = m\alpha$를 적용해 보자. 이 경우 물이 움직이고 있지만 가속되지는 않고 있으므로 $\alpha = 0$이다. 따라서 완전히 발달된 수평관로에서의 흐름은 오직 압력과 점성력만이 평형을 이루고 있다. 즉, 단면적 πr^2인 원통형 끝단에서 압력차가 작용하고 있고, 마찰응력은 면적 $2\pi r l$에 해당하는 원통의 표면에 작용하게 된다. 이러한 압력과 마찰력간의 평형을 식으로 나타내면

$$p_1 \pi r^2 - (p_1 - \Delta p)\pi r^2 = \tau 2\pi r l \qquad (4.3.1)$$

이 식을 간단히 정리하면

$$\Delta p = \frac{2\tau l}{r} \qquad (4.3.2)$$

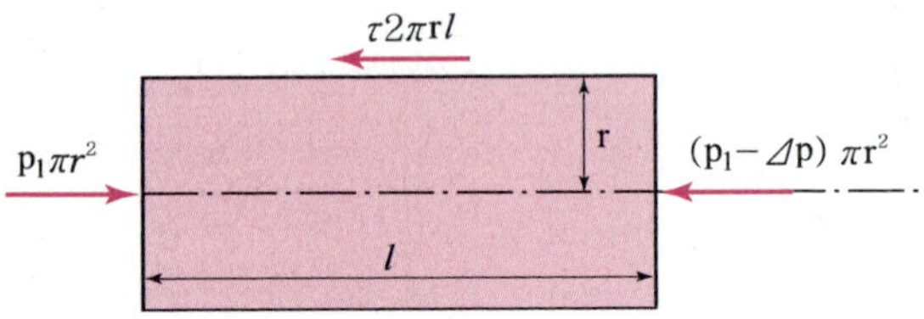

그림 4.3.2 원통형 물 요소의 검사체적

식 (4.3.2)는 관수로 내에서 물 입자들이 일정한 유속을 가지고 흐르는데 필요한 힘의 기본적인 평형을 나타낸다. Δp나 l이 반경 r과 관계가 없기 때문에 $2\tau/r$도 반경 r에 영향을 받지 않는다. 즉, $\tau = Cr$로 나타낼 수 있으며 여기서 C는 상수이다. 관로의 중심($r = 0$)에서 마찰응력 $\tau=0$이고, 관로의 벽($r = D/2$)에서는 마찰응력이 최대인 벽마찰응력(wall shear stress)τw가 된다. 따라서 $C = 2\tau_w/D$가 되며 관로 내의 마찰응력분포는 선형으로 그림 4.3.3에서 보는 바와 같이 다음과 같이 표현할 수 있다.

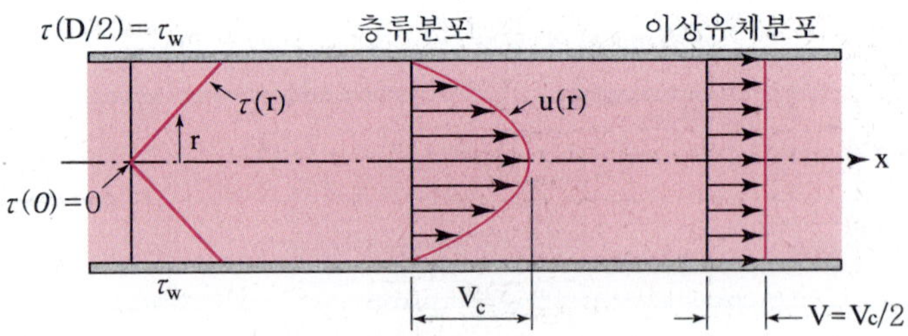

그림 4.3.3 관수로 내 마찰응력 및 유속분포

$$\tau = \frac{2\tau_w r}{D} \tag{4.3.3}$$

마찰응력 τ가 반경 r에 직접 비례하는 것은 원통 물 요소 양끝단의 면적이 πr^2이므로 압력이 r^2에 비례하고, 마찰력이 원통 물 요소 측벽의 면적 $2\pi rl$에 작용하므로 마찰력이 r에 비례하기 때문이다. 만일 점성이 없다면 마찰응력이 없게 되고 따라서 수평관로를 통해 압력이 일정하게($\Delta p = 0$) 된다. 식 (4.3.2)와 (4.3.3)으로부터 압력 강하량을 마찰응력으로 나타내면

$$\Delta p = \frac{4l\tau_w}{D} \tag{4.3.4}$$

따라서 관수로가 상대적으로 길면($l/D \gg 1$) 작은 마찰응력에 의해서도 압력차이가 크게 나타날 수 있다. 식 (4.3.2)~(4.3.4)는 비록 층류에 대해 유도하였지만 난류에서도 적용할 수 있다.

이제 마찰응력과 유속과의 관계에 대해 알아보기로 하자. 이 부분부터는 층류와 난류가 서로 다르게 분석된다. 다음 절에서 소개하겠지만 난류에서의 마찰응력은 다소 복잡하다. 하지만 Newton 유체의 층류에서는 1장에서 설명한 바와 같이 마찰응력이 단순히 속도경사에 비례하게 된다. 따라서 관수로에서 층류의 마찰응력은 다음과 같이 표현할 수 있다.

$$\tau = -\mu \frac{du}{dr} \tag{4.3.5}$$

여기서 유속이 관 중심에서 관 벽으로 갈수록 감소하므로 $du/dr < 0$이고, 따라서 $\tau > 0$이 된다.

식 (4.3.2)와 식 (4.3.5)가 수평 관로 내 Newton 유체의 완전히 발달된 층류에 대한 지배법칙(governing laws)이 되며, 앞의 식은 Newton의 제2운동법칙을 나타내고 뒤의 식은 Newton 유체의 정의를 나타낸다고 할 수 있다.

예제 4.2

직경 50cm인 원형관에서 물이 100m를 흐르는 동안 압력강하가 1kg/cm^2 발생하였을 때 관벽 및 관벽에서 10cm 떨어진 지점에서의 마찰응력을 구하라.

풀이

관벽에서의 마찰응력은 식 (4.3.2)로부터

$$\tau_w = \frac{\Delta p r}{2l} = \frac{1\text{kg/cm}^2 \times 25\text{cm}}{2 \times 10{,}000\text{cm}} = 0.00125\,\text{kg/cm}^2$$

관벽에서 10cm 떨어진 지점에서의 마찰응력은

$$\tau = \frac{\Delta p r}{2l} = \frac{1\text{kg/cm}^2 \times 15\text{cm}}{2 \times 10{,}000\text{cm}} = 0.00075\,\text{kg/cm}^2$$

예제 4.3

직경 30cm인 원형관의 벽에서의 마찰응력이 $0.002 kg/cm^2$라면 100m를 흐르는 동안 발생하는 손실수두는 얼마인가?

풀이

식 (4.3.4)로부터 압력강하는

$$\Delta p = \frac{4l\tau_w}{D} = \frac{4 \times 10{,}000cm \times 0.002kg/cm^2}{30cm} = 2.67kg/cm^2 = 26{,}700kg/m^2$$

따라서 손실수두는

$$h_L = \frac{\Delta p}{\gamma} = \frac{26{,}700}{1{,}000} = 26.7m$$

4.3.2 층류의 유속분포

층류의 마찰응력을 나타내는 식 (4.3.2)와 식 (4.3.5)를 연결하면 다음과 같다.

$$\frac{du}{dr} = -\left(\frac{\Delta p}{2\mu l}\right) r \tag{4.3.6}$$

식 (4.3.6)을 적분하면 다음과 같이 층류의 유속분포식을 얻을 수가 있다.

$$\int du = -\frac{\Delta p}{2\mu l}\int r\,dr \tag{4.3.7}$$

또는

$$u = -\left(\frac{\Delta p}{4\mu l}\right) r^2 + C \tag{4.3.8}$$

여기서 C는 적분상수로 관 벽에서의 경계조건 $r = D/2$일 때 $u = 0$을 적용하면

$$C = \left(\frac{\Delta p}{16\mu l}\right) D^2 \tag{4.3.9}$$

따라서 식 (4.3.9)를 식 (4.3.8)에 대입하면

$$u(r) = \left(\frac{\Delta p D^2}{16\mu l}\right)\left[1 - \left(\frac{2r}{D}\right)^2\right] = V_c\left[1 - \left(\frac{2r}{D}\right)^2\right] \tag{4.3.10}$$

여기서 V_c는 관 중심에서의 최대 유속으로 다음과 같다.

$$V_c = \frac{\Delta p D^2}{16\mu l} \tag{4.3.11}$$

식 (4.3.10)을 압력 강하량 Δp 대신 식 (4.3.4)를 이용하여 관 벽에서의 마찰응력 τ_w로 나타내면

$$u(r) = \frac{\tau_w D}{4\mu}\left[1-\left(\frac{r}{R}\right)^2\right] \tag{4.3.12}$$

여기서 R은 D/2로 관로의 반경이다. 식 (4.3.10) 또는 식 (4.3.12)를 이용하여 관수로 내 층류의 유속분포를 나타내면 그림 4.3.3과 같으며 관의 중심에서 최대유속 V_c가 되고 관 벽에서는 최소(0)가 된다.

관수로를 통해 흐르는 유량은 관수로 단면전체에 걸쳐 유속분포를 적분하면 얻을 수가 있다. 관수로인 경우 중심축에 대해 대칭이므로 그림 4.3.4와 같이 중심으로부터 r만큼 떨어진 미소두께 dr에 해당하는 원환의 물 요소에서는 유속이 일정하다. 따라서

$$Q = \int u\,dA = \int_{r=o}^{r=R} u(r)2\pi r\,dr = 2\pi V_c \int_0^R \left[1-\left(\frac{r}{R}\right)^2\right] r\,dr \tag{4.3.13}$$

또는

$$Q = \frac{\pi R^2 V_c}{2} \tag{4.3.14}$$

평균유속은 유량을 단면적으로 나눈 값, 즉 $V = Q/A = Q/\pi R^2$이므로

$$V = \frac{\pi R^2 V_c}{2\pi R^2} = \frac{V_c}{2} = \frac{\Delta p D^2}{32\mu l} \tag{4.3.15}$$

따라서 관수로 내 층류에서의 평균유속은 관 중심에서의 최대유속의 절반이 됨을 알 수 있다. 그리고 유량은 다음과 같이 나타낼 수 있다.

$$Q = \frac{\pi D^4 \Delta p}{128\mu l} \tag{4.3.16}$$

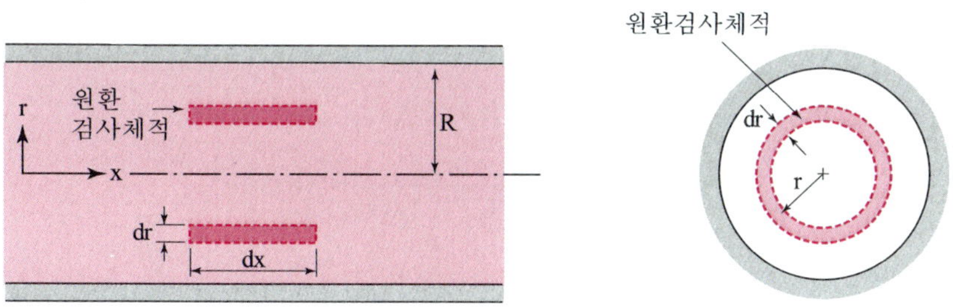

그림 4.3.4 관수로내 미소 원환 물 요소

식 (4.3.16)으로부터 층류에서의 유량은 압력 강하량과 직접 비례하고, 점성 및 관거의 길이와는 반비례하며, 관거 직경의 4승에 비례함을 알 수 있다. 이 식은 Hagen과 Poiseuille의 독자적인 실험에 의해 수립되어 Hagen-Poiseuille 흐름이라 하며 보통 Poiseuille의 법칙이라고 한다.

예제 4.4

비중이 0.85인 기름이 직경 15cm의 원관에서 $0.02\text{m}^3/\text{s}$의 율로 흐를 때 100m를 흐르는 동안 발생하는 손실수두와 관 중심선에서의 유속, 그리고 중심선으로부터 5cm 떨어진 지점에서의 유속을 구하라. 단, 기름의 동점성 계수는 $6\times10^{-4}\text{m}^2/\text{s}$이다.

풀이

원관을 통한 평균유속은 $V=\dfrac{Q}{A}=\dfrac{0.02}{\pi D^2/4}=\dfrac{0.02}{3.24\times0.15^2/4}=1.13\text{m/s}$

Reynolds 수는 $R_e=\dfrac{VD}{\nu}=\dfrac{1.13\times0.15}{6\times10^{-4}}=283<2,100$ ∴ 층류이다.

따라서 식 (4.3.15)에서 $\Delta p=\gamma h_L$을 적용하고 손실수두 h_L에 대해 정리하면

$$h_L=\frac{32\mu lV}{\gamma D^2}=\frac{32\nu lV}{gD^2}=\frac{32\times6\times10^{-4}\times100\times1.13}{9.81\times0.15^2}=9.83\text{m}$$

관 중심선에서의 최대유속은 평균유속의 2배이므로

$$V_c=2V=2\times1.13=2.26\text{m/s}$$

관 중심선에서 5cm 떨어진 지점의 유속은 식 (4.3.12)로부터

$$u=V_c\left[1-\left(\frac{r}{R}\right)^2\right]=2.26\times\left[1-\left(\frac{0.05}{0.075}\right)^2\right]=1.26\text{m/s}$$

예제 4.5

직경 3cm의 원관에서 15℃의 물(점성계수 $1.161\times10^{-5}\text{g}\cdot\text{sec/cm}^2$)이 흐르고 있다. 원관의 10m를 흐르는 동안 압력강하가 0.2g/cm^2일 때 원관 내의 유량, 최대유속 및 관 벽에서의 마찰응력을 구하라.

풀이

원관을 통해 흐르는 유량은 식 (4.3.16)으로부터

$$Q=\frac{\pi D^4\Delta p}{128\mu l}=\frac{3.14\times3^4\times0.2}{128\times1.161\times10^{-5}\times1,000}=34.23\text{cm}^3/\text{s}$$

관 중심선에서의 최대유속

$$V_c=2V=\frac{2Q}{\pi D^2/4}=\frac{2\times34.23}{3.14\times3^2/4}=9.69\text{cm/s}$$

관 벽에서의 마찰응력은 식 (4.3.2)로부터

$$\tau_w = \frac{\Delta pr}{2l} = \frac{0.2\text{g/cm}^2 \times 1.5\text{cm}}{2 \times 1{,}000\text{cm}} = 0.00015\text{g/cm}^2$$

Reynolds 수는

$$R_e = \frac{\rho VD}{\mu} = \frac{(1/980) \times (9.69/2) \times 3}{1.161 \times 10^{-5}} = 1{,}277 < 2{,}100 \quad \therefore \text{ 층류이다.}$$

4.4 관수로 내 난류의 마찰응력 및 유속분포

관수로 내 층류에 대해 알아보았지만 관수로 내의 실제 흐름이 대부분 난류이기 때문에 발달된 난류는 매우 중요하다. 그러나 난류는 매우 복잡한 흐름과정이기 때문에 많은 과학자들이 연구를 하였지만 아직도 완전히 이해가 되지 않는 부분이 많이 있다. 따라서 본 절에서는 난류의 기본 개념에 대해서만 소개하기로 한다.

그림 4.4.1과 같이 처음에 물이 가득 차 있는 긴 관로에서의 흐름을 생각해 보자. 관의 밸브를 열기 시작하면 유속, 즉 Reynolds 수가 증가하기 시작한다. 초기 단계에서는 Reynolds 수가 작아 층류가 형성되며 Reynolds 수가 2,100에 도달하면 부분적인 난류가 형성된다. Reynolds 수가 더 증가하여 약 4,000을 초과하게 되면 관수로 단면 전체에 난류가 형성된다.

그림 4.4.2는 흐름의 한 주어진 지점에서 흐름방향(x방향)의 속도성분 u, 그리고 y 및 z방향의 속도성분 v 및 w를 나타내고 있다. 각 방향 성분의 유속은 불규칙하고 무작위한 난류특성을 보이고 있다.

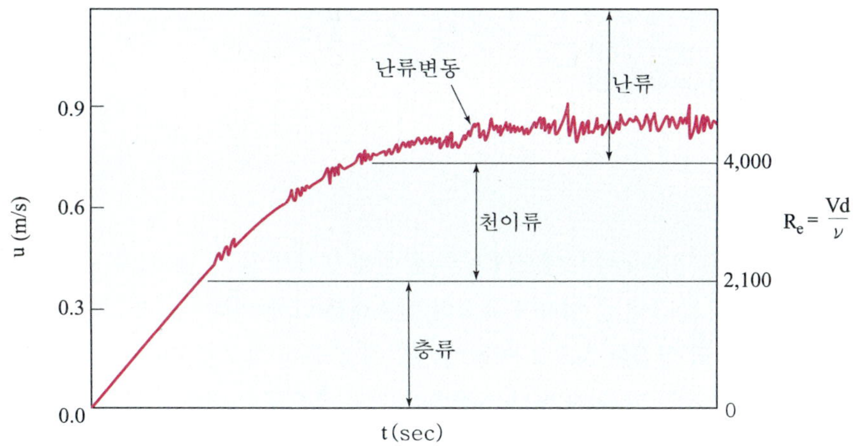

그림 4.4.1 관수로 내 흐름의 변화

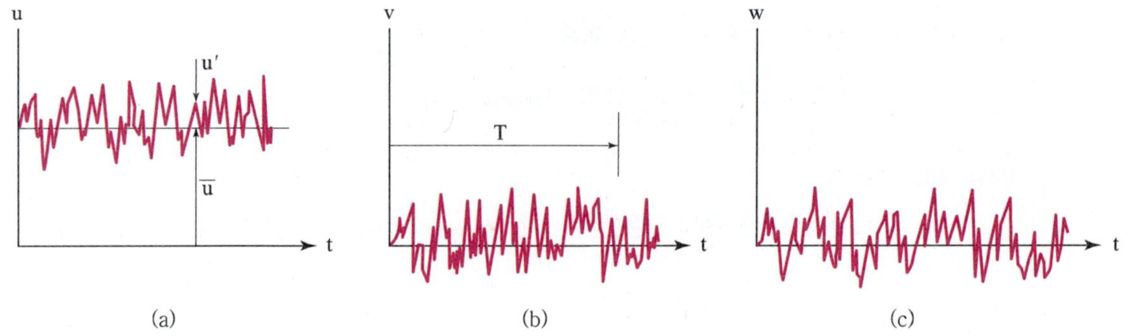

그림 4.4.2 난류의 속도성분

이와 같은 난류의 x방향 속도성분은 평균치 $\bar{u}$에 변동성분 u'를 더해 표현할 수 있으며, 다른 방향의 속도성분도 마찬가지이다.

$$u = \bar{u} + u', \qquad v = \bar{v} + v', \qquad w = \bar{w} + w' \tag{4.4.1}$$

여기서 x방향의 속도성분의 평균치는 다음과 같이 정의된다.

$$\bar{u} = \frac{1}{T}\int_0^T u(t)\,dt \tag{4.4.2}$$

여기서 T는 평균에 사용된 시간 구간이다. x방향의 속도성분의 평균 $\bar{u}$는 0이 아니지만 y방향 및 z방향 속도성분의 평균치는 $\bar{v} = \bar{w} = 0$이다. 또한 각 방향의 변동성분 u', v', 그리고 w'의 평균도 0이 된다. 예를 들어 x방향 성분인 경우 다음과 같다.

$$\bar{u}' = \frac{1}{T}\int_0^T (u - \bar{u})\,du = \frac{1}{T}\left(\int_0^T u\,dt - \bar{u}\int_0^T dt\right)$$
$$= \frac{1}{T}(T\bar{u} - T\bar{u}) = 0 \tag{4.4.3}$$

4.4.1 난류의 마찰응력

그림 4.4.3과 같은 수평 관수로에서의 난류에 대해 생각해 보자. 물 입자들은 흐름을 통해 무작위하게 움직이고 있다. 어떤 순간에 물 입자가 유속의 변동성분 v'에 의해 미소면적 dA를 통과하여 더 빠른 x방향의 속도성분을 가진 인접한 층으로 이동하여 인접한 층을 속도를 감소시킨다고 하자. 이와 반대로 빠른 유속을 가진 층에 있는 물 입자가 낮은 유속을 가진 층으로 이동하면 유속이 낮은 층의 유속을 가속시키게 된다. 따라서 미소면적 dA를 통과하는 물 입자의 무작위 운동으로 인해 발생하는 x방향의 힘은

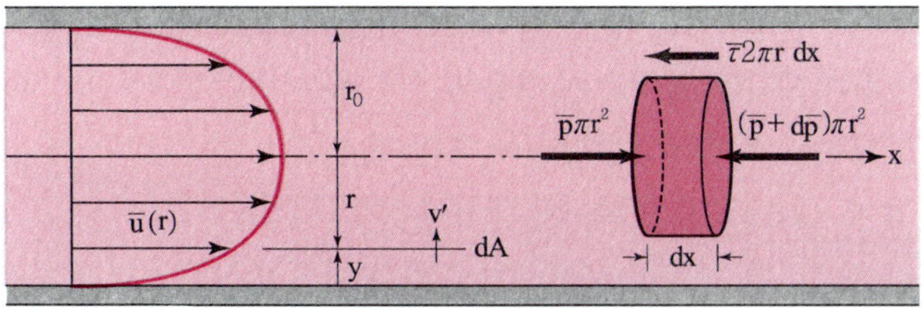

그림 4.4.3 관수로 내의 난류

$$dF = -\rho v' dA\, u' \quad (4.4.4)$$

여기서 u′는 운동량 교환에 의한 x방향 속도의 음의 변화이다.
따라서 난류 마찰응력은

$$\tau_{turb} = \frac{dF}{dA} = -\rho u' v' \quad (4.4.5)$$

여기서 v′는 양의 값이고 u′는 음의 값이므로 u′v′는 음의 값을 나타내게 되며, 식 (4.4.5)에 음의 부호가 포함되어 있으므로 결국 양의 마찰응력이 된다. 시간에 대해 평균한 마찰응력을 외견상 마찰응력(apparent shear stress)이라 하며 다음과 같다.

$$\tau_{turb} = -\rho\overline{u'}\,\overline{v'} \quad (4.4.6)$$

특정 지점에서의 총 마찰응력은 위에서 설명한 바와 같이 점성 및 운동량의 교환에 의한 것이므로

$$\tau = \tau_{lam} + \tau_{turb} = \mu\frac{d\overline{u}}{dy} - \rho\overline{u'}\,\overline{v'} \quad (4.4.7)$$

층류인 경우 $u' = v' = 0$이므로 $\overline{u'}\,\overline{v'} = 0$이 되고 따라서 층류의 마찰응력에 해당하는 항만 남게 된다. 난류인 경우 운동량의 교환에 의한 마찰응력 $-\rho\overline{u'}\,\overline{v'}$가 양의 값이므로 마찰응력은 층류보다는 난류가 더 크게 된다. 운동량의 교환에 의한 마찰응력을 Reynolds 응력이라고 한다.

난류의 마찰응력을 나타내는 또 다른 형태로 와점성계수(eddy viscosity) η의 항으로 나타낼 수가 있다.

$$\tau_{turb} = \eta\frac{d\overline{u}}{dy} \quad (4.4.8)$$

따라서

$$\tau = \mu\frac{d\overline{u}}{dy} + \eta\frac{d\overline{u}}{dy} = (\mu + \eta)\frac{d\overline{u}}{dy} \quad (4.4.9)$$

와점성계수는 층류의 점성계수와 같은 형식으로 프랑스의 Boussinesq에 의해 소개되었다. 비록 와점성계수의 개념이 흥미롭지만 실제로는 사용하기가 쉬운 변수가 아니다. 유체마다 주어진 점성계수 μ와는 달리 와점성계수는 유체와 흐름상태에 따라 결정된다. 즉, 난류상태마다 변하기 때문에 문헌의 표로부터 쉽게 구할 수 있는 값이 아니다.

Reynolds의 응력 $\rho\overline{u'v'}$ 를 정확히 산정하기 곤란한 것과 마찬가지로 와점성계수도 실제로 산정하기가 곤란하다. 독일의 물리학자 Prandtl은 난류과정을 임의 유속 지점에서 다른 유속 지점까지의 거리인 혼합거리(mixing length) l_m 에서의 물 입자 무리의 무작위 이동으로 볼 수 있다고 제시하였다. 혼합거리는 u′ 및 v′와 du/dy 간의 비례상수로 다음과 같이 나타낼 수 있다.

$$u' = l_m \frac{du}{dy} \qquad v' = l_m \frac{du}{dy} \tag{4.4.10}$$

식 (4.4.10)에서 동질난류(homogeneous turbulent)로 간주하여 $u' = v'$로 가정하였다. 따라서 식 (4.4.10)을 Reynolds의 응력에 적용하면

$$\tau_{turb} = \rho l_m^2 \left(\frac{d\bar{u}}{dy} \right)^2 \tag{4.4.11}$$

식 (4.4.11)을 식 (4.4.8)과 비교하면 와점성계수는 다음과 같다.

$$\eta = \rho l_m^2 \frac{d\bar{u}}{dy} \tag{4.4.12}$$

이제 난류의 마찰응력을 구하기 위해 혼합거리를 결정해야 한다. 하지만 혼합거리는 경계면에서 0이 되고 경계면에서 멀어지면 혼합거리도 증가하게 되어 항상 일정하지가 않다. 따라서 von Karman은 혼합거리를 다음과 같이 제시하였다.

$$l_m = \kappa \left(\frac{d\bar{u}}{dy} \Big/ \frac{d^2\bar{u}}{dy^2} \right) \tag{4.4.13}$$

여기서 κ는 Karman의 비례상수(universal constant)로 실험결과에 의하면 약 0.4의 값을 가진다. 따라서 식 (4.4.13)을 (4.4.11)에 대입하면

$$\tau_{turb} = \rho \kappa^2 \left(\frac{d\bar{u}}{dy} \right)^4 \Big/ \left(\frac{d^2\bar{u}}{dy^2} \right)^2 \tag{4.4.14}$$

따라서 난류의 마찰응력은 식 (4.4.14)에 의해 구하게 되며 이 식을 Prandtl-Karman 공식이라 한다.

예제 4.6

하천의 한 지점에서 정밀한 유속계를 이용하여 2초 간격으로 유속을 측정하였다. 흐름방향의 유속 u와 흐름과 직각방향의 유속 v가 표 4.4.1의 1, 2란과 같을 때 Reynolds의 응력, 혼합거리, 그리고 와동점성계수를 구하라. 단, 평균흐름의 속도구배는 0.3/sec이다.

표 4.4.1 유속측정 자료

시간(sec)	u	v	u'	v'	u'^2	v'^2	u'v'
0	1.840	−0.130	0.096	−0.193	0.0092	0.0372	−0.0185
2	1.730	0.080	−0.014	0.017	0.0002	0.0003	−0.0002
4	1.770	0.150	0.026	0.087	0.0007	0.0076	0.0023
6	1.630	−0.180	−0.114	−0.243	0.0130	0.0590	0.0277
8	1.890	0.310	0.146	0.247	0.0213	0.0610	0.0361
10	1.640	0.190	−0.104	0.127	0.0108	0.0161	−0.0132
12	1.780	−0.090	0.036	−0.153	0.0013	0.0234	−0.0055
14	1.500	0.370	−0.244	0.307	0.0595	0.0942	−0.0749
16	1.810	0.140	0.066	0.077	0.0044	0.0059	0.0051
18	1.850	−0.210	0.106	−0.273	0.0112	0.0745	−0.0289
계	17.440	0.630	0.000	0.000	0.1316	0.3792	−0.0700
평균	1.744	0.063	0.000	0.000	0.0132	0.0379	−0.0070

풀이

흐름방향 및 흐름에 직각인 방향의 유속 평균은

$$\bar{u} = 1.744\text{m/s} \qquad \bar{v} = 0.063\text{m/s}$$

따라서 각 방향 유속의 평균치에 대한 편차 u' 및 v'가 4란 및 5란과 같다.

Reynolds의 응력은 식 (4.4.6)으로부터

$$\tau = -\rho\overline{u'}\,\overline{v'} = -\frac{\gamma}{g}\overline{u'}\,\overline{v'} = -\frac{1{,}000}{9.81}\times(-0.0070) = 0.7136\text{kg/m}^2$$

혼합거리는 식 (4.4.11)로부터

$$l_m = \frac{\sqrt{\tau/\rho}}{d\bar{u}/dy} = \frac{\sqrt{0.7136/(1{,}000/9.81)}}{0.3} = 0.2789\text{m}$$

와동점성계수는 식 (4.4.12)로부터 와점성계수를 밀도 ρ로 나누면 되므로

$$\epsilon = l_m^2\left(\frac{d\bar{u}}{dy}\right) = 0.2789^2\times 0.3 = 0.0233\text{m}^2/\text{s}$$

4.4.2 난류의 유속분포

작은 직경의 관로에서 높은 점성의 유체가 흐르는 경우를 제외하면 대부분의 흐름은 난류가 된다. 앞에서 완전히 발달한 관수로 내 난류에서의 마찰응력분포를 설명한 바와 같이 마찰응력과 평균유속간의 명확한 관계를 수립하기는 쉽지가 않다. 따라서 난류에 대한 실험결과에 주로 의존하게 된다.

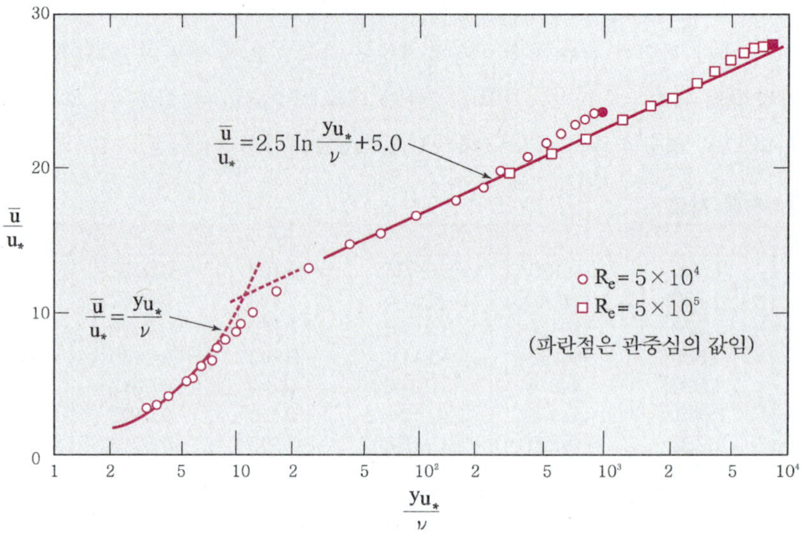

그림 4.4.4 매끈한 관로에서의 완전히 발달한 난류의 유속분포

실험을 통해 구한 매끈한 관로에서의 완전히 발달된 난류의 유속분포가 그림 4.4.4와 같다. 유속분포를 반대수지에 나타내고 있으므로 $\log(yu_*/\nu)$에 대한 $\bar{u}/u_*$를 도시하고 있다. 그림에서 두 부분의 서로 다른 영역으로 구분할 수 있는데, 하나는 벽면 근처의 층류저층 또는 점성저층(laminar or viscous sublayer)으로 이 영역에서는 점성이 중요한 역할을 하고 있다. 다른 영역은 외층(outer layer)으로 층류저층과는 반대이다. 벽과 매우 가까이 있는 점성마찰이 지배적인 층류저층에서는 평균유속분포가 다음과 같은 관계를 보인다.

$$\frac{\bar{u}}{u_*} = \frac{yu_*}{\nu} \qquad \left(0 \le \frac{yu_*}{\nu} \le 5\right) \tag{4.4.15}$$

여기서 $y = R - r$은 벽면으로부터의 거리이고 R은 관의 반경이다. $\bar{u}$는 시간 평균된 x방향의 속도이고, $u_* = \sqrt{\tau_w/\rho}$는 마찰속도(friction velocity)이고, τ_w는 벽면에서의 마찰응력이다. 마찰속도는 물의 실제속도가 아니고 단지 유속과 같은 단위를 가지고 있다.

점성과 난류마찰이 모두 중요한 외층에서의 유속분포는 다음과 같다.

$$\frac{\bar{u}}{u_*} = 2.5 \ln \frac{yu_*}{\nu} + 5.0 \qquad \left(30 < \frac{yu_*}{\nu},\ \frac{y}{R} < 0.15\right) \tag{4.4.16}$$

그림 4.4.4로부터 식 (4.4.16)의 유속분포가 관로의 중심까지 유사하게 나타남을 알 수 있다. 난류 마찰이 지배적인 관로의 중심지역에서는 다음과 같은 식이 제시되고 있다.

$$\frac{V_c - \bar{u}}{u_*} = 2.5 \ln \frac{R}{y} \tag{4.4.17}$$

여기서 V_c는 관 중심에서의 유속이다.

또 다른 쉽게 적용할 수 있도록 제시된 경험공식으로 다음과 같은 멱함수(power law) 유속분포가 있다.

$$\frac{\bar{u}}{V_c} = \left(1 - \frac{r}{R}\right)^{1/n} \tag{4.4.18}$$

여기서 n은 Reynolds 수의 함수로 그림 4.4.5와 같으며 실제 적용할 경우 n=7을 주로 사용하며 이때 식 (4.4.18)을 7승근법칙(seventh-root law)이라 한다. 그림 4.4.6은 전형적인 층류의 유속분포와 n 값에 따른 난류의 유속분포를 보여주고 있다.

식 (4.4.18)의 유속분포를 이용하여 평균 유속은 다음과 같이 산정할 수가 있다.

$$V = \frac{\int_0^R \bar{u}(r) 2\pi r \, dr}{\pi R^2} = \frac{2n^2}{(n+1)(2n+1)} V_c \tag{4.4.19}$$

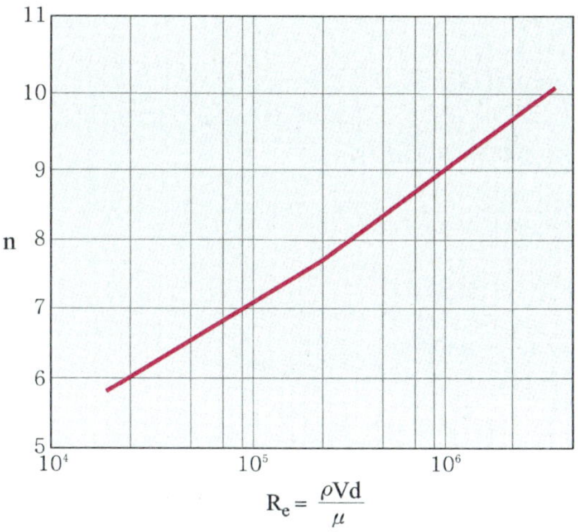

그림 4.4.5 멱함수 유속분포에서의 R_e와 n값의 관계

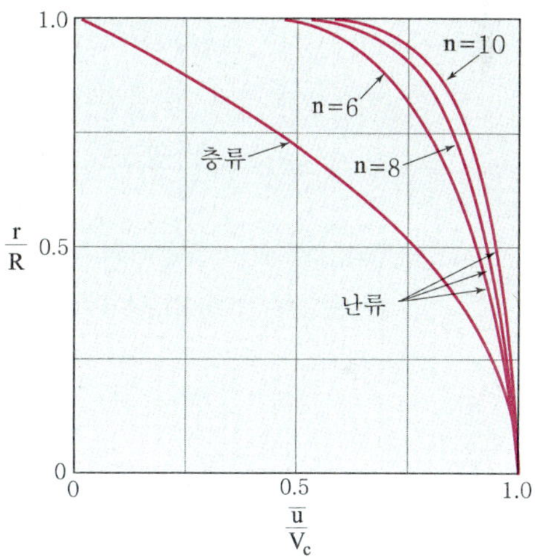

그림 4.4.6 층류 및 난류의 유속분포

예제 4.7

직경 0.1m의 수평관로에 20℃ 의 물($\rho = 101.79 \text{kg·s}^2/\text{m}^4$, $\nu = 1.004 \times 10^{-6} \text{m}^2/\text{s}$)이 $0.04\text{m}^3/\text{s}$의 율로 흐르고 있다. 압력강하가 단위길이당 260kg/m^2일 때 1) 층류저층의 두께, 2) 관중심에서의 유속, 그리고 3) 관의 중심과 관벽 사이의 중간지점($r = 0.025\text{m}$)에서 난류와 층류의 마찰응력의 비 τ_{turb}/τ_{lam}를 구하라.

풀이

1) 층류저층의 두께

그림 4.4.4와 식 (4.4.15)에서 층류저층의 적용범위가 5까지이므로 이를 적용하면

$$\frac{yu_*}{\nu}=5,\ 즉\ y=5\frac{\nu}{u_*}$$

식 (4.3.4)로부터

$$\tau_w=\frac{D\Delta p}{4l}=\frac{0.1m\times 260kg/m^2}{4\times 1m}=6.5kg/m^2$$

따라서 마찰속도는

$$u_*=\left(\frac{\tau_w}{\rho}\right)^{1/2}=\left(\frac{6.5kg/m^2}{101.79kg\cdot s^2/m^4}\right)^{0.5}=0.253m/s$$

그러므로 층류저층의 두께는

$$y=5\frac{\nu}{u_*}=\frac{5\times 1.004\times 10^{-6}m^2/s}{0.253m/s}=1.98\times 10^{-5}m\ \simeq\ 0.02mm$$

2) 관 중심에서의 유속

관로를 통한 평균유속은

$$V=\frac{Q}{A}=\frac{0.04m^3/s}{\pi(0.1)^2/4}=5.09m/s$$

식 (4.4.19)로부터 7승근법칙$(n=7)$을 적용하면

$$V_c=\frac{(n+1)(2n+1)}{2n^2}V=\frac{8\times 15}{2\times 7^2}\times 5.09=6.23m/s$$

3) 난류와 층류의 마찰응력의 비 τ_{turb}/τ_{lam}

식 (4.3.3)은 층류 및 난류에 대해 적용할 수 있으므로

$$\tau=\tau_{turb}+\tau_{lam}=\frac{2\tau_w r}{D}=\frac{2\times 6.5kg/m^2\times 0.025m}{0.1m}=3.25kg/m^2$$

멱함수 유속분포식 (4.4.18)의 평균유속을 r에 대해 미분하면

$$\frac{d\bar{u}}{dr}=-\frac{V_c}{nR}\left(1-\frac{r}{R}\right)^{(1-n)/n}=-\frac{6.23}{7\times 0.05}\left(1-\frac{0.025}{0.05}\right)^{(1-7)/7}=-32.24/s$$

따라서 층류에 대한 마찰응력은

$$\tau_{lam}=-\mu\frac{d\bar{u}}{dr}=-\nu\rho\frac{d\bar{u}}{dr}=-1.004\times 10^{-6}\times 101.79\times(-32.24)=0.0033kg/m^2$$

그러므로 층류와 난류의 마찰력의 비는

$$\frac{\tau_{turb}}{\tau_{lam}}=\frac{\tau-\tau_{lam}}{\tau_{lam}}=\frac{3.25-0.0033}{0.0033}=984$$

따라서 이 지점에서의 난류흐름에서 마찰응력은 대부분이 난류마찰응력임을 알 수 있다.

4.5 점성으로 인한 에너지 손실

관수로 내의 흐름에서는 점성으로 인한 마찰 때문에 물이 가지고 있는 에너지의 일부를 잃어버리게 되는데, 이와 같은 점성으로 인한 에너지 손실을 주손실(major losses) h_L이라 한다. 또한 관수로 유입부, 접합부, 관로 단면의 변화, 만곡부 및 밸브 등으로 인해 에너지가 손실되게 되며, 이러한 손실을 미소손실(minor losses) h_m이라 한다. 따라서 관수로 내에서의 총 에너지 손실은 주손실과 미소손실의 합이 된다. 본 절에서는 주손실인 점성으로 인한 마찰손실에 대해 알아보고, 4.6절에서는 미소손실에 대해 소개하기로 한다.

4.5.1 마찰손실수두

그림 4.5.1과 같은 완전히 발달된 관수로 흐름 내 검사체적의 단면 ①, ②에서의 연속방정식과 마찰손실을 고려한 에너지 방정식은 다음과 같다.

$$Q = A_1V_1 = A_2V_2 \tag{4.5.1}$$

$$\frac{p_1}{\gamma} + \frac{V_1^2}{2g} + z_1 = \frac{p_2}{\gamma} + \frac{V_2^2}{2g} + z_2 + h_L \tag{4.5.2}$$

유량이 일정하고 두 단면의 면적이 동일하므로 연속방정식에 의해 $V_1 = V_2$이다. 따라서

$$h_L = \frac{\Delta p}{\gamma} + \Delta z \tag{4.5.3}$$

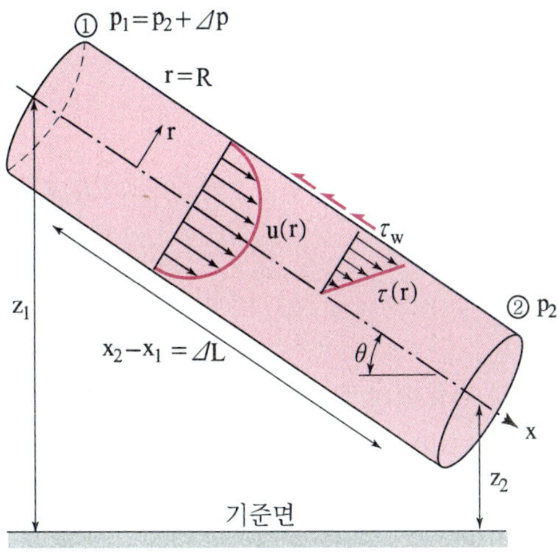

그림 4.5.1 관수로 내 흐름의 검사체적

즉, 관수로에서의 에너지 손실은 압력에너지 및 위치에너지의 손실로 나타난다. 두 단면사이에 운동량 방정식을 적용하면

$$\Sigma F = \rho Q (V_2 - V_1) = 0 \tag{4.5.4}$$

따라서

$$\Delta p \pi R^2 + \gamma \pi R^2 \Delta L \sin\theta - \tau_w (2\pi R) \Delta L = 0 \tag{4.5.5}$$

양변을 $\gamma \pi R^2$으로 나누고 $\Delta L \sin\theta = \Delta z$를 적용하면

$$\frac{\Delta p}{\gamma} + \Delta z - \frac{2\pi R \tau_w \Delta L}{\gamma \pi R^2} = 0 \tag{4.5.6}$$

동수반경 $R_h = A(\text{단면적})/P(\text{윤변})$이라 하면 식 (4.5.3)과 (4.5.6)으로부터 마찰로 인한 에너지 손실수두는

$$h_L = \frac{\tau_w \Delta L}{\gamma R_h} \tag{4.5.7}$$

원형관인 경우 동수반경 $R_h = r/2$가 되므로

$$\tau_w = \frac{\gamma h_L R}{2\Delta L} \tag{4.5.8}$$

마찰응력은 관 중심 $r = 0$에서 0이고 관벽 $r = R$에서 τ_w인 직선분포를 보이므로 중심으로부터 임의의 지점 r까지의 마찰응력은 다음과 같이 나타낼 수 있다.

$$\tau = \left(\frac{\gamma h_L}{2\Delta L}\right) r \tag{4.5.9}$$

이는 압력강하와 손실수두간의 관계 $h_L = \Delta p/\gamma$를 고려하면 4.3.1절에서 설명한 내용과 동일함을 알 수 있다.

예제 4.8

가로 1m, 세로 1.5m인 사각형 관로에서 물이 가득차서 100m를 흐를 때 손실수두가 10m였다면 관벽에 작용하는 평균 마찰응력은 얼마인가?

풀이

사각형 관로이므로 식 (4.5.7)을 이용한다.

$$R_h = \frac{A}{P} = \frac{1 \times 1.5}{2(1+1.5)} = 0.3\text{m}$$

$$\tau_w = \frac{\gamma R_h h_L}{\Delta L} = \frac{1{,}000 \times 0.3 \times 10}{100} = 30\text{kg/m}^2$$

4.5.2 마찰손실계수

점성때문에 발생하는 마찰로 인한 마찰손실 및 마찰응력에 대해 알아본 결과 식 (4.5.7) 및 (4.5.8)과 같이 서로 연결되어 있어 결국 마찰손실수두를 산정하기 위해서는 마찰응력을 직접 또는 간접적으로 산정할 필요가 있다. 마찰응력은 물의 밀도 ρ, 관의 직경 d, 물의 점성계수 μ, 유속 V 및 관의 조도 ε과 관련이 있으므로 다음과 같이 이들의 함수로 나타낼 수 있다.

$$\tau_w = F(\rho, V, \mu, d, \varepsilon) \tag{4.5.10}$$

11장에서 소개할 차원해석(dimensional analysis)을 통해 마찰응력과 이들 변수간의 관계를 구한 결과(예제 11.1) 다음과 같은 결과를 얻을 수가 있다.

$$\frac{8\tau_w}{\rho V^2} = f = F\left(R_e, \frac{\varepsilon}{d}\right) \tag{4.5.11}$$

여기서 f는 Darcy의 마찰손실계수(friction factor)이며 손실수두와 속도수두, 관의 길이 및 직경간의 관계를 나타내는 비례상수로 Reynolds 수와 관의 상대조도 ε/d를 알면 나중에 설명할 Moody 도표를 이용하여 산정할 수가 있다. 식 (4.5.7)과 식 (4.5.11)을 이용하여 다음과 같이 관수로내의 마찰로 인한 주손실 h_L을 나타낼 수 있다.

$$h_L = f\frac{L}{d}\frac{V^2}{2g} \tag{4.5.12}$$

이 식을 Darcy-Weisbach 공식이라 하며 관수로에서의 층류 및 난류에 모두 적용하여 점성으로 인한 마찰손실수두를 산정하게 된다.

예제 4.9

직경 0.5m인 관로에 유속 2m/s로 물이 흐를 때 100m 구간에서 발생하는 손실수두를 구하라. 단, 마찰손실계수는 0.019로 가정하라.

풀이

Darcy-Weisbach 공식을 적용하면

$$h_L = f\frac{L}{d}\frac{V^2}{2g} = 0.019 \times \frac{100}{0.5}\frac{2^2}{2 \times 9.81} = 0.775\text{m}$$

4.5.3 Moody 도표

차원해석을 통해 마찰손실계수가 R_e와 관의 상대조도 ε/d의 함수로 표현되는 것을 알았다. 관의 조도에 따른 완전히 발달한 관수로내의 흐름에서의 R_e와 ε/d에 대한 다양한 실험이 이루어졌으며, 이러한 실험자료로부터 그림 4.5.2와 같은 Moody 도표가 제시되었다.

층류에서의 압력강하와 유속간의 관계는 4.3절 식 (4.3.15)로부터

$$V = \frac{\pi R^2 V_c}{2\pi R^2} = \frac{V_c}{2} = \frac{\Delta p d^2}{32\mu L} \tag{4.3.15}$$

$\Delta p = \gamma h_L$이므로 이 관계를 식 (4.3.15)에 적용하고 손실수두 h_L에 관해 정리하면

$$h_L = \frac{32\mu LV}{\gamma d^2} \tag{4.5.13}$$

식 (4.5.13)과 (4.5.12)를 비교하면

$$h_L = \frac{32\mu LV}{\gamma d^2} = \frac{64\mu}{\rho V d}\frac{L}{d}\frac{V^2}{2g} = f\frac{L}{d}\frac{V^2}{2g} \tag{4.5.14}$$

따라서 층류에서의 마찰손실계수는 다음과 같다.

$$f = \frac{64}{R_e} \tag{4.5.15}$$

이 결과는 실험 자료로부터 구한 Moody 도표에서의 층류에 대한 마찰계수와 일치함을 알 수 있다.

Moody 도표로부터 몇 가지 특징을 알아보면 다음과 같다. 층류역역에서는 관의 조도에 상관없이 마찰손실계수 f는 식 (4.5.15)와 같이 R_e에 의해 결정되며, 이와는 반대로 R_e가 매우 큰 난류영역에서는 마찰손실계수는 R_e에 상관없이 관의 상대조도 ε/d에 의해 결정된다. 그 사이의 흐름 영역에서는 마찰손실계수가 R_e 및 ε/d에 의해 결정된다. 층류와 난류사이의 천이류 영역에서는 흐름 조건에 따라 층류 또는 난류로 흐르기 때문에 마찰손실계수가 명확히 정의되지 않는다.

Moody 도표는 다음과 같은 영역별 관련 식을 이용하여 작성되었다.

매끈한 관 : $$\frac{1}{f^{0.5}} = 0.86\ln R_e f^{0.5} - 0.8 \tag{4.5.16}$$

완전난류영역 : $$\frac{1}{f^{0.5}} = -0.86\ln\frac{\varepsilon}{3.7d} \tag{4.5.17}$$

천이영역 : $$\frac{1}{f^{0.5}} = -0.86\ln\left(\frac{\varepsilon}{3.7d} + \frac{2.51}{R_e f^{0.5}}\right) \tag{4.5.18}$$

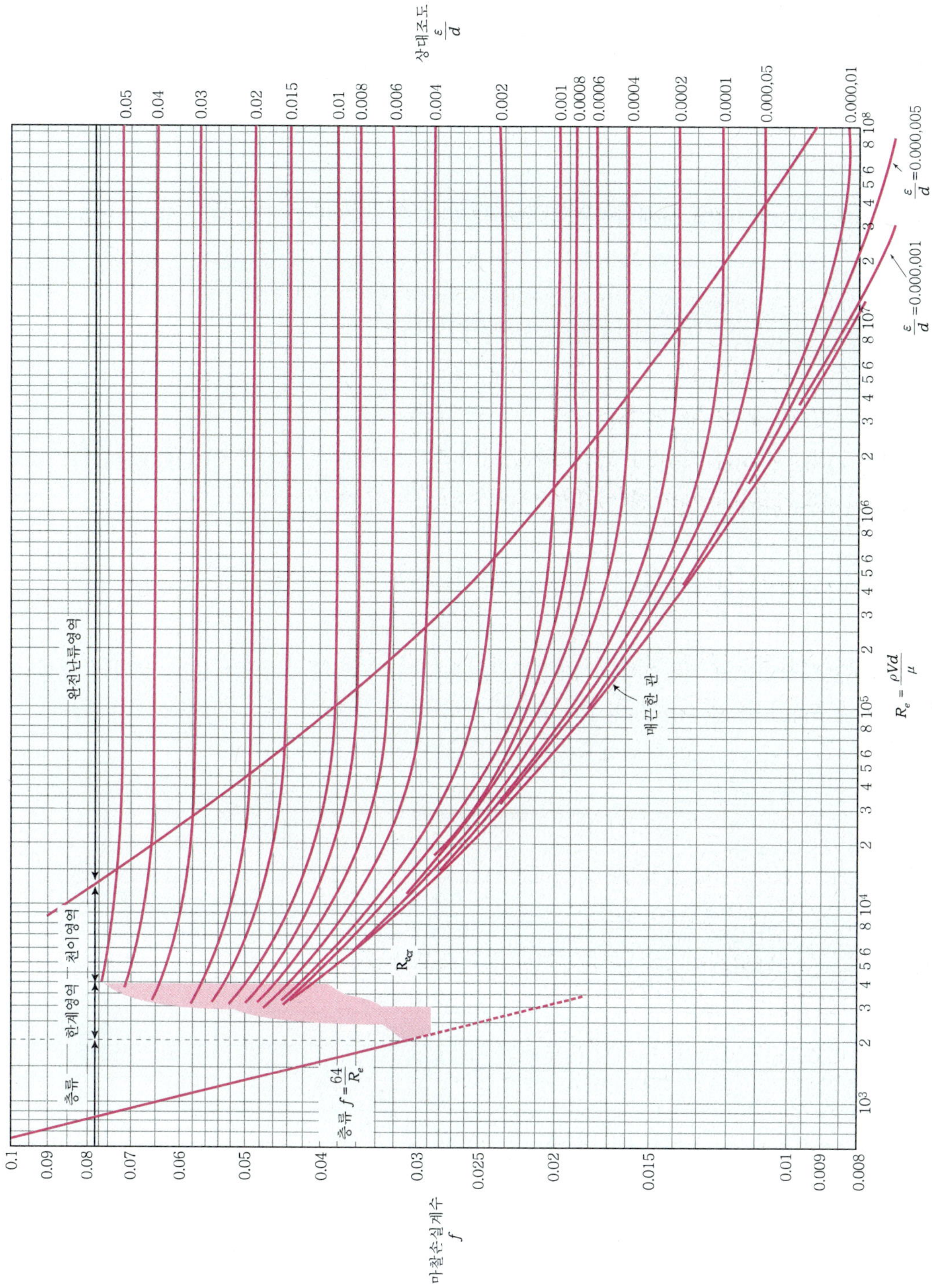

그림 4.5.2 Moody 도표

Blasius는 매끈한 관로 내의 난류($4,000 < R_e < 10^5$) 영역에 대해 마찰손실계수를 다음과 같이 제시하였다.

$$f = \frac{0.3164}{R_e^{0.25}} \tag{4.5.19}$$

Moody 도표를 대신하여 설계목적으로 일부 수리학적 값들이 주어질 때 손실수두, 유량, 그리고 직경을 구하기 위해 Swamme 및 Jain은 다음과 같은 경험식들을 제시하였다.

$$h_L = 1.07\frac{Q^2L}{gd^5}\left\{\ln\left[\frac{\varepsilon}{3.7d}+4.62\left(\frac{\nu d}{Q}\right)^{0.9}\right]\right\}^{-2} \qquad (3,000 < R_e < 3\times10^8) \tag{4.5.20}$$

$$Q = -0.965\left(\frac{gd^5h_L}{L}\right)^{0.5}\ln\left[\frac{\varepsilon}{3.7d}+\left(\frac{3.17\nu^2L}{gd^3h_L}\right)^{0.5}\right] \qquad (2,000 < R_e) \tag{4.5.21}$$

$$D = 0.66\left[\varepsilon^{1.25}\left(\frac{LQ^2}{gh_L}\right)^{4.75}+\nu Q^{9.4}\left(\frac{L}{gh_L}\right)^{5.2}\right]^{0.04} \qquad (5,000 < R_e < 3\times10^8) \tag{4.5.22}$$

이 식들은 영국단위제 및 국제단위제 모두 적용할 수가 있다. 다양한 종류의 관에 대한 등가조도(equivalent roughness) ε의 값은 표 4.5.1과 같다.

표 4.5.1 관 종류별 등가조도

관의 종류	등가조도 ε	
	(ft)	(mm)
리벳트 강관	0.003~0.03	0.9~9.0
콘크리트	0.001~0.01	0.3~3.0
나무관	0.0006~0.003	0.18~0.9
주철	0.00085	0.26
아연철	0.0005	0.15
상업용강관 및 단철	0.00015	0.045
호스	0.000005	0.0015
플라스틱, 유리	0.0 (매끈함)	0.0 (매끈함)

예제 4.1

직경 0.2m인 관의 벽이 0.12mm의 가는 모래로 피복되어 있다. 20℃의 물($\nu = 1.004\times10^{-6}\,m^2/s$)이 $0.05\,m^3/s$의 율로 1,000m를 흐를 때 발생하는 손실수두를 구하라. 매끈한 관일 경우의 손실수두는 얼마인가?

풀이

관로내 유속, Reynold 수 및 상대조도는

$$V = \frac{Q}{A} = \frac{0.05}{\pi \times 0.2^2/4} = 1.59\text{m/s}$$

$$R_e = \frac{VD}{\nu} = \frac{1.59 \times 0.2}{1.004 \times 10^{-6}} = 3.17 \times 10^5$$

$$\frac{\varepsilon}{d} = \frac{0.12\text{mm}}{200\text{mm}} = 0.0006$$

Moody 도표로부터 f값을 읽으면 f=0.019가 된다. 따라서 Darcy-Weisbach 공식으로부터

$$h_L = f\frac{L}{d}\frac{V^2}{2g} = 0.019 \times \frac{1{,}000}{0.2} \times \frac{1.59^2}{2 \times 9.81} = 12.2\text{m}$$

매끈한 관인 경우 식 (4.5.19)로부터

$$f = \frac{0.3164}{R_e^{0.25}} = \frac{0.3164}{(3.17 \times 10^5)^{0.25}} = 0.0134$$

$$h_L = f\frac{L}{d}\frac{V^2}{2g} = 0.0134 \times \frac{1{,}000}{0.2} \times \frac{1.59^2}{2 \times 9.81} = 8.63\text{m}$$

예제 4.11

예제 4.10과 동일한 경우에서 손실수두를 식 (4.5.20)을 이용하여 결정하라.

풀이

$$h_L = 1.07\frac{Q^2L}{gd^5}\left\{\ln\left[\frac{\varepsilon}{3.7d} + 4.62\left(\frac{\nu d}{Q}\right)^{0.9}\right]\right\}^{-2}$$

$$= 1.07 \times \frac{0.05^2 \times 1{,}000}{9.81 \times 0.2^5}\left\{\ln\left[\frac{0.00012}{3.7 \times 0.2} + 4.62\left(\frac{1.004 \times 10^{-6} \times 0.2}{0.05}\right)^{0.9}\right]\right\}^{-2} = 12.1\text{m}$$

예제 4.12

그림 4.5.3과 같이 직경 0.5m의 강관에서 흐르는 유량을 계산하라. 단 강관의 등가조도는 4.6×10^{-5}m 이다.

풀이

강관의 상대조도는

$$\frac{\varepsilon}{d} = \frac{4.6 \times 10^{-5}}{0.5} = 9.2 \times 10^{-5}$$

저수지 수면과 자유 분출되는 관로의 끝단에 에너지 방정식을 적용하면

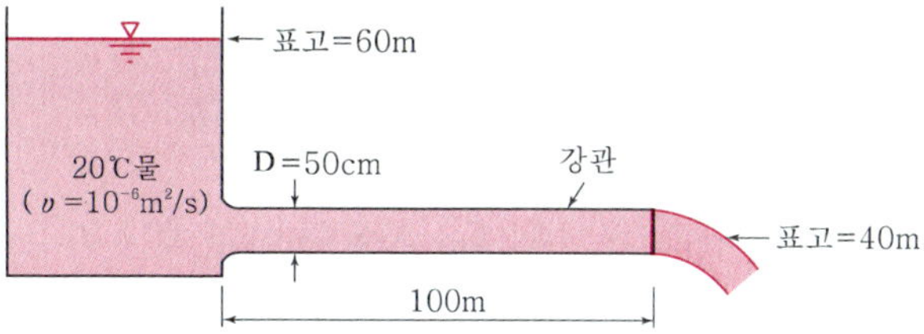

그림 4.5.3

$$\frac{p_1}{\gamma}+\frac{V_1^2}{2g}+z_1=\frac{p_2}{\gamma}+\frac{V_2^2}{2g}+z_2+h_L$$

$$0+0+60=0+\frac{V_2^2}{2g}+40+f\frac{L}{D}\frac{V_2^2}{2g}$$

따라서

$$V=\left(\frac{2g\times 20}{1+200f}\right)^{1/2}$$

먼저 f=0.02로 가정하면 V=8.86m/s가 되며 $R_e=4.43\times10^6$이 된다.

이 값과 상대조도를 이용하며 Moody 도표로부터 f를 읽으면 f=0.012가 된다.

그러므로 f=0.012로 다시 가정하면 V=10.7m/s가 되고 $R_e=5.35\times10^6$이 되며 Moody 도표로부터 f=0.012를 얻게 되어 가정치와 같게 된다.

따라서 이때의 유속 V=10.7m/s를 이용하면

$$Q=VA=10.7\times\frac{\pi}{4}\times0.5^2=2.1\text{m}^3/\text{s}$$

4.5.4 비 원형 단면에서의 손실수두

지금까지는 원형 단면의 관수로에 대한 손실수두를 결정하는 방법에 대해 알아보았다. 하지만 실제로는 비 원형 단면에서의 손실수두를 결정할 경우도 있다. 이와 같이 비 원형 단면인 경우 다음과 같은 동수반경(hydraulic radius) R_h를 적용하여 Darcy-Weisbach 공식을 적용할 수가 있다.

$$R_h=\frac{A}{P} \tag{4.5.23}$$

여기서 A는 단면적, 그리고 P는 윤변(wetted perimeter)이다. 원형관인 경우의 동수반경을 구해보면

$$R_h=\frac{\pi d^2/4}{\pi d}=\frac{d}{4} \qquad \therefore d=4R_h \tag{4.5.24}$$

이와 같이 직경은 동수반경의 4배에 해당하므로 이러한 조건을 Darcy-Weisbach 공식에 적용하면

$$h_L=f\frac{L}{4R_h}\frac{V^2}{2g} \tag{4.5.25}$$

하지만 동수반경을 사용한 이 관계는 관수로 내 흐름이 난류인 경우에 사용할 수 있으나 점성으로 인한 마찰현상이 지배적인 층류에서는 적절하지 못한 것으로 나타나고 있다.

예제 4.13

30cm × 20cm의 매끄러운 수평 사각형관로에 20℃의 물($\nu = 1.004 \times 10^{-6} m^2/s$)이 $0.24 m^3/s$의 율로 흐르고 있다. 500m를 흐르는 동안 발생하는 압력 강하량을 구하라.

풀이

동수반경은

$$R_h = \frac{A}{P} = \frac{0.3 \times 0.2}{(0.3 + 0.2) \times 2} = 0.06m$$

관로를 통해 흐르는 유속 및 Reynolds 수는

$$V = \frac{Q}{A} = \frac{0.24}{0.3 \times 0.2} = 4m/s, \quad R_e = \frac{V4R_h}{\nu} = \frac{4 \times 4 \times 0.06}{1.004 \times 10^{-6}} = 9.6 \times 10^5$$

Moody 도표에서 매끈한 관로에 대해 f를 읽으면 0.0115가 된다. 그러므로 손실수두는

$$h_L = f\frac{L}{4R_h}\frac{V^2}{2g} = 0.0115 \times \frac{500}{4 \times 0.06} \times \frac{4^2}{2 \times 9.81} = 19.22m$$

따라서 압력강하량은

$$\Delta p = \gamma h_L = 1{,}000 \times 19.22 = 19{,}220 kg/m^2$$

4.5.5 관수로 유량 경험공식

Darcy-Weisbach 공식은 관수로 내에서의 평균유속과 손실수두와의 관계를 나타내는 식으로 마찰손실계수가 주어지면 평균유속이나 손실수두를 구할 수가 있다. 하지만 앞에서 설명한 바와 같이 마찰손실계수는 Reynold 수와 관의 상대조도의 함수로 Moody 도표를 이용해야 하는 불편함이 있다. 따라서 마찰손실계수를 경험적으로 구하기 위한 방법들이 많이 제안되고 있으며, 이에 따른 유속 및 유량을 산정하는 경험식이 제시되고 있다. 이 중 관수로 내 유량을 산정하기 위한 경험공식으로 Hazen-Williams 공식과 Manning의 공식 등이 있다.

가) Hazen-Williams 공식

Hazen-Williams 공식은 비교적 큰 관($d > 5cm$)에서 유속이 3m/s보다 작은 경우의 상수도 송수관 설계에 적용할 수 있는 경험식으로 유량은 다음과 같이 산정한다.

$$Q = 0.849 C_{HW} A R_h^{0.63} S^{0.54} \tag{4.5.26}$$

여기서 Q는 유량(m^3/sec), A는 단면적(m^2), R_h는 동수반경(m), S는 에너지선의 경사(m/m), 그리고 C_{HW}는 Hazen-Williams의 계수로 표 4.5.2와 같다.

표 4.5.2 Hazen-Williams의 계수

관재료	C_{HW}	관재료	C_{HW}
석면시멘트	140	유리	140
청동	130~140	납	130~140
벽돌	100	프라스틱	140~150
주철(신품)	130	강철(신품)	140~150
주철(10년)	107~113	리벳강철	110
주철(20년)	89~200	주석	130
주철(30년)	75~90	나무관	120
주철(40년)	64~83	구리	120
콘크리트(강철거푸집)	140	토관	110
콘크리트(합판거푸집)	130	소방호스	110~140
아연철	120		

나) Manning 공식

Manning 공식은 관수로 내 경험공식으로 개수로 설계에도 널리 사용되며 유량은 다음과 같이 산정한다.

$$Q = \frac{1}{n} A R_h^{2/3} S_o^{1/2} \tag{4.5.27}$$

Manning 공식에서 관로의 조도는 조도계수 n으로 적용되며 관 재료별 조도계수는 표 4.5.3과 같다. 완전난류인 경우 Darcy-Weisbach의 마찰손실계수 f와 Manning 조도계수 n과의 관계는 다음과 같다.

$$f = \frac{8gn^2}{R_h^{1/3}} = \frac{124.5n^2}{d^{1/3}} \tag{4.5.28}$$

Darcy-Weisbach 공식과 Hazen-Williams 및 Manning의 공식을 비교해보면 경험공식은 실제 적용에 있어 많은 제한을 가지게 된다. 이들 경험공식들은 난류에 대해서 적용이 가능하며, Manning의 공식은 관로 내의 완전히 거친 흐름 영역에서만 적용할 수 있다.

표 4.5.3 Manning의 조도계수 n값

관재료	n	관재료	n
유리, 청동, 구리	0.009~0.013	시멘크 몰탈면	0.011~0.015
매끈한 시멘트면	0.010~0.013	타일	0.011~0.017
나무	0.010~0.013	단철	0.012~0.017
매끈한 하수관	0.010~0.017	벽돌(몰탈 접착)	0.012~0.017
주철	0.011~0.015	리벳트 강관	0.014~0.017
콘크리트	0.011~0.015	주름진 금속배수관	0.020~0.024
에나멜수지 코팅관	0.009~0.010	용접강관	0.010~0.013

예제 4.14

직경이 0.3m인 관에서 물이 500m를 흐르는 동안 발생한 손실수두가 15m일 때 유량을 Hazen- Williams 방법과 Manning의 방법을 이용하여 구하라. 단, 계수$C_{HW}=110$, Manning의 n값은 0.012이다.

풀이

500m를 흐르는 동안 손실수두가 15m이므로 에너지선의 경사 및 동수반경은

$$S_o=\frac{h_L}{L}=\frac{15}{500}=0.03,\ R_h=\frac{d}{4}=\frac{0.3}{4}=0.075\text{m}$$

Hazen-Williams 방법에 의한 유량

$$Q=0.849C_{HW}AR_h^{0.63}S_o^{0.54}=0.849\times 110\times\frac{\pi}{4}\times 0.3^2\times 0.075^{0.63}\times 0.03^{0.54}=0.194\text{m}^3/\text{s}$$

Mannig 방법에 의한 유량

$$Q=\frac{1}{n}AR_h^{2/3}S_o^{1/2}=\frac{1}{0.012}\frac{\pi\times 0.3^2}{4}\times 0.075^{2/3}\times 0.03^{1/2}=0.181\text{m}^3/\text{s}$$

예제 4.15

두 저수지의 수면표고차가 10m일 때 500m 길이의 콘크리트관을 사용하여 초당 1m^3의 물을 송수하려면 직경을 얼마로 하여야 하는가? Hazen-Williams 방법과 Manning의 방법을 이용하여 구하라.

풀이

Hazen-Williams 방법에서 계수는 콘크리트관(합판거푸집)인 경우 $C_{HW}=130$이다.

따라서 식 (4.5.26)으로부터

$$1=0.849\times 130\times\frac{\pi}{4}\times d^2\times\left(\frac{d}{4}\right)^{0.63}\left(\frac{10}{500}\right)^{0.54}\qquad \therefore d=0.571\text{m}$$

Mannig의 방법에서 콘크리트 관인 경우 조도계수 n=0.013을 적용한다. 따라서 식 (4.5.27)로부터

$$1=\frac{1}{0.013}\times\frac{\pi}{4}\times d^2\times\left(\frac{d}{4}\right)^{2/3}\times\left(\frac{10}{500}\right)^{1/2}\qquad \therefore d=0.644\text{m}$$

4.6 미소손실수두

관수로를 통해 흐르는 물은 다양한 변화를 겪게 된다. 즉, 물은 유입부 및 유출부, 밸브 및 부속물, 만곡부, 단면의 급변화 및 점변화 등을 통해 이동한다. 이러한 변화를 겪는 동안 물이 가지고 있는 에너지가 손실되며 이러한 손실을 미소손실(minor losses)이라 한다. 미소손실수두는 실험에 의하면 다음과 같이 속도수두에 비례하는 것으로 나타나고 있다.

$$h_m = K_L \frac{V^2}{2g} \tag{4.6.1}$$

여기서 K_L은 미소손실계수(minor loss coefficient)로 각 상황에 대한 이론 및 실험으로부터 얻은 값을 이용한다. 미소손실수두는 같은 손실이 발생하는 등가길이의 개념을 이용하여 다음과 같이 나타낼 수도 있다.

$$h_m = f\frac{L_e}{D}\frac{V^2}{2g} \tag{4.6.2}$$

여기서 L_e는 등가길이(equivalent length)로 미소손실수두에 상응하는 관의 길이로 식 (4.6.1)과 (4.6.2)로부터 다음과 같다.

$$L_e = \frac{K_L D}{f} \tag{4.6.3}$$

본 절에서는 관수로의 단면변화 및 부속물에 의한 미소손실수두를 결정하는 방법에 대해 소개하기로 한다.

4.6.1 단면 급확대 손실

단면이 급확대(sudden expansion)되는 경우는 주로 관로의 출구부가 큰 수조나 저수지에 연결되어 있는 경우라 할 수 있다. 그림 4.6.1과 같이 작은 단면의 관으로부터 유출되어 큰 단면의 관으로 유입되는 물은 분사(jet) 형태로 흐르다 곧 큰 단면 전체로 퍼지게 된다. 단면 ②와 ③에서의 이러한 과정에 의해 물이 가지고 있던 운동에너지가 점성효과로 인해 손실되게 된다.

이와 같은 단면 급확대로 인한 에너지 손실을 구하기 위해 연속방정식과 운동량 방정식, 그리고 에너지 방정식을 적용해 보기로 한다. 단면 ①, ② 및 ③에서 흐름은 균일하고 검사체적 왼쪽에서의 압력은 일정($p_a = p_b = p_c = p_1$)하다고 가정한다.

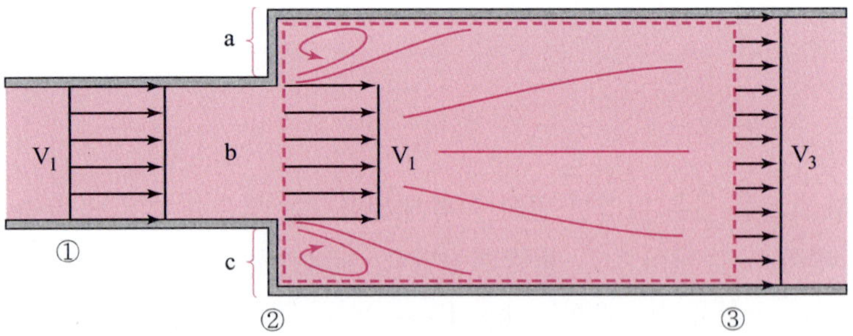

그림 4.6.1 단면 급확대에 대한 검사체적

연속방정식 : $A_1V_1 = A_2V_2 = A_3V_3$ (4.6.4)

운동량방정식 : $p_1A_3 - p_3A_3 = \rho A_3V_3(V_3 - V_1)$ (4.6.5)

에너지방정식 : $\frac{p_1}{\gamma} + \frac{V_1^2}{2g} = \frac{p_3}{\gamma} + \frac{V_3^2}{2g} + h_m$ (4.6.6)

식 (4.6.5)와 식 (4.6.6)을 $(p_1 - p_3)/\gamma$로 정리하여 서로 같게 놓으면

$$\frac{V_3(V_3 - V_1)}{g} = \frac{V_3^2 - V_1^2}{2g} + h_m \tag{4.6.7}$$

식 (4.6.7)에 $V_3 = A_1V_1/A_3$와 $A_3 = A_2$를 적용하여 손실수두 h_m에 대해 정리하면

$$h_m = \frac{(V_1 - V_3)^2}{2g} = \left(1 - \frac{A_1}{A_2}\right)^2 \frac{V_1^2}{2g} \tag{4.6.8}$$

따라서 단면 급확대로 인한 미소손실계수는 다음과 같다.

$$K_{se} = \left(1 - \frac{A_1}{A_2}\right)^2 \tag{4.6.9}$$

다른 미소손실과 같이 단면 급확대로 인한 미소손실도 점성에 의한 마찰손실이기 보다는 유속이 감소됨으로 인한 운동에너지 손실이라 할 수 있다. 관수로의 출구부가 저수지나 수조로 연결된 경우는 $A_1/A_2 = 0$에 해당하므로 단면 급확대 미소손실계수 $K_{se} = 1$이 된다. 이 경우 흐름의 운동에너지 $(V_1^2/2g)$가 수조나 저수지로 유입됨에 따라 점성효과로 인해 모두 소실되고 결국 흐름이 정지하게 된다. 면적비에 따른 단면급확대로 인한 미소손실계수는 그림 4.6.2를 이용하여 구할 수 있다.

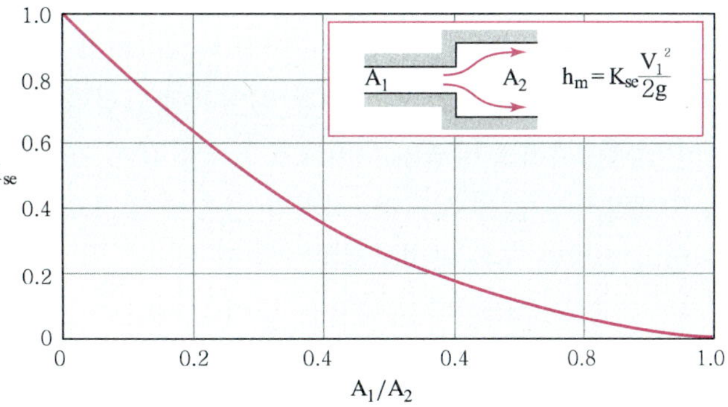

그림 4.6.2 단면 급확대로 인한 미소손실계수

예제 4.16

그림 4.6.1과 같이 직경이 0.1m에서 0.5m로 급확대되는 관로에서 물이 $0.2m^3/s$의 율로 흐를 때 단면 급확대로 인한 손실수두를 구하라. 만일 직경 0.1m에서 큰 단면의 수조로 유입된다면 손실수두는 얼마인가? 마찰로 인한 손실은 무시하라.

풀이

두 단면의 단면적 및 유속은

$$A_1 = \frac{\pi d_1^2}{4} = \frac{3.14}{4} \times 0.1^2 = 0.0079m^2,\ \ A_2 = \frac{\pi d_2^2}{4} = \frac{3.14}{4} \times 0.5^2 = 0.1963m^2$$

$$V_1 = \frac{Q}{A_1} = \frac{0.2}{0.0079} = 25.32m/s$$

미소손실계수는

$$K_{se} = \left(1 - \frac{A_1}{A_2}\right)^2 = \left(1 - \frac{0.0079}{0.1963}\right)^2 = 0.92$$

따라서 단면급확대로 인한 손실수두는

$$h_m = K_{se}\frac{V_1^2}{2g} = 0.92 \times \frac{25.32^2}{2 \times 9.81} = 30.06m$$

만일 큰 단면의 수조로 물이 유입되면 $A_1/A_2 \simeq 0$이 되어 $K_{se} = 1$이 되므로 물이 가지고 있는 운동에너지가 모두 손실된다. 그러므로

$$h_m = K_{se}\frac{V_1^2}{2g} = 1 \times \frac{25.32^2}{2 \times 9.81} = 32.68m$$

4.6.2 단면 급축소 손실

단면 급축소는 직경이 큰 관으로부터 직경이 작은 관으로 급격하게 단면이 축소되거나, 저수지나 수조로부터 관로로 유입되는 경우에 발생한다. 이러한 경우 그림 4.6.3(a)와 같이 축소된 관의 입구부에서는 물이 90°로 휘어져 흐를 수가 없기 때문에 수축단면(vena contracta)이 형성된다. 수축단면에서의 유속이 단면 ②에서의 유속보다 크며 압력은 낮다. 만일 수축단면에서의 빠른 유속이 효율적으로 감속된다면 운동에너지가 압력에너지로 바뀌며 그림 4.6.3(b)와 같이 이상적인 압력에너지 분포(점선)를 나타내며 에너지손실이 발생하지 않을 것이다. 하지만 감속시 점성효과로 인해 운동에너지의 일부가 손실되며 그림 4.6.3(b)의 실선과 같은 압력분포를 보이게 된다.

이와 같은 단면 급축소로 인한 손실수두는 다음과 같이 나타낼 수 있다.

$$h_m = \frac{(V_c - V_2)^2}{2g} = \left(\frac{V_c}{V_2} - 1\right)^2 \frac{V_2^2}{2g} \tag{4.6.10}$$

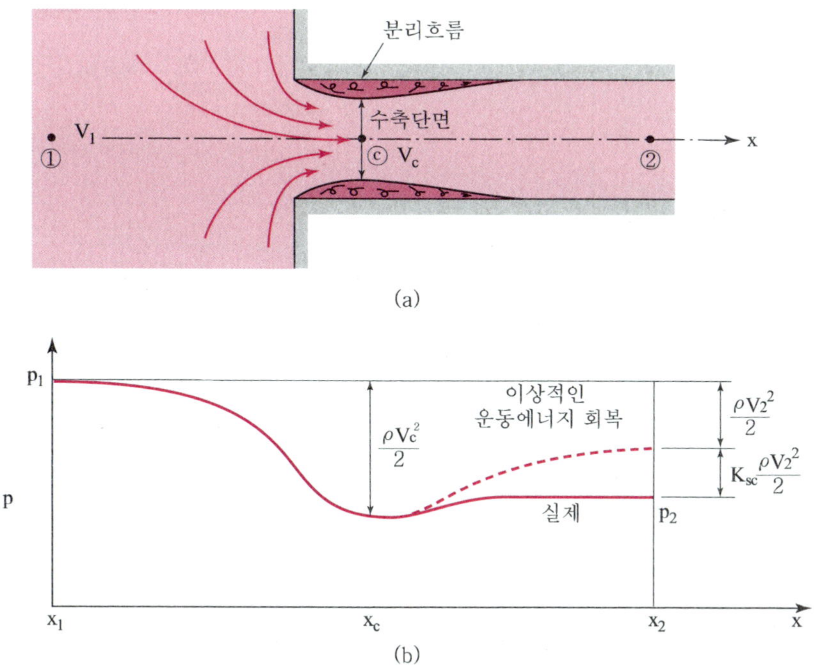

그림 4.6.3 단면 급축소로 인한 에너지손실

수축단면과 단면 ②에서의 연속방정식을 적용하여 식 (4.6.10)을 다시 나타내면

$$h_m = \left(\frac{A_2}{A_c} - 1\right)^2 \frac{V_2^2}{2g} = \left(\frac{1}{C_c} - 1\right)^2 \frac{V_2^2}{2g} \tag{4.6.11}$$

따라서 단면 급축소로 인한 손실계수는 다음과 같다.

$$K_{sc} = \left(\frac{1}{C_c} - 1\right)^2 \tag{4.6.12}$$

여기서 $C_c = A_c/A_2$는 단면수축계수이고 다음과 같이 개략적으로 산정할 수 있다.

$$C_c = 0.62 + 0.38\left(\frac{A_2}{A_1}\right)^3 \tag{4.6.13}$$

실제로는 수축단면에서 단면 ②지점까지의 손실 이외에 축소 전 단면 말단부에서의 가속으로 인한 에너지손실도 발생하며 이를 고려하여 단면 급축소로 인한 손실계수를 나타내면 그림 4.6.4와 같다.

저수지나 수조로부터 관로로 물이 유입되는 경우는 단면 급축소에서 $A_2/A_1 = 0$에 해당하는 경우라 할 수 있다. 이때 유입부의 형태에 따라 손실계수가 그림 4.6.5와 같이 다양하게 변하며, 유입부 끝단이

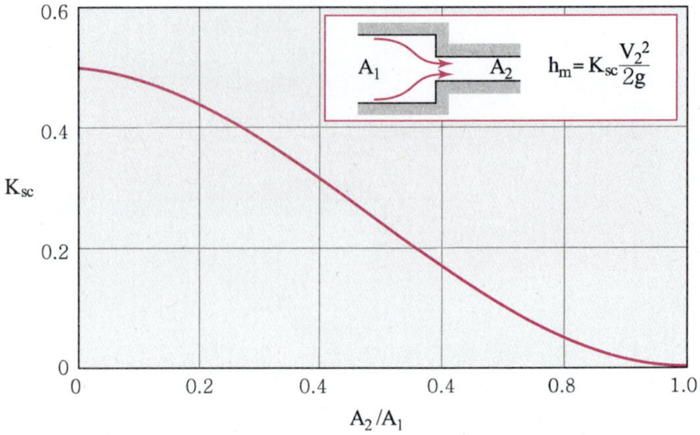

그림 4.6.4 단면 급축소로 인한 미소손실계수

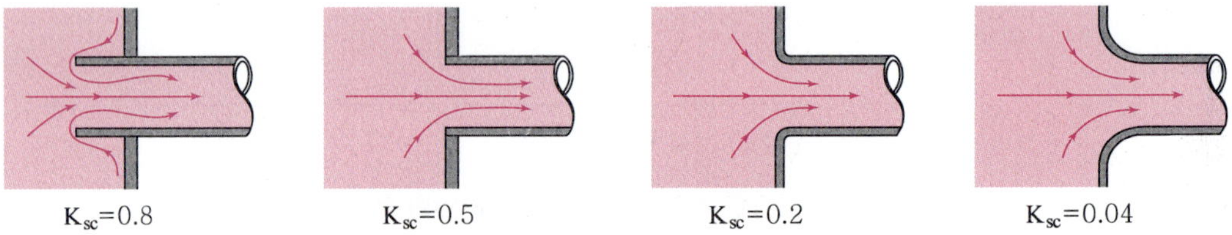

4.6.5 유입부 형태에 따른 손실계수

둥근 경우 직경 D에 대한 끝단 곡률반경 r에 대한 비를 이용하여 그림 4.6.6으로부터 손실계수를 산정할 수 있다.

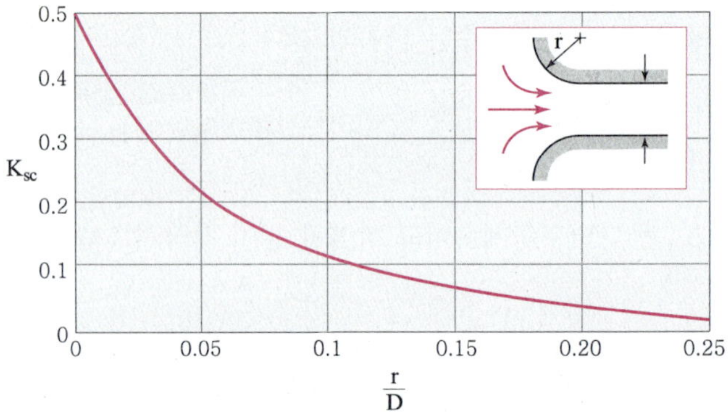

4.6.6 유입부 끝단의 둥근 정도에 따른 손실계수

예제 4.17

직경 0.3m의 관로가 직경 0.1m로 급축소될 때 유량이 0.2m^3/s라면 단면 급축소로 인한 손실수두는 얼마인가? 마찰로 인한 손실은 무시하라.

풀이

두 단면에서의 면적 및 유속은

$$A_1 = \frac{\pi d_1^2}{4} = \frac{3.14}{4} \times 0.3^2 = 0.0707\text{m}^2, \quad A_2 = \frac{\pi d_2^2}{4} = \frac{3.14}{4} \times 0.1^2 = 0.0079\text{m}^2$$

$$V_2 = \frac{Q}{A_2} = \frac{0.2}{0.0079} = 25.32\text{m/s}$$

식 (4.6.13)으로부터 단면수축계수는

$$C_c = 0.62 + 0.38\left(\frac{A_2}{A_1}\right)^3 = 0.62 + 0.38\left(\frac{0.0079}{0.0707}\right)^3 = 0.6205$$

따라서 단면 급축소로 인한 손실수두는

$$h_m = \left(\frac{1}{C_c} - 1\right)^2 \frac{V_2^2}{2g} = \left(\frac{1}{0.6205} - 1\right)^2 \times \frac{25.32^2}{2 \times 9.81} = 12.22\text{m}$$

4.6.3 단면 점확대 손실

단면이 점진적으로 확대(gradual enlargement)되는 경우를 확대관(diffuser)이라 하며, 그림 4.6.7과 같이 직경비 D_2/D_1과 확대각 θ에 의해 에너지손실이 결정된다. 실험결과에 의하면 점확대 손실은 다음과 같이 급확대 손실과 비슷하게 나타낼 수가 있다.

$$h_m = K_{ge}\frac{(V_1 - V_2)^2}{2g} \tag{4.6.14}$$

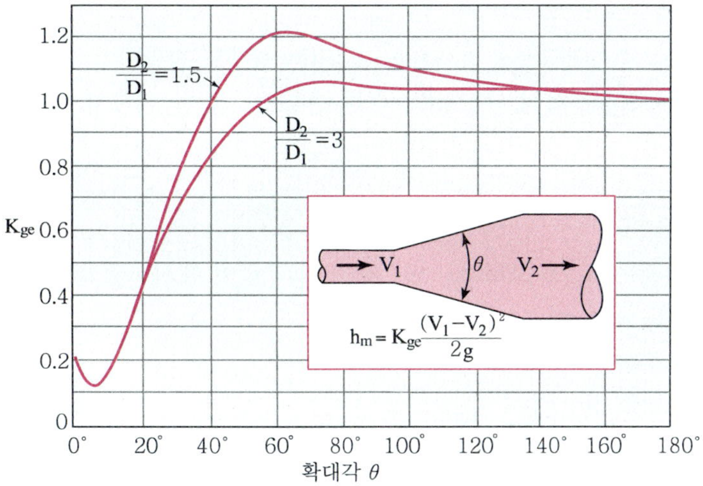

그림 4.6.7 단면 점확대로 인한 손실계수

여기서 K_{ge}는 단면 점확대 손실계수로 그림 4.6.7과 같이 직경비 및 확대각에 의해 결정한다. 확대관에서 확대각은 중요한 역할을 하는데 확대각이 작은 경우 확대부가 길어지게 되고 대부분의 손실이 관벽에서의 마찰로 인해 발생하게 된다. 확대각이 약 8°인 경우 최소의 손실계수를 나타내게 된다. 직경비가 1.5인 경우 확대각이 약 40°이상이 되면 손실계수가 1보다 크게 되어 급확대인 경우보다 에너지손실이 크게 된다.

예제 4.18

직경 0.1m의 관로가 직경 0.3m로 점확대될 때 유량이 0.2m^3/s라면 단면 점확대로 인한 손실수두는 얼마인가? 확대각은 40°이며, 마찰로 인한 손실은 무시하라.

풀이

두 단면에서의 면적과 유속을 구하면

$$A_1 = \frac{\pi d_1^2}{4} = \frac{3.14}{4} \times 0.1^2 = 0.0079\text{m}^2,\ A_2 = \frac{\pi d_2^2}{4} = \frac{3.14}{4} \times 0.3^2 = 0.0707\text{m}^2$$

$$V_1 = \frac{Q}{A_1} = \frac{0.2}{0.0079} = 25.32\text{m/s},\ V_2 = \frac{Q}{A_2} = \frac{0.2}{0.0707} = 2.83\text{m/s}$$

그림 4.6.7로부터 확대각 40°, 직경비 $D_2/D_1 = 3$을 이용하면 점확대 손실계수는 $K_{ge} = 0.83$이 된다.
따라서 단면 점확대로 인한 손실수두는

$$h_m = K_{ge}\frac{(V_1 - V_2)^2}{2g} = 0.83 \times \frac{(25.32 - 2.83)^2}{2 \times 9.81} = 21.40\text{m}$$

4.6.4 단면 점축소 손실

단면이 점진적으로 축소(gradual contraction)되는 경우도 점확대인 경우와 마찬가지로 축소각 θ와 축소 전후 단면의 면적비에 의해 결정된다. 단면 점축소로 인한 에너지손실은 다음과 같다.

$$h_m = K_{gc}\frac{V_2^2}{2g} \qquad (4.6.15)$$

여기서 점축소 손실계수 K_{gc}를 Weisbach는 다음 식과 같이 제시하였으며, 축소 전후의 면적비 및 축소각에 따른 손실계수가 그림 4.6.8과 같다.

$$K_{gc} = \frac{0.025}{8\sin\frac{\theta}{2}}\left[1 - \left(\frac{A_2}{A_1}\right)^2\right] \qquad (4.6.16)$$

여기서 θ는 축소각, A_1 및 A_2는 축소 전, 후의 단면적이다.

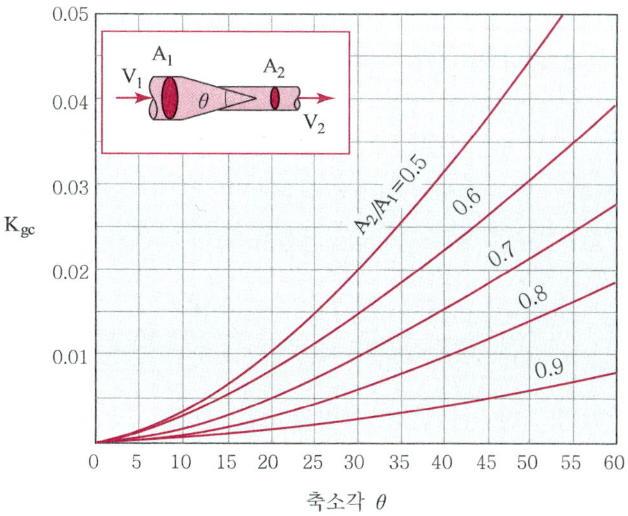

그림 4.6.8 단면 점축소로 인한 에너지손실계수

예제 4.19

직경 0.3m의 관로가 직경 0.1m로 점축소될 때 유량이 0.2m³/s라면 단면 점축소로 인한 손실수두는 얼마인가? 축소각은 20°이며, 마찰로 인한 손실은 무시하라.

풀이

두 단면에서의 면적과 유속을 구하면

$$A_1 = \frac{\pi d_1^2}{4} = \frac{3.14}{4} \times 0.3^2 = 0.0707\text{m}^2, \qquad A_2 = \frac{\pi d_2^2}{4} = \frac{3.14}{4} \times 0.1^2 = 0.0079\text{m}^2$$

$$V_1 = \frac{Q}{A_1} = \frac{0.2}{0.0707} = 2.83\text{m/s}, \qquad V_2 = \frac{Q}{A_2} = \frac{0.2}{0.0079} = 25.32\text{m/s}$$

식 (4.6.16)으로부터 단면 점축소 손실계수는

$$K_{gc} = \frac{0.025}{8\sin\frac{\theta}{2}}\left[1 - \left(\frac{A_2}{A_1}\right)^2\right] = \frac{0.025}{8\sin\frac{20}{2}}\left[1 - \left(\frac{0.0079}{0.0707}\right)^2\right] = 0.018$$

따라서 단면 점축소 손실수두는

$$h_m = K_{gc}\frac{V_2^2}{2g} = 0.018 \times \frac{25.32^2}{2 \times 9.81} = 0.59\text{m}$$

4.6.5 만곡 및 굴절로 인한 손실

관로가 만곡(bend)되어 있으면 직선으로 되어 있을 경우보다 에너지손실이 더 크게 발생한다. 이와 같이 만곡부에서의 에너지손실은 만곡부 안쪽에서 흐름이 분리되고, 또한 2차류가 형성되기 때문이다. 일반적으로 만곡부에서의 에너지손실도 다음과 같이 나타낸다.

$$h_m = K_b \frac{V^2}{2g} \tag{4.6.17}$$

여기서 K_b는 만곡부 손실계수로 Weisbach는 실험을 통해 다음과 같이 제시하였다.

$$K_b = \left[0.131 + 1.847\left(\frac{r}{R}\right)^{3.5}\right]\frac{\theta}{90}, \qquad 1 < \frac{R}{r} < 5, \quad 0^\circ < \theta < 90^\circ \tag{4.6.18}$$

여기서 r은 만곡관의 반경, R은 곡률반경, 그리고 θ는 만곡각도이다. $\theta = 90^\circ$인 경우 관의 상대조도 ε/D 및 R/D에 대한 만곡부 손실계수가 그림 4.6.9와 같다.

만일 관로가 부드럽게 만곡되어 있지 않고 각지게, 즉 곡률반경 $R = 0$으로 만곡된 경우 굴절(elbow)관이라 한다. 굴절관인 경우 손실계수를 Weisbach는 다음과 같이 제시하였다.

$$K_b = 0.946\sin^2\frac{\theta}{2} + 2.05\sin^4\frac{\theta}{2} \tag{4.6.19}$$

그림 4.6.10과 같은 경우의 관을 마이터 곡관(miter bend)이라 하며 큰 곡률반경의 만곡부를 설치할 공간이 부족할 때 널리 사용되고 있다. 마이터 곡관을 사용할 경우 유도날개(guide vane)를 설치하면 손실수두를 크게 줄일 수가 있다.

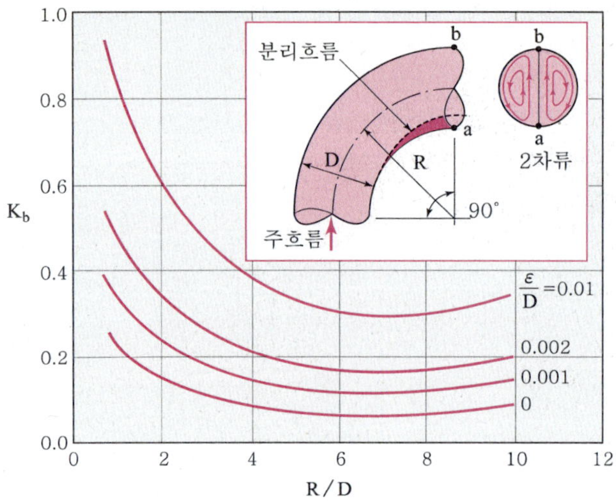

그림 4.6.9 θ=90°인 만곡관에서의 손실계수

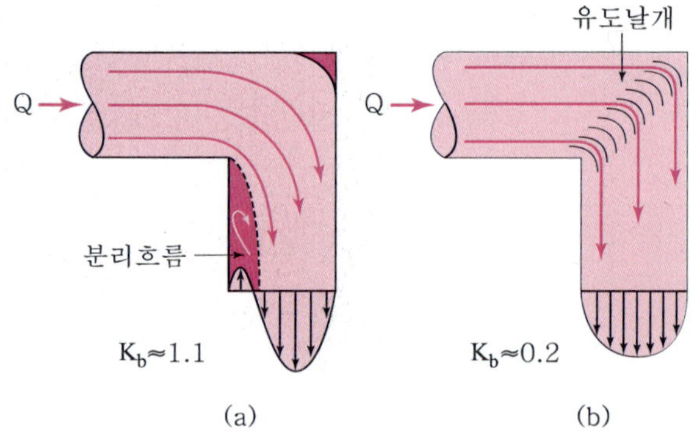

그림 4.6.10 마이터 곡관 : 유도날개가 없는 경우(a)와 유도날개가 있는 경우(b)

예제 4.20

직경 0.2m의 매끄러운 관로에 $0.1m^3/s$의 유량이 흐르고 있다. 만곡각 $\theta = 90^\circ$로 휘어질 때 손실수두를 구하라. 만곡부의 곡률반경은 0.4m이며, 마찰로 인한 손실은 무시하라. 만일 곡률반경이 0인 굴절관인 경우 손실수두는 얼마인가?

풀이

만곡부 손실계수를 식 (4.6.18)을 이용하여 구하면

$$K_b = \left[0.131 + 1.847\left(\frac{r}{R}\right)^{3.5}\right]\frac{\theta}{90} = \left[0.131 + 1.847\left(\frac{0.1}{0.4}\right)^{3.5}\right]\frac{90}{90} = 0.145$$

만곡관의 단면적 및 유속은

$$A = \frac{\pi d^2}{4} = \frac{3.14}{4} \times 0.2^2 = 0.0314m^2, \qquad V = \frac{Q}{A} = \frac{0.1}{0.0314} = 3.185m/s$$

따라서 만곡관에 의한 손실수두는

$$h_m = K_b\frac{V^2}{2g} = 0.145 \times \frac{3.185^2}{2 \times 9.81} = 0.075m$$

만일 곡률반경이 0인 굴절관이면 식 (4.6.19)로부터

$$K_b = 0.946\sin^2\frac{\theta}{2} + 2.05\sin^4\frac{\theta}{2} = 0.946\sin^2\frac{90}{2} + 2.05\sin^4\frac{90}{2} = 0.986$$

따라서 굴절관에 의한 손실수두는

$$h_m = K_b\frac{V^2}{2g} = 0.986 \times \frac{3.185^2}{2 \times 9.81} = 0.51m$$

4.6.6 밸브에 의한 손실

밸브(valve)는 관로내의 유량을 조절하기 위한 부속물로 밸브의 종류 및 개방정도에 따라 에너지 손실이 다양하게 변한다. 그림 4.6.11과 같이 밸브로 인한 에너지손실은 밸브지점의 빠른 유속에서의 운동에너지손실로 인해 발생한다. 밸브로 인한 에너지손실은 다음과 같이 나타낸다.

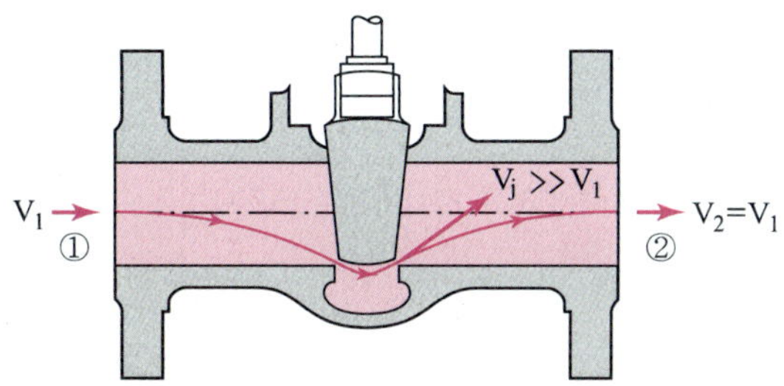

그림 4.6.11 밸브로 인한 에너지손실

$$h_m = K_v\frac{V^2}{2g} \tag{4.6.20}$$

여기서 K_v는 밸브로 인한 손실계수로 밸브의 종류 및 개방정도에 따라 표 4.6.1과 같다.

표 4.6.1 밸브의 종류 및 개방정도에 따른 손실계수

밸브의 종류	개방정도	손실계수 K_v
Globe valve	완전개방	10
Gate valve	완전개방	0.15
	1/4개방	0.26
	1/2개방	2.1
	3/4개방	17
Check valve		
– swing type	전방흐름	2
	후방흐름	∞
– ball type	완전개방	0.05
	1/3개방	240
	2/3개방	5.5
– lift type	완전개방	12
Angle valve	완전개방	2
Foot valve	완전개방	15
Rotary valve	완전개방	10

예제 4.20

직경 0.02m의 관로에 Gate 밸브가 설치되어 있다. 관로 내 유속이 1m/s일 때 밸브가 1/4 정도 개방되어 있다면 밸브로 인한 손실수두는 얼마인가? 마찰로 인한 손실은 무시하라.

풀이

Gate 밸브가 1/4정도 개방되어 있으므로 표 4.6.1로부터 손실계수는 0.26을 적용한다. 따라서

$$h_m = K_v \frac{V^2}{2g} = 0.26 \times \frac{1^2}{2 \times 9.81} = 0.013\text{m}$$

연습문제

4.1 저수지로부터 직경 10cm인 원형관에 물이 유입될 때 Reynolds 수가 500으로 흐른다면 층류의 유입길이는 얼마인가?

4.2 저수지로부터 직경 10cm인 원형관에 물이 유입될 때 완전히 발달된 난류가 형성되기까지의 유입길이는 얼마인가?

4.3 직경 40cm인 원형관에서 물이 100m를 흐르는 동안 압력강하가 2kg/cm^2 발생하였다면 관벽과 관벽에서 10cm 떨어진 지점에서의 마찰응력을 구하라.

4.4 직경 40cm인 원형관의 벽에서의 마찰응력이 0.001kg/cm^2라면 100m를 흐르는 동안 발생하는 손실수두를 구하라.

4.5 직경 50cm인 원형관에서 물이 50m를 흐르는 동안 발생한 손실수두가 5m였다면 관벽에서의 마찰응력은 얼마인가?

4.6 비중이 0.85인 기름이 직경 20cm의 원관에서 $0.05\text{m}^3/\text{s}$의 율로 흐를 때 100m를 흐르는 동안 발생하는 손실수두와 관 중심선에서의 유속, 그리고 중심선으로부터 3cm 떨어진 지점에서의 유속을 구하라. 단, 기름의 동점성계수는 $6 \times 10^{-4}\text{m}^2/\text{s}$ 이다.

4.7 하천의 한 지점에서 정밀한 유속계를 이용하여 2초 간격으로 유속을 측정하였다. 흐름방향의 유속 u와 흐름과 직각방향의 유속 v가 표 4.7의 2, 3란과 같을 때 Reynolds의 응력, 혼합거리, 그리고 와동점성계수를 구하라. 단, 평균흐름의 속도구배는 0.25/sec이다.

표 4.7 유속측정자료

시간(sec)	u (m/s)	v (m/s)	u'	v'	u'^2	v'^2	$u'v'$
0	1.920	−0.150					
2	1.920	−0.220					
4	1.740	0.420					
6	1.620	0.180					
8	1.660	−0.070					
10	1.520	0.020					
12	1.910	0.060					
14	1.600	−0.110					
16	1.980	−0.040					
18	2.000	0.070					
계	17.870	0.160					
평균	1.787	0.016					

4.8 직경 2cm의 원관에서 15℃ 의 물(점성계수 1.161×10^{-5}g·sec/cm^2)이 흐르고 있다. 원관의 5m를 흐르는 동안 압력강하가 0.1g/cm^{2}일 때 원관 내의 유량, 최대유속 및 관벽에서의 마찰응력을 구하라.

4.9 직경 0.2m의 수평관로에 20℃ 의 물($\rho=101.79$kg·s^2/m^4, $\nu=1.004\times10^{-6}$m^2/s)이 0.1m^3/s의 율로 흐르고 있다. 압력강하가 단위길이당 150kg/m^{2}일 때 a) 층류저층의 두께, b) 관중심에서의 유속, 그리고 c) 관의 중심과 관벽 사이의 중간지점(r=0.05m)에서 난류와 층류의 마찰응력의 비 τ_{turb}/τ_{lam}를 구하라.

4.10 가로 1.2m, 세로 1.5m인 사각형 관로에서 물이 가득차서 500m를 흐를 때 손실수두가 25m였다면 관벽에 작용하는 평균 마찰응력은 얼마인가?

4.11 직경 0.2m인 관로에 유속 3m/s로 물이 흐를 때 150m 구간에서 발생하는 손실수두를 구하라. 단, 마찰손실계수는 0.02로 가정하라.

4.12 직경 0.1m인 관로에 유속 4m/s로 물이 흐를 때 100m 구간에서 발생하는 손실수두를 측정하였더니 15m로 나타났다. 마찰손실계수는 얼마인가?

4.13 직경 0.3m인 관의 벽이 1.5mm의 모래로 피복되어 있다. 20℃ 의 물($\nu=1.004\times10^{-6}$m^2/s)이 0.04m^3/s의 율로 500m를 흐를 때 발생하는 손실수두를 구하라. 매끈한 관일 경우의 손실수두는 얼마인가?

4.14 연습문제 4.13과 동일한 경우에서 손실수두를 식 (4.5.20)을 이용하여 결정하라.

4.15 그림 4.15와 같이 직경 0.3m의 강관에서 흐르는 유량을 계산하라. 단 관의 등가조도는 0.0001m이다.

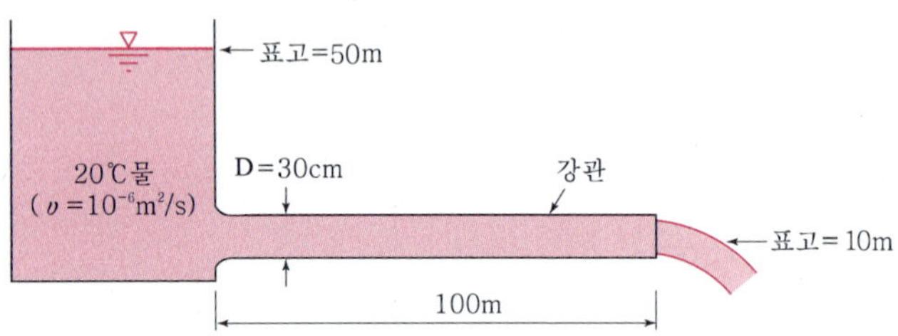

그림 4.15

4.16 직경 2m, 길이 100m의 주철관을 이용하여 유량 6.28m^3/sec를 송수하려면 관로의 경사를 얼마로 해야 하는가? 단, 마찰손실계수는 0.03이다.

4.17 40cm×50cm의 매끄러운 수평 사각형관로에 20℃ 의 물($\nu = 1.004 \times 10^{-6} m^2/s$)이 $0.3 m^3/s$의 율로 흐르고 있다. 400m를 흐르는 동안 발생하는 압력 강하량을 구하라.

4.18 40cm×40cm의 매끄러운 수평 사각형관로에 20℃ 의 물($\nu = 1.004 \times 10^{-6} m^2/s$)이 3m/s의 속도로 흐르고 있다. 300m를 흐르는 동안 발생하는 압력 강하량을 구하라.

4.19 직경이 50cm인 관에서 물이 200m를 흐르는 동안 발생한 손실수두가 10m일 때 유량을 Hazen-Williams 방법과 Manning의 방법을 이용하여 구하라. 단, 계수 $C_{HW} = 110$, Manning의 n값은 0.014이다.

4.20 두 저수지의 수면표고차가 5m일 때 1,000m 길이의 리벳트 강관을 사용하여 초당 $1.5m^3$의 물을 송수하려면 직경을 얼마로 하여야 하는가? Hazen-Williams 방법과 Manning의 방법을 이용하여 구하라.

4.21 직경 0.2m, 길이 100m인 관에 $0.03m^3/s$의 물이 흐르고 있을 때 Hazen-Williams 방법을 이용하여 손실수두를 구하라. 단, 계수 $C_{HW} = 130$이다.

4.22 직경 0.4m, 경사 1/100인 주철관을 통해 물을 송수할 때 관내의 유속을 Manning 공식으로 구하라. 단, n=0.013이다.

4.23 직경 1.2m, 경사 2/1,000인 용접강관을 통해 물을 송수할 때 유량을 Manning의 공식을 이용하여 구하라. 단, n=0.012이다.

4.24 직경이 0.1m에서 0.3m로 급확대되는 관로에서 물이 $0.1m^3/s$의 율로 흐를 때 단면 급확대로 인한 손실수두를 구하라. 만일 직경 0.1m에서 큰 단면의 수조로 유입된다면 손실수두는 얼마인가? 마찰로 인한 손실은 무시하라.

4.25 관수로에서 직경이 0.15m로부터 0.3m로 급확대될 때 유량이 $0.15m^3/s$이면 단면급확대로 인한 손실수두는 얼마인가? 마찰로 인한 손실은 무시하라.

4.26 직경 0.5m의 관로가 직경 0.2m로 급축소될 때 유량이 $0.3m^3/s$라면 단면 급축소로 인한 손실수두는 얼마인가? 마찰로 인한 손실은 무시하라.

4.27 직경 0.2m의 관로가 직경 0.3m로 점확대될 때 유량이 $0.1m^3/s$라면 단면 점확대로 인한 손실수두는 얼마인가? 확대각은 30°이며, 마찰로 인한 손실은 무시하라.

4.28 직경 0.3m의 관로가 직경 0.2m로 점축소될 때 유량이 0.1m^3/s라면 단면 점축소로 인한 손실수두는 얼마인가? 축소각은 10°이며, 마찰로 인한 손실은 무시하라.

4.29 직경 0.3m의 매끄러운 관로에 0.5m^3/s의 유량이 흐르고 있다. 만곡각도 $\theta = 90°$로 휘어질 때 손실수두를 구하라. 만곡부의 곡률반경은 0.5m이며, 마찰로 인한 손실은 무시하라. 만일 곡률반경이 0인 굴절관인 경우 손실수두는 얼마인가?

4.30 직경 0.05m의 관로에 Gate 밸브가 설치되어 있다. 관로내 유속이 1.5m/s일 때 밸브가 1/2 정도 개방되어 있다면 밸브로 인한 손실수두는 얼마인가? 마찰로 인한 손실은 무시하라.

Hydraulics

Chapter 5
관수로 흐름해석

5.1 서론

앞 장에서 관수로 내 층류 및 난류의 기본 이론, 그리고 점성으로 인한 마찰손실과 단면변화 및 부속물에 의한 미소손실을 산정하는 방법에 대해 알아보았다. 본 장에서는 이러한 관수로 내 흐름의 기본 이론을 바탕으로 다양한 실제문제를 해석하는 방법에 대해 소개하기로 한다.

지금까지 알아본 공식들의 적용을 통해 공학적으로 중요한 문제를 단순한 계산과 함께 간단하게 해결할 수가 있다. 관수로 흐름을 해석하는데 필요한 주요 개념은 마찰손실 및 미소손실을 포함한 손실수두의 고려와 함께 관로시스템(pipeline system) 내 적절한 위치에서 에너지 방정식을 적용하는 것이다. 그림 5.1.1은 관로시스템에서의 마찰손실 및 미소손실을 고려한 에너지선과 동수경사선이 변하는 예를 보여주고 있다. 이러한 개념을 바탕으로 본 장에서는 실무에서 자주 접하는 단일관로(single pipe) 및 복합관로(multiple pipes)를 포함하는 관로시스템과 관망(pipe network)에서의 정상류 해석 방법에 대해 알아보기로 한다.

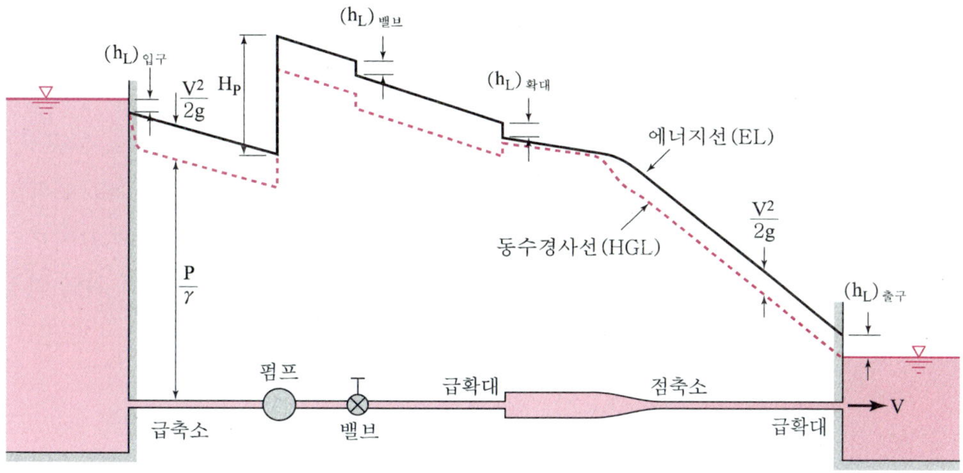

그림 5.1.1 관로시스템에서의 에너지 변화

5.2 관수로 흐름 해석 유형

관수로 흐름 문제의 해결 과정은 특정 변수들이 주어질 때 어떤 변수를 구하려고 하는가에 따라 변하게 된다. 가장 일반적인 관수로 흐름 해석문제 유형은 표 5.2.1과 같이 세 가지로 분류할 수가 있다. 관로시스템에서 물을 원하는 지점으로 보내기 위해 필요한 관거의 길이, 엘보우, 만곡부 및 밸브의 형태 및 수, 관의 조도, 그리고 물의 특성치들이 주어져 있다고 가정하고 설계에 필요한 압력강하 또는 손실수두, 유량, 그리고 관로의 크기를 산정하게 된다.

표 5.2.1 관수로 흐름해석의 3가지 문제 유형

변 수		문제유형 I	문제유형 II	문제유형 III
유체	밀도 점성	주어짐 주어짐	주어짐 주어짐	주어짐 주어짐
관로	직경 길이 조도	주어짐 주어짐 주어짐	주어짐 주어짐 주어짐	결정 주어짐 주어짐
흐름	유량 및 유속	주어짐	결정	주어짐
압력	압력강하 또는 수두손실	결정	주어짐	주어짐

① 문제유형 I : 유량 또는 유속이 주어질 때 압력강하량 또는 손실수두를 구하는 문제
② 문제유형 II : 압력강하량 또는 손실수두가 주어질 때 유량 및 유속을 구하는 문제
③ 문제유형 III : 손실수두 및 유량이 주어질 때 관로의 직경을 구하는 문제

문제유형 I은 Darcy-Weisbach 공식과 연속방정식 및 Moody 도표를 이용하여 마찰손실계수 f를 결정함으로서 간단히 해결할 수 있다. 하지만 문제유형 II 및 III는 시행착오법으로 해결하게 된다.

문제유형 II는 Darcy-Weisbach 공식에서 유속을 구하면 되는데, 마찰손실계수 f도 유속의 함수로 직접 구할 수가 없다. 따라서 마찰손실계수 f를 먼저 가정하고 Darcy-Weisbach 공식으로부터 V를 산정한다. 따라서 R_e를 산정할 수 있고, 상대조도 ε/d를 이용하여 Moody 도표로부터 마찰손실계수 f′를 찾는다. 이때 가정한 마찰손실계수 f와 f′가 같으면 이때의 유속 V가 옳은 값이므로 단면적 A를 곱해 유량 Q를 산정하게 된다. 만일 f와 f′가 서로 다르면 f를 다시 가정하여 위의 과정을 반복한다.

$$h_L \fallingdotseq H = f\frac{L}{d}\frac{V^2}{2g} \tag{5.2.1}$$

문제유형 III는 Darcy-Weisbach 공식에서 직경 d를 구해야 하는데 마찰손실계수 f 또한 유속의 함수로 단면적을 알아야 구할 수가 있다. 따라서 먼저 마찰손실계수 f를 가정하고 Darcy- Weisbach 공식으로부터 d를 산정하여 단면적 A를 구한다. 유량이 주어져 있으므로 유속 V를 산정할 수 있고, 따라서 R_e를 산정하여 ε/d와 함께 Moody 도표로부터 마찰손실계수 f′를 찾는다. 이때 가정한 마찰손실계수 f와 f′가 같으면 이때의 직경 d가 옳은 값이므로 계산이 끝난다. 만일 f와 f′가 서로 다르면 f를 다시 가정하여 위의 과정을 반복한다.

$$h_L \fallingdotseq H = f\frac{L}{d}\frac{V^2}{2g} = f\frac{L}{d}\frac{Q^2}{2g\left(\frac{\pi d^2}{4}\right)^2} \tag{5.2.2}$$

예제 5.1

문제유형 I : 그림 5.2.1과 같은 저수지로부터 길이 100m, 직경 7.5cm의 매끈한 수평관이 연결되어 있다. 관로의 유량을 $0.0084m^3/s$로 일정하게 유지하기 위해서는 관로 중심으로부터 저수지 표면까지의 수심을 얼마로 해야 하는가? 단, 물의 동점성계수는 $1.006 \times 10^{-6} m^2/s$ 이고, 입구부 손실계수는 0.5로 가정하라.

풀이

저수지 수면과 관로의 출구지점에 에너지 방정식을 적용하면

$$\frac{p_1}{\gamma}+\frac{V_1^2}{2g}+z_1=\frac{p_2}{\gamma}+\frac{V_2^2}{2g}+z_2+f\frac{L}{d}\frac{V_2^2}{2g}+K_L\frac{V_2^2}{2g}$$

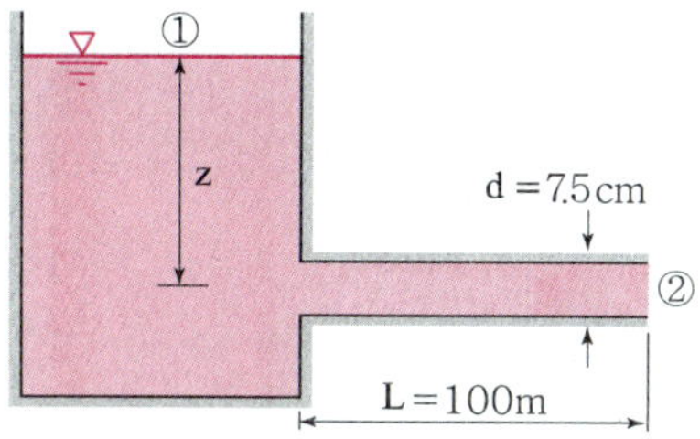

그림 5.2.1

수표면과 관로 출구부에서 $p_1 = p_2 = 0$이고, $V_1 = 0$, $z_1 = z$, 그리고 $z_2 = 0$이므로 에너지 방정식을 다시 정리하면

$$z=\frac{V_2^2}{2g}+f\frac{L}{d}\frac{V_2^2}{2g}+K_L\frac{V_2^2}{2g}=\left(1+f\frac{L}{d}+K_L\right)\frac{V_2^2}{2g}$$

관로내의 유속 및 Reynolds 수는

$$V_2=\frac{Q}{A}=\frac{0.0084}{\pi\times 0.075^2/4}=1.90m/s, \quad R_e=\frac{Vd}{\nu}=\frac{1.90\times 0.075}{1.006\times 10^{-6}}=1.42\times 10^5$$

Moody 도표로부터 매끈한 관로에 대한 마찰손실계수를 구하면 $f = 0.017$이 된다. 따라서

$$z=\left(1+f\frac{L}{d}+K_L\right)\frac{V_2^2}{2g}=\left(1+0.017\times\frac{100}{0.075}+0.5\right)\frac{1.9^2}{2\times 9.81}=4.45m$$

예제 5.2

문제유형 II : 그림 5.2.2와 같은 24m 높이에 있는 고가수조에 길이 180m, 직경 0.1m의 수평관로가 연결되어 있을 때 관로를 통해 흐르는 유량을 구하라. 단, 물의 동점성계수는 $1.006 \times 10^{-6} m^2/s$ 이고, 관의 조도는 0.25mm이며, 미소손실은 무시하라.

풀이

고가수조의 수표면과 관로의 끝단에 에너지 방정식을 적용하면

$$\frac{p_1}{\gamma}+\frac{V_1^2}{2g}+z_1=\frac{p_2}{\gamma}+\frac{V_2^2}{2g}+z_2+f\frac{L}{d}\frac{V_2^2}{2g}$$

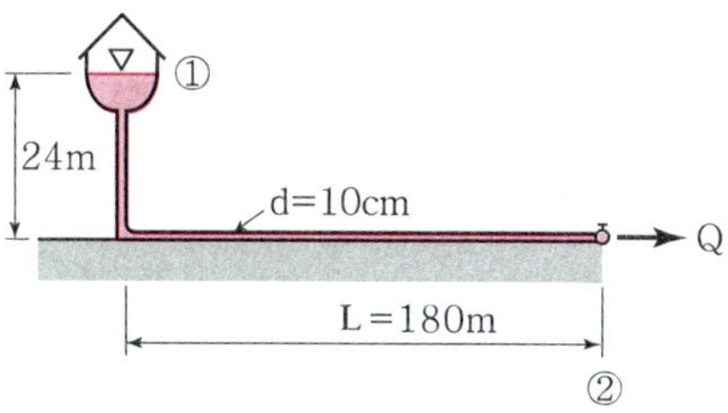

그림 5.2.2

고가수조의 수표면과 관로 출구부에서의 압력 $p_1 = p_2 = 0$이고, $V_1 = 0$, $z_1 = h$, 그리고 $z_2 = 0$이므로 에너지 방정식을 다시 정리하면

$$h=\frac{V_2^2}{2g}+f\frac{L}{d}\frac{V_2^2}{2g}=\left(1+f\frac{L}{d}\right)\frac{V_2^2}{2g} \qquad \therefore V_2=\left[\frac{2gh}{f(L/d)+1}\right]^{1/2}$$

주어진 값들을 적용하면

$$V_2=\left[\frac{2\times 9.81\times 24}{f(180/0.1)+1}\right]^{1/2}$$

따라서 $f=0.03$으로 가정하면 윗 식으로부터 $V_2=2.75\mathrm{m/s}$가 되며, Reynolds수는

$$R_e=\frac{Vd}{\nu}=\frac{2.75\times 0.1}{1.006\times 10^{-6}}=2.73\times 10^5$$

관의 상대조도 $\varepsilon/d=0.25/100=0.0025$이므로 Moody 도표로부터 $f=0.026$을 읽을 수 있어 처음 가정한 $f=0.03$과 다르다. 따라서 $f=0.026$으로 다시 가정하여 V_2를 구하면 2.95m/s가 되고, $R_e=2.93\times 10^5$이 된다. 따라서 Moody 도표로부터 f를 다시 읽으면 $f=0.026$이 되어 가정한 f와 같게 된다.
따라서 이때의 유속 $V_2=2.95\mathrm{m/s}$가 옳은 값이며 유량은

$$Q=AV=\frac{\pi\times 0.1^2}{4}\times 2.95=0.023\mathrm{m^3/s}$$

예제 5.3

문제유형 III : 매끈한 관을 통해 $0.5\mathrm{m^3/s}$의 물을 송수하려고 한다. 500m 길이를 송수하는 동안 손실수두가 2m가 되도록 할 때 필요한 관의 직경을 구하라. 단, 물의 동점성계수는 $1.006\times 10^{-6}\mathrm{m^2/s}$이다.

풀이

식 (5.2.2)로부터 Darcy Weisbach 공식에 의한 손실수두는

$$h_L=f\frac{L}{d}\frac{V^2}{2g}=f\frac{L}{d}\frac{Q^2}{2g\left(\frac{\pi d^2}{4}\right)^2}$$

이 식을 직경 d로 다시 표현하면

$$d=\left(\frac{8LQ^2}{g\pi^2 h_L}f\right)^{1/5}=\left(\frac{8\times 500\times 0.5^2}{9.81\times 3.14^2\times 2}f\right)^{1/5}=1.39f^{1/5}$$

$f=0.025$로 가정하면 $d=0.665\mathrm{m}$이고 유속 및 R_e는

$$V=\frac{Q}{A}=\frac{0.5}{\pi\times 0.665^2/4}=1.44\mathrm{m/s}, \qquad R_e=\frac{Vd}{\nu}=\frac{1.44\times 0.665}{1.006\times 10^{-6}}=9.52\times 10^5$$

Moody 도표로부터 $f=0.0117$이 되고 가정한 0.025와 다르다. 따라서 $f=0.0117$로 재가정하면 직경 $d=0.57\mathrm{m}$가 되며 $V=1.96\mathrm{m/s}$, $R_e=1.11\times 10^6$이 된다.
Moody 도표로부터 f를 다시 읽으면 $f\fallingdotseq 0.0117$이 되어 이때의 직경 $d=0.57\mathrm{m}$가 구하는 값이 된다.

5.3 단일 관수로의 흐름해석

단일 관수로(single pipe line)는 관로가 합류되거나 분류되지 않고 단일 관로로 구성되어 있으며 등단면, 부등단면, 노즐이 붙은관, 사이폰, 단일 관로내의 펌프 또는 터어빈 등 다양하다. 이러한 단일 관수로의 해석은 연속방정식, Darcy-Weisbach 공식 및 에너지 방정식을 적용하여 해결할 수 있다.

5.3.1 두 수조를 연결하는 등단면 관수로

수위차가 H인 두 수조가 길이 L, 직경 d인 관으로 연결된 그림 5.3.1과 같은 경우를 생각해 보자. 두 수조의 수위가 일정하게 유지된다고 가정하고, 두 수조사이에 에너지 방정식을 적용하면

$$\frac{p_1}{\gamma}+\frac{V_1^2}{2g}+z_1=\frac{p_2}{\gamma}+\frac{V_2^2}{2g}+z_2+h_L+\sum h_{m_i} \tag{5.3.1}$$

여기서, h_L은 길이 L인 관로에서의 마찰손실수두이고, $\sum h_{mi}$는 단면 급축소와 급확대로 인한 미소손실수두의 합이다. 두 수조의 수면에서 $p_1=p_2=0$이고, 두 수조가 상당히 크다고 가정하면 $V_1=V_2=0$이다. 이러한 조건을 식 (5.3.1)에 적용하고 다시 정리하면

$$z_1=z_2+h_L+\sum h_{mi} \tag{5.3.2}$$

$$z_1-z_2=H=f\frac{L}{d}\frac{V^2}{2g}+\left(K_{sc}\frac{V^2}{2g}+K_{se}\frac{V^2}{2g}\right) \tag{5.3.3}$$

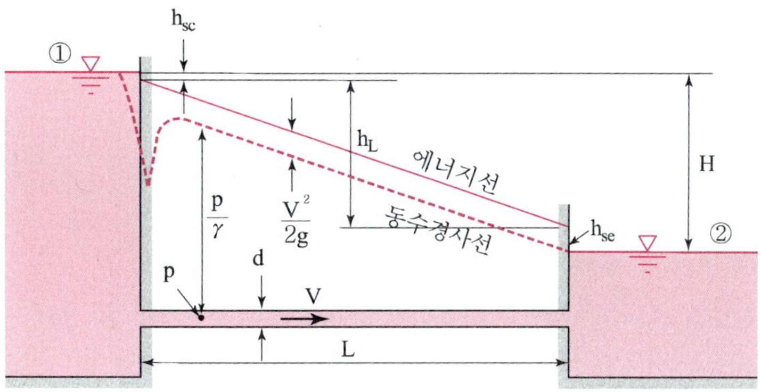

그림 5.3.1 두 수조를 연결하는 등단면 관수로

단면 급축소 및 급확대 손실계수가 $K_{sc} = 0.5$, $K_{se} = 1.0$이라 하면

$$H = \left(1.5 + f\frac{L}{d}\right)\frac{V^2}{2g} \tag{5.3.4}$$

식 (5.3.4)를 유속과 유량으로 나타내면

$$V = \sqrt{\frac{2gH}{1.5 + fL/d}} \tag{5.3.5}$$

$$Q = \frac{\pi d^2}{4}\sqrt{\frac{2gH}{1.5 + fL/d}} \tag{5.3.6}$$

마찰손실수두와 미소손실수두의 크기를 비교하기 위해 식 (5.3.4)에서 마찰손실계수를 $f = 0.03$이라 가정하자. 미소손실계수의 합은 1.5이다. 만일 L/d=100이면 괄호 안의 마찰손실과 관련된 값이 $fL/d = 3$, $L/d = 1{,}000$이면 $fL/d = 30$, $L/d = 10{,}000$이면 $fL/d = 300$이 되어 직경에 비해 관의 길이가 길어지면 미소손실부분보다 마찰로 인한 손실이 크게 된다. 따라서 일반적으로 $L/d < 3{,}000$이면 마찰손실과 미소손실을 고려하고, $L/d > 3{,}000$이면 마찰손실만 고려하게 된다.

예제 5.4

그림 5.3.1과 같이 수면의 높이차가 10m인 두 수조가 길이 500m, 직경 0.2m의 관으로 연결되어 있을 때 이 관을 통해 흐르는 유량을 구하라. 단, 20℃인 물의 동점성계수는 $1.006 \times 10^{-6} m^2/s$이고, 관의 조도는 0.2mm이다.

풀이

유량을 구하는 문제이므로 문제유형 II에 속하는 문제이다. 단면 급축소 및 급확대 손실계수가 $K_{sc} = 0.5$, $K_{se} = 1.0$이라 하고 $f = 0.025$로 가정하면 식 (5.3.5)에 의해

$$V = \sqrt{\frac{2gH}{1.5 + fL/d}} = \sqrt{\frac{2 \times 9.81 \times 10}{1.5 + 0.025 \times 500/0.2}} = 1.75 m/s$$

Reynolds 수는

$$R_e = \frac{Vd}{\nu} = \frac{1.75 \times 0.2}{1.006 \times 10^{-6}} = 3.48 \times 10^5$$

관의 상대조도는 $\varepsilon/d = 0.2/200 = 0.001$이므로 Moody 도표로부터 $f = 0.021$이 된다. 가정치 0.025와 다르므로 $f = 0.021$로 다시 가정하면 $V = 1.91 m/s$, $R_e = 3.80 \times 10^5$가 되며, Moody 도표로부터 f를 다시 읽으면 $f = 0.021$이 되어, 가정치와 같게 된다. 따라서 $V = 1.91 m/s$가 구하는 값이며 유량은

$$Q = AV = \frac{\pi d^2}{4}V = \frac{3.14 \times 0.2^2}{4} \times 1.91 = 0.06 m^3/s$$

5.3.2 두 수조를 연결하는 부등단면 관수로

수위차가 H인 두 수조를 단면이 서로 다른 관로로 직렬 연결한 그림 5.3.2와 같은 경우를 생각해 보자. 이때 두 수조사이에 에너지 방정식을 수립하면

$$\begin{aligned} H &= h_{sc} + h_{L1} + h_{se1} + h_{L2} + h_{se2} \\ &= K_{sc}\frac{V_1^2}{2g} + f_1\frac{L_1}{d_1}\frac{V_1^2}{2g} + \frac{(V_1 - V_2)^2}{2g} + f_2\frac{L_2}{d_2}\frac{V_2^2}{2g} + K_{se}\frac{V_2^2}{2g} \end{aligned} \tag{5.3.7}$$

여기서 h_{sc}는 단면 급축소로 인한 미소손실수두, h_{L1}과 h_{L2}는 1번 및 2번관에서의 마찰손실수두, h_{se1} 및 h_{se2}는 1번 및 2번관에서의 단면 급확대로 인한 미소손실수두이다. 다음과 같은 연속방정식을 이용하여 식 (5.3.7)에서 V_2를 V_1으로 대체하고 정리하면

$$V_2 = \frac{A_1}{A_2}V_1 = \frac{d_1^2}{d_2^2}V_1 \tag{5.3.8}$$

$$H = \left[K_{sc} + f_1\frac{L_1}{d_1} + \left(1 - \frac{d_1^2}{d_2^2}\right)^2 + f_2\frac{L_2}{d_2}\left(\frac{d_1}{d_2}\right)^4 + K_{se}\left(\frac{d_1}{d_2}\right)^4\right]\frac{V_1^2}{2g} \tag{5.3.9}$$

K_{sc}, d_1, d_2, K_{se}가 주어지면 최종적으로 다음과 같이 정리할 수 있다.

$$H = (C_o + C_1 f_1 + C_2 f_2)\frac{V_1^2}{2g} \tag{5.3.10}$$

식 (5.3.10)을 이용하여 세 가지의 문제유형에 대해 5.2절에서 설명한 방법에 의해 흐름 해석을 할 수 있다. 단 문제유형 II 및 III인 경우 시행착오법으로 해석을 하는데, 이때 f_1과 f_2를 동시에 가정하여 비교하는 방법을 사용한다.

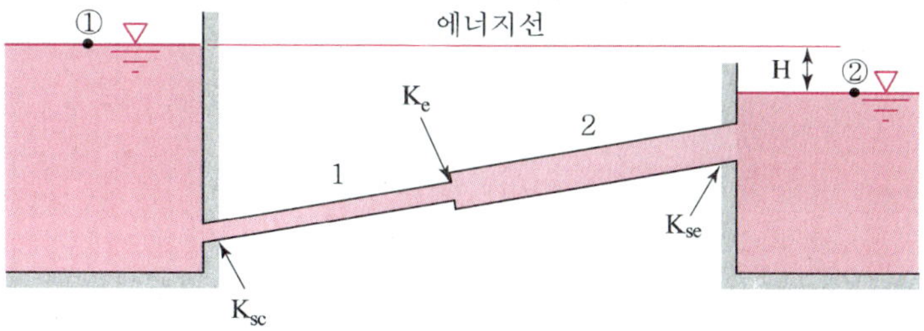

그림 5.3.2 두 수조를 연결하는 부등단면 관수로

예제 5.5

그림 5.3.2와 같이 수면의 높이차가 5m인 두 수조가 길이 300m, 직경 0.2m, 조도 0.3mm의 관과 길이 200m, 직경 0.5m, 조도 0.4mm의 관으로 연결되어 있을 때, 이 관을 통해 흐르는 유량을 구하라. 단, 20℃ 인 물의 동점성계수는 $1.006 \times 10^{-6} \mathrm{m^2/s}$ 이다.

풀이

유량을 구하는 문제이므로 문제유형 II에 속하고 시행착오법으로 구하게 된다. 식 (5.3.9)에 주어진 값들을 적용하여 정리하면

$$5 = \left[0.5 + f_1 \frac{300}{0.2} + \left(1 - \frac{0.2^2}{0.5^2}\right)^2 + f_2 \frac{200}{0.5}\left(\frac{0.2}{0.5}\right)^4 + \left(\frac{0.2}{0.5}\right)^4\right] \frac{V_1^2}{2g}$$

$$= (1.231 + 1{,}500 f_1 + 10.24 f_2) \frac{V_1^2}{2g}$$

관의 상대조도는 $\varepsilon_1/d_1 = 0.3/200 = 0.0015$, $\varepsilon_2/d_2 = 0.4/500 = 0.0008$이므로 Moody 도표에서 완전난류에 해당하는 값 $f_1 = 0.021$, $f_2 = 0.018$로 가정한다. 이 값을 윗 식에 적용하여 V_1 및 R_{e1}을 구하고 연속방정식에 의해 V_2 및 R_{e2}를 구하면

$$V_1 = 1.725 \mathrm{m/s}, \qquad R_{e1} = \frac{V_1 d_1}{\nu} = \frac{1.725 \times 0.2}{1.006 \times 10^{-6}} = 3.43 \times 10^5$$

$$V_2 = \left(\frac{d_1}{d_2}\right)^2 V_1 = \left(\frac{0.2}{0.5}\right)^2 \times 1.725 = 0.276 \mathrm{m/s}, \quad R_{e2} = \frac{V_2 d_2}{\nu} = \frac{0.276 \times 0.5}{1.006 \times 10^{-6}} = 1.37 \times 10^5$$

Reynolds 수와 상대조도를 이용하여 Moody 도표로부터 f_1과 f_2를 읽으면 $f_1 = 0.022$, $f_2 = 0.021$ 가정한 값과 약간 차이가 있으므로 $f_1 = 0.022$, $f_2 = 0.021$로 다시 가정하고 V_2 및 R_{e2}를 구하면

$$V_1 = 1.686 \mathrm{m/s}, \qquad R_{e1} = \frac{V_1 d_1}{\nu} = \frac{1.686 \times 0.2}{1.006 \times 10^{-6}} = 3.35 \times 10^5$$

$$V_2 = \left(\frac{d_1}{d_2}\right)^2 V_1 = \left(\frac{0.2}{0.5}\right)^2 \times 1.685 = 0.270 \mathrm{m/s}, \quad R_{e2} = \frac{V_2 d_2}{\nu} = \frac{0.270 \times 0.5}{1.006 \times 10^{-6}} = 1.34 \times 10^5$$

Reynolds 수와 상대조도를 이용하여 Moody 도표로부터 f_1과 f_2를 다시 읽으면 $f_1 = 0.022$, $f_2 = 0.021$ 가정한 값과 같으므로 이때의 $V_1 = 1.686 \mathrm{m/s}$가 구하는 값이 된다. 따라서 유량은

$$Q = A_1 V_1 = \frac{\pi d_1^2}{4} V_1 = \frac{3.14 \times 0.2^2}{4} \times 1.686 = 0.053 \mathrm{m^3/s}$$

5.3.3 노즐이 연결된 관수로

한쪽이 수조와 연결된 관수로 끝단에 노즐(nozzle)이 붙어 있는 그림 5.3.3과 같은 경우를 생각해 보자. 수조의 수면과 노즐의 중심부 사이의 높이차를 H라 할 때, 수조의 수면과 노즐의 출구지점간에

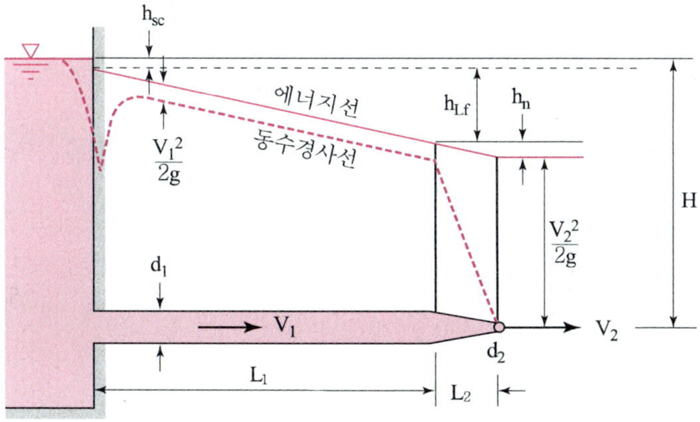

그림 5.3.3 노즐이 연결된 관수로

에너지 방정식을 적용하면

$$\frac{p_o}{\gamma}+\frac{V_o^2}{2g}+z_o=\frac{p_2}{\gamma}+\frac{V_2^2}{2g}+z_2+K_{sc}\frac{V_1^2}{2g}+f_1\frac{L_1}{d_1}\frac{V_1^2}{2g}+K_{gc}\frac{V_2^2}{2g}+f_2\frac{L_2}{d_2}\frac{V_2^2}{2g} \tag{5.3.11}$$

수조의 수면과 자유 수맥에서의 압력 $p_o = p_2 = 0$이고, 수면에서의 유속 $V_o = 0$, $z_o - z_2 = H$이므로 식 (5.3.11)을 정리하면

$$H = K_{sc}\frac{V_1^2}{2g}+f_1\frac{L_1}{d_1}\frac{V_1^2}{2g}+K_{gc}\frac{V_2^2}{2g}+f_2\frac{L_2}{d_2}\frac{V_2^2}{2g}+\frac{V_2^2}{2g} \tag{5.3.12}$$

식 (5.3.12)를 이용하여 세 가지 문제유형의 흐름 해석을 시행하면 된다. 만일 L_1/d_1이 비교적 크고 L_2는 L_1에 비해 작다면 관로에서의 마찰로 인한 에너지손실이 주를 이루므로 단면 급축소 및 노즐부에서의 단면 점축소 손실수두항을 무시하고 노즐부에서의 마찰손실을 무시할 수 있으므로 다음과 같이 간단하게 표현할 수 있다.

$$H = f_1\frac{L_1}{d_1}\frac{V_1^2}{2g}+\frac{V_2^2}{2g} \tag{5.3.13}$$

연속방정식을 이용하여 식 (5.3.13)의 V_1을 V_2로 대체하면

$$H = f_1\frac{L_1}{d_1}\frac{V_2^2}{2g}\left(\frac{d_2}{d_1}\right)^4+\frac{V_2^2}{2g}=\left[1+f_1\frac{L_1}{d_1}\left(\frac{d_2}{d_1}\right)^4\right]\frac{V_2^2}{2g} \tag{5.3.14}$$

이와 같이 관로 말단부에 노즐을 설치하는 경우로 수력발전소에서 노즐을 통한 자유수맥을 이용하여 터빈을 돌려 발전을 하는 것이 있으며, 이때 노즐을 통해 얻을 수 있는 동력은 다음과 같이 나타낼 수 있다.

$$P = \gamma Q \frac{V_2^2}{2g} = \gamma Q\left(H - f_1 \frac{L_1}{d_1}\frac{V_1^2}{2g}\right) = \gamma Q\left(H - f_1 \frac{L_1}{d_1}\frac{Q^2}{2gA_1^2}\right) \tag{5.3.15}$$

동력이 최대가 될 조건을 구하기 위해 식 (5.3.15)를 Q에 대해 미분하고 0으로 놓으면

$$\gamma H - 3\left(f_1 \frac{L_1}{d_1}\frac{\gamma Q^2}{2gA_1^2}\right) = 0 \tag{5.3.16}$$

즉,

$$H = 3\left(f_1 \frac{L_1}{d_1}\frac{V_1^2}{2g}\right) \tag{5.3.17}$$

이 조건을 식 (5.3.15)에 적용하면 최대로 얻을 수 있는 동력은 다음과 같다.

$$P_{max} = \gamma Q\left(H - \frac{H}{3}\right) = \frac{2}{3}H\gamma Q \tag{5.3.18}$$

식 (5.3.18)과 식 (5.3.15)를 비교하면

$$\frac{V_2^2}{2g} = \frac{2}{3}H \tag{5.3.19}$$

즉, 노즐을 통해 최대의 동력을 얻기 위해서는 노즐을 통해 분출되는 수맥의 속도수두가 수조의 수면과 노즐간의 수두차의 2/3일 경우이며, 이때 노즐을 통해 분출되는 수맥의 유속은 다음과 같다.

$$V_2 = \sqrt{2g \times \frac{2}{3}H} \tag{5.3.20}$$

예제 5.6

그림 5.3.3과 같이 수조의 수면과 노즐 출구와의 높이차가 30m이고, $L_1 = 100\text{m}$, $d_1 = 0.4\text{m}$, $\varepsilon_1 = 0.3\text{mm}$의 관로와 노즐부 $L_2 = 1\text{m}$, $d_2 = 0.1\text{m}$, $\varepsilon_2 = 0.2\text{mm}$가 연결되어 있다. 노즐을 통해 분출되는 유량과 이로 인해 얻을 수 있는 동력을 구하라. 단, 20℃ 인 물의 동점성계수는 $1.006 \times 10^{-6}\text{m}^2/\text{s}$이다.

풀이

식 (5.3.13)으로부터

$$H = f_1 \frac{L_1}{d_1}\frac{V_1^2}{2g} + \frac{V_2^2}{2g} = \left[f_1 \frac{L_1}{d_1} + \left(\frac{d_1}{d_2}\right)^4\right]\frac{V_1^2}{2g}$$

$$30 = \left[f_1 \frac{100}{0.4} + \left(\frac{0.4}{0.1}\right)^4\right]\frac{V_1^2}{2g} = (250f_1 + 256)\frac{V_1^2}{2g}$$

$f_1 = 0.019$라 가정하면

$$V_1 = 1.50 m/s, \qquad R_{e1} = \frac{V_1 d_1}{\nu} = \frac{1.50 \times 0.4}{1.006 \times 10^{-6}} = 5.96 \times 10^5,$$

$$\frac{\varepsilon_1}{d_1} = \frac{0.3}{400} = 0.00075$$

Moody 도표로부터 $f_1 = 0.019$로 가정한 값과 같다. 따라서 $V_1 = 1.5 m/s$가 옳은 값이며 이때의 유량은

$$Q = A_1 V_1 = \frac{\pi d_1^2}{4} V_1 = \frac{3.14 \times 0.4^2}{4} \times 1.5 = 0.188 m^3/s$$

$$V_2 = \left(\frac{d_1}{d_2}\right)^2 V_1 = \left(\frac{0.4}{0.1}\right)^2 \times 1.5 = 24 m/s$$

따라서 얻게 되는 동력은

$$P = \gamma Q \frac{V_2^2}{2g} = 1{,}000 \times 0.188 \times \frac{24^2}{2 \times 9.81} = 5{,}519 kg \cdot m/s = 54.09 KW$$

5.3.4 사이폰

관로를 통해 물을 송수할 때 동수경사선보다 높은 곳으로 물을 끌어 올린 후 낮은 곳으로 보내는 관로를 사이폰(siphon)이라 하며, 동수경사선보다 높은 지점에 있는 관로부분에서는 부압이 작용하여 낮은 곳의 물을 끌어 올릴 수가 있게 된다. 그림 5.3.4와 같이 관로의 직경이 d, $BC = L_1$, $CD = L_2$, 유입부 손실수두를 h_{sc}, C점의 만곡부에서의 손실수두를 h_b, D점에서의 유출부 손실수두를 h_{se}, 관로 내 마찰손실수두를 h_L이라 할 때 두 수조 사이의 수위차 H는 손실수두항으로 나타내면

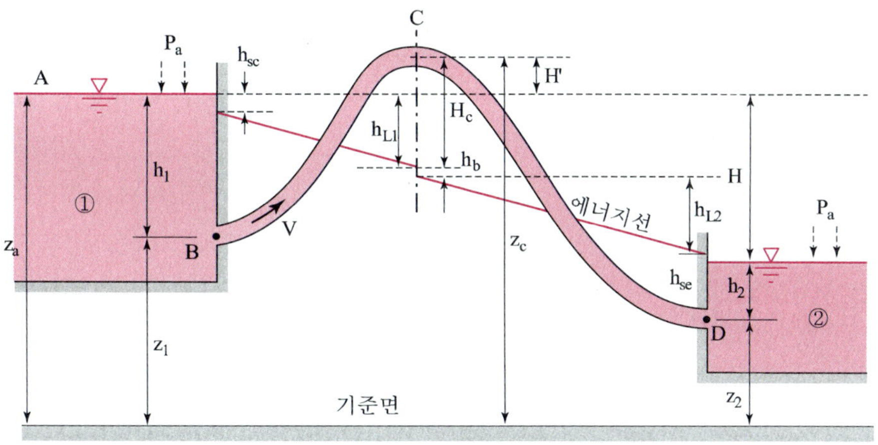

그림 5.3.4 두 수조를 연결하는 사이폰

$$H = h_{sc} + h_{L1} + h_b + h_{L2} + h_{se} \tag{5.3.21}$$
$$= \left(K_{sc} + f\frac{L_1}{d} + K_b + f\frac{L_2}{d} + K_{se}\right)\frac{V^2}{2g} = C_1\frac{V^2}{2g}$$

식 (5.3.21)을 이용하여 세 가지 문제유형의 흐름 해석을 할 수 있다. 사이폰 작용이 가능한 C점에서의 최대 부압수두를 결정하기 위해 수조의 수면과 사이폰의 정점부 C사이에 에너지 방정식을 적용하면

$$z_a = z_c + \frac{p_c}{\gamma} + \frac{V^2}{2g} + K_{sc}\frac{V^2}{2g} + f\frac{L_1}{d}\frac{V^2}{2g} + K_b\frac{V^2}{2g} \tag{5.3.22}$$

따라서

$$\frac{p_c}{\gamma} = (z_a - z_c) - \frac{V^2}{2g}\left(1 + K_{sc} + f\frac{L_1}{d} + K_b\right) \tag{5.3.23}$$

식 (5.3.23)의 속도수두항 뒤의 괄호안의 값을 C_o라 하고, 식 (5.3.21)에서 속도수두는 H/C_1이므로 이들 조건을 적용하면

$$\frac{p_c}{\gamma} = z_a - z_c - \frac{C_o}{C_1}H = H' - \frac{C_o}{C_1}H \tag{5.3.24}$$

여기서 H'는 수조의 수면과 사이폰 정점부간의 높이차로 사이폰의 정점부가 수조의 수면보다 높은 경우 $H' < 0$이다. C_o 및 C_1은 관의 제원 및 손실계수로부터 결정할 수 있다.

만일 H'가 C_oH/C_1보다 작으면 $p_c/\gamma < 0$이 되어 사이폰 정점부에서 부압이 발생하게 되어 사이폰 작용이 시작된다. 하지만 사이폰 정점부에서의 부압이 절대영압(absolute zero pressure) 이하가 될 수 없으므로 사이폰 작용이 가능한 최대 부압수두는 다음과 같다.

$$\frac{p_c}{\gamma} = -\frac{p_a}{\gamma} = -\frac{1.013 \times 10^5 N/m^2}{1{,}000 \times 9.8 N/m^3} = -10.337m \tag{5.3.25}$$

그러나 실제로는 최대 부압수두 −10.337m에 이르기 전에 수중에 포함되어 있는 공기나 기타 기체가 분리되어 사이폰 정점부에 모이게 되어 사이폰 작용이 중단될 수 있다. 따라서 실제로는 이보다 작은 −8m ~ −9m의 부압수두를 한계치로 하여 설계하게 된다.

설계부압수두가 주어질 때 사이폰이 정상적으로 작용하기 위한 두 수조의 수위차 H의 최대치는 식 (5.3.24)로부터 구할 수가 있다.

$$H_{max} = \frac{C_1}{C_o}\left(H' - \frac{p_c}{\gamma}\right) \tag{5.3.26}$$

식 (5.3.26)으로부터 산정한 H_{max}보다 수조 수면의 높이차 H가 크게 되면 주어진 부압수두조건에서 사이폰 작용이 중단되고, H가 작으면 사이폰이 정상적으로 작용하게 된다.

예제 5.7

그림 5.3.4와 같은 사이폰에서 수조 ①의 수면표고가 50m이고, C점 중심부의 표고가 53m이다. 사이폰 정점부 앞부분의 관로는 $L_1 = 200\text{m}$, 뒷부분의 관로는 $L_2 = 300\text{m}$이며, 두 관로의 직경이 0.5m일 때 사이폰 작용이 가능한 수조 ②의 최저 수면표고 및 이때의 유량을 구하라. 두 관로의 마찰손실계수는 0.02이고, 단면급축소, 만곡부 및 급확대 손실계수는 각각 0.5, 1.0, 그리고 1.0이다.

풀이

사이폰의 정점부가 수조 ①의 수표면보다 높으므로 $H' = 50 - 53 = -3\text{m}$이며, 설계부압수두는 -9m로 한다. 식 (5.3.21)과 식 (5.3.23)으로부터

$$C_1 = K_{sc} + f\frac{L_1}{d} + K_b + f\frac{L_2}{d} + K_{se} = 0.5 + 0.02 \times \frac{200}{0.5} + 1 + 0.02 \times \frac{300}{0.5} + 1 = 22.5$$

$$C_o = 1 + K_{sc} + f\frac{L_1}{d} + K_b = 1 + 0.5 + 0.02 \times \frac{200}{0.5} + 1 = 10.5$$

이 값들을 식 (5.3.26)에 적용하면

$$H_{max} = \frac{C_1}{C_o}\left(H' - \frac{p_c}{\gamma}\right) = \frac{22.5}{10.5} \times (-3 + 9) = 12.86\text{m}$$

따라서 수조 ②의 수면표고가 50−12.86=37.14m 이하로 내려가면 사이폰 작용이 중단된다.

이때의 유량은 식 (5.3.21)로부터

$$V = \sqrt{\frac{2gH_{max}}{C_1}} = \sqrt{\frac{2 \times 9.81 \times 12.86}{22.5}} = 3.349\text{m/s}$$

$$Q = AV = \frac{\pi d^2}{4} V = \frac{3.14 \times 0.5^2}{4} \times 3.349 = 0.657\text{m}^3/\text{s}$$

5.3.5 펌프 혹은 터어빈이 포함된 관수로

지금까지 단일 관수로에서의 여러 가지 상황에 대한 흐름 해석을 하는 방법에 대해 알아보았다. 본 절에서는 그림 5.3.5와 같이 단일 관수로 내에 에너지를 공급하는 펌프나 물이 가지고 있는 에너지로부터 동력을 얻기 위한 터어빈이 포함된 경우의 해석 방법에 대해 소개하기로 한다.

그림 5.3.5(a)와 같이 펌프를 사용하여 낮은 수조(A)로부터 높은 수조(B)로 물을 보내는 경우를 생각해보자. 펌프가 단위 무게의 물에 가해주는 에너지수두를 E_P라고 할 때, A, B 두 지점간에 에너지 방정식을 적용하면

$$\frac{p_A}{\gamma} + \frac{V_A^2}{2g} + z_A + E_P = \frac{p_B}{\gamma} + \frac{V_B^2}{2g} + z_B + \sum h_L + \sum h_{m_i} \tag{5.3.27}$$

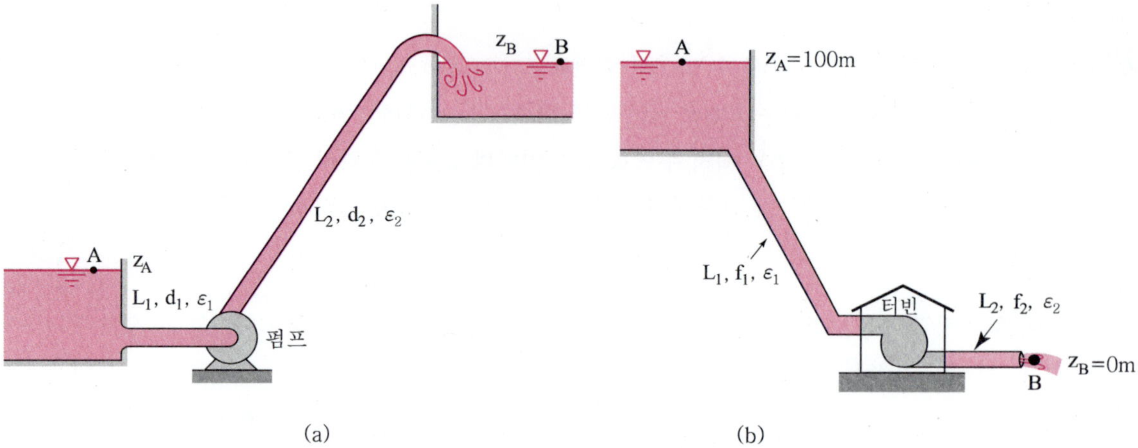

그림 5.3.5 펌프(a)와 터어빈(b)이 포함된 관수로

두 수조의 수면에서의 압력 및 유속이 0이고 미소손실수두를 무시하면

$$E_P = z_B - z_A + \sum h_L + \sum h_{m_i} = H + f_1 \frac{L_1}{d_1}\frac{V_1^2}{2g} + f_2 \frac{L_2}{d_2}\frac{V_2^2}{2g} \tag{5.3.28}$$

같은 방법으로 그림 5.3.5(b)와 같이 터어빈을 이용하여 단위 무게의 물로부터 얻는 에너지 수두를 E_T 라고 할 때, A, B 두 지점간에 에너지 방정식을 적용하면

$$\frac{p_A}{\gamma} + \frac{V_A^2}{2g} + z_A = \frac{p_B}{\gamma} + \frac{V_B^2}{2g} + z_B + \sum h_L + \sum h_{m_i} + E_T \tag{5.3.29}$$

두 수조의 수면에서의 압력 및 유속이 0이고 미소손실수두를 무시하면

$$E_T = z_A - z_B - \sum h_L - \sum h_{m_i} = H - f_1 \frac{L_1}{d_1}\frac{V_1^2}{2g} - f_2 \frac{L_2}{d_2}\frac{V_2^2}{2g} \tag{5.3.30}$$

만일 관로시스템에 펌프 및 터어빈이 모두 포함되어 있으면 E_P 는 에너지 방정식의 왼쪽 항에 E_T 는 오른쪽에 포함시켜 해석하면 된다.

예제 5.8

그림 5.3.5(a)와 같이 수면의 높이차가 30m인 두 수조가 $L_1 = 10\text{m}$, $d_1 = 0.4\text{m}$, $\varepsilon_1 = 0.2\text{mm}$ 의 관로와 펌프, 그리고 $L_2 = 100\text{m}$, $d_2 = 0.3\text{m}$, $\varepsilon_2 = 0.2\text{mm}$ 인 관로로 연결되어 있다. 위 수조로 물을 $0.3\text{m}^3/\text{s}$로 일정하게 양수하기 위해 필요한 펌프의 소요동력을 구하라. 단, 20℃ 인 물의 동점성계수는 $1.006 \times 10^{-6}\text{m}^2/\text{s}$ 이며 미소손실은 무시하라.

풀이

1번 관로에서의 수리량을 구하면

$$V_1 = \frac{Q}{\pi d_1^2/4} = \frac{0.3}{3.14\times 0.4^2/4} = 2.389\text{m/s},\ R_{e1} = \frac{V_1 d_1}{\nu} = \frac{2.389\times 0.4}{1.006\times 10^{-6}} = 9.50\times 10^5$$

$$\frac{\varepsilon_1}{d_1} = \frac{0.2}{400} = 0.0005$$

Moody 도표로부터 $f_1 = 0.017$이 된다. 2번 관로에서의 수리량을 구하면

$$V_2 = \frac{Q}{\pi d_2^2/4} = \frac{0.3}{3.14\times 0.3^2/4} = 4.246\text{m/s},\ R_{e2} = \frac{V_2 d_2}{\nu} = \frac{4.246\times 0.3}{1.006\times 10^{-6}} = 1.27\times 10^6,$$

$$\frac{\varepsilon_2}{d_2} = \frac{0.2}{300} = 0.00067$$

Moody 도표로부터 $f_2 = 0.018$이다. 두 수조 A, B의 수표면 사이에 에너지 방정식을 적용하면

$$\frac{p_A}{\gamma} + \frac{V_A^2}{2g} + z_A + E_P = \frac{p_B}{\gamma} + \frac{V_B^2}{2g} + z_B + f_1\frac{L_1}{d_1}\frac{V_1^2}{2g} + f_2\frac{L_2}{d_2}\frac{V_2^2}{2g}$$

수표면의 압력 $p_A = p_B = 0$, 수조가 상당히 크다고 가정하면 $V_A = V_B = 0$, $z_B - z_A = 30\text{m}$ 이므로 위 식을 다시 정리하면

$$E_P = z_B - z_A + f_1\frac{L_1}{d_1}\frac{V_1^2}{2g} + f_2\frac{L_2}{d_2}\frac{V_2^2}{2g} = 30 + 0.017\times\frac{10}{0.4}\times\frac{2.389^2}{2\times 9.81} + 0.018\times\frac{100}{0.3}\times\frac{4.246^2}{2\times 9.81}$$
$$= 35.64\text{m}$$

따라서 필요한 동력은

$$P = \gamma Q E_P = 1{,}000\times 0.3\times 35.64 = 10{,}692\text{kg}\cdot\text{m/s} = 104.78\text{KW}$$

예제 5.9

그림 5.3.5(b)와 같이 상부 저수지로부터 낙하하는 $3\text{m}^3/\text{s}$의 물에 의해 터빈을 돌려 발전하고 있다. 저수지 수면과 자유 분출되는 관로의 끝단에서의 높이차가 100m일 때, 터빈의 효율이 90%인 경우 발전되는 동력을 구하라. 관로의 직경은 1m이고 길이는 $L_1 = 120\text{m}$, $L_2 = 5\text{m}$, $f_1 = f_2 = 0.02$이다. 미소손실은 무시하라.

풀이

터빈 전후의 두 관로의 직경이 1m로 동일하므로 관로의 유속은

$$V = \frac{Q}{\pi d^2/4} = \frac{3}{3.14\times 1^2/4} = 3.82\text{m/s}$$

저수지 수표면과 관로의 끝단 사이에 에너지 방정식을 적용하면

$$\frac{p_A}{\gamma}+\frac{V_A^2}{2g}+z_A=\frac{p_B}{\gamma}+\frac{V_B^2}{2g}+z_B+E_T+f_1\frac{L_1}{d_1}\frac{V_1^2}{2g}+f_2\frac{L_2}{d_2}\frac{V_2^2}{2g}$$

저수지 수표면과 자유분출되는 물의 압력은 0이므로 $p_A=p_2=0$, 수조가 상당히 크다고 가정하면 $V_A=0$, $z_2-z_A=100\text{m}$ 이므로 위 식을 다시 정리하면

$$E_T=z_A-z_2-\left(1+f_1\frac{L_1}{d_1}+f_2\frac{L_2}{d_2}\right)\frac{V^2}{2g}$$

$$=100-\left(1+0.02\frac{120}{1}+0.02\frac{5}{1}\right)\times\frac{3.82^2}{2\times 9.81}=97.4\text{m}$$

따라서 발전할 수 있는 동력은

$$P=0.9\gamma QE_T=0.9\times 1{,}000\times 3\times 97.4=262{,}980\text{kg}\cdot\text{m/s}=2{,}577\text{KW}$$

5.4 복합 관수로의 흐름해석

대부분의 관로시스템에서는 하나 이상의 관이 서로 연결되어 있는 경우가 많으며, 우리 몸에서의 혈관이나 도시지역의 급수시스템이 이러한 예라 할 수 있다. 복합 관수로(multiple pipe line)의 해석 절차도 앞에서 소개한 단일 관수로에서의 해석 방법과 비슷하다. 하지만 미지의 변수가 많이 포함되기 때문에 해석 절차가 다소 복잡하다. 복합 관수로 시스템에는 직렬관수로(series pipe line), 병렬관수로(parallel pipe line), 그리고 다지관수로(branching pipe line)가 있으며, 본 절에서는 이러한 복합관수로시스템의 해석 방법에 대해 소개하기로 한다.

5.4.1 직렬 및 병렬 관수로

직렬 및 병렬관수로는 가장 간단한 복합 관수로 시스템으로 그림 5.4.1과 같다. 직렬 및 병렬관수로에서의 유량은 전기회로를 통한 전류의 흐름과 유사하다. 전기회로인 경우 전압(V), 전류(I), 그리고 저항(R)간에는 Ohm의 법칙에 의해 V=IR의 관계가 성립한다. 물의 흐름에서는 압력강하(Δp), 유량 또는 유속(Q 또는 V), 그리고 저항에 해당하는 마찰손실 및 미소손실이 있다. 간단한 흐름인 경우 $\Delta p=Q^2R$의 관계가 성립하며, 여기서 R은 마찰손실계수 f와 비례하는 흐름의 저항이다. 전기회로 문제의 해결방법과 유량문제의 해결방법의 중요한 차이는 전기회로인 경우 Ohm의 법칙이 선형인데 반해, 관수로에서의 유체 방정식은 비선형이라는 것이다. 또한 병렬관수로 해석에서는 일반적으로 미소손실이나 속도수두를 무시한다.

그림 5.4.1(a)와 같은 직렬관수로에서는 연속방정식에 의해 각 관에서의 유량은 동일하며, A지점으로부터 B지점까지의 에너지 손실수두는 각 관에서의 손실수두를 모두 합한 값이 된다. 따라서 직렬

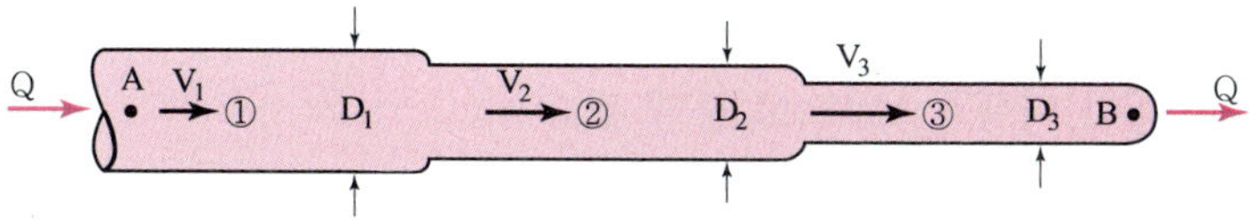

(a)

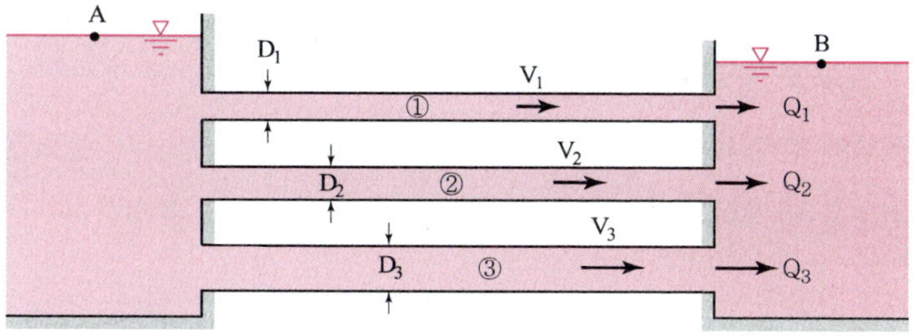

(b)

그림 5.4.1 직렬 및 병렬관수로 시스템

관수로의 지배방정식은 다음과 같다.

$$Q_1 = Q_2 = Q_3 \tag{5.4.1}$$

$$h_{L_{A-B}} = h_{L_1} + h_{L_2} + h_{L_3} \tag{5.4.2}$$

일반적으로 각 관에서의 Reynolds 수와 상대조도가 다르기 때문에 마찰손실계수 또한 다르다. 만일 유량이 주어지면 압력강하 또는 손실수두를 구할 수 있고(문제유형 I), 압력강하가 주어지면 시행착오법을 통해 유량 또는 유속을 구할 수 있다(문제유형 II). 이 경우 각 관에서의 마찰손실계수 f가 다르기 때문에 5.3.2절에서 설명한 단일 부등단면 관수로 해석보다는 더 많은 시행착오를 적용해야 한다. 유량 및 손실수두가 주어진 경우 관의 직경을 구하는 문제도(문제유형 III) 앞의 경우와 유사하다.

그림 5.4.1(b)와 같은 병렬관수로에서는 수조 A에서 수조 B로 이동하는 물 입자는 3개의 관로를 통하여 이동할 수가 있으며, 총 유량은 각 관로의 유량을 합한 것이 된다. 하지만 수조 A와 B에 에너지 방정식을 세우면 물 입자가 어떠한 관로를 통해 흐르더라도 손실수두는 모두 같다. 따라서 병렬관수로의 지배방정식은 다음과 같다.

$$Q = Q_1 + Q_2 + Q_3 \tag{5.4.3}$$

$$h_{L_1} = h_{L_2} = h_{L_3} = \left(\frac{p_A}{\gamma} + z_A\right) - \left(\frac{p_B}{\gamma} + z_B\right) \tag{5.4.4}$$

병렬관수로의 흐름 문제는 A, B간에 손실수두가 주어질 때 각 관로에서의 유량을 구해 총 유량을 구하거나, 총 유량 Q가 주어질 때 각 관로에서의 유량을 구하는 문제로 구분할 수 있다. 첫 번째 문제인 경우 각 관로에 Darcy-Weisbach 공식을 적용하여 유속 및 유량을 구하여 모두 합하면 된다. 두 번째 문제인 경우 다음과 같이 시행착오법으로 풀게 된다.

① 임의의 한 관에서의 유량을 가정하여 유속을 구하고($Q_1' \rightarrow V_1' = Q'/A_1$), Darcy-Weisbach 공식을 이용하여 h_{L1}'를 계산한다.

② $h_{L1}' = h_{L2}' = h_{L3}'$로 놓고 V_2'와 V_3'를 계산하여 Q_2'와 Q_3'를 계산한다.

③ 산정된 각 관로에서의 유량이 $Q_1' + Q_2' + Q_3' = Q$를 만족하는지 검토한다.

④ 만일 ③의 내용을 만족하지 못하면 가정유량을 다음과 같이 수정한다.

$$Q_1'' = Q\frac{Q_1'}{\Sigma Q_i'} \qquad Q_2'' = Q\frac{Q_2'}{\Sigma Q_i'} \qquad Q_3'' = Q\frac{Q_3'}{\Sigma Q_i'} \tag{5.4.5}$$

⑤ ④에서 수정된 Q_1'', Q_2'', Q_3''로부터 각 관에서의 손실수두를 구해 $h_{L1}'' = h_{L2}'' = h_{L3}''$를 만족하는지 검사한다.

예제 5.10

그림 5.4.1(b)와 같은 병렬관수로 시스템에서 수조의 수표면 A, B지점의 높이차가 20m이다. 관로 1, 2 및 3의 직경이 0.2m, 0.3m 및 0.4m이고, 길이가 $L_1 = L_2 = L_3 = 500\text{m}$ 이며 $f_1 = f_2 = f_3 = 0.02$일 때 각 관을 통해 흐르는 유량과 총 유량을 구하라.

풀이

직경 0.2m인 관에서의 유속 및 유량은 Darcy-Weisbach 공식으로부터

$$V_{0.2} = \left(\frac{h_{L1}d_1 2g}{f_1 L_1}\right)^{1/2} = \left(\frac{20 \times 0.2 \times 2 \times 9.81}{0.02 \times 500}\right)^{1/2} = 2.801\text{m/s}$$

$$Q_{0.2} = A_{0.2}V_{0.2} = \frac{3.14 \times 0.2^2}{4} \times 2.801 = 0.088\text{m}^3/\text{s}$$

직경 0.3m인 관에서의 유속 및 유량은

$$V_{0.3} = \left(\frac{h_{L2}d_2 2g}{f_2 L_2}\right)^{1/2} = \left(\frac{20 \times 0.3 \times 2 \times 9.81}{0.02 \times 500}\right)^{1/2} = 3.431\text{m/s}$$

$$Q_{0.3} = A_{0.3}V_{0.3} = \frac{3.14 \times 0.3^2}{4} \times 3.431 = 0.242\text{m}^3/\text{s}$$

직경 0.4m인 관에서의 유속 및 유량은

$$V_{0.4} = \left(\frac{h_{L3}d_3 2g}{f_3 L_3}\right)^{1/2} = \left(\frac{20 \times 0.4 \times 2 \times 9.81}{0.02 \times 500}\right)^{1/2} = 3.962\text{m/s}$$

$$Q_{0.4} = A_{0.4}V_{0.4} = \frac{3.14 \times 0.4^2}{4} \times 3.962 = 0.498\text{m}^3/\text{s}$$

따라서 총 유량은

$$Q = Q_{0.2} + Q_{0.3} + Q_{0.4} = 0.088 + 0.242 + 0.498 = 0.828\text{m}^3/\text{s}$$

예제 5.11

그림 5.4.2와 같은 병렬관수로에서 20℃ 인 물($\nu = 1.006 \times 10^{-6}\text{m}^2/\text{s}$)이 0.6m³/s 흐르고 있다. 각 관의 제원이 $L_1 = 500\text{m}$, $d_1 = 0.3\text{m}$, $\varepsilon_1 = 0.2\text{mm}$; $L_2 = 400\text{m}$, $d_2 = 0.2\text{m}$, $\varepsilon_2 = 0.2\text{mm}$; $L_3 = 600\text{m}$, $d_3 = 0.4\text{m}$, $\varepsilon_3 = 0.2\text{mm}$ 일 때 각 관을 통한 유량을 구하라.

풀이

각 관의 단면적과 상대조도는

$$A_1 = \frac{3.14 \times 0.3^2}{4} = 0.0707\text{m}^2,$$

$$\frac{\varepsilon_1}{d_1} = \frac{0.2}{300} = 0.00067$$

$$A_2 = 0.0314\text{m}^2, \qquad \frac{\varepsilon_2}{d_2} = \frac{0.2}{200} = 0.001$$

$$A_3 = 0.1256\text{m}^2, \qquad \frac{\varepsilon_3}{d_3} = \frac{0.2}{400} = 0.0005$$

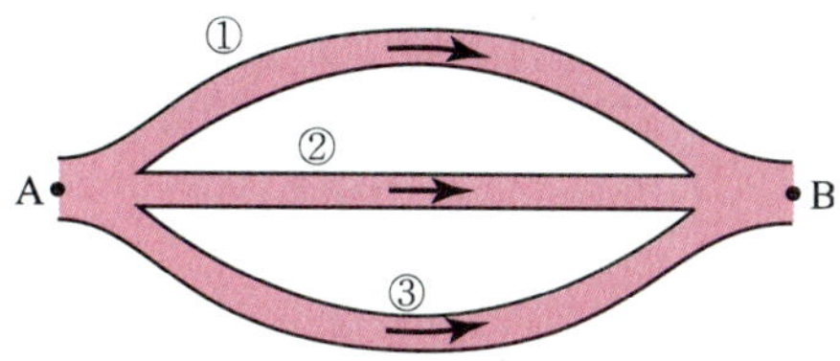

그림 5.4.2

첫 번째 관에서의 유량을 $Q_1' = 0.15\text{m}^3/\text{s}$ 로 가정하면

$$V_1' = \frac{Q_1'}{A_1} = \frac{0.15}{0.0707} = 2.12\text{m/s}, \qquad R_{e1} = \frac{V_1' d_1}{\nu} = \frac{2.12 \times 0.3}{1.006 \times 10^{-6}} = 6.32 \times 10^5$$

따라서 Moody 도표에서 f를 읽으면 $f_1' = 0.0185$

$$h_{L1}' = f_1' \frac{L_1}{d_1} \frac{V_1^{2\prime}}{2g} = 0.0185 \times \frac{500}{0.3} \frac{2.12^2}{2 \times 9.81} = 7.06\text{m}$$

두 번째 관에서는

$$h_{L2}' = h_{L1}' = 7.06 = f_2' \frac{400}{0.2} \frac{V_2^{2\prime}}{2g}$$

$f_2' = 0.015$로 가정하면

$$V_2' = 2.15\text{m}, \qquad R_{e2} = \frac{2.15 \times 0.2}{1.006 \times 10^{-6}} = 4.27 \times 10^5$$

Moody 도표로부터 $f_2' = 0.02$를 읽어 가정치와 다르므로 $f_2' = 0.02$로 다시 가정하면

$$V_2' = 1.86\text{m}, \qquad R_{e2} = \frac{1.86 \times 0.2}{1.006 \times 10^{-6}} = 3.70 \times 10^5$$

Moody 도표로부터 $f_2' = 0.02$를 읽어 가정치와 같으므로 이때의 유량은

$$Q_2' = A_2 V_2' = 0.0314 \times 1.86 = 0.058\text{m}^3/\text{s}$$

세 번째 관에서는

$$h_{L3}' = h_{L1}' = 7.06 = f_3' \frac{600}{0.4} \frac{V_3^{2\prime}}{2g}$$

$f_3' = 0.017$로 가정하면

$$V_3' = 2.33\text{m}, \qquad R_{e3} = \frac{2.33 \times 0.4}{1.006 \times 10^{-6}} = 9.26 \times 10^5$$

Moody 도표로부터 $f_3' = 0.017$을 읽어 가정치와 같다. 따라서 유량은

$$Q_3' = A_3 V_3' = 0.1256 \times 2.33 = 0.293\text{m}^3/\text{s}$$

그러므로 가정치로부터 구한 총 유량은

$$\Sigma Q_i' = 0.15 + 0.058 + 0.293 = 0.501\text{m}^3/\text{s}$$

실제의 총 유량 $0.6\text{m}^3/\text{s}$와 차이가 있으므로 다음과 같이 각 관로의 유량을 보정한다.

$$Q_1'' = \frac{Q_1'}{\Sigma Q_i'} \times Q = \frac{0.15}{0.501} \times 0.6 = 0.180\text{m}^3/\text{s}$$

$$Q_2'' = \frac{Q_2'}{\Sigma Q_i'} \times Q = \frac{0.058}{0.501} \times 0.6 = 0.069\text{m}^3/\text{s}$$

$$Q_3'' = \frac{Q_3'}{\Sigma Q_i'} \times Q = \frac{0.298}{0.501} \times 0.6 = 0.351\text{m}^3/\text{s}$$

결과를 검토하기 위해 보정된 유량을 이용하여 손실수두를 구하면

$$V_1 = 2.55\text{m/s}, \quad R_{e1} = 7.60 \times 10^5, \quad f_1 = 0.018, \quad h_{L1} = 9.94\text{m}$$

$$V_2 = 2.20\text{m/s}, \quad R_{e2} = 4.37 \times 10^5, \quad f_2 = 0.02, \quad h_{L2} = 9.87\text{m}$$

$$V_3 = 2.79\text{m/s}, \quad R_{e3} = 1.11 \times 10^6, \quad f_3 = 0.017, \quad h_{L2} = 10.12\text{m}$$

따라서 $h_{L1} \simeq h_{L2} \simeq h_{L3}$이고 평균 손실수두는 $h_L = (9.94 + 9.87 + 10.12)/3 = 9.98\text{m}$가 된다.

5.4.2 다지 관수로

다지 관수로는 그림 5.4.3과 같이 한 개의 교차점(junction)을 갖는 여러 개의 관이 서로 다른 저수지 또는 수조로 연결되어 있는 관로로, A수조로부터 B 및 C 수조로 물이 흐르면 분기관수로, A 및 B 수조의 물이 합류하여 C 수조로 흐르게 되면 합류관수로가 된다.

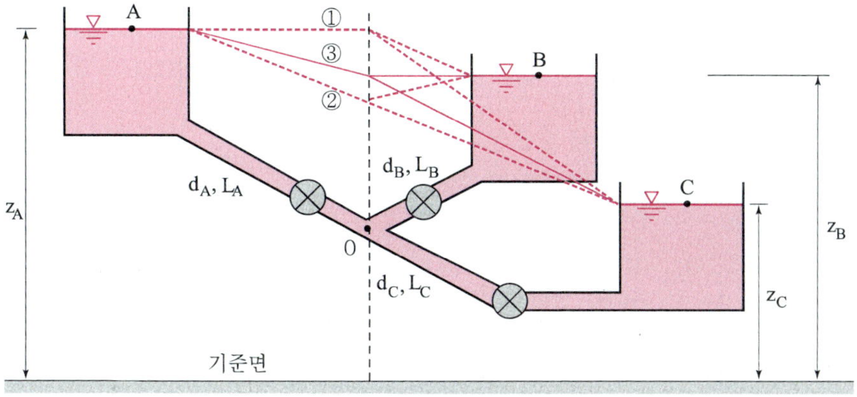

그림 5.4.3 다지 관수로

다지 관수로에서 주로 접하는 문제는 각 수조의 수면표고와 각 관의 제원이 주어질 때 각 관을 통해 흐르는 유량을 계산하는 것으로 연속방정식과 에너지 방정식을 적용하여 해석할 수가 있다.

① 분기 관수로 : A수조로부터 B 및 C수조로 물이 흐르는 경우

$$Q_A = Q_B + Q_C \qquad \therefore d_A^2 V_A = d_B^2 V_B + d_C^2 V_C \tag{5.4.6}$$

$$z_A - z_B = f_A \frac{L_A}{d_A}\frac{V_A^2}{2g} + f_B \frac{L_B}{d_B}\frac{V_B^2}{2g} \tag{5.4.7}$$

$$z_A - z_C = f_A \frac{L_A}{d_A}\frac{V_A^2}{2g} + f_C \frac{L_C}{d_C}\frac{V_C^2}{2g} \tag{5.4.8}$$

식 (5.4.6)~식 (5.4.8)에서 수조의 수면 표고와 관의 제원이 주어지면 미지수는 V_A, V_B 및 V_C가 되므로 서로 연립하여 풀 수가 있으며 따라서 Q_A, Q_B 및 Q_C를 산정하게 된다.

② 합류 관수로 : A 및 B수조가 합류하여 C수조로 물이 흐르는 경우

$$Q_A + Q_B = Q_C \qquad \therefore d_A^2 V_A + d_B^2 V_B = d_C^2 V_C \tag{5.4.9}$$

$$z_A - z_C = f_A \frac{L_A}{d_A}\frac{V_A^2}{2g} + f_C \frac{L_C}{d_C}\frac{V_C^2}{2g} \tag{5.4.10}$$

$$z_B - z_C = f_B \frac{L_B}{d_B}\frac{V_B^2}{2g} + f_C \frac{L_C}{d_C}\frac{V_C^2}{2g} \tag{5.4.11}$$

식 (5.4.9)~식 (5.4.11)에서도 분기 관수로와 마찬가지로 수조의 수면 표고와 관의 제원이 주어지면 미지수는 V_A, V_B 및 V_C가 되므로 Q_A, Q_B 및 Q_C를 산정하게 된다.

③ A수조로부터 C수조로만 물이 흐르는 경우

$$Q_A = Q_C \qquad \therefore d_A^2 V_A = d_C^2 V_C \tag{5.4.12}$$

$$z_A - z_C = f_A \frac{L_A}{d_A}\frac{V_A^2}{2g} + f_C \frac{L_C}{d_C}\frac{V_C^2}{2g} \tag{5.4.13}$$

이 경우는 B수조로부터 물이 흐르지 않으므로 $V_B = 0$이다. 따라서 미지수는 V_A와 V_C이므로 두 식을 연립하여 풀면 유속과 유량 Q_A 및 Q_C를 산정할 수 있다.

문제를 처음 시작할 때 어느 방향으로 시작할지 모르므로 합류 또는 분지 관수로에 대해 적용하여 유량이 모두 양인 경우 가정한 상황이 옳은 것이고, 만일 어느 하나라도 유량이 음의 값이 나오면 흐름 방향을 다시 가정하여 적용한다. 만일 $Q_B = 0$이 되면 ③의 경우에 속한다.

예제 5.12

그림 5.4.3과 같이 수면표고가 $z_A = 50\text{m}$, $z_B = 40\text{m}$, $z_C = 25\text{m}$ 인 세 개의 저수지가 관로로 연결되어 있다. 저수지를 연결하고 있는 각 관로의 제원이 $L_A = 1{,}000\text{m}$, $d_A = 0.5\text{m}$, $\varepsilon_A = 0.2\text{mm}$; $L_B = 700\text{m}$, $d_B = 0.3\text{m}$, $\varepsilon_B = 0.2\text{mm}$; $L_C = 900\text{m}$, $d_C = 0.4\text{m}$, $\varepsilon_C = 0.2\text{mm}$ 일 때 각 관을 통한 유량을 구하라. 단, 흐름은 완전난류로 가정하여 마찰손실계수를 결정하라.

풀이

각 관의 상대조도를 구하면

$$\frac{\varepsilon_1}{d_1} = \frac{0.2}{500} = 0.0004, \qquad \frac{\varepsilon_2}{d_2} = \frac{0.2}{300} = 0.00067, \qquad \frac{\varepsilon_3}{d_3} = \frac{0.2}{400} = 0.0005$$

완전난류라 가정하면 마찰손실계수는 관의 상대조도에 의해 결정되므로 Moody 도표로부터

$$f_1 = 0.014, \qquad f_2 = 0.018, \qquad f_3 = 0.017$$

먼저 물이 A 저수지로부터 B, C 저수지로 흐른다고 가정하면 식 (5.4.6), (5.4.7), (5.4.8)로부터

$$0.5^2 V_A = 0.3^2 V_B + 0.4^2 V_C \quad \rightarrow \quad 0.25 V_A = 0.09 V_B + 0.16 V_C \tag{a}$$

$$50 - 40 = 0.014 \frac{1{,}000}{0.5}\frac{V_A^2}{2g} + 0.018 \frac{700}{0.3}\frac{V_B^2}{2g} \quad \rightarrow \quad 10 = 1.427 V_A^2 + 2.141 V_B^2 \tag{b}$$

$$50 - 25 = 0.014 \frac{1{,}000}{0.5}\frac{V_A^2}{2g} + 0.017 \frac{900}{0.4}\frac{V_C^2}{2g} \quad \rightarrow \quad 25 = 1.427 V_A^2 + 1.950 V_C^2 \tag{c}$$

식 (a)는 $V_A = 0.36V_B + 0.64V_C$이므로 이를 식 (b), (c)에 대입하면

$$2.327V_B^2 + 0.658V_BV_C + 0.585V_C^2 = 10 \quad \text{(d)}$$

$$0.186V_B^2 + 0.658V_BV_C + 2.535V_C^2 = 25 \quad \text{(e)}$$

식 (d)에 2.5를 곱한 후 식 (e)를 빼면

$$5.632V_B^2 + 0.987V_BV_C - 1.073V_C^2 = 0 \quad \text{(f)}$$

식 (f)를 V_c^2으로 나누면

$$5.632\frac{V_B^2}{V_C^2} + 0.987\frac{V_B}{V_C} - 1.073 = 0$$

따라서

$$\frac{V_B}{V_C} = \frac{-0.987 \pm \sqrt{(-0.987)^2 - 4 \times 5.632 \times (-1.073)}}{2 \times 5.632} = 0.358\text{과 } -0.533$$

양의 실근이 존재한다는 것은 가정한 물의 흐름방향이 옳다는 것이다. 따라서

$$V_B = 0.358V_C$$

이 값을 식 (d)에 대입하면 $V_C = 2.989\text{m/s}$를 얻게 되고 $V_B = 0.358 \times 2.989 = 1.070\text{m/s}$가 된다. 식 (a)에 이들 값을 적용하면 $V_A = 2.298\text{m/s}$가 된다. 따라서 각 관을 통한 유량은

$$Q_A = \frac{3.14 \times 0.5^2}{4} \times 2.298 = 0.451\text{m}^3/\text{s}$$

$$Q_B = \frac{3.14 \times 0.3^2}{4} \times 1.07 = 0.076\text{m}^3/\text{s}$$

$$Q_C = \frac{3.14 \times 0.4^2}{4} \times 2.989 = 0.375\text{m}^3/\text{s}$$

연속방정식 $Q_A = Q_B + Q_C$를 만족함을 알 수 있다.

앞에서는 연속방정식과 Bernoulli 방정식을 적용하여 해석적으로 문제를 해결하는 방법에 대해 알아보았다. 하지만 여러 개의 수조가 연결될 경우 해석적으로 문제를 해결하기가 대단히 복잡해진다. 이러한 경우 다음과 같은 시행착오법을 사용하여 해결할 수도 있다.

① 분기 관수로 : A수조로부터 B 및 C수조로 물이 흐를 경우

$$Q_A = Q_B + Q_C \quad (5.4.14)$$

$$h_{LA} = z_A - \left(z_o + \frac{p_o}{\gamma}\right) = f_A \frac{L_A}{d_A}\frac{V_A^2}{2g} \quad (5.4.15)$$

$$h_{LB} = \left(z_o + \frac{p_o}{\gamma}\right) - z_B = f_B \frac{L_B}{d_B} \frac{V_B^2}{2g} \tag{5.4.16}$$

$$h_{LC} = \left(z_o + \frac{p_o}{\gamma}\right) - z_C = f_C \frac{L_C}{d_C} \frac{V_C^2}{2g} \tag{5.4.17}$$

② 합류 관수로 : A 및 B수조가 합류하여 C수조로 물이 흐를 경우

$$Q_A + Q_B = Q_C \tag{5.4.18}$$

$$h_{LA} = z_A - \left(z_o + \frac{p_o}{\gamma}\right) = f_A \frac{L_A}{d_A} \frac{V_A^2}{2g} \tag{5.4.19}$$

$$h_{LB} = z_B - \left(z_o + \frac{p_o}{\gamma}\right) = f_B \frac{L_B}{d_B} \frac{V_B^2}{2g} \tag{5.4.20}$$

$$h_{LC} = \left(z_o + \frac{p_o}{\gamma}\right) - z_C = f_C \frac{L_C}{d_C} \frac{V_C^2}{2g} \tag{5.4.21}$$

③ A수조에서 C수조로만 물이 흐를 경우

$$Q_A = Q_C \tag{5.4.22}$$

$$h_{LA} = z_A - \left(z_o + \frac{p_o}{\gamma}\right) = f_A \frac{L_A}{d_A} \frac{V_A^2}{2g} \tag{5.4.23}$$

$$h_{LC} = \left(z_o + \frac{p_o}{\gamma}\right) - z_C = f_C \frac{L_C}{d_C} \frac{V_C^2}{2g} \tag{5.4.24}$$

시행착오법을 적용할 경우 먼저 세 가지 경우 중 어떤 경우인지를 선택하고, O지점에서의 에너지선의 높이($z_o + p_o/\gamma$)를 가정하여 Darcy 공식을 이용하여 유속을 구하여 유량을 구한 후, 연속방정식을 만족하는지 검토한다. 만일 연속방정식을 만족시키지 못하면 O점에서의 에너지를 다시 가정하여 반복한다.

예제 5.13

예제 5.12와 동일한 경우에 대해 시행착오법을 이용하여 각 관을 통한 유량을 구하라.

풀이

예제 5.12에서 구한 마찰손실계수는

$$f_1 = 0.014, \qquad f_2 = 0.018, \qquad f_3 = 0.017$$

먼저 분기 관수로인 경우로 가정하고 O점에서의 에너지 수두를 45m로 가정한다.
따라서

$$50 - 45 = 0.014 \frac{1{,}000}{0.5} \frac{V_A^2}{2g} \quad \rightarrow \quad V_A = 1.872\text{m/s} \quad \therefore Q_A = 0.367\text{m}^3/\text{s}$$

$$45 - 40 = 0.018 \frac{700}{0.3} \frac{V_B^2}{2g} \quad \rightarrow \quad V_B = 1.528\text{m/s} \quad \therefore Q_B = 0.108\text{m}^3/\text{s}$$

$$45 - 25 = 0.017 \frac{900}{0.4} \frac{V_C^2}{2g} \quad \rightarrow \quad V_C = 3.203\text{m/s} \quad \therefore Q_C = 0.402\text{m}^3/\text{s}$$

연속방정식을 적용하면

$$Q_A - (Q_B + Q_C) = 0.367 - (0.108 + 0.402) = -0.143\text{m}^3/\text{s}$$

Q_A가 음의 값으로 가정한 O점에서의 에너지수두가 크다고 볼 수 있다. 따라서 O점에서의 에너지수두를 42m로 다시 가정하면

$$50 - 42 = 0.014 \frac{1{,}000}{0.5} \frac{V_A^2}{2g} \quad \rightarrow \quad V_A = 2.368\text{m/s} \quad \therefore Q_A = 0.465\text{m}^3/\text{s}$$

$$42 - 40 = 0.018 \frac{700}{0.3} \frac{V_B^2}{2g} \quad \rightarrow \quad V_B = 0.967\text{m/s} \quad \therefore Q_B = 0.068\text{m}^3/\text{s}$$

$$42 - 25 = 0.017 \frac{900}{0.4} \frac{V_C^2}{2g} \quad \rightarrow \quad V_C = 2.953\text{m/s} \quad \therefore Q_C = 0.371\text{m}^3/\text{s}$$

연속방정식을 적용하면

$$Q_A - (Q_B + Q_C) = 0.465 - (0.068 + 0.371) = 0.026\text{m}^3/\text{s}$$

이 정도 오차면 개략적으로 만족하는 것으로 간주하여 계산을 종료한다. 만일 좀 더 정확한 결과를 얻으려면 처음 가정치와 두 번째 가정치의 유량을 이용하여 연속방정식을 만족하는, 즉 유량차가 0이 되는 에너지수두를 구해 적용하면 된다.

5.5 관망해석

도시지역의 생활용수나 공업용수 급수관처럼 여러 개의 관이 서로 연결되어 폐합회로를 형성하는 복합관수로를 관망(pipe network)이라 한다. 관망을 구성하는 각 관로의 유량이나 수압을 구하는 것을

관망해석이라 하며 지금까지 다루어 온 관수로 문제 중 제일 복잡하다고 할 수 있다. 하지만 관망해석도 결국 연속방정식과 에너지 방정식을 적용하여 이루어진다. 관망해석에서 유량이나 수압을 해석적으로 직접 푸는 것은 불가능하고, 시행착오법을 이용하여 해석하게 된다. 가장 널리 알려진 관망해석 방법이 Cross에 의해 개발되었으며, 전자관망분석방법(electronic network analyzer)과 같은 관망을 해석하기 위한 방법과 컴퓨터를 이용한 다양한 해석방법들이 개발되어져 왔다. 본 절에서는 관망해석의 기본 개념을 알 수 있는 Hardy Cross 방법에 의한 관망해석방법을 소개하기로 한다.

5.5.1 Hardy Cross 관망해석방법

이 방법은 관망 내의 각 관에서 가정한 유량 및 압력손실에 대해 체계적인 방법으로 연속적으로 보정함으로서 관망을 해석하는 것이다. 복잡한 관망은 전체 관망 시스템에서 적절한 흐름조건이 이루어지도록 하는 단일 폐합회로들의 조합으로 보게 되며, 이들 각 단일 폐합회로들은 다음 조건을 만족시켜야 한다.

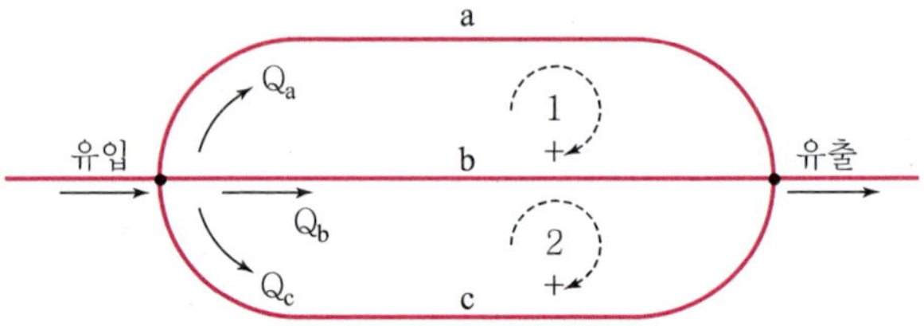

그림 5.5.1 관망시스템

① 관망 내 모든 교차점(junction)에서는 연속방정식을 만족해야 한다. 즉, 각 교차점에서 유입되는 유량의 합과 유출되는 유량의 합이 동일해야 한다.
② 관망 내 임의의 두 교차점 사이에서 발생하는 에너지 손실의 크기는 두 교차점을 연결하는 경로에 상관없이 항상 동일하다. 따라서 폐합회로에서 발생하는 에너지 손실을 모두 합하면 0이 되어야 한다.

에너지 손실은 다음과 같은 형태로 구하게 되며 미소손실과 운동에너지 손실은 무시한다.

$$h_L = kQ^n \tag{5.5.1}$$

여기서 k는 관로의 기하학적 형태와 조도의 함수이다. 만일 Darcy-Weisbach 공식을 사용하면

$$h_L = f\frac{L}{d}\frac{V^2}{2g} = f\frac{L}{d}\frac{16}{2g(\pi d^2)^2}Q^2 = \frac{0.0828fL}{d^5}Q^2 = kQ^2 \tag{5.5.2}$$

따라서 Darcy-Weisbach 공식을 적용하면 $n = 2$, $k = 0.0828 fL/d^5$이 된다. 같은 방법으로 Hazen-Williams 공식을 적용하면 $n = 1.85$, $k = 10.66L/C_{HW}{}^{1.85}d^{4.867}$이 된다.

Hardy Cross방법은 각 관로에서의 유량을 가정하여 이를 시행착오법으로 보정함으로서 관로의 실제 유량을 결정하는 방법이라 하였다. 따라서 가정유량을 보정하는 절차가 중요하며 보정유량을 산정하는 방법은 다음과 같다. 만일 임의의 관로의 실제 유량을 Q라 하고 초기 가정유량을 Q_o, 보정유량을 ΔQ라 하면 실제유량은 가정유량에 보정유량을 더한 값이 된다.

$$Q = Q_o + \Delta Q \tag{5.5.3}$$

각 관로에서의 손실수두는 식 (5.5.1)을 이용하여 다음과 같이 나타낼 수 있다.

$$\begin{aligned} h_L &= kQ^n = k\left[Q_o + \Delta Q\right]^n \\ &= k\left[Q_o^n + nQ_o^{n-1}\Delta Q + n(n-1)Q_o^{n-2}\Delta Q^2 + \ldots\right] \end{aligned} \tag{5.5.4}$$

일반적으로 보정유량 ΔQ는 초기 가정유량 Q_o에 비해 매우 작으므로 식 (5.5.4)에서 세 번째 항 이후부터 무시하면

$$h_L = k\left(Q_o^n + nQ_o^{n-1}\Delta Q\right) \tag{5.5.5}$$

관망의 각 폐합회로에서는 손실수두의 합이 0, 즉 $\sum h_L = 0$이어야 하므로

$$\sum h_L = k\sum\left(Q_o^n + nQ_o^{n-1}\Delta Q\right) = 0 \tag{5.5.6}$$

식 (5.5.6)을 보정유량 ΔQ에 대해 정리하면

$$\Delta Q = -\frac{\sum kQ_o^n}{\sum knQ_o^{n-1}} \tag{5.5.7}$$

만약 손실수두를 Darcy-Weisbach 공식을 사용하여 나타낼 경우 $n = 2$이므로

$$\Delta Q = -\frac{\sum kQ_o^2}{2\sum kQ_o} \tag{5.5.8}$$

식 (5.5.7) 또는 식 (5.5.8)과 같은 보정유량 ΔQ를 이용하여 초기의 가정유량 Q_o을 보정하여 실제유량 Q를 산정하는 Hardy Cross의 관망해석절차를 요약하면 다음과 같다.

① 관망의 기하학적 구조를 파악하고 각 관에서의 특성제원을 이용하여 식 (5.5.1)의 계수 k를 결정한다.

② 각 관에서의 $h_L - Q$의 관계를 결정한다. Darcy-Weisbach 공식을 이용할 경우 $h_L = kQ^2$이고,

Hazen-Williams 공식을 적용하면 $h_L = kQ^{1.85}$이다.

③ 관망상의 각 연결점에서의 연속방정식을 만족시키도록 Q_o를 가정한다.

④ 각 폐합회로마다 다음을 결정한다.

- 식 (5.5.1)을 이용하여 각 관로에서의 손실수두 h_L을 결정한다.
- 흐름의 방향이 시계방향이면 +, 반시계방향이면 −로 하여 폐합관로에서의 각 관로의 손실수두를 더한다.
- 폐합관로에서의 손실수두를 더한 값이 0이면 가정유량이 옳은 값이고 해석은 종료된다.
- 그렇지 않으면 보정유량을 ΔQ를 구하기 위해 $\sum knQ_o^{n-1}$을 구한다.
- 식 (5.5.7)을 이용하여 보정유량을 산정한다.

⑤ 앞에서 산정된 보정유량을 이용하여 가정유량을 보정한다. 이때 보정유량 ΔQ의 부호를 유지한 채 가정유량 방향이 시계방향이면 보정유량을 더해주고, 반시계방향이면 보정유량을 빼준다.

⑥ 보정유량 ΔQ의 값이 허용오차 범위에 들 때까지 위의 과정을 반복한다.

예제 5.14

그림 5.5.2와 같이 관망시스템 외부와의 유입 및 유출이 있을 때 관망에서의 유량을 계산하라. 각 관로의 제원 및 Hazen-Williams 공식을 이용하여 산정된 k값이 표 5.5.1의 1~5란과 같다.

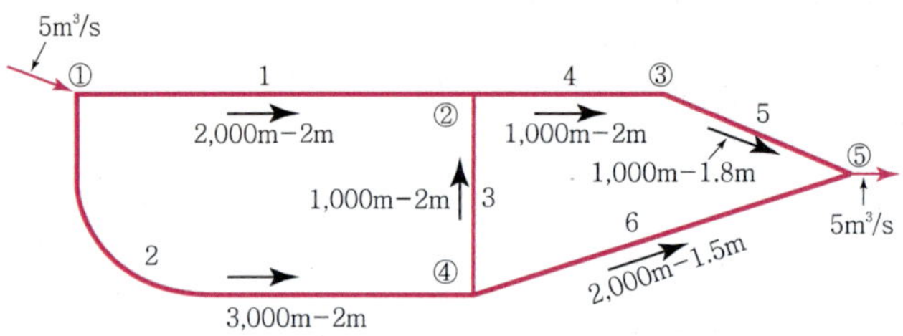

그림 5.5.2

표 5.5.1 관망의 제원 및 유량보정결과

폐합회로	관로	길이 (m)	직경 (m)	k	가정유량 Q_o	보정유량 ΔQ	1차수정유량 Q	보정유량 ΔQ	2차수정유량 Q
I	1	2000	2.0	0.146	+2.5	+0.291	+2.791	−0.011	+2.780
	2	3000	2.0	0.218	−2.5		−2.209		−2.220
	3	1000	2.0	0.073	−1.0		−0.414		−0.441
II	3	1000	2.0	0.073	+1.0	−0.295	+0.414	+0.016	+0.441
	4	1000	2.0	0.073	+3.5		+3.205		+3.221
	5	1000	1.8	0.122	+3.5		+3.205		+3.221
	6	2000	1.5	0.590	−1.5		−1.795		−1.779

풀이

관망이 두 개의 폐합회로와 6개의 관로로 구성되어 있다. Hazen-Williams 공식을 적용하였으므로 $n=1.85$이다. 관로의 흐름은 시계방향인 경우 +, 반시계 방향인 경우 −로 나타내었으며 초기 가정유량은 표 5.5.1의 6란과 같다.

이러한 자료를 바탕으로 1차 보정유량을 산정하는 절차가 표 5.5.2와 같다. 1차 보정유량 산정결과 폐합회로 I에서는 $\Delta Q=0.291$, 폐합회로 II에서는 $\Delta Q=-0.295$이다. 따라서 폐합회로 I의 1번 관로의 보정은 가정유량이 시계방향(+방향)이므로 보정유량을 더해주면 $Q=2.5+0.291=2.791$이 된다. 3번 관로인 경우 폐합회로 I 및 II에 모두 포함되므로 양쪽의 보정유량을 동시에 고려해야 한다.

즉, 폐합회로 I에서 3번 관로의 가정유량이 반시계방향(−방향)이므로 폐합회로 I에서의 보정유량은 빼주고, 폐합회로 II에서는 시계방향(+방향)이므로 폐합회로 II에서의 보정유량을 더해 준다. 따라서 폐합회로 I인 경우 관로 3에서의 유량은 $1.0-0.291+(-0.295)=0.414$로 방향은 반시계방향이므로 결국 -0.414가 된다.

동일한 방법으로 1차 보정된 유량에 대해 2차로 보정한 결과 폐합회로 I에서는 $\Delta Q=-0.011$, 폐합회로 II에서는 $\Delta Q=0.016$으로 나타났으며 이를 이용하여 보정한 결과가 표 5.5.1의 10란과 같다. 2차 보정유량 값이 작다고 판단되므로 여기서 해석을 완료한다. 보정된 유량이 적정한지 판단하기 위해 각 교차점에서의 연속방정식을 만족하는지 여부를 판단한 결과 연속방정식을 만족함을 할 수 있다.

표 5.5.2 1차 보정유량 산정과정

관로	보정유량산정	
폐합회로 I	ΣkQ_o^n	ΣknQ_o^{n-1}
1	$+0.146\times2.5^{1.85}=+0.795$	$1.85\times0.146\times2.5^{0.85}=0.589$
2	$-0.218\times2.5^{1.85}=-1.188$	$1.85\times0.218\times2.5^{0.85}=0.879$
3	$-0.073\times1.0^{1.85}=-0.073$	$1.85\times0.073\times1.0^{0.85}=0.135$
	$\Sigma=-0.466$	$\Sigma=1.603$
		$\Delta Q=-\dfrac{-0.466}{1.603}=0.291$
폐합회로 II	ΣkQ_o^n	ΣknQ_o^{n-1}
3	$+0.073\times1.0^{1.85}=+0.073$	$1.85\times0.073\times1.0^{0.85}=0.135$
4	$+0.073\times3.5^{1.85}=+0.741$	$1.85\times0.073\times3.5^{0.85}=0.392$
5	$+0.122\times3.5^{1.85}=+1.239$	$1.85\times0.122\times3.5^{0.85}=0.655$
6	$-0.590\times1.5^{1.85}=-1.249$	$1.85\times0.590\times1.5^{0.85}=1.541$
	$\Sigma=+0.804$	$\Sigma=2.723$
		$\Delta Q=-\dfrac{0.804}{2.723}=-0.295$

표 5.5.3 2차 보정유량 산정과정

관로	보정유량산정	
폐합회로 I	ΣkQ_o^n	ΣknQ_o^{n-1}
1	$+0.146 \times 2.791^{1.85} = +0.975$	$1.85 \times 0.146 \times 2.791^{0.85} = 0.646$
2	$-0.218 \times 2.209^{1.85} = -0.945$	$1.85 \times 0.218 \times 2.209^{0.85} = 0.791$
3	$-0.073 \times 0.414^{1.85} = -0.014$	$1.85 \times 0.073 \times 0.414^{0.85} = 0.064$
	$\Sigma = +0.016$	$\Sigma = 1.501$ $\Delta Q = -\dfrac{0.016}{1.501} = -0.011$
폐합회로 II	ΣkQ_o^n	ΣknQ_o^{n-1}
3	$+0.073 \times 0.414^{1.85} = +0.014$	$1.85 \times 0.073 \times 0.414^{0.85} = 0.064$
4	$+0.073 \times 3.205^{1.85} = +0.630$	$1.85 \times 0.073 \times 3.205^{0.85} = 0.363$
5	$+0.122 \times 3.205^{1.85} = +1.052$	$1.85 \times 0.122 \times 3.205^{0.85} = 0.607$
6	$-0.590 \times 1.795^{1.85} = -1.741$	$1.85 \times 0.590 \times 1.795^{0.85} = 1.795$
	$\Sigma = -0.045$	$\Sigma = 2.829$ $\Delta Q = -\dfrac{-0.045}{2.829} = 0.016$

연습문제

5.1 예제 5.1과 같이 저수지로부터 길이 350m, 직경 10cm의 매끈한 수평관이 연결되어 있다. 관로의 유량을 $0.01\text{m}^3/\text{s}$로 일정하게 유지하기 위해서는 관로 중심으로부터 저수지 표면까지의 수심을 얼마로 해야 하는가. 단, 물의 동점성계수는 $1.004\times10^{-6}\text{m}^2/\text{s}$ 이고, 입구부 손실계수는 0.5로 가정하라.

5.2 직경이 0.1m인 매끈한 관을 통해 30℃ 의 물($\nu = 0.804\times10^{-6}\text{m}^2/\text{s}$)이 $0.02\text{m}^3/\text{s}$로 흐르고 있다. 관로의 길이가 400m라면 손실수두는 얼마인가?

5.3 예제 5.2와 같이 h=30m 높이에 있는 고가수조에 길이 200m, 직경 0.2m의 수평관로가 연결되어 있다. 관로를 통해 흐르는 유량을 구하라. 단, 물의 동점성계수는 $1.004\times10^{-6}\text{m}^2/\text{s}$ 이고, 관의 조도는 0.3mm이며, 미소손실은 무시하라.

5.4 직경 0.25m인 관을 통해 23℃ 의 물($\nu = 1.0\times10^{6}\text{m}^2/\text{s}$)이 흐르고 있다. 400m를 흐르는 동안 발생한 손실수두가 6m라면 관을 통해 흐르는 유량은 얼마인가? 관의 조도는 4mm이다.

5.5 매끈한 관을 통해 $0.3\text{m}^3/\text{s}$의 물을 송수하려고 한다. 1,000m 길이를 가는 동안 손실수두가 4m가 되도록 할 때 필요한 관의 직경을 구하라. 단, 물의 동점성계수는 $1.004\times10^{-6}\text{m}^2/\text{s}$ 이다.

5.6 조도가 0.0457mm 관로를 통해 $0.2\text{m}^3/\text{s}$의 기름을 송유하려고 한다. 1,000m 길이를 송수하는 동안 손실수두가 8m가 되도록 할 때 필요한 관의 직경을 구하라. 단, 기름의 동점성계수는 $0.7\times10^{-5}\text{m}^2/\text{s}$ 이다.

5.7 수면이 높이차가 15m인 두 수조가 길이 1,000m, 직경 0.5m의 수평관으로 연결되어 있을 때 이 관을 통해 흐르는 유량을 구하라. 단, 20℃ 인 물의 동점성계수는 $1.004\times10^{-6}\text{m}^2/\text{s}$ 이고, 관의 조도는 0.1mm이다.

5.8 수면이 높이차가 65m인 두 수조가 길이 650m, 직경 0.2m인 관으로 연결되어 있을 때 이 관을 통해 흐르는 유량을 구하라. 단, 단면급축소 및 급확대 손실계수는 0.5와 1이며 $f = 0.03$이다.

5.9 직경 0.4m, 길이 35m인 주철관으로 두 저수지를 연결할 때 저수지의 수면차가 2.5m이면 관로를 통해 흐르는 유량은 얼마인가? 단, 마찰손실계수 $f = 0.0243$이다.

5.10 두 저수지의 수면차가 3m일 때 직경 0.5m, 길이 80m, 조도 n=0.013인 콘크리트 관으로 연결할 때 관로를 통해 흐르는 유량은 얼마인가?

5.11 예제 5.5와 같이 수면의 높이차가 10m인 두 수조가 길이 500m, 직경 0.3m, 조도 0.2mm의 관과 길이 300m, 직경 0.4m, 조도 0.3mm의 관으로 연결되어 있을 때 이 관을 통해 흐르는 유량을 구하라. 단, 20℃ 인 물의 동점성계수는 $1.006 \times 10^{-6} m^2/s$ 이다.

5.12 수면의 높이차가 8m인 두 수조가 길이 400m, 직경 0.6m, 조도 1.5mm의 관과 길이 300m, 직경 1m, 조도 0.4mm의 관으로 연결되어 있을 때 이 관을 통해 흐르는 유량을 구하라. 단, 23℃ 인 물의 동점성계수는 $1.0 \times 10^{-6} m^2/s$ 이다.

5.13 예제 5.6과 같이 수조의 수면과 노즐 출구와의 높이차가 20m이고, $L_1 = 200m$, $d_1 = 0.3m$, $\varepsilon_1 = 0.2mm$의 관로와 노즐부 $L_2 = 1m$, $d_2 = 0.15m$, $\varepsilon_2 = 0.2mm$가 연결되어 있다. 노즐을 통해 분출되는 유량과 이로 인해 얻을 수 있는 동력을 구하라. 단, 20℃ 인 물의 동점성계수는 $1.006 \times 10^{-6} m^2/s$ 이다.

5.14 수조의 수면과 노즐 출구와의 높이차가 46.6m이고, $L_1 = 200m$, $d_1 = 0.3m$, $\varepsilon_1 = 0.26mm$의 관로와 노즐부 $L_2 = 1m$, $d_2 = 0.1m$, $\varepsilon_2 = 0.26mm$가 연결되어 있다. 노즐을 통해 분출되는 유량과 이로 인해 얻을 수 있는 동력을 구하라. 단, 20℃ 인 물의 동점성계수는 $1.006 \times 10^{-6} m^2/s$ 이다.

5.15 수조의 수면과 노즐 출구와의 높이차가 50m이고, 직경 0.3m인 관로의 끝에 지름 0.075m인 노즐이 연결되어 있다. 노즐 출구까지의 모든 손실수두가 10m일 때 관로를 통해 흐르는 유량을 구하라.

5.16 예제 5.7과 같은 사이폰에서 수조 ①의 수면표고가 100m이고, C점 중심부의 표고가 103m이다. 사이폰 정점부 앞부분의 관로는 $L_1 = 500m$, 뒷부분의 관로는 $L_2 = 800m$이며 두 관로의 직경이 0.4m일 때 사이폰 작용이 가능한 수조 ②의 최저 수면표고 및 이때의 유량을 구하라. 두 관로의 마찰손실계수는 0.025이고, 단면급축소, 만곡부 및 급확대 손실계수는 각각 0.5, 1.0, 그리고 1.0이다.

5.17 수표면의 높이차가 15m인 두 저수지를 길이 20m, 직경 0.4m인 사이폰관에 의해 연결하여 물을 송수하고 있다. 단면 급축소, 급확대, 그리고 만곡부 손실계수가 각각 0.5, 1 및 0.2이고, Manning의 조도계수가 0.013일 때 사이폰에 의해 송수하는 유량을 구하라.

5.18 사이폰에서 수조 ①의 수면표고가 100m이고, 사이폰 정점 중심부의 표고가 102m이다. 사이폰 정점부 앞부분의 관로는 $L_1 = 1,000m$, 뒷부분의 관로는 $L_2 = 2,000m$이며 두 관로의 직경이 0.4m일 때 사이폰 작용이 가능한 수조 ②의 최저 수면표고 및 이때의 유량을 구하라. 두 관로의 마찰손실계수는 0.02이고, 단면급축소, 만곡부 및 급확대 손실계수는 각각 0.5, 1.0, 그리고 1.0이다.

5.19 예제 5.8과 같이 수면의 높이차가 20m인 두 수조가 $L_1 = 50m$, $d_1 = 0.5m$, $\varepsilon_1 = 0.3mm$의 관로와 펌프, 그리고 $L_2 = 200m$, $d_2 = 0.4$, $\varepsilon_2 = 0.2mm$인 관로로 연결되어 있다. 위 수조로 물을 $0.5m^3/s$로 일정하게 양수하기 위해 필요한 펌프의 소요동력을 구하라. 단, 20℃인 물의 동점성계수는 $1.006 \times 10^{-6} m^2/s$이며 미소손실은 무시하라.

5.20 길이 50m, 직경 0.3m인 관을 통해 높이차가 20m인 상부수조로 물을 $0.5m^3/s$의 율로 양수하려고 한다. 관의 마찰손실계수가 0.03이고 미소손실을 무시한다면 필요한 펌프의 용량은 얼마인가?

5.21 높이차가 30m인 상부수조로 물을 $0.35m^3/s$의 율로 양수하려고 한다. 관의 길이가 800m, 직경이 0.3m라면 필요한 펌프의 동력은 얼마인가? 관의 마찰손실계수는 0.03이고 펌프의 효율은 80%이다.

5.22 그림 5.22와 같이 펌프를 이용하여 C수조로 20℃인 물은 $0.25m^3/s$의 율로 양수하려고 한다. 펌프로부터 C수조까지의 관의 길이가 2,000m이고 직경이 0.4m, 조도가 4mm일 때 필요한 펌프의 동력을 구하라. 만일 A점에서 직경 0.3m, 압력 $1.4t/m^2$이면 B점에서의 압력은 얼마인가? 단, 20℃인 물의 동점성계수는 $1.006 \times 10^{-6} m^2/s$이다.

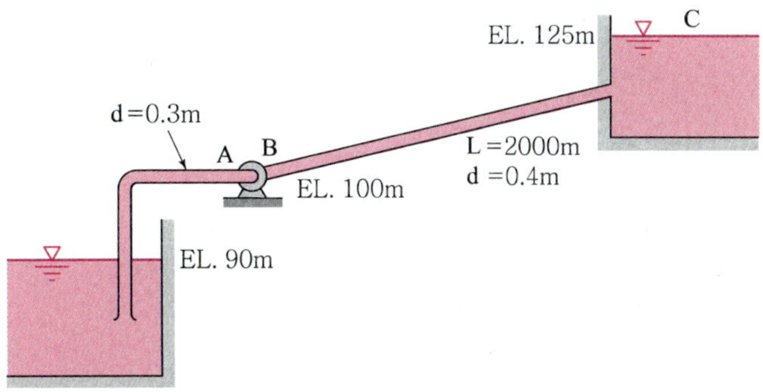

그림 5.22

5.23 예제 5.9와 같이 상부 저수지로부터 낙하하는 $5m^3/s$의 물에 의해 터빈을 돌려 발전하고 있다. 저수지 수면과 자유 분출되는 관로의 끝단에서의 높이차가 60m일 때 터빈의 효율이 85%인 경우 발전되는 동력을 구하라. 관로의 직경은 1.2m이고 길이는 $L_1 = 70m$, $L_2 = 10m$, $f_1 = f_2 = 0.025$이다. 미소손실은 무시하라.

5.24 상부 저수지로부터 낙하하는 $1m^3/s$의 물에 의해 터빈을 돌려 발전하고 있다. 두 저수지 수면의 높이차가 120m일 때 터빈의 효율이 80%인 경우 발전되는 동력을 구하라. 관로의 직경은 0.6m이고 길이는 240m, 단면 급확대, 급축소 및 마찰손실계수는 0.5, 1, 그리고 0.03이다.

5.25 상부 저수지로부터 낙하하는 $6m^3/s$의 물에 의해 터빈을 돌려 발전하고 있다. 두 저수지 수면의 높이차가 80m일 때 터빈의 효율이 85%인 경우 발전되는 동력을 구하라. 상부저수지에서 터빈까지 관로의 길이는 100m, 직경은 1.5m이고, 터빈부터 하부저수지까지 관로의 길이는 10m, 직경은 1.5m이다. 단면 급확대, 급축소 및 마찰손실계수는 0.5, 1, 그리고 0.0244이다.

5.26 예제 5.10과 같은 병렬관수로 시스템에서 수조의 수표면 A, B지점의 높이차가 50m이다. 관로 1, 2 및 3의 직경이 0.1m, 0.3m 및 0.5m이고, 길이가 $L_1 = L_2 = L_3 = 1{,}000\text{m}$ 이며 $f_1 = f_2 = f_3 = 0.025$일 때 각 관을 통해 흐르는 유량과 총 유량을 구하라.

5.27 예제 5.11과 같은 병렬관수로에서 20℃ 인 물($\nu = 1.006 \times 10^6 \text{m}^2/\text{s}$)이 $0.3\text{m}^3/\text{s}$ 흐르고 있다. 각 관의 제원이 $L_1 = 1{,}000\text{m}$, $d_1 = 0.4\text{m}$, $\varepsilon_1 = 0.25\text{mm}$; $L_2 = 700\text{m}$, $d_2 = 0.2\text{m}$, $\varepsilon_2 = 0.2\text{mm}$; $L_3 = 1{,}200\text{m}$, $d_3 = 0.3\text{m}$, $\varepsilon_3 = 0.25\text{mm}$일 때 각 관을 통한 유량을 구하라.

5.28 그림 5.28과 같은 병렬관수로 시스템에서 A, B 지점 이의 손실수두가 48m이다. 각 관의 제원이 $L_1 = 300\text{m}$, $d_1 = 0.15\text{m}$, $L_2 = 300\text{m}$, $d_2 = 0.15\text{m}$; $L_3 = 600\text{m}$, $d_3 = 0.2\text{m}$일 때 각 관을 통한 유량을 구하라. 단 관로의 마찰손실계수는 0.022로 가정하라.

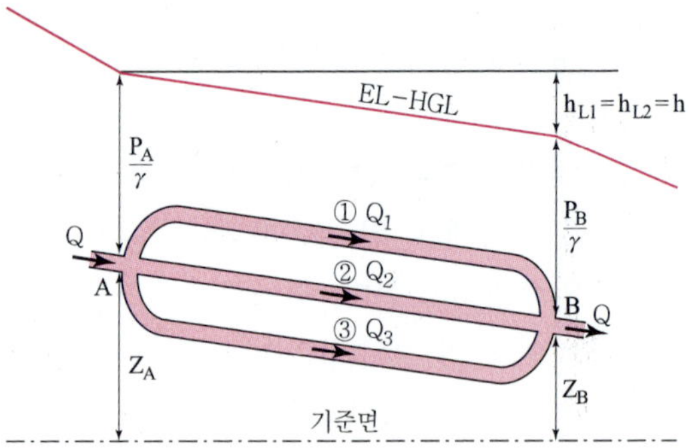

그림 5.28

5.29 그림 5.28과 같은 병렬관수로에서 20℃ 인 물($\nu = 1.0 \times 10^{-6} \text{m}^2/\text{s}$)이 $0.45\text{m}^3/\text{s}$ 흐르고 있다. 각 관의 제원이 $L_1 = 1{,}000\text{m}$, $d_1 = 0.3\text{m}$, $\varepsilon_1 = 0.3\text{mm}$; $L_2 = 700\text{m}$, $d_2 = 0.2\text{m}$, $\varepsilon_2 = 0.03\text{mm}$; $L_3 = 1{,}300\text{m}$, $d_3 = 0.4\text{m}$, $\varepsilon_3 = 0.25\text{mm}$일 때 각 관을 통한 유량을 구하라.

5.30 예제 5.12와 같이 수면표고가 $z_A = 40\text{m}$, $z_B = 35\text{m}$, $z_C = 25\text{m}$인 세 개의 저수지가 관로로 연결되어 있다. 저수지를 연결하고 있는 각 관로의 제원이 $L_A = 800\text{m}$, $d_A = 0.4\text{m}$, $\varepsilon_A = 0.2\text{mm}$; $L_B = 600\text{m}$, $d_B = 0.3\text{m}$, $\varepsilon_B = 0.2\text{mm}$; $L_C = 700\text{m}$, $d_C = 0.3\text{m}$, $\varepsilon_C = 0.2\text{mm}$일 때 각 관을 통한 유량을 구하라. 단, 흐름은 완전난류로 가정하여 마찰손실계수를 결정하라.

5.31 그림 5.31과 같이 수면표고가 $z_A = 30\text{m}$, $z_B = 18\text{m}$, $z_C = 9\text{m}$인 세 개의 저수지가 관로로 연결되어 있다. 저수지를 연결하고 있는 각 관로의 제원이 $L_A = 3{,}000\text{m}$, $d_A = 0.9\text{m}$, $\varepsilon_A = 0.18\text{mm}$; $L_B = 600\text{m}$, $d_B = 0.45\text{m}$, $\varepsilon_B = 0.9\text{mm}$; $L_C = 1{,}200\text{m}$, $d_C = 0.6\text{m}$, $\varepsilon_C = 0.6\text{mm}$일 때 각 관을 통한 유량을 구하라. 단, 흐름은 완전난류로 가정하여 마찰손실계수를 결정하라.

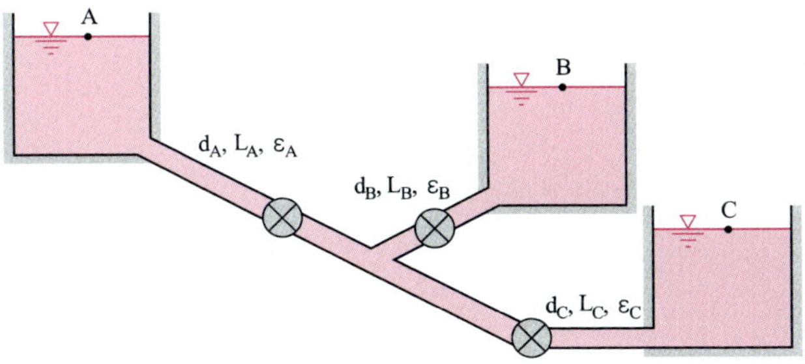

그림 5.31

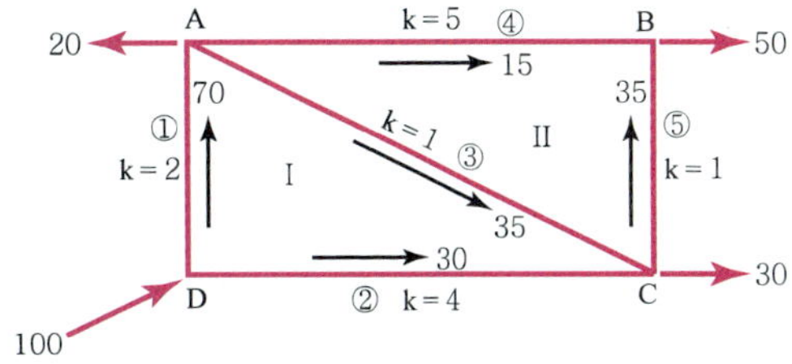

그림 5.34

5.32 연습문제 5.31과 동일한 경우에 대해 시행착오법을 이용하여 각 관을 통한 유량을 구하라.

5.33 예제 5.14와 같이 관망시스템 외부와의 유입 및 유출이 있을 때 관망에서의 유량을 계산하라. 각 관로의 제원 및 Darcy-Weisbach 공식을 이용하여 산정된 k값이 표 5.33의 1~5란과 같다.

표 5.33 관망의 제원 및 유량보정결과

폐합 회로	관로	길이 (m)	직경 (m)	k	가정유량 Q_o	보정유량 ΔQ	1차 수정 유량 Q	보정유량 ΔQ	2차 수정 유량 Q
I	1	1000	1.0	0.073	+2.5				
	2	1500	1.0	0.110	−2.5				
	3	700	1.0	0.146	−1.0				
II	3	700	1.0	0.146	+1.0				
	4	600	1.0	0.073	+3.5				
	5	500	0.9	0.146	+3.5				
	6	1000	0.8	0.350	−1.5				

5.34 그림 5.34와 같은 관망시스템에서의 유량을 Hardy-Cross방법으로 계산하라. Darcy-Weisbach 공식을 이용하여 산정된 k값과 초기 가정유량이 표 5.34의 1~4란과 같다.

표 5.34 k값 및 유량보정결과

폐합 회로	관로	k	가정유량 Q_o	보정유량 ΔQ	1차 수정 유량 Q	보정유량 ΔQ	2차 수정 유량 Q	보정유량 ΔQ	3차 수정 유량 Q
I	1	2	+70						
	2	4	−30						
	3	1	+35						
II	3	1	−35						
	4	5	+15						
	5	1	−35						

Hydraulics

Chapter 6
개수로내 정상등류

6.1 서론

개수로 흐름(open channel flow)은 하도에서의 흐름이나 관거에서 부분적으로 차서 흐르는 흐름을 말한다. 따라서 개수로 흐름은 흐르는 물과 그 위의 대기 사이에 자유 수표면이 존재하게 된다. 이러한 흐름의 주 원동력은 물의 무게, 즉 물을 아래 방향으로 흐르게 하는 중력(gravity force)이다.

개수로 흐름은 주위의 많은 계곡으로부터 하천시스템을 통해 자연적인 물의 배수를 나타내는 우리가 일상생활에서 접하고 있는 물의 흐름이다. 개수로 흐름의 예로 주택지역에서의 우수거를 통한 강우의 흐름, 인공수로 및 하천을 통한 흐름, 하수관거 흐름, 도로를 따라 설치된 배수구, 공항 및 주차장 표면에서의 흐름, 그리고 놀이공원에서의 수차를 위한 흐름 등 매우 다양하다. 이러한 지형학적 흐름 시스템은 경제적, 생태학적 및 위락공간으로서 중요한 고려대상이 된다.

개수로 흐름의 특성은 매우 다양하게 변한다. 일정한 경사를 가지고 부분적으로 차서 흐르는 관거에 대한 흐름의 기하학적인 경계는 비교적 간단하지만, 단면과 경사가 다양하게 변하고, 만곡부를 가지고 흐르는 일반 하천의 경우는 매우 복잡하다. 따라서 개수로 흐름은 관수로 흐름보다 훨씬 더 경험적이고 실험적인, 그리고 수치해석적인 방법을 통해 해결하는 경우가 많다. 본 장에서는 개수로 흐름의 기본 개념 및 흐름 상태, 등류, 그리고 최적수리단면에 대해 알아보기로 한다.

6.2 개수로 흐름 특성

관거(conduit)를 통한 흐름은 개수로(open channel) 또는 관수로(pipe) 흐름으로 구분할 수가 있다. 이 두 종류의 흐름은 여러 가지 면에서 매우 비슷하지만 한 가지 측면에서 보면 매우 다르다. 즉, 개수로 흐름은 대기압이 작용하는 자유수면(free surface)을 가지고 있는 반면, 관수로 흐름은 관거 내로 물이 꽉 차서 흐르므로 자유수면이 없고 수압만 작용하게 된다.

관수로 및 개수로 흐름에 대한 비교가 그림 6.2.1과 같다. 관수로 흐름에서 단면 ①, ②지점에 위압수두계(piezometer)가 설치되어 있어, 관내의 수압에 의해 일정한 높이까지 올라가게 되며, 이를 연결한 선을 동수경사선(hydraulic grade line)이라 한다. 관내의 물에 의한 압력수두는 관의 중심으로부터 동수경사선까지의 높이인 y가 된다. 특정 단면에서 기준선을 기준으로 한 흐름이 가지는 총 에너지는 기준선으로부터 관의 중심부까지의 위치수두 z와 압력수두 y, 그리고 속도수두 $V^2/2g$가 된다. 이러한 총 에너지를 연결한 선을 에너지선(energy line)이라 한다. 단면 ①로부터 단면 ②로 흐르는 동안 발생하는 에너지 손실은 h_f가 된다. 개수로 흐름도 관수로와 비슷한 개념으로 나타낼 수 있다. 단면을 통한 유속분포가 균일하고 하상의 경사가 작다고 가정하면, 수표면이 동수경사선이 되고 수심이 위압수두계의 높이가 된다.

이와 같이 관수로 및 개수로 흐름이 비슷함에도 불구하고 개수로 흐름문제를 해결하는 것이 관수로 흐름보다 훨씬 어렵다. 개수로에서의 흐름조건은 자유수표면의 위치가 시간과 공간에 따라 변하고, 수심, 유량, 하상경사 및 수표면이 서로 영향을 미치고 있기 때문에 매우 복잡하다. 또한 개수로의 물리적인 조건이 관수로보다는 매우 다양하게 변한다. 관수로에서는 흐름이 관거의 기하학적인 모양에 의해 완전히 정의되고 고정된다. 관거의 단면은 보통 원형이지만 개수로인 경우 원형으로부터 자연상태의 불규칙한 단면과 같이 다양한 단면을 이루고 있다.

폐합된 수로의 흐름이 모두 관수로 흐름인 것은 아니다. 폐합된 수로라 하더라도 자유수표면을 가지고 흐르게 되면 개수로 흐름으로 분류하게 된다. 예를 들어 우수관거나 하수관거는 폐합된 단면을 가지고 있지만 평상시에는 자유수표면을 가지고 흐르기 때문에 개수로 흐름으로 설계하게 된다.

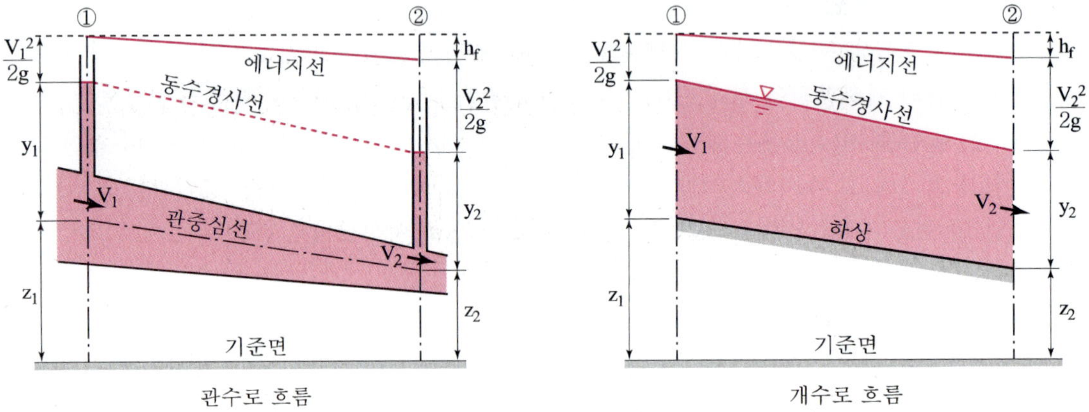

그림 6.2.1 관수로 및 개수로 흐름

6.3 개수로 흐름 분류

개수로 흐름은 다양한 형태로 분류할 수가 있으며 표현하는 방법도 다양하다. 하지만 일반적으로 시간적 및 공간적인 수심의 변화 양상에 따라 다음과 같이 분류하게 된다.

6.3.1 정상류와 부정류

정상류(steady flow)와 부정류(unsteady flow)의 구분은 특정지점에서 시간에 따라 흐름 특성이 변하는지 여부로 판단하게 된다. 즉, 개수로 흐름의 수심이 시간이 지남에 따라 변하지 않거나 특정 시간 동안 변하지 않고 일정하다면 정상류라 하고, 시간이 지남에 따라 수심이 변하게 되면 부정류라 한다. 대부분의 개수로 흐름문제를 해석할 때 정상류로 가정하는 경우가 많으며, 홍수 흐름과 같이 시간에 따라 흐름조건이 급격하게 변하는 경우에는 부정류로 해석하여야 한다.

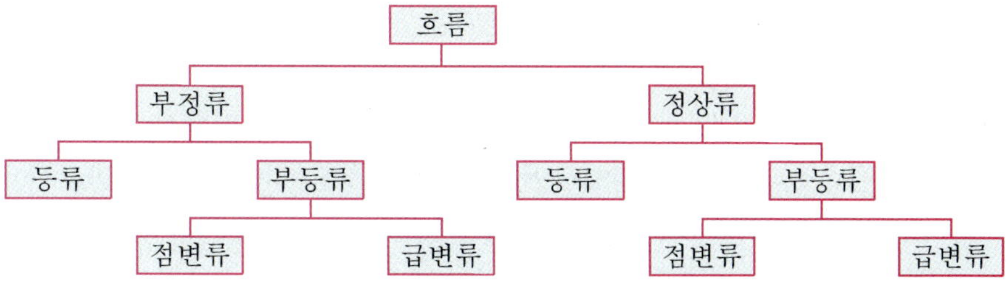

그림 6.3.1 흐름의 분류

대부분의 정상류문제에서 하도의 임의 구간에서 유량은 항상 일정하며 연속방정식에 의해 서로 다른 단면에서의 유량은 다음과 같이 나타낸다.

$$Q = V_1A_1 = V_2A_2 = \cdots \tag{6.3.1}$$

만일 하도로부터 물이 다른 구간으로 유출되거나 유입되는 경우에는 식 (6.3.1)을 적용할 수가 없다. 이와 같은 경우의 흐름을 공간변화류(spatially varied flow)라 하며 도로를 따라 설치된 배수구(gutters)나 댐 여수로의 측면수로(side channel), 하수처리조 주위의 하수수로, 관개시스템의 급수수로 등이 이에 속한다고 볼 수 있다.

부정류에서의 연속방정식은 시간의 변화에 따른 흐름 특성의 변화를 고려하여야 한다. 따라서 부정류의 연속방정식에서는 시간의 변화에 따른 수심과 유속의 변화를 나타내는 항이 포함되는 미분방정식으로 나타나게 된다.

6.3.2 등류와 부등류

등류(uniform flow)와 부등류(non-uniform 또는 varied flow)의 구분은 공간적으로 흐름 특성이 변하는지 여부로 판단하게 된다. 즉, 흐름의 수심이 하도의 모든 지점에서 동일하다면 개수로 흐름은 등류가 되고, 지점마다 수심이 변하게 되면 부등류가 된다.

등류는 또한 시간에 따라 수심이 변하는지 여부에 따라 정상등류(steady uniform flow)와 부정등류(unsteady uniform flow)로 구분하게 된다. 정상등류는 시간과 공간적으로 흐름의 수심이 변하지 않고 항상 일정한 흐름으로 개수로 흐름에서 가장 기본적인 흐름이다. 부정등류는 시간적으로는 수심이 변하되 모든 지점에서 동일하도록 변하는 흐름으로 시간에 따라 수면이 하상과 항상 평행하게 변해야 하므로 일반 자연상태에서는 나타나지 않는 이론적으로 가능한 흐름이다. 따라서 등류는 일반적으로 정상등류만을 나타내게 된다.

부등류 또한 시간에 따라 수심이 변하는지 여부에 따라 정상부등류(steady varied flow)와 부정부등류(unsteady varied flow)로 구분하게 된다. 정상부등류는 수심이 시간에 따라서는 변하지 않지만 공간적으로는 변하는 흐름으로 일반적인 개수로 흐름문제에서 많이 다루는 흐름이다. 부정부등류는 시간과 공간적으로 모두 변하는 흐름으로 홍수흐름이 이에 속하며 가장 해석하기가 복잡하다. 일반적으로 부정등류가 존재하지 않기 때문에 부정류는 부정부등류를 의미하게 된다.

부등류는 공간적인 흐름의 변화정도에 따라 점변류(gradually varying flow, GVF)와 급변류(rapidly varying flow, RVF)로 구분할 수가 있다. 짧은 하도구간에서 점진적으로 수심이 완만히 변하는 경우를 점변류라 하고, 비교적 급하게 수심이 변하는 경우를 급변류라 하며 도수(hydraulic jump)나 수리강하(hydraulic drop)와 같은 국지적인 현상이 급변류에 해당된다.

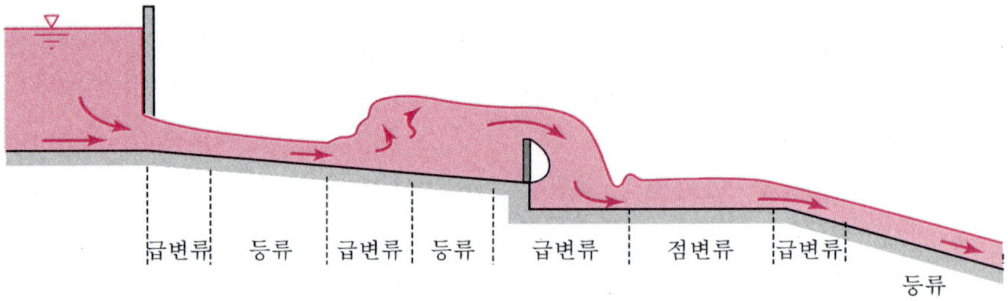

그림 6.3.2 흐름의 분류

6.4 개수로 흐름의 상태

6.4.1 Reynolds 수

3.8.1절에서 설명한 바와 같이 관성력(inertial forces)과 점성력(viscous forces)의 비에 따라 흐름의 상태를 층류(laminar flow), 천이류(transitional flow), 그리고 난류(turbulent flow)로 구분하였다. 이러한 구분은 무차원 변수인 Reynolds 수를 기준으로 하였다. 개수로 흐름에서의 Reynolds 수(R_e)는 다음과 같이 나타낼 수가 있다.

$$R_e = \frac{VR_h}{\nu} \tag{6.4.1}$$

여기서 V는 흐름 단면에서의 평균유속(m/s), R_h는 흐름 단면적을 윤변으로 나눈 동수반경(m), 그리고 ν는 동점성계수(m^2/s)이다.

층류는 관성력에 비해 점성력이 상당히 커서 흐름이 점성력에 의해 지배를 받는 상태로 물 입자가 제한된 완만한 경로를 따라 서로 인접하여 움직이는 경향을 보이게 된다. 난류는 관성력이 점성력에 비해 상대적으로 큰 경우로 관성력이 지배적인 흐름 상태이며, 물 입자가 서로 떨어져서 무작위(random)하게 이동하는 경향을 보이게 된다. 천이류는 층류와 난류사이의 흐름 상태로 부분적으로 층류와 난류가 공존하여 흐르는 경향을 보인다. 흐름의 저항을 고려할 때 관성력과 점성력의 비에 의한 흐름 상태는 매우 중요한 역할을 하게 된다.

관수로 흐름에서는 동수반경 R_h 대신 직경 d가 사용되었고 $R_h = d/4$의 관계가 있으므로 개수로 흐름에서는 관수로 흐름에서의 층류 및 난류구분 Reynolds 수의 1/4 정도가 됨을 알 수 있고, 따라서 다음과 같이 구분한다.

$$\begin{aligned} &R_e \le 500 &&: \text{층류} \\ &500 \le R_e \le 12{,}500 &&: \text{천이류} \\ &12{,}500 \le R_e &&: \text{난류} \end{aligned} \tag{6.4.2}$$

예제 6.1

폭 10m의 사각형 수로에 2m의 깊이로 20℃의 물($\nu = 1.006 \times 10^{-6}\text{m}^2/\text{s}$)이 흐르고 있다. 유량이 $5\text{m}^3/\text{s}$라면 이 흐름은 층류인가 난류인가?

풀이

흐름의 동수반경 및 유속은

$$R_h = \frac{A}{P} = \frac{10 \times 2}{10 + 2 \times 2} = 1.43\text{m}, \qquad V = \frac{Q}{A} = \frac{5}{20} = 0.25\text{m/s}$$

식 (6.4.1)로부터 Reynolds 수는

$$R_e = \frac{VR_h}{\nu} = \frac{0.25 \times 1.43}{1.006 \times 10^{-6}} = 3.55 \times 10^5 > 12{,}500$$

따라서 흐름은 난류이다.

6.4.2 Froude 수

관성력과 중력(gravity force)의 비에 따라 흐름 상태를 상류(subcritical flow), 한계류(critical flow), 그리고 사류(supercritical flow)로 구분하게 된다. 이러한 구분의 기준이 되는 변수로 다음과 같은 Froude 수(F_r)를 사용한다.

$$F_r = \frac{V}{\sqrt{gD}} \tag{6.4.3}$$

여기서 V는 흐름단면에서의 평균유속(m/s), D는 단면적을 수표면의 폭으로 나눈 수리심(hydraulic depth, m), 그리고 g는 중력가속도(9.81m/sec^2)이다.

만일 $F_r = 1$이면 관성력과 중력이 평형을 이루는 한계상태의 흐름으로 이때를 한계류라 한다. $F_r < 1$이면 흐름의 상태를 상류라 하고, 관성력보다는 중력이 지배적인 흐름으로 비교적 수심이 크고 유속이 작은 흐름이 된다. $F_r > 1$이면 흐름의 상태를 사류라 하고, 중력보다는 관성력이 지배적인 흐름으로 비교적 수심이 작고 유속이 큰 흐름이 된다.

식 (6.4.3)의 분모는 수심이 작은 흐름에서의 중력에 의한 표면파의 전파속도(celerity)가 된다. 그림 6.4.1(a)와 같이 왼쪽의 판을 오른쪽으로 Δu라는 속도로 이동하여 Δy의 표면파를 발생시킨다고 생각해 보자. 표면파의 전파속도는 c이고 표면파 앞부분의 흐름은 0이다. 이 경우 좌표축을 표면파의 전파속도 c와 같이 움직인다고 가정하면 그림 6.4.1(b)와 같이 나타낼 수가 있다. 즉, 그림 6.4.1(a)에서는 관찰자가 한 지점에서 관측하는 경우이고, 그림 6.4.1(b)는 관찰자가 표면파의 이동속도와 같게 움직이는 경우라 할 수 있다. 이 경우 표면파 상류지점과 표면파가 위치한 지점에 단위폭당 정상류 1차원 흐름의 연속방정식을 적용하면

$$cy = (y + \Delta y)(c - \Delta u) \tag{6.4.4}$$

간단히 하면

$$c = y\frac{\Delta u}{\Delta y} \tag{6.4.5}$$

정상류 1차원 운동량 방정식을 적용하면

$$\frac{1}{2}\gamma y^2 - \frac{1}{2}\gamma(y + \Delta y)^2 = \rho c y[(c - \Delta u) - c] \tag{6.4.6}$$

또는

$$\frac{\Delta u}{\Delta y} = \frac{g}{c} \tag{6.4.7}$$

식 (6.4.7)을 식 (6.4.5)에 대입하면

$$c = \sqrt{gy} \tag{6.4.8}$$

만일 흐름 단면이 광폭 사각형 단면이라면 식 (6.4.3)에서 수리심 $D \simeq y$가 되므로 결국 Froude 수의 분모는 표면파의 전파속도 c와 같게 된다. 따라서 상류인 경우($F_r < 1$) 흐름의 유속이 표면파의

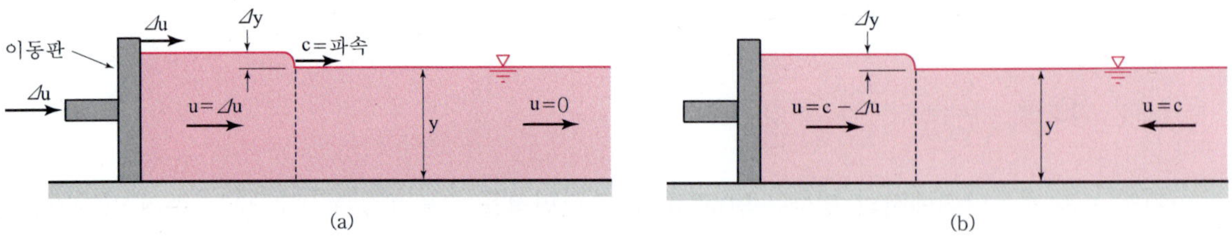

그림 6.4.1 표면파의 전파

전파속도보다 작아서 파가 상류방향으로 전파될 수가 있어 상류흐름이 하류지역의 영향을 받을 수 있게 된다. 사류인 경우($F_r > 1$) 흐름의 유속이 표면파의 전파속도보다 커서 파가 상류로 전파되지 못하여 하류의 영향이 상류에 미치지 못하게 된다.

예제 6.2

폭이 넓은 사각형 수로에서 수심 0.5m로 물이 흐를 경우 단위폭당 유량이 $0.3m^3/sec/m$라면 이 흐름은 상류인가, 사류인가?

풀이

흐름의 유속은

$$V = \frac{Q}{A} = \frac{q}{y} = \frac{0.3}{0.5} = 0.6m/s$$

식 (6.4.3)으로부터

$$F_r = \frac{V}{\sqrt{gy}} = \frac{0.6}{\sqrt{9.81 \times 0.5}} = 0.271 < 1$$

따라서 이 흐름은 상류이다.

6.5 개수로 형상

6.5.1 수로의 종류

개수로는 크게 자연(natural)수로 및 인공(artificial)수로로 나눌 수가 있다. 자연수로는 자연과정에 의해 형성되었고 인위적인 개입이 그리 심하지 않은 수로로 시내(creeks), 크고 작은 강(rivers), 그리고 강의 어귀(estuary) 등이 이에 속한다. 인공수로는 인위적인 노력에 의해 형성된 수로로 주운(navigation)수로, 발전(power) 및 관개 운하(irrigation canals), 배수로(drainage ditches) 등이 이에 속하며 다음과 같이 분류할 수가 있다.

① 대상수로(prismatic channel) : 대상수로는 수로 단면 형상과 하상 경사가 일정한 수로를 말한다. 이러한 조건을 만족하지 못하면 비대상(nonprismatic)수로라 한다.

② 운하(canal) : 운하는 일반적으로 지표면보다 낮게 형성된 비교적 길고 완만한 경사를 가진 수로이다. 운하는 콘크리트, 시멘트, 잔디, 목재, 금속 또는 인공물질 등으로 피복을 한 경우(lined)와 하지 않은 경우(unlined)로 나뉜다.

③ 플륨(flume) : 플륨은 저지대를 통과하여 물을 보내기 위해 지표면보다 위에 설치된 수로로 콘크리트, 석재, 금속 및 목재 등의 재료를 사용한다. 연구를 위해 설치한 실험실에서의 수로도 플륨에 속한다.

④ 슈트(chute)와 낙차(drop) : 슈트는 급경사를 가진 수로이며, 낙차는 급경사를 이루고 있지만 슈트보다는 짧은 경우에 해당된다.

⑤ 암거(culvert) : 암거는 부분적으로 물이 차서 흐르도록 설계하며, 고속도로나 철도의 제방을 통과하여 물을 배수하기 위한 비교적 짧은 피복된 수로를 말한다.

6.5.2 수로 단면의 형상

수로의 단면은 다양한 기하학적인 형상으로 이루어져 있다. 일반적으로 수로는 단면과 경사가 일정한 균일수로 형태로 이루어져 있으며, 피복된 운하인 경우 보통 직사각형(rectangular) 또는 사다리꼴(trapezoidal) 단면으로 이루어지고, 단면이 작은 배수로인 경우 삼각형(triangular) 형상으로 이루어지기도 한다. 암거와 터널은 일반적으로 원형(circular) 또는 타원형(elliptical) 형상으로 구성한다. 자연수로인 경우 단면이 매우 불규칙하고 비균일 수로로 되어 있지만, 사다리꼴이나 포물선형(paraboloid) 단면으로 간주하기도 한다. 일반적인 개수로 형상의 기하학적인 특성은 표 6.5.1과 같다.

표 6.5.1 개수로 단면 형상의 기하학적 특성

단면구분	단면형상	단면적(A)	윤변(P)	동수반경(R_h)
사다리꼴	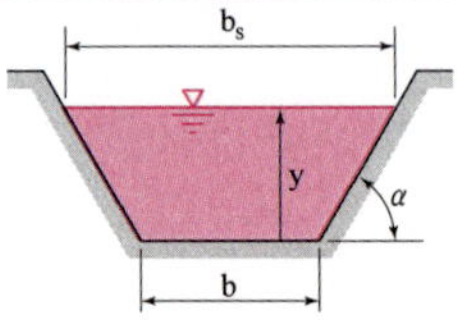	$y(b+y\cot\alpha)$	$b+\dfrac{2y}{\sin\alpha}$	$\dfrac{y(b+y\cot\alpha)}{b+\dfrac{2y}{\sin\alpha}}$
삼각형	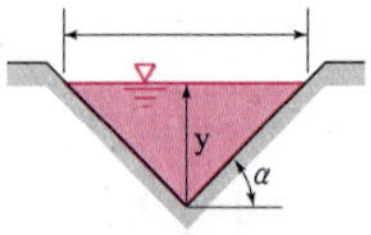	$y^2\cot\alpha$	$\dfrac{2y}{\sin\alpha}$	$\dfrac{y\cos\alpha}{2}$
사각형	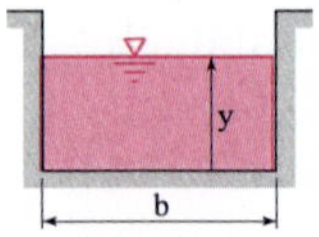	by	b+ 2y	$\dfrac{by}{b+2y}$
광폭사각형	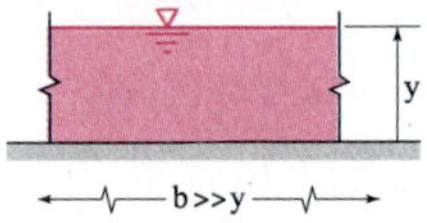	by	b	y
원형	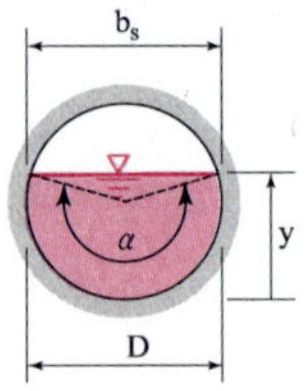	$(\alpha-\sin\alpha)\dfrac{D^2}{8}$	$\dfrac{\alpha D}{2}$	$\dfrac{D}{4}\left(1-\dfrac{\sin\alpha}{\alpha}\right)$

개수로 단면의 기하학적인 모양과 수심에 의해 결정되는 단면 특성치들은 다음과 같다.

① 수심(y) : 수심(depth)은 수로단면의 가장 낮은 지점으로부터 수표면까지의 연직거리를 의미한다. 대부분의 경우 수로바닥과 직각으로 측정한 깊이 d와 혼용하여 사용하는데 실제로는 다음과 같은 차이가 있다.

$$y = \frac{d}{\cos\theta} \tag{6.5.1}$$

여기서 θ는 수평선과 수로 바닥경사간의 각도로 만일 기울기, 즉 θ가 작으면 $y \simeq d$가 되고, 경사가 급한 수로인 경우에는 y와 d간의 차이가 발생하게 된다.

② 수위 : 수위(stage)는 기준면(datum)을 기준으로 한 수표면까지의 높이를 의미한다. 만일 수로의 가장 낮은 지점을 기준으로 정하면 수위는 수심과 같아지게 된다.

③ 수면폭(T) : 수면폭(top width)은 수면을 기준으로 측정한 수로의 폭을 의미한다.

④ 단면적(A) : 단면적(flow area)은 흐름방향과 직각인 수로단면의 면적을 의미한다.

⑤ 윤변(P) : 윤변(wetted perimeter)은 수로 단면에서 물이 접하고 있는 변의 길이이다.

⑥ 동수반경(R_h) : 동수반경(hydraulic radius)은 흐름 단면적을 윤변으로 나눈 것이다.

$$R_h = \frac{A}{P} \tag{6.5.2}$$

⑦ 수리심(D) : 수리심(hydraulic depth)은 흐름 단면적을 수로 폭으로 나눈 것으로 수로의 평균수심을 의미한다.

$$D = \frac{A}{T} \tag{6.5.3}$$

표 6.5.1에 일반적으로 사용하는 개수로 단면 형상에 대한 단면적, 윤변 및 동수반경이 나타나 있다.

예제 6.3

그림 6.5.1과 같은 사다리꼴 단면의 수로에서 바닥 폭이 2m, 수심이 1m, 측면경사가 2:1일 때 동수반경을 구하라.

풀이

주어진 자료를 이용하여 단면적, 윤변, 동수반경을 구하면 다음과 같다.

$$A = (b+zy)y = (2+2\times1)\times1 = 4\text{m}^2$$

$$P = b+2y\sqrt{1+z^2} = 2+2\times1\times\sqrt{1+2^2} = 6.47\text{m}$$

$$R_h = \frac{A}{P} = \frac{4}{6.47} = 0.62\text{m}$$

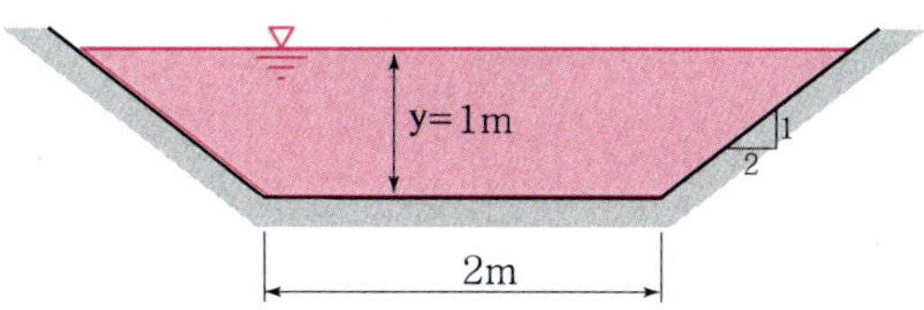

그림 6.5.1

6.6 개수로내 유속분포

개수로 흐름에서는 자유수표면의 존재와 수로벽에 작용하는 마찰로 인해 수로 단면에서 균일한 유속분포를 보이지 않게 된다. 일반적인 개수로에서의 최대 유속은 자유수표면 아래 수심의 약 5~25% 깊이에서 나타나고, 수로 벽으로부터 멀리 떨어져서 최대 유속이 발생한다. Chow는 개수로 단면의 다양한 형태에 따른 일반적인 유속분포를 그림 6.6.1과 같이 제시하였다.

개수로 흐름에서의 유속분포는 단면의 형상, 수로의 조도, 만곡부의 유무 등에 따라 다양하게 변한다. 광폭의 수심이 얕고 유속이 빠른 단면 또는 매우 매끈한 수로에서는 최대 유속이 자유수표면에서 나타날 수도 있다. 수로의 조도(roughness)는 그림 6.6.2와 같이 연직방향의 유속분포를 초래한다. 만곡부에서는 흐름의 원심력으로 인해 볼록한 부분에서 유속이 더 증가하게 된다.

지속적으로 흐르는 하천이나 밀폐된 관로에서의 유속은 위치 및 시간에 따라 변하게 되므로 유량을 산정하기 위해서는 여러 지점 및 깊이에서 유속을 측정해야 한다. 자연하천의 하상 근처의 유속은 하상의 마찰로 인해 유속이 작아지게 되고 하상으로부터 멀어질수록 유속이 증가한다. 하천의 깊이가 0.6m 이상이 되면 그 단면에서의 평균 유속은 수표면으로부터 수심의 0.2배 및 0.8배되는 깊이의 유속을 평균하여 구하게 된다. 만일 수심이 0.6m보다 작게 되면 수심의 0.6배되는 지점에서의 유속을 그 단면에서의 평균유속으로 한다. 표 6.6.1은 하천의 깊이에 따른 평균유속 산정 방법을 보여주고 있다.

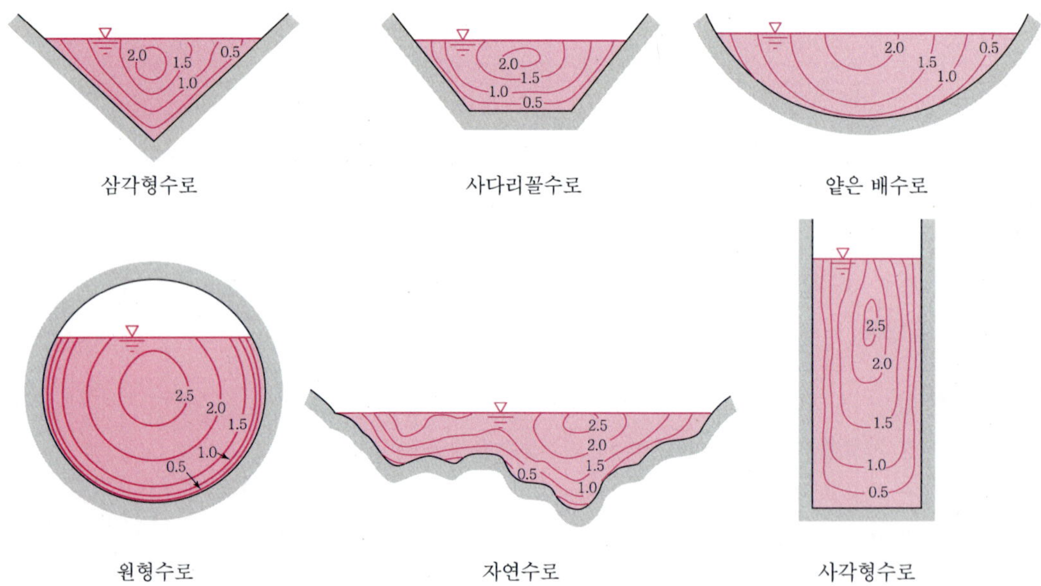

그림 6.6.1 개수로 단면에 따른 유속분포

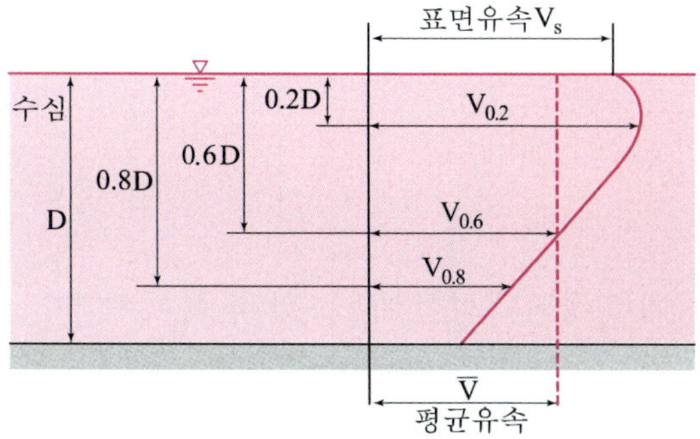

그림 6.6.2 조도에 의한 연직방향의 유속분포

표 6.6.1 수심에 따른 평균유속 산정

측점수	수심범위 (m)	수심범위 (ft)	관측지점 (수표면으로부터)	평균유속 ($\overline{V}$)
1	0.3~0.6	1~2	0.6D	$\overline{V}=V_{0.6D}$
2	0.6~3.0	2~10	0.2D, 0.8D	$\overline{V}=0.5(V_{0.2D}+V_{0.8D})$
3	3.0~6.0	10~20	0.2D, 0.6D, 0.8D	$\overline{V}=0.25(V_{0.2D}+2V_{0.6D}+V_{0.8D})$
5	6.0<	20<	수면으로부터 0.3m, 0.2D, 0.6D, 0.8D, 하상으로부터 0.3m	$\overline{V}=0.1(V_S+3V_{0.2D}+2V_{0.6D}+3V_{0.8D}+V_B)$

D : 수심 S : 수면으로부터 0.3m B : 하상으로부터 0.3m

예제 6.4

어떤 하천에 대해 표 6.6.2와 같이 수심의 20% 및 80% 되는 지점에서 유속을 측정하였을 때 유출량을 산정하라.

표 6.6.2 소단면 깊이에서의 측정유속 및 단면적

단 면		1	2	3	4	5
유속 (m/sec)	0.2D	0.4	0.8	1.2	1.0	0.6
	0.8D	0.3	0.6	1.3	1.2	0.6
단면적 (m^2)		3	6	10	8	4

풀이

각 소단면에서의 깊이에 따른 유속을 산술평균하고 단면적을 곱하면 소단면에서의 유량이 산정되며 이를 합하면 총 유량이 된다.

$$Q=\Sigma Q_i=\Sigma A_i\overline{V_i}=\Sigma A_i(V_{0.2}+V_{0.8})_i/2$$

$$=3(0.35)+6(0.70)+10(1.25)+8(1.1)+4(0.6)=29m^3/sec$$

6.7 등류의 형성 및 경험공식

6.7.1 등류의 형성 및 가정

대부분의 수로들은 등류가 형성되도록 설계되고 있다. 특히 관개수로인 경우 상당한 길이에 걸쳐 동일한 단면 및 등류수심이 되도록 설계한다. 하천과 같은 일반적인 수로인 경우 대부분 불규칙한 단면을 가지고 있고 등류가 거의 형성되지 않지만 등류로 가정하여 개략적인 유량을 산정하게 된다.

등류는 수로경사 S_o를 조정하여 에너지선의 경사 S_f와 같도록 조정함으로서 얻을 수가 있다. 에너지 관점에서 볼 때 등류는 물이 하류로 흐를 때 발생하는 잠재에너지의 손실 및 전단응력과 관계된 점성효과에 의한 에너지손실(수두손실)간에 균형을 이룰 때 나타나게 된다. 힘의 개념으로 보면 중력에 의해 물에 작용하는 흐름방향의 성분과 이에 저항하는 수로 벽면에 작용하는 마찰력의 성분이 같을 때 등류가 형성된다.

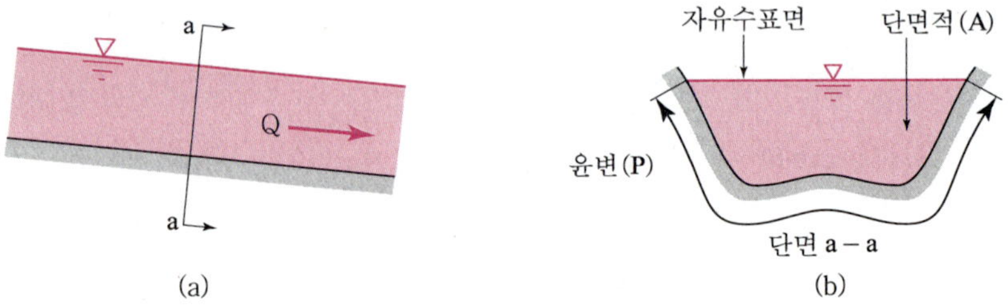

그림 6.7.1 개수로에서의 등류

그림 6.7.1과 같이 수로 단면의 형상과 크기가 일정하여 수심이 일정하게 유지되는 단면적 A, 윤변 P인 개수로에서의 흐름을 생각해 보자. 수표면과 대기간의 상호작용은 무시하여 윤변에는 포함시키지 않는다. 앞 절에서 설명한 바와 같이 물과 수로 표면에서의 마찰 때문에 실제유속분포는 연직방향으로 균일하지가 않다. 수로 벽면에서의 마찰응력 또는 소류력(shear stress) τ_w로 인해 벽면에서의 유속은 0이 된다. 마찰응력은 그림 6.7.2와 같이 윤변 전체를 통해 일정하지가 않다. 따라서 등류의 형성 및 경험공식을 유도하기 위해 하도 단면에서의 유속분포가 V로 균일하고, 윤변을 따라 마찰응력 τ_w가 일정하다는 가정을 한다.

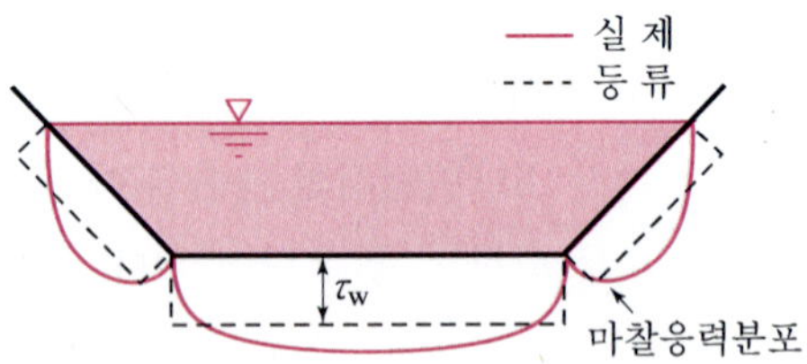

그림 6.7.2 윤변을 따른 마찰응력의 분포

6.7.2 등류의 경험공식

개수로에서 등류 유량을 결정하기 위한 기본 식들이 오래 전부터 개발되었으며, 관련된 경험상수들의 보다 정확한 산정을 위해 지속적으로 보완되어 왔다. 이들 중 대표적인 등류경험공식으로 Chezy와 Manning의 공식이 있으며 이들의 유도과정에 대해 알아보기로 한다.

정상등류 가정 하에 그림 6.7.3과 같은 검사체적(control volume)에 x방향의 운동량 방정식을 적용하면 $V_1 = V_2$이므로

$$\Sigma F = \rho Q(V_2 - V_1) = 0 \qquad (6.7.1)$$

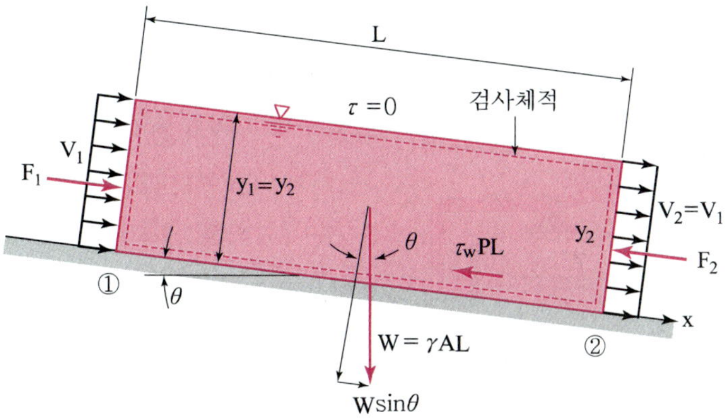

그림 6.7.3 개수로내 등류흐름의 검사체적

따라서 검사체적의 물에는 가속도가 발생하지 않고, 단면 ①과 ②에서의 운동량 흐름율(flux)은 동일하게 된다. 그러므로 흐름은 흐름방향으로의 힘들, 즉 중력에 의한 관성력과 흐름을 방해하는 마찰력과의 균형에 의해 영향을 받게 되고, 두 힘이 같을 때 등류가 형성된다. 즉, $\Sigma F_x = 0$일 때

$$F_1 - F_2 - \tau_w PL + W\sin\theta = 0 \qquad (6.7.2)$$

여기서 F_1과 F_2는 검사체적의 단면 ①, ②에 작용하는 정수압에 의한 힘으로 등류인 경우 두 단면에서의 수심 $y_1 = y_2$이므로 결국 $F_1 = F_2$가 되어 서로 상쇄된다. $W\sin\theta$는 검사체적 내 물 무게의 흐름방향 성분, $\tau_w PL$은 물과 윤변사이에 작용하는 마찰력이다. 따라서 식 (6.7.2)는

$$\tau_w = \frac{W\sin\theta}{PL} = \frac{WS_o}{PL} \qquad (6.7.3)$$

여기서 수로의 바닥경사가 작은 경우 ($S_o \ll 1$) $\sin\theta \simeq \tan\theta = S_o$가 된다. 검사체적의 무게 $W = \gamma AL$이고, 동수반경 $R_h = A/P$이므로 식 (6.7.3)을 다시 나타내면

$$\tau_w = \frac{\gamma ALS_o}{PL} = \gamma R_h S_o \tag{6.7.4}$$

대부분의 개수로 흐름은 층류보다는 난류로 흐르게 되고, 따라서 Reynolds 수도 상당히 크게 된다. 관수로 흐름에서 설명한 바와 같이 Reynolds 수가 큰 경우 마찰손실계수 f는 Reynolds 수와는 무관하고 관 표면의 조도에만 영향을 받게 된다. 이러한 경우 마찰응력은 동압력 $\rho V^2/2$에만 비례하고 점성과는 무관하게 되므로

$$\tau_w = K\frac{\rho V^2}{2} \tag{6.7.5}$$

여기서 K는 관의 조도에 따른 상수이다. 관수로에서의 큰 Reynolds 수에 대한 마찰응력의 관계가 개수로에서도 적용된다고 볼 수 있으므로 식 (6.7.4)와 (6.7.5)를 같게 놓아

$$K\frac{\rho V^2}{2} = \gamma R_h S_o \tag{6.7.6}$$

또는

$$V = C\sqrt{R_h S_o} \tag{6.7.7}$$

여기서 $C = \sqrt{2g/K}$를 Chezy의 평균유속계수라 하고, 식 (6.7.7)을 Chezy의 공식이라 한다. 일련의 실험을 통하여 유속과 수로경사간의 관계($V \sim \sqrt{S_o}$)가 적절한 것으로 나타났지만 유속과 동수반경과 관계에 대해서는 분명한 관계를 나타내지는 못하였다.

그 후 아일랜드 기술자인 Manning은 Chezy의 계수 C와 동수반경 및 조도계수 n 사이에 다음과 같은 관계가 있음을 발표하였다.

$$C = \frac{R_h^{1/6}}{n} \tag{6.7.8}$$

식 (6.7.8)을 Chezy의 평균유속공식 (6.7.7)에 적용하면

$$V = \frac{1}{n}R_h^{2/3}S_o^{1/2} \tag{6.7.9}$$

이 식을 Manning의 공식이라 한다. n을 Manning의 조도계수(resistance coefficient)라 하며, 수로의 표면 구성 물질에 따라 변하고 실험을 통해 값을 얻을 수가 있으며, 무차원 값이 아닌 $\sec/m^{1/3}$의 단위를 가지고 있다.

다양한 조건에 대한 Manning의 조도계수 n값이 표 6.7.1과 같다. 수로표면을 구성하고 있는 물질의 조도가 클수록 n값이 크게 나타남을 알 수 있다. 예를 들어 홍수터의 조도가 목초지(pasture)에서 잡목(brush), 그리고 나무(tree)로 변할수록 n값이 증가하고 있다.

예제 6.5

예제 6.3과 같은 사다리꼴 단면의 수로에서 바닥 폭이 2m, 수심이 1m, 측면경사가 2:1일 때 Manning의 공식을 이용하여 유속 및 유량을 구하라. 단, Manning의 조도계수는 0.012, 하상경사는 0.001이다.

풀이

예제 6.3에서 구한 값들은 $A = 4m^2$, $P = 6.47m$, $R_h = 0.62m$

따라서 식 (6.7.9)에 의해 유속을 구하면

$$V = \frac{1}{n} R_h^{2/3} S_o^{1/2} = \frac{1}{0.012} \times 0.62^{2/3} \times 0.001^{1/2} = 1.916 m/s$$

유량은 $Q = AV = 4 \times 1.916 = 7.664 m^3/s$

6.7.3 복합단면의 등가조도

지금까지는 수로단면의 윤변을 통해 조도가 동일하다고 가정하여 적용하였지만 자연하천 수로에서는 단면 전체에 대해 조도가 동일하지 않는 경우가 많다. 예를 들어 수로의 바닥과 측면이 서로 다른 물질로 구성되어 있을 수가 있으며, 이런 경우 Manning의 n값이 수로 바닥과 측면이 서로 다르게 된다. 따라서 개수로에서의 흐름 해석을 용이하게 하기 위해 수로 단면을 대표하는 등가조도(equivalent roughness) n_e를 산정할 필요가 있다.

개수로 단면이 그림 6.7.4와 같이 N개(그림에서는 N = 3)로 나뉘어지고 각 소단면에서의 윤변을 P_i, Manning의 조도를 n_i라 하자. 각 소단면에서의 평균유속이 전체 단면에서의 평균유속과 같다고 가정하면 Horton과 Einstein에 의해 제시된 등가조도는 다음과 같이 나타낼 수가 있다.

$$n_e = \left(\frac{\sum P_i n_i^{3/2}}{\sum P_i} \right)^{2/3} \tag{6.7.10}$$

같은 방법으로 Muhlhofer와 Einstein은 각 소단면에서의 흐름에 대한 저항력을 모두 합한 값이 전체 단면에서의 흐름의 저항력과 같다는 가정 하에 등가조도를 다음과 같이 제시하였다.

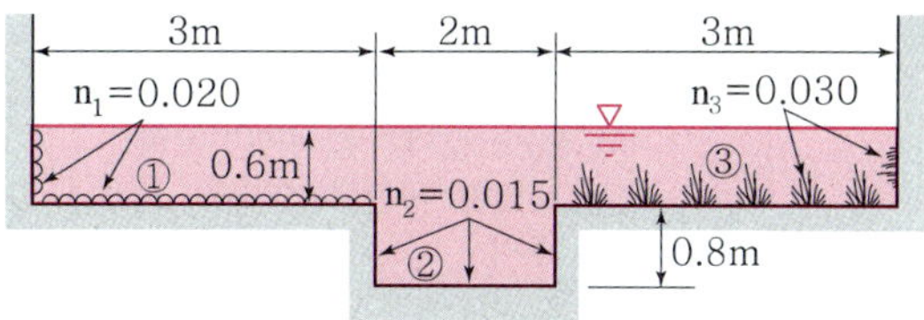

그림 6.7.4 복합단면의 등가조도

표 6.7.1 Manning의 조도계수 n

하상표면	최량	양호	적절	불량
코팅되지 않은 주철관	0.012	0.013	0.014	0.015
코팅된 주철관	0.011	0.012*	0.013*	
상업용 단철관, black	0.012	0.013	0.014	0.015
상업용 단철관, 아연도금	0.013	0.014	0.015	0.017
매끈한 청동 및 유리관	0.009	0.010	0.011	0.013
매끈한 lockbar 및 용접된 OD관	0.010	0.011*	0.013*	
리벳트 강관	0.013	0.015*	0.017*	
유리모양의 하수관	0.010	0.013*	0.015	0.017
일반적인 점토배수 토관	0.011	0.012*	0.014*	0.017
유약을 바른 벽돌	0.011	0.012	0.013*	0.015
시멘트 반죽 내 벽돌, 벽돌 하수거	0.012	0.013	0.015*	0.017
깨끗한 시멘트 표면	0.010	0.011	0.012	0.013
시멘트 반죽 표면	0.011	0.012	0.013*	0.015
콘크리트 관	0.012	0.013	0.015*	0.016
나무 통관	0.010	0.011	0.012	0.013
판자 수로:				
평면	0.010	0.012*	0.013	0.014
비평면	0.011	0.013*	0.014	0.015
마디를 포함	0.012	0.015*	0.016	
콘크리트 피복 수로	0.012	0.014*	0.016*	0.018
시멘트와 잡석 혼합 표면	0.017	0.020	0.025	0.030
건조한 잡석 표면	0.025	0.030	0.033	0.035
각진 돌 표면	0.013	0.014	0.015	0.017
반원형 금속 수로, 매끈함	0.011	0.012	0.013	0.015
반원형 금속 수로, 주름짐	0.0225	0.025	0.0275	0.030
수로 및 도랑:				
흙, 직선 및 균일	0.017	0.020	0.0225*	0.025
암석, 매끈하고 균일	0.025	0.030	0.033*	0.035
암석, 매끈하지 않고 비균일	0.035	0.040	0.045	
만곡된 완만한 수로	0.0225	0.025*	0.0275	0.030
준설된 흙 하도	0.025	0.0275*	0.030	0.033
암석하상의 수로, 흙 제방의 잡초	0.025	0.030	0.035*	0.040
흙 하상, 잡석 측면	0.028	0.030*	0.033*	0.035
자연하도:				
(1) 깨끗하고, 직선제방, 만수, 갈라진 틈이나 깊은 웅덩이가 없음	0.025	0.0275	0.030	0.033
(2) (1)과 같지만 약간의 잡초와 암석포함	0.030	0.033	0.035	0.040
(3) 만곡, 약간의 웅덩이와 모래톱, 깨끗함	0.033	0.035	0.040	0.045
(4) (3)과 같지만 낮은 수위, 영향을 주지 않는 경사 및 단면	0.040	0.045	0.050	0.055
(5) (3)과 같지만 약간의 잡초와 암석포함	0.035	0.040	0.045	0.050
(6) (4)과 같지만 암석단면 포함	0.045	0.050	0.055	0.060
(7) 완만한 하천구간이지만 잡초와 깊은 웅덩이가 존재	0.050	0.060	0.070	0.080
(8) 잡초가 매우 많은 구간	0.075	0.100	0.125	0.150

* 설계에 일반적으로 사용하는 값

$$n_e = \left(\frac{\Sigma P_i n_i^2}{\Sigma P_i} \right)^{1/2} \tag{6.7.11}$$

Lotter는 각 소단면에서의 유량의 합이 전체 단면에서의 유량과 같다는 사실을 이용하여 다음과 같이 등가조도를 제시하였다.

$$n_e = \frac{P R_h^{5/3}}{\Sigma \frac{P_i R_h^{5/3}}{n_i}} \tag{6.7.12}$$

Krishnamurthy와 Christensen은 대수 유속분포를 가정하여 다음과 같이 등가조도를 제시하였다.

$$\ln n_e = \Sigma P_i y_i^{3/2} \frac{\ln n_i}{\Sigma P_i y_i^{3/2}} \tag{6.7.13}$$

미지질조사국(USGS)에서 36개의 자연 개수로 단면에서 획득한 자료를 이용하여 분석한 결과 Horton과 Einstein의 식에 의한 결과가 다른 식들에 의한 결과보다 오차가 가장 적은 것으로 나타나고 있다.

예제 6.6

그림 6.7.4와 같은 복합단면에서의 등가조도를 Horton-Einstein방법에 의해 구하라.

풀이

각 단면에서의 $P_i n_i^{3/2}$의 합을 구하면

$$\begin{aligned}\Sigma P_i n_i^{3/2} &= (0.6+3)\times 0.02^{3/2} + (0.8+2+0.8)\times 0.015^{3/2} + (3+0.6)\times 0.03^{3/2} \\ &= 0.0355\end{aligned}$$

윤변의 총합은

$$\begin{aligned}\Sigma P_i &= 0.6+3+0.8+2+0.8+3+0.6 \\ &= 10.8\text{m}\end{aligned}$$

따라서 등가조도는

$$\begin{aligned}n_e &= \left(\frac{\Sigma P_i\, n_i^{3/2}}{\Sigma P_i} \right)^{2/3} = \left(\frac{0.0355}{10.8} \right)^{2/3} \\ &= 0.022\end{aligned}$$

6.8 등류의 계산

앞에서 설명한 Manning의 공식을 이용하여 등류와 관련된 다양한 계산을 할 수가 있다. 개수로내 등류와 관련된 주요 변수들로는 수로 단면의 크기와 형태(A, R_h), 수로 바닥의 경사(S_o), 수로 바닥과 측면의 구성물질의 특성(n), 평균 유속 또는 유량(V, Q) 등이 있다. 비록 Manning의 공식은 간단하지만, 어떤 변수들이 주어지고 어떤 변수들을 결정해야 하는지에 따라 간단할 수도 복잡할 수도 있다.

개수로에서의 등류유량을 계산하기 위해서는 등류공식, 즉 Manning의 공식과 연속방정식을 이용하게 된다.

$$Q = AV = \frac{1}{n} A R_h^{2/3} S_o^{1/2} \tag{6.8.1}$$

이 식에서 A와 R_h는 등류수심(y_n)과 수로 단면의 함수가 되며, Manning의 조도계수 n은 수로표면과 앞 절에서 설명한 인자들의 함수가 된다. 따라서 특정수로 단면 및 경사에 대해 등류수심이 주어지면 오직 하나의 유량만 가능하게 된다. 그러므로 식 (6.8.1)을 이용하여 주어진 등류수심에 해당하는 유량을 산정할 수 있다. 식 (6.8.1)을 간단히 나타내면

$$Q = K S_o^{1/2} \tag{6.8.2}$$

여기서 K는 통수능인자(conveyance factor)로 수심, 단면의 기하학적 특성, 그리고 Manning의 조도 n값의 함수이며 다음과 같다.

$$K = \frac{1}{n} A R_h^{2/3} \tag{6.8.3}$$

식 (6.8.1)을 변경하면

$$A R_n^{2/3} = \frac{nQ}{S_o^{1/2}} \tag{6.8.4}$$

여기서 왼쪽 항을 단면인자(section factor)라 한다. 따라서 유량 Q, 조도 n, 그리고 경사 S_o가 주어지면 시행착오법(trial and error procedure)으로 등류수심을 결정할 수가 있다.

6.8.1 등류유량

등류유량은 등류수심 y_n과 수로의 제원, 수로경사 S_o 및 조도 n이 주어지게 되면 수로의 단면적 A와 동수반경 R_h를 구한 후 식 (6.8.1)을 이용하여 간단히 계산할 수 있다.

예제 6.7

그림 6.8.1과 같이 수로 폭이 3m이고 측면경사가 1.5:1인 사다리꼴 수로의 경사가 0.0016이다. 등류수심이 2.6m이고 조도계수 n=0.013이면 등류유량은 얼마인가?

풀이

주어진 자료를 이용하여 단면적, 윤변, 동수반경을 구하면 다음과 같다.

$$A=(b+zy_n)y_n=(3+1.5\times 2.6)\times 2.6=18m^2$$

$$P=b+2y_n\sqrt{1+z^2}=3+2\times 2.6\times \sqrt{3.25}=12m$$

$$R_h=\frac{A}{P}=\frac{18}{12}=1.5m$$

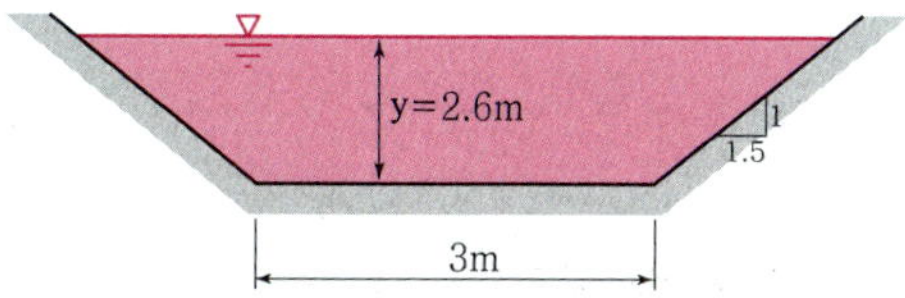

그림 6.8.1 등류유량 계산

식 (6.8.1)을 적용하면

$$Q=\frac{1}{n}AR_h^{2/3}S_o^{1/2}=\frac{1}{0.013}\times 18\times 1.5^{2/3}\times 0.0016^{1/2}=73m^3/sec$$

6.8.2 등류수심

등류의 수심은 유량 Q와 수로의 제원, 수로경사 S_o 및 조도 n이 주어지게 되면 식 (6.8.4)를 이용하여 시행착오법으로 계산할 수 있다.

예제 6.8

그림 6.8.2와 같이 수로 폭이 10m, 측면경사가 2:1인 수로에 $30m^3/sec$의 유량이 흐르고 있다. 수로의 경사가 0.001, 조도계수가 0.013이면 등류수심은 얼마인가?

풀이

식 (6.8.4)의 우변에 주어진 Q, S_o, n값을 적용하면

$$AR_h^{2/3}=\frac{nQ}{S_o^{1/2}}=\frac{0.013\times 30}{0.001^{1/2}}=12.33 \qquad (a)$$

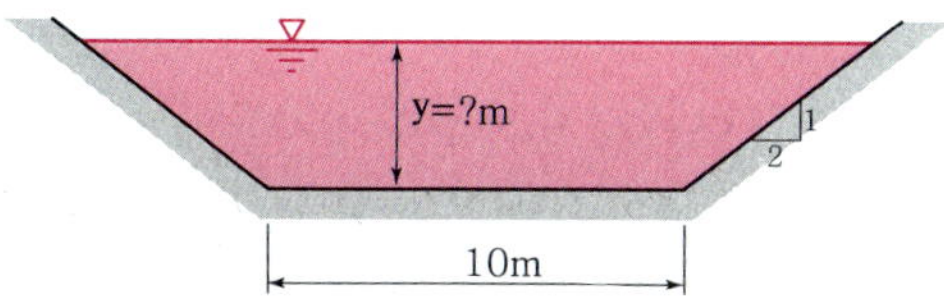

그림 6.8.2 등류수심 계산

단면적과 동수반경을 등류수심 y_n으로 표현하면

$$A=\frac{1}{2}y_n(10+10+2\times 2y_n)=y_n(10+2y_n)$$

$$P=b+2y_n\sqrt{2^2+1}=10+4.47y_n$$

$$R_h=\frac{y_n(10+2y_n)}{10+4.47y_n}$$

이들 값을 식 (a)에 적용하면

$$[y_n(10+2y_n)]\left[\frac{y_n(10+2y_n)}{10+4.47y_n}\right]^{2/3}=12.33$$

따라서

$$[y_n(10+2y_n)]^{5/3}-12.33\times(10+4.47y_n)^{2/3}=0$$

시행착오법으로 y_n을 구하면 1.09m가 된다.

6.8.3 등류수로 경사

등류수로의 경사는 유량 Q와 등류수심 y_n, 수로의 제원 및 조도 n이 주어지게 되면 식 (6.8.1)을 이용하여 계산할 수 있다.

예제 6.9

예제 6.7과 같이 수로 폭이 3m이고 측면경사가 1.5:1인 사다리꼴 수로에 73m^3/sec의 유량이 흐르고 있다. 등류수심이 2.6m이고, 조도계수 n=0.013이면 등류수로의 경사는 얼마인가?

풀이

주어진 자료를 이용하여 단면적, 윤변, 동수반경을 구하면 다음과 같다.

$$A=(b+zy_n)y_n=(3+1.5\times 2.6)\times 2.6=18\text{m}^2$$

$$P=b+2y_n\sqrt{1+z^2}=3+2\times 2.6\times\sqrt{3.25}=12\text{m}$$

$$R_h=\frac{A}{P}=\frac{18}{12}=1.5\text{m}$$

식 (6.8.1)을 적용하면

$$73=\frac{1}{0.013}\times 18\times 1.5^{2/3}\times S_o^{1/2}$$

따라서 등류수로 경사는 $S_o=0.0016$이 된다.

6.9 최적수로단면

최적수로단면(optimum channel cross section)은 수로의 경사 및 조도가 주어질 때 주어진 유량이 흐르기 위한 최소의 흐름 단면을 가진 수로단면을 의미하며, 개수로를 설계할 때 가장 경제적인 단면이라고 할 수 있다. Manning의 공식으로부터

$$\frac{Q}{A} = \frac{R_h^{2/3} S_o^{1/2}}{n} \qquad (6.9.1)$$

식 (6.9.1)로부터 주어진 유량에 대한 최소의 흐름 단면은 경사 및 조도가 주어지면 동수반경 R_h 가 최대가 될 경우임을 알 수 있고, 동수반경은 $R_h = A/P$ 이므로 결국 윤변 P 가 최소가 될 때 최대가 된다. $R_h = A/P$ 를 식 (6.9.1)에 적용하고 단면적에 관해 정리하면

$$A = \left(\frac{nQ}{S_o^{1/2}}\right)^{3/5} P^{2/5} \qquad (6.9.2)$$

식 (6.9.2)로부터 윤변 P 가 최소가 될 때 흐름 단면적 A 가 최소가 됨을 알 수 있으며, 윤변이 최소가 되는 단면은 반원형단면이다.

윤변 P 는 수로 단면 형상에 따라 변하게 되며 위와 같은 조건을 적용하면 직사각형, 사다리꼴, 삼각형, 원형 등과 같은 단면이 일정구간 동안 변하지 않고 유지되는 대상(prismatic) 단면에 대한 최적수로단면을 설계할 수가 있다. 주어진 수로 경사에 대한 최적수로단면을 결정하면 유량의 함수인 등류수심과 단면적을 구할 수가 있다. 본 절에서는 개수로의 대표적인 형상인 직사각형과 사다리꼴 단면에 대한 최적수로단면을 결정하는 방법을 설명하기로 한다.

6.9.1 최적 직사각형단면

수심 y, 수로 폭 b인 직사각형단면 수로인 경우 면적 및 윤변은 다음과 같이 나타낼 수 있다.

$$A = by \qquad (6.9.3)$$

$$P = b + 2y \qquad (6.9.4)$$

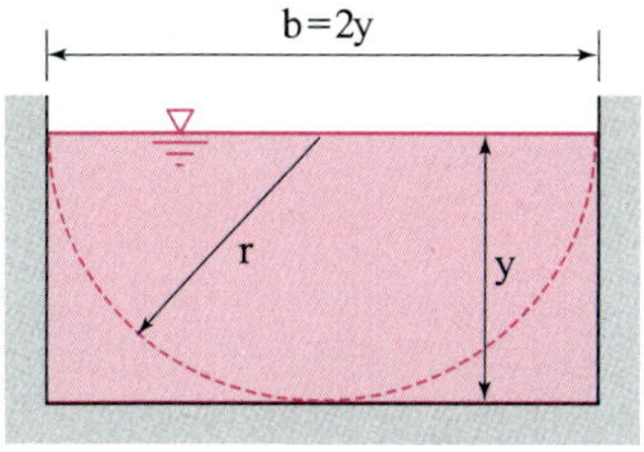

그림 6.9.1 직사각형 최적수로단면

식 (6.9.3)과 (6.9.4)에서 수로 폭 b를 소거하면

$$P = \frac{A}{y} + 2y \qquad (6.9.5)$$

최적수로단면은 윤변 P 가 최소, 즉 $dP/dy = 0$ 인 경우이므로

$$\frac{dP}{dy} = -\frac{A}{y^2} + 2 = 0 \qquad (6.9.6)$$

따라서

$$y = \frac{b}{2} \tag{6.9.7}$$

그러므로 직사각형 최적수로단면은 수심이 수로 폭의 절반일 경우가 된다. 이때의 동수반경은 다음과 같이 수심의 절반이 된다.

$$R_h = \frac{A}{P} = \frac{2y^2}{4y} = \frac{y}{2} \tag{6.9.8}$$

예제 6.10

경사가 0.001, 조도계수가 0.012인 사각형 수로에 $5m^3/sec$의 유량을 흐르게 할 때 최적단면을 결정하라.

풀이

식 (6.8.4)의 우변에 주어진 Q, S_o, n값을 적용하면

$$AR_h^{2/3} = \frac{nQ}{S_o^{1/2}} = \frac{0.012 \times 5}{0.001^{1/2}} = 1.897 \tag{a}$$

최적 단면적과 동수반경을 수심 y로 표현하면

$$A = by = 2y^2, \qquad R_h = \frac{y}{2}$$

이들 값을 식 (a)에 적용하면

$$2y^2\left(\frac{y}{2}\right)^{2/3} = 1.897 \quad \rightarrow \quad y = 1.166\text{m}$$

따라서 최적단면은

$$y = 1.166\text{m}, \quad b = 2y = 2.332\text{m}, \quad A = 2.719\text{m}^2$$

6.9.2 최적 사다리꼴단면

그림 6.9.2와 같이 저변 폭 b, 측면경사 z, 수심 y인 사다리꼴단면 수로의 최적수로단면을 구해보자. 이 경우 수로의 단면적과 윤변은 다음과 같다.

$$A = (b + zy)y \tag{6.9.9}$$

$$P = b + 2y\sqrt{1+z^2} \tag{6.9.10}$$

식 (6.9.10)을 b로 정리하여 식 (6.9.9)에 대입하면

$$A = (P - 2y\sqrt{1+z^2})y + zy^2 \tag{6.9.11}$$

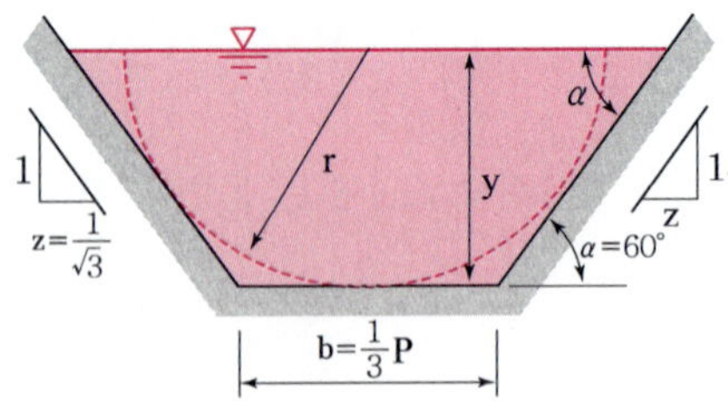

그림 6.9.2 사다리꼴 최적수로 단면

유량과 수로 경사 및 조도계수가 주어지면 단면적은 일정하므로 측면경사 z를 상수로 간주하고 식 (6.9.11)을 수심 y에 관해 미분하고 0으로 놓으면

$$\frac{dA}{dy}=\left(\frac{dP}{dy}-2\sqrt{1+z^2}\right)y+(P-2y\sqrt{1+z^2})+2zy=0 \tag{6.9.12}$$

최적수로단면이 되기 위해서는 윤변 P가 최소가 되어야 하므로 dP/dy=0을 적용하면

$$P=4y\sqrt{1+z^2}-2zy \tag{6.9.13}$$

식 (6.9.13)은 측면경사 z가 결정되어 있을 경우에 해당되는 최소단면을 가지는 최적단면이다. 만일 최적단면이 되기 위한 측면경사 z를 결정하려면 식 (6.9.13)을 z에 관해 미분하여 0으로 놓으면 된다.

$$\frac{dP}{dz}=\frac{4zy}{\sqrt{1+z^2}}-2y=0 \tag{6.9.14}$$

$$\therefore\ z=\frac{1}{\sqrt{3}} \tag{6.9.15}$$

따라서 최적수로단면이 되기 위한 측면경사는 $1/\sqrt{3}$, 즉 θ가 60°인 경우가 된다. 기타 최적수로단면의 제원을 결정하기위해 이 조건을 적용하면

$$P=4y\sqrt{1+z^2}-2zy=2\sqrt{3}\,y \tag{6.9.16}$$

$$b=P-2y\sqrt{1+z^2}=\frac{2\sqrt{3}}{3}y=\frac{1}{3}P \tag{6.9.17}$$

$$A=by+zy^2=\sqrt{3}\,y^2 \tag{6.9.18}$$

$$R_h=\frac{A}{P}=\frac{\sqrt{3}\,y^2}{2\sqrt{3}\,y}=\frac{y}{2} \tag{6.9.19}$$

그러므로 사다리꼴 최적수로단면은 정육각형의 절반으로 이루어진 단면임을 알 수 있다. 이상과 같은 방법으로 구한 개수로의 주요 단면형상에 대한 최적수로단면의 폭, 등류수심 및 단면적에 대한 제원이 표 6.9.1과 같다.

예제 6.11

사다리꼴 단면 수로에 $5m^3/s$의 유량을 흐르게 하려고 한다. 경사가 0.0005, 조도계수가 0.02일 때 최적

표 6.9.1 최적수로단면 제원

단면구분	단면형상	최적조건	등류수심 (y_n)	단면적 (A)
사다리꼴	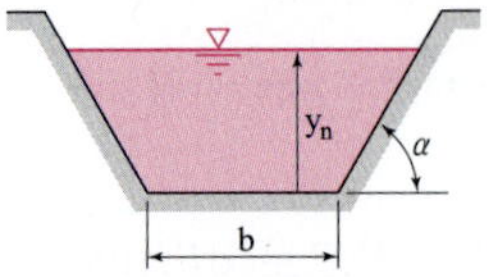	$\alpha = 60^\circ$ $b = \frac{2}{\sqrt{3}} y_n$	$0.968\left[\frac{Q_n}{S_o^{1/2}}\right]^{3/8}$	$1.622\left[\frac{Q_n}{S_o^{1/2}}\right]^{3/4}$
사각형	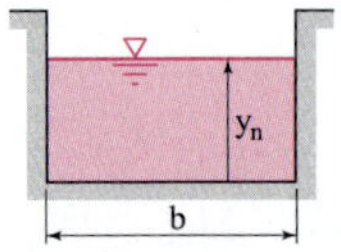	$b = 2y_n$	$0.917\left[\frac{Q_n}{S_o^{1/2}}\right]^{3/8}$	$1.682\left[\frac{Q_n}{S_o^{1/2}}\right]^{3/4}$
삼각형	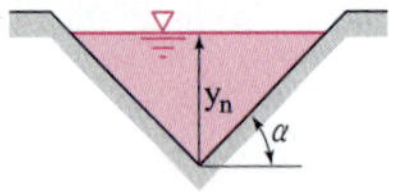	$\alpha = 45^\circ$	$1.297\left[\frac{Q_n}{S_o^{1/2}}\right]^{3/8}$	$1.682\left[\frac{Q_n}{S_o^{1/2}}\right]^{3/4}$
광폭사각형	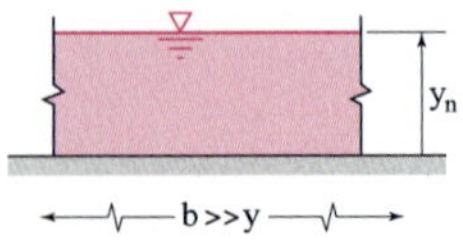	–	$1.00\left[\frac{(Q/b)n}{S_o^{1/2}}\right]^{3/8}$	–
원 형	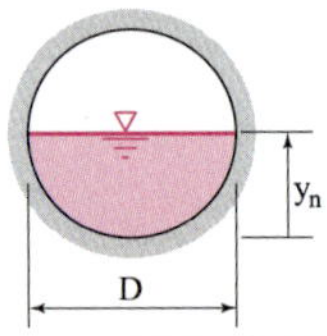	$D = 2y_n$	$1.00\left[\frac{Q_n}{S_o^{1/2}}\right]^{3/8}$	$1.583\left[\frac{Q_n}{S_o^{1/2}}\right]^{3/4}$

수로단면을 구하라. 또한 저변 폭을 4m, 측면경사를 2:1로 할 경우 최적수로단면 및 이때의 유량을 구하라.

풀이

Manning의 공식에 주어진 Q, S_o, n값을 적용하면

$$AR_h^{2/3} = \frac{nQ}{S_o^{1/2}} = \frac{0.02 \times 5}{0.0005^{1/2}} = 4.472 \qquad \text{(a)}$$

최적 단면적과 동수반경을 수심 y로 표현하면

$$A = \sqrt{3}\,y^2, \qquad R_h = \frac{y}{2}$$

이들 값을 식 (a)에 적용하면

$$\sqrt{3}\,y^2\left(\frac{y}{2}\right)^{2/3} = 4.472 \quad \rightarrow \quad y = 1.697\text{m}$$

따라서 최적수로단면은

$$y = 1.697\text{m}, \quad b = \frac{2\sqrt{3}}{3} \times 1.697 = 1.96\text{m}, \quad z = \frac{1}{\sqrt{3}} = 0.557$$

저변폭과 측면경사가 주어질 경우에는 식 (6.9.13)을 적용하면 되고 이를 식 (6.9.10)과 같게 놓으면

$$P = 4y\sqrt{1+z^2} - 2zy = b + 2y\sqrt{1+z^2}$$

주어진 값 b=4m, z=2를 대입하여 수심을 구하면 y=5.27m가 된다. 그러므로

$$A = by + zy^2 = 4 \times 5.27 + 2 \times 5.27^2 = 72.63\text{m}^2$$

$$P = b + 2y\sqrt{1+z^2} = 4 + 2 \times 5.27 \times \sqrt{1+2^2} = 27.57\text{m}$$

$$R_h = \frac{A}{P} = \frac{72.63}{27.57} = 2.634\text{m}$$

따라서 유량은

$$Q = \frac{1}{0.02} \times 72.63 \times 2.634^{2/3} \times 0.0005^{1/2} = 154.88\text{m}^3/\text{s}$$

6.10 폐합관거내 개수로 흐름

폐합관거 내 흐름이라도 자유수표면을 가지면 압력보다는 중력의 영향으로 흐르므로 개수로 흐름으로 분류할 수가 있다. 원형관거의 경우 전단면에 물이 가득 차서 흐를 때의 유량 및 유속에 대한 부분적으로 차서 흐를 때의 유량 및 유속의 비가 일정한 관계를 가지고 있으므로 이러한 관계곡선을 준비하면 관거 설계시 유용하게 사용할 수가 있다. 이러한 곡선을 수리특성곡선(hydraulic characteristic curve)이라 하며 다음과 같은 절차에 의해 구할 수가 있다.

그림 6.10.1과 같이 직경 D인 관거에 물이 깊이 d로 부분적으로 차서 흐를 때 관 중심에서의 수표면과 이루는 각을 θ(radian)라 하자. 이 경우 통수단면적과 윤변은 다음과 같이 나타낼 수가 있다.

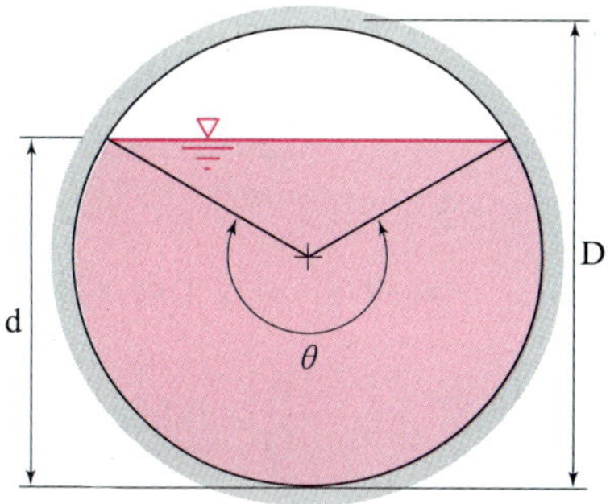

그림 6.10.1 관거내 등류 흐름

$$A = \frac{\pi D^2}{4} \times \frac{\theta}{2\pi} + \frac{D}{2}\sin\left(\frac{2\pi-\theta}{2}\right)\frac{D}{2}\cos\left(\frac{2\pi-\theta}{2}\right)$$

$$= \frac{D^2}{8}(\theta - \sin\theta) \qquad (6.10.1)$$

$$P = \frac{D}{2}\theta \qquad (6.10.2)$$

따라서 동수반경은 다음과 같다.

$$R_h = \frac{A}{P} = \frac{D}{4}\left(\frac{\theta - \sin\theta}{\theta}\right) \tag{6.10.3}$$

Manning의 공식을 이용하여 유량을 나타내면

$$Q = \frac{1}{n}\left[\frac{D^2}{8}(\theta - \sin\theta)\right]\left[\frac{D}{4}\left(\frac{\theta - \sin\theta}{\theta}\right)\right]^{2/3} S_o^{1/2}$$

$$= K\frac{D^{8/3}}{8 \times 4^{2/3}}\left[\frac{(\theta - \sin\theta)^{5/3}}{\theta^{2/3}}\right] \tag{6.10.4}$$

여기서 $K = S_o^{1/2}/n$으로 수로 경사 및 조도가 주어지면 일정하다. 관거 내에 물이 가득차서 흐를 경우의 유량 Q_F는 $\theta = 2\pi$를 적용하여 다음과 같이 나타낼 수 있다.

$$Q_F = \frac{KD^{8/3}\theta}{8 \times 4^{2/3}} \tag{6.10.5}$$

따라서 관거 내 물이 가득 차서 흐를 경우에 대한 부분적으로 차서 흐르는 유량의 비는 다음과 같다.

$$\frac{Q}{Q_F} = \frac{1}{2\pi}\left[\frac{(\theta - \sin\theta)^{5/3}}{\theta^{2/3}}\right] \tag{6.10.6}$$

관거가 가득 차서 흐를 때 유량이 최대가 되지 않는다. 최대의 유량이 흐르는 조건을 구하기 위해 식 (6.10.4)를 θ에 관해 미분하여 0으로 놓으면 $\theta = 5.28\text{rad}$일 때, 즉 $\theta = 303°$일 때 최대유량 Q_{max}가 발생하게 된다. 이 조건을 식 (6.10.6)에 적용하면

$$\frac{Q_{max}}{Q_F} = 1.076 \tag{6.10.7}$$

이때의 관 직경 D에 대한 수심 d의 비는 다음과 같다.

$$\frac{d}{D} = 0.938 \tag{6.10.8}$$

동일한 방법으로 물이 가득차서 흐를 때의 유속 V_F에 대한 부분적으로 차서 흐를 때의 유량 V의 비는 다음과 같다.

$$\frac{V}{V_F} = \left(\frac{\theta - \sin\theta}{\theta}\right)^{2/3} \tag{6.10.9}$$

따라서 최대유속이 발생하는 조건은 $\theta = 4.38\text{rad}$일 때, 즉 $\theta = 257°$일 경우로 다음과 같다.

$$\frac{V_{max}}{V_F} = 1.14 \quad \text{그리고} \quad \frac{d}{D} = 0.81 \tag{6.10.10}$$

이와 같은 수심비 d/D에 대한 유량비 Q/Q_F 및 유속비 V/V_F를 나타내는 수리특성곡선이 그림 6.10.2와 같다.

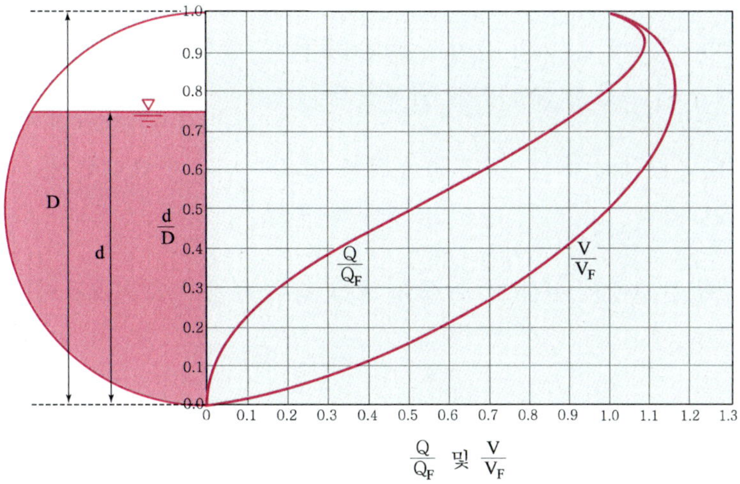

그림 6.10.2 수리특성곡선

예제 6.12

콘크리트 관거의 직경이 1.2m이고 경사가 0.001일 때 최대로 흐르는 유량과 이때의 수심을 구하라. 관거의 조도는 n=0.014이다.

풀이

최대의 유량이 흐를 때 수심비가 d/D = 0.938이므로

$$d = 0.938 \times 1.2 = 1.126\text{m}$$

$$\cos\left(\frac{2\pi - \theta}{2}\right) = \frac{1.126 - 0.6}{0.6} = 0.876$$

$$\therefore\ \theta = 5.28\text{rad} = 303^\circ$$

그러므로 최대유량이 흐르는 조건에 합당하다. 이때의 단면적과 동수반경을 구하면

$$A = \frac{D^2}{8}(\theta - \sin\theta) = \frac{1.2^2}{8}(5.28 - \sin 5.28) = 1.102\text{m}^2$$

$$R_h = \frac{D}{4}\left(\frac{\theta - \sin\theta}{\theta}\right) = \frac{1.2}{4}\left(\frac{5.28 - \sin 5.28}{5.28}\right) = 0.348\text{m}$$

따라서

$$Q = \frac{1}{0.014} \times 1.102 \times 0.348^{2/3} \times 0.001^{1/2} = 1.232\text{m}^3/\text{sec}$$

연습문제

6.1 폭 5m의 사각형 수로에 1m의 깊이로 20℃의 물($\nu = 1.006 \times 10^{-6} m^2/s$)이 흐르고 있다. 유량이 $0.2m^3$/sec이면 이 흐름은 층류인가, 난류인가?

6.2 폭 0.6m의 사각형 수로에 0.1m의 깊이로 20℃의 물($\nu = 1.006 \times 10^{-6} m^2/s$)이 흐르고 있다. 유량이 $0.005m^3/s$라면 이 흐름은 층류인가, 난류인가?

6.3 폭이 넓은 사각형 수로에서 수심 2m로 물이 흐를 경우 단위폭당 유량이 $2m^3$/sec/m이면 이 흐름은 상류인가, 사류인가?

6.4 폭이 5m인 사각형 수로에서 수심 1m로 물이 흐를 경우 유량이 $10m^3$/sec이면 이 흐름은 상류인가, 사류인가?

6.5 폭이 5m인 사각형 수로에서 수심 0.5m로 물이 흐를 경우 유량이 $15m^3$/sec이면 이 흐름은 상류인가, 사류인가?

6.6 사다리꼴 단면의 수로에서 바닥 폭이 6m, 수심이 2m, 측면경사가 1.5:1일 때 동수반경을 구하라.

6.7 직경 d인 관거 내에 물이 절반만 차서 흐를 때 동수반경을 구하라.

6.8 다음 표 6.8과 같이 수심 6m의 하천단면에서 수심에 따른 유속이 주어질 때 표 6.6.1에서 주어진 각 측점수별로 평균유속을 산정하라.

표 6.8 하천 수심에 따른 유속

수심(m)	0.3	1.2	3.6	4.8	5.7	6.0
유속(m/sec)	2.2	2.1	1.8	1.4	0.8	0.4

6.9 어떤 하천에 대해 표 6.9와 같이 수심의 20% 및 80%되는 지점에서 유속을 측정하였을 때 유출량을 산정하라.

표 6.9 하천 수심에 따른 유속

단 면		1	2	3	4	5
유속 (m/sec)	0.2D	1.2	2.4	3.6	3.0	1.8
	0.8D	0.6	1.2	2.6	2.4	1.2
단면적(m^2)		3	6	10	8	4

6.10 어떤 하천에 대해 표 6.10과 같이 수심의 20%, 60% 및 80%되는 지점에서 유속을 측정하였을 때 유출량을 산정하라.

표 6.10 하천 수심에 따른 유속

단면		1	2	3	4	5
유속 (m/sec)	0.2D	1.2	2.4	3.6	3.0	1.8
	0.6D	1.0	2.0	3.3	2.8	1.6
	0.8D	0.6	1.2	2.6	2.4	1.2
단면적(m^2)		3	6	10	8	4

6.11 사다리꼴 단면의 수로에서 바닥 폭이 6m, 수심이 2m, 측면경사가 1.5:1일 때 Manning의 공식을 이용하여 유속 및 유량을 구하라. 단, Manning의 조도계수는 0.012, 하상경사는 0.001이다.

6.12 폭이 4m, 수심 2m인 사각형 수로의 흐름에서 조도계수가가 0.02이면 Chezy의 평균유속계수는 얼마인가?

6.13 그림 6.13과 같은 사다리꼴 단면의 수로에서 Manning의 공식을 이용하여 유량을 구하라. 단, Manning의 조도계수는 0.014이고, 하상경사는 0.001이다.

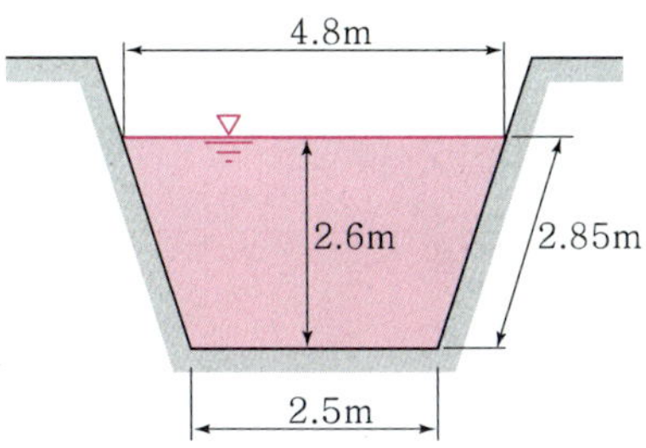

그림 6.13

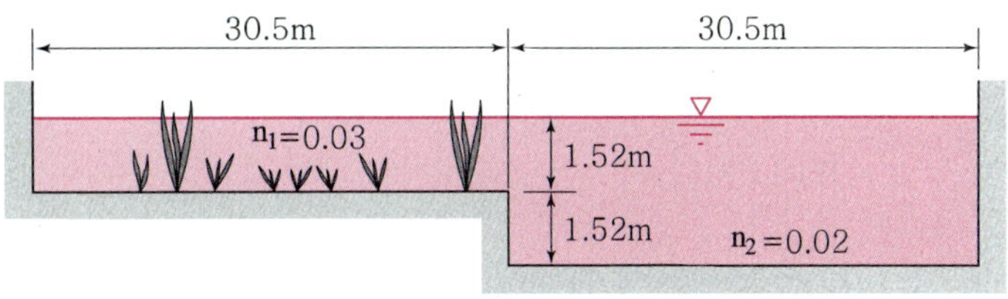

그림 6.14

6.14 그림 6.14와 같은 복합단면에서의 등가조도를 Horton-Einstein방법에 의해 구하라.

6.15 예제 6.6과 같은 복합단면에서 $n_1 = 0.025$, $n_2 = 0.02$, $n_3 = 0.035$ 일 때 등가조도를 Horton-Einstein 방법에 의해 구하라.

6.16 수로 폭이 5m이고 측면경사가 2:1인 사다리꼴 수로의 경사가 0.001이다. 등류수심이 2m이고 조도계수 $n = 0.013$ 이라면 등류유량은 얼마인가?

6.17 수로 폭이 6m, 측면경사가 1.5:1인 수로에 10m^3/sec의 유량이 흐르고 있다. 수로의 경사가 0.001, 조도계수가 0.012이면 등류수심은 얼마인가?

6.18 수로 폭이 5m이고 측면경사가 2:1인 사다리꼴 수로에 $52m^3/sec$의 유량이 흐르고 있다. 등류수심이 2m이고 조도계수 $n = 0.013$이면 등류수로의 경사는 얼마인가?

6.19 폭이 10m이고 경사가 0.001인 사각형 수로에서 등류수심이 2m이고 조도계수 $n = 0.012$이면 등류유량은 얼마인가?

6.20 폭이 5m, 경사가 0.001, 조도계수가 0.012인 사각형 수로에 $5m^3/sec$의 유량이 흐르고 있다면 등류수심은 얼마인가?

6.21 폭이 10m이고 등류수심이 2m, 조도계수 $n = 0.012$인 사각형 수로에 $50m^3/sec$의 유량이 흐르고 있다면 등류수로의 경사는 얼마인가?

6.22 경사가 0.0015, 조도계수가 0.013인 사각형 수로에 $10m^3/sec$의 유량을 흐르게 할 때 최적단면을 결정하라.

6.23 사다리꼴 단면 수로에 $10m^3/sec$의 유량을 흐르게 하려고 한다. 경사가 0.0001, 조도계수가 0.022일 때 최적수로단면을 구하라. 또한 저변 폭을 5m, 측면경사를 1.5:1로 할 경우 최적수로단면 및 이때의 유량을 구하라.

6.24 콘크리트 관거의 직경이 1.2m이고 경사가 0.002일 때 최대로 흐르는 유량과 이때의 수심을 구하라. 관거의 조도는 $n = 0.014$이다.

6.25 그림 6.25와 같이 직경이 2m이고 경사가 0.0008, 조도계수가 0.015일 때 관로를 통해 흐르는 유량을 구하라.

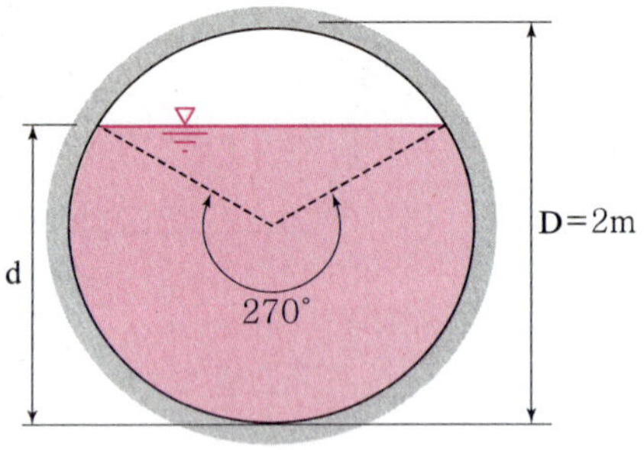

그림 6.25

Hydraulics

Chapter 7 개수로내 정상부등류

7.1 서론

6장에서는 개수로 내 정상등류(steady uniform flow)와 관련된 여러 가지 흐름상황에 대해 알아보았다. 등류인 경우 대상(prismatic)수로를 따라 수심이 일정하며, 이러한 수심을 등류수심이라 한다. 좀 더 복잡한 흐름분류로 정상부등류(steady nonuniform flow)가 있으며, 이러한 흐름은 특정한 지점에서는 시간에 상관없이 유속이 일정하지만, 수로를 따라 서로 다른 지점에서는 유속이 변하는 흐름이다. 유속의 변화는 직선 대상수로를 따라 수심이 변하거나, 만곡부, 수로단면의 변화 또는 수로경사의 변화와 같이 수로 형상이 변하기 때문에 발생한다.

본 장에서는 개수로의 정상부등류와 관련된 이론에 대해 알아보기로 한다. 먼저 정상부등류 해석에서 필요한 비에너지 및 비력에 대한 개념을 소개하고, 비교적 짧은 수로구간에서 수심 및 유속이 급변하는 급변류(rapidly varied flow)에 대해 알아본 후, 수로의 비교적 긴 구간에 걸쳐 점진적으로 수심 및 유속이 변하는 점변류(gradually varied flow)에 대해 알아보기로 한다.

7.2 개수로에서의 에너지

그림 7.2.1과 같은 개수로 흐름에서의 임의 단면구간을 생각해 보자. 수로바닥의 경사 S_o가 일정하다고 가정하며, 단면 ①과 ②지점에서의 수심이 y_1과 y_2, 유속이 V_1과 V_2이다. 수로의 각 단면에서의 유속분포가 균일하다고 가정하고 1차원 에너지방정식을 적용하면

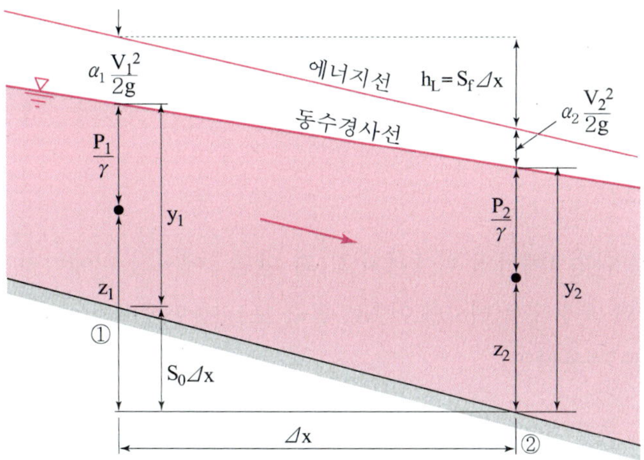

그림 7.2.1 개수로내 부등류

$$\frac{p_1}{\gamma}+\alpha_1\frac{V_1^2}{2g}+z_1=\frac{p_2}{\gamma}+\alpha_2\frac{V_2^2}{2g}+z_2+h_L \tag{7.2.1}$$

여기서 h_L은 두 단면사이에서 점성으로 인한 손실수두(head loss)이다. 그림 7.2.1로부터 기준면으로부터 수면까지의 에너지 수두를 수심으로 나타내면

$$\frac{p_1}{\gamma}+z_1=y_1+S_o\Delta x \quad \text{그리고} \quad \frac{p_2}{\gamma}+z_2=y_2 \tag{7.2.2}$$

에너지 보정계수 $\alpha_1=\alpha_2=1$이라 가정하고 식 (7.2.2)를 (7.2.1)에 적용하면

$$y_1+\frac{V_1^2}{2g}+S_o\Delta x=y_2+\frac{V_2^2}{2g}+h_L \tag{7.2.3}$$

관수로 흐름에서도 설명한 바와 같이 개수로 흐름에서도 곤란한 점은 손실수두 h_L을 다른 물리변수들과 연계하여 결정해야 한다는 것이다. 현재로서는 자세한 사항은 고려하지 않고 일단 손실수두를 에너지선의 경사와 관련시키면 $S_f=h_L/\Delta x$가 된다. 특별한 경우로 수로하상 경사를 $S_o=0$, 손실수두 $h_L=0$이라 가정하면 식 (7.2.3)은 다음과 같이 나타낼 수 있다.

$$y_1+\frac{V_1^2}{2g}=y_2+\frac{V_2^2}{2g} \tag{7.2.4}$$

7.2.1 비에너지

개수로 단면에서의 비에너지(specific energy)는 수로바닥을 기준으로 하여 나타낸 단위 무게의 물이 가지는 에너지, 즉 흐름의 수심과 속도수두를 더한 에너지로 정의하며 다음과 같이 나타낸다.

$$E=y+\frac{V^2}{2g} \tag{7.2.5}$$

따라서 식 (7.2.4)는 단면 1에서의 비에너지 E_1과 단면 2에서의 비에너지 E_2가 같음을 의미하고, 두 단면을 수로의 임의의 지점에서 택하였으므로 결국 모든 단면에서 비에너지가 같음을 의미한다. 두 단면간에 연속방정식을 적용하면

$$Q=A_1V_1=A_2V_2 \tag{7.2.6}$$

그러므로 비에너지 식 (7.2.5)는 다음과 같이 나타낼 수 있다.

$$y_1 + \frac{Q^2}{2gA_1^2} = y_2 + \frac{Q^2}{2gA_2^2} \tag{7.2.7}$$

단면적 A_1과 A_2가 수심 y의 함수이므로 비에너지는 결국 각 단면에서 수심만의 함수가 된다.

만일 주어진 수로단면과 유량에 대해 수심과 비에너지간의 관계곡선을 그리면 그림 7.2.2와 같은 비에너지곡선(specific energy curve)을 얻을 수가 있다. 동일한 유량에 대해 수로의 경사를 변화시키며 비에너지를 구하면, 식 (7.2.7)로부터 수심 $y \to \infty$ 일 때 비에너지 $E \to \infty$ 이고, 수심 $y \to 0$일 때 비에너지 $E \to \infty$ 가 되어 그림과 같은 형태의 곡선이 된다.

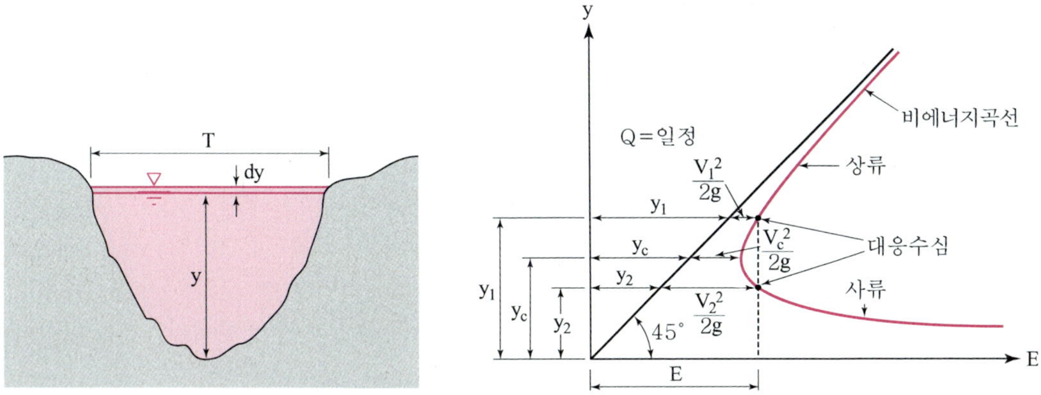

그림 7.2.2 비에너지곡선

비에너지곡선으로부터 동일한 비에너지를 가지며 흐를 수 있는 수심이 얕은 수심 y_2와 깊은 수심 y_1 두 가지가 존재함을 알 수가 있다. 이 두 가지의 수심을 물리적인 의미로 해석하면 얕은 수심이 가지고 있는 비에너지는 운동에너지($Q^2/2gA^2$)가 주를 이루고, 깊은 수심이 가지고 있는 비에너지는 위치에너지(y)가 주를 이루고 있다.

이러한 경우를 그림 7.2.3과 같은 수문(sluice gate)을 예로 들어보자. 수문 상류에서는 깊은 수심과 낮은 운동에너지가 발생하며, 수문 하류에서는 얕은 수심과 높은 운동에너지가 발생한다. 즉, 일정한 비에너지에 대해 깊은 수심과 얕은 수심이 존재할 수가 있다. 이와 같이 동일한 에너지를 가지며 존재하는 한 쌍의 수심을 대응수심(alternate depths)이라 한다.

수문의 경우에서 만일 유량이 일정한 상태에서 그림 7.2.3(b)와 같이 수문을 더 열면 수문 상류의 수심은 감소하고, 하류의 수심은 증가하게 된다. 따라서 이전과는 다른 대응수심이 나타나고 비에너지는 감소한다. 이러한 상황을 비에너지곡선에서도 쉽게 알아볼 수 있다.

비에너지곡선에서 비에너지가 점점 감소하다 최소가 되면 이에 상응하는 수심은 오직 한 가지만 존재하게 된다. 이러한 경우의 흐름을 한계류(critical flow)라 하며, 이때의 수심을 한계수심(critical depth) y_c, 유속을 한계유속(critical velocity) V_c라 한다. 따라서 한계류는 일정한 유량에 대해 비에너지가 최소가 되는 흐름이라 할 수 있다. 수심이 한계수심보다 낮게 흐르는 흐름을 사류(supercritical flow), 높게 흐르는 흐름을 상류(subcritical flow)라 하며 상류 및 사류에 대해서는 6.4.2절에서 소개를 하였다. 따라서 그림 7.2.3에서 수문 상류에서는 상류, 하류에서는 사류가 발생함을 알 수 있다.

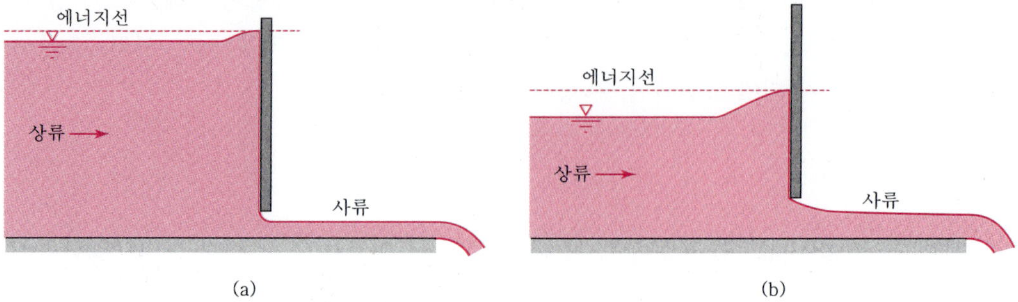

그림 7.2.3 수문 상하류의 흐름

예제 7.1

폭이 5m인 사각형 수로에 유량이 $10m^3/s$로 흐를 때 수심에 따른 비에너지곡선을 작성하라.

풀이

식 (7.2.5)로부터 주어진 값을 적용하면

$$E = y + \frac{Q^2}{2gb^2y^2} = y + \frac{10^2}{2 \times 9.81 \times 5^2 \times y^2}$$

따라서 수심 y에 따른 비에너지가 다음과 같다.

표 7.2.1 비에너지 곡선 계산표

y(m)	0.2	0.4	0.6	0.8	1.0
E(m)	5.297	1.674	1.166	1.119	1.204
y(m)	1.2	1.4	1.6	1.8	2.0
E(m)	1.342	1.504	1.68	1.863	2.051
y(m)	2.2	2.4	2.6	2.8	3.0
E(m)	2.242	2.435	2.63	2.826	3.023
y(m)	3.2	3.4	3.6	3.8	4.0
E(m)	3.22	3.418	3.616	3.814	4.013

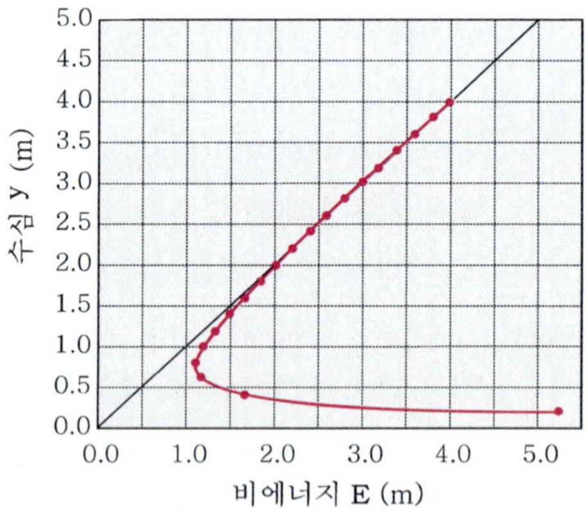

그림 7.2.4

7.2.2 한계류의 특성

일정한 유량에 대해 비에너지가 최소로 흐르는 흐름을 한계류라 하였으며, 이 한계류에 상응하는 수심인 한계수심을 구하기 위해 비에너지 식 (7.2.5)를 유량의 항으로 표현하면

$$E = y + \frac{Q^2}{2gA^2} \tag{7.2.8}$$

식 (7.2.8)을 수심 y에 대해 미분하고 0으로 놓으면 비에너지가 최소가 되는 조건을 구할 수 있다.

$$\frac{dE}{dy} = 1 - \frac{Q^2}{gA^3}\frac{dA}{dy} = 0 \tag{7.2.9}$$

그림 7.2.2로부터 수면의 폭을 T라 하면 $dA/dy = T$가 된다. 식 (7.2.9)는 한계류의 조건이므로 이에 해당하는 단면적을 A_c, 수면폭을 T_c라 하면 다음과 같이 정리할 수 있다.

$$\frac{Q^2 T_c}{gA_c^3} = 1 \tag{7.2.10}$$

또는

$$\frac{A_c}{T_c} = \frac{Q^2}{gA_c^2} \tag{7.2.11}$$

수리심 $D = A/T$이므로 이를 식 (7.2.11)에 적용하면

$$D_c = \frac{Q^2}{gA_c^2} = \frac{V_c^2}{g} \tag{7.2.12}$$

양변을 D_c로 나누면

$$\frac{V_c^2}{gD_c} = F_r^2 = 1 \tag{7.2.13}$$

따라서 $F_r = 1$일 때 한계류가 형성되며 이때 최소의 비에너지로 흐르게 된다.

직사각형 단면인 경우 단면적 A를 수면폭 T로 나누면 수심이 되고, $Q^2/A^2 = q^2/y^2$이므로 한계수심은 식 (7.2.11)로부터

$$y_c = \left(\frac{q^2}{g}\right)^{1/3} \tag{7.2.14}$$

여기서 q는 단위폭당 유량이다. 식 (7.2.14)로부터 $q = \sqrt{gy_c^3}$ 이므로 한계유속은

$$V_c = \frac{q}{y_c} = \sqrt{gy_c} \tag{7.2.15}$$

따라서 최소 비에너지는 한계류일 때 이므로 한계수심과 한계유속을 적용하면

$$E_{min} = y_c + \frac{V_c^2}{2g} = \frac{3}{2}y_c \tag{7.2.16}$$

또는

$$y_c = \frac{2}{3}E_{min} \tag{7.2.17}$$

직사각형이 아닌 단면에서의 한계수심 및 한계유속을 구하기 위해서는 식 (7.2.11)로부터

$$\frac{A_c^3}{T_c} = \frac{Q^2}{g} \tag{7.2.18}$$

따라서 유량이 주어진 경우 식 (7.2.18)의 우변은 결정되므로 수심을 적절하게 가정하여 좌변의 값을 구한 후 우변과 같을 때까지 반복하고 같게 되는 경우의 수심이 한계수심이 된다.

이제 비에너지가 E_o로 일정할 때 수심에 따라 유량이 어떻게 변하는지를 알아보기로 하자. 직사각형 단면 수로인 경우 식 (7.2.8)은 다음과 같이 나타낼 수 있다.

$$E_o = y + \frac{q^2}{2gy^2} \tag{7.2.19}$$

수심 $y \to E_o$일 때 $V \to 0$이고, 따라서 $q \to 0$이 된다. 같은 방법으로 $y \to 0$일 때 $q \to 0$이 된다. 따라서 비에너지가 일정할 때 수심에 따른 유량의 변화는 그림 7.2.5와 같은 형태가 되고, 수심이 0과 E_o사이에 있을 때 유량이 최대가 된다. 유량이 최대가 되는 조건을 알아보기 위해 먼저 식 (7.2.19)를 유량으로 정리하면

$$q^2 = 2gy^2(E_o - y) \tag{7.2.20}$$

식 (7.2.20)을 수심 y에 대해 미분하고 0으로 놓으면

$$2q\frac{dq}{dy} = 4gyE_o - 6gy^2 = 0 \tag{7.2.21}$$

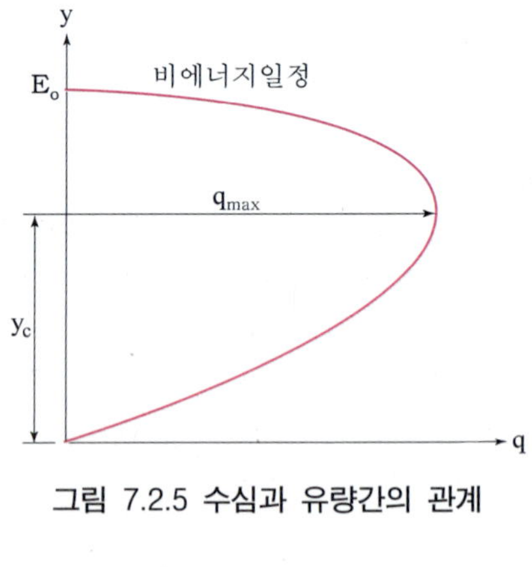

그림 7.2.5 수심과 유량간의 관계

따라서

$$6gy^2 = 4gyE_o \qquad \therefore y = \frac{2}{3}E_o \tag{7.2.22}$$

그러므로 식 (7.2.17)과 같이 식 (7.2.22)도 한계수심에 해당하고 결국 비에너지가 일정할 때 한계류인 경우에 유량이 최대로 흐름을 알 수 있다.

예제 7.2

그림 7.2.6과 같은 사다리꼴 단면수로에 $15m^3/s$의 물이 흐르고 있다. 수로의 저변 폭이 10m이고, 측면 경사가 1:1일 때 한계수심, 한계유속 및 최소 비에너지를 구하라.

풀이

한계수심의 초기 가정치를 구하기 위해 폭이 11m인 사각형 수로를 고려하면 식 (7.2.14)로부터

$$y_c = \left(\frac{q^2}{g}\right)^{1/3} = \left[\frac{(15/11)^2}{9.81}\right]^{1/3} = 0.57\text{m}$$

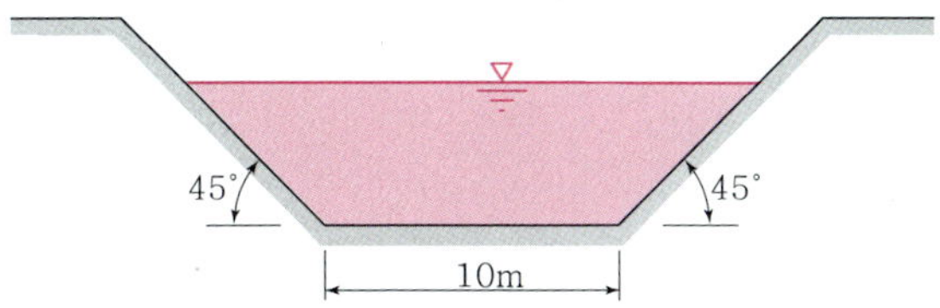

그림 7.2.6

사다리꼴단면 수로의 수면폭과 단면적은

$$T_c = b + 2y_c = 10 + 2y_c$$

$$A_c = by_c + y_c^2 = 10y_c + y_c^2$$

한계조건에 해당하는 식 (7.2.18)에 이들 식과 주어진 값을 적용하면

$$\frac{A_c^3}{T_c} = \frac{Q^2}{g} \quad \rightarrow \quad \frac{(10y + y_c^2)^3}{(10 + 2y_c)} = \frac{15^2}{9.81} = 22.94$$

따라서 초기치 $y_c = 0.57\text{m}$를 시작으로 시행착오법으로 한계수심을 구하면 $y_c = 0.60\text{m}$이다.

이때의 한계유속 및 최소비에너지는

$$V_c = \frac{Q}{A_c} = \frac{15}{10 \times 0.6 + 0.6^2} = 2.36\text{m/s}$$

$$E_{min} = y_c + \frac{V_c^2}{2g} = 0.6 + \frac{2.36^2}{2 \times 9.81} = 0.88$$

7.2.3 한계류의 발생

한계류가 발생하는 경우는 여러 가지가 있지만 대표적인 예로 물이 광정위어(broad-crested weir)를 통과할 때 볼 수가 있다. 광정위어의 원리는 그림 7.2.7(a)와 같이 수문을 닫아 저수지로부터 물의 유출을 방지한 경우로부터 생각할 수 있다. 만일 수문을 조금만 개방하면(수문위치 $a' - a'$) 그림 7.2.3에서

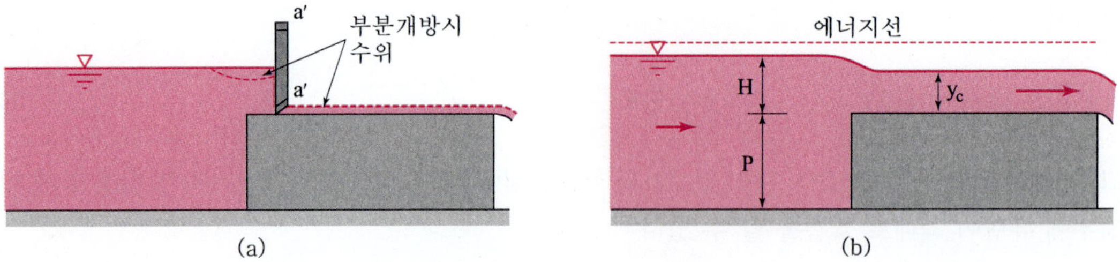

그림 7.2.7 광정위어 위의 한계류

설명한 바와 같이 수문 상류의 흐름은 상류가 되고 하류의 흐름은 사류가 된다. 수문을 더 개방함에 따라 궁극적으로는 수문 상류의 수심과 하류의 수심이 같아지게 된다. 이때가 바로 한계류가 형성되는 조건이 된다. 이보다 수문을 더 개방하더라도 수문은 물의 흐름에 더 이상 영향을 미치지 못하게 되며 그림 7.2.7(b)와 같은 상태가 된다.

만일 위어위의 수심을 측정하면 한계수심 관계식 (7.2.14)를 이용하여 유량은 다음과 같이 쉽게 산정할 수 있다.

$$q = \sqrt{g y_c^3} \tag{7.2.23}$$

또는

$$Q = B\sqrt{g y_c^3} \tag{7.2.24}$$

여기서 B는 위어의 폭이다. 한계류인 경우 비에너지와 수심과의 관계는

$$y_c = \frac{2}{3}E_c \tag{7.2.17}$$

식 (7.2.17)을 식 (7.2.24)에 대입하면

$$Q = 0.385B\sqrt{2g}\,E_c^{3/2} \tag{7.2.25}$$

위어 상류부의 접근 수심이 깊은 경우 접근 유속은 거의 0에 가까우므로 위어에서의 총에너지 H와 비에너지 E_c가 같게 되어 결국 위어에서의 유량은 다음과 같다.

$$Q = 0.385CB\sqrt{2g}\,H^{3/2} \tag{7.2.26}$$

여기서 C는 위어 상류부의 수심이 낮아 접근유속을 고려하게 되면 실제로는 더 많은 유량이 흐르고, 또한 위어상에서의 손실수두가 존재하기 때문에 이를 고려하기 위한 유량계수(discharge coefficient)이다.

예제 7.3

폭 30m인 광정위어 상의 수심이 1m, 유속이 1.5m/s일 때 유량은 얼마인가? 단, 유량계수는 0.7이다.

풀이

광정위어 상의 수두는

$$H = y + \frac{V^2}{2g} = 1 + \frac{1.5^2}{2 \times 9.81} = 1.115\text{m}$$

광정위어에서의 유량은 식 (7.2.26)으로부터

$$Q = 0.385CB\sqrt{2g}\,H^{3/2} = 0.385 \times 0.7 \times 30 \times \sqrt{2 \times 9.81} \times 1.115^{3/2} = 42.15\text{m}^3/\text{s}$$

7.2.4 수로단면의 변화

수로를 따라 단면 형상 및 크기가 변하는 경우를 수로의 변이(transition)라 한다. 지금까지 설명한 에너지, 즉 비에너지 관계를 이용하여 직사각형단면 수로의 바닥이 높아지는 경우와 수로의 폭이 좁아지는 경우의 수심의 변화에 대해 알아보기로 한다.

먼저 그림 7.2.8과 같이 직사각형단면 수로의 바닥이 높아지는 경우에 대해 생각해 보자. 이때 수로를 통한 수두손실은 무시하기로 한다. 수로바닥의 상승에 따른 수심의 변화를 알아보기 위해 변화지점 상류부와 하류부에서의 비에너지 곡선을 그림에 함께 나타내었다. 유량이 일정할 경우 상하류부에서의 비에너지 곡선은 동일하다. 앞에서 설명한 바와 같이 상류부 흐름이 최소 비에너지 E_c보다 큰 비에너지 E_1을 유지할 때 한계수심보다 크게 흐르는 상류(subcritical flow) 수심 y_1이 형성되거나 또는 한계수심보다 작은 사류(critical flow) 수심 y_1이 형성된다. 상류수심이 형성되었을 경우 수로바닥이 높아짐에 따라 하류부에서의 상류수심은 감소하게 된다. 그 이유는 하류부에서의 비에너지 E_2가 상류부에 비해 Δz 만큼 감소하였기 때문이다.

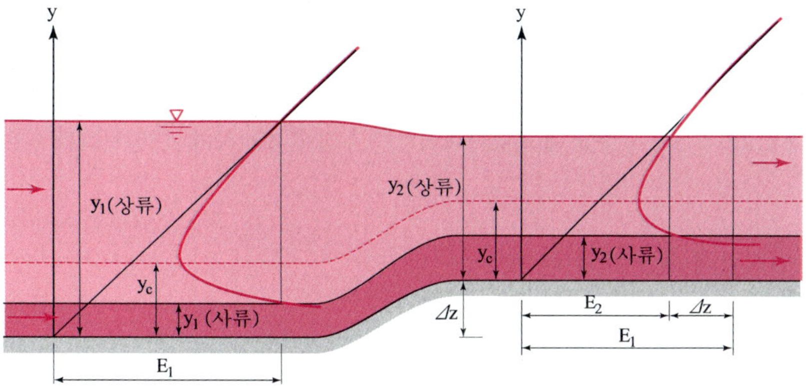

그림 7.2.8 수로바닥의 상승

따라서 하류부에서의 비에너지 E_2에 상응하는 상류수심 y_2가 상류부의 상류수심 y_1보다 낮아지게 된다. 같은 이유로 상류부에 사류가 형성되었을 경우 하류부의 사류수심 y_2는 상류부의 사류수심 y_1에 비해 증가하게 된다.

그림 7.2.9와 같이 수로바닥의 높이는 변화 없이 그대로 유지하면서 수로 폭이 감소하는 경우를 생각해 보자. 비에너지 E는 상하류 모두 동일하므로 수심에 따른 유량곡선도 상하류 모두 동일하다. 유량 Q가 동일할 경우 수로 폭이 감소하였으므로 단위폭당 유량 q는 변화지점 하류부에서 더 크게 나타난다. 따라서 동일한 수위-유량곡선에서 상류의 단위폭당 유량 q_1에 비해 하류부의 단위폭당 유량 q_2가 크므로, 상류부에 상류가 형성되었을 경우 이에 상응하는 상류부의 상류수심 y_1에 비해 하류부의 상류수심 y_2는 감소하게 되고, 상류부에 사류가 형성되었을 경우 이에 해당하는 상류부의 사류수심 y_1에 비해 하류부의 사류수심 y_2는 증가하게 된다.

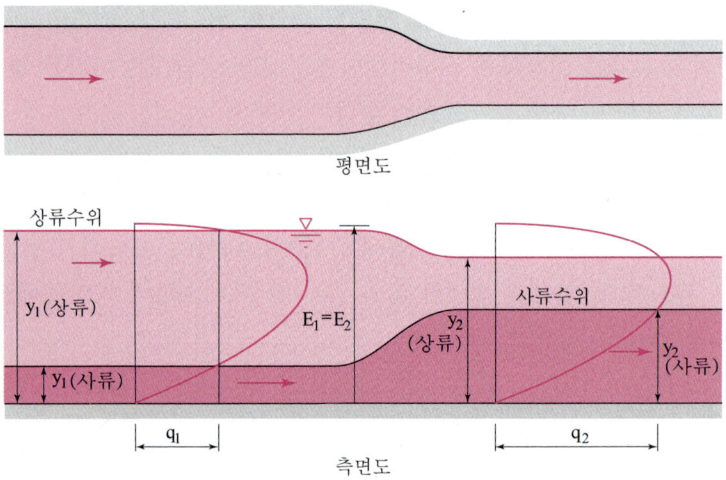

그림 7.2.9 수로 폭의 감소에 따른 수심의 변화

예제 7.4

그림 7.2.10과 같은 폭 4m의 사각형단면 수로에 2.5m의 수심으로 $10m^3/s$의 유량이 흐르고 있다. 하류방향으로 하상고가 0.2m 상승할 때 하류단면에서의 수심을 결정하라. 단면변화로 인한 손실수두는 무시하라.

풀이

상류부에서의 유속 및 비에너지는

$$V_1 = \frac{Q}{A_1} = \frac{10}{4 \times 2.5} = 1\text{m/s}$$

$$E_1 = y_1 + \frac{V_1^2}{2g} = 2.5 + \frac{1}{2 \times 9.81} = 2.55\text{m}$$

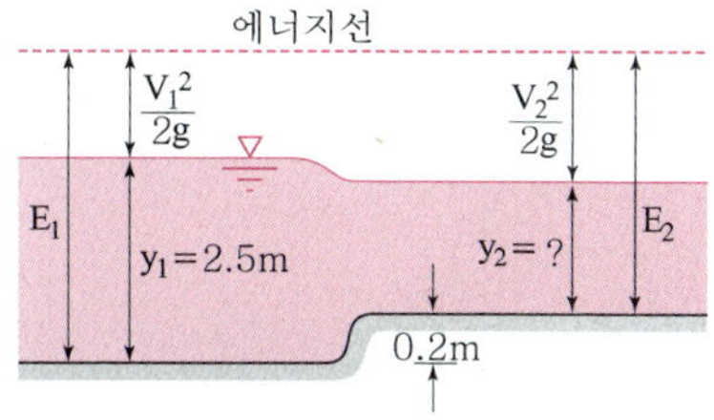

그림 7.2.10

하류부에서의 비에너지는

$$E_2 = E_1 - 0.2 = 2.55 - 0.2 = 2.35\text{m}$$

또한

$$E_2 = y_2 + \frac{Q^2}{2gA_2^2}$$

E_2, Q 및 $A_2 = 4y_2$를 대입하고 정리하면

$$y_2^3 - 2.35y_2^2 + 0.32 = 0$$

이 식을 풀면 $y_2 = 2.29$, 0.405, -0.345m를 얻을 수 있다. 음의 값은 의미가 없으므로 무시하고, 상류부에서의 흐름이 $F_r < 1$인 상류이므로 두 번째의 수심인 경우 하상고 상승부에서 한계류가 발생해야 하므로 이 또한 맞지 않는다. 따라서 하류지점에서의 수심은 2.29m가 되고 수위는 $2.29 + 0.2 = 2.49\text{m}$가 된다.

7.3 개수로에서의 운동량

앞 절에서 개수로에서의 에너지, 즉 비에너지와 이에 관련된 내용에 대해 알아보았다. 개수로 내의 흐름을 해석하는데 운동량 방정식 또한 중요한 역할을 한다. 운동량 방정식을 연속방정식 및 에너지 방정식과 연계하여 적용하면 도수(hydraulic jump)와 같은 급변류를 해석하는데 도움이 된다. 본 절에서는 개수로 내에서의 운동량을 나타내는 비력(specific force)에 대한 소개와 이를 이용한 도수의 해석에 대해 알아보기로 한다.

7.3.1 비력

그림 7.3.1과 같이 비교적 짧은 구간에 흐름이 변하는 급변류에 대해 운동량 방정식을 적용해 보기로 하자. 변화지점의 상류 및 하류에서 등류가 형성되고 수로바닥에서의 마찰은 무시한다고 가정한다. 검사체적에 대해 물의 흐름 방향으로 운동량 방정식을 적용하면

$$\Sigma F = F_1 - F_2 = \rho Q(V_2 - V_1) \tag{7.3.1}$$

여기서 F_1 및 F_2는 단면 ①, ②에서의 정수압으로 인해 작용하는 힘이므로 $F = \gamma h_C A$를 적용하면

$$\gamma h_{C_1} A_1 - \gamma h_{C_2} A_2 = \rho Q V_2 - \rho Q V_1 \tag{7.3.2}$$

여기서 h_C는 각 단면에서 수면으로부터 도심까지의 깊이이다.
식 (7.3.2)를 각 단면의 항으로 정리하고 단위중량 γ로 나누면

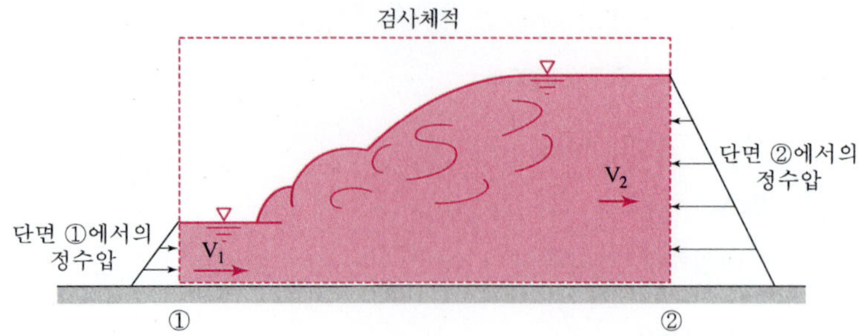

그림 7.3.1 급변류에서의 운동량

$$h_{C_1}A_1 + \frac{QV_1}{g} = h_{C_2}A_2 + \frac{QV_2}{g} \tag{7.3.3}$$

또는

$$h_{C_1}A_1 + \frac{Q^2}{gA_1} = h_{C_2}A_2 + \frac{Q^2}{gA_2} \tag{7.3.4}$$

식 (7.3.4)의 양변은 각각 단위무게당 정수압(hydrostatic pressure)과 운동량(momentum flux) 또는 동수압으로 표현되며 이들을 합한 값이 두 단면에서 같음을 나타내고 있다. 즉,

$$M = h_C A + \frac{Q^2}{gA} \tag{7.3.5}$$

여기서 M을 운동량함수(momentum function) 또는 비력(specific force)이라 하며 모든 흐름 단면에서 같다. 비력과 수심과의 관계를 나타내면 그림 7.3.2와 같다. 그림에서 알 수 있는 바와 같이 유량이 일정할 때 특정 비력에 대한 수심이 상류수심 y_2와 사류수심 y_1 한 쌍이 존재하며, 이 두 수심을 공액수심(conjugate depths)이라 한다.

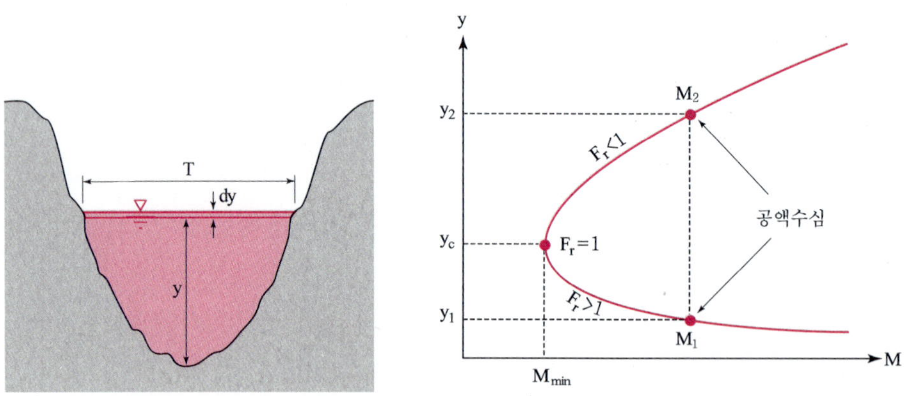

그림 7.3.2 비력곡선

비에너지곡선과 마찬가지로 비력곡선에서도 비력이 최소가 되는 수심이 하나 존재한다. 비력이 최소가 되는 조건을 구하기 위해 식 (7.3.5)를 수심에 대해 미분하여 0으로 놓으면

$$\frac{dM}{dy} = \frac{d}{dy}(h_C \cdot A) - \frac{Q^2}{gA^2}\frac{dA}{dy} = 0 \tag{7.3.6}$$

식 (7.3.6)에서 우변의 첫 항은 수심의 변화에 대한 1차 단면모멘트의 변화와 같으므로

$$\frac{d(h_C \cdot A)}{dy} = \frac{\left[A(h_C + dy) + \frac{dy}{2} \cdot T \cdot dy\right] - h_C \cdot A}{dy} = \frac{A \cdot dy}{dy} = A \tag{7.3.7}$$

여기서 dy는 미소수심변화이므로 dy^2은 생략한다. 따라서 식 (7.3.6)은

$$\frac{dM}{dy} = A - \frac{Q^2}{gA^2}\frac{dA}{dy} = 0 \tag{7.3.8}$$

여기서 수면폭 $T = dA/dy$이므로

$$\frac{Q^2 T}{gA^3} = 1 \tag{7.3.9}$$

따라서 비력이 최소가 되는 조건은 $F_r = 1$인 한계류인 경우이고, 이때의 수심이 한계수심 y_c임을 알 수 있다.

예제 7.5

그림 7.3.3과 같은 폭 5m의 사각형단면 수로에 $14m^3/s$의 유량이 흐르고 있다. 수문 상류부에서의 수심이 2m이고 하류부에서의 수심이 0.5m일 때 수문에 가해지는 힘을 구하라.

풀이

수문 상하류에서의 비력은 식 (7.3.5)를 이용하면

$$M_1 = h_{C1}A_1 + \frac{Q^2}{gA_1} = 1 \times 5 \times 2 + \frac{14^2}{9.81 \times 5 \times 2} = 12m^3$$

$$M_2 = h_{C2}A_2 + \frac{Q^2}{gA_2} = 0.25 \times 5 \times 0.5 + \frac{14^2}{9.81 \times 5 \times 0.5}$$

$$= 8.62m^3$$

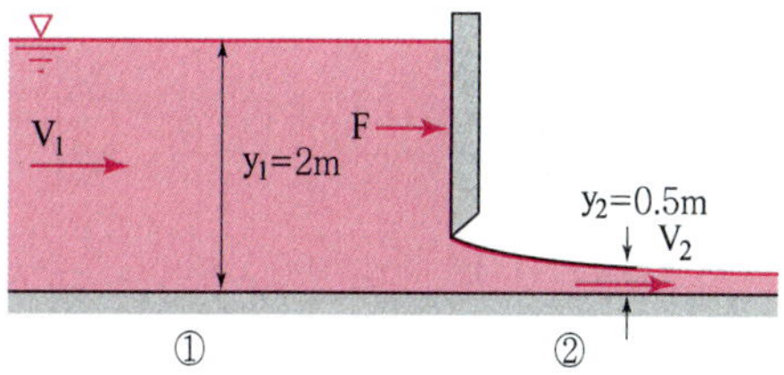

그림 7.3.3

따라서 수문에 작용하는 힘은

$$F = \gamma(M_1 - M_2) = 1{,}000 \times (12 - 8.62) = 3{,}380kg$$

7.3.2 도수

도수(hydraulic jump)는 사류상태로 흐르던 흐름이 상류상태로 급격하게 변하는 현상이라고 할 수가 있으며, 도수 상하류간의 흐름조건에 의해 도수의 위치뿐만 아니라 크기가 결정되게 된다. 이상적인 도수현상이 그림 7.3.4와 같다.

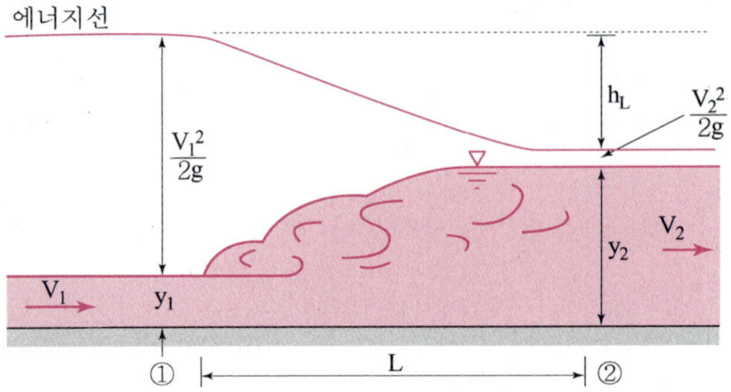

그림 7.3.4 도수현상

도수구간에서는 와류로 인해 에너지의 손실이 발생하게 된다. 따라서 에너지 방정식을 직접 적용하기는 곤란하다. 직사각형단면 수로에서 단면 ①과 ②에서 비력이 일정하다는 조건을 적용하면

$$\frac{y_1^2}{2}+\frac{q^2}{gy_1}=\frac{y_2^2}{2}+\frac{q^2}{gy_2} \tag{7.3.10}$$

또는

$$y_1y_2^2+y_1^2y_2-\frac{2q^2}{g}=0 \tag{7.3.11}$$

여기서 q는 직사각형단면 수로에서의 단위폭당 유량이고, y_1과 y_2는 도수전후의 수심이다. 식 (7.3.11)의 양변을 y_1^3으로 나누면

$$\left(\frac{y_2}{y_1}\right)^2+\left(\frac{y_2}{y_1}\right)-\frac{2q^2}{gy_1^3}=0 \tag{7.3.12}$$

여기서 ${F_{r1}}^2=q^2/gy_1^3$는 도수 상류부의 Froude 수이다. y_2/y_1에 대한 2차방정식을 풀면

$$\frac{y_2}{y_1}=\frac{1}{2}\left(-1+\sqrt{1+8F_{r1}^2}\right) \tag{7.3.13}$$

같은 방법으로 식 (7.3.11)의 양변을 y_2^3으로 나누고 y_1/y_2에 대한 2차방정식을 풀면

$$\frac{y_1}{y_2} = \frac{1}{2}\left(-1 + \sqrt{1 + 8F_{r2}^2}\right) \tag{7.3.14}$$

식 (7.3.13)과 (7.3.14)는 도수 전후의 수심과 Froude 수간의 관계를 나타내고 있으며, 도수현상인 경우 y_1이 y_2보다 작으므로 이러한 조건은 식 (7.3.13)으로부터 F_{r1}이 1보다 커야 한다. 즉, 도수가 발생하려면 상류부가 사류로 흘러야 함을 알 수 있다.

그림 7.3.5는 도수와 관련하여 비에너지곡선 및 비력곡선을 함께 나타내어 비교하고 있다. 도수전의 수심 y_1에 대응하는 비에너지는 E_1이고 이때의 비력은 M_1이다. 비력은 모든 단면에서 동일하므로 도수가 발생한 후의 수심은 비력이 M_1에 해당하는 공액수심인 y_2가 된다. 수심 y_2에 해당하는 비에너지를 보면 E_2로 도수전의 수심 y_1에 해당하는 비에너지 E_1보다 ΔE만큼 감소하였다. 이는 도수로 인해 발생한 에너지손실 때문이다.

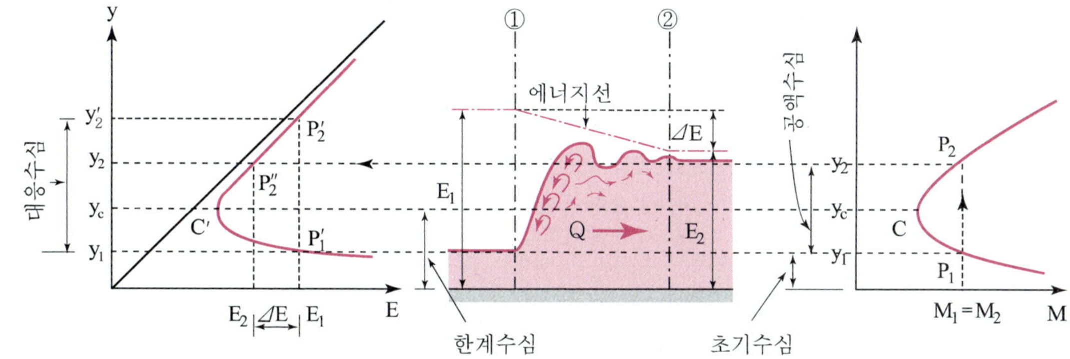

그림 7.3.5 도수와 비에너지 및 비력관계

이와 같이 도수발생 전후의 단면에서 비력은 동일하지만, 도수로 인한 에너지 손실 ΔE가 발생하므로 비에너지는 같지가 않다. 따라서 도수로 인한 에너지손실 $\Delta E = E_1 - E_2$는 다음과 같이 구할 수가 있다.

$$\Delta E = E_1 - E_2 = \left(y_1 + \frac{V_1^2}{2g}\right) - \left(y_2 + \frac{V_2^2}{2g}\right)$$

$$= (y_1 - y_2) + \frac{q^2}{2g}\left(\frac{1}{y_1^2} - \frac{1}{y_2^2}\right) = (y_2 - y_1)\left[\frac{q^2}{2g}\frac{(y_2 + y_1)}{y_1^2\ y_2^2} - 1\right] \tag{7.3.15}$$

식 (7.3.10)으로부터 얻은 $\frac{1}{2}(y_1 + y_2) = \frac{q^2}{gy_1y_2}$의 관계를 식 (7.3.15)에 대입하면

$$\Delta E = (y_2 - y_1)\left[\frac{q^2}{g y_1 y_2}\frac{(y_2 + y_1)}{2 y_1 y_2} - 1\right] = (y_2 - y_1)\left[\frac{(y_2 + y_1)^2}{4 y_1 y_2} - 1\right]$$

$$\therefore \Delta E = \frac{(y_2 - y_1)^3}{4 y_1 y_2} \tag{7.3.16}$$

따라서 도수로 인한 에너지 손실은 도수 전후의 수심을 알면 구할 수가 있다.

표 7.3.1은 도수전 상류부의 Froude 수에 따른 다양한 도수의 형태를 보여주고 있다. 일반적으로 도수로 인한 에너지손실을 이용하여 댐이나 여수로(spillway) 하류부에 설치하는 감세공(energy dissipator)은 흐름의 조건이 $4.5 < F_r < 9.0$인 정상(steady)도수가 발생하도록 설계하고 있다. 도수의 길이는 도수 발생 지점부터 도수 발생 후 매끈한 수면이 나타나는 지점까지로 정상도수인 경우 도수의 길이는 상류 수심의 약 6배 정도가 된다.

표 7.3.1 도수의 종류

도수전 F_r	종류	설명	
1.0–1.7	파상도수 (Undular)	파상적인 표면류가 형성되고 F_r=1.7부근에서 로울러 형태의 표면형성	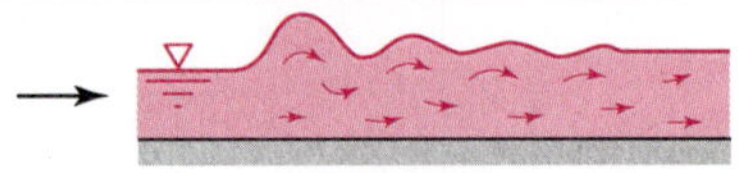
1.7–2.5	약도수 (Weak)	완만한 흐름이 주를 이루고 있고 에너지 손실이 작다.	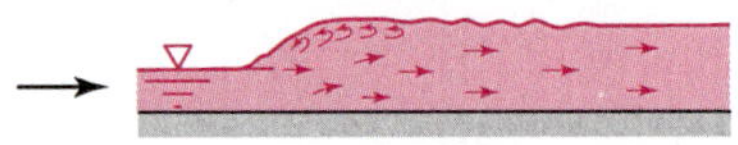
2.5–4.5	진동도수 (Oscillating)	하상으로부터 표면까지 간헐적인 Jet류로 인해 하류에 표면파가 발생	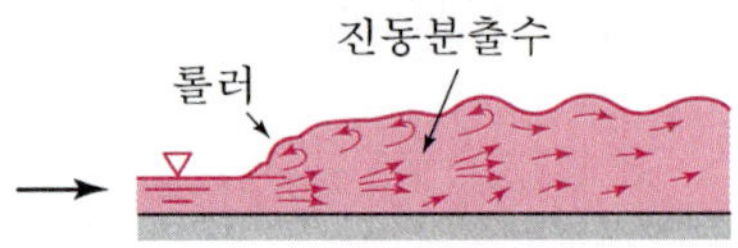
4.5–9.0	정상도수 (Steady)	안정된 도수로 에너지 손실이 도수부분에서 발생	
> 9.0	강도수 (Strong)	강한도수로 하류부에 큰 표면파가 발생	

예제 7.6

그림 7.3.6과 같이 사각형단면 수로에 수심 0.3m, 유속 16m/s로 물이 흐르고 있을 때 하류의 영향으로 도수가 발생하였다. 도수후의 수심, 유속 및 도수로 인한 에너지 손실을 구하라.

풀이

도수 발생 전의 Froude 수는

$$F_{r1} = \frac{V}{\sqrt{gy_1}} = \frac{16}{\sqrt{9.81 \times 0.3}} = 9.33$$

도수후의 수심은 식 (7.3.13)으로부터

$$y_2 = \frac{y_1}{2}(-1 + \sqrt{1 + 8F_{r1}^2})$$

$$= \frac{0.3}{2}(-1 + \sqrt{1 + 8 \times 9.33^2} = 3.81\text{m}$$

따라서 도수후의 유속은

$$V_2 = \frac{q}{y_2} = \frac{16 \times 0.3}{3.81} = 1.26\text{m/s}$$

에너지 손실은 식 (7.3.16)으로부터

$$\Delta E = \frac{(y_2 - y_1)^3}{4y_1y_2} = \frac{(3.81 - 0.3)^3}{4 \times 0.3 \times 3.81} = 9.46\text{m}$$

그림 7.3.6

7.4 점변류 해석

대부분의 개수로 흐름에서 수로를 따라 수심이 동일하지가 않고 변하게 된다. 이러한 수심의 변화는 짧은 구간에서 급하게 변하는 급변류가 있으며, 이러한 예를 7.3.2절 도수에서 알아보았다. 본 절에서는 비교적 긴 구간에서 점진적으로 수심이 변하는 점변류에 대해 소개하기로 한다.

급변류인 경우 짧은 구간에서 흐름상태가 바뀌며 와류로 인해 에너지 손실이 발생하게 되므로 마찰로 인한 에너지 손실은 무시하였다. 하지만 점변류인 경우 에너지 손실이 주로 마찰로 인해 발생하기 때문에 마찰손실을 고려하여야 한다. 점변류는 수심과 유속이 급격하게 변하지 않고 점진적으로 변하는 정상부등류로, 수표면이 완만하게 연결되는 것으로 간주한다. 따라서 수로를 따라 흐름방향에 대한 수심의 변화율을 구할 수 있으며, 이러한 해석을 통해 수로의 변화에 따른 수면곡선을 예측할 수가 있다.

본 절에서는 점변류 수면곡선의 분류 및 점변류 기본 방정식을 알아보고 수면곡선을 계산하는 방법에 대해 소개하기로 한다.

7.4.1 수면곡선의 분류

점변류의 특성은 한계등류의 발생에 필요한 경사 S_c와 비교한 실제 수로경사 S_o의 항으로 나타낼 수가 있다. 또한 흐름 특성은 수심이 주어진 유량과 경사에서 발생하는 등류수심 y_n보다 크거나 작음에 따라 변하게 된다. 점변류는 흐름 상태와 경사에 따라 표 7.4.1과 같이 13가지의 수면곡선으로 분류할

표 7.4.1 수면곡선의 분류

경사종류	경사분류	Froude 수	수면곡선분류
$S_o < S_c$	완경사 (M)	$F_r < 1$	M1
		$F_r < 1$	M2
		$F_r > 1$	M3
$S_o = S_c$	한계경사 (C)	$F_r < 1$	C1
		$F_r = 1$	C2
		$F_r > 1$	C3
$S_o > S_c$	급경사 (S)	$F_r < 1$	S1
		$F_r > 1$	S2
		$F_r > 1$	S3
$S_o = 0$	수평경사 (H)	$F_r < 1$	H2
		$F_r > 1$	H3
$S_o < 0$	역경사 (A)	$F_r < 1$	A2
		$F_r > 1$	A3

수가 있으며, 경사의 종류는 다음과 같이 다섯 가지로 나눌 수가 있다.

① 완경사(mild slope) : 등류로 흐를 경우 상류가 발생하는 경사($S_o < S_c$)

② 한계경사(critical slope) : 등류로 흐를 경우 $F_r = 1$이 되는 경사($S_o = S_c$)

③ 급경사(steep slope) : 등류로 흐를 경우 사류가 발생하는 경사($S_o > S_c$)

④ 수평경사(horizontal slope) : 수평인 경사($S_o = 0$)

⑤ 역경사(adverse slope) : 수로 바닥이 높아지는 경우($S_o < 0$)

부등류에 대해 고려하고 있으므로 이러한 흐름의 분류는 실제 수심과 한계수심간의 관계 $y > y_c$ 또는 $y < y_c$에 따라 상류($F_r < 1$) 또는 사류($F_r > 1$)가 된다. 수로를 따라 흐름이 등류수심을 유지하고 있다면 흐름 상태가 상류인지 또는 사류인지는 경사가 $S_o < S_c$ 또는 $S_o > S_c$에 따라 결정된다.

13가지의 수면곡선형은 댐, 수문, 수로바닥의 변화 등과 같은 장애물 또는 수로의 기하학적인 변화 등으로 인해 나타날 수가 있으며, 이러한 경우가 그림 7.4.1~7.4.4에 묘사되어 있다. 점변류는 수로바닥의 경사가 변하는 지점, 즉 경사가 급해지거나 완만해지는 지점 근처에서도 발생한다. 본서에서 그림은 수로 길이 방향으로 축소를 하여 나타내고 있기 때문에, 실제 수면곡선은 그림처럼 눈에 띄게 변하지는 않는다.

가) 완경사 수면곡선

가장 일반적인 점변류는 그림 7.4.1(a)와 같은 완경사 상의 M1곡선이다. M1곡선은 상류로 흐르는 흐름이 댐이나 수문에 의해 장애를 받을 경우 상류부에서 발생하게 된다. 이러한 경우 댐이 없을 때 보다 댐으로 인해 상류로 얼마나 수위가 상승하는지 결정할 때 중요한 인자가 되며, 이러한 수면을 배수곡선

(backwater curve)이라 한다. 댐의 직상류 수표면은 수평을 유지하게 된다. M2곡선은 7.4.1(b)와 같이 수로의 단락부에 의해 하류부의 저항이 감소될 때 발생한다. 상류가 수로의 단락부에 접근함에 따라 가속되고 낙차(drop-down) 수면곡선이 형성된다. M2곡선의 상류는 등류수심선에 접근하고 하류는 한계수심선과 직교한다. M3곡선은 그림 7.4.1(a)와 같이 수문하류부에서 완경사가 사류상태를 유지할 정도로 충분하지 않을 경우 발생한다. 하류부의 한 지점에서 사류상태가 도수를 통해 상류상태로 변하게 된다.

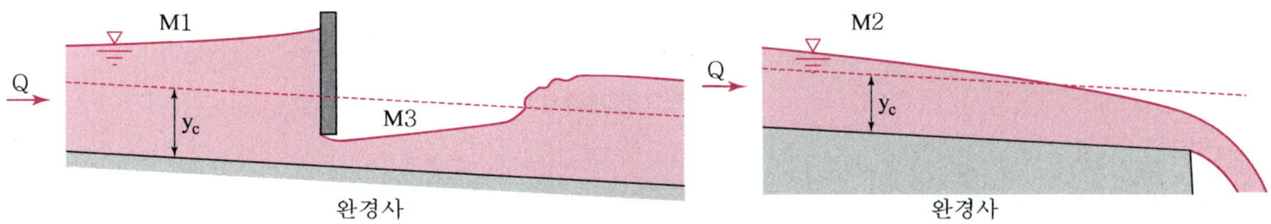

그림 7.4.1 완경사 흐름에서의 수면곡선

나) 급경사 수면곡선

급경사에 대한 수면곡선형은 주로 완경사에서의 M1과 M3곡선과 같이 댐이나 수문과 같은 장애물이 있을 경우 발생하며 그림 7.4.2와 같다. 급경사에서의 수면곡선의 경우 완경사에서의 수면곡선과 비교할 때 곡률(curvature)이 서로 반대로 되어 있다. S1곡선은 사류로부터 도수가 발생하여 시작하며 수문과 같은 구조물지점에서는 수평수면을 유지한다. S2곡선은 저수지로부터 수로로 유출될 때 형성되는 한계수심상태로 수로로 유입될 경우 발생하며 상류는 한계수심선과 직교하고 하류는 등류수심선에 접근한다. S3곡선은 급경사 수로상의 수문하류나 상류보다 완만한 급경사로 변할 때 발생하며 상류는 수로바닥과 직교하는 형태로 시작하고 하류는 등류수심선에 점근한다.

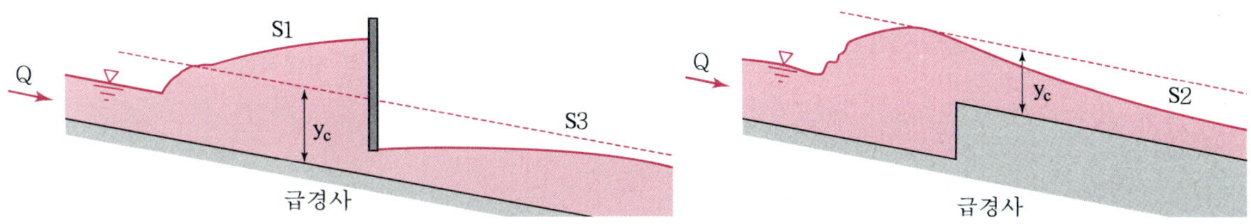

그림 7.4.2 급경사 흐름에서의 수면곡선

다) 한계경사 수면곡선

한계경사의 수면곡선 C1과 C3는 한계경사 수로상의 수문에 의해 발생하게 되며 그림 7.4.3과 같다. C1곡선의 상류는 등류 또는 한계수심에 직교하며 발생하고 하류는 수평에 점근하게 된다. C3곡선은 수로 바닥과 직교하는 형태로 시작하여 한계수심선에 점근하게 된다. C2곡선은 한계등류에 해당하는 수로와 평행한 수면곡선이다. $S_o = S_c$인 경사가 흔하지 않기 때문에 한계경사에 해당하는 수면곡선형은 쉽게 볼 수는 없다.

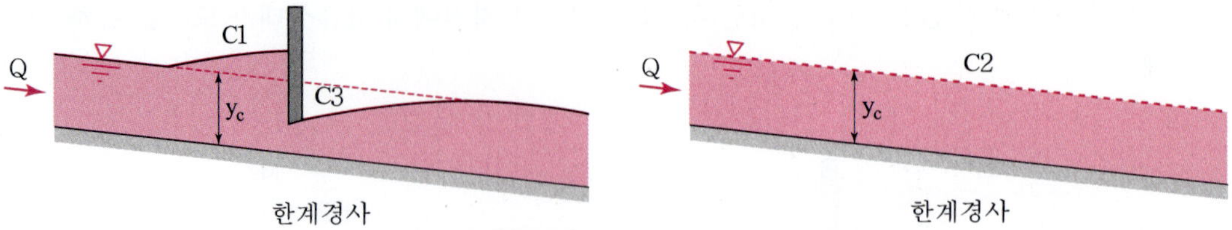

그림 7.4.3 한계경사 흐름에서의 수면곡선

라) 수평 및 역경사 수면곡선

수평경사 및 역경사는 이러한 경사로는 등류상태를 유지할 수가 없기 때문에 독특한 경우라 할 수 있다. 따라서 두 경우 등류수심을 정의할 수 없으므로 H1 및 A1곡선은 존재하지 않는다. 수평경사인 경우 중력에 의한 흐름방향 성분이 0이고, 역경사인 경우에는 흐름과 반대방향이므로 관성력에 의해 흐름이 유지된다. 수평경사 및 역경사의 수면곡선이 그림 7.4.4와 같다. H2 및 H3곡선은 수평경사에서 M2 및 M3가 발생하는 상황과 유사한 상황에서 발생하며 수면곡선의 모양도 비슷하다. 역경사인 A2 및 A3곡선도 M2 및 M3곡선과 유사하다.

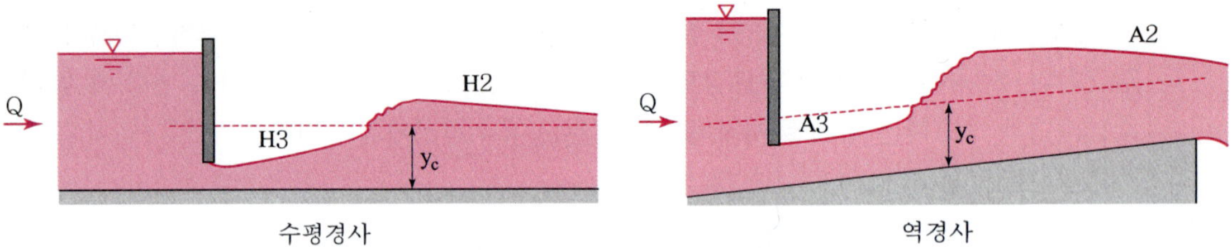

그림 7.4.4 수평경사 및 역경사 흐름에서의 수면곡선

7.4.2 점변류의 기본방정식

개수로 흐름이 등류수심을 만나거나 수로경사가 변하게 되면 수심이 점진적으로 변하게 되며 수로경사에 따른 수면의 변화에 대해 알아보았다. 이와 같이 수로를 따르는 점진적인 수심의 변화는 에너지 방정식을 미소검사체적에 적용함으로서 알 수가 있다. 그림 7.4.5와 같이 길이 dx에 해당하는 미소검사체적을 생각해보자. 미소검사체적의 상류부에서의 총 에너지수두와 각 에너지수두의 변화를 고려하여 하류부에서의 총에너지 수두를 표현하면 다음과 같다.

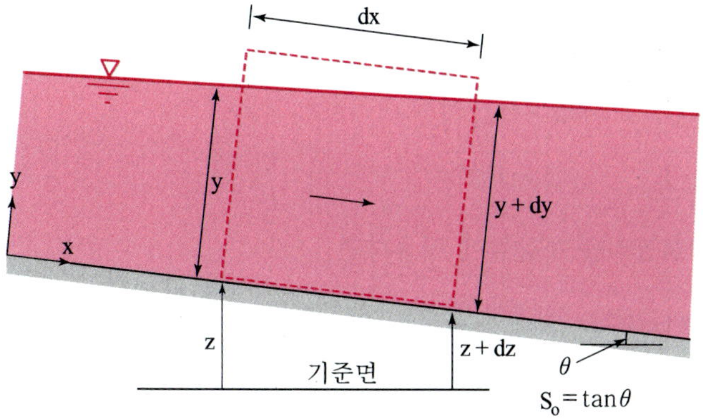

그림 7.4.5 점변류 해석을 위한 미소검사체적

$$\frac{V^2}{2g} + y + z = \frac{V^2}{2g} + d\left(\frac{V^2}{2g}\right) + (y + dy) + (z + dz) + S_f dx \tag{7.4.1}$$

여기서 S_f는 에너지선의 경사이다. 수로바닥의 높이 변화 $dz = -S_o dx$로 나타낼 수가 있으므로 식 (7.4.1)을 정리하면

$$d\left(\frac{V^2}{2g}\right) + dy = (S_o - S_f)dx \tag{7.4.2}$$

또는

$$\frac{dy}{dx} + \frac{d}{dx}\left(\frac{V^2}{2g}\right) = S_o - S_f \tag{7.4.3}$$

직사각형단면 수로에서 폭이 b이면 $Q = Vby$이므로

$$\frac{d}{dx}\left(\frac{V^2}{2g}\right) = \frac{d}{dx}\left(\frac{Q^2}{2gb^2y^2}\right) = -2\frac{Q^2}{2gb^2y^3}\frac{dy}{dx} = -\frac{V^2}{gy}\frac{dy}{dx} \tag{7.4.4}$$

식 (7.4.4)에 $F_r = V/\sqrt{gy}$를 적용하면

$$\frac{d}{dx}\left(\frac{V^2}{2g}\right) = -F_r^2\frac{dy}{dx} \tag{7.4.5}$$

식 (7.4.5)를 식 (7.4.3)에 적용하면

$$\frac{dy}{dx} = \frac{S_o - S_f}{1 - F_r^2} \tag{7.4.6}$$

식 (7.4.6)이 점변류의 수면곡선을 구하기 위한 기본방정식이다.

수면곡선의 일반적인 거동을 쉽게 알아보기 위해 광폭($b \gg y$)인 직사각형단면 수로($R_h \simeq y$)에 대해

점변류의 기본방정식을 적용해 보자. 식 (7.4.6)을 변경하면

$$\frac{dy}{dx} = \frac{S_o - S_f}{1 - F_r^2} = \frac{S_o\left(1 - \frac{S_f}{S_o}\right)}{1 - F_r^2} \tag{7.4.7}$$

Manning의 등류 경험공식을 부등류에 적용하면

$$V = \frac{1}{n} R_h^{2/3} S_f^{1/2} \tag{7.4.8}$$

따라서 에너지선의 경사는

$$S_f = \frac{n^2 V^2}{R_h^{4/3}} = \frac{n^2 V^2}{y^{4/3}} = \frac{n^2 Q^2}{b^2 y^{10/3}} \tag{7.4.9}$$

조도계수가 일정한 광폭 직사각형단면 수로에서 유량이 일정할 경우 수로경사는 등류수심과 직접관련이 있으므로

$$Q = \frac{1}{n} A R_h^{2/3} S_o^{1/2} = \frac{1}{n} b y_n y_n^{2/3} S_o^{1/2} \tag{7.4.10}$$

따라서

$$S_o = \frac{n^2 Q^2}{b^2 y_n^{10/3}} \tag{7.4.11}$$

식 (7.4.9)와 (7.4.11)로부터

$$\frac{S_f}{S_o} = \left(\frac{y_n}{y}\right)^{10/3} \tag{7.4.12}$$

한편 연속방정식으로부터 F_r은 다음과 같이 나타낼 수 있으므로

$$Q = V_c b y_c = V b y \tag{7.4.13}$$

$$F_r = \frac{V}{\sqrt{gy}} = \frac{V_c y_c}{y\sqrt{gy}} = \frac{\sqrt{g y_c}\, y_c}{y\sqrt{gy}} = \left(\frac{y_c}{y}\right)^{3/2} \tag{7.4.14}$$

따라서 식 (7.4.12)와 식 (7.4.14)를 식 (7.4.7)에 대입하고 정리하면

$$\frac{dy}{dx} = S_o \frac{1 - \left(\frac{y_n}{y}\right)^{10/3}}{1 - \left(\frac{y_c}{y}\right)^3} \tag{7.4.15}$$

식 (7.4.15)는 점변류의 수심 y, 등류수심 y_n, 그리고 한계수심 y_c로부터 수면의 변화를 알 수 있는 점변류의 기본방정식이다.

7.4.3 수면곡선형의 결정

점변류의 기본방정식 (7.4.15)에서 우변항의 계산 결과가 0이면 $dy/dx = 0$이 되어 수로를 따라 수심의 변화가 없으므로 수심이 동일한 등류가 형성된다. 만일 $dy/dx > 0$이면 수로를 따라 흐름방향으로

표 7.4.2 점변류의 수면곡선형

수면곡선	곡선형	수심	흐름상태	수면경사
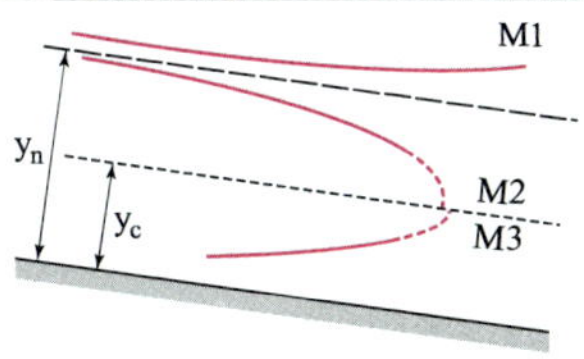	M1 M2 M3	$y > y_n > y_c$ $y_n > y > y_c$ $y_n > y_c > y$	상류 상류 사류	+ − +
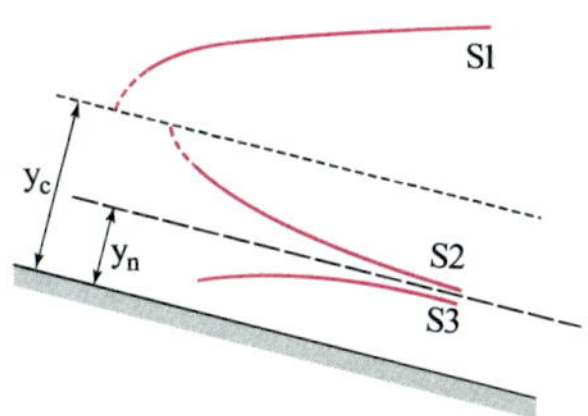	S1 S2 S3	$y > y_c > y_n$ $y_c > y > y_n$ $y_c > y_n > y$	상류 사류 사류	+ − +
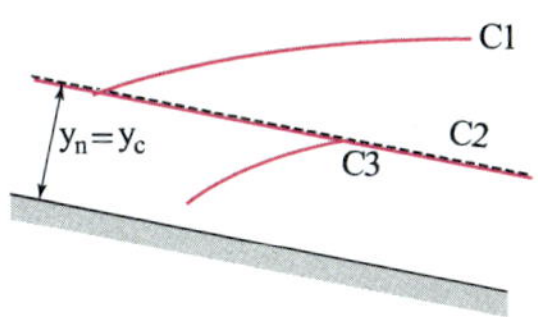	C1 C2 C3	$y > y_c = y_n$ $y_c = y_n$ $y < y_c = y_n$	상류 등류 사류	+ ○ +
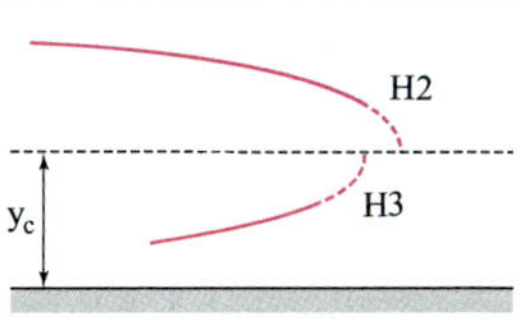	H2 H3	$y > y_c$ $y < y_c$	상류 사류	− +
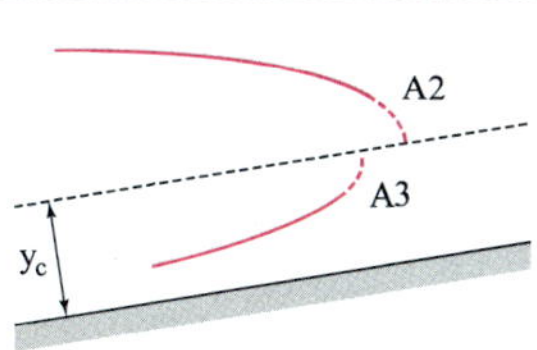	A2 A3	$y > y_c$ $y < y_c$	상류 사류	− +

수심이 증가하게 되며 이러한 수면곡선을 배수곡선(backwater curve)이라 하고, $dy/dx < 0$이면 수로를 따라 흐름방향으로 수심이 감소하는 저하곡선(drawdown curve)이 형성된다. 따라서 수면곡선은 등류곡선, 배수곡선 또는 저하곡선 중의 하나가 되며 수로경사는 완경사, 급경사, 한계경사, 수평경사, 역경사가 존재하므로 총 15가지의 수면곡선형이 나타날 수 있으나, 수평경사 및 역경사인 경우 등류수심이 존재하지 않으므로 결국 13가지의 수면곡선형이 나타난다. 이들 13가지 수면곡선형의 분류 및 특성은 7.4.1절에서 설명을 하였으므로 본 절에서는 13가지의 수면형을 결정하는 방법에 대해 알아보기로 하고 종합적으로 요약한 것이 표 7.4.2에 나타나 있다.

가) 완경사 수로상의 수면곡선($S_o < S_c$)

완경사인 경우 모두 $y_n > y_c$이다. M1곡선인 경우 수심 $y > y_n$이므로 상류이고, 식 (7.4.15)에서 우변의 분모 및 분자가 모두 +이므로 결국 $dy/dx > 0$이 되어 배수곡선이 형성된다. 수심 y가 증가함에 따라 dy/dx가 S_o와 같아져 수면은 수평을 이루게 된다.

M2곡선인 경우 수심 $y_n > y > y_c$이므로 상류이고, 식 (7.4.15)에서 우변의 분모는 +, 분자는 −로 결국 $dy/dx < 0$이 되어 저하곡선이 형성된다. 수심 y가 y_c에 접근함에 따라 $dy/dx \to \infty$가 되어 한계수심과 직교하게 된다.

M3곡선인 경우 수심 $y_n > y_c > y$이므로 사류이고, 식 (7.4.15)에서 우변의 분모 및 분자 모두 −로 결국 $dy/dx > 0$이 되어 배수곡선이 형성된다. 수심 y가 y_c에 접근함에 따라 $dy/dx \to \infty$가 되어 한계수심과 직교하며 도수가 발생하게 된다.

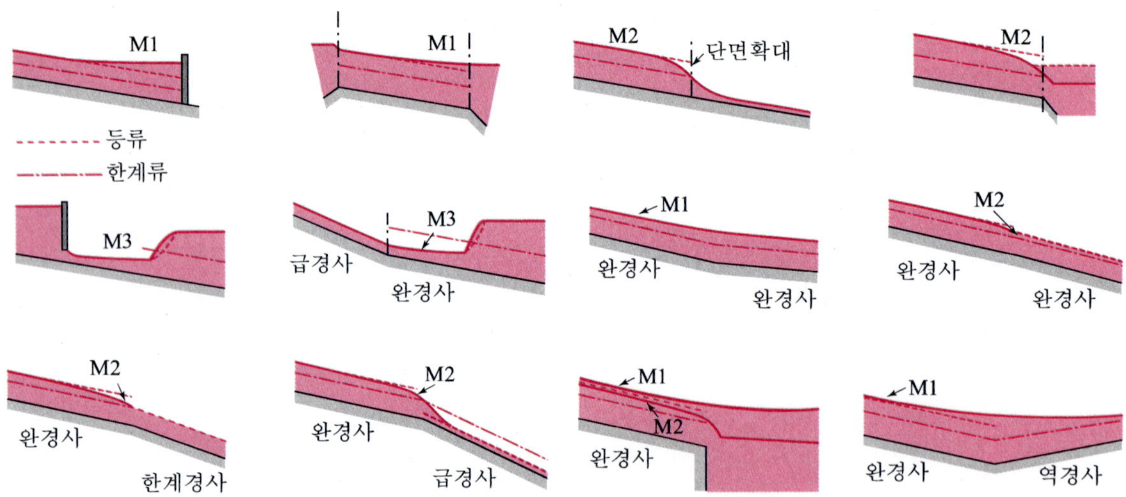

그림 7.4.6 완경사 수로상의 수면곡선의 예

나) 급경사 수로상의 수면곡선($S_o > S_c$)

급경사인 경우 모두 $y_n < y_c$이다. S1곡선인 경우 수심 $y > y_c$이므로 상류이고, 식 (7.4.15)에서 우변의 분모 및 분자가 모두 +이므로 결국 $dy/dx > 0$이 되어 배수곡선이 형성된다. 수심 y가 증가함에 따라 dy/dx가 S_o와 같아져 수면은 수평을 이루게 된다.

S2곡선인 경우 수심 $y_c > y > y_n$이므로 사류이고, 식 (7.4.15)에서 우변의 분모는 −, 분자는 +로 결국 $dy/dx < 0$이 되어 저하곡선이 형성된다. 수심 y가 y_n에 접근함에 따라 $dy/dx \rightarrow 0$이 되어 등류수심과 점근하게 된다.

S3곡선인 경우 수심 $y_c > y_n > y$이므로 사류이고, 식 (7.4.15)에서 우변의 분모 및 분자 모두 −로 결국 $dy/dx > 0$이 되어 배수곡선이 형성된다. 수심 y가 y_n에 접근함에 따라 $dy/dx \rightarrow 0$이 되어 등류수심과 점근하게 된다.

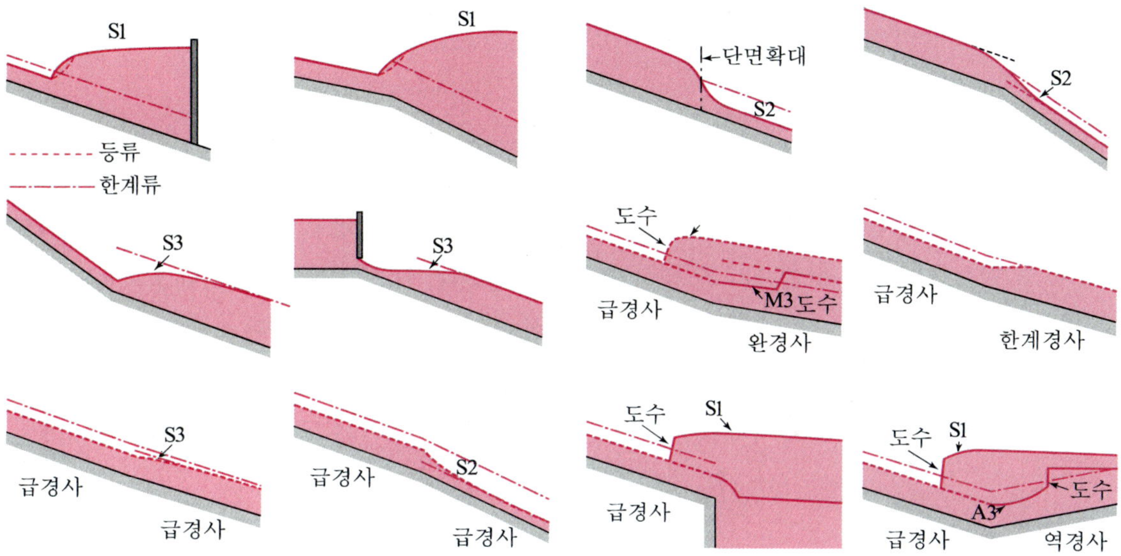

그림 7.4.7 급경사 수로상의 수면곡선의 예

다) 한계경사 수로상의 수면곡선($S_o = S_c$)

한계경사인 경우 $y_n = y_c$이다. C1곡선인 경우 수심 $y > y_c$이므로 상류이고, 식 (7.4.15)에서 우변의 분모 및 분자가 모두 +이므로 결국 $dy/dx > 0$이 되어 배수곡선이 형성된다. 수심 y가 증가함에 따라 dy/dx가 S_o와 같아져 수면은 수평을 이루게 된다. C2곡선인 경우 수심 $y = y_n = y_c$이므로 한계등류가 형성되고 수면은 수로와 평행하게 된다.

C3곡선인 경우 수심 $y < y_c$이므로 사류이고, 식 (7.4.15)에서 우변의 분모 및 분자 모두 −로 결국 $dy/dx > 0$이 되어 배수곡선이 형성된다. 수심 y가 y_n에 접근함에 따라 $dy/dx \rightarrow 0$이 되어 등류수심과 점근하게 된다.

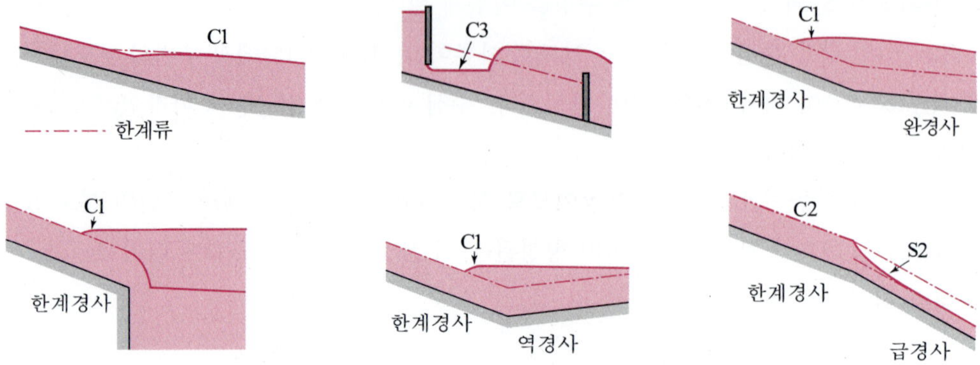

그림 7.4.8 한계경사 수로상의 수면곡선의 예

라) 수평경사 수로상의 수면곡선($S_o = 0$)

수평경사인 경우 $S_o = 0$이고 등류수심은 무한대가 된다. 따라서 H1곡선은 존재하지 않는다. H2 및 H3곡선은 $S_o = 0$일 때의 M2 및 M3곡선과 동일하다. $S_o = 0$과 $y_n \rightarrow \infty$인 경우 식 (7.4.15)는 결정할 수 없으므로 곡선의 경사는 식 (7.4.6)으로 결정한다. H2곡선인 경우 수심 $y > y_c$이므로 상류이고 $dy/dx < 0$이 되어 저하곡선이 형성된다. 수심 y가 y_c에 접근함에 따라 $dy/dx \rightarrow \infty$가 되어 한계수심과 직교하게 된다. H3곡선인 경우 수심 $y < y_c$이므로 사류이고, $dy/dx > 0$이 되어 배수곡선이 형성된다. y가 y_c에 접근함에 따라 $dy/dx \rightarrow \infty$가 되어 한계수심과 직교하게 된다.

그림 7.4.9 수평경사 수로상의 수면곡선의 예

마) 역경사 수로상의 수면곡선($S_o < 0$)

역경사인 경우 $S_o < 0$이고 등류수심은 존재하지 않는다. 식 (7.4.6)으로부터 A2 및 A3곡선은 H2곡선 및 H3곡선과 유사함을 알 수 있다. A2곡선인 경우 수심 $y > y_c$이므로 상류이고, $dy/dx < 0$이 되어

저하곡선이 형성된다. 수심 y가 y_c에 접근함에 따라 $dy/dx \rightarrow \infty$가 되어 한계수심과 직교하게 된다. A3곡선인 경우 수심 $y < y_c$이므로 사류이고, $dy/dx > 0$이 되어 배수곡선이 형성된다. y가 y_c에 접근함에 따라 $dy/dx \rightarrow \infty$가 되어 한계수심과 직교한다.

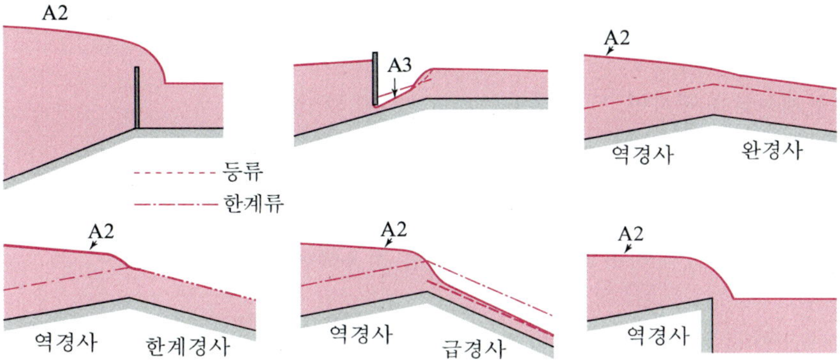

그림 7.4.10 역경사 수로상의 수면곡선의 예

7.4.4 수면곡선의 경계조건

지금까지 흐름 조건 및 수로 경사에 따른 점변류의 수면형에 대해 알아보았는데 이들 수면곡선이 등류수심, 한계수심, 그리고 수로바닥에 접근할 때 어떻게 변하는지에 알아보기로 한다.

① 등류수심에 접근하는 경우 : 이 경우 $y = y_n$이 되므로 식 (7.4.15)에서 오른쪽 항의 분자가 0이 되므로 $dy/dx = 0$이 되어 수심의 변화가 없게 되므로 등류수심 y_n에 접근하게 된다.

② 한계수심에 접근하는 경우 : 이 경우 $y = y_c$가 되므로 식 (7.4.15)에서 오른쪽 항의 분모가 0이 되므로 $dy/dx = \infty$이 되어 수면경사가 무한대가 되므로 한계수심 y_c와 직교하게 된다. 이런 경우는 도수가 발생하여 한계수심을 통과하는 경우라 할 수 있다.

③ 수심이 깊어지는 경우 : 이 경우는 $y \rightarrow \infty$로 식 (7.4.15)에서 $dy/dx = S$가 된다. 즉, 수심의 증가가 하상경사와 같으므로 수면은 수평을 유지하게 된다.

④ 수로바닥에 접근하는 경우 : 이 경우 $y = 0$이 되므로 식 (7.4.15)에서 $dy/dx = \infty/\infty$가 되어 부정이 된다. 따라서 식 (7.4.15)을 다음과 같이 변형시키면

$$\frac{dy}{dx} = S_o \frac{y^3 - y_n^3\left(\dfrac{y_n}{y}\right)^{1/3}}{y^3 - y_c^3} \qquad (7.4.16)$$

등류수심 및 한계수심은 0이 아니므로 결국 $y = 0$이면 $dy/dx = \infty$가 되어 수로바닥과 직교하는 형태가 된다.

예제 7.7

폭이 10m인 사각형 단면 수로에 $50m^3/s$의 물이 흐르고 있다. 수로의 경사가 0.001, 조도계수가 0.02일 때 하류의 한 단면에서 측정한 수심이 1.5m였다면 수면곡선은 어떤 형태인가? 만일 수로의 경사가 0.005로 증가하면 수면형은 어떻게 변하겠는가?

풀이

먼저 한계수심을 구하면

$$y_c = \left(\frac{q^2}{g}\right)^{1/3} = \left[\frac{(50/10)^2}{9.81}\right]^{1/3} = 1.366\text{m}$$

등류수심을 구하기 위하여 Mannig의 공식을 적용하면

$$AR_h^{2/3} = \frac{nQ}{\sqrt{S_o}} \quad \rightarrow \quad 10y_n\left(\frac{10y_n}{10+2y_n}\right)^{2/3} = \frac{0.02\times 50}{0.001^{1/2}} = 31.623$$

시행착오법으로 y_n을 구하면 $y_n = 2.324\text{m}$가 된다. 따라서 등류수심이 한계수심보다 크므로 완경사이고 측정한 수심이 그 사이에 있으므로 수면형은 M2곡선이 된다. 만일 수로경사가 0.005로 변하면 한계수심은 변화가 없지만 등류수심이 변하게 된다.

$$AR_h^{2/3} = \frac{nQ}{\sqrt{S_o}} \quad \rightarrow \quad 10y_n\left(\frac{10y_n}{10+2y_n}\right)^{2/3} = \frac{0.02\times 50}{0.005^{1/2}} = 14.142$$

시행착오법으로 y_n을 구하면 $y_n = 1.355\text{m}$가 된다. 등류수심이 한계수심보다 작으므로 급경사이고 측정수심이 제일 크므로 S1곡선이 된다.

7.4.5 통제단면 및 복합수로

이상과 같은 수면곡선형의 분석을 통해 설계하려고 하는 수로상에서 발생할 수 있는 가능한 수면곡선형을 미리 예상해 볼 수가 있다. 따라서 점변류에 대한 수로 설계시 수면곡선형의 분석은 중요한 부분이 된다. 수면곡선은 일반적으로 통제단면(control section)으로 불리는 지점을 기준으로 상류 또는 하류방향으로 작성하게 된다. 따라서 통제단면이 되는 지점을 파악할 필요가 있으며, 이러한 통제단면은 한계수심 또는 등류수심이 형성되는 지점이나 구조물 등에 의해 수심을 알 수 있는 지점이 된다. 통제단면은 다음과 같이 세 가지로 분류할 수가 있다.

① 상류통제단면(upstream control section) : 급경사 수로의 상류부 끝단에서 흐름이 한계단면, 즉 한계수심을 통과하여 하류부에서는 S1 또는 S2수면곡선이 발생하기 때문에 급경사의 상류부 끝단이 통제단면이 될 수가 있다. 만일 하류부의 수심이 매우 크면 상류 통제단면까지 수위가 올라

갈 수 있다. 여러 개의 급경사 수로가 서로 연결되어 있을 경우에는 가장 상류의 수로의 끝단이 통제단면이 된다. 긴 완경사 수로상에서는 M1 또는 M2곡선이 상류부 끝단에서 등류수심에 점근하기 때문에 긴 완경사 상류부 끝단이 통제단면이 될 수 있다.

② 하류통제단면(downstream control section) : 긴 급경사 수로인 경우 흐름이 하류부 끝단에서 등류에 점근하기 때문에 긴 급경사 수로의 하류부 끝단이 통제단면이 될 수 있다. 만일 완경사 수로의 하류부 끝단이 자유 낙차부로 되어 있으면 낙차부에서 한계수심이 발생하므로 완경사 수로의 자유 낙차부가 통제단면이 될 수 있다.

③ 인위적 통제단면(artificial control section) : 위어, 댐 또는 수문과 같은 통제구조물 지점에서 수심을 알 수 있기 때문에 통제단면이 될 수 있다.

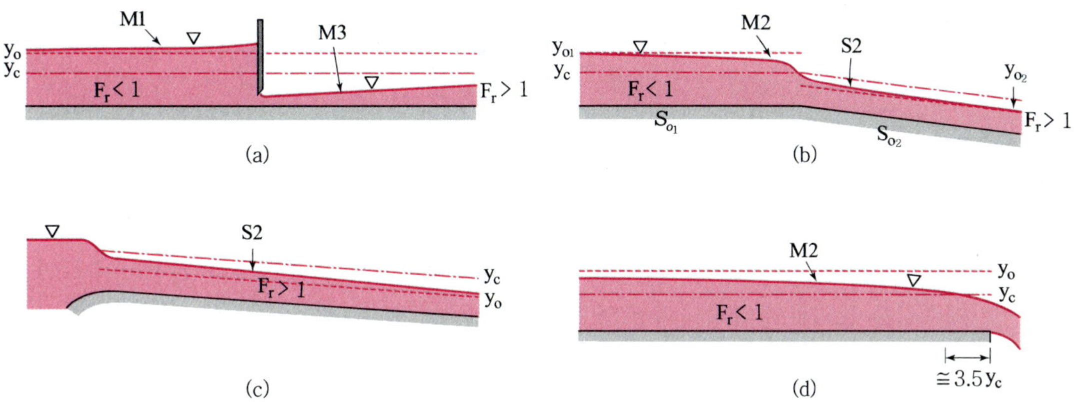

그림 7.4.11 통제단면의 예

이와 같이 통제단면이 결정되면 이 지점에서의 수심을 알 수가 있으므로 통제단면을 기준으로 상류 또는 하류로 수면곡선을 계산하게 된다. 만일 흐름의 상태가 상류이면 $F_r = V/\sqrt{gy} < 1$이 되어 흐름의 유속보다 표면파의 전파속도가 커서 표면파가 상류부로 전파되므로 하류통제를 받게 되어 상류방향으로 수면곡선을 계산하게 된다. 만일 흐름의 상태가 사류이면 $F_r = V/\sqrt{gy} > 1$이 되어 흐름의 유속보다 표면파의 전파속도가 작아서 표면파가 상류부로 전파되지 못하고 하류로 전파되므로 상류통제를 받게 되어 하류방향으로 수면곡선을 계산하게 된다.

수로의 경사가 다양하게 변하고 인위적인 구조물이 설치된 복합수로인 경우도 수면곡선을 작성하는 방법은 동일하다. 즉, 각 수로에서의 등류 및 한계수심을 계산하여 표시한 후 통제단면을 선정하여 상, 하류로 앞에서 분류한 수면곡선형을 적용하여 작성하게 된다. 그림 7.4.12는 복합수로에서의 수면곡선 작성 예를 보여주고 있다.

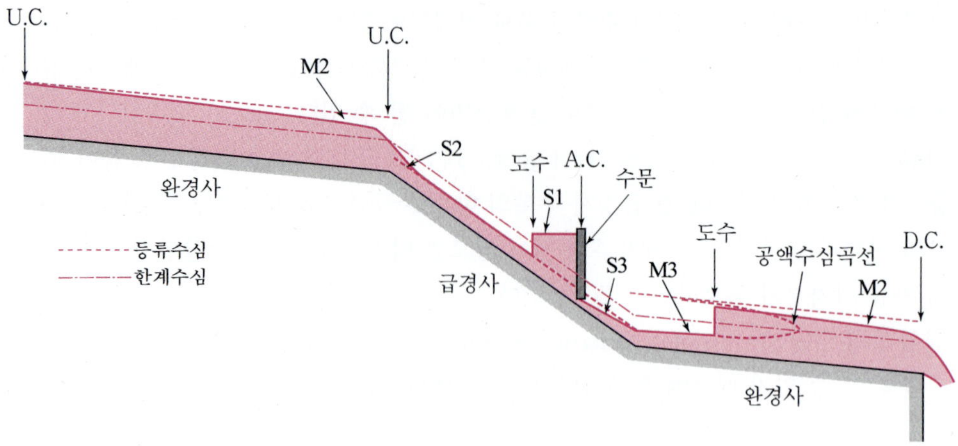

그림 7.4.12 복합수로에서의 수면곡선 및 통제단면

먼저 그림 7.4.12에서 등류수심과 한계수심을 표시한다. 다음으로 가능한 통제단면, 즉 상류통제단면(UC), 하류통제단면(DC), 그리고 인위적인 통제단면(AC)을 파악한다. 그림에서는 인위적인 통제단면으로 수문이 있다. 상류부 완경사에서는 등류가 형성되어 흐르므로 상류부 완경사 끝단이 상류통제단면(UC)이 된다. 완경사 수로가 중간지점의 급경사 수로로 변환되면 완경사 수로에서는 M2곡선이 형성되고, 급경사 수로에서는 등류수심이 한계수심보다 낮으므로 상류부 완경사 수로의 하류 끝단에서 한계수심을 통과하여 급경사 수로의 등류수심에 점근하며 S2곡선이 형성되게 된다. 이때 급경사 수로의 상류부 끝단이 상류통제단면(UC)이 된다. 수문 상류부는 S1곡선이 형성되고 S2곡선과는 도수로 연결된다.

수문 하류부 급경사에서는 등류수심보다 낮게 흐르므로 S3곡선이 형성되어 사류로 흐르게 되고, 완경사 지점에서는 한계수심보다 낮은 사류인 M3곡선이 형성된다. 하류단 완경사가 유지되면 M2곡선이 형성되고 M3와 M2곡선 간에 도수가 발생하게 된다. M2곡선이 하류 낙차부로 이어지게 되면 낙차부가 하류통제단면이 되고 이때 한계수심을 통과하게 된다.

예제 7.8

그림 7.4.13과 같이 상류 저수지로부터 콘크리트로 피복된($n = 0.013$) 폭 10m, 경사 0.01의 사각형단면 수로로 물이 유입되고 있다. 저수지 수표면이 수로 하상보다 6m가 높을 때 수로로 유입되는 유량과 수면형을 그려라. 수로입구부 손실 및 저수지의 접근유속은 무시하라.

풀이

먼저 입구부 통제, 즉 수로의 경사를 급경사 또는 한계경사로 가정한다. 따라서

$$y_c = \frac{2}{3}H = \frac{2}{3} \times 6 = 4\text{m}$$

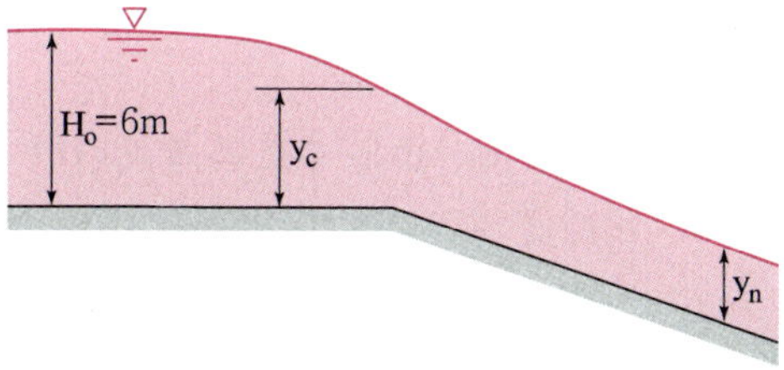

그림 7.4.13

한계류일 때의 단위폭당 유량은

$$q = \sqrt{gy_c^3} = \sqrt{9.81 \times 4^3} = 25.06 m^3/s/m$$

$$Q = bq = 10 \times 25.06 = 250.6 m^3/s$$

Manning의 공식을 이용하여 한계경사를 구하면

$$S_c = \frac{n^2 Q^2}{A^2 R_h^{4/3}}$$

$$= \frac{0.013^2 \times 250.6^2}{(10 \times 4)^2 \times \left[\frac{40}{10+8}\right]^{4/3}} = 0.00229$$

등류경사 0.01이 한계경사 0.00229보다 크므로 급경사가 맞고 따라서 가정이 맞으므로 수로로 유입되는 유량은 250.6m^3/s가 된다. 등류수심을 구하기 위해 Manning 공식을 이용하면

$$AR_h^{2/3} = \frac{nQ}{\sqrt{S_o}} \quad \rightarrow \quad 10y_n\left(\frac{10y_n}{10+2y_n}\right)^{2/3} = 0.013 \times \frac{250.6}{0.01^{1/2}} = 32.57$$

시행착오법으로 y_n을 구하면 $y_n = 2.37m$가 된다. 따라서 저수지 수위 6m로 수로로 접근하여 수로 입구부에서 한계수심을 거쳐 수로 하류부로 갈수록 등류수심 2.37m에 점근해 가게 된다.

7.5 점변류의 수면곡선계산

앞 절에서 개수로의 점변류에 대한 수면곡선형의 분류 및 모양에 대해 알아보았다. 하지만 대부분의 공학적인 적용에 있어 수면곡선형의 모양과 함께 실제의 수면곡선을 계산할 필요가 있다. 수면곡선계산(water-surface profile calculations)으로 부르는 이러한 계산은 주어진 유량에 대해 수로를 따라 수위를 계산하는 것으로 개수로의 계획, 설계 및 운영에 필요하며, 추가적인 수로의 개수 등으로 인한 수위의 변화를 분석하는데 또한 필요하다.

점변류의 수면곡선을 계산하는 방법에는 크게 도식적분법(graphical-integration method), 직접적분법(direct integration), 그리고 축차계산법(step method)으로 분류할 수가 있다. 도식적분법은 점변류 기본방정식을 도식적으로 적분하여 수면곡선을 계산하는 방법이다. 직접적분법은 점변류 기본방정식을 직접 적분하여 수면곡선을 계산하는 방법으로 광폭 직사각형단면 수로에만 적용할 수 있는 Bresse방법과 자연하천단면과 같은 임의 단면에 적용할 수 있는 Chow방법이 있다. 축차계산법은 수로를 짧은 구간으로 나누어 한 지점으로부터 다른 지점으로 단계적으로 수면곡선을 계산하는 방법으로 단면형이 일정한 대상수로에만 적용할 수 있는 직접축차계산법(direct step method)과 자연하천과 같은 임의 하천에 적용할 수 있는 표준축차계산법(standard step method)이 있다. 본 절에서는 실무에서 많이 적용되고 있는 수면곡선계산 컴퓨터 프로그램에서 사용하고 있는 방법인 축차계산법에 대해 소개하기로 한다.

7.5.1 직접축차계산법

축차계산법은 수로의 통제단면지점으로부터 상류 또는 하류로 구간을 짧게 나누어 수면곡선을 축차적으로 계산하는 방법으로, 직접축차계산법은 주로 단면이 수로를 따라 변하지 않는 대상(prismatic) 수로에 적용하는 간단한 방법이다.

그림 7.5.1과 같이 Δx의 짧은 수로구간에서의 에너지 관계를 생각해 보자. 두 단면 ①과 ②에서의 총 에너지수두를 나타내면 다음과 같다.

$$S_o \Delta x + y_1 + \frac{V_1^2}{2g} = y_2 + \frac{V_2^2}{2g} + S_f \Delta x + h_e \tag{7.5.1}$$

여기서 y는 각 단면에서의 수심, V는 유속이며, S_o는 수로의 경사, S_f는 에너지선의 경사이다. 다른 항에 비해 와류손실 h_e는 작으므로 생략하고 Δx에 관해 정리하면

$$\Delta x = \frac{E_2 - E_1}{S_o - S_f} = \frac{\Delta E}{S_o - S_f} \tag{7.5.2}$$

여기서 E는 흐름의 비에너지로 다음과 같다.

$$E = y + \frac{V^2}{2g} \tag{7.2.5}$$

에너지선의 경사 S_f를 Manning의 공식을 이용하여 나타내면 직사각형단면 수로인 경우

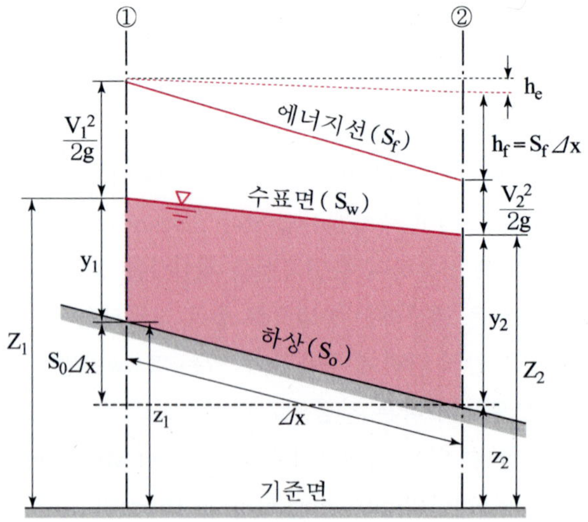

그림 7.5.1 직접적분법을 위한 수로 구간

$$S_f = \frac{n^2V^2}{R_h^{4/3}} = \frac{n^2q^2}{y^{10/3}} \tag{7.5.3}$$

에너지선의 경사는 계산 구간 Δx에 적용할 때 다음과 같이 두 단면에서의 값을 평균하여 적용한다.

$$S_f = \frac{1}{2}(S_{f_1} + S_{f_2}) \tag{7.5.4}$$

따라서 직접축차계산법은 기지의 통제단면 수심으로부터 시작하여 인접한 지점의 가정수심이 발생하는 지점까지의 거리 Δx를 식 (7.5.2)를 이용하여 축차적으로 계산하게 된다.

예제 7.9

수로 경사가 0.001인 사다리꼴단면 수로에 30m³/sec의 유량이 흐르고 있다. 수로의 저변 폭이 10m이고 측면경사는 2:1이다. 수로의 하류부 끝단에 구조물이 설치되어 이지점에서의 수심이 5m로 측정되었다. Manning의 조도계수가 0.013일 때 직접축차계산법에 의해 수면곡선을 계산하라.

풀이

먼저 등류수심을 구하기 위해 Manning의 공식을 이용하면

$$AR_h^{2/3} = \frac{nQ}{\sqrt{S_o}} = 0.013 \times \frac{30}{0.001^{1/2}} = 12.33$$

$$A = \frac{1}{2}y_n(10 + 10 + 2zy_n) = y_n(10 + 2y_n)$$

$$P = b + 2y_n\sqrt{1+z^2} = 10 + 4.47y_n$$

따라서 Manning의 공식은 다음과 같이 정리된다.

$$[y_n(10+2y_n)]^{5/3} - 12.33(10+4.47y_n)^{2/3} = 0$$

시행착오법으로 등류수심을 구하면 $y_n = 1.09\text{m}$를 얻는다. 한계수심은 다음관계로부터

$$\frac{A_c^3}{T_c} = \frac{Q^2}{g} \quad \rightarrow \quad \frac{(10y_c + 2y_c^2)^3}{(10+4y_c)} = \frac{30^2}{9.81} = 91.74$$

따라서 시행착오법으로 한계수심을 구하면 $y_c = 0.912\text{m}$이다.

등류수심이 한계수심보다 크므로 완경사이고 댐 지점의 수심이 5m로 등류수심보다 크므로 M1곡선이 된다. 구조물 지점을 통제단면으로 기지의 수심 5m로부터 상류방향으로 수심이 등류수심에 접근하는 지점까지 계산한 절차가 표 7.5.1에 나타나 있으며 계산절차를 요약하면 다음과 같다.

① 1란 y : 수심은 시작 지점의 5m를 시작으로 등류수심에 점근하도록 감소시킨다.

② 2란 A : 1란의 수심에 대한 사다리꼴 단면의 면적

③ 3란 R_h : 동수반경으로 A/P로 계산되며 윤변 P는 수심 y로부터 산정한다.

④ 4란 V : 주어진 유량 Q를 2란 단면적 A로 나누어 산정

⑤ 5란 S_f : Manning의 공식으로부터 산정

⑥ 6란 $\bar{S}_f$: 현재 단면과 이전단면에서의 S_f의 평균값. 따라서 첫줄에서는 공란임.

⑦ 7란 $S_o - \bar{S}_f$: S_o와 6란 값의 차

⑧ 8란 E : 비에너지로 1란의 수심 y와 4란의 유속 V로부터 계산

⑨ 9란 $\Delta E = E_2 - E_1$: 현재 단면 깊이에 대한 E에서 이전 단면 깊이에서의 E값의 차
따라서 첫줄에서는 공란임.

⑩ 10란 $\Delta x = x_2 - x_1$: 식 (7.5.2)에 의해 9란의 값을 7란의 값으로 나눈 값

⑪ 11란 L : 시작지점으로부터의 누가거리

표 7.5.1 직접축차계산법에 의한 수면곡선 계산

y	A	R_h	V	S_f	$\bar{S}_f$	$S_o - \bar{S}_f$	E	ΔE	Δx	L
5.00	100.0	3.09	0.30	0.000003			5.00459			0
4.50	85.5	2.84	0.35	0.000005	0.000004	0.000996	4.50627	0.49831	500.5	500.5
4.00	72.0	2.58	0.42	0.000008	0.000007	0.000993	4.00885	0.49743	500.8	1,001.2
3.66	63.4	2.40	0.47	0.000012	0.000010	0.000990	3.67142	0.33743	340.8	1,342.1
3.33	55.5	2.23	0.54	0.000017	0.000014	0.000986	3.34490	0.32651	331.3	1,673.4
3.00	48.0	2.05	0.63	0.000025	0.000021	0.000979	3.01991	0.32499	332.0	2,005.4
2.75	42.6	1.91	0.70	0.000035	0.000030	0.000970	2.77525	0.24466	252.3	2,257.7
2.50	37.5	1.77	0.80	0.000050	0.000043	0.000957	2.53262	0.24263	253.5	2,511.2
2.25	32.6	1.63	0.92	0.000075	0.000063	0.000937	2.29310	0.23952	255.5	2,766.7
2.00	28.0	1.48	1.07	0.000115	0.000095	0.000905	2.05851	0.23459	259.2	3,025.9
1.80	24.5	1.36	1.23	0.000169	0.000142	0.000858	1.87655	0.18196	212.1	3,238.0
1.60	21.1	1.23	1.42	0.000258	0.000214	0.000786	1.70284	0.17371	220.9	3,458.9
1.40	17.9	1.10	1.67	0.000416	0.000337	0.000663	1.54285	0.15999	241.4	3,700.3
1.30	16.4	1.04	1.83	0.000541	0.000478	0.000522	1.47097	0.07188	137.8	3,838.1
1.20	14.9	0.97	2.02	0.000717	0.000629	0.000371	1.40718	0.06379	171.9	4,010.0

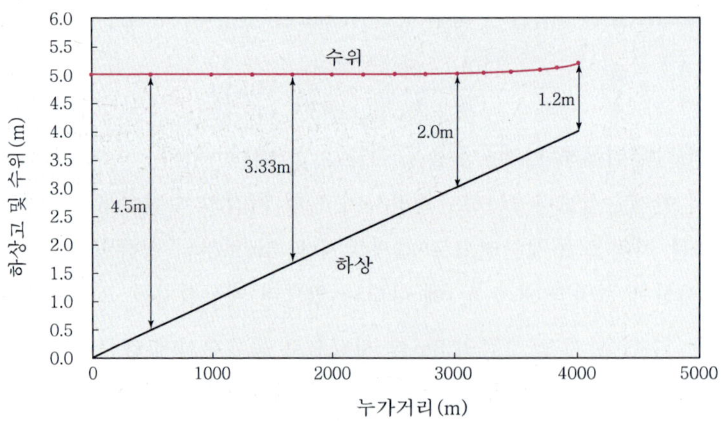

그림 7.5.2 직접축차계산법에 의한 수면곡선계산

7.5.2 표준축차계산법

표준축차계산법은 자연하천과 같이 비대상(nonprismatic)수로에 적용할 수 있는 방법으로 이 경우 실제 하천 계산지점에서의 횡단면 자료가 필요하다. 수면곡선계산은 수리학적 특성이 결정된 단면간에 축차적으로 수행하게 된다. 시작 단면에서 거리가 주어진 인접단면에서의 수심을 시행착오법으로 결정한다. 그림 7.5.1의 두 단면에서 기준면으로부터의 수면까지의 높이를 Z_1과 Z_2라 하면

$$Z_1 = S_o \Delta x + y_1 + z_2 \tag{7.5.5}$$

$$Z_2 = y_2 + z_2 \tag{7.5.6}$$

두 단면간의 마찰손실수두는

$$h_f = \overline{S}_f \Delta x = \frac{1}{2}(S_{f_1} + S_{f_2})\Delta x \tag{7.5.7}$$

여기서 $\overline{S}_f$는 두 단면에서 산정한 에너지선의 경사의 평균값이다. 따라서 두 단면에서의 총 에너지를 나타내면

$$Z_1 + \frac{V_1^2}{2g} = Z_2 + \frac{V_2^2}{2g} + h_f + h_e \tag{7.5.8}$$

와류손실 h_e를 마찰손실의 일부로 간주하면 마찰손실 h_f 계산시 Manning의 조도가 이에 상응하여 증가하는 것으로 고려가 되므로 와류손실을 무시하기로 한다. 두 단면에서의 총 수두는

$$H_1 = Z_1 + \frac{V_1^2}{2g} \tag{7.5.9}$$

$$H_2 = Z_2 + \frac{V_2^2}{2g} \tag{7.5.10}$$

따라서 식 (7.5.8)은 다음과 같다.

$$H_1 = H_2 + \overline{S}_f \Delta x \tag{7.5.11}$$

식 (7.5.11)을 이용하여 수면곡선을 계산하게 된다. 즉, 시작단면에서의 수면표고 Z_2가 주어지므로 식 (7.5.10)에 의해 H_2를 계산하고, Δx 만큼 떨어져 있는 단면에서의 Z_1을 가정하여 H_1을 식 (7.5.9)에 의해 계산한 후, 두 단면간의 마찰손실수두를 계산하여 식 (7.5.11)의 관계가 성립하는지 판단한다.

만일 성립하지 않으면 Z_1을 다시 가정하여 반복하고, 성립하면 가정한 Z_1이 원하는 수면표고가 된다.

예제 7.10

수로 경사가 0.001인 사다리꼴단면 수로에 $30m^3/sec$의 유량이 흐르고 있다. 수로의 저변 폭이 10m이고 측면경사는 2:1이다. 수로의 하류부 끝단에 구조물이 설치되어 이 지점에서의 수심이 5m로 측정되었다. 표준축차계산법에 의해 구조물 상류 1, 2 및 4km지점에서의 수위를 계산하라. Manning의 조도계수는 0.013이고 하류부 구조물 지점에서의 수로 바닥의 높이는 0m이다.

풀이

예제 7.9에서 $y_n = 1.09m$, $y_c = 0.912m$ 이므로 M1곡선이 되어 구조물 지점의 위치를 $x = 0$이라 하고 상류로 1, 2, 4km에 대해 수리량을 계산하여 식 (7.5.11)이 성립하는지 판단한다. 이러한 계산 과정이 표 7.5.2와 같으며 각 란에 해당하는 설명은 다음과 같다.

표 7.5.2 표준축차계산법에 의한 계산

L	y	A	P	R_h	V	$V^2/2g$	z	H	S_f	$\bar{S}_f$	△x	h_f	H
0	5.000	100.00	32.36	3.090	0.300	0.0046	0.0	5.0046	0.00000338				
1000	4.001	72.03	27.89	2.582	0.417	0.0088	1.0	5.0098	0.00000828	0.00000583	1000	0.00583	5.0104
1000	**4.002**	**72.05**	**27.90**	**2.583**	**0.416**	**0.0088**	**1.0**	**5.0108**	**0.00000827**	**0.00000582**	**1000**	**0.00582**	**5.0104**
2000	3.003	48.07	23.43	2.051	0.624	0.0199	2.0	5.0229	0.00002526	0.00001676	1000	0.01676	5.0276
2000	**3.007**	**48.15**	**23.45**	**2.054**	**0.623**	**0.0198**	**2.0**	**5.0268**	**0.00002513**	**0.00001670**	**1000**	**0.01670**	**5.0275**
3000	2.014	28.25	19.01	1.486	1.062	0.0575	3.0	5.0715	0.00011233	0.00006873	1000	0.06873	5.0955
3000	**2.038**	**28.69**	**19.11**	**1.501**	**1.046**	**0.0557**	**3.0**	**5.0937**	**0.00010756**	**0.00006634**	**1000**	**0.06634**	**5.0931**
4000	1.078	13.10	14.82	0.884	2.289	0.2671	4.0	5.3451	0.00104376	0.00057566	1000	0.57566	5.6694
4000	1.232	15.36	15.51	0.990	1.954	0.1945	4.0	5.4265	0.00065369	0.00038063	1000	0.38063	5.4744
4000	**1.263**	**15.82**	**15.65**	**1.011**	**1.896**	**0.1833**	**4.0**	**5.4463**	**0.00059892**	**0.00035324**	**1000**	**0.35324**	**5.4470**

① 1란 L : 수심을 계산하기 위한 지점

② 2란 y : 가정수심

③ 3란 A : 2란 가정수심에 의해 계산된 단면적

④ 4란 P : 2란 가정수심에 대한 윤변

⑤ 5란 R_h : 가정수심에 대한 동수반경으로 3란/4란으로 계산

⑥ 6란 V : 주어진 유량 Q를 3란 단면적으로 나눈 유속

⑦ 8란 z : 수로 바닥의 높이로 구조물 지점에서 $z = 0$이므로 수로경사 S_o를 이용하여 계산

⑧ 9란 H : 2란 가정수심에 대한 총 수두로 2란+7란+8란으로 산정

⑨ 10란 S_f : Manning의 공식으로부터 산정

⑩ 11란 $\overline{S}_f$: 현재 단면과 이전단면에서의 S_f의 평균값. 따라서 첫줄에서는 공란임.

⑪ 12란 Δx : 두 단면간의 거리

⑫ 13란 h_f : 두 단면사이에 발생하는 수두손실로 11란과 12란을 곱해 산정

⑬ 14란 H : 이전 단면의 총 수두(9란)에 현재단면의 수두손실 13란을 합한 값

식 (7.5.11)에 의해 9란과 14란의 값을 비교하여 허용 오차범위 내에 들면 계산을 종료하고 그렇지 않으면 2란을 다시 가정하여 반복한다.

연습문제

7.1 폭이 10m인 사각형 수로에 유량이 $15m^3/s$로 흐를 때 수심에 따른 비에너지곡선을 작성하라.

7.2 사다리꼴 단면수로에 $20m^3/s$의 물이 흐르고 있다. 수로의 저변 폭이 8m이고, 측면경사가 2:1일 때 한계수심, 한계유속 및 최소 비에너지를 구하라.

7.3 사각형 수로에 단위폭당 유량이 $1.5m^3/s/m$일 때 한계수심은 얼마인가? 만일 수심이 1m이면 흐름은 어떤 상태인가?

7.4 폭 10m인 광정위어 상의 수심이 0.5m, 유속이 1m/s일 때 유량은 얼마인가? 단, 유량계수는 0.65이다.

7.5 사각형 단면 수로에서 최소 비에너지가 10m이면 한계수심은 얼마인가?

7.6 폭이 5m인 사각형 수로에 $3m^3/s$의 유량이 흐르고 있다. 수심이 1.2m이면 이 흐름은 상류인가, 사류인가?

7.7 저변 폭이 5m인 사다리꼴 단면 수로에 $20m^3/s$의 유량이 흐르고 있다. 측면경사가 1:1, 수심이 1m이면 이 흐름은 상류인가, 사류인가?

7.8 사각형 수로에서 폭이 5m, 최소 비에너지가 1.5m인 경우 최대 유량은 얼마인가?

7.9 폭이 20m인 사각형 수로에 수심이 1.8m로 흐를 때 하상경사가 0.0025이면 비에너지는 얼마인가? 단, Manning의 조도계수는 0.025이다.

7.10 폭이 10m인 사각형 단면 수로에 $25m^3/s$의 물이 수심 1.4m로 흐를 때 한계유속을 구하라.

7.11 예제 7.4와 같이 폭 10m의 사각형단면 수로에 2m의 수심으로 $15m^3/s$의 유량이 흐르고 있다. 하류방향으로 하상고가 0.3m 상승할 때 하류단면에서의 수심을 결정하라. 단면변화로 인한 손실수두는 무시하라.

7.12 예제 7.5와 같이 폭 10m의 사각형단면 수로에 $25m^3/s$의 유량이 흐르고 있다. 수문 상류부에서의 수심이 3m이고 하류부에서의 수심이 1m일 때 수문에 가해지는 힘을 구하라.

7.13 폭 5m인 사각형단면 수로에 $10m^3/s$의 유량이 흐르고 있다. 수심이 3m일 때 비력은 얼마인가?

7.14 사각형단면 수로에 수심 0.5m, 유속 25m/s로 물이 흐르고 있을 때 하류의 영향으로 도수가 발생하였다. 도수 후의 수심 및 도수로 인한 에너지 손실을 구하라.

7.15 댐 여수로 아래 사각형 단면의 감세공에서 도수가 발생하고 있다. 단위폭당 유량이 $2m^3/s$이고 도수 전의 수심이 0.5m이다. 도수 후의 수심 및 도수로 인한 에너지손실을 구하라.

7.16 그림 7.16과 같이 $800m^3/s$의 유량이 월류하는 30m 폭의 댐 여수로 상류부 저수지 수위가 200m이고 여수로 아래 감세공에서의 수위가 100m일 때 감세공에서 도수가 발생하기 위한 감세공 저부의 높이를 결정하라. 단, 여수로에서의 에너지 손실은 무시하라.

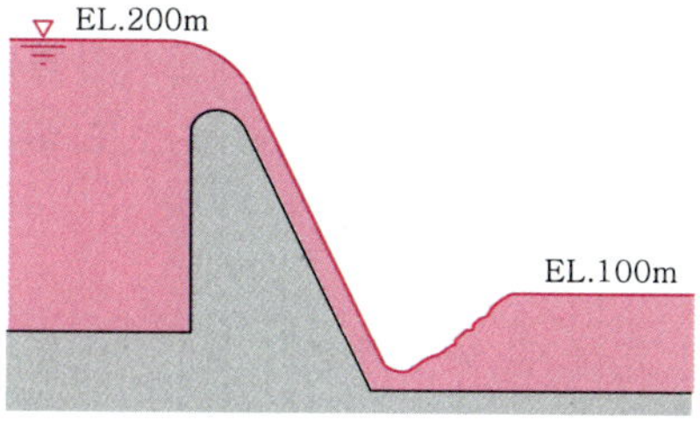

그림 7.16

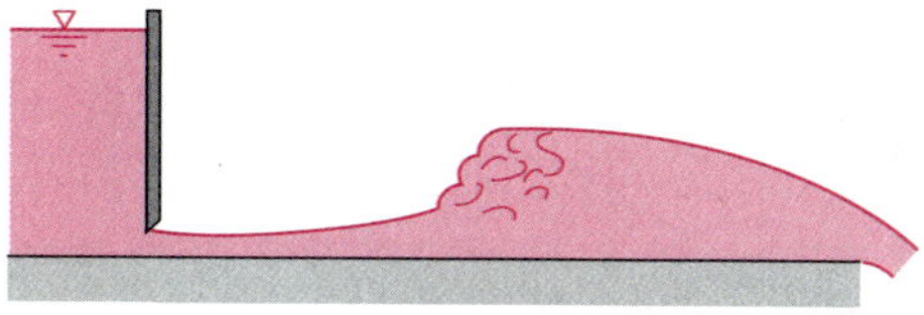

그림 7.17

7.17 그림 7.17과 같이 폭이 5m인 수문하류부에서 도수가 발생하고 있다. 수문 상류 및 직하류에서의 수심이 10m 및 2m이고 유량이 $150m^3/s$일 때 하류부 도수 발생 후의 수심 및 도수로 인한 에너지 손실을 구하라. 단, 수문에서의 에너지 손실은 무시하라.

7.18 폭이 5m인 사각형 단면 수로에 $30m^3/s$의 물이 흐르고 있다. 수로의 경사가 0.002, 조도계수가 0.03일 때 하류의 한 단면에서 측정한 수심이 1.8m였다면 수면곡선은 어떤 형태인가? 만일 수로의 경사가 0.01로 증가하면 수면형은 어떻게 변하겠는가?

7.19 그림 7.19와 같이 상류 저수지로부터 폭 5m, 경사 0.01의 사각형단면 수로($n = 0.02$)로 물이 유입되고 있다. 저수지 수표면이 수로 하상보다 3m가 높을 때 수로로 유입되는 유량과 수면형을 그려라. 수로 입구부 손실 및 저수지의 접근유속은 무시하라.

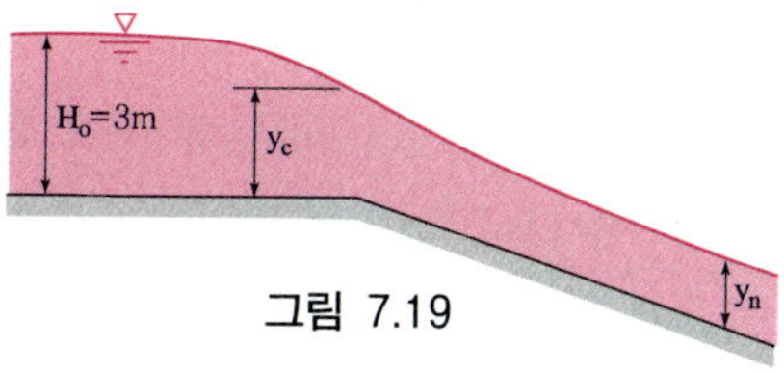

그림 7.19

7.20 수로 경사가 0.001인 사다리꼴단면 수로에 $20m^3/sec$의 유량이 흐르고 있다. 수로의 저변 폭이 5m이고 측면경사는 2:1이다. 수로의 하류부 끝단에 구조물이 설치되어 이 지점에서의 수심이 6m로 측정되었다. Manning의 조도계수가 0.02일 때 직접축차계산법에 의해 수면곡선을 계산하라.

7.21 수로 경사가 0.001인 사다리꼴단면 수로에 $20m^3/sec$의 유량이 흐르고 있다. 수로의 저변 폭이 5m이고 측면경사는 2:1이다. 수로의 하류부 끝단에 구조물이 설치되어 이 지점에서의 수심이 6m로 측정되었다. 표준축차계산법에 의해 구조물 상류 1, 2, 3, 4 및 5km 지점에서의 수위를 계산하라. Manning의 조도계수는 0.02이고 하류부 구조물 지점에서의 수로 바닥의 높이는 0m이다.

7.22 수로 경사가 0.001인 광폭 사각형단면 수로에 단위폭당 $2.5m^3/sec/m$의 유량이 흐르고 있다. 하류부에 댐이 설치되어 있으며 댐 지점에서의 수심이 2m일 때 직접축차계산법에 의해 수면곡선을 계산하라. Manning의 조도계수는 0.025이다.

7.23 수로 경사가 0.001인 광폭 사각형단면 수로에 단위폭당 $2.5m^3/sec/m$의 유량이 흐르고 있다. 하류부에 댐이 설치되어 있으며 댐 지점에서의 수심이 2m로 측정되었다. 표준축차계산법에 의해 댐 상류 200, 500, 1,000 및 1,500m 지점에서의 수위를 계산하라. Manning의 조도계수는 0.025이고 댐 지점에서의 수로 바닥의 높이는 0m이다.

7.24 직경 300mm의 원형 배수관거에 물이 반쯤 차서 흐를 때 동수반경은 얼마인가?

7.25 저변 폭이 150mm, 측면경사가 1.5:1인 사다리꼴단면 수로에 수심 62mm로 물이 흐를 때 동수반경은 얼마인가?

7.26 폭 3m 사각형단면 수로에 $10m^3/s$의 물이 흐르고 있다. 수심이 0.3m, 2m일 때의 흐름의 종류를 결정하라. 또한 한계수심은 얼마인가?

7.27 광폭 사각형단면 수로에 단위폭당 유량 $2.3m^3/s/m$가 흐르고 있다. 만일 수심이 각각 0.2m, 0.8, 2.5m일 때 흐름의 종류를 결정하라.

7.28 사다리꼴단면 수로에 $12m^3/s$의 물이 흐르고 있다. 수로의 저변 폭이 3m이고, 측면경사가 1:1일 때 수심이 1m이면 흐름은 상류인가, 사류인가?

7.29 폭 6m인 사각형단면 수로에 $18m^3/s$의 물이 흐르고 있다. 비에너지의 범위 $E_{min} \sim E = 7m$에 대해 수심에 따른 비에너지곡선을 구하고, 수심 0.3m에 대한 공액수심과 대응수심을 구하라.

7.30 폭 10m인 월류형 여수로의 정점부 표고 100m 위로 $25m^3/s$의 물이 월류하고 있다. 이때의 저수지 수표면의 수위는 얼마인가?

7.31 저변 폭이 3m인, 측면경사가 1:1인 사다리꼴단면 수로에 $15m^3/s$의 율로 물이 흐르고 있다. 수로의 경사가 0.001이고 조도계수가 $n = 0.017$이면 수심은 얼마인가?

7.32 사각형단면 수로에 수심 3m로 유속 3m/s의 물이 흐르고 있다. 하상고가 점진적으로 0.3m 상승하면 수심은 얼마나 변하겠는가? 또한 하상고가 점진적으로 0.3m 하강하면 수심은 얼마나 변하겠는가?

7.33 폭 3m인 사각형단면 수로에 $60m^3/s$의 물이 흐르고 있다. 만일 흐름이 사류이면 최대 수심은 얼마인가?

7.34 저변 폭이 5m, 측면경사가 1:1인 사다리꼴단면 수로에 수심 0.4m, 유속 10m/s로 물이 흐를 때 도수가 발생하였다. 도수 발생 후의 수심은 얼마인가?

7.35 저변 폭이 2.4m, 측면경사가 1:1인 사다리꼴단면 수로에 $7.1m^3/s$의 물이 흐르고 있다. 등류수심이 1.2m이면 하상경사는 얼마인가? 단, $n = 0.022$이다. 이때의 흐름의 종류를 결정하라. 또한 한계수심은 얼마인가?

7.36 그림 7.36과 같은 사다리꼴단면 수로에 유량 Q가 흐르고 있다. 다른 조건이 동일한 상태에서 수심을 변화시키지 않고 유량을 2Q로 하기 위해서는 추가로 필요한 저변폭 L은 얼마인가?

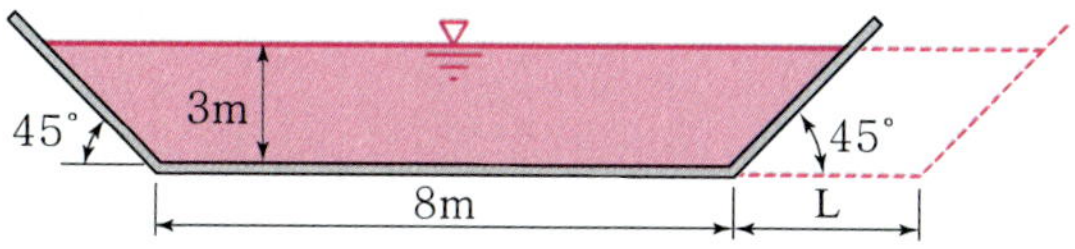

그림 7.36

7.37 관개용 수로로 물을 $250m^3/s$의 율로 보내려고 한다. 사다리꼴단면으로 하상경사를 0.0004, 측면경사를 1:1로 할 경우 최적수로단면을 구하라. 단, $n = 0.022$이다.

7.38 높이 2m의 광정위어 위로 물이 흐르고 있다. 위어 위의 수두가 0.5m이면 위어 위로 흐르는 단위폭당 유량은 얼마인가?

7.39 폭이 1m인 사각형단면 수로에 $6.5m^3/s$의 유량이 흐르고 있다. 도수 발생 전의 수심이 0.4m일 때 도수 발생 후의 수심 및 유속을 구하라.

7.40 폭이 4m, 경사가 0.0008, 조도계수 $n = 0.014$인 사각형단면 수로에 수문이 설치되어 있다. 수문 상류의 수심이 1.85m, 하류의 수심이 0.35m일 때 유량, 등류수심 및 한계수심을 구하고 수면곡선을 그려라. 단, 손실수두는 무시한다.

Hydraulics

Chapter 8
흐름의 측정 및 분석

8.1 서론

실험실 및 현장에서 압력, 유속, 유량과 같은 흐름 특성 및 다양한 흐름 변수를 측정하는 것은 매우 중요하다. 예를 들어 관로 및 관개용 수로에서의 유량, 하천에서의 오염물 및 유사량, 홍수시 하천에서의 유량 등과 같은 흐름 특성치들의 측정은 흐름 시스템의 운영 및 분석, 그리고 수리 및 수문학적 연구에 필수적이다.

이러한 흐름 변수들을 측정하기 위한 다양한 장비들이 개발되어 왔으며, 이들 각 장비들은 특정 목적으로 설계되었다. 측정을 하기 전에 특정 변수를 측정하기 위한 필요성을 분명하게 정의하는 것이 중요하며, 또한 관련된 수리학 및 물리적인 원리를 이해하는 것은 적절한 측정장비의 선정 및 성공적인 측정을 위해 필수적이라 할 수 있다.

본 장에서는 실험실이나 현장에서 흐름 변수들을 측정하기 위한 기본 개념, 장비 및 기술을 소개하기로 한다. 먼저 관수로에서의 압력, 유속 및 유량을 측정하기 위한 압력계, 피토관, 오리피스, 노즐, 벤츄리메터, 그리고 엘보우메터 등과 같은 관수로 흐름측정과 관련된 장비에 대해 원리 및 적용방법을 소개하고, 위어, 수로(flume) 및 수문과 같은 개수로 흐름 측정과 관련된 구조물의 원리 및 측정방법에 대해 알아보고 끝으로 자료분석방법에 대해 소개하기로 한다.

8.2 관수로 흐름 측정

관수로에서의 유속 및 유량을 실험적으로 결정할 필요가 종종 있게 된다. 3장에서 Bernoulli 방정식을 이용하여 유속 및 유량을 측정하기 위한 장치 및 방법을 소개하였으며, 본 절에서는 이들을 포함하여 추가적으로 관수로 흐름을 측정할 수 있는 장치 및 방법에 대해 소개하기로 한다.

8.2.1 압력측정

유체의 압력은 다양한 방법을 이용하여 측정할 수가 있다. 압력측정을 위한 장비의 선택은 특정 목적에 요구되는 정확성 및 활용성에 따라 변하게 된다. 사실 모든 압력측정은 액주계(manometer) 원리 또는 광석, 막(membrane), 튜브(tube) 및 판(plate)과 같은 고체 물질의 변형을 전기신호 또는 기계적 송신으로 변형하는 압력변형 개념에 바탕을 두고 있다.

압력은 정적(static) 또는 동적(dynamic) 상태로 측정할 수 있으며, 부정류 및 동수역학적인 압력의 교란으로 인해 시간에 따라 변할 수도 있다. 난류에서는 부정류가 존재하므로 정압력(static pressure) 측정은 시간 평균값을 사용하기도 한다. 일반적인 압력계(pressure gages) 및 압력변환기(pressure transducers)로 다음과 같은 것들이 있다.

액주계는 2장에서 소개를 하였으며 정압력을 측정하기 위한 간단하면서도 저렴한 장치로 기계적으로 움직이는 부분이 포함되어 있지 않다. 그림 8.2.1(a)의 경사식 액주계나 그림 2.7.4의 미차액주계(micro manometer)를 사용하면 보다 정밀한 압력측정을 할 수가 있다. 만일 그림 8.2.1(b)와 같이 액주계로 연결되는 구멍 입구부가 관로 벽에 돌출되는 부분이 없이 매끈하고, 직경이 충분히 작게(약 1mm) 제작되면 압력을 충분한 정밀도로 측정할 수가 있다.

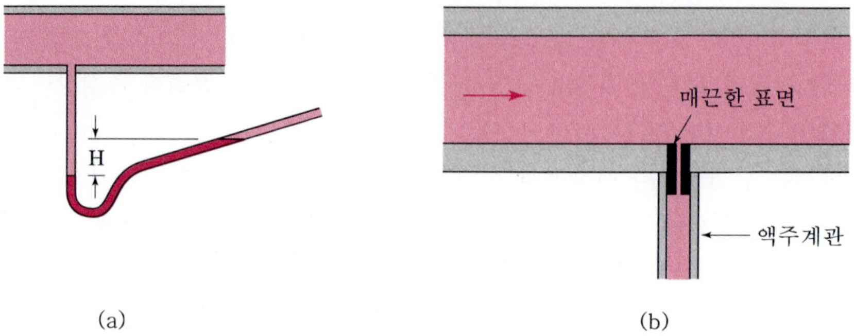

그림 8.2.1 경사식 액주계 및 연결 구멍

버어돈 압력계(Bourdon Gage)는 비교적 높은 압력을 측정하기 위한 장비이다. 버어돈 압력계는 그림 8.2.2와 같이 원호 형태로 휘어진 타원형태의 단면을 가진 관으로 구성되어 있다. 대기압이 작용할 경우(계기압력 0) 관은 변형이 있어나지 않으며, 이때 계기바늘은 0압력을 가리키게 된다. 만일 압력이 작용하게 되면 휘어진 관은 펼쳐지는 경향이 있고, 따라서 계기바늘이 이에 해당하는 압력을 가리키게 된다.

버어돈 압력계는 과도한 압력 진동이 없거나 외부의 충격이 없을 경우 가장 일상적으로 사용되는 압력계이다. 하지만 이 두 경우가 공학적인 적용에 있어 자주 발생하기 때문에 진동감쇄장치를 설치하거나 주기적으로 검정할 필요가 있다.

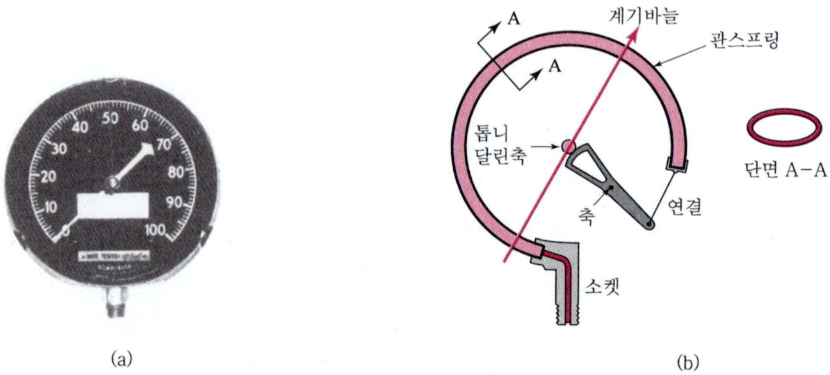

그림 8.2.2 버어돈 압력계

압력변환기(pressure transducer)는 전기기계적인 장치로 정상류 또는 부정류 상태의 동수역학적 압력을 측정하기 위해 개발되었다. 압력변환기는 유연성 있는 막 또는 압력의 변화에 반응하는 압전기(piezoelectric) 요소로 구성되어 있다. 압력변환기에 의해 압력이 전기신호로 변환된 후, 오실로스코프나 디지털장치에 전송되어 시스템을 조작 및 통제하는데 적용되거나 저장장치에 저장되게 된다. 그림 8.2.3은 압력을 기록하기 위한 압력변환기 및 이와 관련된 전자장치의 모식도를 보여주고 있다.

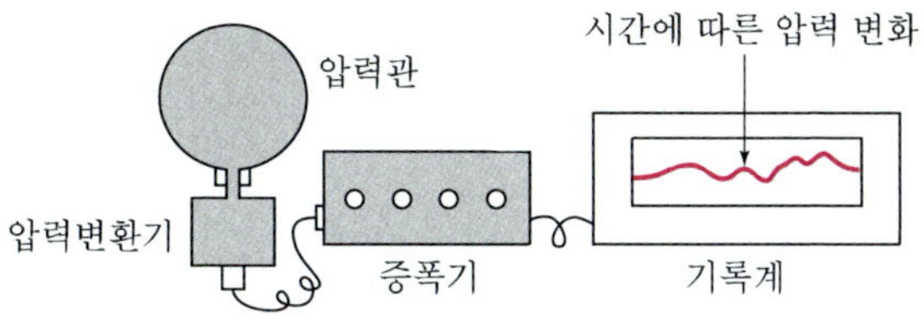

그림 8.2.3 압력변환기 및 관련장치 모식도

대부분의 변환기는 한쪽 면이 시스템의 실제 압력에 노출되어 있는 격판(diaphragm)을 가지고 시스템에 부착되어 있다. 압력이 변하게 되면 격판이 휘어지고 격판의 반대쪽에 연결되어 있는 감지부에서 신호를 발생시킨다. 여러 종류의 감지장치가 있지만 가장 보편적으로 사용되는 것은 그림 8.2.4(a)와 같은 유연성 있는 격판에 부착된 저항선 응력계(resistance-wire strain gage)로 주로 액체의 압력을 측정하는데 사용된다. 그림 8.2.4(b)와 같은 콘덴서 마이크(condenser microphone)는 주로 항공음향(aeroacoustic) 분야에서 사용하는 압력변환기이다. 그림 8.2.4(c)와 같은 압전기 압력변환기는 주로 액체의 압력측정에 사용되며 변형되면 전기장을 형성하는 석영과 같은 수정질(crystalline) 물질이 포함되어 있다. 이 변환기는 2.5mm의 직경까지 작게 만들 수가 있으며, 관로의 벽에 부착하여 설치하고 다양한 범위의 동력학적 압력을 측정한다.

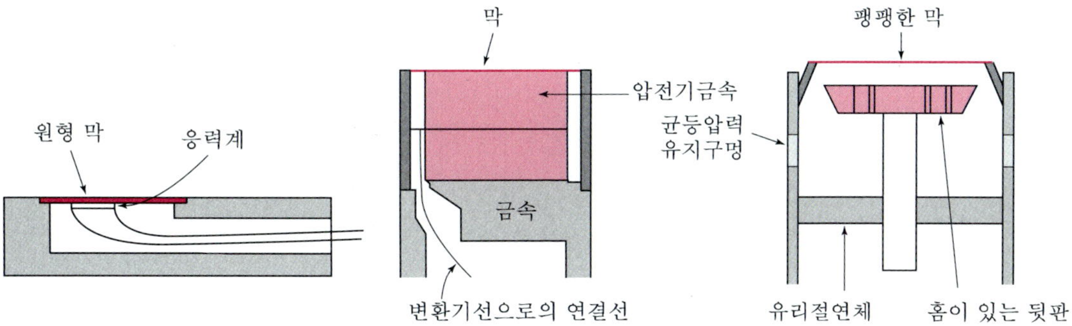

그림 8.2.4 압력변환기의 종류

8.2.2 정체관

정체관(stagnation tube)은 3.6.3절에서 소개를 하였으며, 그림 8.2.5의 ①지점과 ②지점 간에 Bernoulli 방정식을 적용하여 다음과 같이 유속을 구하는 식을 유도하였다.

$$V = \sqrt{2gl} \tag{3.6.20}$$

이 식은 점성의 영향을 고려하지 않은 식으로 적절하게 높은 유속으로 물이 흐를 때 일반적인 크기의 정체관을 사용할 경우 적용할 수 있다. 하지만 측정하려고 하는 유속이 매우 작거나 정체관이 매우 작을 경우 점성의 영향이 크며, 즉 Reynolds 수가 감소하면 점성 효과가 커지게 되며 따라서 식 (3.6.20)을 보정해야 한다.

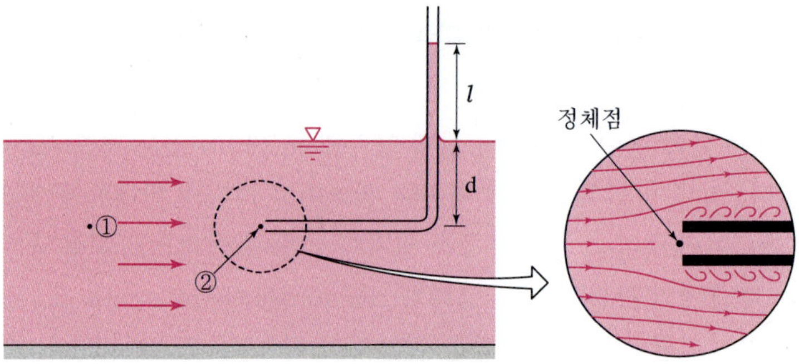

그림 8.2.5 정체관

압력보정계수 C_p는 Reynolds 수에 의해 다음과 같이 결정되며, 그림 8.2.6에 Reynolds 수에 대한 압력보정계수 관계곡선이 나타나 있다.

$$C_p = \frac{p - p_o}{\frac{1}{2}\rho V_o^2} \tag{8.2.1}$$

여기서 p는 관로내의 압력, p_o와 V_o는 정체관 유입부에서의 압력과 유속이다. 그림 8.2.6에서 원형 정체관에 대한 Reynolds 수가 60보다 클 때 유속의 측정오차가 1%보다 작음을 알 수 있다. 경계층에서 측정할 경우에는 정체관 끝단이 납작한 것을 사용하게 된다.

예제 8.1

개수로상에 정체관을 설치하여 유속을 측정하려고 한다. 정체관내 물이 수면으로부터 15cm 상승하였다면 유속은 얼마인가? 단, 흐름은 완전난류로 가정하라.

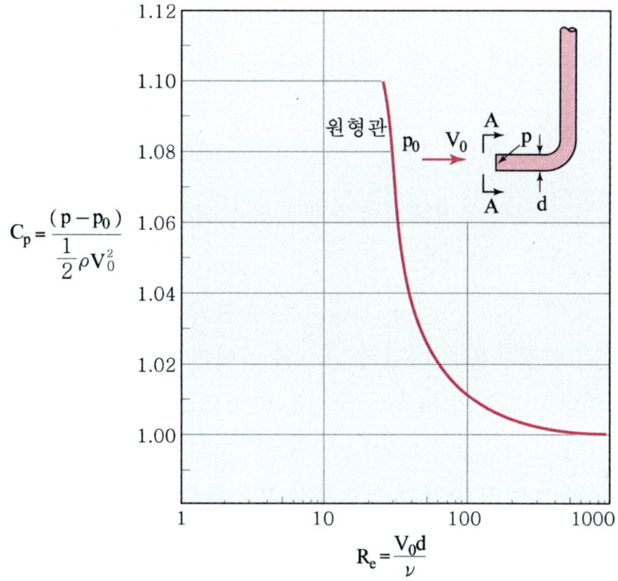

그림 8.2.6 정체관에서의 압력보정계수

풀이

식 (3.6.20)으로부터

$$V = \sqrt{2gl} = \sqrt{2 \times 9.81 \times 0.15} = 1.72\text{m/s}$$

흐름은 완전난류이므로 압력보정계수 $C_p = 1$로 간주할 수 있다.

8.2.3 Pitot관

Pitot관은 3.6.3절에서 소개한 바와 같이 프랑스 수리기술자인 Pitot에 의해 개발된 장치로 정체관과 같은 원리이지만 좀 더 용도가 넓다. Pitot관은 그림 8.2.7과 같이 상류부 끝단에서의 정체압력을 알 수 있도록 압력꼭지(pressure tap)를 가지고 있으며, 관 주위로 정수압을 나타낼 수 있도록 구멍이

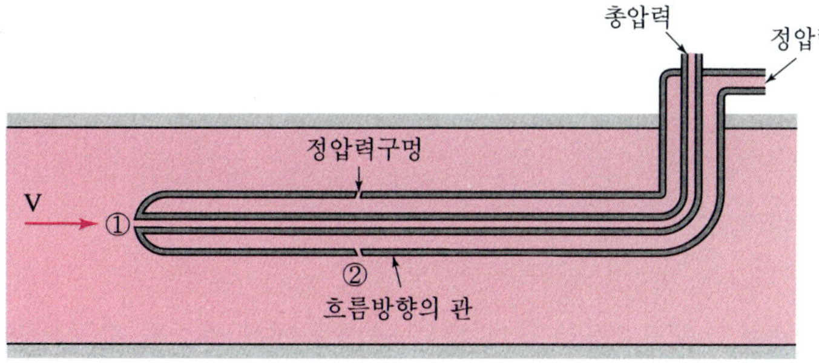

그림 8.2.7 Pitot관

뚫려 있다. 구멍 주위의 유속은 접근 유속과 같다. ①지점과 ②지점 간에 Bernoulli 방정식을 적용함으로서 다음과 같이 유속을 산정할 수 있는 식을 얻을 수 있다.

$$V = \sqrt{2g(h_1 - h_2)} \tag{3.6.22}$$

여기서 h_1 및 h_2는 ①지점 및 ②지점에서의 수압관 수두이다. 식 (3.6.22)는 Pitot관이 흐름을 크게 교란시키지 않고 흐름방향으로 배치되어 유속 V가 Pitot관과 평행할 경우에만 적용할 수 있다. 그림 8.2.7은 Pitot관의 특별한 경우인 Prandtl관으로 수평관을 따라 위치한 정압구멍(static pressure hole)이 있어 흐름이 관의 끝단을 지나면서 감소된 압력이 연직방향의 관에 의해 증가된 압력에 의해 평형을 이루게 된다. 일반적으로 Pitot관의 직경을 바탕으로 한 Reynolds 수가 1,000 근처이므로 점성의 영향은 심하지가 않다.

만일 Pitot관의 방향과 흐름의 방향이 평행하지 않으면 흐름과 Pitot관의 각도 차이가 약 5°일 때 1%의 측정오차를 수반하게 된다. 만일 각도 차이가 5°보다 크게 되면 측정오차는 커지게 된다. Pitot관이 관벽에 가까이 위치하게 되면 Pitot관과 관벽의 상호작용에 의해 유선이 변형되고, Pitot관의 중심과 관벽 사이의 거리가 Pitot관 직경의 두 배보다 작으면 측정오차가 발생하게 된다.

예제 8.2

그림 8.2.8과 같은 Pitot관에서 정압관과 Pitot관이 액주계로 연결되어 있으며 액주계에는 비중이 13.6인 수은이 들어 있다. 액주계의 높이차가 10cm일 때 관로내의 유속을 구하라. 관의 직경이 10cm이면 유량은 얼마인가? 단, 관내의 유속분포는 일정하다.

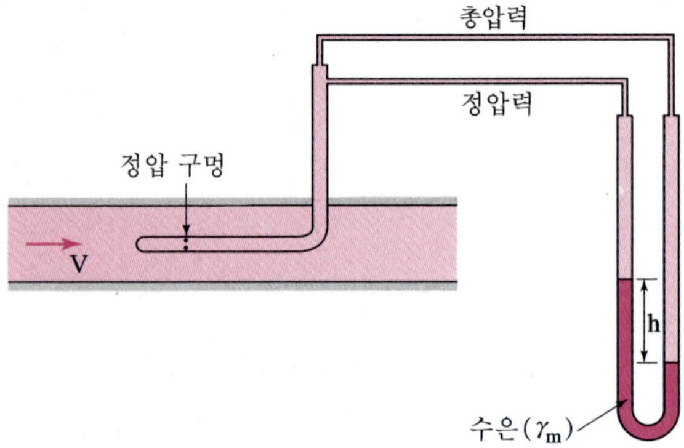

그림 8.2.8

풀이

Pitot관의 유속식에서

$$V = \sqrt{2gh(\gamma_s - \gamma)/\gamma} = \sqrt{2 \times 9.81 \times 0.1 \times 12.6} = 4.97\text{m/s}$$

$$Q = AV = \frac{\pi D^2}{4} V = \frac{3.14 \times 0.1^2}{4} \times 4.97 = 0.039\text{m}^3/\text{s}$$

8.2.4 오리피스

오리피스(orifices)는 그림 8.2.9와 같이 관로 내 흐름에서 축소된 출구를 말한다. 만일 오리피스의 기하학적인 특징과 유체의 특성이 주어진다면, 오리피스를 이용하여 유량을 산정할 수가 있다.

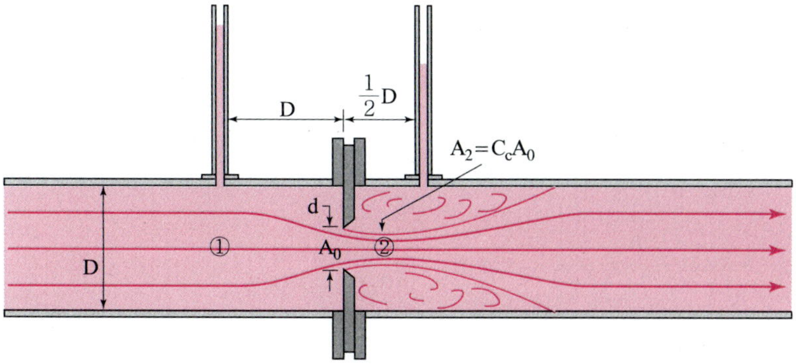

그림 8.2.9 예연 관오리피스

그림 8.2.9는 예연 관오리피스로 유선은 오리피스 단면을 지나 짧은 하류구간에서도 계속적으로 수렴하며 따라서 최소 흐름 단면은 실제로는 오리피스의 단면보다 작게 된다. Vena contracta라고 부르는 축소된 최소 단면적 A_2와 오리피스의 단면적 A_o와의 관계를 나타내기 위해 다음과 같은 단면수축계수(area contraction coefficient)를 사용한다.

$$A_2 = C_c A_o \quad \text{또는} \quad C_c = \frac{A_2}{A_o} \tag{8.2.2}$$

따라서 원형 오리피스인 경우 다음과 같이 단면수축계수를 나타낼 수 있다.

$$C_c = \frac{\pi d_2^2/4}{\pi d^2/4} = \left(\frac{d_2}{d}\right)^2 \tag{8.2.3}$$

Reynolds 수가 작은 경우 단면수축계수 C_c는 R_e의 함수가 된다. 하지만 높은 Reynolds 수에서는 C_c는 오리피스의 기하학적인 형태의 함수가 된다. 관로와 오리피스의 직경비가 $d/D < 0.3$인 경우 C_c는 약 0.62가 되며, d/D가 0.8까지 증가하면 C_c는 0.72까지 증가하게 된다.

오리피스에 대한 유량공식은 단면 ①과 단면 ② 사이에 Bernoulli 식을 적용하여 유도할 수 있다.

$$\frac{p_1}{\gamma} + \frac{V_1^2}{2g} + z_1 = \frac{p_2}{\gamma} + \frac{V_2^2}{2g} + z_2 \tag{8.2.4}$$

연속방정식 $V_1 A_1 = V_2 A_2$에 의해 V_1을 소거하고 V_2에 대해 정리하면

$$V_2 = \left\{ \frac{2g\left[(z_1 + p_1/\gamma) - (z_2 + p_2/\gamma) \right]}{1 - (A_2/A_1)^2} \right\}^{1/2} \tag{8.2.5}$$

$A_2 = C_c A_o$이고, $h = p/\gamma + z$이므로 식 (8.2.5)는 다음과 같이 정리할 수 있다.

$$V_2 = \sqrt{\frac{2g(h_1 - h_2)}{1 - C_c^2 A_o^2 / A_1^2}} \tag{8.2.6}$$

따라서 오리피스를 통한 유량은 다음과 같다.

$$Q = \frac{C_c A_o}{\sqrt{1 - C_c^2 A_o^2 / A_1^2}} \sqrt{2g(h_1 - h_2)} \tag{8.2.7}$$

식 (8.2.7)이 비압축성 및 비점성유체에 대한 오리피스 유량공식으로 비교적 Reynolds 수가 큰 경우에 적용할 수 있다. 만일 Reynolds 수가 작으면 점성의 영향이 크게 되고, 유속계수(coefficient of velocity) C_v를 추가적으로 적용하게 된다.

$$Q = \frac{C_c C_v A_o}{\sqrt{1 - C_c^2 A_o^2 / A_1^2}} \sqrt{2g(h_1 - h_2)} \tag{8.2.8}$$

여기서 $C_c C_v$를 유량계수 C_d라 한다. 따라서 유량은

$$Q = \frac{C_d A_o}{\sqrt{1 - C_c^2 A_o^2 / A_1^2}} \sqrt{2g(h_1 - h_2)} = K A_o \sqrt{2g(h_1 - h_2)} \tag{8.2.9}$$

여기서 K는 흐름계수로 다음과 같다.

$$K = \frac{C_d}{\sqrt{1 - C_c^2 A_o^2 / A_1^2}} \tag{8.2.10}$$

만일 $\Delta h = h_1 - h_2$라 하면 오리피스 유량공식은

$$Q = K A_o \sqrt{2g\Delta h} \tag{8.2.11}$$

오리피스 전 후로 압력계를 설치하면 압력변화 Δp를 측정할 수 있고 $\Delta p = \gamma \Delta h$ 관계를 이용하여 다음과 같이 유량을 나타낼 수 있다.

$$Q = K A_o \sqrt{2 \frac{\Delta p}{\rho}} \tag{8.2.12}$$

실험을 통해 오리피스 크기에 대한 직경비 d/D와 Reynolds 수의 함수로 K를 결정한 결과가 그림 8.2.10과 같다. 만일 유량 Q가 주어지면 $R_e = 4Q/\pi d \nu$를 산정하여, 그림 8.2.10으로부터 K를 결정할

수가 있고, 식 (8.2.11)로부터 Δh 또는 식 (8.2.12)로부터 Δp를 산정할 수가 있다. 그러나 Δh 또는 Δp가 주어질 때 유량 Q를 구하는 경우 유량의 함수인 R_e를 알지 못하므로 K를 그림 8.2.10으로부터 직접 구할 수가 없다. 따라서 유량이 포함되어있지 않은 새로운 함수관계 곡선을 그림 8.2.10에 포함시켰다. 즉, $R_e = 4Q/\pi d\nu$이고, $Q = K\pi d^2/4\sqrt{2g\Delta h}$ 이므로

$$R_e = K\sqrt{2g\Delta h}\,\frac{d}{\nu} \tag{8.2.13}$$

또는

$$\frac{R_e}{K} = \sqrt{2g\Delta h}\,\frac{d}{\nu} \tag{8.2.14}$$

따라서 Δh가 주어질 때 그림 8.2.10의 점선과 상단의 변수값을 이용하여 유량을 산정할 수 있다. 만일 Δp가 주어진다면 그림 8.2.10의 상단면의 변수에서 $g\Delta h$ 대신 $\Delta p/\rho$를 적용하여 유량을 구할 수 있다.

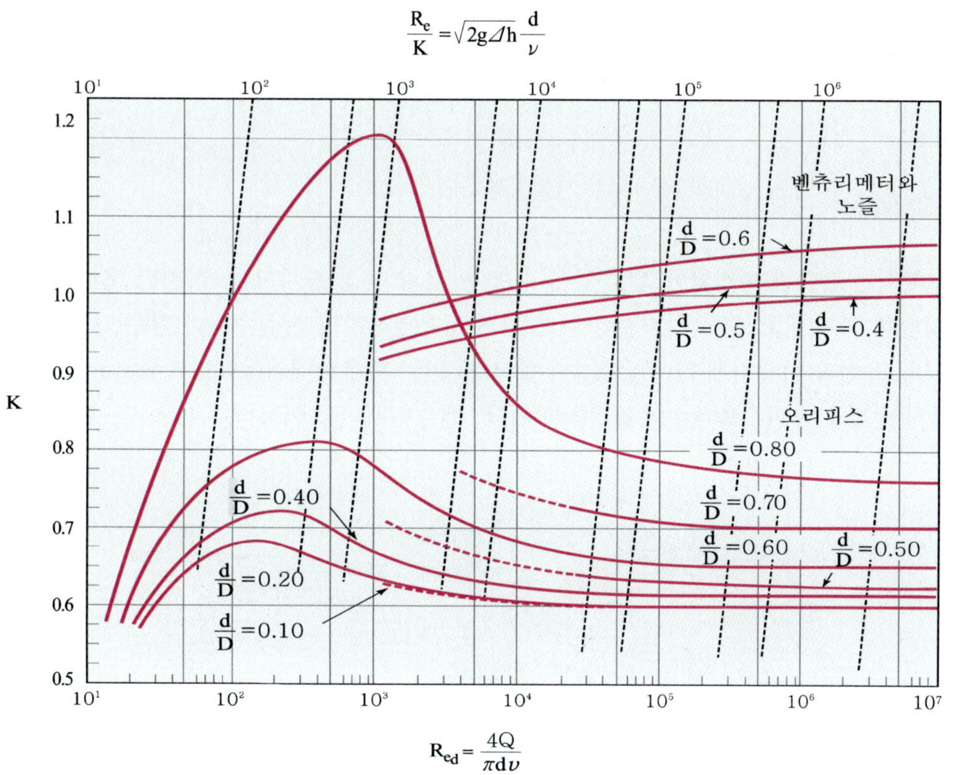

그림 8.2.10 오리피스에서의 각 변수간의 관계

예제 8.3

그림 8.2.11과 같이 직경 24cm의 관로에 직경 15cm의 오리피스가 설치되어 있다. 오리피스 전 후로 수은이 담긴 액주계가 연결되어 있으며, 액주계의 높이차가 25cm로 나타났다. 관로를 통해 흐르는 유량을 구하라. 관로 내 물의 온도는 20℃ ($\nu = 1.0 \times 10^{-6} \mathrm{m^2/s}$)이다.

풀이

오리피스관내의 유량은 식 (8.2.11)로 구할 수가 있다.

식 (8.2.11)에서 Δh는

$$\Delta h = 0.25\mathrm{m} \times (13.6 - 1) = 3.15\mathrm{m}$$

식 (8.2.14)로부터

$$\frac{R_e}{K} = \sqrt{2g\Delta h}\,\frac{d}{\nu} = \sqrt{2 \times 9.81 \times 3.15} \times \frac{0.15}{1.0 \times 10^{-6}}$$

$$= 1.2 \times 10^6$$

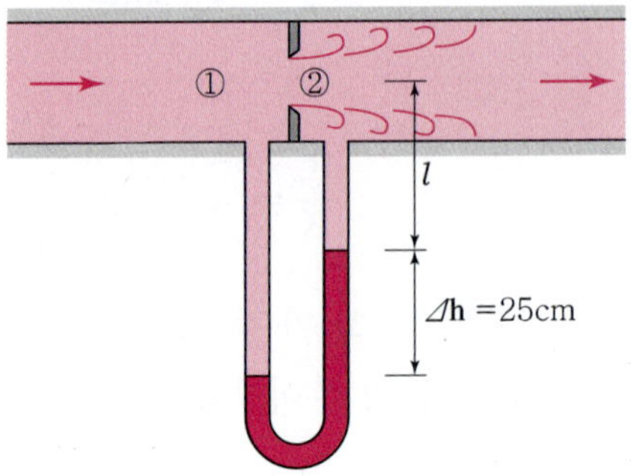

그림 8.2.11

그림 8.2.10으로부터 $R_e/K = 1.2 \times 10^6$, $d/D = 0.625$를 이용하여 K를 구하면 0.66이 된다. 따라서 유량은

$$Q = 0.66A_o\sqrt{2g\Delta h} = 0.66 \times \frac{3.14 \times 0.15^2}{4} \times \sqrt{2 \times 9.81 \times 3.15} = 0.092\mathrm{m^3/s}$$

8.2.5 벤츄리메터

오리피스는 간단하며 정확한 값을 얻을 수 있는 유량 측정 장치이다. 하지만 오리피스에서의 손실수두는 상당히 크게 되므로, 오리피스와 같은 원리로 운영하지만 손실수두가 작은 그림 8.2.12와 같이 흐름 통로를 유선과 비슷하게 하여 손실수두를 작게 만든 벤츄리메터(venturi meter)가 있다. 따라서 벤츄리메터인 경우 단면수축계수의 값은 1이 된다. 벤츄리메터를 이용하여 유속 및 유량을 산정하기 위한

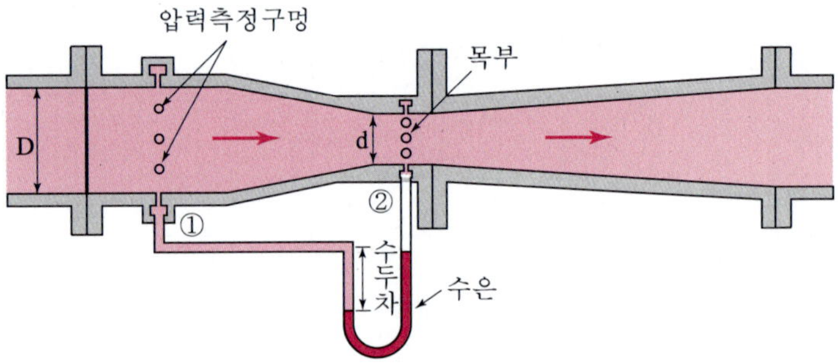

그림 8.2.12 벤츄리메터

공식은 벤츄리메터의 중립축을 기준으로 단면 ①과 단면 ② 사이에 Bernoulli 방정식을 적용한 결과 다음과 같이 유도할 수 있다.

$$V_2 = \frac{1}{\sqrt{1-(A_2/A_1)^2}}\sqrt{2g\left(\frac{p_1-p_2}{\gamma}\right)} \qquad (3.6.23)$$

여기서 $(p_1-p_2)/\gamma$는 단면 ①과 단면 ② 사이의 압력수두 차 Δh이므로 시차액주계로부터 읽을 수가 있다. 따라서 연속방정식에 의해 유량은 다음과 같이 구할 수 있다.

$$Q = \frac{A_2 C_d}{\sqrt{1-(A_2/A_1)^2}}\sqrt{2g\Delta h} = KA_2\sqrt{2g\Delta h} \qquad (8.2.15)$$

벤츄리메터의 유량공식 (8.2.15)는 오리피스의 유량공식 (8.2.11)과 동일하다. 그러나 Reynolds 수가 크고, d/D가 작은 경우 벤츄리메터의 K는 1에 가까워진다. 이러한 경향은 그림 8.2.10에 나타난 벤츄리메터의 K값으로부터 확인할 수 있다.

예제 8.4

그림 8.2.12와 같은 직경 40cm, 목부분 직경 20cm인 벤추리메터에서 수은이 담긴 액주계의 높이차가 30cm로 나타났다면 유량은 얼마인가? 관로 내 물의 온도는 10℃ ($\nu = 1.31\times10^{-6}m^2/s$)이다.

풀이

액주계의 높이차를 수두로 환산하면

$$\Delta h = 0.3m \times (13.6-1) = 3.78m$$

식 (8.2.14)로부터

$$\frac{R_e}{K} = \sqrt{2g\Delta h}\,\frac{d}{\nu} = \sqrt{2\times9.81\times3.78}\times\frac{0.2}{1.31\times10^{-6}} = 1.31\times10^6$$

그림 8.2.10으로부터 $R_e/K = 1.31\times10^6$, $d/D = 0.5$를 이용하여 K를 구하면 1.02가 된다.

따라서 유량은 식 (8.2.15)로부터

$$Q = 1.02A_o\sqrt{2g\Delta h} = 1.02\times\frac{\pi\times0.2^2}{4}\times\sqrt{2\times9.81\times3.78} = 0.276m^3/s$$

8.2.6 노즐

오리피스의 경우 오리피스 판의 상단부가 날카로운 단면으로 이루어져 있다. 만일 오리피스 판의 상단부가 둥글게 마감되어 있다면 유량계수 C_d가 증가하므로 더 이상 그림 8.2.10의 관계를 이용할 수가 없다.

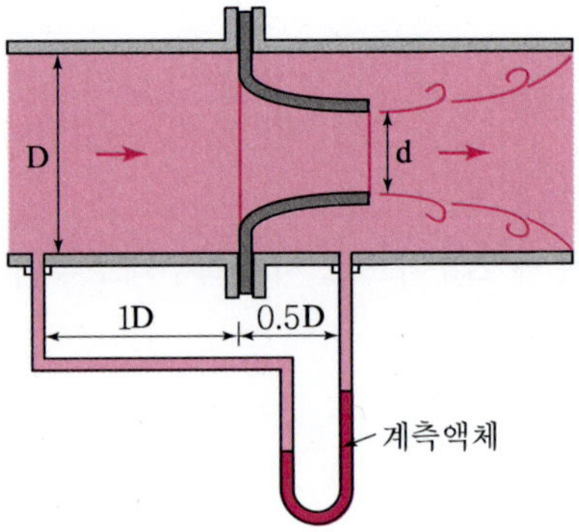

그림 8.2.13 노즐

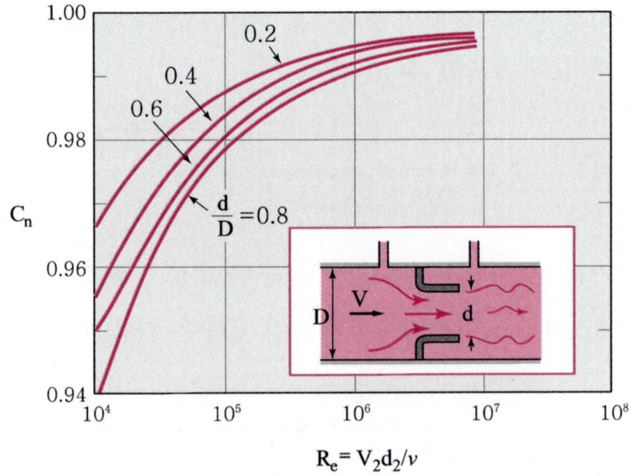

그림 8.2.14 노즐의 유량계수

이런 경우 그림 8.2.13과 같은 노즐(flow nozzle)을 사용할 수가 있다. 노즐은 그림 8.2.13과 같이 액주계를 연결할 경우 벤츄리메터와 비슷한 흐름계수를 가지게 된다. 하지만 노즐을 통한 손실수두는 예연 오리피스와 비슷하며, 이는 단면의 급확대로 인해 발생하게 된다. 그림 8.2.14는 직경비 d/D 및 R_e 에 대한 노즐의 유량계수를 나타내고, 그림 8.2.15는 전형적인 노즐의 형태를 보여주고 있다.

노즐을 통한 유량은 그림 8.2.14로부터 R_e 값에 따른 C_n 을 결정하여 다음과 같이 구하게 된다.

$$Q = \frac{C_n A_2}{\sqrt{1-(A_2/A_1)^2}} \sqrt{2g\Delta h} \tag{8.2.16}$$

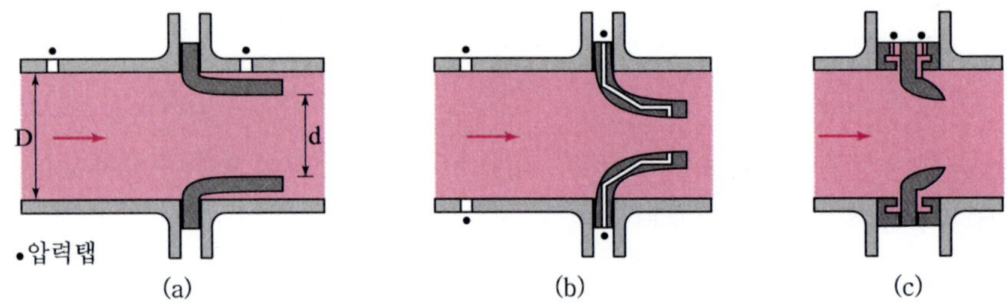

그림 8.2.15 노즐의 일반적인 형태

예제 8.5

그림 8.2.13과 같은 직경 40cm인 관에 직경 20cm인 노즐을 연결하여 유량을 측정할 때 수은이 담긴 액주계의 높이차가 10cm로 나타났다면 유량은 얼마인가? 관로 내 물의 온도는 10℃ ($\nu = 1.31 \times 10^{-6} m^2/s$) 이다.

풀이

액주계 높이차를 수두로 환산하면

$$\Delta h = 0.1m \times (13.6-1) = 1.26m$$

두 단면에서의 면적은

$$A_1 = \frac{3.14 \times 0.4^2}{4} = 0.1256m^2,\ A_2 = \frac{3.14 \times 0.2^2}{4} = 0.0314m^2$$

노즐의 유속계수 $C_n = 0.98$로 가정하면 유량은 식 (8.2.16)으로부터

$$Q = \frac{C_n A_2}{\sqrt{1-(A_2/A_1)^2}}\sqrt{2g\Delta h} = \frac{0.98 \times 0.0314}{\sqrt{1-(0.0314/0.1256)^2}}\sqrt{2 \times 9.81 \times 1.26} = 0.158m^3/s$$

가정한 C_n을 확인하기 위해 유속과 Reynolds 수를 구하면

$$V_2 = \frac{Q}{A_2} = \frac{0.158}{0.0314} = 5.03m/s$$

$$R_e = \frac{V_2 d_2}{\nu} = \frac{5.03 \times 0.2}{1.31 \times 10^{-6}} = 7.68 \times 10^5$$

그림 8.2.14에서 R_e와 $d/D = 0.5$를 이용하여 C_n을 구하면 0.99를 얻게 되어 가정한 0.98과 차이가 나므로 $C_n = 0.99$로 다시 가정하여 적용하면

$$Q = 0.1596m^3/s, \quad V_2 = 5.08m/s, \quad R_e = 7.76 \times 10^5$$

그림 8.2.14로부터 C_n을 읽으면 0.99가 되어 가정한 값이 옳으며 따라서 이때의 유량은 $Q = 0.1596m^3/s$가 된다.

8.2.7 전자기 유량계

지금까지 소개한 유량 측정 장치들은 흐름 내에 설치하기 때문에 흐름에 방해를 주게 된다. 액주계가 필요 없이 흐름을 방해하지 않으며, 압력을 측정하기 위한 유량계로 전자기 유량계(electromagnetic flow meter)가 있다. 이 유량계의 원리는 자기장(magnetic field)에서 움직이는 전도체(conductor)가 기전력(electromotive force)을 발생시킨다는 것이다. 따라서 그림 8.2.16과 같은 어느 정도의 전도성을 가지는 액체는 전극 간에 전압을 발생시키고, 이 전압은 관로 내 흐름의 유속에 비례하게 된다.

전자기 유량계의 중요한 장점은 출력 신호가 유량에 비례하고, 유량계가 흐름에 방해를 주지 않는다는 것이다. 반면에 장치의 비용이 고가이고, 가스 흐름의 측정에는 적절하지 않다는 단점이 있다.

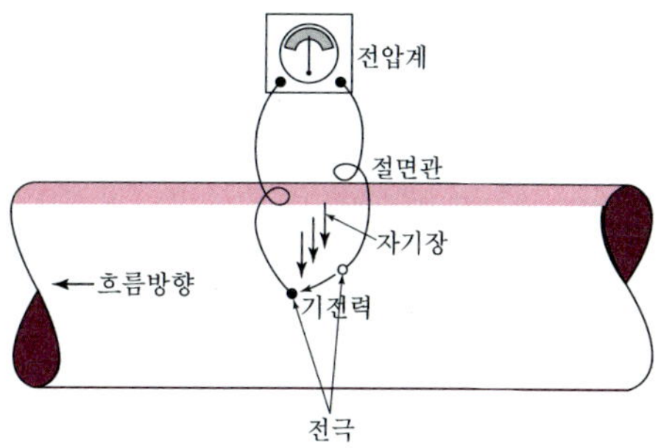

그림 8.2.16 전자기 유량

8.2.8 로타메터

로타메터(rotameter)는 그림 8.2.17과 같이 아래에서 위 방향으로 물이 흐르는 연직 방향의 관 내에 회전추(rotor)가 위치하고 있다. 날개가 회전추를 관의 중심축 주위로 천천히 회전시켜 관 중심에 지속적으로 위치할 수 있도록 한다. 관로의 하단부보다 상단부의 단면적이 커서 상단부의 유속이 하단부보다 작아 회전추가 항력과 무게가 평형을 이루는 적절한 지점을 찾게 된다. 따라서 회전추는 유량에 따라 높게 또는 낮게 이동한다. 관의 측벽에 검정된 눈금표시가 되어 있어 유량을 알 수가 있다. 비록 오리피스 또는 벤츄리메터가 로타메터보다 정확성이 높지만 로타메터는 설계 및 제작이 간편하다는 장점이 있다.

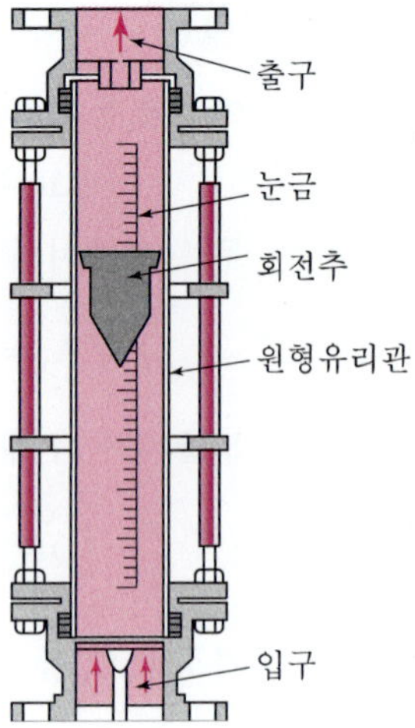

그림 8.2.17 로타메터

8.2.9 엘보우메터

엘보우메터(elbow meter)는 그림 8.2.18과 같이 엘보우 관의 내, 외측에 액주계를 설치하여 압력차를 측정함으로서 유량을 산정할 수 있는 장치이다. 엘보우 관내 검사체적에 운동량 방정식을 적용함으로써 엘보우메터 유량공식을 유도할 수 있으며 그 결과가 다음과 같다.

$$Q = KA\sqrt{\frac{R}{D}\frac{\Delta p}{\rho}} \tag{8.2.17}$$

여기서 R은 엘보우의 곡률반경이고 Δp는 엘보우 만곡부의 원심력에 의한 압력차이다. 유량계수 K는 현장에서의 검정을 통해 가장 정확하게 결정할 수 있다. 하지만 90°의 엘보우에서 유입지점으로부터 45°지점에 액주계를 설치할 경우 다음과 같이 K를 산정할 수가 있다.

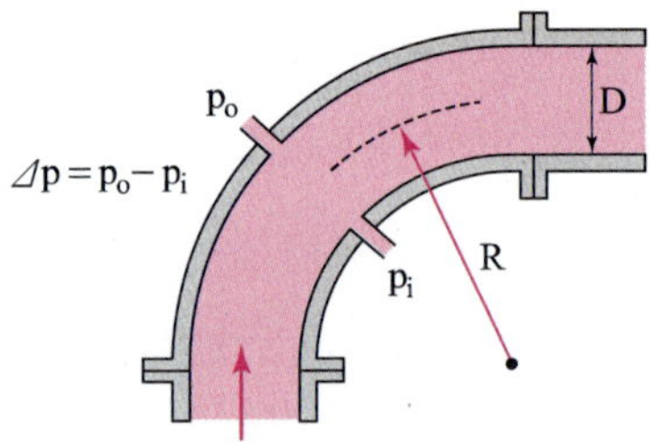

그림 8.2.18 엘보우메터

$$K = 1 - \frac{6.5}{\sqrt{R_e}} \tag{8.2.18}$$

식 (8.2.18)은 $10^4 \le R_e \le 10^6$ 및 $R/D \ge 1.5$에서 적용할 수가 있다.

예제 8.6

그림 8.2.18과 같은 직경 50cm, 곡률반경이 2m인 90°의 엘보우관에서 만곡부 내, 외측의 압력차가 100kg/m^2으로 나타날 경우 관내에 흐르는 유량은 얼마인가? 단, 유량계수 K = 0.95이고 물의 밀도는 $101.97\text{kg}\cdot\text{sec}^2/\text{m}^4$이다.

풀이

식 (8.2.17)로부터

$$Q = KA\sqrt{\frac{R}{D}\frac{\Delta p}{\rho}} = 0.95 \times \frac{\pi \times 0.5^2}{4} \times \sqrt{\frac{2}{0.5} \times \frac{100}{101.97}} = 0.369\text{m}^3/\text{s}$$

8.3 개수로 흐름 측정

개수로에서 유량을 측정하는 방법에는 두 가지 기본 방법이 있다. 첫 번째로 한계단면(critical section)에서는 유속이 한계유속(critical velocity)과 같고, 따라서 수심을 측정함으로서 유량을 산정할 수가 있다. 두 번째로 위어와 같은 흐름의 장애물인 경우 흐름의 깊이는 유량과 관계가 있으므로 장애물 지점에서의 수심을 측정하여 관련유량 공식을 이용하여 유량을 산정하게 된다.

8.3.1 예연위어

위어(weir)는 하천 바닥에 장애물을 설치하여 그 위로 물이 흐르도록 한 구조물로서 위어에서 수심을 측정함으로서 유량을 간편하게 측정할 수 있다. 예연위어(sharp crested weir)는 그림 8.3.1과 같이 하천 횡단면 상에 판을 설치하여 상류부 쪽이 예각으로 되어 있는 상단부 위로 물이 흘러 위어 하류부로 떨어지게 만든 것으로, 위어 상단부 물이 넘쳐 흐르는 단면의 모양에 의해 그림 8.3.2와 같이 사각형위어, 삼각형위어, 그리고 사다리꼴위어로 분류하게 된다.

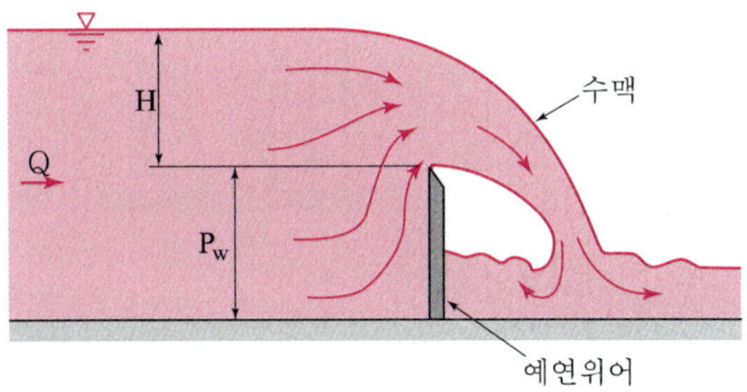

그림 8.3.1 예연위어

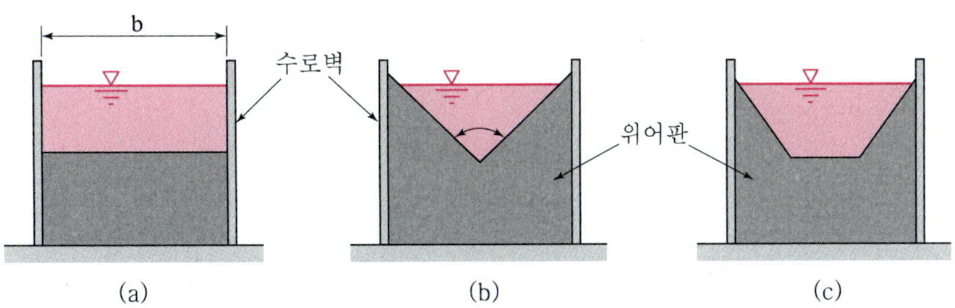

그림 8.3.2 예연위어의 종류: (a) 사각형위어, (b) 삼각형위어, (c) 사다리꼴위어

위어 상의 흐름의 복잡한 특성으로 인해 위어의 높이 P_w, 위어의 수두 H, 상류부의 수심, 그리고 위어 판의 기하학적 형태와 같은 기타 변수들의 함수로 흐름을 정확하게 해석적으로 얻는 것이 불가능하며, 다양한 흐름 현상이 발생하여 흐름도 1차원이 아니다.

위어상의 흐름을 지배하는 주요 인자는 중력과 관성력이다. 아주 간략화해서 생각해보면, 중력은 위어 상류부 자유수표면의 수위로부터 위어 하류로 빠른 유속의 월류수맥(nappe)이 형성되도록 물을 가속시키게 된다. 비록 점성 및 표면장력의 영향은 그리 중요하지 않지만 완전히 무시할 수는 없으며, 보통 실험을 통해 계수를 결정하여 이러한 영향을 고려하게 된다.

예연위어 상의 흐름을 분석하기 위해 위어 상류부의 유속 분포가 균일하고 월류수맥 내의 압력은 대기압과 같다고 가정하자. 또한 그림 8.3.3과 같이 위어 판 위에서는 수평으로 물이 흐르고 유속분포는 균일하지 않다고 가정한다.

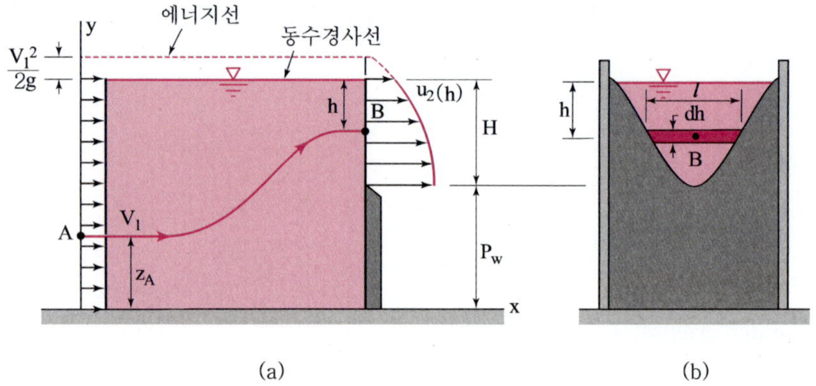

그림 8.3.3 위어 상의 흐름

임의의 유선을 따르는 A−B간에 Bernoulli 방정식을 적용하고 $p_B = 0$을 적용하면

$$\frac{p_A}{\gamma} + \frac{V_1^2}{2g} + z_A = (H + P_w - h) + \frac{u_2^2}{2g} \tag{8.3.1}$$

여기서 h는 수면과 B점간의 거리이다. 그림 8.3.3으로부터

$$\frac{p_A}{\gamma} + z_A = H + P_w \tag{8.3.2}$$

따라서 위어 상의 유속은 식 (8.3.1)과 식 (8.3.2)로부터

$$u_2 = \sqrt{2g\left(h + \frac{V_1^2}{2g}\right)} \tag{8.3.3}$$

그러므로 위어 상의 유량은

$$Q = \int u_2 \, dA = \int_{h=0}^{h=H} u_2 l \, dh \tag{8.3.4}$$

여기서 l은 그림 8.3.3(b)와 같이 표시한 위어 상의 폭을 의미하며 사각형위어인 경우 l은 일정하고, 삼각형위어 또는 원형위어와 같은 경우 l은 h의 함수가 된다. 사각형위어인 경우 $l = b$가 되므로 식 (8.3.4)를 다시 표현하면

$$Q = \sqrt{2g} \, b \int_0^H \left(h + \frac{V_1^2}{2g} \right)^{1/2} dh \tag{8.3.5}$$

또는

$$Q = \frac{2}{3} \sqrt{2g} \, b \left[\left(H + \frac{V_1^2}{2g} \right)^{3/2} - \left(\frac{V_1^2}{2g} \right)^{3/2} \right] \tag{8.3.6}$$

$P_w \gg H$이고, 위어 상류에서의 유속을 무시할 수 있도록 작다고 가정하면, 즉 $V_1^2/2g \ll H$라 가정하면 식 (8.3.6)은 다음과 같이 간단한 사각형위어 공식으로 나타낼 수 있다.

$$Q = \frac{2}{3} \sqrt{2g} \, bH^{3/2} \tag{8.3.7}$$

위어 상의 수두 H는 위어 정점부(crest)로부터 나타낸 위어 상류에서의 자유수표면의 높이이다. 그림 8.3.1에 나타낸 바와 같이 수위저하(drawdown)의 영향으로 H는 위어 지점에서 위어 정점부로부터 수면까지의 거리와는 다르게 된다.

사각형위어 공식 (8.3.7)을 유도할 때 많은 가정을 하였으므로 위어 수두의 함수로서 실제의 유량을 산정하기 위해서는 실험적으로 결정한 보정계수를 사용하여야 한다. 따라서 보정계수를 적용한 유량은

$$Q = C_{wr} \frac{2}{3} \sqrt{2g} \, bH^{3/2} \tag{8.3.8}$$

여기서 C_{wr}은 사각형위어계수이다. 11장에서 소개할 차원해석 방법에 의하면 사각형위어계수는 Reynolds 수(점성영향), Webber 수(표면장력영향), 그리고 H/P_w(기하학적 형상)의 함수가 된다. 대부분의 실제 상황에서 Reynolds 수와 Webber 수의 영향은 무시하며 따라서 계수 C_{wr}은 다음과 같이 나타낼 수 있다.

$$C_{wr} = 0.611 + 0.075 \left(\frac{H}{P_w} \right) \tag{8.3.9}$$

만일 수로의 폭보다 위어의 폭이 작은 경우 위어 측벽에서의 흐름의 수축에 의해 위어 폭 b를 다음과

같이 조정할 필요가 있다.

$$b = b - 0.1nH \tag{8.3.10}$$

여기서 n은 수축단면의 수이다.

삼각형 예연위어(triangular sharp crested weir)는 유량을 측정하기 위해 자주 사용되며 특히 다양한 범위의 유량을 측정하기 위해 사용된다. 작은 유량인 경우 사각형위어에서는 수두 H가 매우 작으며 따라서 유량을 정확하게 산정하기가 곤란하다. 하지만 삼각형위어에서는 H가 감소함에 따라 단면적도 감소하기 때문에 작은 유량이라도 적절한 수두를 유지할 수가 있다. 따라서 다양한 범위의 유량에 대해 정확한 산정을 할 수 있다.

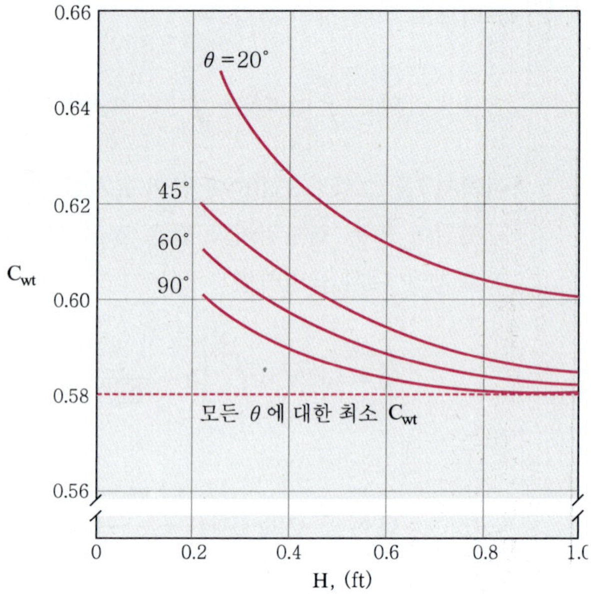

그림 8.3.4 삼각형위어에 대한 계수

삼각형위어 공식은 식 (8.3.4)를 이용하여 유도할 수가 있다.

$$l = 2(H - h)\tan\left(\frac{\theta}{2}\right) \tag{8.3.11}$$

여기서 θ는 그림 8.3.2와 같이 V형태의 각을 의미한다. 사각형위어 공식을 유도하는 방법과 같은 방법으로 적분을 하고 상류부의 유속을 무시하면

$$Q = \frac{8}{15}\tan\left(\frac{\theta}{2}\right)\sqrt{2g}\,H^{5/2} \tag{8.3.12}$$

사각형위어와 같은 개념으로 실험적으로 구한 삼각형위어계수 C_{wt}를 적용하여 다시 나타내면

$$Q = C_{wt}\frac{8}{15}\tan\left(\frac{\theta}{2}\right)\sqrt{2g}\,H^{5/2} \tag{8.3.13}$$

삼각형위어에 대한 일반적인 C_{wt}값은 그림 8.3.4와 같이 0.58~0.62의 범위를 가진다. 비록 C_{wt}와 θ가 무차원이지만, C_{wt}의 값은 차원을 가진 위어 수두 H의 함수로 주어지게 된다.

예제 8.7

사각형위어의 정점부 높이가 0.6m이고, 폭이 수로와 같은 1.3m이다. 위어 상의 수심이 0.21m일 때 위어를 통해 월류하는 유량은 얼마인가? 만일 수로폭이 3m이고 수로 중앙에 위어가 설치되어 있다면 이때의 유량은 얼마인가?

풀이

사각형위어 공식 (8.3.8) 및 식 (8.3.9)를 이용하면

$$C_{wr} = 0.611 + 0.075\left(\frac{H}{P_w}\right) = 0.611 + 0.075\left(\frac{0.21}{0.6}\right) = 0.637$$

따라서 $Q = C_{wr}\frac{2}{3}\sqrt{2g}\,bH^{3/2} = 0.673 \times \frac{2}{3}\sqrt{2\times 9.81} \times 1.3 \times 0.21^{3/2} = 0.249\,m^3/s$

만일 수로폭이 3m이고 수로의 중앙에 위어가 설치되어 있으면 단면수축 영향에 의해 위어 폭 b를 다음과 같이 수정하여 유량을 구한다.

$$b' = b - 0.1nH = 1.3 - 0.1 \times 2 \times 0.21 = 1.258m$$

따라서 $Q = C_{wr}\frac{2}{3}\sqrt{2g}\,b'H^{3/2} = 0.673 \times \frac{2}{3}\sqrt{2\times 9.81} \times 1.258 \times 0.21^{3/2} = 0.241\,m^3/s$

예제 8.8

정점부가 60°로 이루어진 삼각형 위어에서 월류수심이 0.43m이다. 위어를 통해 흐르는 유량은 얼마인가? 단, 삼각형 위어계수 $C_{wt} = 0.58$이다.

풀이

식 (8.3.13)으로부터

$$Q = C_{wt}\frac{8}{15}\tan\left(\frac{\theta}{2}\right)\sqrt{2g}\,H^{5/2} = 0.58 \times \frac{8}{15} \times \tan(30^\circ) \times \sqrt{2\times 9.81} \times 0.43^{5/2} = 0.096m^3/s$$

8.3.2 광정위어

광정위어(broad crested weir)는 개수로 상에 수평 정점부를 가진 구조물로서 전형적인 광정위어가 그림 8.3.5와 같다. 일반적으로 광정위어의 적정한 운영을 위해 광정위어의 길이 L_w와 접근수두 H간의 비율을 $0.08 < H/L_w < 0.5$ 범위로 제한한다. 위어의 길이가 긴 경우($H/L_w < 0.08$) 위어 상의 손실수두를 무시할 수 없다. 반면에 위어의 길이가 짧은 경우($0.5 < H/L_w$) 위어 상의 흐름의 유선이 수평을 유지하지 못하게 된다. 광정위어는 다양한 하천 횡단면 상에서 사용할 수 있지만 본 절에서는

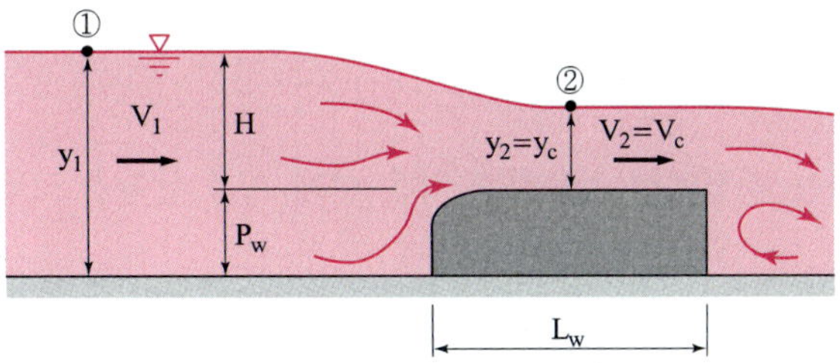

그림 8.3.5 광정위어

사각형 단면의 위어에 대해 소개하기로 한다.

광정위어의 운영은 위어상의 짧은 구간에서 거의 한계등류(critical uniform flow)가 형성된다는 사실에 바탕을 두고 있다. 만일 $H/L_w < 0.08$, 즉 접근수두에 비해 위어의 길이가 길다면 점성의 영향이 중요하며 위어 상에서는 상류(subcritical flow)가 형성된다. 만일 위어 상류부 흐름에서의 운동에너지를 무시할 수 있다면 $V_1^2/2g = 0$이고, 비에너지는 $E_1 = V_1^2/2g + y_1 \approx y_1$이 된다.

위어 상의 흐름을 관측해 보면 위어 상에서 흐름이 가속되어 한계상태에 도달하며 따라서 $y_2 = y_c$이고 $F_{r2} = 1$이 된다. 위어 하류부와의 관계로 인해 위어 상에서는 흐름이 점차 가속되어 사류(supercritical flow)가 형성될 것 같지만 한계류에서는 흐름의 상태가 상류로 전파되지 않기 때문에 위어 상에서는 한계류 상태가 그대로 유지된다.

위어 상류부 ①지점과 한계류가 형성되어 있는 위어 상의 ②지점 사이에 Bernoulli 방정식을 적용하면

$$H + P_w + \frac{V_1^2}{2g} = y_c + P_w + \frac{V_c^2}{2g} \tag{8.3.14}$$

위어 상류지점에서의 속도수두를 무시하면

$$H - y_c = \frac{(V_c^2 - V_1^2)}{2g} = \frac{V_c^2}{2g} \tag{8.3.15}$$

하지만 $V_2 = V_c = \sqrt{gy_c}$이므로 $V_c^2 = gy_c$를 적용하면

$$H - y_c = \frac{y_c}{2} \tag{8.3.16}$$

또는

$$y_c = \frac{2H}{3} \tag{8.3.17}$$

따라서 유량은

$$Q = by_cV_2 = by_cV_c = by_c\sqrt{gy_c} = b\sqrt{g}\,y_c^{3/2} \tag{8.3.18}$$

또는

$$Q = b\sqrt{g}\left(\frac{2}{3}\right)^{3/2} H^{3/2} \tag{8.3.19}$$

식 (8.3.19)를 유도하는 과정에서 적용하지 않은 실제 흐름 상황을 고려하기 위해 경험적인 위어계수를 적용하면

$$Q = C_{wb}b\sqrt{g}\left(\frac{2}{3}\right)^{3/2} H^{3/2} \tag{8.3.20}$$

여기서 C_{wb}는 위어계수로 다음과 같이 산정할 수가 있다.

$$C_{wb} = \frac{0.65}{(1 + H/P_w)^{1/2}} \tag{8.3.21}$$

예제 8.9

높이가 1.2m, 폭이 5m인 광정위어상의 수두가 0.5m일 때 유량은 얼마인가?

풀이

위어계수는

$$C_{wb} = \frac{0.65}{(1+H/P_w)^{1/2}} = \frac{0.65}{(1+0.5/1.2)^{1/2}} = 0.546$$

따라서 유량은

$$Q = C_{wb} b \sqrt{g} \left(\frac{2}{3}\right)^{3/2} H^{3/2} = 0.546 \times 5 \times \sqrt{9.81} \times \left(\frac{2}{3}\right)^{3/2} \times 0.5^{3/2} = 1.646 m^3/s$$

8.3.3 수문

댐 여수로 정점부에서의 흐름을 통제하거나, 관개용 수로 또는 호수로부터 하천으로 물이 유입되는 지점에서의 유량을 조절하기 위한 다양한 수문형태의 구조물들이 있다. 이와 같은 수문의 일반적인 형태가 그림 8.3.6과 같으며, 이들은 모두 수리학적 기본원리에서는 동일하지만 비용편익, 사용의 편리성 및 선호도에서 각각 장단점을 가지고 있다.

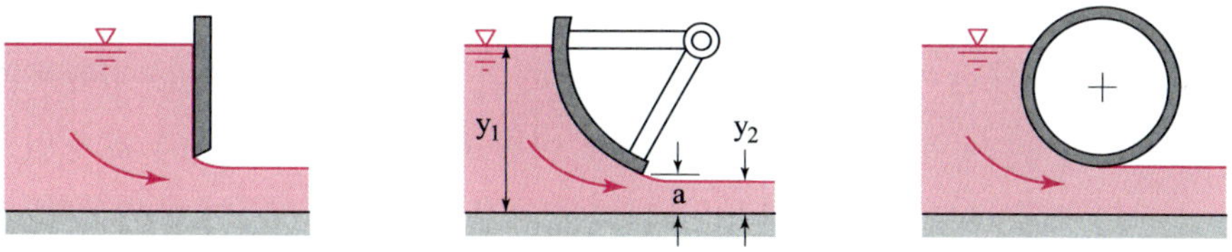

그림 8.3.6 수문의 형태 : (a) 연직식 수문, (b) radial 수문, (c) drum식 수문

수문아래의 흐름은 사류상태로 자유 분출되어 대기와 접하는 수표면을 가지게 된다. 이러한 경우 수문을 통해 방출하는 유량은 수로의 바닥과 수문 하단부 간의 거리 a에 수문 상류부 수심으로 나타낸 유속 $\sqrt{2gy_1}$ 을 곱해 산정할 수 있다.

$$q = C_d a \sqrt{2gy_1} \tag{8.3.22}$$

여기서 q는 단위폭당 유량이고, C_d는 유량계수(discharge coefficient)로 수축계수(contraction coefficient) $C_c = y_2/a$와 수심비 y_1/a의 함수이다. 연직수문에서의 자유 방출되는 흐름에 대한 유량계수는 0.55~0.60의 범위를 가지며 그림 8.3.7의 상단부에 자유 분출되는 경우의 곡선이 나타나 있다.

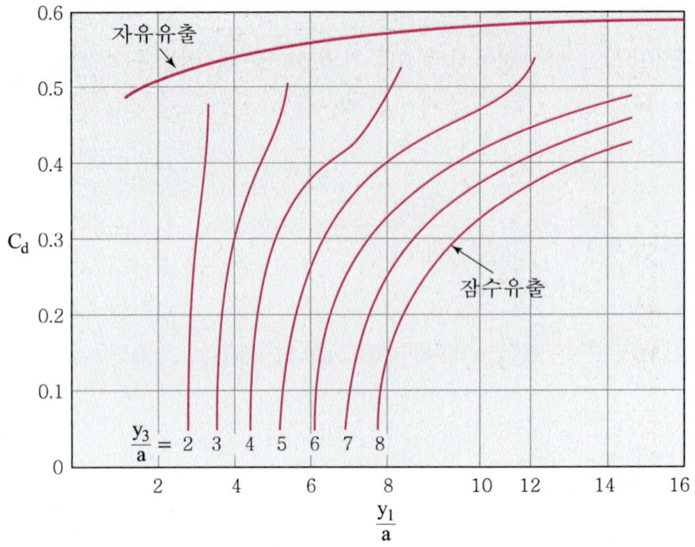

그림 8.3.7 수문의 유량계수

수문 하류부의 구조물에 의해 하류부 수심이 큰 경우 그림 8.3.8과 같이 수문을 통해 방출하는 수맥 위로 난류의 물이 위치하게 된다. 수문이 물에 잠긴(submerged) 흐름의 유량은 자유 분출되는 유량공식 (8.3.22)에 수정된 유량계수를 적용하여 산정할 수 있으며, 이러한 경우의 유량계수가 그림 8.3.7에 일련의 곡선으로 나타나 있다.

수문의 개방정도에 대한 수문 상류부의 상태(y_1/a)와 이에 상응하는 수문 하류부의 상태(y_3/a)에 대해 알아보자. 만일 $y_3/a = y_1/a$이면, 즉 $y_3 = y_1$이면 흐름을 유도하는 수두차가 없으므로 $C_d = 0$이 되고 물은 수문을 통해 흐르지 않게 된다. 주어진 상류부의 수심(y_1/a 고정)에 대해 하류부의 수심비(y_3/a)가 감소함에 따라 유량계수 C_d는 최대치에 도달할 때까지 증가하게 된다. 이 경우 C_d의 최대치는 자유 분출되는 경우와 같아지게 된다.

하류부의 수심비(y_3/a)에 따라 C_d는 0에서 최대치까지 변하게 되며, 수문으로부터 방출되는 물은 하류부의 물에 의해 잠기게 되고, 자유 분출되는 경우와 비교할 때 유량은 감소하게 된다. Radial 수문과 drum식 수문도 같은 상황이 된다.

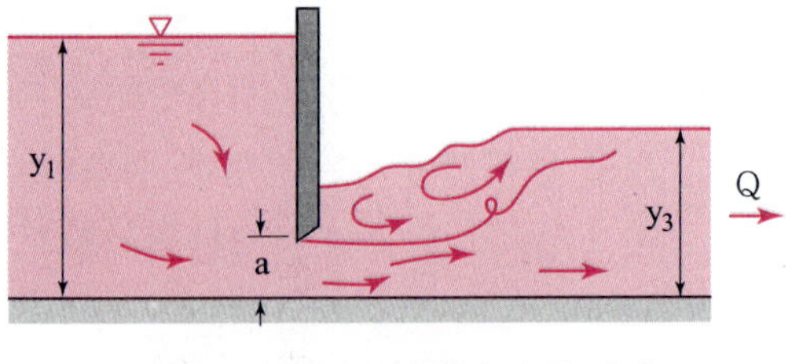

그림 8.3.8 잠수상태의 수문 유출

예제 8.10

그림 8.3.8과 같이 폭이 6m인 수문을 통해 물이 흐를 때 다음 조건에 해당하는 유량을 구하라.

1) $y_1 = 1.8\text{m}$, $a = 0.3\text{m}$, $y_3 = 0.25\text{m}$, 2) $y_1 = 1.8\text{m}$, $a = 0.3\text{m}$, $y_3 = 1.2\text{m}$

풀이

식 (8.3.22)로부터

$$Q = C_d a \sqrt{2gy_1}\, b = C_d \times 0.3 \times \sqrt{2 \times 9.81 \times 1.8} \times 6 = 10.7 C_d \text{m}^3/\text{s}$$

1)번 문제인 경우 $y_3 < a$로 자유유출이고, $y_1/a = 6$이므로 그림 8.3.7로부터 유량계수 $C_d = 0.56$이 된다. 따라서 유량은

$$Q = 10.7 \times 0.56 = 5.99\text{m}^3/\text{s}$$

2)번 문제인 경우 $y_3/a = 4$로 잠수유출상태이고, 따라서 유량계수 $C_d = 0.38$이 된다. 따라서

$$Q = 10.7 \times 0.38 = 4.07\text{m}^3/\text{s}$$

8.3.4 Parshall flume

유량을 측정하기 위한 인위적인 한계흐름을 만들기 위해 위어가 효과적인 방법이긴 하지만 위어의 설치에는 최소한 두 가지의 단점이 있다. 첫째로 위어는 상대적으로 큰 손실수두를 초래하며, 둘째로 위어 상류부에 사수역(dead zone)을 조성하여 흐름에 포함되어 있는 유사(sediment)나 부스러기(debris) 등이 퇴적되게 된다. 이러한 두 가지의 단점은 폭을 축소시켜 한계수심이 발생하도록 한 계측수로(flume)를 사용함으로서 해결할 수 있다.

이와 같은 계측수로는 관수로 흐름에서의 벤츄리메터와 같은 효과를 주게 된다. 계측수로로 벤츄리수로(venturi flume)가 사용되어져 왔는데, 이 수로는 Froude 수가 작을 때 수로 상류부와 한계흐름 단면에서의 수위의 차가 별로 크지 않다는 단점을 가지고 있다. 이러한 단점은 한계흐름이 발생하는 지점의 하류부에 사류가 발생하도록 목(throat) 단면을 설치함으로서 줄일 수가 있다. 사류가 발생하는 단면의 끝부분에서는 도수(hydraulic jump)가 발생하게 된다. 이러한 계측수로를 Parshall이 설계하여 Parshall flume이라 하며 그림 8.3.9와 같다.

다양한 크기의 Parshall flume에 대한 경험적인 수심-유량간의 관계가 표 8.3.1과 같다. Parshall flume의 크기는 목 부분의 폭으로 결정한다. 표 8.3.1의 각 식에서 Q는 유량(ft^3/s), W는 목 부분의 폭(ft), 그리고 H_a는 측정구간 A 상류부의 수심(ft)이다. 표에서 자유유출(free discharge)은 계측수로의 출구부에서 한계수심이 형성되는 자유 유출상태로 목 부분 하단부에서 도수가 발생한다.

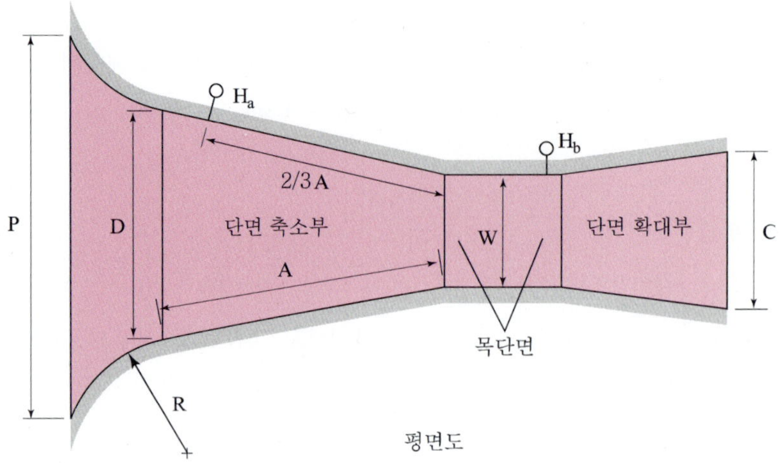

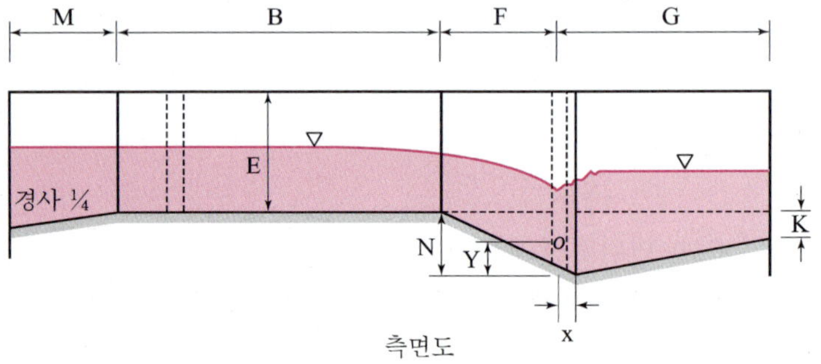

그림 8.3.9 Parshall flume

표 8.3.1 Parshall flume의 크기에 따른 유출량 공식

목부 폭 (ft)	자유유출 공식 (ft^3/s)
0.25	$Q = 0.992H_a^{1.547}$
0.50	$Q = 2.06H_a^{1.58}$
0.75	$Q = 3.07H_a^{1.53}$
$1 \leq W \leq 8$	$Q = 4WH_a^{1.522W^{0.026}}$
$10 \leq W \leq 50$	$Q = (3.6875W + 2.5)H_a^{1.6}$

Parshall flume을 설계하기 위해 자유 유출이 발생하도록 하는 것이 바람직하지만, 특정 흐름 상태에서는 출구 단면에서의 도수가 잠수하게 되고 따라서 자유 유출상태를 만족시키지 못하게 된다. 이와 같은 잠수상태의 흐름은 다음과 같은 상황에서 발생하게 된다.

$$\frac{H_b}{H_a} \geq 0.6 \qquad W = 0.25,\ 0.50,\ 0.75\text{ft일 때}$$

$$\frac{H_b}{H_a} \geq 0.7 \qquad W = 1 \sim 8\text{ft일 때} \tag{8.3.23}$$

$$\frac{H_b}{H_a} \geq 0.8 \qquad W = 10 \sim 50\text{ft일 때}$$

여기서 H_b는 목 부분 하단부에서의 수심이다. 잠수의 영향으로 인해 유량이 감소하게 되며 이 경우 표 8.3.1에서 제시한 유량공식을 사용하여 산정한 유량은 과다하게 산정되므로 보정을 해주어야 한다. 그림 8.3.10은 크기 범위 1~8ft의 Parshall flume에서 잠수 영향을 보정하기 위한 보정유량곡선을 보여주고 있다. 먼저 그림 8.3.10에서 H_a와 H_b/H_a를 이용하여 보정량을 결정하고, 표 8.3.2를 이용하여 크기별로 보정계수를 곱해준다. 같은 방법으로 크기 범위 10~50ft의 Parshall flume에 대한 보정유량곡선이 그림 8.3.11과 같고, 산정한 보정유량을 표 8.3.2에서 크기별로 보정계수를 곱하게 된다. 이와 같이 산정한 보정유량을 표 8.3.1로부터 구한 유량에서 빼주어 보정을 하게 된다.

예제 8.11

Parshall 수로에 물이 흐르고 있다. 폭이 5m이고, $H_a = 1\text{m}$, $H_b = 0.9\text{m}$로 측정되었다면 유량은 얼마인가?

풀이

$$W = 5\text{m} = 16.4\text{ft},\ H_a = 1\text{m} = 3.28\text{ft},\ H_b = 0.9\text{m} = 2.95\text{ft}$$

유량은 표 8.3.1로부터

$$Q = (3.6875W + 2.5)H_a^{1.6}$$

$$= (3.6875 \times 16.4 + 2.5) \times 3.28^{1.6} = 421.28\text{ft}^3/\text{s}$$

$H_b/H_a = 0.9 = 90\%$이므로 잠수의 영향을 고려하여 유량을 보정한다.

그림 8.3.11에서 $H_b/H_a = 90\%$일 때 $H_a = 3.28\text{ft}$에 대한 보정유량은 $33\text{ft}^3/\text{s}$이고, 표 8.3.2에서 16.4ft에 대한 보정계수가 1.64이므로 보정유량은

$$\Delta Q = 33 \times 1.64 = 54.12\text{ft}^3/\text{s}$$

따라서 Parshall 수로의 유량은

$$Q = 421.28 - 54.12 = 367.15\text{ft}^3/\text{s} = 10.40\text{m}^3/\text{s}$$

표 8.3.2 Parshall flume의 크기별 보정계수

구 분	1 ~ 8ft 크기의 보정계수 (그림 8.3.10 적용)							
Parshall flume 크기(ft)	1	1.5	2	3	4	5	8	
보정계수	1.0	1.4	1.8	2.4	3.1	4.3	5.4	
구 분	10 ~ 50ft 크기의 보정계수 (그림 8.3.11 적용)							
Parshall flume 크기(ft)	10	12	15	20	25	30	40	50
보정계수	1.0	1.2	1.5	2.0	2.5	3.0	4.0	5.0

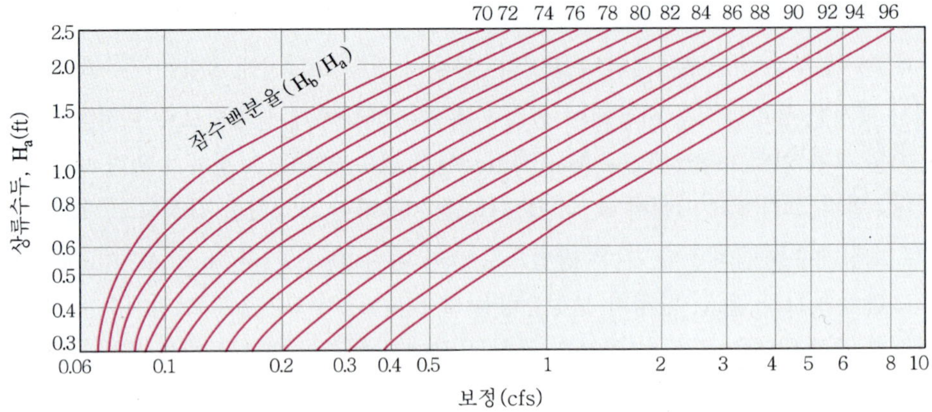

그림 8.3.10 크기 1-8ft의 잠수 Parshall flume 보정유량곡선

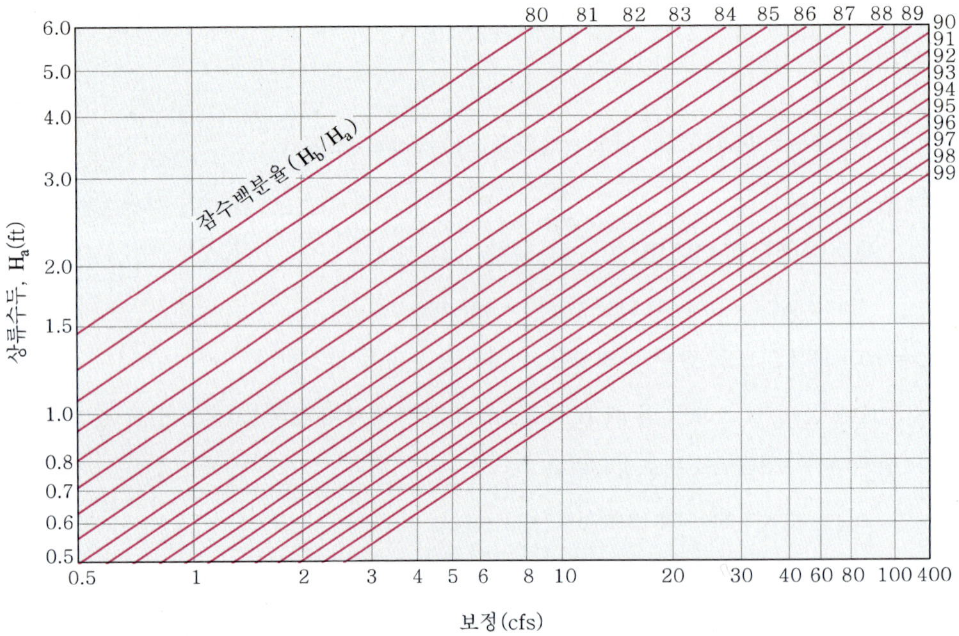

그림 8.3.11 크기 10-50ft의 잠수 Parshall flume 보정유량곡선

8.4 자료분석

본 절에서는 지금까지 소개한 관수로 및 개수로에서 다양한 방법을 이용하여 얻은 압력, 유속 및 유량 측정자료를 분석하는 방법, 즉 불확실성분석(uncertainty analysis)과 회귀분석(regression analysis)에 대해 간략히 소개하기로 한다.

8.4.1 불확실성분석

유량을 측정할 때 주어진 변수의 값을 완벽하게 정확히 측정할 수는 없다. 측정 장치들은 변수의 참값을 측정할 수 없으며, 그 값의 산정치 만을 제공하게 된다. 따라서 측정을 통하여 얼마나 정확히 측정을 할 수 있는지가 중요하다고 할 수 있다. 측정과 관련한 부정확성은 오차(error)라기보다는 불확실성(uncertainty)으로 간주할 수 있다. 오차는 참값과 측정값 간의 고정되고 변하지 않는 차이라 할 수 있는 반면에 불확실성은 측정치에 대해 오차의 발생가능성을 나타내는 통계치이다.

본 절에서는 유량 측정의 불확실성이 결과에 전파되는 방법에 대해 소개하기로 한다. 이러한 방법은 계산치가 수집된 자료와 일치하는가 아니면 인정할 수 있는 범위를 벗어나는가를 결정하는데 도움을 주게 된다. 더욱 중요한 것은 이러한 방법을 통해 실험 절차나 측정 절차를 개선시킬 수가 있게 된다.

불확실성은 세 가지 범주로 나눌 수가 있다. 즉, (1) 장비의 검정(calibration)에 의한 불확실성, (2) 자료의 획득(acquisition)에 따른 불확실성, 그리고 (3) 자료의 감축(reduction)에 의한 불확실성이 있다. 총 불확실성은 왜곡 또는 치우침(bias)과 정확성(precision)의 합이다. 왜곡은 규칙적인(systematic) 불확실성으로 실험 및 측정과정에서 나타나며 일련의 변수들을 반복 측정하는 과정 중에 일정하게 나타난다. 왜곡을 산정할 수 있는 통계적인 공식은 없으며, 따라서 산정치를 바탕으로 하게 된다. 검정 및 독립적인 측정은 왜곡 정도를 산정하는데 도움을 준다. 정확성은 반복성(repeatability)이라고도 하며, 변수의 모집단(population)으로부터의 반복적인 측정과 정확성의 지표인 표준편차를 이용하여 알 수가 있다. 반복적인 측정을 할 수 없는 상황에서는 한 번의 측정치를 사용할 수밖에 없는데, 이때 정확성은 떨어지게 된다. 그림 8.4.1은 불확실성의 정의를 보여주고 있다.

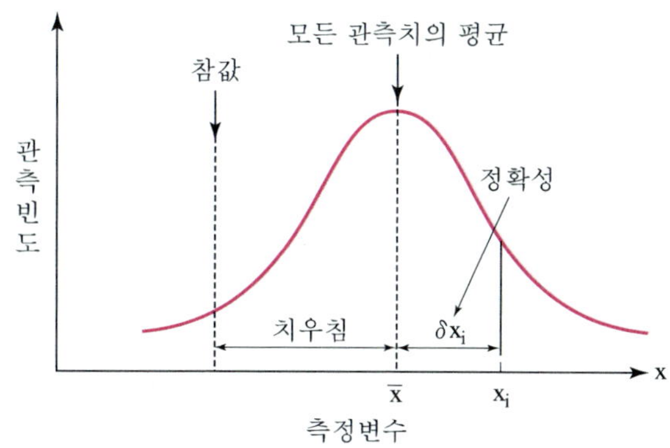

그림 8.4.1 표본자료와 관련한 불확실성

그림 8.4.1에서 실선으로 나타낸 표본자료(sampling data)를 보면 정규분포(Gaussian distribution)를 따른다고 가정할 수 있다. 변수 x_i는 i번째의 측정치이고, $\bar{x}$는 모든 x_i의 평균값이며, δx_i는 x_i와 관련한 정확성이다. 따라서 측정치에 대한 불확실성은 다음과 같이 나타낼 수 있다.

$$x_i = \bar{x} \pm \delta x_i \tag{8.4.1}$$

또한 정확성과 함께 측정치의 왜곡과 확률 P에 대해서도 나타낼 필요가 있다.

이와 같이 자료의 불확실성을 표현하는 방법뿐만 아니라, 이러한 불확실성이 결과에 미치는 영향을 분석할 필요가 있으며, 다음과 같은 두 단계의 과정으로 설명할 수가 있다.

1) 측정치의 불확실성에 대한 표현 : 각 측정치가 독립적인 관측으로 이루어졌으며 모집단이 정규분포를 가진다고 가정한다. 또한 각 측정치의 정확성은 같은 확률 P를 가진다고 하자. 예를 들어, 상류부의 수심과 유량을 산정하기 위한 위어의 검정실험을 한다고 생각해 보자. 수위는 수위계를 사용하여 측정하고, 유량은 체적을 알고 있는 용기를 채우는 시간을 측정하여 기록한다. 따라서 두 측정치는 서로 독립적이다. 한편 경험 또는 반복적인 측정을 바탕으로 자료에는 왜곡이 없고, 각 측정에 대한 기록된 정확성이 확률 P=0.95, 즉 측정치의 각 21회의 자료 중 20회의 자료가 정확성의 오차범위 안에 든다.
2) 전체적인 불확실성 구간의 계산 : 변수 R을 n개의 관측 변수 $x_1, x_2, \cdots, x_i, \cdots, x_n$으로부터 계산된 결과라 하면 전체적인 불확실성 구간 δR을 다음과 같이 제곱합의 제곱근으로 정의한다.

$$\delta R = \left\{ \sum_{i=1}^{n} \left[\frac{\partial R}{\partial x_i} \delta x_i \right]^2 \right\}^{1/2} \simeq \left\{ \sum_{i=1}^{n} \left[R(x_i + \delta x_i) - R(x_i) \right]^2 \right\}^{1/2} \tag{8.4.2}$$

전체적인 불확실성 구간은 모든 가능한 실험에 대한 모집단의 표준편차의 산정치라 할 수 있다.

예제 8.12

관의 직경이 50.8mm인 관로 내에 직경 35.4mm인 오리피스가 설치되어 있다. 오리피스를 통해 흐르는 물로부터 측정한 유량 및 압력수두 변화의 일부 자료가 표 8.4.1의 2란 및 4란과 같다. 왜곡이 없고, 정확성의 확률 P=0.95로부터 산정한 유량의 정확성 δQ가 3란에 주어져 있다. 같은 왜곡과 P로부터 산정한 압력의 정확성 $\delta \Delta h$가 0.025m로 일정하다. 측정한 값들로부터 산정한 Reynolds 수가 5란에 주어져 있으며, 식 (8.2.11)로부터 계산한 유량계수 K가 6란과 같다. 측정된 유량 Q와 압력수두변화 Δh로부터 산정한 불확실성을 이용하여 계수 K의 불확실성을 결정하라.

풀이

유량 Q와 압력수두변화 Δh로부터 계수 K로의 불확실성의 전파를 산정하기 위해 오리피스 유량공식 (8.2.11)과 불확실성 크기 식 (8.4.2)를 서로 연계하여 사용하게 된다. 예를 들어 6번째의 자료에 대한 δK를 산정하여 보자. 오리피스의 면적은

표 8.4.1 불확실성 계산 예

No.	Q(m^3/s)	δQ(m^3/s)	Δh(m)	R_e	K	δK
1	0.00119	0.0001	0.139	42800	0.732	0.085
2	0.00162	0.00012	0.265	58300	0.722	0.062
3	0.00200	0.00015	0.403	71900	0.723	0.058
4	0.00223	0.00015	0.517	80200	0.712	0.050
5	0.00251	0.00015	0.655	90300	0.712	0.044
6	0.00276	0.00017	0.781	99300	0.717	0.046
7	0.00294	0.00018	0.907	105700	0.708	0.045
8	0.00314	0.00019	1.008	112900	0.718	0.044
9	0.00330	0.00016	1.134	118700	0.711	0.035
10	0.00346	0.00017	1.247	124400	0.711	0.036
11	0.00373	0.00017	1.386	134200	0.727	0.034
12	0.00382	0.00017	1.512	137400	0.713	0.032
13	0.00408	0.00018	1.663	146700	0.726	0.033
14	0.00424	0.00019	1.852	152500	0.715	0.032
15	0.00480	0.00021	2.293	172600	0.727	0.032

$$A_o = \frac{\pi}{4} \times 0.0345^2 = 9.84 \times 10^{-4} m^2$$

식 (8.2.11)을 이용하여 $(Q,\ \Delta h)$, $(Q+\delta Q,\ \Delta h)$, 그리고 $(Q,\ \Delta h+\delta\Delta h)$에 대한 계수 K를 산정하면

$$K(Q, \Delta h) = \frac{0.00276}{9.84\times 10^{-4}\times \sqrt{2\times 9.81\times 0.781}} = 0.716$$

$$K(Q+\delta Q, \Delta h) = \frac{0.00276+0.00017}{9.84\times 10^{-4}\times \sqrt{2\times 9.81\times 0.781}} = 0.761$$

$$K(Q, \Delta h+\delta\Delta h) = \frac{0.00276}{9.84\times 10^{-4}\times \sqrt{2\times 9.81\times (0.781+0.025)}} = 0.705$$

이 값들을 식 (8.4.2)의 변수 R대신 K로 적용하여 대체하면

$$\delta K = \{[K(Q+\delta Q, \Delta h) - K(Q, \Delta h)]^2 + [K(Q, \Delta h+\delta\Delta h) - K(Q, \Delta h)]^2\}^{1/2}$$
$$= [(0.761-0.716)^2 + (0.705-0.716)^2]^{1/2} = 0.046$$

같은 방법으로 모든 측정 자료에 대한 K의 불확실성의 크기를 산정한 결과가 표 8.4.1의 7란과 같다. 계수 K의 각 불확실성의 크기에 두 배를 한 불확실성 밴드(band) 2δK가 그림 8.4.2에 나타나 있다. 이 밴드는 두 가지의 관측치에 대한 0의 왜곡 및 P=0.95를 바탕으로 한 K에 대한 정확성의 산정치라 할 수 있다. 표 및 그림으로부터 Reynolds 수가 큰 경우 정확성 δK는 0.032로 일정하게 되고, Reynolds 수가 작아짐에 따라 δK가 커짐을 알 수 있다.

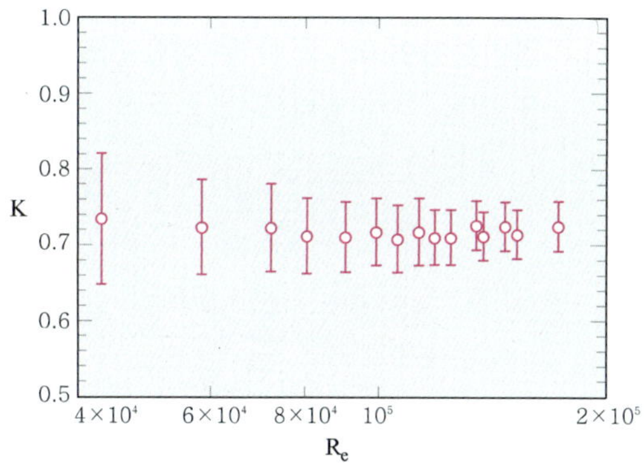

그림 8.4.2 계수 K의 불확실성

8.4.2 회귀분석

상당수의 유량측정 장치들은 다음과 같은 형태로 압력강하 또는 수두와 유량을 상관시키고 있다.

$$Y = CX^m \tag{8.4.3}$$

여기서 Y는 장치의 결과(유량)이고, X는 측정치(압력수두)이며, C와 m은 상수이다. X와 Y에 대해 독립적으로 여러 번의 관측을 통해 C와 m을 결정할 수가 있다. 상수 C와 m을 결정하기 위한 체계적인 방법은 최소자승법(method of least square)을 바탕으로 최적의 산정치를 구하는 것이다. 식 (8.4.3)에 대수(logarithm)를 취하면

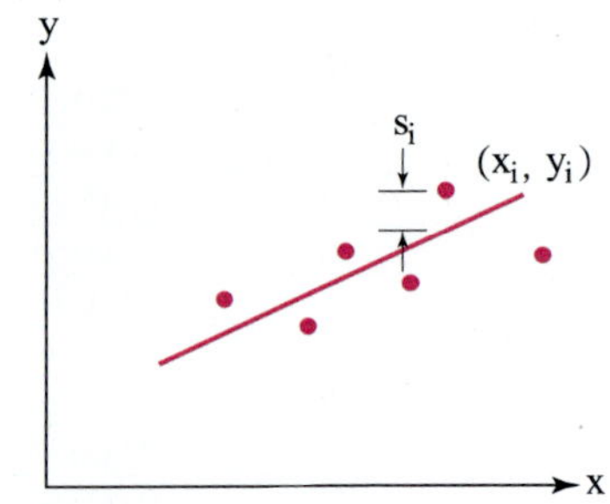

그림 8.4.3 최소자승법

$$\ln Y = \ln C + m \ln X \tag{8.4.4}$$

또는

$$y = b + mx \tag{8.4.5}$$

여기서 $y = \ln Y$, $b = \ln C$, 그리고 $x = \ln X$이다.

n번의 측정자료가 X_i, Y_i, $i = 1, \cdots, n$이라 하자. 각 자료에 대수를 취한 (x_i, y_i)자료들로부터 오차가 최소가 되는 최적의 직선을 구해보기로 한다. 여기서 오차는 관측치 x_i에서의 관측치 y_i와 이에 상응하는 직선상의 값과의 차이를 말한다. 그림 8.4.3에서 점 (x_i, y_i)에 대한 오차는 s_i가 된다.

최소자승법은 오차를 최소화하기 위해 모든 자료의 오차의 제곱의 합을 가능한 한 최소가 되게 하는 것이다. 식 (8.4.5)로부터

$$S = \sum_{i=1}^{n} s_i^2 = \sum_{i=1}^{n} [y_i - (b + mx_i)]^2 \tag{8.4.6}$$

변수 S는 S를 b와 m에 대해 편미분하여 각각 0으로 하면 최소가 되는 조건을 얻을 수 있으며, 이때 편미분하여 0으로 한 두 식을 서로 연립하여 b 및 m에 대해 풀면 다음과 같은 회귀상수를 결정하는 식을 얻을 수가 있다.

$$m = \frac{n\sum x_i y_i - \sum x_i \sum y_i}{n\sum x_i^2 - (\sum x_i)^2} \tag{8.4.7}$$

$$b = \frac{\sum y_i \sum x_i^2 - \sum x_i \sum x_i y_i}{n\sum x_i^2 - (\sum x_i)^2} \tag{8.4.8}$$

$$C = e^b \tag{8.4.9}$$

예제 8.13

예제 8.12에서 주어진 측정 자료를 이용하여 식 (8.4.3)에서의 C와 m을 산정하고 오리피스 유량공식 (8.2.11)과 비교하라.

표 8.4.2 회귀분석을 위한 기본계산

No.	$Q(m^3/s)$	$\Delta h(m)$	y=lnQ	x=lnΔh	x^2	xy
1	0.00119	0.139	−6.734	−1.973	3.894	13.288
2	0.00162	0.265	−6.425	−1.328	1.764	8.532
3	0.00200	0.403	−6.215	−0.909	0.826	5.648
4	0.00223	0.517	−6.106	−0.660	0.435	4.028
5	0.00251	0.655	−5.987	−0.423	0.179	2.533
6	0.00276	0.781	−5.893	−0.247	0.061	1.457
7	0.00294	0.907	−5.829	−0.098	0.010	0.569
8	0.00314	1.008	−5.764	0.008	0.000	−0.046
9	0.00330	1.134	−5.714	0.126	0.016	−0.719
10	0.00346	1.247	−5.666	0.221	0.049	−1.25
11	0.00373	1.386	−5.591	0.326	0.107	−1.825
12	0.00382	1.512	−5.568	0.413	0.171	−2.302
13	0.00408	1.663	−5.502	0.509	0.259	−2.798
14	0.00424	1.852	−5.463	0.616	0.380	−3.367
15	0.00480	2.293	−5.339	0.830	0.689	−4.431
계			−87.796	−2.589	8.840	19.317

풀이

회귀방정식을 구하기 위한 예제 8.12에서 주어진 유량 Q와 압력강하 Δh에 대한 기본 계산이 표 8.4.2와 같다. 표 8.4.2의 계산 결과를 회귀상수 결정식 (8.4.7)~(8.4.9)에 적용하면

$$m = \frac{15\times 19.3173-(-2.5886)(-87.7954)}{15\times 8.8374-(-2.5886)^2} = 0.497$$

$$b = \frac{(-87.7954)(8.8374)-(-2.5886)\times 19.3173}{15\times 8.8374-(-2.5886)^2} = -5.7673$$

$$C = \exp(-5.7673) = 0.00313$$

따라서 유량은 다음과 같이 나타낼 수 있다.

$$Q = 0.00313\Delta h^{0.497}$$

예제 8.12에서 수행한 계수 K의 불확실성의 평균값이 0.718이고, 오리피스의 단면적이 $9.84\times 10^{-4}m^2$이므로 이 값들을 식 (8.2.11)에 적용하면

$$Q = 0.00313\Delta h^{0.5}$$

따라서 두 결과가 서로 비슷함을 알 수 있다.

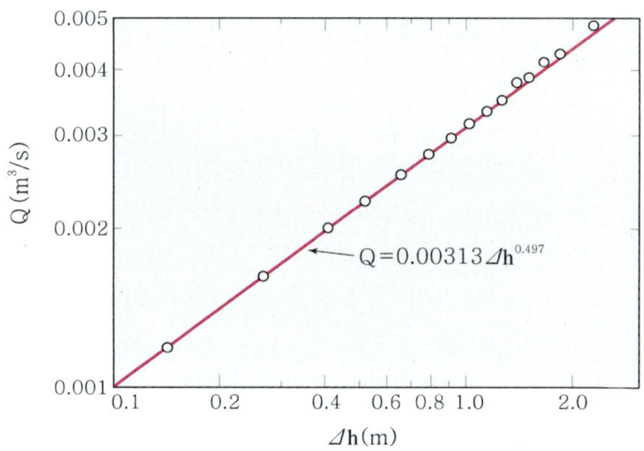

그림 8.4.4 회귀분석 결과

연습문제

8.1 개수로 상에 정체관을 설치하여 유속을 측정하려고 한다. 정체관내 물이 수면으로부터 15cm 상승하였다면 유속은 얼마인가? 단, 흐름은 완전난류로 가정하라.

8.2 개수로에서 유속이 1.5m/s이면 정체관 내의 물은 수면으로부터 얼마나 올라가겠는가?

8.3 예제 8.2와 같은 Pitot관에서 정압관과 Pitot관이 액주계로 연결되어 있으며 액주계에는 비중이 13.6인 수은이 들어 있다. 액주계의 높이차가 25cm일 때 관로내의 유속을 구하라. 관의 직경이 5cm이면 유량은 얼마인가? 단, 관내의 유속분포는 일정하다.

8.4 예제 8.3과 같이 직경 30cm의 관로에 직경 10cm의 오리피스가 설치되어 있다. 오리피스 전·후로 수은이 담긴 액주계가 연결되어 있으며 액주계의 높이차가 35cm로 나타났다. 관로를 통해 흐르는 유량을 구하라. 관로 내 물의 온도는 20℃ ($\nu = 1.0 \times 10^{-6} m^2/s$ 이다).

8.5 직경 20cm의 수평관로 속에 직경 10cm이 오리피스를 설치하여 유량을 측정하려고 한다. 오리피스 양쪽의 수두차가 5m일 때 관로 내 유량은 얼마인가? 단 흐름계수 K는 0.5이다.

8.6 주 관로의 직경이 20cm, 목부분의 직경이 10cm인 벤츄리메터에서 수은이 담긴 액주계의 높이차가 10cm로 나타났다면 유량은 얼마인가? 관로 내 물의 온도는 20℃ ($\nu = 1.0 \times 10^{-6} m^2/s$ 이다).

8.7 직경 12cm인 관에 직경 6cm인 노즐을 연결하여 유량을 측정할 때 수은이 담긴 액주계의 높이차가 15cm로 나타났다면 유량은 얼마인가? 관로 내 물의 온도는 20℃ ($\nu = 1.0 \times 10^{-6} m^2/s$ 이다).

8.8 직경 30cm, 곡률반경이 1m인 90°의 엘보우관에서 만곡부 내, 외측의 압력차가 $250 kg/m^2$ 으로 나타날 경우 관내에 흐르는 유량은 얼마인가? 단, 유량계수 $K = 0.97$ 이고 물의 밀도는 $101.97 kg \cdot sec^2/m^4$ 이다.

8.9 사각형위어의 정점부 높이가 1.2m이고, 폭이 4.5m이다. 위어 상의 수심이 0.5m일 때 위어를 통해 월류하는 유량은 얼마인가?

8.10 사각형위어의 정점부 높이가 1.2m이고, 폭이 4.5m이다. 수로 폭이 10m이고 위어가 수로의 중앙에 설치되어 있으며 위어 상의 수심이 0.5m일 때 위어를 통해 월류하는 유량은 얼마인가?

8.11 사각형위어의 정점부 높이가 1.2m이고, 폭이 4.5m이다. 수로 폭이 10m이고 위어가 수로의 한쪽 벽에 설치되어 있으며 위어 상의 수심이 0.5m일 때 위어를 통해 월류하는 유량은 얼마인가?

8.12 정점부가 45°로 이루어진 삼각형 위어에서 월류수심이 0.8m이다. 위어를 통해 흐르는 유량은 얼마인가? 단, 삼각형 위어계수 $C_{wt} = 0.58$이다.

8.13 높이가 1.0m, 폭이 3m인 광정위어상의 수두가 0.4m일 때 유량은 얼마인가?

8.14 폭이 20m인 광정위어상의 수두가 1.0m이고, 평균유속이 1m/s일 때 유량은 얼마인가? 단, 위어계수는 0.65이다.

8.15 폭이 10m인 수문을 통해 물이 흐를 때 다음 조건에 해당하는 유량을 구하라.

1) $y_1 = 2.5$m, $a = 0.5$m, $y_3 = 0.4$m, 2) $y_1 = 2.5$m, $a = 0.5$m, $y_3 = 2.0$m

8.16 Parshall 수로에 물이 흐르고 있다. 폭이 4ft이고 $H_a = 1.0$ft, $H_b = 0.8$ft로 측정되었다면 유량은 얼마인가?

8.17 관의 직경이 54mm인 관로 내에 목부분의 직경이 33.3mm인 벤츄리메터가 설치되어 있다. 벤츄리메터를 통해 흐르는 물로부터 측정한 유량 및 압력수두 변화의 일부 자료가 표 8.17의 2란 및 4란과 같다. 왜곡이 없고, 정확성의 확률 $P = 0.95$로부터 산정한 유량의 정확성 δQ가 3란에 주어져 있다. 같은 왜곡과 P로부터 산정한 압력의 정확성 $\delta \Delta h$가 0.025m로 일정하다. 측정한 값들로부터 산정한 Reynolds 수가 5란에 주어져 있다. 측정된 유량 Q와 압력수두변화 Δh로부터 산정한 불확실성을 이용하여 계수 K의 불확실성을 결정하라.

표 8.17 유량 및 압력수두 측정자료

No.	Q (m^3/s)	δQ (m^3/s)	Δh (m)	R_e	No.	Q (m^3/s)	δQ (m^3/s)	Δh (m)	R_e
1	0.00168	0.00011	0.164	64200	9	0.00415	0.00024	1.147	158600
2	0.00208	0.00014	0.277	79500	10	0.00444	0.00025	1.260	169700
3	0.00249	0.00016	0.403	95100	11	0.00479	0.00027	1.424	183000
4	0.00281	0.00019	0.504	107400	12	0.00493	0.00028	1.550	188400
5	0.00328	0.00022	0.680	125300	13	0.00523	0.00030	1.688	199800
6	0.00355	0.00024	0.781	135600	14	0.00533	0.00035	1.764	203700
7	0.00372	0.00025	0.882	142100	15	0.00509	0.00029	1.764	194500
8	0.00402	0.00023	1.033	153600					

8.18 연습문제 8.17에서 주어진 유량 Q 및 압력강하 Δh의 측정 자료를 이용하여 식 (8.4.3)에서의 C와 m을 산정하라.

8.19 정점부의 각이 60°인 삼각형 예연위어에서 월류수심 H에 따른 유량 Q를 측정한 결과가 표 8.19와 같다. 이를 이용하여 $Q = CH^m$과 같은 수심~유량관계곡선을 회귀분석을 통해 구하라.

표 8.19 수심에 따른 유량 측정자료

No.	Q (m³/s)	H (m)	No.	Q (m³/s)	H (m)	No.	Q (m³/s)	H (m)
1	0.0039	0.118	6	0.0027	0.098	11	0.0015	0.080
2	0.0037	0.115	7	0.0023	0.095	12	0.0012	0.074
3	0.0036	0.114	8	0.0022	0.093	13	0.0012	0.073
4	0.0032	0.109	9	0.0021	0.092	14	0.0009	0.063
5	0.0027	0.102	10	0.0020	0.091	15	0.0008	0.056

8.20 유량측정장치로부터 유량을 측정을 검정하기 위해 수조로 물을 전환하였다. 6분 12초에 걸쳐 수조에 담긴 물의 체적이 78m^3이면 유량은 얼마인가?

8.21 10℃의 물이 흐르는 관로에 Pitot관을 설치하였다. 수은이 담긴 액주계의 눈금차가 106mm이면 관로 내 유속은 얼마인가?

8.22 직경 0.24m의 관로에 직경 0.15m의 오리피스가 설치되어 있다. 20℃의 물이 흐를 때 수은이 담긴 액주계의 높이차가 0.12m였다면 유량은 얼마인가?

8.23 직경 0.1m의 관로에 직경 0.06m의 오리피스가 설치되어 있다. 관로 내에 가솔린(비중 0.68)이 흐르고 있으며 오리피스 전·후의 압력차가 25kPa($1\text{kPa} = 102\text{kg/m}^2$)이면 유량은 얼마인가?

8.24 직경 1.2m의 관로에 유량이 $3\text{m}^3/\text{s}$로 흐를 때 오리피스 전·후의 압력차가 50kPa($1\text{kPa} = 102\text{kg/m}^2$)이 되도록 하려면 오리피스의 직경은 얼마로 해야 하는가?

8.25 그림 8.25와 같은 벤츄리메터에서 40℃의 물이 흐를 때 유량은 얼마인가?

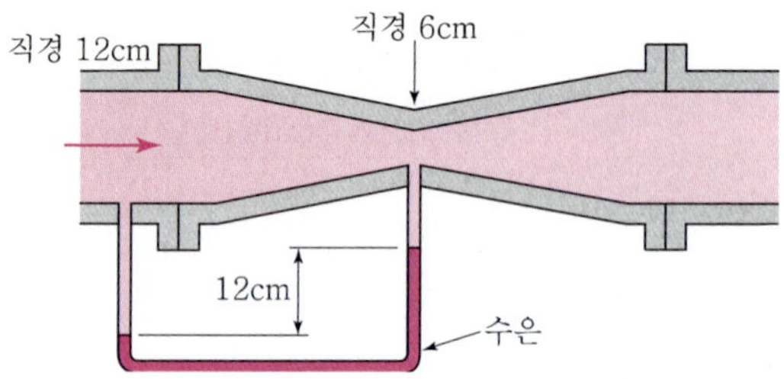

그림 8.25

8.26 직경 0.6m의 벤츄리메터에서 목부분의 직경이 0.3m이다. 유량이 $0.57\text{m}^3/\text{s}$이면 수은이 담긴 액주계의 높이차는 얼마로 나타나겠는가?

8.27 그림 8.27과 같은 벤츄리메터에서 압력차가 100kPa이면 유량은 얼마인가?

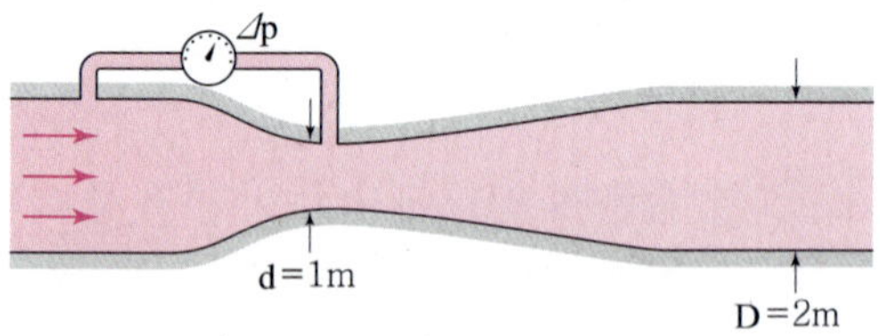

그림 8.27

8.28 60°의 삼각형 위어 위로 20cm의 수심으로 물이 월류할 경우 유량은 얼마인가?

8.29 폭이 3m인 관개용 수로에 물이 $6\text{m}^3/\text{s}$로 흐르고 있다.
수위가 수로 바닥보다 2m 높게 하려면 위어의 높이를 얼마로 해야 하는가?

Hydraulics

Chapter 9

지하수 흐름

9.1 서 론

지하수 수리학은 지중에서의 물의 저장 및 이동에 관해 연구하는 수리학의 한 분야로서 이수 및 치수 목적으로 중요한 역할을 하고 있다. 이수적인 측면에서 보면 지중에는 방대한 양의 물이 저장되어 있어 관정을 설치하여 유용한 용도로 물을 양수하여 사용할 수 있으며, 이는 하천 및 호수가 지하수에 의해 보충되기 때문이다. 치수적인 측면에서는 침투 또는 침투를 유도하는 저류를 통해 지표면 유출을 감소시켜 홍수량을 줄일 수 있다. 일부 지역에서는 지하수 함양(recharge)을 유도하기 위해 인위적인 침투가 발생하도록 규정하고 있다.

지표면과 지표아래 토양 사이의 물의 교환에 대한 이해 없이는 물의 이동에 대한 분석을 완전하게 할 수 없다. 본 장에서는 지하수와 관련된 용어의 정의와 함께 지하수의 생성, 저류 및 이동에 대한 수리학적 원리를 알아보기로 한다.

9.2 지하수의 생성과 성질

9.2.1 지하수의 분포

지하수(ground water)는 지표하 지중에 저류되어 있는 물로 지표면으로부터 침투한 물과 하부토층으로 침루(percolate)된 물로 인해 생성되고, 지하수면에 의해 포화지역과 비포화지역으로 분리되며, 지하수면에서의 압력은 대기압으로 간주한다. 지하수면 위로 물이 올라갈 수 있는 지역을 모관수대(capillary zone)라 한다. 미세한 실트질 모래에서 모관상승(capillary rise)은 약 50cm까지로 자갈층의 2~3cm에 비해 상당히 높으며 이를 함수지역(soil moisture region)이라 한다. 이 지역의 물은 식물에 의한 물의 사용이나 침투된 물의 지속적인 침루에 따라 변동하며, 토양 입자 사이에는 침루된 물(중력수), 모관수, 그리고 공기가 존재한다. 침루된 물은 토양의 공극을 통해 아래로 이동하며, 공극의 간격이 작을수록 침투된 물이 중력에 의해 이동하는 양이 작아지게 된다.

토양시료를 채취하여 함수량을 산정할 때 매우 높은 온도를 사용하여 가열하면 유기물을 태울 수가 있으므로 40℃ 정도의 건조기에서 토양을 건조시킨 후 무게차를 재어 측정한다. 침루된 물이 토양을 통과한 후 토양에 남아 있는 수분을 함수능(field capacity)이라 하며, 이는 약 0.33atm의 장력압(tension pressure)에서 토양이 보유하고 있는 물이다. 식물이 토양으로부터 더 이상 물을 사용할 수 없을 정도일 때 남아 있는 함수량의 한계를 시듦점(wilting point)이라 한다. 함수능과 시듦점간의 함수량 차를 가용수분(available water moisture)이라 하며, 이것이 유용한 지하수 저장량이라 할 수 있다. 표 9.2.1은 토양의 종류에 따른 가용수분의 값을 보여주고 있다.

표 9.2.1 토양에 따른 가용수분(건조중량 퍼센트)

토양의 종류	함수능(침루 후)	시듦점(식물사용 후)	가용수분
모래(Sand)	5	2	3
모래질 옥토(Sandy loam)	12	5	7
옥토(Loam)	19	10	9
실트질 옥토(Silty loam)	22	13	9
점토질 옥토(Clay loam)	24	15	9

지중의 물은 그림 9.2.1과 같이 연직분포에 따라 여러 구간으로 분류할 수 있다. 비포화대(unsaturated zone 또는 vadose zone)는 지하수면 위의 지역으로 토양수대(soil water zone)로부터 지하수면까지를 포함한다. 지하수면(water table)은 포화대와 비포화대를 구분하는 경계로 포화대까지 관정을 설치하였을 때 물이 올라오는 수위를 말한다.

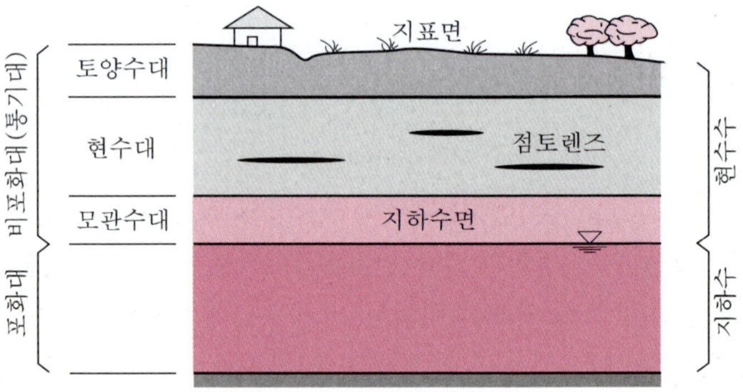

그림 9.2.1 토양수의 연직분포

지표면으로부터 뿌리대(root zone)까지인 토양수대는 토양의 종류 및 식생에 따라 변한다. 토양수대에 있는 물의 양은 최근의 강우 및 이에 따른 침투량에 따라 증가하고, 강우 후에 이지역의 함수량은 침루 및 증발산으로 인해 감소하게 된다. 흡착수(hygroscopic water)는 토양 입자 표면에 붙어 남아있는 물을 의미하며, 중력수(gravitational water)는 중력에 의해 하부토양으로 이동하는 물을 의미한다.

모관수(capillary water)는 지하수면 바로 윗부분에 위치하며 표면장력에 의해 지하수면으로부터 윗방향으로 물이 끌어올려져서 존재한다. 모관수대(capillary zone)는 지하수면으로부터 모관상승고까지로 토양 공극의 크기에 반비례하고 표면장력에 비례한다. 지하수면 바로 윗부분은 대부분 모관수를 포함하고 있으며 위로 올라감에 따라 토양의 종류에 따라 함수량은 급격히 감소한다.

지하수면 아래인 포화대에서 공극률은 단위부피당 포함된 물을 나타낸다. 일반적으로 공극률은 전체

부피당 공극의 부피를 나타내며, 대부분의 대수층에서 25~35% 정도의 범위를 가지고 있다. 비산출량(specific yield)은 지하수면에서 단위 수두감소당 단위면적당 비피압대수층(unconfined aquifer)으로부터 방출된 물의 양을 의미한다. 미립자로 구성된 물질은 적은 양의 물을 방출하는 반면, 조립자로 구성된 물질은 상당한 물을 방출하여 대수층으로서의 기능을 한다.

물 공급 또는 대수층의 특성분석을 위해 관정(well)을 설치하며, 관정은 지중으로 굴착한 연직구멍으로 보통 금속이나 PVS 플라스틱으로 지표면까지 둘러싸여 있다. 관정은 일반적으로 포화대에 설치하며, 도시지역의 용수공급, 농업을 위한 관개, 그리고 산업부문에 물을 공급하기 위해 관정을 통해 양수한다. 관정은 또한 지하수 함양, 오염수 및 염수의 제거, 그리고 지하수관측을 위해 사용된다.

지하수위는 항상 변하며 강수와 밀접한 관련이 있다. 따라서 지하수위를 관측할 경우에는 시간과 날짜도 같이 기록하여야 한다. 토양에 저장할 수 있는 물의 양은 지하층의 공극(porosity), 액체의 종류, 인접한 지하토양, 그리고 지하수면의 상태에 따라 영향을 받는다. 지하수의 흐름은 여러 인자들에 의해 영향을 받으며 그 중에서 공극의 간격(공극률, porosity)과 저항(투수성, permeability)이 중요한 역할을 한다.

9.2.2 공극률 및 함수비

공극률(porosity) η는 토양 속에 있는 공극의 백분율로 공극의 총부피를 토양의 총부피로 나누어 구한다.

$$\eta = \frac{V_V}{V_T} = \frac{(V_T - V_m)}{V_T} = 1 - \frac{V_m}{V_T} \qquad (9.2.1)$$

여기서 V_V는 공극의 부피, V_T는 토양의 총부피, V_m은 토양만의 부피이다.

토양만의 부피는 건조토양의 무게를 비중으로 나누어 구한다. 모래의 공극률은 일반적으로 25%~45%의 범위, 실트는 35%~50%의 범위, 점토는 40%~70%의 범위를 가지고 있다. 지역적으로 물을 포함하고 있는 대수층은 사암(sandstone) 및 석회암(limestone)과 같은 비압밀된 물질로 이루어져 있으며, 이러한 층은 일반적으로 5~15%의 공극률 범위를 갖는다. 반면에 자갈 및 모래 대수층은 높은 공극률을 가지고 있다. 석회암은 그 자체적으로 비교적 불투수성이며 용해성이 있어 많은 물을 함유할 수 있는 다공성의 암석으로 존재할 수 있다. 표 9.2.2는 토양의 종류에 따른 공극률 및 입자크기를 보여주고 있다.

토양내 공극의 일부는 물로 채워지게 되며 공극 내에 있는 물의 총부피 V_W를 토양의 총부피로 나눈 것을 토양함수비(soil moisture content) θ라 한다.

표 9.2.2 토양의 종류에 따른 공극률 및 입자크기

토양종류	공극률 (%)	입자크기 (mm)
경작지 토양(Tilled Soil)	50~60	(1)
점토(Clay)	45~55	〈 0.005
실트(Silt)	40~55	0.05~0.005
세립모래(Fine to Med. Sand)	30~35	0.25~0.05
중간모래(Medium Sand)	30~40	1.0~0.25
조립모래(Med. to Coarse Sand)	35~40	2.0~1.0
자갈(Gravel)	30~40	4.0~2.0
조립자갈(Coarse Gravel)	15~25	〉 4.0
자갈과 모래의 혼합(Gravel & Sand)	20~35	(1)
사암(Sandstone)	10~20	(2)
혈암(Shale)	1~10	(2)
석회암(Limestone)	1~10	(2)

(1) : 혼합과 경작상황에 따라 변함, (2) : 풍화 및 용해성에 따라 변함

$$\theta = \frac{V_W}{V_T} \tag{9.2.2}$$

토양함수비의 범위는 $0 \leq \theta \leq \eta$이며 포화상태일 때 토양함수비와 공극률이 같아지게 된다.

9.2.3 투수능

대수층 공극에서 물은 중력의 영향을 받고 있어 토양입자 사이의 연결된 공극을 통해 아랫방향으로 흐르려는 경향이 있으며, 이러한 토양속의 흐름에 대한 저항은 광범위하게 변한다. 토양의 공극을 통해 물이 이동하려는 율(투수능 또는 투수계수)은 이러한 저항으로 측정된다. 자갈과 같이 큰 공극을 가진 대수층은 높은 투수능(permeability) 또는 투수계수를 가지고 있으며, 점토와 같이 매우 작은 미세 공극을 가지고 있는 대수층은 낮은 투수성을 가지고 있다.

토양의 투수능과 물리적인 특성(입자크기, 밀도, 공극률) 간의 관계를 맺기 위한 유용한 경험식들이 많이 개발되었으며 그 중의 한 경험식이 다음과 같다.

$$k = Cd^2 \tag{9.2.3}$$

여기서 k는 투수능(L^2), d는 입자의 평균입경, C는 입도분포, 배열 등과 관련된 형상계수이다. 투수계수(hydraulic conductivity 또는 coefficient of permeability)는 다음과 같이 구하게 된다.

$$K = \frac{k\gamma}{\mu} \tag{9.2.4}$$

여기서 K는 투수계수(L/T), γ는 물의 단위중량, μ는 물의 동점성계수(L^2/T)이다. 만일 지중에 두 개의 압력계(piezometer)가 설치되어 있다면 지하수의 흐름 유속은 그림 9.2.2와 같이 흐름의 길이당 수두손실의 변화를 이용하여 계산하게 된다.

$$V = K\left[\frac{(h_1+z_1)-(h_2+z_2)}{L}\right] = K\frac{\Delta H}{L} \tag{9.2.5}$$

여기서 V는 Darcy의 유속(L/T), K는 투수계수(L/T), L은 압력계 사이의 거리(L), h는 압력수두(L), z는 위치수두(L)이다.

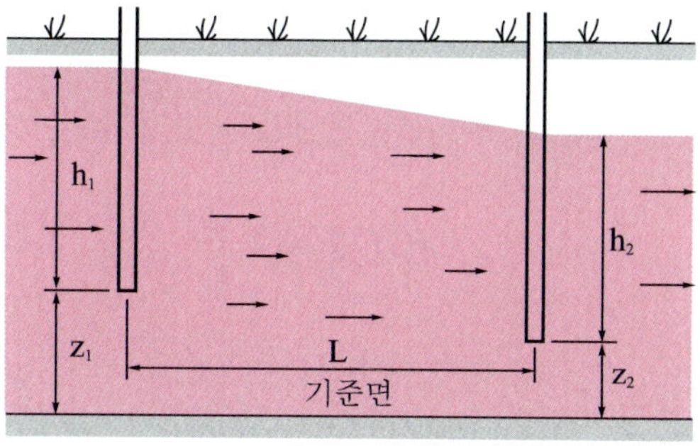

그림 9.2.2 1차원 지하수 흐름

식 (9.2.5) 및 변형된 식은 유속이 수두경사에 비례한다는 것을 발견한 프랑스의 수문학자 Henri Darcy의 이름을 따서 Darcy의 법칙이라 한다. 여기서 비례상수가 바로 투수계수 K이다. 투수계수는 투수계(permeameter)를 이용하여 실험실에서 결정할 수 있다. 투수계는 그림 9.2.3과 같이 두 가지 형태가 사용되며 입구부와 출구부에서 정압수두를 유지하는 정압수두(constant head) 투수계와 입구부에서는 수두가 감소하고 출구부에서만 정압수두를 유지하는 감소수두(falling head) 투수계가 있다. 정압수두 투수계는 모래 및 자갈과 같은 토양의 투수계수 산정시 적절한 반면, 감소수두 투수계는 미세한 실트와 같은 낮은 투수능을 가진 토양의 투수계수 산정에 적합하다.

정압수두 투수계에서 흐름과 수직인 주어진 횡단면을 통한 유량은 연속방정식 Q = AV에 의해 표현할 수 있다. 투수계의 횡단면적을 πR^2으로 하고, 수두 차 ΔH를 H로 놓고 연속방정식과 식 (9.2.5)를 다시 정리하면 다음과 같다.

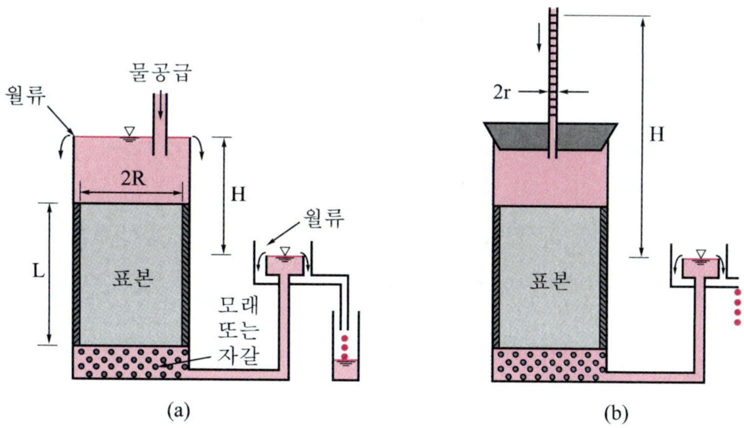

그림 9.2.3 정압수두 및 감소수두 투수계

$$K = \frac{LQ}{H\pi R^2} \tag{9.2.6}$$

여기서 K는 투수계수(m/day), H는 손실수두(m), L은 표본길이(m), Q는 유량(m^3/day), R은 표본의 반경(m)이다.

감소수두 투수계인 경우 작고 긴 관에서의 감소수두 투수계를 통한 유량은 다음과 같다.

$$Q = \pi r^2 \frac{dh}{dt} \tag{9.2.7}$$

여기서 r은 수두관의 반경(m)이다. 식 (9.2.6)을 유량에 대해 다시 정리하면

$$Q = K\pi R^2 \frac{H}{L} \tag{9.2.8}$$

식 (9.2.7)과 식 (9.2.8)을 같게 놓고 적분을 한 후 정리하면 다음과 같다.

$$K = \left(\frac{Lr^2}{tR^2}\right) \ln\left(\frac{H_1}{H_2}\right) \tag{9.2.9}$$

여기서 H_1은 수두관의 초기 높이(m), H_2는 수두관의 종기 높이(m), t는 관측시간(day)이다.

토양의 실제 공극을 통한 물의 이동율을 누출(seepage)유속 또는 공극(pore)유속이라 하며 흐름의 단면적이 줄어들었으므로 Darcy의 유속 V보다는 크다. Darcy의 유속 V는 흐름의 토양 전체 단면적에 대한 유속이므로 이 두 유속은 다음과 같이 비교할 수 있다.

$$Q_{Darcy} = Q_{Seepage} \tag{9.2.10}$$

$$VA = V_s A_s$$

여기서 V_s는 공극유속(m/day), V는 Darcy 유속(m/day), A는 총단면적(m^2), A_s는 침윤 또는 공극단면적(m^2)이며 다음과 같다.

$$A_s = \eta A \tag{9.2.11}$$

따라서 공극유속 V_s는 Darcy의 유속 V로부터 다음과 같이 구할 수 있다.

$$VA = V_s \eta A \tag{9.2.12}$$

또는

$$V = \frac{V}{\eta} \tag{9.2.13}$$

예제 9.1

어떤 대수층으로부터 시료를 채취하여 그림 9.2.3(a)와 같은 정압수두 투수계를 이용하여 투수계수를 산정하려고 한다. 시료의 반경이 5cm이고 길이가 30cm일 때 5분 동안 시료를 통과한 물의 양이 200cm^3이고 수두차가 15cm인 경우 투수계수를 산정하라.

풀이

시료를 통과한 유량은 $200\text{cm}^3/5\text{min} = 0.0576\,\text{m}^3/\text{day}$

정압수두 투수계를 사용할 경우 투수계수는

$$K = \frac{LQ}{H\pi R^2} = \frac{0.3 \times 0.0576}{0.15 \times 3.14 \times 0.05^2} = 14.68\text{m/day}$$

예제 9.2

어떤 대수층으로부터 시료를 채취하여 그림 9.2.3(b)와 같은 감소수두 투수계를 이용하여 투수계수를 산정하려고 한다. 시료의 반경이 4cm이고 길이가 30cm일 때 1시간 동안 물이 시료를 통과하여 반경 1cm인 관의 수위가 50cm에서 25cm로 낮아진 경우 투수계수를 산정하라.

풀이

1시간을 일로 나타내면 1/24=0.0417day

감소수두 투수계를 사용할 경우 투수계수는

$$K = \left(\frac{Lr^2}{tR^2}\right)\ln\left(\frac{H_1}{H_2}\right) = \left(\frac{0.3 \times 0.01^2}{0.0417 \times 0.04^2}\right)\ln\left(\frac{0.5}{0.25}\right) = 0.312\text{m/day}$$

9.2.4 투수능에 영향을 주는 인자

산정된 투수계수는 토양구성 성분의 다양성으로 인해 지역마다 상이할 수 있으므로, 만일 토양의 변화가 예상되면 적절한 표본실험을 수행하여야 한다. 만일 토양구성 성분이 변하지 않았다면 온도, 이온구성, 그리고 포함된 공기와 같은 인자들이 투수계수에 영향을 줄 수 있다. 온도는 물의 점성에 영향을 주고 따라서 투수계수에 영향을 미친다. 높은 온도는 낮은 점성을 의미하고, 토양 속을 흐를 때 저항이 작아지며 투수능이 높아진다. 온도에 따라 투수능은 선형적으로 변하게 되며, 일반적으로 투수계수는 20℃ 일 때의 값을 나타내고, 다른 온도에 대해서는 다음 관계식을 이용하여 산정한다.

$$K_t = \left(\frac{\mu_{20}}{\mu_t}\right)K_{20} \tag{9.2.14}$$

여기서 K_t는 온도 t℃ 에서의 투수계수, K_{20}은 온도 20℃ 에서의 투수계수, μ_{20}은 20℃ 에서의 점성계수($N \cdot sec/m^2$), μ_t는 t℃ 에서의 점성계수($N \cdot sec/m^2$)이다.

실험실에서는 완전히 포화된 토양을 이용하여 투수계수를 결정한다. 토양 속에 갇힌 공기는 투수계수를 감소시키며, 사질성 토양에서 비포화대에서의 투수계수는 포화대에서의 투수계수의 절반정도가 된다. 토양속의 갇힌 공기는 지하수위의 급격한 상승 및 저하로 인해 생기는 경우가 있다.

9.2.5 일반적인 투수계수 값

투수계수의 일반적인 단위는 m/day(ft/day)이다. 하지만 빠르게 이동하는 물에 대해서는 cm/hr (in/hr)의 단위를 사용하기도 하며, $gal/day/ft^2$의 단위도 사용한다. 이와 같은 투수능 및 투수계수 단위간의 변환 관계가 표 9.2.3과 같다. 그림 9.2.4와 표 9.2.4는 여러 토양에 대한 투수계수의 범위를 보여주고 있으며, 이 값들은 대표값으로 보아야 하고 현장 상황에 따라 변하게 된다.

표 9.2.3 투수능 및 투수계수의 단위 변환관계

구 분	투수능 k			투수계수 K		
	cm^2	ft^2	darcy	m/sec	ft/sec	$gal/day/ft^2$
cm^2	1	1.08×10^{-3}	1.01×10^{8}	9.80×10^{2}	3.22×10^{3}	1.85×10^{9}
ft^2	9.28×10^{2}	1	9.42×10^{10}	9.11×10^{5}	2.99×10^{6}	1.71×10^{12}
darcy	9.87×10^{-9}	1.06×10^{-11}	1	9.66×10^{-6}	3.17×10^{-5}	1.82×10
m/sec	1.02×10^{-3}	1.10×10^{-6}	1.04×10^{5}	1	3.28	2.12×10^{6}
ft/sec	3.11×10^{-4}	3.35×10^{-7}	3.15×10^{4}	3.05×10^{-1}	1	6.46×10^{5}
$gal/day/ft^2$	5.42×10^{-10}	5.83×10^{-13}	5.49×10^{-2}	4.72×10^{-7}	1.55×10^{-6}	1

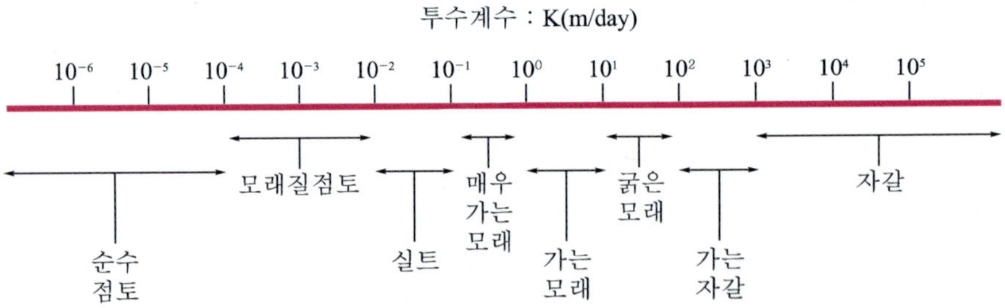

그림 9.2.4 일반적인 토양에서의 투수계수의 범위

표 9.2.4 일반적인 토양에서의 투수계수의 범위

토양의 종류	투수계수 K(m/day)
자갈(Gravel)	$2592 \sim 25.92$
조립모래(Coarse Sand)	$518 \sim 7.78\times 10^{-2}$
중간모래(Medium Sand)	$51.8 \sim 7.78\times 10^{-2}$
세립모래(Fine Sand)	$17.3 \sim 1.73\times 10^{-2}$
실트(Silt)	$1.73 \sim 8.64\times 10^{-5}$
빙역토(Till)	$0.173 \sim 8.64\times 10^{-8}$
점토(Caly)	$4.32\times 10^{-4} \sim 8.64\times 10^{-7}$
석회암(Limestone)	$1728 \sim 8.64\times 10^{-2}$
사암(Sandstone)	$0.518 \sim 2.59\times 10^{-5}$
혈암(Shale)	$1.73\times 10^{-4} \sim 8.64\times 10^{-9}$
현무암(Basalt)	$3.4\times 10^{-2} \sim 1.73 \times 10^{-6}$
풍화된 화강암(Weathered Granite)	$2.59\times 10^{-1} \sim 4.32$

표 9.2.5는 여러 토양 종류에 대한 투수계수, 공극률, 그리고 비산출량(specific yield)을 보여주고 있다. 비산출량은 포화된 비피압대수층 토양의 단위체적당 방출된 물의 체적비로 유효공극률과 같다. 비산출량은 백분율로 표현되며 토양의 총체적분에 제거된 물의 체적비에 100을 곱한 것이다. 소수로 표현하면 저류상수(storage coefficient)라 불린다. 만일 비피압대수층에서 $10m^2$의 수평면적에서 4m의 수위가 내려가면서 $2m^3$의 물을 양수하였다면 저류상수는 $2m^3/(10m^2\times 4m)=0.05(5\%)$가 된다.

표 9.2.5 토양에 따른 투수계수, 공극률, 비산출량

토 양	공극률 (%)	비산출량 (%)	평균 투수계수	
			(gpd/ft^2)	(m/day)
점토(Clay)	45	3.0	0.01	0.0004
모래(Sand)	35	25.0	1,000.00	41.0000
자갈(Gravel)	25	22.0	100,000.00	4,100.0000
모래 및 자갈(Sand & Gravel)	20	16.0	10,000.00	410.0000
사암(Sandstone)	15	8.0	100.00	4.1000
석회암과 혈암(Limestone & Shale)	5	2.0	1.00	0.0410
석영암과 화강암(Quartzite & Granite)	1	0.5	0.01	0.0004

예제 9.3

관정을 통해 $3,500m^3$의 물을 양수한 결과 $10,000m^2$의 면적상에서 지하수위가 2m 하강할 경우에 대한 비산출량 또는 저류상수를 산정하라.

풀이

비산출량은 토양의 단위체적당 방출된 물의 체적비를 백분율로 나타낸 것이므로 양수된 양은

3,500m^{3}이다.

대수층의 체적 $=2\times10,000=20,000\text{m}^3$

그러므로 저류상수는 $3,500/20,000=0.175$

따라서 비산출량은$=17.5(\%)$

9.3 대수층

대수층(aquifer)은 물은 공급하기 위해 경제적으로 개발이 가능한 물을 충분히 함유하고 있는 토양 또는 암반층이다. 난대수층(aquiclude)은 점토와 같이 포화되어 있는 거의 불투수층의 토양으로 대수층 시스템의 상부 또는 하부의 차단층 역할을 한다. 반대수층(aquitard)도 실트질 점토와 같이 포화되어 있지만 낮은 투수능을 가진 토양층으로 한 대수층으로부터 다른 대수층으로 물을 이동시킬 수 있다. 대수층은 대기압상태에서 지하수면 또는 자유수면의 존재여부에 따라 피압대수층(confined aquifer)과 비피압대수층(unconfined aquifer)으로 구분한다.

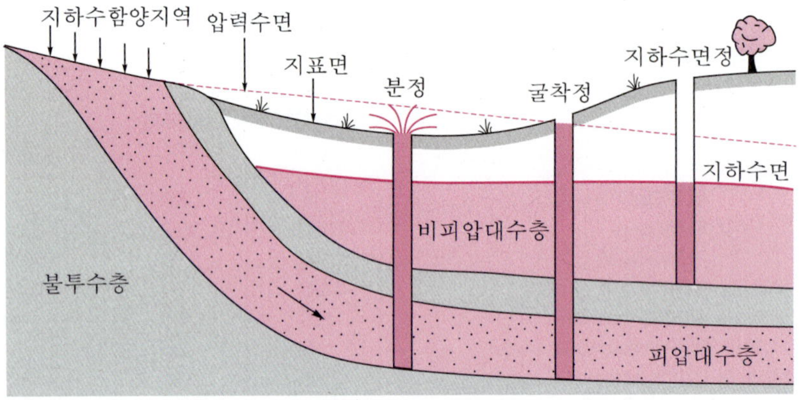

그림 9.3.1 대수층의 구분

9.3.1 피압대수층

피압대수층은 지하수가 비교적 불투수성인 암석층 사이에 놓여있어 대기압보다 큰 압력을 받고 있는 대수층을 말하며, 피압대수층내의 물과 위 또는 아래층의 물 사이의 교환은 거의 발생하지 않는다. 피압대수층으로 물의 함양은 대수층이 지표면으로 노출된 함양지역(recharge area)에서 일어난다. 경계층이 반대수층이면 지하수함양은 연직방향의 침투로 인해 발생할 수 있으며, 이러한 경우를 누수피압대수층(leaky confined aquifer)이라 한다.

피압대수층의 특성은 함양지역을 제외하고는 지하수면을 가지고 있지 않으며 압력이 작용하고 있다. 피압대수층의 압력조건은 압력수면(piezometric surface)에 의해 주어진다. 압력수면은 압력계를 이용하여 확인할 수 있으며, 압력계는 한쪽 끝단이 대기 중에 열려있는 관으로 측방에서 물이 흘러들어오도록 깊이 판 우물과는 다르다. 만일 압력계를 피압대수층까지 관입시키면 물은 하단부 끝을 통해서만 들어오게 된다. 압력계를 통해 올라오는 물의 높이는 그 위치에서의 압력수면의 높이를 의미한다. 만일 압력수면이 지표면보다 높다면 양수 없이 지표면으로 물이 흘러나온다. 이것이 바로 분수우물 또는 분정(artesian well)이다. 분수(artesian)란 이름은 이 현상이 처음으로 관측된 프랑스 북부 Artois 지방의 이름을 따서 붙인 것이다.

9.3.2 비피압대수층

비피압대수층(unconfined aquifer)은 지표면으로부터 침투 및 침루로 인해 함양된 광범위한 지하수면을 가지고 있다. 비피압대수층은 지하수면대수층(water table aquifer)이라 부르기도 한다. 지하수면의 위치는 토양에 저장되어 있는 물의 양을 대변하며, 지하수함양과 유출간의 상대적인 정도에 의해 위 또는 아래로 움직인다.

때때로 대수층에 불투수성 토양으로 이루어진 지역이 나타날 수 있는데, 지질학적인 단층이나 사질토양에서 나타나는 렌즈형태의 점토질토양이 그 예이다. 이러한 경우 국지적으로 주수면(perched water table)이라는 작은 수면이 존재하게 되며, 대수층의 실제 지하수면보다 상당히 높은 위치에 존재할 수 있다.

비피압대수층은 광범위한 지하수면을 가지고 있으므로 오염에 취약하다. 대수층 위에서 인간에 의한 지표면의 이용 및 활동은 오염물을 발생시키며 결국 대수층의 물을 오염시키게 된다. 대수층의 오염에 대한 취약성은 지하수면의 깊이와 통기대(vadose zone)를 통한 오염물의 이동율에 의존하게 된다. 도시화는 지하수의 양에 두 가지 좋지 않은 영향을 준다. 인구증가로 인한 물 수요의 증가는 지하수 양수를 증가시키고, 이와 동시에 불투수 지표면적의 증가는 침투를 통한 지하수함양을 감소시킨다. 따라서 지하수자원의 양과 질을 보전하기 위해서는 토지이용규제가 필요하다.

9.3.3 샘

지하수가 대수층으로 침루함에 따라 대수층의 포화된 지점까지 내려가게 된다. 포화된 표면은 수평적인 흐름에 의해 지표면까지 연결될 수 있다.

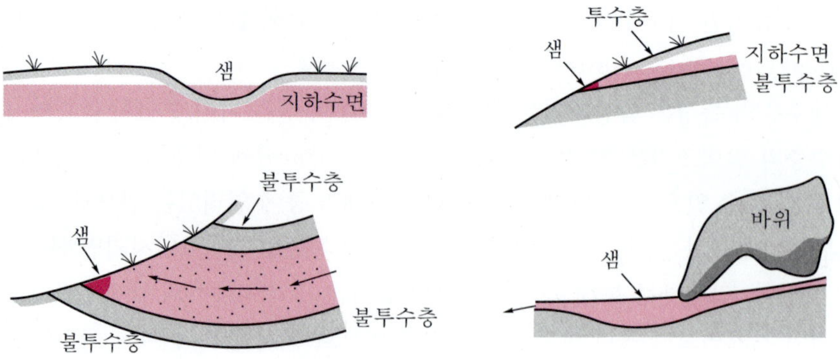

그림 9.3.2 샘의 형태

지표면 또는 지표수에 가장 가까이 위치하고 있는 물은 년 중 내내 변동이 크다. 건조기 동안에 지표수위는 낮아지고 우기에는 높아진다. 깊은 대수층에서의 상부수면과 지표수는 일반적으로 호수나 바다와 같은 가장 가까이 위치하고 있는 자유수표면을 향해 천천히 움직인다. 하지만 만일 대수층 아래에 불투수층이 존재하고 이층이 지표면에 노출되어 있으면 지하수는 지표면으로 나오게 되며 이를 샘(spring)이라 한다. 그림 9.3.2는 여러 가지 상황에 따라 나타날 수 있는 샘의 형태를 보여주고 있다. 피압대수층 위의 불투수층에 균열이 나거나 흐름이 발생하게 되면 분수샘(artesian spring)이 된다.

9.4 지하수 흐름

지하수 흐름경로에 대한 분석은 지하수가 세 방향, 즉 x, y, z 방향으로 흐르기 때문에 상당히 복잡하다. 따라서 세 방향으로의 수두변화 dh/dx, dh/dy, 그리고 dh/dz를 고려할 필요가 있다. 본 절에서는 지하수 흐름에 대한 기본적인 이해를 위해 간단히 한 방향의 흐름 조건에 대해서만 설명하기로 한다. 하지만 지하수 흐름 모의를 하기 위한 실제적인 적용에서는 세 방향의 흐름을 모두 고려하여야 한다.

지하수 흐름에서 흐름의 차원(방향)은 여러 가지 고려할 인자 중의 하나일 뿐이다. 다른 인자들에는 대수층이 피압대수층인지 비피압대수층인지 여부, 지하수함양이 이루어지고 있는지 여부, 지하수 흐름이 정상류 또는 부정류인지 여부, 지하수 시스템이 균일성인지 비균일성인지 여부, 그리고 대수층 주위로 어떠한 종류의 경계가 형성되어 있는지 등을 포함하고 있다. 이와 같은 다양한 인자들의 조합은 지하수 흐름 해석을 더욱 어렵게 하고 있다.

9.4.1 Darcy 법칙

지하수흐름은 1856년에 투수성 모래층을 통한 물의 흐름을 연구한 Henri Darcy가 발표한 수리학적 원리에 의해 잘 설명될 수 있다. Darcy는 수리분야에서 가장 중요한 법칙 중의 하나를 발견하였는데 다공성매체를 통한 유속은 수두손실에 비례하고 흐름 경로의 길이에 반비례 한다는 것이다. Darcy의 법칙은 현대의 지하수 흐름, 우물수리학에 대한 기초를 제공하였고 지하수 흐름공식의 기본적인 형태를 이루고 있다.

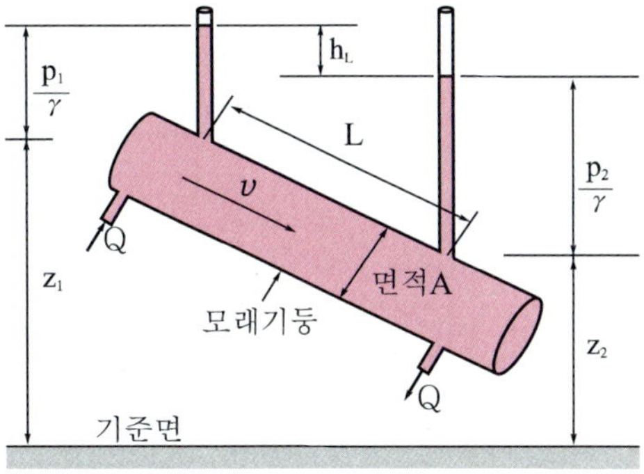

그림 9.4.1 모래층을 통한 수두손실

그림 9.4.1은 모래층을 통한 수두 손실을 결정하기 위한 실험을 보여주고 있다. 거리 L을 두고 두 개의 압력계(piezometer)가 설치되어 있으며, 총 에너지는 다음과 같이 Bernoulli 방정식을 이용하여 표현할 수 있다.

$$\frac{p_1}{\gamma}+\frac{V_1^2}{2g}+z_1=\frac{p_2}{\gamma}+\frac{V_2^2}{2g}+z_2+h_L \tag{9.4.1}$$

여기서 p는 압력, γ는 물의 단위중량, V는 유속, z는 위치수두, h_L은 수두 손실이다. 다공성매체에서 유속은 매우 작으므로 속도수두는 무시할 수 있어 1지점과 2지점 간의 수두손실은 다음과 같이 나타낼 수 있다.

$$h_L=\left(\frac{p_1}{\gamma}+z_1\right)-\left(\frac{p_2}{\gamma}+z_2\right) \tag{9.4.2}$$

따라서 수두손실은 토양층의 경사와는 무관함을 알 수 있다. Darcy는 유속을 수두손실과 토양층의 길이에 다공성매체에서 물의 이동 능력을 나타내는 비례상수인 투수계수 K를 도입하여 다음과 같이 표현하였다.

$$V=\frac{Q}{A}=-K\frac{dh}{dL} \tag{9.4.3}$$

식 (9.4.3)에서 음의 표시는 물이 수두가 감소하는 방향으로 이동함을 의미한다. Darcy의 유속 V는 토양층 전체 단면을 통한 평균 유속이므로 실제의 흐름은 공극을 통해 이루어지고, 따라서 침윤유속 또는 공극유속 V_s는 Darcy의 유속과 다음과 같은 관계가 있다.

$$V_s=\frac{Q}{\eta A}=\frac{V}{\eta} \tag{9.4.4}$$

따라서 실제 공극유속은 Darcy의 유속보다 상당히 크고(약 3배 정도), 지하수에서의 모든 오염물 이송을 산정할 때 사용된다.

Darcy의 법칙은 다공성매체에서 층류(laminar)흐름에 적용할 수 있으며 Reynolds 수 R_e가 1보다 작은 범위에서 주로 적용되며 R_e가 10보다 작은 경우에도 적용될 수 있다. Reynolds 수는 층류흐름과 난류흐름을 구분하는 무차원의 값으로 다음과 같이 나타낸다.

$$R_e = \frac{VD}{\nu} \tag{9.4.5}$$

여기서 R_e는 Reynolds 수, V는 평균유속, D는 입자의 평균직경, ν는 유체의 동점성계수이다.

예제 9.4

어떤 대수층이 폭 1,000m, 깊이 10m, Darcy의 유속 0.1m/d, 공극률 0.4일 때 대수층을 통한 단위폭당 유량, 전체 유량, 그리고 침윤속도를 산정하라.

풀이

단위폭당 유량은 연속방정식에 의해

$$q = Vy = 1\text{m} \times 10\text{m} \times 0.1\text{m/d} = 1\text{m}^3/\text{d}$$

대수층을 통해 흐르는 총유량은

$$Q = VA = 10\text{m} \times 1{,}000\text{m} \times 0.1\text{m/d} = 1{,}000\text{m}^3/\text{d}$$

침윤유속은 식 (9.4.4)로부터

$$V_s = \frac{Q}{\eta A} = \frac{V}{\eta} = \frac{0.1}{0.4} = 0.25\text{m/d}$$

예제 9.5

그림 9.4.2와 같이 하천으로 지하수가 유입하고 있다. Darcy의 법칙을 이용하여 단위폭당 하천으로 유입되는 지하수량을 산정하라. 투수계수는 3m/day로 가정하라.

풀이

지하수면을 따른 동수경사를 구하면 $h_1 = 10.5\text{m}$, $h_2 = 10\text{m}$, $L = 300\text{m}$ 이므로

$$\Delta h/L = 0.5/300 = 0.00167$$

따라서 Darcy의 유속은

$$V = \frac{Q}{A} = K\frac{\Delta h}{L} = 3 \times 0.00167 = 0.005\text{m/d}$$

오른쪽에서 흘러들어오는 단위폭당 유량을 계산하기 위해 h_1지점에서의 지하수위 10.5m와 h_2지점에서의 수위 10m의 평균치를 취하면 10.25m이다.

$$q_{wr} = Vy = 0.005\text{m/d} \times 10.25\text{m} \times 1\text{m} = 0.05125\text{m}^3/\text{d}$$

따라서 하천의 왼쪽에서도 똑같은 지하수가 유입되므로

$$q_w = q_{wr} \times 2 = 0.05125 \times 2 = 0.102\text{m}^3/\text{d}$$

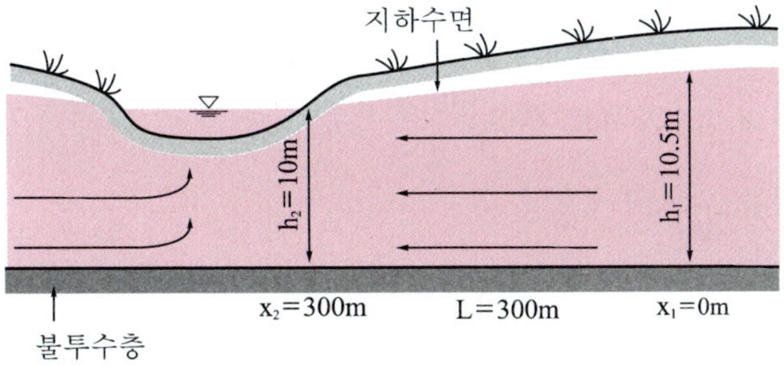

그림 9.4.2 하천으로의 지하수 유입

9.4.2 유선망(Flow net)

Darcy의 법칙은 1차원 흐름에 대해 유도되었지만 대부분의 실제 지하수 문제가 2차원 및 3차원이므로 임의의 방향으로의 유속을 결정할 필요가 있다. 그림 9.4.3과 같이 2차원의 유선망(flow net)을 구성하기 위해 주어진 경계조건에 대한 유선(streamline) Ψ와 등포텐셜선(equipotential line) ϕ를 나타낼 수 있다.

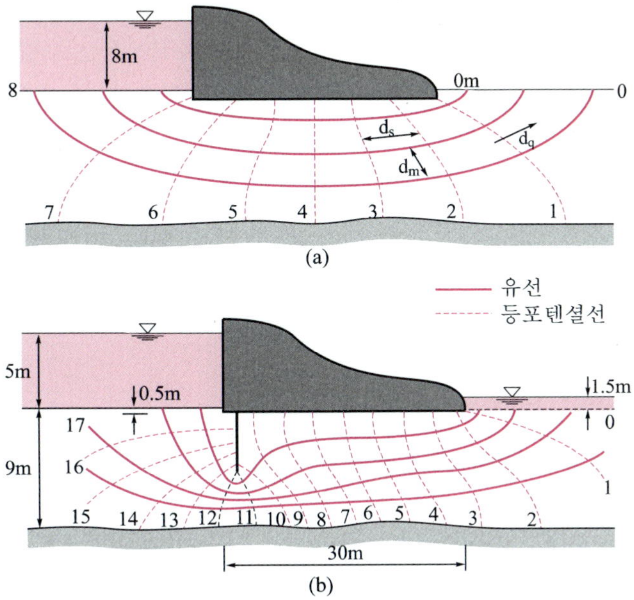

그림 9.4.3 댐에서의 전형적인 유선망

등방성(isotropic)의 대수층에 대해 등포텐셜선은 대수층에 관입된 우물에서 관측된 수위를 바탕으로 준비할 수 있다. 흐름의 방향을 나타내기 위해 등포텐셜선과 직교하는 방향으로 유선(flow line)을 그린다. 그림 9.4.3의 유선망에서 동수경사(hydraulic gradient) S는 다음과 같다.

$$S = \frac{dh}{ds} \tag{9.4.6}$$

인접한 흐름선간의 단위두께당 유량을 q라 하면

$$q = K\frac{dh}{ds}dm \tag{9.4.7}$$

정사각형 유선망에서 ds = dm이라 가정하고, 두 개의 유선 간에 n개의 정사각형이 존재할 때 총 수두를 n으로 나누면 h = H/n이 되고, 같은 유선에 의해 전체 흐름 구간을 m개로 나누면 다음과 같이 유량을 산정할 수 있다.

$$Q' = mq = \frac{KmH}{n} \tag{9.4.8}$$

여기서 Q′는 단위폭당 유량, K는 대수층에서의 투수계수, m은 흐름 하도의 구간, n은 흐름방향으로의 사각형의 개수, H는 흐름방향으로의 총 수두손실이다.

유선망은 유선과 등포텐셜선을 나타내는데 유용한 도식적인 방법이다. 불투수 경계를 통한 물의 흐름이 없으므로 유선은 불투수 경계와 평행하다. 또한 유선은 일반적으로 서로 다른 투수계수 K를 가진 경계층에서 유선이 굴절되므로 높은 투수계수를 가진 물질에서는 수평이고, 낮은 투수계수를 가진 물질에서는 연직방향이다. 유선망은 양수에 대한 지하수위의 영향 및 흐름의 방향을 평가할 때 사용될 수 있다.

예제 9.6

그림 9.4.3(a)와 같은 댐 아래에서의 누출량을 산정하라. 댐의 폭은 20m이고 투수계수 K는 10^{-5}m/sec이다.

풀이

식 (9.4.8)을 이용하여 단위폭당 유량을 계산한다. 그림에서 m = 4, n = 8, 그리고 H = 8m 이므로

$$Q' = \frac{10^{-5}\text{m/sec} \times 4 \times 8\text{m}}{8} = 4 \times 10^{-5}\text{m}^2/\text{sec} = 3.46\text{m}^2/\text{day}$$

따라서 총 유량은 $Q = 3.46\text{m}^2/\text{day} \times 20\text{m} = 69.2\text{m}^3/\text{day}$

9.4.3 피압대수층에서의 흐름

지중의 분석대상이 되는 지역의 상단부 및 하단부가 불투수층으로 이루어져 있으면 피압대수층이라 하였다. 이러한 피압대수층에서의 압력은 물을 압력수위까지 올라가게 한다. 만일 서로 다른 두 지역에서 동시에 압력수위를 측정한다면 흐름의 경사 또는 에너지선의 경사를 산정할 수 있다. 대수층의 상, 하부경계를 통해 물의 이동이 없다고 가정하면 이 경사를 이용하여 유량을 산정할 수 있다.

수평 또는 연직방향의 지하수 흐름을 산정하기 위해 1차원 흐름에 대한 Darcy의 법칙을 이용하며, 지하수가 주로 횡방향으로만 흐른다면 연직방향의 흐름 요소는 생략할 수 있다. 그림 9.4.4와 같은 피압대수층에 관해 Bernoulli식을 적용하면 다음과 같다.

$$\frac{p_1}{\gamma}+\frac{V_1^2}{2g}+z_1=\frac{p_2}{\gamma}+\frac{V_2^2}{2g}+z_2+\Delta h \tag{9.4.9}$$

여기서 V_1, V_2는 유속, g는 중력가속도, γ는 물의 단위중량, h는 압력계 수두, Δh는 수두손실, p_1 및 p_2는 압력이다. 일반적으로 두 지점에서의 유속 V_1 및 V_2는 비슷하므로 생략하고, 압력 및 높이의 차는 압력계에 의해 측정이 되므로

$$\Delta h=\left(\frac{p_1}{\gamma}+z_1\right)-\left(\frac{p_2}{\gamma}+z_2\right)=h_1-h_2 \tag{9.4.10}$$

또한 길이 ΔL에 걸쳐 Δh의 수두손실이 발생하였으면 에너지선의 경사 S는 다음과 같다.

$$S=\frac{\Delta h}{\Delta L} \tag{9.4.11}$$

따라서 투수계수 K를 적용하여 Darcy의 유속으로 나타내면

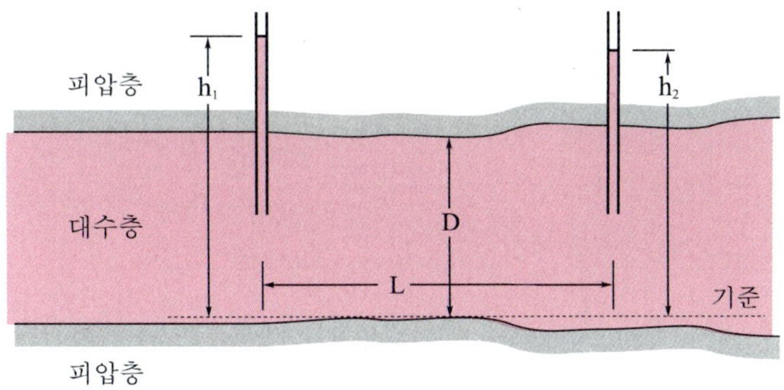

그림 9.4.4 피압대수층에서의 물의 흐름

$$V = -K\frac{\Delta h}{\Delta L} \tag{9.4.12}$$

여기서 $\Delta h/\Delta L$은 ΔL을 통해 수두가 감소하면 음의 값, 증가하면 양의 값으로 나타낸다. 연속방정식은 $Q = AV$이므로 식 (9.4.12)로부터 $Q = KA(\Delta h/\Delta L)$가 된다. 만일 피압대수층의 두께가 D이고 폭이 B이면 흐름단면적은 $A = DB$가 되므로 대수층을 통한 유량은 다음과 같이 산정할 수가 있다.

$$Q = KA\frac{\Delta h}{\Delta L} = KDB\left(\frac{h_1 - h_2}{L}\right) \tag{9.4.13}$$

예제 9.7

그림 9.4.4와 같이 피압대수층에서 100m 떨어진 두 지점에 압력계를 설치하여 압력계 수위를 관측한 결과 40m와 38m로 나타났다. 대수층의 깊이가 10m, 폭이 50m이고 투수계수가 0.2m/day일 때 대수층을 통해 흐르는 유량을 산정하라.

풀이

식 (9.4.13)으로부터

$$Q = KDB\left(\frac{h_1 - h_2}{L}\right) = 0.2\text{m/day} \times 10\text{m} \times 50\text{m} \times \left(\frac{40-38}{100}\right) = 2\text{m}^3/\text{day}$$

9.4.4 비피압대수층에서의 흐름

비피압대수층에 대해서도 피압대수층과 유사하게 식을 전개할 수 있으며 그림 9.4.5는 비피압대수층에서의 유량을 산정하는 과정을 보여주고 있다.

$$Q = KA\frac{dh}{dL} \tag{9.4.14}$$

비피압대수층에서는 흐름방향으로의 수위가 변하므로 단면적도 변한다. 따라서 단위폭당 면적은 $A = y(1)$

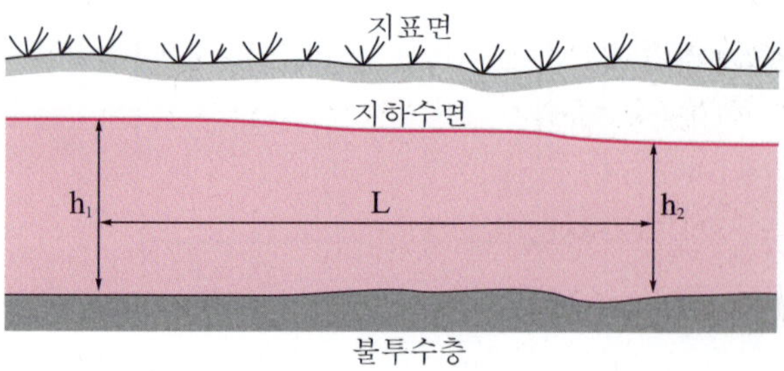

그림 9.4.5 비피압대수층에서의 물의 흐름

으로 나타낼 수 있으며 단위폭당 유량은 다음과 같다.

$$Q' = Ky\frac{dy}{dL} \tag{9.4.15}$$

지하수면의 수위는 거리에 따라 변하므로 식 (9.4.15)를 적분하면

$$Q'\int_0^L dL = K\int_{h_2}^{h_1} y\,dy \tag{9.4.16}$$

식 (9.4.16)을 풀고 정리하면 다음과 같이 단위폭당 유량을 계산할 수 있다.

$$Q' = K\frac{(h_1^2 - h_2^2)}{2L} \tag{9.4.17}$$

따라서 폭이 B인 비피압대수층을 통해 흐르는 유량은 다음과 같이 나타낼 수 있으며 이를 Dupuit 공식이라 한다.

$$Q = KB\frac{(h_1^2 - h_2^2)}{2L} \tag{9.4.18}$$

예제 9.8

그림 9.4.5와 같은 비피압대수층에서 100m 떨어져 있는 두 지점의 지하수위가 $h_1 = 40m$, $h_2 = 38m$이고 투수계수는 0.2m/day이며, 폭이 50m일 때 두 지점을 통해 흐르는 유량을 계산하라.

풀이

식 (9.4.18)에 주어진 값들을 대입하면

$$Q = KB\frac{(h_1^2 - h_2^2)}{2L} = 0.2m/day \times 50m \times \frac{40^2m^2 - 38^2m^2}{2 \times 100m} = 7.8m^3/day$$

9.5 우물을 통한 양수

9.5.1 우물시스템

우물(water well)시스템은 지하수를 지표면으로 양수하기 위해 설치한 지중으로 판 연직구멍이다. 우물은 양수, 인위적인 지하수함양, 쓰레기 매각, 수위관측, 그리고 수질관측을 하기위해 사용된다. 우물을 설치하기 위한 다양한 방법들이 개발되어 있으며 유량, 깊이, 토질의 상태, 케이스재료, 그리고 경제적인 인자들을 고려하여 적절한 방법을 선택한다.

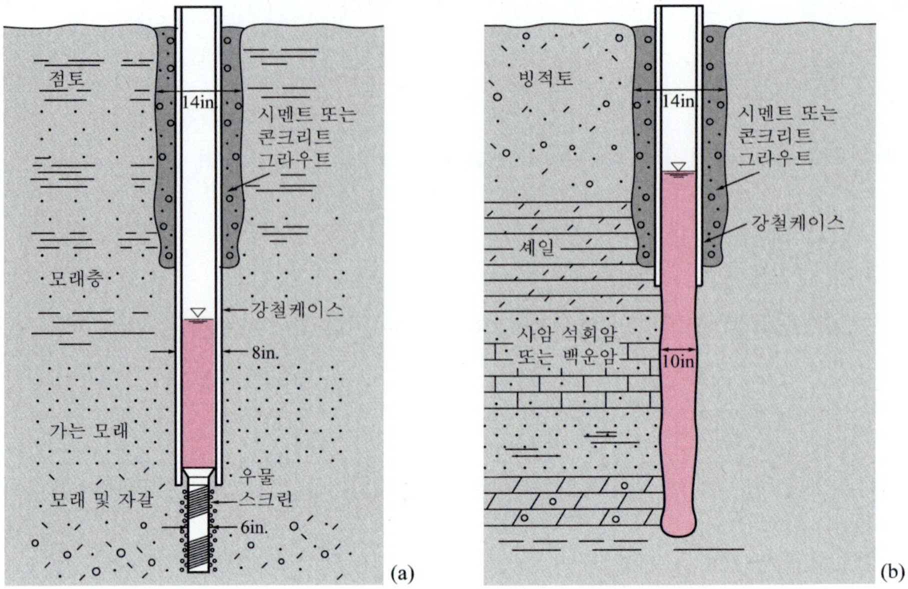

그림 9.5.1 (a) 압밀되지 않은 토양에서의 우물, (b) 압밀된 토양에서의 우물

그림 9.5.1에는 두 가지 관정에 대한 예를 보여주고 있다. 압밀된 토양에서는 케이스가 필요하지 않지만, 일반적으로 모래와 자갈로 구성된 압밀되지 않은 토양에서는 케이스가 필요하다. 대수층으로부터 물을 양수할 경우에는 관정 스크린이 필요하다.

새로운 지역에서 우물을 시추하기 전에 일반적으로 시험구멍을 뚫어 깊이에 따른 다양한 지질형태를 조사한다. 시험구멍을 시추하는데 쓰이는 일반적인 방법으로 케이블식, 회전식, 분사식 시추방법 등이 있다. 특정 깊이에서 보링(boring)을 통해 추출된 토양표본은 투수계수, 공극, 입자크기, 토성, 그리고 토양분류 등과 같은 다양한 인자들의 분석에 사용된다.

일단 우물이 시추되면 최적으로 물을 양수할 수 있도록 마감하여야 한다. 그러기 위해서는 케이스의 설치, 접합, 스크린의 설치, 그리고 자갈채움 등이 필요 하다. 우물케이스는 개구(open hole)를 지표면까지 유지하기 위한 라이닝의 역할을 한다. 케이스는 또한 우물 벽이 무너져 내리지 않도록 구조적인 지지역할을 하며 지표수의 유입을 차단하는 역할을 한다. 케이스는 주로 주철관, 강철관 및 PVC관을 사용한다.

우물은 원치 않는 수질의 물이 유입되는 것을 방지하기 위해 케이스 주위로 둥글게 접합재료를 이용하여 밀폐시킨다. 적절한 밀폐를 위해 접착제가 포함된 시멘트반죽을 케이스 주위 아래공간에 포설한다. 층으로 이루어진 대수층에서 다른 층을 교란시키지 않고 한 층에서만 양수를 하기위해서는 그라우트 채움이 일반적이다.

압밀되지 않은 토양에 주로 사용되는 우물 스크린은 지하수가 우물로 흘러 들어올 수 있도록 다양한 깊이로 구멍을 뚫은 관의 표면이다. 스크린의 주된 목적은 모래나 자갈과 같은 대수층 재료들이 우물 안으로 유입되는 것을 방지하고, 흐름의 수리학적 저항을 최소화시키는 것이다. 스크린의 재료로는 각종 금속, 합금, PVC, 그리고 목재도 사용된다. 인위적인 자갈층에 의해 둘러싸인 스크린에서 구멍의 크기는 자갈의 크기에 의해 결정된다.

지하수를 양수할 때마다 수질을 보호하기 위한 위생적인 조치를 충분히 취해야 한다. 지표면의 오염물이 우물 입구나 주위공간으로부터 유입될 수 있으므로, 이를 방지하기 위해 케이스 주위에 모르타르 밀폐 및 콘크리트를 이용한 표면 마감 등이 이루어져야 한다. 우물이 설치된 후, 그리고 과도한 홍수발생 후 오염이 예상되면 물을 채취하여 검사하여야 한다. 도시지역에서 우물은 정화조 시스템과 근접한 위치에 설치될 수 있는데 이러한 경우 위생을 위해 충분한 거리를 두어야 한다.

9.5.2 피압대수층에서의 양수

우물이 수평의 피압대수층으로 충분히 관입되었을 때 우물을 통한 물의 흐름은 모든 방향으로 이루어진다. 일정한 율로 지하수를 양수하고, 수위가 안정될 때까지 기다리면서 양수되는 우물로부터 r_1과 r_2 떨어진 위치에서 수위강하 h_1 및 h_2를 관측하면 대수층을 통한 투수계수를 산정할 수 있다.

대수층의 투수계수 K에 대수층의 두께 또는 깊이 D를 곱하면 투과율(transmissivity) T를 얻게 된다. 투과율의 단위는 m^2/day 또는 gal/day · ft(1m^2/day=80.5gpd/ft)로 나타낸다. 실제로 우물에서의 수위보다 서로 다른 반경에서 두 개 이상의 관측우물을 통해 수위를 관측하는 것이 더 바람직하다.

정상상태를 확실하게 유지하기 위해 우물로부터 멀리 떨어진 지점에서 지속적으로 대수층으로 물을

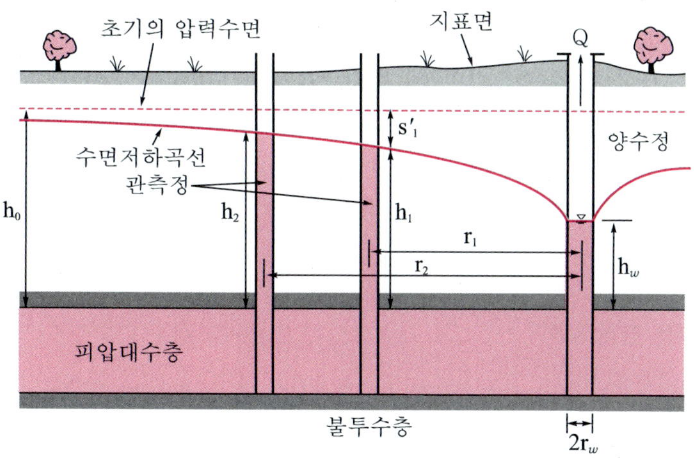

그림 9.5.2 피압대수층에서의 양수

공급해야 한다. 대수층이 균질(homogeneous)하고 등방성(isotropic)이며 배수로 인한 영향을 받지 않는다고 가정하면 임의의 반경 r에 있는 우물의 평형 유량은 다음과 같이 나타낼 수 있다.

$$Q = AV = 2\pi r\, DK\frac{dh}{dr} \tag{9.5.1}$$

여기서 Q는 양수율(m^3/s), r은 양수정으로부터 떨어진 반경(m), K은 투수계수(m/s), D는 대수층의 높이 또는 두께 (m)이다. 식 (9.5.1)을 적분하면

$$Q\int_{r_1}^{r_2}\frac{1}{r}dr = 2\pi DK\int_{h_1}^{h_2}dh \tag{9.5.2}$$

따라서 피압대수층을 통한 양수율 Q는 다음과 같이 나타낼 수 있다.

$$Q = 2\pi DK\frac{(h_2 - h_1)}{\ln\left(\frac{r_2}{r_1}\right)} \tag{9.5.3}$$

식 (9.5.3)을 평형방정식(equilibrium equation) 또는 Thiem의 방정식이라 하며 이를 이용하여 투수계수 K 또는 투과율 $T = KD$를 다음과 같이 구하게 된다.

$$K = \frac{Q}{2\pi D(h_2 - h_1)}\ln\left(\frac{r_2}{r_1}\right) \tag{9.5.4}$$

여기서 K는 투수계수(m/s), Q는 양수율(m^3/s), D는 대수층의 두께(m), r_1과 r_2는 양수정으로부터 떨어진 거리(m), h_1과 h_2는 r_1 및 r_2에서의 지하압력수위(m)이다.

예제 9.9

피압대수층에서 물을 양수하기 위해 양수정을 설치하였다. 두 관측지점 O_1, O_2가 양수정으로부터 100m, 1000m 거리를 두고 설치되었으며, 양수정으로부터 $0.2m^3/min$의 율로 양수하고 있다. 정상상태에서 수위의 강하가 O_1에서는 8m, O_2에서는 2m였다. 대수층의 두께가 20m일 때 투수계수 K와 투과율 T를 산정하라.

풀이

주어진 값들을 정리하면

$$Q = 0.2m^3/min,\ r_1 = 100m,\ r_2 = 1{,}000m,\ s_1{}' = 8m,\ s_2{}' = 2m,\ D = 20m$$

$s_1{}' = h_0 - h_1,\ s_2{}' = h_0 - h_2$이므로 식 (9.5.4)로부터

$$T = KD = \frac{Q}{2\pi(h_2 - h_1)}\ln\left(\frac{r_2}{r_1}\right) = \frac{Q}{2\pi(s_1{}' - s_2{}')}\ln\left(\frac{r_2}{r_1}\right)$$

$$= \frac{0.2\text{m}^3/\text{min}}{2\pi \times (8\text{m} - 2\text{m})} \ln\left(\frac{1{,}000\text{m}}{100\text{m}}\right) = 0.0122\text{m}^2/\text{min} = 2.03\text{cm}^2/\text{sec}$$

따라서

$$\text{K} = \frac{\text{T}}{\text{D}} = \frac{2.03\text{cm}^2/\text{sec}}{2000\text{cm}} = 1.02 \times 10^{-3}\text{cm}/\text{sec}$$

9.5.3 비피압대수층에서의 양수

비피압대수층에서의 양수율과 투수계수는 양수우물과 관측우물을 이용하여 피압대수층에서 설명한 방법과 유사한 방법으로 결정할 수 있다. 그림 9.5.3.과 같은 비피압대수층의 양수를 생각해 보자. 대수층의 불투수성 바닥까지 굴착된 우물이 일정한 수두를 가진 동심원 모양의 경계면으로 둘러 싸여 있다면 양수율 Q는 다음과 같이 나타낼 수 있다.

$$\text{Q} = \text{AV} = 2\pi \text{r}\,\text{h}\text{K}\frac{\text{dh}}{\text{dr}} \tag{9.5.5}$$

식 (9.5.5)를 적분하면

$$\text{Q}\int_{\text{r}_1}^{\text{r}_2}\frac{1}{\text{r}}\text{dr} = 2\pi\text{K}\int_{\text{h}_1}^{\text{h}_2}\text{hdh} \tag{9.5.6}$$

따라서 비피압대수층을 통한 양수율 Q는 다음과 같다.

$$\text{Q} = \pi\text{K}\frac{(\text{h}_2^2 - \text{h}_1^2)}{\ln\left(\frac{\text{r}_2}{\text{r}_1}\right)} \tag{9.5.7}$$

일반적으로 우물 주변에서는 지하수위가 급격하게 낮아지므로 흐름의 연직성분이 크게 되어 Dupuit의

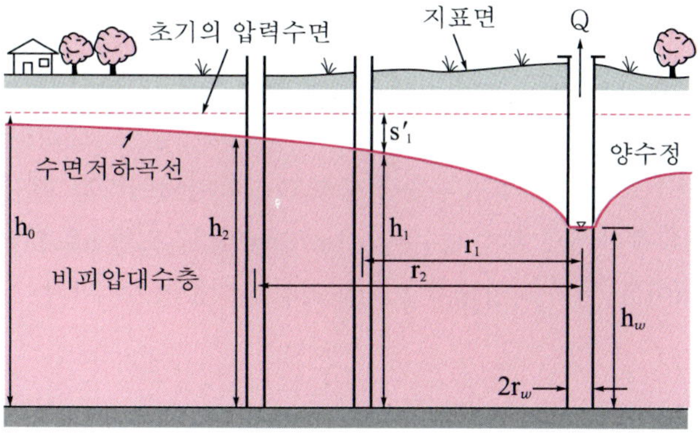

그림 9.5.3 비피압대수층에서의 양수

수평흐름 가정이 성립하지 않으나 수두 h를 정확히 측정하면 식 (9.5.7)에 의해 구한 양수율은 비교적 정확하다. 피압대수층과 마찬가지로 투수계수 K는 다음과 같이 구하게 된다.

$$K = \frac{Q}{\pi(h_2^2 - h_1^2)} \ln\left(\frac{r_2}{r_1}\right) \tag{9.5.8}$$

여기서 K는 투수계수(m/s), Q는 양수율(m^3/s), r_1과 r_2는 양수정으로부터 떨어진 거리(m), h_1과 h_2는 r_1 및 r_2에서의 지하수위(m)이다.

예제 9.10

충분히 관입된 비피압대수층의 우물로부터 $0.284m^3/min$의 물을 양수하고 있다. 초기의 지하수위는 10.5m이다. 장시간 후에 우물로부터 22.5m 떨어진 관측정에서 지하수위가 6m이고, 600m 떨어진 관측정에서의 지하수위가 10.2m일 때 투수계수를 산정하라.

풀이

주어진 값을 정리하면

$$Q = 0.284m^3/min = 4.73\times 10^{-3}m^3/sec$$

$$r_1 = 22.5m,\ r_2 = 600m,\ h_1 = 6m,\ h_2 = 10.2m$$

식 (9.5.8)로부터

$$K = \frac{Q}{\pi(h_2^2 - h_1^2)} \ln\left(\frac{r_2}{r_1}\right) = \frac{4.73\times 10^{-3}m^3/sec}{\pi\times[(10.2m)^2 - (6m)^2]} \ln\left(\frac{600m}{22.5m}\right) = 7.27\times 10^{-5}m/sec$$

9.5.4 누수피압대수층에서의 양수

낮은 지하수위를 가진 비피압대수층이 위에 놓여있고, 아래에 반대수층(aquitard)으로 경계를 이루고 있는 누수피압대수층(leaky confined aquifer)에서의 양수는 그림 9.5.4와 같다. 비피압대수층에서의 지하수위보다 누수피압대수층에서의 압력계에 의한 수위가 낮은 경우 물이 반대수층을 통해 아랫방향으로 연직 이동한다.

그림에서처럼 a에서 b로 Darcy의 법칙을 적용하고 c를 바닥이라고 하자. 비피압대수층에서의 투수계수는 3m/day, 반대수층에서의 투수계수는 0.1m/day이다. 또한 a로부터 b까지의 거리는 10m, b에서 c까지의 거리는 2m이고, 누수피압대수층과 비피압대수층의 수두차는 1m이다. a에서 b까지 Darcy의 법칙을 적용하면

$$V = K\frac{dh}{dL} = 3\frac{12 - h_b}{10} \tag{9.5.9}$$

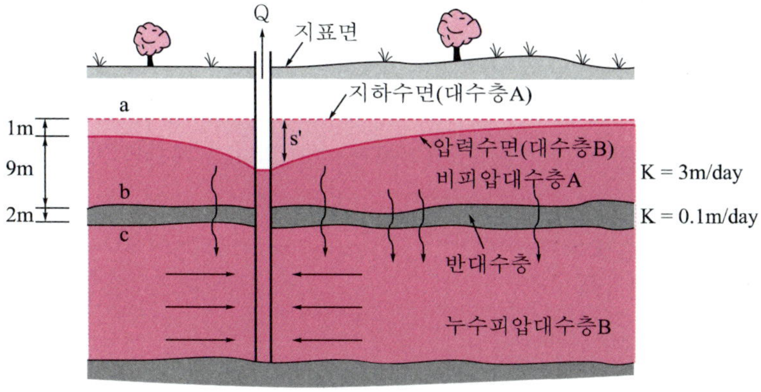

그림 9.5.4 누수피압대수층에서의 양수

b에서 c까지 Darcy의 법칙을 적용하면

$$V = K\frac{dh}{dL} = 0.1\frac{h_b - 11}{2} \tag{9.5.10}$$

두 식을 연립하여 h_b에 관해서 풀면 누수피압대수층의 c지점에서 약 11.85m로 계산된다. 즉, 누수피압대수층(c지점)에서의 수두가 비피압대수층(b지점)에서의 수두보다 약간 작다. 따라서 얕은 대수층을 통해 물이 아랫방향으로 이동하면서 0.15m의 수두손실이 발생한다.

만일 누수피압대수층에서 양수를 하면 수두차로 인하여 비피압대수층으로부터 누수피압대수층으로의 추가적인 유출이 발생하고(위에서 아래로), 비피압대수층에서 양수를 한다면 이와는 반대로 누수피압대수층에서 비피압대수층으로 유출(아래에서 위로)이 발생한다.

예제 9.11

그림 9.5.4와 같은 누수피압대수층에서 양수를 하고 있다. a와 b 사이에서의 투수계수가 1.02×10^{-3} cm/sec이고 b와 c 사이에서의 투수계수가 7.26×10^{-5}cm/sec일 때 a에서 c까지 물이 이동하면서 발생하는 수두손실을 계산하라.

풀이

a와 b 사이의 깊이는 10m, 투수계수는 1.02×10^{-3}cm/sec = 0.88m/day

b와 c 사이의 깊이는 2m, 투수계수는 7.26×10^{-5}cm/sec = 0.063m/day

a에서 b까지 Darcy의 법칙을 적용하면

$$V = K\frac{dh}{dL} = 0.88\frac{12 - h_b}{10}$$

b에서 c까지 Darcy의 법칙을 적용하면

$$V = K\frac{dh}{dL} = 0.063\frac{h_b - 11}{2}$$

두 식을 연립하여 h_b에 관해서 풀면 c지점에서 약 11.73m로 계산된다. 따라서 얕은 대수층을 통해 물이 아랫방향으로 이동하면서 0.27m의 수두손실이 발생한다.

9.6 지하수함양

지하수함양(groundwater recharge)은 물을 넓은 면적에 분포시키거나 자연상태를 인위적으로 변경하는 등의 방법을 통하여 지하수 저류량을 증대시키는 것이다. 다시 말하면 양수와는 반대로 지하 대수층에 물을 다시 채우는 것으로, 가장 자연적이고 근원적인 지하수함양은 강수로 인해 일어난다. 국지적으로 과도한 양수로 인한 지반의 붕괴, 지하오염원의 제거, 해수의 침입 방지 등과 같이 자연적인 강우에만 의존할 수 없는 상황이 자주 발생하고 있어 인위적으로 지하수를 함양할 필요성이 증대하고 있다.

9.6.1 수표면 증가방법에 의한 지하수함양

인위적으로 지하수를 함양하기 위한 다양한 방법들이 제시되고 있으며 지형학적, 지질학적, 수리수문학적, 기후학적, 그리고 경제적인 상황을 고려하여 적절한 방법을 택하게 된다. 가장 널리 쓰이고 있는 방법들은 지표면에 물을 넓게 분포시켜 침투지역을 넓혀 지하로 침투를 유도하는 것이다. 이런 방법을 일반적으로 수표면의 증가(spreading of water)라 하며 침투지법, 하상변경법, 도랑법, 범람법 등이 있다.

1) 침투지법

침투지법(basin method)은 국지 지형을 최대한 이용하여 축조한 제방에 의해 형성된 일련의 침투지에 물을 저류시키는 것이다. 침투지는 서로 연결되어 있어 한 침투지에서 월류한 물이 보다 낮은 다른 침투지로 유입되도록 설계한다. 그림 9.6.1은 하천을 따라 조성한 침투지의 모습이 보여주고 있는데 공간을 효율적으로 이용할 수 있으며, 불규칙한 지형을 이용하고 건설

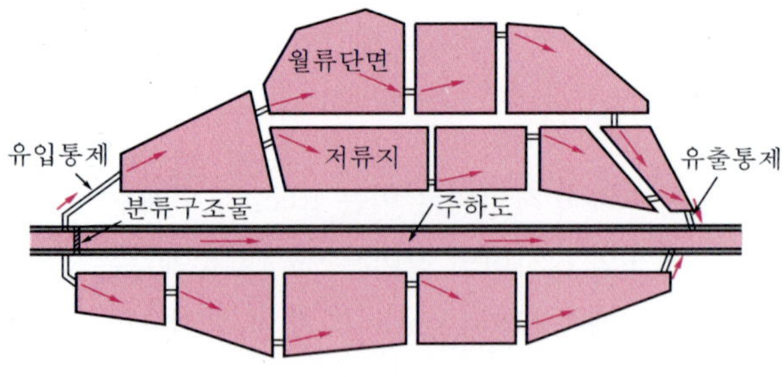

그림 9.6.1 하천을 따른 일련의 침투지

비용이 그리 많이 들지 않는 장점이 있다. 특히 상류 침사지인 경우 실트질의 침전으로 침투효율이 감소할 수 있으므로 정기적인 준설이 필요하다.

2) 하상변경법

하상변경법(modified stream bed method)은 하천에서 물의 침투를 유도하는 것으로 하천폭을 비교적 넓고 평탄하게 하고, 경사가 작게 유지하거나 하류부에 보나 댐을 설치하여 물이 장기간 머물면서 침투가 발생하도록 하는 것이다

3) 도랑법

도랑법(ditch 또는 furrow method)은 불규칙한 지형에서 하천과 접한 일련의 도랑을 통해 물을 저류시켜 침투를 발생시키는 것이다. 도랑은 얕고 바닥이 편평하며 물과 접하는 면적이 최대가 되도록 근접하여 위치시킨다. 도랑의 경사는 부유물이 가라 앉아 침투공극을 막지 않을 정도로 크게 하고 끝단의 낮은 지점에 집수 도랑을 만들어 하천으로 잉여의 물이 되돌아갈 수 있도록 설계한다. 이 방법은 지형과 지역의 면적에 영향을 받는다.

4) 범람법

범람법(flooding method)은 홍수터나 인공습지 등 자연적으로 조성된 비교적 편평한 곳에 물을 넓고 얕게 저류하여 침투시킴으로서 지하수를 함양하는 방법이다. 통제구조물이 필요 없지만 침투지역으로 물을 보내기 위한 도수로 등이 필요하다. 식생의 성장을 방해하거나 토양 표층을 교란시키지 않고 최대의 침투가 발생할 정도로 물을 보낸다.

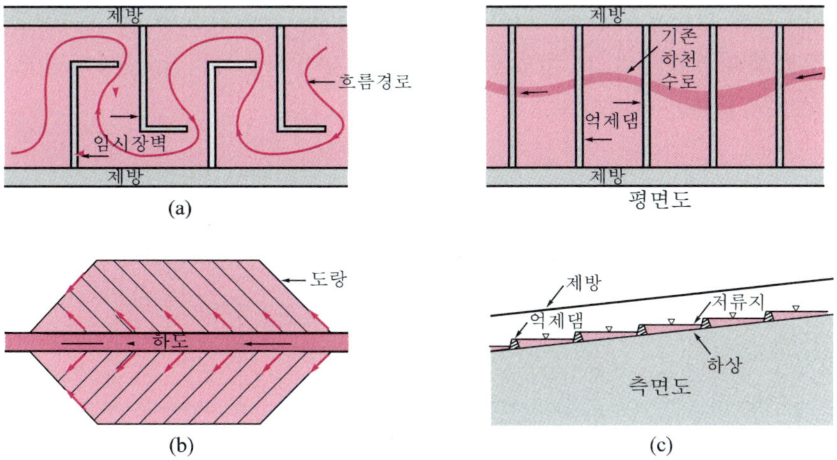

그림 9.6.2 지하수함양 방법들 (a) 장벽설치, (b) 도랑, (c) 억제 댐

9.6.2 우물을 통한 지하수함양

깊은 피압대수층으로의 지하수함양이나 공간적으로 다른 방법을 적용하기 곤란한 경우에 우물을 통한 지하수함양이 사용될 수 있다. 수리학적인 면에서 볼 때 우물이 같은 수위를 유지하기 위해서는 양수량과 함양량이 동일해야 하지만 실제로는 동일하지가 않다. 이러한 차이로 우물에서 구멍이 뚫린 케이스 부분이 미세한 대수층 입자, 함양수에 포함된 부유물질, 물속에 용해된 산소, 박테리아, 함양수와 지하수사이의 화학적 작용 등으로 막히게 되므로 지하수 함양을 위한 우물 관리에 주의를 하여야 한다.

자갈층을 설치한 우물은 그렇지 않은 경우보다 효과적으로 지하수를 함양할 수 있다. 함양수는 깨끗해야 하며, 나트륨의 농도가 높아서는 안 되고, 염소처리를 해야 한다. 함양은 비교적 일정한 압력으로 이루어져야 한다.

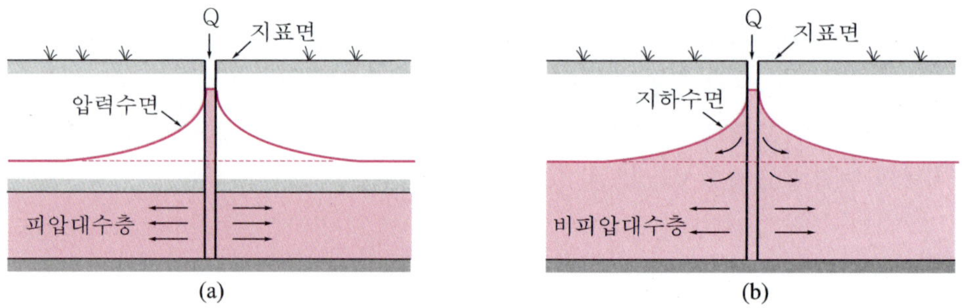

그림 9.6.3 피압 및 비피압대수층에서의 우물을 통한 지하수함양

9.6.3 유도 지하수함양

유도 지하수함양(induced recharge)은 하천과 인접한 우물을 통하여 양수를 함으로서 하천수 또는 지표수가 지하로 함양되도록 유도하는 것이다. 그림 9.6.4는 하천근처의 우물에서의 양수로 인한 하천수의 침투를 보여주고 있다. 이 방법은 지표수의 수질이 양호하지 않은 경우 침투를 통한 여과과정에서 정수가 되므로 유용한 방법이라고 할 수가 있다.

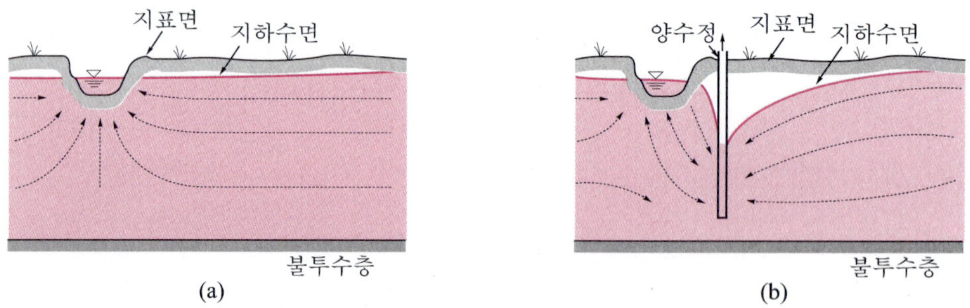

그림 9.6.4 유도 지하수함양

9.7 해수침입

자연적인 상태에서 해안을 따라 해수(seawater) 및 담수(freshwater)간에 밀도차에 비례하여 평형 상태가 형성될 수 있다. 해수의 비중이 담수에 비해 2.5% 정도 크므로 담수가 해수위로 뜨게 된다. 지하수의 과도한 양수 및 제거로 인해 해수와 담수간의 자연적인 경계가 변경되고 지하수면의 새로운 경사가 조성되어 해수와 담수간의 평형이 교란을 받게 된다. 정수압의 균형 변화가 해수의 침입을 초래하는 것이다. 해수가 담수 대수층으로 침입하는 것이 대표적인 예로 물의 화학적 구성성분의 변화로 인해 점성이 변하고 따라서 투수계수가 변하여 지하수의 흐름에 변화를 주게 된다.

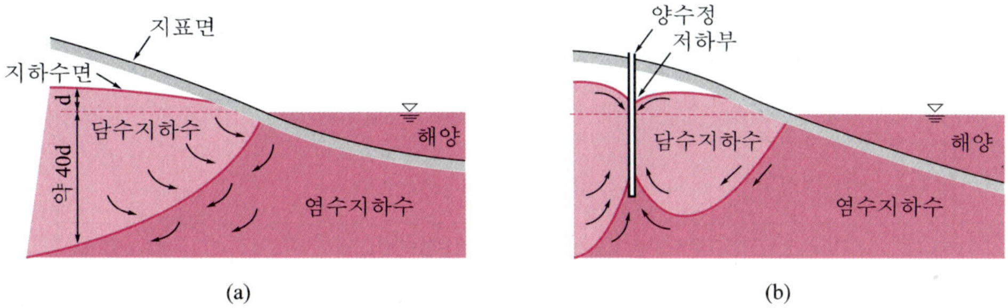

그림 9.7.1 해수의 침입

그림 9.7.2에는 피압대수층 및 비피압대수층에서의 정상적인 해수 및 담수위치가 나타나 있다. 하지만 여러 이유로 인해 균형이 교란되어 해수가 침투하게 된다. 해수 침투가 발생하면 염분을 제거하기가 대단히 어려우므로 오염된 대수층은 수원으로서의 기능을 거의 상실하게 된다. 해수의 침투가 일어나는 원인과 해결방법에 대해 알아보기로 한다.

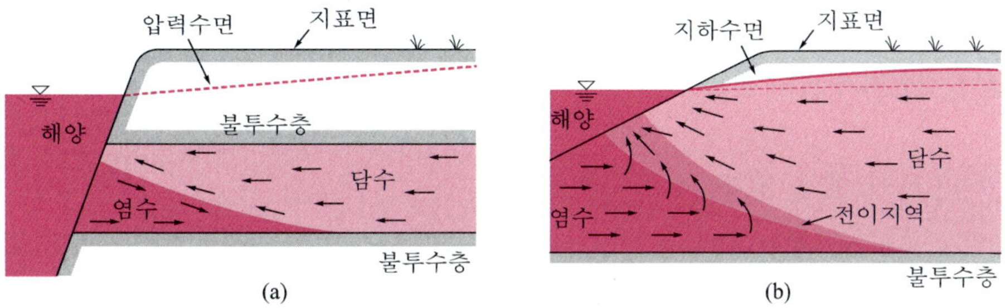

그림 9.7.2 피압 및 비피압대수층에서의 해수 및 담수 존재 양상

가) 과도한 양수로 인한 해수침입

과도한 지하수 양수로 인해 지하수면 경사가 감소되거나 역경사가 되어 비중이 큰 해수가 침투하게

된다. 그림 9.7.1(b)와 같이 해안선 근처 우물에서 과대한 양수로 지하수위가 감소하여 해안쪽으로 낮아지는 경사가 우물쪽으로 낮아져 담수의 압력이 낮아지므로 그 밑에 있던 해수가 상승하여 우물지점까지 이르게 된다. 이러한 경우 그림 9.7.3(a)와 같이 해안에 평행하게 일련의 우물을 운영하여 양수를 계속함으로서 해수가 내륙지역으로 계속 침투하는 것을 방지할 수 있다. 하지만 이 방법을 사용하면 내륙쪽에 있는 담수도 함께 양수되어 소모되고 운영비가 많이 드는 단점이 있다.

또 다른 방법으로 그림 9.7.3(b)와 같이 해안선에 평행하게 일련의 우물을 설치하여 이번에는 우물을 통해 담수를 주입함으로서 해수가 밀려서 바다쪽으로 흐르게 할 수 있다. 이 방법은 내륙쪽에서 우물을 통해 양수한 물을 주입하면 되므로 물의 낭비는 앞의 양수방법에 비해 없다고 볼 수 있으나 운영비가 많이 든다.

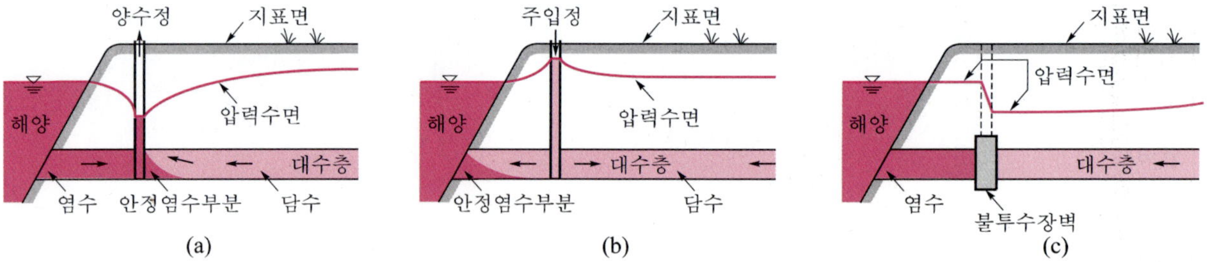

그림 9.7.3 해수침입을 통제하는 방법들

나) 지하수와 해수사이 장애의 제거

해안 배수로를 굴착하는 경우 해수가 내륙 깊숙이 들어와 해수가 대수층으로 침투함으로서 염수의 침입이 발생한다. 이 경우에는 해안선을 따라(그림 9.7.3(c)) 또는 내륙배수로를 따라 지하에 아스팔트, 콘크리트, 점토, 판기초 등과 같은 불투수성 벽을 쌓아 방지할 수 있다. 이 방법은 유지관리비가 적게 드나 건설비가 많이 드는 단점이 있다.

다) 하부층에서의 해수 상승

하부에 해수층이 있는 경우 그 위에 위치한 담수층에 우물을 설치하여 양수를 하는 경우 우물 주위로 해수층이 상승하여 우물을 오염시키게 된다. 실제로는 해수층과 담수층 사이에 중간층이 형성되어 작은 양의 양수로도 해수가 우물에 도달하게 된다. 이러한 경우 앞에서 언급한 바와 같이 우물을 통해 담수를 주입함으로서 해수의 높이를 낮추는 방법을 사용할 수 있고, 과도한 양수를 억제하여 자연적으로 해수의 높이가 낮아지기를 기다리는 방법이 있다.

연습문제

9.1 대수층으로부터 시료를 채취하여 그림 9.2.3(a)와 같은 정압수두 투수계를 이용하여 투수계수를 산정하려고 한다. 시료의 반경이 2cm이고 길이가 30cm일 때 하루 동안 시료를 통과한 물의 양이 0.0153m^3이고 수두차가 14cm인 경우 투수계수를 산정하라.

9.2 대수층으로부터 시료를 채취하여 그림 9.2.3(b)와 같은 감소수두 투수계를 이용하여 투수계수를 산정하려고 한다. 시료의 반경이 2cm이고 길이가 30cm일 때 2시간 동안 물이 시료를 통과하여 반경 1cm인 관의 수위가 50cm에서 20cm로 낮아진 경우 투수계수를 산정하라.

9.3 관정을 통해 500m^3의 물을 양수한 결과 $4{,}800\text{m}^2$의 면적상에서 지하수위가 1.6m 하강할 경우에 대한 비산출량 또는 저류상수를 산정하라.

9.4 대수층에서의 물의 온도가 20℃이고 물의 이동속도가 22.9cm/day일 때 다공성매체의 평균입경이 1.78mm라면 Reynolds 수는 얼마인가? 이러한 흐름에서 Darcy의 법칙을 적용할 수 있는가?

9.5 물의 온도가 20℃일 때의 투수계수가 $K = 1.73 \times 10^{-2}\text{m/day}$라면 10℃ 및 25℃일 때의 투수계수는 얼마인가?

9.6 대수층이 폭 500m, 깊이 13m, Darcy의 유속 0.15m/d, 공극률 0.25일 때 대수층을 통한 단위폭당 유량, 전체 유량, 그리고 침윤속도를 산정하라.

9.7 그림 9.4.2와 같이 하천으로 지하수가 유입하고 있다. 만일 $h_1 = 12.5\text{m}$, $h_2 = 11.3\text{m}$, $L = 500\text{m}$, 투수계수가 1.5m/d일 경우 Darcy의 법칙을 이용하여 하천길이 100m를 통해 유입되는 지하수량을 산정하라.

9.8 대수층으로부터 표본을 채취하여 그림 9.4.1과 같은 실험을 통해 투수계수를 산정하려고 한다. 시료의 직경은 5cm, 길이 L=30cm일 때 시료를 통과한 물을 측정한 결과 3분 동안에 45cm^3이고 두 단면간의 수두차는 14cm였다. 투수계수를 산정하라.

9.9 대수층에서의 투수계수를 산정하기 위해 서로 40m 떨어진 두 지점에 관측정을 설치하였다. 한 관측정에서 추적약품을 투입하여 다른 관측정에서 확인되는데 걸리는 시간이 5시간이고 두 지점간의 수위차가 0.6m이며 대수층의 평균 공극률이 15%이면 투수계수는 얼마인가?

9.10 그림 9.4.3(a)와 같은 댐 아래에서의 누출량을 산정하라. 댐의 폭은 50m이고 투수계수 K는 10^{-4}m/sec이다.

9.11 그림 9.4.4와 같이 피압대수층에서 50m 떨어진 두 지점에 압력계를 설치하여 압력계 수위를 관측한 결과 36m와 31m로 나타났다. 대수층의 깊이가 8m, 폭이 20m이고 투수계수가 0.15m/day일 때 대수층을 통해 흐르는 유량을 산정하라.

9.12 그림 9.4.5와 같은 비피압대수층에서 50m 떨어져 있는 두 지점의 지하수위가 $h_1 = 36$m, $h_2 = 41$m이고 투수계수는 0.15m/day이며, 폭이 20m일 때 두 지점을 통해 흐르는 유량을 계산하라.

9.13 피압대수층에서 물을 양수하기 위해 양수정을 설치하였다. 두 관측지점 O_1, O_2가 양수정으로부터 100m, 500m 거리를 두고 설치되었으며, 양수정으로부터 0.5m^3/min의 율로 양수하고 있다. 정상상태에서 수위의 강하가 O_1에서는 10m, O_2에서는 3m였다. 대수층의 두께가 35m일 때 투수계수 K와 투과율 T를 산정하라.

9.14 피압대수층에서 지하수를 양수하려고 한다. 초기의 압력수두가 15m이고 10m 및 100m 떨어진 지점에서의 압력수두 저하가 4m 및 1m라면 양수율은 얼마인가? 투수계수는 K=7.5m/day이고 대수층의 두께는 2m이다.

9.15 충분히 관입된 비피압대수층의 우물로부터 1.5m^3/min의 물을 양수하고 있다. 초기의 지하수위는 8m이다. 장시간 후에 우물로부터 50m 떨어진 관측정에서 지하수위가 5m이고, 500m 떨어진 관측정에서의 지하수위가 7m일 때 투수계수를 산정하라.

9.16 비피압대수층에서 지하수를 양수하려고 한다. 초기의 지하수위는 10m이고 10m 및 100m 떨어진 지점에서의 지하수위 저하가 2.8m 및 1.2m라면 양수율은 얼마인가? 투수계수는 K=5.0m/day이다.

9.17 비피압대수층에서 양수정을 통해 0.25m^3/min의 율로 지하수를 양수하고 있다. 우물의 깊이는 35m이고 직경은 50cm이다. 양수정의 중심으로부터 10m 및 100m 떨어진 지점에서의 지하수위 강하가 4m 및 1m일 경우 투수계수를 산정하라. 양수정에서의 수위강하는 얼마인가?

9.18 그림 9.5.4와 같은 누수피압대수층에서 양수를 하고 있다. a와 b 사이의 깊이가 18m, 투수계수가 2.308×10^{-3}cm/sec이고 b와 c 사이의 깊이가 2m, 투수계수가 5.787×10^{-4}cm/sec일 때 a에서 c까지 물이 이동하면서 발생하는 수두손실을 계산하라. 단, 비피압대수층에서의 지하수위와 누수피압대수층에서의 수두차는 3m이다.

Hydraulics

Chapter 10
하천유사 및 안정설계

10.1 서론

하천 유사론(fluvial sedimentation)은 하천에서의 유사의 침식(erosion), 이송(transportation), 퇴적(deposition) 등을 다루는 학문이라 할 수 있으며, 이러한 과정들은 지질학적인 시간을 통해 활발히 발생하는 자연적인 과정이며 현재 우리 주변의 지표면 형상을 초래하고 있다. 유사과정의 주된 외적 요인은 물, 바람, 중력 및 빙하 등이 있지만 토목공학의 수리학에서 취급하는 주된 요인들은 강우 및 유출과 같은 물에 의한 힘이 있다.

침식과정에서 입자들의 분리는 강우의 충격력 또는 흐르는 물에 의한 힘에 의해 발생하게 된다. 일단 입자가 분리되면 흐르는 물에 포함되어 이송되게 되며, 유사의 이송은 입자의 형상, 크기 및 무게, 그리고 흐름에 의해 입자에 가해지는 힘 등에 의해 영향을 받게 된다. 유사를 이송시키는 힘이 감소하게 되면 입자는 더 이상 이송되지 못하고 퇴적되게 된다.

유사의 퇴적은 새로운 지형을 초래하거나 기존의 다양한 목적의 지표면 이용을 더욱 활성화시킬 수 있으며, 또한 심각한 문제를 초래하기도 한다. 유해한 물질이 농경지나 비옥한 홍수터 등에 퇴적되면 토양의 질이 떨어지며, 지표면 유출수의 질을 저하시키고, 귀중한 농작물이 피해를 입을 수가 있다. 하천에 퇴적된 유사는 홍수류의 소통능력을 감소시켜 홍수발생을 빈번하게 한다. 관개 및 배수로, 주운수로, 저수지 및 항구, 도로 등에서의 유사 퇴적은 구조물의 본래의 기능을 떨어뜨리고 불쾌감을 줄 뿐만 아니라 이들을 제거하고 유지관리 하는데 많은 비용이 소요된다.

수리학을 공부하는 입장에서 이와 같은 물과 관련된 유사의 침식, 이송 및 퇴적에 의해 발생하는 피해를 방지하고, 이를 유용하게 이용하기 위해서는 하천에서의 유사의 거동에 대한 기본 개념 및 역학적인 관계, 그리고 발생 가능한 상황에 대한 예측 및 이에 대한 적절한 대책 등에 대해 알 필요가 있다. 따라서 본 장에서는 하천형태, 유사의 기본 특성, 유사의 이동조건 및 하상의 안정설계 등에 대해 소개하기로 한다. 하천유사와 관련된 응용은 14장 하천유사의 산정 및 실측, 그리고 15장 하천교량 세굴에서 자세히 다루기로 한다.

10.2 하천지형학

하천지형학(fluvial geomorphology)에서는 하천 및 하천시스템의 형태를 다룬다. 지질학(geology)이 수십억 년에 걸친 지구의 변화에 관심이 있듯이 지형학에서도 역사적인 관점에서 하천의 형태를 분석하며 현재의 형태로 진화해 오는 동안의 무한한 시간 개념을 이용한다. 기후변화 및 지구진화과정에서의 재난적인 사건들에 대한 하천 반응의 조사는 수문 및 수리학적 조건을 변화시키는 장기간에 걸친 하천의 변화과정에 대한 정보 및 통찰력을 준다.

10.2.1 하천의 연대적 분류

연대에 따라 하천을 분류하는데 사용하는 방법은 다양하며, 공학에서도 광범위하게 적용되는 지형학에서 사용하는 방법 중의 하나는 하천을 유년기(youthful), 장년기(mature), 그리고 노년기(old) 하천으로 분류하는 방법이다.

유년기 하천은 하천의 초기상태로 하천이 흐르는 물에 의해 지구표면에서 처음 형성됨에 따라 일반적으로 V형태를 이루고, 매우 불규칙적이며 파쇄된 침식 및 비침식 물질로 구성되어 있다. 유년기 하천의 예로 지표면 유출에 의해 형성된 산악 하천, 협곡 및 지류들이 있다. 유년기 하천과 장년기 하천간의 명확한 구분의 한계는 없지만 장년기 하천은 계곡이 좀 더 넓어지고, 하천의 경사가 완만해지며, 하상침식이 제방 측면의 침식으로 대체되어 U자 형태로 변하게 된다. 장년기 하천의 하상은 경사 및 에너지가 이송되어 온 하상 물질을 이송시키기에 충분한 완경사상태(graded condition)를 이루게 된다. 또한 장년기 하천에서는 좁은 홍수터 및 사행(meandering)이 형성된다. 주변에 농업 및 도시개발을 수용할 수 있도록 유역의 폭이 넓어지고, 이러한 개발이 이루어지는 곳에서는 하천의 횡방향 이동을 방지하기 위한 하도의 안정 및 개수에 대한 조치를 취하게 된다. 장년기 하천이 오래되면 노년기 하천으로 분류되게 된다.

노년기 하천은 침식이 지속되어 하천의 유역이 넓어지고 하천의 경사가 더욱 완만해지며, 하천을 따라 자연제방이 형성된다. 하천시스템 전체가 평형을 이룰 때 노년기 하천으로 분류하기도 한다. 평형하천(stream in equilibrium)은 완경사하천(graded stream) 또는 안정하천(poised stream)으로 불리는데, 완경사하천은 이송되어온 유사를 이송시키기에 충분한 에너지를 가진 경사가 형성된 하천을 말하며, 시간이 지남에 따라 하상이 낮아지거나 높아지지 않는 하천을 안정하천이라 한다. 평형하천이나 안정하천 모두 민감한 균형을 이루고 있다.

하천시스템에 변화가 발생하면 균형이 깨지게 되고 하천이 새로운 균형을 이루기 위해 변하게 된다. 예를 들어 평형 또는 안정하천에서 개발을 위해 부분적인 절취가 이루어졌다면, 하천의 경사가 증가하게 되고 유속 또한 증가하며 유사의 이송능력도 증가하게 된다. 이러한 수리 변수들의 변화는 하도의 변화 및 하류에서의 퇴적을 초래하게 된다. 국지적으로 경사를 급하게 하면 상류로 점진적으로 확대되어 새로운 평형상태가 이루어지게 된다.

10.2.2 하천 형태 및 분류

하천은 지도나 항공사진을 바탕으로 하도의 형태에 따라 다양하게 분류할 수가 있다. 이러한 하도의 형태에는 직선(straight)하도, 사행(meandering)하도, 망상(braided)하도 및 이들이 조합된 형태가 있다.

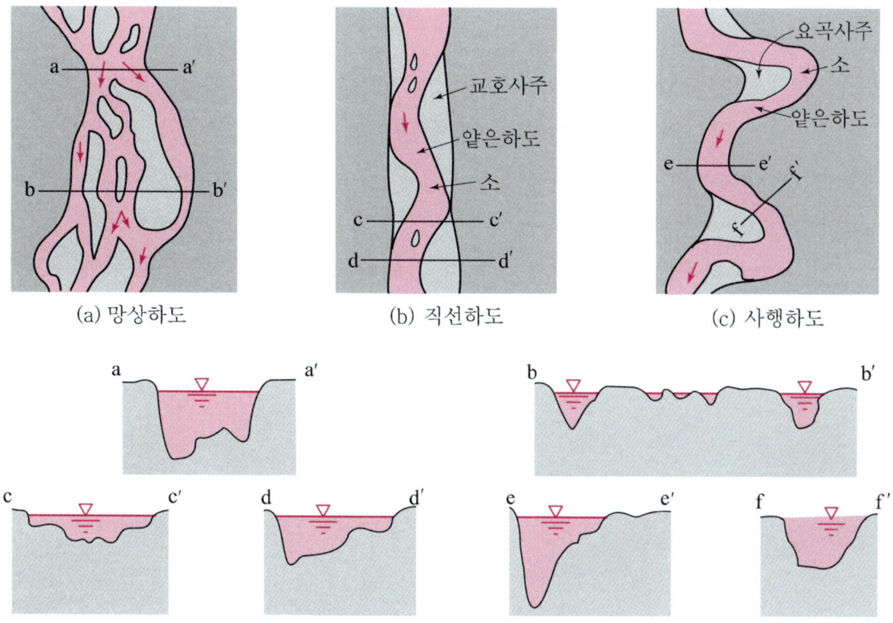

그림 10.2.1 하도의 형태

가) 직선하도

직선하도는 하도가 만곡(sinuous)된 경로를 따르지 않는 하도로 정의할 수가 있다. 만곡도(sinuosity)는 그림 10.2.2와 같이 하도의 상·하류 두 지점 간에 최심하상을 따른 거리와 직선거리의 비로 나타내며, 직선하도 및 사행하도를 구분하는데 사용할 수가 있다. 만곡도는 완전직선하도인 경우의 1로부터 3 또는 그 이상의 값으로 변하게 되며, 사행하도와 직선하도의 구분은 보통 만곡도 1.5를 기준으로 하게 된다.

직선하도는 비교적 완만한 경사를 가진 만곡 사행하천의 긴 구간이 급한 경사를 가진 짧은 단축구간으로 변경되는 사행 고리(loop)의 자연적인 또는 인위적인 절취에 의해 형성된다. 직선하도는 또한 사행정도를 감소시키거나 통제하기 위한 제방이나 호안과 같은 시설물에 의해 인위적으로 형성될 수도 있다. 수심이 가장 깊은 지점의 반대쪽에는 제방을 따라 사주(bar) 또는 유사의 퇴적이 발생하게 되며, 이를 하도의 양쪽으로 번갈아가며 나타나기 때문에 교호사주(alternate bar)라 한다.

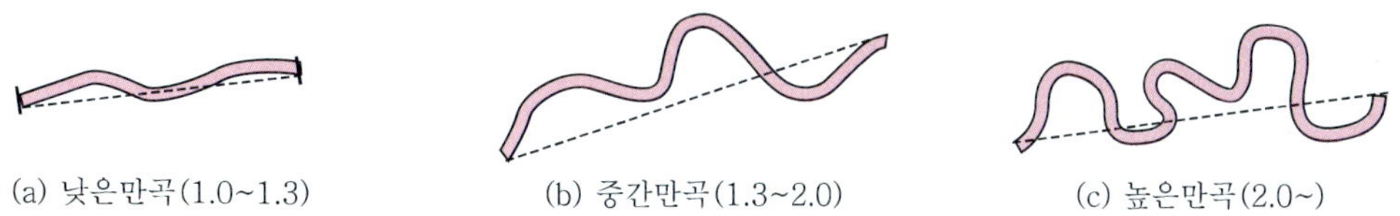

그림 10.2.2 전형적인 만곡도

나) 사행하도

사행하도는 교대로 반복되는 만곡부로 구성되어 있으며 위에서 내려다보면 S자 모양을 하고 있다. 사행하도는 만곡부에 일련의 깊은 소(pool), 즉 웅덩이가 형성되고 만곡부 사이의 비교적 짧은 직선구간에는 얕은 하도(crossing)로 이루어져 있다. 웅덩이 부분은 삼각형 단면으로 이루어져 있으며 만곡부 안쪽에 요곡사주(point bar)가 형성된다. 직선구간의 얕은 하도는 일반적으로 폭이 넓고 수심이 비교적 얕은 사각형 단면으로 이루어져 있다. 사행하천 형성의 주된 원인은 만곡부에서 발생하는 2차 흐름 때문이다.

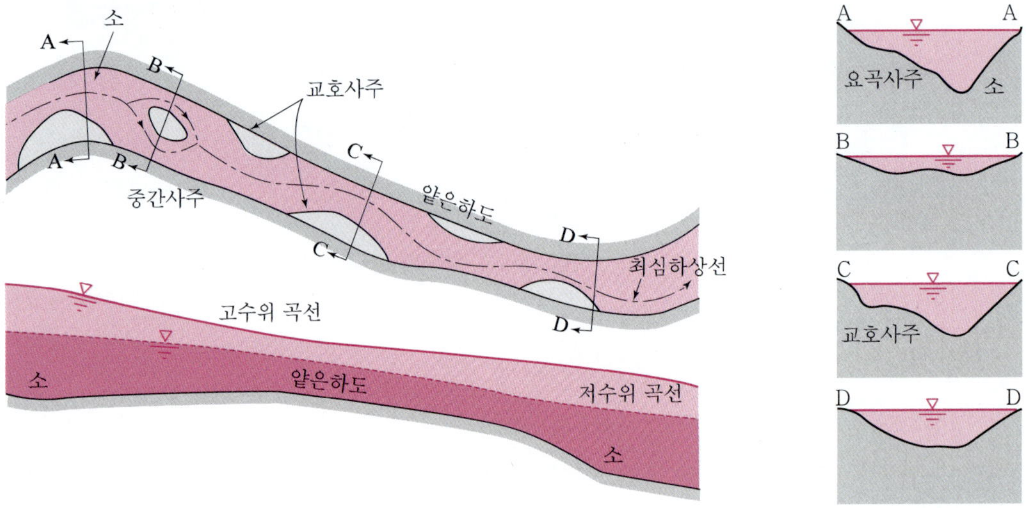

그림 10.2.3 사행하도

다) 망상하도

망상하도는 일반적으로 하도 폭이 넓으며 형태가 제대로 이루어지지 않은 불안정한 제방을 가지고 있고, 퇴적된 모래 섬 주위로 여러 갈래로 갈라진 경사가 급하고 얕은 흐름을 형성하고 있다. 이러한 망상하도 형성의 주 원인으로는 하도가 운반할 수 있는 유사량보다 더 많은 유사가 유입될 경우 유사의 일부가 퇴적되어 발생하거나, 경사가 급하여 사주 및 섬이 형성되는 넓고 얕은 흐름이 발생하는 경우이다.

만일 유사가 많이 유입되면 퇴적이 발생하고 하상이 상승하며, 이러한 상태를 유지하기 위해 하도의 경사가 증가하게 된다. 하도의 경사가 증가함에 따라 유속도 증가하여 다중 하도가 형성되고 하도시스템 전체가 넓어지게 된다. 망상하도는 불안정하며, 하도의 배치가 급격하게 변하고, 많은 양의 유사를 운반하여 관리하기가 어렵다. 또한 홍수 흐름에서도 넓고 얕은 흐름이 형성되기 때문에 일반적으로 예측하기가 힘들다.

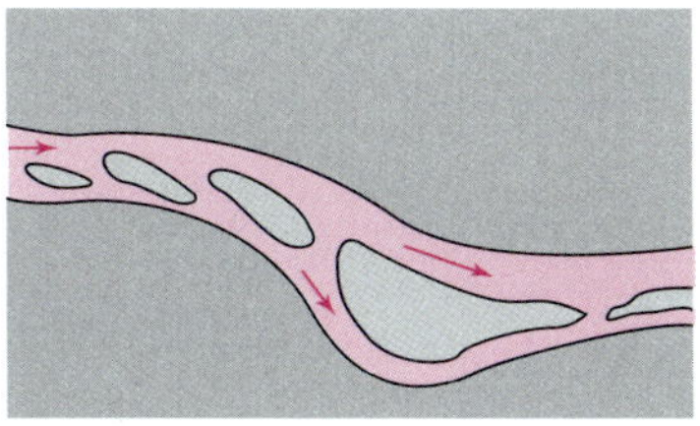

(a) 단일사주 및 섬

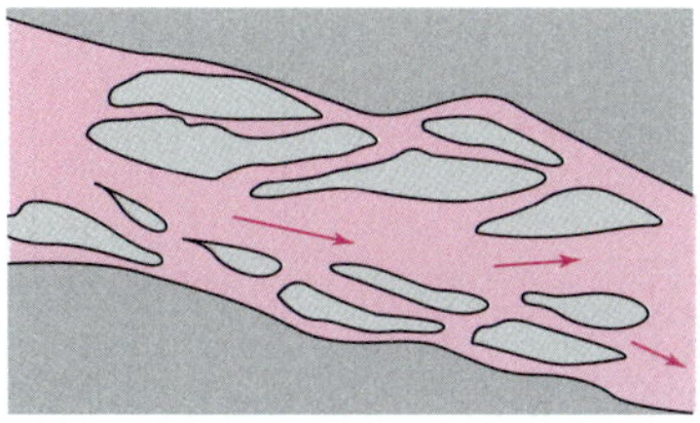

(b) 다중사주 및 섬

그림 10.2.4 망상하도

10.2.3 하천시스템의 정성적인 반응

많은 수의 하천들이 긴 구간에 걸쳐 개략적인 평형상태를 유지하고 있으며, 이러한 하천 구간을 지질 분야에서는 평형(equilibrium 또는 graded)하천 공학분야에서는 안정(poised)하천이라 한다. 하지만 상당수의 하천들은 하상이 활발하게 침식되거나 퇴적되는 긴 구간을 가지고 있다. 인간에 의한 국지적인 활동에 의해 하천의 부분 또는 전 구간에 걸쳐 하천 특성에 중요한 변화가 발생하게 된다. 따라서 바람직한 하천설계를 하기 위해서는 하천이 안정한 상태로 변해가려는 자연적인 경향을 고려해야 한다. 그러기 위해서는 인간 및 자연에 의해 초래되는 하천 특성 변화에 대한 방향 및 규모를 이해하여야 한다. 이러한 이해는 자연 상태에서의 하천의 연구, 유사와 유량간의 관계, 인간의 장래 활동에 대한 영향 및 규모, 그리고 하천의 지질, 토양, 수문 및 수리에 대한 지식의 적용을 통해 얻을 수가 있다.

하천 반응의 정량적인 예측은 모든 필요한 자료를 정확하게 알 수 있으면 가능하다. 하지만 일반적으로 정량적인 산정을 하기위한 자료들이 충분하지 않기 때문에 정성적인 산정만이 가능하다. 하천의 수리학적 특성치들과 하천시스템의 변화에는 다음과 같은 일반적인 관계가 있다.

① 흐름의 수심 y는 유량 Q와 직접적으로 비례한다.

② 하도 폭 B는 유량 Q 및 유사량 Q_s와 직접적으로 비례한다.

③ 하도 폭 및 수심의 비(B/y)로 나타낸 하도의 형상은 유사량 Q_s와 직접적으로 관계가 있다.

④ 하도 경사 S는 유량 Q와 반비례하고, 유사량 Q_s 및 입자 크기 D_{50}에 직접적으로 비례한다.

⑤ 만곡도 s는 계곡의 경사와 직접적으로 비례하고, 유사량 Q_s와는 반비례한다.

⑥ 유사량 Q_s의 이송은 하천강도 $\tau_o U$ 및 미세 입자의 농도 C_F에 직접 관계가 있고, 하상 물질 D_{50}의 침강직경과 반비례 관계가 있다.

이상과 같은 관계를 식으로 나타내면 다음과 같다.

$$Q_s \sim \frac{(\tau_o U)BC_F}{D_{50}} \sim \frac{(\gamma yS)BU}{D_{50}/C_F} = \frac{\gamma QS}{D_{50}/C_F} \qquad (10.2.1)$$

만일 γ가 일정하다고 가정하고 C_F를 침강직경에 포함시키면 유량, 경사 및 유사량 간의 관계를 다음과 같이 간단하게 나타낼 수 있다.

$$QS \sim Q_s D_{50} \tag{10.2.2}$$

식 (10.2.2)는 하천시스템에서 자연적인 또는 인위적인 변화에 대한 하천의 반응을 정성적으로 예측하는데 유용하게 이용할 수 있다. 예를 들어 하천상에 댐의 건설로 인한 댐 하류 하천의 변화를 예측해 보자. 댐 상류 저수지에서 유사의 침강으로 댐 하류로 비교적 깨끗한 물이 흐르게 된다. 따라서 하류에서는 유사량이 감소하므로 Q_s는 Q_s^-가 된다. 만일 유사의 입자크기 D_{50}과 유량 Q가 일정(D_{50}°, Q°)하다고 가정하면 식 (10.2.2)의 비례관계가 균형을 이루기 위해서는 댐 하류 하상 경사가 감소(S^-)해야 한다. 즉,

$$Q^{o}S^{-} \sim Q_s^{-} D_{50}^{o} \tag{10.2.3}$$

따라서 댐 건설로 인해 하류부에서는 하상이 저하되어 경사가 완만하게 변한다.

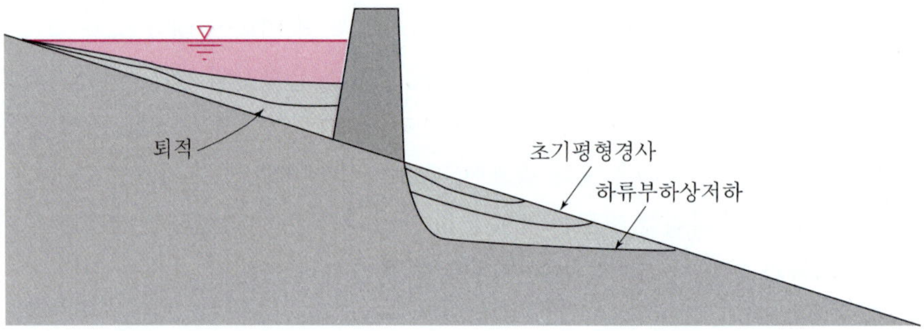

그림 10.2.5 댐 상류 및 하류의 정성적인 변화

10.3 하상의 형태

하상의 형태 및 사주(bar)의 변화는 흐름과 하상물질의 상호작용에 의해 발생하게 된다. 따라서 하상의 흐름에 대한 저항과 유사의 이송은 하천의 경사 및 수심, 물의 점성, 하상물질의 입경분포에 영향을 받게 된다. 그러므로 적절한 안정하천 설계를 위해서는 하천에서 형성되는 여러 종류의 사주 및 하상형태, 각각의 하상형태에 따른 흐름의 저항 및 유사의 이송, 그리고 수심, 경사, 점성 등이 하상에 어떠한 영향을 미치는지에 대한 지식을 가지고, 하천의 분석 및 예측, 그리고 문제가 발생하는 지점의 제거 및 대책 등을 고려해야 한다. 본 절에서는 하상의 조도와 관련 있는 하상의 형태에 대해 소개하기로 한다.

① 하상형상(bed configuration) : 하상을 구성하고 있는 입자 중 가장 큰 입자의 크기보다 크게 하상이 불규칙하게 변동이 있으면 특정 하상형상을 나타내고 있다고 한다.

② 편평하상(plane bed) : 하상을 구성하고 있는 입자 중 가장 큰 입자의 크기보다 작게 하상이 불규칙하게 변동되면 편평하상이라 한다.

③ 사련(ripple) : 잔물결 형태의 하상으로 길이가 약 30cm이내 높이가 약 5cm이내의 크기로 이루고 있다. 사련은 종방향, 즉 흐름 방향으로 상류부가 완만한 경사를 이루고 하류부가 급한 경사를 가진 삼각형 형상을 이루고 있다.

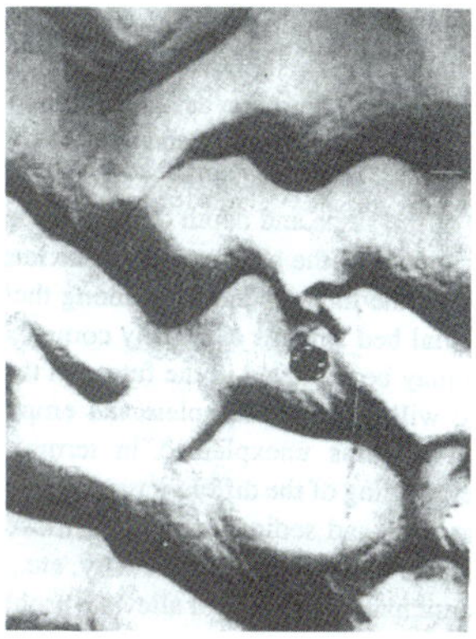

그림 10.3.1 사련하상

④ 사주(bar) : 사주는 하천의 폭과 같거나 큰 길이를 가지고 있으며, 높이는 사주를 형성하는 흐름의 평균깊이와 비슷하다. 사주에는 요곡사주(point bar), 교호사주(alternate bar), 횡사주(transverse bar), 그리고 지류사주(tributary bar)가 있다. 요곡사주는 하천 만곡부의 안쪽에 유사가 퇴적되어 발생하고, 교호사주는 제방을 따라 주기적으로 형성되며, 하천의 양쪽에 번갈아가며 나타나게 된다. 횡사주는 하천 중간에 하나의 섬과 같이 형성되며, 하천을 따라 주기적으로 나타나고 하류방향으로 이동해 간다. 지류사주는 지류가 합류되는 지점의 직하류에 형성되며, 횡방향으로 상류측 경사는 완만하고 하류측 경사는 급한 삼각형 형태를 이루고 있다. 사주의 형태 및 위치는 그림 10.2.3 및 10.3.2와 같다.

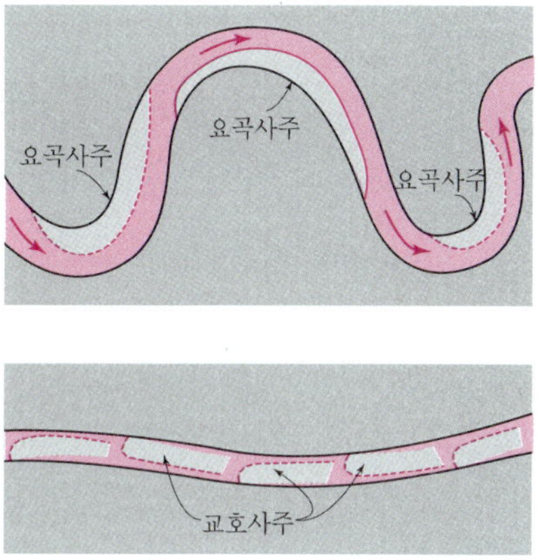

그림 10.3.2 사주의 위치

⑤ 사구(dune) : 사구는 사련보다는 크기만 사주보다는 작은 하상의 형태로 표면의 형태가 수면의 형태와 반대이다. 사구의 길이는 보통 수면용승(surface boil)의 간격과 비슷하며 종방향 형상은 상류쪽이 완만한 경사를 이루고 하류쪽이 40~48° 정도의 경사를 가진 삼각형 모양이다.

⑥ 천이사구(transition 또는 washout dune) : 천이사구는 사구의 배열이 규칙적이지 않고 진폭이 비교적 작으며 편평한 지점을 포함하고 있다. 천이사구는 편평한 하상과 사구를 형성하는 흐름의 중간상태로 물이 흐를 때 형성된다.

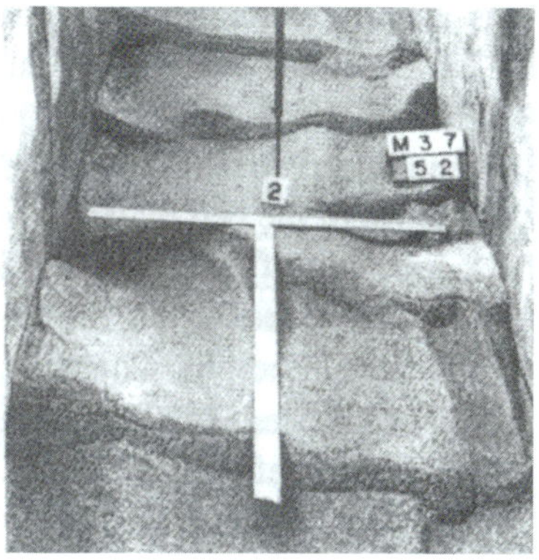

그림 10.3.3 사구의 모습

⑦ 역사구(antidune) : 역사구는 단일 또는 연속적으로 형성되며 하상 형태와 수면 형태의 위상이 같다. 역사구의 종방향 형상은 흐름 및 유사의 특성에 따라 삼각형에서 사인곡선형태로 다양하게 변한다. 정점부의 길이는 일반적으로 표면파의 길이와 비슷하다.

⑧ 슈트 및 소(chute 및 pool) : 슈트 및 소는 높은 유속과 많은 유사량을 나타내는 비교적 경사가 급한지점에서 나타난다. 이러한 형태의 하상은 소와 연결된 사류의 슈트가 형성되는 길게 퇴적유사로 연결된 구릉으로 구성된다.

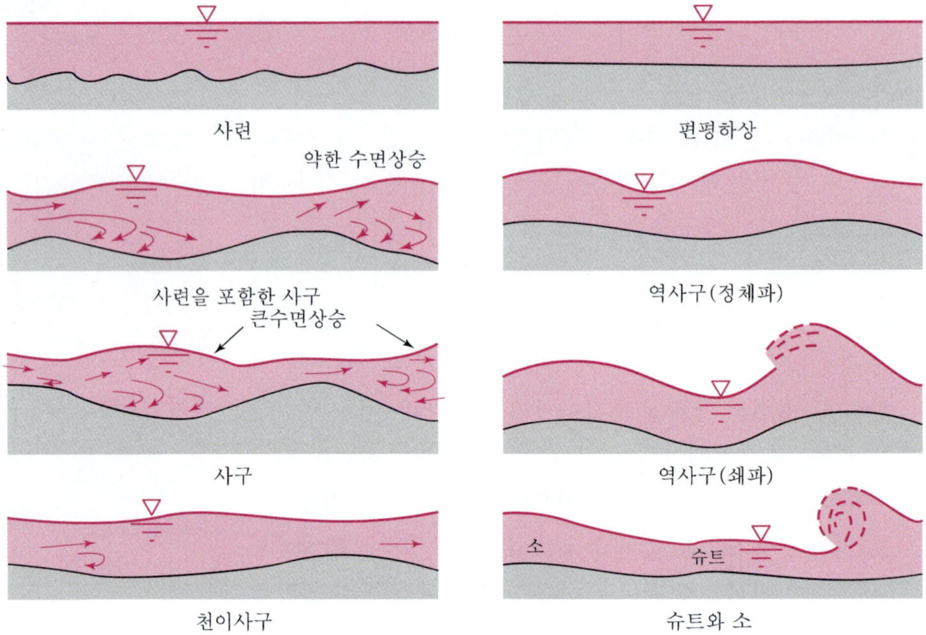

그림 10.3.4 사구의 종류

10.4 유사의 특성

유사의 특성에 대한 분석은 단일 입자에 대한 분석과 혼합입자에 대한 분석으로 나눌 수가 있다. 혼합유사는 크기 및 비중이 서로 다른 다양한 유사 입자로 구성된다. 유사의 분석에 있어 유사의 크기, 단일 또는 혼합유사의 침강속도, 단일입자의 비중, 그리고 퇴적된 유사의 특성 등이 모두 중요하며, 이들 특성치들이 물리적 모형의 규모결정, 저수지의 수명, 하천에서의 세굴 및 퇴적 등을 계산하는데 사용된다.

10.4.1 유사특성 관련 인자

① 밀도(density) : 유사의 밀도 ρ_s (g_o/cm^3, $kg \cdot sec^2/m^4$, $lb \cdot sec^2/ft^4$)는 단위부피당 질량으로 나타내며 물의 밀도는 4℃ 일 때 $\rho = 101.97 kg \cdot sec^2/m^4$ ($1.0 g_o/cm^3$)이다. 유사의 상대밀도는 다음과 같이 나타낸다.

$$\frac{\rho_s - \rho}{\rho} \tag{10.4.1}$$

② 단위중량(specific weight) : 유사의 단위중량 γ_s (kg/m^3, lb/ft^3)는 단위부피당 무게를 나타낸다.

$$\gamma_s = \rho_s g \tag{10.4.2}$$

수중 유사입자의 단위중량은 다음과 같다.

$$\gamma_s' = \gamma_s - \gamma \tag{10.4.3}$$

③ 비중(specific gravity) : 비중 S는 동일한 부피의 유사 무게와 4℃ 의 물의 무게와의 비를 의미한다.

④ 공칭직경(nominal diameter) : 공칭직경 D_s는 유사의 부피와 같은 부피를 가진 구의 직경을 의미한다.

⑤ 체직경(sieve diameter) : 체직경은 유사가 입경분석용 체의 구멍을 간신히 통과할 때 체 구멍의 한 변에 해당하는 길이로, 개략적으로 사용할 때 공칭직경과 같은 값을 사용한다.

⑥ 침강직경(diameter 또는 standard fall diameter) : 침강직경은 24℃ 의 흐르지 않는 증류수에 입자가 낙하할 때의 균일한 최종침강속도와 같은 침강속도를 갖는 비중 2.65에 해당하는 구의 직경이다.

⑦ 침전직경(sedimentation diameter) : 침전직경은 흐르지 않는 증류수에 입자가 낙하할 때의 균일한 최종침강속도와 같은 침강속도를 갖는 동일한 비중에 해당하는 구의 직경을 말한다.

⑧ 침강속도(fall velocity) : 침강속도는 흐르지 않는 증류수에 입자가 낙하할 때의 평균 최종속도를 의미한다.

⑨ 표준침강속도(standard fall velocity) : 표준침강속도는 24℃ 의 흐르지 않는 증류수에 입자가 낙하할 때의 평균 최종속도를 의미한다.

⑩ 안식각(angle of repose) : 안식각은 특정크기의 입자가 쌓여 있을 때 사면이 미끄러지기 시작하는 한계 평형상태일 때의 사면의 경사각을 말한다. 수중물질의 안식각은 수중에서의 사면이 미끄러지기 시작하는 한계 평형상태일 때의 사면의 경사각을 말한다.

⑪ 공극률(porosity) : 공극률은 유사의 단위부피(V)와 유사 내에 포함되어 있는 빈 공간(V_v)의 비를 말한다.

$$\eta = \frac{V_v}{V} \tag{10.4.4}$$

10.4.2 단일 유사의 물리적 특성

유사는 크게 점착성(cohesive) 및 비점착성(noncohesive) 유사로 나눌 수가 있다. 점착성 유사인 경우 침식에 대한 저항은 입자들을 묶는 점착력의 크기에 영향을 받는다. 하지만 일단 침식되어 분리되면 비점착성 유사처럼 거동하게 된다. 또한 유사의 특성은 화학적 또는 물리적 작용을 통해 변하게 된다. 한편 비점착성 유사는 점착성유사에 비해 크기가 큰 개별적인 입자로 구성된다. 이러한 입자들의 움직임은 입자의 크기, 모양 및 밀도와 같은 물리적인 특성에 의해 영향을 받는다.

가) 크기

유사 입자의 크기(size)는 쉽게 측정할 수 있는 특성일 뿐만 아니라 모양 및 비중과 같은 다른 특성들이 입자의 크기에 따라 변하는 경향이 있기 때문에 가장 중요한 특성이라 할 수 있다. 입자의 크기는 부피, 직경, 무게, 침강속도, 체직경 등으로 나타내게 되며 측정자, 광학적인 방법, 사진분석 방법, 체가름 또는 침전방법 등을 통해 측정할 수가 있다. 하상이나 제방을 구성하고 있는 유사의 입경분포(size distribution) 또한 매우 중요하다.

나) 모양

유사의 모양(shape)은 유사의 크기나 구성성분에 상관없이 입자의 전반적인 기하학적 형태를 나타낸다. 만일 두 입자의 절편(intercept)의 비가 같고 절편 사이의 각이 같으면 서로 같은 모양을 가진다고 할 수 있다. 유사분석에서 유사의 모양을 나타내는 변수로 구상도(sphericity)와 원상도(roundness)가 있다.

구상도는 동일한 부피를 갖는 구의 표면적과 실제 입자의 표면적의 비를 말하며, 침강하는 입자와 유체 사이의 상대적인 운동을 설명할 때 유용하게 사용된다. 원상도는 입자의 각 모서리에 대한 곡률반경의 평균치와 입자의 최대투영면적을 외접하는 원의 반경간의 비로 나타낸다. 입자의 날카로운 모서리가 마모됨에 따라 원상도는 상당히 변하게 되나 구상도는 별로 변하지 않는다. 구상도 및 원상도 모두 입자 크기가 감소함에 따라 감소하는 경향이 있다.

모양을 나타내기 위한 방법으로 입자 절편을 사용할 수도 있다. 입자의 중심을 지나는 3개의 직교축에서 가장 긴축의 길이를 a, 중간축의 길이를 b, 그리고 가장 짧은 축의 길이를 c라 하자. 중간축과 긴축의 길이 비 b/a 대 짧은 축과 중간축의 길이 비 c/b를 도시하면 입자를 원판모양, 구형, 막대모양으로 구분할 수가 있다. 이와 같은 방법으로 Krumbein은 구상도 Ψ_D를 다음과 같이 제시하였다.

$$\Psi_p = \sqrt[3]{\left(\frac{b}{a}\right)^2 \frac{c}{b}} \tag{10.4.5}$$

Core는 형상계수(shape factor) S_p를 다음과 같이 제시하고 있다.

$$S_p = \frac{c}{\sqrt{ab}} \tag{10.4.6}$$

다) 비중

유사입자의 비중은 광물의 구성성분에 영향을 받는다. 일반적으로 비중은 석탄(coal) 2.3으로부터 방연광(galena)의 7.6까지 다양하게 변한다. 물에 의해 형성된 유사는 주로 비중이 약 2.65인 석영(quartz)과 장석(feldspar)으로 이루어져 있으므로 유사의 비중을 보통 2.65로 사용하게 된다.

라) 단위중량

그림 10.4.1과 같은 다공성 물질내의 공극에 대해 생각해 보자. 여기서 V_g는 입자의 외견상 부피, V_b는 외부와 연결이 안 된 입자 내부의 공극, 그리고 V_y는 외부와 통해 있는 입자의 공극이다.

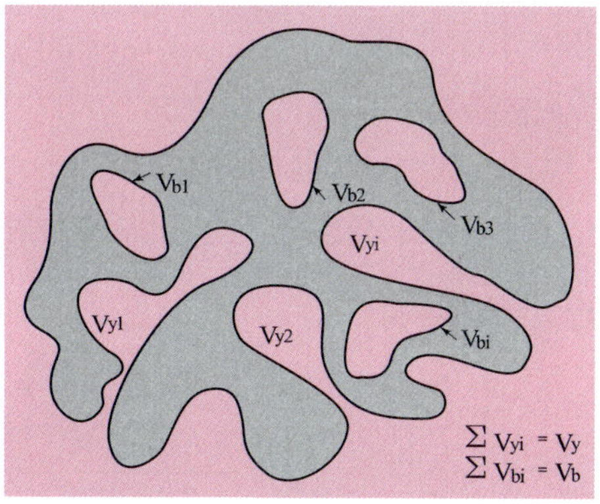

그림 10.4.1 입자의 공극

이러한 다공성 물질의 단위중량 γ_s, 건조단위중량 γ_k, 그리고 평균 단위중량 γ_o는 다음과 같이 나타낸다.

$$\gamma_s = \frac{W_d}{V_d} \tag{10.4.7}$$

$$\gamma_k = \frac{W_k}{V_k} \tag{10.4.8}$$

$$\gamma_o = \frac{W_k + W_s}{V_g} \tag{10.4.9}$$

여기서 W_d 및 V_d는 공극이 없을 때의 입자의 무게 및 부피, W_k 및 V_k는 건조한 입자의 무게 및 부피,

V_g는 입자의 외견상 부피, 그리고 W_s는 외부와 통해 있는 공극 V_y를 채우고 있는 물의 무게이다.

부유상태로 있는 유사를 포함한 물의 단위중량은 다음과 같이 산정할 수가 있다. 만일 물의 부피 및 단위중량을 V_w 및 γ, 유사의 부피 및 단위중량을 V_s 및 γ_s, 그리고 혼합물의 부피 및 단위중량을 V_m 및 γ_m 이라면

$$V_m \gamma_m = V_w \gamma + V_s \gamma_s \qquad (10.4.10)$$

만일 부유유사의 농도를 C_s라 하면

$$C_s = \frac{\gamma_s V_s}{\gamma_m V_m} \qquad (10.4.11)$$

그리고

$$V_m = V_w + V_s \qquad (10.4.12)$$

따라서

$$\gamma_m V_m = \gamma(V_m - V_s) + \gamma_s V_s \qquad (10.4.13)$$

그러므로 부유유사를 포함한 혼합물의 단위중량은 다음과 같다.

$$\gamma_m = \frac{\gamma \gamma_s}{\gamma_s - (\gamma_s - \gamma) C_s} \qquad (10.4.14)$$

예제 10.1

하천에서 채취한 물과 유사의 혼합시료에서 부유유사의 농도가 무게로 22.4%일 때 혼합시료의 단위중량을 산정하라. 단, 유사의 단위중량은 2.6ton/m^{3}이다.

풀이

유사를 포함한 물의 단위중량은 식 (10.4.14)를 적용하면

$$\gamma_m = \frac{\gamma \gamma_s}{\gamma_s - (\gamma_s - \gamma) C_s} = \frac{1 \times 2.6}{2.6 - (2.6 - 1) \times 0.224} = 1.16$$

마) 침강속도

움직이지 않는 유체 내에서 침강하는 입자의 최종속도는 입자의 수중무게(buoyant weight)와 유체의 항력(drag force)의 조합으로 결정되게 된다. 유체의 항력은 유체에 의해 입자에 작용하는 접선전단응력(skin drag) 또는 입자에서의 압력의 차(form drag)에 의해 발생하거나 이들 두 가지가 연계되어 발생한다.

일반적으로 항력을 나타내는 식은 다음과 같다.

$$F_D = C_D \rho_f A \frac{\omega^2}{2} \tag{10.4.15}$$

여기서 F_D는 항력, C_D는 항력계수, ρ_f는 유체의 밀도, A는 낙하방향으로의 입자의 투영면적($K_1 D_s^2$), K_1은 입자의 모양과 관련 있는 상수, D_s는 입자의 직경, 그리고 ω는 입자의 침강속도이다. 입자의 침강속도와 관련 있는 변수들로는 유체의 밀도 ρ_f, 입자의 밀도 ρ_s, 유체의 점성 μ, 입자의 직경 D_s, 입자의 형상계수 S_p, 진동의 빈도 f, 표면조도 S_r, 입자의 수중무게 F 등이 있다. 이러한 변수들을 이용하여 차원해석을 하면 항력계수는 다음과 같이 나타나게 된다.

$$C_D = \phi\left(R_e, S_p, \frac{fD_s}{\omega}, \frac{\rho_s}{\rho_f}\right) \tag{10.4.16}$$

여기서 R_e는 Reynolds 수($=\rho_f \omega D_s/\mu$)이다. 구형입자 또는 구형에 가까운 입자인 경우 침강하면서 진동을 하지 않고, 밀도비 ρ_s/ρ_f는 일정하거나 진동하지 않는 입자에는 중요하지 않으므로 식 (10.4.16)의 항력계수 C_D를 R_e 및 S_p로만 나타낼 수가 있으며 그림 10.4.2와 같은 실험결과를 얻을 수가 있다.

$$C_D = \phi(R_e, S_p) \tag{10.4.17}$$

그림 10.4.2에서 보듯이 R_e가 0.1보다 작으면 항력계수 C_D는 입자의 모양 S_p에 영향을 받지 않고 오직 R_e에만 관계가 있게 된다.

$$C_D = \frac{24}{R_e} = \frac{24\mu}{\rho_f D_s \omega} \tag{10.4.18}$$

이를 Stokes의 법칙이라 하며 다음과 같은 가정을 포함하고 있다. 즉, 입자는 Brown운동을 극복할 수 있을 정도의 크기를 가져야 하고, 일반적으로 구형의 입자이고, 측벽의 영향 없이 일정한 속도로 침강한다. Stokes의 법칙은 수중에서 침강하는 크기 0.062mm보다 작은 석영입자에 적용가능하며, 이러한 크기는 모래와 실트 및 점토를 구분하는 크기이다.

식 (10.4.15)의 항력계수에 식 (10.4.18)을 적용하고 구에 대해 나타내면

$$F_D = 3\pi D_s \mu \omega \tag{10.4.19}$$

$$\omega = \frac{(\rho_s - \rho_f) g D_s^2}{18\mu} \tag{10.4.20}$$

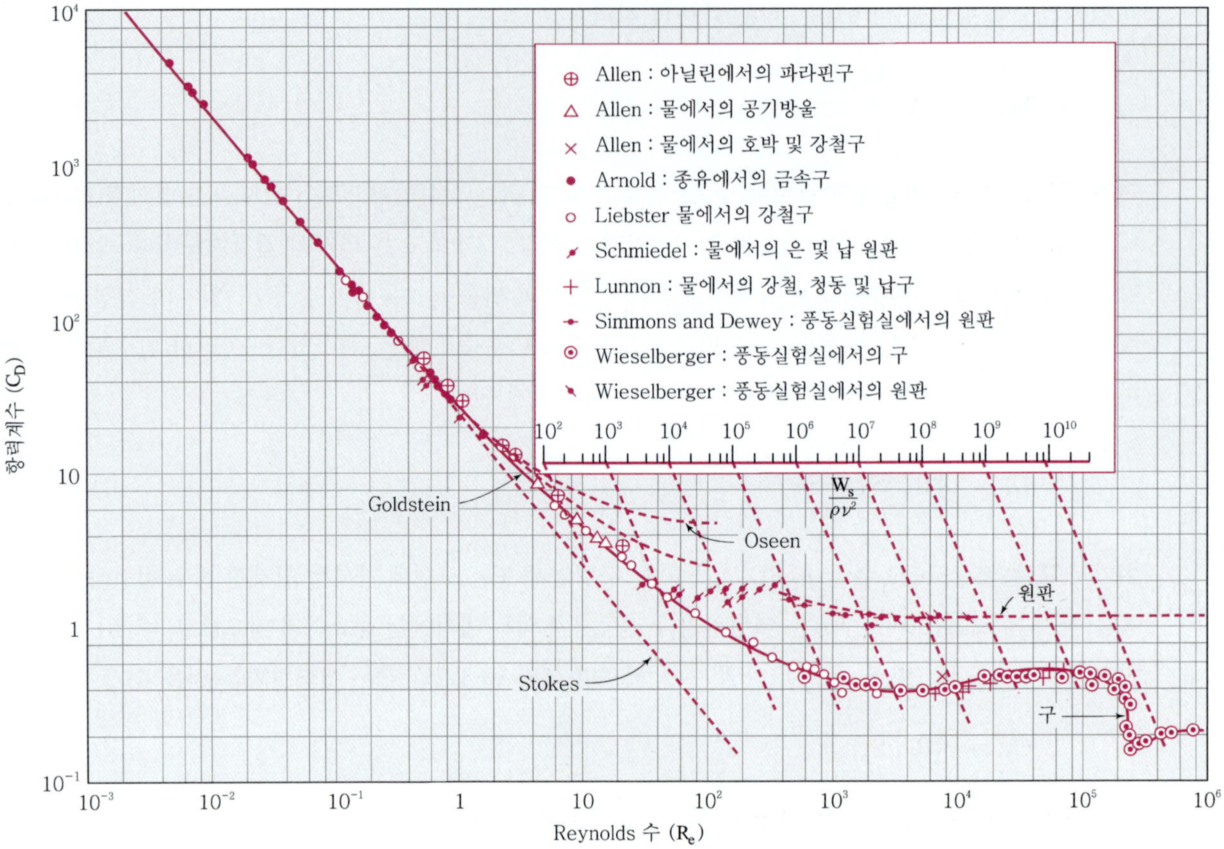

그림 10.4.2 Reynolds 수 및 형상에 따른 항력계수

Reynolds 수가 $R_e > 0.1$ 인 경우 입자의 침강속도는 R_e 뿐만 아니라 입자의 모양에 따라서도 변하게 된다. 정지하고 있는 유체에 최종 속도로 침강하고 있는 입자인 경우 항력 F_D 와 수중무게 F 가 같으므로

$$F = F_D = K_2 \gamma_s' D_s^3 = C_D \rho_f A \frac{\omega^2}{2} \tag{10.4.21}$$

여기서 K_2 는 형태를 나타내는 계수로 구인 경우 $\pi/6$ 이고, γ_s' 는 입자의 수중 단위중량($\gamma_s - \gamma$)이다. 입자가 구인 경우

$$\frac{\pi}{6} D_s^3 \gamma_s' = \frac{\pi}{8} C_D \frac{\gamma}{g} D_s^2 \omega^2 \tag{10.4.22}$$

따라서

$$\omega^2 = \frac{4}{3} \frac{g}{C_D} \frac{\gamma_s'}{\gamma} D_s \tag{10.4.23}$$

Stokes의 법칙이 적용 가능한 범위에서는 식 (10.4.18)의 C_D를 사용할 수 있으므로

$$\omega = \frac{g}{18}\frac{D_s^2 \gamma_s'}{\nu\gamma} \tag{10.4.24}$$

식 (10.4.24)는 식 (10.4.20)과 동일하다. 식 (10.4.22)로부터 항력계수 C_D는 다음과 같이 나타낼 수 있다.

$$C_D = \frac{4}{3}\frac{1}{(\rho\nu^2/\gamma_s' D_s^3)}\frac{1}{(\omega D_s/\nu)^2} \tag{10.4.25}$$

식 (10.4.25)에는 2개의 무차원 변수가 사용되고 있다. 첫 번째는 $(\rho\nu^2/\gamma_s' D_s^3)$로 이를 침전변수(sedimentation parameter)라 하고 두 번째는 $(\omega D_s/\nu)$로 이는 Reynolds 수이다.

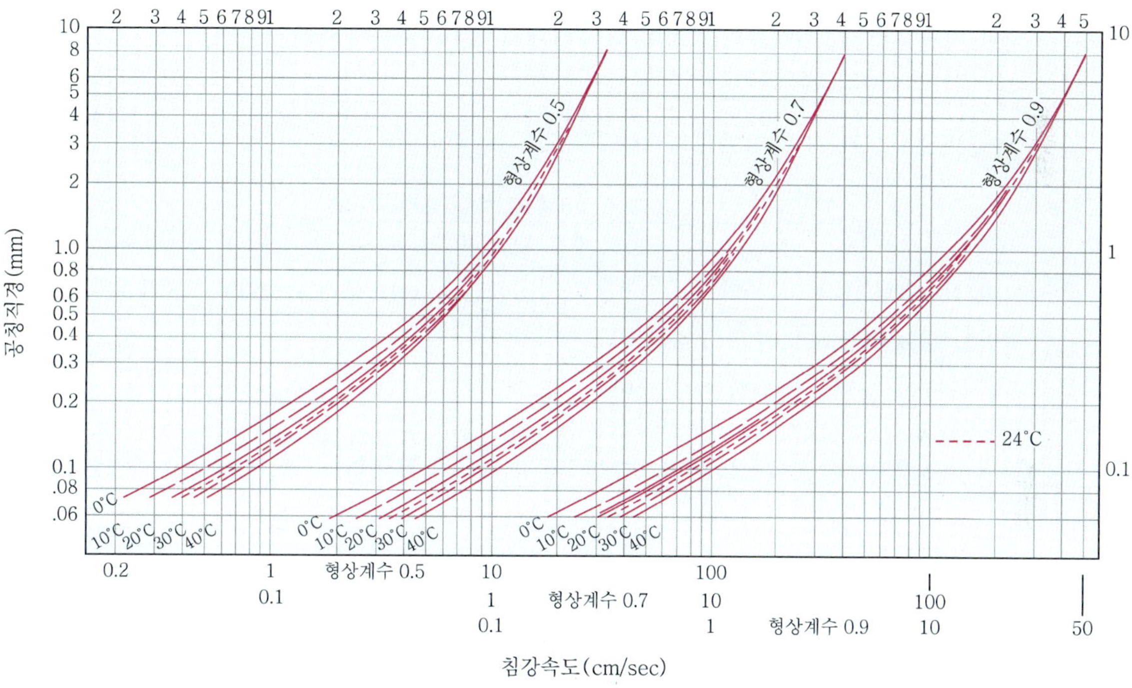

그림 10.4.3 입자크기 및 형상계수에 따른 침강속도

예제 10.2

직경이 0.03mm와 1mm인 구형 모래입자가 정수중에 침전하고 있을 때 각 입자의 침강속도를 결정하라. 단, 모래입자의 비중은 2.65이고 20℃에서의 물의 동점성계수는 $1.0\times10^{-6}m^2/sec$이다.

풀이

1) 직경이 0.03mm인 모래입자

입자의 크기가 0.062mm보다 작아 Stokes의 법칙을 따른다고 가정하면

$$\omega = \frac{g}{18}\frac{D_s^2\gamma_s'}{\nu\gamma} = \frac{9.81}{18}\frac{(0.03\times10^{-3})^2}{1.0\times10^{-6}}\frac{(2.65-1)}{1} = 8.1\times10^{-4}\mathrm{m/s}$$

Reynolds 수를 구하면

$$R_e = \frac{\omega D_s}{\nu} = \frac{8.1\times10^{-4}\times0.03\times10^{-3}}{1.0\times10^{-6}} = 0.024 < 0.1$$

따라서 $R_e < 0.1$이므로 Stokes의 법칙을 따르며 침강속도는 $8.1\times10^{-4}\mathrm{m/s}$가 된다.

2) 직경이 1mm인 모래입자

입자의 크기가 커 Stokes의 법칙을 따르지 않는다고 가정하고 식 (10.4.23)을 적용하면

$$\omega^2 = \frac{4}{3}\frac{g}{C_D}\frac{\gamma_s'}{\gamma}D_s = \frac{4}{3}\times\frac{9.81}{C_D}\times\frac{(2.65-1)}{1}\times(1.0\times10^{-3}) = \frac{0.0216}{C_D} \quad \text{(a)}$$

그림 10.4.2의 보조곡선을 이용하기 위해 모래입자의 수중무게 F를 구하면

$$F = \frac{1}{6}\pi D_s^3(\gamma_s-\gamma)$$

따라서

$$\frac{F}{\rho_f\nu^2} = \frac{\pi D_s^3 g(S-1)}{6\nu^2} = \frac{3.14\times(1.0\times10^{-3})^3\times9.81\times1.65}{6\times(1.0\times10^{-6})^2} = 8{,}471$$

그러므로 그림 10.4.2로부터 $C_D = 1.0$으로 가정하면 식 (a)로부터 $\omega = 0.147\mathrm{m/s}$가 된다.

확인을 위해 Reynolds 수를 구하면

$$R_e = \frac{\omega D_s}{\nu} = \frac{0.147\times1.0\times10^{-3}}{1.0\times10^{-6}} = 147$$

그림 10.4.2에서 $C_D = 1.0$일 때 $R_e = 140$정도가 되므로 침강속도는 0.147m/s로 결정한다.

10.4.2 혼합유사의 물리적 특성

하천 하상과 같이 다양한 크기의 유사가 혼합된 경우 입도분포(size distribution), 단위중량 및 공극률 등이 중요한 물리적 특성이 된다. 따라서 본 절에서는 이러한 혼합유사의 물리적 특성을 나타내는 입도의 크기 및 분포, 그리고 단위중량에 대해 알아보기로 한다.

가) 유사의 크기

유사입자의 크기 분포는 표 10.4.1과 같이 매우 큰 전석(boulder)의 4.096mm부터 매우 가는 점토(very fine clay)의 0.00024mm까지 다양하게 분류할 수가 있다. 큰 조약돌은 유사의 이송과 관련하여

그리 중요하지는 않으며 크기를 재는데 큰 어려움이 없다. 하지만 크기나 부피가 크기 때문에 입경분석을 하기는 쉽지가 않다. 조약돌(cobble) 및 자갈(gravel)은 국부세굴(local scour), 흐름의 저항, 그리고 소류사(bed load)의 이송 등을 예측하는데 중요한 역할을 한다. 이러한 크기의 입자는 개개 입자의 부피나 직경을 직접측정하거나 체분석, 그리고 사진 분석 등을 통해 크기를 측정하게 된다.

모래(sand)는 가장 중요한 부분으로 체분석이나 침전관에서의 침강속도를 이용하여 크기를 측정하게 된다. 모래 분류의 하한계 크기(1/16mm)는 가장 작은 체의 크기와 비슷하여 체분석을 이용한 크기의 한계가 된다. 실트(silt)와 점토(clay)는 총 유사량을 산정할 경우 상대적으로 중요하다. 이러한 크기의 입경분포는 BW관(bottom withdrawal tube)이나 유사입자와 그 위에 떠 있는 물 사이의 상대적인 운동과 관련된 기법 등을 이용하여 산정할 수 있으며, 이러한 작은 입자들의 입경분포 분석방법은 14.6절에서 자세히 소개하기로 한다.

표 10.4.1 유사의 크기 분류

크기별 이름 분류	크기 범위			
	밀리미터 (mm)		인치 (in)	1in당 체구멍 수
매우 큰 전석(Very large boulders)	4096–2048	–	160–80	–
큰 전석(Large boulders)	2048–1024	–	80–40	–
중간 전석(Medium boulders)	1024–512	–	40–20	–
작은 전석(Small boulders)	512–256	–	20–10	–
큰 조약돌(Large cobbles)	256–128	–	10–5	–
작은 조약돌(small cobbles)	128–64	–	5–2.5	–
매우 굵은 자갈(Very coarse gravel)	64–32	–	2.5–1.3	–
굵은 자갈(Coarse gravel)	32–16	–	1.3–0.6	–
중간 자갈(Medium gravel)	16–8	–	0.6–0.3	2.5
작은 자갈(Fine gravel)	8–4	–	0.3–0.16	5
매우 작은 자갈(Very fine gravel)	4–2	–	0.16–0.08	9
매우 굵은 모래(Very coarse sand)	2–1	2.00–1.00	–	16
굵은 모래(Coarse sand)	1–1/2	1.00–0.50	–	32
중간 모래(Medium sand)	1/2–1/4	0.50–0.25	–	60
가는 모래(Fine sand)	1/4–1/8	0.25–0.125	–	115
매우 가는 모래(Very fine sand)	1/8–1/16	0.125–0.062	–	250
굵은 실트(Coarse silt)	1/16–1/32	0.062–0.031	–	–
중간 실트(Medium silt)	1/32–1/64	0.031–0.016	–	–
가는 실트(Fine silt)	1/64–1/128	0.016–0.008	–	–
매우 가는 실트(Very fine silt)	1/128–1/256	0.008–0.004	–	–
굵은 점토(Coarse clay)	1/256–1/512	0.004–0.0020	–	–
중간 점토(Medium clay)	1/512–1/1024	0.0020–0.0010	–	–
가는 점토(Fine clay)	1/1024–1/2048	0.0010–0.0005	–	–
매우 가는 점토(Very fine clay)	1/2048–1/4096	0.0005–0.00024	–	–

나) 입경분포곡선

하상 유사의 입경분포곡선을 얻기 위해 사용하는 가장 일반적인 방법으로 체분석(sieve analysis)방법이 있으며 누가입경분포곡선(cumulative size frequency curve)을 얻게 된다. 누가입경분포곡선은 입자크기별로 그 크기와 작거나 또는 큰 입자의 무게의 비 또는 %를 도시하여 구하게 된다. 이러한 입경분포곡선으로부터 다음과 같은 입자의 크기를 결정할 수가 있다.

D_{35} : 전체 유사 중 무게가 35%에 해당하는 입자가 이보다 작다.

D_{50} : 중앙(median)입경으로 혼합유사를 대표하는 크기이다. Shield는 입자의 움직임을 분석하는데 D_{50} 크기를 사용하였다.

$D_{84.1}$과 $D_{15.9}$: 통계분석을 통해 얻는 크기로 기하평균 크기를 결정하는데 사용.

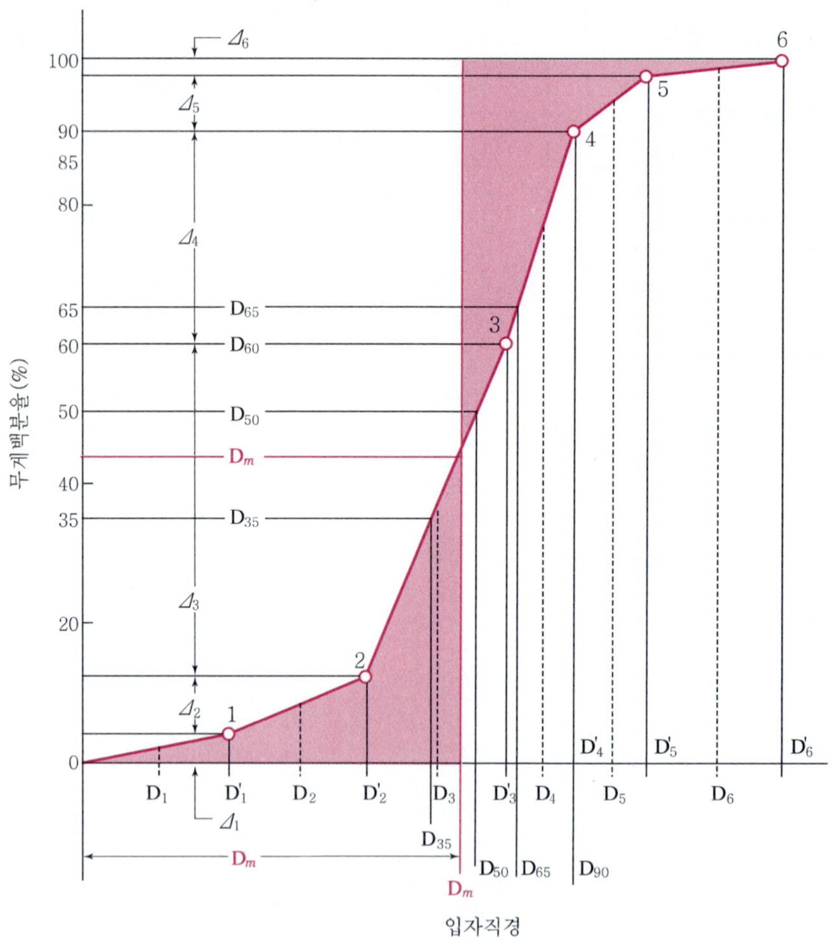

그림 10.4.4 입자 크기를 보여주는 입경분포곡선

D_g : 기하평균(= $\sqrt{D_{15.9} \times D_{84.1}}$)

D_m : 평균입경으로 그림 10.4.4를 이용하여 다음과 같이 산정한다.

$$D_m = \frac{\sum \Delta_i D_i}{100} = \frac{\Delta_1 D_1 + \Delta_2 D_2 + \Delta_3 D_3 + \ldots + \Delta_6 D_6}{100} \tag{10.4.26}$$

여기서 Δ_i는 그림 10.4.4의 y축에서 나타나는 %의 부분이고 D_i는 Δ_i구간에서 가장 큰 값과 작은 값의 평균값이다.

입자크기를 분석하는 확률적 방법은 다음과 같다. 먼저 그림 10.4.5(a)와 같이 가로축을 입자크기 구간으로 나타내고, 세로축을 총 유사에 대한 각 구간에 포함되는 유사의 농도 또는 부피 및 무게로 얻은 백분율을 나타낸 주상도를 작성한다. 세로축의 값을 각 구간별로 누가하여 나타내면 그림 10.4.5(b)와 같은 누가분포곡선을 얻을 수가 있다. 이 누가분포곡선을 정규확률지에 옮겨 작성하고 그림 10.4.6과 같이 백분율 0.8413과 0.1587에 해당하는 점을 직선으로 연결한다. 이 두 값의 중간에 해당하는 값은 50%에 해당하며 이때의 입자크기가 기하평균인 D_g가 된다. 따라서 $D_{84.13}$ 및 $D_{15.87}$은 D_g로부터 같은 거리에 있으며 이 거리가 표준편차 σ_g가 되고 다음과 같이 나타낼 수가 있다.

$$2\log\sigma_g = \log D_{84.1} - \log D_{15.9} \tag{10.4.27}$$

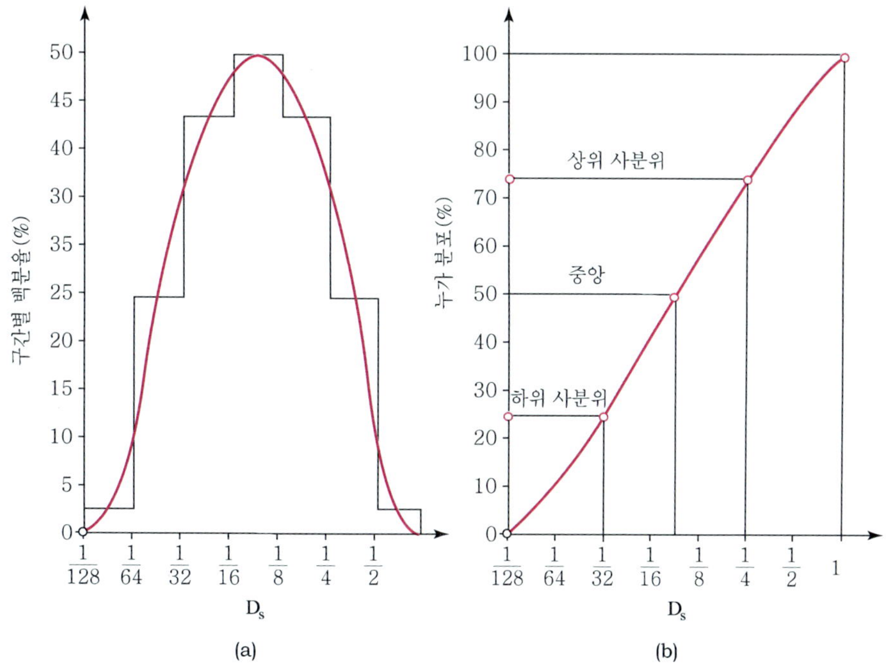

그림 10.4.5 주상도 및 누가입경분포곡선

이 관계로부터

$$\sigma_g = \left(\frac{D_{84.1}}{D_{15.9}}\right)^{1/2} \text{ 또는 } \sigma_g = \frac{D_{84.1}}{D_g} = \frac{D_g}{D_{15.9}} \tag{10.4.28}$$

기하평균 D_g와 표준편차 σ_g가 결정되면 확률지상에 대표직선을 그릴 수가 있고 이로부터 D_{35}, D_{65} 등을 산정할 수가 있다.

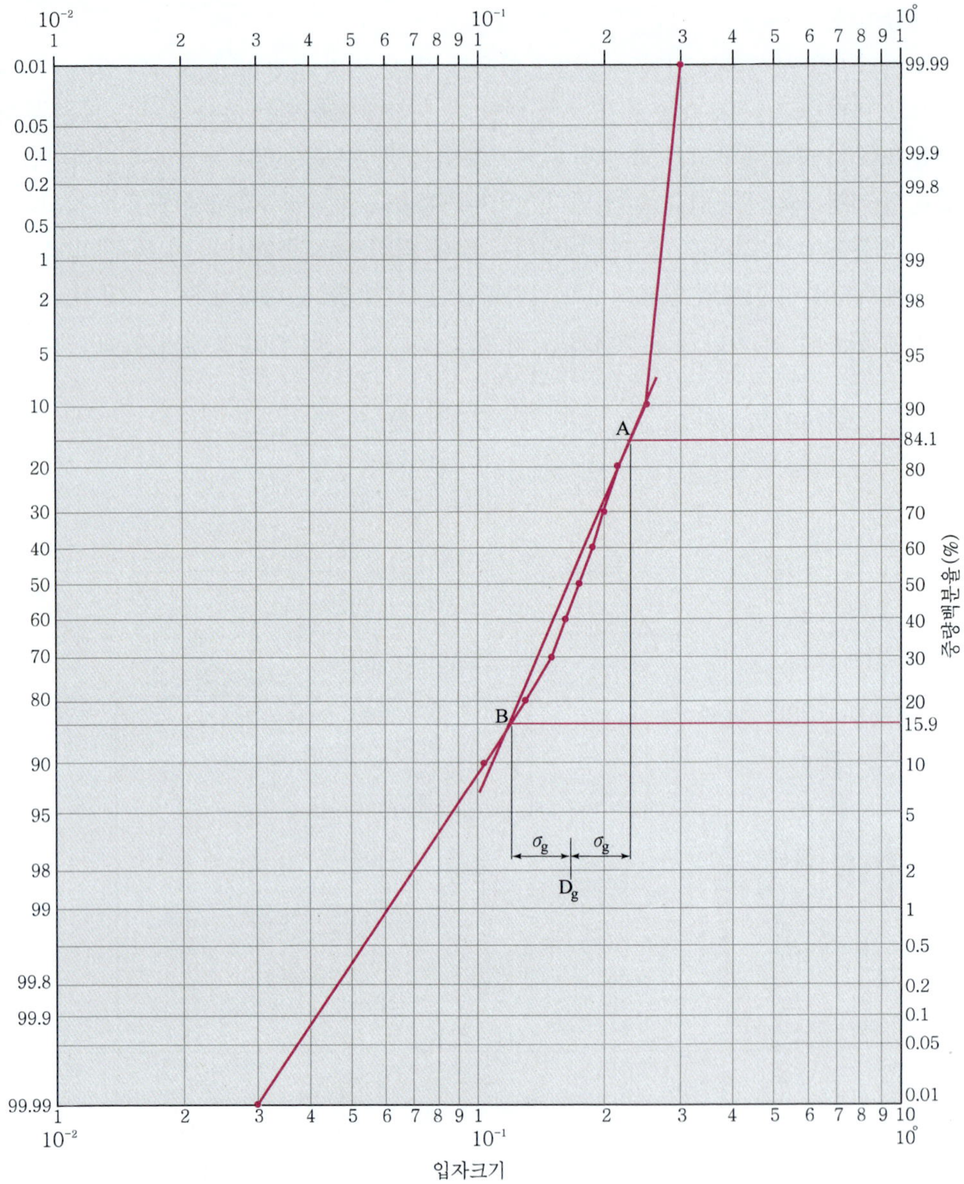

그림 10.4.6 혼합유사의 확률분석방법

예제 10.3

하천에서 하상재료를 채취하여 체분석을 한 결과가 다음과 같을 때 중앙입경, 평균입경, 기하평균, 그리고 표준편차를 결정하라.

표 10.4.2 하상재료의 체분석 결과

누가통과백분율 (%)	0	10	20	30	40	50	60	70	80	90	100
체눈금 크기 (mm)	0.030	0.102	0.130	0.150	0.170	0.180	0.190	0.200	0.210	0.250	0.300
구간 평균크기 D_i (mm)	0.066	0.116	0.140	0.160	0.175	0.185	0.195	0.205	0.230	0.275	
구간 통과백분율 Δ_i (%)	10	10	10	10	10	10	10	10	10	10	

풀이

체눈금 크기에 따른 통과백분율을 대수확률지에 나타낸 결과가 그림 10.4.6과 같다.

1) 중앙입경은 그림으로부터 누가통과백분율 50%에 해당하는 값을 읽거나 표로부터

$$D_{50} = 0.18\text{mm}$$

2) 평균입경은 식 (10.4.26)을 이용하면

$$D_m = \frac{10 \times (0.066 + 0.116 + 0.14 + 0.16 + 0.175 + 0.185 + 0.195 + 0.205 + 0.230 + 0.275)}{100} = 0.1747\text{mm}$$

3) 기하평균을 구하기 위해 그림 10.4.6으로부터 $D_{15.9} = 0.12\text{mm}$와 $D_{84.1} = 0.21\text{mm}$이므로

$$D_g = \sqrt{D_{15.9} \times D_{84.1}} = \sqrt{0.12 \times 0.21} = 0.159\text{mm}$$

4) 표준편차는 식 (10.4.28)로부터

$$\sigma_g = \left(\frac{D_{84.1}}{D_{15.9}}\right)^{1/2} = \left(\frac{0.21}{0.12}\right)^{1/2} = 1.323$$

다) 퇴적된 유사의 단위중량

일반적인 유사입자의 단위중량과 응집된 입자들의 단위중량은 같지가 않다. 만일 입자들이 느슨하게 배치되어 있다면 압밀되어 부하량 및 시간에 따라 단위중량이 변하게 되며, Lane과 Koelzer에 의하면 시간에 따른 단위중량의 변화를 다음과 같이 구할 수 있다.

$$\gamma_m = \gamma_1 + B\log T \tag{10.4.29}$$

여기서 γ_m은 T년 동안 퇴적되었을 때의 단위중량(lb/ft^3), γ_1은 퇴적기간 1년에 해당하는 초기의 단위중량(lb/ft^3), 그리고 B는 상수(lb/ft^3)로 표 10.4.3과 같다.

표 10.4.3 식 (10.4.29)에 대한 γ_1 및 상수 B값

저수지 조작방법	모래		실트		점토	
	γ_1	B	γ_1	B	γ_1	B
퇴적토가 항상 또는 거의 잠겨 있음	93	0	65	5.7	30	16.0
정상적인 저수지 조작	93	0	74	2.7	46	10.7
상당기간 퇴적토가 노출되어 있음	93	0	79	1.0	60	6.0
저수지가 거의 비어 있음	93	0	82	0.0	78	0.0

예제 10.4

건설된 지 50년 된 저수지 퇴적토의 평균 단위중량을 산정하라. 저수지의 퇴적토는 모래가 35%, 실트가 35%, 그리고 점토가 30%로 구성되어 있으며, 저수지 조작은 정상적인 조작을 하고 있다고 가정하라.

풀이

저수지 조작이 정상적이므로 표 10.4.3에서 모래, 실트 및 점토에 대한 γ_1 및 상수 B값을 적용하면

모래 : $\gamma_m = \gamma_1 + B\log T = 93 + 0 \times \log 50 = 93 \text{lb/ft}^3 = 1.49 \text{ton/m}^3$

실트 : $\gamma_m = 74 + 2.7 \times \log 50 = 78.59 \text{lb/ft}^3 = 1.26 \text{ton/m}^3$

실트 : $\gamma_m = 46 + 10.7 \times \log 50 = 64.18 \text{lb/ft}^3 = 1.03 \text{ton/m}^3$

이들 단위중량을 구성비로 가중하여 평균하면

$$\gamma_m = 1.49 \times 0.35 + 1.26 \times 0.35 + 1.03 \times 0.3 = 1.27 \text{ton/m}^3$$

라) 수중 유사의 안식각

유사의 안식각(angle of repose) θ는 제방의 설계나 안정하도의 설계 등 다양한 하천설계 문제에서 매우 중요한 역할을 하며, 물속과 공기 중에서의 안식각은 서로 차이가 난다. 수중 유사의 안식각은 정수 중에 동일한 크기의 입자를 부어 입자들이 유지하는 경사 각도를 측정함으로서 산정할 수 있고, 그 결과 그림 10.4.7과 같은 입자크기 D_s에 대한 안식각 θ의 변화를 얻을 수가 있다. 그림과 같이 입자크기가 증가함에 따라 안식각은 감소하여 최소값에 도달하게 되고, 입자가 더 커지게 되면 반대로 안식각은 다시 증가하게 된다. 최소의 안식각에 해당하는 입자크기는 약 1~2mm가 된다.

수평하상에서의 입자에 대한 초기 움직임은 다음과 같이 나타낼 수 있다.

$$\frac{\tau_c}{\gamma_s' D_s} = k \cdot \tan\theta \tag{10.4.30}$$

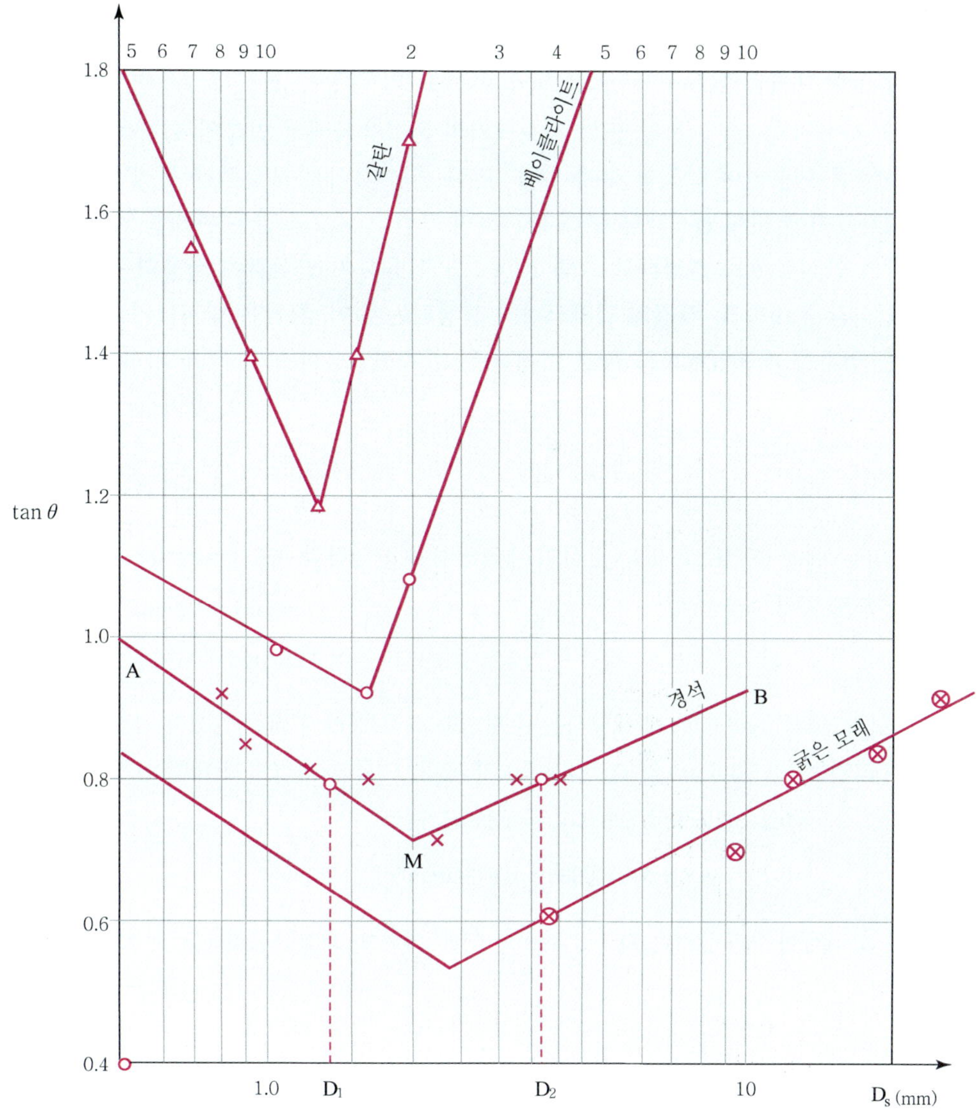

그림 10.4.7 입자크기 D_s에 대한 안식각 θ의 변화

층류인 경우에는

$$\frac{\tau_c}{\gamma_s' D_s} = 0.18\tan\theta \tag{10.4.31}$$

여기서 θ는 안식각, 그리고 τ_c는 한계전단응력이며 왼쪽 항을 입자의 초기 움직임에 대한 Shield의 변수라 한다.

마) 혼합유사의 대표입경

혼합 유사의 대표입경(representative diameter)의 결정은 쉽지가 않으며 보통 D_{35}, D_{50}, D_m 등과 같은 값을 사용하게 된다. 모래 또는 자갈크기의 혼합유사에서 입자의 초기움직임에 대한 대표입경은 그림 10.4.7을 이용하여 산정할 수가 있다. 먼저 혼합 유사를 체분석을 통해 몇 가지의 크기로 분류한다. 각 입자크기에 대해 안식각을 구해 도시하면 그림 10.4.7과 같은 관계를 얻을 수 있다. 실험을 통해 혼합유사의 안식각 θ를 결정하고 그림 10.4.7를 이용하여 안식각에 상응하는 입자 크기를 결정한다. 하나의 안식각에 대해 두 가지의 입자크기가 결정되는데 이 중 작은 입자크기를 대표입경으로 한다. 그 이유는 큰 입자를 대표입경으로 하면 이에 따른 한계전단응력 τ_c가 크게 되어 세굴문제를 초래할 수가 있기 때문이다.

예제 10.5

그림 10.4.7에서 보여주고 있는 경석의 대표입경을 산정하라. 단, $\tan\theta = 0.8$, $k = 0.2$, 그리고 $\gamma_s' = 1.6$ ton/m^{3}으로 가정하라.

풀이

그림 10.4.7에서 $\tan\theta = 0.8$에 해당하는 수평선을 그어 경석에 대한 안식각 곡선과 만나는 두 지점에서의 입자의 크기는 $D_1 = 1.3\text{mm}$와 $D_2 = 3.8\text{mm}$가 된다. 이들 입자크기에 대한 한계전단응력은 다음과 같다.

$$\tau_{c1} = 0.2 \times 0.8 \times 1.6 \times 0.0013 = 0.333\text{kg/m}^2$$

$$\tau_{c2} = 0.2 \times 0.8 \times 1.6 \times 0.0038 = 0.973\text{kg/m}^2$$

안전을 고려하여 대표입경은 $D_s = 1.3\text{mm}$, 이에 대한 한계전단응력은 $\tau_c = 0.333\text{kg/m}^2$으로 한다.

10.5 유사 입자의 이동조건

항력(drag force)이 어떤 한계치(critical value)보다 작을 경우 하천의 하상물질은 움직이지 않고 그대로 유지되지만, 하상의 전단응력이 한계치를 초과하게 되면 입자들은 움직이기 시작한다. 이와 같이 하상입자들이 움직이기 시작하면 입자의 이동양상을 약한(weak) 이동, 중간(medium) 이동, 그리고 일반(general) 이동(movement)으로 구분할 수가 있다. 약한 이동은 몇 개의 입자만 움직이는 것으로 1cm^2 내에서 움직이는 입자들을 셀 수 있는 정도이다. 중간 이동은 평균입경이 움직이기 시작하며 국지적으로만 이동이 발생하지는 않지만 하상은 아직 편평한 상태이다. 일반 이동은 모든 하상입자들이 움직이고 하상 전체에 걸쳐 지속적으로 움직임이 발생한다.

유사입자에 작용하는 동수역학적인 힘이 약간만 증가해도 입자를 움직일 수 있는 값에 도달하면 한계조건(critical 또는 threshold condition)에 도달했다고 할 수 있으며, 이때 입자에 작용하는 동수역학적인 힘과 입자의 저항하는 힘이 평형상태에 있게 된다. 본 절에서는 유사 입자가 움직이기 시작하는 조건에 대해 알아보기로 한다.

10.5.1 입자의 평형상태

하상입자위로 물이 흐를 때 입자에 작용하는 힘들은 그림 10.5.1과 같이 입자의 수중무게 F_g, 항력 F_d, 그리고 부양력(lift force) F_L이 있다. 그림에서 ϕ는 하상경사, θ는 수중유사의 안식각, C는 입자의 무게 중심, 그리고 G는 입자를 지지하는 지점이다. 부력을 고려하여 입자의 수중무게는 다음과 같이 나타낼 수 있다.

$$F_g = C_1(\gamma_s - \gamma)D_s^3 \tag{10.5.1}$$

여기서 C_1은 형상계수, D_s는 입자의 직경, γ_s는 입자의 단위중량, γ는 물의 단위중량, 그리고 $C_1 D_s^3$은 입자의 부피가 되며 구인 경우 $C_1 = \pi/6$이 된다.

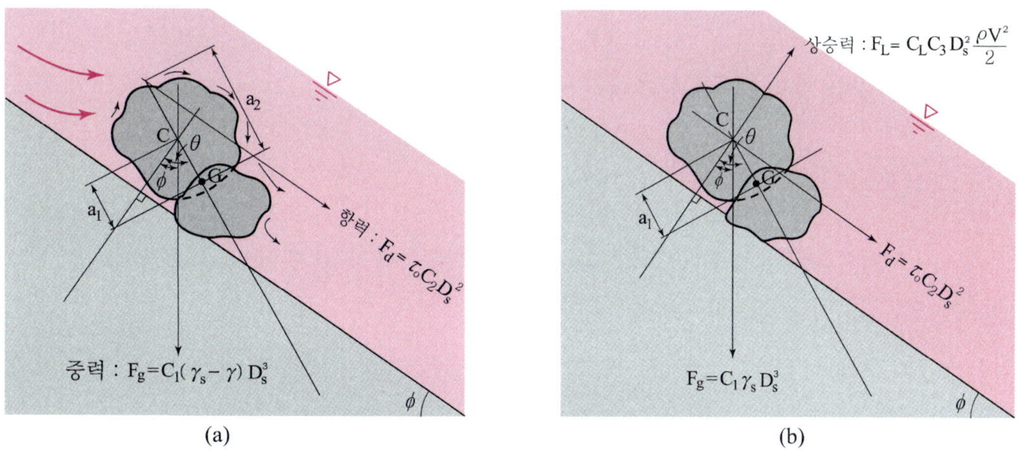

그림 10.5.1 입자주위로 작용하는 힘

만일 흐름이 층류(laminar flow)이면 점성(viscous)의 영향이 크고 입자 주위로 흐름이 형성된다. 따라서 항력은 무게중심 C점보다 높은 곳에 작용하게 된다(그림 10.5.1(a)). 만일 흐름이 난류(turbulent flow)이면 관성력(inertial force)의 영향이 커 항력은 C점에 작용하게 된다(그림 10.5.1(b)). 층류에서의 입자의 평형상태에 대한 연구(White)에서는 한계전단응력(critical shear stress)을 다음과 같이 제시하고 있다.

$$\tau_c = 0.18(\gamma_s - \gamma)D_s \tan\theta \tag{10.5.2}$$

실제 공학적인 관점에서 흐름은 대부분 난류이므로 이 경우의 항력은 다음과 같다.

$$F_d = \tau_o C_2 D_s^2 \tag{10.5.3}$$

여기서 τ_o는 하상전단응력, $C_2 D_s^2$는 전단응력에 노출된 입자의 유효표면적(effective surface), C_2는 입자의 유효표면적을 정의하는 형상계수이며 유효표면적은 물의 흐름과 직각방향으로 투영한 입자의 투영 면적이다.

층류인 경우 지지점 G에 대해 이러한 힘들의 모멘트를 구하면

$$C_1(\gamma_s - \gamma)D_s^3\ a_1 \sin(\theta - \phi) = C_2 \tau_o D_s^2\ a_2 \cos\theta \tag{10.5.4a}$$

한계상태인 경우 $\tau_o = \tau_c$이므로

$$C_1(\gamma_s - \gamma)D_s^3\ a_1 \sin(\theta - \phi) = C_2 \tau_c D_s^2\ a_2 \cos\theta \tag{10.5.4b}$$

따라서 식 (10.5.4b)로부터 한계전단응력 τ_c는 다음과 같다.

$$\tau_c = \frac{C_1 a_1}{C_2 a_2}(\gamma_s - \gamma)D_s \cos\phi(\tan\theta - \tan\phi) \tag{10.5.5}$$

하상이 수평일 경우 $\phi = 0$이므로

$$\tau_c = \frac{C_1 a_1}{C_2 a_2}(\gamma_s - \gamma)D_s \tan\theta \tag{10.5.6}$$

식 (10.5.2)와 비교하면 식 (10.5.6)에서의 계수는 다음과 같게 된다.

$$\frac{C_1 a_1}{C_2 a_2} = 0.18 \tag{10.5.7}$$

완전히 발달된 난류에서는 $a_1 = a_2$가 되고 따라서

$$\tau_c = k(\gamma_s - \gamma)D_s \tan\theta \tag{10.5.8}$$

여기서 $k = C_1/C_2$ 또는 다음과 같이 나타낼 수 있다.

$$\frac{\tau_c}{(\gamma_s - \gamma)D_s} = k\tan\theta \tag{10.5.9}$$

변수 $\tau_c/(\gamma_s - \gamma)D_s$는 항력 대 중력의 비를 의미하게 된다.

입자의 초기 움직임에 대한 한계상태는 하천 폭 b, 수심 d, 입자의 크기 D_s, 중력가속도 g, 입자의 밀도 ρ_s, 물의 밀도 ρ, 물의 동점성계수 ν, 한계상태의 전단속도(shear velocity) U_{*c} 등과 관련이 있으므로 차원해석을 하면 다음과 같은 결과를 얻을 수가 있다.

$$\frac{\tau_c}{(\gamma_s-\gamma)D_s}=\frac{\rho U_{*c}^2}{\gamma_s' D_s}=f\left(\frac{D_s}{b},\frac{D_s}{d},\frac{\rho_s}{\rho},\frac{U_{*c}D_s}{\nu}\right) \tag{10.5.10}$$

작은 입자인 경우 평형상태에 대한 D_s/b 및 D_s/d의 영향은 무시할 수가 있다. 또한 ρ_s가 일정하다면 ρ_s/ρ의 영향은 최종 식의 계수에 포함할 수가 있다. 따라서 식 (10.5.10)은 다음과 같이 간단히 나타낼 수가 있다.

$$\frac{\rho U_{*c}^2}{\gamma_s' D_s}=f\left(\frac{U_{*c}D_s}{\nu}\right) \tag{10.5.11}$$

식 (10.5.11)의 왼쪽 항은 전단속도로 나타낸 Froude 수이고 오른쪽 항은 입자의 Reynolds 수가 되며 이 관계가 일반적으로 입자의 초기 운동을 정의하게 된다. 큰 입자의 경우 Cheng은 다음과 같은 관계를 제시하고 있다.

$$\frac{\rho U_{*c}^2}{\gamma_s' D_s}=2.0\left(\frac{D_s}{d}\right)^{2/3} \tag{10.5.12}$$

10.5.2 실험적 분석

앞에서 하상 입자의 초기 움직임은 무차원 변수인 $\tau_o/(\gamma_s-\gamma)D_s$의 함수가 됨을 설명했다. 다음으로 한계전단응력이 다음과 같이 정의될 때 입자의 평형상태에 영향을 미치는 인자들에 대해 알아보자.

$$\tau_c=\rho U_{*c}^2 \tag{10.5.13}$$

여기서 U_{*c}는 한계전단속도(critical shear velocity)이다.

층류인 경우 $U_*=0$이고, 난류인 경우에 τ_o는 다음과 같은 Prandtl-von Kármán의 대수방정식으로부터 얻을 수 있는 전단속도 U_*의 함수가 된다.

$$U_*=\frac{V_1-V_2}{5.75\log(y_1/y_2)} \tag{10.5.14}$$

여기서 $U_*=\sqrt{\tau_o/\rho}$이다. 식 (10.5.14)로부터 U_*를 계산할 때 입자의 초기 움직임과 직접적으로 관계하므로 유속은 하상 근처에서 측정하여야 한다. 이 식은 U_*가 일정하다고 가정하고 유도하였으며, 이러한 가정으로 U_*는 다음과 같은 관계로부터 계산할 수가 있다.

$$U_* = \sqrt{gR_hS_o} \tag{10.5.15}$$

여기서 R_h는 동수반경, S_o는 하상경사이다. 만일 속도분포를 알지 못한다면 하천 단면에 대한 τ_o의 평균값을 산정하기 위해 다음과 같은 관계식을 이용할 수가 있다.

$$\tau_o = \gamma R_h S_o \tag{10.5.16}$$

가) Shields 곡선

식 (10.5.11)에 대한 해를 구하기 위해 많은 실험적인 연구가 수행되었으며, 그 중 초기의 Shields에 의한 곡선이 가장 널리 사용되고 있으며, 따라서 $\tau_c/(\gamma_s-\gamma)D_s$를 Shiels의 변수(Shields parameter) F_*라 한다.

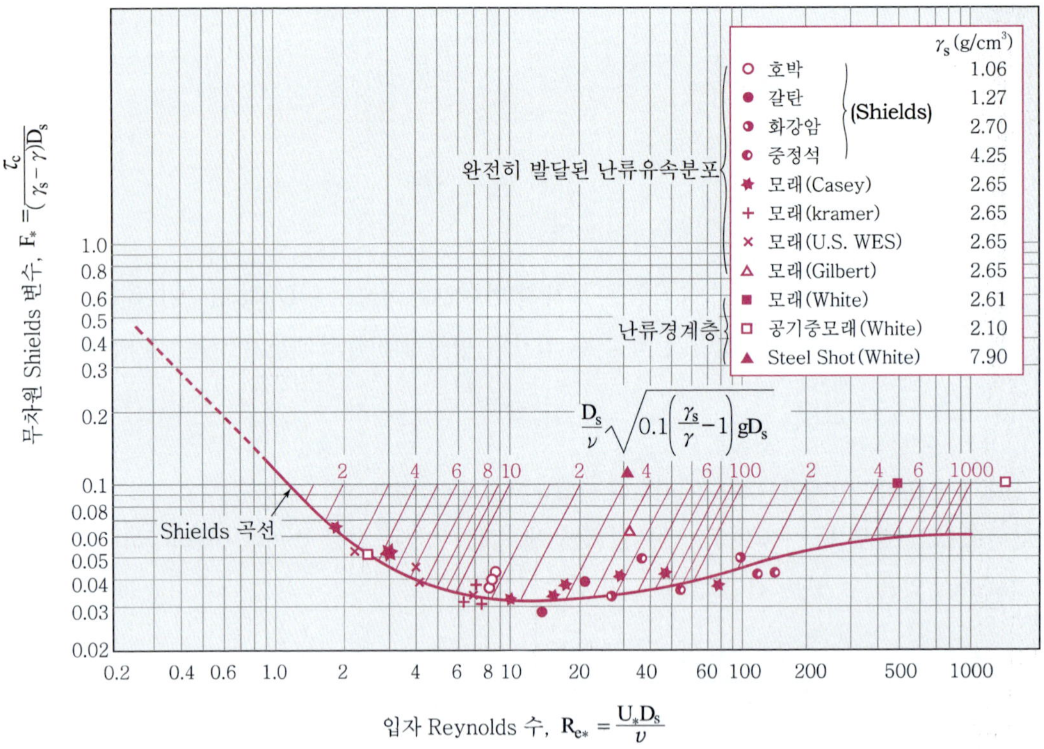

그림 10.5.2 Shields 곡선

Shields는 $\tau/(\gamma_s-\gamma)D_s$에 대해 최소한 한계치의 두 배에 해당하는 다양한 값을 적용하여 소류사(bed-load) 이송을 측정하고, 소류사 이송이 끝나는 지점까지 외삽(extrapolation)함으로서 이러한 관계를 수립하였다. 이와 같은 간접적인 방법을 사용한 것은 $\tau/(\gamma_s-\gamma)D_s$가 한계흐름보다 상당히 낮은 경우에도 입자가 움직이는 국지적인 흐름 상태로 인한 영향을 피하기 위해서이다. 그림 10.5.2는 경계 Reynolds 수 $R_{e*}=U_*D_s/\nu$에 따른 무차원 전단응력 F_*를 나타내는 Shields 곡선을 보여주고 있으며, 다음과 같이 크게 세 가지 영역으로 구분할 수가 있다.

- 영역 1 : $R_{e*}<3.63\sim5.0$

  영역 1에서는 $D_s<3\delta$이고 경계는 수리학적으로 매끈하다고 가정한다. 여기서 δ는 층류경계층의 두께로 $11.6\nu/U_*$이다. Shields는 $R_{e*}<2$인 영역에 대해서는 실험을 수행하지 않고 산정하였다. Shields에 의하면 $F_*\simeq0.1$일 때 약 $R_{e*}=1.0$이 된다.

- 영역 2 : $3.63\sim5.0<R_{e*}<68.0\sim70.0$

  영역 2에서는 경계가 천이(transition)상태이고 $\delta/3<D_s<6\delta$이다. 이 영역은 Darcy-Weisbach의 Reynolds 수에 따른 마찰손실계수 f를 나타내는 곡선과 유사하다. F_*의 최소값은 약 0.032~0.033이며 이에 상응하는 R_{e*}는 약 10정도가 된다. 이 조건에서 D_s를 산정하면 약 0.0006m가 된다.

- 영역 3 : $70\sim500<R_{e*}$

  영역 3에서는 경계는 완전히 거칠고 F_*는 R_{e*}와 무관하게 되며 F_*=0.06으로 일정한 값으로 나타난다.

예제 10.6

Shield 곡선에서 난류영역이 시작되는 $R_{e*}=500$에서 $F_*=0.06$이라 할 때 이 영역에서 하상재료가 움직이지 않기 위한 입자의 최소크기를 결정하라. 단, 유사입자의 비중은 2.65이며, 물은 20℃ ($\nu=1.0\times10^{-6}m^2/s$)이다.

풀이

경계 Reynolds 수 $R_{e*}=U_*D_s/\nu=500$으로부터

$$U_*=\frac{R_{e*}\nu}{D_s}=\frac{500\times1.0\times10^{-6}}{D_s}=\frac{5.0\times10^{-4}}{D_s} \quad \text{(a)}$$

또한

$$F_*=\frac{\tau_o}{(\gamma_s-\gamma)D_s}=\frac{U_*^2}{(S_s-1)gD_s}=0.06$$

따라서

$$U_*^2 = (S_s - 1)gD_s \times 0.06 = 1.65 \times 9.81 \times D_s \times 0.06 = 0.971D_s \qquad \text{(b)}$$

식 (a), (b)로부터 $D_s = 0.0064$m를 얻게 되므로 유사입자의 크기가 6.4mm 이상이 되어야 안정하게 된다.

예제 10.7

하상입자(비중 2.65)의 평균입경이 3cm인 사각형 수로로 $2\text{m}^3/\text{sec}$의 물을 송수하려고 한다. 하상경사를 1/100으로 할 때 흐름이 완전난류인 경우 하상입자의 세굴을 방지하기 위한 최소 수로폭을 결정하라. 등류계산에 필요한 Manning의 조도계수는 평균입경 D_{50}(mm)을 이용한 다음과 같은 Lacey의 공식을 이용하라.

$$n = 0.022f^{1/5}, \qquad f = 1.59\sqrt{D_{50}}$$

풀이

흐름이 완전난류이므로

$$F_* = \frac{\tau_o}{(\gamma_s - \gamma)D_s} = 0.06$$

또한 식 (10.5.16) $\tau_o = \gamma R_h S_o$를 윗 식에 적용하면

$$F_* = \frac{\gamma R_h S_o}{\gamma(S_s - 1)D_s} = 0.06$$

하상입자의 비중 $S_s = 2.65$를 대입하고 동수반경 R_h에 관해 정리하면

$$R_h = \frac{D_s}{10.1S_o} = \frac{0.03}{10.1 \times 0.01} = 0.297\text{m}$$

Manning의 조도계수는 Lacey의 식으로부터

$$f = 1.59\sqrt{30} = 8.709 \quad \rightarrow \quad n = 0.022 \times 8.709^{1/5} = 0.034$$

평균유속은 Manning의 공식으로부터

$$V = \frac{1}{0.034} \times 0.297^{2/3} \times 0.01^{1/2} = 1.309\text{m/s}$$

그러므로 하상재료의 세굴을 방지하기 위해서는 유속을 1.309m/s보다 작게 하여야 한다.
수심을 동수반경과 같은 0.297m로 한다면 단위폭당 유량은

$$q = yV = 0.297 \times 1.309 = 0.389\text{m}^3/\text{s/m}$$

따라서 최소 수로폭은

$$T = \frac{Q}{q} = \frac{2}{0.389} = 5.14\text{m}$$

10.6 안정하도의 설계

인공적인 수로를 설계하거나 자연하천에서 세굴 및 퇴적에 안정한 하도를 유지하기 위한 설계를 위해서는 앞에서 소개한 흐름에 의한 힘과 이에 대한 입자의 저항력을 바탕으로 유속이 충분히 커서 하도 내에 유입되는 유사를 하류로 이송시켜야 하는 한편, 유속이 충분히 작아 하도의 세굴을 방지하도록 설계를 하여야 한다. 이와 같은 안정하도를 설계하기 위해서는 이론적인 해석이 필요하지만, 아직 이론적인 해석방법이 정립되지 않아 정확한 해를 얻기가 힘들다. 따라서 이론을 바탕으로 한 경험적인 방법을 사용하게 된다.

경험적인 하도의 안정설계방법에는 최대허용유속법(method of maximum permissible velocity)과 허용소류력법(method of permissible tractive force), 그리고 현장실험을 바탕으로 한 방법(method based upon field experiments)이 있다.

10.6.1 안정하도 설계를 위한 공통 인자

가) 침식과정

하도에서의 침식(erosion)은 매우 복잡한 과정이다. 일반적으로 하도를 구성하고 있는 입자가 균일(homogeneous)하다는 가정 하에 그림 10.6.1과 같이 침식이 단계적으로 발생한다. 단면 ①은 처음 인위적으로 설계한 사다리꼴 단면이고, 단면 ②는 제방 사면 선단에서의 초기 침식된 단면이며, 단면 ③은 제방침식이 진행된 단면, 단면 ④는 제방 사면 활동(sliding)이 발생한 단면, 그리고 단면 ⑤는 최종적인 하천의 단면을 나타낸다. 만일 하도의 만곡부에서 침식이 발생할 경우 그림과 같은 일반적인 세굴양상은 변하게 되며 만곡부의 외측(concave)에서는 침식이 발생하고, 내측(convex)에서는 퇴적이 발생하여 요곡사주(point bar)가 형성된다.

인공수로의 건설비용은 하상변동 예측의 정확성에 달려있으며, 이는 기술적인 판단과 실험 및 이론적인 관계의 적용에 영향을 받는다. 대부분의 경우 안정한 하도를 유지하기 위해서는 측면 경사면의 하단부 1/3~1/2 정도를 세굴에 대해 보호하면 적절한 것으로 나타나고 있다.

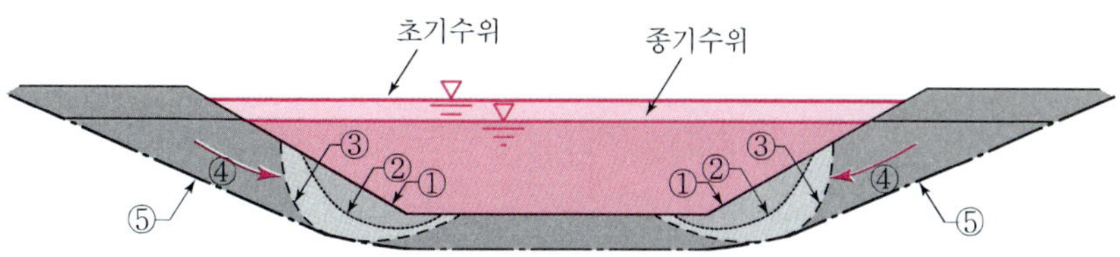

그림 10.6.1 침식과정

나) 설계에 사용하는 하도 단면의 기하학적 형태

측면경사의 결정

그림 10.6.2와 같이 정의된 하도에서 측면이 안정한 하도를 설계하기 위해서는 적절한 측면경사 z를 선택하는 것이 매우 중요하며, 제방의 구성 재료에 따른 z 값이 표 10.6.1과 같고, 일반적으로 z =1.5~2를 적용한다.

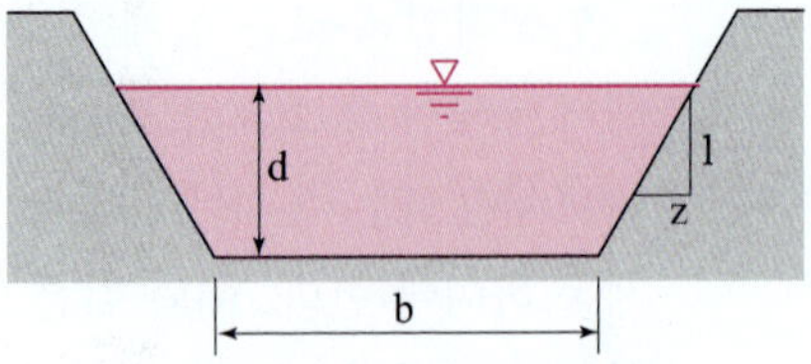

그림 10.6.2 하도의 형태

표 10.6.1 제방 재료에 다른 경사 z값

제방 재료의 특성	z
암반(rock)	0.2
매끄럽거나 풍화된 암반(smooth or weathered rock)	0.5~1.0
점토, 실트 및 모래 혼합 토양(clay, silt and sand mixture)	1.5
모래질 토양(sandy soil)	1.5
실트 및 옥토질 토양(silt and loam)	2.0
가는 모래 토양(fine sand)	3.0
매우 가는 입자 토양(very fine material)	> 3.0
압밀된 점토 토양(compacted clay)	1.5

사다리꼴 단면의 제원

실제 설계에 있어 하상폭 대 수심의 비(d/b)는 임의로 결정하기보다는 공학적인 판단에 따라 결정하게 되며, 이를 결정하기 위해 제시되고 있는 경험식들은 다음과 같다.

① 미개척국(USBR) 방법

$$d = 0.5\sqrt{A} \tag{10.6.1}$$

여기서 A는 하도의 단면적(ft^2)이고 사다리꼴 단면에 대해서

$$\frac{b}{d} = 4 - z \tag{10.6.2}$$

② 인도의 관개국(Irrigation Service) 방법

$$d = \sqrt{\frac{A}{3}} \tag{10.6.3}$$

여기서 A는 하도의 단면적(ft^2)이고 사다리꼴 단면에 대해서

$$\frac{b}{d} = 3 - z \tag{10.6.4}$$

③ 포장된 수로에 대한 USBR 방법

USBR에서는 포장된 수로에 대해 유량에 따른 수심 d 및 하폭 b를 결정하기 위한 경험적인 관계곡선을 그림 10.6.3과 같이 제시하고 있다.

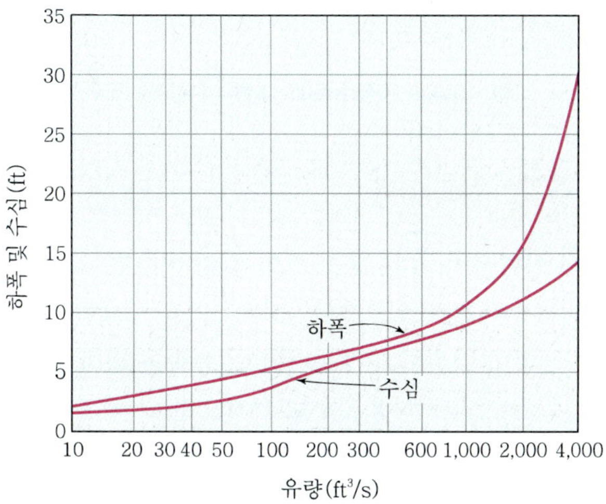

그림 10.6.3 포장된 수로에 대한 수심 d 및 하폭 b를 결정하기 위한 관계곡선

● 여유고

인공하도의 안정설계를 위해 USBR에 의해 제시되고 있는 여유고(freeboard)의 값이 표 10.6.2와 같으며, 유량에 따른 포장높이 및 여유고가 그림 10.6.4와 같다.

표 10.6.2 인공수로에 대한 여유고

하도 구분	여유고	
	cm	ft
포장 수로(lined channel)		
주하도(main channel)	15	0.49
2차하도(secondary channel)	12	0.39
지류(distributary)	5	0.16
고가수로(elevated flume)	5	0.16
비포장 수로(earth canals)		
농촌의 주 홍수하도(main flood channel, rural)	75	2.46
주거지역의 주 홍수하도(main flood channel, residential area)	100	3.28
배수하도(drainage channel)	15	0.49
급류하도(torrential channel)	100	3.28

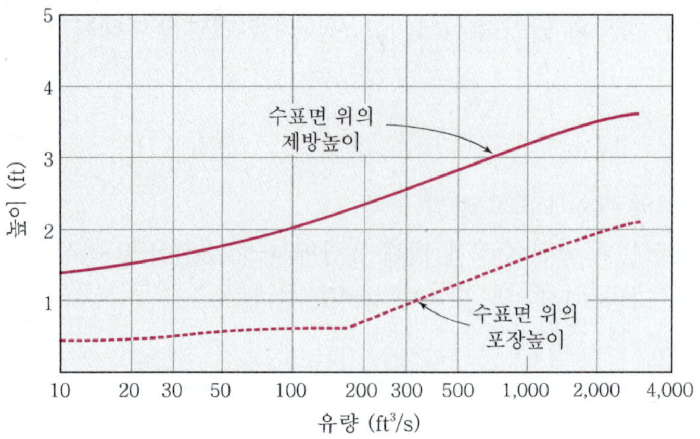

그림 10.6.4 포장수로에 대한 여유고(USBR)

10.6.2 최대 허용유속법에 의한 하도설계

안정하도를 설계하는데 영향을 미치는 두 가지의 주요 변수로 유속과 소류력(shear stress)이 있으며, 소류력의 결정에는 어려움이 많이 있으므로 유속이 가장 중요한 인자가 된다. 특정 유속에 대해 이와 같거나 작은 유속에서 세굴이 발생하지 않는다면 이 유속을 최대 허용유속으로 결정하게 된다. 만일 결정된 하도에서의 평균 유속이 최대 허용유속보다 작으면 그 하도는 안정하다고 할 수 있다.

그림 10.6.5는 점착성(cohesive) 토양에 대한 최대 허용유속을 결정하기 위한 방법을 보여주고 있으며, 허용유속을 공극비(void ratio)의 함수로 결정하고 평균수심을 이용하여 보정하게 된다.

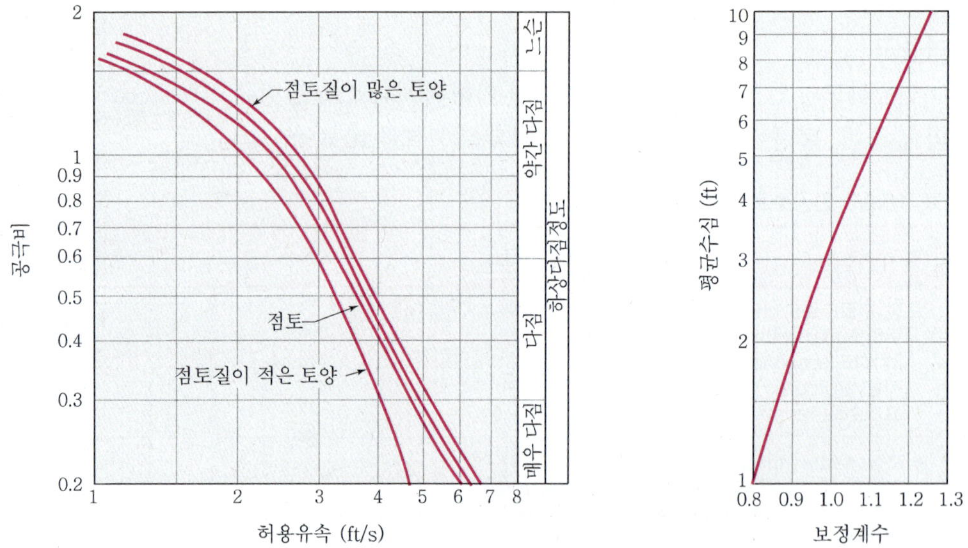

그림 10.6.5 점착성 토양에 대한 허용유속 결정곡선

표 10.6.3 최대 허용유속

하상재료의 종류	n	평균유속 (d ≤ 3ft)					
		깨끗한 물		콜로이드질 실트가 포함된 물		실트, 모래, 자갈을 포함한 물	
		ft/sec	m/sec	ft/sec	m/sec	ft/sec	m/sec
가는 모래 (Fine sand, colloidal)	0.02	1.50	0.46	2.50	0.76	1.50	0.46
모래질 옥토 (Sandy loam, noncolloidal)	0.02	1.75	0.53	2.50	0.76	2.00	0.61
실트질 옥토 (Silt loam, noncolloidal)	0.02	2.00	0.61	3.00	0.91	2.00	0.61
충적 실트 (Alluvial silt, noncolloidal)	0.02	2.00	0.61	3.50	1.07	2.00	0.61
굳은 옥토 (Ordinary firm loam)	0.02	2.50	0.76	3.50	1.07	2.25	0.69
화산재 (Volcanic ash)	0.02	2.50	0.76	3.50	1.07	2.00	0.61
작은 자갈 (Fine gravel)	0.02	2.50	0.76	5.00	1.52	3.75	1.14
굳은 점토 (Stiff clay)	0.025	3.75	1.14	5.00	1.52	3.00	0.91
옥토 및 조약돌 (Graded, loam to cobbles, noncolloidal)	0.03	3.75	1.14	5.00	1.52	5.00	1.52
충적 실트 (Alluvial silt, colloidal)	0.025	3.75	1.14	5.00	1.52	3.00	0.91
실트 및 조약돌 (Graded, silt to cobbles, colloidal)	0.03	4.00	1.22	5.50	1.68	5.00	1.52
굵은 자갈 (Coarse gravel, noncolloidal)	0.025	4.00	1.22	6.00	1.83	6.50	1.98
조약돌 및 굵은 자갈 (Cobbles and shingles)	0.035	5.00	1.52	5.50	1.68	6.50	1.98
혈암 (Shales and hard pans)	0.025	6.00	1.83	6.00	1.83	5.00	1.52

Fortier와 Scobey는 최대 허용유속의 한계치를 표 10.6.3과 같이 제시하였다. 그 외에 최대 허용유속을 결정하기 위한 많은 식들이 제시되었으며 이 중 몇 가지 방법을 소개하면 다음과 같다.

① Mavis 등

$$U_b = \frac{1}{2} D^{4/9} \sqrt{\frac{\rho_s}{\rho} - 1} \tag{10.6.5}$$

여기서 U_b는 하상에서의 최대허용유속(ft/sec), D는 입자의 직경(mm), ρ_s는 입자의 밀도, 그리고 ρ는 물의 밀도이다.

② Carstens

$$\frac{U_b^2}{[(\rho_s/\rho) - 1]gD} = 3.61(\tan\phi\cos\alpha - \sin\alpha) \tag{10.6.6}$$

여기서 U_b는 하상에서의 최대허용유속(ft/sec), ϕ는 안식각, α는 하상경사, g는 중력가속도 ($32\,ft/sec^2$), D는 입자의 직경(ft)이다.

③ Neill

$$\frac{U_{per}^2}{[(\rho_s/\rho) - 1]gD} = 2.5\left(\frac{D}{d}\right)^{-0.2} \tag{10.6.7}$$

여기서 U_{per} 은 하상에서의 최대허용유속(ft/sec), g는 중력가속도(32ft/sec^2), D는 입자의 직경(ft), 그리고 d는 수심(ft)이다.

④ Mirtskhulava, T.E.

$$U_{per} = \left(\log\frac{8.8d}{D}\right)\sqrt{\frac{2g}{0.44n}(\gamma_s - \gamma)D} \tag{10.6.8}$$

여기서 U_{per} 은 최대 허용유속(m/s), D는 입자의 직경(m), d는 수심(m), g는 중력가속도(9.8m/sec^2), 그리고 n은 다음과 같이 산정한다.

$$n = 1 + \frac{D}{0.00005 + 0.3D} \tag{10.6.9}$$

예제 10.8

다음과 같은 설계조건에 대해 최대허용유속법을 사용하여 안정하도를 설계하라. 유량은 10m^3/sec이며, 하천 입자의 평균입경 $D_{50} = 2.5$mm이다. 하천입자는 모래질 옥토이며 깨끗한 물이 흐르고 있다. 하상입자의 단위중량 $\gamma_s = 2.7$ton/m^{3}이고, 안식각 $\phi = 30°$ 및 하상경사 $\alpha = 0.034$이며, $z = 1.5$이고 중력가속도는 $g = 9.81$m/s^2(=32ft/s^2)이다.

풀이

1) Fortier와 Scobey(표 10.6.3) : $U_{per} = 0.53$m/s $= 1.75$ft/s

Mavis : $U_b = \frac{1}{2} \times 2.5^{4/9}\sqrt{\frac{2.7}{1} - 1} = 0.98$ft/s

Carstens : $U_b = \sqrt{3.61(\tan\phi\cos\alpha - \sin\alpha) \times [(\rho_s/\rho) - 1]gD}$

$= \sqrt{3.61(\tan30\cos0.034 - \sin0.034) \times 1.7 \times 32 \times (8.2 \times 10^{-3})} = 0.96$ft/s

2) Fortier와 Scobey에 의한 허용유속 $U_{per} = 0.53$m/s을 적용하면

$$A = \frac{10}{0.53} = 18.87\text{m}^2$$

3) 식 (10.6.2)으로부터

$$\frac{b}{d} = 4 - z = 4 - 1.5 = 2.5 \quad \rightarrow \quad b = 2.5d \tag{a}$$

사다리꼴 단면의 면적

$$(b + 1.5d)d = 18.87 \tag{b}$$

식 (a), (b)로부터 $b = 5.43$m, $d = 2.17$m, $A = 18.87$m^{2}이 된다.

4) 앞에서 구한 수심 d = 2.17m를 적용하여 허용유속을 Neill식과 Mirtskhulava식을 이용하여 산정하면

$$\text{Neill : } U_{per} = \sqrt{2.5(D/d)^{-0.2} \times [(\rho_s/\rho) - 1]gD}$$

$$= \sqrt{2.5\left(\frac{8.2\times 10^{-3}}{2.17\times 3.28}\right)^{-0.2} \times [1.7\times 32\times (8.2\times 10^{-3})]} = 2.08\text{ft/s}$$

$$\text{Mirtskhulava : } n = 1 + \frac{0.0025}{0.00005 + 0.3\times 0.0025} = 4.125$$

$$U_{per} = \left(\log\frac{8.8\times 2.17}{0.0025}\right)\sqrt{\frac{2\times 9.81}{0.44\times 4.125}(2.7-1)\times 0.0025} = 0.84\text{m/sec}$$

따라서 Neill식과 Mirtskhulava식으로부터 산정한 허용유속이 Mavis식과 Carstens식에 의해 산정한 허용유속보다 Fortier와 Scobey에 근사하므로 앞에서 결정한 설계단면을 사용하기로 한다.

10.6.3 허용소류력법에 의한 하도설계

앞에서 설명한 바와 같이 한계소류력은 다음과 같이 주어진다.

$$\tau_c = \gamma R_h S_o \tag{10.6.10}$$

또한 한계소류력은 $\tau_c = \rho U_*^2$과 같이 나타낼 수 있으므로 입자의 초기 운동 기준은 U_*와 τ에 의해 결정할 수 있다. 소류력 τ는 흐름의 수리학적 특성 및 하도의 기하학적 형태가 그대로 유지된다면 종방향으로는 일정하다고 가정할 수 있지만 횡방향으로는 그림 10.6.6과 같이 변하게 된다. 만일 하도가 만곡되거나 기하학적인 형태가 변하면 그림 10.6.6에서 주어진 계수 0.75 및 0.97을 적용할 수가 없다.

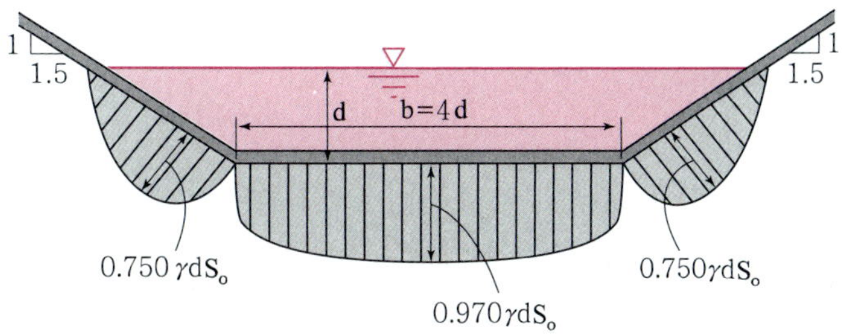

그림 10.6.6 b/d에 따른 최대 단위소류력

Lane과 Carlson은 실험 및 현장 분석을 통해 그림 10.6.7과 같은 사다리꼴 단면에서의 소류력 τ의 변화곡선을 제시하였으며, 서로 다른 b/d값에 따른 하상 및 측면경사에 대한 $\tau_c/\gamma dS_o$값을 산정할 수가 있다. 한계 허용소류력을 식 (10.6.10)으로부터 산정할 수 있고 b/d를 알고 있거나 가정하게 되므로

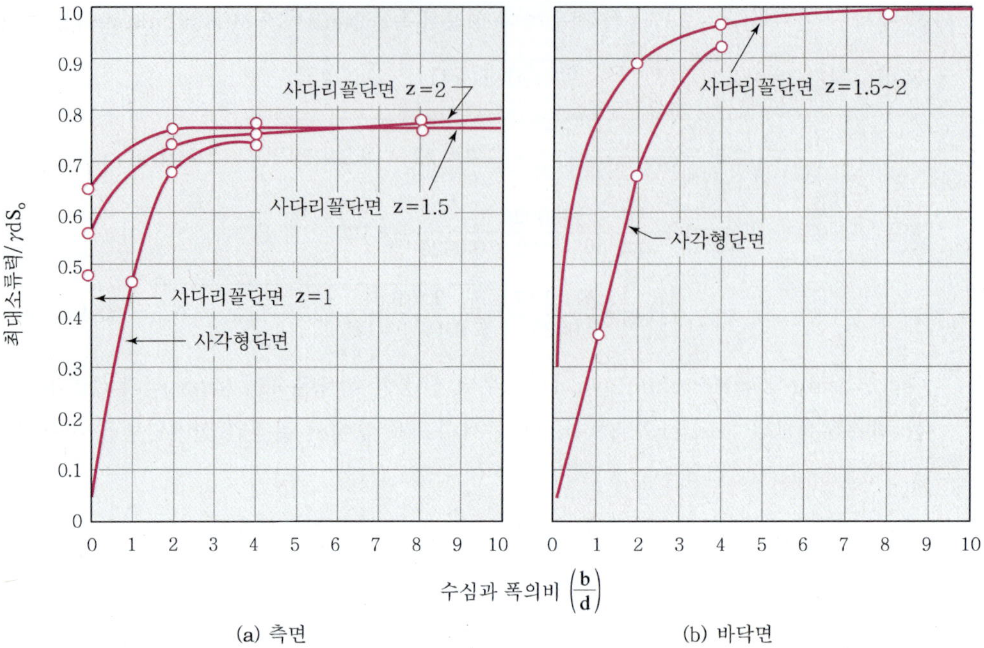

그림 10.6.7 사다리꼴 단면에 대한 소류력 τ의 결정곡선

그림 10.6.7(a)로부터 측면경사에 대한 소류력을 그림 10.6.7(b)로부터는 하상에 대한 소류력을 산정할 수가 있게 된다.

허용소류력법에 의한 안정하도를 설계하기 위해 먼저 수로 바닥에서의 단위소류력 τ_b에 대한 사면에서의 단위소류력 τ_s의 비인 소류력비(tractive force ratio)에 대해 알아보자. 사다리꼴 단면 수로의 바닥에 놓인 한 개의 유사입자의 유효면적을 A, 수중무게를 W_s, 안식각(하상경사각)을 ϕ라 하면 유사입자가 움직이는 한계조건은 $A\tau_b = W_s \tan\phi$가 된다. 따라서

$$\tau_b = \frac{W_s}{A}\tan\phi \tag{10.6.11}$$

또한 사면에서의 경사를 θ, 유사입자가 받는 단위소류력을 τ_s라 하면 유사입자가 받는 힘은 사면의 유사입자가 사면을 따라 하류방향으로 움직이려는 힘, 즉 전소류력 $A\tau_s$와 유사의 수중무게에 의해 사면을 따라 하상으로 내려오려는 힘 $W_s \sin\theta$의 벡터합이 된다. 즉,

$$F_s = \sqrt{(A\tau_s)^2 + (W_s \sin\theta)^2} \tag{10.6.12}$$

이와 같이 유사입자를 움직이게 하는 힘에 저항하는 힘은 사면에 직각방향의 유사입자 무게 $W_s \cos\theta$에

마찰계수 $\tan\phi$를 곱한 것과 같으므로 이 값이 식 (10.6.12)의 F_s와 같을 때 입자는 움직이기 시작하는 한계조건이 된다. 따라서

$$W_s \cos\theta \tan\phi = \sqrt{(A\tau_s)^2 + (W_s \sin\theta)^2} \tag{10.6.13}$$

식 (10.6.13)을 τ_s로 정리하면

$$\tau_s = \frac{W_s}{A}\cos\theta \tan\phi \sqrt{1 - \frac{\tan^2\theta}{\tan^2\phi}} \tag{10.6.14}$$

그러므로 소류력비는

$$K = \frac{\tau_s}{\tau_b} = \cos\theta \sqrt{1 - \frac{\tan^2\theta}{\tan^2\phi}} = \sqrt{1 - \frac{\sin^2\theta}{\sin^2\phi}} \tag{10.6.15}$$

따라서 소류력비는 유사입자의 안식각 ϕ와 사면경사 θ에 의해 결정되게 된다.

Lane은 실험을 통해 수로 바닥에서의 허용소류력 $\tau_b(\mathrm{lb/ft^2})$를 체분석에서 누가 통과무게 75%에 해당하는 $D_{75}(\mathrm{in})$를 이용하여 다음과 같이 제시하였다.

$$\tau_b = 0.4D_{75} \tag{10.6.16}$$

이상과 같은 관계를 이용하여 허용소류력법에 의해 안정하도를 설계하는 절차는 다음과 같다.

① 주어진 사면 기울기 z 값과 가정한 b/d에 해당하는 사면에서의 최대 허용소류력 τ_s를 그림 10.6.7(a)로부터 구한다.
② 사면경사 및 안식각으로부터 소류력비 K를 산정한다.
③ 식 (10.6.16)으로부터 수로 바닥에서의 허용소류력 τ_b를 구한 후 소류력비를 이용하여 사면에서의 허용소류력 τ_s를 산정한다.
④ ①에서 구한 허용소류력과 ③에서 구한 소류력을 같게 놓고 수심 d를 구한다.
⑤ ①에서 가정한 b/d로부터 폭 b를 산정한다.
⑥ Manning의 공식을 이용하여 유량을 구해 설계유량과 비교한다.
⑦ 계산된 유량이 설계유량과 차이가 나면 ①부터 다시 시작한다.
⑧ 두 유량이 비슷하면 그림 10.6.7(b)로부터 수로 바닥에서의 최대 허용소류력을 구해 식 (10.6.16)으로부터 구한 소류력보다 작은지 확인한다.
⑨ 안전을 위해 10%정도의 안전계수를 주어 최종단면을 결정한다.

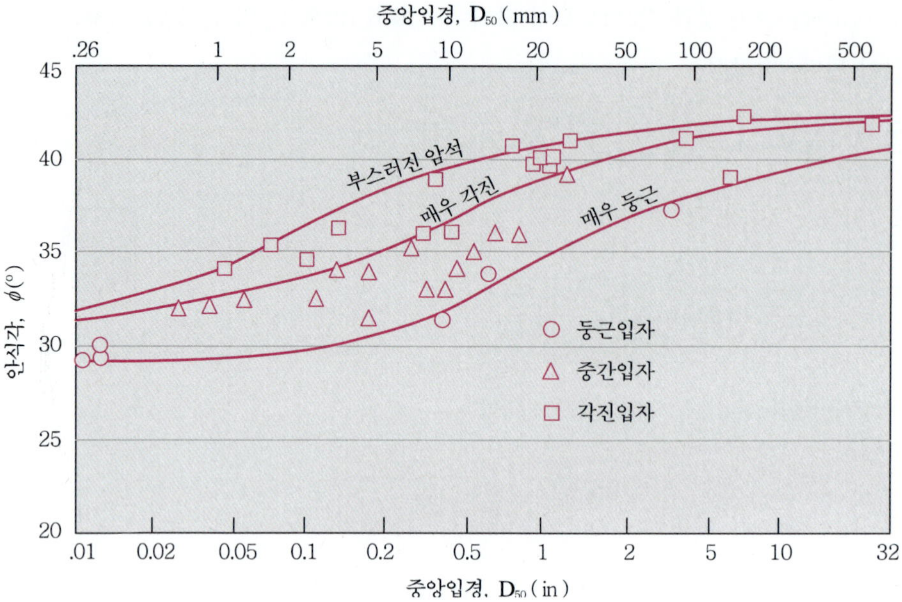

그림 10.6.8 유사입경에 따른 안식각

예제 10.9

다음과 같이 주어진 조건에서 허용소류력법에 의한 사다리꼴 단면의 안정하도를 설계하라. 설계유량 $1.45\text{m}^3/\text{sec}$, 하상경사 0.0006, 하상토의 평균 입경 $D_{50} = 1.2\text{cm}$, 하상토의 단위중량 $\gamma_s = 2.7\text{ton/m}^3$, 안식각 $\phi = 36°$, 측면경사 $\theta = 33.69°$이다. Manning의 조도계수 $n = 0.022$, $g = 9.81\text{m/sec}^2$, $z = 1.5$이며 수로바닥에서의 허용소류력 $\tau_b = 0.9\text{kg/m}^2$이다.

풀이

① $z = 1.5$에서 $b/d = 3.5$로 가정하여 그림 10.6.7(a)를 사용하여 사면에서의 최대 허용 단위소류력을 표시하면

$$\tau = 0.77\gamma Sd = 0.77 \times 1{,}000 \times 0.0006d = 0.462d\ \text{kg/m}^2 \tag{a}$$

② 소류력비

$$K = \frac{\tau_s}{\tau_b} = \cos 33.69\sqrt{1 - \frac{\tan^2 33.69}{\tan^2 36}} = 0.33$$

따라서 사면에서의 허용 소류력은

$$\tau_s = 0.33 \times 0.9 = 0.3\text{kg/m}^2 \tag{b}$$

③ 사면에서 입자가 움직이기 시작할 순간에는 식 (a)와 (b)가 같아야 하므로

$$0.3 = 0.462d \rightarrow d = 0.65\text{m}$$

④ $b/d=3.5$로 가정하였으므로 하상폭은

$$b=3.5\times 0.65=2.28\text{m}$$

⑤ Manning의 식을 이용하여 유량 Q를 구하면

$$A=(b+1.5d)d=2.12\text{m}^2,\ R_h=A/P=0.46\text{m}$$

$$Q=\frac{1}{0.022}\times 2.12\times 0.46^{2/3}\times 0.0006^{1/2}=1.41\,\text{m}^3/\text{sec}$$

설계유량 $1.45\text{m}^3/\text{s}$와 비슷하므로 $b=2.28\text{m}$, $d=0.65\text{m}$, $z=1.5$를 적용한다. 만일 설계유량에 더욱 근사하게 단면을 결정하려면 b/d를 증가시켜 다시 가정하고 ①부터 반복한다.

⑥ 결정된 단면에 대한 수로 바닥의 최대 단위소류력은 그림 10.6.7(b)로부터

$$\tau_b'=0.96\gamma Sd=0.96\times 1{,}000\times 0.0006\times 0.65=0.37\text{kg/m}^2$$

따라서 설계단면에서의 최대단위소류력이 바닥의 허용소류력 0.9kg/m^2보다 작으므로 하상은 안전하다.

⑦ 안전을 위해 10%의 안전계수를 적용하여 수심 $d=0.7\text{m}$, 폭 $b=2.5\text{m}$로 한다.

10.6.4 이상적인 안정하도단면

최대허용유속법 및 허용소류력법을 사다리꼴 하도단면에 적용할 때는 유속 및 소류력의 평균값의 최대치를 사용하게 된다. 하지만 이러한 값들은 하상의 중간부분이나 측면경사의 선단에서 나타나게 된다. 경제적인 설계는 평균값들을 사용하고 부분적인 포장(lining)을 하거나 측면경사의 선단 주위뿐만 아니라 하도 윤변(wetted perimeter)의 모든 지점에서 입자의 초기움직임이 발생한다는 가정을 하여 얻을 수가 있다.

미개척국(USBR)은 입자의 초기 움직임을 고려한 안정하도 횡단면을 설계하기 위한 절차를 그림 10.6.9와 함께 다음과 같이 제시하였다.

① 하상에서 토양 입자는 평형상태에 있다. 따라서 안정성은 하상에 연직방향으로 작용하는 입자의 수중무게 요소에 의해 영향을 받는다.

② 수면위로 나타난 하도의 측면 경사는 제방 재료의 안식각 ϕ와 같다.

③ 하도의 중앙지점에서는 $\theta=0°$이다.

④ 입자의 평형은 한계소류력이 움직임에 저항하는 수중무게 요소와 같을 때 형성된다.

⑤ 소류력은 고려하고 있는 하상표면 위의 물의 무게요소에 종방향 경사를 곱해 구한다. 소류력의 횡방향 요소는 무시한다.

하상의 대상 단면 $AB=\sqrt{d_x^2+d_y^2}$을 생각해 보자. ⑤에서의 가정에 따라 단위길이당 소류력은 다음과 같이 나타낼 수 있다.

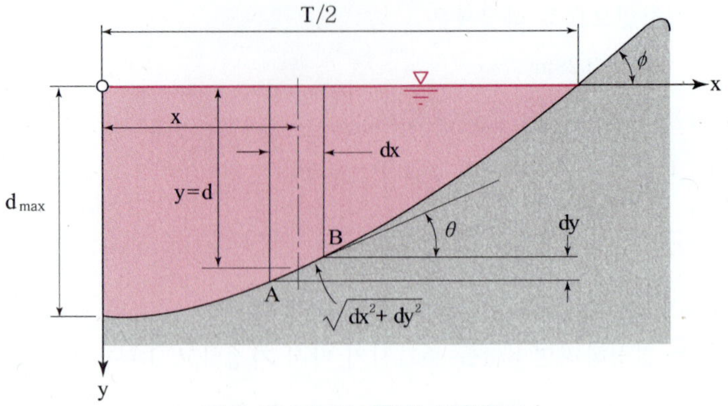

그림 10.6.9 이상적인 안정하도

$$\tau_c = \frac{\gamma y dx S}{\sqrt{d_x^2 + d_y^2}} = \gamma y S \cos\theta \tag{10.6.17}$$

하도 중심지점에서의 소류력 또는 전단응력은

$$\tau = \gamma d_{max} S \tag{10.6.18}$$

경사를 이루고 있는 윤변 표면에 상응하는 소류력은 다음과 같다.

$$\tau_{AB} = \gamma d_{max} S K \tag{10.6.19}$$

여기서 K는 수로바닥과 사면에서의 소류력비(tractive-force ratio)로 다음과 같다.

$$K = \frac{\tau_{AB}}{\tau_c} = \cos\theta \sqrt{1 - \left(\frac{\tan\theta}{\tan\phi}\right)^2} = \sqrt{1 - \frac{\sin^2\theta}{\sin^2\phi}} \tag{10.6.20}$$

만일 $\tau_c \leq \tau_{AB}$ 이면 횡단면은 안정하고, 따라서

$$\gamma y S \cos\theta = \gamma d_{max} S K \tag{10.6.21}$$

식 (10.6.21)이 평형을 위한 최소조건이 된다. 식 (10.6.21)에 식 (10.6.20)의 K값과 $\theta = \tan^{-}(dy/dx)$ 를 대입하여 정리하면

$$\left(\frac{dy}{dx}\right)^2 + \left(\frac{y}{d_{max}}\right)^2 \tan^2\phi = \tan^2\phi \tag{10.6.22}$$

하도의 중심선에서 수심 y는 d_{max}와 같고 $x = 0$이다. 이러한 조건을 적용하여 미분방정식 (10.6.22)의 해를 구하면 다음과 같다.

$$y = d_{max}\cos\left(\frac{\tan\phi}{d_{max}}x\right) \qquad (10.6.23)$$

식 (10.6.23)은 단순 cosine곡선이 되고 이 식을 그림 10.6.9에서 주어진 하도의 횡단면을 설계하는 데 사용할 수가 있다. USBR은 안정하도 단면을 설계하기 위한 다음과 같은 관계를 제시하였다.

$$A = \frac{2d_{max}^2}{\tan\phi} \qquad (10.6.24)$$

$$V = \frac{1}{n}\left[\frac{d_{max}\cos\phi}{E(\sin\phi)}\right]^{2/3} S^{1/2} \qquad (10.6.25)$$

여기서

$$E(\sin\phi) = \left(\frac{\pi}{2}\right)\left(1 - \frac{1}{4}\sin^2\phi\right) \qquad (10.6.26)$$

$$d_{max} = \frac{\tau_c}{0.97\gamma S} \qquad (10.6.27)$$

그리고

$$\frac{T}{2} = \frac{d_{max}\dfrac{\pi}{2}}{\tan\phi} \qquad (10.6.28)$$

이때의 설계유량 Q_{comp}는 단면적 A와 유속 V를 곱해 구할 수 있다.

따라서 주어진 유량 Q_{given}과 계산된 유량 Q_{comp}이 다르면 d_{max}를 변경하여 새로운 유량을 계산한 후 주어진 유량과 비교하게 된다. 만일 $Q_{given} > Q_{comp}$이면 하도 횡단면에 중앙단면을 추가하여 $Q_{given} - Q_{comp}$에 해당하는 유량을 담당하도록 설계하면 된다.

예제 10.10

다음과 같은 설계조건에 대해 이상적인 안정하도를 설계하라. 유량은 $10m^3/sec$, 하상경사 $S = 0.0006$, 안식각 $\phi = 36°$, Maning의 조도계수 $n = 0.022$, 수로바닥에서의 허용소류력 $\tau_c = 0.9kg/m^2$이다.

풀이

1) 허용소류력 $\tau_c = 0.9kg/m^2$이므로 식 (10.6.27)에 의해

$$d_{max} = \frac{\tau_c}{0.97\gamma S} = \frac{0.9}{0.97 \times 0.0006 \times 1,000} = 1.55m$$

2) 단면적 A는 식 (10.6.24)에 의하여

$$A=\frac{2d_{max}^2}{\tan\phi}=\frac{2\times 1.55^2}{\tan 36}=6.58\text{m}^2$$

3) 유속 V는 식 (10.6.25)에 의해

$$V=\frac{1}{0.022}\left[\frac{1.55\times\cos 36^\circ}{\left(\frac{\pi}{2}\right)\left(1-\frac{1}{4}\sin^2 36^\circ\right)}\right]^{2/3}\times 0.0006^{1/2}=1.02\text{m/s}$$

4) 유량 Q는 연속방정식에 의하여 Q = AV이므로

$$Q_{comp}=1.02\times 6.58=6.71<10.00\text{m}^3/\text{sec}$$

5) 중앙부에 추가적인 단면이 필요하다.

$$Q_{cent}=Q_{given}-Q_{comp}=10.00-6.71=3.29\text{m}^3/\text{sec}$$

$$A=\frac{Q_{cent}}{V}=B\times 1.55$$

따라서

$$B=\frac{0.022\times 3.29}{1.55^{5/3}\times 0.0006^{1/2}}=1.42\text{m}$$

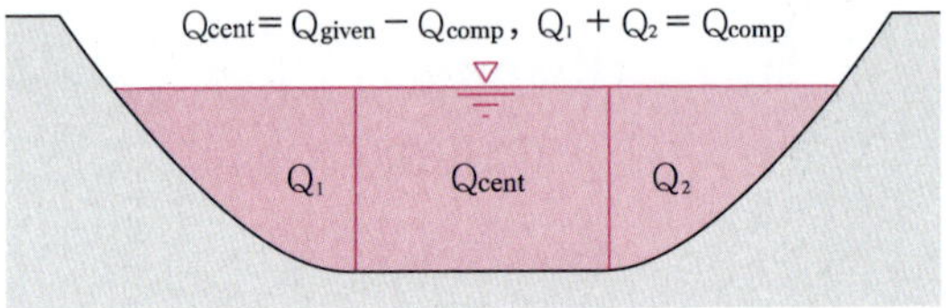

그림 10.6.10

10.6.5 안정하도 설계를 위한 경험공식

앞에서 언급한 바와 같이 하상입자 이동의 한계조건을 해석적으로 완전히 밝혀 설계에 적용하기에는 어려운 점이 많이 있으므로, 안정하도의 설계를 위해 하도상의 각종 변수와 수리변수를 상관시켜 경험적인 일련의 공식을 유도하여 사용하는 방법이 있다. Lacey는 현장관측 자료를 이용하여 체계적인 분류와 분석을 통해 모래하상 하도의 안정설계 방법을 다음과 같이 제시하였다.

$$V=a_1R_h^{b_1} \tag{10.6.29}$$

여기서 V는 유속(ft/s), R_h는 동수반경(ft), a_1은 1.17, b_1은 0.5이다. 식 (10.6.29)는 Kennedy에 의한 관계와 비슷하며 다음과 같이 나타낼 수 있다.

$$V=1.17R_h^{1/2} \tag{10.6.30}$$

식 (10.6.30)을 모래하상 하도에 적용하면 만족할만한 결과를 주게 되며 안정한 수로 설계를 할 수가 있다. 작고 둥근 입자로 구성된 토양의 경사가 완만하고 넓은 평면으로 구성되어 있으면 Lacey 방법이 양호한 결과를 준다. 그는 또한 실트인자 f를 다음과 같이 제시하였으며 토양의 종류에 따른 f값이 표 10.6.4와 같다.

$$f = \left(\frac{a_1}{1.17}\right)^2 \tag{10.6.31}$$

식 (10.6.31)에서 a_1은 굴착하는 수로 재료의 종류에 따라 변하게 된다. 따라서

$$V = 1.17\sqrt{R_h f} \tag{10.6.32}$$

식 (10.6.32)와 유사한 두 개의 식이 추가적으로 제시되었는데 그 중 최근의 식은 다음과 같다.

$$V = 1.15\sqrt{fR_h} \tag{10.6.33}$$

비슷한 토양에서 굴착된 하도의 동수반경이 같으면 fR_h 값은 일정하게 된다. 또한 유속이 일정하면 fP 및 fA도 일정할 수가 있다. 이러한 관점에서 가용한 자료를 이용하여 다음과 같은 관계를 얻을 수가 있다.

$$Af^2 = 3.8V^5 \tag{10.6.34}$$

그리고

$$Qf^2 = 3.8V^6 \tag{10.6.35}$$

Manning의 조도계수 n 및 평균입경 D_{50}과 f와의 관계는 다음과 같다.

$$n = 0.022f^{0.2} \tag{10.6.36}$$

$$f = 1.59\sqrt{D_{50}} \tag{10.6.37}$$

여기서 입자의 크기 D_{50}은 mm단위를 적용한다.

표 10.6.4 토양의 종류에 따른 실트인자 f값

토양 구분	f
Mississippi 실트	0.357
표준 Kennedy 실트	1.00
중간 모래 (Medium sand)	1.31
굵은 모래 (Coarse sand)	1.44–1.56
가는 자갈 (Fine gravel)	2.00
큰 조약돌 및 굵은 자갈 (Large pebbles and coarse gravel)	4.68
작은 전석, 조약돌 및 작은 자갈 (Small boulders, shingle and fine gravel)	6.12
중간 전석, 조약돌 및 작은 자갈 (Medium boulders, shingle and fine gravel)	9.75
큰 전석, 조약돌 및 작은 자갈 (Large boulders, shingle and fine gravel)	20.90
큰 돌 (Large stones)	38.60
매우 큰 전석 (Massive boulders, D~25inches)	39.60

이 방법을 이용하여 하도의 안정설계를 할 때 주어진 유량 Q에 대해 f는 표 10.6.4에서 주어진 토양의 종류에 따라 결정하거나 식 (10.6.37)을 이용하여 결정한다. 따라서 Q와 f가 결정되면 식 (10.6.35)를 이용하여 유속 V를 산정할 수 있고, 식 (10.6.34)를 이용하여 단면적 A를 산정할 수 있으며, 식 (10.6.32)를 이용하여 다음과 같이 R_h를 산정할 수 있다.

$$R_h = 0.7305\frac{V^2}{f} \tag{10.6.38}$$

식 (10.6.34)와 식 (10.6.38)로부터

$$P = 3.8\frac{V^3}{0.7305f} \tag{10.6.39}$$

윤변(wetted perimeter) P는 평균유속의 함수로 얻을 수가 있다. 또는 식 (10.6.35)와 식 (10.6.39)에서 유속 V를 소거하면 다음과 같이 유량 Q로부터 P를 산정할 수 있다.

$$P = 2.668Q^{1/2} \tag{10.6.40}$$

식 (10.6.38), 식 (10.6.36), 그리고 식 (10.6.35)를 이용하여 Manning의 관계로부터 종단경사 S를 f와 Q의 함수로 나타낼 수 있다.

$$S = 0.00055\frac{f^{5/3}}{Q^{1/6}} \tag{10.6.41}$$

이 방법을 이용한 하도의 안정설계를 위해 필요한 관련 공식들이 표 10.6.5에 정리되어 있다.

표 10.6.5 Lacey 방법에 의한 안정하도 설계 관련 공식

관련 공식	식 번호
유속 : $V = 1.15\sqrt{R_h f}$	(10.6.33)
동수반경 : $R_h = 0.7305V^2/f$	(10.6.38)
단면적 : $A = 3.8V^5/f^2$	(10.6.34)
윤변 : $P = 3.8V^3/0.7305f$	(10.6.39)
하상경사 : $S = 0.00055f^{5/3}/Q^{1/6}$	(10.6.41)
유속 : $V = 0.794Q^{1/6}f^{1/3}$	(10.6.42)
동수반경 : $R_h = 0.4727Q^{1/3}/f^{1/3}$	(10.6.43)
단면적 : $A = 1.26Q^{5/6}/f^{1/3}$	(10.6.44)
윤변 : $P = 2.668Q^{1/2}$	(10.6.40)
하상경사 : $S = 0.00044f^2/V$	(10.6.45)

예제 10.11

하도의 설계유량이 $11,000\text{ft}^3/\text{s}$, 하상재료의 평균입경 $D_{50}=0.23\text{mm}$, 측면경사 $z=1/2$일 때 Lacey 방법에 의해 하도의 안정설계를 하라.

풀이

1) 실트계수(silt factor)는 식 (10.6.37)을 이용하면

$$f=1.59\sqrt{D_{50}}=1.59\sqrt{0.23}=0.76$$

f값은 최소치를 나타내므로 경험에 기초하여 $f=0.89$를 적용하기로 한다.

2) 윤변 P는 식 (10.6.40)에 의해

$$P=2.668Q^{1/2}=2.668\times 11,000^{1/2}=280\text{ft}$$

3) 하상경사 S는 식 (10.6.41)에 의해

$$S=0.00055\frac{f^{5/3}}{Q^{1/6}}=0.00055\times\frac{0.89^{5/3}}{11,000^{1/6}}=9.59\times 10^{-5}$$

4) 동수반경 R_h는 식 (10.6.43)에 의해

$$R_h=\frac{0.4727Q^{1/3}}{f^{1/3}}=\frac{0.4727\times 11,000^{1/3}}{0.89^{1/3}}=10.9\text{ft}$$

5) 단면적 A는 식 (10.6.44)에 의해

$$A=\frac{1.26Q^{5/6}}{f^{1/3}}=\frac{1.26\times 11,000^{5/6}}{0.89^{1/3}}=3,055\text{ft}^2$$

6) 유속 V는 연속방정식에 의해

$$V=\frac{Q}{A}=\frac{11,000}{3,055}=3.60\text{ft/sec}$$

7) 사다리꼴 단면

$$A=bd+\frac{1}{2}d^2=3,055,\quad P=b+2\sqrt{1.25}\,d=280\text{ft}$$

따라서 $b=254\text{ft}$, $d=11.6\text{ft}$

8) 수면 폭 $T=254+11.6=265.6\text{ft}$

9) Manning의 조도계수 n

$$n=\frac{1.49}{V}R_h^{2/3}S^{1/2}$$

$$=\frac{1.49}{3.60}\times 10.9^{2/3}\times(0.0959\times 10^{-3})^{1/2}=0.02$$

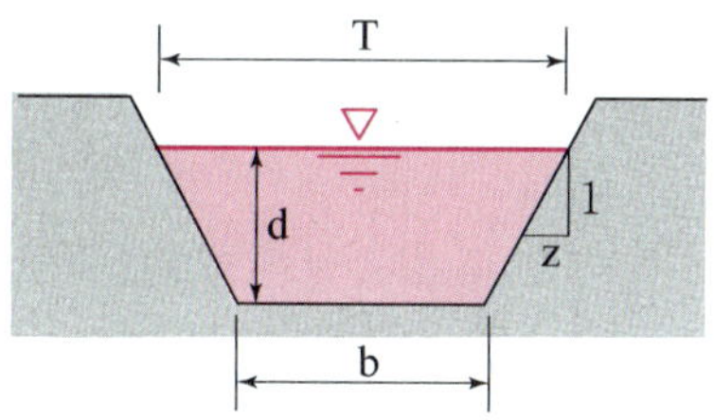

그림 10.6.11

연습문제

10.1 하천에서 채취한 물과 유사의 혼합시료에서 부유유사의 농도가 무게로 15%일 때 혼합시료의 단위중량을 산정하라. 단, 유사의 단위중량은 2.65ton/m^{3}이다.

10.2 하천에서 채취한 물과 유사의 혼합시료에서 물의 부피가 0.9 l, 유사의 부피가 0.1 l일 때 혼합시료의 단위중량을 산정하라. 단, 유사의 단위중량은 2.6ton/m^{3}이다.

10.3 직경이 0.04mm와 0.5mm인 구형 모래입자가 정수중에 침전하고 있을 때 각 입자의 침강속도를 결정하라. 단, 모래입자의 비중은 2.65이고 20℃ 에서의 물의 동점성계수는 1.0×10^{-6}m^2/sec이다.

10.4 하천에서 하상재료를 채취하여 체분석을 한 결과가 표 10.4와 같을 때 중앙입경, 평균입경, 기하평균, 그리고 표준편차를 결정하라.

표 10.4 하상재료 분석결과

누가통과백분율 (%)	0	0.08	0.13	1	29.6	50	63.9	82	100
체눈금 크기 (mm)	0.062	0.110	0.180	0.250	0.600	0.850	1.180	2.000	2.500
구간 평균크기 D_i (mm)	0.086	0.145	0.215	0.425	0.725	1.015	1.59	2.25	
구간 통과백분율 Δ_i (%)	0.08	0.05	0.87	28.6	20.4	13.9	18.1	18.0	

10.5 건설된지 100년 된 저수지 퇴적토의 평균 단위중량을 산정하라. 저수지의 퇴적토는 모래가 20%, 실트가 35%, 그리고 점토가 45%로 구성되어 있으며, 저수지 조작은 정상적인 조작을 하고 있다고 가정하라.

10.6 건설된 지 80년 된 저수지 퇴적토의 평균 단위중량을 산정하라. 저수지의 퇴적토는 모래가 40%, 실트가 30%, 그리고 점토가 30%로 구성되어 있으며, 저수지 조작은 상당기간 퇴적토가 노출되어 있었다고 가정하라.

10.7 그림 10.4.7에서 보여주고 있는 굵은 모래의 대표입경을 산정하라. 단, $\tan\theta = 0.6$, $k = 0.18$, 그리고 $\gamma_s' = 1.65$ton/m^{3}으로 가정하라.

10.8 Shield 곡선에서 $R_{e*} = 10$에서 $F_* = 0.03$이라 할 때 이 영역에서 하상재료가 움직이지 않기 위한 입자의 최소크기를 결정하라. 단, 유사입자의 비중은 2.65이며, 물은 20℃ ($\nu = 1.0\times10^{-6}$m^2/s)이다.

10.9 하상입자(비중 2.65)의 평균입경이 5cm인 사각형 수로로 4m^3/sec의 물을 송수하려고 한다. 하상

경사를 0.005로 할 때 흐름이 완전난류인 경우 하상입자의 세굴을 방지하기 위한 최소 수로폭을 결정하라. 등류계산에 필요한 Manning의 조도계수는 평균입경 D_{50}(mm)을 이용한 다음과 같은 Lacey의 공식을 이용하라.

$$n = 0.022 f^{1/5}, \qquad f = 1.59\sqrt{D_{50}}$$

10.10 다음과 같은 설계조건에 대해 최대허용유속법을 이용하여 안정하도를 설계하라. 유량은 $20m^3/sec$이며, 하천 입자의 평균입경 $D_{50} = 2mm$이다. 하천입자는 모래질 점토이며 깨끗한 물이 흐르고 있다. 하상입자의 단위중량 $\gamma_s = 2.65 ton/m^3$이고, 안식각 $\phi = 30°$ 및 $\alpha = 0.03$이며 $z = 1.5$이며 중력가속도는 $g = 9.81 m/s^2 (= 32 ft/s^2)$이다.

10.11 다음과 같이 주어진 조건에서 허용소류력법에 의한 사다리꼴 단면의 안정하도를 설계하라. 설계유량 $10m^3/sec$, 하상경사 $S = 0.0016$, 하상토의 안식각 $\phi = 33.5°$, 측면경사 $\theta = 26.56°$이다. Manning의 조도계수 $n = 0.025$, $g = 9.81 m/sec^2$, $z = 2$이며 수로바닥에서의 허용소류력 $\tau_b = 2.44 kg/m^2$이다.

10.12 다음과 같은 설계조건에 대해 이상적인 안정하도를 설계하라. 유량은 $2m^3/sec$, 하상경사 $S = 0.005$, 안식각 $\phi = 33°$, Manning의 조도계수 $n = 0.025$, 수로바닥에서의 허용소류력 $\tau_c = 2.0 kg/m^2$이다.

10.13 하도의 설계유량이 $5{,}000 ft^3/s$, 하상재료의 평균입경 $D_{50} = 0.5mm$, 측면경사 $z = 2$일 때 Lacey 방법에 의해 하도의 안정설계를 하라.

10.14 하나의 모래 입자를 관찰하여 서로 직각인 세 축의 길이가 각각 1.2, 1.5, 2mm로 나타날 때 이 입자의 형상계수는 얼마인가?

10.15 정수 중에서 비중 2.65인 토사입자가 6cm/sec의 속도로 침강하였다면 이 토사입자의 입경은 얼마인가?

10.16 어느 하천에서 유량이 $500m^3/s$, 평균수심 1.5m, 평균유속 0.5m/s, 하상경사 0.002이다. 하상토입경이 2mm일 경우 Shields의 한계조건을 이용하여 하상토의 움직임 여부를 판단하라.

10.17 어떤 하천의 하상으로부터 채취한 토사시료를 체분석한 결과 표 10.17과 같다. 반대수확률지에 누가입경곡선을 그려 평균입경 D_{50}과 기하평균입경 D_g를 결정하라.

표 10.17 하상재료 체분석 결과표

체번호	8mm	4mm	2mm	1mm	0.25mm	0.05mm	0.01mm	0.002mm
무게 백분율(%)	97	82	73	55	43	32	18	5

10.18 평균입경 $D_{50} = 0.03\text{mm}$, 비중이 2.65인 토양지반에 경사 0.0005인 광폭 사각형 관개용 수로를 건설하려고 한다. 수로를 통해 송수하려는 유량은 $5\text{m}^3/\text{s}/\text{m}$이다. 수로 바닥에서의 하상입자 이동이 없도록 하기 위해서는 수로폭을 최소한 얼마 이상으로 해야 하는가? 등류계산에 필요한 Manning의 조도계수는 평균입경 $D_{50}(\text{mm})$을 이용한 다음과 같은 Lacey의 공식을 이용하라.

$$n = 0.022 f^{1/5}, \qquad f = 1.59\sqrt{D_{50}}$$

10.19 설계유량이 $100\text{m}^3/\text{s}$, 하상경사 0.0001, Manning의 조도계수 $n = 0.025$, 측면경사 $z = 2$, 토사의 안식각 $\phi = 36°$인 사다리꼴 단면의 수로를 설계하려고 한다. 물속에는 콜로이드질 실트가 섞여 흐르며 수로는 가는 모래로 구성되어 있다. 최대허용유속법에 의해 단면을 설계하라.

10.20 설계유량이 $100\text{m}^3/\text{s}$, 하상경사 0.0001, Manning의 조도계수 $n = 0.025$, 측면경사 $z = 2$, 토사의 안식각 $\phi = 36°$인 사다리꼴 단면의 수로를 설계하려고 한다. 하상의 허용소류력이 $0.25\text{kg}/\text{m}^2$이라 가정하고 허용소류력법에 의해 단면을 설계하라.

Hydraulics

Chapter 11 차원해석 및 상사이론

11.1 서론

유체역학 및 수리학을 포함한 대부분의 공학적 문제의 해결은 실험을 통해 획득한 자료에 의존하는 경우가 많이 있으며, 실제 설계에서 경험적인 자료들을 필요로 한다. 따라서 이러한 자료들을 대부분 교재나 논문 등과 같은 참고문헌으로부터 찾아볼 수가 있다. 하지만 많은 문제에 있어 흐름을 통제하는 구조물의 기하학적인 모양이나 흐름 상태 자체가 독특해 흐름 상태와 압력변화를 예측하기 위해 구조물의 모형을 다른 규모로 복제하여 특별한 실험을 필요로 할 때가 있다. 이러한 실험을 수행할 때 복제한 구조물을 모형(model), 실제 설계하려고 하는 구조물을 원형(prototype)이라 한다. 모형은 경제적인 이유로 인해 원형보다는 훨씬 작은 규모로 만들어지게 된다.

모든 실험의 목적은 실험 결과를 가능하면 광범위하게 적용할 수 있도록 하는 것이다. 이러한 목적을 달성하기 위해 한 시스템(실험실 내)에서 얻은 측정치를 다른 비슷한 시스템(실험실 외)의 거동을 설명하는데 사용하기 위해 상사성(similitude) 개념이 자주 사용된다. 실험실에서는 일반적으로 모형을 사용하여 통제된 상태에서 관심 있는 현상을 연구하게 된다. 이러한 모형실험으로부터 경험공식이 개발될 수 있으며, 유사한 시스템에 대한 하나 또는 그 이상의 특성을 예측할 수가 있게 된다. 그러기 위해서는 실험실 모형과 다른 실제 시스템 간의 관계가 수립될 필요가 있다. 본 장에서는 어떻게 이러한 관계가 체계적으로 수립되는지를 소개하기로 하고, 실험을 통해 얻은 자료를 이해하고 서로 연결지어 해석하는 것뿐만 아니라, 실험을 계획하고 실행하는데 중요한 기술 및 개념에 대해 소개하기로 한다.

11.2 차원해석의 필요

실험이 필요한 전형적인 유체역학 및 수리학적 문제의 예로 수평의 길고 매끈한 원형관로를 통해 흐르는 비압축성 Newton유체 또는 물에 대해 생각해 보자. 이러한 시스템에서 관로를 설계하는 입장에서 중요한 특성은 마찰로 인해 관로를 따라 발생하는 단위길이당 압력강하, 즉 손실수두라 할 수 있다. 문제가 간단해 보일지 모르지만 실험 자료가 없이는 해석적으로 풀기가 곤란하다.

이러한 문제를 연구하기 위한 실험계획의 첫 번째 단계는 단위길이당 압력강하 Δp에 영향을 미치는 인자(factor)나 변수(variable)를 결정하는 것이다. 관로 내에 물이 흐르는 상황에서 예상되는 변수나 인자들은 관의 직경 D, 물의 밀도 ρ, 물의 점성 μ, 그리고 유속 V가 있다. 따라서 이들 간의 관계를 다음과 같이 나타낼 수 있다.

$$\Delta p = f(D, \rho, \mu, V) \tag{11.2.1}$$

즉, 단위길이당 압력강하는 수학적으로 괄호 안에 포함된 인자들의 함수라 할 수 있다. 아직까지는 함수의 형태를 알 수가 없으며, 실험의 목적은 이러한 함수의 형태를 결정하는 것이다.

체계적이고 의미있는 방법으로 실험을 수행하기 위해 다른 변수들은 일정하다고 가정하고 하나의 변수(예를 들어 유속)를 변경하며, 이에 상응하는 압력변화를 관측할 필요가 있다. 이러한 일련의 실험을 통해 그림 11.2.1(a)와 같은 곡선을 나타내는 자료를 얻을 수가 있다. 여기서 주의할 것은 이 곡선은 특정 관로 내의 물의 흐름조건에서만 타당하다는 것이며, 따라서 이 곡선으로는 우리가 찾고 있는 일반적인 관계식을 얻을 수가 없다는 것이다. 같은 방법으로 차례로 다른 변수들에 대해서도 반복하면 그림 11.2.1(b), (c), (d)를 얻게 된다.

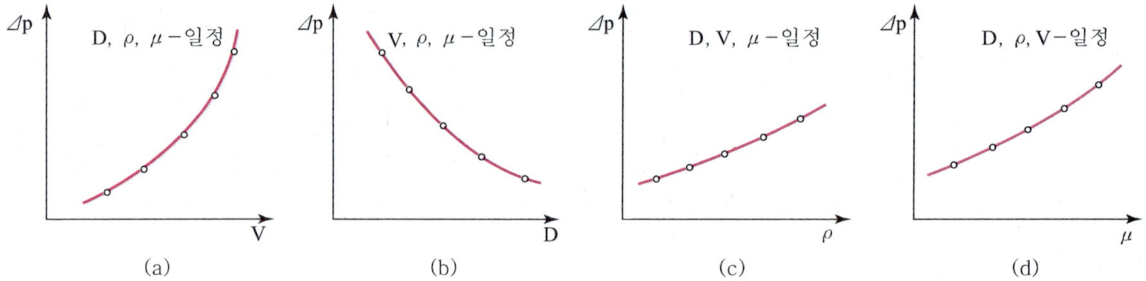

그림 11.2.1 각 변수에 따른 압력강하 곡선

압력강하와 이에 영향을 미치는 변수들 간의 함수적인 관계를 결정하기 위한 이러한 접근 방법은 비록 개념적으로는 논리적이지만 어려움을 내포하게 된다. 즉, 실험의 일부는 수행하기가 어렵다. 예를 들면, 그림 11.2.1(c)의 결과를 얻기 위해서는 물의 점성 μ를 일정하게 유지시키며 밀도 ρ를 변화시켜야 하지만 그럴 수는 없다. 마지막으로 그림 11.2.1의 네 곡선을 얻은 후에 유사한 관로 시스템에도 타당한 Δp, D, ρ, μ, V 사이의 일반적인 함수관계를 얻기 위해 어떻게 이들 곡선들을 연계시킬 것인가 하는 문제가 남게 된다.

다행히 위와 같은 어려움을 없애고 이러한 문제를 해결하기 위한 간단한 접근 방법이 있다. 다음 절에서 자세히 소개하는 바와 같이 그림 11.2.1과 같은 원래의 변수들의 목록을 이용하기보다는 무차원변수(dimensionless parameter)로 불리는 다음과 같은 두 개의 무차원으로 나타낸 변수를 이용하는 것이다.

$$\frac{D\Delta p}{\rho V^2} = \phi\left(\frac{\rho V D}{\mu}\right) \tag{11.2.2}$$

따라서 다섯 개의 변수를 사용하기보다는 오직 두 개의 변수만을 사용하게 된다. 이제 필요한 실험은 단순히 무차원 변수 $\rho VD/\mu$을 지속적으로 변화시키며 이에 상응하는 $D\Delta p/\rho V^2$을 결정하면 된다.

이러한 실험결과 그림 11.2.2와 같은 일반적인 단일 곡선을 얻게 된다. 이 곡선은 매끈한 관로 내 비압축성 Newton 유체에 적용할 수 있다. 이 곡선을 얻기 위해 편리한 크기의 관로와 다루기 쉬운 유체를 결정하기만 하면 된다. 다른 크기의 관로나 유체를 사용하지 않고서 실험을 훨씬 쉽고, 간편하고, 저렴하게 할 수 있다.

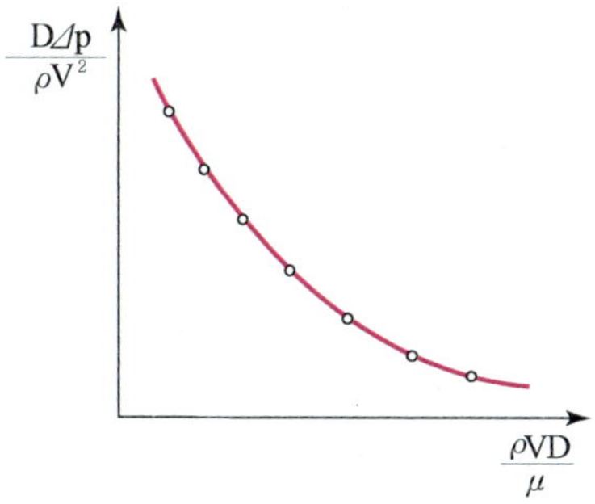

그림 11.2.2 무차원 변수를 사용한 압력강하 자료 곡선

이와 같은 단순함의 바탕에는 관련된 변수들의 차원에 대한 고려가 내포되어 있다. 1장에서 설명한 바와 같이 물리량의 정성적인 표현은 질량 M, 길이 L, 그리고 시간 T(MLT계 차원)와 같은 기본 차원의 항으로 나타내게 된다. 또는 다음과 같은 Newton의 제2 법칙에 의해 힘 F, 길이 L, 그리고 시간 T(FLT계 차원)로 나타낼 수도 있다.

$$[F] = [MLT^{-2}] \tag{11.2.3}$$

관로 내 흐름에서 관련된 변수들의 차원은 $\Delta p = [FL^{-3}]$, $D = [L]$, $\rho = [FL^{-4}T^2]$, $\mu = [FL^{-2}T]$, 그리고 $V = [LT^{-1}]$이다. 식 (11.2.2)에서 사용한 무차원 변수들의 차원들은 다음과 같이 무차원 곱으로 나타나게 된다.

$$\frac{D\Delta p}{\rho V^2} = \frac{[L][FL^{-3}]}{[FL^{-4}T^2][LT^{-1}]^2} = [F^0L^0T^0] \tag{11.2.4}$$

$$\frac{\rho VD}{\mu} = \frac{[FL^{-4}T^2][LT^{-1}][L]}{[FL^{-2}T]} = [F^0L^0T^0] \tag{11.2.5}$$

변수들을 다섯 개에서 두 개로 줄였을 뿐만 아니라, 두 개의 무차원 변수(dimensionless parameter 또는 dimensionless products)는 변수들의 무차원 조합으로 이루어져 있다. 이것은 그림 11.2.2의 형태로 나타낸 결과는 사용하기 위해 선택한 단위체계와 상관이 없다는 것을 의미한다. 이러한 해석을 차원해석(dimensional analysis)이라 하며 차원해석을 광범위한 문제에 적용하기 위한 기본 방법이 Buckingham의 Π-정리(pi theorem)이다.

11.3 Buckingham의 Π-정리

앞에서와 같은 상황에서 원래의 관련 변수들을 얼마나 많은 무차원 변수들로 대체해야 하는가에 대한 기본적인 문제가 발생한다. 이러한 문제에 대한 답변은 차원해석의 기본 이론에 의하면 다음과 같다.

'만일 n개의 변수가 포함된 식이 차원적으로 동일(dimensionally homogeneous)하면 n−r개의 서로 독립적인 무차원 변수들 간의 관계로 줄일 수가 있다. 이때 r은 변수들을 나타내는데 필요한 최소 참조(reference)차원의 수이다.'

무차원 변수는 Π항이라고도 하며 이러한 정리를 Buckingham의 Π−정리라고 한다. Π−정리는 1장에서 소개한 차원의 동차성 개념에 기본을 두고 있다. n개의 변수가 포함된 물리적으로 타당한 함수관계를 생각해보자. 즉,

$$A_1 = f(A_2, A_3, A_4, \cdots, A_n) \tag{11.3.1}$$

식 (11.3.1)의 왼쪽 항과 오른쪽 항의 차원은 동일하다. 이러한 함수관계를 정리하여 무차원 변수(Π항)들로 나타내면

$$\Pi_1 = \phi(\Pi_2, \Pi_3, \Pi_4, \cdots, \Pi_{n-r}) \tag{11.3.2}$$

필요한 Π항의 개수는 처음의 n개 변수에서 r개가 줄어든 n−r개가 되며, 여기서 r은 원래의 변수들을 나타내는데 필요한 참조차원의 최소 개수로 결정된다. 일반적으로 변수들을 나타내는데 필요한 기본차원은 M, L, T 또는 F, L, T가 된다. 하지만 어떤 경우에는 두 개의 기본차원 L과 T가 필요하거나, L만 필요한 경우도 있다. 또한 한 변수가 몇 개의 기본변수들의 조합으로 나타날 수도 있다. 예를 들어 M/T^2과 L로 나타날 경우 참조차원의 수는 r=2가 된다.

11.3.1 Π항의 결정

차원해석에서 무차원 변수 또는 Π항을 결정하기 위한 여러 가지 방법이 있다. 본 절에서는 독립변수들인 무차원 변수들을 체계적으로 결정하는 반복변수방법(method of repeating variables)을 11.2절의 내용에 대해 적용하며 소개하기로 한다.

① 1단계 - 관련 변수들의 결정 : 문제 해결을 위해 관련된 변수들을 결정하는 것은 어렵고도 중요하다. 만일 변수들을 잘못 포함시키거나 누락시키면 잘못된 차원해석 결과를 초래한다. 일반적으로 포함되어야 할 변수들로는 11.2절의 예를 들면 시스템의 기하학적인 상태를 나타내는 변수들(관로의 직경 등), 유체의 특성을 나타내는 변수들(점성 등), 그리고 시스템에 영향을 미치는 외적효과들(압력강하 등)이 있다.

$$\Delta p = f(D, \rho, \mu, V) \tag{11.3.3}$$

이때 관련 변수들을 최소화해야 실험량을 줄일 수가 있으며, 모든 변수들은 서로 독립적이어야 한다. 예를 들어, 관로의 단면적이 중요한 변수가 될 수 있으며 이 경우 단면적 또는 직경이 사용될

수가 있지만 포함된 변수들이 서로 독립적이어야 하므로 이 둘을 동시에 포함시켜서는 안 된다. 마찬가지로 물의 밀도 ρ와 단위중량 γ도 중요한 변수이지만 $\gamma=\rho g$이므로 서로 독립적이 아니어서 하나만 포함시킨다.

② 2단계 - 각 변수들의 차원 표시 : 수리학에서 사용하는 기본차원은 M, L, T 또는 F, L, T이다. 이들 간의 관계는 Newton의 제2법칙에 의해 $[F]=[MLT^{-2}]$의 관계가 있으며 자세한 내용은 1장에서 소개하였다. 따라서 앞에서 결정한 각 변수들을 [FLT]계 차원으로 나타내면 다음과 같다.

$$
\begin{aligned}
&[\Delta p]=[FL^{-3}]\\
&[D]=[L]\\
&[\rho]=[FL^{-4}T^{2}]\\
&[\mu]=[FL^{-2}T]\\
&[V]=[LT^{-1}]
\end{aligned}
\tag{11.3.4}
$$

③ 3단계 - 무차원 변수수의 결정 : 무차원 변수의 수는 앞에서 설명한 Buckingham의 Π-정리로부터 n-r로 결정하며, 여기서 n은 관련 변수의 수, r은 이 변수들을 나타내기 위한 참조차원의 수이다. 참조차원은 보통 기본차원에 상응하며 2단계에서 나타낸 차원을 검토하여 결정한다.

압력강하에 대한 예를 들면 관련변수의 수는 n=5이고, 참조차원의 수는 r=3이므로 무차원 변수의 수는 5-3=2가 된다.

④ 4단계 - 반복변수의 결정 : 반복변수(repeating variable)의 수는 3단계에서 결정한 참조차원의 수와 같도록 결정한다. 이때 참조차원에 포함된 차원들이 모두 반복변수 안에 포함되어야 하고, 각 반복변수들은 독립된 차원을 가져야 한다. 즉, 한 반복변수의 차원은 나머지 반복변수들의 조합으로 나타낼 수 있으면 안 된다. 분석에 필요한 모든 변수들 중에서 참조차원의 수만큼 반복변수를 선택하여 이들 반복변수와 나머지 변수들을 조합하여 무차원 변수인 Π항을 만들게 된다.

압력강하에 대한 경우 참조차원의 수가 r=3이므로 모든 관련변수들 Δp, D, ρ, μ, V 중에서 3개의 반복변수를 선택하게 된다. 따라서 반복변수로 D, ρ, V를 선택하였으며 이들은 모두 차원적으로 독립이다.

⑤ 5단계 - 무차원 변수의 구성 : 선택된 3개의 반복변수의 지수승에 나머지 변수 중 하나를 곱해 무차원 변수를 구성한다. 이들이 무차원이 되도록 지수승을 결정하여 무차원 변수 Π항을 결정한다.

압력강하에 대한 경우 다음과 같은 두 개의 무차원 변수로 나타낼 수 있다.

$$\Pi_1 = \Delta p D^{x_1} V^{y_1} \rho^{z_1} \tag{11.3.5}$$

$$\Pi_2 = \mu D^{x_2} V^{y_2} \rho^{z_2} \tag{11.3.6}$$

양변이 무차원이라는 조건을 이용하여 지수승 x_i, y_i, z_i를 결정한다. 먼저 첫 번째 무차원 변수 Π_1에 대해 적용하면

$$[FL^{-3}][L]^{x_1}[LT^{-1}]^{y_1}[FL^{-4}T^2]^{z_1} = [F^0L^0T^0] \tag{11.3.7}$$

왼쪽의 각 기본차원의 지수승이 0이 되어야 오른쪽의 무차원과 동일하게 되므로 각 기본차원별로 지수승이 0이 되도록 나타내면

$$\begin{aligned} [F] &: \quad 1 + z_1 = 0 \\ [L] &: \quad -3 + x_1 + y_1 - 4z_1 = 0 \\ [T] &: \quad -y_1 + 2z_1 = 0 \end{aligned} \tag{11.3.8}$$

이 식들을 연립하여 풀면 $x_1 = 1$, $y_1 = -2$, $z_1 = -1$이 된다. 즉, 첫 번째 무차원 변수는 다음과 같이 나타낼 수가 있다.

$$\Pi_1 = \Delta p D^1 V^{-2} \rho^{-1} = \frac{\Delta p D}{\rho V^2} \tag{11.3.9}$$

같은 방법으로 두 번째 무차원 변수 Π_2에 대해 적용하면

$$[FL^{-2}T][L]^{x_2}[LT^{-1}]^{y_2}[FL^{-4}T^2]^{z_2} = [F^0L^0T^0] \tag{11.3.10}$$

따라서

$$\begin{aligned} [F] &: \quad 1 + z_2 = 0 \\ [L] &: \quad -2 + x_2 + y_2 - 4z_2 = 0 \\ [T] &: \quad 1 - y_2 + 2z_2 = 0 \end{aligned} \tag{11.3.11}$$

이 식들을 연립하여 풀면 $x_2 = -1$, $y_2 = -1$, $z_2 = -1$이 된다. 즉, 두 번째 무차원 변수는 다음과 같이 나타낼 수가 있다.

$$\Pi_2 = \mu D^{-1} V^{-1} \rho^{-1} = \frac{\mu}{DV\rho} \tag{11.3.12}$$

⑥ 6단계 – 무차원 변수의 차원 확인 : 무차원 변수가 제대로 구성되어 있는지 확인하기 위해 각 무차원

변수의 차원이 0인지 확인한다. 차원확인을 위해서는 간단히 각 무차원 변수에 포함된 차원을 적용하여 비교하면 된다.

압력강하에 대한 경우 5단계에서 구성한 두 개의 무차원 변수의 차원을 비교하면 차원이 0이 되어 제대로 무차원 변수를 얻었음을 알 수 있다.

$$\frac{\Delta pD}{\rho V^2} = \frac{[FL^{-3}][L]}{[FL^{-4}T^2][LT^{-1}]^2} = [F^0L^0T^0] \tag{11.3.13}$$

$$\frac{\mu}{\rho VD} = \frac{[FL^{-2}T]}{[FL^{-4}T^2][LT^{-1}][L]} = [F^0L^0T^0] \tag{11.3.14}$$

⑦ 7단계 – 무차원 변수간의 함수결정 : 마지막으로 5단계에서 얻은 무차원 변수들 간의 함수를 나타내고 이들이 어떠한 의미를 갖는지 분석한다. 일반적인 이들의 함수관계는 다음과 같이 나타낸다.

$$\Pi_1 = \phi(\Pi_2, \Pi_3, \Pi_4, \cdots, \Pi_{n-r}) \tag{11.3.2}$$

여기서 Π_1의 분자에 종속변수(예 : 단위길이당 압력강하)가 포함되어 있어야 한다. 따라서 관련된 모든 변수를 고려할 필요 없이 무차원 변수만을 고려하여 분석하면 된다.

지금까지가 차원해석을 하는 과정이고 무차원 변수간의 실제적인 함수관계는 실험을 통해 결정하여야 한다.

압력강하에 대한 경우 무차원 변수간의 관계는 다음과 같이 나타낼 수 있다.

$$\frac{\Delta pD}{\rho V^2} = \phi\left(\frac{\mu}{DV\rho}\right) \tag{11.3.15}$$

만일 필요하다면 무차원 변수는 재배열 할 수도 있다. 즉, 두 번째 무차원 변수는 역을 취하여 다음과 같이 나타내도 된다.

$$\Pi_2 = \frac{\rho VD}{\mu} \tag{11.3.16}$$

이는 관수로 흐름에서 많이 다룬 잘 알려진 Reynolds 수가 된다. 따라서 무차원 변수간의 함수는 다음과 같이 나타낼 수 있다.

$$\frac{\Delta pD}{\rho V^2} = \phi'\left(\frac{\rho VD}{\mu}\right) \tag{11.3.17}$$

지금까지 차원해석방법에 대해 알아보았다. 차원해석을 실시할 때 무차원 변수들의 함수로 나타내게 되는데 수리학에서 많이 사용하는 무차원 변수 형태를 알고 있으면 무차원 변수를 구성하는데 도움이 된다. 이러한 무차원 변수들이 표 11.3.1에 나타나 있다.

표 11.3.1 자주 사용되는 무차원 변수들

무차원그룹	이름	힘과의 관계	적용부분
$\dfrac{\rho V l}{\mu}$	Reynolds number, R_e	$\dfrac{\text{관성력}}{\text{점성력}}$	모든 종류의 유체역학문제에 중요
$\dfrac{V}{\sqrt{gl}}$	Froude number, F_r	$\dfrac{\text{관성력}}{\text{중력}}$	자유 수표면 흐름
$\dfrac{p}{\rho V^2}$	Euler number, E_u	$\dfrac{\text{압력}}{\text{관성력}}$	압력 또는 압력변화에 관련된 문제
$\dfrac{\rho V^2}{E_v}$	Cauchy number*, C_a	$\dfrac{\text{관성력}}{\text{압축력}}$	유체의 압축성과 관련된 흐름
$\dfrac{V}{c}$	Mach number*, M_a	$\dfrac{\text{관성력}}{\text{압축력}}$	유체의 압축성과 관련된 흐름
$\dfrac{\omega l}{V}$	Strouhal number, S_t	$\dfrac{\text{국지관성력}}{\text{대류관성력}}$	진동의 특성을 가진 분정류
$\dfrac{\rho V^2 l}{\sigma}$	Weber number, W_e	$\dfrac{\text{관성력}}{\text{표면장력}}$	표면장력과 관련된 문제

변수: g – 중력가속도, E_v – 체적 탄성계수, l – 특성길이, ρ – 밀도, ω –흐름의 진동빈도, p – 압력, c – 음속, σ – 표면장력, V – 유속, μ – 점성계수

* Cauchy 수와 Mach 수는 관련이 있으며 관성과 압축력의 상대적인 영향을 나타내는 지표로 사용된다.

예제 11.1

관수로 내 마찰에 대한 차원해석을 실시하라. 관로 내 마찰 τ_o와 관련 있는 변수로는 관로의 직경 D, 유체의 밀도 ρ, 점성계수 μ, 관내의 평균유속 V, 그리고 관내의 조도 ε이 있다.

풀이

① 1단계 : 관련변수들의 함수를 나타낸다. 문제에서 관련된 변수들을 제시하였으므로 이들을 다음과 같이 나타낼 수 있다.

$$\tau_o = f(V, D, \rho, \mu, \varepsilon)$$

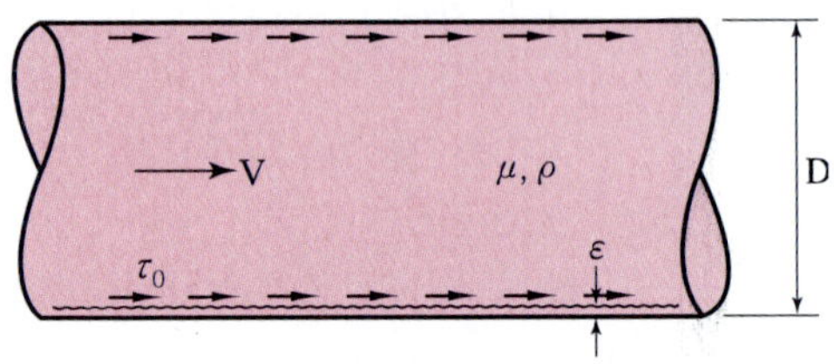

그림 11.3.1

② 2단계 : 각 변수들의 차원을 표시한다.

$$[\tau_o] = [ML^{-1}T^{-2}], \quad [V] = [LT^{-1}], \quad [D] = [L]$$

$$[\rho] = [ML^{-3}], \quad [\mu] = [ML^{-1}T^{-1}], \quad [\varepsilon] = [L]$$

③ 3단계 : 무차원 변수 수를 결정한다. 사용되는 변수들의 수가 n = 6이고, 기본차원의 수가 r = 3이므로, 무차원 변수의 수는 6−3 = 3개가 된다.

④ 4단계 : 반복변수를 결정한다. 기본차원의 수가 3개이므로 반복변수도 3개로 결정하며 서로 차원적으로 독립인 V, D, ρ를 선택한다.

⑤ 5단계 : 무차원 변수를 구성한다. 반복변수를 V, D, ρ로 택하였으므로 이들의 지수승에 나머지 변수들을 곱해 무차원 변수를 구성한다.

$$\Pi_1 = \tau_o V^{x_1} D^{y_1} \rho^{z_1}$$

$$\Pi_2 = \mu V^{x_2} D^{y_2} \rho^{z_2}$$

$$\Pi_3 = \varepsilon V^{x_3} D^{y_3} \rho^{z_3}$$

첫 번째 무차원 변수 Π_1의 차원이 0이므로 이를 이용하여 x_1, y_1, z_1을 구한다.

$$[M^0 L^0 T^0] = [ML^{-1}T^{-2}][LT^{-1}]^{x_1}[L]^{y_1}[ML^{-3}]^{z_1}$$

따라서

$$[M] : \quad 1 + z_1 = 0$$

$$[L] : \quad -1 + x_1 + y_1 - 3z_1 = 0$$

$$[T] : \quad -2 - x_1 = 0$$

이들을 연립하여 풀면 $x_1 = -2$, $y_1 = 0$, $z_1 = -1$이 되므로 Π_1은 다음과 같다.

$$\Pi_1 = \tau_o V^{-2} D^0 \rho^{-1} = \frac{\tau_o}{\rho V^2}$$

같은 방법으로 두 번째 무차원 변수 Π_2에 대해서는

$$[M^0 L^0 T^0] = [ML^{-1}T^{-1}][LT^{-1}]^{x_2}[L]^{y_2}[ML^{-3}]^{z_2}$$

$$[M] : \quad 1 + z_2 = 0$$

$$[L] : \quad -1 + x_2 + y_2 - 3z_2 = 0$$

$$[T] : \quad -1 - x_2 = 0$$

따라서 $x_2 = -1$, $y_2 = -1$, $z_2 = -1$이 되므로 Π_2는 다음과 같다.

$$\Pi_2 = \mu V^{-1} D^{-1} \rho^{-1} = \frac{\mu}{\rho V D}$$

같은 방법으로 세 번째 무차원 변수 Π_3에 대해서는

$$[M^0 L^0 T^0] = [L][LT^{-1}]^{x_3}[L]^{y_3}[ML^{-3}]^{z_3}$$

$$[M] : \quad z_3 = 0$$

$$[L] : \quad 1 + x_3 + y_3 - 3z_3 = 0$$

$$[T] : \quad -x_3 = 0$$

따라서 $x_3=0$, $y_3=-1$, $z_3=0$이 되므로 Π_3는 다음과 같다.

$$\Pi_3=\varepsilon V^0 D^{-1}\rho^0=\frac{\varepsilon}{D}$$

⑥ 6단계 : 무차원 변수들의 차원을 확인한다.

$$\frac{\tau_o}{\rho V^2}=\frac{[ML^{-1}T^{-2}]}{[ML^{-3}][LT^{-1}]^2}=[M^0L^0T^0]$$

$$\frac{\mu}{\rho VD}=\frac{[ML^{-1}T^{-1}]}{[ML^{-3}][LT^{-1}][L]}=[M^0L^0T^0]$$

$$\frac{\varepsilon}{D}=\frac{[L]}{[L]}=[M^0L^0T^0]$$

⑦ 7단계 : 무차원 변수간의 함수를 나타낸다. 무차원 변수의 역수를 적용해도 되므로 Reynolds 수의 역을 취해 무차원 변수들간의 관계를 나타내면

$$\frac{\tau_o}{\rho V^2}=\phi\left(\frac{\rho VD}{\mu},\ \frac{\varepsilon}{D}\right)$$

이를 4.5.2절에서 설명한 마찰손실계수 f로 나타내면

$$\frac{8\tau_o}{\rho V^2}=f=\phi'\left(R_e,\ \frac{\varepsilon}{D}\right) \tag{4.5.11}$$

따라서 마찰손실계수 f는 R_e와 상대조도 ε/D의 함수로 나타낼 수 있으며 실험을 통해 이들 간의 관계를 나타낸 것이 Moody 도표로 4.5.3절에서 자세히 소개하였다.

예제 11.2

수중의 구형물체에 작용하는 항력 F_D에 대해 차원해석을 실시하라. 항력은 유속 V, 물의 밀도 ρ 및 점성 μ, 그리고 구의 직경 D에 의해 영향을 받는다.

풀이

① 1단계 : 관련된 변수들을 다음과 같이 나타낼 수 있다.

$$F_D=f(V,\rho,\mu,D)$$

② 2단계 : 각 변수들의 차원은 다음과 같다.

$[F_D]=[MLT^{-2}]$, $[V]=[LT^{-1}]$, $[\rho]=[ML^{-3}]$,

$[\mu]=[ML^{-1}T^{-1}]$, $[D]=[L]$

③ 3단계 : 사용되는 변수들의 수가 $n=5$이고, 기본차원의 수가 $r=3$이므로, 무차원 변수의 수는 5−3=2개가 된다.

④ 4단계 : 기본차원의 수가 3개이므로 반복변수로 V, D, ρ를 선택한다.

⑤ 5단계 : 무차원 변수는 다음과 같다.

$$\Pi_1 = F_D V^{x_1} D^{y_1} \rho^{z_1}$$

$$\Pi_2 = \mu V^{x_2} D^{y_2} \rho^{z_2}$$

첫 번째 무차원 변수 Π_1의 차원이 0이므로 이를 이용하여 x_1, y_1, z_1을 구한다.

$$[M^0L^0T^0] = [MLT^{-2}][LT^{-1}]^{x_1}[L]^{y_1}[ML^{-3}]^{z_1}$$

따라서

$$[M]: \quad 1 + z_1 = 0$$

$$[L]: \quad 1 + x_1 + y_1 - 3z_1 = 0$$

$$[T]: \quad -2 - x_1 = 0$$

이들을 연립하여 풀면 $x_1 = -2$, $y_1 = -2$, $z_1 = -1$이 되므로 Π_1은 다음과 같다.

$$\Pi_1 = F_D V^{-2} D^{-2} \rho^{-1} = \frac{F_D}{\rho V^2 D^2}$$

같은 방법으로 두 번째 무차원 변수 Π_2에 대해서는

$$[M^0L^0T^0] = [ML^{-1}T^{-1}][LT^{-1}]^{x_2}[L]^{y_2}[ML^{-3}]^{z_2}$$

$$[M]: \quad 1 + z_2 = 0$$

$$[L]: \quad -1 + x_2 + y_2 - 3z_2 = 0$$

$$[T]: \quad -1 - x_2 = 0$$

따라서 $x_2 = -1$, $y_2 = -1$, $z_2 = -1$이 되므로 Π_2는 다음과 같다.

$$\Pi_2 = \mu V^{-1} D^{-1} \rho^{-1} = \frac{\mu}{\rho V D}$$

⑥ 6단계 : 무차원 변수들의 차원을 확인한다.

$$\frac{F_D}{\rho V^2 D^2} = \frac{[MLT^{-2}]}{[ML^{-3}][LT^{-1}]^2[L]^2} = [M^0L^0T^0]$$

$$\frac{\mu}{\rho V D} = \frac{[ML^{-1}T^{-1}]}{[ML^{-3}][LT^{-1}][L]} = [M^0L^0T^0]$$

⑦ 7단계 : 무차원 변수간의 함수를 나타낸다. 무차원 변수의 역수를 적용해도 되므로 Reynolds 수의 역을 취해 무차원 변수들간의 관계를 나타내면

$$\frac{F_D}{\rho V^2 D^2} = \phi\left(\frac{\rho V D}{\mu}\right)$$

따라서 항력으로 표현하면

$$F_D = \phi(R_e)\rho V^2 D^2 = C_D A \frac{\rho V^2}{2}$$

여기서 C_D는 항력계수로 $8\phi(R_e)/\pi$이며, A는 구의 흐름방향에 대한 투영면적이다.

11.4 수리학적 상사법칙

해석적인 방법으로만 원하는 정보를 얻을 수 없을 경우 수리모형실험이 필요하며, 이때 수리학적 상사법칙(rule of similitude)이 적용된다. 상사(similitude)는 모형(model)의 관측으로부터 원형(prototype)의 성능을 예측하는 이론이라 할 수 있다. 상사법칙은 모형설계, 모형구축, 실험의 영향 또는 기본적인 이론으로는 획득할 수 없는 결과 분석 등을 결정할 때 필요하다.

수리학 분야에서 댐 여수로(spillway)의 흐름 상태를 예측하기 위해 모형실험이 사용된다. 또한 하천에서의 유사(sediment)의 이동분석뿐만 아니라, 홍수통제구조물 등을 설계하기 위해 하천모형실험을 실시하기도 한다. 이와 같은 모형실험으로부터 얻은 결과를 원형인 경우로 변환하여 해석하게 되며, 이때 모형과 원형간에 기하학적 상사(geometric similitude), 운동학적 상사(kinematic similitude), 그리고 동력학적 상사(dynamic similitude)가 성립하여야 한다.

11.4.1 기하학적 상사

가장 기본적이며 분명히 지켜져야 할 상사는 모형이 원형과 기하학적으로 정확한 복제물이어야 한다는 것이다. 만일 10:1의 축척으로 모형을 제작한다면 모형의 선형차원이 원형의 1/10이 되어야 한다. 그림 11.4.1과 같이 모형과 원형이 기하학적 상사가 성립하려면 다음 조건을 만족해야 한다.

$$\frac{L_p}{L_m} = \frac{W_p}{W_m} = \frac{c_p}{c_m} = L_r \tag{11.4.1}$$

여기서 L, W, c는 모형(m)과 원형(p)간의 특정 선형차원이고, L_r은 모형과 원형간의 축척비이다. 기하학적인 상사가 성립하면 길이뿐만 아니라 면적 및 체적도 상사가 성립되며, 길이 축척비로 나타내면 다음과 같다.

$$\frac{L_p}{L_m} = L_r \tag{11.4.2}$$

$$A_r = \frac{A_p}{A_m} = \frac{L_p^2}{L_m^2} = L_r^2 \tag{11.4.3}$$

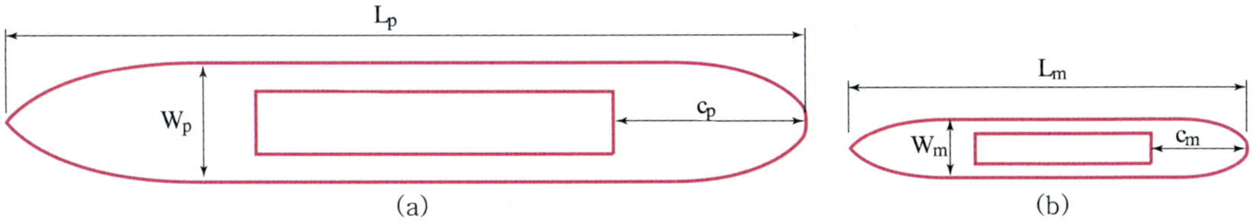

그림 11.4.1 기하학적 상사

$$V_r = \frac{V_p}{V_m} = \frac{L_p^3}{L_m^3} = L_r^3 \tag{11.4.4}$$

예제 11.3

개수로 모형실험을 하기 위해 모형을 10:1의 축척으로 복제하였다. 실험결과 유량이 $0.1\text{m}^3/\text{s}$이면 실제 흐름에서의 유량은 얼마인가.

풀이

원형과 모형간의 유량비는

$$Q_r = \frac{Q_p}{Q_m} = \left(\frac{A_p}{A_m}\right)\left(\frac{V_p}{V_m}\right) = \left(\frac{L_p^2}{L_m^2}\right)\left(\frac{L_p/T_p}{L_m/T_m}\right) = \left(\frac{L_p}{L_m}\right)^3\left(\frac{T_m}{T_p}\right)$$

원형과 모형간의 시간은 동일하므로

$$\frac{Q_p}{Q_m} = \left(\frac{L_p}{L_m}\right)^3 = 10^3 = 1{,}000$$

따라서 실제흐름에서의 유량은

$$Q_p = 0.1 \times 1{,}000 = 100\text{m}^3/\text{s}$$

11.4.2 운동학적 상사

모형과 원형간의 상사가 성립하려면 운동학적 상사도 성립해야 한다. 모형과 원형간에 동일한 지점에서 두 흐름의 방향이 같고 크기가 일정한 축척으로 같다면 흐름의 운동학적 상사가 성립한다고 한다. 따라서 형태도 같은 축척비로 일치하게 된다. 운동학적 상사와 관련된 물리량은 속도(V), 가속도(α), 유량(Q), 각변위(θ), 각속도(N), 그리고 각가속도(ω) 등이 있다.

속도는 단위시간당 거리이므로 모형과 원형간의 대응속도비는 다음과 같다.

$$V_r = \frac{V_p}{V_m} = \frac{L_p/T_p}{L_m/T_m} = \frac{L_p/L_m}{T_p/T_m} = \frac{L_r}{T_r} \tag{11.4.5}$$

여기서 $T_r = T_p/T_m$은 모형과 원형간의 대응입자가 대응거리를 이동하는 데 필요한 시간의 비를 의미한다.

같은 방법으로 가속도비 α_r과 유량비 Q_r은 다음과 같이 나타낼 수 있다.

$$\alpha_r = \frac{\alpha_p}{\alpha_m} = \frac{V_p/T_p}{V_m/T_m} = \frac{L_p/T_p^2}{L_m/T_m^2} = \frac{L_p/L_m}{T_p^2/T_m^2} = \frac{L_r}{T_r^2} \tag{11.4.6}$$

$$Q_r = \frac{Q_p}{Q_m} = \frac{L_p^3/T_p}{L_m^3/T_m} = \frac{L_p^3/L_m^3}{T_p/T_m} = \frac{L_r^3}{T_r} \tag{11.4.7}$$

동일한 방법으로 모형과 원형간에 각변위비(θ_r), 각속도비(N_r), 그리고 각가속도비(ω_r)를 나타내면 다음과 같다.

$$\theta_r = \frac{\theta_p}{\theta_m} = \frac{L_p/R_p}{L_m/R_m} = \frac{L_p/L_m}{R_p/R_m} = \frac{L_r}{R_r} = \frac{L_r}{L_r} = 1 \tag{11.4.8}$$

$$N_r = \frac{N_p}{N_m} = \frac{\theta_p/T_p}{\theta_m/T_m} = \frac{\theta_p/\theta_m}{T_p/T_m} = \frac{1}{T_r} \tag{11.4.9}$$

$$\omega_r = \frac{\omega_p}{\omega_m} = \frac{N_p/T_p}{N_m/T_m} = \frac{N_p/N_m}{T_p/T_m} = \frac{1}{T_r} \tag{11.4.10}$$

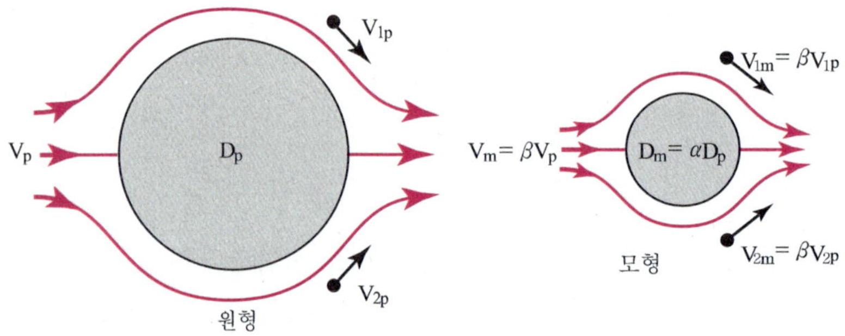

11.4.2 운동학적 상사

예제 11.4

여수로 수리실험을 위해 20:1의 축척으로 모형을 제작하였다. 원형의 여수로를 통한 계획홍수량이 $100m^3/s$이고, 모형에 흘릴 수 있는 최대유량이 $0.1m^3/s$일 때 원형과 모형간의 시간비는 얼마인가?

풀이

길이비와 유량비는

$$L_r = \frac{L_p}{L_m} = \frac{20}{1} = 20$$

$$Q_r = \frac{Q_p}{Q_m} = \frac{100}{0.1} = 1,000$$

따라서 식 (11.4.7)로부터

$$T_r = \frac{T_p}{T_m} = \frac{L_r^3}{Q_r} = \frac{20^3}{1,000} = 8$$

그러므로 원형에서의 시간은 모형에서의 시간의 8배가 된다.

11.4.3 동력학적 상사

동력학적 상사가 성립하기 위한 조건은 모형과 원형간에 대응하는 질량에 작용하는 힘의 비(F_r)가 일정하고 작용방향이 동일해야 한다는 것이다.

$$F_r = \frac{F_p}{F_m} \tag{11.4.11}$$

유체 요소에 작용하는 힘은 이 요소의 움직임을 통제하고 있기 때문에 동력학적 상사는 흐름 형태의 상사를 초래하게 된다. 따라서 기하학적 상사가 성립하고 모형과 원형의 같은 지점의 유체에 작용하는 상대적인 힘이 같으면 모형과 원형간에 흐름 형태도 같게 된다.

동력학적 상사와 관련된 물리량은 일(W)과 동력(P)이 있으며 일은 힘에 거리를 곱한 것이고, 동력은 단위시간당 일이므로 모형과 원형간의 일비(W_r)와 동력비(P_r)를 나타내면 다음과 같다.

$$F_r = \frac{F_p}{F_m} = \frac{M_p \alpha_p}{M_m \alpha_m} = \frac{\rho_p L_p^3 L_p / T_p^2}{\rho_m L_m^3 L_m / T_m^2} = \rho_r L_r^4 T_r^{-2} \tag{11.4.11}$$

$$W_r = \frac{W_p}{W_m} = \frac{F_p L_p}{F_m L_m} = F_r L_r = \rho_r L_r^5 T_r^{-2} \tag{11.4.12}$$

$$P_r = \frac{P_p}{P_m} = \frac{W_r}{T_r} = \frac{F_r L_r}{T_r} = \rho_r L_r^5 T_r^{-3} \tag{11.4.13}$$

예제 11.5

펌프를 설계하기 위해 10:1의 축척으로 모형을 제작하였다. 원형과 모형간의 속도비를 2:1로 할 경우 원형 펌프의 출력이 80KW이면 모형 펌프의 출력은 얼마인가?

풀이

길이비, 속도비, 그리고 시간비는

$$L_r = 10, \quad V_r = 2, \quad T_r = L_r / V_r = 10/2 = 5$$

물의 밀도가 동일하다면 식 (11.4.13)으로부터

$$P_r = \rho_r L_r^5 T_r^{-3} = 1 \times 10^5 \times 5^{-3} = 800$$

따라서 모형 펌프의 출력은

$$P_m = \frac{P_p}{P_r} = \frac{80}{800} = 0.1\mathrm{KW}$$

11.4.4 수리학적 완전상사

앞에서 설명한 바와 같이 동력학적 상사의 성립요건은 좀 더 제한적이며, 동력학적 상사가 성립되기 위해서는 모형과 원형간에 기하학적 상사와 운동학적 상사가 성립되어야 한다. 동력학적 완전상사(complete dynamic similitude)가 성립되기 위해 필요한 조건은 흐름 상황에서 중요한 모든 힘들이 고려되어야 한다는 것이다. 유체의 흐름에 관여하는 힘들은 압력(F_p), 중력(F_g), 점성력(F_f), 표면장력(F_s), 그리고 압축력(F_c) 등이 있으며 모형과 원형에 있어 이들 성분의 크기 비가 동일해야 한다.

수학적으로 Newton의 제2법칙에 의하면 이들 힘들의 합은 관성력(inertia force) F_i와 같으며 이를 벡터방정식으로 나타내면

$$\mathbf{F}_p + \mathbf{F}_g + \mathbf{F}_f + \mathbf{F}_s + \mathbf{F}_c = \mathbf{F}_i \tag{11.4.14}$$

이 벡터방정식은 흐름에 관여하는 관성력과 각 힘의 성분을 나타내고, 수리학적 상사가 성립하려면 모형과 원형간의 관성력의 비와 각 힘의 성분력의 비가 같아야 한다.

$$\frac{(F_p)_p}{(F_p)_m} = \frac{(F_g)_p}{(F_g)_m} = \frac{(F_f)_p}{(F_f)_m} = \frac{(F_s)_p}{(F_s)_m} = \frac{(F_c)_p}{(F_c)_m} = \frac{(F_i)_p}{(F_i)_m} \tag{11.4.15}$$

즉,

$$(F_p)_r = (F_g)_r = (F_f)_r = (F_s)_r = (F_c)_r = (F_i)_r \tag{11.4.15}$$

식 (11.4.15)를 관성력 비에 대한 각 힘의 성분비로 나누면

$$\left(\frac{F_i}{F_p}\right)_r = \left(\frac{F_i}{F_g}\right)_r = \left(\frac{F_i}{F_f}\right)_r = \left(\frac{F_i}{F_s}\right)_r = \left(\frac{F_i}{F_c}\right)_r = 1 \tag{11.4.16}$$

이와 같이 모형과 원형간에 관성력에 대한 각 힘의 성분비가 모두 동일해야 동력학적 완전상사가 성립된다.

그림 11.4.3은 수문에서의 모형과 원형간의 동력학적 상사가 성립하는 경우를 보여주고 있다. 여기서 표면장력 및 압축력은 생략을 하였으며 나머지 힘들이 모형과 원형간에 같은 비율 및 방향으로 작용하고 있다.

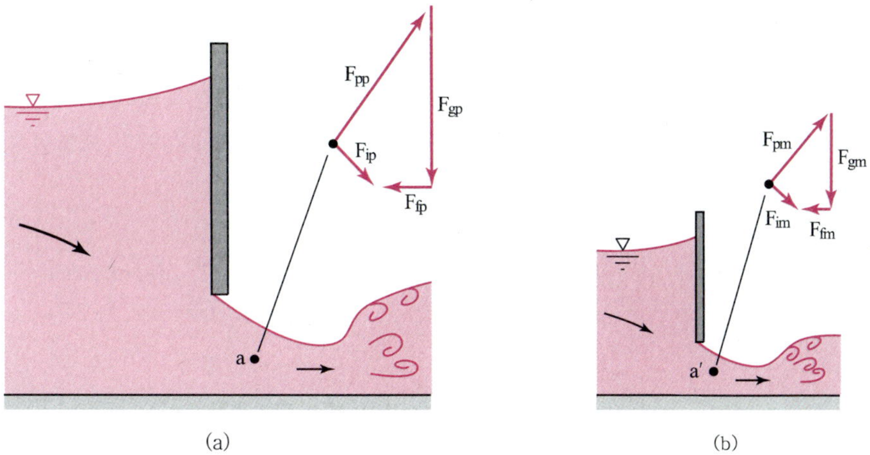

그림 11.4.3 동력학적 완전상사

식 (11.4.16)에서 보인 관성력에 대한 5가지 힘의 성분력에 대한 비는 물리법칙에 의해 흐름 특성을 나타내는 5가지의 무차원 변수와 동일하다. 11.3절에서 설명한 Buckingham의 Π-정리를 이용하여 차원해석을 실시함으로서 이러한 무차원 변수들을 구할 수가 있다. 일반적으로 유체흐름에 포함되는 물리량들의 관계를 나타내면

$$f(\Delta p, \sigma, \mu, g, \rho, E, L, V) = 0 \tag{11.4.17}$$

여기서 관련된 물리변수의 수는 $n = 8$이고, 기본차원의 수는 $r = 3$이므로 무차원 변수의 수는 $n - r = 5$개가 되면 차원해석 결과 다음과 같이 나타낼 수 있다.

$$\phi\left(\frac{V}{\sqrt{\Delta p/\rho}}, \frac{V}{\sqrt{gL}}, \frac{\rho VL}{\mu}, \frac{\rho V^2 L}{\sigma}, \frac{\rho V^2}{E}\right) = 0 \tag{11.4.18}$$

식 (11.4.18)에서 나타난 무차원 변수들은 차례로 Euler 수(E_u), Froude 수(F_r), Reynolds 수(R_e), Weber 수(W_e), 그리고 Cauchy 수(C_a)이며, 표 11.3.1에 이들 무차원 변수들에 대한 설명이 포함되어 있으며 다음 절에서 자세히 소개하기로 한다. 따라서 모형과 원형간에 완전상사가 성립하기 위해서는 모형과 원형간에 이들 각 무차원 변수들의 값이 같아야 한다.

$$E_{ur} = F_{rr} = R_{er} = W_{er} = C_{ar} = 1 \qquad (11.4.19)$$

즉,

$$\frac{V_r}{\sqrt{\Delta p_r \rho_r}} = \frac{V_r}{\sqrt{g_r L_r}} = \frac{\rho_r V_r L_r}{\mu_r} = \frac{\rho_r V_r^2 L_r}{\sigma_r} = \frac{\rho_r V_r^2}{E_r} = 1 \qquad (11.4.20)$$

예제 11.6

풍동(wind tunnel)실험 자료로부터 수중음파탐지기(sonar transducer)에 대한 항력을 계산하려고 한다. 300mm 직경의 원형을 5℃의 바닷물에서 시속 5knots(1knots는 1,852m/hr)로 견인하려고 한다. 모형의 직경은 150mm이다. 공기 중에서 필요한 실험 속도를 결정하라. 만일 모형실험에서 항력이 2kg이면 원형에서의 항력은 얼마인가?

그림 11.4.4 음파탐지기의 항력계산

풀이

원형은 물에서 작용하고 모형은 공기 중에서 실험을 하므로 원형흐름에서는 공동현상(cavitation effects)이 없고, 모형실험에서는 압축효과(compressivility effects)가 없는 경우에만 유용한 결과를 예측할 수 있다. 이러한 조건하에서

$$\frac{F}{\rho V^2 D^2} = f\left(\frac{\rho V D}{\mu}\right)$$

그리고 실험은 동력학적 상사가 성립하기 위해 다음 조건을 만족해야 한다.

$$R_{em} = R_{ep}$$

5℃ 바닷물의 밀도는 $\rho = 1{,}025 \text{kg/m}^3$이고, 동점성계수 $\nu \simeq 1.4 \times 10^{-6} \text{m}^2/\text{s}$이므로 원형조건에서는

$$V_p = 5 \times \frac{1{,}852\text{m}}{\text{h}} \times \frac{\text{h}}{3{,}600\text{s}} = 2.57\text{m/s}$$

$$R_{ep} = \frac{V_p D_p}{\nu_p} = 2.57\frac{\text{m}}{\text{s}} \times 0.3\text{m} \times \frac{\text{s}}{1.4 \times 10^{-6}\text{m}^2} = 5.51 \times 10^5$$

따라서 모형에 대한 R_{em}도 같은 값이 되어야 한다. 즉,

$$R_{em} = \frac{V_m D_m}{\nu_m} = 5.51 \times 10^5$$

한편 표준대기압에서 공기의 밀도 $\rho = 1.23 \text{kg/m}^3$이고, 동점성계수 $\nu \simeq 1.45 \times 10^{-5} \text{m}^2/\text{s}$이므로 풍동모형

실험에서는

$$V_m = R_{em}\frac{\nu_m}{D_m} = 5.51\times 10^5 \times 1.45\times 10^{-5}\frac{m^2}{s}\times\frac{1}{0.15m} = 53.3\frac{m}{s}$$

이 풍속은 압축효과를 무시할 정도로 충분하다. 이러한 실험조건에서 모형 및 원형이 동력학적 상사를 이루게 된다. 따라서

$$\left.\frac{F}{\rho V^2 D^2}\right)_m = \left.\frac{F}{\rho V^2 D^2}\right)_p$$

위 식에 모형에 관한 값들을 적용하면 원형에 대한 항력을 구할 수 있다.

$$F_p = F_m\frac{\rho_p}{\rho_m}\frac{V_p^2}{V_m^2}\frac{D_p^2}{D_m^2} = 2kg\times\frac{1{,}025}{1.23}\times\frac{2.57^2}{53.3^2}\times\frac{0.3^2}{0.15^2} = 15.5kg$$

11.4.5 수리학적 불완전상사

앞에서 기하학적으로 유사한 흐름 간에 동력학적 완전상사가 성립하기 위해서는 모형과 원형간의 무차원 변수들이 같아야 한다고 하였으며, 예제를 통해 적용하여 보았다. 공기 중에서의 실험에서 R_e가 완전히 일치해야 하며 물속에서 같은 실험을 해도 마찬가지이다. 실제로 구(sphere)에 대한 항력은 경계층 흐름(boundary-layer flow) 특성에 영향을 받게 된다. 따라서 기하학적인 상사가 성립하기 위해서는 모형과 원형간의 표면 상대조도가 같아야 한다. 즉, 상대조도(relative roughness) 또한 모형과 원형간에 같아야 하는 변수가 된다. 만일 모형이 세밀하게 제작되었다면, 모형실험으로부터 얻은 항력은 원형의 실제 상황에 대한 항력으로 확대 예측할 수가 있다.

많은 모형실험에서 동력학적 상사가 성립되기 위해서는 관련된 여러 무차원 변수들의 크기가 같아야 한다. 하지만 어떤 경우에는 모형과 원형간에 완전상사를 성립시키지 못할 때가 있다. 선박의 항력 결정이 이러한 경우라 할 수 있다. 선박에서의 저항은 선박 표면의 마찰(점성력)과 표면파의 저항(중력)에 의해 발생한다. 동력학적 완전상사는 모형과 원형간에 Reynolds 수와 Froude 수가 같아야 한다.

일반적으로 파의 저항을 해석적으로 예측하기가 곤란하므로 모형실험이 필요하며, 다음과 같은 조건을 충족시켜야 한다.

$$F = \frac{V_m}{\sqrt{gL_m}} = \frac{V_p}{\sqrt{gL_p}} = F_{rp} \tag{11.4.21}$$

모형과 원형간에 Froude 수가 일치하기 위해서는 속도비는 다음과 같아야 한다.

$$\frac{V_m}{V_p} = \left(\frac{L_m}{L_p}\right)^{1/2} \tag{11.4.22}$$

모형의 임의 길이 축척비에 따라 이에 상응하는 Froude 수로부터 속도비를 계산할 수가 있다. 그러므로 Reynolds 수가 일치하기 위해 오직 동점성계수만이 변화한다. 따라서

$$R_{em} = \frac{V_m L_m}{\nu_m} = \frac{V_p L_p}{\nu_p} = R_{ep} \tag{11.4.23}$$

즉,

$$\frac{\nu_m}{\nu_p} = \frac{V_m L_m}{V_p L_p} \tag{11.4.24}$$

Froude 수로부터 얻은 유속비를 사용하면 Reynolds 수가 같다는 조건아래 다음과 같은 동점성계수의 비를 얻을 수가 있다.

$$\frac{\nu_m}{\nu_p} = \left(\frac{L_m}{L_p}\right)^{1/2} \frac{L_m}{L_p} = \left(\frac{L_m}{L_p}\right)^{3/2} \tag{11.4.25}$$

만일 선박모형실험에서 주로 사용하는 길이 축척비 $L_m/L_p = 1/100$을 적용한다면, $\nu_m/\nu_p = 1/1,000$이 된다. 그림 1.5.3을 보면 물보다 동점성계수가 작은 액체는 수은이 유일하다. 그러나 크기는 작지만 Reynolds 수가 같기 위해 필요한 동점성계수의 비를 얻을 수는 없다.

자유수표면 흐름에 대한 모형실험에서는 주로 물을 사용하게 된다. 따라서 동력학적 완전상사를 성립시키기 위해서는 실물크기의 실험을 해야 한다. 하지만 완전상사가 성립하지 않더라도 모형실험으로부터 유용한 정보를 얻을 수가 있다. 그림 11.4.5(a)는 축척 80:1의 선박모형실험에서 Froude 수에 대한 저항계수의 변화 결과를 보여주고 있다. 그림에서 정사각형 자료는 모형실험에서 얻은 총 저항으로부터 계산한 값이다.

모형실험 결과로부터 실물크기의 선박에 대한 저항을 산정하는 방법은 다음과 같다. 표면파의 형태 및 저항은 이에 상응하는 Froude 수에서 모형과 원형간에 일치한다. 모형의 점성항력(viscous drag)을 해석적으로 구해 그림 11.4.5(a)와 같이 나타낸다(마름모꼴). 모형의 표면파 저항은 총 항력과 산정된 점성항력간의 차로서 산정한다(원).

원형의 표면파 저항은 모형과 원형에 대한 표면파 저항계수 관계식을 이용한 Froude 수를 사용하여 계산한다. 원형에 대해 그림 11.4.5(b)의 원으로 표시한 점들이 이에 상응하는 Froude 수에서 모형계수와 동일하게 나타난다. 원형에 대해 해석적으로 계산한 표면마찰계수(마름모꼴)에 축척을 적용한 표면파 항력계수를 더하여 원형에 대한 총 항력계수를 산정한다.

선박모형실험에서 Reynolds 수가 일치하지 않기 때문에 경계층의 거동이 모형과 원형에 대해 일치하지 않는다. 모형의 Reynolds 수는 원형에 비해 $(L_m/L_p)^{3/2}$ 만큼 크게 되며, 따라서 모형 경계층에서의 층류의 범위가 이에 상응하는 만큼 커지게 된다. 이러한 방법은 경계층의 거동을 축척화할 수 있다고

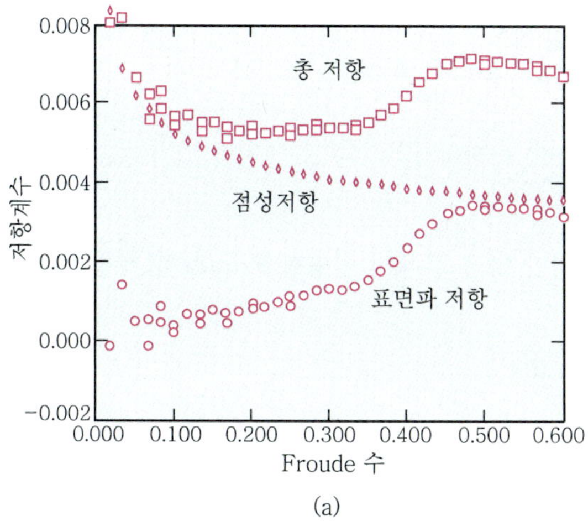

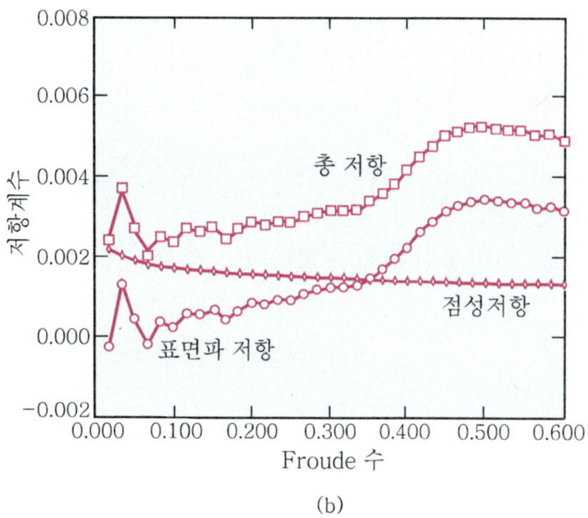

그림 11.4.5 선박모형실험(a) 및 모형실험 자료로부터 예측한 실물실험(b) 결과

가정하며, 이러한 가정을 가능하게 하기 위해서는 실물선박의 이에 상응하는 지점에서 난류가 되도록 모형의 경계층을 활성화(stimulated)시킨다. 그림 11.4.5에서 보여준 모형실험결과에 대해 경계층을 활성화시키기 위해 볼트(studs) 등이 사용된다.

간혹 모형실험 자료로부터 계산된 실물 계수에 보정치를 더하게 되며, 이러한 보정은 모형보다는 실물선박에서 필연적으로 뚜렷하게 나타나는 조도, 물결, 그리고 울퉁불퉁한 것을 고려하게 된다. 모형실험으로부터 예측한 결과와 실물실험을 통해 측정한 결과치 간에 약 ±5% 이내의 정확성을 보여주는 것으로 나타나고 있다.

하천 및 항만의 모형실험에서 Froude 수는 중요한 변수가 된다. 이러한 경우에 완전상사를 얻는 것은 실용적이 아니다. 적절한 모형실험에서는 수심이 너무 작게 되어 점성력과 표면장력이 원형에 비해 모형에서의 흐름에서 상대적으로 큰 영향을 미친다. 따라서 수평 및 수직방향으로 서로 다른 축척을 적용하게 된다.

예제 11.7

길이 50m인 원형 선박에 작용하는 힘을 구하기 위해 20℃ 의 물($\rho = 101.79\text{kg}\cdot\text{sec}^2/\text{m}^4$, $\nu = 1.0\times10^{-6}\text{m}^2/\text{s}$)에서 모형실험을 실시하였다. 모형 선박의 길이는 1m이고, 수중 투영면적이 0.8m^2이며, 실험수조에서 0.5m/s로 이동할 때 작용하는 힘이 0.05kg이었다. 원형 선박에 작용하는 힘은 얼마인가? 항력은 다음과 같이 나타낸다.

$$F_D = C_D \frac{1}{2}\rho V^2 A$$

여기서 항력계수 C_D는 다음과 같이 구한다.

$$C_D = \frac{0.06}{R_e^{1/4}} \qquad (10^4 \le R_e \le 10^6 \text{일 때})$$

$$C_D = 0.0018 \qquad (10^6 < R_e \text{일 때})$$

풀이

선박실험에서는 점성력과 중력이 모두 중요하지만 다음 절에서 설명할 Froude 모형법칙을 적용하기로 한다.

$$V_r = L_r^{1/2} = (L_p/L_m)^{1/2} = (50/1)^{1/2} = 7.071$$

$$\therefore V_p = 7.071V = 7.071 \times 0.5 = 3.54\text{m/s}$$

모형에서의 R_e 및 항력계수는

$$R_{em} = \frac{V_m L_m}{\nu_m} = \frac{0.5 \times 1}{1.0 \times 10^{-6}} = 5.0 \times 10^5$$

$$C_{Dm} = \frac{0.06}{(5.0 \times 10^5)^{1/4}} = 0.00226$$

따라서 모형 선박에 작용하는 항력은

$$F_{Dm} = C_{Dm} \frac{1}{2} \rho_m V_m^2 A_m = 0.00226 \times \frac{1}{2} \times 101.79 \times 0.5^2 \times 0.8 = 0.023\text{kg}$$

모형에서의 파의 저항력 F_{Wm}은 전체 작용하는 힘에서 항력 F_{Dm}을 뺀 것과 같으므로

$$F_{Wm} = 0.05 - 0.023 = 0.027\text{kg}$$

원형에 대한 R_e 및 항력계수는

$$R_{ep} = \frac{V_p L_p}{\nu_p} = \frac{3.54 \times 50}{1.0 \times 10^{-6}} = 1.77 \times 10^8$$

$$C_{Dp} = 0.0018$$

따라서 원형 선박에 작용하는 항력은

$$F_{Dp} = C_{Dp} \frac{1}{2} \rho_p V_p^2 A_m L_r^2 = 0.0018 \times \frac{1}{2} \times 101.79 \times 3.54^2 \times 0.8 \times 50^2 = 2{,}296\text{kg}$$

원형에서의 파의 저항력 F_{Wp}는 Froude의 모형법칙($F_r = L_r^3$)에 의해

$$F_{Wp} = F_{Wr} F_{Wm} = L_r^3 F_{Wm} = 50^3 \times 0.027 = 3{,}375\text{kg}$$

따라서 원형 선박에 작용하는 총 저항력, 즉 총 힘은

$$F_p = F_{Dp} + F_{Wp} = 2{,}296 + 3{,}375 = 5{,}671\text{kg}$$

11.5 수리모형법칙

수리학적 완전상사인 경우 모형과 원형간에 관련 무차원 변수 Euler 수(E_u), Froude 수(F_r), Reynolds 수(R_e), Weber 수(W_e), 그리고 Cauchy 수(C_a)의 값이 같아야 한다. 하지만 완전상사를 만족시키는 모형유체를 얻기가 거의 불가능하기 때문에 실제적으로 완전상사가 성립하기가 어렵다. 실제의 수리현상에서 주 성분력을 제외한 나머지 성분력들은 상대적으로 작기 때문에 주 성분력에 해당하는 무차원 변수를 선택하여 이에 대한 상사조건이 성립하도록 실험을 실시하게 된다. 이와 같은 법칙을 수리모형법칙(hydraulic model laws)이라 한다.

수리모형 실험 시 관련된 성분력 중에서 중력이 지배적인 힘이면 Froude 모형법칙, 점성력이 지배적이면 Reynolds 모형법칙, 표면장력이 지배적이면 Weber 모형법칙, 그리고 탄성력이 지배적이면 Cauchy 모형법칙을 적용하게 되고, 만일 지배적인 힘이 여러 개이면 해당되는 모형법칙을 모두 적용하여 모형실험 및 분석을 하게 된다.

11.5.1 Froude 모형법칙

개수로 흐름, 하천흐름, 위어 및 댐 여수로상의 흐름 등과 같은 자유 수표면을 가지는 흐름은 중력이 지배적인 힘이 되고 점성력, 표면장력 등은 중력에 비해 무시할 수 있을 정도로 작기 때문에 이러한 경우에는 Froude 모형법칙을 적용하게 된다. 따라서 수리학적 상사를 이루기 위해서는 모형과 원형간에 관성력(inertial force)과 중력(gravity force)의 비가 동일해야 한다. 식 (11.4.16)으로부터

$$\left(\frac{F_i}{F_g}\right)_r = \frac{(F_i/F_g)_p}{(F_i/F_g)_m} = 1 \tag{11.5.1}$$

또는

$$\frac{(F_i)_p}{(F_i)_m} = \frac{(F_g)_p}{(F_g)_m} \tag{11.5.2}$$

즉, 모형과 원형간에 관성력비와 중력비가 같게 되면 수리학적 상사가 성립된다. 모형과 원형간의 관성력비를 Newton의 제2법칙에 의해 나타내면

$$\frac{(F_i)_p}{(F_i)_m} = \frac{M_p \alpha_p}{M_m \alpha_m} = M_r \alpha_r = \rho_r L_r^4 T_r^{-2} \tag{11.5.3}$$

또한 중력비를 나타내면

$$\frac{(F_g)_p}{(F_g)_m} = \frac{M_p g_p}{M_m g_m} = M_r g_r = \rho_r L_r^3 g_r \qquad (11.5.4)$$

따라서 식 (11.5.2)에 의해 관성력비인 식 (11.5.3)과 중력비인 식 (11.5.4)를 같게 놓으면

$$\rho_r L_r^3 g_r = \rho_r L_r^4 T_r^{-2} \qquad (11.5.5)$$

식 (11.5.5)를 정리하면

$$\frac{V_r}{\sqrt{g_r L_r}} = 1 \qquad (11.5.6)$$

즉,

$$\frac{V_p}{\sqrt{g_p L_p}} = \frac{V_m}{\sqrt{g_m L_m}} \qquad (11.5.7)$$

따라서 모형과 원형간의 Froude 수가 같으며 흐름을 지배하는 힘이 중력인 경우의 수리학적 상사법칙의 성립조건이 된다. 유체가 동일한 모형과 원형에서의 중력이 같다면 즉, $g_r = 1$이면 Froude 모형법칙에 의해 모형과 원형에서의 각종 물리량의 비는 표 11.5.1과 같게 된다.

표 11.5.1 Froude 모형법칙에서의 각 물리량의 비

기하학적상사		운동학적상사		동력학적상사	
물리량	비	물리량	비	물리량	비
길 이	L_r	시 간	$L_r^{1/2}$	힘	L_r^3
면 적	L_r^2	속 도	$L_r^{1/2}$	질 량	L_r^3
체 적	L_r^3	가속도	1	일	L_r^4
		유 량	$L_r^{5/2}$	동 력	$L_r^{7/2}$
		각속도	$L_r^{-1/2}$		
		각가속도	L_r^{-1}		

예제 11.8

선박에 작용하는 항력을 구하기 위해 20:1의 축척으로 모형선박을 제작하여 실험을 실시하였다. 실험수조에서의 모형 선박의 속도가 2.6m/s일 때 측정된 항력이 2.5kg이었다. 이에 상응하는 원형 선박의 속도와 작용하는 항력은 얼마인가? 점성의 영향은 무시하라.

풀이

원형과 모형간에 Froude 수가 같아야 하므로 식 (11.5.7)로부터

$$V_p = V_m \left(\frac{L_p}{L_m}\right)^{1/2} = 2.6 \times \sqrt{20} = 11.63\text{m/s}$$

원형 선박에서의 항력을 구하기 위해 항력비와 관성력비를 같게 놓으면

$$\frac{(F_D)_p}{(F_D)_m}=\frac{(F_i)_p}{(F_i)_m}=\frac{\rho_p V_p^2 L_p^2}{\rho_m V_m^2 L_m^2}$$

원형과 모형에서 물의 밀도가 동일하다면

$$(F_D)_p=(F_D)_m\frac{V_p^2 L_p^2}{V_m^2 L_m^2}=2.5\times\frac{11.63^2}{2.6^2}\times 20^2=20{,}008\text{kg}$$

예제 11.9

개수로 모형실험을 하기 위해 10:1의 축척으로 50m의 모형을 제작하였다. 원형수로에서 계획홍수량이 400m³/s이면 모형 수로에서의 유량은 얼마인가? 또한 원형과 모형간의 힘의 비는 얼마인가?

풀이

개수로 모형이므로 Froude 모형법칙을 적용하면

$$Q_r=\frac{Q_p}{Q_m}=L_r^{5/2}=10^{5/2}=316.2$$

따라서 모형수로에서의 유량은

$$Q_m=\frac{Q_p}{Q_r}=\frac{400}{316.2}=1.265\text{m}^3/\text{s}$$

원형과 모형간의 힘의 비는

$$F_r=L_r^3=10^3=1{,}000$$

11.5.2 Reynolds 모형법칙

크고 작은 관로를 통한 흐름, 수면아래의 잠수함의 이동, 자동차 및 비행기 주위의 공기의 흐름 등과 같이 흐름을 지배하는 힘이 점성력이고, 그 이외의 힘이 그리 크지 않을 경우 Reynolds 모형법칙을 적용하게 된다. 따라서 수리학적 상사를 이루기 위해서는 모형과 원형간에 관성력(inertial force)과 점성력(friction force)의 비가 동일해야 한다. 식 (11.4.16)으로부터

$$\left(\frac{F_i}{F_f}\right)_r=\frac{(F_i/F_f)_p}{(F_i/F_f)_m}=1 \tag{11.5.7}$$

또는

$$\frac{(F_i)_p}{(F_i)_m}=\frac{(F_f)_p}{(F_f)_m} \tag{11.5.8}$$

즉, 모형과 원형간에 관성력비와 점성력비가 같게 되면 수리학적 상사가 성립된다. 모형과 원형간의 관성력비를 Newton의 제2법칙에 의해 나타내면 식 (11.5.3)과 같고, 점성력비를 Newton의 마찰법칙을 이용하여 나타내면

$$\frac{(F_f)_p}{(F_f)_m} = \frac{\tau_p A_p}{\tau_m A_m} = \tau_r A_r = \mu_r \left(\frac{du}{dy}\right)_r L_r^2 = \mu_r L_r^2 T_r^{-1} \tag{11.5.9}$$

여기서 τ는 마찰응력, μ는 점성계수, du/dy는 속도구배로 $[T^{-1}]$의 차원을 가진다. 따라서 식 (11.5.8)에 의해 관성력의 비인 식 (11.5.3)과 점성력의 비인 식 (11.5.9)를 같게 놓으면

$$\rho_r L_r^4 T_r^{-2} = \mu_r L_r^2 T_r^{-1} \tag{11.5.10}$$

식 (11.5.10)을 정리하면

$$\frac{\rho_r L_r^2}{\mu_r T_r} = \frac{\rho_r V_r L_r}{\mu_r} = 1 \tag{11.5.11}$$

즉,

$$\frac{\rho_p V_p L_p}{\mu_p} = \frac{\rho_m V_m L_m}{\mu_m} \tag{11.5.12}$$

따라서 모형과 원형간의 Reynolds 수가 같으며 흐름을 지배하는 힘이 점성력인 경우의 수리학적 상사법칙의 성립조건이 된다. 모형과 원형에서의 유체가 같다면, 즉 $\rho_r = 1$, $\mu_r = 1$이면 Reynolds 모형법칙에 의해 모형과 원형에서의 각종 물리량의 비는 표 11.5.2와 같게 된다.

표 11.5.2 Reynolds 모형법칙에서의 물리량의 비

기하학적상사		운동학적상사		동력학적상사	
물리량	비	물리량	비	물리량	비
길 이	L_r	시 간	L_r^2	힘	1
면 적	L_r^2	속 도	L_r^{-1}	질 량	L_r^3
체 적	L_r^3	가속도	L_r^{-3}	일	L_r
		유 량	L_r	동 력	L_r^{-1}
		각속도	L_r^{-2}		
		각가속도	L_r^{-4}		

예제 11.10

자동차의 항력을 측정하기 위해 10:1의 축척으로 모형 자동차를 제작하였다. 원형 자동차의 속도를 90km/h로 할 때 이에 상응하는 풍동실험실에서의 모형 자동차의 속도는 얼마인가? 단 원형 및 모형에서의 Reynolds 수가 같다고 가정하라. 또 항력의 비는 얼마인가?

풀이

동일한 유체를 사용하면 Reynolds 수가 같으므로

$$\frac{V_p L_p}{\nu_p} = \frac{V_m L_m}{\nu_m}$$

따라서

$$V_m = V_p \frac{L_p}{L_m} = 90 \times 10 = 900\text{km/h}$$

이러한 속도는 원형에서는 발생하지 않는 공기의 압축효과를 초래하므로 이 경우의 모형실험은 부적절하다고 볼 수 있다. 만일 이 속도를 적용한다면 항력의 비는

$$\frac{(F_D)_p}{(F_D)_m} = \frac{\rho_p V_p^2 L_p^2}{\rho_m V_m^2 L_m^2} \qquad \therefore \frac{(F_D)_p}{(F_D)_m} = 1$$

따라서 Reynolds 수가 같은 동일한 유체를 사용하면 모형에서의 항력과 원형에서의 항력이 같음을 알 수 있다.

예제 11.11

점성력이 흐름을 지배하는 수리현상을 실험하기 위해 20:1의 축척을 사용한 모형을 제작하였다. 원형에서 물을 사용할 때 a) 모형에서 물을 사용하는 경우, b) 모형에서 물보다 점성이 4배이고 밀도가 물의 85%인 기름을 사용할 경우의 원형과 모형간의 시간 및 힘의 비를 구하라.

풀이

a) 길이 비 $L_r = 20$이므로

$$T_r = L_r^2 = 20^2 = 400, \qquad F_r = 1$$

b) 물과 기름의 밀도 및 점성의 비는

$$\rho_r = \frac{\rho_p}{\rho_m} = \frac{1}{0.85} = 1.18, \qquad \mu_r = \frac{\mu_p}{\mu_m} = \frac{1}{4} = 0.25$$

Reynolds 모형법칙에서

$$R_{er} = \frac{\rho_r V_r L_r}{\mu_r} = 1 \qquad \therefore V_r = \frac{\mu_r}{\rho_r L_r} = \frac{0.25}{1.18 \times 20} = 0.0106$$

따라서

$$T_r = \frac{L_r}{V_r} = \frac{20}{0.0106} = 1{,}887, \qquad F_r = \frac{\rho_r L_r^4}{T_r^2} = \frac{1.18 \times 20^4}{1{,}887^2} = 0.053$$

11.5.3 Weber 모형법칙

표면장력 또는 모세관현상은 수표면 막의 장력으로 흐름에 영향을 주게 되며 물과 공기가 접하고 흐르는 작은 규모의 흐름일 경우 중요한 역할을 하게 된다. 위어상의 수심이 작은 흐름, 사련(ripple)과 같은 작은 표면파의 이동 등과 같이 흐름을 지배하는 힘이 표면장력이고 그 이외의 힘이 그리 크지 않을 경우 Weber 모형법칙을 적용하게 된다. 따라서 수리학적 상사를 이루기 위해서는 모형과 원형간에 관성력(inertial force)과 표면장력(surface tension)의 비가 동일해야 한다. 식 (11.4.16)으로부터

$$\left(\frac{F_i}{F_s}\right)_r = \frac{(F_i/F_s)_p}{(F_i/F_s)_m} = 1 \tag{11.5.13}$$

또는

$$\frac{(F_i)_p}{(F_i)_m} = \frac{(F_s)_p}{(F_s)_m} \tag{11.5.14}$$

즉, 모형과 원형간에 관성력비와 표면장력비가 같게 되면 수리학적 상사가 성립된다. 모형과 원형간의 관성력비를 Newton의 제2법칙에 의해 나타내면 식 (11.5.3)과 같고, 표면장력비를 나타내면

$$\frac{(F_s)_p}{(F_s)_m} = \frac{\sigma_p L_p}{\sigma_m L_m} = \sigma_r L_r \tag{11.5.15}$$

여기서 σ는 표면장력이다. 따라서 (11.5.14)에 의해 관성력의 비인 식 (11.5.3)과 표면장력의 비인 식 (11.5.15)를 같게 놓으면

$$\rho_r L_r^4 T_r^{-2} = \sigma_r L_r \tag{11.5.16}$$

식 (11.5.16)을 정리하면

$$\frac{\rho_r V_r^2 L_r}{\sigma_r} = 1 \tag{11.5.17}$$

즉,

$$\frac{\rho_p V_p^2 L_p}{\sigma_p} = \frac{\rho_m V_m^2 L_m}{\sigma_m} \tag{11.5.18}$$

따라서 모형과 원형간의 Weber 수가 같으며 흐름을 지배하는 힘이 표면장력인 경우의 수리학적 상사법칙의 성립조건이 된다. 모형과 원형에서의 유체가 같다면, 즉 $\rho_r = 1$, $\sigma_r = 1$이면 식 (11.5.17)에 의해

$$V_r = L_r^{-1/2} \quad (11.5.19)$$

따라서

$$T_r = \frac{L_r}{V_r} = \frac{L_r}{L_r^{-1/2}} = L_r^{3/2} \quad (11.5.20)$$

식 (11.5.19)와 식 (11.5.3)으로부터 Weber 모형법칙에 의해 모형과 원형에서의 각종 물리량의 비는 표 11.5.3과 같다.

표 11.5.3 Weber 모형법칙에서의 물리량의 비

기하학적 상사		운동학적 상사		동력학적 상사	
물리량	비	물리량	비	물리량	비
길 이	L_r	시 간	$L_r^{3/2}$	힘	L_r
면 적	L_r^2	속 도	$L_r^{-1/2}$	질 량	L_r^3
체 적	L_r^3	가속도	L_r^{-2}	일	L_r^2
		유 량	$L_r^{3/2}$	동 력	$L_r^{1/2}$

11.5.4 Cauchy 모형법칙

수격작용(water hammer)과 같이 흐름을 지배하는 힘이 탄성력이고 그 이외의 힘이 그리 크지 않을 경우 Cauchy 모형법칙을 적용하게 된다. 따라서 수리학적 상사를 이루기 위해서는 모형과 원형간에 관성력(inertial force)과 탄성력(elasticity force)의 비가 동일해야 한다. 식 (11.4.16)으로부터

$$\left(\frac{F_i}{F_e}\right)_r = \frac{(F_i/F_e)_p}{(F_i/F_e)_m} = 1 \quad (11.5.21)$$

또는

$$\frac{(F_i)_p}{(F_i)_m} = \frac{(F_e)_p}{(F_e)_m} \quad (11.5.22)$$

즉, 모형과 원형간에 관성력비와 탄성력비가 같게 되면 수리학적 상사가 성립된다. 모형과 원형간의 관성력비를 Newton의 제2법칙에 의해 나타내면 식 (11.5.3)과 같고, 탄성력비를 나타내면

$$\frac{(F_e)_p}{(F_e)_m} = \frac{E_p L_p^2}{E_m L_m^2} = E_r L_r^2 \quad (11.5.23)$$

여기서 E는 체적탄성계수(bulk modulus of elasticity)이다. 따라서 (11.5.22)에 의해 관성력의 비인 식 (11.5.3)과 탄성력의 비인 식 (11.5.23)을 같게 놓으면

$$\rho_r L_r^4 T_r^{-2} = E_r L_r^2 \qquad (11.5.24)$$

식 (11.5.24)를 정리하면

$$\frac{\rho_r V_r^2}{E_r} = 1 \qquad (11.5.25)$$

즉,

$$\frac{\rho_p V_p^2}{E_p} = \frac{\rho_m V_m^2}{E_m} \qquad (11.5.26)$$

따라서 모형과 원형간의 Cauchy 수가 같으며 흐름을 지배하는 힘이 탄성력인 경우의 수리학적 상사법칙의 성립조건이 된다. 모형과 원형에서의 유체가 같다면, 즉 $\rho_r = 1$, $E_r = 1$이면 식 (11.5.25)에 의해

$$V_r = 1 \qquad (11.5.27)$$

그러므로

$$T_r = \frac{L_r}{V_r} = \frac{L_r}{1} = L_r \qquad (11.5.28)$$

식 (11.5.27)과 식 (11.5.28)로부터 Cauchy 모형법칙에 의해 모형과 원형에서의 여러 물리량의 비는 표 11.5.4와 같다.

식 (11.5.26)에 제곱근을 취하면 다음과 같은 Mach 수(M_a)가 된다.

$$\frac{V_p}{\sqrt{E_p/\rho_p}} = \frac{V_m}{\sqrt{E_m/\rho_m}} \qquad (11.5.29)$$

여기서 $\sqrt{E/\rho}$ 는 유체의 파속, 즉 공기인 경우 음속, 그리고 물인 경우 압력파의 전파속도가 된다. 따라서 식 (11.5.29)에 모형과 원형간의 Mach 수가 같으며 흐름을 지배하는 힘이 탄성력인 경우의 수리학적 상사법칙의 성립조건이 된다.

표 11.5.4 Cauchy 모형법칙에서의 물리량의 비

기하학적 상사		운동학적 상사		동력학적 상사	
물리량	비	물리량	비	물리량	비
길 이	L_r	시 간	L_r	힘	L_r^2
면 적	L_r^2	속 도	1	질 량	L_r^3
체 적	L_r^3	가속도	L_r^{-1}	일	L_r^2
		유 량	L_r^2	동 력	L_r^2

11.5.5 두 개 이상의 성분력을 고려하는 경우

유체가 자유표면을 이루며 흐를 경우 점성력이 비교적 크다면 중력과 점성력을 모두 고려할 필요가 있다. 즉, 물위에 떠서 움직이는 선박주위의 흐름, 개수로 내의 천류(shallow water flow)에서의 표면파 등과 같이 흐름을 지배하는 힘이 중력과 점성력인 경우 Froude 모형법칙과 Reynolds 모형법칙을 동시에 고려하여야 한다. 따라서 Froude 모형법칙을 나타내는 식 (11.5.6)과 Reynolds 모형법칙을 나타내는 식 (11.5.11)을 같게 놓으면

$$\frac{V_r}{\sqrt{g_r L_r}} = \frac{\rho_r V_r L_r}{\mu_r} \tag{11.5.30}$$

모형과 원형에서의 유체가 동일하다면 $g_r = 1$이고, 동점성계수 $\nu = \mu / \rho$를 적용하면

$$\nu_r = L_r^{3/2} \tag{11.5.31}$$

식 (11.5.31)을 이용하면 모형의 축척비 L_r이 주어질 때 실제유체의 동점성계수 ν_p에 대한 모형의 동점성계수 ν_m을 결정할 수가 있다. 하지만 실제유체, 즉 물의 동점성계수에 대한 식 (11.5.31)을 만족하는 유체를 구하기가 쉽지 않다. 따라서 실험을 하는 수리현상에 포함된 중력과 점성력의 상대적인 중요성에 따라 두 가지 방법을 사용하게 된다. 만일 선박에 작용하는 항력실험에서는 Reynolds 모형법칙을 적용하여 모형을 제작한 후 Froude 모형법칙에 의해 모형실험을 실시하여 해석한다.

예제 11.12

사각형 예연위어의 단위폭당 유량 $q(m^3/s/m)$와 수두 $H(m)$사이에는 $q = 1.84H^{3/2}$과 같은 관계가 있다. 모형 위어를 제작하여 20℃의 기름($\nu = 0.562 \times 10^{-5} m^2/s$)을 30cm의 수두로 흘릴 때 수리학적 상사를 유지하기 위한 원형 위어에서의 대응수두와 유량은 얼마인가? 또 모형 위어 상의 기름의 유량은 얼마인가? 단, 20℃의 물의 동점성계수는 $1.004 \times 10^{-6} m^2/s$이다.

풀이

원형과 모형에서 점성이 서로 다른 물과 기름이 흐르므로 점성력과 중력을 동시에 고려한다.

$$H_r = L_r = \nu_r^{2/3} = \left(\frac{1.004 \times 10^{-6}}{0.562 \times 10^{-5}}\right)^{2/3} = 0.317$$

따라서 원형 위어에서의 대응수두와 유량은

$$H_p = 0.317 H_m = 0.317 \times 0.3 = 0.0951 m$$

$$Q_p = 1.84 \times 0.0951^{3/2} = 0.054 m^3/s$$

Reynolds 모형법칙과 Froude 모형법칙에서

$$\frac{V_r L_r}{\nu_r}=1 \quad \rightarrow \quad L_r=\frac{\nu_r}{V_r} \qquad\qquad \frac{V_r}{\sqrt{g_r L_r}}=1 \quad \rightarrow \quad L_r=V_r^2$$

따라서 $V_r=\nu_r^{1/3}$

유량비는 식 (11.5.31)로부터 $L_r=\nu_r^{2/3}$을 고려하면

$$Q_r=V_r A_r=V_r L_r^2=\nu_r^{1/3}\nu_r^{4/3}=\nu_r^{5/3}=\left(\frac{1.004\times10^{-6}}{0.562\times10^{-5}}\right)^{5/3}=0.057$$

따라서 모형에서의 기름의 유량은

$$Q_m=\frac{Q_p}{0.0566}=\frac{0.054}{0.057}=0.947\text{m}^3/\text{s}$$

11.6 수리모형실험

다양한 수리구조물의 특성을 분석하기 위해 여러 종류의 모형이 제작되어 실험에 사용되고 있으며, 모든 실험들이 독특한 특성을 가지고 있으므로 필요한 모든 상사법칙이 성립하는 일반적인 방법을 결정짓는 것이 쉽지가 않다. 하지만 흐름의 일반적인 특성을 바탕으로 한 넓은 범위에서의 분류를 할 수 있고, 따라서 각 분류에 대한 모형설계의 일반적인 특성을 나타낼 수가 있다.

모든 실험에 있어 모형은 세밀하고 정확하게 제작되어야 하며, 관측 또는 측정하려는 현상에 중요한 지점은 충분히 자세하게 나타내어야 한다. 유체의 흐름 또는 관련되는 힘을 측정하기 위한 측정시스템들은 주의 깊게 배치를 하고 정확한 검정(calibration)을 할 필요가 있다. 또한 측정시스템들을 견고하게 설치하고 측정하려는 현상을 방해하지 않도록 해야 한다. 시험구간에서의 흐름은 가능한 한 등류가 형성되도록 한다.

본 절에서는 관수로에서의 흐름, 댐 여수로상의 흐름, 그리고 개수로에서의 흐름에 대한 수리모형실험방법에 대해 소개하기로 한다.

11.6.1 관수로 모형실험

폐합관로 흐름에 대한 모형실험의 일반적인 종류에는 관수로 흐름, 밸브, 부속물 및 측정 장비를 통한 흐름 등이 있다. 폐합관로는 일반적으로 원형이지만 다른 형태의 관로를 사용할 수도 있으며 관로가 확장되거나 축소될 수도 있다. 관수로 흐름에서는 자유수표면이 존재하지 않기 때문에 지배적인 힘은 관성력과 점성력이 된다. 따라서 Reynolds 수가 상사법칙의 중요한 변수가 된다. Mach 수($M_a<0.3$)

가 낮은 흐름에서는 압축효과는 무시할 수 있다. 이러한 경우 모형과 원형간에 기하학적 상사가 유지되어야 한다.

일반적으로 기하학적 특성은 $l_1, l_2, l_3, \cdots, l_i$ 및 l과 같이 일련의 길이 항으로 나타낼 수가 있으며 여기서 l은 시스템에 대한 특정 길이 치수이다. 이러한 일련의 길이 항은 다음과 같은 i개의 무차원 변수를 형성하게 된다.

$$\Pi_i = \frac{l_i}{l} \tag{11.6.1}$$

기본적인 기하학적인 형태뿐만 아니라 흐름과 접촉하고 있는 내부 표면의 조도 또한 중요하다. 만일 표면 조도요소의 평균 높이를 ε이라 정의하면, 조도를 나타내는 무차원 변수는 ε/l이 된다. 이 변수는 완전한 기하학적 상사에 대해 표면 조도 또한 축척률을 가져야 한다는 것을 의미한다. 즉, 길이 축척비가 1보다 작은 경우 모형에서의 조도는 원형에서의 조도보다는 작게 되어 모형에서의 표면이 매끄러워진다. 좀 더 복잡한 문제는 모형과 원형에서의 조도 요소의 형태가 비슷해야 한다는 것으로 이러한 조건을 정확히 만족하기는 사실상 불가능하다. 다행히도 어떤 문제에 있어서는 표면 조도가 중요한 역할을 하지 못해 무시할 수 있다. 하지만 관로 내 난류와 같은 문제에서는 조도가 매우 중요한 역할을 하게 된다.

따라서 관수로 내 낮은 M_a의 흐름에서 종속 무차원 변수, 즉 압력강하(손실수두)와 같이 실험에서 관심 있는 변수를 포함하는 항은 다음과 같이 나타낼 수 있다.

$$\Pi_i = \phi\left(\frac{l_i}{l}, \frac{\varepsilon}{l}, \frac{\rho V l}{\mu}\right) \tag{11.6.2}$$

식 (11.6.2)는 폐합관거 내 흐름 문제에 대한 일반적인 무차원 변수의 함수형태이다. 우변 괄호안의 처음 두 무차원 변수는 다음과 같은 기하학적 상사를 필요로 한다.

$$\frac{l_{im}}{l_m} = \frac{l_i}{l}, \qquad \frac{\varepsilon_m}{l_m} = \frac{\varepsilon}{l} \tag{11.6.3}$$

또는

$$\frac{l_{im}}{l_i} = \frac{\varepsilon_m}{\varepsilon} = \frac{l_m}{l} = \lambda_l \tag{11.6.4}$$

이러한 결과는 길이 축척비 λ_l을 자유롭게 사용할 수 있지만, 일단 결정되면 다른 관련된 길이도 같은 축척비를 적용해야 한다는 것을 의미한다.

또 다른 상사법칙을 유지해야 하는 것으로 Reynolds 수가 같아야 한다는 것이다.

$$\frac{\rho_m V_m l_m}{\mu_m} = \frac{\rho V l}{\mu} \tag{11.6.5}$$

이러한 조건으로부터 속도비는 다음과 같이 나타낼 수가 있다.

$$\frac{V_m}{V} = \frac{\mu_m}{\mu}\frac{\rho}{\rho_m}\frac{l}{l_m} \tag{11.6.6}$$

식 (11.6.6)으로부터 속도비의 실제 값은 길이 축척비 뿐만 아니라 점성 및 밀도의 축척비에 의해 결정된다. 모형과 원형간에 서로 다른 유체를 사용할 수가 있지만 만일 같은 유체를 사용한다면, 즉 $\mu_m = \mu$, $\rho_m = \rho$이면

$$\frac{V_m}{V} = \frac{l}{l_m} \tag{11.6.7}$$

따라서 $V_m = V/\lambda_l$로 모형의 길이 축척비가 1보다 작은 경우 유체의 속도는 원형보다 커지게 된다. 실제로 모형의 길이 축척비가 1보다 훨씬 작기 때문에 모형에서 유속이 크게 되고 Reynolds 수 상사법칙을 얻기가 어려울 수가 있다.

이러한 상사법칙을 만족시킨다면 종속 무차원 변수는 모형과 원형이 동일하게 된다. 예를 들어, 관심 있는 종속변수가 폐합관로 내 임의의 두 점 간의 압력강하(손실수두) Δp이면 종속 무차원 변수는 다음과 같이 나타낼 수 있다.

$$\Pi_i = \frac{\Delta p}{\rho V^2} \tag{11.6.8}$$

원형에서의 압력강하는 다음과 같이 얻을 수가 있다.

$$\Delta p = \frac{\rho}{\rho_m}\left(\frac{V}{V_m}\right)^2 \Delta p_m \tag{11.6.9}$$

따라서 모형에서의 압력강하 Δp_m을 측정하면 원형에서 이에 상응하는 압력강하 Δp를 결정할 수가 있다.

예제 11.13

직경 0.4m의 임펠러를 통해 1.5m^3/s의 물을 보내기 위한 펌프를 설계하려고 한다. 모형 펌프 임펠러의 직경이 0.08m인 경우 모형 펌프에서의 유량은 얼마인가? 만일 원형 펌프의 압력증가가 5,000kg/m^{2}이면 모형 펌프에서의 압력증가는 얼마인가?

풀이

이 경우 Reynolds 모형법칙을 적용하면

$$Q_r = \frac{Q_p}{Q_m} = L_r = \frac{L_p}{L_r} = \frac{0.4}{0.08} = 5$$

따라서 모형에서의 유량은

$$Q_m = \frac{Q_p}{Q_r} = \frac{1.5}{5} = 0.3\mathrm{m}^3/\mathrm{s}$$

무차원 압력상승은 Euler 수를 사용하면

$$\left(\frac{\Delta p}{\rho V^2}\right)_p = \left(\frac{\Delta p}{\rho V^2}\right)_m$$

따라서 모형 펌프에서의 압력증가는

$$\Delta p_m = \Delta p_p \frac{\rho_m}{\rho_p}\frac{V_m^2}{V_p^2} = 5{,}000 \times 1 \times 5^2 = 125{,}000\mathrm{kg/m}^2$$

11.6.2 댐 여수로 모형실험

댐 여수로 모형실험에서 여수로의 기하학적 형상이외에 여수로 상의 흐름에 중요한 영향을 미치는 인자는 중력이다. 따라서 댐 여수로 모형실험에서는 Froude 수의 상사법칙을 적용하게 된다. 여수로 상의 수심이 3~4m, 유속이 10m/s 이상이 되는 대규모의 여수로에서는 Reynolds 수가 상당히 커지게 된다. Reynolds 수가 큰 경우에 상대적인 점성력은 Reynolds 수와 무관하게 된다. 하지만 모형이 작은 경우 흐름에서 표면장력뿐만 아니라 점성력이 원형보다 상대적으로 크게 영향을 미치게 된다. 따라서 실제로는 모형과 원형에서 점성에 의한 영향이 상대적으로 같은 크기가 되도록 여수로 모형을 크게 제작하게 된다. 따라서 Froude 수가 상사법칙을 성립하게 하는 중요한 인자가 된다.

대부분의 여수로 모형은 높이가 최소 1m 이상이 되도록 하는데 더욱 정확한 분석을 하기 위해서는 2~3m가 되도록 하는 경우도 많이 있다. 그림 11.6.1은 댐 여수로 모형실험 모습을 보여주고 있다.

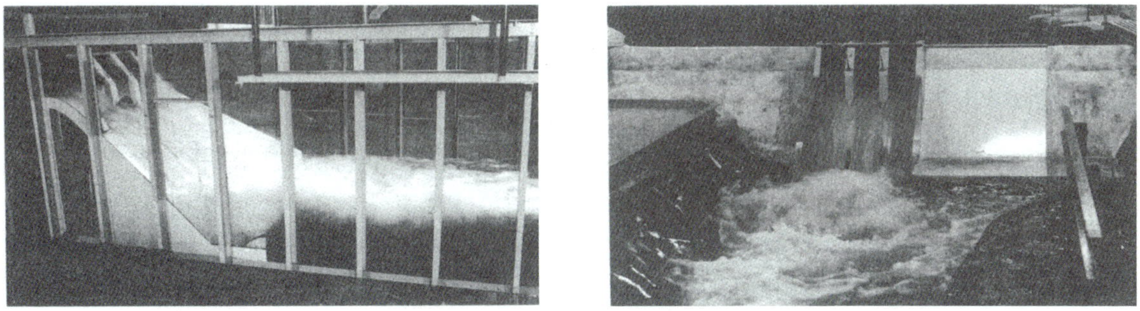

그림 11.6.1 댐 여수로 수리모형 실험

예제 11.14

댐 여수로에서의 흐름 상태를 예측하기 위해 원형 댐의 1/49 축척비에 의한 모형실험을 하려고 한다. 원형 여수로에서의 설계홍수량이 1,500m^3/s이면 모형에서의 이에 상응하는 유량은 얼마인가? 만일 모형의 한 지점에서 측정한 유속이 1.2m/s이면 원형의 이에 상응하는 지점에서의 유속은 얼마인가?

풀이

Froude 수의 상사법칙을 적용하면

$$F = \frac{V_m}{\sqrt{g_m L_m}} = \frac{V_p}{\sqrt{g_p L_p}} = F_{rp}$$

중력이 동일하므로 $g_m = g_p$이다. 따라서

$$\frac{V_m}{V_p} = \sqrt{\frac{L_m}{L_p}} \qquad \text{(a)}$$

양변에 모형과 원형간의 면적비 A_m/A_p를 곱하면

$$\frac{V_m A_m}{V_p A_p} = \frac{A_m}{A_p}\sqrt{\frac{L_m}{L_p}}$$

위 식의 좌변은 유량에 해당하고 $A_m/A_p = L_m^2/L_p^2$이므로

$$\frac{Q_m}{Q_p} = \left(\frac{L_m}{L_p}\right)^{5/2}$$

따라서

$$Q_m = Q_p\left(\frac{1}{49}\right)^{5/3} = 1{,}500 \times \frac{1}{16{,}800} = 0.089\text{m}^3/\text{s}$$

식 (a)로부터

$$V_p = V_m\sqrt{\frac{L_p}{L_m}} = 1.2 \times 7 = 8.4\text{m/s}$$

11.6.3 개수로 모형실험

하천에서의 설계홍수량에 대한 홍수위를 예측하기 위해서는 7장 개수로 내 정상부등류에서 소개한 점변류 수면곡선 계산과 같이 해석적인 방법을 통해 실시할 수도 있지만 자연하천의 불규칙한 단면 및 수로의 만곡 영향을 제대로 반영하지 못하므로 수리모형 실험을 실시하게 된다.

개수로 모형실험에서 기하학적 상사법칙이 성립하기 위해서는 모든 방향의 길이 축척비가 동일해야 한다. 이런 경우 하천의 폭에 비해 수심이 너무 작기 때문에 수심측정곤란, 하상조도 불일치, 표면장력의 영향 등의 문제가 발생하게 된다. 따라서 이를 방지하기 위해 수심을 충분히 유지시키려하면 하폭이 너무 커져 비경제적이 된다.

이러한 문제를 해결하기 위해 연직축척비 Y_r 을 수평축척비 X_r 보다 훨씬 작게 만드는 왜곡모형(distorted model)을 적용하게 된다. 왜곡모형을 적용하는 경우 실제의 흐름과 모형에서의 흐름이 다르고 하상세굴양상도 실제와는 다른 결과를 보이지만 위의 두 가지 문제를 고려할 때 왜곡모형을 적용하는 것이 바람직하다.

개수로 흐름에서 Manning의 공식을 이용하여 상사법칙을 나타내면

$$V_r = \frac{1}{n_r} R_{hr}^{2/3} S_r^{1/2} \tag{11.6.10}$$

개수로에서 유속비 V_r과 시간비 T_r을 Froude 모형법칙에 의해 나타내면

$$V_r = Y_r^{1/2} \tag{11.6.11}$$

$$T_r = \frac{L_r}{V_r} = \frac{X_r}{Y_r^{1/2}} \tag{11.6.12}$$

식 (11.6.10)에 식 (11.6.11)과 하상경사비 $S_r = Y_r / X_r$ 을 적용하면

$$n_r = \frac{n_p}{n_m} = \frac{R_{hr}^{2/3}}{X_r^{1/2}} \tag{11.6.13}$$

따라서 식 (11.6.13)으로부터 수평 및 연직방향 축척과 관련 있는 동수반경 비 R_{hr} 을 산정하면 하상경사비 S_r 에 대한 조도계수비 n_r 을 결정할 수가 있다. 모형과 원형의 개수로가 광폭수로라면 동수반경 R_h 는 수심 Y 와 같다고 할 수 있으므로 조도계수의 비는 다음과 같이 나타낼 수 있다.

$$n_r = \frac{Y_r^{2/3}}{X_r^{1/2}} \tag{11.6.14}$$

모형과 원형간의 조도계수비가 결정되었을 경우 하상경사비는 식 (11.6.10)으로부터

$$S_r = \frac{Y_r}{X_r} = \frac{n_r^2 V_r^2}{R_{hr}^{4/3}} = \frac{n_r^2 Y_r}{R_{hr}^{4/3}} \tag{11.6.15}$$

따라서 유량의 비 Q_r은 다음과 같다.

$$Q_r = A_r V_r = X_r Y_r Y_r^{1/2} = X_r Y_r^{3/2} \tag{11.6.16}$$

왜곡모형에 사용되는 축척비는 일반적으로 연직방향 $Y_r < 100$, 수평방향 $200 < X_r < 500$ 정도가 적당하며 이에 상응하는 왜곡도(X_r / Y_r)는 3~6 정도가 된다.

예제 11.15

길이가 5km(직선길이 4.4km)인 하천에서 평수량이 $200m^3/s$이고, 이때의 수심 및 하폭이 5m와 30m이며, 조도계수는 0.032이다. 실험실에서 하천의 직선길이를 20m로 할 때 적절한 모형수로의 축척과 조도를 결정하라. 만일 최대 홍수량이 $500m^3/s$라면 모형에서의 최대 홍수량은 얼마가 되겠는가? 단, 물은 20℃ ($\nu = 1.004 \times 10^{-6} m^2/s$)이다.

풀이

개수로에서의 흐름에 대한 모형실험이므로 Froude 모형법칙을 적용하기로 한다. 하천 길이에 대한 축척비는

$$X_r = \frac{4,400}{20} = 220$$

하천길이와 수심간의 축척비를 $X_r/Y_r = 10$으로 하면 수심비는

$$Y_r = \frac{220}{10} = 22$$

수심 축척비가 22이므로 평수량에 대한 모형실험에서 수심을 충분히 측정할 수가 있다.
평수량에 대한 원형 하천에서의 유속은

$$V_p = \frac{200}{5 \times 30} = 1.33 m/s$$

식 (11.6.11)로부터

$$V_r = \frac{V_p}{V_m} = Y_r^{1/2} \quad \rightarrow \quad V_m = \frac{V_p}{Y_r^{1/2}} = \frac{1.33}{22^{1/2}} = 0.284 m/s$$

모형 하천에서의 동수반경 및 Reynolds 수는

$$R_{hm} = \frac{A_m}{P_m} = \frac{(30/220) \times (5/22)}{(30/220) + 2 \times (5/22)} = 0.0524$$

$$R_{em} = \frac{V_m R_{hm}}{\nu} = \frac{0.284 \times 0.0524}{1.004 \times 10^{-6}} = 14,822$$

따라서 모형 하천에서의 평수량도 난류에 해당되어 원형의 흐름특성을 그대로 나타낸다.
원형 하천에서의 동수반경은

$$R_{hp} = \frac{A_p}{P_p} = \frac{5 \times 30}{30 + 10} = 3.75m$$

모형 하천에서의 조도비와 조도는

$$n_r = \frac{n_p}{n_m} = \frac{R_{hr}^{2/3}}{X_r^{1/2}} = \frac{(3.75/0.0524)^{2/3}}{220^{1/2}} = 1.162 \quad \rightarrow \quad n_m = \frac{0.032}{1.162} = 0.028$$

따라서 평수량에 해당하는 모형 하천에서의 조도는 0.028로 적용한다.

만일 최대 홍수량 $Q = 500\text{m}^3/\text{s}$ 이 흐를 경우 고수부지로 월류하여 흐른다고 가정하여 광폭단면으로 보면

$$n_r = \frac{n_p}{n_m} = \frac{Y_r^{2/3}}{X_r^{1/2}} = \frac{22^{2/3}}{220^{1/2}} = 0.529 \quad \rightarrow \quad n_m = \frac{0.032}{0.529} = 0.060$$

따라서 유량에 따라 적절한 조도로 실험을 해야 한다.

유량비 및 원형 하천에서의 최대 홍수량에 해당하는 모형에서의 유량은 다음과 같다.

$$Q_r = X_r Y_r^{3/2} = 220 \times 22^{3/2} = 22{,}702$$

$$Q_m = \frac{Q_p}{Q_r} = \frac{500}{22{,}702} = 0.022\text{m}^3/\text{s}$$

연습문제

11.1 모세관 상승고 Δh는 관의 직경 D, 액체의 단위중량 γ, 그리고 표면장력 σ에 의해 영향을 받는다. 모세관 상승고에 대한 차원해석을 FLT계 차원을 이용하여 실시하라.

11.2 모세관 상승고 Δh는 관의 직경 D, 액체의 단위중량 γ, 표면장력 σ, 그리고 접촉각 θ에 의해 영향을 받는다. 모세관 상승고에 대한 차원해석을 MLT계 차원을 이용하여 실시하라.

11.3 진공상태에서 물체의 낙하속도에 대한 차원해석을 실시하라. 낙하속도 V는 중력가속도 g와 물체의 낙하거리 h와 관련이 있다.

11.4 개수로 모형실험을 하기 위해 모형을 5:1의 축척으로 복제하였다. 실험결과 유량이 $0.5\text{m}^3/\text{s}$라면 실제 흐름에서의 유량은 얼마인가?

11.5 여수로 수리실험을 위해 10:1의 축척으로 모형을 제작하였다. 원형의 여수로를 통한 계획홍수량이 $100\text{m}^3/\text{s}$이고, 모형에 흘릴 수 있는 최대유량이 $0.2\text{m}^3/\text{s}$일 때 원형과 모형간의 시간비는 얼마인가?

11.6 펌프를 설계하기 위해 5:1의 축척으로 모형을 제작하였다. 원형과 모형간의 속도비를 3:1로 할 경우 원형 펌프의 출력이 50KW이면 모형 펌프의 출력은 얼마인가?

11.7 예제 11.6과 같이 풍동(wind tunnel)실험 자료로부터 수중음파탐지기(sonar transducer)에 대한 항력을 계산하려고 한다. 500mm 직경의 원형을 5℃ 의 바닷물($\rho = 1{,}025\text{kg}_o/\text{m}^3$, $\nu \simeq 1.4\times10^{-6}\text{m}^2/\text{s}$)에서 시속 3knots(1knots는 1,852m/hr)로 견인하려고 한다. 모형의 직경은 100mm이다. 공기($\rho = 1.23\text{kg}_o/\text{m}^3$, $\nu \simeq 1.45\times10^{-5}\text{m}^2/\text{s}$) 중에서 필요한 실험 속도를 결정하라. 만일 모형실험에서 항력이 3kg이면 원형에서의 항력은 얼마인가?

11.8 길이 100m인 원형 선박에 작용하는 힘을 구하기 위해 20℃ 의 물($\rho = 101.79\text{kg}\cdot\text{sec}^2/\text{m}^4$, $\nu = 1.0\times10^{-6}\text{m}^2/\text{s}$)에서 모형실험을 실시하였다. 모형 선박의 길이는 5m이고, 수중 투영 면적이 20m^2이며, 실험수조에서 0.5m/s로 이동할 때 작용하는 힘이 1.0kg이었다. 원형 선박에 작용하는 힘은 얼마인가? 항력은 다음과 같이 나타낸다.

$$F_D = C_D\frac{1}{2}\rho V^2 A$$

여기서 항력계수 C_D는 다음과 같이 구한다.

$$C_D = \frac{0.06}{R_e^{1/4}} \qquad (10^4 \le R_e \le 10^6 \text{일 때})$$

$$C_D = 0.0018 \qquad (10^6 < R_e \text{일 때})$$

11.9 선박에 작용하는 항력을 구하기 위해 10:1의 축척으로 모형선박을 제작하여 실험을 실시하였다. 실험수조에서의 모형 선박의 속도가 1.5m/s일 때 측정된 항력이 0.5kg이었다. 이에 상응하는 원형 선박의 속도와 작용하는 항력은 얼마인가? 점성의 영향은 무시하라.

11.10 원형과 모형에서 동일한 유체를 사용하여 실험을 할 때 Reynolds 모형법칙을 적용할 때의 시간, 유량, 힘, 질량 및 동력비를 축척비 L_r의 항으로 나타내라.

11.11 개수로 모형실험을 하기위해 25:1의 축척으로 30m의 모형을 제작하였다. 원형수로에서 계획홍수량이 500m^3/s이면 모형 수로에서의 유량은 얼마인가? 또한 원형과 모형간의 힘의 비는 얼마인가?

11.12 원형과 모형에서 동일한 유체를 사용하여 실험을 할 때 Froude 모형법칙을 적용할 때의 시간, 유량, 힘, 가속도 및 동력비를 축척비 L_r의 항으로 나타내라.

11.13 여수로의 수리모형 실험을 하기 위해 30:1의 축척으로 모형을 제작하였다. 이 경우 다음을 구하라.

1) 원형의 홍수량이 500m^3/s이면 모형의 홍수량은 얼마인가?
2) 모형 여수로 에이프론에서의 유속이 1.5m/s이면 원형에서의 유속은 얼마인가?
3) 원형에서 수문을 개방하는데 10분이 소요된다면 모형에서의 수문의 개방시간은 얼마인가?
4) 모형 여수로 에이프론에서 높이 7cm의 도수가 발생하였다면 원형에서의 도수의 높이는 얼마인가?

11.14 하천의 수리모형실험에서 30:1의 축척으로 모형을 제작하였다. 원형 하천에서의 유속이 2m/s이면 모형에서의 유속은 얼마인가? 또 모형에서의 유량이 0.2m^3/s이면 원형에서의 유량은 얼마인가?

11.15 자동차의 항력을 측정하기 위해 5:1의 축척으로 모형 자동차를 제작하였다. 원형 자동차의 속도를 80km/h로 할 때 이에 상응하는 풍동실험실에서의 모형 자동차의 속도는 얼마인가? 단 원형 및 모형에서의 Reynolds 수가 같다고 가정하라. 또 항력의 비는 얼마인가?

11.16 저수지 모형실험에서 50:1의 축척으로 모형을 제작하였다. 수문을 열어 20분 만에 여수로 정점부까지 수위가 낮아져 유출이 중단되었다면 원형에서의 수위가 낮아지는데 걸리는 시간은 얼마인가?

11.17 점성력이 흐름을 지배하는 수리현상을 실험하기 위해 15:1의 축척을 사용한 모형을 제작하였다. 원형에서 물을 사용할 때 1) 모형에서 물을 사용하는 경우, 2) 모형에서 물보다 점성이 5배이고 밀도가 물의 80%인 기름을 사용할 경우의 원형과 모형간의 시간 및 힘의 비를 구하라.

11.18 삼각형 위어의 정점부가 90°로 되어있을 때 유량 Q(m^3/s)와 수두 H(m) 사이에는 $Q = 1.33H^{2.48}$과 같은 관계가 있다. 모형 위어를 제작하여 20℃의 기름($\nu = 0.562 \times 10^{-5} m^2/s$)을 20cm의 수두로 흘릴 때 수리학적 상사를 유지하기 위한 원형 위어에서의 대응수두와 유량은 얼마인가? 또 모형 위어 상의 기름의 유량은 얼마인가? 단, 20℃의 물의 동점성계수는 $1.004 \times 10^{-6} m^2/s$이다.

11.19 직경 0.6m의 임펠러를 통해 $2.0m^3/s$의 물을 보내기 위한 펌프를 설계하려고 한다. 모형 펌프 임펠러의 직경이 0.15m인 경우 모형 펌프에서의 유량은 얼마인가? 만일 원형 펌프의 압력증가가 $7,000kg/m^2$이면 모형 펌프에서의 압력증가는 얼마인가?

11.20 댐 여수로에서의 흐름 상태를 예측하기 위해 모형실험을 하기 위해 36:1의 축척으로 모형 댐을 제작하였다. 원형 여수로에서의 설계홍수량이 $1,000m^3/s$이면 모형에서의 이에 상응하는 유량은 얼마인가? 만일 모형의 한 지점에서 측정한 유속이 1.5m/s이면 원형의 이에 상응하는 지점에서의 유속은 얼마인가?

11.21 길이가 10km(직선길이 8km)인 하천에서 평수량이 $250m^3/s$이고, 이때의 수심 및 하폭이 3m와 50m이며, 조도계수는 0.03이다. 실험실에서 하천의 직선길이를 20m로 할 때 적절한 모형수로의 축척과 조도를 결정하라. 만일 최대 홍수량이 $600m^3/s$이면 모형에서의 최대 홍수량은 얼마가 되겠는가? 단, 물은 20℃ ($\nu = 1.004 \times 10^{-6} m^2/s$)이다.

11.22 개수로에서의 유량 Q는 동수반경 R_h, 단면적 A, 조도 ε, 중력 g, 그리고 경사 S에 의해 영향을 받는다. 차원해석을 실시하여 유량을 이들 변수들의 함수로 나타내라.

11.23 골프공의 항력 F_D는 공의 속도 V, 공의 직경 d, 딤플의 깊이 ε, 딤플의 반경 r, 단위면적당 딤플의 수인 딤플의 밀도 C, 공기의 밀도 ρ 및 점성 μ에 영향을 받는다. 차원해석을 실시하여 골프공의 항력을 이들 변수들의 함수로 나타내라.

11.24 위어를 통해 흐르는 유량 Q는 위어상의 수두 H, 위어의 폭 L, 중력가속도 g, 물의 밀도 ρ 및 점성 μ, 그리고 표면장력 σ에 의해 영향을 받는다. 차원해석을 실시하여 유량을 이들 변수들의 함수로 나타내라.

11.25 수표면이 매우 작은 물결파의 이동 속도 V는 물결파의 길이 L, 물의 밀도 ρ, 그리고 표면장력 σ에 의해 영향을 받는다. 차원해석을 실시하여 물결파의 이동속도를 이들 변수들의 함수로 나타내라.

11.26 그림 11.26과 같은 원형관로의 급축소 단면에서 압력강하는 실험을 통해 $\Delta p = p_1 - p_2 = (\rho,\ \mu,\ V,\ d,\ D)$로 나타난다. 차원해석을 실시하여 단면 급축소부에서의 압력강하를 이들 변수들의 함수로 나타내라.

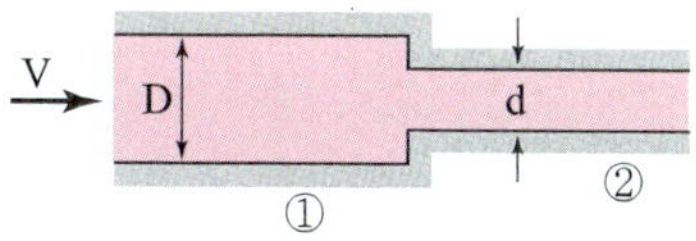

그림 11.26

11.27 그림 11.27과 같은 삼각형 예연 위어를 통해 흐르는 유량 Q는 위어상의 수두 H, 위어의 각도 θ, 그리고 중력가속도 g에 의해 영향을 받는다. 차원해석을 실시하여 유량을 이들 변수들의 함수로 나타내라.

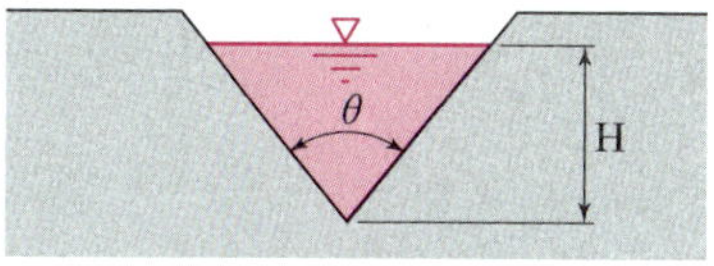

그림 11.27

11.28 동점성계수가 $4 \times 10^{-6} m^2/s$ 인 기름이 직경 40cm의 매끈한 관로에서 4m/s로 흐르고 있다. 동력학적 상사를 이루기 위해서는 20℃ 의 물이 직경 5cm의 매끈한 관로에서 어떠한 유속으로 흘러야 하는가?

11.29 여수로 수리모형실험을 하기 위해 25:1의 축척으로 모형을 제작하였다. 원형에서의 유량이 $3{,}000 m^3/s$이면 모형에서의 유량은 얼마인가?

11.30 여수로 수리모형실험을 하기 위해 25:1의 축척으로 모형을 제작하였다. 모형 여수로 정점부에서의 유속이 2m/s일 때 원형 여수로 정점부에서의 유속은 얼마인가? 또, 모형에서의 유량이 $0.1 m^3/s$이면 원형에서의 유량은 얼마인가?

11.31 직사각형 하천의 수리모형실험에서 수평축척이 200:1, 연직축척이 50:1일 때 다음을 구하라.

1) 원형하천에서의 유량이 $26{,}000 m^3/s$이면 모형하천에서의 유량은 얼마인가?
2) 원형하천에서의 조도가 0.02이면 모형에서의 조도는 얼마인가?
3) 모형하천에서 수문을 닫는데 걸리는 시간이 130초가 걸렸다면 원형하천에서 수문을 닫는데 걸리는 시간은 얼마인가?
4) 원형하천의 하폭이 600m이고 모형하천에서의 유속이 0.34m/s일 때 원형하천의 수심은 얼마인가?

11.32 여수로 수리모형실험을 하기 위해 25:1의 축척으로 모형을 제작하였다. 모형에서의 유량이 $0.1 m^3/s$이면 원형에서의 유량은 얼마인가? 또한 모형실험에서 입자가 한 지점에서 다른 지점으로 떠가는데 1분이 걸렸다면 원형에서 같은 지점을 이동하는데 걸리는 시간은 얼마인가?

11.33 터빈의 모형실험을 위해 7:1의 축척으로 모형 터빈을 제작하였다. 원형 터빈에서 $1.5 m^3/s$의 유량으로 200KW를 발전하였다면 모형 터빈에서는 유량이 얼마이고, 이때 몇 KW의 발전을 하겠는가? 단, 수온은 동일하다.

Hydraulics

Chapter 12 수리구조물 설계

12.1 서론

물은 모든 나라에서 인간의 생활 및 경제적인 면에서 매우 중요한 역할을 한다. 특히 사람, 동물 및 식물에 있어 물의 존재는 필수적으로 중요하다. 지구상의 여러 지역에서 인간의 정착은 식량, 주거지 및 난방과 함께 물의 가용성에 매우 밀접하게 의존하게 된다. 인간의 생활이 발전됨과 함께 인구의 증가로 인해 여러 지역에서는 생활용수, 상업용수, 관개용수, 그리고 발전용수에 필요한 물의 공급에서 한계에 도달하게 되었다. 한편 홍수 등으로 인한 물의 과도한 흐름으로 인해 많은 피해를 입고 있다. 이와 같은 상황에서 이수 및 치수 목적으로 물을 안전하게 저장하고 송수하기 위한 필요성이 증대되고 있으며, 따라서 수리구조물(hydraulic structure)의 수요도 증가하고 있다.

수리구조물의 설계는 지금까지 소개한 수리학적 기본 원리와 관거 및 개수로 흐름에 대한 기본 개념을 바탕으로 하게 된다. 따라서 본 장에서는 수리구조물의 분류와 함께 주요 수리구조물에 대한 설계방법을 소개하기로 하고, 수리구조물 중 댐 및 부속구조물에 대해서는 13장에서 소개하기로 한다.

12.2 수리구조물의 분류

수리구조물이란 이수 또는 치수 목적의 토목구조물로서 경제적인 필요에 의해 또는 피해를 방지하기 위해 본래의 하천흐름, 지하수흐름, 해수흐름 등을 변경하는 구조물이라 할 수 있다. 이러한 목적을 만족하기 위해 수리구조물은 두 가지, 즉 일반적인 목적으로 건설하는 일반수리구조물(general hydraulic structure)과 특정 목적으로 건설하는 특수수리구조물(special hydraulic structure)로 구분할 수 있다.

가) 일반수리구조물

- 수위유지구조물(water retaining structure) : 보나 댐과 같이 수심을 확보하거나 수위를 높이기 위한 구조물.
- 송수용구조물(water conveying structure) : 수로, 터널 및 관로와 같이 지하, 지표면, 그리고 지상에 하천재료와는 다른 재료를 사용하여 건설한 인위적으로 물을 한 지점에서 다른 지점으로 송수하기 위한 구조물.
- 취수구조물(water intake structure) : 물을 취수하여 여러 가지 목적으로 송수용구조물을 통해 물을 보내기 위한 구조물.

나) 특수수리구조물

- 발전용구조물(hydropower structure) : 댐, 기계설비구조물
- 물 교통구조물(water transportation structure) : 갑문, 항만, 부두 및 방파제, 등대
- 물 공급구조물(water supply structure) : 취수구조물, 펌프실, 정수시설
- 하수구조물(sewerage structure) : 하수처리시설, 펌프실, 월류위어
- 관개용구조물(irrigation structure) : 취수구조물, 침사조, 역사이폰, 분배용구조물
- 배수용구조물(drainage structure) : 낙차부, 역사이폰, 암거
- 어류용구조물(fishery structure) : 어도, 어류용연못, 부화지역
- 위락구조물(recreational structure) : 수영장, 조정경기장
- 하천조절구조물(river regulation structure) : 방파제, 도류제, 제방보호공
- 급류조절구조물(torrent regulation structure) : 낙차부, 감세공, 보

수리구조물은 비록 다양한 적용범위를 가지고 있지만, 대부분의 구조물은 몇 가지의 범주로 나눌 수가 있다. 예를 들어, 수리구조물의 가장 일반적인 종류는 한 지점에서 다른 지점으로 물을 보내기 위한 관로 또는 개수로이다. 이러한 종류의 구조물은 광범위하게 사용되어 해석적 및 실험실과 현장에서 체계적으로 수집된 자료를 바탕으로 다양한 설계방법들이 개발되었다.

12.3 위어

위어(weir)는 하천 바닥에 장애물을 설치하여 그 위로 물이 흐르도록 한 구조물로서 주로 위어에서 수심을 측정함으로서 유량을 간편하게 측정할 수 있는 시설이다. 이와 함께 위어는 상류부 수위를 높임으로서 취수나 주운수심을 유지하기 위해 설치하기도 한다. 위어는 크게 예연(sharp crested)위어와 광정(broad crested)위어로 구분할 수 있으며, 물이 월류하는 단면의 형상에 따라 사각형(rectangular), 삼각형(triangular), 사다리꼴(trapezoidal), 그리고 타원형(parabolic) 위어로 나눌 수가 있다.

위어를 통해 흐르는 유량에 대한 공식은 형상이 서로 다를 경우 흐름양상이 변하고, 유량에 따라 흐름양상이 변하기 때문에 정확히 단일공식으로 유도할 수는 없다. 위어 설계 시 일반적으로 중력에 의한 영향은 고려하지만, 점성, 표면장력, 접근수로의 유속분포, 위어의 조도, 접근수로의 크기 등은 고려하지 않는다.

예연위어 및 광정위어에 대한 기본 개념 및 유량을 산정하기 위한 공식은 8.3.1절과 8.3.2절에서 소개를 하였으므로, 본 절에서는 위어설계에 도움이 되는 추가적인 내용에 대해 소개하기로 한다.

12.3.1 예연위어

위어는 불완전한 오리피스(orifice)라 볼 수가 있다. 위어는 그림 12.3.1과 같이 물이 흐르는 상단부, 즉 정점부가 약 1~2mm 정도로 좁으면 예연위어 또는 박판(thin plate)위어라 한다. 수두(head) H는 그림 12.3.2와 같이 위어의 정점부로부터 상류의 에너지선까지의 높이를 의미한다. 낙차부로부터 좀 떨어진 상류부의 수위와 에너지선은 일치하므로 일반적으로 수두 H는 위어 직상류부 수심 h와 같다고 가정한다. 이와 같은 가정으로 인한 오차는 유량계수(discharge coefficient)로 보정하게 된다.

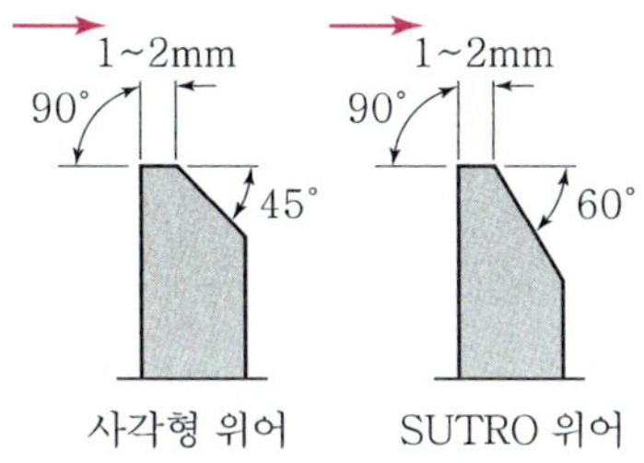

그림 12.3.1 예연위어

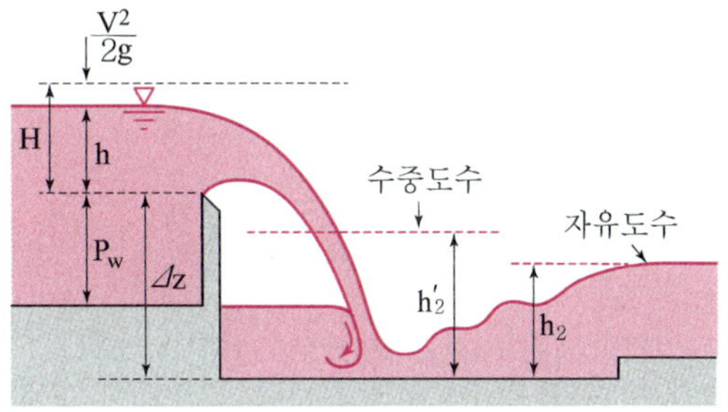

그림 12.3.2 예연위어상의 흐름

가) 측면 수축이 없는 사각형 위어

수로측면의 영향으로 인한 흐름 단면의 수축이 없는 사각형 위어를 Bazin위어라 부르며 주위에서 많이 볼 수 있는 형태의 위어로 비교적 높은 정확도로 유량을 측정할 수가 있다. 이와 같이 측면 수축이 없는 사각형 위어에서의 유량공식은 다음과 같다.

$$Q = \frac{2}{3}CL\sqrt{2g}\,H^{3/2} = C'LH^{3/2} \tag{12.3.1}$$

여기서 L은 위어의 폭이고 H는 위어상의 수두로 보통 위어 정점부로부터 수표면까지의 수심 h로 가정한다. C′는 다음과 같이 제시되고 있다.

(a) Bazin

$$C' = \left(1.794 + \frac{0.013}{H}\right)\left[1 + 0.55\left(\frac{H}{H + P_w}\right)^2\right] \tag{12.3.2}$$

여기서 P_w는 위어 상류 하상으로부터 위어 정점부까지의 높이를 나타낸다. 이 식의 적용범위는 오차 1%~2%로 $0.09m < H < 0.52m$, $0.24m < P_w < 1.13m$, $0.5m < L < 2.0m$이다.

(b) Rehbock

$$C' = 1.787 + \frac{1}{357H - 1.01} + 0.236\frac{H}{P_w} \tag{12.3.3}$$

Rehbock은 이 식을 간소화하여 유량을 직접 계산할 수 있는 식을 다음과 같이 제시하였다.

$$Q = \left(1.782 + 0.24\frac{H}{P_w}\right)LH_e^{3/2} \tag{12.3.4}$$

여기서 $H_e = H + 0.0011$ 이다.

(c) SIAS(Societe des Ingenieurs et Architects Suisses)

$$C' = \left(1.817 + \frac{1}{551H + 0.89}\right)\left[1 + 0.5\left(\frac{H}{H + P_w}\right)^2\right] \tag{12.3.5}$$

이 식의 적용범위는 $0.025\text{m} < H < 0.8\text{m}$, $0.3\text{m} < P_w$, $H \le P_w$ 이다. Rehbock에 의한 결과와 SIAS에 의한 결과는 거의 같게 나타난다.

사각형위어에서 정확한 유량 측정을 하기 위해서는 다음과 같은 사항을 고려하여 설계하여야 한다.

① 측면수축을 완전히 없애야 한다. 그러기 위해서는 위어를 설치하는 하도가 비교적 매끈하며, 완벽하게 연직인 측벽을 이루고 있어야 하며, 위어 정점부의 길이가 하도 폭과 같아야 한다.
② 위어의 높이가 너무 낮지 않아야 하며, 위어 정점부 상류부가 날카로워야 한다.
③ 위어 상류부 하도의 길이가 최소한 20H가 되어야 한다. 또한 위어로 접근하는 유속분포가 균일해야 하며, 2차원 흐름이어야 한다.
④ 수두 H를 측정할 때는 위어로부터 5H~10H 지점에서 측정하여야 한다.
⑤ 월류수맥(nappe) 아랫면이 대기압을 유지할 수 있도록 공기소통이 원활이 이루어져야 한다. 이를 위해서는 필요에 따라 공기구멍을 통해 공기를 주입시키고 기압계에 의해 월류수맥 아랫부분의 압력이 조절될 수 있어야 한다. 그렇지 않은 경우 수맥 아랫부분의 공기가 소모되어 압력이 낮아지고, 그림 12.3.3(a)와 같은 부착수맥(adherent nappe)이 발생하여 동일한 수두조건에서도 유량이 증가하게 된다.

수두가 증가함에 따라 수맥이 위어의 연직 벽으로부터 분리되기 시작한다. 만일, 드문 경우지만 공기의 순환이 불충분하면 그림 12.3.3(b)와 같은 억압수맥(depressed nappe)이라는 불안정한 지역이 형성된다. 만일 공기의 순환이 충분하면 그림 12.3.3(c)와 같은 자유수맥(free nappe)이 형성된다.

특정한 상황에서 공기의 대체가 불충분하면 그림 12.3.3(d)와 같은 수맥 안쪽의 수위가 높아지는 범람수맥(flooded nappe)이 형성된다. 마지막으로 하류부 수위가 증가하면 그림 12.3.3(e)와 같은 잠수수맥(drowned nappe)이 형성된다.

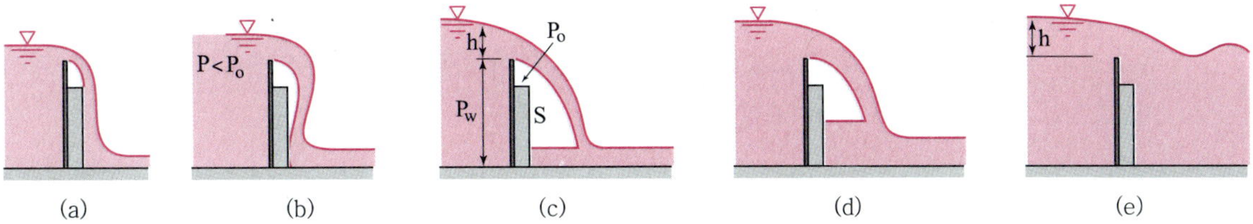

그림 12.3.3 수맥의 종류

예제 12.1

단면 수축이 없는 전폭위어의 폭이 5m, 위어의 높이가 1m, 월류수심이 0.5m일 때 Bazin, Rehbock, 그리고 SIAS 공식을 이용하여 월류유량을 산정하라.

풀이

식 (12.3.1)로부터

$$Q = C'LH^{3/2}$$

① Bazin 공식

$$C' = \left(1.794 + \frac{0.013}{H}\right)\left[1 + 0.55\left(\frac{H}{H+P_w}\right)^2\right] = \left(1.794 + \frac{0.013}{0.5}\right)\left[1 + 0.55\left(\frac{0.5}{0.5+1}\right)^2\right] = 1.93$$

$$Q = C'LH^{3/2} = 1.93 \times 5 \times 0.5^{3/2} = 3.41\text{m}^3/\text{s}$$

② Rehbock 공식

$$C' = 1.787 + \frac{1}{357H - 1.01} + 0.236\frac{H}{P_w} = 1.787 + \frac{1}{357 \times 0.5 - 1.01} + 0.236 \times \frac{0.5}{1} = 1.91$$

$$Q = C'LH^{3/2} = 1.91 \times 5 \times 0.5^{3/2} = 3.38\text{m}^3/\text{s}$$

③ SIAS 공식

$$C' = \left(1.817 + \frac{1}{551H + 0.89}\right)\left[1 + 0.5\left(\frac{H}{H+P_w}\right)^2\right]$$

$$= \left(1.817 + \frac{1}{551 \times 0.5 + 0.89}\right)\left[1 + 0.5\left(\frac{0.5}{0.5+1}\right)^2\right]$$

$$= 1.92$$

$$Q = C'LH^{3/2} = 1.92 \times 5 \times 0.5^{3/2} = 3.39\text{m}^3/\text{s}$$

나) 수맥에서의 공기의 순환

예연위어에서 자유 수맥이 형성되기 위한 위어 단위길이당 필요한 공기의 양은 다음과 같다.

$$q_{air} = 0.1\, q\left(\frac{H}{H_p}\right)^{3/2} \tag{12.3.6}$$

여기서 H는 위어 정점부 상의 수두이고, q는 단위폭당 유량이며, H_p는 수맥 아래 수조의 수심으로 하류수심과 유량 및 낙차높이 Δz의 함수이다. 만일 위어 하류부에서 자유분출이 형성되면, 즉 잠수가 되지 않으면 H_p는 다음과 같이 구할 수 있다.

$$H_p = \Delta z\left(\frac{q^2}{g\Delta z^3}\right)^{0.22} \tag{12.3.7}$$

잠수가 되는 경우에는 $H_p \simeq h_2'$(그림 12.3.2)가 된다.

만일 p/γ를 수두로 나타낸 수맥 아래에서 허용 가능한 압력감소라 한다면 공기주입관의 직경 D는 다음으로부터 산정할 수 있다.

$$\left(\frac{p}{\gamma}\right)^2 = \frac{\rho_{air}}{\rho_{water}}\left(\frac{fL}{D} + K_e + K_b + K_o\right)\frac{V_{air}^2}{2g} \tag{12.3.8}$$

여기서 ρ_{air}와 ρ_{water}는 공기와 물의 밀도, f는 Moody 도표로부터 산정할 수 있는 마찰손실계수, L은 공기주입관의 길이(m), D는 공기주입관의 직경(m), K_e는 입구부 손실계수($\simeq 0.5$), K_b는 만곡부 손실계수($\simeq 1.1$), K_o는 출구부 손실계수($\simeq 1.0$), 그리고 V_{air}은 공기의 속도이다. 압력감소로 인한 유량의 변화는 다음과 같이 산정할 수 있다.

$$\Delta q = 20\left(\frac{p}{\gamma H}\right)^{0.92} \tag{12.3.9}$$

예제 12.2

다음과 같은 조건에 대해 위어에서 완전한 공기순환이 이루어지기 위해 필요한 공기의 양과 필요한 공기주입관의 직경을 산정하라. 위어의 폭이 L = 6.5m, 위어상의 수두 H = 0.6m, 유량 $q = 0.86\,m^3/s/m$, $H_p = 0.9m$, 공기주입관은 강철관으로 길이가 2.5m이며, 공기의 밀도는 $1.2048\,kg_o/m^3$이다. 허용 가능한 압력감소 수두는 0.2m이고, f = 0.02이다.

풀이

식 (12.3.6)으로부터

$$q_{air} = 0.1 \times 0.86\left(\frac{0.6}{0.9}\right)^{3/2} = 0.047\,m^3/s/m$$

위어의 폭이 6.5m이므로 필요한 총 공기의 양은

$$Q_{air} = 0.047 \times 6.5 = 0.3\,m^3/s$$

필요한 공기주입관의 직경 D는 식 (12.3.8)로부터 구할 수 있다.

$$0.04 = \frac{1}{830}\left(\frac{0.02 \times 2.5}{D} + 0.5 + 1.1 + 1\right)\frac{V_{air}^2}{2g} \tag{a}$$

연속방정식으로부터

$$Q_{air} = \frac{\pi D^2}{4} V_{air} = 0.3 \qquad \therefore V_{air} = \frac{4 \times 0.3}{\pi D^2}$$

이와 같이 산정한 유속 V_{air}를 식 (a)에 적용하면

$$0.04 = \frac{1}{830}\left(\frac{0.05}{D} + 2.6\right)\frac{16 \times 0.3^2}{2 \times 9.81 \times \pi^2 \times D^4} \tag{b}$$

식 (b)를 풀면 $D \simeq 0.16\text{m}$가 된다.

다) 측면 수축이 있는 사각형 위어

수로측면의 영향으로 위어 상의 흐름의 단면 수축이 발생하는 경우는 그림 12.3.4와 같이 위어의 폭 L이 하도의 폭 b보다 작은 경우이다. 이 경우 위어의 측면도 정점부와 같이 예연으로 되어 있어 단면 축소가 발생한다.

Francis는 실험을 통하여 측면 수축으로 인해 위어의 폭 L이 0.2H 만큼 감소하는 것을 알아내고 다음과 같이 측면수축이 있는 사각형 위어인 경우 유량을 산정할 수 있는 식을 제시하였다.

$$Q = 1.84(L - 0.2H)H^{3/2} \tag{12.3.10}$$

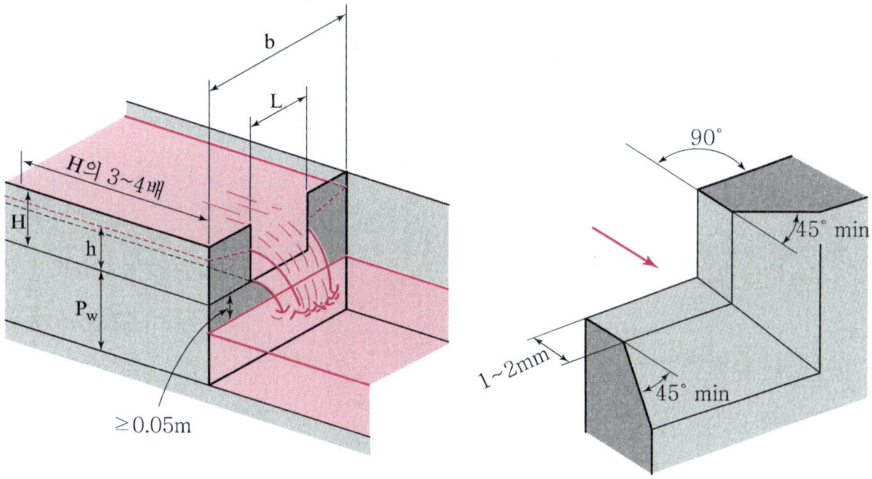

그림 12.3.4 측면 수축이 발생하는 사각형 위어

식 (12.3.10)은 모든 조건에 대해 정확한 값을 주지는 못하므로 Kindsvarer와 Carter는 실험을 통해 그림 12.3.5와 같이 측면 수축으로 인한 영향을 고려할 수 있는 실험곡선을 제시하였다. 이 방법은 그림 12.3.5로부터 C_e, k_L, k_H(보통 0.001 적용)를 산정하여 다음과 같이 보정함으로서 유량을 산정하게 되며 예제를 통해 적용방법을 설명하기로 한다.

$$Q = C_e L_e H_e^{3/2} \tag{12.3.11}$$

여기서

$$L_e = L + k_L \tag{12.3.12}$$

$$H_e = H + k_H \tag{12.3.13}$$

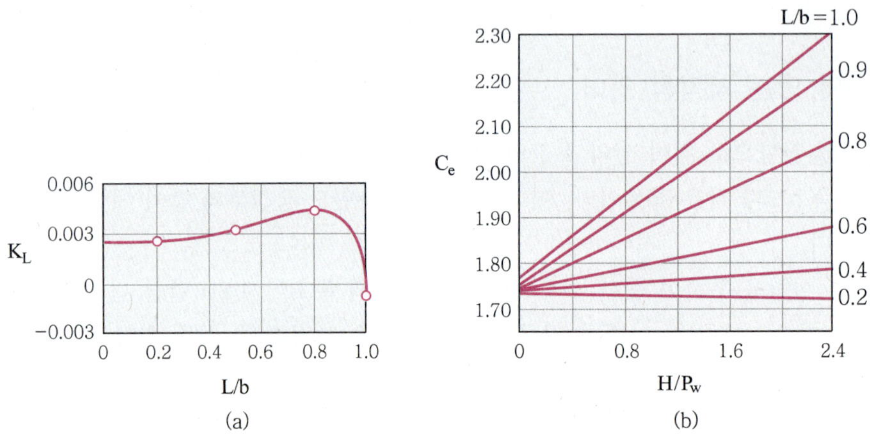

그림 12.3.5 측면 수축을 고려한 계수산정곡선

예제 12.3

하도 폭이 1.5m인 수로에 0.6m 높이의 예연 사각형 위어가 설치되어 있으며 하도의 중심에 위치한 위어의 폭이 1m이다. 수두가 0.12m일 때 유량을 산정하라.

풀이

그림 12.3.5에서 k_L 및 C_e를 구하기 위해 L/b와 H/P_w를 계산하면

$$L/b = 1/1.5 = 0.667 \qquad H/P_w = 0.12/0.6 = 0.2$$

따라서 그림 12.3.5(b)로부터 $C_e = 1.77$이고, 그림 12.3.5(a)로부터 $k_L = 0.004$이며 $k_H = 0.001$을 택한다.

$$L_e = 1.0 + 0.004 = 1.004\text{m} \qquad H_e = 0.12 + 0.001 = 0.121\text{m}$$

그러므로

$$Q = C_e L_e H_e^{3/2} = 1.77 \times 1.004 \times 0.121^{3/2} = 0.075\text{m}^3/\text{s}$$

라) 삼각형 위어

삼각형 위어 또는 V-notch 위어는 사각형 위어에 비해 낮은 유량을 정확하게 측정할 때 사용한다. 삼각형 위어에서는 사각형 위어보다 수두의 증가에 따라 유량이 급격히 증가하게 된다. 예를 들어 90°의 삼각형 위어에서 수두가 0.6m인 유량은 0.45m의 폭인 사각형 위어에서의 유량과 비슷하지만, 삼각형 위어의 수두가 0.03m인 경우의 유량에 비해 같은 수두의 사각형 위어에서는 유량이 20배나 크게 된다.

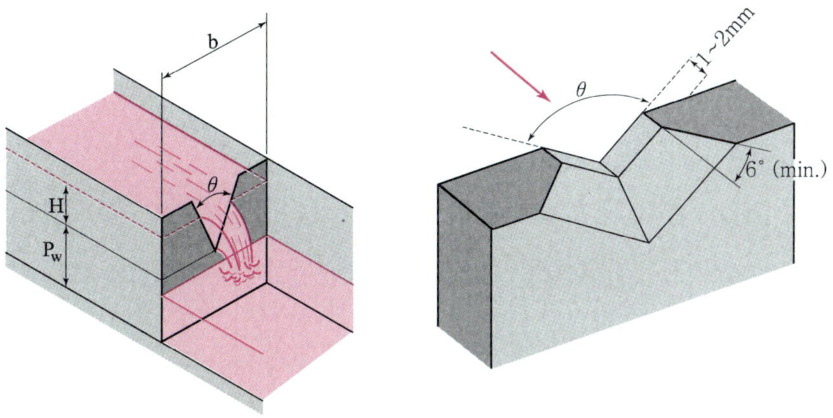

그림 12.3.6 삼각형 위어

삼각형 위어의 기본 유량방정식은 다음과 같다.

$$Q = C_1 \tan\frac{\theta}{2} H^{5/2} \tag{12.3.14}$$

또는

$$Q = CH^{5/2} \tag{12.3.15}$$

여기서 C_1과 C에는 단면수축, 접근유속, 점성 및 표면장력의 영향이 포함되어 있으며 수두 H에 대한 계수 C_1은 그림 12.3.7로부터 산정할 수가 있다.

실험에 의하면 90°의 삼각형 위어에서 계수 C_1은 약 1.34로 나타나므로 각도 θ에 따른 삼각형 위어의 일반적인 유량공식은 다음과 같이 나타낼 수가 있다.

$$Q = 1.34\tan\frac{\theta}{2} H^{2.5} \tag{12.3.16}$$

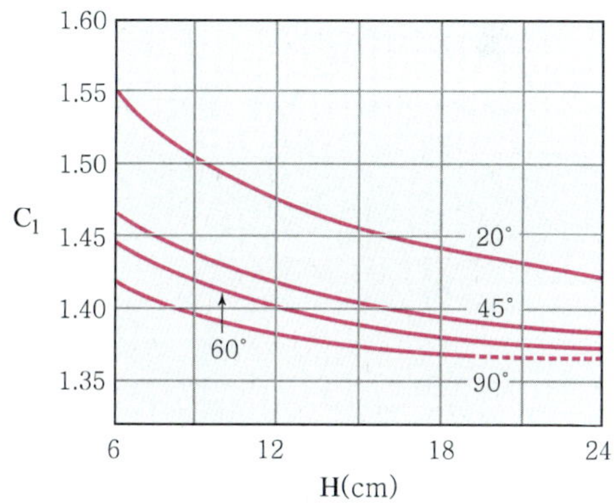

그림 12.3.7 삼각형 위어의 수두에 따른 계수 C_1

예제 12.4

90°의 삼각형 위어에서 수두 H = 0.15m, 위어의 높이 $P_w = 0.3m$, 그리고 수로의 폭이 b = 1.2m 일 때 위어를 통한 유량을 산정하라.

풀이

위어 상류부의 접근유속을 무시한다고 가정하면, 그림 12.3.7과 식 (12.3.14)를 이용하여 유량을 산정할 수 있다. 그림 12.3.7에서 H = 0.15m에 대한 C_1은 약 1.38이 된다. 따라서 유량은 식 (12.3.14)를 이용하면

$$Q = 1.38 \times \tan\left(\frac{90}{2}\right) \times 0.15^{2.5} = 0.0120\text{m}^3/\text{s}$$

비교를 위해 식 (12.3.16)을 적용하면

$$Q = 1.34 \times 0.15^{2.5} = 0.0117\text{m}^3/\text{s}$$

접근유속을 구해보면

$$V_1 = \frac{0.012}{0.45 \times 1.2} = 0.022\text{m/s}$$

따라서 접근 속도수두는

$$\frac{V_1^2}{2g} = 0.000025\text{m}$$

수두 H = 0.15m에 비해 접근 속도수두는 무시할 수 있을 정도로 작다.

마) 사다리꼴 위어

사다리꼴 위어는 그림 12.3.8과 같이 측면이 연직으로 되어 있지 않은 위어이다. 사다리꼴 위어는 저변 폭 L을 폭으로 하는 사각형 위어의 유량과 측면 경사로 인한 삼각형 위어의 유량을 합한 것과 같다.

그림 12.3.8과 같이 수평 대 연직길이의 비를 1H : 4V로 한 사다리꼴 위어를 Cipolletti 위어라 하며 이 경우의 단면 수축을 고려한 통수 단면적은 같은 폭 L을 가진 사각형단면적과 동일하다. 이와 같은 Cippoletti 위어에 대한 기본 유량방정식은

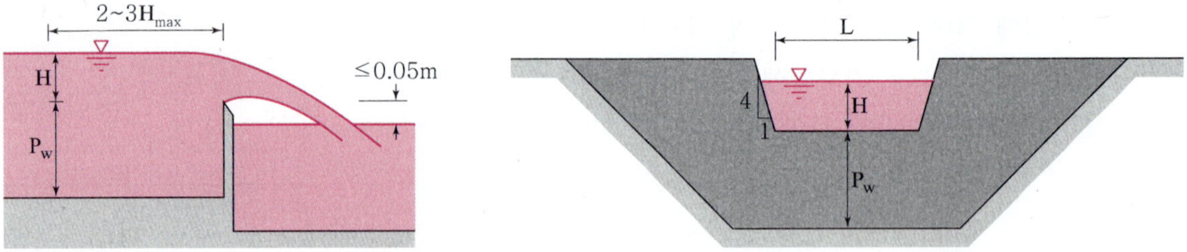

그림 12.3.8 사다리꼴 위어

$$Q = \frac{2}{3} CL\sqrt{2g}\, H^{3/2} \tag{12.3.17}$$

여기서 $C = C_d C_v$로 접근 유속을 무시할 때 $C_d = 0.63$, $C_v = 1.0$을 적용할 수 있으며, 따라서 식 (12.3.17)은 다음과 같이 나타낼 수 있다.

$$Q = 0.42L\sqrt{2g}\, H^{3/2} = 1.86LH^{3/2} \tag{12.3.18}$$

여기서 Q는 m^3/s, L 및 H는 m 단위를 가지며, 이 식의 적용 범위는 $0.06m < H < 0.6m$, $H/L \le 0.5$, $P_w > 2H$ (최소 0.3m), $b > 2H$ (최소 0.3m)이다.

바) 수중 예연위어

수중 예연위어인 경우는 그림 12.3.9와 같이 하류부의 수위가 높아 위어 상에서 자유 수맥을 형성하지 못하는 경우이다. 이러한 경우 유량 Q는 상류부 수두 H_1뿐만 아니라 하류부 수두 H_2에도 영향을 받게 된다. 실험에 의하면 그림 12.3.9와 같이 Q/Q_1과 H_2/H_1의 관계로 나타낼 수가 있다. 여기서 Q는 잠수상태의 유량, Q_1은 자유낙하일 경우의 유량으로 앞에서 소개한 바와 같이 다음과 같은 일반식으로 나타낼 수 있다.

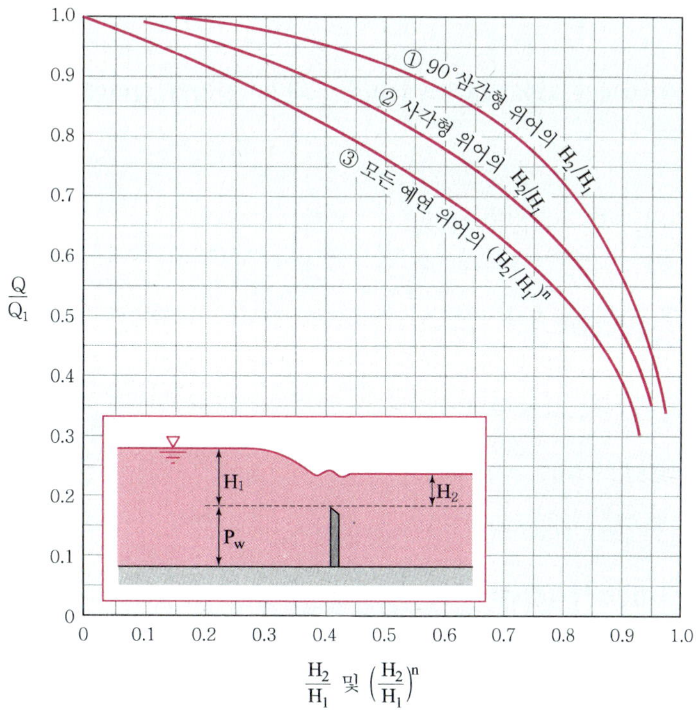

그림 12.3.9 잠수상태의 예연 위어

$$Q_1 = CH_1^n \tag{12.3.19}$$

Villemonte는 다양한 종류의 위어를 적용하여 실험한 결과 다음과 같은 식을 제시하였다.

$$\frac{Q}{Q_1} = \left[1 - \left(\frac{H_2}{H_1}\right)^n\right]^{0.385} \tag{12.3.20}$$

여기서 n은 자유낙하 유량공식 (12.3.19)에서의 n과 같다.

Mavis도 다양한 위어에 대한 실험을 하여 잠수상태의 위어 유량을 산정할 수 있는 공식을 다음과 같이 제시하였다.

$$\frac{Q}{Q_1} = 1 - \left(0.45S + \frac{0.49}{2^{10-10S}}\right) \tag{12.3.21}$$

여기서 S는 다음과 같다.

$$S = \frac{a_2\sqrt{H_2}}{a_1\sqrt{H_1}} \tag{12.3.22}$$

여기서 a_1과 a_2는 수두 H_1과 H_2에 대한 위어 단면적이다.

예제 12.5

$H_1 = 0.27\text{m}$, $H_2 = 0.09\text{m}$, 그리고 $Q_1 = 1.34H_1^{2.5}$일 때 90°삼각형 위어에 대한 유량을 산정하라.

풀이

그림 12.3.9의 곡선 ①을 적용하면

$$Q_1 = 1.34 \times 0.27^{2.5} = 0.051\text{m}^3/\text{s}$$

$$\frac{H_2}{H_1} = \frac{9}{27} = 0.333$$

$$\frac{Q}{Q_1} = 0.972 \text{(곡선 ①로부터)}$$

$$\therefore\ Q = 0.972 \times 0.051 = 0.050\text{m}^3/\text{s}$$

그림 12.3.9의 곡선 ③을 적용하면

$$\left(\frac{H_2}{H_1}\right)^n = 0.333^{2.5} = 0.064$$

$$\frac{Q}{Q_1} = 0.972 \text{(곡선 ③으로부터)}$$

$$\therefore\ Q = 0.972 \times 0.051 = 0.050\text{m}^3/\text{s}$$

12.3.2 광정위어

광정위어는 위어 상의 짧은 구간에서 유선이 서로 평행하게 흐르도록 한 위어로 위어 상에 한계류가 형성되어 통제단면(control section)으로 작용하도록 한 것이다. 위어 상류부 수심 H와 위어의 길이 b에 따라 다음과 같이 구분할 수 있다.

① $H/b < 0.08$: 이 경우 위어 상의 흐름은 상류가 되어 유량을 산정할 수 없게 된다.
② $0.08 \leq H/b \leq 0.33$: 이 경우 위어 상에 유선이 평행하게 유지되어 한계류가 형성되어 광정위어로 작용할 수 있다.
③ $0.33 \leq H/b \leq 1.5 \sim 1.8$: 이 경우 광정위어로 분류할 수 없고 짧은 위어(short weir)로 구분하게 된다.
④ $1.5 \leq H/b \leq 3.0$: 이 경우 위어 정점부에서 수맥이 완전히 분리되고 위어 상의 흐름은 불안정하게 된다.
⑤ $3.0 \leq H/b$: 이 경우 예연 위어로 분류하게 되며 유량을 측정할 수 있게 된다.

만일 위어 정점부에서의 수두를 H, 수심을 h_c, 평균 유속을 V_c, 그리고 $H_c = H$라 하면

$$H = h_c + \frac{V_c^2}{2g} = h_c + \frac{Q^2}{2gA_c^2} \tag{12.3.23}$$

따라서

$$Q = A_c\sqrt{2g(H - h_c)} \tag{12.3.24}$$

유선이 완전히 평행하지 않고, 유속이 균일 분포를 이루지 않는 등의 영향을 고려하기 위해 유량계수 C_d를 적용하게 된다.

하지만 실무에서는 에너지 수두 H 대신 위어 상류부에서의 수심 h를 측정하는 것이 쉽기 때문에 유속계수 C_v를 적용한다. 유속계수 C_v는 그림 12.3.11로부터 산정할 수 있으며 여기서 A는 깊이 $h + P_w$에

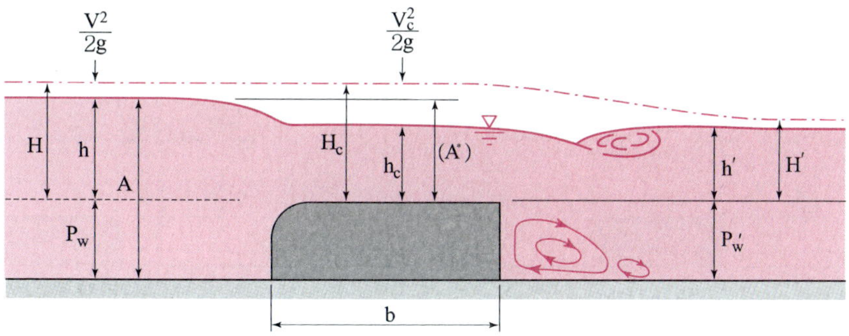

그림 12.3.10 광정위어

대한 단면적, 그리고 A*는 통제단면에서의 깊이 h에 대한 단면적을 의미한다. 따라서 식 (12.3.24)는

$$Q = C_d C_v A_c \sqrt{2g(H - h_c)} \tag{12.3.25}$$

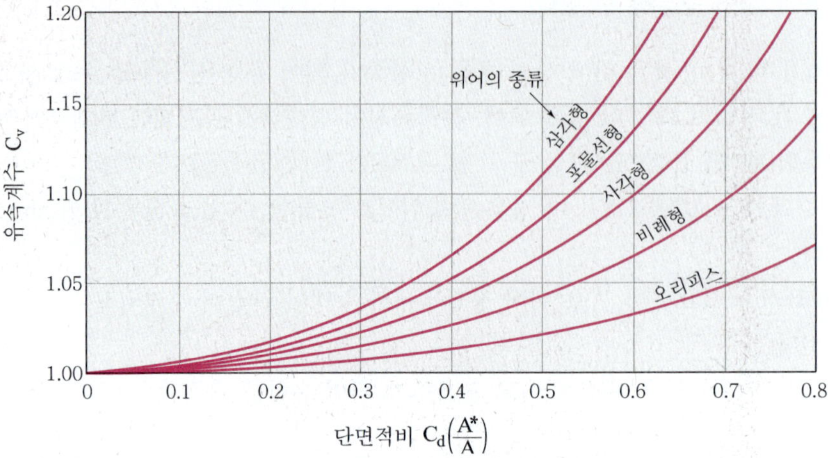

그림 12.3.11 유속보정계수

가) 측면 수축이 없는 광정위어

정점부의 폭이 L인 사각형 형태의 위어에서 $A_c = Lh_c$, 그리고 $h_c = 2H_c/3 = 2H/3 \approx 2h/3$이므로 식 (12.3.25)는 다음과 같이 나타낼 수 있다.

$$Q = C_d C_v \frac{2}{3} Lh \sqrt{2g(1 - 2/3)h} \tag{12.3.26}$$

(a) 90° 사각형 광정위어

이 형태의 광정위어는 영국표준단위원(British Standards Institution)의 표준 위어로 사각형 수로에 설치되며 표면은 매끄럽게 제작한다. 그림 12.3.12(a)와 같이 위어의 상류부 끝단이 90°로 이루어져 있으며, 이러한 위어인 경우 유량계수 C_d는 표 12.3.1로부터 산정할 수 있다.

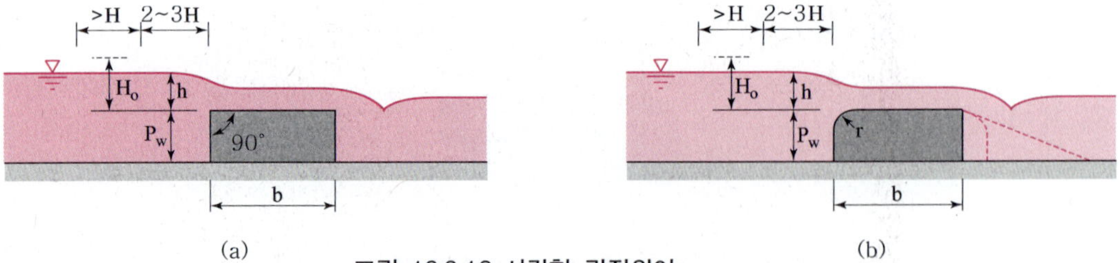

그림 12.3.12 사각형 광정위어

표 12.3.1 90° 사각형 광정위어의 유량계수 C_d

$h/(h+P_w)$	h/b							
	0.10	0.30	0.50	0.70	0.90	1.10	1.30	1.50
≤0.35	0.848	0.848	0.860	0.897	0.940	0.980	1.020	1.050
0.40	0.857	0.857	0.869	0.907	—	—	—	—
0.45	0.868	0.868	0.879	0.916	—	—	—	—
0.50	0.875	0.875	0.889	0.924	—	—	—	—
0.55	0.885	0.885	0.899	0.937	—	—	—	—
0.60	0.898	0.898	0.910	0.950	—	—	—	—

* $h/b \leq 0.08$에 대해 C_d=0.848

(b) 끝단이 둥근 사각형 광정위어

이 위어 또한 영국표준단위원의 표준 위어로 그림 12.3.12(b)와 같이 위어 상류부 끝단이 곡률반경 r로 둥글게 마감되어 있어 흐름이 분리되는 것을 방지할 수 있다. 하류부 단면은 연직이거나 그림에서 점선과 같이 하류로 경사지거나 또는 끝단 정점이 둥글게 마감되어 있다. 이러한 위어인 경우 유량계수 C_d는 다음과 같이 구할 수 있다.

$$C_d = \left[1 - \frac{2x(b-r)}{L}\right]\left[1 - \frac{x(b-r)}{h}\right]^{3/2} \tag{12.3.27}$$

여기서 x는 위어 표면의 조도에 대한 함수로 일반적인 콘크리트인 경우 $x \approx 0.005$, 매우 매끈한 콘크리트인 경우 $x \approx 0.003$이다.

나) 삼각형 광정위어

다양한 범위의 유량을 측정하기 위해서는 그림 12.3.13과 같은 삼각형 통제단면을 가진 삼각형 광정위어를 이용하는 것이 도움이 될 수 있다. 이러한 삼각형 광정위어는 비교적 규모가 작지만 유량측정시 높은 정확성을 제공하게 된다.

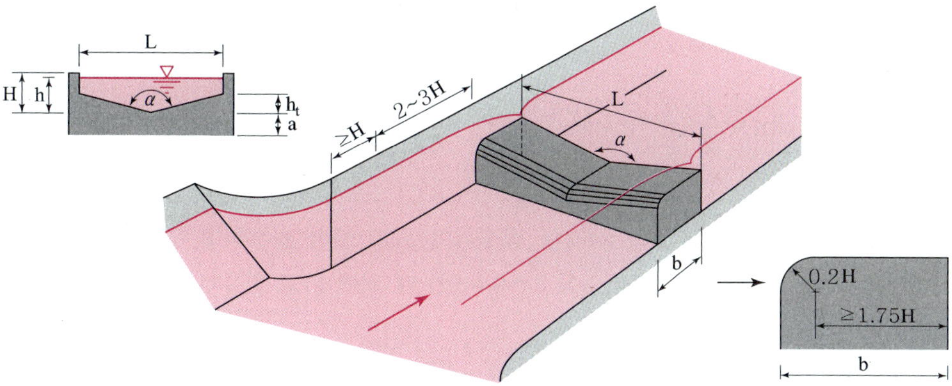

그림 12.3.13 삼각형 광정위어

삼각형 광정위어에 대한 유량공식은 수위가 h_t를 초과하는지 여부에 따라 두 가지 경우로 나눌 수가 있다. 이때 위어의 길이가 L, 정점부의 각이 α인 삼각형 광정위어의 삼각형 부분의 높이 h_t는 다음과 같이 구할 수 있다.

$$h_t = \frac{1}{2} L \tan^{-1} \frac{\alpha}{2} \tag{12.3.28}$$

(a) 수위가 h_t를 초과하지 않는 경우

수위가 h_t까지는 통수 단면이 삼각형인 경우로 유량은 다음과 같이 산정한다.

$$Q = C_d C_v \frac{16}{25}\left(\frac{2g}{5}\right)^{0.5} \tan\frac{\alpha}{2} h^{2.5} \tag{12.3.29}$$

여기서 C_d는 표 12.3.2와 같고 C_v는 다음 값을 이용하여 그림 12.3.11로부터 산정한다.

$$\frac{A^*}{A} = \frac{h^2 \tan(\alpha/2)}{L(h+P_w)} \tag{12.3.30}$$

표 12.3.2 유량계수 C_d의 산정

h/b	0.1	0.15	0.2	0.25	0.3	0.4	0.6	0.7
C_d	0.90	0.93	0.95	0.96	0.96	0.97	0.99	1.0

(b) 수위가 h_t를 초과하는 경우

수위가 h_t를 초과하게 되면 벽면이 연직으로 되어 있어 복합단면이 되며 이 경우 유량은 다음과 같이 산정한다.

$$Q = C_d C_v L \frac{2}{3}\left(\frac{2g}{3}\right)^{0.5}\left(h - \frac{1}{2}h_t\right)^{1.5} \tag{12.3.31}$$

여기서 C_d는 표 12.3.2와 같고 C_v는 다음 값을 이용하여 그림 12.3.11로부터 산정한다.

$$\frac{A^*}{A} = \left(h - \frac{1}{2}h_t\right)/(h+P_w) \tag{12.3.32}$$

예제 12.6

끝단이 90°로 마감되어 있는 사각형 광정위어 위로 물이 월류하고 있다. 위어의 폭 $L = 10$m, 길이 $b = 3$m, 높이 $P_w = 0.5$m, 월류수심 $h = 0.3$m일 때 위어 위로 월류하는 유량은 얼마인가?

풀이

먼저 유량계수 C_d를 구하면

$$h/b = 0.3/3 = 0.1, \qquad h/(h+P_w) = 0.3/0.8 = 0.375$$

따라서 표 12.3.1로부터 유량계수는 $C_d = 0.852$가 된다.

$$A^* = 0.3 \times 10 = 3\text{m}^2, \qquad A = (0.5+0.3) \times 10 = 8\text{m}^2$$

$$\therefore C_d(A^*/A) = 0.852 \times (3/8) = 0.32$$

따라서 그림 12.3.11로부터 유속계수는 $C_v = 1.025$가 된다.

식 (12.3.26)에 이들 값을 적용하면

$$Q = C_d C_v \frac{2}{3} Lh \sqrt{2g(1-2/3)h}$$

$$= 0.852 \times 1.025 \times \frac{2}{3} \times 10 \times 0.3 \times \sqrt{2 \times 9.81 \times (1-2/3) \times 0.3} = 2.45\text{m}^3/\text{s}$$

12.4 암거

고속도로나 철도가 배수유역을 가로질러 횡단할 경우가 많이 있다. 이때 유역 상류의 물을 제방을 통해 하류로 흘려보내기 위해 지면이 낮은 지점에 암거(culvert)를 설치하게 된다. 암거는 비록 단순해 보이지만 수리학적 설계가 쉽지는 않다. 가능한 다양한 유출 상황에 대한 암거의 운영에서 흐름이 압력흐름인지 아니면 자유유출흐름인지 구분하기 어려운 복잡한 문제가 발생한다.

암거는 원형, 사각형 Box, 타원형, 관로 등 다양한 단면으로 설계할 수가 있다. 또한 입구부의 형태도 그림 12.4.1과 같이 다양한 형태를 이용할 수 있다. 입구부의 형태에 따라 암거의 수리학적 능력을 향상시킬 수 있으므로 적절한 입구부를 설계하는 것이 중요하다.

암거의 수리학적 설계의 기본적인 목적은 설계유량이 상류의 허용수두를 초과하지 않고 통과할 수 있는 가장 경제적인 직경 또는 단면을 결정하는 것이다. 암거의 주요 구성성분은 유입부, 암거 통로부,

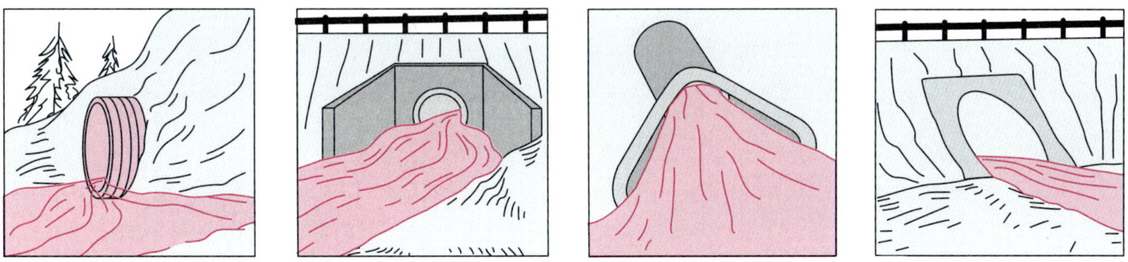

(a) 돌출된 원형암거 (b) 날개벽의 콘크리트암거 (c) 프리캐스트 단면 (d) 경사진 암거

그림 12.4.1 암거 입구의 전형적인 형태

그리고 감세공(energy dissipator)을 포함하고 있는 유출부로 구성되어 있다. 이 구성요소 각각은 물을 통과시킬 수 있는 제한된 용량을 가지고 있다. 따라서 가장 적게 흐르는 부분이 암거의 수리학적 통수 능력을 좌우하게 된다.

암거의 흐름은 점변류 또는 급변류와 같은 부등류가 형성되는 지점이 발생하고, 암거 내에서 도수 현상이 발생하는 등 흐름이 매우 복잡하여 해석적 방법으로 정확히 분석하기가 쉽지가 않다. 따라서 수리모형실험 및 현장실험 등을 통해 경험적인 방법으로 설계하는 경우가 많이 있다. 본 절에서는 미국 교통부(U.S. Department of Transportation)의 연방도로국(Federal Highway Administration)에서 2005년에 제시한 설계방법을 바탕으로 암거의 수리학적 설계절차에 대해 소개하기로 한다.

12.4.1 흐름의 통제형태

암거 흐름의 통제형태는 유입부통제(inlet control)와 출구부통제(outlet control)로 나눌 수가 있다. 유입부통제를 받는 흐름은 얕고 빠른 유속을 가진 사류(supercritical flow)를 형성하게 된다. 사류인 경우 통제단면(control section)은 암거의 상단부, 즉 입구가 된다. 반면에 출구부통제를 받는 흐름은 비교적 수심이 깊고 느린 유속을 가진 상류(subcritical flow)가 형성되며 통제단면은 암거의 하단부인 출구가 된다. 암거 하류부 끝단의 수심(tailwater depth)은 출구지점에서의 한계수심(critical depth)이나 하류하천 수심 중 큰 것이 된다.

가) 유입부통제

전형적인 유입부통제를 받는 암거 흐름의 형태가 그림 12.4.2와 같다. 흐름의 형태는 암거의 유입부 및 출구부의 잠수 여부에 따라 결정된다. 모든 경우 통제단면은 암거의 유입부가 되며 암거 끝단의 수위에 따라 암거 내에 도수(hydraulic jump)가 발생할 수도 있다.

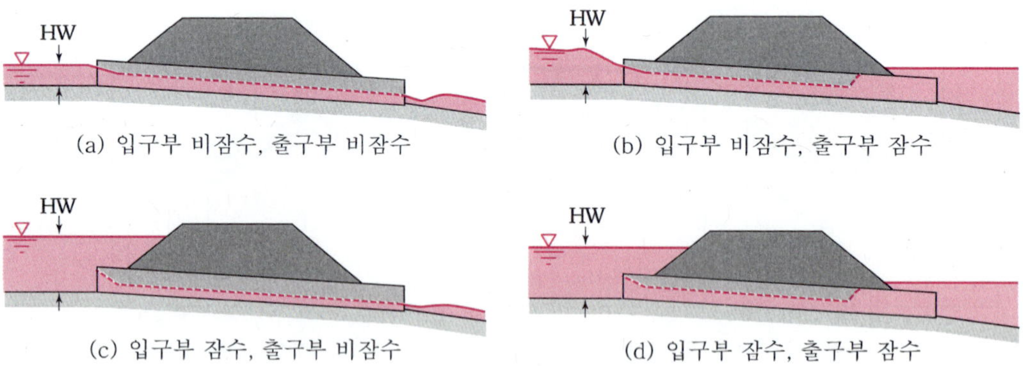

(a) 입구부 비잠수, 출구부 비잠수

(b) 입구부 비잠수, 출구부 잠수

(c) 입구부 잠수, 출구부 비잠수

(d) 입구부 잠수, 출구부 잠수

그림 12.4.2 유입부통제를 받는 흐름 형태

그림 12.4.2(a)는 유입부나 출구부가 잠수되지 않은 상태이다. 유입부에서 한계수심이 형성되고 암거 통로부에서는 사류로 흐르게 된다. 암거 통로 전체를 통해 부분적으로 물이 차서 흐르며 암거 끝단에서는 등류로 점근하게 된다. 그림 12.4.2(b)는 출구부가 잠수되어 있지만 출구부통제가 되지는 않는다. 이 경우 암거의 입구부 직하류 지점에서 사류가 발생하며 암거 통로에서 도수가 발생하게 된다.

그림 12.4.2(c)는 일반적인 설계 상황으로 유입부는 잠수되고 출구부는 자유흐름이 형성되는 경우이다. 유입부 직하류에서 사류가 형성되고 부분적으로 차서 흐르며 암거 출구부에서는 등류에 점근하게 된다. 그림 12.4.2(d)는 자주 발생하지는 않는 상태로 입구부 및 출구부가 잠수되어 있지만 암거가 가득차서 흐르지는 않는 경우이다. 이 경우 암거 통로에서 도수가 발생하게 된다. 암거의 중앙부분에 공기통로가 있어 이러한 상태가 발생하며 만일 공기통로가 없다면 암거내의 흐름이 가득차거나 부분적으로 차서 흐르는 불안정한 흐름이 된다.

유입부통제에서는 통제단면이 암거의 상류 끝단인 유입구 지점이므로 상류수심(headwater depth) HW와 유입부 형상만이 암거의 통수능력에 영향을 주게 된다. 상류수심은 암거 입구 통제단면의 저부와 상류 수표면간의 깊이로 나타낸다. 입구부의 형상은 암거 통로의 형상과 대부분 같은 형태이며 원형, 사각형 및 타원형 등으로 설계한다.

유입부통제인 경우의 통수능력은 그림 12.4.3과 같이 비잠수(unsubmerged), 천이(transition), 그리고 잠수(submerged)의 세 가지 영역으로 나타낼 수가 있다. 그림 12.4.2(a) 및 b와 같이 상류부 수심(HW)이 낮은 경우 암거의 유입부는 위어와 같은 작용을 한다. 위어에서의 유량에 대한 내용은 8장 및 본 장에서 소개를 하였다. 그림 12.4.2(c) 및 d와 같이 상류부 수심이 높아 유입부가 잠길 경우 암거는 오리피스처럼 작용을 하게 된다. 오리피스에서의 유량에 대한 내용도 8장에서 소개를 하였다. 상류부 수심이 높은 경우와 낮은 경우의 중간인 천이흐름인 경우 흐름 상태를 적절하게 나타낼 수 없으므로 그림 12.4.3과 같이 위어인 경우(비잠수)와 오리피스인 경우(잠수)의 곡선에서 접선을 그어 서로 연결하여 적용하게 된다.

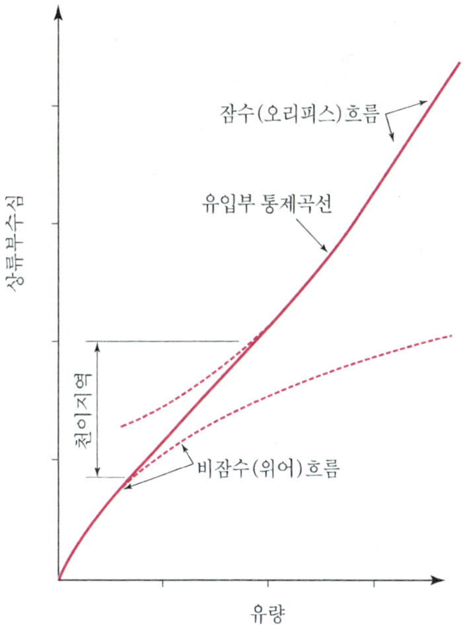

그림 12.4.3 유입부통제곡선

나) 출구부통제

출구부통제의 다양한 흐름 상태에 대한 경우가 그림 12.4.4와 같다. 출구부통제인 경우 통제단면은 암거의 끝단인 출구지점이 되고, 부분적으로 차서 흐르는 경우에 흐름은 상류가 된다.

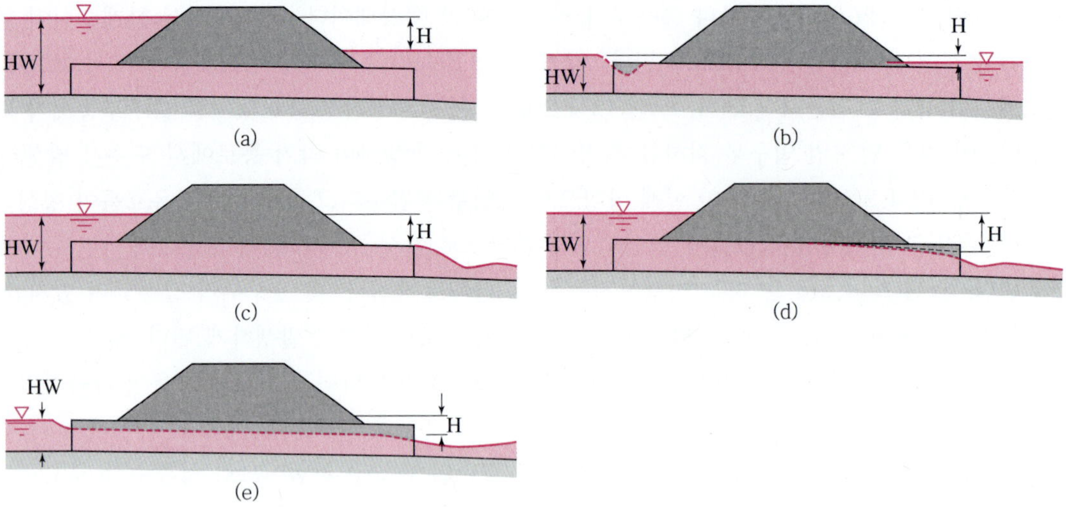

그림 12.4.4 출구부통제 흐름상태

그림 12.4.4(a)는 입구부 및 출구부가 모두 잠수되어 암거가 가득차서 흐르는 상태로 암거내의 흐름은 압력흐름이 된다. 이러한 흐름은 설계 계산과정에서 가끔 적용하지만 실제로는 별로 나타나지 않는 흐름이다. 그림 12.4.4(b)는 유입부는 잠수되지 않고 출구부만 잠수되어 있는 경우로 상류부 수심이 낮아 암거 입구부의 정점이 노출되어 있다. 그림 12.4.4(c)는 유입부가 잠수되어 있고 출구부는 잠수되어 있지 않은 상태로 암거 전구간이 가득차서 흐르게 된다. 이러한 경우도 드문 경우로 상류부 수심이 아주 큰 경우에 발생한다. 그림 12.4.4(d)는 일반적인 경우로 유입부는 잠수되어 있고 하류부는 잠수되어 있지 않아 암거 끝단, 즉 출구지점에서 끝단 수심(tailwater depth) TW가 형성되는 경우이다. 이 경우 암거 통로는 일부구간에서 부분적으로 차서 흐르게 되며 출구지점에서 한계수심이 형성된다. 그림 12.4.4(e)는 유입부와 출구부가 모두 잠수되지 않은 경우로 암거 전 구간에 걸쳐 부분적으로 차서 상류로 흐르게 된다.

유입부통제인 경우의 암거흐름에 영향을 주는 인자들도 출구부통제인 흐름에 대해서도 영향을 주게 된다. 이외에 출구부통제 흐름에 영향을 주는 인자들이 더 있다. 즉, 암거의 특성치인 조도, 단면적, 형상, 길이 및 경사와 암거 출구에서의 수심인 TW가 출구부통제 흐름에 영향을 주게 된다.

암거통로의 조도는 사용 재료에 따라 변하게 되며 주로 콘크리트나 주름진 금속재료를 사용하게 된다. 사용재료에 따른 암거통로의 조도가 표 12.4.1과 같다. 암거의 길이는 유입부부터 출구부까지의 길이로 설계 시 암거의 높이 및 경사에 따라 결정되게 된다. 암거의 하류부 끝단, 즉 출구에서의 수심 TW는 하류 하천의 수위에 의해 영향을 받으며, 하류 통제단면으로부터의 배수위계산, 등류수심 또는 현장 실측을 통해 결정한다.

표 12.4.1 암거의 재료에 따른 Manning의 조도계수

암거의 종류	조도 및 표면형상	Manning의 조도 n
콘크리트 원형관	매끈함	0.010-0.011
콘크리트 Box관	매끈함	0.012-0.015
나선형 금속관	매끈함	0.012-0.013
주름진 금속관	환형(68×13mm)	0.022-0.027
	나선형(68×13mm)	0.011-0.023
	나선형(150×25mm)	0.022-0.025
	나선형(125×25mm)	0.025-0.026
	나선형(75×25mm)	0.027-0.028
	판형(150×50mm)	0.033-0.035
	판형(230×64mm)	0.033-0.037
주름진 폴리에틸렌	매끈함	0.009-0.015
	주름짐	0.018-0.025
PVC	매끈함	0.009-0.011

출구부통제를 받는 그림 12.4.4(a)와 같은 흐름 상태인 경우의 수리학적 분석을 하여보자. 출구부통제 흐름인 경우 에너지 방정식을 이용하여 계산할 수가 있다. 암거를 통해 흐를 때 발생하는 총에너지 손실 H는 입구부 손실 H_e, 암거를 통한 마찰손실 H_f, 그리고 출구부 손실 H_o의 합이 된다. 따라서

$$H = H_e + H_f + H_o \tag{12.4.1}$$

입구부 손실은 암거 속도수두의 항으로 다음과 같이 나타낼 수 있다.

$$H_e = K_e \frac{V^2}{2g} \tag{12.4.2}$$

여기서 K_e는 입구부 손실계수로 표 12.4.2로부터 결정할 수 있고, V는 암거에서의 평균유속(m/s)이다.

마찰손실 또한 속도수두의 함수로 Manning의 공식을 이용하여 다음과 같이 나타낼 수 있다.

$$H_f = \left(\frac{K_u n^2 L}{R_h^{1.33}}\right)\frac{V^2}{2g} \tag{12.4.3}$$

여기서 K_u는 단위변환계수로 19.63, n은 Manning의 조도계수, L은 암거의 길이(m), R_h는 동수반경(m)으로 단면적 A를 윤변 P로 나눈 값이다.

출구부 손실은 암거 출구부에서 유속의 변화에 대한 함수로 급확대 손실인 경우 다음과 같다.

$$H_o = 1.0\left(\frac{V^2}{2g} - \frac{V_d^2}{2g}\right) \tag{12.4.4}$$

표 12.4.2 입구부 손실계수

암거의 종류 및 입구 형태	손실계수 K_e
• 원형관, 콘크리트	
Projecting from fill, socket end (groove-end)	0.2
Projecting from fill, sq. cut end	0.5
Headwall or headwall and wingwalls	
Socket end of pipe (groove-end)	0.2
Square-edge	0.5
Rounded (radius=D/12)	0.2
Mitered to conform to fill slope	0.7
End-Section conforming to fill slope	0.5
Beveled edges, 33.7° or 45° bevels	0.2
Side- or slope-tapered inlet	0.2
• 원형관, 주름진 금속	
Projecting from fill(no headwall)	0.9
Headwall or headwall and wingwalls square-edge	0.5
Mitered to conform to fill slope, paved or unpaved slope	0.7
End Section conforming to fill slope	0.5
Beveled edges, 33.7° or 45° bevels	0.2
Side- or slope-tapered inlet	0.2
• Box관, 강화콘크리트	
Headwall parallel to embankment(no wingwalls)	
Square-edged on 3 edges	0.5
Rounded on 3 edges to radius of D/12 or B/12 or beveled edges on 3 sides	0.2
Wingwalls at 30° to 75° to barrel	
Square-edged at crown	0.4
Crown edge rounded to radius of D/12 or beveled top edge	0.2
Wingwall at 10° to 25° to barrel	
Square-edged at crown	0.5
Wingwalls parallel(extension of sides)	
Square-edged at crown	0.7
Side- or slope-tapered inlet	0.2

여기서 V_d는 암거 하류부 하천에서의 유속이다. 만일 하류부 하천의 유속을 무시한다면 출구손실은 속도수두와 같아지게 된다.

$$H_o = \frac{V^2}{2g} \tag{12.4.5}$$

이상과 같은 손실수두들을 식 (12.4.1)에 대입하면

$$H=\left(1+K_e+\frac{K_u n^2 L}{R_h^{1.33}}\right)\frac{V^2}{2g} \tag{12.4.6}$$

그림 12.4.5는 암거를 통한 흐름에서의 에너지선과 동수경사선을 나타내고 있다. 단면 ①과 ②지점에 에너지 방정식을 적용하면

$$HW_o+\frac{V_u^2}{2g}=TW+\frac{V_d^2}{2g}+H \tag{12.4.7}$$

여기서 HW_o는 암거 출구부 바닥을 기준으로 한 상류부 수심(m), V_u는 상류 접근유속(m/s), TW는 암거 출구부에서의 수심(m), V_d는 하류부 하천 유속(m/s), 그리고 H는 암거를 통해 발생한 손실수두(m)이다.

만일 암거 상류부 접근유속과 하류부 하천의 유속이 무시할 정도로 작다고 가정하면 식 (12.4.7)은

$$HW_o=TW+H \tag{12.4.8}$$

식 (12.4.1) ~ 식 (12.4.8)은 그림 12.4.4(a)와 같이 출구부통제를 받는 입구 및 출구가 잠수되어 있는 상태의 흐름에 적용한 식으로 그림 12.4.4(b) 및 c의 상황에도 적용할 수가 있다. 만일 그림 12.4.4(d) 및 e와 같이 부분적으로 차서 흐르는 경우에는 배수위곡선을 계산할 필요가 있으며 이때 암거 하류부 끝단에서부터 상류부로 계산해 나가게 된다. 하류부 끝단 수위는 출구에서의 수위 TW 또는 한계수심 중 큰 수심이 된다.

식 (12.4.3)으로부터 마찰경사 S_f는 다음과 같이 산정할 수 있다.

$$S_f=\frac{H_f}{L}=\frac{K_u n^2 V^2}{R_h^{1.33}2g} \tag{12.4.9}$$

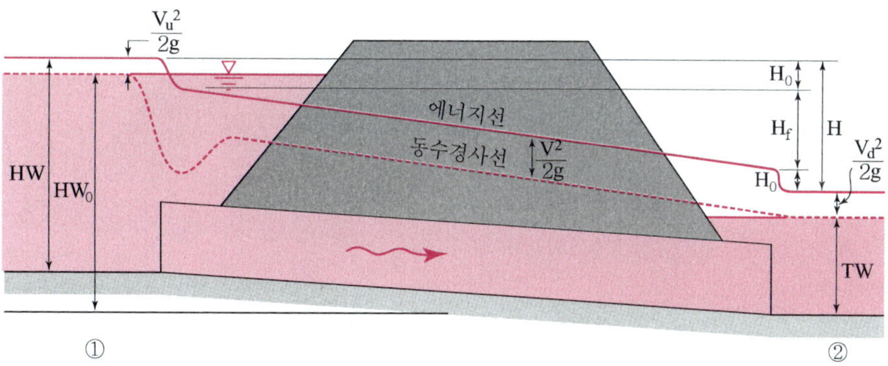

그림 12.4.5 암거 흐름에 대한 에너지선 및 동수경사선

배수위 계산을 피하기 위해 부분적으로 차서 흐르는 흐름 상태에 대한 개략적인 방법을 FHWA에서 제시하고 있으며, 그림 12.4.6과 같이 출구부 저부로부터 $(d_c+D)/2$ 깊이에서 시작하여 경사 S_f로 상류 유입부까지 직선적으로 연결하여 동수경사선을 구하는 것이다. 만일 하류단 수심 TW가 $(d_c+D)/2$보다 큰 경우에는 TW를 하류부 기점수위로 하여 상류 입구부까지 동수경사선을 구하면 되고, 입구부에서 손실수두와 속도수두를 합하여 접근 수위를 얻게 된다.

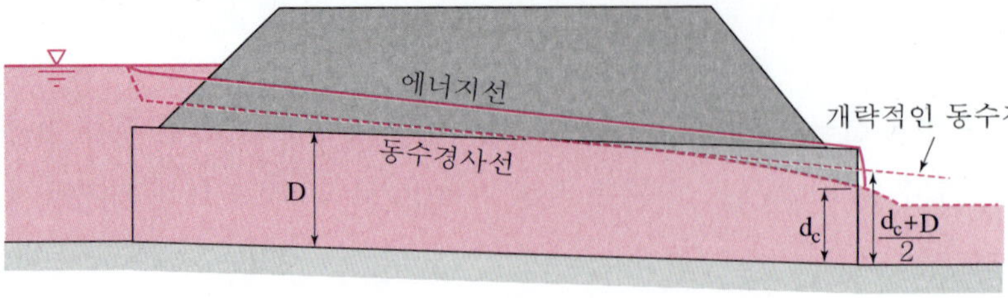

그림 12.4.6 배수위 계산을 위한 간략방법

다) 출구부 유속계산

암거 출구부에서 세굴 방지공이 필요한지 확인하기 위해 암거 출구부에서의 유속을 산정할 필요가 있다. 암거에서는 일반적으로 자연하천의 유속보다 큰 유속을 초래하게 되며, 출구에서의 이러한 큰 유속은 하류부의 세굴을 방지하기 위해 흐름 조절이나 감세공을 필요로 하게 된다.

유입부통제에서 출구부의 유속을 계산하기 위해서는 배수위 계산이 필요하며, 배수위 계산은 암거 유입부에서 시작하여 출구방향으로 시행하게 된다. 출구부에서의 유속은 유량과 출구부 통수단면으로부터 산정할 수가 있다.

유입부통제인 경우에 대한 암거 출구부에서의 유속을 간략방법에 의해 구할 수도 있다. 하류로 갈수록 수면곡선이 등류수심에 점근하므로 암거가 충분히 길면 출구부에서의 수심은 등류수심으로 가정할 수가 있다. 만일 암거의 길이가 짧더라도 그림 12.4.7(a)와 같이 출구부의 수심이 등류수심이라 가정하고 통수단면적을 구해 유속을 산정하게 된다. 이 경우 유속은 실제 유속보다 약간 크게 산정된다.

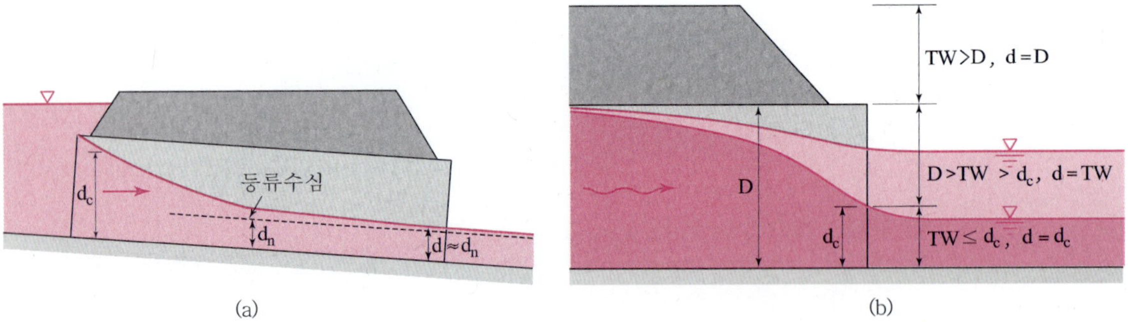

그림 12.4.7 유입부통제 및 출구부통제에 대한 출구 수심

출구부통제인 경우 그림 12.4.7(b)와 같이 통수단면적은 출구의 기하학적 형태와 한계수심, TW수심 또는 암거의 높이에 의해 결정된다. 만일 TW수심이 한계수심보다 작으면 한계수심을, 한계수심보다 크고 암거의 정점부보다 작으면 TW수심을 사용한다. 만일 TW수심이 암거의 정점부보다 높으면 통수단면은 암거단면 전체가 된다.

12.4.2 암거의 설계절차

본 절에서는 FHWA에서 제시하고 있는 절차에 따라 암거를 설계하는 방법을 소개하기로 한다. 이 방법에서는 FHWA에서 준비한 모노그램을 이용하여 설계하게 되며 실제에 맞지 않는 경우 오차를 수반하게 되므로 주의를 할 필요가 있다.

가) 암거설계양식

암거설계양식은 설계절차를 간편화하기 위해 FHWA에서 준비한 암거설계양식으로 상단에 과업명, 장소, 작성자 및 날짜를 기입하게 된다. 두 번째 단 왼쪽은 수문학적 자료, 그리고 오른쪽에는 암거의 제원을 기입할 수 있도록 되어 있다. 세 번째 단에는 입구부 및 출구부통제에 대한 상류부 수심을 시행착오로 구할 수 있도록 구성되어 있으며 하단부 오른쪽에는 암거의 특성치를 기록하게 된다. 암거설계양식은 그림 12.4.8 및 부록 C에 수록되어 있다.

나) 유입부통제 설계

유입부통제 계산에서는 주어진 암거형상을 통해 설계유량이 통과하는데 필요한 상류부 수위를 결정한다. 상류부 수위에 필요하면 접근 속도수두를 포함시키게 되고, 부록의 유입부통제 노모그램을 사용하여 설계한다.

① 원형암거인 경우 부록 D-1 Chart 1에서 암거의 크기에 해당하는 지점을 정하고, 설계유량에 해당하는 지점을 정한다. Box 암거인 경우 부록 D-6 Chart 8에서 같은 방법으로 암거의 크기와 유량에 대한 지점을 정한다. 이때 유량은 Box의 폭으로 나눈 값(Q/B)을 이용한다.

② 암거크기와 유량에 대해 선택한 지점을 직선으로 연결하고 확장하여 첫 번째 상류부수심/암거높이(HW/D)와 만나는 점을 결정한다. 만일 다른 크기의 HW/D를 원하면 첫 번째 지점에서 수평으로 선을 그어 원하는 HW/D를 결정한다.

③ 결정한 HW/D에 암거 높이 D를 곱해 상류부 수심 HW를 결정한다. 접근유속을 무시한다면 이 HW가 필요한 상류부 수심 HW_i가 된다. 만일 접근유속을 고려한다면 HW에서 속도수두를 뺀 값이 HW_i가 된다.

④ 상류 하상보다 입구부가 낮으면 낙차부(FALL) 높이를 다음과 같이 결정한다.

$$HW_d = EL_{hd} - EL_{sf} \tag{12.4.10}$$

$$FALL = HW_i - HW_d \tag{12.4.11}$$

여기서 HW_d는 설계 상류부 수심(m), EL_{hd}는 설계 상류부 수위(m), EL_{sf}는 상류부 하상고(m), HW_i는 필요한 상류부 수심(m)이다. 만일 FALL이 0 또는 음수이면 FALL=0으로 하고 ⑤로 이동한다. 만일 FALL이 양수이면 입구부 통제 단면의 저부가 FALL 만큼 낮아져야 하며 합당하다면 ⑤로 이동한다. 만일 FALL이 양수이며 채택하기 곤란하면 다른 암거 형태로 수정하여 ①부터 다시 시작한다.

⑤ 유입부 통제단면의 저부 높이를 다음과 같이 결정한다.

$$EL_i = EL_{sf} - FALL \tag{12.4.12}$$

여기서 EL_i는 유입부 통제단면의 저부높이(m)이다.

다) 출구부통제 설계

출구부통제 계산에서는 선택된 암거를 통해 설계유량을 통수시키기 위해 필요한 상류부 수심을 결정하게 된다. 필요하다면 상류부 접근유속 및 하류부 유속을 포함시킬 수 있으며, 부록의 출구부통제 노모그램을 사용한다.

① 주어진 설계유량에 대해 암거 출구부 저부에서의 수심(TW수심)을 결정한다. TW수심은 배수위계산, 등류수심계산 또는 현장관측을 통해 구할 수 있다.

② 원형암거인 경우 부록 D-3 Chart 4를 이용하여 설계유량에 대한 한계수심 d_c를 결정한다. 이때 한계수심이 암거의 직경 D를 초과해서는 안 된다. Box형 암거인 경우 부록 D-8 Chart 14를 이용하여 한계수심을 결정한다.

③ $(d_c + D)/2$를 계산한다.

④ 암거 출구부 저부로부터 동수경사선(h_o)까지의 깊이를 계산한다. 이때 h_o는 TW 또는 $(d_c + D)/2$ 중 큰 것을 선택한다.

⑤ 표 12.4.2로부터 암거 입구의 특성에 따른 적절한 유입부 손실계수 K_e를 결정한다.

⑥ 출구부통제 노모그램 부록 D-4 Chart 5를 이용하여 암거를 통한 수두손실 H를 결정한다. 만일 노모그램의 범위를 초과하면 식 (12.4.6) 또는 식 (12.4.7)을 이용하여 H를 산정한다. 만일 설계에 적용하는 Manning의 조도계수(n_i)와 Chart 5에서의 조도계수(n)가 다르면 다음 식을 이용하여

암거의 길이를 조정한다.

$$L_1 = L\left(\frac{n_1}{n}\right)^2 \tag{12.4.13}$$

여기서 L은 암거의 실제길이(m), L_1은 조정된 암거길이(m)이다.

Chart 5를 이용하는 방법은 먼저 암거의 크기지점을 정하고 적절한 K_e에 해당하는 선에서 암거 길이를 고려하여 적절한 지점을 정하여 서로 직선으로 연결한다. 이때 암거크기의 오른쪽 선을 교차하는 지점과 유량에 해당하는 지점을 직선으로 연장하여 오른쪽의 손실수두 H와 만나는 점을 결정한다. 이 값이 바로 암거를 통한 손실수두 H가 된다.

⑦ 암거 상류부 수위를 결정한다.

$$EL_{ho} = EL_o + H + h_o \tag{12.4.14}$$

여기서 EL_o는 출구부 저부 높이이다. 만일 상류부 접근유속(V_u) 및 하류 하천 유속(V_d)을 고려해서 계산하려면 다음과 같이 적용하고 출구부 손실수두 계산도 식 (12.4.4)를 적용해야 한다.

$$EL_{ho} = EL_o + H + h_o - \frac{V_u^2}{2g} + \frac{V_d^2}{2g} \tag{12.4.15}$$

⑧ 만일 출구부통제에 대한 상류부 수위가 설계수위를 초과하게 되면 새로운 암거를 적용할 필요가 있으며 처음부터 계산을 다시 한다.

라) 출구부 유속계산

암거 출구부에서의 과도한 유속으로 인한 하상 세굴을 방지하기 위해 출구부에서의 유속을 계산하고 필요하다면 적절한 하상 보호공을 설치할 필요가 있다.

① 유입부통제에 의해 상류부 수심이 조절된다면 암거에서의 등류수심 및 유속을 결정하고, 등류수심에서의 유속이 출구부에서의 유속이라 가정한다.

② 출구부통제에 의해 상류부 수심이 조절된다면 암거의 기하학적 형태 및 다음을 고려하여 출구부에서의 유출단면적을 결정하여 유속을 구한다.

- TW수심이 한계수심보다 작으면 한계수심으로
- TW수심이 한계수심과 암거의 정점부 사이에 있으면 TW수심으로
- TW수심이 암거 정점부보다 높으면 암거의 높이로 택한다.

이상과 같은 방법으로 적절한 암거가 결정될 때까지 모든 과정을 반복한다. 만일 출구부통제가 흐름을 지배하고 유입부 저부를 기준으로 한 상류부 수심이 1.2D보다 작으면 암거 전체를 통해 부분적으로

가득차서 흐르는 흐름이 발생할 가능성이 있다. 이러한 경우 하류부 수위를 TW나 $(d_c + D)/2$ 중 큰 것으로 정하는 개략적인 방법을 적용할 때 주의를 해야 한다. 만일 정확한 상류부 수심을 결정해야 한다면 배수위 계산을 하여 개략적인 방법에 의한 결과와 비교를 할 필요가 있다. 만일 상류부 수심이 0.75D보다 작게 되면 개략적인 방법을 사용해서는 안 된다.

예제 12.7

도로를 통과하는 새로운 암거를 설계하려고 한다. 25년 빈도의 설계홍수량 $5.663m^3/s$를 통수시키려 할 때 다음 정보를 이용하여 암거를 설계하라.

암거 입구부 표고 : 30.480m
자연하천 하상경사 : 0.01
25년 빈도 홍수량에 대한 TW : 1.07m
개략적인 암거길이 : 60.960m
노견 표고 : 33.528m

주름진 금속 원형암거를 적용하려고 한다. 주름은 표준 68×13mm이며 입구부가 경사(beveled)를 이루고, 끝단이 홈(grooved)이 있는 콘크리트로 되어 있다. 노견까지 0.61m의 여유고를 두려고 한다(즉, 상류부 수위가 최대 32.918m). 유입부 저부 높이와 하상의 높이는 동일하다.

풀이

주어진 기본적인 수리, 수문학적 자료와 계산 예가 그림 12.4.8과 같이 암거 설계 양식에 기록되었다. 첫 번째 암거 계산과정을 보면 1,800mm직경의 주름진 금속관이고 입구부가 45°의 경사링(beveled ring)으로 가정하였다. 3란 (1)은 암거당 유량으로 $5.663m^3/s$이고, 4란 (2)은 그림 12.4.9 Chart 3에서 유량과 암거직경을 연결하여 유입구 형태 A에 대한 HW_i/D를 읽으면 0.97이 된다.

5란은 $HW_i/D = 0.97$에 암거직경 D = 1,800mm를 곱하여 $HW_i = 1.75m$를 얻는다. 6란 (3)은 FALL로 유입부 저부와 하상의 높이가 같으므로 0이 되고, 7란 (4)은 $HW_i = 1.75m$와 암거 입구부 표고 30.48m를 더한 32.23m가 된다. 8란 (5)은 설계 유량에 대한 출구부 수심으로 25년 빈도에서의 TW = 1.07m로 주어져 있다. 9란은 출구부의 한계수심으로 주어진 유량에 대해 부록 D-3의 Chart 4로부터 $d_c = 1.2m$가 된다. 10란은 $(d_c + D)/2$로 1.5m가 된다. 11란 (6)은 8란 (5)의 TW와 10란 $(d_c + D)/2$ 중 큰 값으로 $h_o = 1.5m$가 된다. 12란은 유입부 손실계수로 $K_e = 0.2$를 적용하였다.

13란 (7)은 암거 상, 하류간의 손실수두로 그림 12.4.12(부록 D-5)의 Chart 6으로부터 산정하거나 식 (12.4.6)으로부터 직접 계산한다. Chart 6을 이용할 경우 먼저 암거직경에 해당하는 지점과 $K_e = 0.25$ 및 암거길이 60.96m에 해당하는 지점을 연결하고 그 사이의 수직선을 교차하는 지점을 정한 후, 이 점과 유량에 해당하는 점을 연결 확장하여 오른쪽의 수두 H와 만나는 점을 찾으면 약 H = 0.8m가 된다.

14란 (8)은 암거 상류부 수위 EL_{ho}로 식 (12.4.14)를 적용하여 구하면 EL_{ho} =32.17이 된다. 이때 출구부 저부 표고 EL_o는 입구부 저부 표고와 암거 경사 0.01을 이용하면 산정할 수가 있다. 15란은 최종 상류부 수위로 유입부 및 출구부통제에 의한 수위 (4)와 (8)중 큰 값으로 32.23m가 된다. 16란은 출구부 유속으로 유량을 출구부 수위 (6)에 대한 통수단면적으로 나누면 2.8m/s가 된다.

이상과 같은 절차에 따라 원하는 암거 설계가 이루어질 때까지 반복한다. 본 예제에서는 최종적으로 1,500mm의 콘크리트 원형암거를 결정하였으며 이에 대한 설계값들이 세 번째 계산 줄에 나타나있다.

PROJECT : Example Problem No. 12.7
chapter 12

STATION : 1 + 00
SHEET 1 OF 1

CULVERT DESIGN FORM
DESIGNER/DATE : JRM / 9/05
DESIGNER/DATE : AAW / 6/01

HYDROLOGICAL DATA

☒ METHOD Rational
☒ DRAINAGE AREA : 51 ☒ STREAM SLOPE : 1.0%
☐ CHANNEL SHAPE : Trapezoidal
☐ ROUTING : N.A. ☐ OTHER :

DESIGN FLOWS/TAILWATER.

R.I (YEARS)	FLOW (m³/s)	TW(m)
25	5.663	1.07

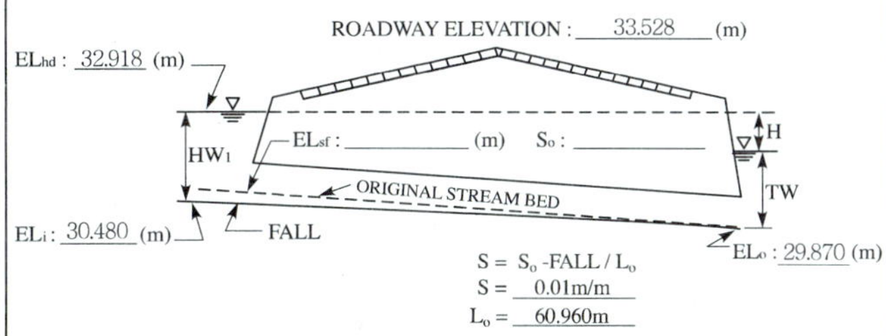

CULVERT DESCRIPTION : MATERIAL-SHAPE-SIZE-ENTRANCE	TOTAL FLOW Q (m³/s)	FLOW PER BARREL Q/N (1)	HEADEAWATER CALCULATIONS: INLET CONTROL				OUTLET CONTROL							Control Headwater Elevation	Outlet velocity	COMMENTS
			HW_i/D (2)	HW_i	FALL (3)	EL hi (4)	TW (5)	d_c	$\frac{d_c+D}{2}$	h_0 (6)	k_e	H (7)	EL_{ho} (8)			
1800mm CMP 45° Beveled Ring		5.663	0.97	1.75	—	32.23	1.07	1.2	1.5	1.5	0.2	0.80	32.17	32.23	2.8	Try 1500CMP
1500mm CMP 45° Beveled Ring	5.663	5.663	1.41	2.12	—	32.60	1.07	1.2	1.35	1.35	0.2	1.95	33.17	33.17	3.7	HW too high, Try Conc.
1500mm Conc ⓦ Grooved End in Headwall	5.663	5.663	138	138	—	32.55	1.07	1.2	1.35	1.35	0.2	0.95	32.17	32.55	4.8	Try 1350mm Conc.
1350mm Conc ⓦ Grooved End in Headwall	5.663	5.663	1.81	2.46	—	32.94	1.07	1.2	1.28	1.28	0.2	1.50	32.65	32.94	4.8	Exceeds Allowable HW

TECHNICAL FOOTNOTES :

(1) USE Q/N FOR BOX CULVERTS
(2) HW_I/D • HW/D OR HW_I/D FROM DESIGN CHARTS
(3) FALL • $HW_I - (EL_{hd} - EL_{sf})$: FALL IS ZERO FOR CULVERTS ON GRADE
(4) $EL_{hi} = HW_I + EL_i$ (INVERT OF INLET CONTROL SECTION)
(5) TW BASED ON DOWN STREAM CONTROL OR FLOW DEPTH IN CHANNEL
(6) h_o=TW or (de+D)/2(WHICH EVER IS GREATER)
(7) $H=[1+k_e+(K_u n^2 L)/R^{1.33}]v^2/2g$ WHERE K_u = 19.63(29 IN ENGLISH UNITS)
(8) $EL_{ho} = EL_o + H + h_o$

SUBSCRIPT DEFINITIONS :

g. APPROXIMATE
f. CULVERT FACE
hd. DESIGN HEADWATER
ho. HEADWATER IN INLET CONTROL
i. INLET CONTROL SECTION
o. OUTLET
sf. STREAMBED AT CULVERT FACE
TW. TAILWATER

COMMENTS / DISCUSSION :

High outlet velocities
Outlet protection maybe required

CULVERT BARREL SELECTED

SIZE : 1500mm Concrete
SHAPE : Circular
MATERIAL : Concrete n = 0.012
ENTERANCE : Grooved End in Headwall

그림 12.4.8 암거설계 양식 작성 예

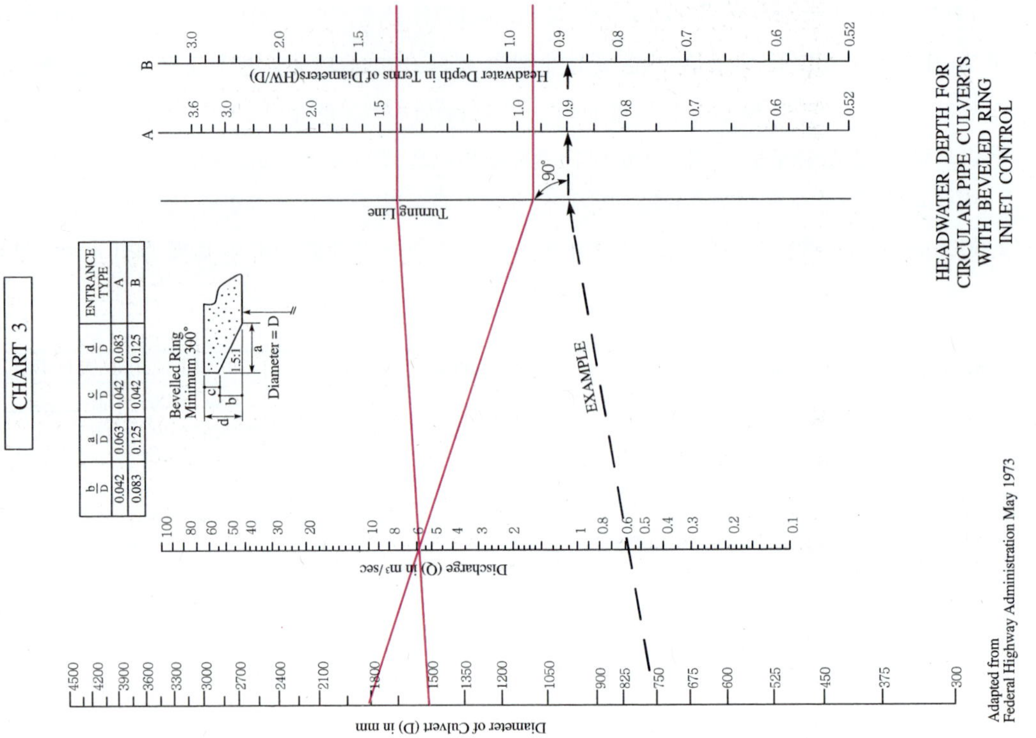

그림 12.4.9 Chart 3

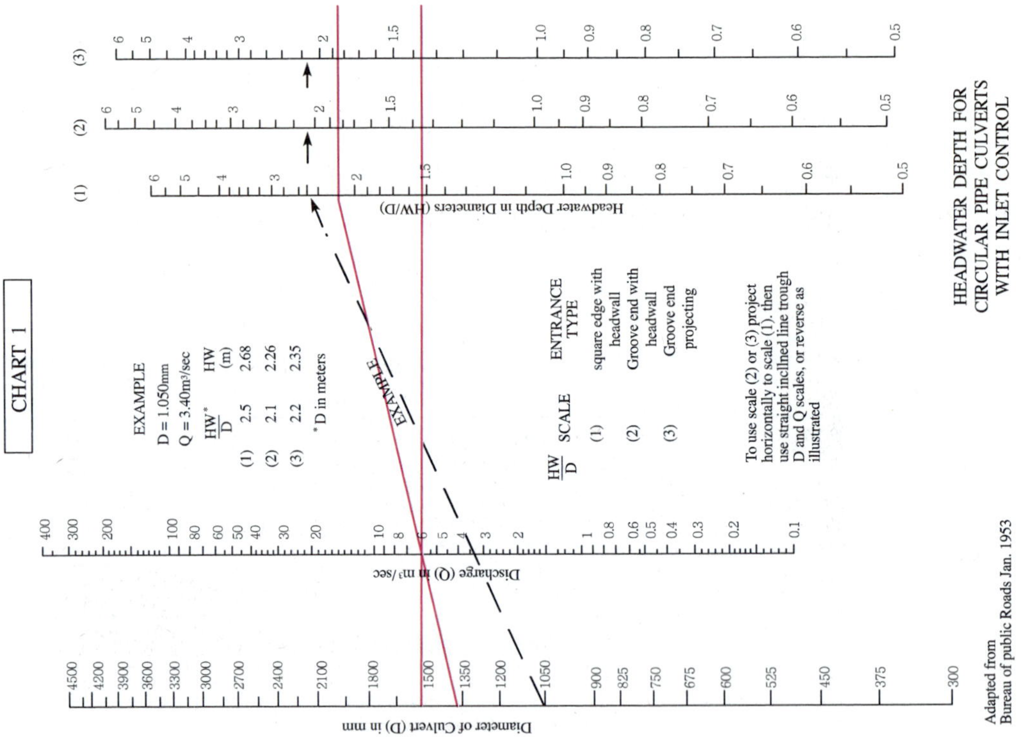

그림 12.4.10 Chart 1

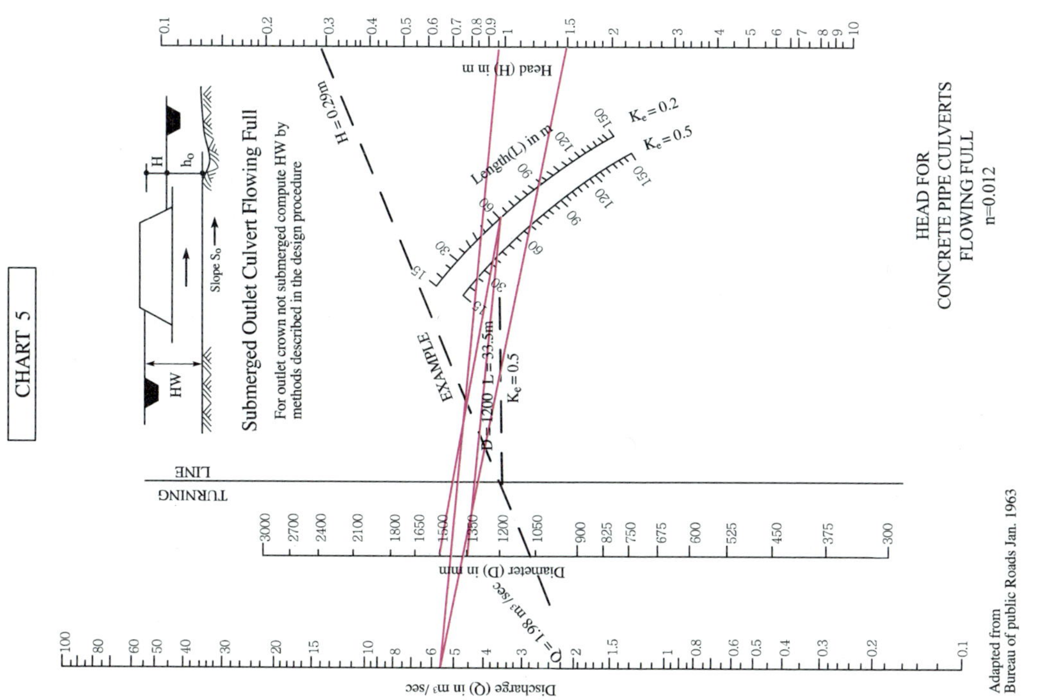

그림 12.4.11 Chart 5

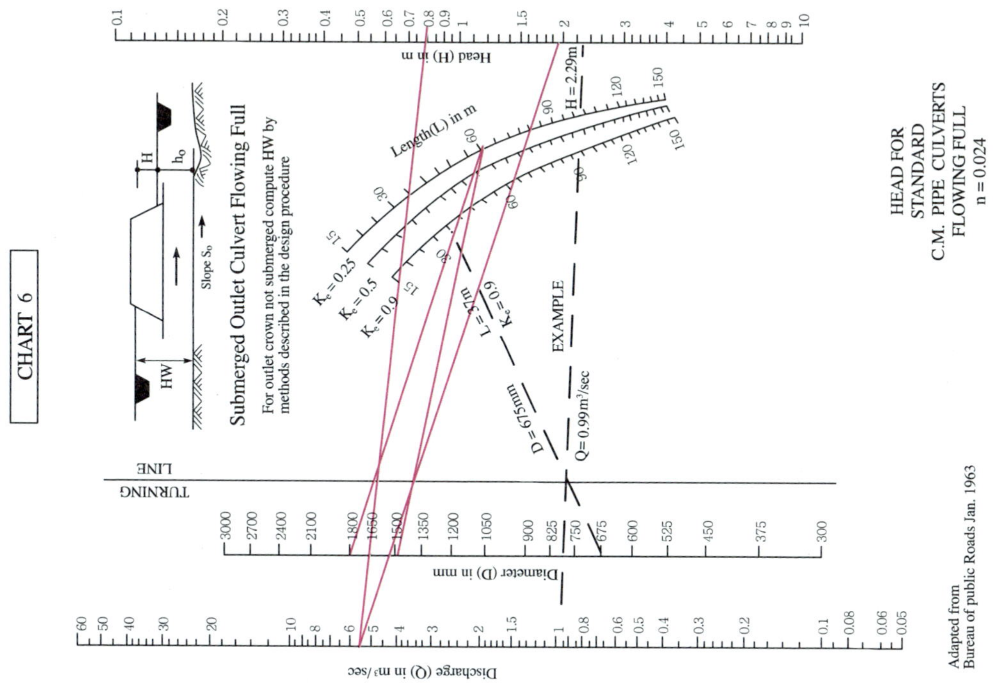

그림 12.4.12 Chart 6

12.5 교량을 통한 흐름

교량 지점을 통과하는 흐름의 수리학적 문제는 암거를 통해 흐르는 경우와 유사한 점이 많이 있다. 즉, 주어진 설계 홍수량에 대해 교량 아래로 흐르는 흐름의 수면곡선을 계산할 필요가 있다. 그림 12.5.1은 일반적인 교량지점에서의 흐름을 보여주고 있다.

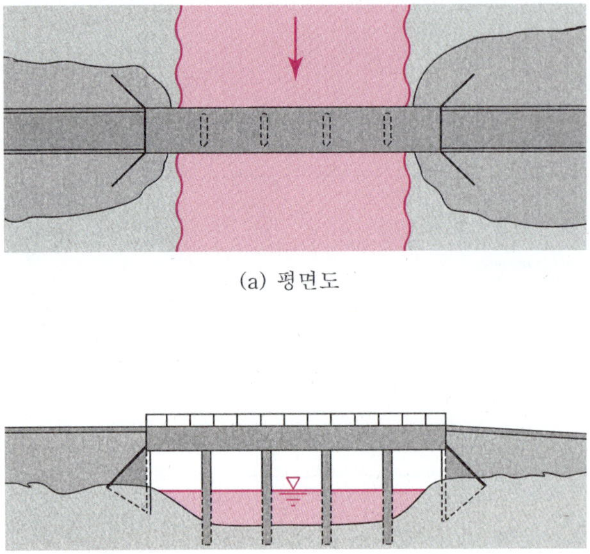

(a) 평면도

(b) 정면도

그림 12.5.1 교량지점에서의 흐름

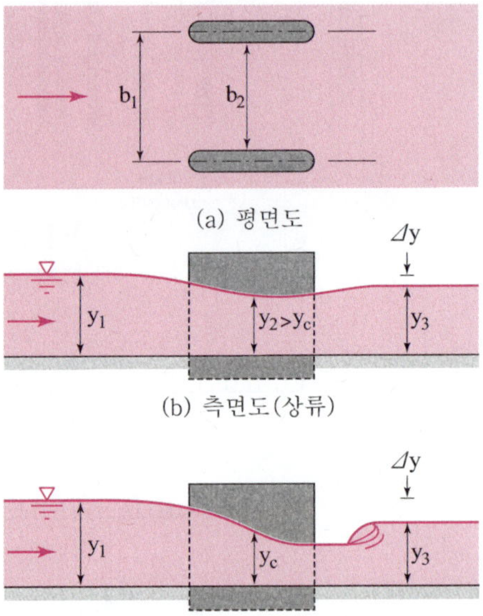

(a) 평면도

(b) 측면도(상류)

(c) 측면도(한계류)

그림 12.5.2 교각 주위의 흐름 상태

교각이 통수단면적을 감소시키기 때문에 교량단면에서의 유속이 변하게 되고, 교각에 의해 흐름에 항력이 생기게 된다. 따라서 교각 직상류의 수위가 교각이 없을 경우보다 약간 증가하게 된다. 대부분의 교량지점을 통과하는 흐름은 상류가 된다. 따라서 수위 또는 수심을 알고 있는 교량 하류지점에서 상류지점으로 에너지 방정식(표준축차계산법)을 이용하여 수면곡선을 계산하게 된다.

그림 12.5.2는 교각 상류부 하천에서의 흐름이 상류인 경우 교각 직상류 및 직하류에서의 수심의 변화를 보여주고 있다. 그림 12.5.2(b)는 교량 단면을 통해 전반적으로 상류가 발생하는 경우로 교각지점에서 수심이 낮아지지만 한계수심이 발생하지는 않는 경우이다. 교각을 통과한 후 하류지점에서 수심이 다시 증가하지만 교각 직상류의 수심만큼 회복되지는 않는다. 상류와 하류간의 수심차 Δy는 교각을 통과하는 동안 발생한 에너지손실 때문이다.

교각 상류지점, 교각지점, 그리고 교각 하류지점에서 에너지 방정식을 적용하고, 하상의 경사 $S_o \simeq 0$이라 가정하면

$$y_1 + \frac{V_1^2}{2g} = y_2 + \frac{V_2^2}{2g} + h_{1-2} = y_3 + \frac{V_3^2}{2g} + h_{1-2} + h_{2-3} \tag{12.5.1}$$

여기서 h_{1-2}와 h_{2-3}은 단면 1-2와 2-3에서의 단면축소, 그리고 단면확대 및 와류로 인한 손실수두이다. $h_{2-3} = (V_2^2 - V_3^2)/2g$로 가정하면 $y_2 \simeq y_3$가 되어 교각 상하류간의 수심차 Δy는 다음과 같이 나타낼 수 있다.

$$\Delta y = y_1 - y_2 = \frac{V_2^2}{2g} - \frac{V_1^2}{2g} + h_{1-2} \tag{12.5.2}$$

교량지점에서의 흐름 폭 b_2는 하천폭에서 교각폭을 제외한 폭이며 따라서 교각지점에서의 유속은 $V_2 = Q/b_2 y_3$이 된다. 이 관계를 식 (12.5.2)에 적용하고 유량 Q에 대해 정리하면

$$Q = b_2 y_3 \sqrt{2g(\Delta y - h_{1-2}) + V_1^2} \tag{12.5.3}$$

또는

$$Q = C_d b_2 y_3 \sqrt{2g\Delta y + V_1^2} \tag{12.5.4}$$

여기서 C_d는 유량계수로 보통 0.9~1.05의 값을 가지며, 교각지점에서의 손실수두 h_{1-2}를 정확히 산정하기 곤란하므로 이를 제외하고 유량계수의 항으로 고려하게 된다. 만일 유량이 주어지면 교각 하류부에서의 등류공식을 이용하여 수심 y_3를 산정할 수가 있고, 다음과 같이 교각 상류부의 유속을 나타낼 수 있으므로 식 (12.5.4)와 식 (12.5.5)를 이용하여 시행착오법으로 교각 상하류간의 수심차 Δy를 산정할 수 있다.

$$V_1 = \frac{Q}{A_1} = \frac{Q}{b_1 y_1} = \frac{Q}{b_1(y_3 + \Delta y)} \tag{12.5.5}$$

Yarnell은 교각의 형상, 폭, 길이 및 흐름의 각도 등 2,600여회의 실험을 통해 교각 상하류간의 수심차 Δy를 산정할 수 있는 경험공식을 다음과 같이 제시하였다.

$$\frac{\Delta y}{y_3} = KF_{r3}^2(K + 5F_{r3}^2 - 0.6)(\alpha + 15\alpha^4) \tag{12.5.6}$$

여기서 K는 Yarnell의 형상계수(표 12.5.1), F_{r3}는 교각 하류지점에서의 Froude 수($V_3/\sqrt{g y_3}$), V_3 및 y_3는 하류지점에서의 유속 및 수심, 그리고 α는 교각 폭과 간격간의 비($(b_1 - b_2)/b_1$)이다.

그림 12.5.2(c)와 같이 교각지점에서 한계수심이 발생하는 경우는 교각의 폭이 커서 단면축소가 많이 발생하는 경우로 교각 상류부에서의 수심이 많이 증가하고 하류부에서는 도수가 발생하게 된다. 이러한 문제에서는 한계류, 도수 등과 같은 부등류 흐름관계를 적용하여 해석하게 된다.

표 12.5.1 교각형상에 따른 Yarnell의 계수 K

교각 형상	K
선단과 끝단이 반원형으로 되어 있는 교각	0.90
격판(diaphram)으로 연결된 두개의 원형교각	0.95
격판으로 연결되지 않은 두 개의 원형교각	1.05
선단과 끝단이 90° 삼각형으로 이루어진 교각	1.05
직사각형 교각	1.25
군집교각	2.50

예제 12.8

폭이 100m인 광폭사각형 수로에 450m^3/s의 유량이 흐르고 있다. 이곳에 교량을 설치하기 위해 두께 5m의 교각을 두 개 사용하려고 한다. 수로의 조도계수는 0.02, 하상경사는 0.0001이고, 유량계수 C_d는 0.92이다. 교량이 설치된 후 교각에 의한 교량상류부의 수위상승높이를 구하라.

풀이

Manning의 공식을 이용하여 등류수심을 구하면 다음과 같다.

$$Q = \frac{1}{n} AR^{2/3} S^{1/2}$$

$$\frac{Qn}{S^{1/2}} = \frac{450 \times 0.02}{\sqrt{0.0001}} = 900 = (by)(y_n^{2/3}) = by_n^{5/3} = 100y_n^{5/3} \qquad \therefore\ y_n = y_3 = 3.74\text{m}$$

식 (12.5.4)와 식 (12.5.5)를 연결하면

$$Q = C_b b_2 y_3 \sqrt{2g\Delta y + \left(\frac{Q}{b_1(y_3 + \Delta y)}\right)^2}$$

$$450 = 0.92 \times 90 \times 3.74 \sqrt{19.6\Delta y + \left(\frac{450}{100(3.74 + \Delta y)}\right)^2}$$

시행착오로 풀면 $\Delta y = 0.035$m

12.6 낙차공 및 대공

하상의 경사가 비교적 급한 경우 수심이 낮은 빠른 유속으로 인해 하상이 세굴되어 여러 가지 수리학적 부작용이 발생하게 된다. 이러한 경우 그림 12.6.1과 같이 하상경사를 완화시켜 하상을 유지함으로서 하상저하방지, 국부세굴방지, 그리고 구조물의 보호를 위해 하상유지

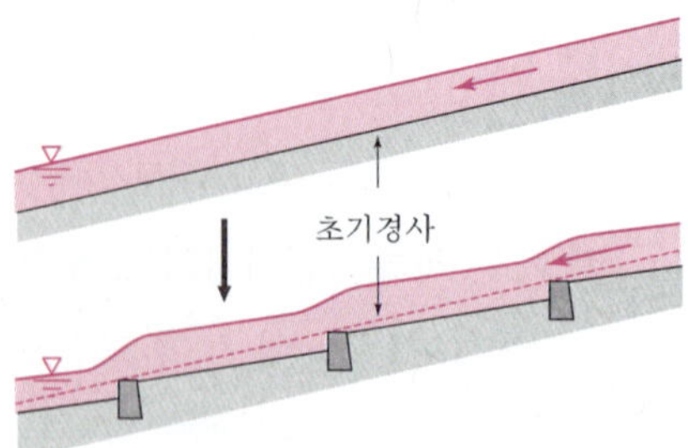

그림 12.6.1 하상유지시설에 의한 하상의 변화

시설이 필요하게 된다. 하상유지시설은 크게 낙차공과 대공으로 구분할 수 있으며, 낙차공은 시설물에서의 낙차가 0.5m 이상 되는 경우로 하상경사를 완화시킬 목적으로 설치되며, 대공(띠공)은 낙차가 0.5m 이하로 작은 경우로 하상의 저하가 심한 경우 하상이 계획하상고보다 낮아지지 않도록 하기 위해 설치한다.

12.6.1 낙차공 및 대공의 구조

낙차공 및 대공은 그림 12.6.2와 같이 일반적으로 크게 본체, 물받이 및 바닥보호공으로 구성된다. 본체와 물받이는 보통 하나의 구조물로 이루어진다.

낙차공은 일반적으로 콘크리트 구조로 만들어지며, 치수 및 구조적 안정성을 고려하여 낙차가 2m를 초과하지 않도록 하며, 그 이상이 될 경우 수리모형실험을 통해 하류부에서의 세굴방지 및 구조적 안정을 충분히 검토하여야 한다. 대공의 경우는 영구적인 콘크리트 구조보다는 하상변동에 쉽게 대응할 수 있는 콘크리트 블록 등 굴요성이 있는 구조로 계획하는 것이 보통이다.

이러한 하상유지시설물을 연속적으로 설치할 필요가 있는 경우 설치간격은 다음과 같이 결정한다.

- 하폭이 넓은 경우

$$L = (1.5 \sim 2.0)B \tag{12.6.1}$$

- 하폭이 좁은 경우

$$L = \frac{h}{S - S_o} \tag{12.6.2}$$

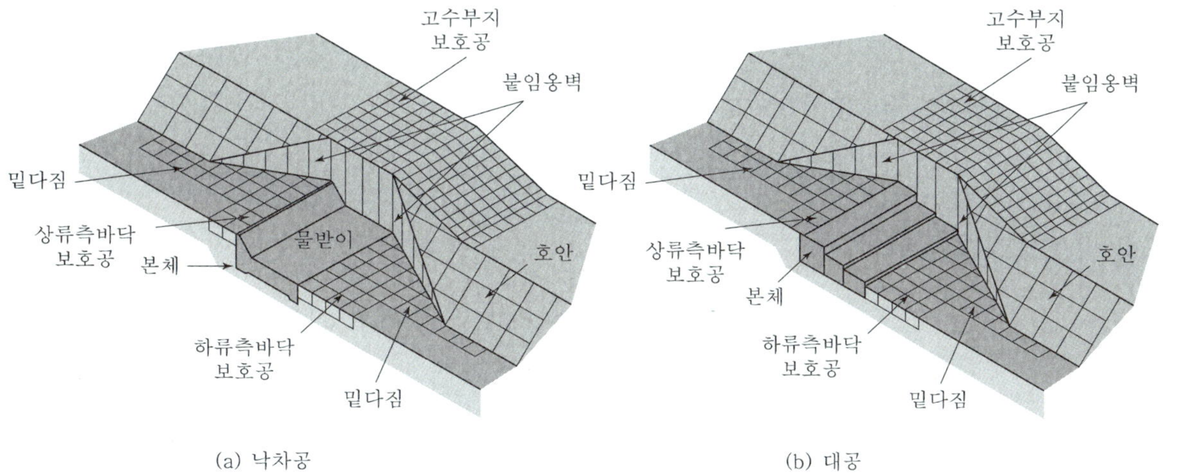

그림 12.6.2 낙차공 및 대공의 구조

또는

$$L = \frac{1.5 \sim 2.0}{S} \tag{12.6.3}$$

여기서 L은 시설물의 간격, h는 시설물의 높이, S는 현재의 하상경사, S_o는 계획하상경사, 그리고 B는 하폭이다.

낙차공 및 대공의 설치형태는 일반적으로 하도에 직각방향으로 설치하나 상황에 따라 그림 12.6.3과 같이 직선형, 경사형, 굴절형, 그리고 원호형으로 설치할 수가 있다. 직선형은 하도 형상을 유지하는데 가장 효율적이며 치수상 지장이 적고 건설비도 저렴하다. 경사형은 만곡부에서 상류와 하류의 흐름 방향을 일치시키기 위해 사용되는 경우로 하류 우안쪽에 흐름이 집중되어 세굴이 많이 발생하게 된다. 굴절형은 하도 양쪽 끝단의 세굴을 방지하기 위해 흐름을 중앙으로 집중시키는 경우로 중앙부에서 세굴이 많이 발생하게 되므로 하상 및 바닥 보호공의 설계 시 주의를 해야 한다. 마지막으로 원호형도 굴절형과 같은 기능과 문제점을 가지고 있다.

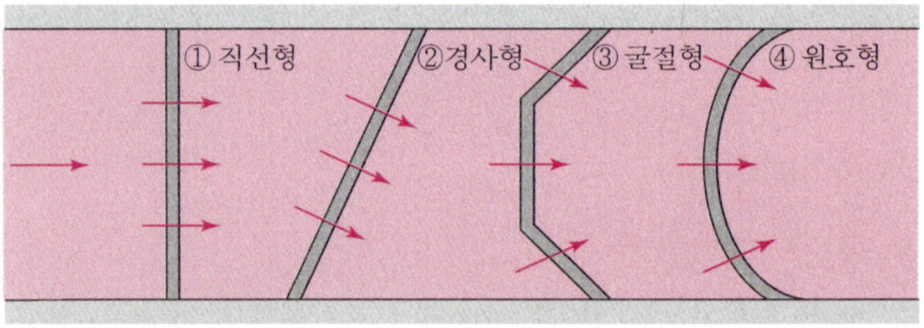

그림 12.6.3 낙차공 및 대공의 설치형태

하상유지시설물 본체의 둑마루 폭은 콘크리트 구조나 석조일 경우 최소 1m로 하고, 하류측 경사는 1:0.5 이상으로 한다. 상류측 비탈면의 경사는 보통 1:0~1:0.5 정도로 한다. 또한 상하류 수위차에 의한 하상유시시설물 본체 하부의 파이핑 현상을 방지하기 위해 그림 12.6.4와 같이 차수벽을 설치할 필요가 있으며, 이때 차수벽의 깊이는 차수벽 간격의 1/2 이내로 하며, 만일 1/2를 초과하게 되면 물받이 길이를 늘려 1/2을 초과하지 않도록 한다.

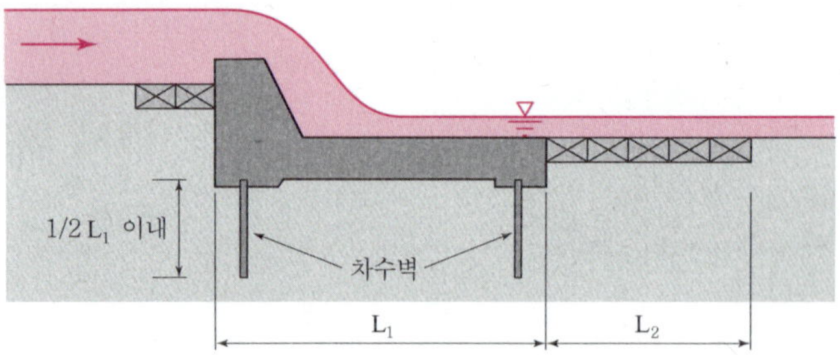

그림 12.6.4 차수벽의 위치 및 깊이

12.6.2 물받이

물받이는 본체 위로 물이 흘러 낙차가 발생하는 구간으로 도수를 발생시켜 에너지를 감소시킴으로서 하류부 하상의 세굴을 방지하기 위해 설치하며 보통 본체와 일체가 되도록 설계한다. 낙차공의 물받이 길이는 보통 낙차의 2~3배 또는 하류측 바닥보호공 길이의 1/3 정도로 하거나 다음과 같은 블라이(Bligh) 공식 또는 건설교통부 국립건설시험소에서 제시한 공식을 이용하여 결정한다.

- 블라이 공식

$$L_1 = 0.6C\sqrt{H} \tag{12.6.4}$$

- 국립건설시험소 공식

$$L_1 = 4.05H^{0.316}q^{0.514}D_{50}^{-0.325} \tag{12.6.5}$$

여기서 L_1은 하류측 물받이 길이(m), H는 보 마루표고로부터 물받이 상단표고까지의 높이(m), C는 블라이 계수(표 12.6.1), q는 단위폭당 유량(m^3/sec/m), 그리고 D_{50}은 하상토의 중앙입경(mm)이다.

표 12.6.1 블라이 계수

하상토의 상태	블라이 계수 C
극미립사 또는 이토 (0.1~0.005mm)	18
가는 모래 (0.25~0.1mm)	15
굵은 모래 (1.0~0.5mm)	12
자갈과 모래의 혼합	9
호박돌, 자갈	4~6

물받이의 두께는 양압력에 견딜 수 있는 무게를 가지도록 설계하는데 보통 1m 정도로 하며 최소 두께는 0.35m로 한다. 또한 다음과 같은 식을 이용해서 물받이 두께를 결정할 수 있다.

$$T = \frac{4(\Delta h - h_L)}{3(S-1)} \tag{12.6.6}$$

여기서 T는 물받이의 두께(m), S는 물받이 재료의 비중, Δh는 상하류의 수위차(m), 그리고 h_L은 손실수두(m)이다.

예제 12.9

하천상에 세굴을 방지하기 위해 낙차공을 설치하려고 한다. 단위폭당 유량이 $2m^3/s/m$이고, 보 마루표고와 물받이 상단표고의 차가 1m일 때 물받이 길이를 얼마로 해야 하는가? 단, 하상재료의 평균입경은 1mm로 가정하라.

풀이

블라이 공식을 적용하면

$$L_1 = 0.6C\sqrt{H} = 0.6 \times 12 \times \sqrt{1} = 7.2m$$

국립건설시험소 공식을 적용하면

$$L_1 = 4.05H^{0.316}q^{0.514}D_{50}^{-0.325} = 4.05 \times 1^{0.316} \times 2^{0.514} \times 1^{-0.325} = 5.78m$$

12.6.3 바닥보호공

바닥보호공은 그림 12.6.5와 같이 상류측 바닥보호공과 하류측 바닥보호공으로 나눌 수가 있다. 상류측 바닥보호공은 하상유지시설물의 직상류에서 발생하는 국부세굴을 방지하여 본체를 보호하기 위해 설치하며, 하류측 바닥보호공은 물받이를 통해 에너지가 감소한 흐름이 하류 하상을 세굴시키는 것을 방지하여 물받이 및 본체를 보호하기 위해 설치한다. 바닥보호공의 재료는 콘크리트 블록, 사석 및 돌망태 등이 있다.

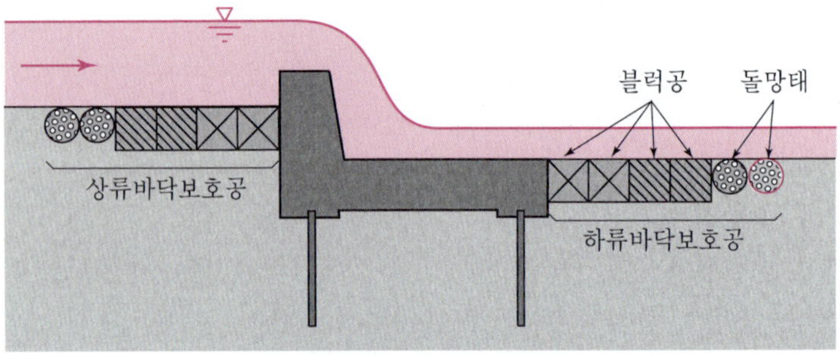

그림 12.6.5 바닥보호공

바닥보호공의 길이는 블라이 공식과 국립건설시험소 공식을 사용하여 결정한다.

● 블라이 공식

$$L_2 = 0.66CF(Hq)^{1/2} - L_1 \qquad (12.6.7)$$

● 국립건설시험소 공식

$$L_2 = \alpha q^a H^b D_{50}^c \qquad H \leq 2m \tag{12.6.8}$$

여기서 L_2는 바닥보호공의 길이(m), H는 보 마루표고로부터 물받이 상단표고까지의 높이(m), q는 단위폭당 유량(m^3/sec/m), C는 블라이 계수(표 12.6.1), F는 안전율(가동보 : 1.5, 고정보 : 1.0), L_1은 물받이 길이, D_{50}은 하상토의 중앙입경(mm), 그리고 α, a, b 및 c는 계수로 표 12.6.2로부터 결정한다.

표 12.6.2 바닥보호공 길이 산정계수

구 분	α	a	b	c
상류측	2.9055	0.7099	0.4237	−0.2207
하류측	4.1506	0.6075	0.3797	−0.1678

예제 12.10

예제 12.9와 같은 상황에서 바닥보호공의 길이를 산정하라.

풀이

블라이 공식을 적용한 경우

$$L_2 = 0.66CF(Hq)^{1/2} - L_1 = 0.66 \times 12 \times 1.0 \times (1.0 \times 2.0)^{1/2} - 7.2 = 4m$$

국립건설시험소 공식을 적용한 경우

$$\text{상류측 : } L_2 = \alpha q^a H^b D_{50}^c = 2.9055 \times 2^{0.7099} \times 1^{0.4237} \times 1^{-0.2207} = 4.75m$$

$$\text{하류측 : } L_2 = \alpha q^a H^b D_{50}^c = 4.1506 \times 2^{0.6075} \times 1^{0.3797} \times 1^{-0.1678} = 6.32m$$

12.7 보

보는 취수 및 주운 등을 위하여 수위를 높여 수심을 유지하거나 하류로부터 조수의 역류를 방지하기 위해 하천을 횡단하여 설치하는 구조물이다. 일반적으로 보는 유량을 조절하기 보다는 수위를 조절하기 위해 설치하지만 최근에는 유량을 조절하기 위한 기능을 가진 보가 사용되므로 소규모의 댐과 구별이 명확하지가 않다. 보통 높이가 15m 이하인 경우 보로 간주하고 있다.

12.7.1 보의 종류

보는 설치목적, 구조와 기능, 그리고 형상에 따라 다음과 같이 분류할 수가 있다. 본 절에서는 고정보의 설계방법에 대해 소개하기로 하며, 고정보의 일반적인 구조는 그림 12.7.1과 같다.

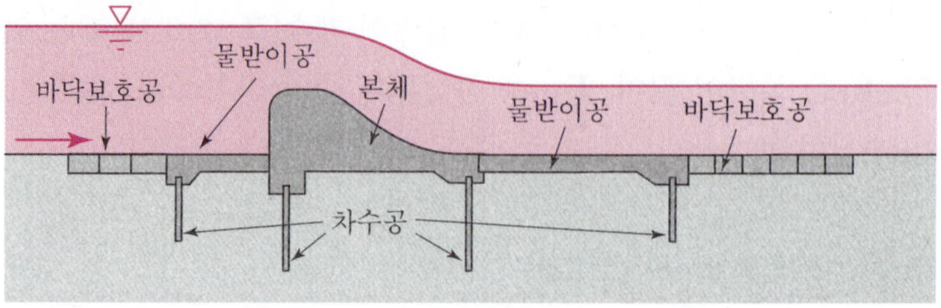

그림 12.7.1 고정보의 구조

가) 설치목적에 따른 분류

① 취수보 : 하천의 수위를 조절하여 생활용수, 공업용수, 농업용수, 발전용수 등을 취수하기 위해 설치하는 보

② 분류보 : 하천의 홍수를 조절하고 저수를 유지하기 위해 하천의 분기점 부근에 설치하여 유량을 조절 또는 분기함으로서 수위를 조절하는 보

③ 방조보 : 하구 또는 감조구간에 설치하여 조수의 역류를 방지하고 흐름의 정상적인 기능을 유지하기 위해 설치하는 보

④ 기타보 : 하천의 수위 및 유량을 조절하기 위한 보

나) 구조와 기능에 따른 분류

① 고정보 : 수문이 설치되지 않고 본체와 부대시설로 이루어진 보로 소하천에 많이 설치된다.

② 가동보 : 수문이 설치되어 수문에 의해 수위조절이 가능한 보

다) 형태에 따른 분류

① 직선형 : 흐름에 직각방향으로 설치하는 보로 일반적으로 많이 사용한다.

② 경사형 : 흐름방향과 경사지게 설치하는 보로 상하류의 흐름 방향을 일치시키기 위해 사용된다.

③ 굴절형 : 제방 보호를 위해 흐름을 중앙으로 유도하는 형태의 보로 보 하류부 중앙지점에 세굴이 집중되므로 주의를 요한다.

④ 원호형 : 아치형태의 보로 굴절형과 같은 장단점을 가지고 있다.

12.7.2 고정보 본체

고정보는 일반적으로 콘크리트 구조로 설계하며, 보 마루 표고는 하천의 계획 단면적을 충분히 확보하고 각종 필요 용수량을 취수할 수 있도록 취수구 수위 또는 보의 목적에 따른 수위를 바탕으로 결정한다.

보마루표고=계획취수위-(갈수량-취수량)의 월류수심+여유고

고정보의 단면형상은 상류측을 연직 또는 이에 가까운 기울기로 하고, 하류측을 큰 기울기로 하여 역학적인 안정조건을 만족시키며 수리학적으로 유리한 단면이 되도록 한다. 그림 12.7.2와 같은 고정보의 상단폭(T)과 저변폭(B)은 다음과 같은 블라이 공식을 이용하여 결정한다.

$$T = \frac{h_1}{\sqrt{S_c}} \tag{12.7.1}$$

$$B = \frac{H + h_1 + d}{\sqrt{S_c}} \tag{12.7.2}$$

여기서 H는 보의 높이(m), h_1은 보 정상부에서의 최대 월류수심(m), d는 접근속도수두(m), 그리고 S_c는 콘크리트의 비중으로 보통 2.3을 적용한다.

보를 투수성 지반에 설치할 때 상하류의 수위차에 의한 파이핑 현상이 발생하지 않도록 충분한 투수길이를 확보해야 하고 만일 투수량이 많을 경우에는 그림 12.7.3과 같은 차수벽을 설치하여 이를 방지하여 구조물의 안정성을 유지해야 한다. 차수벽은 일반적으로 콘크리트, 강철 널말뚝, 케이슨 등을 사용하여 설치하며 투수로의 길이 l은 다음과 같은 블라이 공식을 이용하여 결정한다.

$$l \geq C\,\Delta H \tag{12.7.3}$$

여기서 l은 투수로의 길이(m), ΔH는 보 상하류간의 수위차(m), 그리고 C는 블라이 계수로 표 12.6.1과 같다.

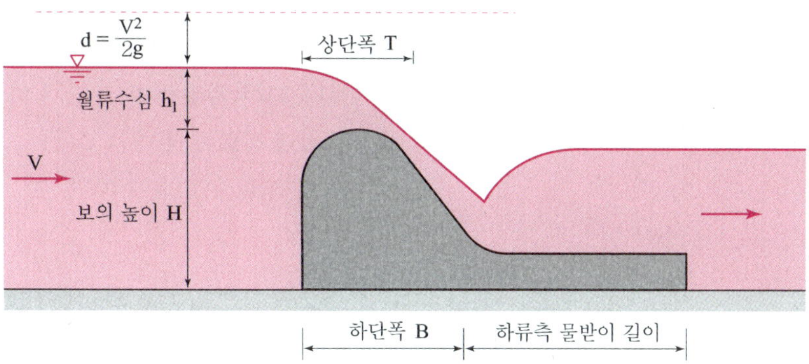

그림 12.7.2 고정보의 단면

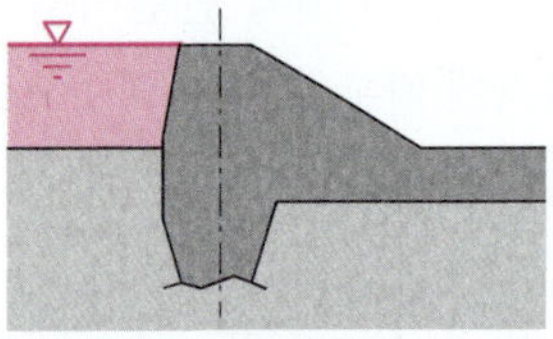

(a) 콘크리트 차수벽

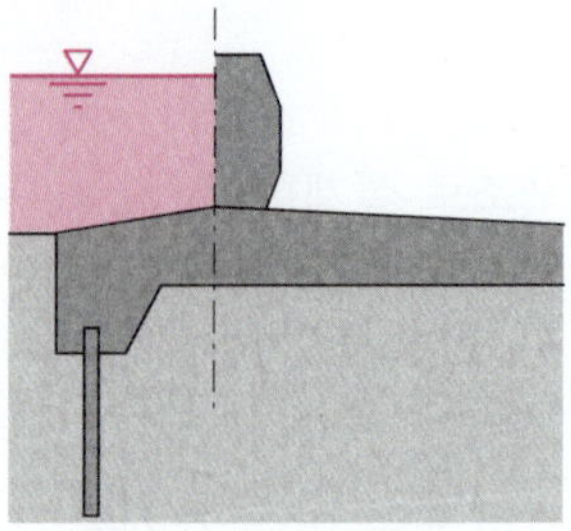

(b) 강철 널말뚝 차수벽

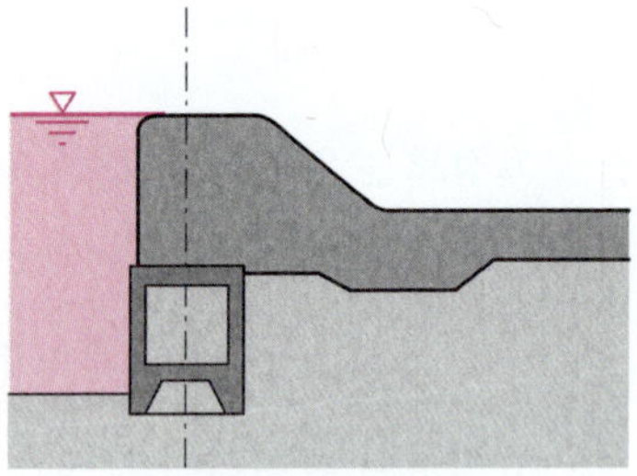

(c) 케이슨 차수벽

그림 12.7.3 차수벽의 종류

예제 12.11

하천상에 취수를 위해 보를 설치하려고 한다. 보의 높이를 1m, 최대 월류수위를 0.5m, 그리고 접근수두를 0.2m로 할 경우 보의 상단폭 및 하부폭을 결정하라.

풀이

블라이 공식을 적용하면

$$\text{상단폭 : } T = \frac{h_1}{\sqrt{S_c}} = \frac{0.5}{\sqrt{2.3}} = 0.33\text{m}$$

$$\text{하부폭 : } B = \frac{H + h_1 + d}{\sqrt{S_c}} = \frac{1 + 0.5 + 0.2}{\sqrt{2.3}} = 1.12\text{m}$$

12.7.3 물받이 및 바닥보호공

보에 대한 물받이 및 바닥보호공도 하상유지시설물인 낙차공이나 대공에서의 물받이 및 바닥보호공과 같은 개념으로 설계한다. 하류측의 물받이 길이도 블라이 공식 (12.6.4)와 국립건설시험소 공식 (12.6.5)를 이용하여 결정하며, 바닥보호공도 블라이 공식 (12.6.7)을 이용하여 결정한다. 바닥보호공의 재료는 콘크리트 블록, 사석, 그리고 돌망태 등이 사용되며 가능하면 조도가 다른 2종류 이상의 재료를 사용하여 유속을 서서히 감소시켜 하류의 하상을 보호하도록 한다.

연습문제

12.1 단면 수축이 없는 전폭위어의 폭이 10m, 위어의 높이가 1.5m, 월류수심이 0.7m일 때 Bazin, Rehbock, 그리고 SIAS 공식을 이용하여 월류유량을 산정하라.

12.2 전폭위어의 폭이 2m, 위어의 높이가 0.7m, 월류수심이 0.4m일 때 Bazin, Rehbock 공식을 이용하여 월류유량을 산정하라.

12.3 다음과 같은 조건에 대해 위어에서 완전한 공기순환이 이루어지기 위해 필요한 공기의 양과 필요한 공기주입관의 직경을 산정하라. 위어의 폭이 b=10m, 위어상의 수두 H=0.8m, 유량 $q=0.9m^3/s/m$, $H_p=1.0m$, 공기주입관은 강철관으로 길이가 3.0m이며, 공기의 밀도는 $1.2048kg_o/m^3$이다. 허용 가능한 압력감소 수두는 0.2m이며 f=0.02이다.

12.4 하도 폭이 5m인 수로에 0.5m 높이의 예연 사각형 위어가 설치되어 있으며 하도의 중심에 위치한 위어의 폭이 1.5m이다. 수두가 0.2m일 때 유량을 산정하라.

12.5 사각형위어의 정점부 높이가 1.5m이고, 폭이 10m이다. 위어 상의 수심이 0.5m일 때 위어를 통해 월류하는 유량을 다음 공식을 이용하여 구하라.

$$Q = C_{wr}\frac{2}{3}\sqrt{2g}\,bH^{3/2}, \qquad C_{wr} = 0.611 + 0.075\left(\frac{H}{P_w}\right)$$

12.6 60°의 삼각형 위어에서 수두 H=0.18m, 위어의 높이 a=0.5m, 그리고 수로의 폭이 b=1.5m일 때 위어를 통한 유량을 산정하라.

12.7 90°삼각형 위어에 대한 유량을 산정하라. $H_1 = 0.24m$, $H_2 = 0.12m$, 그리고 $Q_1 = 1.34H_1^{2.5}$이다.

12.8 정점부가 45°로 이루어진 삼각형 위어에서 월류수심이 0.5m이다. 위어를 통해 흐르는 유량을 다음 공식을 이용하여 구하라. 단, 삼각형 위어계수 $C_{wt} = 0.58$이다.

$$Q = C_{wt}\frac{8}{15}\tan\left(\frac{\theta}{2}\right)\sqrt{2g}\,H^{5/2}$$

12.9 포물선형 위어에 대한 유량을 산정하라. $H_1 = 0.24m$, $H_2 = 0.12m$, 그리고 $Q_1 = 0.61H_1^{2.0}$이다.

12.10 끝단이 90°로 마감되어 있는 사각형 광정위어 위로 물이 월류하고 있다. 위어의 폭 L=5m, 길이 b=2m, 높이 a=0.4m이며, 월류수심 h=0.2m일 때 위어 위로 월류하는 유량은 얼마인가?

12.11 높이가 0.8m, 폭이 5m인 광정위어상의 수두가 0.3m일 때 다음 식을 이용하여 유량을 산정하라.

$$Q = C_{wb} b \sqrt{g} \left(\frac{2}{3}\right)^{3/2} H^{3/2}, \qquad C_{wb} = \frac{0.65}{(1 + H/P_w)^{1/2}}$$

12.12 도로를 통과하는 새로운 암거를 설계하려고 한다. 50년 빈도의 설계홍수량 8.5m³/s를 통수시키려 할 때 다음 정보를 이용하여 암거를 설계하라.

$EL_{hd} = 33.528$m

자연하천 하상경사 : 0.02

50년 빈도 홍수량에 대한 TW : 1.219m

암거입구에서의 하상표고 : 30.48m

개략적인 암거길이 : 76.2m

노견 표고 : 34.595m

강화콘크리트 Box 암거를 적용하려고 한다. 입구부가 90°로 각진 경우와 45° 주름진 경우에 대해 설계하라. 유입부 저부 높이와 하상의 높이는 동일하다.

12.13 도로를 통과하는 암거를 설계하려고 한다. 설계홍수량 1.2m³/s를 통수시키려 할 때 다음 정보를 이용하여 암거를 설계하라.

자연하천 하상경사 : 0.03

설계홍수량에 대한 TW : 1.0m

암거길이 : 30m

입구부 손실계수 : 0.7

직경 800m의 주름진 강관(n=0.025)을 사용하여 설계할 때 암거 상류 수심 HW를 구하라.

12.14 폭이 50m인 광폭사각형 수로에 200m³/sec의 유량이 흐르고 있다. 이곳에 교량을 설치하기 위해 두께 4m의 교각을 두 개 사용하려고 한다. 수로의 조도계수는 0.025, 하상경사는 0.001이고, 유량계수 C_d는 0.95이다. 교량이 설치된 후 교각에 의한 교량상류부의 수위상승높이를 구하라.

12.15 하천상에 세굴을 방지하기 위해 낙차공을 설치하려고 한다. 단위폭당 유량이 1m³/s/m이고, 보 마루 표고와 물받이 상단표고의 차가 0.6m일 때 물받이 길이를 얼마로 해야 하는가? 단, 하상재료의 평균입경은 5mm로 자갈과 모래가 섞여 있다고 가정하라.

12.16 연습문제 12.15와 같은 상황에서 바닥보호공의 길이를 산정하라. 단, 물받이 길이는 2.04m이다.

12.17 하천상에 취수를 위해 보를 설치하려고 한다. 보의 높이를 1.5m, 최대 월류수위를 1m, 그리고 접근 수두를 0.3m로 할 경우 보의 상단폭 및 하부폭을 결정하라.

Hydraulics

Chapter 13

댐 및 부속구조물 설계

13.1 서론

댐은 홍수시 피해 방지를 위한 물의 저류, 각종 용수 및 수력발전을 위한 물의 저장 등 우리 주위에서 많이 볼 수 있는 수리구조물이다. 이와 같은 다양한 목적으로 댐 본체뿐만 아니라 여수로, 감세공, 방류수로 등 다양한 부속구조물을 포함하고 있으며, 이들의 기능이 제대로 유지하기 위해서는 각 부속구조물에 대한 적절한 수리학적 설계가 필요하다. 따라서 본 장에서는 댐의 안정해석개념과 함께 각 부속구조물의 수리학적 설계 방법을 소개하기로 한다.

13.2 댐의 분류

댐은 분류의 목적에 따라 여러 범주로 분류할 수가 있다. 본 절에서는 사용목적, 수리학적 설계, 그리고 댐 재료에 의해 구분해 보기로 한다.

13.2.1 사용목적에 의한 분류

댐은 사용목적에 따라 저류용 댐(storage dam), 분류용 댐(diversion dam), 그리고 저지용 댐(detention dam) 및 다목적 댐(multipurpose dam)으로 크게 분류할 수가 있다.

가) 저류용 댐

저류용 댐은 물의 공급이 초과되는 기간에 물을 저장하여 물이 부족한 기간에 사용하기 위해 건설한다. 이러한 기간으로는 계절, 년 또는 그 이상이 될 수도 있다. 저류용 댐은 저류의 목적에 따라 생활용수공급, 위락활동(recreation), 어류 및 야생동물용, 수력발전, 관개용 댐 등으로 세분하여 분류할 수가 있다.

나) 분류용 댐

분류용 댐은 보통 인공수로나 운하 또는 송수시스템에 물을 보내기 위한 수위를 유지시키기 위해 건설된다. 분류용 댐은 관개개발, 하천으로부터 저류용 저수지까지의 분류, 도시 및 산업용 물의 공급 또는 위의 내용의 복합적인 상황에 물을 공급하기 위해 사용된다.

다) 저지용 댐

저지용 댐은 홍수량을 지체시켜 갑작스러운 범람을 최소화하기 위해 건설된다. 저지용 댐은 크게 두 가지로 분류할 수가 있다. 첫 번째는 물을 임시적으로 저장하였다가 하류 하천의 소통 능력범위를 초과하지 않는 정도로 방류구조물을 통해 물을 방류하는 댐이다. 또 다른 댐은 물을 가능한 한 오래 저장하여 제방이나 저수지 바닥을 통해 물을 침투시키는 것으로 지하수를 충진시키기 위한 목적으로 사용한다. 저지용 댐은 또한 유사를 차단하기 위해 건설되기도 한다.

라) 다목적 댐

위에서 설명한 여러 가지 목적 중 두 가지 이상의 목적을 위해 물을 저장하는 댐으로 보통, 홍수조절, 다양한 목적의 용수공급 및 발전을 위해 건설된다.

13.2.2 수리학적 설계에 의한 분류

댐은 수리학적 설계에 따라 월류 댐(overflow dam)과 비월류 댐(nonoverflow dam)으로 구분할 수가 있다. 월류 댐은 댐 정점부(crest) 위로 물을 방류할 수 있도록 설계한 댐이다. 따라서 콘크리트, 암석, 강철 및 목재와 같이 유출에 의해 세굴되지 않는 재료를 사용하여 건설하게 된다. 비월류 댐은 물이 댐 위로 월류되지 않도록 설계한 댐으로 흙 등 다양한 재료를 사용할 수가 있다. 흙채움(earthfill)으로 건설한 수제(dike)를 가진 월류 콘크리트 중력식 댐과 같이 두 가지 방법이 혼합된 경우도 있다.

13.2.3 댐 재료에 의한 분류

댐을 분류하는 가장 일반적인 방법으로 건설 재료에 의해 분류하는 것으로 댐의 명칭이 주로 이 분류방법에 의해 붙여지게 된다. 이와 같이 재료에 의해 흙채움 댐(earthfill dam), 사력식 댐(rockfill dam), 콘크리트 중력식 댐(concrete gravity dam), 콘크리트 아치 댐(concrete arch dam), 콘크리트 부벽식 댐(concrete buttress dam) 및 기타 댐으로 분류할 수 있다.

가) 흙채움 댐

흙채움 댐은 가장 일반적인 댐으로 자연 상태의 흙을 재료로 사용하며 다른 종류의 댐보다도 댐 기초의 요건이 엄격하지가 않다. 흙채움 댐은 여수로(spillway)의 기능을 하는 보조적인 구조물이 필요하다. 흙채움 댐의 단점은 충분한 여수로의 통수능력을 확보하지 않으면 월류하는 물에 의해 댐이 세굴피해를 입거나 붕괴될 수가 있다. 또한 굴을 파는 동물들에 대한 조치를 취하지 않으면 심각한 피해를 입을 수도 있다.

그림 13.2.1 흙채움 댐 및 사력식 댐

나) 사력식 댐

사력식 댐은 다양한 크기의 암석을 사용하여 건설하며 방수를 위해 투수방지 재료를 사용한다. 투수를 방지하기 위해 댐 상류면에 불투수 토양, 콘크리트 슬라브, 아스팔트 콘크리트 포장, 강철판 등을 사용하거나 댐 내부에 얇은 불투수 토양의 심(core)을 사용하기도 한다.

사력식 댐도 흙채움 댐과 마찬가지로 여수로 용량이 충분하지 않아 월류하는 경우 큰 피해를 입을 수가 있다. 사력식 댐의 기초는 투수 방지용 재료가 균열이 발생하지 않을 정도의 침하만 허용하는 기초를 사용하여야 하며, 따라서 암반 또는 다져진 모래 및 자갈기초가 적절하다.

다) 콘크리트 중력식 댐 및 아치 댐

콘크리트 중력식 댐은 견고한 암반기초가 있는 곳에 적절한 형식이다. 월류형 여수로 정점부의 사용에 적절하며, 이러한 장점으로 인해 흙채움이나 사력식 댐의 월류부 또는 분류용 댐의 월류 단면에 사용되기도 한다. 콘크리트 중력식 댐은 직선 또는 곡선형태로 건설할 수가 있으며 곡선형은 비용이나 안정성에 있어 장점을 가지고 있다. 콘크리트 아치 댐은 아치 지지대(abutment) 사이의 폭과 높이의 비가 그리 크지 않고, 아치에 의한 힘의 저항을 충분히 받을 수 있는 견고한 암반기초가 있는 곳에 적절하다.

그림 13.2.2 콘크리트 중력 아치댐

라) 콘크리트 부벽식 댐

부벽식 댐은 물을 지탱하기 위한 상류부 판과 이 판을 지지하는 여러 개의 부벽 또는 연직벽으로 구성된다. 콘크리트 부벽식 댐은 콘크리트 중력식 댐에 비해 콘크리트를 약 60% 정도 절감하게 되지만 이를 상쇄하기 위한 강화강철(reinforced steel)이 필요하게 된다.

그림 13.2.3 부벽식 댐

마) 기타 댐

위에서 설명한 댐 외에 철재로 만든 철재 댐(steel dam), 목재로 만든 목재 댐(timber dam) 등이 있다.

13.3 댐의 안정해석

중력식 댐을 설계하기 위해서는 댐의 안정에 영향을 주는 모든 힘들을 결정할 필요가 있다. 또한 이러한 힘들이 작용할 때 전단파괴, 전도파괴 및 기초의 지지력에 대한 안정성 검토가 이루어져야 한다. 본 절에서는 일반적으로 많이 건설되고 있는 콘크리트 중력식 댐에 대한 안정해석 방법을 간략하게 소개하기로 한다.

13.3.1 댐에 작용하는 힘

중력식 댐의 안정해석에서 고려해야 하는 힘들은 그림 13.3.1과 같이 저수지의 물에 의한 힘, 댐 기초부에서의 부양력(uplift force), 댐 저부에 퇴적된 퇴사에 의한 압력(silt pressure), 댐 자체의 무게,

지진에 의한 영향, 댐 하류부 수위에 의한 힘, 저수지 수표면의 파동에 의한 힘, 얼음정체에 의한 힘, 바람에 의한 힘, 수문 및 기타 부속구조물에 의한 힘 등이 고려되어야 한다. 이들 모든 힘들을 고려하는 것이 바람직하지만, 본 절에서는 크기 면에서 중요한 힘들에 대해서만 고려하기로 하며, 각 힘들에 대해 세부적으로 나타내면 다음과 같다. 여기서 각 힘들은 댐의 단위폭당 작용하는 힘(kg/m)으로 표시한다.

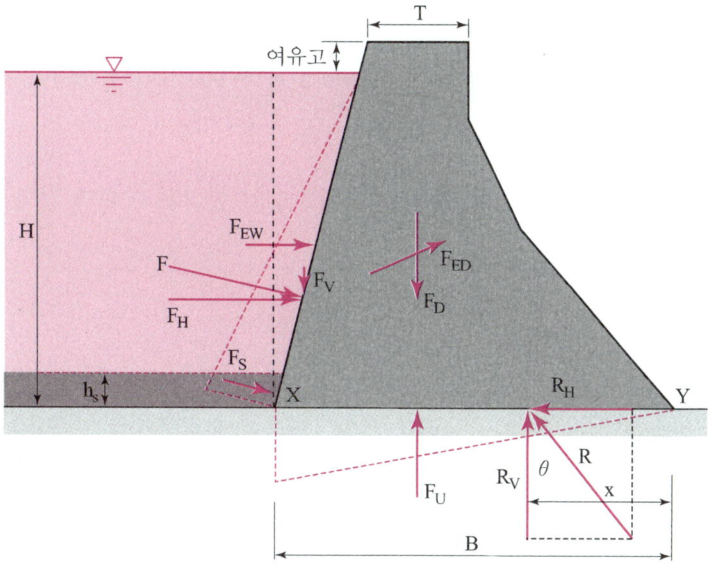

그림 13.3.1 콘크리트 중력식 댐에 작용하는 힘

① 물에 의한 힘(F_H, F_V와) : 물에 의한 힘은 수평력 F_H와 연직력 F_V로 구분할 수가 있다. 수평력 F_H는 저수지 바닥으로부터 1/3지점에 작용하는 정수압으로 $F_H = \gamma H_C A = \gamma H^2/2$이다. 연직력 F_V는 댐 상류측 사면 위의 삼각형 프리즘에 해당하는 물이 연직방향으로 댐에 작용하는 힘으로, 힘의 중심점은 삼각형의 도심에 작용하고 크기는 삼각 프리즘의 무게와 같다.

② 댐의 무게(F_D) : 댐의 무게 F_D는 댐의 단면적에 콘크리트의 단위중량(2.4~2.5)을 곱해 구하게 되며 댐 단면의 도심을 지나 아래로 작용하게 된다.

③ 부양력(F_U) : 댐 저면에서 위 방향으로 작용하는 침투수에 의한 부양력 F_U는 기초지반의 침투해석을 통해 결정한다. 만일 균일(homogeneous)한 투수성 지반인 경우라면 댐의 상류부 저점 X와 하류부 저점 Y에서의 부양력은 각 지점에서의 정수압과 같고 두 지점사이에서는 직선분포를 이룬다고 가정한다. 따라서 하류부에서는 정수압이 $p = 0$이고 상류부에서는 $p = \gamma H$이므로 부양력은 압력 삼각형의 면적으로 $F = \gamma HB/2$가 된다.

④ 퇴사에 의한 힘(F_S) : 댐 상류로부터 물에 포함되어 흘러온 유사가 저수지에 퇴적되어 댐 상류부

저면에 퇴적된 유사로 인한 추가적인 압력을 받게 된다. 이와 같은 퇴사에 의해 댐에 작용하는 힘은 개략적으로 $F = \gamma(S_s - 1)h_s^2/2$로 산정할 수 있다. 여기서 γ는 물의 단위중량, S_s는 퇴사와 물 혼합체의 비중, h_s는 퇴사층의 두께이다.

⑤ 지진에 의한 힘(F_{ED} 또는 F_{EW}) : 지진에 의해 댐 무게에 가속이 발생하여 댐 자체의 무게가 증가하게 된다. 이와 같이 댐에 의한 가속에 의해 증가하는 힘은 $F_{ED} = (F_D/g)\alpha$로 산정할 수 있다. 여기서 α는 지진가속도로 수평방향은 $g/10$, 연직방향은 $g/12$ 정도가 되며 단면의 형상에 상관없이 도심에 작용하게 된다. 지진에 의해 저수지내 물의 추가적인 수평력은 $F_{EW} = (5/9)\gamma H^2(\alpha/g)$로 산정하고, 이때 $\alpha = g/10$이며, 작용점은 $H_p = 4H/3\pi$가 된다.

이상과 같은 댐에 작용하는 힘들의 수평 및 연직방향의 합력은 다음과 같다.

$$R_H = F_H + F_S + F_{EDh} + F_{EW} \tag{13.3.1}$$

$$R_V = F_D + F_V - F_U - F_{EDv} \tag{13.3.2}$$

여기서 R_H는 수평반력으로 댐 저면과 기초부와의 접촉면에 작용하고, R_V는 연직반력으로 Y점으로부터 x만큼 떨어진 지점에서 위 방향으로 작용한다. 여기서 반력의 작용점 x는 Y지점에 대한 모든 힘들의 모멘트의 합을 0으로 놓으면 구할 수가 있다.

13.3.2 댐의 안정해석

댐에 작용하는 힘들이 결정되었으면 이러한 힘들에 대해 댐이 안정한지 분석을 할 필요가 있으며, 이와 같은 중력식 댐의 안정해석에는 전도(overturing), 전단(sliding), 그리고 기초의 지내력검토가 포함된다.

가) 전도파괴에 대한 안정해석

중력식 댐인 경우 댐 하류사면 저변(toe)을 중심으로 전도하려는 경향이 있다. 만일 댐의 상류사면 저변에서 부양력을 제외한 연직방향의 힘이 부양력보다 크게 되면 전도에 대해 안정하다고 할 수 있지만, 만일 연직력보다 부양력이 크다면 댐은 전도의 가능성이 있다고 볼 수 있다. 따라서 전도에 대한 안정정도를 나타내는 안전계수 FS_o는 Y점에 대한 전도모멘트(overturning moment)에 대한 저항모멘트(resisting moment)의 비로 다음과 같이 나타낼 수 있다.

$$FS_o = \frac{F_D x_1 + F_V x_2}{(F_D x_1 + F_V x_2) - R_V x} \tag{13.3.3}$$

여기서 x_1과 x_2는 Y 지점으로부터 댐에 의한 무게 F_D 및 댐 상류사면에 작용하는 물의 무게 F_V가 작용하는 지점까지의 수평거리이다. 식 (13.3.3)으로부터 반력 R_V가 Y 점에 작용하면 $x = 0$이 되고 $FS_o = 1$이 된다. 따라서 반력 R_V가 Y의 왼쪽, 즉 댐 저면 내에 작용하면 $FS_o > 1$이 되어 전도에 안전하게 된다.

나) 전단파괴에 대한 안정해석

댐에 수평으로 작용하는 힘들은 댐을 수평방향으로 이동시키려는 경향이 있다. 이러한 힘에 저항하는 저항력은 댐 저면과 기초사이의 마찰력과 전단저항력이다. 따라서 전단파괴에 대한 안전계수 FS_s는 수평방향 힘들의 합력에 대한 댐 저면과 기초부사이의 저항력의 비로 나타낼 수가 있다.

$$FS_s = \frac{R_V C_f + \tau A_k}{R_H} \qquad (13.3.4)$$

여기서 C_f는 댐의 저면과 기초와의 접촉면에서의 마찰계수(0.5~0.75)이고, τ는 저항력이 부족한 경우 저항력을 늘리기 위해 설치한 막대공(key)의 수평단면적 A_k에 작용하는 단위면적당 전단응력이다. $FS_s > 1$인 경우 전단파괴에 대해 안정하다고 할 수 있으며 일반적인 부하가 걸리는 경우 $FS_s > 2$, 과도한 부하가 걸리는 경우 $FS_s > 1.5$가 적용된다. 만일 $FS_s < 1$이면 전단파괴가 예상되므로 댐의 하중을 늘리거나 저항력을 증가시키기 위한 막대공을 더 설치할 필요가 있다.

다) 기초의 지지력에 대한 안정해석

안정한 조건에서 댐에 작용하는 수평력 및 연직력의 합력이 기초의 지지력과 평형을 이루게 된다. 부양력을 제외하고 계산한 기초부의 반력은 그림 13.3.2와 같이 나타낼 수 있다.

댐 상류면(heel)에서 작용하는 압축력을 P_h, 하류면(toe)에서 작용하는 압축력을 P_t라 하면 연직 반력은

$$R_V = \frac{(P_h + P_t)B}{2} \qquad (13.3.5)$$

댐 저면의 중심 O를 중심으로 한 반력의 모멘트와 압축력의 모멘트를 같게 놓으면 중심으로부터 반력 R_V가 작용하는 지점까지의 편심거리 e를 구할 수 있다.

$$R_V \cdot e = \frac{(P_t - P_h)B}{2}\frac{B}{6} \qquad (13.3.6)$$

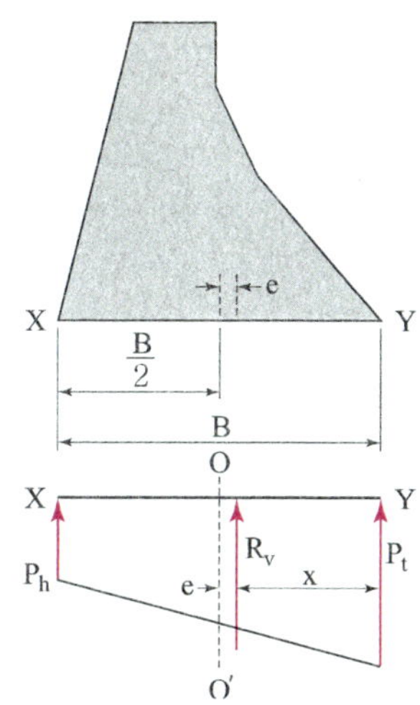

그림 13.3.2 댐 기초에 작용하는 힘

따라서

$$e = \frac{(P_t - P_h)B^2}{12R_V} \tag{13.3.7}$$

식 (13.3.5)와 식 (13.3.6)을 연립하여 풀면 P_h과 P_t를 다음과 같이 나타낼 수 있다.

$$P_t = \frac{R_V}{B}\left(1 + \frac{6e}{B}\right) \tag{13.3.8}$$

$$P_h = \frac{R_V}{B}\left(1 - \frac{6e}{B}\right) \tag{13.3.9}$$

식 (13.3.9)에서 반력 R_V가 작용하는 저면 중심으로부터의 편심거리가 $e > B/6$, 즉 댐 저면 중앙의 1/3 내에 들지 않으면 $P_h < 0$이 되어 인장으로 인한 파괴가 발생하게 된다. 따라서 반력 R_V가 댐 저면 중앙의 1/3 이내에 작용하도록 설계하여야 한다. 이상과 같이 산정한 압축력 P_h와 P_t를 기초지반이 충분히 지지할 수 있도록 하여야 한다.

예제 13.1

그림 13.3.3과 같은 콘크리트 댐 기초에서 받는 압축력 분포를 결정하고 전도 및 인장파괴의 위험성을 평가하라. 저수지는 만수상태이고 댐의 비중은 2.5이고, 댐 저면과 지반과의 마찰계수는 0.7, 허용지내력은 $100 t/m^2$으로 가정하라.

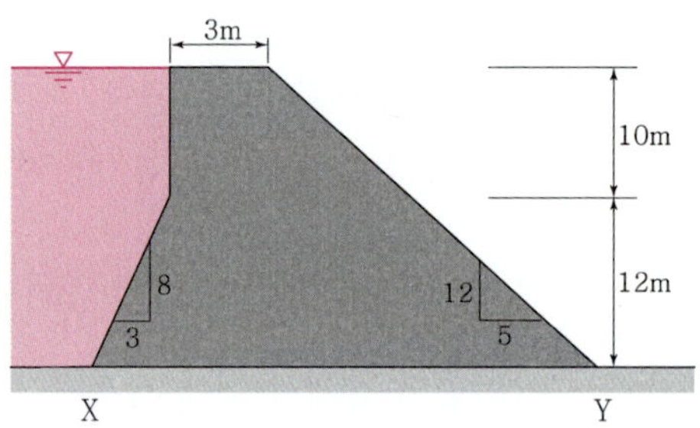

그림 13.3.3

풀이

먼저 댐에 작용하는 힘과 작용점은

댐무게 : $F_D = \left(3\times 22 + \frac{1}{2}\times 4.5\times 12 + \frac{1}{2}\times 9.17\times 22\right)\times 2.5 = 485.675 t/m$

$$x_1 = \frac{3\times 22\times 10.67 + \frac{1}{2}\times 4.5\times 12\times 13.67 + \frac{1}{2}\times 9.17\times 22\times 6.113}{3\times 22\times \frac{1}{2}\times 4.5\times 12 + \frac{1}{2}\times 9.17\times 22} = 8.72m$$

물의 연직력 : $F_v = \left(4.5\times 10 + \frac{1}{2}\times 4.5\times 12\right)\times 1 = 72 t/m$

$$x_2 = 9.17 + 3 + \frac{4.5\times 10\times 2.25 + \frac{1}{2}\times 4.5\times 12\times 3}{72} = 14.7m$$

물의 수평력 : $F_H = \frac{1}{2}\gamma H^2 = \frac{1}{2}\times 1\times 22^2 = 242 t/m$

댐 저면의 부양력 : $F_U = \frac{1}{2}\gamma HB = \frac{1}{2} \times 1 \times 22 \times (4.5+3+9.17) = 183.37\,t/m$

지진에 의한 댐의 수평력 : $F_{EDh} = \frac{F_D}{g}\alpha = \frac{485.675}{g} \times \frac{g}{10} = 48.4675\,t/m$

지진에 의한 댐의 연직력 : $F_{EDv} = \frac{F_D}{g}\alpha = \frac{485.675}{g} \times \frac{g}{12} = 40.39\,t/m$

지진에 의한 물의 작용력 : $F_{EW} = \frac{5}{9}\gamma H\frac{\alpha}{g} = \frac{5}{9} \times 1 \times 22^2 \times \frac{g}{10g} = 26.89\,t/m$

따라서 수평방향 및 연직방향의 반력은

$$R_H = F_H + F_S + F_{EDh} + F_{EW} = 242 + 0 + 48.47 + 26.89 = 317.36t/m$$

$$R_V = F_D + F_V - F_U - F_{EDv} = 484.675 + 72 - 183.37 - 40.39 = 332.916t/m$$

하류부 끝단 Y지점에 대한 모든 힘들의 모멘트를 합하여 0으로 놓으면 반력 R_V의 작용점은 Y지점으로부터 $x = 1.43m$가 된다.

1) 전도에 대한 안정성

$$FS_o = \frac{F_D x_1 + F_V x_2}{(F_D x_1 + F_V x_2) - R_V x} = \frac{484.675 \times 8.72 + 72 \times 14.7}{(484.675 \times 8.72 + 72 \times 14.7) - 332.915 \times 1.43} = 1.1$$

따라서 전도에 대해 안정하다.

2) 전단에 대한 안정성

$$FS_s = \frac{R_V C_f + \tau A_k}{R_H} = \frac{332.915 \times 0.7}{317.36} = 0.734$$

전단에 대해서는 안정성이 부족하여 댐의 자중을 늘리거나 막대공을 설치할 필요가 있다.

3) 인장파괴에 대한 안정성

$$e = \frac{B}{2} - x = \frac{4.5+3+9.17}{2} - 1.43 = 6.905m$$

$$\frac{B}{6} = \frac{4.5+3+9.17}{6} = 2.778m$$

편심거리 e가 저변 중앙 1/3 지점을 벗어나므로 댐 상류부 저면에 인장파괴가 발생한다.

4) 지내력에 대한 안정성

$$P_t = \frac{R_V}{B}\left(1 + \frac{6e}{B}\right) = \frac{332.915}{16.67}\left(1 + \frac{6 \times 6.905}{16.67}\right) = 69.6\,t/m^2$$

$$P_h = \frac{R_V}{B}\left(1 - \frac{6e}{B}\right) = \frac{332.915}{16.67}\left(1 - \frac{6 \times 6.905}{16.67}\right) = -29.7t/m^2$$

따라서 지내력에 대해서는 안정하다.

13.4 여수로

여수로(spillway)는 저류용 또는 저지형 댐에서 저류 능력을 초과하는 잉여의 물을 배수시키기 위해 설치되는 댐 부속 구조물이다. 여수로는 댐에서 매우 중요한 부분으로 댐의 파괴 중 상당수가 여수로의 용량부족이나 설계가 잘못되어 발생하고 있다. 여수로는 적절한 통수 능력과 함께 수리학적 및 구조적으로 적절하게 설계되어야 하며, 댐 하류지역에서 세굴이 발생하지 않는 위치에 설치하거나 말단부에 에너지를 감소시키는 감세공을 설치하여야 한다.

여수로는 형태 및 배수양상에 따라 자유낙하(free overfall 또는 weir), 월류형(over flow 또는 ogee), 측수로형(side channel), 나팔형(shaft 또는 morning glory), 사이폰형(siphon) 여수로가 있으며 본 절에서는 이들 여수로에서의 유량산정 및 설계방법에 대해 소개하기로 한다.

13.4.1 월류형 여수로

월류형 여수로는 일반적으로 많은 양의 홍수를 방류시킬 때 사용하는 형태로 광폭의 사각형 위어라 할 수 있다. 월류형 여수로의 노면은 일반적으로 예연위어를 통해 유출되는 수맥의 아랫면의 곡선과 동일하도록 설계하여 여수로 노면과 수맥사이의 부압을 줄이고 공동현상(cavitation)에 의한 구조물의 손상을 방지하도록 설계한다.

그림 13.4.1과 같이 예연위어를 통해 단위폭당 유량 q가 흐르는 경우를 생각해 보자. 만일 수맥 아래로 공기의 순환이 순조롭다면 흐름의 거동은 예연위어 정점부에서 θ의 각도로 유속 V_o로 움직이는

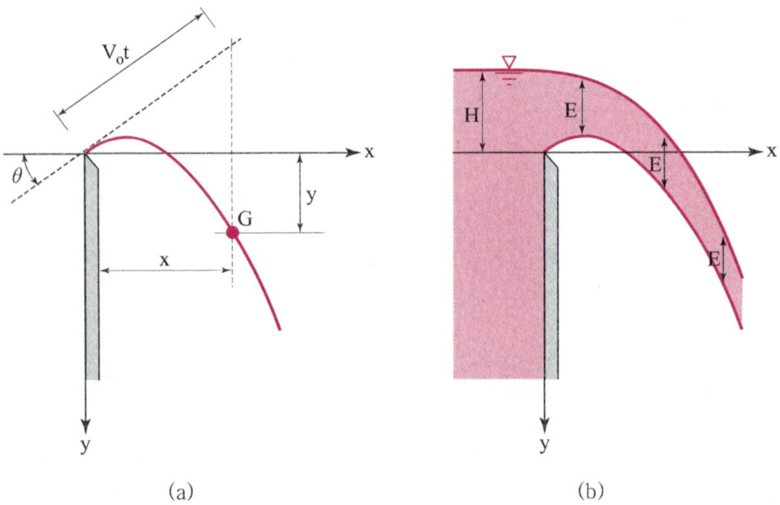

그림 13.4.1 예연위어에서의 자유수맥 경로

물의 경로와 유사할 것이다. 따라서 유속의 수평방향 성분은 일정하며, 작용하는 힘은 오직 중력뿐이라고 가정할 수가 있다. 따라서 수맥 아랫면에 위치한 물의 입자 G의 수평 및 연직방향의 위치는 다음과 같다.

$$x = V_o t \cos\theta \tag{13.4.1}$$

$$y = V_o t \sin\theta + \frac{1}{2} g t^2 + C' \tag{13.4.2}$$

식 (13.4.1)과 식 (13.4.2)에서 시간 t를 소거하고 위어 정점부에서의 수두 H로 나누어 무차원화하면

$$\frac{y}{H} = A\left(\frac{x}{H}\right)^2 + B\frac{x}{H} + C \tag{13.4.3}$$

여기서 $A = gH/2V_o^2\cos^2\theta$, $B = -\tan\theta$, 그리고 $C = C'/H$가 된다. 수평방향의 속도성분이 일정하므로, 수맥의 두께 E 또한 일정하게 된다. 따라서 식 (13.4.3)에 $D = E/H$를 더하면 수맥의 위 부분 곡선을 얻을 수가 있다. 이론적으로 식 (13.4.3)을 완전히 해석하기가 곤란하므로 실제로는 실험을 통하여 월류형 여수로의 노면곡선을 결정하기 위한 연구가 이루어졌으며, 그 중 미국 수로실험소(Waterway Experiment Station, WES)에서 제시한 경험공식을 주로 사용하고 있다.

WES에서 제시한 방법은 그림 13.4.2와 같이 여수로 정점부를 좌표의 원점으로 여수로 상의 정수두 H_d에 따라 다음과 같이 수맥의 아랫면의 곡선, 즉 여수로 노면을 계산한다.

$$y = -\frac{x^n}{KH_d^{n-1}} \tag{13.4.4}$$

여기서 K 및 n은 여수로 상류측면의 경사 m에 의해 결정되는 값이며 표 13.4.1에 주어져 있다. 또한 그림 13.4.2에서의 상류측 노면의 곡률반경 r_1, r_2 및 r_3와 여수로 정점부로부터의 거리 d_1, d_2 및 d_3도 표 13.4.1에 주어져 있으며 여수로 정점부에서의 정수두 H_d를 알면 구할 수 있다. 노면곡선 계산의 한계점은 여수로 하류노면의 경사와 접하는 지점까지가 된다.

여수로를 통해 월류하는 유량은 사각형 예연 위어에서의 유량과 같이 구할 수 있다.

$$Q = CLH_e^{3/2} \tag{13.4.5}$$

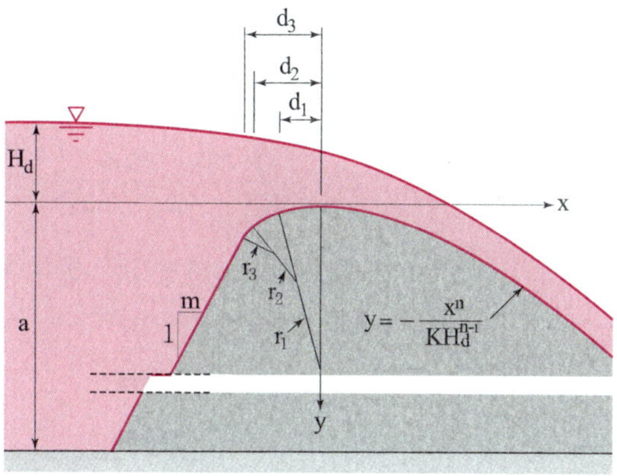

그림 13.4.2 여수로 노면결정

여기서 Q는 여수로상의 유량(m^3/s), L은 여수로 정상부의 길이(m), H_e는 여수로상의 전수두로 정수두 H_d와 접근 속도수두 $H_a = V_a^2/2g$의 합이며, C는 유량계수로 여수로 정점부에서의 전수두와 여수로의 높이의 비로 결정하게 되며 보통 1.66~2.26의 값을 가진다.

표 13.4.1 WES방법에서의 변수 결정

m	n	K	r_1/H_d	r_2/H_d	r_3/H_d	d_1/H_d	d_2/H_d	d_3/H_d
0	1.850	2.000	0.500	0.200	0.040	0.1750	0.2760	0.2818
1/3	1.836	1.936	0.680	0.210	0	0.1390	0.2570	0.2570
2/3	1.810	1.939	0.480	0.220	0	0.1150	0.2140	0.2140
3/3	1.780	1.852	변화곡률곡선*에 의함					0.2000

*변화곡률곡선 (variable-radius curve)

x/H_d	y/H_d	x/H_d	y/H_d
0.000	0.000	−0.150	−0.0239
−0.040	−0.0016	−0.160	−0.0275
−0.080	−0.0065	−0.170	−0.0313
−0.110	−0.0125	−0.180	−0.0354
−0.130	−0.0177	−0.190	−0.0399
−0.140	−0.0207	−0.200	−0.0450

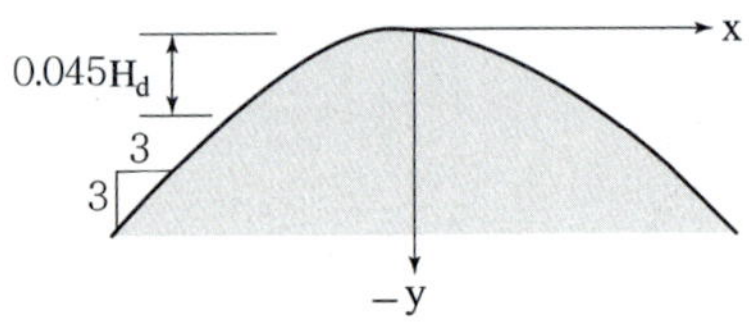

예제 13.2

댐을 건설하기 위해 설계홍수량이 $540m^3/s$인 월류형 여수로를 설계하려고 한다. 여수로 정점부의 표고는 106.8m, 계획홍수위는 110.3m일 때 여수로의 폭과 노면곡선을 WES 방법에 의해 구하라. 여수로 상류측면 및 하류측면의 경사는 수직 : 수평이 각각 3:1 및 2:1이고, 유량계수는 2.1로 가정하라.

풀이

여수로 정점부의 정수두는

$$H_d = 110.3 - 106.8 = 3.5\text{m}$$

접근수두를 무시하면 여로수의 폭은 다음과 같다.

$$L = \frac{Q}{CH_d^{3/2}} = \frac{540}{2.1 \times 3.5^{3/2}} = 39.27\text{m}$$

여수로 상류측면의 노면경사는 경사 수직 : 수평이 3:1이므로 m=1/3에 해당한다. 따라서

$$n = 1.836 \qquad K = 1.936$$

$$r_1 = 0.68H_d = 2.38\text{m}, \qquad r_2 = 0.21H_d = 0.735\text{m}, \qquad r_3 = 0$$

$$d_1 = 0.139H_d = 0.487\text{m}, \qquad d_2 = 0.257H_d = 0.90\text{m}, \qquad d_3 = 0$$

여수로 하류부 노면곡선은 식 (13.4.4)에 의해

$$y=-\frac{x^n}{KH_d^{n-1}}=-\frac{x^{1.836}}{1.936\times 3.5^{0.836}} \qquad \text{(a)}$$

식 (a)에 여수로 정점으로부터의 거리 x를 적용하면 노면의 위치 y를 얻을 수가 있다. 식 (a)의 적용범위는 하류측면 경사 2:1이 시작되는 지점까지이고, 이 지점은 식 (a)를 H_d로 나눈 후 x/H_d로 미분하여 하류측면 경사 −2와 같게 놓아 결정할 수 있다.

$$\frac{y}{H_d}=-\frac{1}{K}\left(\frac{x}{H_d}\right)^n$$

$$\frac{d(y/H_d)}{d(x/H_d)}=-\frac{n}{K}\left(\frac{x}{H_d}\right)^{n-1}$$

$$=-\frac{1.836}{1.936}\left(\frac{x}{3.5}\right)^{0.836}=-2$$

따라서 하류측면 경사와 연결되는 지점은 x=8.55m가 된다. 이 값을 (a)에 적용하면 이에 상응하는 값은 y=−9.32m가 된다.

이와 같이 (8.55, −9.32) 지점까지는 식 (a)에 의해 작도하고 이 지점부터는 경사 −2로 적용하여 하류측 노면을 결정한다. 이와 같이 구한 월류형 여수로의 노면곡선이 그림 13.4.3과 같다.

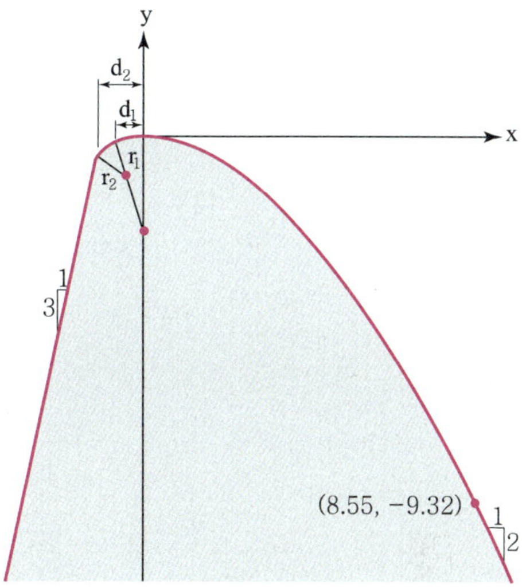

그림 13.4.3

13.4.2 측수로형 여수로

측수로형 여수로는 그림 13.4.4와 같이 여수로 배수 하도와 여수로 정점부가 평행하게 위치하여 여수로 정점을 통과한 물이 측수로에 떨어져 90°로 방향을 바꾸어 측수로 하류방향으로 흐르게 되어 있는 여수로이다. 측수로는 보통 개수로, 암거 또는 관거로 이루어진다.

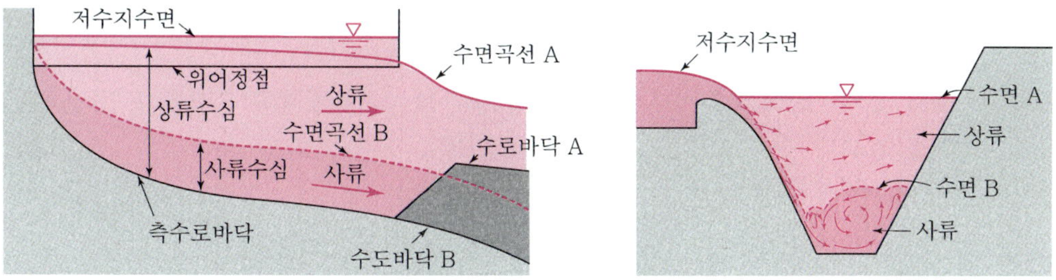

(a) 측수로 곡선 (b) 측수로 단면도

그림 13.4.4 측수로형 여수로

측수로형 여수로에서의 흐름의 원리는 운동량 보존의 법칙에 기본을 두고 있다. 즉, 측수로에서의 물의 움직임을 초래하는 힘은 여수로를 통해 떨어지는 물에 의해 발생한다는 것이다. 측수로의 시작지점으로부터 x만큼 떨어져 있는 지점과 이지점으로부터 Δx만큼 떨어져 있는 지점을 검사체적(contriol volume)으로 생각하면, 시작지점인 x지점에서의 운동량에 외부로부터 추가된 물에 의한 운동량을 더한 것이 Δx만큼 떨어진 지점에서의 운동량과 같다. 검사체적 상류지점, 즉 x지점에서의 유속과 유량을 V와 Q라 하면 Δx만큼 떨어진 하류지점에서의 유속과 유량은 $V+\Delta V$ 및 $Q+q\Delta x$가 된다. 여기서 q는 여수로의 단위폭당 유량이다. 따라서 검사체적 상류지점 및 하류지점에서의 운동량은 다음과 같다.

$$M_u = \frac{QV}{g} \tag{13.4.6}$$

$$M_d = \frac{(Q+q\Delta x)}{g}(V+\Delta V) \tag{13.4.7}$$

식 (13.4.7)에서 식 (13.4.6)을 빼면

$$\Delta M = \frac{Q\Delta V}{g} + \frac{q\Delta x}{g}(V+\Delta V) \tag{13.4.8}$$

식 (13.4.8)을 Δx로 나누면

$$\frac{\Delta M}{\Delta x} = \frac{Q\Delta x}{g\Delta x} + \frac{q}{g}(V+\Delta V) \tag{13.4.9}$$

시간에 따른 운동량의 변화량은 거리 x에 따른 운동량의 변화량 식 (13.4.9)에 유속 V를 곱한 것과 같으며, 검사체적 상하류 두 지점간의 평균 유속은 $V+\Delta V/2$와 같으므로 식 (13.4.9)를 시간에 대한 운동량의 변화량으로 표현하면

$$\frac{\Delta M}{\Delta t} = \frac{Q\Delta V}{g\Delta x}\left(V+\frac{1}{2}\Delta V\right) + \frac{q}{g}(V+\Delta V)\left(V+\frac{1}{2}\Delta V\right) \tag{13.4.10}$$

여기서 $\Delta M/\Delta t$는 힘의 가속이므로 수표면의 경사 $\Delta y/\Delta x$에 평균 유량을 곱한 것과 같게 된다. 따라서 식 (13.4.10)은

$$\frac{\Delta y}{\Delta x}\left(Q+\frac{1}{2}\Delta Q\right) = \frac{Q\Delta V}{g\Delta x}\left(V+\frac{1}{2}\Delta V\right) + \frac{q}{g}(V+\Delta V)\left(V+\frac{1}{2}\Delta V\right) \tag{13.4.11}$$

식 (13.4.10)을 Δy에 관해 정리하면

$$\Delta y = \frac{Q\left(V + \frac{1}{2}\Delta V\right)}{g\left(Q + \frac{1}{2}\Delta Q\right)}\left[\Delta V + \frac{q\Delta x}{Q}(V + \Delta V)\right] \tag{13.4.12}$$

만일 Q_1과 V_1을 검사체적 상류지점에서, 즉 x지점에서의 유량과 유속, Q_2와 V_2를 검사체적 하류지점, 즉 x지점에서 Δx 만큼 떨어진 지점에서의 유량과 유속이라 한다면 식 (13.4.12)는 다음과 같이 나타낼 수 있다.

$$\Delta y = \frac{Q_1}{g}\frac{(V_1 + V_2)}{(Q_1 + Q_2)}\left[(V_2 - V_1) + \frac{V_2(Q_2 - Q_1)}{Q_1}\right] \tag{13.4.13}$$

또는

$$\Delta y = \frac{Q_2}{g}\frac{(V_1 + V_2)}{(Q_1 + Q_2)}\left[(V_2 - V_1) + \frac{V_1(Q_2 - Q_1)}{Q_2}\right] \tag{13.4.14}$$

식 (13.4.13) 또는 식 (13.4.14)을 이용하여 시작지점에서의 기지의 값을 이용하여 상류 또는 하류방향으로 수면곡선을 계산하게 되며, 수면곡선의 계산방법은 7장에서 소개하였다. 이때 흐름이 상류(subcritical flow)이면 상류방향으로, 사류(supercritical flow)이면 하류방향으로 계산해 나간다. 측수로형 여수로에서의 유량은 위어의 유량공식을 적용하여 구할 수가 있다. 여수로의 길이가 L이라면 단위폭당 유량은

$$q = CH^{3/2} \tag{13.4.15}$$

따라서 측수로의 시점부터 흐름방향으로 x만큼 떨어져 있는 지점에서의 유량은

$$Q_x = CxH^{3/2} \tag{13.4.16}$$

만일 x가 여수로의 길이보다 길어지게 되면 유량은 $Q = CLH^{3/2}$로 일정하게 된다.

예제 13.3

측수로형 여수로의 길이가 100m이고, 단위폭당 설계홍수량이 $5m^3/s/m$이다. 측수로는 폭이 6m인 사각형단면이고 경사는 0.0009이다. 측수로의 말단부에 지배단면을 설치하여 한계수심이 발생하도록 할 때 측수로의 수면곡선을 10m 단위로 계산하라. 단 Manning의 조도계수는 0.02이며, 단면 변화로 인한 손실수두는 무시하라.

풀이

측수로의 단위폭당 유량이 $5m^3/s/m$이므로 지배단면에서의 한계수심 및 한계유속은

$$y_c = \left(\frac{q^2}{g}\right)^{1/3} = \left(\frac{5^2}{9.81}\right)^{1/3} = 1.37\text{m}$$

$$V_c = \frac{q}{y_c} = \frac{5}{1.37} = 3.65\text{m/s}$$

이때의 속도수두는

$$h_c = \frac{V_c^2}{2g} = \frac{3.65^2}{2\times 9.81} = 0.68\text{m}$$

측수로 말단부에서의 수심은

$$Y_{0+0} = y_c + \frac{V_c^2}{2g} = 1.37 + 0.68 = 2.05\text{m}$$

측수로 말단부에서의 등류수심은 Manning의 공식으로부터

$$AR_h^{2/3} = \frac{nQ}{S_o^{1/2}} = \frac{0.02\times 5\times 6}{0.0009^{1/2}} = 20$$

$$6y_n\left(\frac{6y_u}{6+2y_n}\right)^{2/3} = 20$$

따라서 $y_n = 2.65\text{m}$ 이다.

측수로 말단부에서의 등류수심이 2.65m이고, 한계수심이 1.37m, 그리고 수심이 2.05m이므로 측수로 내 흐름은 상류이고 수면곡선형은 M2곡선이 되어 측수로 말단부 지배단면으로부터 상류방향으로 10m구간씩 계산해 나간다.

계산과정은 다음과 같으며 결과는 그림 13.4.5 및 표 13.4.2와 같다.

1란 : 단면위치　　2란 : 구간거리　　3란 : 바닥표고 $S_o\Sigma\Delta x$

4란 : 적절히 가정한 Δy　　5란 : 수면표고로 기점수면표고 $+\Delta y$(4란)

6란 : 수심으로 수면표고(5란) − 바닥표고(3란)

7란 : 단면적으로 수심(6) × 수로폭(6m)

8란 : 단면 통과유량으로 여수로 단위폭당 유량 q× 수로시점으로부터의 거리

9란 : 평균유속으로 유량(8란)/단면적(7란)

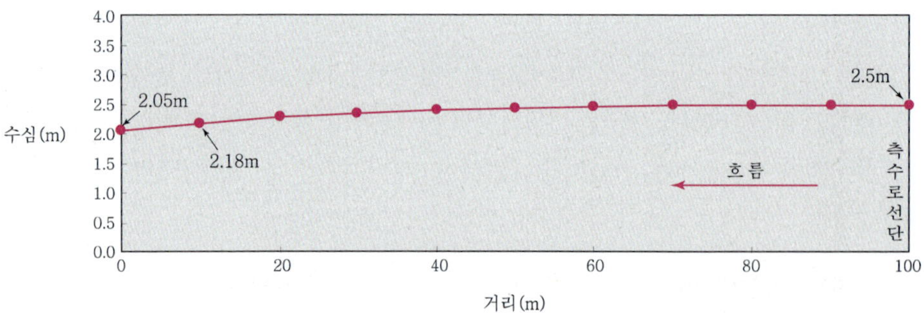

그림 13.4.5 측수로의 수면곡선

표 13.4.2 측수로형 여수로의 수면곡선 계산표

단면 위치	Δx (m)	바닥표고 (m)	가정 Δy (m)	수면표고 (m)	수심 y (m)	A (m^2)	Q (m^3/s)	V (m/s)	Δy (m)	비고
0+00	0	0		2.05	2.05	12.3	30	2.44		
0+10	10	0.009	0.05	2.1	2.091	12.546	27	2.15	0.12	재가정
	10	0.009	0.14	2.19	2.181	13.086	27	2.06	0.14	OK
0+20	10	0.018	0.1	2.29	2.272	13.632	24	1.76	0.1	OK
0+30	10	0.027	0.08	2.37	2.343	14.058	21	1.49	0.08	OK
0+40	10	0.036	0.06	2.43	2.394	14.364	18	1.25	0.06	OK
0+50	10	0.045	0.05	2.48	2.435	14.61	15	1.03	0.05	OK
0+60	10	0.054	0.04	2.52	2.466	14.796	12	0.81	0.04	OK
0+70	10	0.063	0.03	2.55	2.487	14.922	9	0.6	0.03	OK
0+80	10	0.072	0.02	2.57	2.498	14.988	6	0.4	0.02	OK
0+90	10	0.081	0.01	2.58	2.499	14.994	3	0.2	0.01	OK
0+100	10	0.09	0.01	2.59	2.5	15	0	0	0	OK

13.4.3 나팔형 여수로

나팔형 여수로(morning glory 또는 shaft spillway)는 여수로 설치에 공간적인 제약이 있거나 지형학상 다른 여수로를 설치하기 곤란한 경우에 사용하게 된다. 또는 흙을 재료로 한 댐인 경우에도 가끔 사용하게 된다. 나팔형 여수로의 주요 구성성분은 원형 월류단면, 연직관, 만곡부, 수평관로 및 종말구조물로 이루어져 있다.

나팔형 여수로는 그림 13.4.6 및 그림 13.4.7과 같이 연직관 내에서 세 가지의 흐름 상태가 가능하다. 여수로 정점부에서의 수위가 낮은 경우 물과 함께 공기가 유입되며 연직 및 수평관로가 가득 차서 흐르지 않고 중력에 의해 물이 흐르게 된다. 이때 여수로는 위어와 같은 기능을 하며 여수로를 월류하는 유량은 다음과 같다.

$$Q = CPH^{3/2} \tag{13.4.17}$$

여기서 P는 나팔형 여수로 정점부의 길이, 즉 윤변이고, H는 여수로 정점부에서의 수두, C는 유량계수로 H/R_s와 H_s/R_s의 함수이며 R_s는 여수로 입구부의 반경이다.

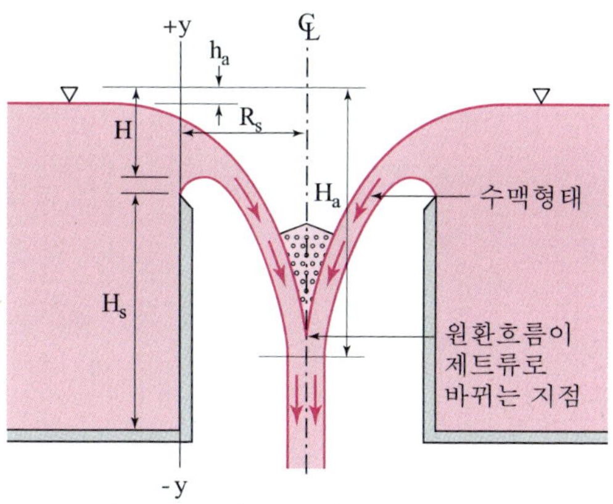

그림 13.4.6 여수로 입구부의 흐름 상태

여수로에서의 수두가 증가하여 H/R_s가 약 0.45를 초과하게 되면, 여수로 위어는 부분적으로 잠수하게 되고, H/R_s가 1에 가까워지게 되면 입구부는 완전히 잠수되어 오리피스(orifice) 상태의 흐름이 된다. 이때 유량은 $H_a^{1/2}$에 비례하게 된다.

세 번째의 흐름상태는 여수로 입구부가 완전히 잠수된 경우로 연직 및 수평관로에서는 물이 가득차서 흐르는 관수로 흐름이 된다. 이 경우 유량은 $H_p^{1/2}$에 비례하게 되며, 여기서 H_p는 그림 13.4.7(c)와 같이 여수로 상류 및 하류간의 총 수두차로 다음과 같다.

$$H_p = (K_e + K_f + K_b + K_o)\frac{V^2}{2g} = K\frac{V^2}{2g} \tag{13.4.18}$$

따라서 유량은

$$Q = AV = A\sqrt{\frac{2gH_p}{K}} \tag{13.4.19}$$

여기서 K_e, K_f, K_b, K_o는 입구부, 마찰, 만곡부 및 출구부 손실계수이고, V는 관내의 유속, A는 관의 단면적이다.

관수로 흐름인 경우 수두가 상당히 증가하더라도 유량은 그리 많이 증가하지는 않는다. 따라서 나팔형 여수로 설계시 최대 배수유량의 산정에 주의를 해야 한다. 이러한 이유로 나팔형 여수로는 많은 홍수량을 배제시키기 위해 보조 여수로를 필요로 할 때가 있다.

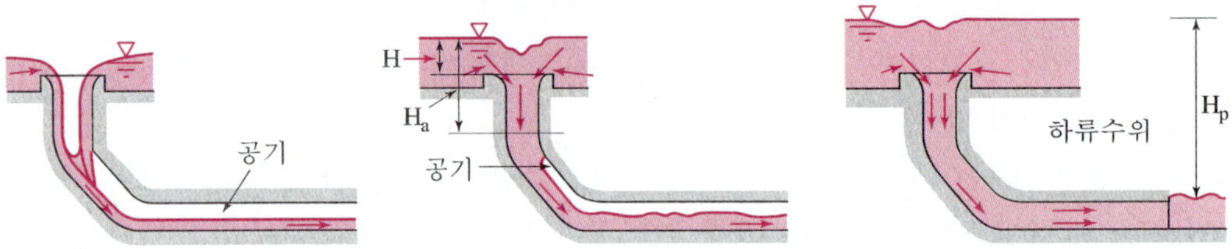

(a) 여수로 통제 (b) 오리피스 통제 (c) 관수로 흐름

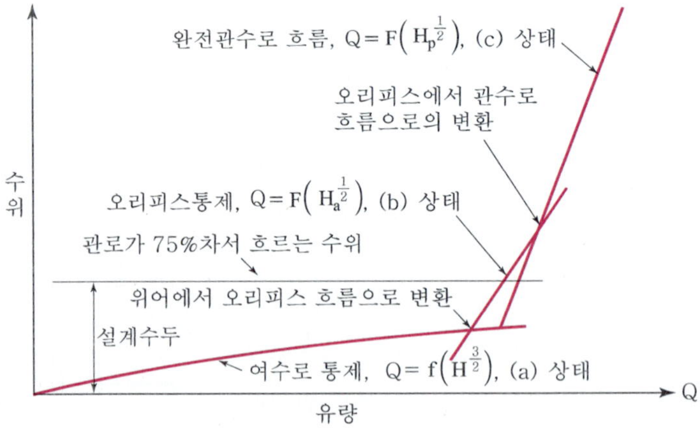

그림 13.4.7 나팔형 여수로의 흐름 상태에 따른 수위-유량관계곡선

예제 13.4

반경이 2m인 나팔형 여수로에서 여수로 정점부의 수두가 0.5m인 경우와 수두가 3m로 완전히 잠겨있을 경우의 유량을 산정하라. 단 여수로 정점부의 표고는 50m, 출구부 하류수위는 40m이고, 유입부, 마찰, 만곡부, 그리고 출구부 손실계수는 각각 0.5, 0.5, 1.0 및 1.0이며, 유량계수는 2.0으로 가정하라.

풀이

수두가 0.5m인 경우 위어와 같은 기능을 하므로 식 (13.4.17)을 적용하면

$$Q = CPH^{3/2} = 2 \times 2 \times 3.14 \times 2 \times 0.5^{3/2} = 8.88\text{m}^3/\text{s}$$

여수로가 완전히 잠겨있는 경우 여수로 상류부 수위는 50+3=53m, 하류부 수위는 40m이므로 여수로 상하류간의 수두차는 13m가 된다. 따라서 식 (13.4.19)를 적용하면

$$Q = AV = A\sqrt{\frac{2gH_p}{K}} = 3.14 \times 2^2 \times \sqrt{\frac{2 \times 9.81 \times 13}{3}} = 115.81\text{m}^3/\text{s}$$

13.4.4 사이폰형 여수로

사이폰형 여수로(siphon spillway)는 저수지 수위를 적절한 변동범위 내에서 유지시키는 것이 바람직한 경우에 낮은 수두의 소량의 물을 배제시키기 위해 사용하거나, 많은 양의 물을 배제시키기 위한 보조 여수로로 사용하게 된다. 사이폰형 여수로는 그림 13.4.8과 같이 입구부, 상류방향의 경사단면, 여수로 정점부, 하류방향의 경사단면, 그리고 출구부로 이루어진 폐합된 관로이다.

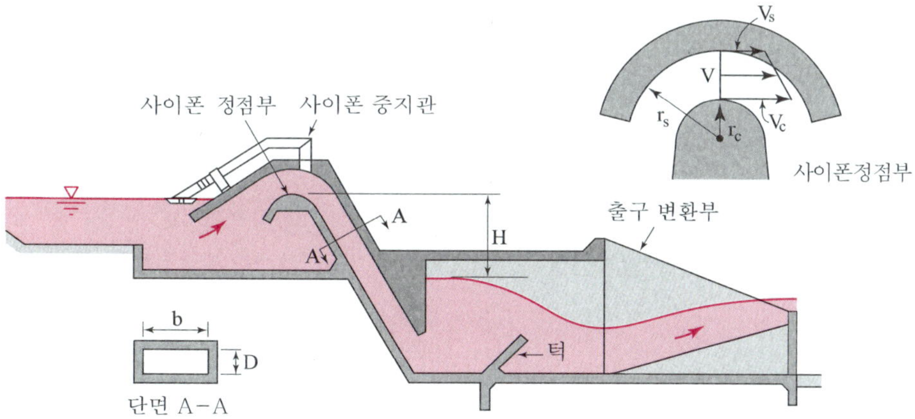

그림 13.4.8 사이폰 여수로의 구조

사이폰형 여수로는 특정한 운전 장치가 필요 없이 자동적으로 작동된다는 장점이 있으며, 하나의 큰 여수로보다는 여러 개의 작은 여수로를 사용함으로서 유량조절을 더욱 용이하게 할 수 있다.

사이폰으로부터 공기가 방출되면 저수지와 출구부에서의 총 수두차 H가 흐름을 발생시키는데 사용된다. 사이폰 내 정점부의 높이를 너무 높게 하면 관내의 압력이 증기압보다 작아져 증기현상에 의해 많은 기포가 생겨 하류단의 고압부에 이르면 터지게 되는 공동현상(cavitation)이 발생하여 구조물에 손상을 입히게 된다. 사이폰 정점부에서의 부압수두는 이론적인 절대영압(absolute zero pressure)인 수두 −10.34m가 되나 안전을 위해 보통 약 −8m 정도의 부압수두를 설계치로 사용하게 된다.

저수지 수위가 사이폰 정점부까지 낮아지게 되면 공기가 사이폰으로 유입되어 흐름이 멈추도록 하기 위해 사이폰 중단장치(siphon breaker)를 설치한다. 출구부에서는 공기가 사이폰으로 유입되어 작동이 중단되지 않게 하기 위해 공기유입을 방지하도록 설계하게 된다.

사이폰 내 정점부에서의 부압수두를 −8m로 설계할 경우 사이폰을 통해 흐를 수 있는 최대 유량 및 이때의 평균유속은 다음과 같이 산정하게 된다.

$$Q = 28.83 B r_c \log_{10} \frac{r_s}{r_c} \tag{13.4.20}$$

$$V = \frac{Q}{A} = \frac{Q}{B(r_s - r_c)} = \frac{28.83 r_c}{r_s - r_c} \log_{10} \frac{r_s}{r_c} \tag{13.4.21}$$

여기서 B는 사각형단면인 경우 사이폰의 폭, r_c 및 r_s는 위어 정점부 및 사이폰 정점부의 곡률반경이다. 사이폰 내의 평균유속 V는 저수지와 출구부에서의 수두차 H에 의해 결정되므로 사이폰 내에서의 유속이 평균유속 V를 초과하게 되면 H를 줄여서 유속을 감소시켜야 한다.

저수지와 출구부에서의 수위차 H는 다음과 같이 나타낼 수 있다.

$$H = (K_e + K_f + K_b + K_o)\frac{V^2}{2g} + H_{ex} \tag{13.4.22}$$

여기서 K_e는 입구 및 단면축소 손실계수(0.2), K_f는 사이폰 내에서의 마찰손실계수(0.25), K_b는 만곡부 손실계수(0.42), K_o는 출구 손실계수로$(A/A_o)^2$, A는 사이폰 정점부의 단면적, A_o는 출구부의 단면적, H_{ex}는 출구부 단면이 확대되거나 축소될 경우에 발생하는 손실수두로 다음과 같다.

$$\text{출구부가 확대되는 경우 : } H_{ex} = 0.2\left(\frac{V^2}{2g} - \frac{V_o^2}{2g}\right) \tag{13.4.23}$$

$$\text{출구부가 축소되는 경우 : } H_{ex} = 0.1\left(\frac{V_o^2}{2g} - \frac{V^2}{2g}\right) \tag{13.4.24}$$

여기서 V_o는 출구부에서의 유출속도이다. 만약 사이폰 정점부와 출구부의 단면적이 동일하다면 $A = A_o$, $V = V_o$이므로 사이폰 작용이 가능한 허용수두 식 (13.4.22)는 다음과 같이 간단히 표현된다.

$$H = (K_e + K_f + K_b + 1)\frac{V^2}{2g} \tag{13.4.25}$$

실제 수두가 식 (13.4.25)로 계산한 허용수두 H 보다 작으면 안전하나 배출유량이 감소하게 되고, 만일 실제 수두가 H 보다 크면 사이폰 출구부를 높여 수두를 감소시켜 식 (13.4.25)를 만족하도록 설계해야 한다.

예제 13.5

사이폰형 여수로로 계획홍수량 $50m^3/s$를 방류하려고 한다. 저수지의 수위를 60m로 일정하게 유지하고, 여수로 하류부 하천의 수위가 52m이다. 사이폰 목부분에서의 깊이가 1.4m, 위어 정점부의 곡률반경이 1.5m, 사이폰 정점부의 곡률반경이 2.5m일 때 계획홍수량을 소통시키기 위한 사이폰의 폭을 결정하라. 또한 사이폰 작용을 유지시키기에 적합한지 판단하라.

풀이

사이폰을 통한 평균유속은

$$V = \frac{28.83r_c}{r_s - r_c}\log_{10}\frac{r_s}{r_c} = \frac{28.83\times 1.5}{2.5-1.5}\log_{10}\frac{2.5}{1.5} = 9.59\text{m/s}$$

따라서 사이폰 목부의 폭은

$$B = \frac{Q}{Vd} = \frac{50}{9.59\times 1.4} = 3.72\text{m}$$

사이폰의 평균유속 9.59m/s에 대한 최대허용 전수두는

$$H = (K_e + K_f + K_b + 1)\frac{V^2}{2g} = (0.2+0.25+0.42+1)\times\frac{9.59^2}{2\times 9.81} = 8.77\text{m}$$

실제의 전수두는 60−52=8m이므로 최대허용 전수두보다 작아 사이폰 작용에는 이상이 없다.

13.5 여수로 상의 수문

여수로 정점부에 설치된 수문은 주로 홍수 유출량을 조절하기 위해 설계되며, 여수로 정점부 이상의 추가적인 물을 저장할 수도 있다. 이와 같은 기능의 수문에는 연직개폐식 수문(vertical lift gate 또는 sluice gate), 테인터식 수문(tainter gate 또는 radial gate), 드럼식 수문(drum gate), 그리고 굴림식 수문(rolling gate) 등이 있다. 흙채움 댐의 여수로 상에 이러한 수문들을 설치할 경우 수문의 붕괴는 댐의 붕괴로 이어질 수 있으므로 주의를 하여야 한다.

13.5.1 연직개폐식 수문

연직개폐식 수문은 댐 정점부상의 교각의 연직 격벽에 지지되어 수직으로 움직이는 목재 및 철재의 수문이다. 이 수문은 정수압에 의해 수문과 격벽간의 높은 마찰로 인해 크기에 제약을 받으며, 수문과 격벽간에 로울러를 설치함으로서 마찰을 줄일 수가 있다. 규모가 큰 경우에는 수문을 수표면으로부터 완전히 들어올리기 위해 큰 상부공간(headroom)이 필요하다. 또한 수문을 수평으로 두 개로 분리하여 윗부분의 수문을 먼저 개방하여 물을 배제한 후 아랫부분의 수문을 개방할 수 있으며, 이때 케이블의 장력을 줄일 수가 있다.

한 변이 약 15m인 수문에는 약 2,000톤의 압력이 작용하며 수문 자체의 무게도 약 150톤 정도가 된다. 이와 같은 크기의 수문의 설계 및 운영을 위해서는 상당한 규모의 구조적 및 기계적 문제를 고려하여야 하며, 적정한 운전을 위해서는 로울러 및 격벽의 정확한 배치가 필요하다.

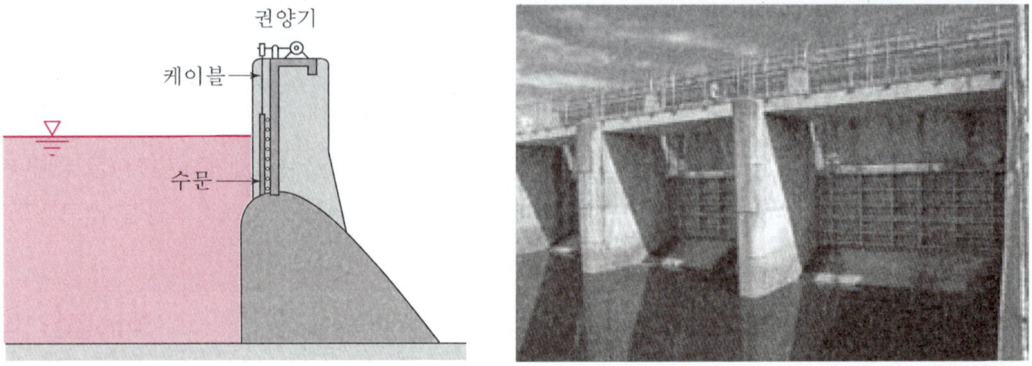

그림 13.5.1 연직개폐식 수문

13.5.2 테인터식 수문

테인터식 수문은 가장 널리 사용되는 여수로 상의 수문으로 가장 단순하면서도 신뢰성이 있고 비용도 적게 든다. 물과 접촉하고 있는 부분은 원호곡면으로 되어 있으며 곡률반경의 중심에 핀으로 연결된 축이 있어 이를 중심으로 수문을 개폐하게 된다. 축 부분은 하류방향으로 여수로 상의 교각에 연결되어 있다. 수문에 연결된 케이블이 수문구조물 상단부의 권양기에 연결되어 수문을 조작한다. 테인터식 수문은 높이가 1~11m, 길이가 2~18m로 다양한 크기를 가지고 있다.

테인터식 수문은 여러 가지 장점이 있는데 그 중 마찰력이 핀에 집중되어 연직개폐식 수문보다 마찰력이 훨씬 작다. 또한 케이블의 장력이 수문의 열린 정도와 상관없이 거의 일정하며 같은 크기의 연직개폐식 수문보다 작다.

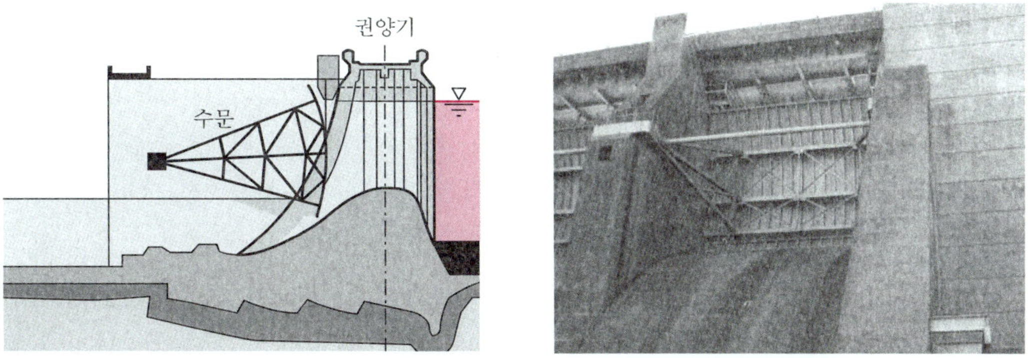

그림 13.5.2 테인터식 수문

13.5.3 드럼식 수문

드럼식 수문은 비교적 긴 경간에 적용하기 편리한 수문형식이다. 여수로 정상부에 공실(hollow chamber)이 있어 수문이 공실에 들어가면 상단부가 여수로 노면과 일치하도록 설계되어 있다. 공실에 물이 차게 되면 속이 빈 공간으로 된 수문이 뜨게 되어 수문이 닫히게 된다. 반대로 공실의 물이 배출되면 수문이 힌지를 축으로 공실로 들어오게 되어 수문은 열리게 된다. 드럼식 수문은 여수로 상류부에 힌지가 있어 하류부가 움직이는 형태와 힌지가 하류부에 있어 상류가 움직이는 형태가 있다.

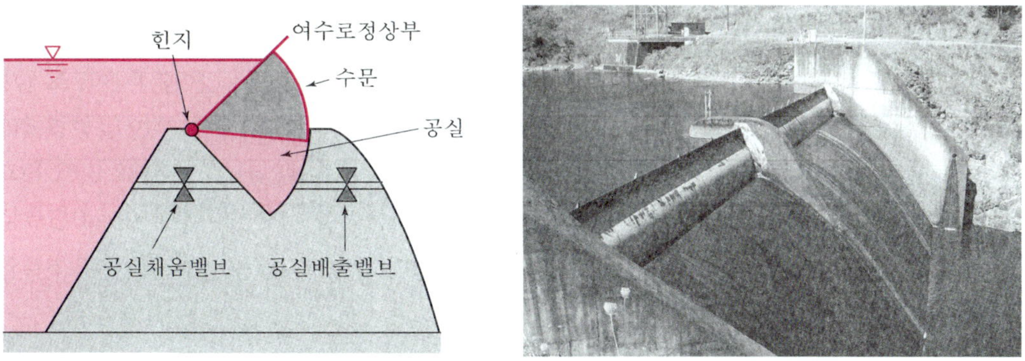

그림 13.5.3 드럼식 수문

13.5.4 굴림식 수문

굴림식 수문은 여수로 정점부의 교각사이에 설치한 철재 실린더로 각 교각마다 기어 홈이 설치된 경사진 레일이 있어 실린더에 설치한 기어홈과 일치하도록 되어 있다. 권양기로 케이블을 당기게 되면

그림 13.5.4 굴림식 수문

실린더가 기어홈을 따라 올라와 수문이 개방되게 된다. 굴림식 수문은 적절한 높이의 긴 경간의 수문에 적합하다.

이상과 같은 수문의 무게 W는 다음과 같은 식을 이용하여 개략적으로 산정할 수 있다.

$$W = KL^{a}H^{b} \tag{13.5.1}$$

여기서 W는 수문의 무게(lb), L은 수문의 최대 열린 높이(ft), H는 수문과 접하는 수심(ft)이고, K, a 및 b는 수문의 형식에 따라 표 13.5.1로부터 구할 수 있다.

표 13.5.1 수문의 형식에 따른 K, a 및 b값

수문형식	a	b	K값	
			범위	평균
연직개폐식	1.5	1.75	0.80 ~ 2.00	1.20
테인터식	1.9	1.35	0.85 ~ 1.45	1.16
굴림식	1.5	1.67	2.40 ~ 3.40	2.85
드럼식	1.33	1.33	26.0 ~ 35.0	31.0

13.6 도수

도수(hydraulic jump)는 사류상태로 흐르던 흐름이 상류상태로 변이(transition)하는 현상이라고 할 수가 있으며, 도수로 인하여 물이 가지고 있는 에너지가 감소하게 되므로 여수로를 통해 월류하는 물이 가지고 있는 높은 에너지를 여수로 하류부에 감세공(energy dissipator)을 설치하여 도수를 발생시켜 에너지를 줄여 하류 하상을 보호하게 된다. 도수의 기본적인 개념, 도수 전후의 수심 및 Froude

수와의 관계, 그리고 도수의 종류는 7.3.2절에서 소개하였다.

도수를 실무에서 적용하는 경우가 많이 있으며 대표적인 예로는 ① 댐, 위어 및 기타 수리구조물을 통과하는 물이 가지고 있는 에너지를 감소시켜 구조물 하류부의 세굴을 방지하고, ② 관측수로 하류부에서 수두를 회복하거나 수위를 상승시켜 관개용 또는 물 공급 목적의 수로에서의 높은 수위를 유지시키며, ③ 에이프론(apron)에서의 수위를 상승시켜 중력을 증가시킴으로서 에이프론에서의 부양 압력을 감소시키고, ④ 연직 수문 하류부가 잠기면 유효수두가 감소하므로 도수를 발생시켜 수문을 통한 유량을 증가시키기 위해, ⑤ 사류를 발생시키거나 통제단면을 존재하게 하여 관측소의 위치가 가능하게 하기 위해, ⑥ 물의 정화에 사용하기 위한 화학물질의 혼합을 위해, ⑦ 도시의 물 공급을 위한 공기의 주입 등을 위해 적용한다.

13.6.1 도수의 기본 특성

그림 13.6.1과 같이 도수가 발생할 때 도수의 기본 특성으로는 도수 전후의 수심관계, 도수로 인한 에너지 손실, 도수의 효율, 도수의 높이 및 길이 등이 있으며 이러한 모든 기본 특성들은 도수 발생 전의 Froude 수로 나타낼 수가 있다. 본 절에서는 이와 같은 사각형 수평수로에서의 도수의 기본 특성에 대해 알아보기로 한다.

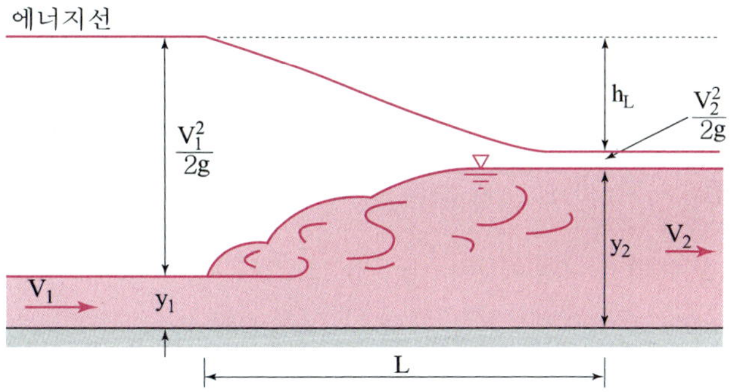

그림 13.6.1 도수

가) 도수 전후의 수심

도수전의 수심 y_1과 도수 후의 수심 y_2는 도수 전, 후의 Forude 수 F_{r1} 및 F_{r2}의 함수로 다음과 같이 나타낼 수가 있다.

$$\frac{y_2}{y_1} = \frac{1}{2}\left(-1 + \sqrt{1 + 8F_{r1}^2}\right) \tag{7.3.11}$$

$$\frac{y_1}{y_2} = \frac{1}{2}\left(-1 + \sqrt{1 + 8F_{r2}^2}\right) \tag{7.3.12}$$

나) 도수로 인한 에너지 손실

도수로 인한 에너지 손실은 도수 전후의 비에너지(specific energy)차와 같으며 다음과 같이 나타낼 수 있고, $\Delta E/E_1$을 상대손실(relative loss)이라 한다.

$$\Delta E = E_1 - E_2 = \frac{(y_2 - y_1)^3}{4y_1 y_2} \tag{7.3.13}$$

다) 효율

도수 후의 비에너지 E_2에 대한 도수 전의 비에너지 E_1과의 비를 도수의 효율(efficiency)이라 하며 다음과 같이 나타낸다.

$$\frac{E_2}{E_1} = \frac{(8F_{r1}^2 + 1)^{3/2} - 4F_{r1}^2 + 1}{8F_{r1}^2(2 + F_{r1}^2)} \tag{13.6.1}$$

이 식으로부터 도수의 효율은 무차원 함수이고 도수 전의 F_{r1}만의 함수가 됨을 알 수 있다. 또한 상대손실 $\Delta E/E_1 = 1 - E_2/E_1$도 F_{r1}만의 함수가 된다.

라) 도수의 높이

도수 발생 전과 도수 발생 후의 수심차 $h_j = y_2 - y_1$을 도수의 높이(height)라 한다. 도수의 높이를 도수전의 비에너지 E_1에 대해 나타내면

$$\frac{h_j}{E_1} = \frac{y_2}{E_1} - \frac{y_1}{E_1} = \frac{-3 + \sqrt{1 + 8F_{r1}^2}}{2 + F_{r1}^2} \tag{13.6.2}$$

여기서 h_j/E_1을 도수의 상대높이(relative height)라 하며 도수 전의 F_{r1}의 함수가 된다. y_1/E_1 및 y_2/E_1을 도수 전후의 상대수심(relative depth)이라 한다.

사각형 수평수로에서의 도수의 상대손실, 효율, 상대높이 및 상대수심이 모두 도수 전의 Froude 수 F_{r1}의 함수이므로 이들 값을 F_{r1}에 대해 표시한 특성곡선(characteristic curve)이 그림 13.6.2와 같으며, 이 특성곡선으로부터 다음과 같은 흥미로운 사실을 알 수가 있다.

① 최대 상대높이 h_j/E_1은 $F = 2.77$일 때 $h_j/E_1 = 0.507$이다.

② 도수 후의 최대 상대수심 y_2/E_1은 도수전의 상대수심 $y_1/E_1 = 0.4$와 $F_{r1} = 1.73$일 때 $y_2/E_1 = 0.8$이다. 실험에 의하면 파상도수(undular jump)로부터 약도수(weak jump)로 변화될 때의 Froude 수가 $F_{r1} = 1.73$일 때로 나타나고 있다.

③ $F_{r1} = 1.0$일 때 흐름은 한계류이고 $y_1 = y_2 = 2E_1/3$이 된다.

④ F_{r1}이 증가하면 모든 특성치들이 점진적으로 변하게 된다.

이 특성곡선으로부터 구조물의 운영조건에 대한 범위의 일반적인 개념을 얻을 수가 있다. 예를 들어, 수문하류에서 도수가 발생하는 경우를 포함하는 수문의 설계에서 특성곡선으로부터 주어진 수두에 대한 수문의 개방에 따른 도수의 발생을 명확하게 알 수가 있다.

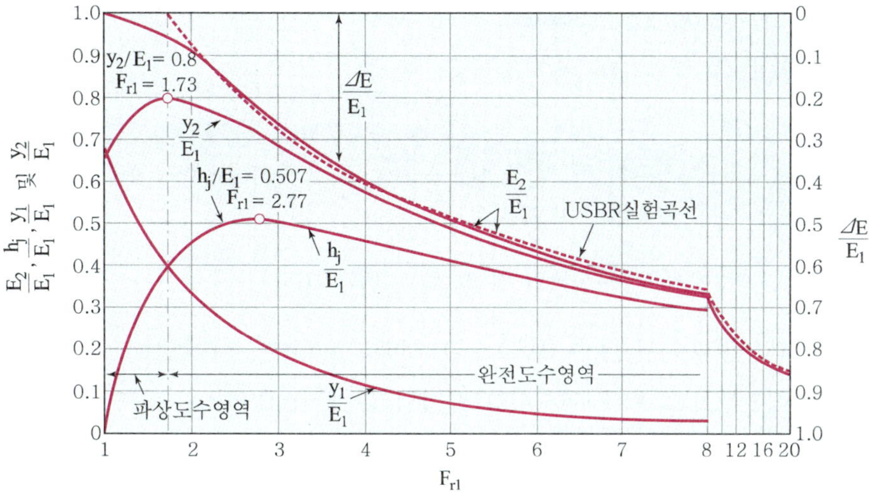

그림 13.6.2 사각형 수평수로에서의 도수의 특성 곡선

예제 13.6

사각형 수평수로에서 도수가 발생하고 있다. 단위폭당 유량이 $10 m^3/s/m$이고, 도수 전의 수심이 0.7m일 때 도수 후의 수심, 도수의 높이, 그리고 도수로 인한 에너지손실 및 효율을 구하라.

풀이

도수 발생 전의 Froude 수 및 비에너지는

$$F_{r1} = \frac{V_1}{\sqrt{gy_1}} = \frac{q}{\sqrt{gy_1^3}} = \frac{10}{\sqrt{9.81 \times 0.7^3}} = 5.45$$

$$E_1 = y_1 + \frac{q^2}{2gy_1^2} = 0.7 + \frac{10^2}{2 \times 9.81 \times 0.7^2} = 11.10\text{m}$$

도수 발생 후의 수심은

$$y_2 = \frac{y_1}{2}(-1 + \sqrt{1+8F_{r1}^2}) = \frac{0.7}{2} \times (-1 + \sqrt{1+8 \times 5.45^2}) = 5.06\text{m}$$

도수의 높이는

$$h_j = y_2 - y_1 = 5.06 - 0.7 = 4.36\text{m}$$

또는 그림 13.6.2에서 $F_{r1} = 5.45$일 때 $h_j/E_1 = 0.39$이므로

$$h_j = 0.39 \times 11.1 = 4.33\text{m}$$

도수로 인한 에너지 손실은

$$\Delta E = \frac{(y_2 - y_1)^3}{4y_1y_2} = \frac{(5.06 - 0.7)^3}{4 \times 0.7 \times 5.06} = 5.85\text{m}$$

또는 그림 13.6.2에서 $F_{r1} = 5.45$일 때 $\Delta E/E_1 = 0.53$이므로

$$\Delta E = 0.53 \times 11.1 = 5.88\text{m}$$

도수의 효율 E_2/E_1은

$$E_2 = y_2 + \frac{q^2}{2gy_2^2} = 5.06 + \frac{10^2}{2 \times 9.81 \times 5.06^2} = 5.26\text{m}$$

$$\frac{E_2}{E_1} = \frac{5.26}{11.1} = 0.474 = 47.4\%$$

또는 그림 13.6.2에서 $F_{r1} = 5.45$일 때 $E_2/E_1 = 0.47 = 47\%$

13.6.2 도수의 길이

도수의 길이는 도수의 시작지점으로부터 도수의 파형(roller)이 끝나는 지점까지의 거리라고 정의할 수 있다. 도수의 길이는 이론적으로 쉽게 결정기가 곤란하므로 많은 연구자에 의한 실험을 토대로 결정하게 된다. 도수의 길이에 대한 실험결과는 F_{r1}과 무차원 비인 $L/(y_2 - y_1)$, L/y_1 또는 L/y_2 등으로 나타낼 수가 있으며, 그 중 F_{r1}과 L/y_1으로 나타낸 곡선이 실험 결과를 가장 잘 표현하는 것으로 알려져 있지만, 실제적으로는 F_{r1}과 L/y_2에 대한 곡선이 잘 발달된 도수의 범위에서 완만한 형태를 나타내기 때문에 이 관계 곡선을 사용하게 된다. 그림 13.6.3은 미개척국(USBR)의 사각형 수평수로 실험으로부터 얻은 F_{r1}과 L/y_2의 관계곡선을 보여주고 있다.

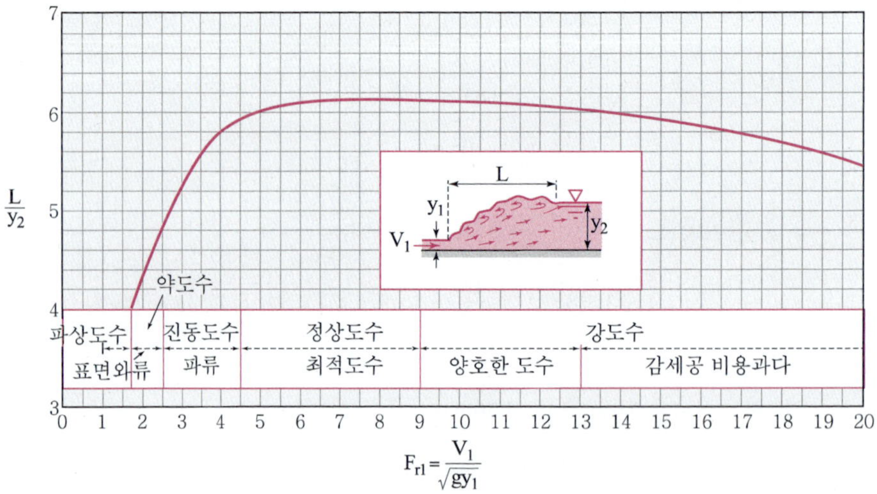

그림 13.6.3 도수의 길이 결정 곡선

예제 13.7

예제 13.6의 경우에 대해 도수의 길이를 구하라.

풀이

도수의 길이는 그림 13.6.3에서 $F_{r1}=5.45$일 때 $L/y_2=6.05$이므로

$$L=6.05\times 5.06=30.61\text{m}$$

13.6.3 도수의 수면곡선

도수의 수면곡선 모양은 도수가 발생하는 감세공(stilling basin) 측벽에서의 여유고를 결정하기 위해 필요하다. 또한 실험으로부터 도수가 발생하는 수평 수로의 바닥에서의 연직방향 압력이 수표면 곡선으로 얻은 압력과 같다는 결과를 주므로 구조적인 설계를 위한 압력의 결정에 수면곡선의 모양이 필요하다.

도수의 수면곡선 또한 이론적으로 계산하기가 곤란하므로 실험 결과에 의하면 도수의 수면곡선은 다양한 F_{r1}에 대한 무차원곡선으로 그림 13.6.4와 같이 나타낼 수가 있으며 도수의 높이 h_j를 계산한 후 x에 대한 y값을 구해 수면곡선을 계산할 수 있다.

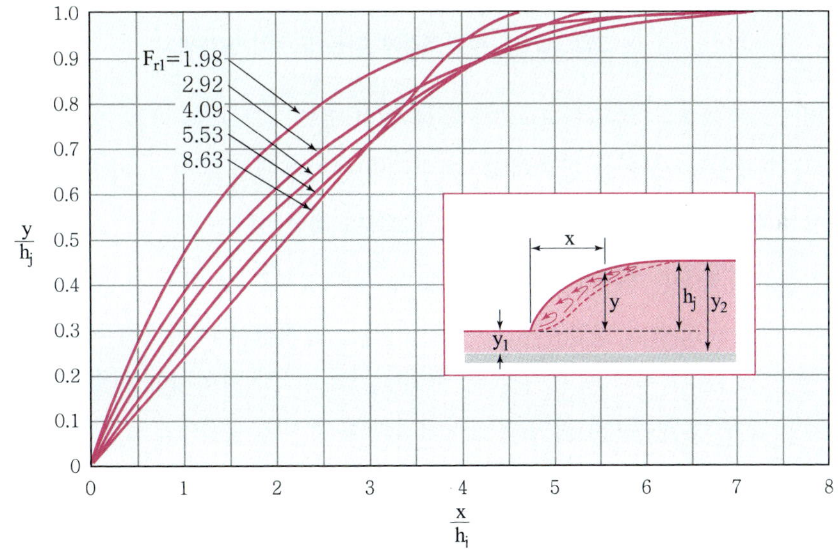

그림 13.6.4 도수의 수면곡선 계산

13.6.4 도수의 발생위치 및 하류수위 조건

도수는 사류흐름에서의 과도한 에너지를 감소시키는 유용한 수단으로 포장된 에이프런에서 도수를 발생시켜 에너지를 감소시킴으로서 유속을 줄여 댐 구조물 하류부 하상에서의 세굴을 방지하게 된다. 에너지를 감소시키기 위해 도수를 발생시키는 수로구간을 감세수로(stilling basin)라 한다.

감세수로의 바닥은 세굴에 저항하도록 포장되어 있으며, 일반적인 설계에서는 비용상의 문제로 포장된 감세수로가 자유 도수 전체를 포함하도록 설계하지는 않는다. 따라서 도수를 조절하기 위한 부속구조물을 설치하여 도수의 발생 길이가 짧아지도록 유도한다. 그러므로 이러한 감세수로의 설계 시 도수의 발생위치 및 하류수위 조건에 대한 내용을 잘 이해하고 있어야 한다.

가) 도수의 발생위치

여수로 또는 수문과 같은 구조물의 하류부에 도수가 발생하는 위치는 그림 13.6.5와 같이 세 가지의 수위 조건에 따라 변하게 된다.

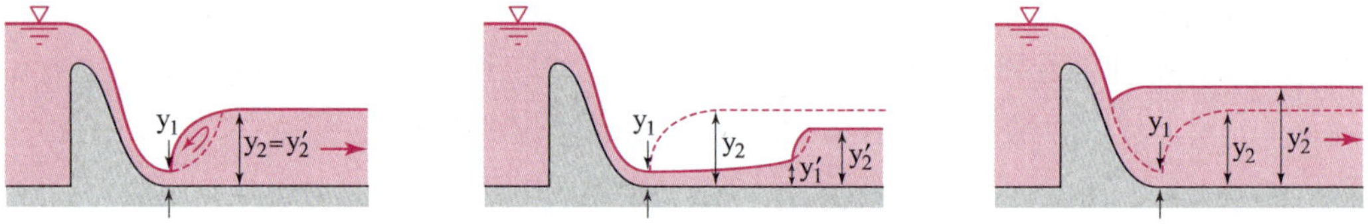

(a) 조건 1 (b) 조건 2 (c) 조건 3

그림 13.6.5 수위조건에 따른 도수의 발생위치

① 조건 1 : 이 경우는 하류수심 y_2'가 y_1에 대한 공액수심 y_2와 같은 경우이다. 이 경우 F_{r1}, y_1, y_2가 식 (7.3.11)의 조건을 만족하고, 여수로의 종점부에서 수심 y_1이 형성되는 지점에서 도수가 발생하므로 세굴보호 목적으로는 가장 이상적인 경우이다.

② 조건 2 : 이 경우는 하류수심 y_2'가 y_2보다 작은 경우로 첫 번째 경우보다 하류수심이 감소한 경우이다. 따라서 도수의 발생위치는 식 (7.3.11)을 만족하는 지점까지 하류로 이동하게 된다. 즉, 도수 후 수심 y_2'가 되기 위한 도수 전 수심 $y_1'(> y_1)$가 형성되는 지점에서 도수가 발생하게 된다. 이러한 경우 감세수로의 길이가 길어지기 때문에 비경제적이므로 하류수심 y_2'를 증가시키기 위한 부속구조물을 설치하여 도수가 포장된 에이프런에서 발생하도록 설계를 할 필요가 있다.

③ 조건 3 : 이 경우는 하류수심 y_2'가 y_1보다 큰 경우로 첫 번째 경우보다 하류수심이 증가한 경우이다. 따라서 도수의 발생위치는 상류방향으로 이동하여 결국 잠수상태의 도수가 발생하게 된다. 이러한 경우는 세굴보호 목적으로는 안전하나 완전한 도수가 발생하지 못해 에너지 감소가 줄어들어 비효율적인 설계라 할 수 있다.

나) 하류수위 조건

앞의 도수발생 위치에 대한 설명에서 하류수위가 고정되어 있다는 가정 하에 고려해 보았으나 실제로는 하도에서의 유량의 변화로 인해 하류수위가 변하게 된다. 이러한 경우 유량 Q와 하류수위 y_2'간의 수위-유량곡선과 유량 Q 및 도수후의 수심 y_2간의 수위-유량곡선을 이용하게 된다. 두 관계곡선의 차이로 인해 그림 13.6.6과 같은 다섯 가지의 조건이 발생하게 된다.

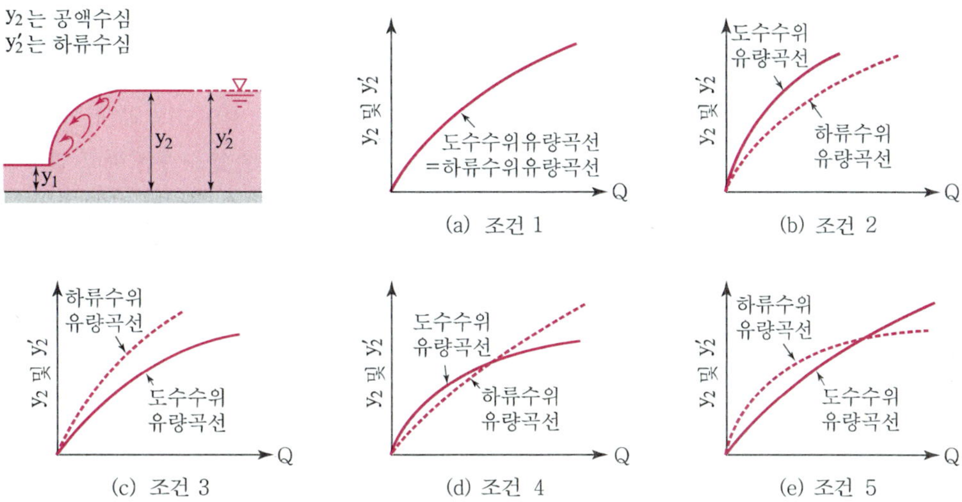

그림 13.6.6 하류수위조건에 대한 구분

① 조건 1 : 이 경우는 두 개의 관계곡선이 항상 일치하는 경우로 가장 이상적인 조건이다. 즉, 모든 유량에 대해 도수가 항상 포장된 에이프런에서 발생하게 된다. 하지만 자연 상태에서는 이러한 경우가 매우 드물다.

② 조건 2 : 이 경우는 도수후의 관계곡선이 하류수위에 대한 관계곡선보다 항상 위에 있는 경우이다. 즉, 하류수심 y_2'가 도수 후 수심 y_2보다 항상 낮게 되므로 도수가 하류로 이동하여 발생하게 된다. 이 경우 감세수로의 끝 부분에 턱(sill)을 설치하여 하류수위를 증가시킬 필요가 있다.

③ 조건 3 : 이 경우는 도수후의 관계곡선이 하류수위에 대한 관계곡선보다 항상 아래에 있는 경우이다. 즉, 하류수심 y_2'가 도수 후 수심 y_2보다 항상 높게 되므로 도수가 상류로 이동하여 잠수도수가 발생하여 에너지 감소가 비효율적이 된다. 이 경우 여수로 하류부에 경사 에이프런을 설치하거나 감세수로 하류부 하상을 낮추어 하류수심을 낮춤으로서 도수 발생위치를 하류로 이동하게 하여 잠수도수를 방지할 수 있다.

④ 조건 4 : 이 경우는 낮은 유량에서는 도수 후 수심의 관계곡선이 하류수심의 관계곡선보다는 크지만, 높은 유량에서는 반대로 도수 후 수심의 관계곡선이 하류수심의 관계곡선보다는 작은 상태이다.

따라서 낮은 유량인 경우 감세수로의 바닥을 낮추거나 턱을 설치하는 한편, 높은 유량에 대해서는 경사 에이프런을 설치하여 원하는 지점에서 도수가 발생하도록 설계한다.

⑤ 조건 5 : 이 경우는 이 경우는 낮은 유량에서는 도수 후 수심의 관계곡선이 하류수심의 관계곡선보다는 작지만, 높은 유량에서는 반대로 도수 후 수심의 관계곡선이 하류수심의 관계곡선보다는 큰 상태이다. 따라서 이러한 경우 감세수로의 바닥을 낮추어 하류수심을 높임으로서 감세수로 내에서 도수가 발생하도록 설계한다.

예제 13.8

여수로 하류부에 수평의 감세수로를 설계하려고 한다. 여수로 정점부와 감세수로의 바닥 표고차는 10m이고, 단위폭당 유량은 $1.5\text{m}^3/\text{s/m}$이며, 감세수로에 연결되는 하류수로의 경사는 0.001, 조도계수는 0.035이다. 여수로의 유량계수는 2.0이며, 여수로에서의 마찰손실을 무시하고 하류수로에서는 등류가 형성된다고 가정하고 감세수로의 최소 소요길이를 구하라. 또한 감세수로 선단에서 도수가 발생하기 위해서는 감세수로와 하류수로의 연결부에서 수로바닥 표고를 얼마나 높여야 하는가?

풀이

여수로 위어 위의 수두는 $q = CH^{3/2}$로부터

$$H = \left(\frac{1.5}{2.0}\right)^{2/3} = 0.825\text{m}$$

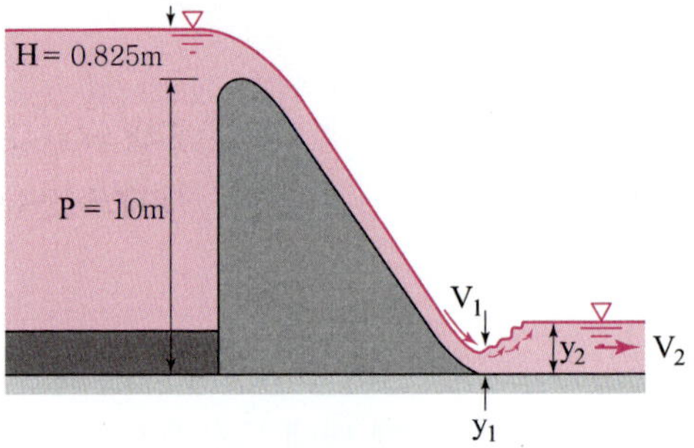

그림 13.6.7

그림 13.6.7과 같이 감세수로 선단에서 도수가 발생한다고 가정하고 마찰손실을 무시하면

$$H + P = y_1 + \frac{q^2}{2gy_1^2}$$

$$10 + 0.825 = y_1 + \frac{1.5^2}{2\times 9.81\times y_1^2}$$

이 식을 시행착오법으로 풀면 $y_1 = 0.103\text{m}$가 된다. 이때의 유속 및 Froude 수는

$$V_1 = \frac{1.5}{0.103} = 14.563\text{m/s} \qquad F_{r1} = \frac{14.563}{\sqrt{9.81\times 0.103}} = 14.48$$

그러므로 도수 후의 수심은

$$y_2 = \frac{0.103}{2}\times(-1 + \sqrt{1 + 8\times 14.48^2}) = 2.058\text{m}$$

감세수로 하류수로에서의 등류수심은

$$q_2 = \frac{1}{n}y_2'^{5/3}S_o^{1/2} \qquad \therefore\ y_2' = \left(\frac{0.035\times 1.5}{\sqrt{0.001}}\right)^{3/5} = 1.355\text{m}$$

$$V_2' = \frac{1.5}{1.355} = 1.107\text{m/s} \qquad F_{r2}' = \frac{1.107}{\sqrt{9.81\times 1.355}} = 0.304$$

도수 후의 수심이 y=2.058m이고 하류수로의 등류수심이 $y_2'=1.355$m이므로 감세수로 선단에서 도수가 발생하지 못하고 그림 13.6.8과 같이 하류로 이동하여 수심이 증가하다 공액수심이 등류수심 1.355m와 같아지는 지점에서 도수가 발생하게 된다. 따라서 도수 후 수심 $y_2=1.355$m가 되기 위한 도수전의 수심은

$$y_1' = \frac{y_2'}{2}(-1+\sqrt{1+8F_{r2}'^2}) = \frac{1.355}{2}\times(-1+\sqrt{1+8\times 0.304^2}) = 0.216\text{m}$$

따라서 도수 전 수심 y_1'에 대한 유속 및 Froude 수는

$$V_1' = \frac{1.5}{0.216} = 6.944\text{m/s}$$

$$F_{r1}' = \frac{6.944}{\sqrt{9.81\times 0.216}} = 4.77$$

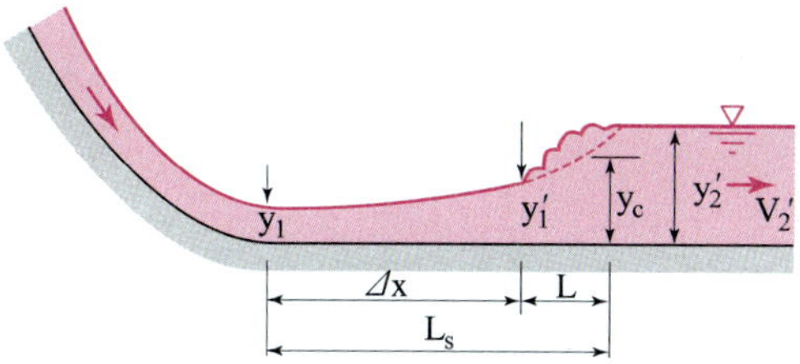

그림 13.6.8

감세수로 선단과 도수가 발생하는 지점까지의 거리는 7.5절에서 설명한 직접축차계산법을 이용하여 결정할 수 있다.

$$\Delta x = \frac{E_2 - E_1}{S_o - S_f}$$

여기서 감세수로 선단에서의 비에너지 E_1과 도수발생지점에서의 비에너지 E_2는

$$E_1 = y_1 + \frac{V_1^2}{2g} = 0.103 + \frac{14.563^2}{2\times 9.81} = 10.912\text{m}$$

$$E_2 = y_1' + \frac{V_1'^2}{2g} = 0.216 + \frac{6.944^2}{2\times 9.81} = 2.674\text{m}$$

감세수로가 수평수로이므로 $S_o=0$이고, 두 지점에서의 평균 에너지경사는

$$S_f = \frac{1}{2}(S_{f1}+S_{f2}) = \frac{1}{2}\left(\frac{n^2V_1^2}{y_1^{4/3}} + \frac{n^2V_1'^2}{y_1'^{4/3}}\right)$$

$$= \frac{1}{2}\left(\frac{0.035^2\times 14.563^2}{0.103^{4/3}} + \frac{0.035^2\times 6.944^2}{0.216^{4/3}}\right) = 2.918$$

따라서

$$\Delta x = \frac{2.674 - 10.918}{0 - 2.918} = 2.825\text{m}$$

또한 도수의 길이는 $F_{r1}'=4.77$이므로 그림 13.6.3으로부터 $L/y_2'=5.95$이고

$$L = 5.95\times 1.355 = 8.062\text{m}$$

따라서 감세수로의 최소 길이는

$$L_s = \Delta x + L = 2.825 + 8.062 = 10.89\text{m}$$

감세수로와 하류수로 연결부에서의 바닥 표고차는 그림 13.6.9와 같이 단면 ①, ② 사이에 마찰손실을 무시하고 역적-운동량 방정식을 적용하여 구할 수 있다.

$$\Sigma F = \frac{1}{2}\gamma y_1^2 - \frac{1}{2}\gamma(y_2' + z)^2 = \frac{\gamma q}{g}(V_2' - V_1)$$

$$= \frac{1}{2}\times 0.1032^2 - \frac{1}{2}\times(1.355 + z)^2 = \frac{2}{9.81}(1.107 - 14.56)$$

따라서 $z = 0.676\text{m}$ 가 된다.

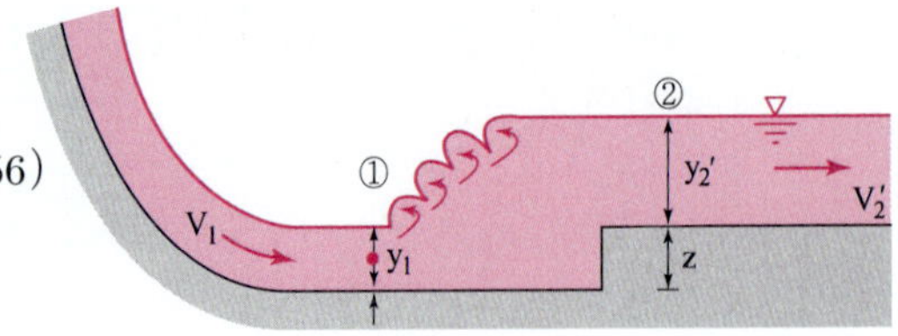

그림 13.6.9

13.7 감세수로의 부속구조물

수리구조물의 건설로 인해 초래되는 자연하천 흐름상태의 교란을 최소화하기 위해 흐름을 가능한 한 원래의 상태로 되돌릴 필요가 있다. 이러한 목적으로 구조물의 안정성을 위협하는 하류하상에서의 세굴이 발생하지 않도록 구조물에 의해 발생하는 높은 에너지를 도수 등을 이용하여 감소시킬 필요가 있다. 따라서 감세수로에 에너지를 감소시키기 위한 다양한 부속구조물을 설치하는데, 이러한 감세용 부속구조물을 감세용 구조물 또는 감세공(energy dissipator)이라 한다. 감세공에는 그림 13.7.1과 같이 표준형 감세공(USBR type), 경사에이프런(sloping apron), 감세수로 끝단의 턱(sill), 로울러 버킷(roller bucket), 감세지(stilling pool), 그리고 감세블록 에이프론(baffle apron) 등이 있다.

감세공 설계를 위한 종류의 결정에는 지형, 지질, 수문, 댐의 종류 및 경제성 등 다양한 인자들을 고려해야 하며, 최적의 설계를 위해서는 수리모형 실험을 병행할 필요가 있다.

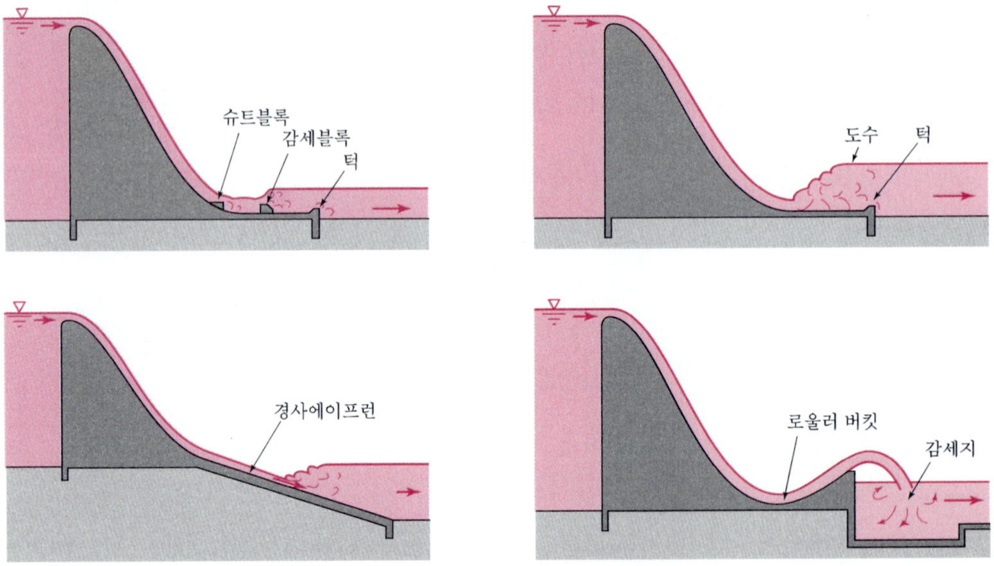

그림 13.7.1 감세수로의 부속구조물

13.7.1 표준형 감세공

감세공의 설계를 위해 미개척국(USBR)에서는 다양한 수리실험을 통해 사각형 수평 감세수로에 대한 표준 설계방법을 제시하고 있으며, 이 중 대표적인 USBR Type-II, Type-III 및 Type-IV 감세공의 설계방법에 대해 소개하기로 한다.

가) USBR Type-II 감세공

USBR Type-II 감세공은 그림 13.7.2와 같이 여수로 경사부 끝단에 에너지 감소를 위한 슈트블록(chute block)을 설치하고 감세수로의 끝 부분에는 치형 턱(dented sill)을 설치한 감세용 구조물로 보통 수두가 65m 이하 및 단위폭당 유량이 $q < 45m^3/s/m$ 인 흐름에 사용할 수가 있다.

이 감세공은 슈트블록이나 치형 턱이 없는 일반 감세수로에 비해 길이를 약 70% 정도 감소시킬 수가 있으며, $F_{r1} > 4.5$ 인 경우에 적용하도록 추천하고 있다. 그림 13.7.2의 제원과 관계곡선을 이용하여 설계를 할 수 있으며, 여기서 y_1 및 F_{r1}은 도수 발생 전의 사류 수심 및 Froude 수이고, y_2는 도수 발생 후의 수심이다. 도수의 최소 잠수는 5%를 추천하고 있어 하류수심(TW) $y_2' = 1.05y_2$를 적용한다. 도수의 길이 L은 그림 13.7.2(c)를 이용하여 F_{r1}으로부터 산정할 수 있다.

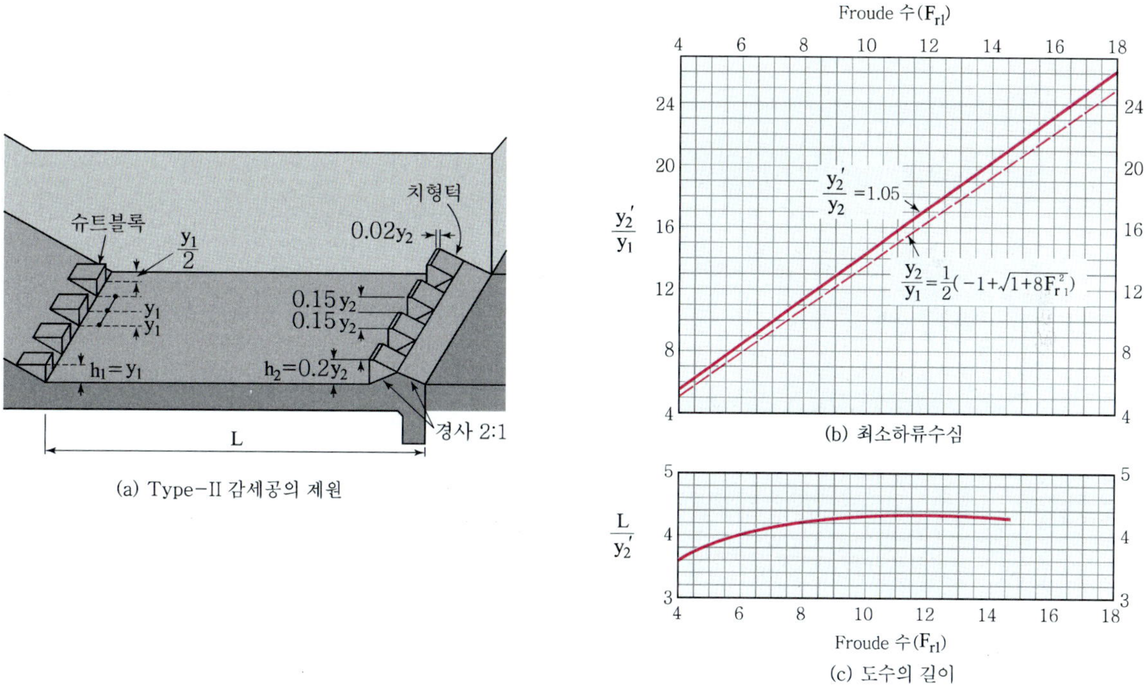

그림 13.7.2 USBR Type-II 감세공의 제원 및 설계 곡선

USBR Type-II 감세공의 설계 방법은 다음과 같고 앞으로 소개할 Type-III 및 Type-IV도 같은 절차로 설계한다.

① 여수로 하단부에서 도수가 발생하도록 초기수심 y_1과 이때의 F_{r1}을 산정한다.

② 식 (7.3.11)을 이용하여 도수 후의 수심 y_2를 계산한다.

③ 여수로 하단부 또는 감세수로 상단부에서 최소 잠수가 발생하도록 5% 정도 증가시켜 하류수심 y_2'를 결정한다.

④ 주어진 하류하천 수위에서 하류수심 y_2'를 빼 감세수로의 바닥표고를 결정한다.

⑤ 그림 13.7.2(c)로부터 F_{r1}에 대한 L/y_2'를 결정하고 감세수로의 길이 L을 산정한다.

⑥ 그림 13.7.2(a)를 이용하여 슈트블록과 치형 턱의 제원을 결정한다.

나) USBR Type-III 감세공

USBR Type-III 감세공은 그림 13.7.3과 같이 여수로 경사부 끝단에 에너지 감소를 위한 슈트블록(chute block)을 설치하고, 감세수로 중간부에 감세블록(baffle block) 및 끝 부분에는 연속형 턱(continuous end sill)을 설치한 감세용 구조물로 보통 도수 상류부의 유속이 $V_1 \le 18\text{m/s}$ 및 단위폭 당 유량이 $q \le 18\text{m}^3/\text{s/m}$ 인 흐름에 사용할 수가 있다.

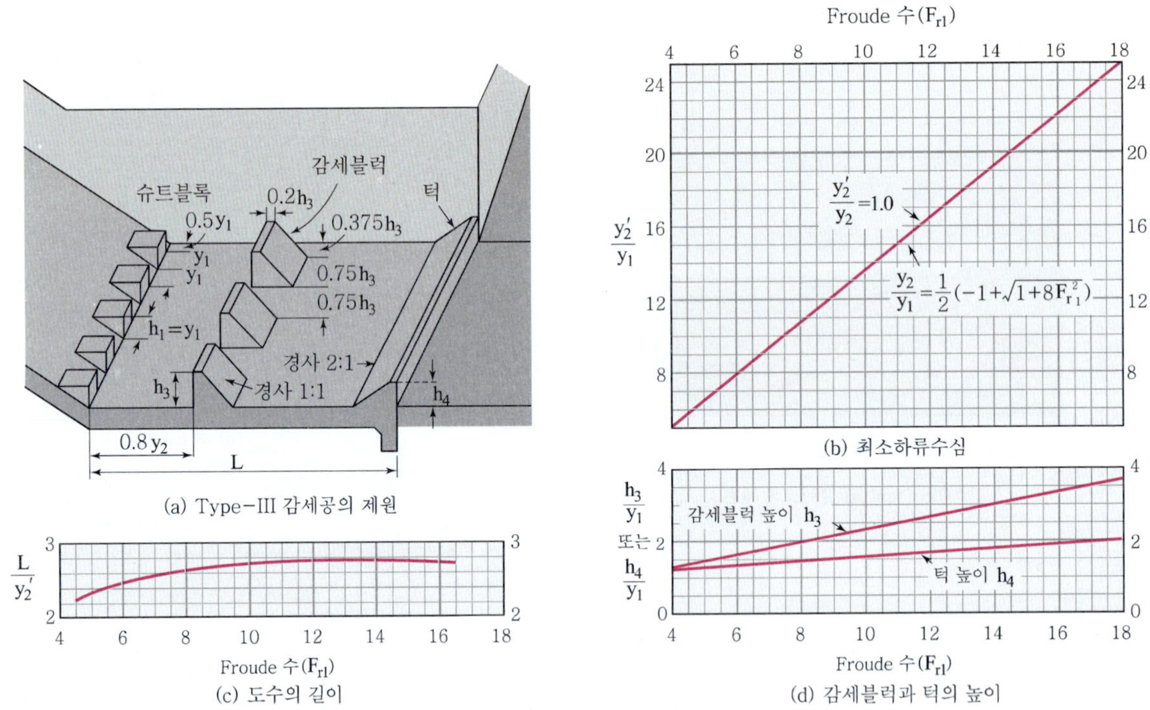

그림 13.7.3 USBR Type-III 감세공의 제원 및 설계 곡선

만일 상류부 유속이 이보다 크게 되면 감세블록에서 공동현상(cavitation)이 발생할 수가 있다. 슈트 블록은 USBR Type–II 감세공과 동일하며 감세블록 및 턱은 그림 13.7.3의 제원 및 관계곡선을 이용하여 설계할 수가 있다. 이 감세공은 일반 감세수로의 경우보다 약 45% 정도 길이를 줄일 수가 있으며, $F_{r1} > 4.5$인 경우에 적용하도록 추천하고 있다.

다) USBR Type–IV 감세공

USBR Type–IV 감세공은 그림 13.7.4와 같이 여수로 경사부 끝단에 편향블록(deflector block)을 설치하고, 감세수로 끝 부분에는 연속형 턱(continuous end sill)을 설치한 감세용 구조물로, 보통 도수 전의 Froude 수가 $2.5 < F_{r1} < 4.5$인 진동도수(oscillating jump)가 발생하는 경우에 적합하다.

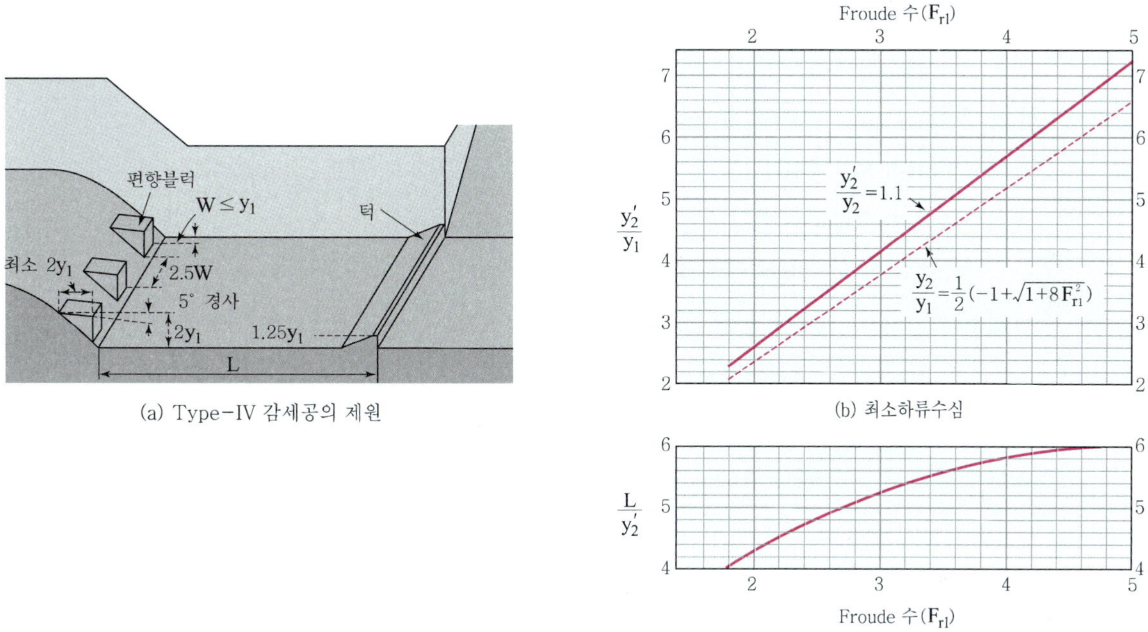

(a) Type–IV 감세공의 제원

(b) 최소하류수심

(c) 도수의 길이

그림 13.7.4 USBR Type–IV 감세공의 제원 및 설계 곡선

예제 13.9

월류형 여수로의 제원이 다음과 같을 때 USBR Type–IV 감세공을 설계하라.

계획홍수량 : 300m^3/s	여수로 폭 : 50m
계획홍수위 : EL. 102m	평균하상표고 : EL. 94m
여수로 정점표고 : EL. 100m	하류하천 수면표고 : EL. 97.5m

풀이

저수지 내의 접근유속과 여수로 상에서의 마찰손실을 무시하고 감세수로 선단에서 도수가 발생한다고 하면

$$102-94 = y_1 + \frac{V_1^2}{2g} = y_1 + \frac{(300/50)^2}{2\times 9.8\times y_1^2}$$

따라서 도수 초기수심은 $y_1 = 0.495\text{m}$가 된다. 이때의 유속 및 Froude 수는

$$V_1 = \frac{q}{y_1} = \frac{300/50}{0.495} = 12.12\text{m/s} \qquad F_{r1} = \frac{V_1}{\sqrt{gy_1}} = \frac{12.12}{\sqrt{9.8\times 0.495}} = 5.50$$

도수 발생 후의 수심은

$$y_2 = \frac{y_1}{2}(-1+\sqrt{1+8F_{r1}^2}) = \frac{0.495}{2}\times(-1+\sqrt{1+8\times 5.5^2}) = 3.61\text{m}$$

10%의 여유를 고려하기 위해 그림 13.7.4(b)에서 $F_{r1} = 5.5$일 때 $y_2'/y_2 = 1.1$ 선에 대한 y_2'/y_1값을 읽으면 약 8.14가 된다. 따라서

$$y_2' = 8.14\times 0.495 = 4.03\text{m}$$

또는 직접 $y_2' = y_2\times 1.1 = 3.61\times 1.1 = 3.971\text{m}$로 할 수도 있다.

따라서 하류하천의 수심은 이 두 값의 평균치인 $y_2' = 4.0\text{m}$로 한다.

감세수로의 바닥표고는 하류하천 수면표고에서 계획 하류수심 y_2를 빼서 결정한다.

$$\text{EL. } 97.5 - 4.0\text{m} = \text{EL. } 93.5\text{m}$$

감세공의 길이는 그림 13.7.4(c)에서 $F_{r1} = 5.5$일 때 $L/y_2' = 6.2$이므로

$$L = 6.2\times 4.0 = 24.8\text{m}$$

슈트블록의 높이 : $2y_1 = 0.99\text{m}$, 폭 : $W = 0.495\text{m}$, 간격 : $2.5W = 1.24\text{m}$

단부턱의 높이 : $1.25y_1 = 0.62\text{m}$

13.7.2 로울러 버킷 감세공

하류수심이 도수 발생 후의 수심보다 상당히 큰 경우 잠수 도수가 발생하게 되어 에너지 감소효과가 줄어들게 된다. 이러한 경우 로울러 버킷을 여수로 말단에 설치하여 인위적으로 와류를 발생시켜 에너지를 효율적으로 감소시킬 수가 있다. 로울러 버킷은 그림 13.7.5와 같이 solid 버킷과 slotted 버킷 두 종류가 있다.

Solid 버킷에서는 버킷의 출구부가 위로 향하고 있어 흐름이 수면으로 솟구치면서 버킷 쪽에서는 물이 반시계방향으로 회전하며 에너지가 감소되고, 버킷 하류부에서는 시계방향으로 회전하여 버킷 하류부 하상에서의 세굴을 방지하게 된다. Slotted 버킷은 solid 버킷에 비해 분출각도가 완만하여 수표면의 회전이 solid 버킷에 비해 그리 심하지 않으며 하류부의 흐름도 비교적 완만하게 된다. 하지만 slotted 버킷은 solid 버킷에 비해 하류수위의 범위가 작은 경우에 만족할 만한 결과를 준다.

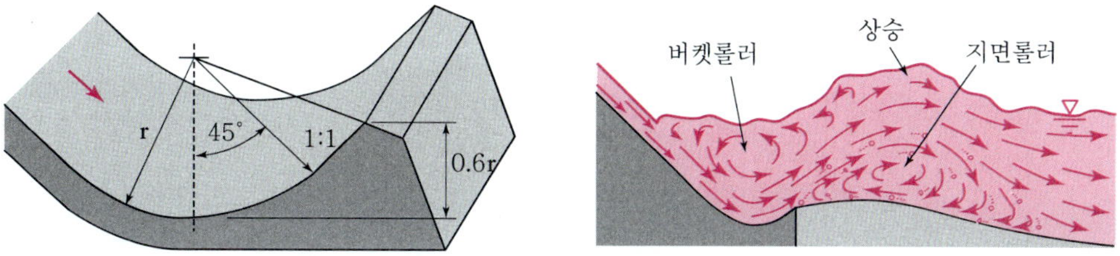

(a) Solid 버킷

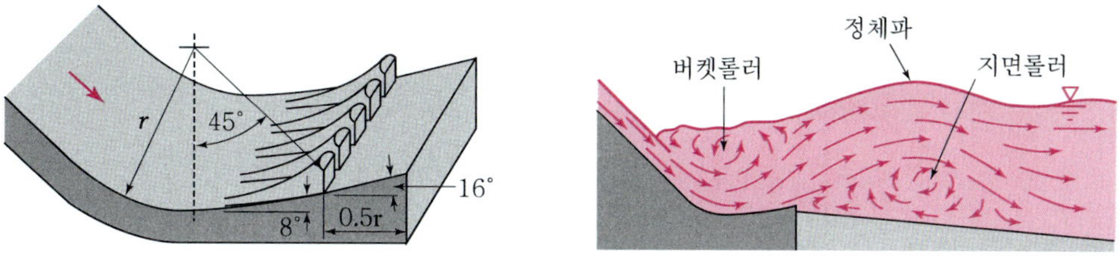

(b) Slotted 버킷

그림 13.7.5 로울러 버킷

하류수위가 매우 낮은 경우 버킷 내의 소용돌이가 버킷 하류로 이탈될 수가 있다. 이와 같이 소용돌이가 버킷 하류로 이탈되는 하류수위를 이탈수위(ejection level) N_E라 한다.

로우러 버킷을 설계하는 절차는 다음과 같다.

① 주어진 흐름 상황으로부터 도수 발생 전의 수심 y_1, 유속 V_1을 결정하여 $F_{r1} = V_1/(gy_1)^{0.5}$를 계산한다.

② F_{r1}으로부터 그림 13.7.6(d)를 이용하여 $r/(y_1 + V_1^2/2g)$를 결정하고, y_1과 V_1을 대입하여 최소 곡률반경 $r = r_{min}$ 을 계산한다.

③ F_{r1}과 $r/(y_1 + V_1^2/2g)$를 이용하여 그림 13.7.6(a)로부터 N_M/y_1을 결정하여 y_1을 곱해 최대 하류수위 N_M을 계산한다.

④ F_{r1}과 $r/(y_1 + V_1^2/2g)$를 이용하여 그림 13.7.6(b)로부터 N_m/y_1을 결정하여 y_1을 곱해 최소 하류수위 N_m을 계산한다.

⑤ F_{r1}과 $r/(y_1 + V_1^2/2g)$를 이용하여 그림 13.7.6(c)로부터 N_E/y_1을 결정하여 y_1을 곱해 이탈수위 N_E를 계산한다. N_M, N_m, 그리고 N_E는 모두 로울러 버킷 바닥을 기준으로 한 수위이다.

⑥ 로울러 버킷 바닥을 기준으로 측정한 하류수심이 N_M보다 크거나 N_m보다 작으면 곡률반경 r을 증가시켜 조건을 만족할 때까지 계산을 반복한다.

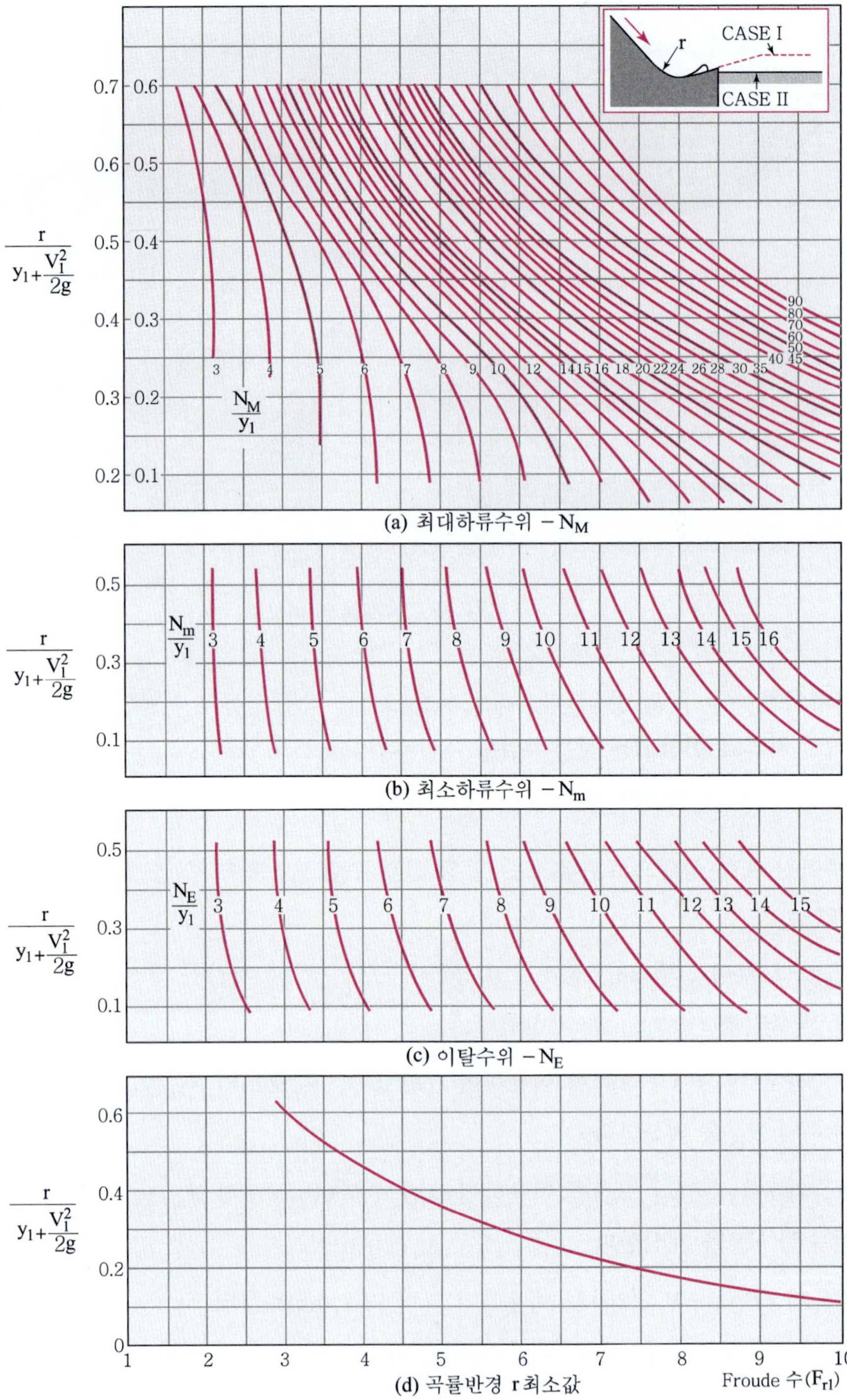

그림 13.7.6 로울러 버킷 설계 곡선

예제 13.10

설계 유량이 $130m^3/s$이고, 감세수로의 폭이 10m인 로울러 버킷을 설계하라. 로울러 버킷 선단부에서의 수심은 $y_1 = 0.6m$ 이고, 유속은 $V_1 = 21m/s$ 이다.

풀이

주어진 자료로부터

$$F_{r1} = \frac{V_1}{\sqrt{gy_1}} = \frac{21}{\sqrt{9.81 \times 0.6}} = 8.7$$

이 값을 이용하여 그림 13.7.6(d)로부터

$$\frac{r}{y_1 + \frac{V_1^2}{2g}} = 0.15 \qquad \text{그리고} \qquad y_1 + \frac{V_1^2}{2g} = 0.6 + \frac{21^2}{2 \times 9.81} = 23.1m$$

따라서 $r = r_{min} = 3.46m$ 가 된다.

$r/(y_1 + V_1^2/2g) = 0.15$와 $F_{r1} = 8.7$로부터 그림 13.7.6(a)를 이용하여 $N_M/y_1 = 19$, 그림 13.7.6(b)를 이용하여 $N_m/y_1 = 13$, 그리고 그림 13.7.6(c)를 이용하여 $N_E/y_1 = 11.4$를 결정할 수 있다. 각 값에 $y_1 = 0.6$을 곱하면 $N_M = 11.4m$, $N_m = 7.8m$, 그리고 $N_E = 6.8m$를 얻을 수 있다. 로울러 버킷 바닥을 기준으로 측정한 하류수심이 N_M보다 크거나 N_m보다 작으면 곡률반경 r을 증가시켜 조건을 만족할 때까지 계산을 반복한다.

13.7.3 Baffle 에이프런 감세공

Baffle 에이프론 감세공은 감세수로상에서의 에너지 감소를 피하고 여수로 경사면 상에서 에너지 손실을 유도하기 위해 사용한다. 이 감세공은 비교적 유량이 작은 경우와 부유물이 포함되어 있지 않을 경우에 사용하기 적절하다. 만일 유량이 설계 허용치보다 크게 되면 여수로 상의 블록에서 공동현상이 발생할 수가 있다.

이 감세공의 제원은 그림 13.7.7과 같이 주어지며, 허용 유량은 단위폭당 유량 $q = 5.6m^3/s/m$를 초과하지 않고, 접근유속 V는 한계유속($\sqrt[3]{gq}$)보다 작아야 하며 이상적인 접근유속은 $V = 0.8\sqrt[3]{gq}$이다. 블록의 최소 높이 H는 한계수심($y_c = \sqrt[3]{q^2/g}$)의 0.8~0.9배로 한다.

USBR에서 제시하고 있는 Baffle 에이프론 감세공의 전형적인 수리학적 설계절차는 다음과 같다.

① 최소 예상 유량 Q 결정한다.

② 단위폭당 유량 $q = Q/L$ 결정. 여기서 L은 감세공의 폭이다.

③ 접근유속 $V = 0.8^3\sqrt{gq}$ 결정한다.

④ 한계수심 $y_c = \sqrt[3]{q^2/g}$ 를 결정하고, 블록의 높이 H를 $0.8y_c$ 또는 $0.9y_c$로 결정한다.

⑤ 블록의 폭 및 옆 간격을 1.5H로 하고 H보다는 작지 않게 결정한다.

⑥ 블록의 앞 뒤 간격은 2H로 결정한다.

⑦ 블록의 상류면은 감세공 노면과 수직으로 한다.

⑧ 블록은 흐름을 충분히 통제할 수 있도록 최소한 4줄 이상으로 배치한다.

⑨ 감세공 측벽의 높이를 3H로 정한다.

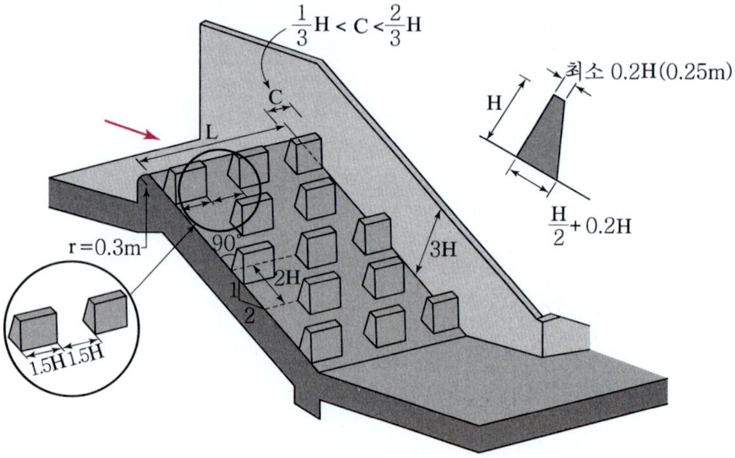

그림 13.7.7 Baffle 에이프런 감세공

예제 13.11

최소 예상되는 유량이 $140m^3/s$일 때 Baffle 에이프론 감세공을 설계하라. 단. 감세공의 경사는 2H:1V이다.

풀이

① 감세공의 폭을 25m로 결정하면 단위폭당 유량은 $q = 140/25 = 5.6m^3/s/m$

② 감세공으로의 접근 유속은 $V = 0.8^3\sqrt{9.8 \times 5.6} = 3.04m/s$

③ 한계수심은 $y_c = \sqrt[3]{5.6^2/9.8} = 1.47m$

④ 블록의 높이 $0.8 \times 1.47 = 1.18m$ 이므로 $H = 1.2m$ 로 결정한다.

⑤ 블록의 폭 및 길이는 $1.5H = 1.8m$, 하단부 길이는 $H/2 + 0.2H = 0.84m$, 앞 뒤 간격은 $2H = 2.4m$ 로 결정한다.

⑥ 감세공의 측벽 높이는 $3H = 3.6m$ 로 결정한다.

13.8 방류구조물

방류구조물(outlet works)은 댐에 저류된 물을 조절하거나 방류하기 위한 구조물이다. 방류구조물을 통해 지체댐(detention dam)인 경우 유출을 지체시키기 위해, 분류댐(diversion dam)인 경우 유입되는 물을 수로나 관로로 전환시키기 위해, 다목적댐(multipurpose dam)인 경우 하류의 각종 용수공급, 발전, 댐 부속구조물의 점검 등을 위해 저류된 물을 방류하게 된다.

방류구조물은 구조물의 목적, 물리적 및 구조적 배치 또는 수리학적 운영방법에 따라 분류할 수가 있다. 하천으로 직접 물을 방류하는 경우 하천방류(river outlet)구조물, 수로로 물을 방류하는 경우 수로방류(canal outlet)구조물, 폐합관거로 물을 방류하는 경우 관수로방류(pipe outlet)구조물 등이 있다. 방류구조물은 또한 흐름 특성에 따라 개수로와 관수로로 나눌 수가 있으며, 수리학적 운영방법에 따라 수문의 유무, 폐합관거인 경우 물이 가득차서 흐르는지 또는 부분적으로 차서 흐르는지에 따라 분류할 수가 있다.

방류구조물은 홍수위 공간에 임시적으로 저류한 물을 방류하거나 다가올 홍수에 대비하여 저수지를 비우는 것과 같이 홍수를 조절하기 위해 사용되기도 한다. 또한 댐 상류면의 검사, 보수 및 관리를 위하거나 새로운 구조물을 설치하기 위해 물을 방류하기 위한 목적으로도 사용된다.

13.8.1 방류구조물의 구성요소

개수로 방류구조물 또는 부분적으로 물이 차서 흐르는 관수로 방류구조물에서의 방류능력은 유량조절 수문 및 밸브에 의해 결정되며, 물이 가득차서 압력에 의해 흐르는 관수로 방류구조물에서의 방류능력은 유량조절장치 및 수로의 크기에 의해 결정되고, 방류구조물의 모든 규모는 수두 및 필요한 방류능력에 의해 결정된다.

방류구조물을 구성하고 있는 요소들에는 방류수로(waterway), 유량조절장치(control device), 유입구구조물(intake structure), 종말부구조물(terminal structue), 그리고 입구 및 출구수로(entrance 및 outlet channel) 등으로 구성된다. 먼저 지형 및 지질조건을 고려하여 방류구조물의 수로를 개수로 또는 관수로 및 터널 등으로 설계할지를 결정하고, 수문, 밸브 등의 유량조절방법을 정하게 된다. 유입구구조물의 종류는 위치 및 기능, 그리고 어류망(fishscreen), 오물수거장치(trashrack), 통나무 유입방지시설(stop log) 등과 같은 다양한 부속물에 따라 결정된다. 물을 하류 하천으로 방류시키기 전에 에너지를 감소시키기 위해 종말부구조물을 설치하게 되며, 이러한 구조물에는 앞에서 소개한 USBR 표준감세공, 로울러 버킷 감세공, Baffle 에이프런 감세공 등을 사용할 수가 있다. 저수지로부터 유입구구조물로 물을 유도하기 위해 입구수로를 설치하게 되며, 종말부구조물을 통해 에너지가 감소된 물을 하류 하천으로 유도하기 위한 출구수로를 설치하게 된다.

13.8.2 방류수로의 설계

방류수로의 흐름은 개수로 흐름(자유흐름) 및 관수로 흐름(압력흐름) 중의 하나이거나 또는 두 가지의 혼합된 방법으로 흐르게 된다. 개수로나 부분적으로 차서 흐르는 폐합관거의 흐름해석은 에너지 보존 법칙과 정상부등류(steady nonuniform)의 원리에 기본을 두고 있다. 폐합관거에 물이 가득차서 흐르는 관수로 흐름의 해석은 설계 유량을 방류하기 위해 필요한 총 수두를 결정하기 위한 수두손실을 포함한 압력흐름에 기본을 둔다. 종말부구조물에서 에너지를 감소시키기 위해 적용하는 감세공은 운동량 보존의 법칙을 적용하여 설계하게 된다.

가) 개수로형 방류수로의 설계

개수로형 방류수로에서의 흐름은 13.4절에서 소개한 여수로에서의 흐름과 같다. 어떠한 종류의 수문을 사용하더라도 수문을 완전히 개방할 경우 유량은 다음과 같이 산정할 수가 있다.

$$Q = C\sqrt{2g}\,LH^{3/2} \tag{13.8.1}$$

여기서 Q는 여수로상의 유량(m^3/s), L은 여수로 정상부의 길이(m), H는 여수로상의 전수두(H)로 정수두와 접근 속도수두의 합이며, C는 유량계수로 그림 13.8.1을 이용하여 여수로의 높이 P와 전수두 H로부터 산정할 수 있다.

만일 개수로 방류수로의 흐름이 부분적으로 개방한 수문에 의해 조절된다면 수문아래의 흐름은 자유 오리피스 흐름과 같게 되어 다음과 같이 유량을 산정할 수가 있다.

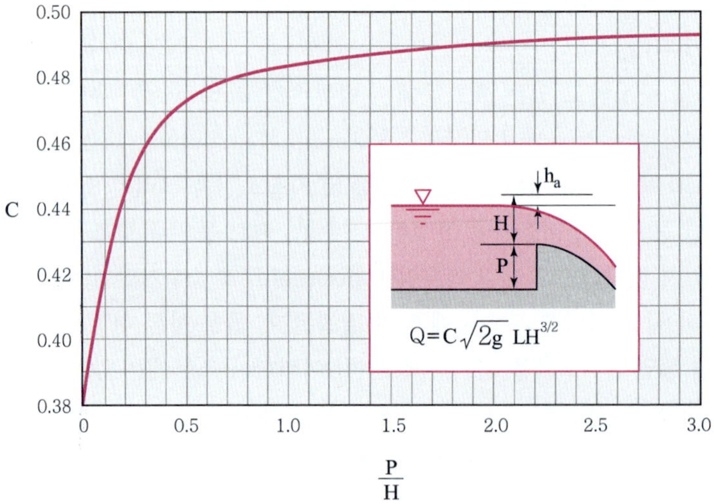

그림 13.8.1 여수로상 자유흐름의 유량계수

$$Q = \frac{2}{3}\sqrt{2g}\,CL\left(H_1^{3/2} - H_2^{3/2}\right) \tag{13.8.2}$$

여기서 H_1은 오리피스 흐름의 하단에서의 수두, 즉 여수로 정점부에서의 수두(m)이고, H_2는 오리피스 흐름의 상단에서의 수두, 즉 수문 하단부에서의 수두(m)를 의미한다. 유량계수 C는 그림 13.8.2를 이용하여 수문의 개방높이 d와 여수로 상의 수두 H_1으로부터 구할 수가 있다.

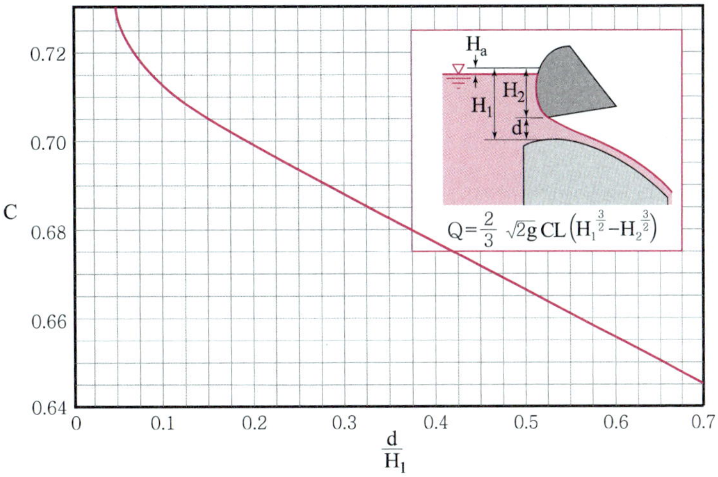

그림 13.8.2 여수로상 오리피스 흐름의 유량계수

만일 수문하류의 수심이 높을 경우 수문이 부분적으로 또는 완전히 잠수하게 되어 수중 오리피스 흐름과 같게 되며 유량은 다음과 같이 산정한다.

$$Q = CA\sqrt{2gH} \tag{13.8.3}$$

여기서 A는 수문의 개방된 부분의 단면적(m^2), H는 수문 상하류간의 수두차(m), C는 수중 오리피스의 유량계수로 0.62~0.96의 값을 가진다.

나) 관수로형 방류수로의 설계

관수로형 방류수로에서는 압력흐름(pressure flow)이 되며 4장~5장에서 소개한 관수로 흐름 원리를 적용할 수 있다. 그림 13.8.3과 같은 관수로형 방류수로에 에너지 방정식을 적용하면

$$H_T = \sum h_L + h_{v2} \tag{13.8.4}$$

여기서 H_T는 계획유량을 방류시키기 위해 필요한 방류수로의 전수두, $\sum h_L$은 방류수로 시스템에서 발생하는 모든 손실수두의 합, 그리고 h_{v2}는 방류수로 출구부에서의 속도수두이다. 속도수두 항을 모두

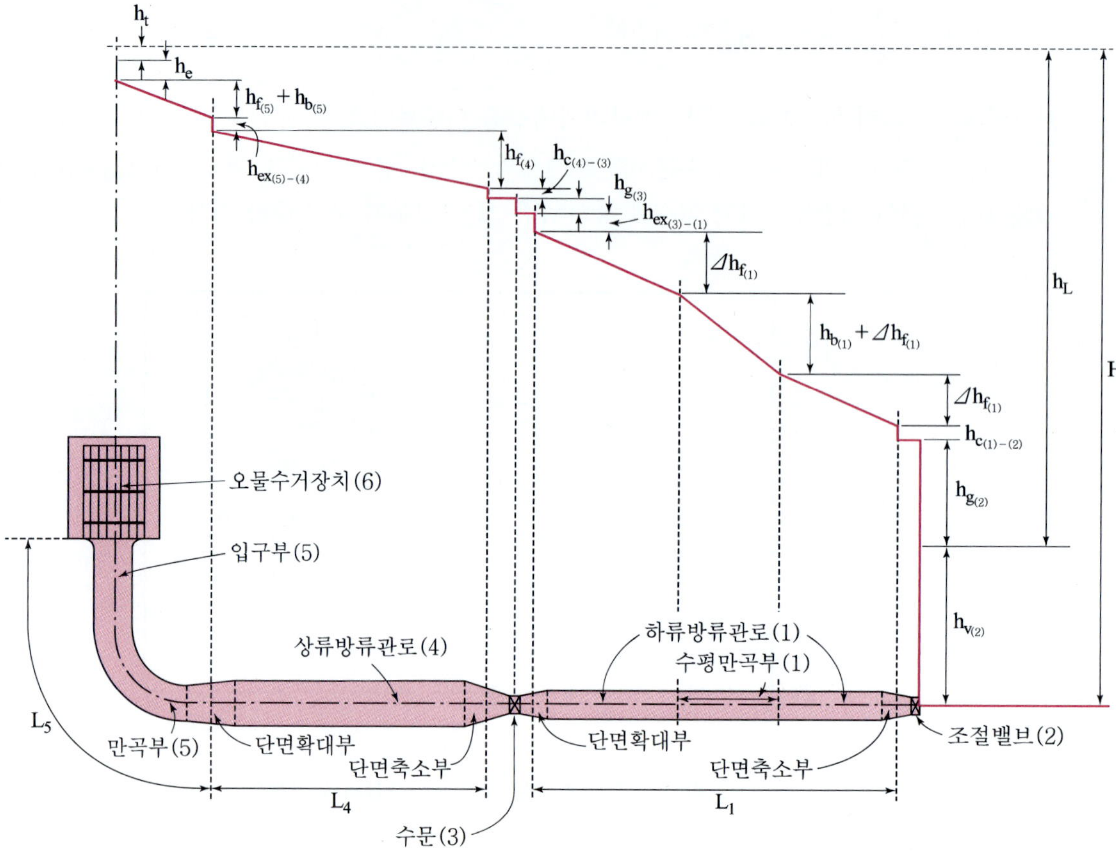

그림 13.8.3 관수로형 방류수로에서의 수두손실

포함하여 전수두를 다시 나타내면

$$
\begin{aligned}
H_T = & \ h_t + h_e + h_{b5} + h_{f5} + h_{ex(5-4)} + h_{f4} + h_{c(4-3)} \\
& + f_{g3} + h_{ex(3-1)} + h_{f1} + h_{b1} + h_{c(1-2)} + h_{g2} + h_{v2}
\end{aligned} \tag{13.8.5}
$$

여기서 숫자는 그림 13.8.3의 방류수로에서 손실수두를 적용하는 관로구간, 변이부 및 각종 요소들의 위치를 나타낸다.

방류수로의 출구부가 잠수되어 있지 않고 자유 분출되는 경우 전수두 H_T는 저수지 수표면으로부터 방류수로의 출구부 중심축까지의 높이가 되고, 출구부가 잠수되어 있는 경우에 전수두는 저수지수위와 하류수위와의 차가 된다. 식 (11.8.5)에서 각 손실수두를 손실계수와 속도수두로 나타내면 다음과 같다.

$$H_T = K_t\left(\frac{V_6^2}{2g}\right) + K_e\left(\frac{V_5^2}{2g}\right) + K_{b5}\left(\frac{V_5^2}{2g}\right) + f_5\frac{L_5}{D_5}\left(\frac{V_5^2}{2g}\right) + K_{ex}\left(\frac{V_5^2}{2g} - \frac{V_4^2}{2g}\right)$$
$$+ f_4\frac{L_4}{D_4}\left(\frac{V_4^2}{2g}\right) + K_e\left(\frac{V_3^2}{2g} - \frac{V_4^2}{2g}\right) + K_g\left(\frac{V_3^2}{2g}\right) + K_{ex}\left(\frac{V_2^2}{2g} - \frac{V_1^2}{2g}\right) \quad (13.8.6)$$
$$+ f_1\frac{L_1}{D_1}\left(\frac{V_1^2}{2g}\right) + K_{b1}\left(\frac{V_1^2}{2g}\right) + K_c\left(\frac{V_2^2}{2g} - \frac{V_1^2}{2g}\right) + K_g\left(\frac{V_2^2}{2g}\right) + K_v\left(\frac{V_2^2}{2g}\right)$$

여기서 K_t는 오물수거망, K_e는 유입구, K_b는 만곡부, f는 마찰, K_{ex}는 단면확대, K_c는 단면축소, K_g는 수문손실계수이며 K_v는 방류수로 출구부에서의 손실계수이다.

식 (13.8.6)을 각각의 속도수두로 정리하고 연속방정식을 이용하여 1번 관로에서의 속도수두로 나타내면

$$H_T = \frac{V_1^2}{2g}\left[\left(\frac{A_1}{A_6}\right)^2 K_t + \left(\frac{A_1}{A_5}\right)^2\left(K_e + K_{b5} + f_5\frac{L_5}{D_5} + K_{ex}\right)\right.$$
$$+ \left(\frac{A_1}{A_4}\right)^2\left(f_4\frac{L_4}{D_4} - K_{ex} - K_c\right) + \left(\frac{A_1}{A_3}\right)^2(K_c + K_g + K_{ex}) \quad (13.8.7)$$
$$\left. + \left(f_1\frac{L_1}{D_1} - K_{ex} + K_{b1} - K_c\right) + \left(\frac{A_1}{A_2}\right)^2(K_c + K_g + K_v)\right]$$

여기서 V_1은 그림 13.8.3에서 1번 방류관로에서의 평균유속, A, L, D 및 f는 각 관의 단면적, 길이, 직경 및 마찰손실계수이다. 만일 중괄호안의 값을 손실계수 K_L로 나타낸다면 식 (13.8.7)은

$$H_T = K_L\frac{V_1^2}{2g} \quad (13.8.8)$$

따라서 관수로형 방류수로에서의 방류량은 다음과 같다.

$$Q = A_1V_1 = A_1\sqrt{\frac{2gH_T}{K_L}} \quad (13.8.9)$$

방류수로를 통한 설계 방류량 Q와 저수지와 하류부의 수두차 H_T가 주어지면 손실계수 K_L을 계산하여 방류수로의 단면적 A_1 및 각 성분관로의 제원을 결정할 수가 있다.

13.8.3 관수로에서의 손실수두 산정

관수로형 방류수로의 제원을 결정하기 위해서는 방류수로에서 발생하는 각종 손실수두, 즉 입구부

손실수두, 마찰손실수두, 만곡부손실수두, 단면변화손실수두, 수문손실수두, 그리고 출구부손실수두를 다음과 같은 방법을 이용하여 산정할 필요가 있다.

가) 마찰손실수두

관수로에서의 마찰저항에 의한 에너지 손실은 4.5절에서 소개한 바와 같이 Darcy-Weisbach공식을 사용하여 산정할 수가 있다.

$$h_L = f\frac{L}{D}\frac{V^2}{2g} \tag{4.5.12}$$

여기서 f는 마찰손실계수로 관의 상대조도와 Reynolds 수에 의해 Moody 도표로부터 구할 수가 있다. 만일 흐름이 완전난류 상태로 흐르게 되면 f는 Reynolds 수와는 상관없게 되며 오직 관의 조도에만 관계한다. 따라서 다음과 같은 Manning의 조도계수 n과의 관계를 이용하여 구할 수도 있다.

$$f = \frac{124.5n^2}{D^{1/3}} \tag{13.8.10}$$

식 (13.8.10)을 식 (4.5.12)에 대입하면

$$h_f = \left(124.5n^2\frac{L}{D^{4/3}}\right)\frac{V^2}{2g} \tag{13.8.11}$$

만일 방류수로가 직경 D인 원형관이 아니고 비원형단면으로 이루어진다면 직경 D와 동수반경 R_h와의 관계 $D = 4R_h$를 적용하여 다음과 같이 나타낼 수 있다.

$$h_f = \left(19.6n^2\frac{L}{R_h^{4/3}}\right)\frac{V^2}{2g} \tag{13.8.12}$$

일반적으로 사용되는 관수로형 방류수로의 재료에 따른 n값의 최대 및 최소값은 표 13.8.1과 같다.

표 13.8.1 방류수로의 재료에 따른 n값

방류관로의 재료	최대값	최소값
콘크리트 관	0.014	0.008
용접된 강관	0.012	0.008
피복이 안 된 암반터널	0.035	0.020

나) 오물수거장치에 의한 손실수두

오물수거장치는 망의 배치간격이 넓으면 손실수두가 비교적 작아 무시할 수 있다. 하지만 망의 배치

간격이 좁으면 망을 구성하는 강봉의 두께 및 간격에 따라 다음과 같이 손실수두를 계산하게 된다.

$$h_t = K_t \frac{V_n^2}{2g} \tag{13.8.13}$$

$$K_t = 1.45 - 0.45 \frac{A_n}{A_g} - \left(\frac{A_n}{A_g} \right)^2 \tag{13.8.14}$$

여기서 K_t는 오물수거망의 손실계수, A_n은 망의 순 통수단면적, A_g는 망의 총단면적, 그리고 V_n은 망의 순 통수단면적을 통해 흐르는 유속이다.

다) 입구부 손실수두

유입구 손실수두는 입구부의 형상 및 상태에 따라 다양하게 변하게 된다. 계획 유량을 방류시키기 위해 필요한 수두를 H, 유량계수를 C, 그리고 단면적을 A라 하면 유량 및 유속은 다음과 같다.

$$Q = CA\sqrt{2gH} \tag{13.8.3}$$

$$V = C\sqrt{2gH} \tag{13.8.15}$$

따라서

$$H = \frac{1}{C^2}\frac{V^2}{2g} \tag{13.8.16}$$

수두 H는 속도수두와 입구부 손실수두 h_e의 합이므로

$$\frac{V^2}{2g} + h_e = \frac{1}{C^2}\frac{V^2}{2g} \tag{13.8.16}$$

표 13.8.2 방류관로 입구부의 유량계수 및 손실계수

구분	유량계수 C			손실계수 K_e		
	최대	최소	평균	최대	최소	평균
수문설치-단면축소 없음	0.70	0.60	0.63	1.80	1.00	1.50
수문설치-바닥과 측벽 단면 축소	0.81	0.68	0.70	1.20	0.50	1.00
수문설치-입구부 둥글게 마감	0.95	0.71	0.82	1.00	0.10	0.50
입구부 각지게 마감	0.85	0.77	0.82	0.70	0.40	0.50
약간 둥글게 마감한 입구	0.92	0.79	0.90	0.60	0.18	0.23
매우 둥글게 마감한 입구-(r/D≥0.15)	0.96	0.88	0.95	0.27	0.08	0.10
원형의 나팔형 입구	0.98	0.95	0.98	0.10	0.04	0.05
사각형 나팔형 입구	0.97	0.91	0.93	0.20	0.07	0.16
안으로 돌출된 입구	0.80	0.72	0.75	0.93	0.56	0.80

따라서

$$h_e = \left(\frac{1}{C^2} - 1\right)\frac{V^2}{2g} = K_e\frac{V^2}{2g} \tag{13.8.17}$$

일반적인 방류관로의 입구부에서의 유량계수 C 및 손실계수 K_e는 표 13.8.2와 같다.

라) 기타 손실수두

만곡부 손실수두, 단면 점확대 및 급확대 손실수두, 단면 점축소 및 급축소 손실수두, 밸브에 의한 손실수두 등은 일반적으로 다음 식과 같은 형태로 나타내며 4.6절 미소손실수두에서 자세히 소개를 하였으므로 동일한 방법으로 산정할 수가 있다.

$$h_{mi} = K_i\frac{V_i^2}{2g} \tag{13.8.18}$$

여기서 h_{mi}는 각종 미소손실수두, K_i는 미소손실계수, V_i는 유속이다.

예제 13.12

콘크리트 중력식댐 여수로 아래에 폭 2m, 깊이 3m되는 콘크리트 Box형 수평방류수로가 5개 설치되어 있다. 방류수로의 유입구는 약간 둥글게 마감되어 있고, 유입구로부터 5m 하류에 수문이 설치되어 있으며, 수문으로부터 20m 하류의 감세공을 통해 자유 방류된다. 저수지의 상시만수위가 EL. 100m이고, 방류수로의 중립축 표고가 EL. 80m일 때 1) 수문을 완전히 개방할 경우의 방수량과 2) 수문을 50% 개방할 경우의 방수량을 결정하라.

풀이

수문을 완전히 개방하였을 경우 방류수로 내에서의 평균유속을 V라 하면 식 (13.8.5)로부터

$$H_T = h_e + h_f + h_g + h_v = \left(K_e + \frac{19.6n^2L}{R_h^{4/3}} + K_g + 1\right)\frac{V^2}{2g}$$

여기서 $H_T = 100 - 80 = 20\text{m}$

K_e는 표 13.8.2로부터 0.23, $K_g = 0.1$, n은 표 13.8.1로부터 평균치인 0.011을 적용한다.

$$R_h = \frac{A}{P} = \frac{2\times 3}{2\times(2+3)} = 0.6\text{m}$$

$$\frac{19.6n^2L}{R_h^{4/2}} = \frac{19.6\times 0.011^2\times 25}{0.6^{4/3}} = 0.117$$

이들 값을 윗 식에 적용하면

$$20 = (0.23 + 0.117 + 0.1 + 1)\frac{V^2}{2g} = 1.447\frac{V^2}{2 \times 9.81}$$

따라서 $V = 16.47\text{m/s}$. 그러므로 5개의 방류수로를 통해 흐르는 방류량은

$$Q = 5 \times 16.47 \times (2 \times 3) = 494.1\text{m}^3/\text{s}$$

만일 수문을 50%만 개방하면 수문하류의 흐름은 자유 오리피스 흐름이 되고 전수두는

$$H_T = 100 - (80 - 0.75) = 20.75\text{m}$$

K_e는 표 13.8.2로부터 0.23, $K_g = 0.7$로 가정한다.

유입구와 수문사이에서의 평균유속을 V_s라 하면 이 부분에서의 마찰손실수두는

$$h_f = 0.117\frac{V_s^2}{2g} \times \frac{5}{25} = 0.0234\frac{V_s^2}{2g}$$

수문하류 오리피스 흐름의 수축단면에서의 유속을 V_c라 하고, 수축계수 C_c를 0.75로 가정하면

$$V_s \times (2 \times 3) = V_c \times (0.75 \times 2 \times 1.5)$$

따라서

$$V_c = 2.67V_s \rightarrow \frac{V_c^2}{2g} = 7.13\frac{V_s^2}{2g}$$

저수지 수면과 오리피스 수축단면 사이에 Bernoulli 방정식을 적용하면

$$H_T = 20.75 = (0.23 + 0.0234 + 0.7 + 7.13)\frac{V_s^2}{2g}$$

따라서 $V_s = 7.097\text{m/s}$가 된다. 그러므로 5개의 방류수로를 통해 흐르는 방류량은

$$Q = 5 \times 7.097 \times (2 \times 3) = 212.91\text{m}^3/\text{s}$$

수문아래 흐름이 개수로 흐름을 유지하는지 확인하기 위해 수면곡선을 구해보기로 한다.

수문하류에서의 단위폭당 유량은

$$q = \frac{(212.91/5)}{2} = 21.29\text{m}^3/\text{s/m}$$

한계수심

$$y_c = \left(\frac{21.29^2}{9.81}\right)^{1/3} = 3.59\text{m}$$

오리피스 하류 수축단면에서의 수심

$$y = C_c \times 1.5 = 0.75 \times 1.5 = 1.125\text{m}$$

따라서 수축단면에서의 수심이 한계수심보다 작으므로 사류이고 바닥이 수평이므로 H3곡선이 형성되어 수문으로부터 방류수로 출구까지는 개수로 흐름상태를 유지하게 된다.

연습문제

13.1 댐을 그림 13.1과 같이 높이 H=30m, 저면폭 B=50m인 3각형 콘크리트 중력식 댐으로 설계할 경우에 대해 안정해석을 실시하라. 댐 기초는 균질의 투수성 지반으로 되어 있고 댐과 기초의 접촉면에서의 마찰계수는 0.75, 댐 콘크리트의 비중은 2.4이며 기초의 허용 지내력은 25ton/m^{2}이다. 모든 계산은 단위폭당으로 하라.

1) 전단파괴에 대한 안정성
2) 전도파괴에 대한 안정성
3) 기초의 지내력 검토

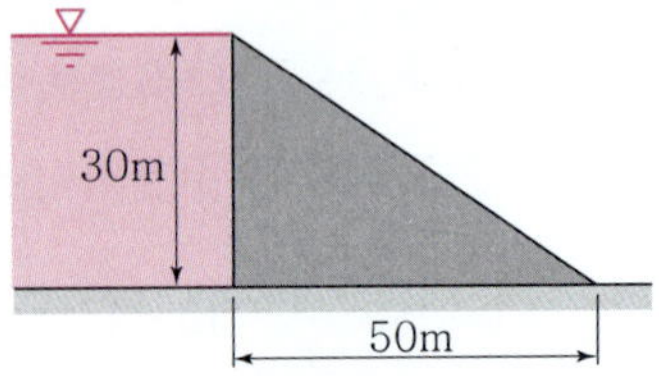

그림 13.1

13.2 연습문제 13.1과 같은 3각형 콘크리트 중력식 댐의 높이가 H=16m, 저면폭 B=24m일 때 댐의 안정해석을 실시하라. 댐 기초는 균질의 투수성 지반으로 되어 있고 댐과 기초의 접촉면에서의 마찰계수는 0.75, 댐 콘크리트의 비중은 2.4이며 기초의 허용 지내력은 20ton/m^{2}이다. 모든 계산은 단위폭당으로 하라.

13.3 중력식 댐의 홍수조절을 위해 월류형 여수로를 건설하려고 한다. 설계홍수량이 250m^3/s인 월류형 여수로를 설계하려고 한다. 여수로 정점부의 표고는 149m, 계획홍수위는 150.6m일 때 여수로의 폭과 노면곡선을 WES 방법에 의해 구하라. 여수로 상류측면은 연직이고 하류측면의 경사는 수직 : 수평이 1.5:1이며, 유량계수는 2.2로 가정하라.

13.4 중력식 댐의 홍수조절을 위해 월류형 여수로를 건설하려고 한다. 설계홍수량이 200m^3/s인 월류형 여수로를 설계하려고 한다. 여수로 정점부의 표고는 65m, 계획홍수위는 67m일 때 여수로의 폭과 노면곡선을 WES 방법에 의해 구하라. 여수로 상류측면과 하류측면의 경사는 수직 : 수평이 각각 3:1 및 2:1이며, 유량계수는 2.1로 가정하라.

13.5 측수로형 여수로의 길이가 50m이고, 단위폭당 설계홍수량이 3m^3/s/m이다. 측수로는 폭이 5m인 사각형단면이고 경사는 0.001이다. 측수로의 말단부에 지배단면을 설치하여 한계수심이 발생하도록 할 때 측수로의 수면곡선을 5m 단위로 계산하라. 단, Manning의 조도계수는 0.02이며, 단면 변화로 인한 손실수두는 무시하라.

13.6 계획홍수량이 240m^3/s인 댐의 여수로를 길이 100m, 폭 10m, 수로경사 0.0005, Manning의 조도계수 0.013인 측수로형 여수로로 설계하려고 한다. 측수로의 말단부에 지배단면을 설치하여 한계

수심이 발생하도록 할 때 측수로의 수면곡선을 10m 단위로 계산하라. 단면 변화로 인한 손실수두는 무시하라.

13.7 반경이 1.5m인 나팔형 여수로에서 여수로 정점부의 수두가 0.3m인 경우와 수두가 2.5m로 완전히 잠겨 있을 경우의 유량을 산정하라. 단 여수로 정점부의 표고는 50m, 출구부 하류수위는 35m이고, 유입부, 마찰, 만곡부, 그리고 출구부 손실계수는 각각 0.5, 1.0, 1.0 및 1.0이며, 유량계수는 2.2로 가정하라.

13.8 사이폰형 여수로로 계획홍수량 $100m^3/s$를 방류하려고 한다. 저수지의 수위를 85m로 일정하게 유지하고, 여수로 하류부 하천의 수위가 80m이다. 사이폰 목부분에서의 깊이가 1.5m, 위어 정점부의 곡률반경이 1.5m, 사이폰 정점부의 곡률반경이 4m일 때 계획홍수량을 소통시키기 위한 사이폰의 폭을 결정하라. 또한 사이폰 작용을 유지시키기에 적합한지 판단하라.

13.9 사이폰형 여수로로 계획홍수량 $45m^3/s$를 방류하려고 한다. 저수지의 수위를 118m로 일정하게 유지하고, 여수로 하류부 하천의 수위가 112m이다. 사이폰 목 부분에서의 깊이가 1.2m, 위어 정점부의 곡률반경이 1.2m, 사이폰 정점부의 곡률반경이 2.4m일 때 계획홍수량을 소통시키기 위한 사이폰의 폭을 결정하라. 또한 사이폰 작용을 유지시키기에 적합한지 판단하라. 만일 정점표고를 116.5m로 하는 월류형 여수로로 설계할 경우 여수로의 소요폭을 얼마인가? 월류형 여수로의 유량계수는 2.0으로 가정하라.

13.10 사각형 수평수로에서 도수가 발생하고 있다. 단위폭당 유량이 $15m^3/s/m$이고, 도수 전의 수심이 1.0m일 때 도수 후의 수심, 도수의 높이, 그리고 도수로 인한 에너지손실 및 효율을 구하라.

13.11 연습문제 13.10의 경우에 대해 도수의 길이를 구하라.

13.12 사각형 수평수로에서 도수가 발생하고 있다. 단위폭당 유량이 $12m^3/s/m$이고, 도수 전의 수심이 0.9m일 때 도수 후의 수심, 도수의 높이, 도수로 인한 에너지손실 및 효율, 그리고 도수의 길이를 구하라.

13.13 폭 9m인 사각형 수평 감세수로내의 유량이 $8.5m^3/s$이며, 이 수로 내에서 도수가 발생하여 1.5m의 에너지 손실이 생긴다. 도수 전·후의 수심을 계산하라.

13.14 여수로 하류부에 수평의 감세수로를 설계하려고 한다. 여수로 정점부와 감세수로의 바닥 표고차는 9m이고, 단위폭당 유량은 $2m^3/s/m$이며, 감세수로에 연결되는 하류수로의 경사는 0.0005, 조도계수는 0.03이다. 여수로의 유량계수는 1.9이며, 여수로에서의 마찰손실을 무시하고 하류수로에서는

등류가 형성된다고 가정하고 감세수로의 최소 소요길이를 구하라. 또한 감세수로 선단에서 도수가 발생하기 위해서는 감세수로와 하류수로의 연결부에서 수로바닥 표고를 얼마나 높여야 하는가?

13.15 월류형 여수로의 제원이 다음과 같을 때 USBR Type-II 감세공을 설계하라.

계획홍수량 : $300m^3/s$	여수로 폭 : 50m
계획홍수위 : EL. 102m	평균하상표고 : EL. 94m
여수로 정점표고 : EL. 100m	하류하천 수면표고 : EL. 97.5m

13.16 월류형 여수로의 제원이 다음과 같을 때 USBR Type-II 감세공을 설계하라.

계획홍수량 : $2,000m^3/s$	여수로 폭 : 75m
계획홍수위 : EL. 305m	평균하상표고 : EL. 260m
여수로 정점표고 : EL. 300m	하류하천 수면표고 : EL. 272m

13.17 월류형 여수로의 제원이 연습문제 13.15와 같을 때 USBR Type-IV 감세공을 설계하라.

13.18 월류형 여수로의 제원이 다음과 같을 때 USBR Type-II 감세공을 설계하라.

계획홍수량 : $5,400m^3/s$	여수로 폭 : 100m
계획홍수위 : EL. 123.6m	평균하상표고 : EL. 44m
여수로 정점표고 : EL. 106.8m	하류하천 수면표고 : EL. 50m

13.19 설계 유량이 $100m^3/s$이고 감세수로의 폭이 8m인 로울러 버킷을 설계하라. 로울러 버킷 선단부에서의 수심은 $h_1 = 0.5m$이고, 유속은 $V_1 = 15m/s$이다.

13.20 최소 예상되는 유량이 $100m^3/s$일 때 Baffle 에이프론 감세공을 설계하라. 단, 감세공의 경사는 2H:1V이고 감세공의 폭은 20m로 한다.

13.21 콘크리트 중력식댐 여수로 아래에 폭 1.5m, 깊이 2.6m되는 콘크리트 Box형 수평방류수로가 7개 설치되어 있다. 방류수로의 유입구는 약간 둥글게 마감되어 있고, 유입구로부터 3m 하류에 수문이 설치되어있으며, 수문으로부터 15m 하류의 감세공을 통해 자유 방류된다. 저수지의 상시만수위가 EL. 64m이고, 방류수로의 중립축 표고가 EL. 50m일 때 1) 수문을 완전히 개방할 경우의 방수량과 2) 수문을 50% 개방할 경우의 방수량을 결정하라.

Hydraulics

Chapter 14 하천유사량 산정 및 분석

14.1 서론

하천의 기하학적인 형태는 시간이 지남에 따라 변하게 된다. 이와 같은 하천형태의 변화는 하상을 구성하고 있는 입자들이 물에 의해 침식되거나 퇴적되기 때문에 발생하게 된다. 특히 홍수가 발생할 경우 하천의 상당한 구간이 침식되거나 퇴적되어 하천구조물에 치명적인 영향을 주게 된다. 따라서 하천의 적절한 설계 및 운영을 위해서는 하천 유사량의 산정방법에 대해 잘 이해하고 하천의 변화를 예측할 수 있어야 한다.

하천을 통해 이동하는 유사(sediment)는 소류사(bed-load)와 부유유사(suspended-load)로 구분하는데 실제로는 이들을 명확히 구분하기가 쉽지가 않다. 이러한 하천 유사량을 산정하기 위한 방법이 실험 등을 통해 많이 개발되고 있지만, 물과 하상입자간의 복잡한 관계가 명확히 규명되지 않아 아직 신뢰성 있는 유사량 산정식을 제시하지는 못하고 있다. 따라서 본 장에서는 그동안 제시된 유사량 산정 방법 중 가장 대표적인 방법들의 기본개념 및 산정절차에 대해 소개하기로 한다.

표 14.1.1 유사이송 산정공식들

산정공식	산정유사	유사범위(mm)	유도 시 이용자료
Ackers-White	총유사	0.04~2.50	실험수로 자료
Colby	총유사	0.10~0.80	실험수로 및 하천 자료
Duboys	소류사	0.01~4.00	소규모 실험수로 자료
Engelund/Hansen	총유사	0.15 이상	대규모 실험수로 자료
Laursen	총유사	0.01~4.08	실험수로 자료
Meyer-Peter/Muller	소류사	0.40~30.0	실험수로 자료
Schoklitsch	소류사	0.30~5.00	소규모 실험수로 자료
Shields	소류사	1.70~2.50	실험수로 자료
Toffaleti	총유사	0.062~16	하천 자료
Yang	총유사	0.015~1.71	하천 자료

14.2 소류사량 산정

이동하상 경계 위 흐름의 수리학적 조건이 하상 입자의 한계 이동조건을 초과하게 되면 유사 이송이 시작된다. 만일 움직이기 시작하는 입자가 구르거나, 미끄러지거나 또는 도약하게 되면 이러한 유사이송형태를 소류사 이송(bed-load transport)이라 한다. 일반적으로 크고 깊은 하천에 의한 소류사 이송량은 부유유사의 약 5~25% 정도가 된다. 비록 소류사량은 총유사량에 비해 작지만 소류사가 하상의 형태 및 하상의 안정에 영향을 미치기 때문에 매우 중요하다.

1879년 Duboys가 소류사의 분석에서 하상 전단응력(shear stress) 또는 소류력(tractive force)에 대한 개념을 사용한 후 소류사량, 흐름 조건 및 하상 구성입자 등과 관련된 많은 소류사 공식들이 제시되어져 왔다. 대부분의 공식들이 서로 비슷하며, 모두 정상류흐름(steady flow) 조건하에서 유도되었으므로 이러한 흐름 상태에서 적용하게 된다. 부정류 및 부등류 등의 흐름에 대한 유사 이송은 아직 많은 연구를 필요로 하기 때문에 정상류 흐름에 대한 식을 채택하여 부정류 및 부등류 흐름 조건에 대한 분석을 하게 된다.

14.2.1 Duboys의 소류사량 공식

소류사량의 분석에 대한 초기의 발전은 Duboys의 연구에 영향을 받았다. Duboys는 그림 14.2.1과 같이 두께 d'의 층에서 하상 물질이 움직이고, 인접한 층간의 평균속도 차이는 하상표면으로 갈수로 직선적으로 증가한다고 가정하였다.

만일 (n−1)개의 층이 움직인다면 표면층은 $(n-1)\Delta u$의 속도를 가지게 되며, 여기서 Δu는 인접한 층간의 속도증가이다. 따라서 단위폭당 소류사의 이송체적 q_{bw}는 층간의 평균유속 $(n-1)\Delta u/2$와 총 두께 nd'의 곱으로 나타낼 수가 있다. 즉,

$$q_{bw} = nd'(n-1)\frac{\Delta u}{2} \tag{14.2.1}$$

광폭 하상에서의 흐름에 의해 작용하는 단위 소류력은

$$\tau_o = \gamma dS \tag{14.2.2}$$

여기서 τ_o는 인접한 층간의 마찰응력과 같으므로

$$\tau_o = nd'(\gamma_s - \gamma)\tan\theta \tag{14.2.3}$$

여기서 $\tan\theta$는 마찰계수이다.

맨 위층이 움직이기 시작하는 한계조건인 경우 $n = 1$에 해당하므로

$$\tau_c = d'(\gamma_s - \gamma)\tan\theta \tag{14.2.4}$$

따라서

$$\tau_o = n\tau_c \ \text{또는}\ n = \frac{\tau_o}{\tau_c} \tag{14.2.5}$$

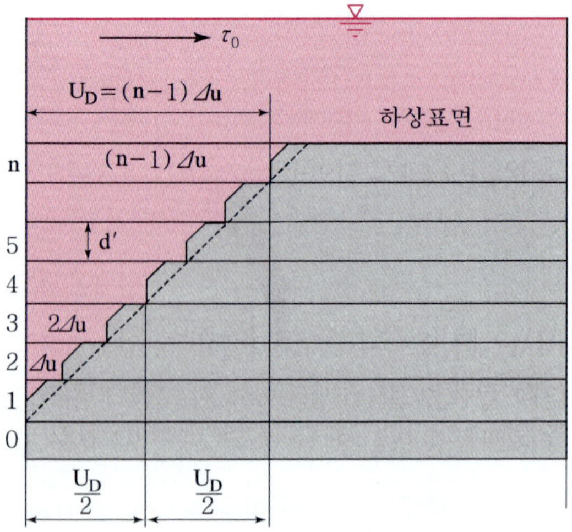

그림 14.2.1 소류사 이송에 대한 Duboys의 모형

식 (14.2.5)를 식 (14.2.1)에 대입하면

$$q_{bw} = \frac{\tau_o}{\tau_c} d' \left(\frac{\tau_o}{\tau_c} - 1 \right) \frac{\Delta u}{2} = \frac{d' \Delta u}{2\tau_c^2} \tau_o (\tau_o - \tau_c) \tag{14.2.6}$$

여기서 $d' \Delta u / 2\tau_c^2$을 ψ_D라 하면

$$q_{bw} = \psi_D \tau_o (\tau_o - \tau_c) \tag{14.2.7}$$

식 (14.2.7)을 Duboys의 소류사량 공식이라 하며, q_{bw}는 lb/sec · ft, ψ_D는 ft^3/lb · sec, τ는 lb/ft^2의 단위를 갖는다. ψ_D와 τ_c는 유사 평균입경과 관련된 상수로 Straub의 실험에 의한 그림 14.2.2 및 표 14.2.1로부터 산정할 수가 있다.

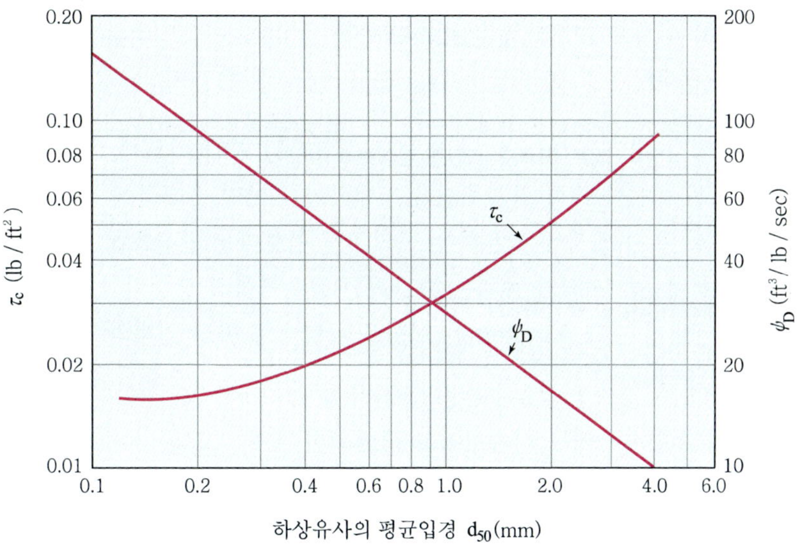

그림 14.2.2 Duboys의 소류사량 공식에서의 ψ_D와 τ_c

표 14.2.1 평균입경에 따른 ψ_D와 τ_c값

평균입경 d_{50}(mm)	유사구분	ψ_D (ft^3/lb · sec)	τ_c (lb/ft^2)
1/8	가는 모래(fine sand)	134.3	0.0162
1/4	중간 모래(medium sand)	80.1	0.0172
1/2	굵은 모래(coarse sand)	48.0	0.0215
1	매우 굵은 모래(very coarse sand)	28.5	0.0316
2	매우 가는 자갈(very fine gravel)	17.0	0.0513
4	가는 자갈(fine gravel)	10.3	0.0890

예제 14.1

어떤 하천에서의 수심이 10ft, D_{50}이 0.4mm, 하상경사가 0.000217일 때 Duboys의 공식을 이용하여 단위폭당 소류사를 계산하라.

풀이

입자의 평균입경 $D_m = 0.4mm$ 로부터 그림 14.2.2를 이용하여 ψ_D 및 τ_c를 구하면

$$\psi_D = 57ft^3/lb-s,\ \tau_c = 0.02lb/ft^2$$

하상전단응력 τ_0는

$$\tau_0 = \gamma ds = 62.4 \times 10 \times 0.000217 = 0.135408lb/ft^2$$

따라서

$$q_{bw} = 57 \times 0.135408 \times (0.135408 - 0.02)$$
$$= 0.89071lb/sec \cdot ft$$

14.2.2 Einstein의 소류사량 공식

Einstein의 소류사 개념은 Duboys의 소류사 개념과는 약간 다르다. Einstein의 개념은 Duboys에 비해 1) 유사의 초기 이동에 대한 한계조건을 정의하기가 어렵기 때문에 한계 기준을 피하였으며, 2) 소류사 이송은 흐름이 유사 입자에 작용하는 힘의 평균치보다는 난류흐름 변동과 관련이 있다고 생각하였다. 따라서 유사 이동의 시작과 종료는 순간적인 동수역학적 상승력과 입자의 수중 무게를 관련지어 확률개념으로 나타내게 된다. Einstein은 실험을 바탕으로 하상 입자와 소류사 간에는 다음과 같은 관계가 있음을 알아내었다.

① 하상 입자와 소류사간에는 지속적이고 광범위한 입자의 교환이 이루어지고 있다.
② 입자는 일련의 도약을 통해 하상을 따라 이송하고 있으며, 평균 도약 길이는 입자의 크기에 비례한다. 특정 입자는 지속적으로 움직이지 않고 몇 번의 도약을 한 후 하상에 퇴적된다.
③ 단위 면적당 퇴적률은 주어진 단면을 통과하는 이송률 뿐만 아니라, 동수역학적인 힘이 입자를 퇴적시킬 수 있을 확률에 영향을 받는다. 한편, 이 단면에서의 침식률은 단위 면적 내 입자의 수 및 특성과 함께 각 입자에 작용하는 순간적인 동수역학적 상승력이 입자를 움직이게 할 확률에 영향을 받는다.

이러한 개념을 바탕으로 단위시간당 단위 면적에 퇴적되는 특정 구간 평균의 크기가 D 인 입자의 수는 다음과 같이 나타낼 수 있다.

$$N_D = \frac{q_{bw}\, i_{Bw}}{(A_L D)(\gamma_s A_2 D^3)} = \frac{q_{bw}\, i_{Bw}}{A_L A_2 \gamma_s D^4} \tag{14.2.8}$$

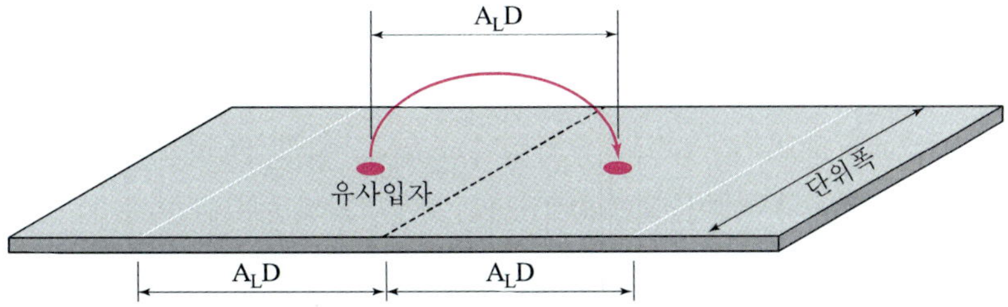

그림 14.2.3 Einstein의 소류사 이동 개념

여기서 q_{bw}는 단위시간당 단위폭당 무게로 나타낸 소류사량이다. 소류사량 q_{bw}는 입자 크기에 따라 i_{Bw}구간으로 나눌 수가 있다. 따라서 주어진 크기의 입자가 하천단면의 단위 폭을 통해 움직이는 율은 $q_{bw}\, i_{Bw}$가 된다. A_L 및 A_2는 상수이다. 크기 D인 입자는 각각 평균길이 A_LD만큼 도약한다고 가정한다. 주어진 단면을 통과하면 이 입자들은 이미 평균 도약 길이 A_LD의 일부를 이동한 것이므로 결국 주어진 단면으로부터 하류 A_LD길이 지점 이내에 모두 퇴적된다고 할 수 있다. 이들 입자들의 무게는 $\gamma_s A_2D^3$로 나타낼 수 있으므로 결국 단위시간당 단위면적당 퇴적되는 입자의 수는 식 (14.2.8)과 같이 표현된다.

크기 D인 입자가 하상 표면으로부터 침식될지 안 될지는 입자의 가용성 및 흐름 상태에 따라 변하게 된다. 만일 하상입자 중에서 주어진 크기 D에 해당하는 부분을 i_{bw}라 하면, 하상 표면의 단위 면적에 있는 이러한 입자의 수는 i_{bw}/A_1D^2으로 나타낼 수 있으며, 이때 A_1은 입자의 투영면적을 나타내는 상수이다. 만일 p/t_1을 이러한 입자들이 단위 시간동안 침식될 확률, 즉 t_1을 입자가 침식되는데 소요되는 시간, p를 임의의 한 지점에서 입자가 침식될 확률이라 하면 단위 시간 및 면적당 침식되는 입자의 수는 다음과 같게 된다.

$$N_e = \frac{i_{bw}}{A_1D^2}\frac{p}{t_1} \tag{14.2.9}$$

여기서 침식되는 시간을 직접적으로 결정하기는 곤란하며 실험 결과로부터 침식되는 시간은 입자에만 관련된 특성시간으로 수중에서 입자가 그 크기와 같은 거리만큼 침강하는데 필요한 시간과 비례한다고 한다. 따라서

$$t_1 \sim \frac{D}{\omega} \quad \text{또는} \quad t_1 = A_3' \frac{D}{\omega} \tag{14.2.10}$$

Rubey에 의하면 침강속도 ω는 다음과 같이 구하게 된다.

$$\omega^2 = \frac{A_3'^2 D g \gamma_s'}{A_3^2 \gamma} \tag{14.2.11}$$

식 (14.2.11)의 침강속도를 식 (14.2.10)에 대입하면

$$t_1 = A_3\left(\frac{D\rho}{\gamma_s - \gamma}\right)^{1/2} \tag{14.2.12}$$

여기서 A_3는 1.225로 1mm보다 큰 석영입자가 16℃ 인 물에 침강할 경우에 해당한다.

한편 단위시간동안 하나의 입자가 침식될 확률은 다음과 같다.

$$p_s = \frac{p}{t_1} \tag{14.2.13}$$

식 (14.2.12)를 식 (14.2.13)에 대입하면

$$p_s = \frac{p}{A_3\sqrt{\rho D/(\gamma_s - \gamma)}} \tag{14.2.14}$$

따라서 단위시간 및 면적당 침식되는 입자의 수는 다음과 같다.

$$N_e = \frac{i_{bw}}{A_1 D^2} p_s = \frac{i_{bw}\, p}{A_1 D^2} \frac{[g(\rho_s - \rho)]^{1/2}}{A_3(\rho D)^{1/2}} \tag{14.2.15}$$

평형상태인 경우 침식되는 입자의 수와 퇴적되는 입자의 수가 같으므로 식 (14.2.8)과 식 (14.2.15)를 같게 놓으면

$$\frac{q_{bw}\, i_{Bw}}{A_L A_2 \gamma_s D^4} = \frac{i_{bw} p}{A_3 A_1 D^2}\sqrt{\frac{g(\rho_s - \rho)}{\rho D}} \tag{14.2.16}$$

따라서

$$\frac{q_{bw}}{\rho_s g}\sqrt{\frac{\rho}{g(\rho_s - \rho) D^3}} = \frac{q_{bw}}{\gamma_s}\sqrt{\frac{\gamma}{g\gamma_s' D^3}} = \frac{i_{bw}}{i_{Bw}}\frac{A_2 A_L}{A_1 A_3} p \tag{14.2.17}$$

식 (14.2.17)의 가운데 항을 Einstein의 이송률함수(transport rate function) Φ라 한다.

$$\Phi = \frac{q_{bw}}{\gamma_s}\sqrt{\frac{\gamma}{g\gamma_s' D^3}} \tag{14.2.18}$$

또는

$$\Phi = \frac{q_{bw}}{\nu\gamma_s}\sqrt{\frac{\rho\nu^2}{\gamma_s' D^3}} \tag{14.2.19}$$

여기서 $(q_{bw}/\nu\gamma_s)$, $(\rho\nu^2/\gamma_s{}'D^3)$ 변수 및 Φ는 무차원이다.

앞에서 정의한 것과 같이 침식 확률 p는 임의의 시간에 통계적으로 동일한 하상의 모든 지점에 대한 크기가 구간평균 D인 입자에 작용하는 상승력이 입자를 움직이기에 충분한 하상의 일부분이라고 할 수가 있다. 이러한 해석으로 보면 확률 p는 인접한 지역으로의 이동 또는 도약거리 A_LD를 계산하는데 사용할 수가 있다. 만일 p가 작으면 입자의 퇴적이 모든 지역에서 가능하고 A_L은 약 100의 값을 가진 일반 상수 λ와 같아지게 된다. 만일 p가 크면 상승력이 입자의 무게를 초과하는 지역에서는 퇴적이 발생하지 않는다. 따라서 $1-p$에 해당하는 입자는 λD 거리를 이동한 후 퇴적되고, p에 해당하는 입자는 λD를 이동한 후에도 퇴적되지 않는다. 같은 개념으로 $p(1-p)$ 입자가 $2\lambda D$를 이동한 후 퇴적되며, p^2 입자는 퇴적되지 않게 되고 이러한 과정이 반복된다. 따라서 각 입자가 이동한 거리를 평균함으로서 이동거리는 다음과 같이 나타낼 수 있다.

$$A_LD = \sum_{n=0}^{\infty}(1-p)p^n(n+1)\lambda D \tag{14.2.20}$$

입자가 $(n+1)$번째 도약할 확률은 $(1-p)^n pn(n+1)$이 된다. 그러므로

$$\sum_{n=0}^{\infty}(1-p)p^n(n+1) = \sum_{n=0}^{\infty}(1-p)(np^n+p^n)$$

$$= 1+p+p^2+p^3+\ldots+p^n = \frac{1}{1-p} \tag{14.2.21}$$

따라서

$$A_LD = \sum_{n=0}^{\infty}(1-p)p^n(n+1)\lambda D = \frac{\lambda D}{1-p} \tag{14.2.22}$$

A_LD에 대해 식 (14.2.22)를 식 (14.2.17)에 대입하고 p에 관해 정리하면

$$\frac{p}{1-p} = \left(\frac{A_1A_3}{A_2\lambda}\right)\left(\frac{i_{Bw}}{i_{bw}}\right)\left(\frac{q_{bw}}{\rho_s g}\sqrt{\frac{\rho}{\rho_s-\rho}}\sqrt{\frac{1}{gD^3}}\right) \tag{14.2.23a}$$

또는

$$\frac{p}{1-p} = A_*\frac{i_{Bw}}{i_{bw}}\Phi = A_*\Phi_* \tag{14.2.23b}$$

따라서

$$\Phi_* = \frac{i_{Bw}}{i_{bw}}\frac{q_{bw}}{\rho_s g}\sqrt{\frac{\rho}{\rho_s-\rho}}\sqrt{\frac{1}{gD^3}} \tag{14.2.24}$$

앞에서 설명한 바와 같이 Φ는 소류사 이송에 대한 무차원 변량으로 하천의 규모와는 상관이 없는 소류사 이송강도 또는 이송률 함수를 의미한다. 만일 서로 다른 흐름에서 Φ가 같으면 소류사 이송률이

동력학적으로 같게 된다.

확률 p는 입자가 침식될 확률로서 입자에 작용하는 동수역학적 상승력 L이 입자의 수중 무게 W′보다 클 확률을 의미하며, 입자의 수중무게 및 상승력은 다음과 같다.

$$W' = g(\rho_s - \rho)A_2D^3 \tag{14.2.25}$$

$$L = C_LA_1D^2\frac{\rho V^2}{2} \tag{14.2.26}$$

여기서 C_L은 상승계수로 Einstein과 El-Samni는 0.178을 제시하고 있다. ρ는 물의 밀도, V는 평균유속을 의미하며 A_1은 상수이다. 하상위의 유속분포를 대수 유속분포 공식을 이용하여 나타내면

$$\frac{V}{U_*'} = 5.75\log_{10}\left(30.2\frac{y}{\Delta}\right) \tag{14.2.27a}$$

$$\frac{V}{U_*'} = 5.75\log_{10}\left(12.27\frac{R_b'}{\Delta}\right) \tag{14.2.27b}$$

여기서 U_*'는 입자의 조도에 따른 전단속도로 $\sqrt{gR_b'S}$와 같고, R_b'는 하상입자의 조도와 관련된 동수반경이며, S는 하상경사, y는 하상으로부터의 높이, Δ는 하상표면의 외견상 조도로 D_{65}/x와 같으며, x는 그림 14.2.4로부터 구할 수 있고, δ는 층류저층의 두께로 다음과 같다.

$$\delta = 11.6\frac{\nu}{U_*'} \tag{14.2.28}$$

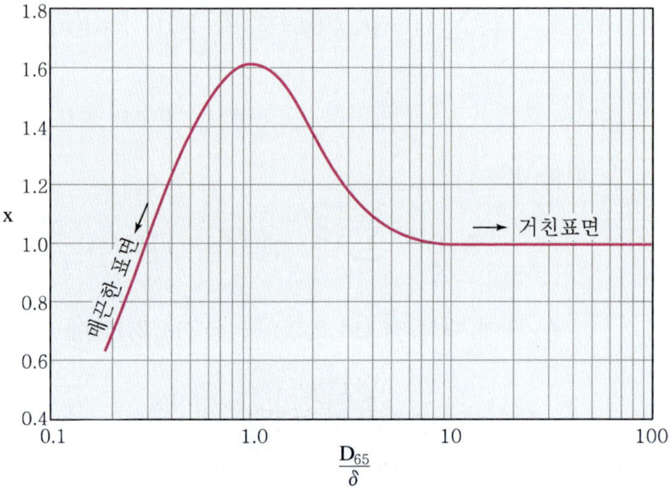

그림 14.2.4 대수 유속분포에 대한 보정계수

실험으로부터 혼합체의 모든 입자에 작용하는 유속은 이론적인 하상으로부터 0.35X 높이에서 측정하여야 한다는 사실이 밝혀졌으므로 식 (14.2.27)로부터 유속은

$$V = U_*' \, 5.75\log_{10}\left(30.2\frac{0.35X}{\Delta}\right) \tag{14.2.29a}$$

또는

$$V^2 = gR_b'S\,5.75^2\log_{10}^2\left(10.6\frac{X}{\Delta}\right) \tag{14.2.29b}$$

여기서 X는 혼합체의 입자특성크기로 다음과 같다.

$$\frac{\Delta}{\delta} > 1.80 \text{일 때 } X = 0.77\Delta \tag{14.2.30}$$

$$\frac{\Delta}{\delta} < 1.80 \text{일 때 } X = 1.39\delta \tag{14.2.31}$$

이상과 같은 내용으로부터 순간 상승력을 다음과 같이 결정할 수가 있다.

$$L = 0.178\,A_1 D^2 \frac{\rho}{2} g R_b^{'} S\, 5.75^2 \log_{10}^2\left(10.6\frac{X}{\Delta}\right)(1+\eta) \tag{14.2.32}$$

여기서 η는 시간에 따른 유속의 변동을 나타내는 변수이다. 입자가 침식될 확률 p는 수중무게/상승력(W′/L)이 1보다 작을 경우의 확률로 표현할 수가 있으므로

$$1 > \frac{W'}{L} = \left(\frac{1}{1+\eta}\right)\left(\frac{\rho_s-\rho}{\rho}\frac{D}{R_b^{'}S}\right)\left(\frac{2A_2}{0.178A_1 5.75^2}\right)\frac{1}{\log_{10}^2(10.6X/\Delta)}$$
$$= \left(\frac{1}{1+\eta}\right)\Psi\frac{B}{\beta_x^2} \tag{14.2.33}$$

여기서

$$\Psi = \left(\frac{\rho_s-\rho}{\rho}\frac{D}{R_b^{'}S}\right) \tag{14.2.34}$$

$$\beta_x = \log_{10}\left(10.6\frac{X}{\Delta}\right) \tag{14.2.35}$$

$$B = \frac{2A_2}{0.178A_1 5.75^2} \tag{14.2.36}$$

η는 양 또는 음의 값으로 나타나지만 상승력은 항상 양의 값이므로 식 (14.2.33)은

$$|1+\eta| > \left(\frac{B}{\beta_x^2}\right)\Psi \tag{14.2.37}$$

Einstein은 두 가지의 보정계수 ξ와 Y를 제시하였다. X보다 작은 하상입자들은 다른 입자들 사이 또는 층류저층에 숨게 되고, 이들에게 작용되는 상승력은 ξ에 의해 보정되어야 한다. 은폐계수(hiding factor) ξ는 D/X의 함수로 그림 14.2.5(a)로부터 구할 수 있다. 또 다른 보정계수인 압력보정계수 Y는 하상입자 혼합체에 대한 상승계수의 변화를 나타내는데 그림 14.2.5(b)로부터 D_{65}/δ의 항으로 구할 수 있다. 식 (14.2.37)에 이들 두 보정계수를 도입하면

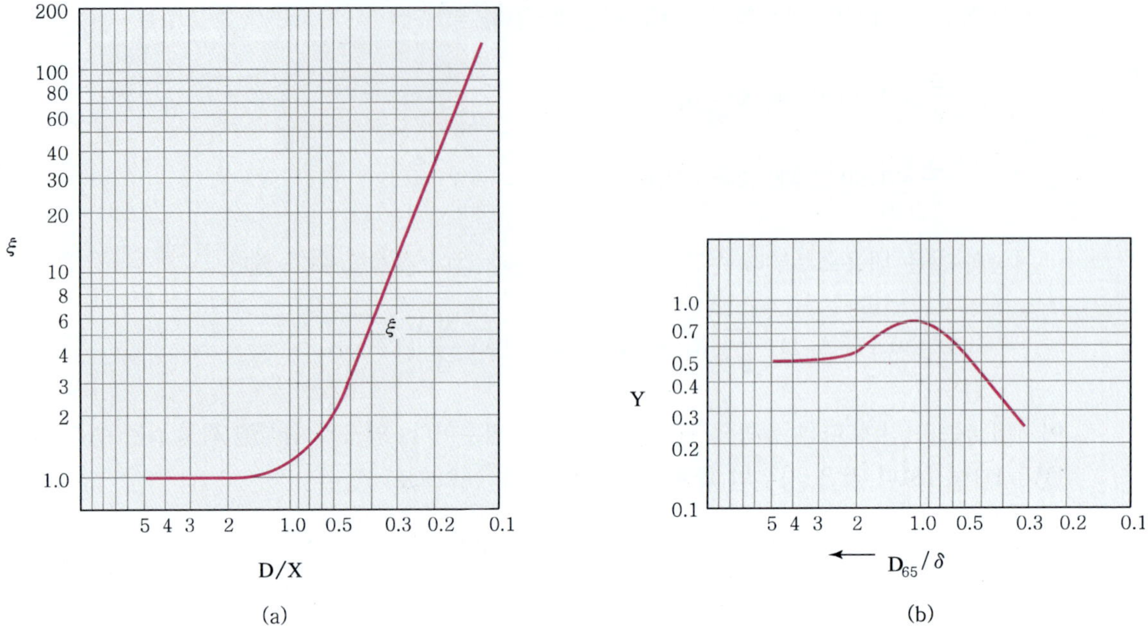

그림 14.2.5 은폐계수 ξ 및 압력보정계수 Y

$$|1+\eta| > \xi \mathrm{Y} \mathrm{B}' \Psi \frac{\beta^2}{\beta_x^2} \tag{14.2.38}$$

여기서 $\mathrm{B}' = \mathrm{B}/\beta^2$, $\beta = \log_{10}10.6$이며 ξ, Y 및 β^2/β_X^2 은 모두 균일 입자들에 대해서는 1이며 X = 1이다.

만일 η가 정규오차법칙(normal error law)에 따라 변하고 표준편차 η_o와 함께 $\eta = \eta_o \eta_*$로 나타낼 수 있으면, η_*는 평균 0과 표준편차 1을 가지는 표준정규분포를 가지게 된다. 식 (14.2.38)을 제곱하고 $\eta = \eta_o \eta_*$로 놓으면

$$\left(\frac{1}{\eta_o} + \eta_*\right)^2 > \xi^2 \mathrm{Y}^2 \left(\frac{\mathrm{B}'}{\eta_o}\right)^2 \left(\frac{\beta^2}{\beta_x^2}\right)^2 \Psi^2 \tag{14.2.39}$$

또는

$$\left(\frac{1}{\eta_o} + \eta_*\right)^2 > \mathrm{B}_*^2 \Psi_*^2 \tag{14.2.40}$$

여기서 $\mathrm{B}_* = \mathrm{B}'/\eta_o$이고 $\Psi_* = \xi \mathrm{Y}(\beta^2/\beta_x^2)\Psi$이다. 따라서 입자가 움직이는 한계상태인 경우는 다음과 같다.

$$\left(\frac{1}{\eta_o}+\eta_*\right)^2 = B_*^2\Psi_*^2 \quad (14.2.41)$$

또는

$$[\eta_*]_{\lim} = \pm B_*\Psi_* - \frac{1}{\eta_o} \quad (14.2.42)$$

오차를 최소화하기 위해서는 식 (14.2.42)에 의해 정의된 변동의 표준편차 η_o가 최소가 되어야 한다. 따라서

$$B_* = \frac{B'}{\eta_o} \to \infty,\ \ \frac{1}{\eta_o} \to \infty \quad (14.2.43)$$

그러므로

$$-B_*\Psi_* - \frac{1}{\eta_o} = -\infty \quad (14.2.44)$$

$$+B_*\Psi_* - \frac{1}{\eta_o} \neq 0 \quad (14.2.45)$$

만일 η_o의 무작위 특성이 정규분포를 따른다면 입자가 들어 올려질, 즉 침식될 확률은 다음과 같다.

$$p = 1 - \frac{1}{\sqrt{\pi}}\int_a^b e^{-t^2}dt \quad (14.2.46)$$

여기서 $a = -B_*\Psi_* - 1/\eta_o$, $b = B_*\Psi_* - 1/\eta_o$이다. 식 (14.2.23b)와 식 (14.2.46)을 연결하면

$$p = 1 - \frac{1}{\sqrt{\pi}}\int_a^b e^{-t^2}dt = \frac{A_*\Phi_*}{1+A_*\Phi_*} \quad (14.2.47)$$

여기서 A_*, B_* 및 η_o는 실험 자료로부터 결정되어지는 상수이다. Gilbert와 Meyer-Peter 등의 자료를 사용하면 $A_* = 43.5$, $B_* = 0.143$으로 결정된다. η_o는 El-Samni에 의하면 0.5로 결정된다. 식 (14.2.47)로부터 얻은 그래프가 그림 14.2.6과 같다. 주어진 하상유사 및 흐름 상태로부터 변량 Ψ_*를 계산할 수 있으며, 이에 상응하는 변량 Φ_*도 그림 14.2.6으로부터 얻을 수가 있다. 따라서 주어진 입자 크기에 대해 단위폭당 소류사량 $i_{Bw}\,q_{bw}$를 기지의 Φ_*와 식 (14.2.24)로부터 결정할 수가 있다.

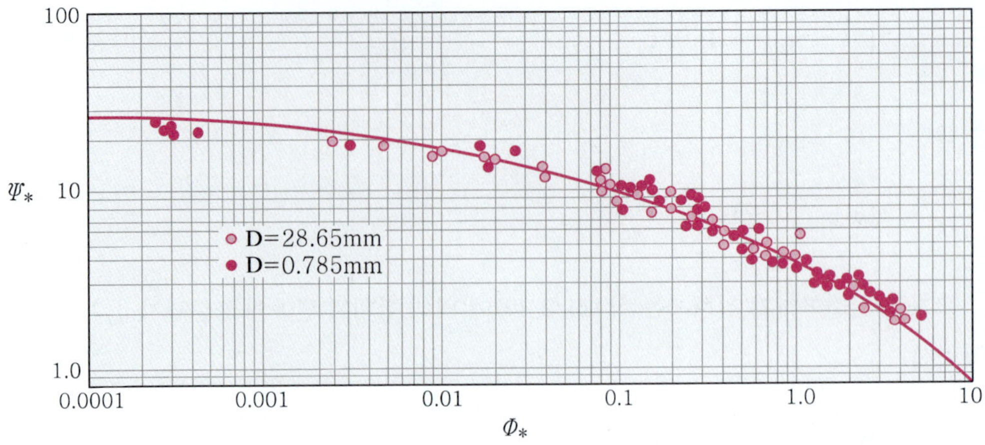

그림 14.2.6 Einstein의 Φ_*와 Ψ_*의 관계

● 소류사량 계산 절차

① 그림 14.2.4로부터 x를 가정하고 이에 해당하는 D_{65}/δ값을 읽는다.

② 식 (14.2.27b)에서 시행착오법으로 R_b'를 결정하고 $U_*' = \sqrt{gR_b'S}$ 로부터 U_*'를 계산한다.

③ 식 (14.2.28)로부터 δ를 계산하여 ①에서 가정했을 때의 D_{65}/δ값과 같은지 확인하고 만일 다르면 같은 결과를 얻을 때까지 x를 재가정하고 반복한다.

④ $D_{65}/x\delta$를 계산하여 식 (14.2.30) 또는 (14.2.31)로부터 X를 계산한다.

⑤ 그림 14.2.5(b)로부터 D_{65}/δ에 해당하는 보정계수 Y를 읽는다.

⑥ 입자직경구간을 나누어 각 구간에 대한 평균입경 D를 결정하고, 이후 ⑩까지 각 구간 평균입경별 D를 적용하여 반복 계산한다.

⑦ 그림 14.2.5(a)에서 D/X에 해당하는 ξ를 결정한다.

⑧ $\Psi_* = \xi Y(\beta^2/\beta_x^2)\Psi$와 식 (14.2.34)~(14.2.36)을 이용하여 Ψ_*를 계산한다.

⑨ 그림 14.2.6으로부터 Ψ_*에 해당하는 Φ_*를 결정한다.

⑩ 식 (14.2.24)로부터 $i_{Bw}q_{bw}$를 계산한다.

⑪ ⑦~⑩까지 반복하여 구한 각 입자직경구간별로 계산한 $i_{Bw}q_{bw}$를 모두 합하여 q_{bw}를 계산하고 하천 폭을 곱하면 하천단면을 통한 전 소류사량 Q_{bw}를 얻게 된다.

예제 14.2

평균수심 1.61m, 하폭 33m, 경사가 1/1,330인 하천수로에 96m^3/sec의 물이 흐르고 있다. 하상재료의 입도분포가 표 14.2.2와 같을 때 Einstein의 소류사량 공식을 이용하여 소류사량을 계산하라. 하상토의 비중은 2.678, 물의 동점성계수 $\nu = 1.01\times10^{-6}$m^2/sec로 가정하라.

표 14.2.2 하상재료의 입도분포

구간번호	입경(mm)	평균입경(mm)	무게구성비(%)	누가무게구성비(%)
1	20~15	17.32	0.5	100
2	15~10	12.25	4.6	99.5
3	10~5	7.07	10.1	94.9
4	5~1.9	3.07	16.9	84.8
5	1.9~0.864	1.28	15.6	67.9
6	0.864~0.495	0.65	28.3	52.3
7	0.495~0.221	0.31	19.6	24.0
8	0.221~0.107	0.154	4.2	4.4
9	0.107~0.074	0.089	0.1	0.2
10	0.074~0	0.037	0.1	0.1

풀이

연속방정식에 의해 유속과 하상경사는

$$V = \frac{Q}{A} = \frac{96}{33 \times 1.61} = 1.806\text{m/sec}, \qquad S = \frac{1}{1{,}330} = 7.519 \times 10^{-4}$$

소류사량 산정에 필요한 65% 통과율에 해당하는 입경 D_{65}는 그림 14.2.7과 같이 누가입도분포곡선을 작성하여 결정할 수가 있다. 그림 14.2.7로부터 체 통과율 65%에 해당하는 D_{65}를 구하면 1.18mm= 0.00118m를 얻을 수가 있다.

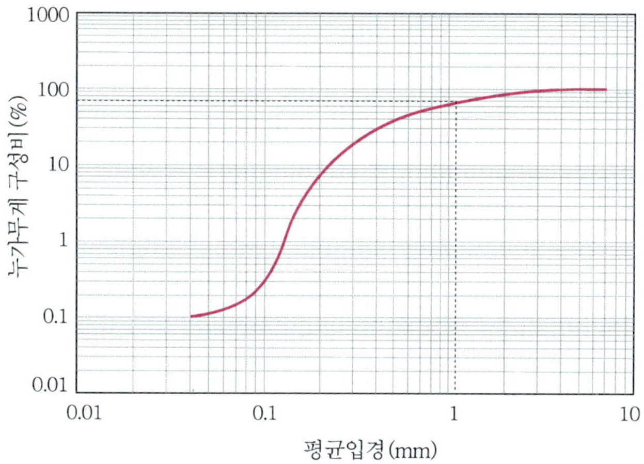

그림 14.2.7 누가입도분포곡선

① 그림 14.2.4로부터 $x=1$로 가정하고 이에 해당하는 D_{65}/δ값을 읽는다.

② 식 (14.2.27)에서 시행착오법으로 R_b'를 결정하고 $U_*' = \sqrt{gR_b'S}$ 로부터 U_*'를 계산한다.

$$\frac{1.806}{\sqrt{9.8\times R_b^{'}\times 7.519\times 10^{-4}}}=5.75\log_{10}\left(12.27\frac{R_b^{'}\times 1.0}{0.00118}\right)$$

시행착오법으로 $R_b^{'}$를 계산하면 $R_b^{'}=0.856\text{m}$가 된다.

③ 식 (14.2.28)로부터 δ를 계산하여 ①에서 가정했을 때의 D_{65}/δ값과 같은지 확인

$$U_*^{'}=\sqrt{gR_b^{'}S}=\sqrt{9.8\times 0.856\times 7.519\times 10^{-4}}=0.0794\text{m/s}$$

따라서

$$\delta=11.6\frac{\nu}{\sqrt{gR_b^{'}S}}=11.6\times\frac{1.01\times 10^{-6}}{0.0794}=1.476\times 10^{-4}$$

그러므로

$$\frac{D_{65}}{\delta}=\frac{0.00118}{1.476\times 10^{-4}}=8$$

그림 14.2.4에서 D_{65}/δ축이 8일 때 ①에서 가정한 $x=1.0$로 나타나므로 $x=1.0$을 채택하고 따라서 $R_b^{'}=0.856\text{m}$이다.

④ $D_{65}/x\delta$를 계산하여 식 (14.2.30) 또는 (14.2.31)로부터 X를 계산한다.

$$\frac{D_{65}}{x\delta}=\frac{0.00118}{1\times 1.479\times 10^{-4}}=8>1.8$$

따라서

$$X=0.77\Delta=0.77\times\frac{0.00118}{1.0}=9.086\times 10^{-4}\text{m}$$

⑤ 그림 14.2.5(b)에서 $D_{65}/\delta=8$에 대한 Y값을 읽으면 $Y=0.52$가 된다.

⑥ 입자직경구간을 나누고 표 14.2.2에 주어진 각 구간에 대한 평균입경 D_i를 이용하여 이후 ⑩까지 각 구간별로 반복 계산한다.

⑦ 그림 14.2.5(a)에서 D/X에 해당하는 ξ를 결정한다.

첫 번째 구간에 해당하는 D_1/X를 구하면 $D_1=17.32\text{mm}=0.01732\text{m}$이므로

$$\frac{D_1}{X}=\frac{0.01732}{9.086\times 10^{-4}}=19.06$$

그림 14.2.5(a)에서 19.06에 대한 ξ_1값을 읽으면 1.0이 된다.

⑧ $\Psi_*=\xi Y(\beta^2/\beta_x^2)\Psi$와 식 (14.2.34)~(14.2.36)을 이용하여 Ψ_*를 계산한다.

$$\Psi_*=\xi Y\times\left[\frac{\log_{10}10.6}{\log_{10}(10.6\frac{X}{\Delta})}\right]^2\times\left(\frac{\rho_s-\rho}{\rho}\times\frac{D}{R_b^{'}S}\right)$$

따라서 첫 번째 구간에 대한 Ψ_*는

$$\Psi_* = 1.0 \times 0.52 \times \left[\frac{\log_{10} 10.6}{\log_{10}\left(10.6 \times \frac{1 \times 9.086 \times 10^{-4}}{0.00118}\right)} \right]^2 \times \left(\frac{2.678 - 1.0}{1.0} \times \frac{0.01732}{0.856 \times 7.519 \times 10^{-4}} \right)$$
$$= 29.69$$

⑨ 그림 14.2.6으로부터 $\Psi_* = 29.69$에 해당하는 Φ_*는 0.0001이 된다.

⑩ 식 (14.2.24)로부터 D_x에 대한 단위폭당 소류사량 $i_{Bw} q_{bw}$를 계산한다.

첫 번째 구간의 구성비는 0.5%이므로

$$\left(\frac{i_{Bw}}{0.005}\right)\left(\frac{q_{bw}}{2.678 \times 1{,}000}\sqrt{\frac{1.0}{2.678-1.0}}\sqrt{\frac{1}{9.8 \times 0.01732^3}}\right) = 0.0001$$

따라서 첫 번째 구간에서 $i_{Bw} q_{bw} = 1.238 \times 10^{-5}$가 된다.

⑪ 같은 방법으로 ⑦~⑩까지 반복하여 구한 각 입자직경 구간별로 계산한 $i_{Bw} q_{bw}$를 모두 합하여 q_{bw}를 구하고 하천 폭을 곱하면 하천단면에 대한 총 소류사량 Q_{bw}를 얻게 되며 전 구간에 대한 계산표가 표 14.2.3에 나타나 있다.

따라서 총 소류사량은

$$Q_{bw} = 33 \times 684.586 \times 10^{-3} = 22.591 \text{kg/sec}$$

표 14.2.3 소류사량 계산표

구간 번호	D (10^{-2}m)	i_{bw}	R_b' (m)	$\frac{D}{X}$	ξ	Ψ_*	Φ_*	$i_{Bw} q_{bw}$ (10^{-3}kg/sec/m)
1	1.732	0.5	0.856	19.6	1.0	29.69	0.0001	0.01238
2	1.225	4.6	0.856	13.48	1.0	21.00	0.0026	1.76098
3	0.707	10.1	0.856	7.78	1.0	12.12	0.08	52.1627
4	0.307	16.9	0.856	3.39	1.0	5.28	0.6	187.312
5	0.128	15.6	0.856	14.09	1.0	2.22	3.0	232.745
6	0.065	28.3	0.856	0.715	1.6	1.78	4.0	203.721
7	0.031	19.6	0.856	0.341	10	5.31	0.59	6.85441
8	0.0154	4.2	0.856	0.169	60	15.84	0.02	0.01743
9	0.0089	0.1	0.856	0.098	170	25.94	1.3×10^{-4}	1.19×10^{-6}
10	0.0037	0.1	0.856	0.041	1,100	69.77	1.0×10^{-7}	2.44×10^{-10}
							Σ	684.586

14.2.3 Meyer-Peter 및 Muller의 공식

자연하천에서의 소류사를 산정하기 위한 경험공식으로 Meyer-Peter 및 Muller는 다음과 같이 제시하였다.

$$q_b = \left[0.368 \frac{Q_s}{Q}\left(\frac{D_{90}^{1/6}}{n_s}\right)^{3/2} d \times S - 0.0698 D_m\right]^{3/2} \quad (14.2.48)$$

여기서 q_b는 소류사량(lb/sec · ft), Q는 총유량(ft^3/s), Q_s는 하상에 할당된 유량(ft^3/s), D_{90}은 혼합유사의 90%에 해당하는 입자크기(mm), D_m은 혼합유사의 평균입경(mm), d는 평균수심(ft), S는 하상경사, n_s는 Manning의 하상조도계수이다.

광폭의 매끄러운 하천인 경우 $Q_s/Q = 1$이고

$$n_s = \frac{1.486 d^{2/3} S^{1/2}}{V} \tag{14.2.49}$$

여기서 V는 평균유속(ft/sec)이다.

만일 제방의 조도를 고려한다면 다음과 같은 관계를 이용한다.

사각형 하도인 경우

$$n_s = n_m \left[1 + \frac{2d}{T_w} \left\{ 1 - \left(\frac{n_w}{n_m} \right)^{3/2} \right\} \right]^{2/3} \tag{14.2.50}$$

$$\frac{Q_s}{Q} = \frac{1}{1 + \frac{2d}{T_w} \left(\frac{n_w}{n_s} \right)^{2/3}} \tag{14.2.51}$$

사다리꼴 하도인 경우

$$n_s = n_m \left[1 + \frac{2d(1+z^2)^{1/2}}{B} \left\{ 1 - \left(\frac{n_w}{n_m} \right)^{3/2} \right\} \right]^{2/3} \tag{14.2.52}$$

$$\frac{Q_s}{Q} = \frac{1}{1 + \frac{2d(1+z^2)^{1/2}}{B} \left(\frac{n_w}{n_s} \right)^{2/3}} \tag{14.2.53}$$

여기서 n_w는 하도사면의 조도, n_m은 하도전체에 대한 조도, T_w는 하도 상단폭(ft), B는 하상폭(ft), z는 하도 측면경사(H/V)이다. D_m은

$$D_m = \sum_{i=1}^{n} D_{si} i_b \tag{14.2.54}$$

여기서 n은 입자분포의 구간 수, D_{si}는 i번째 입자크기 구간의 평균입경, i_b는 주어진 입자크기 구간의 무게와 총 유사무게의 비이다.

예제 14.3

광폭의 어떤 하천에서의 수심이 10ft, 평균유속이 4ft/s, 단위폭당 유량이 $40ft^3/s/ft$, 하상경사가

0.000217, D_{90}이 0.53mm이고, 입자크기 구간별 무게비 및 평균입경이 표 14.2.4와 같이 주어질 때 Meyer-Peter 및 Muller의 공식을 이용하여 소류사량을 구하라.

표 14.2.4 입자크기 구간별 무게비 및 평균입경

구 분	1	2	3
무게 백분율 i_b(%)	20.8	69.6	9.6
평균입경 D_{si}(mm)	0.177	0.354	0.707

풀이

하상입자의 평균입경 D_m

$$D_m = \sum_{i=1}^{3} i_b D_{si} = 0.208 \times 0.177 + 0.696 \times 0.345 + 0.096 \times 0.707 = 0.351\text{mm}$$

식 (14.2.49)로부터 하상의 조도는

$$n_s = \frac{1.486 d^{2/3} S^{1/2}}{V} = \frac{1.486 \times 10^{2/3} \times 0.000217^{1/2}}{4} = 0.0254$$

광폭하천이므로 $Q_s/Q = 1$을 적용하면

$$q_s = \left[0.368 \times 1 \times \left(\frac{0.53^{1/6}}{0.0254}\right)^{3/2} \times 10 \times 0.000217 - 0.0698 \times 0.351\right]^{3/2} = 0.0545\text{lb/s}\cdot\text{ft}$$

14.2.4 Schoklitsch의 공식

소류사량을 계산하기 위한 공식으로 Schoklitsch가 제시한 식은 다음과 같으며 균일 유사인 경우와 혼합유사인 경우로 나누어 산정할 수 있다.

가) 균일한 입경(D_{50})

$$G_s = \frac{86.7}{\sqrt{D}} S^{3/2}(Q - T_w \cdot q_o) \tag{14.2.55}$$

여기서 q_o는 $0.00532d/S^{4/3}$, $D \cong D_o$(평균입경, in), G_s는 소류사량(lb/s), S는 하상경사, Q는 유량(ft^3/s), T_w는 하천폭(ft)이다.

나) 혼합유사인 경우(D_{si})

$$q_s = \sum_{i=1}^{n} q_{si} = \sum_{i=1}^{n} i_b \frac{25}{\sqrt{D_{si}}} S^{3/2}(q - q_o) \tag{14.2.56}$$

여기서 q_o는 $0.0638D_{si}/S^{4/3}$, q는 단위폭당 유량($ft^3/s/ft$), n은 혼합유사 입자크기 구간의 수, D_{si}는 주어진 크기 구간의 평균입경(ft), q_s는 G_s/T_w로 단위폭당 소류사량(lb/s · ft), 그리고 i_b는 주어진 입자크기 무게와 총 유사무게의 비이다.

예제 14.4

예제 14.3에서 주어진 조건을 이용하여 Schoklitsch의 공식을 이용한 소류사량을 산정하라.

풀이

① 표 14.2.4로부터 $D_{s1}=0.177mm=0.000581ft$에 대해

$$q_{o1}=\frac{0.0638\times 0.000581}{0.000217^{4/3}}=2.84ft^3/s\cdot ft$$

$$q_{s1}=0.208\times\frac{25}{0.000581^{1/2}}\times 0.000217^{3/2}\times(40-2.84)=0.0256lb/sec\cdot ft$$

② $D_{s2}=0.354mm=0.00116ft$에 대해

$$q_{o2}=\frac{0.0638\times 0.00116}{0.000217^{4/3}}=5.6754ft^3/s\cdot ft$$

$$q_{s2}=0.696\times\frac{25}{0.00116^{1/2}}\times 0.000217^{3/2}\times(40-5.6754)=0.05606lb/sec\cdot ft$$

③ $D_{s3}=0.707mm=0.00232ft$에 대해

$$q_{o3}=\frac{0.0638\times 0.00232}{0.000217^{4/3}}=11.3509ft^3/s\cdot ft$$

$$q_{s3}=0.096\times\frac{25}{0.00232^{1/2}}\times 0.000217^{3/2}\times(40-11.3509)=0.00456lb/sec\cdot ft$$

$$\therefore q_s=\sum_{i=1}^{3}q_{si}=0.0256+0.05616+0.00456=0.0862lb/sec\cdot ft$$

14.3 부유유사량 산정

소류사와 함께 하천흐름에 의한 유사 이송의 다른 한 가지 방법은 부유 상태로 이송하는 것이다. 이들 유사입자들은 물의 흐름에 의해 지속적으로 떠받혀지고 있으며, 난류는 유사의 부유에 있어 가장 중요한 인자가 된다. 입자들의 무게 때문에 침강이 발생하지만 난류 속도요소로 인한 입자의 불규칙한 움직임과 서로 상쇄가 된다.

2차원 흐름에 대한 하천의 단위폭당 부유유사량 q_s는 체적 및 무게로 다음과 같이 주어진다.

$$q_{sv} = \int_a^d \overline{V}\,\overline{C}dy \tag{14.3.1}$$

$$q_{sw} = \gamma_s \int_a^d \overline{V}\,\overline{C}dy \tag{14.3.2}$$

여기서 $\overline{V}$와 $\overline{C}$는 하상으로부터 y높이 위치에서의 시간평균 유속 및 농도이며, a는 하상층의 두께이다. 식 (14.3.1)에서 C는 체적으로 나타낸 유사의 농도이고, q_{sv}는 단위시간 및 폭 당 유사의 체적으로 계산되는 반면, 식 (14.3.2)에서 q_{sw}는 단위시간 및 폭 당 유사의 무게로 계산된다. 전체 하천단면에서의 유사량 Q_s는 단면 전체에 대한 적분을 함으로써 얻을 수가 있다.

$$Q_{sv} = Q\overline{C} \tag{14.3.3}$$

$$Q_{sw} = \gamma_s Q\overline{C} \tag{14.3.4}$$

여기서 $\overline{C}$는 체적으로 나타낸 평균 부유유사 농도이다. 식 (14.3.1)과 식 (14.3.2)를 적분하기 위해서는 속도 V 및 농도 C를 깊이 y의 함수로 나타내야 한다. 이동 하상에서의 난류속도분포는 유사의 농도에 영향을 받고, 유사의 농도분포는 또한 난류속도와 밀접한 관계가 있다. 즉, 이들 두 변수의 분포는 서로 영향을 주고받는다.

14.3.1 부유사 농도분포

난류속도의 변동으로 인해 흐름 내 임의의 층간에 유사입자의 지속적인 교환이 이루어지게 된다. 2차원 정상류 흐름에서 만일 유사 농도가 흐름방향으로 항상 일정하고 균일하다면, 임의의 깊이에서의 평균 농도는 일정하고 하상과 평행한 층을 통한 순 평균유사 이동은 0이 될 것이다.

하상으로부터 y만큼 떨어져 있는 평행한 단위면적을 생각해보자. 유사 입자의 크기가 균일하고 중력에 의해 속도 ω로 침강하고 있다면 단위면적을 통한 평균 침강률은

$$q_D = \omega C \tag{14.3.5}$$

여기서 C는 위치 y에서의 시간 평균된 농도이다. 평형을 유지하기 위해서는 침강되는 유사와 확산(diffusion)에 의한 유사의 윗 방향으로의 이동이 균형을 이루어야 한다. 따라서

$$\omega C + \varepsilon_s \frac{dC}{dy} = 0 \tag{14.3.6}$$

여기서 ε_s는 난류의 확산계수(diffusion coefficient)로 y의 함수이다. 식 (14.3.6)을 적분하면

$$C = C_a \exp\left(-\omega \int_a^y \frac{1}{\varepsilon_s} dy\right) \tag{14.3.7}$$

여기서 C_a는 하상으로부터 $y = a$ 높이에서 침강속도 ω인 유사의 농도이다. 식 (14.3.7)을 O' Brien-Christiansen의 부유유사 연직분포 곡선식이라 하며, 유사농도가 하상에서 최대이고 수표면에서 최소가 됨을 의미한다. 임의의 깊이 y에서의 농도 C를 결정하기 위해서는 C_a와 y에 따른 ε_s의 변화를 알아야 한다.

확산이론에 의해 하상으로부터 y높이에서의 소류력 τ를 속도분포의 항으로 나타내면

$$\tau = \rho \varepsilon_m \frac{dV}{dy} \tag{14.3.8}$$

여기서 ε_m은 난류의 와점성계수(kinematic eddy viscosity)이다. 또한 수심 d의 2차원 정상등류 흐름에서 하상으로부터 y높이에서의 소류력 τ는 다음과 같다.

$$\tau = \gamma S(d - y) = \tau_o\left(1 - \frac{y}{d}\right) \tag{14.3.9}$$

여기서 τ_o는 하상에서의 소류력이다. 속도분포는 Prandtl-von Kármán의 유속분포식으로 나타내면

$$\frac{dV}{dy} = \frac{U_*}{\kappa y} = \frac{\sqrt{\tau_o/\rho}}{\kappa y} \tag{14.3.10}$$

여기서 κ는 Prandtl-von Kármán의 일반상수이다. 식 (14.3.10)을 식 (14.3.8)에 대입하고 식 (14.3.9)와 같게 놓으면

$$\varepsilon_m = \kappa U_* \frac{y}{d}(d - y) \tag{14.3.11}$$

확산계수와 와점성계수간에 $\varepsilon_s = \beta \varepsilon_m$의 관계가 있다고 하면

$$\varepsilon_s = \beta \kappa U_* \frac{y}{d}(d - y) \tag{14.3.12}$$

식 (14.3.11) 및 식 (11.3.12)로부터 하상과 수표면에서는 ε_m 및 ε_s가 0이 되고, 수심의 중간 깊이에서 최대가 됨을 알 수 있다. 식 (14.3.12)를 식 (14.3.6)에 대입하면

$$\omega C + \beta \kappa U_* \frac{y(d - y)}{d} \frac{dC}{dy} = 0 \tag{14.3.13}$$

즉,

$$\frac{dC}{C} = -\frac{\omega d}{\beta \kappa U_*}\frac{dy}{(d-y)y} \tag{14.3.14}$$

식 (14.3.14)를 하상에서 a만큼 떨어진 지점으로부터 y까지 적분하면

$$\frac{C}{C_a} = \left(\frac{d-y}{y}\frac{a}{d-a}\right)^{z_1} \tag{14.3.15}$$

$$z_1 = \frac{\omega}{\beta \kappa U_*} \tag{14.3.16}$$

여기서 z_1을 Rouse 수(Rouse number)라 하며 식 (14.3.15)를 Rouse의 부유사 농도분포식이라 한다. z_1값의 변화에 대한 깊이별 농도분포는 그림 14.3.1과 같다.

그림 14.3.1로부터 Rouse 수 z_1이 작은 경우 유사농도 분포가 깊이에 따라 거의 균일하게 나타나고 있는 반면, z_1이 커짐에 따라 수면으로부터 하상으로 가까워짐에 따라 급격히 농도가 커지고 있으며, 수면에서는 부유사가 적게 분포하는 것을 알 수 있다. 침강속도 ω로 표현되는 입자의 크기 비중 및 형상이 부유사의 농도분포와 밀접하게 관계가 있다. 즉, 입자가 큰 경우 침강속도 ω도 크고, 따라서 Rouse 수도 크게 되어 농도분포가 크게 나타나게 된다.

식 (14.3.16)으로부터 Rouse 수 z_1을 계산하기 위해서는 변수 β와 κ가 정수 중에서 결정되는 침강속도 ω와 함께 결정되어야 한다. 실험결과로부터 미세 유사입자에 대해서

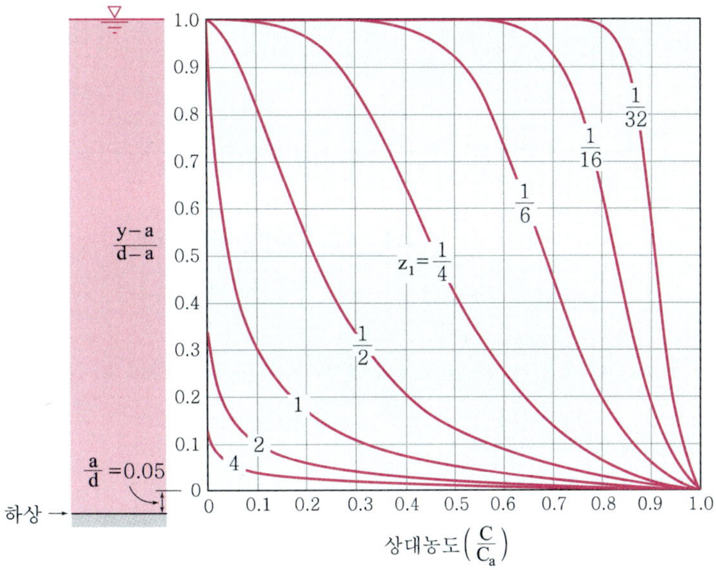

그림 14.3.1 z_1에 따른 부유사농도분포

$$\beta \simeq 1 \text{ 또는 } \varepsilon_s \simeq \varepsilon_m \tag{14.3.17}$$

조립입자에 대해서는

$$\beta < 1 \text{ 그리고 } \varepsilon_s < \varepsilon_m \tag{14.3.18}$$

Einstein과 Chien(1954)은 β를 결정하기 위해 다음과 같은 관계를 제시하였으며, z와 z_1과의 관계가 그림 14.3.2에 나타나 있다.

$$z = z_1 \beta = \frac{\omega}{\kappa U_*} \tag{14.3.19}$$

유사가 포함되어 있지 않은 개수로 흐름에서 Prandtl-von Kármán의 일반상수 κ는 0.4이고, 유사농도가 증가할수록 κ값은 감소한다.

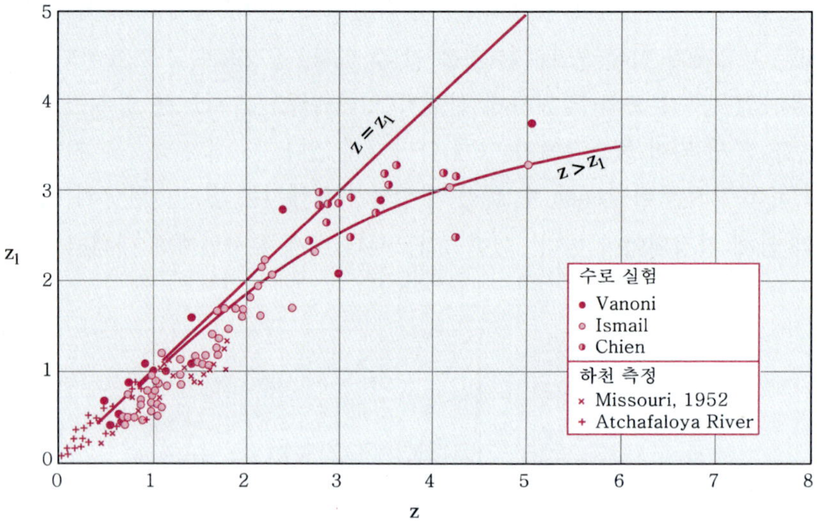

그림 14.3.2 z와 z_1과의 관계

예제 14.5

수심이 10ft인 하천에서 얻은 표 14.3.1과 같은 자료를 이용하여 단위폭당 부유사량을 산정하라. $C_a = 0.10\text{lb/ft}^3$, $z_1 = 0.81$이다.

표 14.3.1 깊이에 따른 평균유속

깊이 y(ft)	8~10	6~8	4~6	2~4	0~2
평균유속 V(ft/s)	0.40	0.38	0.34	0.30	0.15
농도 C(lb/ft^3)	0.0016	0.0046	0.0092	0.0183	0.0546

풀이

식 (14.3.15)와 그림 14.3.1을 이용하여 깊이 9ft(8~10)에서의 농도를 구하면 표 14.3.1과 같다.

$$C = 0.1\left[\left(\frac{10-9}{9}\right)\left(\frac{0.5}{10-0.5}\right)\right]^{0.81} = 0.0016\mathrm{lb/ft^3}$$

따라서 식 (14.3.1)을 이용하면

$$q_{sv} = \int_a^d VC dy = \sum_{i=1}^{5} C\cdot V\cdot \Delta y$$
$$= (0.0016\times 0.4 + 0.0046\times 0.38 + 0.0092\times 0.34 + 0.0183\times 0.3 + 0.0546\times 0.15)\times 2$$
$$= 0.0384\mathrm{lb/sec\cdot ft}$$

14.3.2 Einstein의 부유유사량 산정방법

부유유사량을 산정하는 가장 일반적인 방법으로 Einstein(1950)에 의해 제안된 방법이 있다. 식 (14.3.16)에서 $\beta = 1$ 및 $\kappa = 0.4$로 가정하고, U_* 대신 U_*'로 대체하면

$$z_1 = z = \frac{\omega}{0.4U_*'} \tag{14.3.20}$$

또한 식 (14.3.2)에서 체적농도인 $\overline{C}$ 대신 무게농도인 C로 나타내어 Rouse의 부유사 농도분포식 (14.3.15)을 적용하고, $\overline{V}$ 대신 식 (14.2.27a)를 적용하면

$$q_{sw} = \int_a^d C_a\left(\frac{d-y}{y}\frac{a}{d-a}\right)^z 5.75\,U_*'\log_{10}\left(30.2\frac{y}{\Delta}\right)dy \tag{14.3.21}$$

하상으로부터 떨어진 거리 a를 무차원 변량인 E = a/d로 대체하고, 수심 d를 사용하여 y를 y' = y/d로 정규화하면 식 (14.3.2)는 다음과 같이 표현된다.

$$q_{sw} = \int_E^1 V\,C\,d\,dy' \tag{14.3.22}$$

따라서 식 (14.3.21)은

$$q_{sw} = U_*'C_a\left(\frac{E}{E-1}\right)^z d\,5.75\int_E^1\left(\frac{1-y}{y}\right)^z \log_{10}\left(\frac{30.2y}{\Delta/d}\right)dy \tag{14.3.23}$$

$$= 5.75C_aU_*'d\left(\frac{E}{E-1}\right)^z\left[\log_{10}\left(\frac{30.2d}{\Delta}\right)\int_E^1\left(\frac{1-y}{y}\right)^z dy + 0.434\int_E^1\left(\frac{1-y}{y}\right)^z \log_e y dy\right]$$

이 식을 직접 적분하기 곤란하므로 Einstein은 다음과 같이 간략하게 표현하고 다양한 E 및 z에 대해 항 I_1 및 I_2를 수치 적분하였다.

$$q_{sw} = 11.6\,U_*' C_a\, a\left[2.303\log_{10}\left(\frac{30.2d}{\Delta}\right)\times I_1 + I_2\right] \tag{14.3.24}$$

$$I_1 = 0.216\frac{E^{z-1}}{(1-E)^z}\int_E^1\left(\frac{1-y}{y}\right)^z dy \tag{14.3.25}$$

$$I_2 = 0.216\frac{E^{z-1}}{(1-E)^z}\int_E^1\left(\frac{1-y}{y}\right)^z \log_e y\, dy \tag{14.3.26}$$

다양한 z값 및 E에 대한 I_1 및 I_2를 그림 14.3.3으로부터 얻을 수가 있다.

Einstein은 하상층의 두께를 하상재료의 대표입경 D의 두 배인 $a = 2D$로 가정했으며, 이 층 내에서는 하상 입자의 부유가 불가능하다고 가정하였다. 하지만 이층에 있는 하상물질은 부유유사의 근원이며 기준 농도인 C_a에 영향을 미치게 된다.

Einstein에 의한 소류사량 산정에서 설명한 바와 같이 하천의 단위폭당 이송되는 크기 D인 입자의 소류사량은 $i_{Bw}q_{bw}$이다. 소류사의 평균속도를 V_B라 가정하면 단위면적당 특정 크기 입자들의 무게는 $i_{Bw}q_{bw}/V_B$가 되고, 이 층에서의 평균농도는 $i_{Bw}q_{bw}/(aV_B)$가 된다. 따라서 하상층이 단지 대표입경의 두 배 정도의 두께이므로 이 하상층에서의 농도가 일정하다고 가정할 수 있다. 하지만 보정계수 A_5를 도입하면

$$C_a = \frac{A_5 i_{Bw} q_{bw}}{aV_B} \tag{14.3.27}$$

속도 V_B를 알지 못하므로 Einstein은 $V_B = U_*'$로 하여 실험을 한 결과 $A_5 = 1/11.6$이 됨을 알게 되었고, 따라서 식 (14.3.27)은

$$C_a = \frac{1}{11.6}\frac{i_{Bw}q_{bw}}{aU_*'} \tag{14.3.28}$$

따라서 각 입자 크기에 대한 부유유사량 $i_{sw}q_{sw}$는 식 (14.3.24)와 (14.3.28)로부터

$$i_{sw}q_{sw} = i_{Bw}q_{bw}\left[2.303\log_{10}\left(30.2\frac{d}{\Delta}\right)\times I_1 + I_2\right] \tag{14.3.29}$$

$$i_{sw}q_{sw} = i_{Bw}q_{bw}[P_E \times I_1 + I_2] \tag{14.3.30}$$

여기서

$$P_E = 2.303\log_{10}\left(30.2\frac{d}{\Delta}\right) \tag{14.3.31}$$

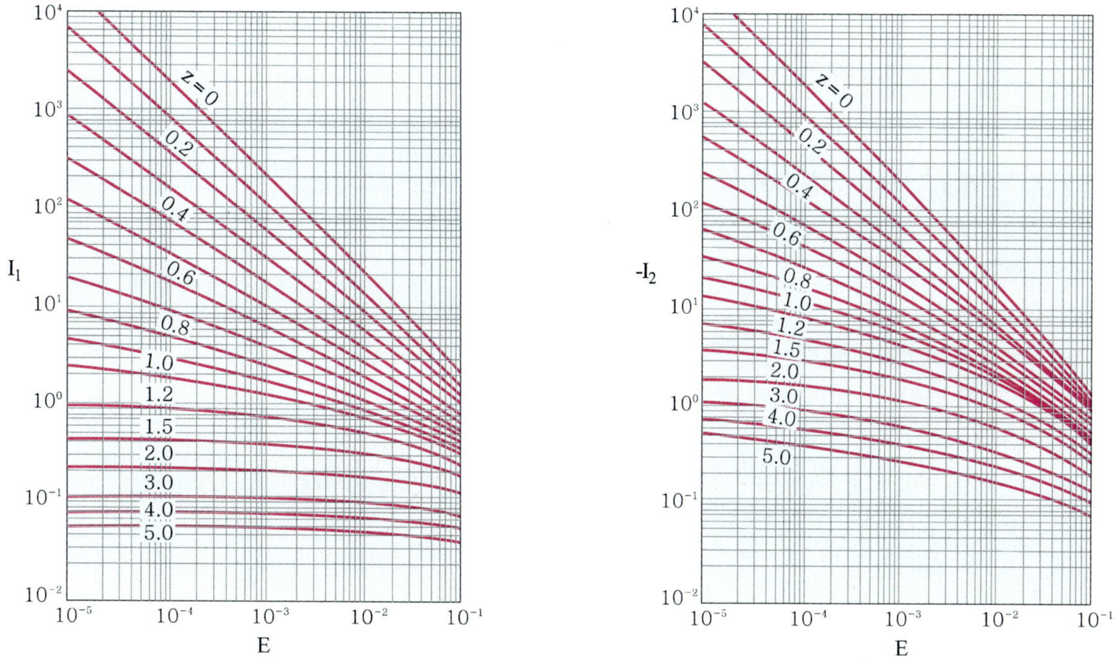

그림 14.3.3 z와 E에 대한 I_1 및 I_2

식 (14.3.30)에서 q_{sw}는 단위시간 및 폭 당 부유유사무게이며, 소류사와 부유유사간의 관계를 보여주고 있다.

이상과 같이 Einstein의 방법을 이용하여 부유유사량을 산정하기 위해서는 먼저 Einstein의 소류사량 공식으로부터 입자 크기별로 소류사량 $i_{Bw}q_{bw}$를 구하고, 식 (14.3.31)로부터 P_E를 산정한 후, z와 E를 구해 그림 14.3.3으로부터 I_1 및 I_2를 결정한 뒤, 식 (14.3.30)으로부터 해당 입자크기에 대한 부유유사량 $i_{sw}q_{sw}$를 결정하게 된다. 이와 같이 각 크기별로 구한 부유유사량을 모두 더하고 하천 폭을 곱하면 총 부유유사량을 산정할 수 있다.

예제 14.6

예제 14.2와 동일한 하상유사 및 수리조건에 대해 Einstein의 부유유사량 산정방법을 이용하여 부유유사량을 산정하라. 단, 유사입자의 침강속도는 Rubey에 의한 다음 식을 이용하라.

$$\omega = \sqrt{\frac{36\nu^2}{D^2} + \frac{2}{3}(S_s - 1)gD} - \frac{6\nu}{D}$$

여기서 ω는 침강속도(m/s), g는 중력가속도(m/s^2), D는 유사의 입경(m), S_s는 유사의 비중, 그리고 ν는 동점성계수(m^2/s)이다.

풀이

예제 14.2에서 주어지거나 결정되어진 값을 정리하면 다음과 같다.

경사 $S = 7.519 \times 10^{-4}$, 수심 $d = 1.61$m, 하폭 $T = 33$m, 유사입경 $D_{65} = 0.00118$m,

전단속도 $U_*' = 0.0794$m/s, 동점성계수 $\nu = 1.01 \times 10^{-6}$m^2/s, 유사비중 $S_s = 2.678$

① Rouse 수 z를 구하기 위해 침강속도 w를 Rubey식으로 계산한다. 예를 들어 6번째 입자구간에 대해 침강속도를 구하면 이 구간의 평균입경이 0.00065m이므로

$$\omega_6 = \sqrt{\frac{36 \times (1.01 \times 10^{-6})^2}{0.00065^2} + \frac{2}{3} \times (2.678 - 1) \times 9.8 \times 0.00065} \times \frac{6 \times (1.01 \times 10^{-6})}{0.00065} = 0.0756\text{m/sec}$$

따라서

$$z = z_1 = \frac{\omega}{0.4U_*'} = \frac{0.0756}{0.4 \times 0.0794} = 2.38$$

② 하상으로부터 떨어진 거리 a의 무차원 값인 E를 6번째 입자구간에 대해 구하면

$$E_6 = \frac{2D_6}{d} = \frac{2 \times 0.00065}{1.61} = 8.075 \times 10^{-4}$$

③ 그림 14.3.3(a) 및 (b)로부터 $E_6 = 8.075 \times 10^{-4}$, $z_6 = 2.38$일 때 I_1 및 I_2값을 결정하면

$$I_1 = 0.17, \qquad I_2 = -1.10$$

④ 6번째 구간의 입자크기에 대한 부유사량 $i_{sw}\,q_{sw}$를 계산하기 위해 P_E를 구하면

$$P_E = 2.303\log_{10}\left(\frac{30.2dx}{D_{65}}\right) = 2.303\log_{10}\left(\frac{30.2 \times 1.61 \times 1.0}{0.00118}\right) = 10.63$$

따라서 예제 14.2에서 결정한 6번째 구간의 $i_{Bw}\,q_{bw} = 203.721 \times 10^{-3}$을 적용하면

$$i_{sw}\,q_{sw} = i_{Bw}q_{bw}[P_E \times I_1 + I_2]\}$$
$$= (203.721 \times 10^{-3}) \times (10.63 \times 0.17 - 1.10) = 0.144\text{kg/sec/m}$$

⑤ 위와 같은 방법으로 구한 구간별 $i_{sw}\,q_{sw}$을 모두 합하여 q_{sw}를 구하고 하천 폭을 곱하여 총부유유사량 Q_{sw}를 얻게 된다.

$Q_{sw} = 33 \times (334.0792 \times 10^{-3}) = 11.025$kg/sec가 된다.

표 14.3.1 부유유사량 산정표

구간 번호	D (10^{-2}m)	ω (m/sec)	E (10^{-3})	z	I_1	I_2	$i_{Bw}q_{bw}$ (10^{-3}kg/sec/m)	$i_{sw}q_{sw}$ (10^{-3}kg/sec/m)
1	1.732	0.435	21.516	13.69	0.0	0.0	0.01238	0
2	1.225	0.366	15.217	11.52	0.0	0.0	1.76098	0
3	0.707	0.278	8.783	8.75	0.032	−0.15	52.1627	9.9193
4	0.307	0.182	3.826	5.73	0.049	−0.26	187.312	48.8641
5	0.128	0.114	1.59	3.59	0.085	−0.5	232.745	93.9242
6	0.065	0.076	0.807	2.39	0.17	−1.1	203.721	144.0511
7	0.031	0.042	0.385	1.32	0.6	−1.3	6.85441	34.8067
8	0.0154	0.018	0.191	0.57	17.5	−42	0.01743	2.5104
9	0.0089	0.007	0.111	0.22	310	−430	1.19×10^{-6}	0.0034
10	0.0037	0.001	0.046	0.03	4900	−4900	2.44×10^{-10}	1.15×10^{-5}
							Σ	334.0792

14.4 총 유사량의 산정

총 유사량은 앞에서 설명한 방법에 의해 구한 소류사량과 부유유사량을 합함으로서 얻게 된다. 대부분의 유사가 하상과 접촉하며 이동하거나, 수심이 얕은 곳에서와 같이 유사 이송률이 작은 경우 소류사량은 개략적으로 총 유사량과 같게 된다. 하지만 수심이 깊은 하천에서는 소류사량은 총 유사량의 약 10~20% 정도에 불과하다. 총 유사량은 소류사량과 부유유사량을 합해 구할 수도 있지만, 직접 총 유사량을 구할 수도 있다. 앞에서 Einstein에 의한 소류사량 및 부유유사량을 구하는 방법을 소개하였으므로 Einstein 방법에 의한 총 유사량을 산정하는 방법에 대해 알아보고, Colby공식, Ackers-White 공식, 그리고 Yang의 공식에 의해 총 유사량을 산정하는 방법을 소개하기로 한다.

14.4.1 Einstein 방법

Einstein의 정의 및 개념에 따라 구간 평균입자크기 D 인 하상 재료에 대한 소류사량 및 부유유사량은 다음과 같다.

$$i_{Bw}\, q_{bw} \tag{14.4.1}$$

$$i_{sw}\, q_{sw} \tag{14.4.2}$$

따라서 총 유사량은

$$i_T q_T = i_{Bw} q_{bw} + i_{sw} q_{sw} \tag{14.4.3}$$

여기서 i_{sw}, i_{bw}, 그리고 i_T는 주어진 입자 크기 D에 대한 부유유사량, 소류사량, 그리고 총 유사량에 대한 비율을 의미한다. 식 (14.3.30)과 (14.4.3)으로부터

$$i_T q_T = i_{Bw} q_{bw}(1 + P_E I_1 + I_2) \tag{14.4.4}$$

따라서 각 입자 크기에 대한 소류사량을 구하고, 이송변수 P_E와 I_1 및 I_2를 구해 식 (14.4.4)로부터 입자 크기별 총 유사량을 구한 후, 이들을 모두 합하여 총 유사량을 산정하게 된다.

예제 14.7

예제 14.2 및 14.6의 소류사량 및 부유유사량을 이용하여 Einstein 방법에 의해 총 유사량을 산정하라.

풀이

예제 14.2와 14.6에서 결정된 소류사량 및 부유유사량을 합하거나 또는 각 입자구간별로 소류사량을 이용하여 구간별 유사량을 구한 후 합하여 단위폭당 총 유사량을 산정하게 된다.

예를 들어 6번째 입자구간에 대해 구간 총 유사량을 산정하면

$$\begin{aligned} i_T q_T &= i_{Bw} q_{bw}(1 + P_E I_1 + I_2) \\ &= 203.721 \times 10^{-3} \times (1 + 10.63 \times 0.17 - 1.1) = 347.772 \times 10^{-3}\text{kg/sec/m} \end{aligned}$$

이와 같이 산정한 각 입자구간의 유사량이 표 14.4.1과 같으며 이들을 합하면 단위폭당 총 유사량은 1.0187kg/sec/m이 된다. 따라서 하폭 33m를 통한 총 유사량은 다음과 같다.

$$Q_s = 33 \times 1.0187 = 33.617\text{kg/sec}$$

표 14.4.1 총유사량 산정표

구간 번호	$i_{Bw} q_{bw}$ (10^{-3}kg/sec/m)	$i_{sw} q_{sw}$ (10^{-3}kg/sec/m)	$i_T q_T$ (10^{-3}kg/sec/m)
1	0.01238	0.0	0.01238
2	1.76098	0.0	1.76098
3	52.1627	9.9193	62.0820
4	187.312	48.8641	236.1761
5	232.745	93.9242	326.6692
6	203.721	144.0511	347.7721
7	6.85441	34.8067	41.6611
8	0.01743	2.5104	2.5278
9	1.19×10^{-6}	0.0034	0.0034
10	2.44×10^{-10}	1.15×10^{-5}	1.15×10^{-5}
Σ	684.586	334.079	1018.665

14.4.2 Colby의 공식

Colby는 평균유속, 수심, 점성, 수온, 그리고 하도의 단위폭당 유사의 미세입자농도의 함수로 유사 이송량을 분석하여 그림 14.4.1 및 14.4.2와 같은 계산도표를 제시하였다. 이들 계산도표를 이용하여 유사량을 산정하는 식이 다음과 같다.

$$q_s = A(V - V_c)^B [1 + (AF - 1)CF] \times 0.672 \quad (14.4.5)$$

여기서 A는 D_{50}과 관련된 계수, AF는 수온 및 미세유사농도에 대한 보정계수, CF는 서로 다른 중간 입자크기에 대한 영향(%), V는 유속(ft/s), V_c는 한계유속(ft/s), d는 평균수심(ft), D_{50}은 50% 무게에 대한 입자크기(mm), 그리고 B는 다음과 같은 지수이다.

$$B = 2.5 \qquad (V - V_c) < 1.0\text{일 때} \quad (14.4.6a)$$

$$B = 1.453 D_{50}^{-0.138} \qquad (V - V_c) \geq 1.0\text{일 때} \quad (14.4.6b)$$

Colby의 공식에 의한 하상유사량을 산정하는 절차는 다음과 같다.

① 한계유속 V_c를 계산한다.

$$V_c = 0.4673 d^{0.1} D_{50}^{0.33} \quad (14.4.7)$$

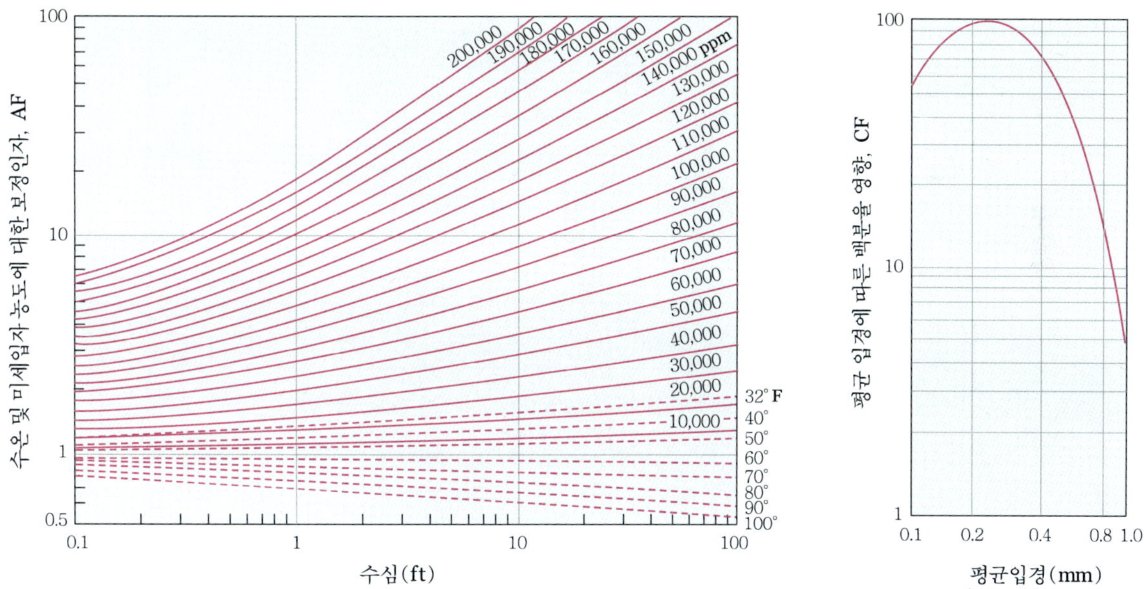

그림 14.4.1 유사량과 평균유속의 관계에 대한 수온 및 미세입자 농도의 영향
(a) 입자 크기 0.2~0.3mm에 대한 도표, (b) 다른 크기의 입자에 대한 보정인자

② $(V - V_c)$로부터 지수 B를 계산한다.

③ 다음에 대해 A를 결정한다.

$$D_{50} = 0.1\text{mm} \qquad A = 1.453d^{0.61} \tag{14.4.8a}$$

$$D_{50} = 0.2\text{mm} \qquad A = 1.329d^{0.48} \tag{14.4.8b}$$

$$D_{50} = 0.3\text{mm} \qquad A = 1.4d^{0.3} \tag{14.4.8c}$$

$$D_{50} = 0.4\text{mm} \qquad A = 1.26d^{0.3} \tag{14.4.8d}$$

$$D_{50} = 0.8\text{mm} \qquad A = 1.099d^{0.3} \tag{14.4.8e}$$

④ 그림 14.4.1(b)로부터 보정계수 CF를 결정

⑤ 그림 14.4.1(a)로부터 계수 AF를 결정

⑥ 식 (14.4.5)를 이용하여 유사량 q_s를 산정

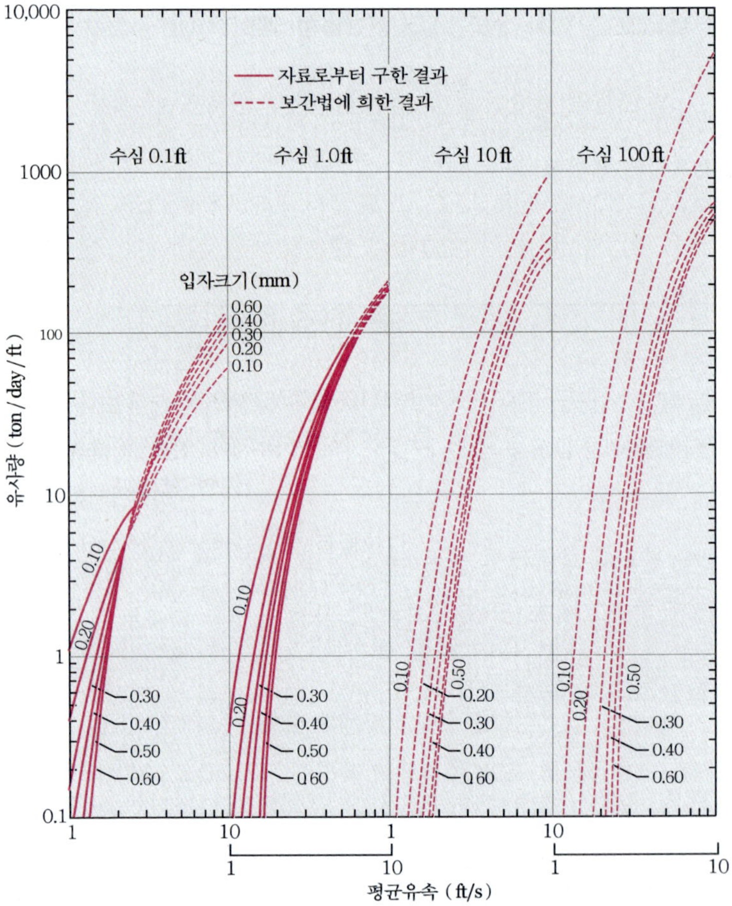

그림 14.4.2 하상유사의 6가지 평균입경, 4가지 수심, 그리고 수온 60°F에 대한 유사량과 평균유속간의 관계

예제 14.8

어떤 하천에서의 수심이 10ft, $D_{50}=0.33mm$, 평균유속 4ft/s, 수온 60˚F일 때 Colby의 공식을 이용하여 유사량을 산정하라.

풀이

① $D_{50}=0.33mm$, $d=10ft$로부터 V_c를 구하면

$$V_c = 0.4673 \times 10^{0.1} \times 0.33^{0.33} = 0.408 ft/s$$

② $(V-V_c) = (4-0.408) = 3.532 ft/sec$

$$B = 1.453 \times 0.33^{-0.138} = 1.693$$

③ $D_{50}=0.3mm$ 일 때 $A=1.4d^{0.3}=0.9756$이고 $D_{50}=0.4mm$ 일 때 $A=1.26d^{0.3}=0.9572$이므로 보간법에 의해 $D_{50}=0.33mm$ 일 때 $A=0.9697$이 된다.

④ $D_{50}=0.33mm$ 일 때 그림 14.4.1(b)로부터 $CF=1$

⑤ 수온 60˚F일 때 그림 14.4.1(a)로부터 $AF=1$

⑥ 따라서 유사량은

$$q_s = A(V-V_c)^B[1+(AF-1)CF] \times 0.672$$
$$= 0.9697 \times (4-0.408)^{1.693} \times 1 \times 0.672 = 5.6779 lb/s \cdot ft$$

14.4.3 Ackers-White 공식

Ackers와 white는 크기 D_{gr}, 이동성 F_{gr}, 그리고 유사량 G_{gr}의 세 가지 무차원 그룹의 항으로 유사량 산정 함수를 개발하였다. Ackers-White 공식에 의해 하상유사의 농도 및 유사량을 산정하는 절차는 다음과 같다.

① 무차원 입자 직경의 산정

$$D_{gr} = D_{50}\left[\frac{g(S_g-1)}{\nu^2}\right]^{1/3} \quad (14.4.9)$$

여기서 D_{50}은 50%의 무게에 해당하는 입자의 크기(ft), g는 중력가속도(ft/s^2), S_g는 유사의 비중, 그리고 ν는 동점성계수(ft^2/s)이다. $D_{gr}=1$은 0.04mm의 실트 크기와 같으며 $D_{gr}=60$은 2.5mm의 모래 크기와 같다.

② 두 가지의 입자크기 범위에 대해 식 (14.4.12)에서 사용하는 D_{gr}과 관련 있는 변수 A, C_A, n 및 m을 결정한다.

- 중간크기의 입자 $1 \le D_{gr} \le 60$에 대해

$$n = 1.00 - 0.56 \log D_{gr} \tag{14.4.10a}$$

$$A = \frac{0.23}{\sqrt{D_{gr}}} + 0.14 \tag{14.4.10b}$$

$$m = \frac{9.66}{D_{gr}} + 1.34 \tag{14.4.10c}$$

$$\log C_A = 2.86 \log D_{gr} - (\log D_{gr})^2 - 3.53 \tag{14.4.10d}$$

- 조립의 입자 $D_{gr} > 60$에 대해

$$n = 0.00,\ A = 0.17,\ m = 1.5,\ C_A = 0.025$$

③ 입자의 이동성 F_{gr} 계산

$$F_{gr} = \frac{U_*^{\,n}}{\sqrt{gD_{50}(S_g - 1)}} \left[\frac{V}{\sqrt{32} \log\left(\frac{\alpha d}{D_{50}} \right)} \right]^{1-n} \tag{14.4.11}$$

여기서 d는 평균수심(ft), U_*는 전단속도($(\tau_o/\rho)^{1/2}$, ft/s), V는 평균유속(ft/s), α는 계수로 보통 10을 사용, n은 유사입자 크기에 따른 지수이다.

④ 유사이송 변수 G_{gr} 계산

$$G_{gr} = C_A \left[\frac{F_{gr}}{A} - 1 \right]^m \tag{14.4.12}$$

⑤ 하상유사의 농도계산

$$C = 10^6 \left[\frac{G_{gr} S_g D_{50} \left(\frac{V}{U_*} \right)^n}{d} \right] \tag{14.4.13}$$

여기서 C는 하상유사의 무게 농도로 ppm(parts per million)의 단위를 갖는다.

⑥ 농도로부터 유사량의 산정

$$q_s = C(\text{ppm}) \times \frac{8.34\,\text{lbs}/10^6\text{gal}}{1\text{ppm}} \times \frac{7.48\text{gal}}{1\,\text{ft}^3} \times q\frac{\text{ft}^3/\text{s}}{\text{ft}}$$
$$= \text{lb}/\text{sec}\cdot\text{ft}$$

예제 14.9

어떤 하천에서 수심 10ft, 유속 4ft/s, $q=40cfs/ft$, $D_{50}=0.33mm$, 하상경사 0.000217, $\nu=1.22\times10^{-5}$ ft^2/s, $S_g=2.65$, $\rho=1.94slug/ft^3$일 때 Ackers-White 공식을 이용하여 유사량을 산정하라.

풀이

① 무차원 입자직경 D_{gr} 산정

$$D_{50}=0.33mm=0.001083ft$$

$$D_{gr}=0.001083\times\left[\frac{32.2\times(2.65-1)}{(1.22\times10^{-5})^2}\right]^{1/3}=7.6825\}$$

② A, C_A, n 및 m의 계산

$1\le D_{gr}\le 60$이므로

$$n=1.00-0.56\log D_{gr}=0.504$$

$$A=\frac{0.23}{\sqrt{D_{gr}}}+0.14=0.223$$

$$m=\frac{9.66}{D_{gr}}+1.34=2.597$$

$$\log C_A=2.86\log(7.6825)-(\log 7.6825)^2-3.53=-1.7816$$

$$\therefore C_A=0.01654$$

③ 입자의 이동성 F_{gr} 계산

$$\tau_o=\gamma dS=62.4\times10\times0.000217=0.1354$$

$$U_*=(\tau_o/\rho)^{1/2}=(0.1354/1.94)^{1/2}=0.2642ft/s$$

$$F_{gr}=\frac{0.2642^{0.504}}{\sqrt{32.2\times0.001083\times(2.65-1)}}\left[\frac{4}{\sqrt{32}\log\left(\frac{10\times10}{0.001083}\right)}\right]^{0.496}=0.8106$$

④ 유사이송변수 G_{gr} 계산

$$G_{gr}=0.01654\left[\frac{0.8106}{0.223}-1\right]^{2.597}=0.2048$$

⑤ 하상유사농도계산

$$C=\frac{10^6\times0.2048\times2.65\times0.001083\times\left(\frac{4}{0.2642}\right)^{0.504}}{10}=231.2ppm$$

⑥ 유사량 산정

$$q_s=231.2ppm\times\frac{8.34lb}{10^6gal}\times\frac{7.48gal}{1ft^3}\times40ft^3/sec\cdot ft=0.0144lb/ft^3\times40ft^3/sec\cdot ft=0.576lb/sec\cdot ft$$

14.4.4 Yang의 공식

Yang은 차원해석 및 단위 하천강도(unit stream power) 개념을 바탕으로 한 하상유사의 농도를 산정하기 위한 공식을 제시하였으며, 모래 하상하천에 적용할 수가 있다. Yang은 단위 하천강도를 물의 단위무게당 잠재에너지 손실율로 정의하고 유속 및 경사의 곱으로 나타내었다. Yang의 유사량공식은 모래이송 및 자갈이송에 대한 무차원 단위하천강도로 분류할 수 있다.

가) 모래 이송공식

모래이송에 대한 무차원 단위하천강도는 다음과 같다.

$$\log C = 5.435 - 0.286\log\frac{WD_{50}}{\nu} - 0.457\log\frac{U_*}{W} + \left[1.799 - 0.409\log\frac{WD_{50}}{\nu} - 0.314\log\frac{U_*}{W}\right]\log\left[\frac{VS}{W} - \frac{V_{cr}S}{W}\right] \tag{14.4.14}$$

초기이동에서의 무차원 한계유속은 다음과 같다.

$$\frac{V_{cr}}{W} = \frac{2.5}{\log\frac{U_*D_{50}}{\nu} - 0.06} + 0.66 \qquad 1.2 < \frac{U_*D_{50}}{\nu} < 70\text{일 때} \tag{14.4.15a}$$

$$\frac{V_{cr}}{W} = 2.05 \qquad \frac{U_*D_{50}}{\nu} \geq 70\text{일 때} \tag{14.4.15b}$$

여기서 C는 무게로 나타낸 하상유사농도(ppm), W는 입자크기 D_{50}의 평균침강속도(ft/s), D_{50}은 50%의 무게에 해당하는 입자크기(ft), ν는 동점성계수(ft^2/s), U_*는 전단속도(ft/s), V는 평균유속(ft/s), S는 하상경사, 그리고 V_{cr}은 입자가 움직이기 시작할 때의 한계유속(ft/s)이다.

나) 자갈 이송 공식

자갈 이송에 대한 무차원 단위하천강도는 다음과 같다.

$$\log C = 6.681 - 0.633\log\frac{WD_{50}}{\nu} - 4.816\log\frac{U_*}{W} + \left[2.784 - 0.305\log\frac{WD_{50}}{\nu} - 0.282\log\frac{U_*}{W}\right]\log\left[\frac{VS}{W} - \frac{V_{cr}S}{W}\right] \tag{14.4.16}$$

이때 입자의 초기움직임에 대한 무차원 한계유속은 식 (14.4.15a, b)와 동일하다.

이상과 같이 모래 또는 자갈 이송공식을 사용하여 구한 입자크기별 유사량으로부터 총 유사량은 다음과 같이 산정한다.

$$C = \sum_{i=1}^{n} i_b C_i \qquad (14.4.17)$$

여기서 n은 하상유사 입자크기 구간의 수, i_b는 주어진 입자크기구간의 무게와 총유사무게의 비, 그리고 C_i는 i 입자크기 구간의 농도(ppm)이다.

예제 14.10

어떤 하천에서 수심이 10ft, D_{50}이 0.33mm, $\rho = 1.94 \text{slug/ft}^3$, 하상경사 0.000217, 동점성계수 $\nu = 1.22 \times 10^{-5} \text{ft}^2/\text{s}$, 단위폭당 유량 $40\text{ft}^3/\text{s/ft}$, 입자 D_{50}의 침강속도가 0.1446ft/s일 때 Yang의 공식을 이용하여 단위폭당 유사량을 산정하라.

풀이

① 전단속도의 계산

$$D_{50} = 0.33\text{mm} = 0.001083\text{ft}$$

$$\tau_o = \gamma d S = 62.4 \times 10 \times 0.000217 = 0.1354 \text{lb/ft}^2$$

$$U_* = (0.1354/1.94)^{1/2} = 0.2642 \text{ft/s}$$

② $\dfrac{U_* D_{50}}{\nu} = \dfrac{0.2642 \times 0.001083}{1.22 \times 10^{-5}} = 23.45$

③ $1.2 < \dfrac{U_* D_{50}}{\nu} < 70$이므로

$$\frac{V_{cr}}{W} = \frac{2.5}{\log(23.45) - 0.06} + 0.66 = 2.568$$

④ $D_{50} = 0.33\text{mm}$일 때의 침강속도 $W = 0.1446 \text{ft/s}$

⑤ $\dfrac{V_{cr}}{W} = 2.568 \qquad \therefore V_{cr} = 0.3713 \text{ft/s}$

⑥ $\log C = 5.435 - 0.286\log\left[\dfrac{0.1446 \times 0.001083}{1.22 \times 10^{-5}}\right] - 0.457\log\left[\dfrac{0.2642}{0.1446}\right] +$

$$\left[1.799 - 0.409\log\left(\frac{0.1446 \times 0.001083}{1.22 \times 10^{-5}}\right) - 0.314\log\left(\frac{0.2642}{0.1446}\right)\right] \times \log\left[\frac{(4 - 0.3713) \times 0.000217}{0.1446}\right]$$

$$= 2.13784$$

$$\therefore C = 137.354\text{ppm} = 0.00857 \text{lb/ft}^2 \times 40 \text{ft}^3/\text{s/ft} = 0.343 \text{lb/sec} \cdot \text{ft}$$

14.5 유사량 측정방법

하천에서의 유사량 측정은 유사부하량을 직접 계산하고 해석적 또는 경험적인 유사이송공식을 수립하거나 확인하기 위해 필요하다. 이러한 유사량 측정은 소류사 및 부유유사와 같은 이송형태에 따라 그 방법이 다르다. 지금까지 하천 유사량을 측정하기 위해 다양한 실측 장비들이 개발되어져 왔으나 이들 장비 중에서 일부만이 공인되고 있으며, 따라서 이러한 실측 장비는 제작사에서 명시한 수리학적 및 유사특성 범위 내에서 주의 깊게 사용하여야 한다.

14.5.1 소류사 측정

소류사는 여러 가지 이유로 인해 측정하기가 쉽지가 않다. 하상 근처에 위치한 측정 장비는 물의 흐름을 교란시키고 따라서 소류사의 이송률을 변화시킨다. 또한 소류사의 모든 크기의 입자를 정확히 채취하기 위한 장비의 개발이 대단히 어렵다. 한편 한 지점에서 실측한 소류사는 하상에 인접한 유속 및 유사이송이 시간과 공간에 따라 상당히 변하기 때문에 하천단면 전체를 대변한다고 할 수가 없다. 이와 같은 어려움에도 불구하고 소류사를 직접 또는 간접적으로 실측하기 위한 장비 및 방법들의 개발이 꾸준히 이어지고 있다.

전 세계의 많은 기관들이 자체적으로 소류사를 실측하기 위한 장비들을 개발하였지만 그 원리에 있어서는 서로 비슷하다. 이들 장비는 1) 소류사 채취기(smapler catcher), 2) 하상형태 이동의 직접적인 관측, 그리고 3) 음향관측기(sonic sampler) 등으로 구분할 수가 있다. 직접적인 실측방법 이외에도 소류사 이송은 관련 공식을 이용하여 산정할 수도 있으며, 정기적인 유사퇴적 관측도 소류사 이송률의 적정한 산정에 도움이 된다.

가) 소류사 채취기에 의한 소류사 측정

다른 수리학적 장비들과 마찬가지로 소류사 채취기도 사용 전에 보정할 필요가 있다. 채취기의 보정은 채취기에 의한 소류사량과 실제 소류사량의 비인 효율계수(efficiency coefficient)를 결정하는 것으로, 소류사 채취기의 효율은 고정상(fixed) 및 이동상(movable) 하상에 대해 실험실에서 결정하게 된다. 채취기의 효율계수는 일반적으로 낮지만 채취기간과 흐름의 깊이에 따라 변하며 채취 과정이 표준화되어야 한다.

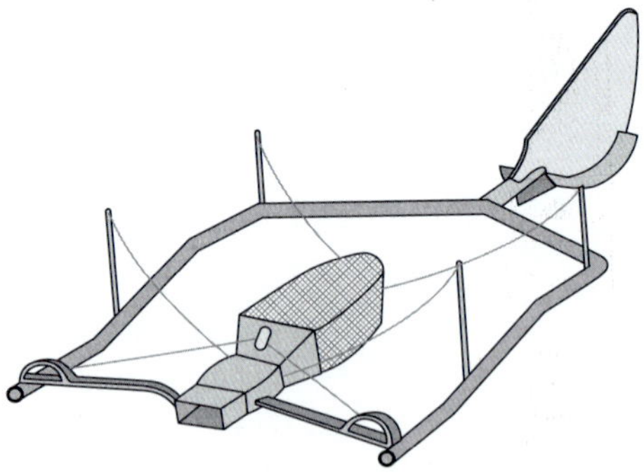

그림 14.5.1 Arnhem 채취기

소류사 채취기는 보통 상자형(box and basket type) 채취기, 접시형(pan type) 채취기, 그리고 홈형(pit type) 채취기가 있다. 상자형 채취기는 소류사를 모을 수 있는 투과성

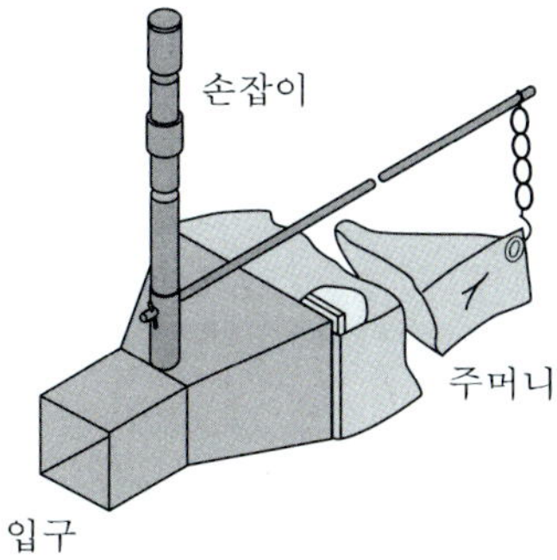

그림 14.5.2 Helly-Smith 채취기

용기와 지지대 및 케이블, 그리고 적절한 방향을 유지하기 위한 날개로 구성되어 있다. 접시형 채취기는 양쪽 벽과 바닥으로 구성된 접시로 구성되어 있다. 접시 안에는 물과 유사 혼합물의 속도를 늦춰 유사를 포착할 수 있는 완충장치가 있는 경우도 있다. 홈형 채취기는 소류사를 포착하여 모으고 연속적인 기록을 위해 기계장치에 의해 유사를 제거할 수 있는 하상에 설치된 작은 홈(웅덩이)으로 구성되어 있다. 세 가지 채취기 중에서 상자형 채취기가 가장 일반적으로 사용되고 있으며, 접시형 채취기는 주로 소련에서, 그리고 홈형 채취기는 주로 미국, 폴란드 및 오스트리아에서 사용되고 있으며 효율이 다른 것에 비해 높은 것으로 알려져 있다.

유사채취를 하는 동안 채취기에 의해 흐름에 저항이 생겨 입구부에서 유속의 감소와 함께 압력이 증가하여 채취기 전면부에 소류사의 퇴적이 발생함으로서 효율을 떨어뜨리게 된다. 이러한 단점을 보완하기 위해 개발된 채취기 형태가 압력차(pressure difference) 채취기로 입구부에서부터 하류부까지 벽을 넓혀 입구부와 끝부분에서의 유속이 동일하도록 만들었다. 이와 같은 압력차 채취기로는 Arnhem(또는 Dutch) 채취기와 Helly-Smith 채취기가 있으며, 최근 개발되는 채취기는 모두 이러한 형태로 이루어져 있다. Helly-Smith 채취기는 수동식과 케이블에 의해 매달린 형태가 있다. 채취기가 하상근처에 위치하게 되면 채취기 입구 구멍으로 물과 유사가 유입되어 뒤의 자루(bag)에 모이게 되며, 채취하려는 하상유사에 따라 다양한 크기의 입구가 사용된다.

나) 하상형태 관측에 의한 측정

낮은 흐름영역에 대한 소류사의 결정은 하상형태의 이동에 대한 관측과 다음 식에 의해 결정할 수도 있다.

$$q_b = (1-\lambda)V_s \frac{H}{2} \tag{14.5.1}$$

여기서 λ는 하상의 공극률, V_s는 하상형태의 평균이동속도, 그리고 H는 하상형태의 평균높이이다. 깨끗하거나 얕은 물에서 하상형태의 이동속도나 높이는 직접 관측할 수가 있다. 만일 공극률을 산정하면 식 (14.5.1)에 의해 소류사량을 산정할 수가 있다. 수심이 깊고 혼탁한 물에서는 음향탐지 장비를 사용하여 수면과 하상형태를 결정할 수 있다.

다) 음향장비에 의한 소류사 측정

하상에서 유사가 미끄러지거나 구르며 이동할 때 음파를 발생하게 된다. 음향장비는 이러한 음파를 수신하도록 고안되었으며, 전자기록을 할 수 있는 수중 음파감지기로 구성되어 있다. 이러한 측정방법은 장비가 하상과 떨어져서 위치하고 있으므로 소류사의 이동에 영향을 미치지 않는다. 하지만 이러한 종류의 관측 장비는 소류사 이동의 정성적인 정보만 제공하고 있으므로 정확한 정량적인 관측을 할 수 있는 장비의 개발이 필요하다.

14.5.2 하상토 채취

하상물질의 입도분포는 유사이송공식에 의해 소류사량이나 하상 유사량을 산정할 경우 필요한 하천의 중요한 특성이다. 하상토를 채취하기 위한 대부분의 장비들은 채취된 유사를 회수할 때 작은 입자들이 유실된다는 단점을 가지고 있다. 또한 굵은 자갈 이상의 하상물질들의 채취 및 분석은 곤란하며, 무거운 유사들을 다루기 위해서는 좀 더 크고 비싼 장비를 사용해야 하므로 비용이 많이 소요된다. 따라서 자갈(gravel), 조약돌(cobble), 그리고 전석(boulder) 등에 대한 입도분포에 대한 정보가 별로 없다.

체분석을 하기에는 너무 큰 조립 하상재료들(잔자갈, 굵은 자갈)의 입도분포를 구하기 위해서는 자갈집계방법(pebble count method)이 사용된다. 간혹 굵은 재료 밑에 모래가 놓여 있는 경우가 있는데, 이러한 경우에 모래는 체분석을 하여 두 종류의 재료를 합하여 한 가지 분포로 나타내거나, 따로 분리하여 분포를 나타내기도 한다. 굵은 입자들은 현장에서 하상을 대표할 수 있는 지점을 선택하여 정사각형 격자를 놓아 크기를 측정하며, 격자 안에 있는 모든 입자들의 크기를 측정하고 크기별 숫자를 센다.

하상 재료를 직접 채취하기 위한 장비들에는 그림 14.5.3과 같은 삽(scoop)과 준설기(dredge)가 있으며, 표준 하상재료 채취기로 BM-54와 BMH-60 채취기가 있다. 이들 채취기는 중간크기의 자갈보다 작은 하상입자들을 채취하기 위해 고안되었다.

BM-54 채취기는 하천이나 저수지의 임의 깊이에서 하상 재료들을 채취하는데 사용되며 유선형으로 되어 있고 케이블로 지지된다. 채취기 아래 부분에 설치된 버켓이 열려 있는 상태로 수중에 내려져 하상에 도달하게 되어 케이블이 느슨하게 되면 버켓이 닫힘으로서 하상의 5cm 깊이까지 하상토를 채취하게 된다. 채취기가 끌어올려질 때는 채취기가 닫혀 있어 유사의 유실을 방지하게 된다. BMH-60은 비교적 가벼워 케이블에 의해 지지되지 않고 손으로 조작할 수 있는 줄(handline)에 의해 지지된다는 것을 제외하면 BM-54와 비슷하다.

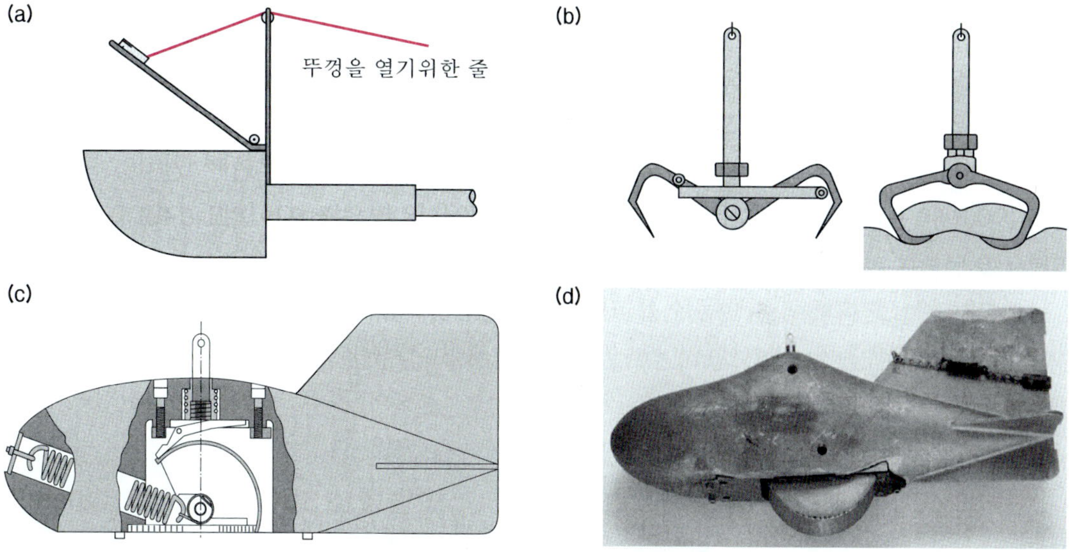

그림 14.5.3 하상토 측정장비: (a) 삽, (b) 준설기, (c) BM-54, (d) BMH-60

14.5.3 부유유사 채취

부유유사 채취기는 하천에서의 부유유사량 산정 및 입도분포를 산정하기 위해 사용된다. 만일 부유상태로 운반되는 유사가 하천 단면 전체를 통해 균일한 분포를 이루고 있으면 하천 단면 임의의 지점에서 채취된 유사는 평균 농도를 보이게 된다. 하지만 유사의 농도는 하천의 모든 단면에서 같지가 않기 때문에 정확한 유사량을 산정하기 위해서는 이러한 공간적 변화를 반드시 고려해야 한다.

일반적으로 부유유사 농도는 부유유사 채취기로부터 얻은 물과 유사의 혼합물을 실험실에서 분석하여 산정하게 된다. 유사 채취시의 유속 및 유량도 유속계를 사용하여 측정하고 이들 자료와 함께 부유유사 산정식을 이용하여 부유유사량을 산정하게 된다.

부유유사 채취기는 순간(instantaneous) 채취기 및 적분(integrating) 채취기로 구분할 수 있다. 순간 채취기는 특정한 순간 동안 채취지점을 통과하는 물과 유사의 혼합물을 채취한다. 작동원리는 수평 또는 수직으로 부착된 용기가 특정 시간 및 하천 깊이에서 채취를 갑자기 중지할 수 있는 밸브 끝단과 연결되어 있다. 이러한 채취기는 흐름이 없거나 거의 없는 호수, 저수지 및 해양에 대한 연구에 주로 사용된다.

적분 채취기는 농도의 변화를 평균하기 위해 일정시간 동안에 걸쳐 유사를 채취하게 된다. 이러한 형태의 채취기가 오늘날 하천의 연구에 많이 사용되고 있으며, 수심적분(depth-integrating) 채취기와 점적분(point-integrating) 채취기로 구분된다. 수심적분 채취기는 주어진 깊이까지 움직이는 동안 유사를 채취하는 반면, 점적분 채취기는 특정 지점에서만 유사를 채취한다. 이들 채취기는 용기, 입구 노즐, 공기배출구멍, 그리고 조절밸브 등으로 구성된다.

가) 수심적분 채취기

수심적분 채취기는 하상까지 내려졌다가 다시 수면으로 끌어올려지는 동안 유사를 누적하여 채취하게 된다. 만일 채취기가 일정한 속도로 왕복하게 되면 유사는 유속-수심적분 또는 유량-가중유사가 되며, 얻어진 농도는 연직으로 평균된 농도가 된다. 깊이가 10m 이내에서는 수심적분은 한 번의 이동, 즉 채취기가 열린 상태로 하상까지 내려갔다가 하상과 접촉하게 되면 입구부가 닫히게 되고, 닫힌 상태로 수면까지 올라오게 된다. 10m 이상의 깊이에서는 한 번 이상의 유사 채취 이동이 필요하다.

수심적분 채취기에는 DH-48, D-74, DH-76(59), DH-81, DH-95, D-96 등이 있으며 H가 붙은 것은 비교적 무게가 가벼워서 부착된 막대기를 이용하여 손으로 작업을 할 수가 있는 것들이다.

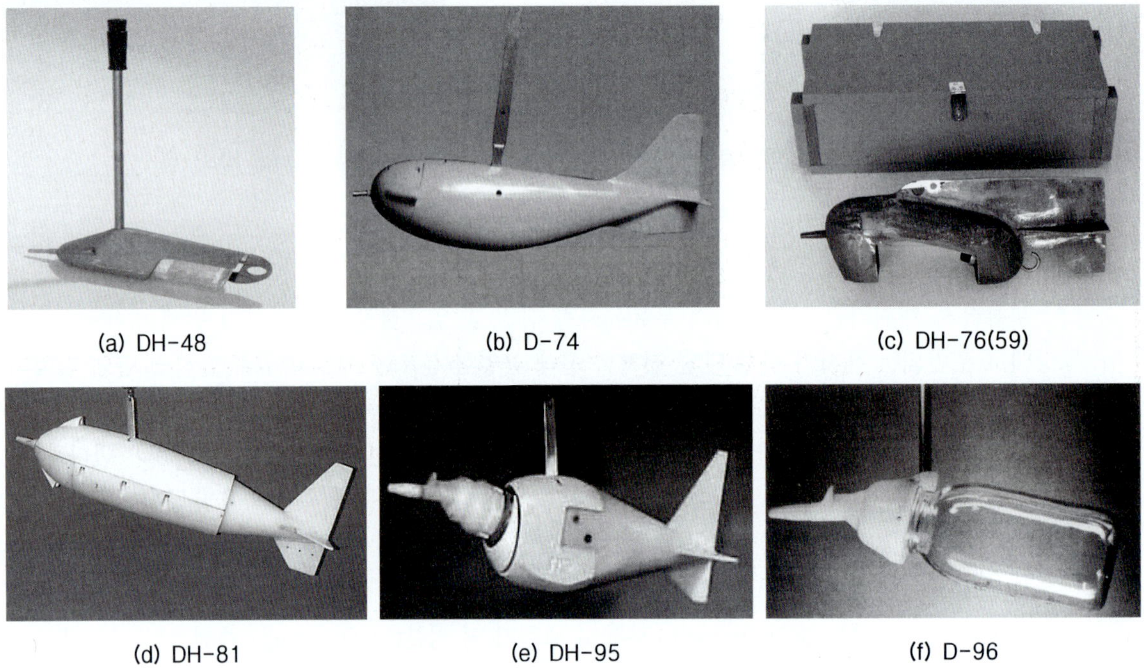

(a) DH-48 (b) D-74 (c) DH-76(59)

(d) DH-81 (e) DH-95 (f) D-96

그림 14.5.4 수심적분 채취기

나) 점적분 채취기

점적분 채취기는 단순한 수심적분 채취기보다 용도가 다양하다. 점적분 채취기는 하상에 근접한 지점을 제외한 수중의 임의의 점에서의 평균 유사농도를 나타낼 수 있는 유사를 채취하는데 사용된다. 또한 점적분 채취기는 수심의 증가에 따라 연속적으로 유사를 채취하는 데에도 사용될 수가 있어, 수심적분 채취기를 이용하기에는 수심이 깊은 경우에 유용하게 사용된다. 수심적분을 할 경우에는 임의의 깊이에서 시작하여 위 또는 아래 방향으로 10m 정도 연속적으로 유사 채취를 할 수 있다.

점적분 채취기에는 P-61, P-62, P-63, 그리고 P-72 등이 있으며, 모두 청동으로 주조된 유선 형태로 되어 있으며, 흐름의 방향으로 위치를 잡기 위한 꼬리 날개가 있다. 유입구 노즐의 안쪽에는 전기로 작동되는 원통코일 밸브가 있어 원하는 지점 및 구간에서 유사 채취를 할 수가 있다. 또한 유사 채취를 시작하여 유입구 밸브를 열었을 때 갑자기 물이 들어오는 것을 막기 위해 몸체에 배기구멍이 있어 이 구멍을 통해 용기와 채취기 주위의 하천수를 연결하여 밸브를 열기 전에 용기내의 압력이 균형을 이루도록 되어 있다.

1 파인트(Pint)병 1쿼트(Quart) 단지 3리터(Liter)용기

그림 14.5.5 점적분 채취기 P-72 및 채취 용기

다) 연속기록 채취기

자동적으로 연속적인 유사 농도를 관측할 수 있는 장비들도 개발되고 있으며, 이러한 장비들에는 광도계(photometers), 전자센서(electronic sensing) 장비, 그리고 초음파(ultrasonic) 장비가 있다. 광도계의 원리는 광전지가 물의 탁도(turbidity)에 따른 빛의 강도 변화를 나타내는데 있다. 전자센서장비의 원리는 두 전극 간 틈 사이에 있는 혼합체에서 입자가 움직임에 따라 저항이 변하는 것을 이용하여 농도를 측정한다. 초음파 장비의 원리는 고체와 액체의 혼합체를 통과하는 음파의 감쇄가 입자의 농도에 따라 변한다는 것을 이용한 것이다. 이러한 장비들은 보정 후에 실험실에서 유사에 대한 분석절차 없이 직접적으로 유사의 농도를 산정할 수가 있다.

라) 부유유사 측정방법

앞에서 소개한 부유유사 측정 장비들을 이용하여 하천의 임의 지점에서 원하는 시간에 부유유사를 채취할 수가 있다. 하지만 이러한 유사들로부터 하천 횡단면 전체를 대표하는 평균 부유유사 농도를 얻을 수도 또는 얻지 못할 수도 있다. 유량과 관련하여 이상적으로 하천의 유사농도를 측정하기 위한 유사 채취에 대한 최선의 방법은 주어진 시간 동안 하천의 전체 흐름에 대해 유사를 채취하는 것이다. 하지만 현실적으로 그렇게 할 수가 없으며 제한된 유사채취 방법을 사용하게 된다.

1) 연직 측정선 수의 결정

하천을 통한 유사농도 및 입자크기 분포를 결정하거나, 전체 하천단면에 대한 대표 유사농도를 결정하기 위해서는 연직방향의 측정선 수를 결정해야 한다. 이러한 연직방향 측정선의 수 및 위치는 조사의 정확도, 하천 횡단면의 크기 및 형태, 유사로부터 얻고자 하는 정보의 종류, 하천의 입자크기 및 기타 하천특성에 의해 영향을 받는다. 비록 어떠한 유사 분석에서든지 사용되는 현장 측정 기법들이 이러한 모든 인자들의 상대적인 중요성에 영향을 받지만, 합리적인 유사채취 기법의 기본 기준은 연직방향 측정선의 위치가 하천유량의 연직분포와 관련하여 결정되어야 한다는 것이다.

연직선 측정선의 위치를 결정하는데 사용되어지는 가장 일반적인 방법들은 다음과 같다.

① 하천 중심부의 단일 측정선
② 최심하상고 위치에서의 단일 측정선
③ 하천 폭의 1/4, 1/2, 그리고 3/4 지점
④ 하천 폭의 1/6, 1/2, 그리고 5/6 지점
⑤ 4개 이상의 등간격(equal width increment, EWI)의 중심지점
⑥ 등유량(equal discharge increment, EDI)으로 구분된 간격의 중심지점

가장 간단한 방법이 하천 중심 또는 최심하상고 위치에서 단일 측정을 하는 것인데, 하천중심보다는 최심하상고를 택하는 것이 이 지점에서 유량이 가장 많이 흐르기 때문에 더 바람직하다고 할 수 있다. 하지만 하나의 측정선에서만 측정하는 것은 아주 작은 하천이나 일상적인 측정, 그리고 충분한 정확성이 요구되지 않는 경우에 국한하여야 한다. 하천 폭의 1/4, 1/2, 3/4 지점에 측정선을 정하는 것은 편리하며

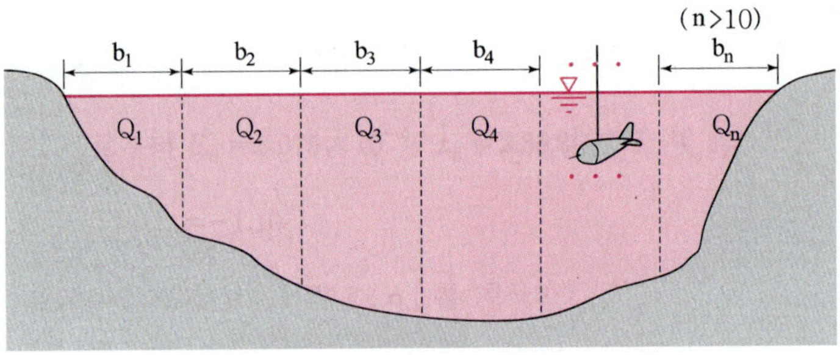

그림 14.5.6 등간격법에 의한 유사 채취

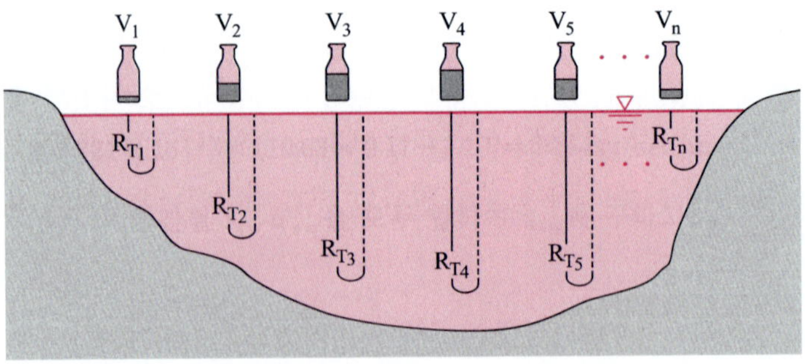

그림 14.5.7 등간격법에 의해 채취한 유사

현실적이라고 할 수 있다. 이 방법은 하나의 측정선을 사용하는 방법에 비해 유사의 농도 및 분포에 관한 정보를 더 많이 얻을 수가 있다.

등간격(EWI)법은 하천단면에서 등간격으로 단면을 나누고 각 단면 중심에 측정선을 위치하여 유사를 채취하는 방법이다. 이때 모든 측정선에서 채취기의 이동속도를 일정하게 유지하며 유사를 채취하는 것을 등이동속도(equal transit rate, ETR)법이라 한다. 등이동속도법에서는 유사 채취시 채취기의 상승 및 하강속도가 모든 측정선에서 동일하므로 각 측정선에서 채취된 유사의 부피는 그 측정선에서의 단위폭당 평균 유량과 비례한다. 따라서 각 측정선의 간격, 각 측정선의 수심, 채취시간 및 채취유사의 부피만 알면 유량을 산정할 수 있다.

각 측정선에서 수심적분 채취기로 채취한 모든 유사는 합하여 하천 단면을 대표하는 평균 농도를 구할 수가 있다.

$$\overline{C} = \frac{\sum C_i V_i d_i}{\sum V_i d_i} \tag{14.5.2}$$

그리고

$$Q_s' = \gamma Q \overline{C} = \gamma (b \sum V_i d_i) \overline{C} = \gamma b \sum C_i V_i d_i \tag{14.5.3}$$

여기서 C_i는 i번째 측정선에서 채취된 물-유사 혼합체의 무게에 대한 유사의 건조무게 비인 유사농도이고, V_i와 d_i는 i번째 측정선에서의 평균 유속 및 수심, b는 하폭 증가치, $\overline{C}$는 횡단면의 평균농도, Q_s'는 채취된 유사량이다. 유속 V_i는 0.3m/s보다 클 경우 다음과 같이 산정할 수도 있으며, 이보다 작은 경우에는 유속계를 이용하여 유속을 측정하는 것이 바람직하다.

$$V = \frac{\overline{V}_{oi} / T_i}{A_n} \tag{14.5.4}$$

여기서 $\overline{V}_{oi}$는 유사의 부피, T_i는 유사를 채취하는 데 걸린 총 이동시간, A_n은 채취기 노즐의 단면적이다.

2) 연직방향 측정 지점의 결정

점적분 유사채취는 앞에서 설명한 방법들에 의해 각 연직 측점선의 위치가 결정된 후 측점선상의 임의의 점에서의 유사농도를 결정하는데 사용될 수가 있다. 이러한 측점상에서의 유사농도를 정의하기 위한 연직방향의 측점위치를 결정하기 위해 다음과 같은 방법들이 주로 사용되고 있다.

① 수면 근처의 한 지점
② 수면으로부터 60% 깊이의 한 지점
③ 수면 근처 및 하상 근처의 두 지점(가중치 같음)

④ 수면 근처, 수심 중간 및 하상 근처의 세 지점(가중치 같음)

⑤ 수면 근처, 수심 중간 및 하상 근처의 세 지점(중간 지점 가중치가 두 배)

⑥ 정확성 정도에 따른 여러 개의 지점

⑦ 이전의 관측과 관련 있는 한정된 지점

수면 근처의 한 지점에서 유사를 채취하는 것은 다른 방법에 비해 정확도가 떨어지며, 수심 60% 깊이에서의 채취는 특정 하천에 국한된다. Straub는 수표면 근처와 하상 근처에서의 두 지점을 택하는 대신 다음과 같은 관계를 제시하고 있다.

$$\overline{C} = \frac{3}{8}C_{0.8d} + \frac{5}{8}C_{0.2d} \tag{14.5.5}$$

여기서 $C_{0.8d}$와 $C_{0.2d}$는 수표면으로부터 수심의 80% 및 20%되는 깊이에서의 농도이다.

세 지점 선택방법에서는 등이동속도(ETR) 방법이 적절하며, 두 지점에 의한 채취보다는 유사분포에 대한 더 많은 정보를 얻을 수가 있다. Luby는 연직방향에서 등유량으로 구분한 구간의 중심에서의 유사 채취를 제시하였는데, 이 방법은 앞의 방법보다 합리적이고 정확하지만 연직방향의 속도분포에 대한 지식을 필요로 한다. Colby는 수심을 등간격으로 나누어 각 간격의 중간지점에서 유사를 채취하는 방법을 추천하고 있다. 이 방법은 Luby의 방법과 비교하여 단순하고 정확성이 약간 향상되지만 일반적인 유사분석에 비해 많은 노력을 필요로 한다.

14.5.4 총 유사량 산정

유사채취 장비는 대부분 부유유사 및 하상재료를 채취하는 데 국한되어 있다. 부유유사 채취기는 하상 위 짧은 구간 내에서의 유사만 채취하게 된다. 따라서 하상을 유사가 채취된 지점인 채취지점(sampled zone)과 채취되지 않은 비 채취지점(unsampled zone)으로 구분하게 된다. 채취된 자료로부터 비 채취지점의 유사량을 산정할 수가 있으며, 결국 유사량은 채취지점과 비 채취지점에서의 유사량을 합하여 산정하게 된다.

특정한 경우에는 하상에서 채취된 유사로부터 유사이송공식을 이용하여 하상유사량을 계산할 수가 있으며, 어떤 경우에는 소류사량만 측정하여 하상유사량을 산정하기 위하여 해석적으로 부유유사량을 결정할 수도 있다. 또한 총 유사량을 하천으로부터 직접적으로 측정할 수도 있다. 하천에서의 흐름이 난류여서 대부분의 입자들이 부유상태로 이송하게 되면 표준 부유유사 채취기로 측정한 부유유사량이 총 유사량과 거의 같을 수가 있다.

또 다른 유사량 산정방법으로 추적(trace) 방법이 있다. 이 방법에 의하면 유사 이송과정을 선명하게 얻을 수가 있는데, 물과 유사의 혼합 흐름에서 표시된 입자를 추적하여 채취한 후 분석하게 된다. 추적입자로는 안정적이고, 쉽게 감지할 수가 있으며, 저렴하고 안전하며, 하상 물질과 같은 특성을 가진 물질이 사용된다.

가) 수정 Einstein 방법

실측한 부유사량으로부터 총 유사량을 산정하기 위한 방법으로 수정 Einstein 방법이 있다. 이 방법은 미국 지질조사국(USGS)에서 Colby와 Hembree가 제시한 방법으로 총 유사량을 산정하기 위해 적용되고 있다. 이 방법의 이론 및 적용절차는 다음과 같다.

필요한 자료로 유량 Q, 평균 유속 V, 횡단면적 A, 하폭 B, 부유유사가 채취되는 지점의 평균 연직 깊이 d_v, 측정된 유사농도 C_s', 측정된 유사의 입도분포 i_s, 횡단면을 통한 하상 재료의 입도분포 i_b, 그리고 수온 T가 사용된다. 다음 단계로 유사채취 지점에서의 단위폭당 입자 크기별 부유사량 q_{si}'를 계산한다. q_s'를 유사채취 지점에서의 단위폭당 유사량이라 하면

$$q_s' = \Sigma q_{si}' = C_s' \int_{a'}^{d_v} V\,dy = \frac{C_s' \gamma Q'}{B} \tag{14.5.6}$$

여기서 Q'는 채취 지점에서의 유량으로 Q'와 Q의 관계는 다음과 같다.

$$\frac{Q'}{Q} = \frac{\displaystyle\int_{a'}^{d_v} V\,dy}{\displaystyle\int_{0}^{d_v} V\,dy} \tag{14.5.7}$$

여기서 a'는 하상과 최대한 근접하여 유사를 채취할 때 하상과 채취기 입구부까지의 거리로 사용되는 채취기의 종류 및 채취기를 위치시키기 위해 무게 추를 사용하는지 여부에 따라 변하게 된다. Q'를 결정하기 위해 다음과 같이 대수분포로 나타낸 점 유속 V를 고려하자.

$$V = U_*' \, 5.75 \log_{10}\left(30.2\frac{xd}{D_{65}}\right) \tag{14.5.8}$$

식 (14.5.8)의 V를 식 (14.5.6)에 적용하고 적분하면

$$Q' = 2.50BU_*' d_v [(1-E')(P_m - 1) - 2.3E' \log_{10} E'] \tag{14.5.9}$$

여기서 $E' = a'/d_v$이며 P_m은

$$P_m = 2.3 \log_{10}\left(\frac{30.2xd}{D_{65}}\right) \tag{14.5.10}$$

여기서 x는 Einstein의 소류사 계산에서 설명한 방법과 같이 그림 14.2.4와 식 (14.2.27)로부터 시행착오법으로 구할 수가 있다. 총 유량 Q는 식 (14.5.9)에서 $E' = 0$으로 하여 다음과 같이 구한다.

$$Q = 2.50BU_*' d_v (P_m - 1) \tag{14.5.11}$$

따라서 식 (14.5.9)와 식 (14.5.11)로부터

$$\frac{Q'}{Q} = (1-E') - 2.3\frac{E'\log_{10}E'}{P_m - 1} \tag{14.5.12}$$

식 (14.5.6)과 식 (14.5.12)로부터

$$q_{si}' = i_s \gamma C_s' q\left[(1-E') - 2.3\frac{E'\log_{10}E'}{P_m - 1}\right] \tag{14.5.13}$$

다음으로 하천 단위폭당 주어진 입자 크기 범위에 대한 소류사 $i_{Bw}\, q_{bw}$를 계산한다. 입자에서의 전단강도 Ψ는 다음과 같다.

$$\Psi = \frac{(\gamma_s/\gamma - 1)D_{35}}{SR_b'} \tag{14.5.14a}$$

또는

$$\Psi = \frac{0.4(\gamma_s/\gamma - 1)D_i}{SR_b'} \tag{14.5.14b}$$

여기서 D_i는 입자의 기하평균, S와 R_b'는 하상경사 및 동수반경이다. 식 (14.5.14a)와 식 (14.5.14b) 중 큰 값을 사용하며, 그림 14.2.6으로부터 Ψ_* 대신 Ψ를 이용하여 Φ_*를 구한다. Φ_*는 식 (14.2.24)의 정의로부터

$$i_{Bw}\, q_{bw} = \frac{1}{2}\Phi_*\, i_{bw}\, \gamma_s \sqrt{\frac{\gamma_s}{\gamma} - 1}\sqrt{g D_i^3} \tag{14.5.15}$$

여기서 1/2는 관측 자료와 유사하게 나타내기 위해 임의적으로 적용한 값임.

다음 단계로 시행착오법에 의해 각 입자크기에 대해 부유사량 지수 z_i를 계산한다.

만일 q_{si}가 다음과 같이 표현되면

$$q_{si}' = \int_{a'}^{d_v} C_i V\, dy \tag{14.5.16}$$

식 (14.3.29)와 식 (14.3.30)의 유도와 비슷한 절차를 적용하여

$$\frac{q_{si}}{i_{Bw}q_{bw}} = \frac{I_1(E, z')}{J_1(E, z')}[P_m J_1(E', z') + J_2(E', z')] \tag{14.5.17}$$

여기서

$$J_1(E', z') = \int_{E'}^{1}\left(\frac{1-y}{y}\right)^z dy \tag{14.5.18}$$

$$J_2(E', z') = \int_{E'}^{1} \left(\frac{1-y}{y}\right)^{z'} \ln y \, dy \tag{14.5.19}$$

$$I_1(E, z') = 0.216 \left[\frac{E^{z'-1}}{(1-E)^{z'}}\right] J_1(E, z') \tag{14.5.20}$$

간단히 나타내기 위해 I(E, z′)와 J(E, z′)를 I와 J로, I(E′, z′)와 J(E′, z′)를 I′와 J′로 표시하면 식 (14.5.17)은 다음과 같다.

$$\frac{Q_{si}'}{i_{Bw}Q_{bw}} = \frac{Bq_{si}'}{B(i_{Bw}q_{bw})} = \frac{I_1}{J_1}[P_m J_1' + J_2'] \tag{14.5.21}$$

I_1은 그림 14.3.3으로부터 J_1 및 J_2는 그림 14.5.8로부터 구할 수가 있다.

식 (14.5.21)에서 각 입자 크기에 대한 $(Q_{si}'/i_{Bw}Q_{bw})$의 값은 알고 있다. z_i'는 식 (14.5.21)이 만족할 때까지 시행착오법으로 구하게 된다. 같은 방법으로 각 입자 크기에 대한 z_i'를 구한다. 하지만 Colby와 Hembree는 z_i'가 다음과 같이 유사의 침강속도와 관계가 있는 것을 밝혀냈다.

$$\frac{z_i'}{z_1'} = \left(\frac{\omega_i}{\omega_1}\right)^{0.7} \tag{14.5.22}$$

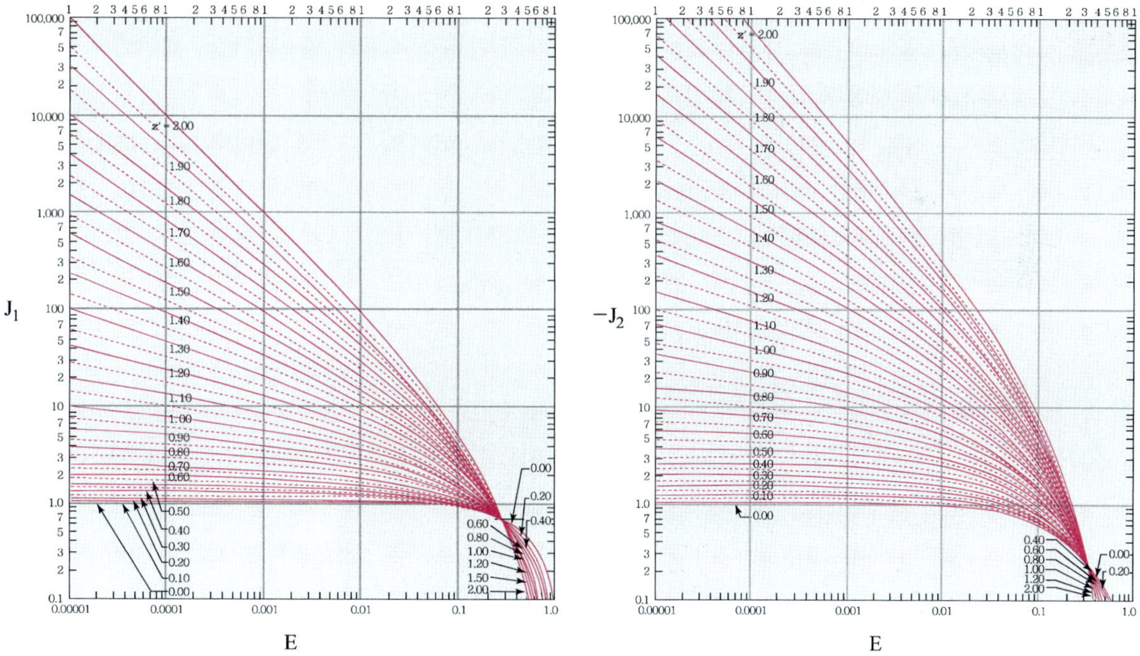

그림 14.5.8 E와 z'에 따른 J_1 및 J_2

여기서 z_i'는 대표 입자 크기에 대해 식 (14.5.17)로부터 구할 수가 있고, ω_i는 D_i 크기 유사입자의 침강속도이다.

단면 전체를 통한 각 입자 크기별 총 유사량 Q_{Ti}는 다음과 같이 산정한다. 즉, 대표입경보다 작은 세립 입자 크기에 대해서

$$Q_{Ti}=Q_{si}'\frac{P_m J_1+J_2}{P_m J_1'+J_2'}+i_B q_B \tag{14.5.23}$$

그리고 대표입경보다 큰 조립입자 크기에 대해서는

$$Q_{Ti}=i_{Bw}Q_{bw}(P_m I_1+I_2+1) \tag{14.5.24}$$

따라서 총 유사량은 다음과 같다.

$$Q_T=\Sigma Q_{Ti} \tag{14.5.25}$$

Q_{Ti}의 단위는 단위시간당 건조 중량이다. 이론적으로 식 (14.5.23) 또는 식 (14.5.24)가 입자 크기 전체에 적용될 수가 있다. 실제적으로 식 (14.5.23)은 Q_s'가 비교적 정확하게 결정될 수 있는 입자 크기 범위로 사용이 제한된다. 또한 식 (14.5.24)도 i_{Bw}를 적절한 정확도를 가지고 결정할 수 있는 입자 크기 범위로 사용이 제한된다.

예제 14.11

어느 하천에서 다음과 같은 수리량과 표 14.5.1과 같이 부유유사 및 하상토가 채취되어 분석되었을 때 총 유사량을 수정 Einstein 방법으로 산정하라.

유량 $Q=230\text{cfs}$, 평균유속 $V=2.08\text{ft/s}$, 단면적 $A=111\text{ft}^2$

시료채취 지점의 평균수심 $d_v=1.22\text{ft}$, 하폭 $B=113\text{ft}$,

평균유사농도 $C_s'=262\text{ppm}$ (무게), $a'=0.3\text{ft}$,

수온 $T=64°\text{F}$ $D_{65}=0.00105\text{ft}$, $D_{35}=0.00075\text{ft}$,

대표입경에 대한 $z'=0.76$

표 14.5.1 부유유사 및 하상토의 입자분포

크기구분 (mm)	평균입경		i_s(%)	i_b(%)	침강속도	z'
	D(mm)	D(ft)			ω (ft/s)	
0.02 – 0.0625	0.011	0.000036	22		0.000296	0.016
0.0625 – 0.125	0.0884	0.00029	25		0.0189	0.33
0.125 – 0.250	0.177	0.00058	42	38	0.0650	0.73
0.250 – 0.500	0.354	0.00116	11	50	0.151	1.34
0.500 – 1.000	0.707	0.00232		5	0.258	0.97
1.000 – 2.000	1.41	0.00464		1	0.394	2.62
2.000 – 4.000	2.83	0.00926		1	0.574	

풀이

1) SR_b' 및 P_m의 계산

대수유속분포 공식 (14.2.27b)로부터

$$\sqrt{SR_b'} = \frac{V}{5.75\sqrt{g}\log_{10}(12.27xd/D_{65})} \quad \text{(a)}$$

여기서 $d = A/B = 0.98\,\mathrm{ft}$이다. 식 (a)에서 $\sqrt{SR_b'}$와 x가 미지수이므로 그림 14.2.4를 이용하여 시행착오법으로 결정하게 된다.

① 먼저 $x = 1.54$로 가정하면 식 (a)로부터 $\sqrt{SR_b'} = 0.0150\,\mathrm{ft}^{1/2}$

② $U_*' = \sqrt{gSR_b'} = 0.0851\,\mathrm{ft/s}$

③ $\nu = 1.14\times10^{-5}\,\mathrm{ft^2/s}$ 일 때 $\delta = 11.6\times\nu/U_*' = 0.00154$

④ $D_{65}/\delta = 0.695$

⑤ 그림 14.2.4로부터 $x = 1.54$

따라서 가정한 x와 계산된 x가 같으므로 $x = 1.54$로 적용한다. 식 (14.5.10)으로부터

$$P_m = 2.3\log_{10}\left(\frac{30.2xd}{D_{65}}\right) = 10.7$$

2) 이상과 같은 값을 이용하여 수정 Einstein 방법에 따라 표 14.5.2의 1~6란은 $i_{Bw}Q_{bw}$를 계산하는 과정을 보여주고 7~18란은 총 유사량을 산정하는 과정을 보여주고 있다. 따라서 총 유사량은 419.7ton/day로 산정되며 각 란에 대한 설명은 다음과 같다.

①란 D(mm)는 대표입경으로 표 14.5.1에 주어져 있다.

②란 i_b는 백분율로 표 14.5.1에 주어져 있다.

③란 Ψ는 입자의 전단강도로 식 (14.5.14a)와 식 (14.5.14b) 중 큰 값을 사용한다.

④란 그림 14.2.6에서 Ψ_* 대신 Ψ를 사용하여 Φ_*를 결정.

⑤란 식 (14.5.15)를 이용하여 $i_{Bw}q_{bw}$를 계산하며 단위는 lb/sec·ft이다.

⑥란 주어진 입자크기에 대한 총 소류사량으로 $i_{Bw}Q_{bw} = 43.2\times B\times i_{Bw}q_{bw}$로 단위는 ton/day

⑦란 i_s는 백분율로 표 14.5.1에 주어져 있다.

⑧란 식 (14.5.13)으로부터 q_{si}'를 구하고 $Q_{si}' = 43.2Bq_{si}'$로 산정. 이때 $E' = a'/d_v$이다.

⑨란 $E = 2D/d$

⑩란 $J_1 = f(E, z')$는 그림 14.5.8a로부터 결정

⑪란 $J_2 = f(E, z')$는 그림 14.5.8b로부터 결정

⑫란 $J_1' = f(E', z')$는 그림 14.5.8a로부터 결정

⑬란 $J_2' = f(E', z')$는 그림 14.5.8b로부터 결정

⑭란 주어진 식으로 계산

⑮란 $I_1 = f(E, z')$는 $z = z'$로 하여 그림 14.3.3a로부터 결정

⑯란 $I_2 = f(E, z')$는 $z = z'$로 하여 그림 14.3.3b로부터 결정

⑰란 주어진 식으로 계산

⑱란 입자크기별 총 유사량(ton/day)으로 대표입경보다 작은 입경에 대해서는 식 (14.5.23)을 큰 입경에 대해서는 식 (14.5.24)를 적용하여 산정한다.

표 14.5.2 총유사량 산정과정

$i_{Bw}\ Q_{bw}$ 계산과정						총 유사량 산정과정		
$10^3 D$	$10^2 i_b$	Ψ	$\Phi_*/2$	$i_{Bw}\ q_{bw}$ (lb/sec · ft)	$i_{Bw}\ Q_{bw}$ (ton/day)	$10^2 i_s$	Q_s'	E
1	2	3	4	5	6	7	8	9
0.036						22	29	0.000074
0.29						25	32	0.00059
0.58	38	5.50	0.255	0.00163	7.96	42	55	0.00118
1.16	50	5.50	0.255	0.00605	29.54	11	14	0.00237
2.32	5	6.80	0.147	0.000988	4.82			0.00474
4.64	1	13.6	0.0122	0.000046	0.22			0.00947
9.26	1	27.2						
계	95				42.54	100	130	

총 유사량 산정과정								
J_1	$-J_2$	J_1'	$-J_2'$	$\frac{P_m J_1 + J_2}{P_m J_1' + J_2'}$	I_1	$-I_2$	$P_m I_1 + I_2 + 1$	$i_T Q_T$ (ton/day)
10	11	12	13	14	15	16	17	18
1.00	1.03	0.75	0.40	1.27				36.8
1.20	2.08	0.64	0.43	1.68				53.8
					2.92	8.40	23.82	189.6
					0.51	2.13	4.33	127.9
					0.21	0.93	2.32	11.2
					0.12	0.53	1.75	0.4
								Σ=419.7

14.6 유사분석

현장에서 채취한 유사로부터 각종 설계에 필요한 분석을 하기 위해서는 유사의 농도 및 유사의 입경분포를 결정하여야 한다. 채취한 부유유사로부터 농도 및 입경분포를 결정하기 위한 다양한 방법으로부터 입자의 크기 및 양 등을 고려하여 최선의 방법을 택하여야 한다. 유사는 매우 작은 입경을 가진 소량만 채취될 수도 있고, 다양한 범위의 많은 유사가 채취될 수도 있다. 이러한 극단적인 채취 유사를 분석하기 위해서는 특별한 절차가 필요하다. 본 절에서는 현장에서 채취한 유사로부터 농도 및 입경분포 분석을 위한 방법을 소개하기로 한다.

14.6.1 유사 농도분석

유사의 농도를 분석하는 가장 일반적인 방법에는 증발법(evaporation method)과 여과법(filtration method) 두 가지가 있으며 모두 장단점을 가지고 있다. 여과법은 증발법에 비해 낮은 농도의 유사에 대해서는 분석이 빠를 수 있지만, 높은 농도에서 적용하게 되면 많은 유사량에 의해 여과지가 막히는 단점이 있다. 따라서 여과법은 주로 모래로 구성된 경우 10,000mg/l(ppm) 이하 및 주로 점토로 구성된 경우 200mg/l 이하에서 적용하는 것이 바람직하고 이 범위를 초과하는 농도인 경우 증발법이 적절하다.

가) 증발법

증발법은 유사채취 용기 내에서의 유사의 침전, 표층수(supernatant)의 채취, 증발접시에서 유사의 세척, 그리고 건조로에서의 건조과정으로 이루어진다. 여과법에 비해 증발법의 장점은 필요한 장비 및 방법이 간단하며, 채취된 유사가 채취 용기 내에서 쉽게 침전이 되는 경우 더욱 간편하다.

나) 여과법

여과법은 증발법에 비해 유사농도를 결정하는데 많은 장점이 있으며, 이 방법을 반드시 사용해야 하는 경우도 있다. 여과법에서는 보통 다양한 종류의 여과 재료와 함께 Grooch 도가니(crucible)을 사용하게 된다. Grooch 도가니는 약 25ml 용량의 바닥에 구멍이 있는 도자기(porcelain) 컵으로 되어 있으며 진공장치와 연결되어 있다.

다) 농도분석 절차

미국 지질조사국(USGS)에서 제시하고 있는 유사 농도를 분석하는 절차는 다음과 같으며, 이러한 분석에 필요한 자료의 기록표는 부록 E-1(수심적분) 및 E-2(점적분)에 수록되어 있다.

① 기록표에 따라 기본 자료를 기록하고 유사농도분석 계획을 세운다.

② 채취용기 외부가 더러우면 깨끗이 씻고 무게를 0.1g 단위까지 측정하여 기록한 후 과도한 증발 및 유기물의 성장을 피하기 위해 차고 어두운 곳에 보관한다.

③ 채취된 유사를 측정지점 및 시간대별로 정리한다. 또한 채취 유사 정보를 적절한 기록표에 기록한다.

④ 유사를 포함한 채취용기의 무게와 용기의 무게를 측정하여 유사용액의 순 무게를 산정한다.

⑤ 유사 채취 용기를 수 시간에서 하루 동안 보관하여 부유유사가 침전하도록 한다. 만일 유사가 쉽게 침전되지 않으면 침전촉진물질을 주입한다.

⑥ 필요한 경우 현장 및 실험실에서의 기록의 오류를 찾거나 수정하기 위해 각 용기의 표층수의 전도율을 측정하여 기록한다.

⑦ 침전된 유사가 교란되거나 포함되지 않도록 조심하여 표층수를 따로 분리한다.

⑧ 무게를 측정한 증발접시나 여과 도가니에 표층수를 분리하고 남은 유사를 담고 증류수로 세척한다. 이때 기록표나 증발접시의 유사가 서로 바뀌어 혼동되지 않도록 주의한다.

⑨ 증발접시나 여과 도가니를 건조로에 넣고 물을 증발시킨다. 증발법인 경우 처음에는 물이 끓어서 유사가 튀어나가는 것을 방지하기 위해 비등점 이하에서 가열하고 수분이 거의 사라지면 약 110℃ 에서 한 시간 가량 더 건조시킨다.

⑩ 증발접시나 여과 도가니를 건조로에서 꺼내 실온까지 냉각시킨다. 증발접시나 여과도가니의 무게를 0.0001g까지 정확하게 계산하여 앞에서 무게를 잰 빈 증발접시나 여과 도가니의 무게를 빼면 순수한 유사의 무게를 얻을 수 있다.

⑪ 유사의 무게를 ④에서 측정한 유사용액의 무게로 나누고 10^6을 곱하면 ppm(part per million) 단위의 유사농도를 얻게 된다. ppm 단위를 mg/l 단위로 환산하기 위해서는 다음 식을 이용하며, 이때 변환계수 C는 표 14.6.1과 같다. 만일 유사의 농도가 16,000ppm보다 작을 경우에는 변환계수 C = 1을 적용한다.

$$mg/l = C \times ppm = C\left(\frac{\text{유사의 무게} \times 10^6}{\text{유사용액의 무게}}\right) \qquad (14.6.1)$$

표 14.6.1 유사농도에 따른 변환계수 C

ppm	C	ppm	C	ppm	C
0–15,900	1.00	234,000–256,000	1.18	417,000–434,000	1.36
16,000–47,000	1.02	257,000–279,000	1.20	435,000–451,000	1.38
47,000–76,000	1.04	280,000–300,000	1.22	452,000–467,000	1.40
77,000–105,000	1.06	301,000–321,000	1.24	468,000–483,000	1.42
106,000–132,000	1.08	322,000–341,000	1.26	484,000–498,000	1.44
133,000–159,000	1.10	342,000–361,000	1.28	499,000–513,000	1.46
160,000–184,000	1.12	362,000–380,000	1.30	514,000–528,000	1.48
185,000–209,000	1.14	381,000–398,000	1.32	529,000–542,000	1.50
210,000–233,000	1.16	399,000–416,000	1.34		

라) 평균 유사농도의 계산

앞에서 소개한 유사농도 산정방법은 하천의 전체 단면 중 유사를 채취한 소단면에서의 평균농도라 할 수 있다. 따라서 각 소단면에서의 평균 유사농도 C_i를 이용하여 하천 단면 전체에 대한 유사의 평균 농도를 다음과 같이 산정할 수 있다.

$$C_s = \frac{\Sigma(Q_i \times C_i)}{\Sigma Q_i} \qquad (14.6.2)$$

여기서 C_s는 하천 횡단면 전체에 대한 유사의 평균 농도(ppm), C_i는 각 소단면별 평균 유사농도(ppm), 그리고 Q_i는 각 소단면의 유량(m^3/sec)이다. 따라서 하천 단면을 통한 총 부유유사량은 다음과 같이 산정할 수 있다.

$$Q_s = C_s Q \times 10^{-6} \tag{14.6.3}$$

여기서 Q_s는 하천 단면을 통한 총 부유유사량(ton/sec), Q는 하천단면을 통한 총 유량(m^3/sec)이다.

예제 14.12

어느 하천에서 표 14.6.2와 같이 부유유사 시료를 채취하였을 때 하천단면 전체에 대한 평균 부유유사 농도 및 하천단면을 통한 부유유사량을 구하라.

표 14.6.2 수심적분 부유유사 농도분석 표

Date									①
Time									②
Gate height									③
Discharge(cms)		23.04	49.56	45.33	56.15	55.35	41.35	25.01	④
Temperature									⑤
Sampling Sta.									⑥
Weight of sample	Gross(g)	413.2	797.7	638.5	613.3	531.1	604.4	377.6	⑦
	Tare(g)	65.7	62.9	61.8	62.8	61	62.8	62.8	⑧
	Net(g)	347.5	734.8	576.7	550.5	470.1	541.6	314.8	⑨
Container no.									⑩
Weight of sediment	Gross(g)	51.5247	44.4345	54.742	54.3593	52.7055	46.9123	49.7159	⑪
	Tare(g)	50.8609	43.5194	53.8509	53.4653	51.4612	46.0222	49.2457	⑫
	Net(g)	0.6638	0.9151	0.8911	0.894	1.2443	0.8901	0.4702	⑬
	D.S.Corr.								⑭
	Net								⑮
Conc.(ppm)		1910.22	1245.37	1545.17	1623.98	2646.88	1643.46	1493.65	⑯

풀이

표 14.6.2에서 4째 줄에 각 관측 소단면별 유량이 주어져 있고, 7~8줄에 물과 유사 혼합시료 무게 및 용기의 무게가 주어져 있다. 따라서 7줄에서 8줄을 빼면 순순한 혼합시료의 무게가 되고 그 결과가 9째 줄에 나타나 있다.

11~12줄에는 건조로에서 건조한 유사 및 증발접시의 혼합무게, 그리고 증발접시의 무게가 주어져 있다. 따라서 순수한 유사의 무게는 11줄에서 12줄을 빼면 되고 그 결과가 13줄에 나타나 있다. 그러므로 각 소단면별 부유유사의 농도는 유사무게(13줄)를 혼합시료의 무게(9줄)로 나눈 후 10^6을 곱하면 16줄과 같이 ppm 단위로 구할 수가 있다.

따라서 하천 단면을 통한 평균 부유유사 농도는 식 (14.6.2)와 같이 4째 줄의 각 소단면별 유량을 가중치로 하여 16줄의 농도를 평균하면 1753.99ppm을 얻을 수가 있다.

부유유사량은 부유유사의 평균농도 식 (14.6.3)과 같이 구할 수가 있다.

$$Q_s = QC_s \times 10^{-6} = 295.79 \times 1{,}753.88 \times 10^{-6} = 0.519(\text{ton/sec})$$

14.6.2 유사 입경분포 분석

유사의 입경분포 분석방법은 여러 가지가 있으나 일반적으로 사용하는 방법들에는 체분석(sieve analysis), VA관(visual accumulation tube), BW관(bottom withdrawal tube), Hydrometer 등과 같은 방법이 있으며, 각 방법에 따라 사용할 수 있는 입경범위, 농도범위, 시료의 양 등은 표 14.6.3과 같다. 실제하천에서 채취한 유사는 다양한 크기를 포함하고 있으므로 한 가지 방법만 사용하지 않고 두 가지 이상의 방법을 동시에 사용할 수도 있다. 이 중에서 대표적인 입경분포 분석방법은 BW관에 의한 방법으로 채취 유사가 대부분 이토나 점토로 구성되어 있고 농도가 낮은 경우의 부유유사 입경분포를 분석하는데 적절한 것으로 알려져 있다. 본 절에서는 BW관에 의한 유사 입경분포 분석방법에 대해 소개하기로 한다.

표 14.6.3 각 입경분포 분석 방법별 적용범위

분석방법	입경범위(mm)	농도범위(mg/l)	유사의 양(g)
체분석	0.062 – 32	–	< 0.05
VA관[1)]	0.062 – 2.0	–	0.05– 15.0
피펫	0.002 – 0.062	2,000 – 5,000	1.0 – 5.0
BW관[2)]	0.002 – 0.062	1,000 – 3,500	0.5 – 1.8
Hydrometer[3)]	0.002 – 0.062	25,000 – 50,000	20 – 200

주) 1) 지름 3in. 체와 중앙입경 0.5mm 이하 기준임.
2) 0.35mm 모래까지 측정 가능하지만 입경이 커질수록 정확도가 감소함.
3) 시료의 양은 침전용기의 크기에 좌우되며 1000ml 실린더가 최소임.

가) 입경분포 분석 절차

① 채취한 유사용액을 BW관에 주입하고 용기에 남아있는 유사는 증류수로 깨끗이 씻어 BW관에 넣고 관내의 물기둥의 높이가 100cm가 되도록 증류수를 채운다.

② 관내의 유사가 골고루 혼합되도록 BW관의 양단을 잡고 상하로 움직인다. 유사가 잘 혼합되었으면 관을 똑바로 세워 고정하고 동시에 초시계로 시간을 잰다.

③ 관내에 있는 액체를 10등분하여 각 10cm씩 비커에 따라낸다. 입경 1.0mm의 유사는 90cm 침강하는데 약 6초가 걸리며 0.0625(1/16)mm의 유사는 같은 거리를 침강하는데 약 5분 이하가 소요된다. 온도에 따른 비중 2.65의 구형 입자가 100cm를 침강하는데 걸리는 시간은 표 14.6.4와 같다. 따라서 일반적으로 입경이 1.0mm 내외가 대부분인 유사용액에 대해서는 배출시간을 1/6, 1/2, 1, 3, 7, 16, 40, 80, 120분 등으로 구분하고 0.0625mm 이내의 용액에 대해서는 4, 15, 40, 54, 69, 82, 97, 110, 124분 등으로 구분한다. 마지막 10cm 배출 시에 총시간 120분 내외로 0.0039mm 크기의 유사가 배출되게 한다.

④ 배출시간은 규정시간에 맞도록 지켜야 하며, 배출량도 정확하여야 하나 뒤에 설명할 Oden 곡선을 정확하게 작성할 수만 있으면 약간의 변화는 허용되지만 변동사항은 참고로 기재해 두어야 한다.

⑤ 증발접시는 사용할 때마다 잘 닦아야 하며 농도가 낮은 유사를 분석할 때는 특히 유의하여야 한다.

⑥ 유사용액을 담은 증발접시를 105~110℃ 의 건조로에서 24시간 건조시킨다.

⑦ 건조로에서 꺼내 즉시 냉각기에 옮긴 후 40분간 냉각시켜 실온이 되면 꺼내어 0.0001g 단위까지 중량을 잰다.

⑧ 실험결과를 BW관 기록표(부록 E-3)에 기록한다. 기록표 o란의 100cm 낙하하는 시간(분)과 n란의 낙하된 유사의 백분율(%)을 Oden 곡선용지(부록 E-4)의 가로축과 세로축에 표시하여 Oden 곡선을 작성한다. Oden 곡선용지에서 가로축의 값이 3개로 구성되어 있으므로 Oden 곡선도 2~3개 정도 그리게 된다.

⑨ 원하는 부유유사 입경의 침강시간을 표 14.6.4에서 결정하고 Oden 곡선에서 이 시간에 해당하는 점에서 접선을 그어 세로축과 만나는 점에서 부유유사 입경분포를 구한다.

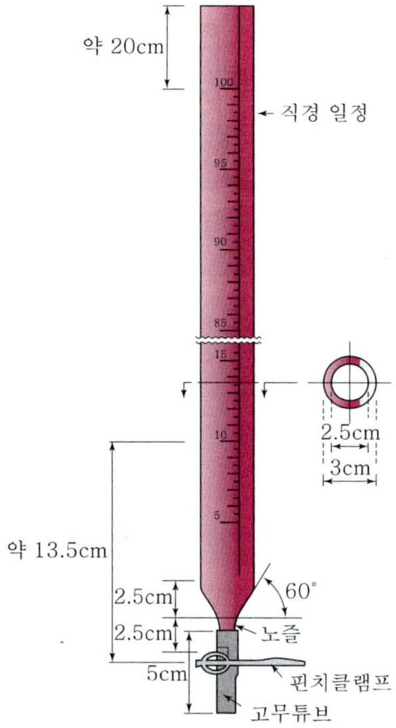

그림 14.6.1 BW관의 구조

나) Oden 곡선

BW관에서 유사입자가 침강하기 시작한 후 특정 시간 t에서 배출된 유사혼합물에는 t시간 동안에 관의 전체 거리를 충분히 침강할 수 있는 크기의 유사입자와 함께 그 시간동안 침강할 거리보다 짧은 구간에 있던 작은 입자들도 포함되어 있게 된다. 이 누가유사량을 그림 14.6.2와 같이 가로축에는 침강시간(t), 세로축에는 관내 유사 잔유량을 백분율로 나타내어 표시하여 곡선을 그리면 Oden 곡선이 된다. Oden 곡선을 그리기 위한 양식은 부록 E-4에 주어져 있다.

Oden 곡선에서 서로 다른 시간 t_1과 t_2에 해당하는 곡선상의 지점에서 접선을 그려서 이 접선이 세로축과 만나는 점을 각각 W_1과 W_2라 하면, W_2와 W_1의 차이가 침강시간이 t_1과 t_2 사이인 입자의 입경범위에 해당하는 유사의 양이 된다.

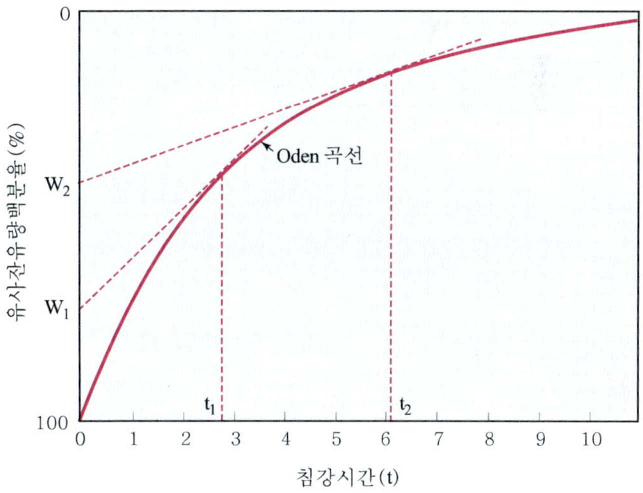

그림 14.6.2 Oden 곡선

표 14.6.4 BW관을 이용한 유사입경 분석용 시간표(단위: 분)

온도 ℃	입경(mm)								
	1.00	0.50	0.25	0.125	0.0625	0.0312	0.0156	0.0078	0.0039
10	0.115	0.243	0.592	1.73	6.22	24.9	99.6	399	1594
11	0.144	0.240	0.577	1.68	6.03	24.2	96.9	388	1551
12	0.113	0.237	0.568	1.65	5.87	23.6	94.2	377	1507
13	0.112	0.233	0.562	1.62	5.72	22.9	91.6	367	1466
14	0.111	0.232	0.552	1.59	5.57	22.3	89.2	357	1428
15	0.110	0.228	0.543	1.56	5.42	21.7	86.9	348	1391
16	0.109	0.227	0.538	1.53	5.27	21.2	84.6	339	1354
17	0.108	0.225	0.528	1.50	5.15	20.6	82.5	330	1320
18	0.107	0.222	0.522	1.48	5.02	20.1	80.5	322	1288
19	0.107	0.220	0.515	1.45	4.88	19.6	78.5	314	1256
20	0.106	0.218	0.508	1.41	4.77	19.2	76.6	306	1225
20.5	0.160	0.217	0.505	1.40	4.72	19.0	75.8	303	1212
21	0.105	0.217	0.503	1.39	4.67	18.7	74.9	299	1198
21.5	0.105	0.215	0.500	1.38	4.61	18.5	73.0	296	1179
22	0.104	0.213	0.497	1.37	4.55	18.3	73.0	292	1168
22.5	0.104	0.213	0.492	1.36	4.50	18.1	72.2	289	1155
23	0.104	0.212	0.488	1.34	4.45	17.8	71.3	285	1141
23.5	0.104	0.210	0.487	1.33	4.39	17.6	70.5	282	1128
24	0.103	0.210	0.485	1.32	4.33	17.4	69.6	279	1114
24.5	0.103	0.210	0.480	1.31	4.29	17.2	68.9	276	1102
25	0.103	0.208	0.478	1.30	4.25	17.0	68.1	273	1090
25.5	0.102	0.208	0.475	1.29	4.20	16.9	67.4	270	1078
26	0.102	0.207	0.472	1.28	4.15	16.7	66.6	266	1065
27	0.101	0.205	0.467	1.26	4.05	16.3	65.1	260	1042
28	0.101	0.203	0.462	1.24	3.97	15.9	63.7	255	1019
29	0.100	0.202	0.455	1.22	3.88	15.6	62.3	249	997
30	0.0998	0.200	0.450	1.20	3.80	15.3	61.0	244	976
31	0.0991	0.198	0.445	1.18	3.71	14.9	59.7	239	956
32	0.0987	0.197	0.442	1.17	3.65	14.6	58.5	234	936

주) 비중 2.65의 구형 입자가 100cm를 낙하하는데 소요되는 시간(분)

예제 14.13

어느 하천에서 부유유사를 채취하여 BW관을 이용한 입경분포를 구하려고 한다. 표 14.6.5와 같이 a~g까지의 분석이 이루어졌을 때 표의 나머지 부분을 구하여 Oden 곡선을 그리고 입자크기 0.062mm~0.031mm에 대한 백분율을 구하라. 단 수온은 24℃이다.

표 14.6.5 BW관을 이용한 입경분포 산정

WITHDRAWAL NO.			0	1	2	3	4	5	6	7	8	9	10
a	Clock time												
b	Fall distance–cm		*100*	*90*	*80*	*70*	*60*	*50*	*40*	*30*	*20*	*10*	
c	Settling time–min.		*0.1*	*0.2*	*0.5*	*1*	*2*	*4*	*8*	*15*	*30*	*60*	
d	Volume–cc												
e	Container no.		*1*	*2*	*3*	*4*	*5*	*6*	*7*	*8*	*9*	*10*	
f	Weight(gm)	Gross	*30.737*	*28.452*	*29.454*	*32.369*	*35.582*	*34.896*	*35.858*	*31.315*	*32.739*	*33.526*	
g		Tare	*30.399*	*28.059*	*29.057*	*31.693*	*34.75*	*34.357*	*35.471*	*31.048*	*32.587*	*33.49*	
h		Net	0.338	0.393	0.397	0.676	0.832	0.539	0.387	0.267	0.152	0.036	
i		D.S.corr.											
j		Net sediment											
k		Cumulative	0.338	0.731	1.128	1.804	2.636	3.175	3.562	3.829	3.981	4.017	
l	Depth factor 100/(b)		1	1.11	1.25	1.43	1.67	2	2.5	3.33	5	10	
m	Sed. in susp.(k x l)		0.338	0.811	1.410	2.579	4.402	6.350	8.905	12.751	19.905	40.17	
n	% sed. in suspension		0.84	2.02	3.51	6.42	10.96	15.81	22.17	31.74	49.55	100.00	
o	Time for 100cm fall (c x l)–min.		0.1	0.222	0.625	1.43	3.34	8	20	49.95	150	600	

풀이

표 14.6.5에서 b란은 침강거리(cm), c란은 침강시간(분)을 나타내고, f란은 용기와 유사의 무게, g란은 용기의 무게이다. 따라서 유사의 순 무게 h란은 f란에서 g란을 빼어 구할 수 있다. k란은 유사 순 무게의 누가치이고, l란은 깊이계수로 100/b란으로 구하게 된다. m란은 낙하된 부유유사량으로 k란과 l란을 곱하여 산정한다. n란은 낙하된 부유유사량으로 m란의 누적치 40.17로 나누어 구하고, o란은 100cm를 낙하하는데 걸리는 시간(분)으로 c란과 l란을 곱하여 구한다. 이와 같이 구한 n란과 o란의 값을 Oden 곡선에 도시한 결과가 그림 14.6.3과 같으며 Oden 곡선으로부터 0.062mm~0.031mm에 해당하는 입자크기의 비율을 구하기 위해서는 Oden 곡선에서 24℃에서 0.062mm입자의 100cm 낙하시간은 4.3분, 0.031mm인 경우 17.4분으로 나타나므로 이들 값에서의 접선을 그려 세로축과 만나는 점이 0.062mm인 경우 7%, 0.031mm인 경우 13%이므로 0.062mm~0.031mm에 해당하는 입자크기의 비율은 13−7=6%가 된다.

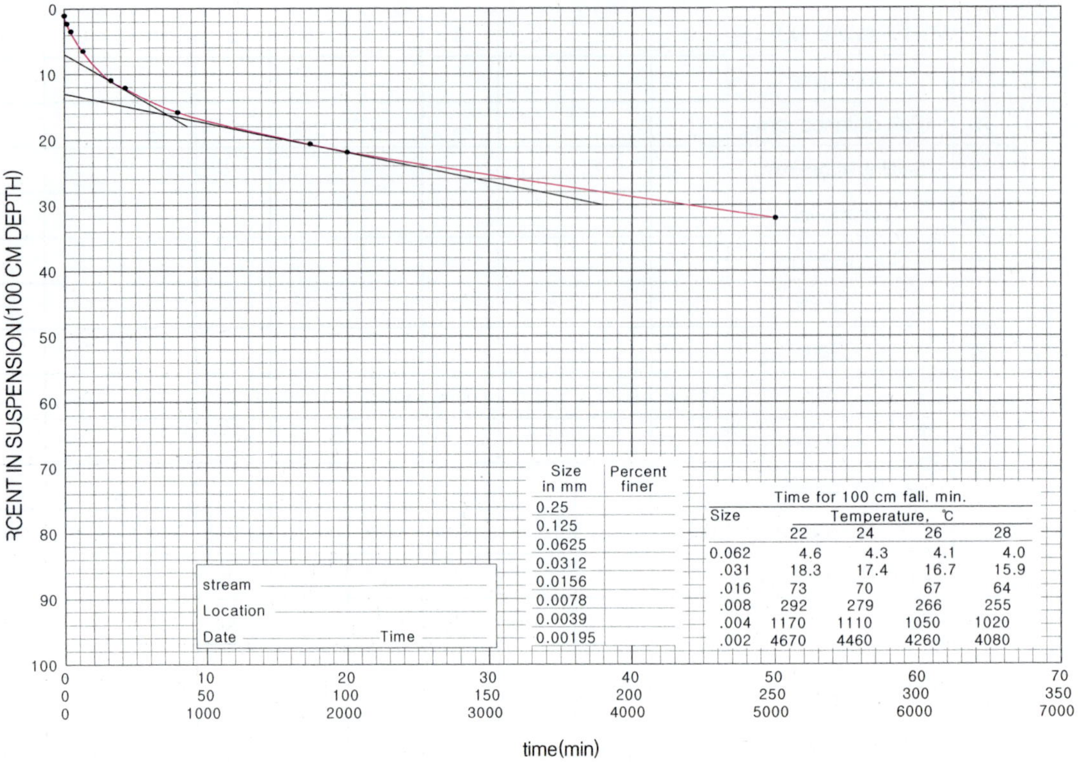

그림 14.6.3 Oden 곡선

연습문제

14.1 어떤 하천에서의 수심이 15ft, D_{50}이 0.6mm, 하상경사가 0.0003일 때 Duboys의 공식을 이용하여 단위폭당 소류사를 계산하라.

14.2 평균수심 1.50m, 하폭이 35m, 경사가 1/1,200인 하천수로에 100m^3/sec의 물이 흐르고 있다. 하상재료의 입도분포가 표 14.2와 같을 때 Einstein의 소류사량 공식을 이용하여 소류사량을 계산하라. 하상토의 비중은 2.70, 물의 동점성계수 $\nu = 1.01 \times 10^{-6} \mathrm{m^2/sec}$로 가정하라. (단 $D_{65} = 0.35\mathrm{mm}$이다.)

표 14.2 하상재료의 입도분포

구간번호	입경(mm)	평균입경(mm)	무게구성비(%)	누가무게구성비(%)
1	0.589<D	0.602	2.4	100
2	0.417<D<0.589	0.495	17.8	97.6
3	0.295<D<0.417	0.351	40.2	79.8
4	0.208<D<0.295	0.248	32.0	39.6
5	0.147<D<0.208	0.175	5.8	7.6
6	D<0.147	0.131	1.8	1.8

14.3 광폭의 어떤 하천에서의 수심이 15ft, 평균유속이 5.5ft/s, 하상경사가 0.00025, D_{90}이 0.45mm이고, 단위폭당 유량이 30ft^3/s/ft이며 입자크기 구간별 무게비 및 평균입경이 표 14.3과 같이 주어질 때 Meyer-Peter 및 Muller의 공식을 이용하여 소류사량을 구하라.

표 14.3 입자크기 구간별 무게비 및 평균입경

구 분	1	2	3
무게 백분율 i_b(%)	25.5	63.2	11.3
평균입경 D_{si}(mm)	0.185	0.368	0.743

14.4 연습문제 14.3에서 주어진 조건을 이용하여 Schoklitsch의 공식을 이용한 소류사량을 산정하라.

14.5 수심이 10ft인 하천에서 얻은 표 14.5와 같은 자료를 이용하여 단위폭당 부유사량을 산정하라. $C_a = 0.25\mathrm{lb/ft^3}$, $z_1 = 0.9$이다.

표 14.5 깊이에 따른 평균유속

깊이 y (ft)	8~10	6~8	4~6	2~4	0~2
평균유속 V (ft/s)	0.55	0.42	0.38	0.29	0.17

14.6 연습문제 14.2와 동일한 하상유사 및 수리조건에 대해 Einstein의 부유유사량 산정방법을 이용하여 부유유사량을 산정하라. 단, 유사입자의 침강속도는 Rubey에 의한 다음 식을 이용하라.

$$\omega = \sqrt{\frac{36\nu^2}{D^2} + \frac{2}{3}(S_s - 1)gD} - \frac{6\nu}{D}$$

여기서 ω는 침강속도(m/s), g는 중력가속도(m^2/sec), D는 유사의 입경(m), S_s는 유사의 비중, 그리고 ν는 동점성계수(m^2/sec)이다.

14.7 연습문제 14.2 및 14.6의 소류사량 및 부유유사량을 이용하여 Einstein 방법에 의해 총유사량을 산정하라.

14.8 어떤 하천에서의 수심이 15ft, $D_{50} = 0.45mm$, 평균유속 5ft/s, 수온 60°F일 때 Colby의 공식을 이용하여 유사량을 산정하라.

14.9 어떤 하천에서 수심 15ft, 유속 5ft/s, $D_{50} = 0.45mm$, 하상경사 0.00025, $\nu = 1.22 \times 10^{-5} ft^2/s$, $S_g = 2.65$, $\rho = 1.94 slug/ft^3$일 때 Ackers-White 공식을 이용하여 유사량을 산정하라.

14.10 어떤 하천에서 수심이 15ft, D_{50}이 0.45mm, $\rho = 1.94 slug/ft^3$, 하상경사 0.000257, 동점성계수 $\nu = 1.22 \times 10^{-5} ft^2/s$, 단위폭당 유량 30$ft^3$/s/ft, 입자 D_{50}의 침강속도가 0.23ft/s일 때 Yang의 공식을 이용하여 단위폭당 유사량을 산정하라.

14.11 평균수심 1.48m, 하폭이 50m, 경사가 1/1,200인 하천수로에 99m^3/sec의 물이 흐르고 있다. 하상재료의 입도분포가 표 14.11과 같을 때 Einstein의 소류사량 공식을 이용하여 소류사량을 계산하라. 하상토의 비중은 2.70, 물의 동점성계수 $\nu = 1.01 \times 10^{-6} m^2/sec$로 가정하라. (단 $D_{65} = 0.65mm$이다.)

표 14.11 하상재료의 입도분포

구간번호	입경(mm)	평균입경(mm)	무게구성비(%)	누가무게구성비(%)
1	D>0.940	0.946	2.4	100.0
2	0.940>D>0.783	0.863	13.8	97.6
3	0.783>D>0.659	0.702	34.0	83.8
4	0.659>D>0.568	0.612	41.2	49.8
5	0.568>D>0.459	0.524	6.8	8.6
6	0.459>D	0.459	1.8	1.8

14.12 연습문제 14.11과 동일한 하상유사 및 수리조건에 대해 Einstein의 부유유사량 산정방법을 이용하여 부유유사량을 산정하라. 단, 유사입자의 침강속도는 연습문제 14.6에서 설명한 Rubey에 의한 식을 이용하라.

14.13 연습문제 14.11 및 14.12의 소류사량 및 부유유사량을 이용하여 Einstein 방법에 의해 총 유사량을 산정하라.

14.14 어느 하천에서 다음 표 14.14와 같이 부유유사 시료를 채취하였을 때 하천단면 전체에 대한 평균 부유유사 농도 및 하천단면을 통한 부유유사량을 구하라.

표 14.14 수심적분 부유유사 농도분석 표

Date									
Time									
Gate height		0.7	0.7	0.7	0.71	0.71	0.72	0.72	
Discharge(cms)		17.49	44.01	39.78	50.6	49.8	35.8	19.46	
Temperature									
Sampling Sta.									
Weight of sample	Gross(g)	382.7	767.2	608	582.8	500.6	573.9	347.1	
	Tare(g)	60.2	57.4	56.3	57.3	55.5	57.3	57.3	
	Net(g)								
Container no.									
Weight of sediment	Gross(g)	46.9695	39.8793	50.1868	49.8041	48.1503	42.3571	45.1607	
	Tare(g)	46.6387	39.2972	49.6287	49.2431	47.239	41.8	45.0235	
	Net(g)								
	D.S.Corr.								
	Net								
Conc.(ppm)									

14.15 어느 하천에서 부유유사를 채취하여 BW관을 이용한 입경분포를 구하려고 한다. 표 14.15와 같이 a~g까지의 분석이 이루어졌을 때 표의 나머지 부분을 구하여 Oden곡선을 그리고 입자크기 0.062mm~0.031mm에 대한 백분율을 구하라. 단 수온은 24℃ 이다.

표 14.15 BW관을 이용한 입경분포 산정

		WITHDRAWAL NO.	0	1	2	3	4	5	6	7	8	9	10
a		Clock time											
b		Fall distance-cm	100	90	80	70	60	50	40	30	20	10	
c		Settling time-min.	0.1	0.2	0.5	1	2	5	10	20	30	60	
d		Volume-cc											
e		Container no.	1	2	3	4	5	6	7	8	9	10	
f	Weight(gm)	Gross	31.86	29.575	30.577	33.492	36.705	36.019	36.981	32.438	33.862	34.649	
g		Tare	31.222	28.882	29.88	32.516	35.573	35.18	36.294	31.971	33.71	34.62	
h		Net											
i		D.S.corr.											
j		Net sediment											
k		Cumulative											
l		Depth factor 100/(b)											
m		Sed. in susp.(k×l)											
n		% sed. in suspension											
o		Time for 100cm fall (c×l)-min.											

Hydraulics

Chapter 15
하천교량 세굴분석

15.1 서론

최근 경제 발전과 인구의 증가 및 이로 인한 교통량의 증가를 소화해내기 위해 많은 고속도로 및 일반도로가 이미 건설되어졌고, 현재에도 건설 중인 도로가 많이 있으며, 또한 장래에도 건설될 것으로 예측되어지고 있다. 도로가 하천을 통과할 경우 교량의 설치는 불가피하며 주요 고속도로 상에는 상당수의 대형 교량이 설치되어져 있다. 따라서 홍수에 대한 도로의 안전뿐만 아니라 교량들의 안전성에 대해서도 관심이 증가되고 있다.

교량의 붕괴는 구조적인 결함보다는 홍수로 인해 교각 및 교대에서 세굴이 발생하여 지지력이 감소함으로서 발생하는 경우가 많다. 따라서 하천을 통과하는 교량들에 대해서는 홍수로 인한 세굴깊이를 예측하여 이에 대한 대책을 고려하여 설계할 필요가 있다. 교량의 교각 및 교대에서의 총 세굴 깊이는 장기 하상 변동으로 인한 세굴(aggradation and degradation)과 교량 단면에서의 통수단면축소로 인한 세굴(contraction scour) 및 교각과 교대에서의 국부 세굴(local scour)을 합한 총 세굴(total scour) 깊이로 나타낼 수 있다.

본 장에서는 하천을 통과하는 교량의 교대 및 교각에서의 홍수로 인한 세굴깊이를 산정하는 방법과 이에 대한 보강대책 등을 미국 연방고속도로국(U.S. Federal Highway Administration, 2001)에서 제시하고 있는 방법에 대해 소개하기로 한다.

15.2 교량세굴의 기본개념

세굴 현상은 하상 및 제방에서의 흐름의 침식 활동으로 인하여 하상재료가 제거되는 현상으로 정의할 수가 있으며, 하상 재료의 구성에 따라 서로 다른 세굴양상을 보여 준다. 느슨한 입상(granular) 토양은 세굴이 빠른 반면, 점착성(cohesive) 토양은 비교적 세굴이 느리다. 그러나 궁극적으로 점착성 토양은 사질하상(sand bed)과 같은 정도의 세굴 깊이를 가진다. 모래나 자갈과 같은 하상 재료의 세굴은 수시간에 최대 깊이에 도달하며 점착성 하상 재료는 수일, 점토 사질암반, 혈암(shale)은 수개월, 석회암(lime stone)은 수년, 그리고 화강암(granite)은 수세기에 걸쳐 최대 세굴 깊이에 도달한다. 세굴의 크기를 결정하는 것은 세굴 과정의 순환적인 특성 때문에 쉽지가 않다. 즉, 홍수의 첨두유량이 흐를 때 세굴깊이는 가장 커지게 되지만, 흐름이 감소되면 세굴지점이 유사로 되 채워지기 때문에 최대의 세굴깊이를 관측하기가 쉽지는 않다.

하천을 통과하는 교량지점에서의 세굴은 시간에 따라 장기적인 변화와 단기적인 변화로 구분할 수가 있으며, 장기변화는 하상의 상승(aggradation)이나 저하(degradation)로 하천과 유역에 있어서의 수리특성과 하천 단면변화와 관련이 있다. 단기변화로는 단면축소로 인한 세굴 및 국부세굴로 나눌 수가 있다. 단면축소세굴은 교량 등 인공구조물에 의해 하천내의 통수단면적이 축소되어 발생하는 세굴이다.

국부세굴은 다시 교대와 교각에서의 국부세굴로 나눌 수가 있으며, 흐름 속에 설치된 구조물에 의한 흐름의 간섭 때문에 발생하게 된다. 따라서 총 세굴 깊이는 장기적인 하상의 상승 및 저하, 통수 단면 축소에 의한 세굴, 그리고 국부 세굴의 세 가지 요소의 합으로 구하게 된다.

교량지점에서의 세굴은 청정수세굴(clear-water scour)과 혼탁수세굴(live-bed scour) 상태로 구분할 수 있다. 청정수세굴은 교량지점 상류부로부터 토사의 이송이 없는 경우이며, 혼탁수세굴은 교량 상류부로부터 토사의 이송이 있는 경우이다. 낮은 유출에서는 청정수세굴이 발생하고 유출이 증가함에 따라 혼탁수세굴로 바뀌며, 유출이 감소하는 단계에서는 다시 청정수세굴이 발생한다. 그림 15.2.1은 시간의 경과에 따른 청정수세굴과 혼탁수세굴에 의한 세굴깊이의 변화를 보여주고 있다.

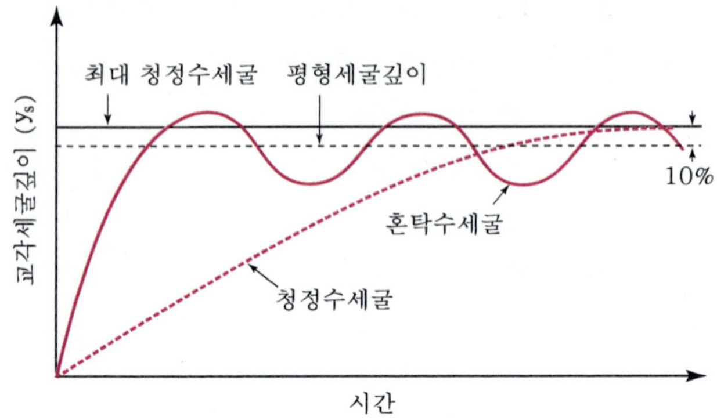

그림 15.2.1 모래하상 교각에서의 시간의 경과에 따른 세굴 깊이

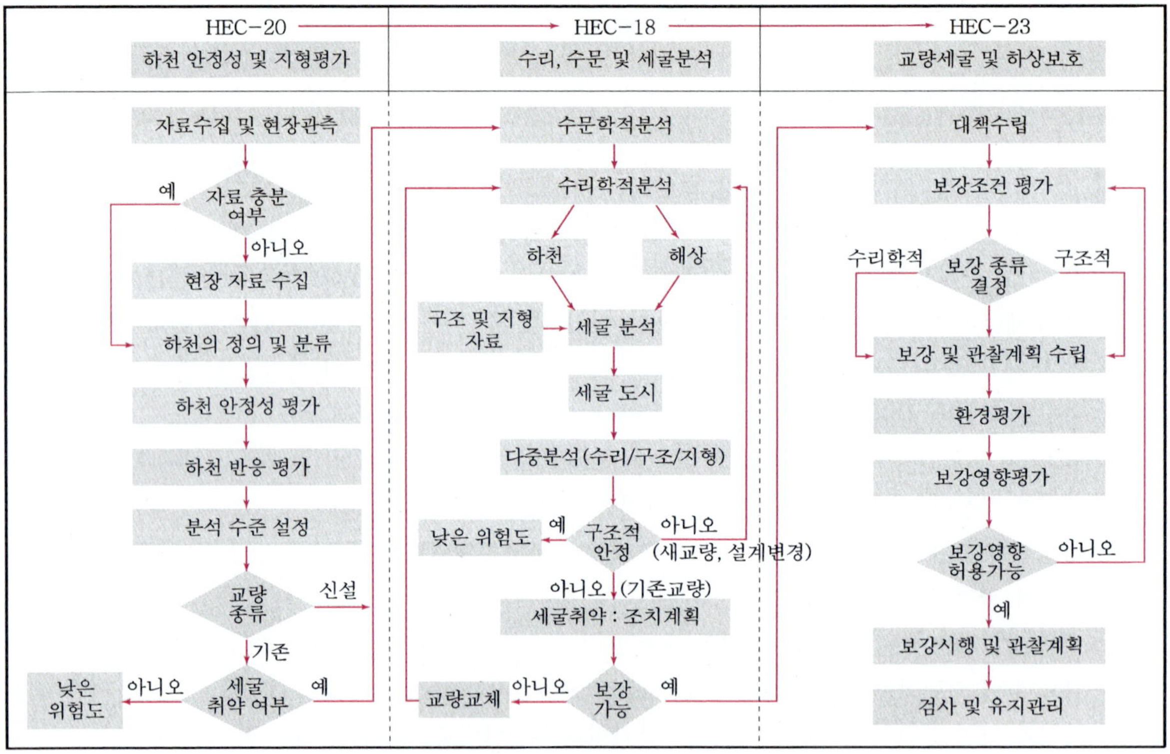

그림 15.2.2 교량세굴 및 하상변동 분석을 위한 흐름도

이와 같이 하천 교량지점에서의 세굴 및 하상변동을 분석하기 위한 컴퓨터 모형 및 지침이 개발되어 왔으며 미 연방고속도로국에서 제시하고 있는 주요 지침서로 교량에서의 세굴평가를 위한 HEC-18, 고속도로 하천의 안정성 평가를 위한 HEC-20, 그리고 교량세굴 및 하천 하상변동 방지를 위한 보강방법에 대한 HEC-23이 있다. 이들 지침서를 이용한 하천 교량세굴 및 하상변동 분석을 위한 흐름도는 그림 15.2.2와 같다.

15.3 장기하상변동

장기하상변동은 교량이 설치되어 있는 하천의 단면에서 자연 및 인간 활동에 의한 장기적인 하상고의 변화를 말하며, 하상의 상승은 다른 지점에서 침식된 하상재료의 퇴적에 의해서 발생하며, 하상의 하강은 침식으로 인한 하상고의 감소를 말한다. 장기적인 하상변동의 요인들은 교량 상류 및 하류의 댐과 저수지, 유역의 토지 이용변화(도시화 혹은 벌목 등), 하천의 개수, 하류부 하상고의 변화, 하천의 만곡 등을 꼽을 수가 있다. 이러한 장기적인 하상고의 변화를 평가하고 이해하기 위해서는 교량 단면에 있어서의 모든 영향, 즉 유역으로부터의 유출, 하천으로의 유사의 이송, 하천의 유사 이송용량 및 이러한 인자들에 대한 하천의 반응을 고려하여야 한다.

장기적인 하상고의 변화는 다음과 같은 세 가지 방법을 통해 예측을 하게 된다. 첫째로 일반적인 지형학 및 하천역학과의 관계에 바탕을 둔 정성적인 결정, 둘째로 다양한 시나리오 및 장래 상태에 대한 하천 시스템의 가능한 거동을 산정하기 위한 정성적 및 정량적인 관계를 이용한 공학적인 지형분석, 그리고 셋째로 하천 및 유역의 변화로 인한 하상의 정량적인 변화를 예측하기 위한 BRI-STARS 및 HEC-6와 같은 컴퓨터 모형을 이용한 예측 방법을 사용하게 된다.

신설교량이나 교체되는 교량이 위치하고 있는 지점에서의 주기적인 교량검사는 장기적인 하상변동의 경향을 알 수 있는 유용한 자료가 될 수 있다. 또한 하천에 설치된 유량을 측정하기 위한 수위관측소에서의 하상변동 자료도 장기적인 하상변동 추세를 파악하는데 도움이 된다.

15.4 일반세굴

일반세굴(general scour)은 교량 통과 단면에서의 하상고가 일반적으로 낮아지는 것으로, 기초주위에서의 국부세굴이나 장기하상변동을 포함하지 않은 하상의 변화를 의미한다. 일반세굴은 교량단면 하상의 전반에 걸쳐 동일하게 발생하지 않을 수가 있으며, 홍수흐름이 통과하는 동안 증가하다가 감소하는 주기성을 나타낼 수도 있다. 일반세굴 중에서 가장 대표적인 것이 단면축소세굴(contraction scour)로 교량지점에서의 통수단면이 상류 하도나 홍수터에서의 통수단면보다 작을 때 발생하게 된다.

15.4.1 단면축소세굴

통수 단면 축소에 의한 세굴은 홍수 시 하천의 통수 단면이 자연적인 축소나 교량에 의해 축소되었을 때 발생하게 되며, 통수 단면의 축소로 평균 유속 및 하상 전단 응력의 증가가 초래된다. 따라서 축소 단면에 있어 침식력이 증가하고 유입하는 토사보다 많은 양의 하상물질들이 제거된다. 이러한 하상물질 이송의 증가로 하상고가 낮아지고, 통수 단면이 증가하며, 평형 상태에 이를 때까지 유속 및 전단응력이 감소하게 된다. 배수위에 영향을 미치며, 따라서 교량에서의 유속에 영향을 미치게 되는 하류부 수위의 변화에 의해서도 통수 단면의 축소는 발생하며, 또한 하도 만곡부에 위치한 교량에서도 발생하는데 하도의 바깥쪽 부분으로의 흐름의 집중은 하상을 침식시킨다.

단면축소세굴 공식들은 유사량 보존원리를 기본으로 하고 있다. 혼탁수 세굴인 경우 교량단면에서 최대로 발달된 세굴은 상류로부터 교량단면으로 이송되는 유사량과 교량단면으로부터 유출되는 유사량이 같게 되면 평형상태에 도달하게 된다. 세굴이 진전됨에 따라 흐름의 단면이 증가하게 되므로 단면 축소지점에서의 전단응력이 감소하고 평균 유속도 감소하게 된다. 유입되는 유사량과 유출되는 유사량이 같아지게 될 때까지 전단응력은 감소하고 이때 최대 세굴깊이가 나타나게 된다. 청정수세굴인 경우 교량단면으로 유입되는 유사가 없으므로 전단응력이 한계전단응력(critical shear stress)으로 감소할 때 최대 세굴깊이가 발생하게 된다.

교량단면 상류부의 흐름이 하상물질을 이송시키는지의 여부를 결정하기 위해서는 하상물질의 평균 입경(D_{50})이 움직이기 시작하는 한계유속 V_c를 계산하여 교량상류부 주하도 또는 홍수터(overbank)에서의 평균유속 V와 비교해야 한다. 만일 $V_c > V$이면 청정수세굴이 발생하게 되고, $V_c < V$이면 혼탁수세굴이 발생하게 된다. 이때 입자가 움직이기 시작하는 한계유속은 다음과 같이 구할 수가 있다.

$$V_c = 6.19 y^{1/6} D^{1/3} \tag{15.4.1}$$

여기서 V_c는 입자크기 D와 같거나 작은 입자가 움직이기 시작하는 한계유속(m/s), y는 교량 상류부 흐름의 평균수심(m), D는 V_c에 대한 입자의 직경(m), D_{50}은 입자크기가 50%에 해당하는 입자직경(m)이다.

혼탁수 단면축소세굴 깊이는 교량지점 하상에 존재하거나 상류로부터 유입된 큰 유사입자에 의한 장갑화(armoring)현상에 의해 제한될 수가 있다. 이러한 경우 청정수 및 혼탁수 단면축소세굴 산정공식을 이용하여 세굴깊이를 계산하고 이 중 작은 세굴깊이를 택하게 된다.

단면축소세굴이 발생하는 경우는 다음과 같이 4가지로 분류할 수가 있다.

① 홍수터에서의 흐름이 교량단면으로 접근함에 따라 주하도로 강제적으로 흐르게 되는 경우(조건 1) : 이 경우는 교량단면에서의 하도 폭이 하도로 돌출된 교대(abutment)로 인해 좁아지거나, 교량이

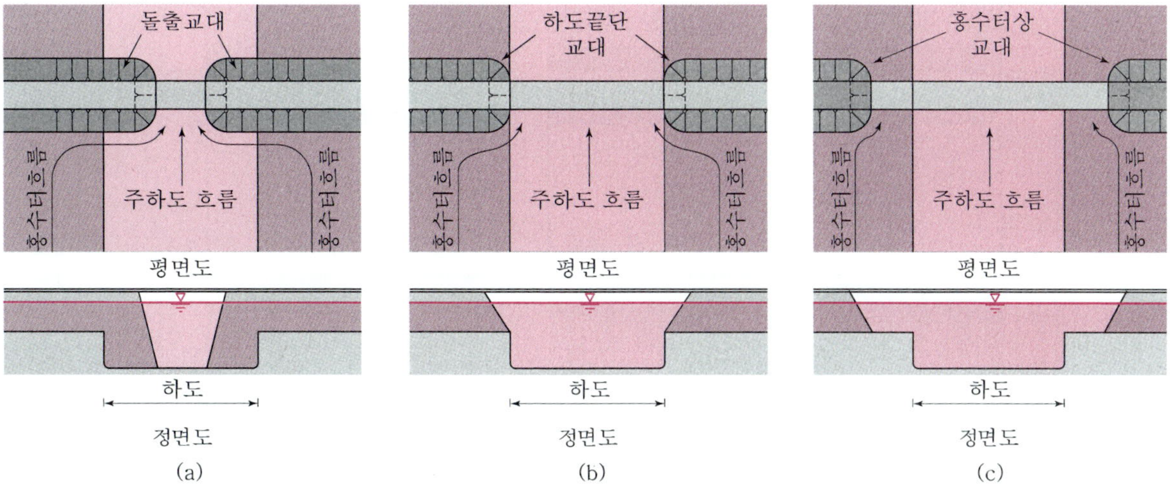

그림 15.4.1 조건 1에 해당하는 단면축소

하도의 좁은 구간에 위치하는 경우(그림 15.4.1(a)), 교량지점에서 단면축소는 없지만 홍수터 흐름지역이 교량제방(embankment)에 의해 완전히 차단된 경우(그림 15.4.1(b)) 또는 교대가 하도로부터 홍수터 지역으로 후퇴되어 설치되어 있는 경우(그림 15.4.1(c))에 발생하게 된다.

② 홍수터 흐름이 없이 주 하도에 흐름이 한정된 경우(조건 2) : 교량이 하도가 좁은 구간에 위치하고 있는 경우(그림 15.4.2(a))나 교량 자체에 의해 정상적인 하도가 좁아지는 경우(그림 15.4.2(b))로 통수 단면적이 감소되어 세굴이 발생하게 된다.

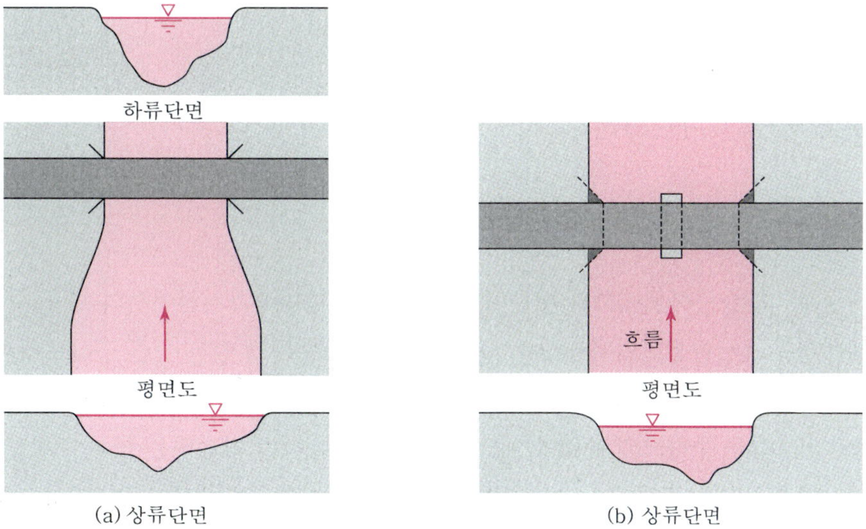

그림 15.4.2 조건 2에 해당하는 단면축소

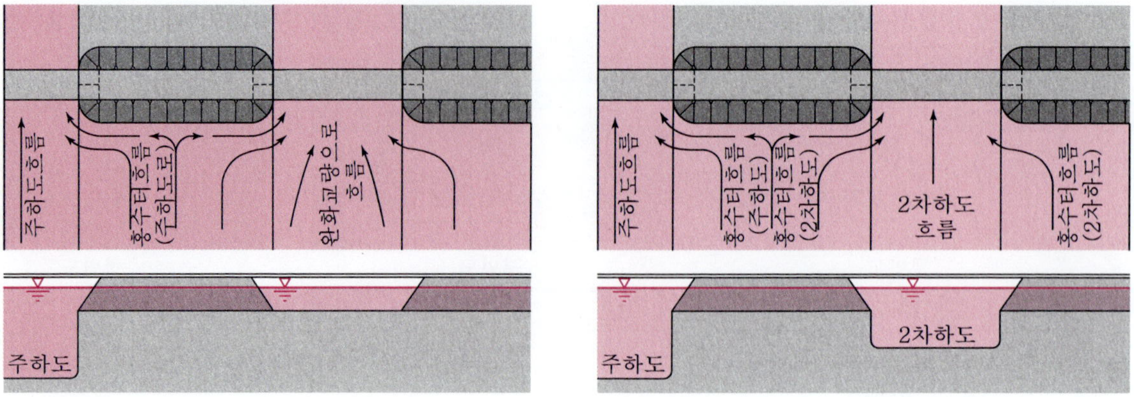

(a) (b)

그림 15.4.3 조건 3 및 4에 해당하는 단면축소

③ 홍수터 지역으로부터의 유사 이송이 작거나 거의 없는(청정수세굴) 홍수터 상에 설치된 완화교량(relief bridge)인 경우(조건 3) : (그림 15.4.3(a)).

④ 유사이송이 있는 홍수터상의 2차 하천에 위치하고 있는 완화교량인 경우(조건 4) : (그림 15.4.3(b)).

15.4.2 혼탁수 단면축소세굴

교량지점에서 통수단면 축소로 인한 혼탁수 단면축소세굴 깊이 계산은 Laursen의 초기공식을 수정한 다음과 같은 식이 추천되고 있다. 혼탁수 세굴이므로 교량 상류지점으로부터 하상 유사가 유입되고 있는 상태이다.

$$\frac{y_2}{y_1} = \left(\frac{Q_2}{Q_1}\right)^{2/7} \left(\frac{W_1}{W_2}\right)^{k_1} \tag{15.4.2}$$

$$y_s = y_2 - y_o = \text{평균 단면축소세굴 깊이} \tag{15.4.3}$$

여기서 y_1은 상류 주하도에서의 평균 수심(m), y_2는 단면축소지점에서의 평균 수심(m), y_o는 단면축소지점에서의 세굴발생전의 수심(m), Q_1은 유사를 이송하고 있는 상류 주하도에서의 유량(m^3/s), Q_2는 단면축소지점에서의 유량(m^3/s)으로 조건 1 및 2인 경우 주하도와 홍수터에서의 유량을 합한 것이고, 조건 3인 경우 주하도의 유량만 해당된다. W_1은 유사를 이송하는 상류 주하도의 하상 폭(m)이고, W_2는 단면축소지점 주하도에서 교각의 폭을 제외한 하상 폭(m)이다. k_1은 표 15.4.1로부터 구할 수 있다.

표 15.4.1 U_*/ω에 따른 k_1의 결정

U_*/ω	k_1	하상물질 이송양상
< 0.50	0.59	대부분이 하상접촉 이동
0.50 ~ 2.0	0.64	부분적인 부유유사 이동
> 2.0	0.69	대부분이 부유유사 이동

여기서 $U_* = (\tau_o/\rho)^{1/2} = (gy_1S_1)^{1/2}$로 상류단면에서의 전단속도(m/s), ω는 D_{50}에 해당하는 하상 입자의 침강속도(m/s, 그림 15.4.4), g는 중력가속도(9.81m/s^2), S_1은 주 하도에서의 에너지선의 경사(m/m), τ_o는 하상 전단응력 P_a(N/m^2), 그리고 ρ는 물의 밀도(1,000kg$_o$/m^3)이다.

혼탁수 단면축소세굴깊이는 앞에서도 설명한 바와 같이 세굴이 진행됨에 따라 굵은 입자들이 남아 그 밑의 작은 입자들의 세굴을 방해하는 장갑화현상으로 인해 제한될 수가 있다. 따라서 굵은 유사입자가 존재하는 경우 혼탁수 세굴 상황에서 혼탁수 세굴산정공식 및 청정수 세굴산정공식을 모두 적용하여 세굴깊이를 산정한 후, 그 중 작은 것을 택하게 된다.

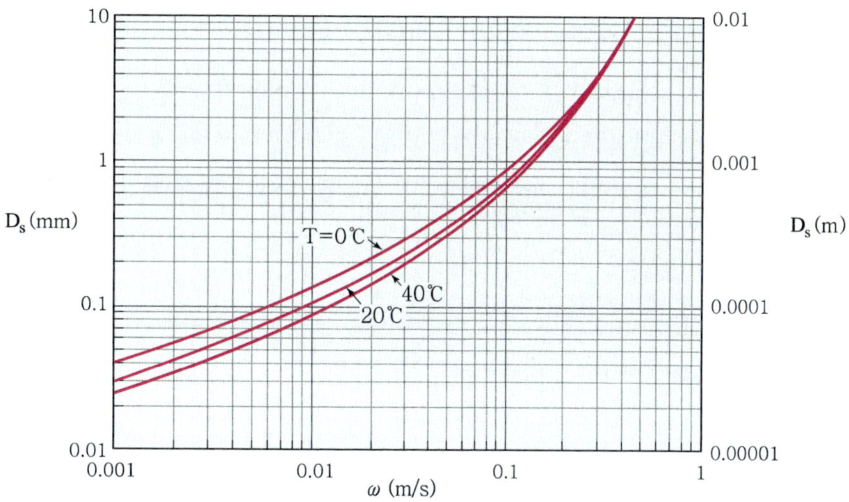

그림 15.4.4 모래 입자의 침강속도

예제 15.1

상류 하천 폭이 85.4m, 수심 2.45m, 유량이 768m^3/s로 주하도에서만 흐르고 있으며 하상경사는 0.004이다. 교량지점에서의 하천 폭이 37.2m이고 평균수심이 2.16m이며 폭이 0.4m인 교각이 3개가 위치하고 있다. 하상재료의 D_{50}이 0.7mm이고 침강속도가 0.1m/s일 때 단면축소로 인한 세굴깊이를 계산하라.

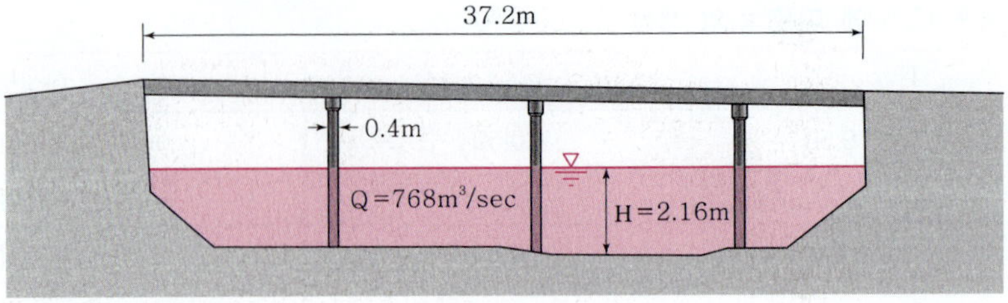

그림 15.4.5

풀이

먼저 혼탁수세굴인지 청정수세굴인지를 결정하기 위해 상류의 평균유속을 계산하면

$$V = Q/A = 768/(2.45 \times 85.4) = 3.67\text{m/s}$$

하상 재료의 $D_{50} = 0.7\text{mm}$에 대한 한계유속 V_c를 계산하면

$$V_c = 6.19y^{1/6}D^{1/3} = 6.19 \times 2.45^{1/6} \times 0.0007^{1/3} = 0.64\text{m/s}$$

$V > V_c$이므로 혼탁수세굴이 됨을 알 수 있다.

k_1을 결정하기 위해 전단속도를 계산하면

$$U_* = (gy_1S_1)^{1/2} = (9.8 \times 2.45 \times 0.004)^{1/2} = 0.31\text{m/s}$$

침강속도 $\omega = 0.1\text{m/s}$이므로 $U_*/\omega = 3.1 > 2.0$으로 k_1은 0.69가 된다.

주하도에서만 물이 흐르므로 $Q_1 = Q_2$이다. 또한, 교량지점에서의 교각의 폭을 제외한 하폭은 $W_2 = 37.2 - 3 \times 0.4 = 36\text{m}$이다. 따라서 식 (15.4.2)에 주어진 값과 계산된 값을 적용하면

$$\frac{y_2}{2.45} = \left(\frac{85.4}{36}\right)^{0.69}$$

그러므로 $y_2 = 4.45\text{m}$가 되므로 혼탁수 단면축소로 인한 세굴깊이는

$$y_s = y_2 - y_0 = 4.45 - 2.16 = 2.29\text{m}$$

15.4.3 청정수 단면축소세굴

교량지점에서 통수단면 축소로 인한 청정수 단면축소세굴 깊이의 계산은 Laursen이 제시한 식으로부터 발전된 다음과 같은 식을 사용하게 된다.

$$y_2 = \left(\frac{0.025Q^2}{D_m^{2/3}W^2}\right)^{3/7} \qquad (15.4.4)$$

$$y_s = y_2 - y_o = \text{평균 단면축소세굴깊이} \qquad (15.4.5)$$

여기서 y_2는 단면축소지점에서 세굴이 발생한 후의 평균수심(m), W는 단면축소지점에서 교각의 폭을 제외한 하상 폭(m), Q는 하상 폭 W를 가진 교량에서의 유량이나 홍수터에서의 유량(m^3/s), D_m은 하상 재료의 중앙입경(m), 그리고 y_o는 단면축소지점에서의 세굴 발생 이전의 평균수심(m)이다.

청정수 단면축소세굴깊이 산정공식에서 D_{50}이 하상 재료의 가장 큰 입자가 아니므로 세굴지점에서는 약간의 장갑화가 발생하게 된다. 따라서 D_m은 약 $1.25D_{50}$으로 가정한다. 만일 하상의 입자구성이 서로 다른 여러 개의 층으로 이루어진 경우에는 각 층에 대한 D_m을 적용하여 연속적으로 세굴깊이 산정공식을 적용하여 계산하게 된다.

드문 경우지만 배수위(backwater)로 인하여 상류지점에서의 유속 및 전단응력이 감소할 수가 있으며, 따라서 단면축소지점에서의 세굴을 증가시킬 수가 있다. 배수위는 상류단면에 유사를 축적시킴으로서 혼탁수세굴을 청정수세굴로 변환시킬 수가 있다.

예제 15.2

예제 15.1과 동일한 조건에 대해 장갑화가 발생하고 있다고 가정하고 단면축소세굴 깊이를 산정하라.

풀이

장갑화가 발생하는 경우에는 혼탁수 세굴깊이와 청정수 세굴깊이 중 작은 값을 택하게 된다. 예제 15.1에서 혼탁수 단면축소세굴깊이가 2.29m로 산정되었으므로 청정수세굴깊이를 산정해 보기로 한다.

$$D_m = 1.25D_{50} = (1.25 \times 0.0007) = 0.0009\text{m}$$

청정수 세굴깊이 산정공식 (15.4.4)로부터

$$y_2 = \left(\frac{0.025Q^2}{D_m^{2/3}W^2}\right)^{3/7} = \left(\frac{0.025 \times 768^2}{0.0009^{2/3} \times 36^2}\right)^{3/7} = 21.03\text{m}$$

$$y_s = y_2 - y_0 = 21.03 - 2.16 = 18.87\text{m}$$

청정수 세굴깊이가 18.87m로 나타나고 있으므로 장갑화로 인한 세굴깊이는 작은 값인 혼탁수 세굴깊이 2.29m로 결정한다.

15.5 교각에서의 국부세굴

교량의 교각 또는 교대에서의 국부세굴을 초래하는 근본 원인은 이들 기초부에서의 마제형 와류(horseshoe vortex)를 포함한 와류의 형성 때문이라 할 수 있다. 마제형 와류는 그림 15.5.1과 같이 구조물의 상류면에서 물의 쌓임에 의해 발생하며 교각이나 교대 선단 주위의 흐름을 가속시켜 세굴을 초래하게 된다. 구조물의 기초부로부터 유출되는 유사량이 유입되는 유사량보다 많게 되면 세굴이 발생하게 된다.

혼탁수 국부세굴인 경우 세굴깊이가 증가함에 따라 마제형 와류의 강도는 감소하게 되며 결국 유입되는 유사량과 유출되는 유사량간에 평형상태가 이루어지면 세굴작용은 중지되게 된다. 청정수세굴인 경우 마제형 와류에 의해 발생하는 전단응력이 세굴지역 하상에서의 유사입자의 한계 전단응력과 같아질 때 세굴이 멈추게 된다.

교각 기초부 주위의 마제형 와류 외에 교각 하류부에서는 후류(wake) 와류라는 연직방향의 와류가 발생하게 된다. 마제형 및 후류 와류는 모두 교각 기초부 주위에서의 하상물질을 침식시키게 된다. 교각으로부터 하류로 멀어짐에 따라 후류 와류의 강도는 감소하게 되고, 따라서 교각의 직하류 지역에서는 하상물질의 퇴적이 발생하게 된다.

이와 같이 교각이나 교대에서의 국부세굴 크기에 영향을 미치는 인자들로는 접근 흐름의 유속 및 깊이, 교각의 폭, 교각에 의해 차단되어 주하도로 되돌아오는 유량, 교각이 흐름방향과 경사를 이룰 때 교각의 길이, 하상 재료의 입도분포, 교각이나 교대로 접근하는 흐름의 각도, 교각이나 교대의 형상, 하상의 형태 등이 있다.

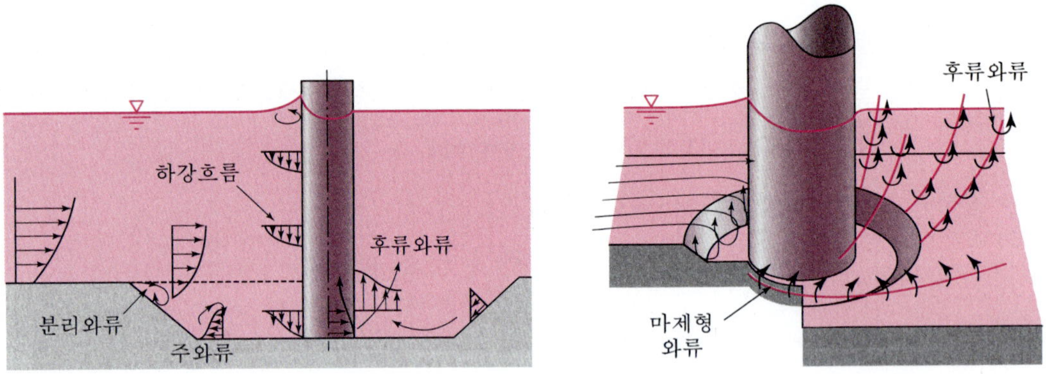

그림 15.5.1 교각에서의 국부세굴

15.5.1 교각에서의 국부세굴 산정공식

교각에서의 국부세굴 깊이를 예측하기 위한 공식들이 여러 나라에서 제안되어 있으나, 제안된 대부분의 공식들이 실제하천 흐름인 부정류가 아닌 정상류상태에서 균일한 모래입경 등의 제한된 실험조건 하에서 구해진 것이기 때문에 실제하천에서 국부세굴 현상을 규명하기 위하여 적용하기에는 부적합한 것이 많다. 이와 같은 여러 세굴깊이 예측공식 중 다음과 같은 Colorado State University(CSU) 공식이 주로 추천되고 있으며 청정수 및 혼탁수 세굴에 모두 적용할 수 있다.

$$\frac{y_s}{y_1} = 2.0K_1K_2K_3K_4\left(\frac{a}{y_1}\right)^{0.65}F_{r1}^{0.43} \quad (15.5.1)$$

또는

$$\frac{y_s}{a} = 2.0K_1K_2K_3K_4\left(\frac{y_1}{a}\right)^{0.35}F_{r1}^{0.43} \quad (15.5.2)$$

여기서 y_s는 세굴깊이(m), y_1은 교각 직상류에서의 수심(m), K_1은 교각 선단부의 형상에 대한 보정계수로 그림 15.5.2와 표 15.5.1로부터 산정한다. K_2는 흐름의 접근 각도에 대한 보정계수로 표 15.5.2와 식 (15.5.4)로부터 산정하고, K_3는 하상형태에 대한 보정계수로 표 15.5.3으로부터 산정하며, K_4는 하상입자 크기에 따른 장갑화를 보정하기 위한 계수로 식 (15.5.5)로부터 산정할 수가 있다. a는 교각 폭(m), L은 교각 길이(m), F_{r1}은 교각 직상류 흐름의 Froude 수($V_1/\sqrt{gy_1}$)이며, 여기서 V_1은 교각 직상류에서의 평균유속(m/s), 그리고 g는 중력가속도(9.81m/s^2)이다.

선단의 둥근 교각이 흐름방향으로 위치하고 있을 경우 최대 세굴깊이는 개략적으로 다음과 같게 된다.

$F_{r1} \le 0.8$인 경우 $y_s \le 2.4a$

$F_{r1} > 0.8$인 경우 $y_s \le 3.0a$ (15.5.3)

교각으로의 흐름의 접근 각 θ에 대한 보정계수 K_2는 다음 식을 이용하여 산정할 수 있고, 표 15.5.2는 교각에서의 흐름 접근 각에 대한 보정계수를 나타내고 있다.

$$K_2 = \left(\cos\theta + \frac{L}{a}\sin\theta\right)^{0.65} \quad (15.5.4)$$

표 15.5.1 교각형상 보정계수 K_1

교각선단의 형태	보정계수 K_1
(a) 사각형 선단	1.1
(b) 둥근 선단	1.0
(c) 원형 선단	1.0
(d) 뾰족한 선단	0.9
(e) 원형그룹 교각	1.0

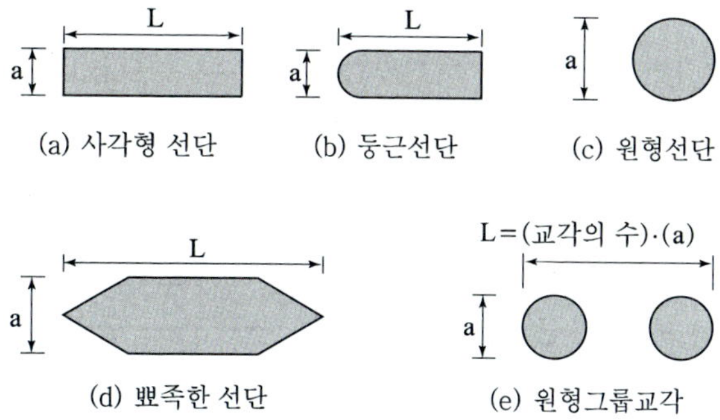

그림 15.5.2 교각의 형상

표 15.5.2 흐름각에 대한 보정계수 K_2

각 도	보정계수 K_2		
	L/a=4	L/a=8	L/a=12
0	1.0	1.0	1.0
15	1.5	2.0	2.5
30	2.0	2.5	3.5
45	2.3	3.3	4.3
90	2.5	3.9	5.0

표 15.5.3 하상형태에 따른 보정계수 K_3

하상상태	사구높이 H(m)	K_3
청정수세굴	없음	1.1
평면하상 및 역사구	없음	1.1
작은 사구	3 > H ≥ 0.6	1.1
중간 사구	9 > H ≥ 3	1.1~1.2
큰 사구	H ≥ 9	1.3

만일 교각의 길이/폭 (L/a)이 12보다 큰 경우, 식 (15.5.4) 및 표 15.5.2에서 최대값으로 L/a=12를 적용한다.

하상재료의 D_{50}이 2.0mm와 같거나 크고, D_{95}가 20mm와 같거나 큰 경우 세굴지역의 장갑화를 고려하여 보정계수 K_4는 세굴깊이가 감소하도록 하는 역할을 한다. 실험결과에 의하면 보정계수 K_4는 다음과 같이 산정할 수 있다. 즉, 만일 $D_{50} < 2\text{mm}$ 또는 $D_{95} < 20\text{mm}$이면 $K_4 = 1$이고, $D_{50} \geq 2\text{mm}$ 및 $D_{95} \geq 20\text{mm}$이면

$$K_4 = 0.4(V_R)^{0.15} \tag{15.5.5}$$

그리고

$$V_R = \frac{V_1 - V_{icD_{50}}}{V_{cD_{50}} - V_{icD_{95}}} > 0 \tag{15.5.6}$$

여기서 V_{icDx}는 교각에서 입자크기 D_x(m)를 세굴시키는 데 필요한 접근 유속(m/s)으로 다음과 같이 산정한다.

$$V_{icD_x} = 0.645\left(\frac{D_x}{a}\right)^{0.053} V_{cD_x} \tag{15.5.7}$$

여기서 V_{cD_x}는 입자크기 D_x가 움직이기 시작할 때의 한계유속(m/s)으로 다음과 같다.

$$V_{cD_x} = 6.19 y_1^{1/6} D_x^{1/3} \tag{15.5.8}$$

여기서 y_1은 세굴을 고려하지 않았을 때의 교각 직상류에서의 수심(m), V_1은 교각 직상류에서의 접근유속(m/s), D_x는 하상재료에서 x%에 해당하는 입자가 이보다 작은 경우의 크기(m)이다. 보정계수 K_4의 최소치는 0.4가 된다.

예제 15.3

선단이 둥근 교각의 폭이 1.22m, 길이가 18.0m인 교량의 직상류부 수심이 3.11m이고 유속이 3.42m/sec이다. 교량의 방향과 하천의 흐름이 이루는 각이 0°일 때 교각에서의 국부세굴깊이를 계산하라. 단, 하상은 편평하고, $D_{50}=0.32\text{mm}$, $D_{95}=7.3\text{mm}$ 이며 중력가속도는 9.81m/sec이다.

풀이

식 (15.5.1)에서 선단이 둥근 교각이므로 $K_1=1.0$, 흐름과의 각도가 0°이므로 $K_2=1.0$, 하상이 편평하므로 $K_3=1.1$, 그리고 $D_{50}=0.32\text{mm}<2\text{mm}$, $D_{95}=7.3\text{mm}<20\text{mm}$ 이므로 $K_4=1.0$이다.
교각 직상류에서의 Froude 수는

$$F_{r1}=\frac{V_1}{\sqrt{gD}}=\frac{3.42}{\sqrt{9.81\times 3.11}}=0.62$$

따라서

$$\frac{y_s}{3.11}=2.0\times 1.0\times 1.0\times 1.1\times 1.0\left(\frac{1.22}{3.11}\right)^{0.65}\times 0.62^{0.43}=0.975\text{m}$$

그러므로

$y_s=3.11\times 0.975=3.03\text{m}$ 가 된다.

예제 15.4

예제 15.3과 동일한 조건에서 교량의 방향과 하천의 흐름과의 각이 25°일 때 교각에서의 세굴깊이를 계산하라.

풀이

흐름과 교각이 이루는 각이 25°이므로 식 (15.5.4)를 적용하여 보정계수 K_2를 산정한다.
$L/a=18/1.22=14.8>12$이므로 $L/a=12$를 적용한다. 따라서

$$K_2=\left(\cos\theta+\frac{L}{a}\sin\theta\right)^{0.65}=(\cos 25^\circ+12\times\sin 25^\circ)^{0.65}=3.197$$

그러므로 세굴깊이는 흐름 각이 0°인 예제 15.3의 세굴깊이 3.03m를 적용하면

$y_s=3.03\times 3.197=9.15\text{m}$

15.5.2 교각의 폭이 큰 경우의 세굴깊이 산정

흐름의 수심이 얕은 곳에서 폭이 넓은 교각의 세굴에 대한 수로 실험과 현장의 세굴깊이 관찰로부터 CSU 공식을 포함한 기존의 교각세굴깊이 산정공식들은 세굴깊이를 과다하게 산정하는 것으로 나타나고 있다. 따라서 교각 폭에 대한 수심의 비 y/a가 0.8보다 작은 경우, 교각 폭 a와 하상입자 크기 D_{50}의

비가 50보다 큰 경우, 그리고 Froude 수가 1보다 작은 경우, 즉 상류인 경우에는 다음과 같은 보정계수 K_w를 적용하여 앞에서 산정한 세굴깊이를 보정하게 된다.

$$K_w = 2.58\left(\frac{y}{a}\right)^{0.34} F_{r1}^{0.65} \qquad V/V_c < 1 \text{인 경우} \tag{15.5.9}$$

$$K_w = 1.0\left(\frac{y}{a}\right)^{0.13} F_{r1}^{0.2} \qquad V/V_c \geq 1 \text{인 경우} \tag{15.5.10}$$

여기서 K_w는 식 (15.5.1) 또는 식 (15.5.2)에 얕은 흐름에서의 교각 폭이 넓은 경우를 보정해주기 위해 곱해주면 되고 나머지 변수들은 앞에서 설명한 경우와 동일하다.

15.5.3 흐름과 경사진 다중 교각의 세굴깊이 산정

여러 개의 교각이 흐름과 경사져서 위치하고 있을 경우 세굴깊이는 교각간의 간격에 의해 영향을 받게 된다. 이러한 경우 앞에서 소개한 흐름의 접근 각에 대한 보정계수는 하나의 교각에 대한 경우보다 작아지게 된다. 교각 사이의 간격이 교각 직경의 5배보다 작게 배치된 다중 교각인 경우 교각의 폭 a는 흐름방향에 직각으로 모든 교각을 투영하였을 때의 투영 폭이 된다(그림 15.5.3). 이와 같이 산정한 교각의 폭을 식 (15.5.1) 또는 식 (15.5.2)에 적용하여 다중 교각의 세굴깊이를 산정하게 된다. 이 경우 다중 교각에 대한 보정계수 K_1은 교각의 형상에 상관없이 1.0을 적용한다. 교각 폭을 산정할 때 흐름에 직각인 방향으로 투영한 폭을 사용하고 있으므로 보정계수 K_2 또한 1.0이 된다.

흐름에 경사진 다중 교각에 대한 세굴깊이는 식 (15.5.4)로부터 K_2를 결정하고 식 (15.5.1) 및 식 (15.5.2)에 적용함으로서 결정할 수도 있다. 이때 식 (15.5.1) 및 식 (15.5.2)에서의 교각 폭 a는 단일 교각의 폭을 적용하여야 한다. 만일 다중 교각의 간격이 교각 직경의 5배보다 멀리 떨어져 있으며 부유물의 영향을 받지 않는 경우 세굴 깊이는 단일 교각에 대한 세굴깊이의 1.2배로 최대 세굴깊이를 제한한다.

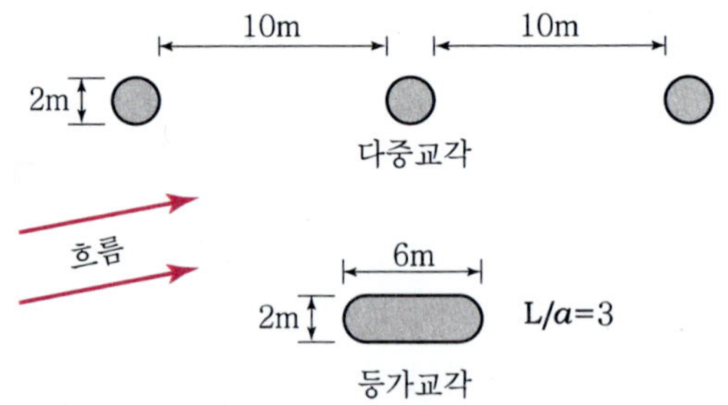

그림 15.5.3 흐름과 경사진 다중 교각

예제 15.5

폭이 0.406m인 원형의 교각이 2.29m의 간격으로 6개가 위치하고 있는 교량 단면에서 직상류 유속이 3.6m/sec이고 수심은 6.5m로 교각과 흐름이 26° 경사져 흐르고 있다. 하상은 편평하고 장갑화는 발생하지 않는다고 가정하고 교각지점에서의 세굴깊이를 산정하라.

풀이

교각의 간격은 $S/a = 2.29/0.406 = 5.6 > 5$이므로 하나의 교각에 대해 세굴깊이를 계산한 후 1.2배를 한다. 식 (15.5.1)을 이용하면

$$\frac{y_s}{6.5} = 2.0 \times 1.0 \times 1.0 \times 1.1 \times 1.0 \times \left(\frac{0.406}{6.5}\right)^{0.65} \times \left(\frac{3.6}{\sqrt{9.81 \times 6.5}}\right)^{0.43} = 0.2576$$

따라서

$$y_s = 0.2576 \times 6.5 \times 1.2 = 2.01\text{m}$$

만일 교각의 흐름방향에 대한 투영길이를 고려하여 세굴깊이를 계산하면 전체 교각의 폭은 $6 \times 0.406 = 2.44\text{m}$ 이고 투영된 교각의 폭은

$$L\sin 26^\circ + a\cos 26^\circ = 2.44\sin 26^\circ + 0.406\cos 26^\circ = 1.44\text{m}$$

따라서

$$\frac{y_s}{6.5} = 2.0 \times 1.0 \times 1.0 \times 1.1 \times 1.0 \times \left(\frac{1.44}{6.5}\right)^{0.65} \times \left(\frac{3.6}{\sqrt{9.81 \times 6.5}}\right)^{0.43} = 0.5865$$

그러므로

$y_s = 0.5865 \times 6.5 = 3.812\text{m}$ 가 된다.

또한 하나의 교각에 대해 식 (15.5.1)을 적용하되 보정계수 K_2를 식 (15.5.4)로부터 산정하여 적용하면

$$K_2 = \left(\cos 26^\circ + \frac{2.44}{0.406}\sin 26^\circ\right)^{0.65} = 2.27$$

따라서

$$\frac{y_s}{6.5} = 2.0 \times 1.0 \times 2.27 \times 1.1 \times 1.0 \times \left(\frac{0.406}{6.5}\right)^{0.65} \times \left(\frac{3.6}{\sqrt{9.81 \times 6.5}}\right)^{0.43} = 0.5847$$

그러므로

$y_s = 0.5847 \times 6.5 = 3.80\text{m}$ 가 된다.

본 예제의 경우 교각의 간격이 교각 직경의 5배보다 크므로 첫 번째 방법으로 구한 2.01m를 세굴깊이로 결정한다.

15.5.4 압력흐름에 의한 교각의 세굴깊이 산정

교량지점 직상류 면에서의 수위가 교량 상부구조물의 하단부보다 높을 경우 오리피스 흐름(orifice

flow)과 같은 압력흐름(pressure flow)이 형성되어 세굴깊이를 가중시키게 된다. 도로제방이나 교량위로 월류하는 흐름인 위어흐름(weir flow)이나 교량 상부구조 아래 통수단면으로 흐르는 오리피스 유량은 교량을 고려하여 모의할 수 있는 수리모형인 WSPRO모형이나 HEC-RAS모형 등의 컴퓨터 모형을 이용하여 결정할 수가 있다.

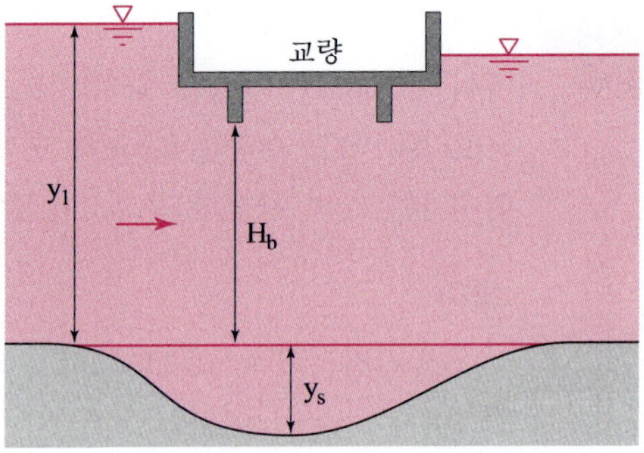

그림 15.5.4 압력흐름에 의한 교각의 세굴

압력흐름에 대한 세굴실험 결과 교각에서의 세굴 깊이는 압력흐름이 아닌 경우에 비해 200~300% 가량 증가하는 것으로 나타나고 있다. 실험결과 압력흐름에 의한 세굴은 연직방향의 수축세굴 및 국부 교각세굴이 조합되어 나타나고 있으며, 국부 교각세굴은 동일한 접근 흐름 조건에서 압력흐름이 아닌 자유수표면 흐름에 대한 국부세굴과 동일하다. 따라서 압력흐름에 의한 세굴은 앞에서 소개한 교각에서의 국부세굴에 연직방향의 수축세굴을 합하여 산정하게 된다.

연직방향의 수축세굴깊이는 Arneson이 그의 실험 자료를 바탕으로 회귀분석한 결과로부터 얻은 다음과 같은 식을 이용하여 산정할 수 있다.

$$\frac{y_s}{y_1} = -5.08 + 1.27\left(\frac{y_1}{H_b}\right) + 4.44\left(\frac{H_b}{y_1}\right) + 0.19\left(\frac{V_a}{V_c}\right) \tag{15.5.11}$$

여기서 y_s는 평균 하상고에 대한 연직방향의 수축세굴깊이(m), y_1은 교량 직상류에서의 수심(m), H_b는 교량 상부구조물 최하단으로부터 세굴되기 이전 하상의 평균표고간의 높이차(m), V_a는 세굴되기 이전의 교량단면을 통과하는 흐름의 평균유속(m/s), 그리고 V_c는 교량지점에서의 하상 재료크기 D_{50}에 대한 한계유속(m/s)이다.

예제 15.6

어떤 교량지점에서 컴퓨터 모형을 이용하여 100년 빈도의 홍수를 분석한 결과 수위가 교량 상부구조물의 하단부보다 높아 압력흐름이 발생하고 있다. 교량 직상류 지점에서의 수심이 9.75m, 유속이 2.93m/s, 그리고 단위폭당 유량이 28.56m^3/sec/m이다. 교각의 선단은 둥글고 폭이 0.914m이며 흐름과 같은 방향으로 배치되어 있다. 세굴되기 이전의 평균하상과 교량 상부구조물의 하단부까지의 거리가 7.93m이며 하상재료의 입도는 $D_{50} = 0.4\text{mm}$이다. 압력흐름에 의한 세굴깊이를 산정하라.

풀이

연직방향의 수축세굴을 먼저 계산하면 한계유속 V_c 및 세굴되기 이전의 교량단면에서의 평균유속 V_a는 다음과 같다.

$$V_c = 6.19 y_1^{1/6} D_{50}^{1/3} = 6.19 \times 9.75^{1/6} \times 0.0004^{1/3} = 0.669\text{m/s}$$

$$V_a = \frac{q_1}{H_b} = \frac{28.56}{7.93} = 3.6\text{m/s}$$

따라서 식 (15.5.11)에 이 값들을 적용하면

$$\frac{y_s}{9.75} = -5.08 + 1.27\left(\frac{9.75}{7.93}\right) + 4.44\left(\frac{7.93}{9.75}\right) + 0.19\left(\frac{3.6}{0.669}\right) = 1.12$$

따라서 $y_s = 1.12 \times 9.75 = 10.92\text{m}$가 된다. 한편 교각 국부세굴은 식 (15.5.1)을 적용하여 산정하면 된다. 교각지점에서의 연직방향의 수축세굴을 고려한 수심은

$$y_2 = H_b + y_s = 7.93 + 10.92 = 18.85\text{m}$$

따라서 교각지점에서의 유속은

$$V_2 = V_a\left(\frac{H_b}{y_2}\right) = 3.6 \times \left(\frac{7.93}{18.85}\right) = 1.51\text{m/s}$$

$K_1 = 1.0,\ K_2 = 1.0,\ K_3 = 1.1,\ K_4 = 1.0$이고 Froude 수는

$$F_{r1} = \frac{1.52}{\sqrt{9.81 \times 18.85}} = 0.11$$

그러므로

$$\frac{y_s}{18.85} = 2.0 \times 1.0 \times 1.0 \times 1.1 \times 1.0 \times \left(\frac{0.914}{18.85}\right)^{0.65} \times 0.11^{0.43} = 0.12$$

따라서

$$y_s = 18.85 \times 0.12 = 2.26\text{m}$$

그러므로 압력흐름에 의한 총 세굴 깊이는 $10.92 + 2.26 = 13.2\text{m}$가 된다.

15.5.5 교각세굴의 상단부 폭

점착성이 있는 하상재료에 대한 교각의 한쪽 면으로부터의 상단부 세굴 폭은 다음과 같은 식을 이용하여 산정할 수가 있다.

$$W = y_s(K + \cot\theta) \qquad (15.5.12)$$

여기서 W는 교각 또는 기초의 한쪽 면으로부터의 상단부 세굴 폭(m), y_s는 세굴깊이(m), K는 세굴깊이에 대한 세굴지점 하단부 폭의 비, 그리고 θ는 하상재료의 안식각(angle of repose)으로 30°~44°의 값을 가진다.

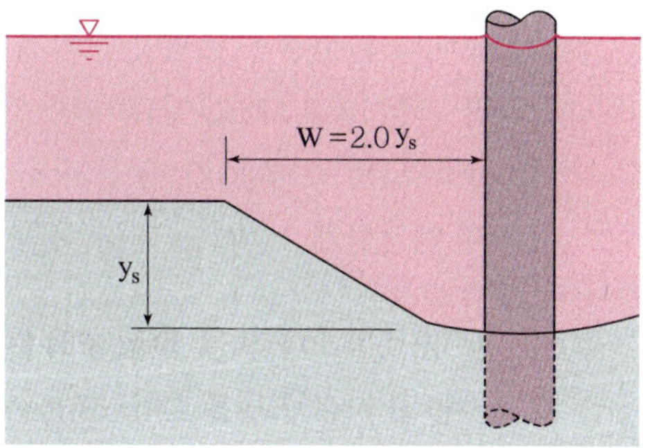

그림 15.5.5 교각세굴의 상단부 세굴 폭

만일 세굴지점의 하단부 폭이 세굴깊이 y_s와 같다면($K = 1$) 점착성이 없는 모래인 경우 세굴지점의 상단부 폭은 $2.07 \sim 2.80y_s$가 된다. 드문 경우지만 만일 $K = 0$이면 세굴지점의 상단부 폭은 $1.07 \sim 1.8y_s$이 된다. 따라서 상단부 폭은 $1.07 \sim 2.8y_s$의 범위에서 세굴지점의 하단부 폭과 하상재료의 구성에 따라 변하게 된다. 일반적인 적용에서는 세굴지점의 상단부 폭 W는 $2.0y_s$를 사용하게 된다.

예제 15.7

예제 15.3과 같은 경우의 국부세굴이 발생할 때 $K=0$일 경우와 $K=1$일 경우에 대한 교각세굴 폭을 산정하라. 단, 하상재료의 안식각은 35°로 가정하라.

풀이

예제 15.3에서 교각에서의 세굴깊이가 $y_s = 3.03\text{m}$로 산정되었으므로 식 (15.5.12)에 의하면

$K=0$일 경우

$$W = y_s(K + \cot\theta) = 3.03 \times (0 + \cot 35^\circ) = 4.327\text{m}$$

$K=1$일 경우

$$W = 3.03 \times (1 + \cot 35^\circ) = 7.357\text{m}$$

15.6 교대에서의 국부세굴

흐름이 교대 및 제방에 의해 방해를 받게 되면 교대지점에서 세굴이 발생하게 된다. 홍수가 지난 후 현장조사를 통한 제방붕괴의 원인을 보면 교대 또는 돌출된 제방에서의 월류, 하천의 횡방향 이동 또는 하천의 확장과정, 단면축소세굴, 그리고 교대에서의 국부세굴 등으로 나타나고 있다.

교대나 돌출된 도로제방에 의해 흐름이 방해를 받게 되면 그림 15.6.1과 같이 교대의 상류단에서 수평 와류(horizontal vortex)가 형성되어 교대의 선단 하부를 따라 발생하게 되며, 교대의 하류 끝단에서는 연직방향의 후류 와류(wake vortex)가 형성된다.

그림 15.6.1 교대 주위에서의 와류발생

15.6.1 교대에서의 세굴

교대에서의 국부세굴깊이를 산정하기 위해 Liu, Laursen, Froehlich 및 Melville 등이 실험 및 현장

조사를 통해 다양한 식을 제시하였다. 최근까지 이러한 식들은 변수의 하나로 교대 및 도로 제방의 길이를 사용하였으며, 이러한 경우 보수적인, 즉 과도한 세굴깊이를 산정하게 된다. 일반적으로 교대의 기초는 장기하상변동, 횡방향 이동, 단면축소세굴로부터 안전하도록 설계되어야 하고 사석(riprap), 도류제(guide bank), 사석으로 보호된 호안공 (revetments) 등을 사용하여 수평 및 후류 와류로부터 보호되어야 한다.

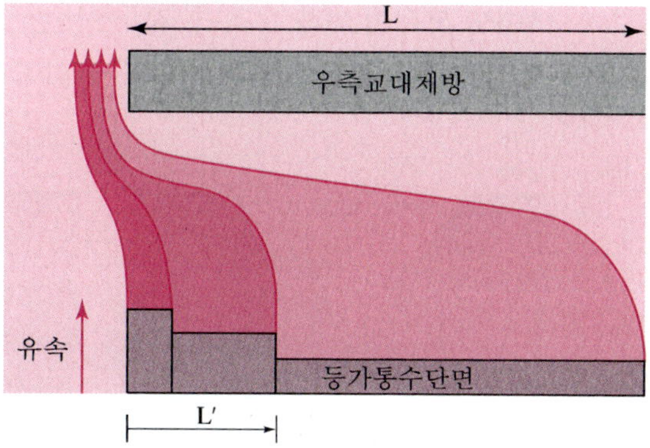

그림 15.6.2 흐름을 방해하는 제방 길이의 결정

흐름을 방해하는 제방의 길이는 교량 상류지점에서의 통수능(conveyance) 대 흐름 단면에 대한 상대적인 거리로 결정할 수가 있다. 만일 홍수터에서 주어진 유량을 통수시키는데 필요한 횡단면이 상대적으로 큰 경우 이 흐름을 방해하는 제방의 길이는 교대에서의 세굴깊이 산정시 제방의 길이에 포함시키지 않게 된다. 만일 횡단면의 많은 부분을 차지하고 있는 흐름의 유속이 작거나 수심이 작은 경우도 이러한 흐름을 방해하는 제방의 길이부분은 포함시키지 않게 된다.

예를 들어 그림 15.6.2와 같이 교량지점의 우측 홍수터로부터 동일한 유량이 흐르는 세 개의 통수단면을 생각해 보자. 맨 우측의 통수단면은 홍수터의 대부분을 차지하고 있지만 홍수터를 흐르는 유량의 1/3만 담당하고 있다. 따라서 혼탁수 흐름 단면에 포함시키지 않고, 제방에 의해 방해받는 흐름의 길이는 오직 왼쪽의 두 개 통수단면에 해당하는 L′로 정하게 된다.

교대나 도로제방에 의해 방해받아 교대지점의 하도로 되돌아오는 홍수터 흐름의 양은 다양하게 변하게 된다. 대부분의 홍수터 흐름이 교량단면의 직상류로 되돌아오게 되는 경우 교대의 세굴은 심각하게 된다. 하지만 홍수터 흐름이 교량 직상류의 주 하도로 점진적으로 되돌아오게 되면 세굴은 덜 심하게 된다.

교대나 제방의 흐름에 대한 방향, 즉 경사각은 그림 15.6.3과 같이 나타낼 수 있다. 교대가 하류방향으로 향하고 있으면 세굴 깊이는 감소하게 되고 이와는 반대로 상류방향으로 향하고 있으면 세굴 깊이는 증가하게 된다.

교대의 형상에 따라서도 세굴 깊이에 영향을 받게 된다. 교대의 형상은 일반적으로 그림 15.6.4와 같이 여수벽 교대(spill-through abutment), 수직벽 교대(vertical walls without wing walls), 그리고 날개벽(wing walls)을 가진 수직벽 교대로 분류할 수가 있다.

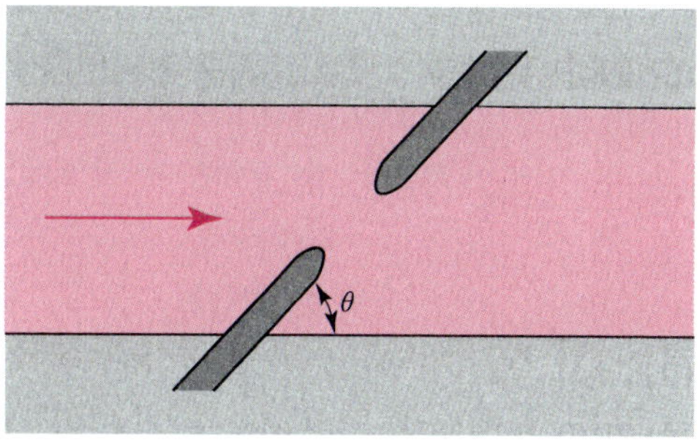

그림 15.6.3 교대의 흐름과 이루는 각 θ

여수벽 교대에 비해 수직벽 교대에서는 세굴 깊이가 약 2배가 되며, 날개벽을 가진 수직벽 교대는 날개벽이 없는 수직벽 교대에서의 세굴 깊이의 약 82% 정도가 발생하게 된다.

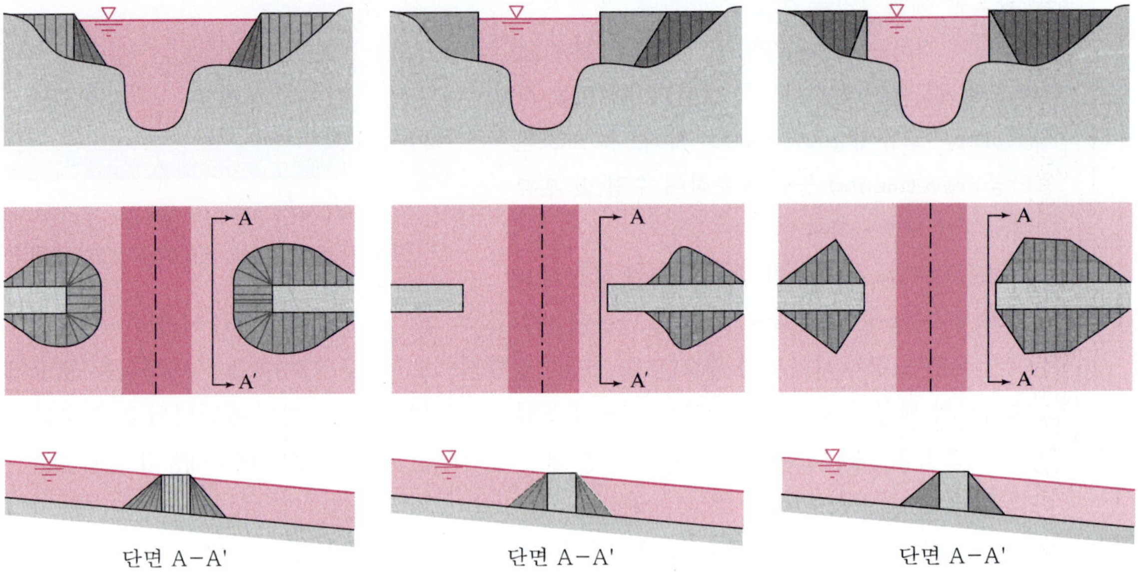

(a) 여수벽교대 (b) 수직벽교대 (c) 날개벽을 포함한 수직벽교대

그림 15.6.4 교대의 형상에 따른 종류

15.6.2 교대의 세굴깊이 산정공식

교대 기초의 설계나 사석 및 도류제 등을 이용하여 세굴에 대한 보강하기 위한 잠재적인 세굴깊이를 예측하기 위해서 Froehlich 또는 HIRE 혼탁수 세굴공식을 주로 사용하게 된다.

가) Froehlich의 세굴공식

Froehlich는 실험수로에서 170여 가지의 혼탁수 세굴 측정자료를 회귀분석하여 다음과 같은 교대에서의 세굴 깊이 산정공식을 제시하였다.

$$\frac{y_s}{y_a} = 2.27K_1K_2\left(\frac{L'}{y_a}\right)^{0.43} F_{r1}^{0.61} + 1 \tag{11.6.1}$$

여기서 y_s는 세굴깊이(m), K_1은 교대의 형상계수(표 15.6.1), K_2는 흐름에 대한 교대의 방향계수로 $K_2 = (\theta/90)^{0.13}$으로 산정할 수 있으며 여기서 교대가 하류로 향하고 있으면 $\theta < 90^\circ$이고 상류로 향하고

있으면 $\theta > 90^\circ$이다. L'는 교대 제방에 의해 방해받는 흐름의 실제 길이(m), F_{r1}은 교대 상류 접근 흐름에서의 Froude 수로 $F_{r1} = V_e/(gy_a)^{1/2}$이며 여기서 V_e는 Q_e/A_e로 Q_e는 교대 제방에 의해 방해받는 유량(m^3/s), A_e는 교대 제방에 의해 방해받는 접근 단면의 흐름 단면적(m^2), y_a는 홍수터에서의 흐름의 평균 수심(A_e/L)(m), 그리고 L은 흐름방향에 수직으로 투영한 교대 제방의 길이(m)이다.

표 15.6.1 교대 형상계수

교대의 형태	형상계수 K_1
수직벽 교대	1.00
측벽을 포함하는 수직벽 교대	0.82
여수벽 교대	0.55

나) HIRE 세굴공식

HIRE 공식은 실험 및 현장 자료를 바탕으로 유도한 교대에서의 세굴깊이 산정공식으로 투영된 교대 제방의 길이 L과 수심 y_1과의 비가 25보다 큰 경우 적용할 수가 있다.

$$\frac{y_s}{y_1} = 4F_{r1}^{0.33}\frac{K_1}{0.55}K_2 \tag{15.6.2}$$

여기서 y_s는 세굴깊이(m), y_1은 홍수터 상의 제방에서의 수심 또는 주하도의 수심(m), F_{r1}은 교대에 인접한 지점이나 상류에서의 유속 및 수심으로부터 산정한 Froude 수, K_1은 교대 형상계수(표 15.6.1), 그리고 K_2는 Froehlich 공식으로 산정한 교대와 흐름간의 접근각에 대한 계수이다. 식 (15.6.1) 및 식 (15.6.2)는 청정수 및 혼탁수 세굴에 모두 적용할 수 있다.

예제 15.8

오른쪽 교대가 주하도의 제방선으로부터 홍수터로 3.0m의 길이를 가지고 있으며, 교대 제방의 높이는 3.0m, 주하도 제방의 높이는 0.61m이다. 왼쪽 교대는 주하도 제방선까지 61.95m 돌출되어 있다. 교대 제방은 오른쪽이 상류쪽으로 10° 경사를 이루고 있다. 상류하도의 수심이 2.62m, 유량이 773.05m^3/s, 세굴이 발생하기 전의 교량지점에서의 수심이 2.16m일 때 교대가 날개벽을 가진 수직교대로 이루어져 있을 경우 교대에서의 국부세굴 깊이를 산정하라. 단, 컴퓨터 모형을 이용하여 산정한 오른쪽 홍수터에서의 유량 및 유속은 17.8m^3/s와 3.0m/s이고, 왼쪽 교대에 인접한 통수단면에서의 유속은 3.72m/s이다.

풀이

① 오른쪽 교대에서의 세굴깊이 산정

오른쪽 홍수터에서의 흐름을 모두 고려한다면 교대 제방의 실제 길이는 흐름과의 각도에 대한 투영 길이로 $L = L' = 3\cos 10° = 2.95\text{m}$가 된다. 또한 홍수터에서의 평균수심 $y_a = 2.62 - 0.61 = 2.01\text{m}$가 된다. 교대 제방의 길이와 홍수터에서의 평균수심간의 비 $L'/y_a = 2.95/2.01 = 1.47 < 25$이므로 Froehlich 공식을 사용하기로 한다.

날개벽을 가진 수직벽 교대이므로 $K_1 = 0.82$가 된다. 오른쪽 교대가 상류방향으로 10° 경사를 이루고 있으므로

$$K_2 = \left(\frac{\theta}{90}\right)^{0.13} = \left(\frac{100}{90}\right)^{0.13} = 1.01$$

홍수터에서의 흐름의 유효 단면적은 $A_e = y_a \times L' = 2.01 \times 2.95 = 5.93\text{m}^2$이 된다.

컴퓨터 모형을 이용하여 산정한 홍수터에서의 유량 및 유속이 $Q_e = 17.8\text{m}^3/\text{s}$, $V_e = 3.0\text{m/s}$로 주어졌으므로 교대 상류부에서의 흐름의 Froude 수는

$$F_r = \frac{3.0}{\sqrt{9.81 \times 2.01}} = 0.68$$

따라서 이들 값들을 Froehlich 공식 (15.6.1)에 적용하면

$$\frac{y_s}{2.01} = 2.27 \times 0.82 \times 1.01 \times \left(\frac{2.95}{2.01}\right)^{0.43} \times 0.68^{0.61} + 1 = 2.75$$

그러므로 오른쪽 교대에서의 세굴깊이는 $y_s = 2.75 \times 2.01 = 5.53\text{m}$가 된다.

② 왼쪽 교대에서의 세굴깊이 산정

왼쪽 홍수터에서도 흐름을 모두 고려하면 교대의 실제 길이는 $L = L' = 61.96\cos 10° = 61.02\text{m}$가 된다. 교대 지점에서의 세굴되기 전의 수심이 $y_1 = 2.16\text{m}$이므로 교대 제방의 길이와 홍수터에서의 평균수심 간의 비 $L'/y_a = 61.02/2.16 = 28.25 > 25$이므로 HIRE 공식을 사용하기로 한다.

$K_1 = 0.82$로 앞과 동일하고, 왼쪽 교대는 하류방향으로 80° 경사를 이루고 있으므로

$$K_2 = \left(\frac{\theta}{90}\right)^{0.13} = \left(\frac{80}{90}\right)^{0.13} = 0.98$$

컴퓨터 모형을 이용하여 산정한 왼쪽 교대에서의 유속이 $V_1 = 3.72\text{m/s}$로 주어졌으므로 교대 상류부에서의 흐름의 Froude 수는

$$F_r = \frac{3.72}{\sqrt{9.81 \times 2.16}} = 0.81$$

따라서 이들 값들을 HIRE 공식 (15.6.2)에 적용하면

$$\frac{y_s}{y_1} = 4 \times 0.81^{0.33} \times \left(\frac{0.82}{0.55}\right) \times 0.98 = 5.45$$

그러므로 왼쪽 교대에서의 세굴깊이는 $y_s = 5.45 \times 2.16 = 11.8\text{m}$ 가 된다.

15.7 교량세굴방지

15.7.1 교량세굴방지 기본

교량의 안전검사 및 총 세굴 깊이를 계산하여 큰 세굴이 예상되는 교량에 대해서는 장래의 홍수로 인한 교량의 붕괴나 피해를 방지하기 위해 적절한 조치를 취해야 하며, 흐름의 특성과 교량의 조건 등을 감안하여 신설 교량과 기존 교량으로 나누어 고려할 수가 있다.

신설 교량 설계 시 세굴에 의한 피해를 최소화하기 위해서는 다음과 같은 방법들을 고려할 필요가 있다. ① 교량을 홍수 흐름이 방해받지 않는 곳에 위치시킨다. ② 흐름의 방해를 최소화하도록 교량요소를 유선형으로 한다. ③ 세굴에 안전하도록 기초를 설계한다. ④ 사석이나 다른 보호구조물이 필요 없도록 교량기초를 깊게 위치시킨다. ⑤ 교대는 사석이나 다른 보호구조물에 의해 잘 보호되게 설계되었으면 예상되는 세굴깊이 위에 위치시켜도 된다.

기존 교량에 대해 세굴로부터 교량의 보호를 위해 사용할 수 있는 방법들을 개략적인 비용순서로 나열하면 다음과 같다. ① 세굴깊이를 측정하고 과다하게 세굴된 경우 교량을 폐쇄한다. ② 교각을 사석으로 보강하고 관찰한다. ③ 교대를 사석으로 보강한다. ④ 도류제(guide bank)를 설치한다. ⑤ 하천을 개수한다. ⑥ 교량 기초부를 강화한다. ⑦ 토대나 낙차공을 설치한다. ⑧ 완화교량(relief bridge)을 설치하거나 기존교량의 경간을 늘린다.

세굴에 취약한 기존 교량의 보호조치에 대한 계획을 수립하는데 고려할 사항들은 다음과 같다.

가) 세굴취약교량의 감시, 검사 그리고 잠정적인 폐쇄

홍수 발생 중 및 발생 후의 세굴에 취약한 교량의 감시에 있어 특별한 주의를 기울여야 하며, 이와 같은 감시 계획 수립 시 고려해야 할 사항들은 다음과 같다.

① 교대 및 교각에서 현재 진행 중인 변형의 정보 또는 기초의 침하.
② 지속적인 교량검사, 하천평면도, 항공사진 등에 의해 얻어진 하천횡단면의 변화분석을 기본으로 한 하상고의 상승 및 하강률 또는 횡 방향 이동에 대한 정보.
③ 홍수기간 중 및 홍수 후의 하상고를 측정하기 위한 추천되어지는 절차 및 장비.
④ 최대 허용세굴깊이, 홍수류, 수면고 등과 같이 초과 시 교량의 통행제한을 해야 하는 항목들에

대한 지침.

⑤ 교량폐쇄 조치를 취할 수 있는 과도한 세굴, 평상시보다 큰 유속 및 수위 또는 유량을 처리하기 위한 보고절차, 교량 폐쇄를 할 수 있는 당국자와의 명령체계를 수립.

⑥ 교량으로부터 정확한 측정을 할 수 없는 깊은 하천에 있어서의 하상고의 점검에 대한 지침.

⑦ 사석, 제방(dikes), 턱(sill)과 같은 현존하는 보강시설의 검사에 대한 지침.

⑧ 검사결과의 보고서화 및 필요하다면 후속조치와 관련된 지시에 대한 형식과 절차.

⑨ 세굴깊이 경보장치의 설치.

나) 일시적인 보강시설

홍수시 교량의 감시는 세굴에 의한 교량의 붕괴가 임박했음을 알려줄 수도 있다. 하지만 통행량, 열악한 우회도로, 교량을 통행할 때 필요한 비상차량 등의 필요 등과 같은 이유로 인해 홍수기 동안의 교량 폐쇄는 오히려 역효과를 줄 수가 있다. 따라서 긴급한 교량폐쇄의 필요성을 완화시키기 위해 사석과 같은 일시적인 세굴방지시설을 설치할 필요가 있으며, 홍수기간 동안의 감시 및 홍수후의 검사와 함께 교량에 설치된 일시적인 보강시설은 교량의 안전을 보장해야 한다.

다) 세굴 방지시설의 설치계획

공학적인 세굴평가 연구는 교량지점에서의 세굴방지시설의 설치에 대한 우선순위 및 계획을 세울 수 있도록 세굴에 취약한 교량의 붕괴위험도를 나타내주어야 한다. 검사결과 교각에 대한 확대기초가 부분적으로 침하되어 위험이 분명한 경우에는 즉각적인 조치가 이루어져야 한다. 그 외의 경우에 있어서는 즉각적인 조치의 필요성은 없지만 세심한 판단과 이에 따른 대책이 수행되어야 한다.

하천의 변화는 보통 점진적으로 나타나기 때문에 관계자는 오랜 기간이 지나서야 조치를 취할 경우가 많다. 하지만 세굴의 정도와 세굴위험도가 증가할수록 이에 따른 보강대책에 대한 선택의 수가 감소하고 보강비용도 증가하게 된다.

라) 세굴 방지시설의 종류

세굴 방지시설물(countermeasures)은 세굴과 관련된 수리학적인 문제점들을 피하거나 조절하기 위해 교량 설계 시 반영되거나 또는 교량지점이나 교량과 인접한 곳에 단독으로 설치되는 시설물을 말한다. 교량지점 및 인접한 하천상에 설치하여 교량 세굴을 방지시킬 수 있는 방호시설물은 다음과 같은 범주로 구분할 수가 있다.

① 신축성 호안(revetment) 또는 하상 장갑화(bed armor) : 사석(dumped rock riprap), 사석웅덩이(rock fill trench), 돌매트(rock-and-wire mattress), 돌망태(gabion), 폐타이어 호안, 식생설치, 프리캐스트 콘크리트 블록, 격벽(bulkhead)

② 고정식 호안 또는 하상방호 : 콘크리트 포장(concrete pavement), 콘크리트 자루(sacked concrete), 콘크리트 그라우트 사석(concrete-grouted riprap), 콘크리트 섬유매트(concrete- filled fabric mat), 격벽

③ 흐름조절 구조물 : 수제공(spur), 투수성 돌출수제(retard), 제방(dike), 돌출 수제(spur dike), 사방댐(check dam), 잭필드(jack field)

④ 교각을 보호하기위한 특별시설물 : 부유물전환시설(drift deflector), 교각선단 마모방지시설

⑤ 교량, 접근도로, 하도의 변경 : 교각의 기초보강 또는 피복, 도로의 월류부 설치, 접근하도의 선형 변경

⑥ 교량 재배치 설계와 관련된 대책 : 교량길이의 증가, 하도 내 교각의 최소 설치

이상과 같은 교량 세굴방지시설 중 대표적인 사석, 도류제, 낙하구조물 등에 대해 소개하기로 한다.

15.7.2 교각과 교대에서의 사석

현재의 사석보강에 대한 지식은 현장에서의 검증이 부족한 실험실 조건하에서 수행된 연구에 기본을 두고 있다. 교각이나 교대 주위에서의 흐름은 난류이며 상당히 큰 바위도 시간이 지남에 따라 움직일 수 있는 힘을 가지고 있다. 난류와 큰 유속으로 인한 교각에서의 사석의 제거로 인해 유실되는 교량들이 많이 발생하고 있으며, 일반적으로 이러한 교량의 유실은 하나의 홍수사상 때문에 발생하지는 않고 연속적인 홍수류의 영향으로 발생하게 된다. 따라서 교각 주위의 세굴을 방지하기 위해 사석을 설치할 경우 안정성이 확인될 때까지 홍수가 발생할 때마다 점검할 필요가 있다.

가) 교대에서의 사석의 크기 결정

미국연방고속도로국(FHWA)은 세굴로부터 교대를 보호하기 위한 사석크기의 결정공식을 유도하기 위해 두 가지의 실험연구를 수행하였는데, 그 하나는 홍수터를 28% 및 56% 잠식한 수직 및 여수벽 교대에 관한 것이고, 다른 하나는 주하도 근처의 홍수터를 잠식하고 있는 여수벽 교대(그림 15.7.1)에 관한 실험이다. 두 가지의 실험연구에 있어 여수벽 교대에 대해서는 사석이 일관성 있게 교대중심선 하류지점의 끝단에서 손상을 입었고(그림 15.7.2), 수직벽교대에 대한 첫 번째의 연구는 사석이 교대중심선의 상류 끝단에서 손상을 입음을 보여주었다.

Froude 수가 0.8보다 작은 경우, 여수벽 교대 및 수직벽 교대에 대한 사석의 크기를 결정하기 위한 공식은 다음과 같다.

$$\frac{D_{50}}{y} = \frac{K}{(S_s - 1)}\left[\frac{V^2}{gy}\right] \tag{15.7.1}$$

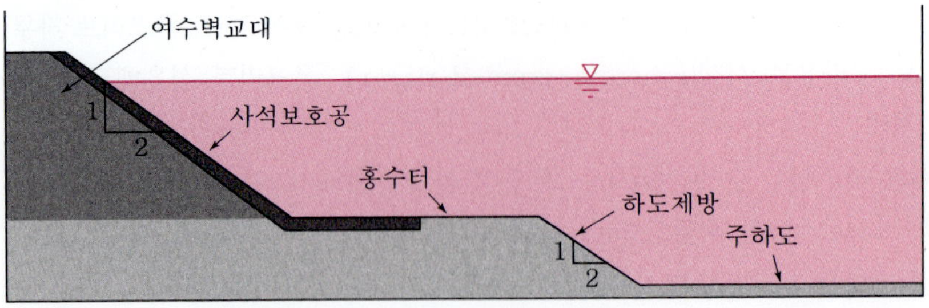

그림 15.7.1 전형적인 주하도 근처의 홍수터에 위치한 여수벽 교대의 측면도

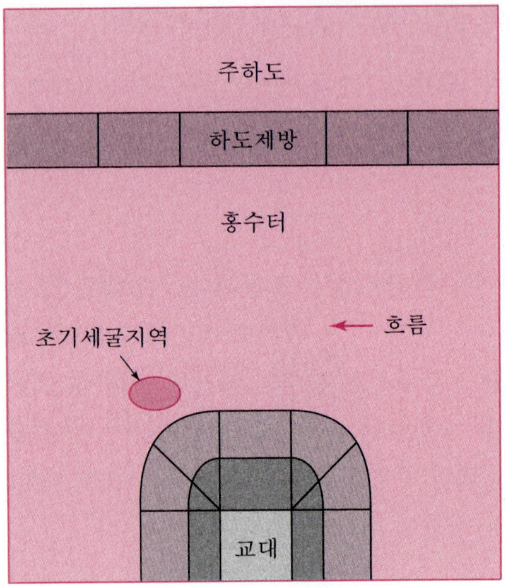

그림 15.7.2 여수벽 교대에 대한 사석의 초기세굴지역 위치의 평면도

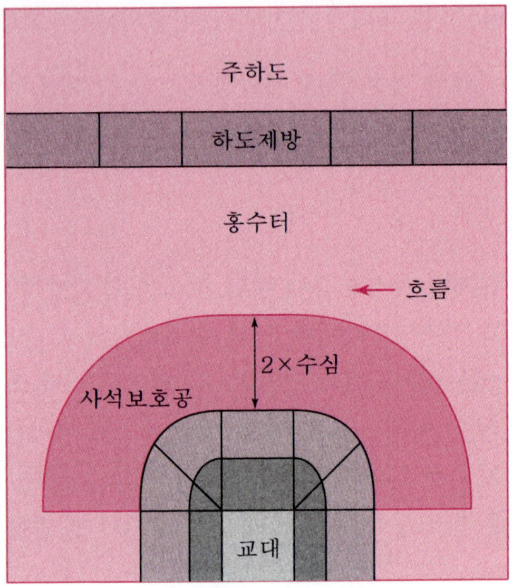

그림 15.7.3 사석 에이프런의 확장을 나타내는 평면도

여기서 D_{50}은 사석의 평균입경(m), V는 단면수축지점에서의 평균유속(m/s), S_s는 사석의 비중으로 보통 2.65를 적용하고, g는 중력가속도(m/s^2), y는 교량단면에서의 수심(m), K는 여수벽 교대인 경우는 0.89, 수직벽 교대인 경우는 1.02를 사용한다.

Froude 수가 0.8보다 큰 경우 다음 식을 사용한다.

$$\frac{D_{50}}{y} = \frac{K}{(S_s - 1)} \left[\frac{V^2}{gy} \right]^{0.14} \tag{15.7.2}$$

여기서 K는 여수벽 교대인 경우 0.61, 수직벽 교대인 경우 0.69를 사용한다.

사석의 크기가 결정되었으면 다음과 같은 사항을 고려하여 사석의 설치 정도를 결정한다.

① 교대경사 끝단에 있어서의 에이프런은 교대 끝단의 전 길이, 교대의 굴곡지점부터 제방경사면과 접하는 지점을 따라 확장되어야 한다.
② 에이프런은 교대의 끝단부터 제방 근처 홍수터에서의 흐름 깊이의 2배 거리 정도 교량수로로 확장시키되 8m 이상 초과할 필요는 없다. (그림 15.7.3)
③ 교대경사는 식 (15.7.1)과 식 (15.7.2)로부터 계산된 사석의 크기로 보호되어야 하며 범위는 ①과 일치해야 한다.
④ 사석의 두께는 D_{50}의 1.5배나 D_{100} 중 큰 것보다 작아서는 안 된다. 사석이 수면 아래에 위치할 때에는 불확실성을 고려하여 사석의 두께를 50% 정도 증가시켜야 한다.
⑤ 사석의 평탄작업 및 사석 아래에 위치하는 필터재료의 사용 등도 고려되어야 한다.

예제 15.9

교대가 설치되어 있는 주수로에서의 수심이 3.0m, 유속이 2.5m/s일 때 교대에서의 세굴방지를 위한 사석의 크기, 피복범위 및 두께를 결정하라. 단, 교대는 여수벽 교대이고, 사석의 비중은 2.65이다.

풀이

Froude 수를 구하면

$$F_r = \frac{V}{\sqrt{gy}} = \frac{2.5}{\sqrt{9.81 \times 3.0}} = 0.46$$

Froude 수가 0.8보다 작으므로 식 (15.7.1)을 적용한다.
여수벽 교대이므로 K = 0.89를 적용하면

$$D_{50} = \frac{yK}{(S_s - 1)}\left[\frac{V^2}{gy}\right] = \frac{3 \times 0.89}{2.65 - 1} \times \left(\frac{2.5^2}{9.81 \times 3}\right) = 0.34\text{m}$$

사석의 피복범위는 수심의 두 배 정도로 하여 6m로 정하고, 두께는 D_{50}의 1.5배인 0.5m 이상으로 한다.

나) 교각에서의 사석 크기 결정

사석보강은 기존교량 교각에서의 세굴에 대한 영구적인 보강책이 아니며, 새로운 교량에서는 가급적 사용하지 않도록 세굴에 대해 안전하게 설계하여야 한다. 부득이 사용할 경우 사석의 크기 D_{50}은 다음과 같이 결정한다.

$$D_{50} = \frac{0.692(KV)^2}{(S_s - 1)2g} \tag{15.7.3}$$

여기서 D_{50}은 사석의 평균 입경(m), K는 교각형상계수로 둥근 교각인 경우 1.5, 사각형 교각인 경우는 1.7을 적용한다. V는 교각에서의 유속(m/s), S_s는 사석의 비중, 그리고 g는 중력가속도이다.

식 (15.7.3)으로부터 교각에서의 사석의 크기가 결정되면 다음과 같은 내용들을 고려하여 사석을 설치한다.

① 사석매트의 폭은 교각전면에서 보았을 때의 교각 폭의 2배 이상 수평으로 확대시킨다.
② 사석매트의 상단부가 하상고와 같도록 위치시킨다.
③ 사석매트의 두께는 사석직경의 3배 이상 되도록 한다.
④ 필터천이나 자갈필터를 사용할 경우 그 위에 사석을 위치시킨다.
⑤ 사석의 최대크기는 평균직경의 2배를 초과하지 않도록 한다.

예제 15.10

직경이 0.5m인 원통형 교각이 설치되어 있는 주수로에서의 수심이 3.0m, 유속이 2.5m/s일 때 교각에서의 세굴방지를 위한 사석의 크기, 피복범위 및 두께를 결정하라. 단, 사석의 비중은 2.65이다.

풀이

식 (15.7.3)을 적용하면 원통형 교각인 경우 K = 1.5이므로

$$D_{50} = \frac{0.692(1.5 \times 2.5)^2}{(2.65-1) \times 2 \times 9.81} = 0.3\text{m}$$

따라서 사석의 피복범위는 교각 주위에 교각 폭의 2배인 1m로 하고, 두께는 사석직경의 3배인 0.9m 이상으로 한다.

15.7.3 도류제

도류제(guide bank)는 교량 부근에서 홍수터로부터 주 하도로의 흐름을 원활하게 하기위해 설치되며, 최대 세굴을 일으킬 흐름을 교각이나 교대부로부터 거리를 두고 흐르게 한다. 교량 제방(embankment)이 넓은 홍수터를 잠식할 때, 이 지역으로부터의 흐름은 교량 통수단면으로 접근제방과 평행하게 흐르게 된다. 이러한 흐름은 접근제방을 세굴시키게 되고, 교대에서의 흐름 축소는 교량의 유효통수단면을 감소시키며, 교대나 교각세굴을 증가시키게 된다. 도류제는 이러한 경우 접근제방과 인접한 흐름을 차단시키고 교량통과 단면으로 흐름을 유도하여 교대세굴에 의해 발생하는 손실을 예방하기 위해, 교대로부터 세굴을 멀리 떨어지게 하여 교량제방의 침식을 방지하기 위해 사용되어진다.

도류제를 설계할 때 고려되어야 할 주요한 인자들은 교량통수단면에 대한 도류제의 방향, 평면모양, 상류 및 하류의 길이, 횡단모양, 그리고 정점표고이다. 그림 15.7.4는 전형적인 도류제의 평면모양을 보여주고 있다.

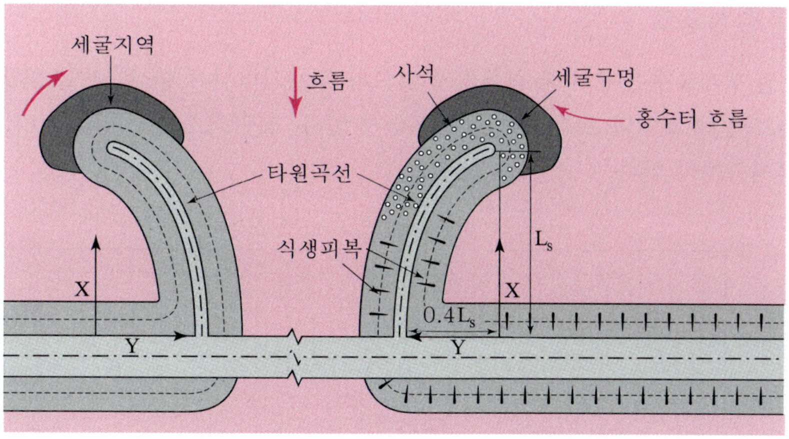

그림 15.7.4 전형적인 도류제

가) 도류제의 방향

도류제는 교대에서 시작하여 평행하게 교량통과 단면으로부터 상류방향으로 확장되도록 설치하며, 교량통수단면에서의 도류제간의 거리는 교대와의 거리와 같도록 한다. 장축과 단축의 비가 2.5:1인 타원형의 1/4 형태를 한 평면모양을 가진 도류제를 사용할 때가 가장 좋은 효과를 얻을 수가 있으며, 이러한 형상일 때 흐름의 점진적인 축소를 일어나게 할 수가 있다.

평면의 방향은 도류제의 돌출부에 원점을 둔 타원형의 식인 식 (15.7.4)를 사용함으로서 결정할 수가 있다. 이 공식에서 X는 교량 단면으로부터 수직으로 측정한 거리를 나타내고 Y는 그림 15.7.4와 같이 접근제방과 평행하게 측정된 길이를 의미한다.

$$\frac{X^2}{L_s^2}+\frac{Y^2}{(0.4L_s)^2}=1 \tag{15.7.4}$$

나) 도류제의 길이

도류제의 설계에 있어 도류제의 길이 L_s가 먼저 결정되어야 한다. 도류제의 길이는 그림 15.7.5와 같은 계산도표를 사용함으로서 쉽게 구할 수가 있다. 이 계산도표는 15m보다는 크고 75m보다는 작은 도류제의 길이를 계산하는 데 사용된다. 만일 계산도표에서 75m보다 긴 길이가 필요하다고 나타나면 75m로 사용하면 된다. 최소의 도류제의 길이는 15m로 할 것을 추천하고 있다.

설계목적에 대한 계산도표의 사용에서 하천의 총 유량 $Q(m^3/s)$, 각 홍수터에서의 측방 또는 홍수터 유량 $Q_f(m^3/s)$, 교대와 30m 떨어진 지점의 유량 $Q_{30}(m^3/s)$, 교량 통수단면의 길이 b(m), 정상수위일 때의 교량 통수단면에서의 횡단면적 $A_{n2}(m^2)$, 교량 통수단면에서의 평균유속 $V_{n2}=Q/A_{n2}(m/s)$, 도류제의 유출율 Q_f/Q_{30}, 도류제의 투영길이 $L_e(m)$ 등이 사용된다.

다) 도류제의 정점표고

도류제는 설계홍수량에 대해 월류하지 않도록 설계되어져야 한다. 만일 월류가 발생하게 되면 교차류와 와류로 인해 교대와 교각을 세굴시킬 수가 있다. 일반적으로 설계 홍수위 위로 최소한 0.6m의 여유고를 유지하여야 한다.

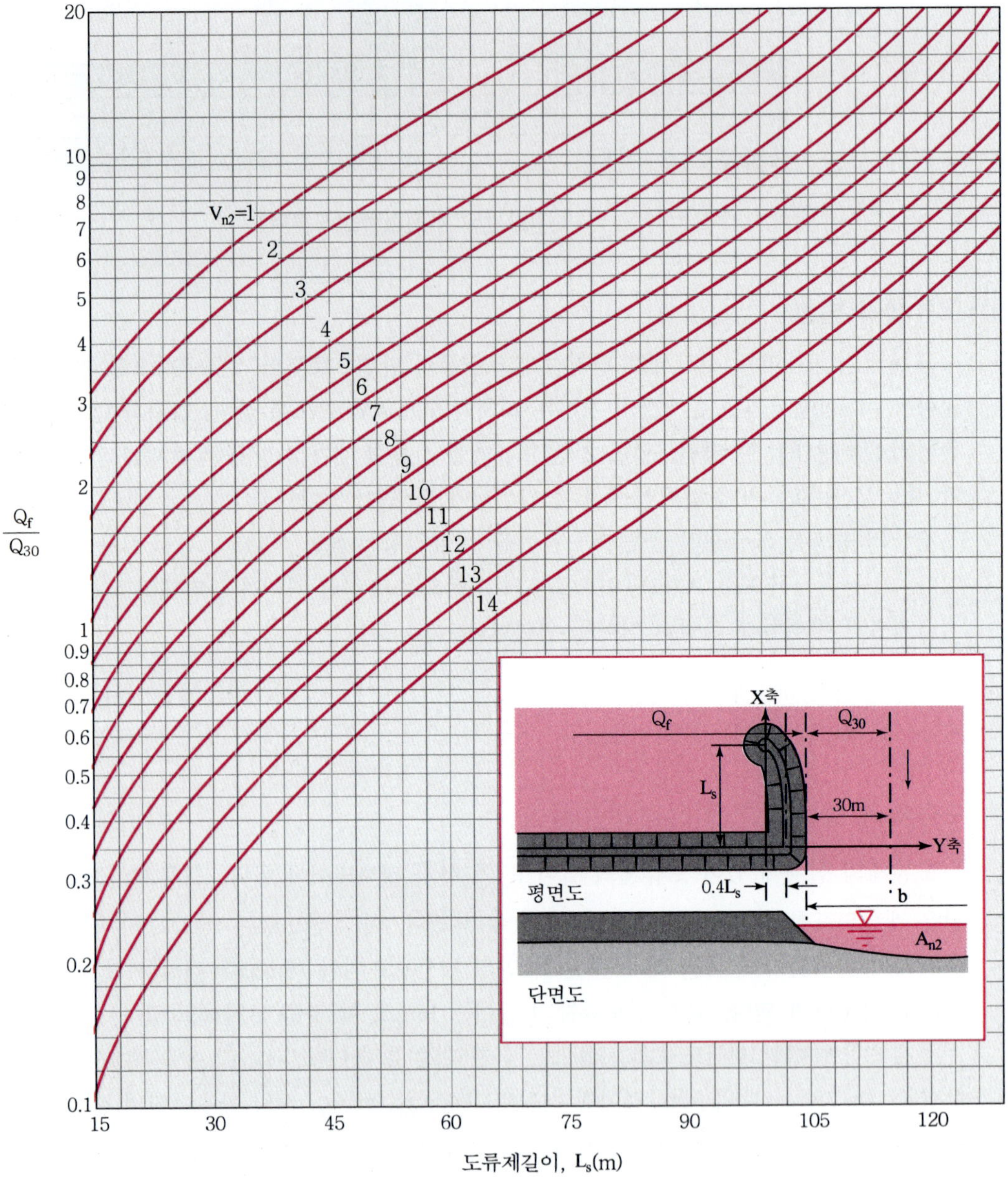

그림 15.7.5 도류제 길이 결정을 위한 노모그램

라) 도류제의 폭과 경사

도류제의 상단폭은 3m에서 4m이지만 예인선(drag-line)으로 건설할 경우 최소 폭은 1m로 한다. 도류제의 상류단은 둥근 돌출부로 이루어지도록 하고, 측면경사는 2:1이나 그보다 작게 한다.

마) 하류부 확장

교대의 하류단에서 급격한 흐름의 확대로 인한 세굴을 최소화하기 위해 도류제를 교대의 하류단으로 확장시킬 수도 있다. 만일 흐름의 확대가 너무 급작스러우면 일반적으로 길이가 15m보다 작은 짧은 도류제를 하류부에 설치할 수가 있다. 하류부 도류제는 교대에서 시작하고 교대와 평행을 이루어야 한다. 또한 도류제간의 거리는 교량의 교대로부터의 거리가 증가할수록 증가시킨다. 일반적인 하류부 도류제는 상류 도류제의 짧은 같은 모양을 한다. 하류부 도류제의 사석보호, 정점표고 및 폭은 상류부 도류제와 같은 방법으로 설계한다.

바) 사석

도류제는 교량의 교대로부터 상류로 토양이나 모래의 제방을 확장시킴으로서 건설할 수가 있다. 제방재료의 침식을 방지하기 위해 도류제는 표면을 사석이나 바위로 적절히 보호하여야 하며, 도류제의 끝단 주위뿐만 아니라 흐름에 접한 면에 사석으로 위치시켜야 한다. 사석은 도류제 면을 따라 하상고 아래 최소 1.5m 깊이로, 그리고 설계홍수량 위로 0.6m 정도까지 확장되어야 한다. 세굴로부터 제방을 보호하기 위해 도류제의 상류단 주위로 추가적인 사석을 설치해야 한다. 돌출수제의 경우와 같이 도류제를 접근제방에 적절히 연결시키는 것이 중요하다.

사) 설계 시 기타 고려사항

사석의 비용이 너무 큰 경우 도류제는 잔디나 다른 최소의 보호 장치로 덮어 마감할 수가 있다. 이러한 경우의 설계는 홍수가 지나간 후에 도류제의 수리나 보강에 대한 내용을 포함해야 한다. 홍수 시 접근제방이나 도류제의 손상을 최소화할 수 있는 수단들이 다음과 같다.

① 시공 시 여건이 허락하는 한 도류제 제방의 끝단에 나무를 위치시킨다.
② 제방의 상류면이나 도류제의 인접부를 따라 하도를 파지 않도록 한다.
③ 도류제의 뒤쪽이 홍수가 지난 후 적절히 배수하기 곤란하도록 너무 낮은 경우가 있다. 이러한 경우 배수하기 위해 도류제에 작은 배수 파이프를 설치해야 한다.
④ 한쪽의 제방으로만 월류할 경우에는 오직 한쪽의 도류제 제방만 설치할 수도 있다.

예제 15.11

그림 15.7.6과 같이 교량이 건설되기 이전의 하도의 횡단면과 홍수터 및 관련 자료가 주어질 때 세굴을 방지하기 위한 도류제를 설계하라.

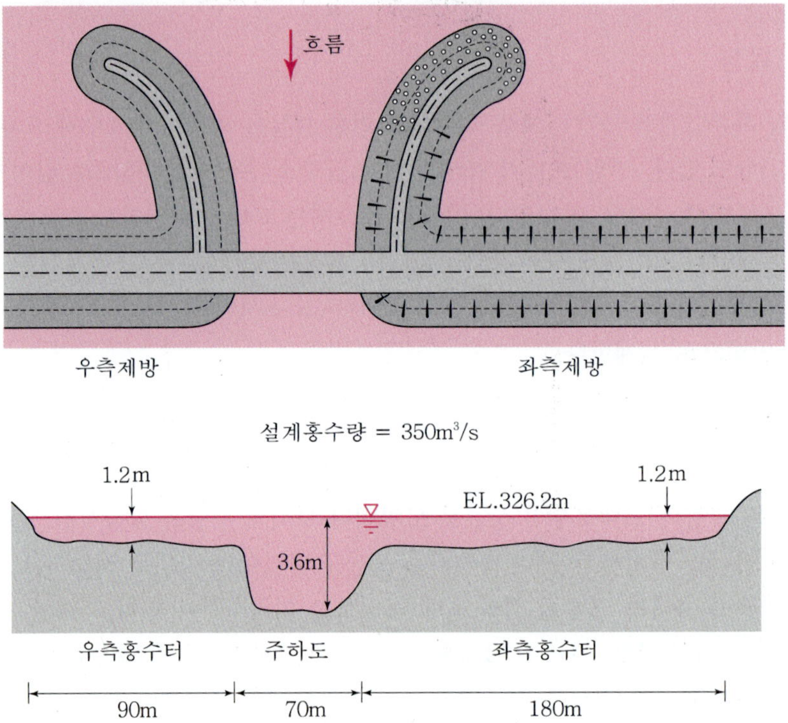

흐름을 방해하지 않는 교량 상류부의 수리 변수

$V_f = 0.37\text{m/s}$	$V_c = 0.91\text{m/s}$	$V_f = 0.37\text{m/s}$
$Q_f = 40\text{m}^3/\text{s}$	$Q_c = 230\text{m}^3/\text{s}$	$Q_f = 80\text{m}^3/\text{s}$

15.7.6 도류제 설계의 예

풀이

① 단계 1 : 수리설계변수

도류제설계의 첫 번째 단계는 주하도, 그리고 인접한 홍수터에 있어서의 설계홍수량과 유속을 계산하는 것이다. 이러한 값들은 WSPRO나 HEC-2 계산 모형이 주로 사용된다. 이러한 모형이나 실제 자료로부터 얻어진 통수곡선을 사용함으로서 주하도와 홍수터에서의 유출량과 수심이 계산되어질 수가 있다.

본 예제에서는 하도에 놓인 교량의 길이가 70m이고 교대가 주하도의 제방으로부터 30m 후퇴하고 있다고 가정한다. 이 교량의 교대는 측면경사가 2:1인 여수벽으로 되어 있으며, 설계홍수량이 350m^3/s

이고 배수위 계산으로부터 주하도에서의 평균깊이가 3.6m이고 평균 유속이 0.91m/s로 계산되어졌다고 가정한다.

② 단계 2 : 홍수터에서의 Q_f의 결정

양쪽 홍수터에서의 깊이가 1.2m이고 왼쪽과 오른쪽의 홍수터의 폭이 각각 180m와 90m로 주어졌다. 홍수터에서의 유속(도로제방이 없다고 가정)은 0.37m/s이다. 따라서 유량이 홍수터 단면에서의 유속과 횡단면의 곱임을 생각하면 Q_f는 왼쪽 홍수터에서는 $80m^3/s$, 오른쪽 홍수터에서는 $40m^3/s$로 계산되어진다.

③ 단계 3 : 홍수터에서의 Q_{30}과 Q_f/Q_{30}의 결정

다음으로 왼쪽과 오른쪽 교대에 30m 정도 인접한 홍수터의 유량을 계산한다. 이 경우 흐름이 전 홍수터를 통해 균일한 수심(1.2m)과 유속(0.37m/s)이고 교대가 주하도 제방으로부터 30m 후퇴하고 있으므로 Q_{30}의 값은 양단면에 대해 $13.32m^3/s$가 된다.

왼쪽과 오른쪽의 홍수터에 대해 Q_f/Q_{30}은 앞 단계에서 결정된 유출량으로 나누어 줌으로서 간단히 결정되어질 수가 있다. 본 예제에서 이 값들은 왼쪽 및 오른쪽 홍수터에 대해 각각 6 및 3으로 나왔다. 설계목적에 있어 가장 큰 값의 사용이 도류제의 길이의 결정에 있어 좀 더 안전적이라고 할 수가 있다. 따라서 본 예제에서의 Q_f/Q_{30}은 6을 사용하기로 한다.

④ 단계 4 : 도류제의 길이 L_s의 결정

교량 통과 단면을 통한 하도의 평균 유속은 하천의 총 유출량(Q)을 교량통과 단면에서의 흐름 횡단면적(A_{n2})으로 나누어 줌으로서 결정할 수가 있다. 본 예제의 경우 횡단면적은 주하도의 $252m^2$과 교량통과 단면의 30m 인접지역의 왼쪽과 오른쪽의 홍수터 단면에서의 $72m^2$를 합한 것이 된다. 따라서 하도평균유속(V_{n2})은 1.08m/s가 되고, Q_f/Q_{30}이 6인 것과 하도 평균유속이 1.08m/s인 것에 대해 도류제의 길이는 그림 15.7.5의 계산도표를 사용하여 결정할 수가 있다. 본 예제에 대해 계산도표로부터 결정된 길이 L_s는 대략적으로 32m이며, 도류제의 단축의 길이는 L_s에 0.4를 곱해서 구하고, 이 크기를 도류제의 끝단에 위치시킨다. 이 위치로부터 교대까지의 도류제의 모양은 그림 15.7.6에서 보인 바와 같이 타원형이 된다.

⑤ 단계 5 : 부수적인 설명

도류제의 정점은 수면고보다 최소한 0.6m 이상이어야 하므로 예제에서의 정점표고는 332.2m보다 크거나 같아야 한다. 정점부 폭은 최소 1m 이상이어야 하는데, 예제에서는 도류제가 덤프트럭에 의해 쉽게 축조될 수 있도록 폭을 3m로 정하였다. 그림 15.7.6에 보인 위치에 사석을 위치시키되, 이 사석은 설계수면위로 최소 0.6m 이상, 그리고 도류제와 하상이 교차하는 지점 아래로 최소한 1.5m 아래에 위치시켜야 한다.

15.7.4 낙차공

하도의 낙차공(drop structure 또는 check dam)은 교량근처에서 하도의 침식을 방지하고 하상의 안정성을 유지하기 위해 교량지점 하류단에 설치하게 되며, 일반적으로 사석, 콘크리트, 시트파일, 돌망태 또는 처리된 목재파일 등으로 건설된다.

낙차공에 의한 역효과로 낙차공의 직하류부 하도제방의 측방침식이 발생할 수가 있으며, 이것은 낙하 시 에너지 감세에 의해 발생하는 난류, 하상의 국부세굴로 인한 제방의 무너짐 또는 제방에서의 와류 때문에 발생한다. 만일 낙차공 하류제방의 침식으로 인해 낙차공 끝단 주위로 흐름을 발생시킨다면, 교량의 접근제방이나 교대 기초의 침식을 초래하게 된다. 이러한 문제의 일반적인 해결방법으로 낙차공 하류제방에 사석옹벽을 설치할 수가 있으며, 전형적인 연직 낙차공이 그림 15.7.7에 나타나 있다.

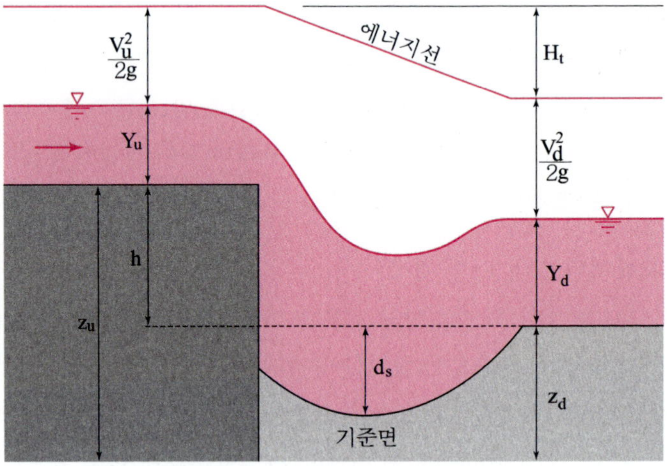

그림 15.7.7 낙차공에 의한 연직낙하

가) 연직 낙차공에 대한 하상세굴

낙차공 하류하도에 있어서의 대부분의 세굴은 물에 잠기지 않은 흐름조건을 가진 연직낙차 때문이다. 연직낙하 하류의 세굴깊이는 다음과 같은 식을 사용할 수가 있다.

$$d_s = KH_t^{0.225} q^{0.54} - Y_d \tag{15.7.5}$$

여기서 d_s는 낙차부 하류하상으로부터 측정된 자유낙하지점의 국부세굴깊이(m), q는 단위폭당 유량($m^3/s/m$), H_t는 상류와 하류의 에너지 경사선으로부터 측정된 총 수두의 저하(m), Y_d는 하류수심(m),

그리고 K는 1.90이다. 식 (15.7.5)는 하상입자의 크기와 상관없이 적용할 수 있다.

낙차공 상하류단에 에너지 방정식을 적용하면

$$H_t = \left(Y_u + \frac{V_u^2}{2g} + z_u\right) - \left(Y_d + \frac{V_d^2}{2g} + z_d\right) \tag{15.7.6}$$

여기서 Y는 수심(m), V는 유속(m/s), z는 기준면으로부터 높이(m)이며, 첨자 u, d는 낙차공상류 및 하류를 의미한다.

낙차공은 세굴구멍이 식 (15.7.5)에서 산정한 깊이까지 깊어진다는 가정아래 물과 토양의 힘에 견딜 수 있도록 구조적으로 설계되어져야 한다. 경우에 따라서는 낙하높이를 최소화하거나 기초의 건설비용을 절감하기 위해 일련의 낙차공을 설치하거나, 세굴깊이를 제한하기 위해 사석이나 에너지 감세공을 설치하기도 한다.

나) 낙차공 하류부 측방세굴

앞에서 언급한 바와 같이 낙차공 하류부 제방의 측방세굴은 낙차공 주위로 흐름을 발생시킬 수가 있다. 만일 이러한 상황이 발생한다면 침식이 상류로 이동하여 교량을 위험하게 할 수가 있으므로 이를 방지하기 위해 하도제방은 사석이나 호안을 사용하여 적절히 보호하여야 한다. 사석은 적절한 크기를 결정하여 돌출수제나 도류제와 비슷한 방법으로 위치시킨다.

예제 15.12

그림 15.7.7과 같은 낙차공 하류부에서의 수리량이 다음과 같을 때, 낙차공 하류부에서의 세굴깊이를 산정하라. 설계홍수량 $Q = 50m^3/s$, 하도 폭 $B = 30m$, 상류수심 $Y_u = 1.0m$, 하류수심 $Y_d = 1.2m$, 단위폭당 유량 $q = 1.67m^3/s/m$, $V_u = 1.67m/s$, $V_d = 1.39m/s$, 그리고 낙하 높이 $h = 1.4m$이다.

풀이

상류 및 하류에서의 평균유속은 $V_u = q/Y_u = 1.67\,m/s$, $V_d = q/Y_d = 1.39\,m/s$

식 (15.7.6)을 적용하여 수두차 H_t를 계산하면

$$H_t = \left(1.0 + \frac{1.67^2}{2\times 9.81} + 1.4\right) - \left(1.2 + \frac{1.39^2}{2\times 9.81} + 0\right) = 1.24m$$

따라서 세굴깊이는

$$d_s = 1.9 \times 1.24^{0.225} \times 1.67^{0.54} - 1.2 = 1.43m$$

그러므로 낙차공의 노출된 높이는 $h + d_s = 2.83m$가 된다.

연습문제

15.1 상류 하천 폭이 100m, 수심 3m, 유량이 800m^3/s로 주하도에서만 흐르고 있으며 하상경사는 0.005이다. 교량지점에서의 하상 폭이 45m이고 평균수심이 2.3m이며 폭이 0.5m인 교각이 3개가 위치하고 있다. 하상재료의 D_{50}이 0.8mm이고 침강속도가 0.1m/s일 때 단면축소로 인한 세굴깊이를 계산하라.

15.2 상류 하천 폭이 98.2m, 수심 2.62m, 유량이 773m^3/s로 주하도에서만 흐르고 있으며 하상경사는 0.004이다. 교량지점에서의 하상 폭이 37.2m이고 평균수심이 2.16m이며 폭이 0.38m인 교각이 3개가 위치하고 있다. 하상재료의 D_{50}이 0.5mm이고, 입자의 평균비중은 2.65이다. 수온이 20℃ 일 때 단면축소로 인한 세굴깊이를 계산하라.

15.3 연습문제 15.1과 동일한 조건에 대해 장갑화가 발생하고 있다고 가정하고 단면축소세굴 깊이를 산정하라. 단, 연습문제 15.1의 경우 혼탁수 세굴깊이는 3.03m이다.

15.4 연습문제 15.2와 동일한 조건에 대해 장갑화가 발생하고 있다고 가정하고 단면축소세굴 깊이를 산정하라. 단, 연습문제 15.2의 경우 혼탁수 세굴깊이는 3.07m이다.

15.5 폭이 7.5m, 수심이 1m인 하천에서 유량이 6.9m^3/s로 흐르고 있다. 교량지점에서의 교각의 폭을 제외한 폭이 4m일 때 교량지점에서의 세굴깊이를 산정하라. 하상입자 $D_{50} = 1\text{cm}$이고 비중은 2.65이다.

15.6 선단이 둥근 교각의 폭이 1.5m, 길이가 20.0m인 교량의 직상류부 수심이 3.0m이고 유속이 3.5m/sec이다. 교량의 방향과 하천의 흐름이 이루는 각이 0°일 때 교각에서의 국부세굴깊이를 계산하라. 단, 하상은 편평하고, $D_{50} = 0.5\text{mm}$, $D_{95} = 10\text{mm}$이다.

15.7 연습문제 15.6과 동일한 조건에서 교량의 방향과 하천의 흐름과의 각이 25°일 때 교각에서의 세굴깊이를 계산하라.

15.8 폭이 0.6m인 원형의 교각이 2.5m의 간격으로 5개가 위치하고 있는 교량 단면에서 직상류 유속이 3.0m/sec이고 수심은 6.0m로 교각과 흐름이 30° 경사져 흐르고 있다. 하상은 편평하고 장갑화는 발생하지 않는다고 가정하고 교각에서의 세굴깊이를 산정하라.

15.9 어떤 교량지점에서 컴퓨터 모형을 이용하여 100년 빈도의 홍수를 분석한 결과 수위가 교량 상부

구조물의 하단부보다 높아 압력흐름이 발생하고 있다. 교량 직상류 지점에서의 수심이 8.5m, 유속이 2.5m/s, 그리고 단위폭당 유량이 $20m^3/sec/m$이다. 교각의 선단은 둥글고 폭이 1m이며 흐름과 같은 방향으로 배치되어 있다. 세굴되기 이전의 평균하상과 교량 상부구조물의 하단부까지의 거리가 7.5m이며 하상재료의 입도는 $D_{50} = 0.5mm$ 및 $D_{84} = 1.0mm$이다. 압력흐름에 의한 세굴깊이를 산정하라.

15.10 교각에서의 국부세굴깊이가 5m로 산정되었을 경우 세굴 하단부 폭이 0m, 1m, 2m일 경우의 교각 세굴폭을 산정하라. 단, 하상재료의 안식각은 35°로 가정하라.

15.11 오른쪽 교대가 주하도의 제방선으로부터 홍수터로 10.0m의 길이를 가지고 있으며 교대 제방의 높이는 4.0m이고 주하도 제방의 높이는 0.5m이다. 왼쪽 교대는 주하도 제방선까지 50m 돌출되어있다. 교대 제방은 왼쪽이 상류쪽으로 10° 경사를 이루고 있다. 상류하도의 수심이 2.5m, 유량이 $800m^3/s$, 세굴이 발생하기 전의 교량지점에서의 수심이 1.5m일 때 교대가 날개벽을 가진 수직교대로 이루어져 있을 경우 교대에서의 국부세굴 깊이를 산정하라. 단, 컴퓨터 모형을 이용하여 산정한 오른쪽 홍수터에서의 유량 및 유속은 $20m^3/s$와 2.8m/s이고 왼쪽 교대에 인접한 통수단면에서의 유속은 3.5m/s이다.

15.12 교대가 설치되어 있는 주수로에서의 수심이 2.4m, 유속이 2.91m/s일 때 교대에서의 세굴방지를 위한 사석의 크기, 피복범위 및 두께를 결정하라. 단, 교대는 여수벽 교대이고, 사석의 비중은 2.65이다.

15.13 교대가 설치되어 있는 주수로에서의 수심이 2m, 유속이 4.5m/s일 때 교대에서의 세굴방지를 위한 사석의 크기, 피복범위 및 두께를 결정하라. 단, 교대는 여수벽 교대이고, 사석의 비중은 2.65이다.

15.14 직경이 0.8m인 원통형 교각이 설치되어 있는 주수로에서의 수심이 2.5m, 유속이 3m/s일 때 교각에서의 세굴방지를 위한 사석의 크기, 피복범위 및 두께를 결정하라. 단, 사석의 비중은 2.65이다.

15.15 직경이 1m인 사각형 교각이 설치되어 있는 주수로에서의 수심이 2m, 유속이 3.5m/s일 때 교각에서의 세굴방지를 위한 사석의 크기, 피복범위 및 두께를 결정하라. 단, 사석의 비중은 2.65이다.

15.16 낙차공에서의 설계홍수량이 $45m^3/s$이고, 하도 폭이 20m, 상류수심이 0.8m, 하류수심이 1.3m, 낙차공의 낙하 높이가 1.5m일 때 낙차공 하류부에서의 세굴깊이를 산정하라.

참고문헌

- 건설부, 댐시설기준, 1993.
- 건설부, 하천시설기준, 1996.
- 김가현, 수리학, 청운문화사, 2000.
- 송재우, 교량수리학, 구미서관, 2002.
- 송재우, 수리학, 구미서관, 2003.
- 안수한, 수리학, 동명사, 1988.
- 연규방, 이재철, 안명길, 수리학, (주)북스힐, 2005.
- 우효섭, 하천수리학, 청문각, 2001.
- 윤용남, 수리학, 기초와 응용, 청문각, 2004.
- 윤용남, 공업수문학, 청문각, 1998.
- 이재수, 수문학, 구미서관, 2015.
- 이종석, 하천공학, 새론(도), 2001.
- 최영박, 이순탁, 안원식, 이은태, 현대수리학, 구미서관, 1995.
- 최영박, 지정환, 최신수리학, (주)교학사, 1997.
- 한국건설기술연구원, 하천 유사량 측정 방법, 수자원연구실, 1994.
- 한국수자원학회, 하천설계기준, 2002.
- Belchey, G.L., Hydraulic Design of Stilling Basin for Pipe or Channel Outlets, U.S. Department of the Interior, Bureau of Reclamations, Res. Report No. 24, Washington, D.C., 1971.
- Brater E.F., King, H.W., Lindell, J.E. and Wei, C.Y., Handbook of Hydraulics, 7th Ed., McGraw-Hill, New York, N.Y., 1996.
- Chaudhry, M.H., Open-Channel Hydraulics, Prentice Hall, Englewood Cliffs, New Jersey, 1993.
- Chin, D.A., Water-Resources Engineering, Prentice Hall, Upper Saddle River, New Jersey, 1999.
- Chow, V.T., Open-Channel Hydraulics, McGraw-Hill International Book Company, Tokyo, Japan, 1981.
- DuBoys, P., Le Rohne et les Rivieres a Lit Affouillable, Annales des Pont et Chaussees, Series 5, Vol. 18, 1879.
- Edwards, T.K. and Glysson, G.D., Field Methods for Measurement of Fluvial Sediment, U.S. Geological Survey, Open-File Report, 86-531, 1988.
- Einstein, H.A., Formulas for the Transportation of Bed Load, Transactions, ASCE, Vol. 107, No. 2140, 1942.
- Einstein, H.A., The Bed Load Function for Sediment Transportation in Open Channels, Technical Bulletin 1026, U.S. Department of Agricultures, SCS Washington, D.C., 1950.
- Einstein H.A., Hydraulic Resistance of Alluvial Streams, Journal of Hydraulic Division, ASCE, Vol. 92, No. HY2, Mar., 1966.

•Einstein, H.A. and El-Samni, E.S.A., Hydrodynamic Forces on a Rough Wall, Review of Modern Physics, Vol. 21, 1949.

•Fortier, S. and Scobey, F.C., Permissible Canal Velocities, Transactions, ASCE, Vol. 89, Paper No. 1588, 1926.

•Fox, R.W. and McDonald, A.T., Introduction to Fluid Mechanics, 4th Ed., John Wiley & Sons, Inc., New York, N.Y., 1994.

•French, R.H., Open-Channel Hydraulics, McGraw-Hill Bool Company, New York, N.Y., 1985.

•Golzé, A.R., Handbook of Dam Engineering, Van Nostrand Reinhold Company, New York, N.Y., 1977.

•Henderson, F.M., Open Channel Flow, Macmillan Publishing Co., Inc., New York, N.Y., 1966.

•Kennedy, J.F., The Mechanics of Dunes and Antidunes in Erodible Channels, Journal of Fluid Mechanics, Vol. 16, Paper 4, 1963.

•Kennedy, J.F. and Brooks, N.H., Laboratory Study of an Alluvial Stream at Constant Discharge, Proceedings of the Federal Interagency Sedimentation Conference, 1963, Miscellaneous Publication No. 970, Agricultural Research Service, Department of Agriculture, Washington, D.C., 1965.

•Lane, E.W., Design of Stable Channels, Transactions, ASCE, Vol. 120, Paper No. 2776, 1955.

•Larock, B.E., Jeppson, R.W. and Watters, G.Z., Hydraulics of Pipeline Systems, CRS Press, Washington, D.C., 2000.

•Lencastre, A., Handbook of Hydraulic Engineering, John Wiley & Sons, Inc., New York, N.Y., 1987.

•Mavis, F.T. and Laushey, L.M., Formula for Velocity at Beginning of Bed-Load Movement is Reappraised, Civil Engineering, ASCE, Vol. 19, No. 1, Jan., 1949.

•Mays, L. M., Water Resources Engineering, 2nd Ed., John Wiley & Sons, Inc., New York, N.Y., 2005.

•Mott, R.L., Applied Fluid Mechanics, 3rd Ed., Macmillan Publishing Company, New York, N.Y., 1990.

•Munson, B.R., Young, D.F. and Okiishi, T.H., Fundamental of Fluid Mechanics, 3rd Ed., John Wiley & Sons, Inc., New York, N.Y., 1998.

•Nakato, T. and Ettema, R., Issues and Directions in Hydraulics, A.A. Balkema Publishers, Rotterdam, Netherlands, 1996.

•Potter, M.C. and Wiggert, D.V., Mechanics of Fluid, Prentice Hall, Englewood Cliffs, NJ, 1991.

•Rhone, T.J., Baffled Apron as Spillway Energy Dissipator, Proceedings, ASCE, Vol. 103, No. HY12, Dec., 1977.

•Roberson, J.A. and Crowe, C.T., Engineering Fluid Mechanics, 6th Ed., John Wiley & Sons, Inc., New York, N.Y., 1997.

•Roberson, J.A., Cassidy, J.J. and Chaudhry, M.H., Hydraulic Engineering, 2nd Ed., John Wiley & Sons, Inc., New York, N.Y., 1998.

•Rouse, H., Experiment on the Mechanics of Sediment Suspension, Proceedings, Fifth International Congress for Applied Mechanics, Vol. 55, John Wiley and Sons, Inc., New York, 1938.

•Rouse, H., An Analysis of Sediment Transport in the Light of Fluid Tubulence, SCS, Report No. SCS-TO-25, U.S. Department of Agriculture, Washington, D.C., 1939.

- Rouse, H. and Ince, S., History of Hydraulics, Dover Publications, Inc., New York, N.Y., 1957.
- Simon, A.L. and Korom, S.F., Hydraulics, 4th Ed., Prentice Hall, Upper Saddle River, NJ., 1997.
- Simons, D.B. and Sent rk, F., Sediment Transport Technology, Water Resources Publications, Littleton, Colorado, 1992.
- Tančev, L., Dams and Appurtenant Hydraulic Structures, A.A. Balkema Publishers, London, UK, 2005.
- U.S. Department of Transportation, Countermeasures for Hydraulic Problems at Bridges, Vol. 1. Analysis and Assessment, Federal Highway Administration, Office of Research & Development, Report No. FHWA-RD-78-162, Washington, D.C., 1978.
- U.S. Department of Transportation, Evaluating Scour at Bridges, 2nd Ed., Federal Highway Administration, Office of Research & Development, Report No. FHWA- IP-90-017, McLean, Virginia, 1993.
- U.S. Department of Transportation, Evaluating Scour at Bridges, 4th Ed., Federal Highway Administration, National Highway Institute, Report No. FHWA-NHI-01-001, Arlington, Virginia, 2001.
- U.S. Department of the Interior, Design of Small Dams, 2nd Ed., Bureau of Reclamation, A Water Resources Technical Publication, Washington, D.C., 1977.
- Vanoni, V.A., Sedimentation Engineering, ASCE, Headquarters of the Society, New York, N.Y., 1975.
- White, C.M., The Equilibrium of Grains on the Bed of Stream, Journal of Hydraulic Engineering, ASCE, Vol. 119, No. 4, Apr., 1993.
- White, F.M., Fluid Mechanics, 2nd Ed,, McGraw-Hill, New York, N.Y., 1987.

Hydraulics

부록

A. 단위환산표

B. 물의 성질

C. 암거설계양식

D. 암거설계 CHART

E. 유사농도 분석 양식

F. 방안지 및 확률지

A. 단위환산표

(1) 길이변환 (표준단위 : m)

단위	mm	cm	m	km	in	ft	yd	mi
1 mm	1	0.1	0.001	10^{-6}	0.0394	0.00328	0.00109	6.21×10^{-7}
1 cm	10	1	0.01	10^{-5}	0.3937	0.0328	0.0109	6.21×10^{-6}
1 m	10^{3}	100	1	0.001	39.37	3.281	1.094	6.21×10^{-4}
1 km	10^{6}	105	10^{3}	1	39,370	3,281	1,093.6	0.621
1 in	25.4	2.54	0.0254	2.54×10^{-5}	1	0.0833	0.0278	1.58×10^{-5}
1 ft	304.8	30.48	0.3048	3.05×10^{-4}	12	1	0.333	1.89×10^{-4}
1 yd	914.4	91.44	0.9144	9.14×10^{-4}	36	3	1	5.68×10^{-4}
1 mi	1.61×10^{6}	1.61×10^{5}	1.61×10^{3}	1.6093	63,360	5,280	1,760	1

(2) 면적변환 (표준단위 : m^2)

단위	cm^2	m^2	km^2	ha	in^2	ft^2	yd^2	mi^2	ac
1 cm^2	1	10^{-4}	10^{-10}	10^{-8}	0.155	1.08×10^{-3}	1.2×10^{-4}	3.86×10^{-11}	2.47×10^{-8}
1 m^2	10^{4}	1	10^{-6}	10^{-4}	1,550	10.76	1.196	3.86×10^{-7}	2.47×10^{-4}
1 km^2	10^{10}	10^{6}	1	100	1.55×10^{9}	1.076×10^{7}	1.196×10^{6}	0.3861	247.1
1 ha	10^{8}	10^{4}	0.01	1	1.55×10^{7}	1.076×10^{5}	1.196×10^{4}	3.861×10^{-3}	2.471
1 in^2	6.452	6.45×10^{-4}	6.45×10^{-10}	6.45×10^{-8}	1	6.94×10^{-3}	7.7×10^{-4}	2.49×10^{-10}	1.59×10^{-7}
1 ft^2	929	0.0929	9.28×10^{-8}	9.29×10^{-6}	144	1	0.111	3.587×10^{-8}	2.3×10^{-5}
1 yd^2	8,361	0.8361	8.36×10^{-7}	8.36×10^{-5}	1,296	9	1	3.23×10^{-7}	2.07×10^{-4}
1 mi^2	2.59×10^{10}	2.59×10^{6}	2.59	259	4.01×10^{9}	2.79×10^{7}	3.098×10^{6}	1	640
1 ac	4.05×10^{7}	4,047	4.047×10^{-3}	0.4047	6.27×10^{6}	43,560	4,840	1.563×10^{-3}	1

(3) 부피변환 (표준단위 : m^3)

단위	ml	liter	m^3	in^3	ft^3	gal	ac–ft	million gal
1 ml	1	0.001	10^{-6}	0.06102	3.53×10^{-5}	2.64×10^{-4}	8.1×10^{-10}	2.64×10^{-10}
1 liter	10^{3}	1	0.001	61.02	0.0353	0.264	8.1×10^{-7}	2.64×10^{-7}
1 m^3	10^{6}	10^{3}	1	61,023	35.31	264.17	8.1×10^{-4}	2.64×10^{-4}
1 in^3	16.39	1.64×10^{-2}	1.64×10^{-5}	1	5.79×10^{-4}	4.33×10^{-3}	1.33×10^{-8}	4.329×10^{-9}
1 ft^3	28,317	28.317	0.02832	1,728	1	7.48	2.296×10^{-5}	7.48×10^{-6}
1 gal	3,785.4	3.785	3.78×10^{-3}	231	0.134	1	3.069×10^{-6}	10^{-6}
1 ac–ft	1.233×10^{9}	1.233×10^{6}	1,233.5	75.27×10^{6}	43,560	3.26×10^{5}	1	0.326
1 m.gal	3.875×10^{9}	3.785×10^{6}	3,785	2.31×10^{8}	1.338×10^{5}	10^{6}	3.0684	1

(4) 유량변환 (표준단위 : m^3/sec)

단 위	m^3/s	m^3/day	liter/s	ft^3/s	ft^3/day	ac–ft/day	gal/min	gal/day	mgd
1 m^3/s	1	8.64×10^{4}	10^{3}	35.31	3.051×10^{6}	70.05	1.58×10^{4}	$2.282 \times 10^{7}2$	22.824
1 m^3/d	1.16×10^{-5}	1	0.0116	4.09×10^{-4}	35.31	8.1×10^{-4}	0.1835	64.17	2.64×10^{-4}
1 liter/s	0.001	86.4	1	0.0353	3,051.2	0.07	15.85	2.28×10^{4}	2.28×10^{-2}
1 ft^3/s	0.0283	2,446.6	28.32	1	8.64×10^{4}	1.984	448.8	6.46×10^{5}	0.646
1 ft^3/d	3.28×10^{-7}	0.02832	3.28×10^{-4}	1.16×10^{-5}	1	2.3×10^{-5}	5.19×10^{-3}	7.48	7.48×10^{-6}
1 ac–ft/d	0.0143	1,233.5	14.276	0.5042	43,560	1	226.28	$3.259 \times 10^{5}1$	0.3258
1 gal/m	6.3×10^{-5}	5.451	0.0631	2.23×10^{-3}	192.5	4.42×10^{-3}	1	,440	1.44×10^{-3}
1 gal/d	4.4×10^{-8}	3.79×10^{-3}	4.382×10^{-5}	1.55×10^{-6}	0.1337	3.07×10^{-6}	6.94×10^{-4}	1	10^{-6}
1 mgd	4.38×10^{-2}	3,785	43.82	1.55	1.337×10^{5}	3.07	694	10^{6}	1

* mgd : million gallon/day

(5) 속도변환 (표준단위 : m/s)

단 위	ft/s	mi/hr	m/s	km/hr	knots
1 ft/s	1	0.6818	0.3048	1.097	0.5925
1 mi/hr	1.467	1	0.447	1.609	0.869
1 m/s	3.281	2.237	1	3.6	1.944
1 km/hr	0.9113	0.6214	0.2778	1	0.54
1 knots	1.688	1.151	0.5144	1.852	1

(6) 압력변환 (표준단위 : mbar)

단 위	ft H_2O	in. H_g	mm H_g	mbar	kPa	psi	kg/m^2
1 ft H_2O(32℉)	1	0.883	22.42	29.89	2.989	0.4335	304.8
1 in. H_g(32℉)	1.133	1	25.4	33.86	3.386	0.4912	345.3
1 mm H_g(0℃)	0.0446	0.03937	1	1.333	0.1333	0.01934	13.6
1 milibar	0.0335	0.02953	0.7501	1	0.1	0.0145	10.2
1 kPa(N/m$\times 10^3$)	0.335	0.2953	7.501	10	1	0.145	102
1 lb/in^2(psi)	2.307	2.036	51.71	68.95	6.895	1	703.1
1 kg/m^2	0.00328	0.002896	0.07356	0.09807	0.009807	0.001422	1

(7) 에너지변환 (표준단위 : Joule)

단 위	Btu	cal	J	kW · hr	ft · lb	Hp · hr
1 Btu(60℉)	1	252	1,055	0.000293	777.9	0.0003929
1 cal(15℃)	0.003969	1	4.186	1.163×10^{-6}	3.087	1.559×10^{-6}
1 Joule	0.0009482	0.2389	1	2.788×10^{-7}	0.7376	3.725×10^{-7}
1 kW · hr	3,413	860,100	3.6×10^{6}	1	2.655×10^{6}	1.341
1 ft · lb	0.001286	0.3239	1.356	3.766×10^{-7}	1	5.051×10^{-7}
1 Hp · hr	2,545	641,300	2.685×10^{6}	0.7457	1.98×10^{6}	1

* Btu : British thermal unit

(8) 질량변환 (표준단위 : kg)

질량 단위 명칭	크 기	질량 단위 명칭	크 기
그램 (gram) 톤 (ton) 카랏 (carat) 파운드 (pound) 슬러그 (slug)	$1g = 10^{-3}kg$ $1ton = 10^{3}kg$ $1ct = 200mg = 10^{-5}kg$ 1lb = 0.45359237kg 1slug = 14.5939kg	그레인 (grain) 온스 (ounce) 영국톤 (ton) 미국톤 (short ton)	1gr = 1/7000lb = 64.7989mg 1oz = 1/16lb = 28.3495g 1ton = 2240lb = 1016.05kg 1sh.ton = 2000lb = 907.15kg

(9) 힘변환 (표준단위 : Newton)

힘 단위 명칭	크 기	힘 단위 명칭	크 기
뉴톤 (Newton) 파운달 (poundal) 파운드중 (pound force)	$1N = 1kg \cdot m/sec^2$ 1pdl = 0.138255N 1lbf = 4.44822N	다인 (dyne) 킬로그램중 (kilogram weight)	$1dyne = 1g \cdot cm/sec^2 = 10^{-5}N$ 1kg = 9.80665N

(10) 동력, 공율 (표준단위 : watt)

동력, 공율 단위 명칭	크 기
킬로칼로리 · 매시 킬로그램중 · 미터 · 매시 피트 · 파운드중 · 매초 프랑스마력 (metric horce power) 영국마력 (British horce power)	1Kcal/hr = 1.16222W 1kgw · m/sec = 9.80665W 1ft · lbf/sec = 1.35582W 1P.S. = 75w · m/sec = 735.5W 1hp = 550ft · lbf/sec = 745.7W

(11) 온도변환

온도 단위	크 기	온도 단위	크 기	온도 단위	크 기
섭씨	℃ = 5/9(℉−32)	화씨	℉ = 9/5(℃) + 32	캘빈	°K = ℃ + 273

(12) SI단위의 크기구분 접두어

접두어 명칭	기 호	크 기	접두어 명칭	기 호	크 기
엑사 (exa)	E	10^{18}	데시 (deci)	d	10^{-1}
페타 (peta)	P	10^{15}	센티 (centi)	c	10^{-2}
테라 (tera)	T	10^{12}	밀리 (milli)	m	10^{-3}
기가 (giga)	G	10^{9}	마이크로 (micro)	μ	10^{-6}
메가 (mega)	M	10^{6}	나노 (nano)	n	10^{-9}
킬로 (kilo)	k	10^{3}	피코 (pico)	p	10^{-12}
헥토 (hecto)	h	10^{2}	펨토 (femto)	f	10^{-15}
데카 (deca)	da	10	아토 (atto)	a	10^{-18}

B. 물의 성질

(1) 물의 성질

온도 (℃)	비중 s	밀도 ρ (g/cm³)	증발열 L (cal/g)	점성계수 $\mu\times10^{-3}$ (N · s/m²)	동점성계수 $\nu\times10^{-6}$ (m²/s)	증기압 P_ν (mmHg)	(mb)	(g/cm²)
0	0.99987	0.99984	597.3	1.792	1.792	4.58	6.11	6.23
5	0.99999	0.99996	594.5	1.519	1.519	6.54	8.72	8.89
10	0.99973	0.99970	591.7	1.308	1.308	9.20	12.27	12.51
15	0.99913	0.99910	588.9	1.140	1.141	12.78	17.04	17.38
20	0.99824	0.99821	586.0	1.005	1.007	17.53	23.37	23.83
25	0.99708	0.99705	583.2	0.894	0.897	23.76	31.67	32.30
30	0.99568	0.99565	580.4	0.801	0.804	31.83	42.43	43.27
35	0.99407	0.99404	577.6	0.723	0.727	42.18	56.24	57.34
40	0.99225	0.99222	574.7	0.656	0.661	55.34	73.78	75.23
50	0.98807	0.98804	569.0	0.549	0.556	92.56	123.40	125.83
60	0.98323	0.98320	563.2	0.469	0.477	149.46	199.26	203.19
70	0.97780	0.97777	557.4	0.406	0.415	233.79	311.69	317.84
80	0.97182	0.97179	551.4	0.357	0.367	355.28	473.67	483.01
90	0.96534	0.96531	545.3	0.317	0.328	525.89	701.13	714.95
100	0.95839	0.95836	539.1	0.284	0.296	760.00	1013.25	1033.23

(2) 물의 점성계수 (centipoise=0.01poise=0.01dyne·sec/cm²)

t℃	0	1	2	3	4	5	6	7	8	9	10
μ	1.7921	1.7313	1.6727	1.6191	1.5674	1.5188	1.4728	1.4284	1.3860	1.3462	1.3077
t℃	11	12	13	14	15	16	17	18	19	20	21
μ	1.2713	1.2363	1.2028	1.1708	1.1404	1.1111	1.0828	1.0559	1.0299	1.0050	0.9810
t℃	22	23	24	25	26	27	28	29	30	–	–
μ	0.9579	0.9358	0.9143	0.8937	0.8737	0.8545	0.8360	0.8180	0.8007		

(3) 물의 표면장력 (dyne/cm)

t℃	0	5	10	15	16	17	18	19
T	75.64	74.92	74.22	73.49	73.34	73.19	73.05	72.90
t℃	20	21	22	23	24	25	30	–
T	72.75	72.59	72.44	72.28	72.13	71.97	71.18	–

(4) 물의 밀도 (g/cm^3)

t℃	0.0	0.1	0.2	0.3	0.4	0.5	0.6	0.7	0.8	0.9
0	0.000868	875	881	888	894	900	905	911	916	922
1	927	932	936	941	945	949	953	957	961	965
2	968	971	974	977	980	982	984	987	989	691
3	992	994	995	996	997	998	999	999	999	000
4	1.00000	000	000	999	999	998	997	996	995	993
5	0.99992	990	998	986	984	982	980	977	974	971
6	968	965	962	958	955	951	947	943	939	934
7	930	925	920	915	910	905	899	894	888	882
8	876	870	864	858	851	845	838	831	824	817
9	809	802	794	786	778	770	762	754	746	737
10	738	719	710	701	692	683	673	663	653	643
11	0.999633	623	612	602	591	580	570	559	549	536
12	525	513	502	490	478	466	454	442	429	417
13	404	361	378	365	352	339	326	312	299	285
14	271	257	243	229	215	200	186	171	156	142
15	127	111	096	081	066	050	034	018	003	986
16	0.998970	954	938	921	905	888	871	854	837	810
17	803	786	768	750	733	715	697	679	661	643
18	624	606	587	569	550	531	512	493	474	454
19	435	415	396	376	356	336	316	296	275	255
20	234	214	193	172	151	130	109	088	066	045
21	0.998023	002	980	958	936	914	892	869	847	824
22	0.997802	779	756	734	710	987	664	641	617	594
23	570	547	523	499	475	451	426	402	378	353
24	329	304	279	254	229	204	179	154	128	103
25	077	051	026	000	974	948	921	895	869	842
26	0.996816	789	762	736	709	682	655	627	600	573
27	545	518	490	462	434	406	387	350	322	294
28	265	237	208	179	151	122	093	064	035	005
29	0.995976	947	917	888	858	828	798	768	738	703
30	678	648	617	587	556	526	495	464	433	402

(5) 물의 동점성계수 $(\times 10^2 cm^2/sec)$

t℃	0.0	0.1	0.2	0.3	0.4	0.5	0.6	0.7	0.8	0.9
0	1.792	1.786	1.780	1.774	1.768	1.761	1.755	1.749	1.743	1.737
1	.731	.725	.719	.713	.707	.701	.696	.690	.684	.679
2	.673	.667	.661	.655	.650	.645	.639	.634	.629	.624
3	.619	.613	.603	.608	.598	.592	.582	.577	.572	.572
4	.567	.562	.557	.552	.542	.537	.537	.533	.528	.524
5	1.519	1.515	1.510	1.505	1.500	1.496	1.491	1.478	1.482	1.477
6	.473	.468	.464	.459	.455	.451	.446	.442	.438	.433
7	.428	.424	.420	.416	.412	.408	.403	.399	.395	.391
8	.386	.383	.379	.375	.371	.367	.363	.359	.355	.351
9	.346	.342	.339	.335	.331	.327	.323	.319	.315	.311
10	1308	1.304	1.300	1.296	1.293	1.289	1.285	1.282	1.278	1.274
11	.274	.267	.264	.260	.256	.253	.250	.246	.243	.240
12	.237	.233	.230	.226	.223	.220	.217	.214	.211	.207
13	.204	.201	.198	.194	.191	.185	.182	.178	.175	.175
14	.172	.169	.166	.162	.159	.156	1.53	.150	.147	.144
15	1.141	1.138	1.135	1.132	1.129	1.126	1.123	1.120	1.117	1.115
16	.112	.109	.106	.103	.100	.098	.095	.092	.089	.063
17	.048	.081	.078	.075	.072	.069	.067	.065	.062	.059
18	.057	0.55	.053	.050	.047	.045	.042	.040	.037	.035
19	.032	0.29	0.26	.024	.022	0.19	.017	.014	.012	.009
20	1.007	1.004	1.002	1.000	0.997	0.995	0.993	0.990	0.988	0.986
21	0.983	0.981	0.978	0.076	.974	.972	.969	.967	.964	.962
22	.960	.958	.955	.953	.951	.949	.947	.945	.942	.940
23	.938	.936	.934	.932	.929	.927	.925	.923	.921	.919
24	.917	.915	.913	.911	.909	.907	.905	.903	.901	.899
25	0.897	0.895	0.893	0.893	0.891	0.889	0.887	0.885	0.883	0.879
26	.877	.875	.873	.871	.869	.867	.866	.864	.862	.860
27	.858	.856	.854	.852	.850	.848	.846	.845	.843	.841
28	.839	.837	.835	.833	.832	.830	.828	.826	.825	.823
29	.821	.819	.818	.816	.814	.813	.811	.809	.808	.806
30	0.804	0.803	0.801	0.799	0.798	0.796	0.794	0.793	0.791	0.790

C. 암거설계양식

PROJECT :	STATION : ____________ SHEET ____ OF ____	CULVERT DESIGN FORM DESIGNER/DATE : _____ / _____ REVIEWER/DATE : _____ / _____

HYDROLOGICAL DATA

- ☐ METHOD
- ☐ DRAINAGE AREA : ☐ STREAM SLOPE :
- ☐ CHANNEL SHAPE : ____________
- ☐ ROUTING : ________ ☐ OTHER : ________

DESIGN FLOWS /TAILWATER.

R.I.(YEARS)	FLOW (m^3/s)	TW(m)

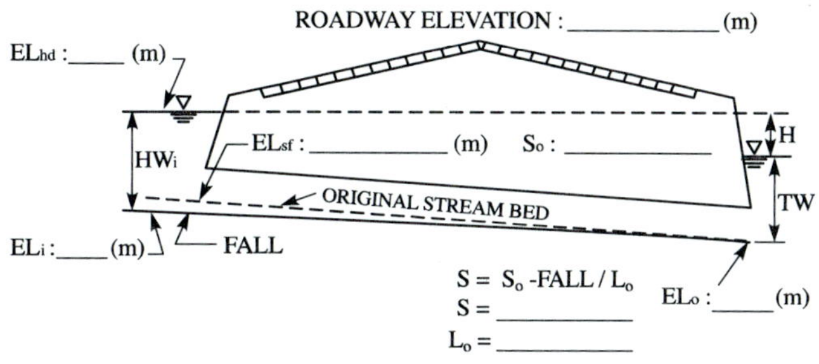

CULVERT DESCRIPTION : MATERIAL-SHAPE-SIZE-ENTRANCE	TOTAL FLOW Q (m^3/s)	FLOW PER BARREL Q/N (1)	HEADEAWATER CALCULATIONS											Control Headwater Elevation	Outlet velocity	COMMENTS
			INLET CONTROL				OUTLET CONTROL									
			HW_i/D (2)	HW_i	FALL (3)	ELhi (4)	TW (5)	d_c	$\frac{d_c+D}{2}$	h_0 (6)	k_e	H (7)	EL_{ho} (8)			

TECHNICAL FOOTNOTES :

(1) USE Q/NB FOR BOX CULVERTS
(2) HW_i /D = HW/D OR HW_i /D FROM DESIGN CHARTS
(3) FALL = HW_i - (EL_{hd} - EL_{sf}) : FALL IS ZERO FOR CULVERTS ON GRADE
(4) EL_{hi} = HW_i + EL_i (INVERT OF INLET CONTROL SECTION)
(5) TW BASED ON DOWN STREAM CONTROL OR FLOW DEPTH IN CHANNEL
(6) h_o=TW or $(d_c+D)/2$ (WHICH EVER IS GREATER)
(7) $H=[1+k_e+(K_u n^2 L)/R^{1.33}]v^2/2g$ WHERE K_u = 19.63(29 IN ENGLISH UNITS)
(8) $EL_{ho} = EL_o + H + h_o$

SUBSCRIPT DEFINITIONS :

a. APPROXIMATE
f. CULVERT FACE
hd. DESIGN HEADWATER
hi. HEADWATER IN INLET CONTROL
ho. HEADWATER IN OUTLET CONTROL
i. INLET CONTROL SECTION
o. OUTLET
sf. STREAMBED AT CULVERT FACE
TW. TAILWATER

COMMENTS / DISCUSSION :

CULVERT BARREL SELECTED

SIZE : ____________
SHAPE : ____________
MATERIAL : ________ n : ________
ENTERANCE : ____________

D. 암거설계 CHART

D－1 : CHART 1

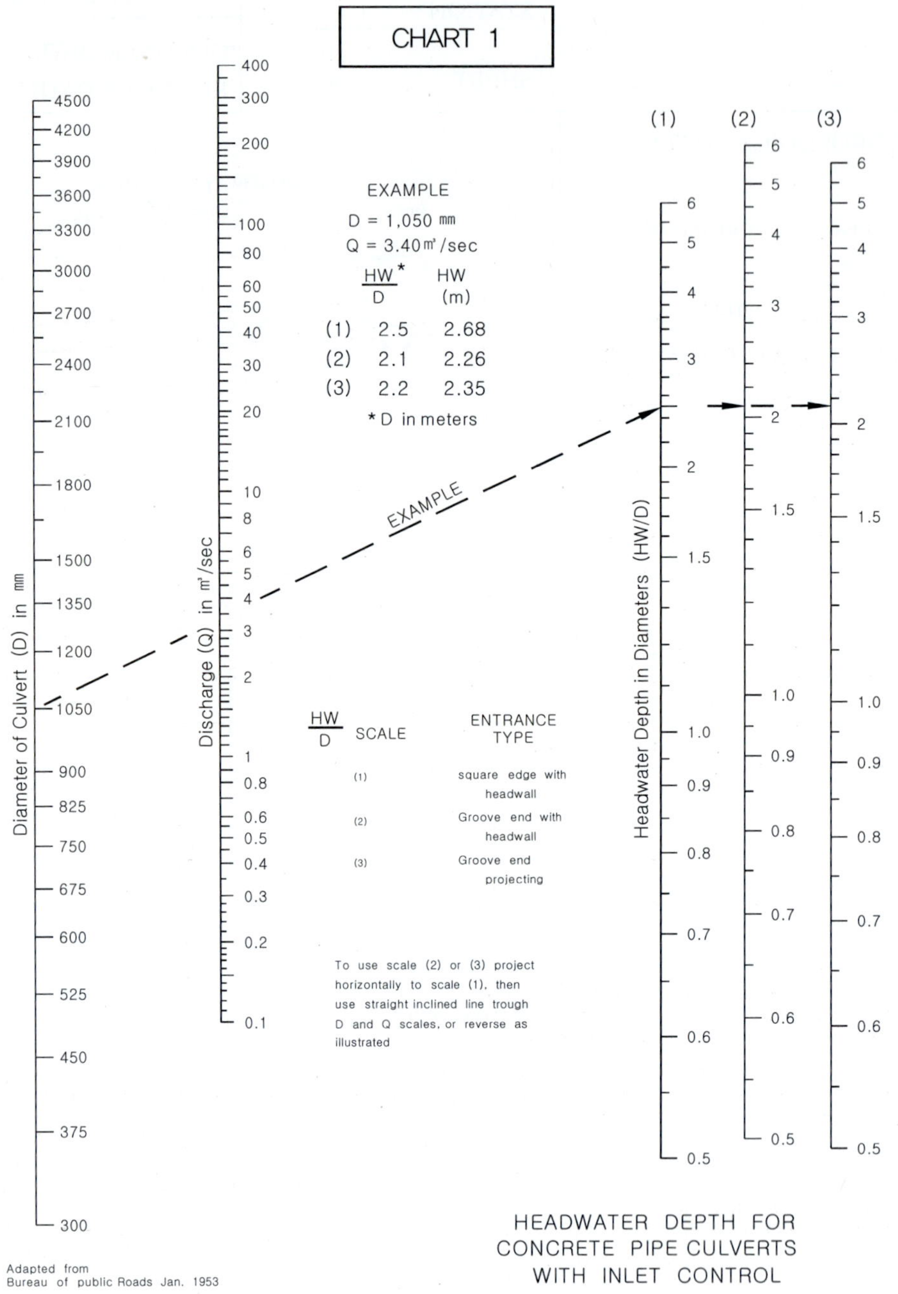

D－2 : CHART 3

CHART 3

b/D	a/D	c/D	d/D	ENTRANCE TYPE
0.042	0.063	0.042	0.083	A
0.083	0.125	0.042	0.125	B

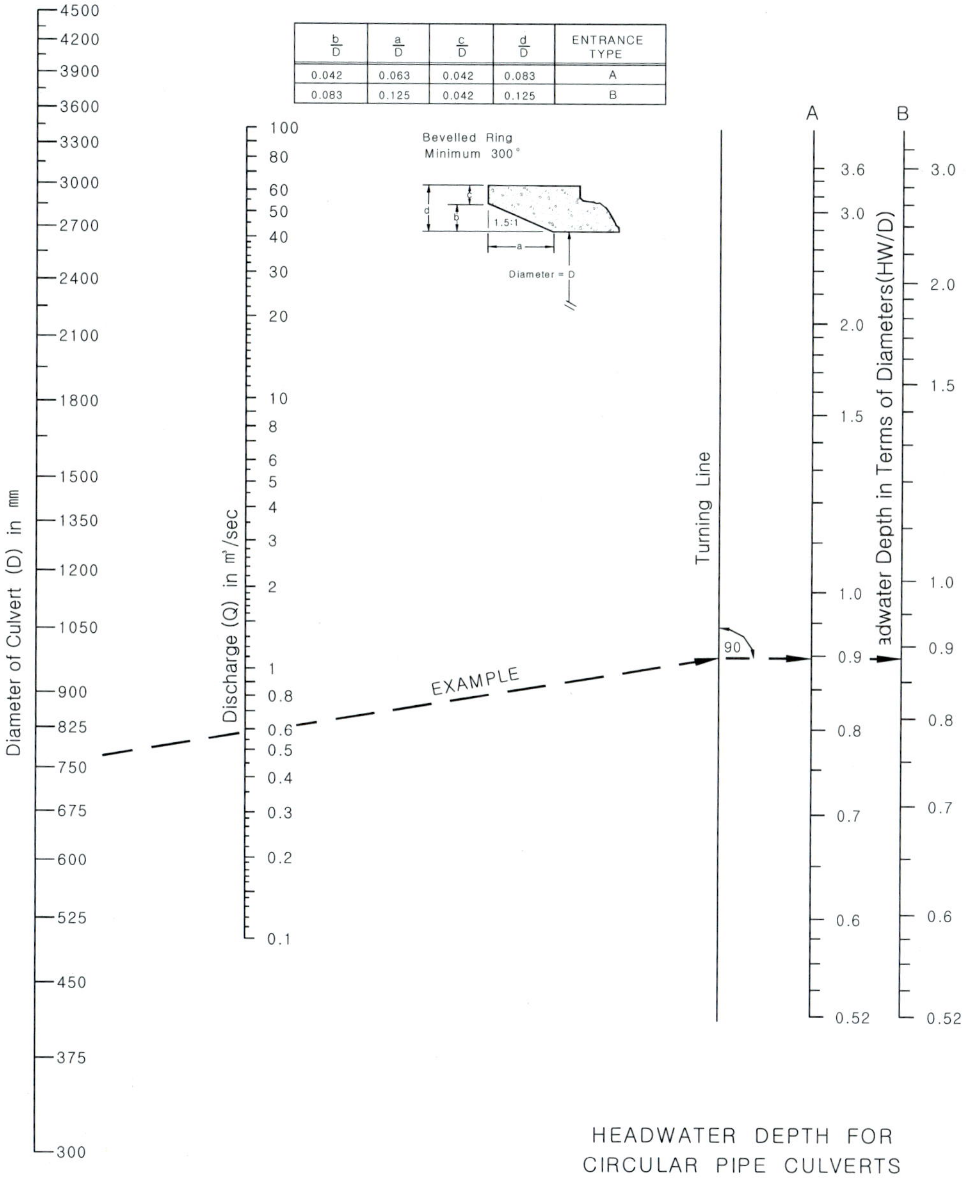

HEADWATER DEPTH FOR
CIRCULAR PIPE CULVERTS
WITH BEVELED RING
INLET CONTROL

Adapted from
Federal Highway Administration May 1973

D－3 : CHART 4

CHART 4

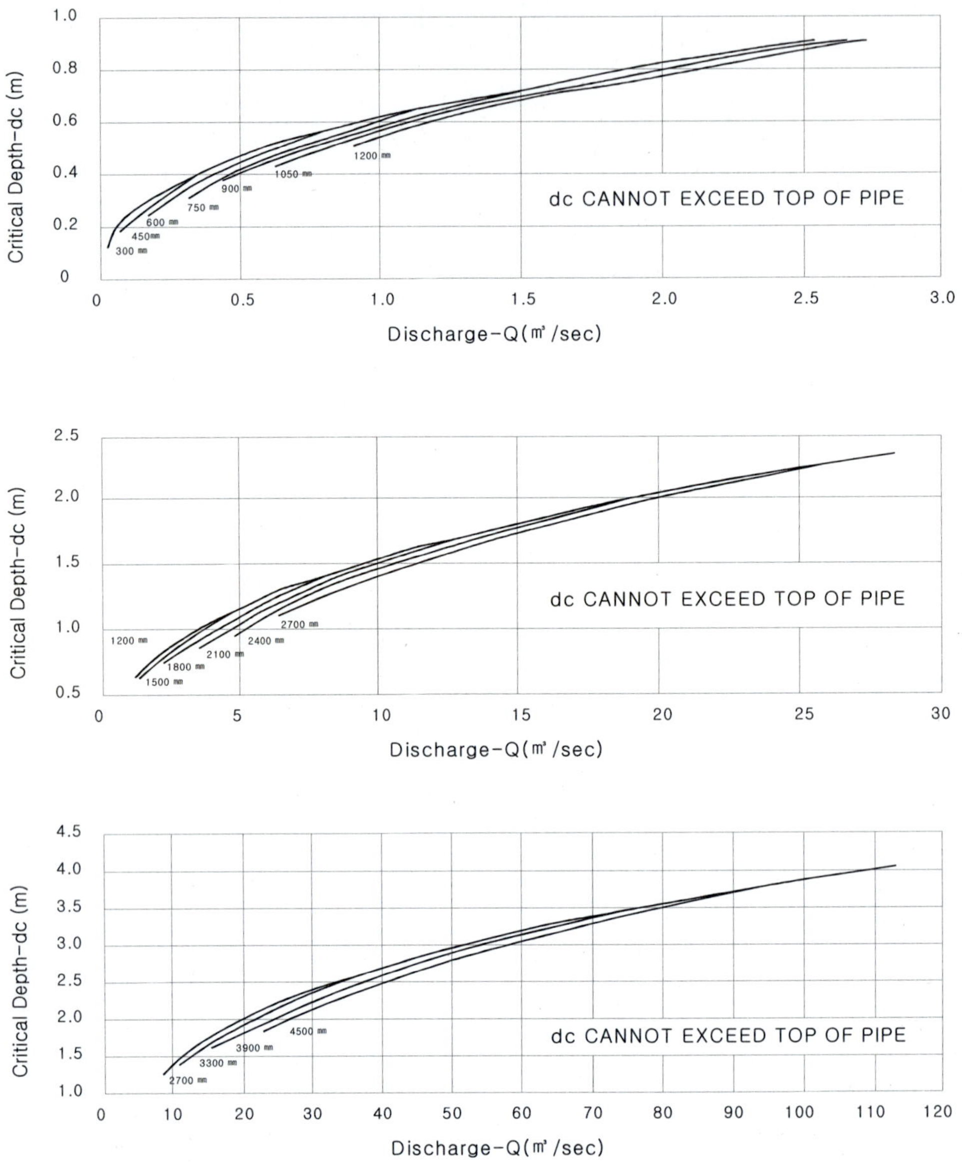

Adapted from Bureau of Public Roads

Critical Depth-Circular Pipe

D－4 : CHART 5

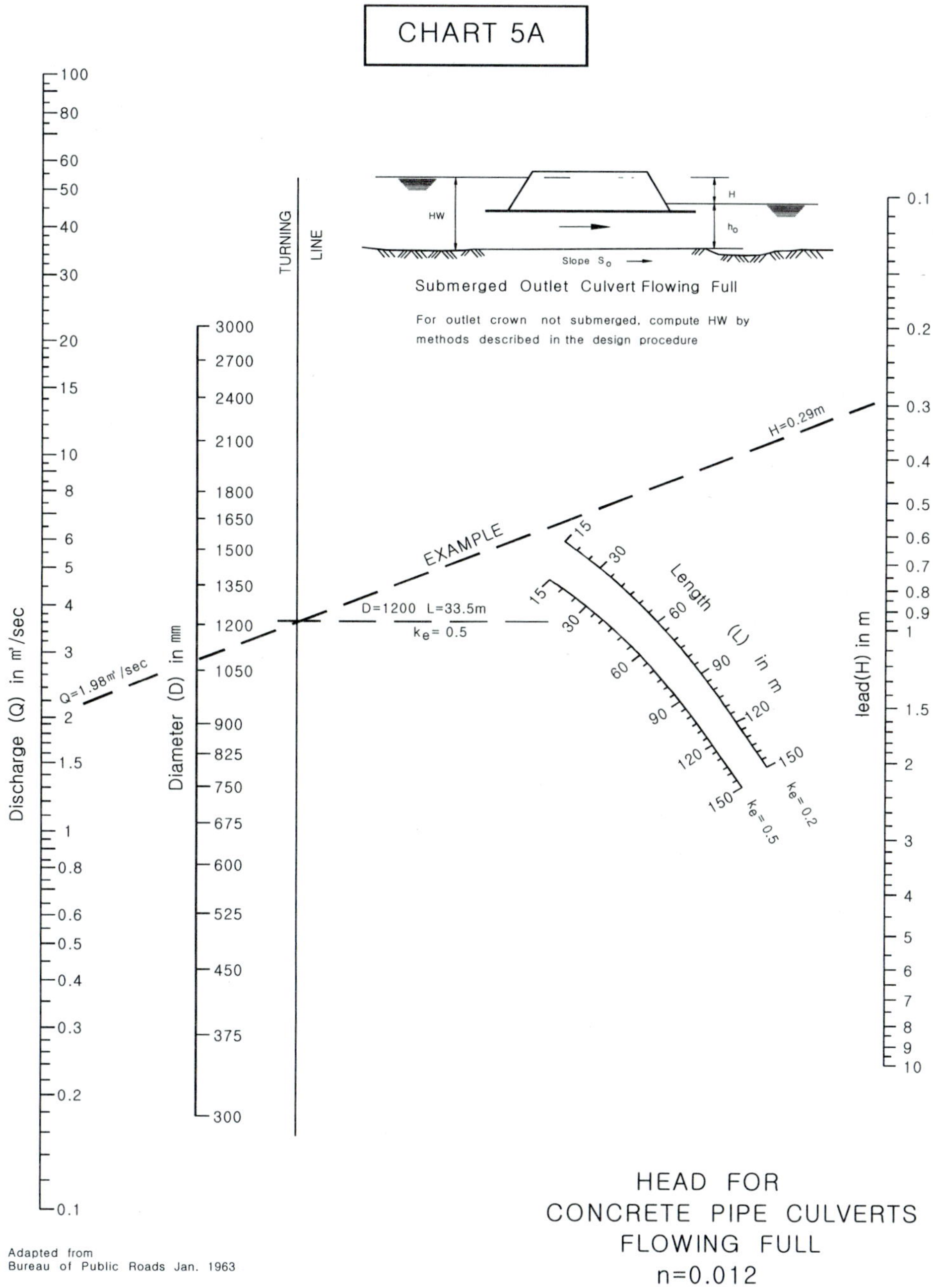
CHART 5A
TURNING LINE
Submerged Outlet Culvert Flowing Full
For outlet crown not submerged, compute HW by methods described in the design procedure
HW
H
h_o
Slope S_o
Discharge (Q) in ㎥/sec
Diameter (D) in ㎜
Length (L) in m
Head(H) in m
EXAMPLE
Q=1.98㎥/sec
D=1200 L=33.5m
k_e= 0.5
H=0.29m
k_e=0.5
k_e=0.2
HEAD FOR
CONCRETE PIPE CULVERTS
FLOWING FULL
n=0.012
Adapted from
Bureau of Public Roads Jan. 1963

D－5 : CHART 6

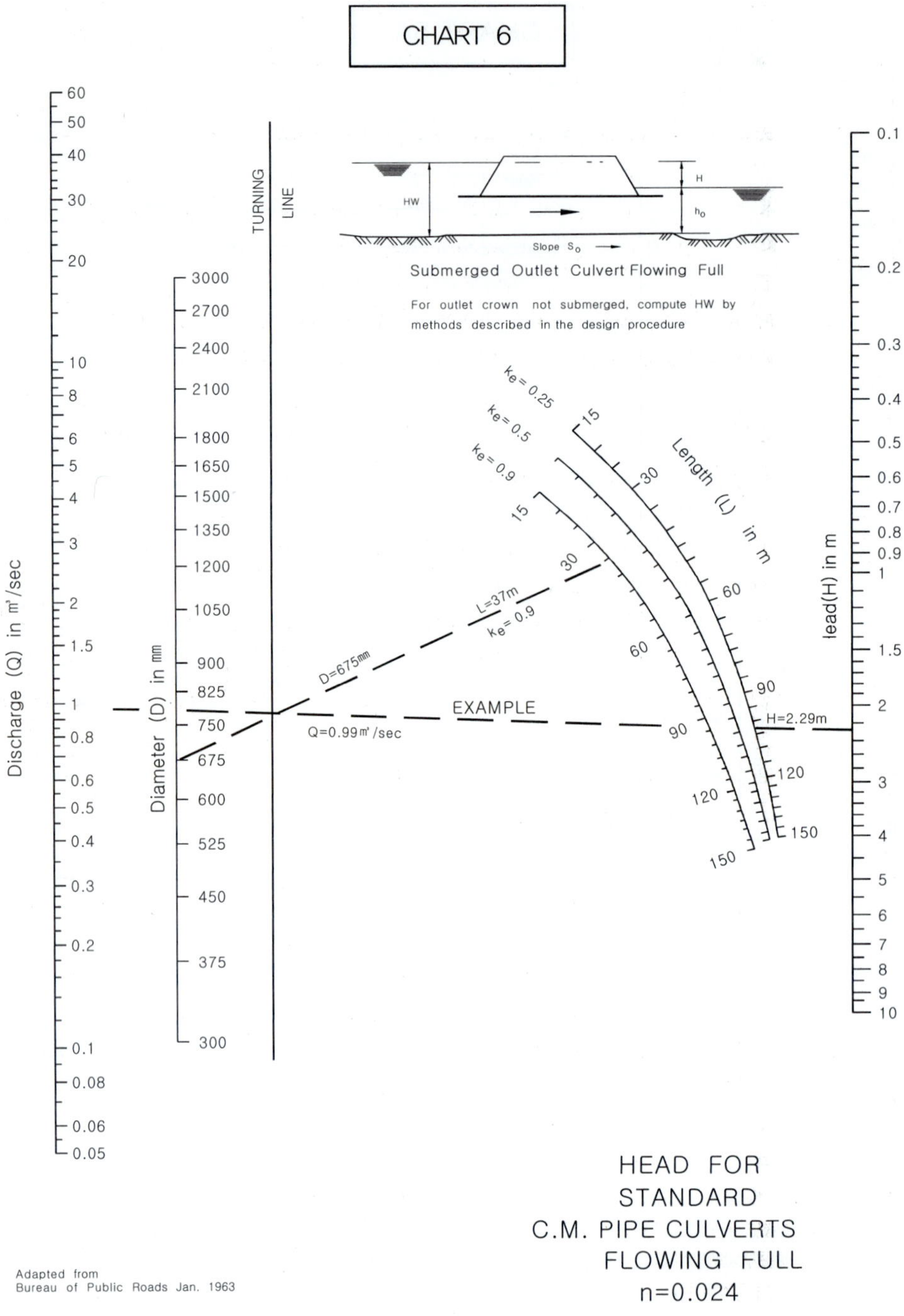
CHART 6
Submerged Outlet Culvert Flowing Full
For outlet crown not submerged, compute HW by methods described in the design procedure
HW
H
ho
Slope So
TURNING LINE
Discharge (Q) in m³/sec
Diameter (D) in mm
Length (L) in m
Head(H) in m
ke = 0.25
ke = 0.5
ke = 0.9
EXAMPLE
D=675mm
L=37m
ke = 0.9
Q=0.99m³/sec
H=2.29m
HEAD FOR
STANDARD
C.M. PIPE CULVERTS
FLOWING FULL
n=0.024
Adapted from
Bureau of Public Roads Jan. 1963

D－6 : CHART 8

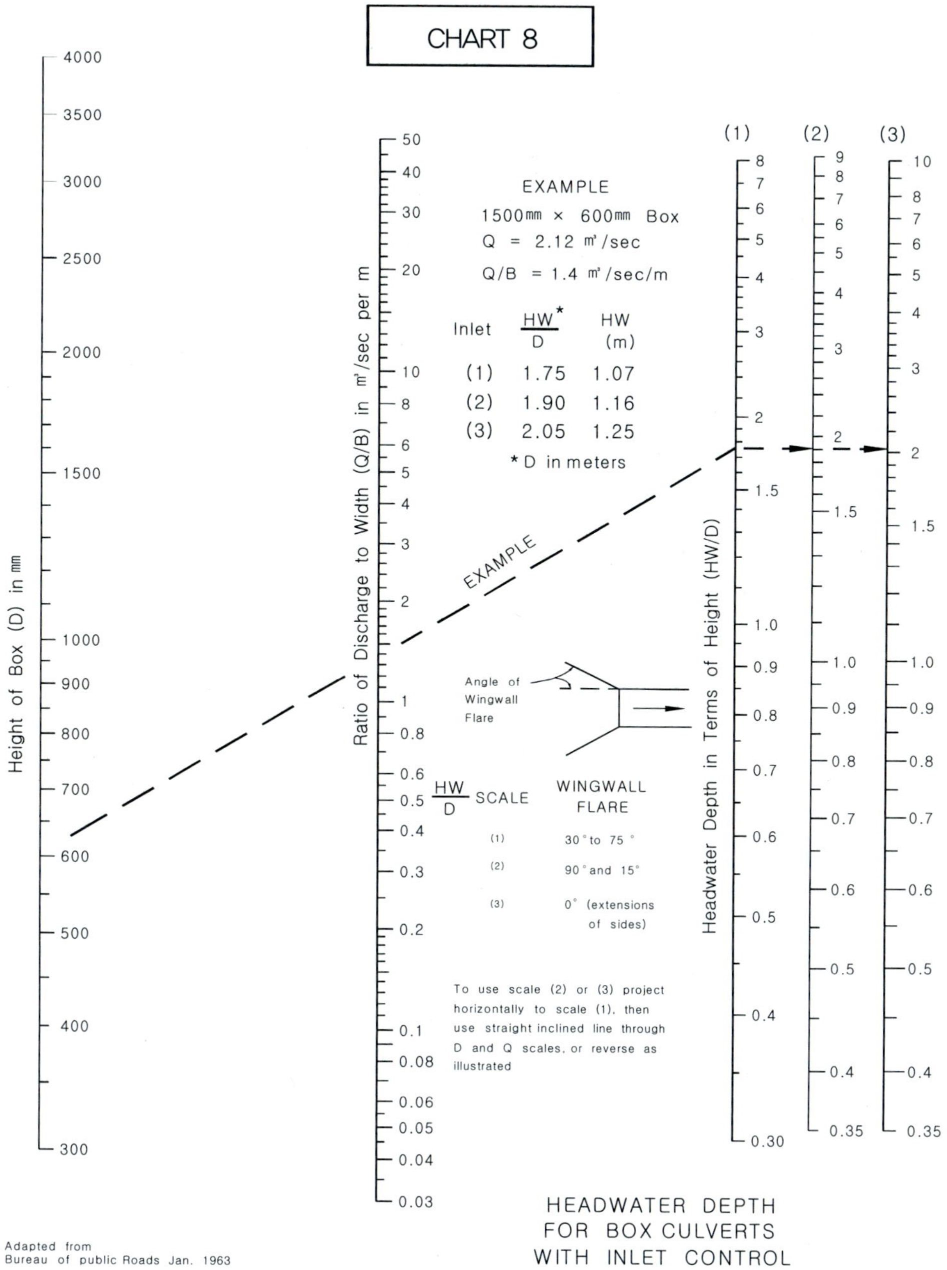
CHART 8
Height of Box (D) in mm
4000
3500
3000
2500
2000
1500
1000
900
800
700
600
500
400
300
Ratio of Discharge to Width (Q/B) in m³/sec per m
50
40
30
20
10
8
6
5
4
3
2
1
0.8
0.6
0.5
0.4
0.3
0.2
0.1
0.08
0.06
0.05
0.04
0.03
EXAMPLE
1500mm × 600mm Box
Q = 2.12 m³/sec
Q/B = 1.4 m³/sec/m
Inlet HW*/D HW (m)
(1) 1.75 1.07
(2) 1.90 1.16
(3) 2.05 1.25
* D in meters
EXAMPLE
Angle of Wingwall Flare
HW/D SCALE WINGWALL FLARE
(1) 30° to 75°
(2) 90° and 15°
(3) 0° (extensions of sides)
To use scale (2) or (3) project horizontally to scale (1), then use straight inclined line through D and Q scales, or reverse as illustrated
Headwater Depth in Terms of Height (HW/D)
(1) (2) (3)
HEADWATER DEPTH
FOR BOX CULVERTS
WITH INLET CONTROL
Adapted from
Bureau of public Roads Jan. 1963

D－7 : CHART 10

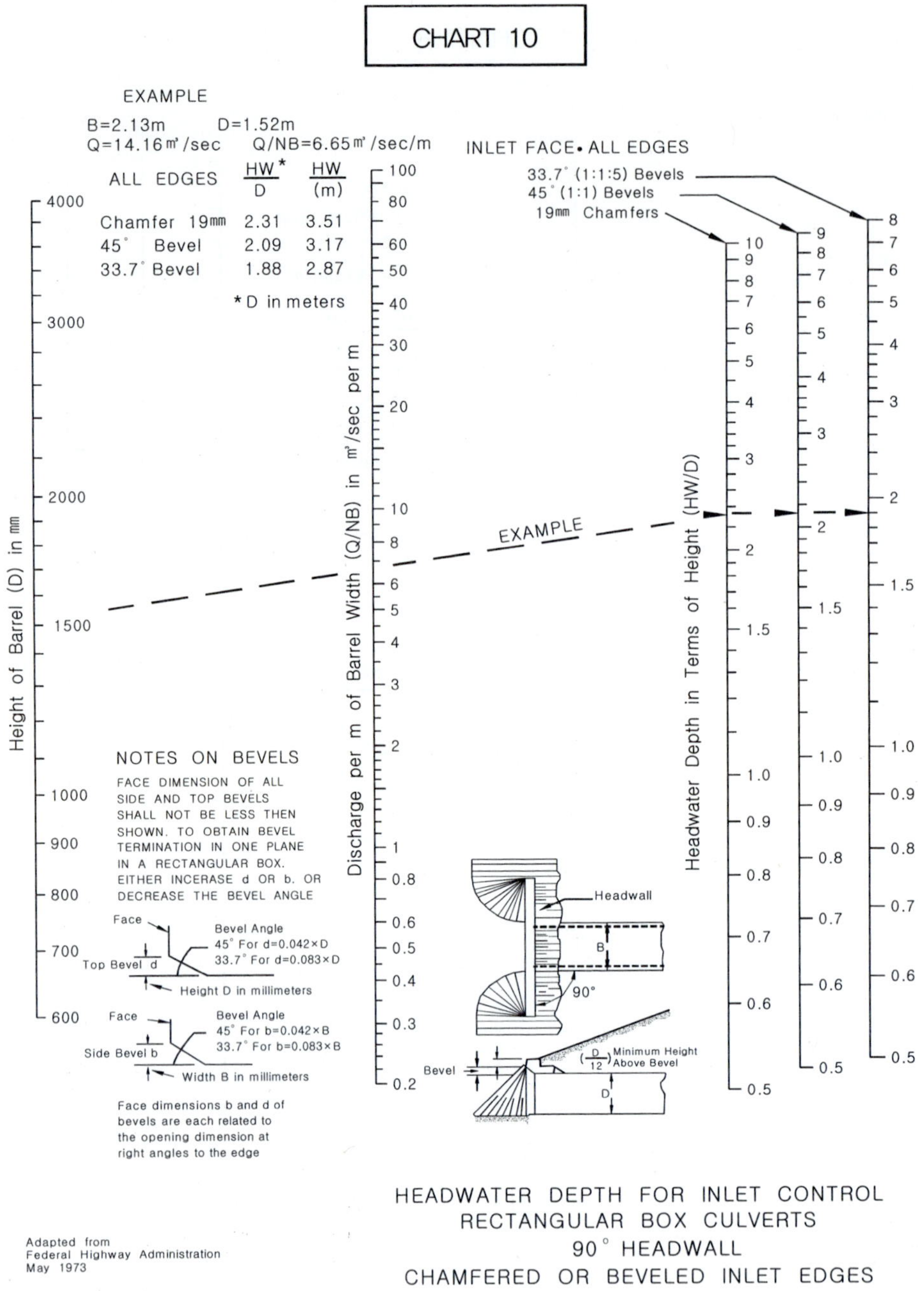
CHART 10
EXAMPLE
B=2.13m D=1.52m
Q=14.16㎥/sec Q/NB=6.65㎥/sec/m
ALL EDGES HW*/D HW (m)
Chamfer 19㎜ 2.31 3.51
45° Bevel 2.09 3.17
33.7° Bevel 1.88 2.87
*D in meters
INLET FACE• ALL EDGES
33.7° (1:1:5) Bevels
45° (1:1) Bevels
19㎜ Chamfers
Height of Barrel (D) in ㎜
Discharge per m of Barrel Width (Q/NB) in ㎥/sec per m
Headwater Depth in Terms of Height (HW/D)
EXAMPLE
NOTES ON BEVELS
FACE DIMENSION OF ALL SIDE AND TOP BEVELS SHALL NOT BE LESS THEN SHOWN. TO OBTAIN BEVEL TERMINATION IN ONE PLANE IN A RECTANGULAR BOX. EITHER INCERASE d OR b. OR DECREASE THE BEVEL ANGLE
Face
Top Bevel d
Bevel Angle
45° For d=0.042×D
33.7° For d=0.083×D
Height D in millimeters
Face
Side Bevel b
Bevel Angle
45° For b=0.042×B
33.7° For b=0.083×B
Width B in millimeters
Face dimensions b and d of bevels are each related to the opening dimension at right angles to the edge
Headwall
90°
Bevel
(D/12) Minimum Height Above Bevel
HEADWATER DEPTH FOR INLET CONTROL
RECTANGULAR BOX CULVERTS
90° HEADWALL
CHAMFERED OR BEVELED INLET EDGES
Adapted from
Federal Highway Administration
May 1973

D－8 : CHART 14

CHART 14

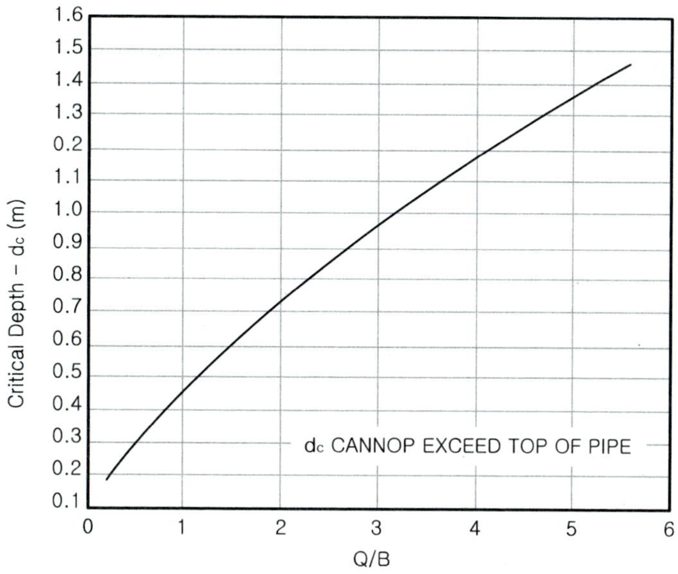

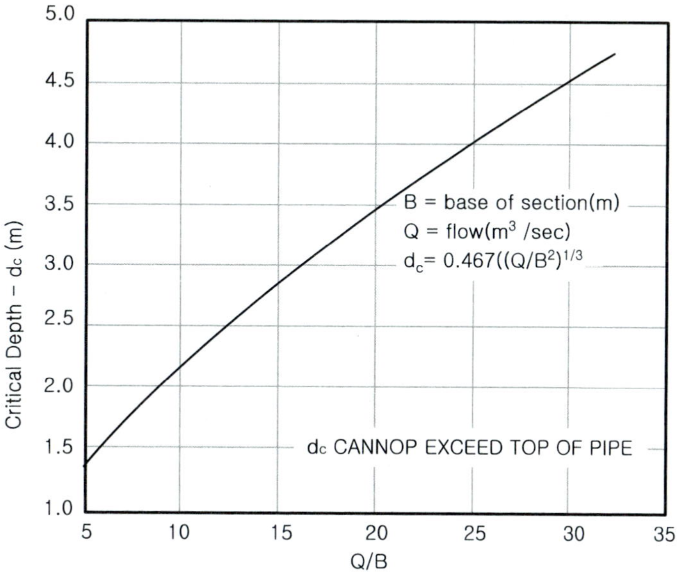

Adapted from Bureau of Public Roads

Critical Depth−Rectangular Section

D－9 : CHART 15

CHART 15

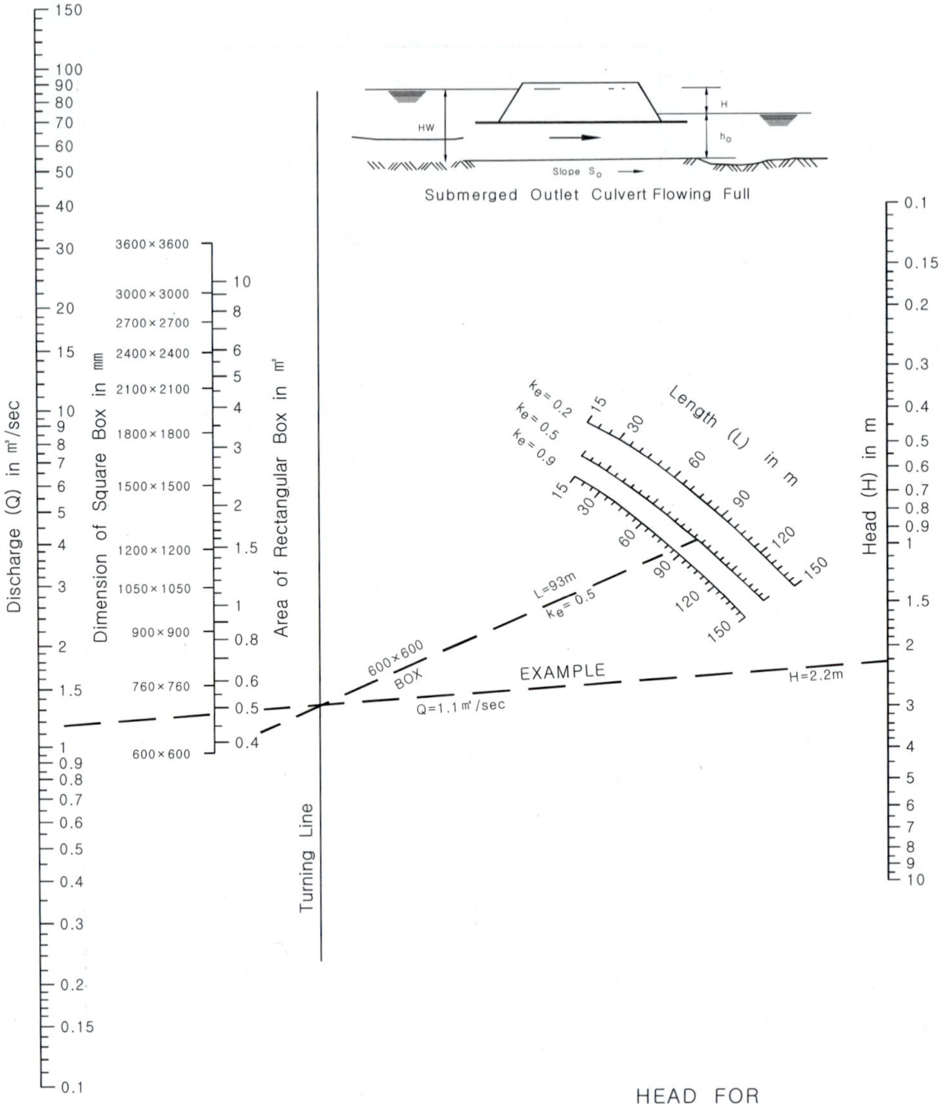

Adapted from
Burea of Public Roads Jan. 1963

HEAD FOR
CONCRETE BOX CULVERTS
FLOWING FULL
n=0.012

E. 유사농도 분석 양식

E-1 : 수심적분 기록표

Form 9.265f (REV. 10·62)

UNITED STATES DEPARTMENT OF INTERIOR

Geological Survey-Water Resources Division

SEDIMENT CONCENTRATION NOTES, DEPTH INTEGRATED SAMPLES (Comprehensive from)

Stream and location ______ Computed by ______ Checked by ______

	Date										
	Time										
	Gage height										
	Discharge										
	Temperature										
	Sampling Sta.										
WEIGHT OF SAMPLE	Gross										
	Tare										
	Net										
	Container no.										
WEIGHT OF SEDIMENT	Gross										
	Tare										
	Net										
	D.S.Corr.										
	Net										
	Conc. (ppm)										
pH											
SPECIFIC CONDUCTANCE	R (KCl)										
	R (sample)										
	Temp. ℃										
	Micromhos at 25℃										
DISSOLVED SOLIDS	Vol (ml)										
	Gross Wt.										
	Tare Wt.										
	Net Wt.										
	D.S. (mg/l)										

E-2 : 점적분 기록표

Form 9,265g (REV. 10·62)

UNITED STATES DEPARTMENT OF INTERIOR

Geological Survey-Water Resources Division

SEDIMENT CONCENTRATION NOTES, POINT INTEGRATED SAMPLES

Stream and location ________ Computed by ________ Checked by ________

Date											
Time											
Gage height											
Discharge											
Sampling Sta.											
Temperature											
Sampling depth, ft											
Total depth, ft											
Filling time, sec											
WEIGHT OF SAMPLE	Gross										
	Tare										
	Net										
Filling rate, cc/sec											
Nozzle size											
Velocity, ft/sec											
Specific conductance											
Container no.											
WEIGHT OF SEDIMENT	Gross										
	Tare										
	Net										
	D.S.Corr.										
	Net										
Concentration (ppm)											

E-3 : BW관을 사용한 부유유사 입경분포 분석표

Form 9,265k (REV. 10 · 62)

UNITED STATES DEPARTMENT OF INTERIOR

Geological Survey-Water Resources Division

PARTICLE SIZE ANALYSIS, BOTTOM WITHDRAWAL TUBE METHOD

Tube no. ______ File no. ______

ANALYSIS DATA

Date ______ by ______ Portion used ______ Disp. agent ______ cc.

Dry sand before dry sieve: Gross ______ gm. Tare ______ gm. Net ______ gm.

Composite: No. bottles ______ Wt. sample ______ gm. Wt. sed. ______ gm. Mean conc. ______ ppm.

Tube: Temperature ______ ℃ Sed. ______ gm. Vol. ______ cc. Concen. ______ ppm.

Weight: Sand fract. ______ gm. BW fract. ______ gm. Total fract. ______ gm.

DISSOLVED SOLIDS: Volume. ______ cc. Dish no. ______ Gross ______ gm. Tare ______ gm. Net ______ gm. Conc. ______ mg/l.

TUBE WASH ______

TOTAL SAMPLE DATA

Stream ______

Location ______

Date ______ Time ______ G.H. ______

Station ______ Temp. ______ Observer ______

Spec. cond. ______ pH ______ Other ______

Water disch. ______ Computed by ______ Checked by ______

Remarks :

	WITHDRAWAL NO.	0	1	2	3	4	5	6	7	8	9	10
a	Clock time											—
b	Fall distance-cm	100	90	80	70	60	50	40	30	20	10	0
c	Settling time-min.											—
d	Volume-cc											
e	Container no.											
f	Weight · gm · Gross											
g	Weight · gm · Tare											
h	Weight · gm · Net											
i	Weight · gm · D.D. corr.											
j	Weight · gm · Net sediment											
k	Weight · gm · Cumulative											
l	Depth factor 100/(b)	1.00	1.11	1.25	1.43	1.67	2.00	2.50	3.33	5.00	10.0	—
m	Sed. in susp. (k×l)											—
n	% sed. in suspension											—
o	Time for 100cm (c×l)											—

E-4 : Oden 곡선용지

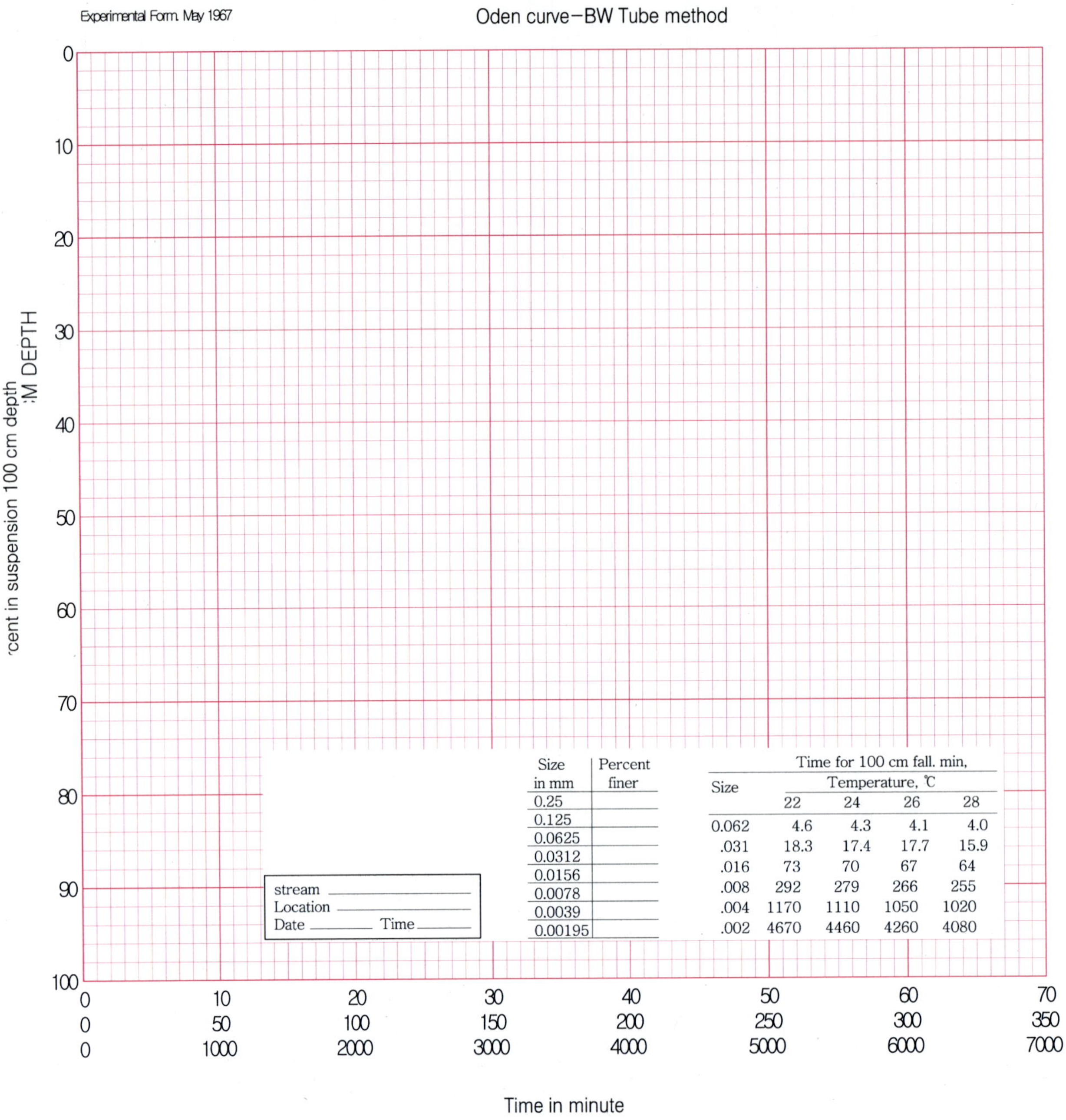

Size in mm	Percent finer
0.25	
0.125	
0.0625	
0.0312	
0.0156	
0.0078	
0.0039	
0.00195	

Size	Time for 100 cm fall. min, Temperature, ℃			
	22	24	26	28
0.062	4.6	4.3	4.1	4.0
.031	18.3	17.4	17.7	15.9
.016	73	70	67	64
.008	292	279	266	255
.004	1170	1110	1050	1020
.002	4670	4460	4260	4080

E. 방안지 및 확률지

방안지

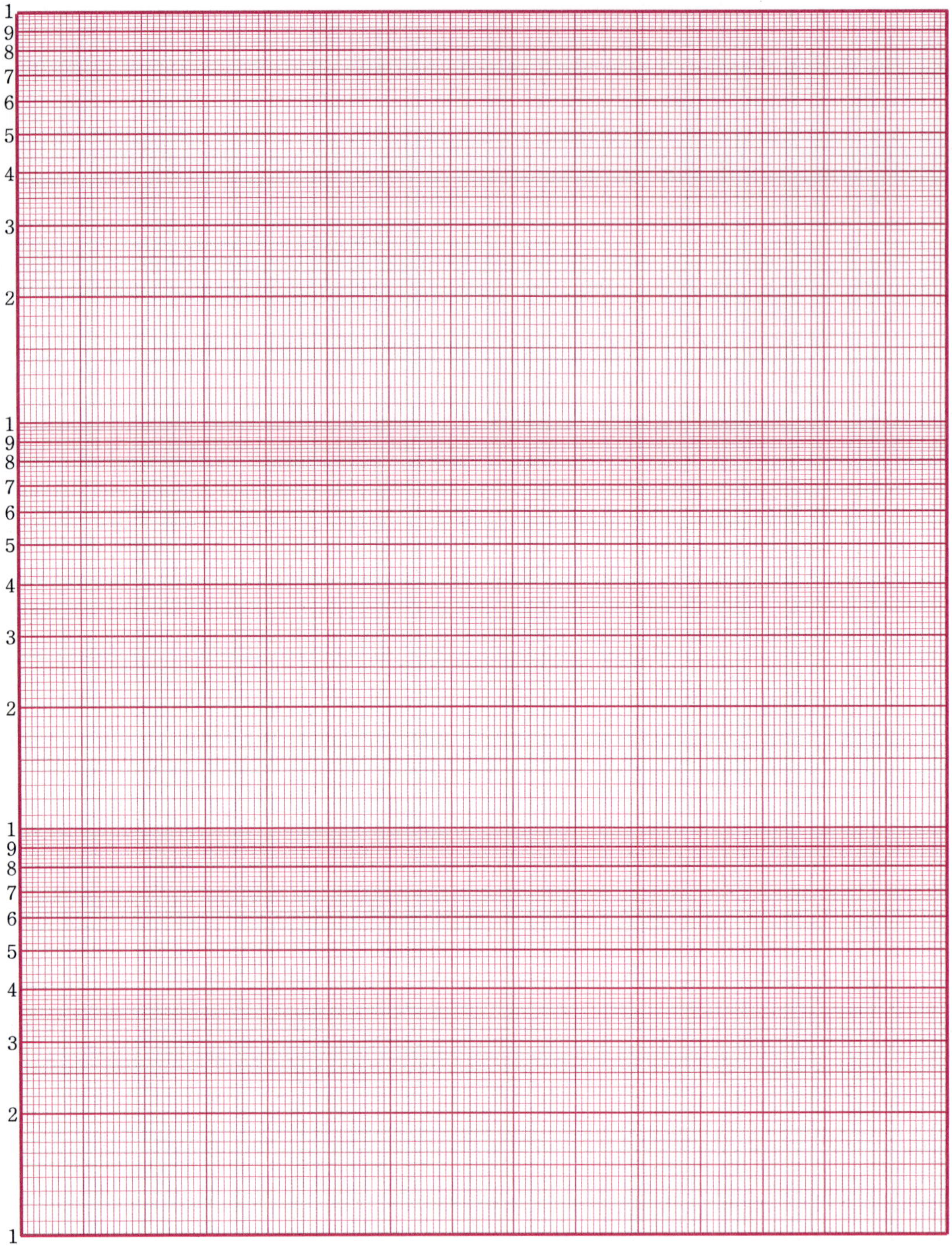

반대수지

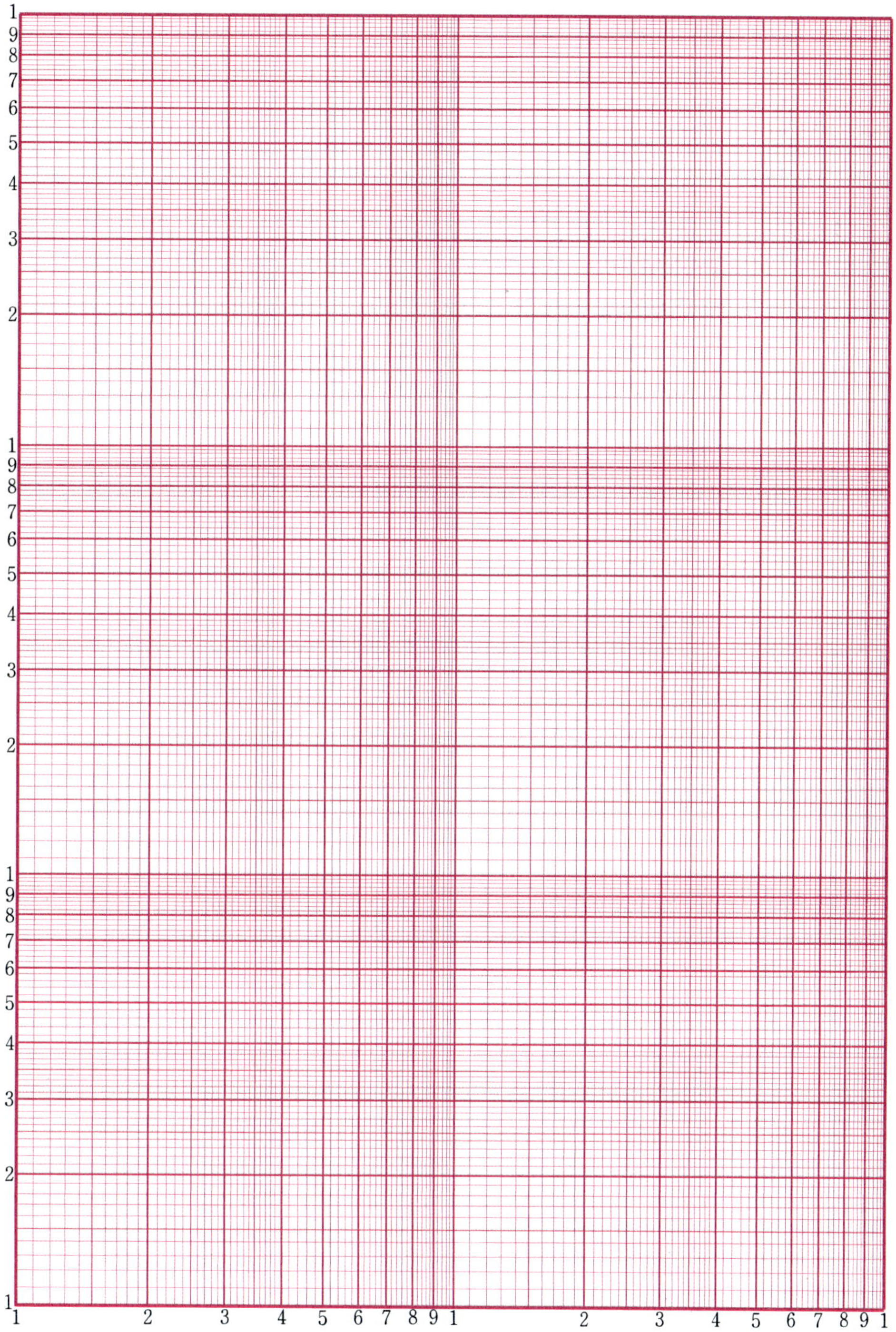

전대수지

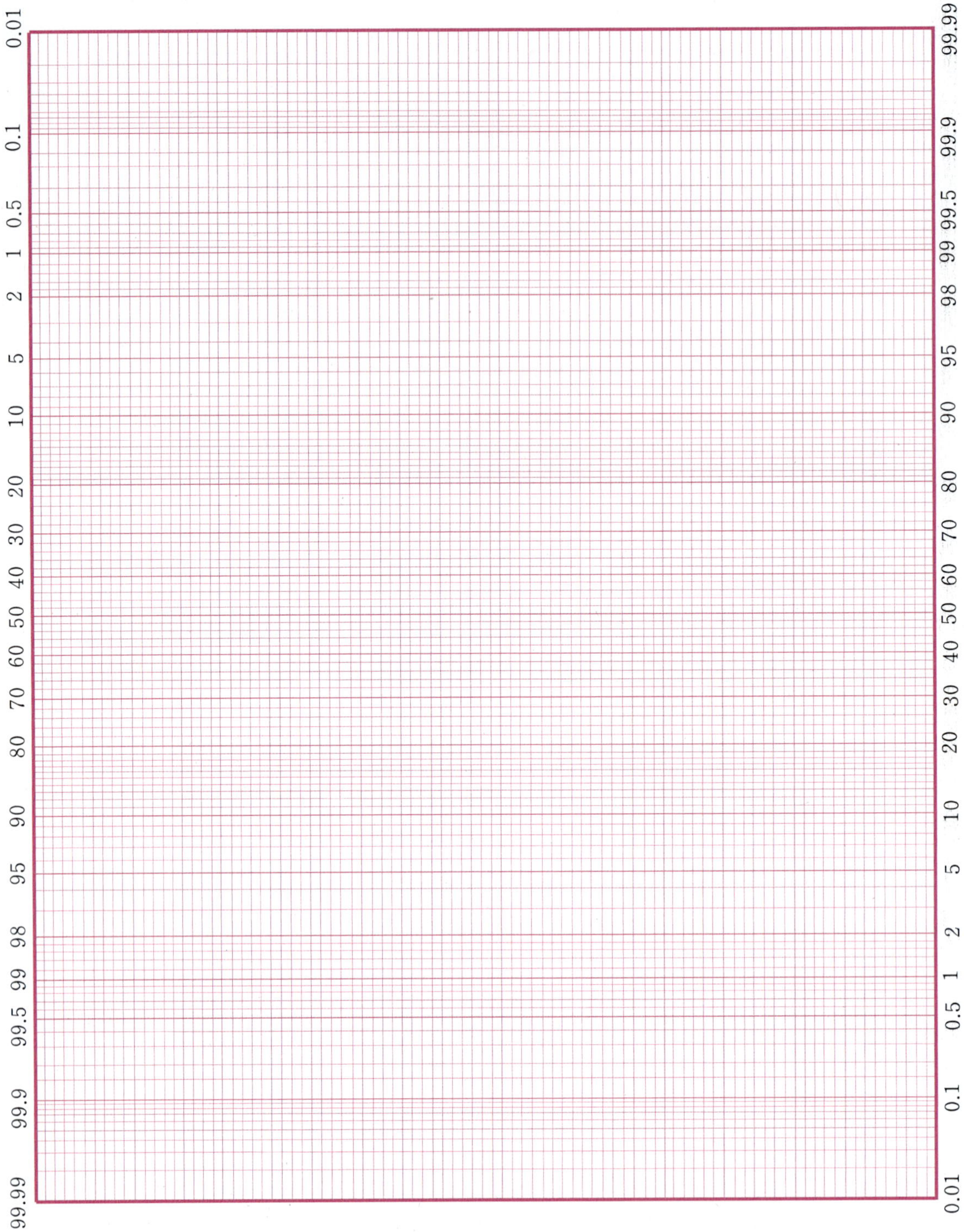
0.01
0.1
0.5
1
2
5
10
20
30
40
50
60
70
80
90
95
98
99
99.5
99.9
99.99
99.99
99.9
99.5
99
98
95
90
80
70
60
50
40
30
20
10
5
2
1
0.5
0.1
0.01

정규확률지

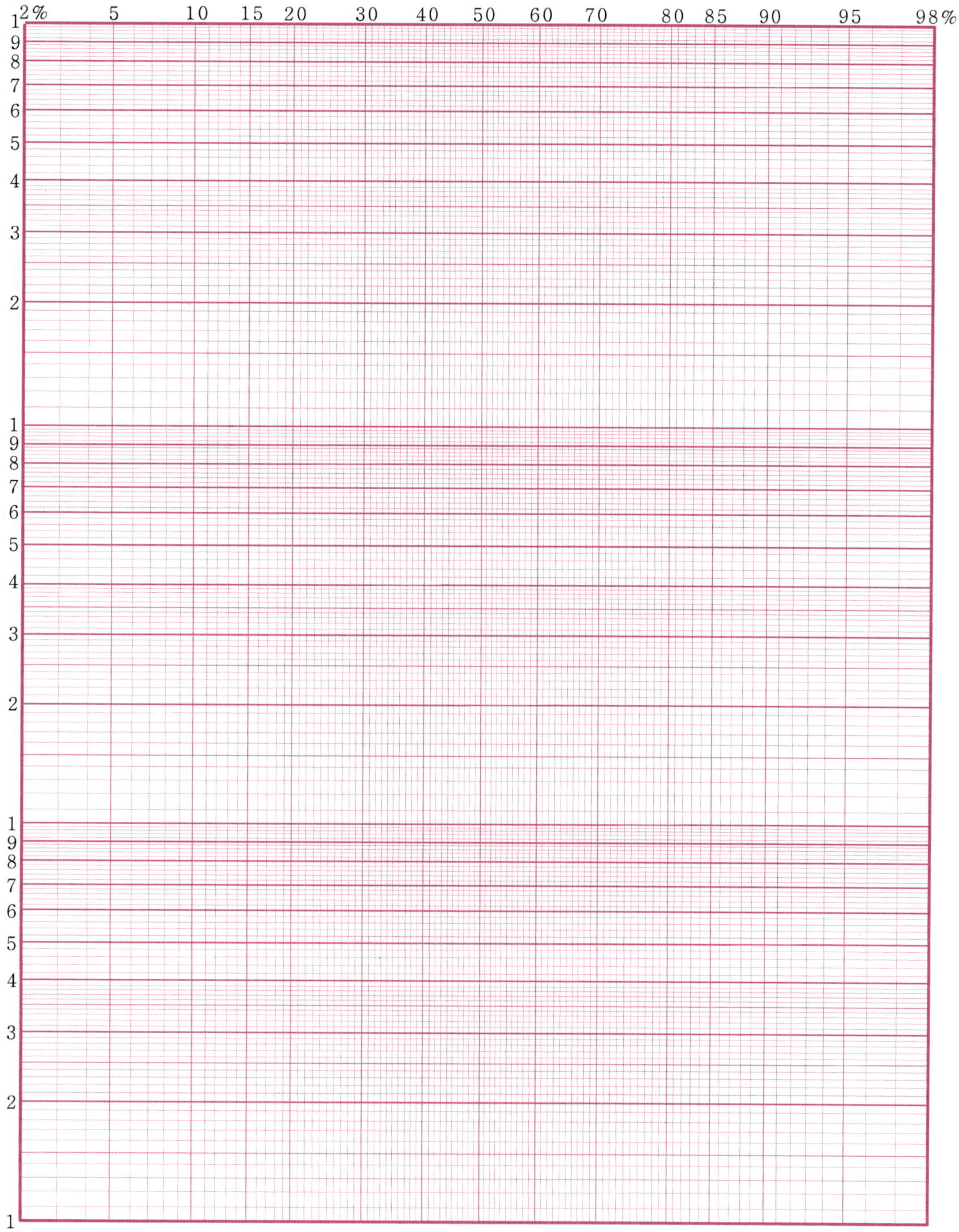
2% 5 10 15 20 30 40 50 60 70 80 85 90 95 98%
1 9 8 7 6 5 4 3 2 1 9 8 7 6 5 4 3 2 1 9 8 7 6 5 4 3 2 1

대수정규확률지

연습문제 정답

제1장

1.1 2.896×10^7cal

1.2 $[ML^{-3}]$, $[FL^{-4}T^2]$

1.3 $[ML^{-1}T^{-2}]$, $[FL^{-2}]$

1.4 ① $[L^3]$, $[L^3]$

② $[L^3T^{-1}]$, $[L^3T^{-1}]$

③ $[MT^{-1}]$, $[FL^{-1}T]$

④ $[L^2T^{-1}]$, $[L^2T^{-1}]$

⑤ $[MT^{-2}]$, $[FL^{-1}]$

⑥ $[ML^{-1}T^{-2}]$, $[FL^{-2}]$

⑦ $[ML^{-1}T^{-2}]$, $[FL^{-2}]$

⑧ $[ML^2T^{-2}]$, $[FL]$

1.5 양쪽 차원이 $[L^3T^{-1}]$

1.6 62.4lb/ft^3

1.7 $1{,}000\text{kg/m}^3$

1.8 $2.091 \times 10^{-5}\text{lb}\cdot\text{sec/ft}^2$

1.9 98N, 10kg

1.10 0.874centistokes

1.11 22poise

1.12 $980\text{g}_o/\text{cm}^2\cdot\text{s}^2$

1.13 1g/cm^3

1.14 $173.29\text{kg}\cdot\text{sec}^2/\text{m}^4$

1.15 $W = 1{,}200\text{kg}$, $\rho = 245\text{kg}\cdot\text{s}^2/\text{m}^4$,

$\gamma = 2{,}400\text{kg/m}^3$, $S = 2.4$

1.16 $S = 1.025$, $\rho = 0.1045\text{t}\cdot\text{s}^2/\text{m}^4$, $W = 6.15\text{t}$

1.17 $\gamma = 917\text{kg/m}^3$, $\rho = 93.48\text{kg}\cdot\text{s}^2/\text{m}^4$,

$S = 0.917$

1.18 $\Delta p = 0.102\text{g/cm}^2$

1.19 $\sigma = 0.375\text{g/cm}$

1.20 $h = 0.958\text{cm}$

1.21 $\sigma = 74.82\text{dyne/cm}$

1.22 $h = 0.297\text{cm}$

1.23 $K = 4.0 \times 10^{-4}\text{cm}^2/\text{kg}$, $E = 2{,}500\text{kg/cm}^2$

1.24 $\Delta p = 2{,}000\text{kg/cm}^2$

제2장

2.1 물과 기름 접촉면 $p = 2.250\text{kg/m}^2$,

탱크바닥 $p = 2{,}750\text{kg/m}^2$

2.2 $p = 14{,}100\text{kg/m}^2$

2.3 $p = 2{,}050\text{t/m}^2$

2.4 $h = 4.9\text{m}$

2.5 $h = 1.85\text{m}$

2.6 $p_A = 0$, $p_B = 2{,}700\text{kg/m}^2$,

$p_C = 5{,}400\text{kg/m}^2$, $p_D = 2{,}700\text{kg/m}^2$

$p_E = 0$,

p_F 및 $p_{air} = -1{,}350\text{kg/m}^2$

2.7 $F_2 = 1{,}222\text{kg}$

2.8 $F_1 = 180\text{kg}$

2.9 $F_2 = 786.45\text{kg}$

2.10 $F_1 = 0.269\text{kg}$

2.11 $p_{abs} = 6.045\text{kg/cm}^2$,

5.924bar = 5,924mb = 5,924kPa = 592.4kPa

2.12 $p = 471.7\text{kPa}$

2.13 $p_A = 35g/cm^2$

2.14 $p_B = 17.5g/cm^2$

2.15 $p_A = 3,000kg/m^2$

2.16 $h = 760m$

2.17 $p = 2,933kg/m^2$

2.18 $p_A - p_B = 6,790kg/m^2$

2.19 $p_m - p_n = 4,411kg/m^2$

2.20 $p_A - p_B = 1,953kg/m^2$

2.21 $F = 3,500kg$

2.22 $F = 24,531kg$, $y_R = 5.84m$

2.23 $F = 1,127.2ton$, 바닥으로부터 2.67m

2.24 $F = 40.5ton(\rightarrow)$, 바닥으로부터 2.33m

2.25 $F = 1,340kg$, 중심으로부터 수평 0.5095m, 수직 0.8m

2.26 $F = 17.01ton$, $\alpha = 19°52'$

2.27 $t = 1cm$

2.28 $T = 766.25kg$

2.29 $V = 0.003m^3$, $S = 1.667$

2.30 $W = 18ton$

2.31 $V = 820m^3$

2.32 $d = 1.2m$, 안정

2.33 불안정

2.34 $z = 0.917m$, $\theta = 17°$, $F_{AB} = 7.67ton$, $F_{CD} = 2.169ton$

2.35 안정

2.36 $\theta = 29.94°$

2.37 $p = 1,305.81kg/m^2$, $F = 19,587.16kg$

2.38 $p = 694.19kg/m^2$, $F = 10,412.85kg$

2.39 $\omega = 6.26rad/sec$, $z = 2.0x^2 + 1.0$, $p_C = 1,000kg/m^2$; $p_D = 3,000kg/m^2$

제3장

3.1 $x^2 + y^2 = r^2$

3.2 $a_x = -300m/s$, $a_y = 75m/s^2$

3.3 $V = 2.828m/s$, $a_s = 2.828m/s^2$

3.4 $a_n = 4.083m/s^2$

3.5 $dE_{sys}/dt = -405,000J/s$

3.6 $Q = 0.015m^3/s$

3.7 $h = 1.11m/s$

3.8 $\frac{V_1}{V_2} = \left(\frac{d_2}{d_1}\right)^2$

3.9 $V_{100} = 1.91m/s$, $V_{80} = 2.98m/s$

3.10 (a) 2.812m/s, (b) $0.0883m^3/s$, (c) 88.3kg/s, (d) $88.3kg_o/s$

3.11 $d = 56.43cm$

3.12 $V_{rise} = 0.054m/hr$

3.13 $dh/dt = 0.764m/s$

3.14 $Q = 0.0236m^3/s$, $V_1 = 0.752m/s$, $V_2 = 1.333m/s$

3.15 $Q = 0.0251m^3/s$

3.16 $Q = 0.0157m^3/s$, $V_s = 0.02m/s$

3.17 $V = 75m/s$, $Q = 0.0236m^3/s$

3.18 $V = (1/2)V_{max}$

3.19 $p_2 = 4.719kg/cm^2$

3.20 $Q = 2.603 \times 10^{-3}m^3/s$, $p_B = p_D = -218.39kg/m^2$, $p_C = -1,718.39kg/m^2$, $p_E = 3,281.6kg/m^2$

3.21 $V = 11.7m/s$, $Q = 0.092m^3/s$, $p_A = -7,977kg/m^3$

3.22 $V = 9.9m/s$, $Q = 0.078m^3/s$

3.23 h=3.0일 때 $V = 7.67m/s$,
$Q = 1.51 \times 10^{-2} m^3/s$
h=2.5일 때 $V = 7.00m/s$,
$Q = 1.38 \times 10^{-2} m^3/s$
h=2.0일 때 $V = 6.26m/s$,
$Q = 1.23 \times 10^{-2} m^3/s$
h=1.5일 때 $V = 5.42m/s$,
$Q = 1.07 \times 10^{-2} m^3/s$
h=1.0일 때 $V = 4.43m/s$,
$Q = 0.87 \times 10^{-2} m^3/s$
h=0.5일 때 $V = 3.13m/s$,
$Q = 0.61 \times 10^{-2} m^3/s$

3.24 $p = 5,000kg/m^2$

3.25 $V = 0.99m/s$

3.26 $V = 1.716m/s$, $Q = 0.0135m^3/s$

3.27 $V = 8.08m/s$, $Q = 0.063m^3/s$

3.28 $Q = 0.0494m^3/s$

3.29 $V = 3.538m/s$, $Q = 0.0272m^3/s$

3.30 $Q = 0.157m^3/s$

3.31 $Q = 42.085m^3/s$

3.32 $V = 2.8m/s, q = 0.14m^2/s$

3.33 $P = 400HP$

3.34 $P = 97,021KW$

3.35 $P = 490KW = 667HP$

3.36 $P = 40.65KW$

3.37 $F = 1.76ton$

3.38 $F = 0.18 ton$

3.39 $F = 0.093ton$

3.40 $F = 4.5ton$

3.41 $F = 0.017ton$, $Q_1 = 0.0147m^3/s$,
$Q_2 = 0.0049m^3/s$

3.42 $F = 362.85kg$, $P = 75.96HP$

3.43 $F = 0.348ton$

3.44 $F = 2.232kg/m$

3.45 $F = 158kg/m$

3.46 $R_e = 139,899$, 난류

3.47 $R_e = 280$, 층류

3.48 $V = 12.6m/s$, $Q = 0.0989m^3/s$

3.49 $R_e = 12,740$, 난류

3.50 $V = 4cm/s$, $Q = 314cm^3/s$

3.51 $d = 151cm$

3.52 $P = 352.8KW = 480HP$

3.53 $h_L = 8.3m$

제4장

4.1 $L_E = 325cm$

4.2 $L_E = 1,200cm$

4.3 $\tau_w = 0.002kg/cm^2$, $\tau = 0.001kg/cm^2$

4.4 $h_L = 10m$

4.5 $\tau_w = 0.00125kg/cm^2$

4.6 $h_L = 7.78m$, $V_c = 3.18m/s$,
$V_3 = 2.89m/s$

4.7 $\tau = 0.6157kg/m^2$, $l_m = 0.3109m$,
$\varepsilon = 0.0242m^2/s$

4.8 $Q = 6.76cm^3/s$, $V_c = 4.31m/s$,
$\tau_w = 0.0001g/cm^2$

4.9 (a) $\delta = 0.0185mm$, (b) $V_c = 3.9m/s$,
(c) $\tau_{turb}/\tau_{lam} = 3540$

4.10 $\tau_w = 16.5kg/m^2$

4.11 $h_L = 2.75m$

4.12 $f = 0.0184$

4.13 $h_L = 0.816m$, 매끈한관 $h_L = 0.425m$

4.14 $h_L = 0.843m$

4.15 $Q = 0.90m^3/s$

4.16 $S_o = 3/1000$

4.17 $\Delta p = 1,300kg/m^2$

4.18 $\Delta p = 3,860kg/m^2$

4.19 Hazen−Williams $Q = 0.981m^3/s$,
Manning $Q = 0.784m^3/s$

4.20 Hazen−Williams $d = 0.943m$,
Manning $d = 1.008m$

4.21 $h_L = 0.68m$

4.22 $V = 1.657m/s$

4.23 $Q = 1.89m^3/s$

4.24 $h_L = 6.45m$, 수조유입 $h_L = 8.17m$

4.25 $h_L = 2.07m$

4.26 $h_m = 1.72m$

4.27 $h_m = 0.12m$

4.28 $h_m = 0.015m$

4.29 $h_m = 2.51m$

4.30 $h_m = 0.24m$

제5장

5.1 $z = 5.05m$

5.2 $h_L = 19.33m$

5.3 $Q = 0.152m^3/s$

5.4 $Q = 0.0647m^3/s$

5.5 $d = 0.47m$

5.6 $d = 0.38m$

5.7 $Q = 0.642m^3/s$

5.8 $Q = 0.113m^3/s$

5.9 $Q = 0.462m^3/s$

5.10 $Q = 0.628m^3/s$

5.11 $Q = 0.166m^{3/s}$

5.12 $Q = 0.827m^3/s$

5.13 $Q = 0.259m^3/s$, $P = 27.72KW$

5.14 $Q = 0.22m^3/s$, $P = 86.15KW$

5.15 $Q = 0.124m^3/s$

5.16 $H = 14.89m(EL.)$, $Q = 0.235m^3/s$

5.17 $Q = 1.099m^3/s$

5.18 $H = 79.67m(EL.)$, $Q = 0.203m^3/s$

5.19 $P = 134.51KW$

5.20 $P = 218.4HP$

5.21 $P = 485.3HP$

5.22 $P = 150.8KW$, $p_B = 63.4ton/m^2$

5.23 $P = 2,389KW$

5.24 $P = 873KW$

5.25 $P = 3,902KW$

5.26 $Q_{0.1} = 0.016m^3/s$, $Q_{0.3} = 0.242m^3/s$,
$Q_{0.5} = 0.869m^3/s$, $Q = 1.127m^3/s$

5.27 $Q_1 = 0.186m^3/s$, $Q_2 = 0.036m^3/s$,
$Q_3 = 0.078m^3/s$

5.28 $Q_{0.15} = 0.082m^3/s$, $Q_{0.2} = 0.119m^3/s$,
$Q = 0.283m^3/s$

5.29 $Q_1 = 0.132m^3/s$, $Q_2 = 0.065m^3/s$,
$Q_3 = 0.253m^3/s$

5.30 $Q_A = 0.199m^3/s$, $Q_B = 0.042m^3/s$,
$Q_C = 0.158m^3/s$

5.31 $Q_A = 1.049m^3/s$, $Q_B = 0.293m^3/s$,
$Q_C = 0.755m^3/s$

5.32 $Q_A = 1.062m^3/s$, $Q_B = 0.288m^3/s$,
$Q_C = 0.749m^3/s$

5.33 $Q_1 = 2.771m^3/s\,(+)$,
$Q_2 = 2.229m^3/s\,(-)$,
$Q_3 = 0.342m^3/s\,(-)$,
$Q_4 = Q_5 = 3.113m^3/s\,(+)$,
$Q_6 = 1.887m^3/s\,(-)$

5.34 $Q_1 = 57.86m^3/s\,(+)$,
$Q_2 = 42.19m^3/s\,(-)$,
$Q_3 = 20.51m^3/s\,(+)$,
$Q_4 = 17.30m^3/s\,(+)$,
$Q_5 = 32.70m^3/s\,(-)$

제6장

6.1 $R_e = 2.84 \times 10^5$, 난류
6.2 $R_e = 6{,}189$, 불안전 층류
6.3 $F_r = 0.226$, 상류
6.4 $F_r = 0.639$, 상류
6.5 $F_r = 2.71$, 사류
6.6 $R_h = 1.36m$
6.7 $R_h = d/4$
6.8 2점법 $V = 1.75m$, 3점법 $V = 1.775m$,
5점법 $V = 1.71m$
6.9 $Q = 72.1m^3/s$
6.10 $Q = 77.45m^3/s$
6.11 $V = 3.235m/s$, $Q = 58.23m^3/s$
6.12 $C = 50$
6.13 $Q = 23.62m^3/s$
6.14 $n_e = 0.025$
6.15 $n_e = 0.027$
6.16 $Q = 51.89m^3/s$
6.17 $y_n = 0.743m$
6.18 $S_o = 0.001$
6.19 $Q = 66.87m^3/s$
6.20 $y_n = 0.61m$
6.21 $S_o = 0.00056$
6.22 $y = 1.44m$, $b = 2.88m$, $A = 4.15m^2$
6.23 $y = 3.085m, b = 3.563m, z = 0.557$
6.24 $Q = 1.742m^3/s$, $d = 1.126m$
6.25 $Q = 3.855m^3/s$

제7장

7.2 $y_c = 0.802m$, $V_c = 2.83m/s, E_{min} = 1.21$
7.3 $y_c = 0.61m$, 상류
7.4 $Q = 4.53m^3/s$
7.5 $y_c = 0.67m$
7.6 $F_r = 0.146$, 상류
7.7 $F_r = 1.063$, 사류
7.8 $15.66m^3/s$
7.9 $E = 2.155m$
7.10 $V_c = 2.95m/s$
7.11 $y = 1.689m$
7.12 $F = 35.750kg$
7.13 $M = 23.18m^3$
7.14 $y_2 = 7.74m$, $\Delta E = 24.52m$
7.15 $y_2 = 1.051m$, $\Delta E = 0.080m$
7.16 $EL = 84.18m$
7.17 $y = 8.63m$, $\Delta E = 4.22m$
7.18 M2곡선, M1곡선
7.19 $Q = 44.3m^3/s$
7.24 $R_h = 75mm$

7.25 $R_h = 72.1mm$

7.26 $F_{r0.3} = 6.49$(사류), $F_{r2} = 0.38$(상류), $y_c = 1.04m$

7.27 $y = 0.2m$: 사류, $y = 0.8m$: 사류, $y = 2.5m$: 상류

7.28 사류

7.29 대응수심=5.38m, 공액수심=2.33m

7.30 $EL = 101.44m$

7.31 $y = 1.69m$

7.32 하상고 상승시 $y = 0.51m$ 감소, 하강시 $y = 0.4m$ 증가

7.33 $y_{max} = 3.44m$

7.34 $y_2 = 2.45m$

7.35 $S_o = 1.93 \times 10^{-3}$

7.36 $L = 8.77m$

7.37 $y_n = 7.79m$, $b = 6.46m$

7.38 $q = 0.35m^2/s$

7.39 $y_2 = 10.3m$, $V_2 = 2.18m$

7.40 $Q = 7.72m^3/s$, $y_n = 1.17m$, $y_c = 0.72m$

제8장

8.1 $V = 1.72m/s$

8.2 $l = 0.115m$

8.3 $V = 7.86m/s$, $Q = 0.015m^3/s$

8.4 $Q = 0.045m^3/s$

8.5 $Q = 0.039m^3/s$

8.6 $Q = 0.039m^3/s$

8.7 $Q = 0.0175m^3/s$

8.8 $Q = 0.196m^3/s$

8.9 $Q = 3.016m^3/s$

8.10 $Q = 2.949m^3/s$

8.11 $Q = 2.983m^3/s$

8.12 $Q = 0.325m^3/s$

8.13 $Q = 0.71m^3/s$

8.14 $Q = 22.16m^3/s$

8.15 1) $Q = 19.27m^3/s$, 2) $Q = 11.56m^3/s$

8.16 $Q = 14.915ft^3/s$

8.18 $C = 0.00396$, $m = 0.4904$

8.19 $C = 0.49651$, $m = 2.2795$

8.20 $Q = 0.21m^3/s$

8.21 $V = 5.12m/s$

8.22 $Q = 0.064m^3/s$

8.23 $Q = 0.0187m^3/s$

8.24 $d = 0.754m$

8.25 $Q = 0.0154m^3/s$

8.26 $h = 0.253m$

8.27 $Q = 11.33m^3/s$

8.28 $Q = 0.014m^3/s$

8.29 $P_w = 1m$

제9장

9.1 $K = 26.1m/d$

9.2 $K = 0.825m/d$

9.3 6.5%

9.4 $R_e = 0.0047$, 적용가능

9.5 $K_{10} = 1.325 \times 10^{-2} m/d$, $K_{25} = 1.947 \times 10^{-2} m/d$

9.6 $q = 195m^2/d$, $Q = 975m^3/d$, $V_s = 0.6m/d$

9.7 $Q = 8.568m^3/d$

9.8 $K = 1.638cm/min$

9.9 $K = 2.22cm/s$

9.10 $Q = 1,720m^3/d$

9.11 $Q = 2.4m^3/d$

9.12 $Q = 10.05m^3/d$

9.13 $K = 8.71 \times 10^{-4}cm/s$, $T = 3.05cm^2/s$

9.14 $Q = 0.00142m^3/d$

9.15 $K = 7.64 \times 10^{-4}m/s$

9.16 $Q = 0.002m^3/s$

9.17 $K = 0.00095m/s$, 수위강하 9.53m

9.18 $h_L = 2.08m$

제10장

10.1 $\gamma_m = 1.10 ton/m^3$

10.2 $\gamma_m = 1.16 ton/m^3$

10.3 $d = 0.4mm$일 때 $\omega = 1.55 \times 10^{-3}m/s$,
$d = 0.5mm$일 때 $\omega = 0.074m/s$

10.4 $D_{50} = 0.85mm$, $D_m = 1.1054$,
$D_g = 0.983mm$, $\sigma_g = 2.137$

10.5 $\gamma_m = 1.23 ton/m^3$

10.6 $\gamma_m = 1.069 ton/m^3$

10.7 $D_s = 1.7mm$

10.8 $D = 0.6mm$

10.9 $T_{min} = 2.05m$

제11장

11.1 $\frac{\Delta h}{D} = f\left(\frac{\sigma}{D^2\gamma}\right)$

11.2 $\frac{\Delta h}{D} = f\left(\frac{\sigma}{D^2\gamma}, \theta\right)$

11.3 $\frac{V}{\sqrt{gh}} = C$

11.4 $Q_p = 62.5m^3/s$

11.5 $T_r = 2$

11.6 $P_m = 0.0745KW$

11.7 $V_m = 79.75m/s$, $F_p = 23.32kg$

11.8 $F_p = 8,000kg$

11.9 $V_p = 4.743m/s$, $F_p = 500kg$

11.10 $T_r = L_r^2$, $Q_r = L_r$,
$m_r = L_r^3$, $F_r = 1$, $P_r = L_r^{-1}$

11.11 $Q_m = 0.16m^3/s$, $F_r = 15,625$

11.12 $T_r = L_r^{1/2}$, $Q_r = L_r^{5/2}$,
$a_r = 1$, $F_r = L_r^3$, $P_r = L_r^{7/2}$

11.13 $Q_m = 0.1014m^3/s$, $V_p = 8.216m/s$,
$T_m = 109.55sec$, $h_p = 2.1m$

11.14 $V_m = 0.365m/s$, $Q_p = 986m^3/s$

11.15 $V_m = 400km/h$, $F_p/F_m = 1$

11.16 $T_p = 141min$

11.17 (a) $T_r = 225$, $F_r = 1$,
(b) $T_r = 1,402$, $F_r = 0.032$

11.18 $H_p = 0.0634m$, $Q_p = 0.00142m^3/s$,
$Q_m = 0.025m^3/s$

11.19 $Q_m = 0.5m^3/s$, $\Delta p_m = 112,000kg/m^2$

11.20 $Q_m = 0.1286m^3/s$, $V_p = 9m/s$

11.21 $X_r/Y_r = 5$, $n_m = 0.032$,
$Q_m = 0.0021m^3/s$

11.22 $\frac{Q}{\sqrt{gR_h^5}} = \phi\left(\frac{A}{R_h^2}, \frac{\varepsilon}{R_h}, S\right)$

11.23 $\frac{F_D}{\rho V^2 d^2} = \phi\left(\frac{\mu}{\rho V d}, \frac{\varepsilon}{d}, \frac{r}{d}, Cd^2\right)$

11.24 $\frac{Q}{\sqrt{gH^5}} = \phi\left(\frac{L}{H}, \frac{\mu}{\rho\sqrt{gH^3}}, \frac{\sigma}{\rho g H^2}\right)$

11.25 $V = C\sqrt{\sigma/\rho L}$

11.26 $\frac{\Delta p}{\rho V^2} = \phi\left(\frac{\mu}{\rho V d}, \frac{d}{D}\right)$

11.27 $\frac{Q}{\sqrt{gH^5}} = \phi(\theta)$

11.28 $V = 4m/s$

11.29 $Q_m = 0.96m^3/s$

11.30 $V_p = 8m/s$, $Q_p = 102m^3/s$

11.31 $Q_m = 0.368m^3/s$, $n_m = 0.0208$,
T_p =15분 19초, $h_p = 18m$

11.32 $Q_p = 312.5m^3/s$, T_p =5분

11.33 $Q_m = 0.214m^3/s$, $P_m = 28.6kW$

제12장

12.1 Bazin $Q = 11.19m^3/s$,
Rehbock $Q = 11.13m^3/s$,
SIAS $Q = 11.19m^3/s$

12.2 Bazin $Q = 0.99m^3/s$,
Rehbock $Q = 0.98m^3/s$

12.3 $d = 0.157m$

12.4 $Q = 0.236m^3/s$

12.5 $Q = 6.64m^3/s$

12.6 $Q = 0.011m^3/s$

12.7 $Q = 0.035m^3/s$

12.8 $Q = 0.1m^3/s$

12.9 $Q = 0.031m^3/s$

12.10 $Q = 0.66m^3/s$

12.11 $Q = 0.776m^3/s$

12.12 $\Delta y = 0.143m$

12.15 블라이 공식 $L_1 = 4.18m$,
국립건설시험소 공식 $L_1 = 2.04m$

12.16 블라이 공식 $L_2 = 2.56m$, 국립건설시험소
공식 상류 $L_2 = 1.64m$, 하류 $L_2 = 2.61m$

12.17 상단폭 $T = 0.66m$, 하단폭 $B = 1.85m$

제13장

13.1 $(FS)_s = 1.75$(안정), $(FS)_o = 2.03$(안정),
$P_t = 10.79t/m^2$(안정),
$P_h = 31.21t/m^2$(보강)

13.2 $(FS)_s = 1.58$(안정), $(FS)_o = 1.97$(안정),
$P_t = 4.4t/m^2$(안정),
$P_h = 15.41t/m^2$(안정)

13.3 $L = 56.17m$

13.4 $L = 33.67m$

13.7 $Q = 69.98m^3/s$

13.8 $B = 9.05m$, 정상작동

13.9 $B = 4.32m$, 정상작동,
월유형 여수로 $B = 12.25m$

13.10 $y_2 = 6.29m$, $h_j = 5.29m$, $\Delta E = 5.86m$,
$E_2/E_1 = 53\%$

13.11 $L = 37.74m$

13.12 $y_2 = 5.28m$, $h_j = 4.38m$, $\Delta E = 4.42m$,
$E_2/E_1 = 56\%$, $L = 31.26m$

13.13 $y_1 = 0.1349m, y_2 = 1.0941m$

13.14 $L = 15.02m, z = 0.48m$

13.16 감세공 길이 $L = 55.04m$, 감세수로 바닥표고
259.2m, 슈트블록의 높이, 폭 및 간격 0.906m,
치형턱 높이 2.56m, 폭과 간격 1.92m

13.18 감세공 길이 $L = 94.96m$, 감세수로 바닥표고
28.32m, 슈트블록의 높이, 폭 및 간격 1.38m,

치형턱 높이 4.32m, 폭과 간격 3.24m

13.21 1) $Q = 376.47 m^3/s$, 2) $Q = 162.71 m^3/s$

제14장

14.1 $q_{bw} = 2.77 lb/sec\text{-}ft$

14.2 $Q_{bw} = 13.678 kg/s$

14.3 $q_s = 0.1209 lb/s\text{-}ft$

14.4 $q_s = 0.0778 lb/s\text{-}ft$

14.5 $q_{sv} = 0.0885 lb/s\text{-}ft$

14.6 $Q_{sw} = 106.90 kg/s$

14.7 $Q_w = 120.645 kg/s$

14.8 $q_s = 7.7608 lb/s\text{-}ft$

14.9 $q_s = 0.0135 lb/ft^3$

14.10 $C = 186.55 ppm = 0.0116 lb/ft^3$
$= 0.348 lb/sec\text{-}ft$

14.11 $Q_{bw} = 57.60 kg/s$

14.12 $Q_{sw} = 44.10 kg/s$

14.13 $Q_w = 101.65 kg/s$

14.14 $Q_s = 0.298 ton/s$

14.15 6%

제15장

15.1 $y_s = 3.03 m$

15.2 $y_s = 3.07 m$

15.3 $y_s = 3.03 m$ (청정수 $y_s = 15.67 m$)

15.4 $y_s = 3.07 m$ (청정수 $y_s = 23.43 m$)

15.5 $y_s = 0.15 m$

15.6 $y_s = 3.495 m$

15.7 $y_s = 11.17 m$

15.8 $y_s = 4.062 m$

15.9 $y_s = 10.66 m$

15.10 $K = 0m$ 일 때 $W = 7.14m$, $K = 1m$ 일 때
$W = 12.14m$, $K = 2m$ 일 때 $W = 17.14m$

15.11 $y_s = 8.76 m$

15.12 $D_{50} = 0.469 m$, 피복범위 4.8m,
두께 0.7m 이상

15.13 $D_{50} = 0.74 m$, 피복범위 4.0m,
두께 1.11m 이상

15.14 $D_{50} = 0.43 m$, 피복범위 1.6m,
두께 1.3m 이상

15.15 $D_{50} = 0.76 m$, 피복범위 2m,
두께 2.28m 이상

15.16 $d_s = 1.8 m$

찾아보기

ㅇ

ㅈ

ㅊ

ㅋ

ㅌ

ㅍ

ㅎ

저자 약력

이 재 수

고려대학교 공과대학 토목공학과 졸업(공학사)
고려대학교 대학원 토목공학과 졸업(공학석사)
미국 University of Iowa 대학원 토목환경공학과 졸업(공학박사)
미국 University of Washington 연구교환교수
전주대학교 공과대학장 역임

현재 전주대학교 토목환경공학과 교수
소방방재청 지역자율방재단 중앙지원단 위원
전라북도 지방하천관리위원회 위원
전라북도 지방건설기술심의위원회 위원
전라북도 재해영향평가심의위원회 위원
전라북도 사전재해영향성검토원원회 위원
전라북도 재해복구사업 사전심의위원회 위원
전라북도 녹색성장위원회 위원
전주시 설계자문위원회 위원
전주시 계약심의위원회 위원

저서 수문학(구미서관, 2006년)
수자원공학(구미서관, 2008년)
자연재해의 이해(제3판, 구미서관, 2010년)
토목유체역학(구미서관, 2011년)

수리학 **정가 32,000원**

저자 : 이재수

발행인 : 임해진
발행처 : 도서출판 구미서관

발행 : 2007년 5월 25일 초판 1쇄
2023년 2월 15일 초판 11쇄

등록 : 1979년 6월 29일 No.9-6호
주소 : 서울시 마포구 신촌로 2길 5-15 구미빌딩
전화 : 02-333-1101
팩스 : 02-335-2201
http://www.goomibook.com

ISBN : 978-89-8225-592-2 (93530)

저자와의 협의 하에 인지를 생략합니다.
파본이나 잘못된 책은 교환하여 드립니다.

복제불허